Handbuch

der

Physikalischen Maassbestimmungen.

Von

Dr. B. Weinstein
Privat-Docent an der Universität zu Berlin und Hilfsarbeiter
bei der Kaiserl. Normal-Aichungs-Commission.

Zweiter Band.

Einheiten und Dimensionen, Messungen für Längen, Massen,
Volumina und Dichtigkeiten.

Berlin.
Verlag von Julius Springer.
1888.

ISBN-13:978-3-642-90556-8
DOI: 10.1007/978-3-642-92413-2

e-ISBN-13:978-3-642-92413-2

Softcover reprint of the hardcover 1st edition 1988

Berlin
Verlag von Julius Springer
1988

Druck von G. Bernstein in Berlin.

Vorwort.

Seit dem Erscheinen des ersten Bandes dieses Werkes sind, namentlich in Frankreich und England, mehrere Bücher über physikalische Maassbestimmungen veröffentlicht worden, und es sind dieselben auf die Gestaltung dieses Werkes insofern von Einfluss gewesen, als sie mich bewogen haben, den besondern Zweck, der mit diesem Buche erreicht werden sollte, noch schärfer hervortreten zu lassen, als es ursprünglich in meiner Absicht lag. Ich wollte eine möglichst vollständige, auf sicherer theoretischer Grundlage basirte Arbeit liefern.

Das Thema freilich ist anscheinend mehr von praktischer Bedeutung, und gewiss ist es von grösster Wichtigkeit, die Schlussergebnisse in jedem Fall in für den Gebrauch möglichst bequemer Form zu geben. Aber die Physik ist noch nicht soweit, dass die ihrem Gebiet angehörenden praktischen Arbeiten rein schematisch behandelt werden könnten, und nicht wenige dieser Arbeiten bilden noch jetzt den Gegenstand eingehendster wissenschaftlicher Untersuchung. Zudem glaube ich nicht, dass jemand eine Wissenschaft oder eine Kunst mit Erfolg betreiben kann, der ihre Grundlagen nicht kennt und sich nur an die erlernten Regeln hält; und gerade in den Naturwissenschaften ist eine gehörige Einsicht in das Wesen der Sache notwendig. Sind doch die schönen Maassbestimmungen, die wir in fast allen Gebieten der Physik besitzen, zu einem sehr grossen Teil von Männern reinster theoretischer Geistesrichtung ausgeführt.

Deshalb ist auf die Durchbildung der Theorie ganz besondere Sorgfalt verwendet, und wenn infolge dessen für das Endresultat manche Entwickelung zu eingehend und manche Formel unnötig erscheinen sollte, so bitte ich zu bedenken, dass es mir fernlag, eine Instruction für physikalische Maassbestimmungen zu schreiben, dass ich nach Vorgang von Kohlrausch diese Maassbestimmungen als Wissenschaft habe behandeln wollen. Wo die nähern Darlegungen kein intellectuelles Interesse boten und lediglich eine mehr oder weniger geschickte Handhabung der Analyse hervortreten lassen konnten, habe ich die Arbeit vieler Wochen in wenige Zeilen zusammengedrängt, sonst sind die physikalischen und analytischen Grundlagen zu den Endergebnissen eingehend entwickelt.

Bei der Darlegung dieser Endergebnisse habe ich zunächst möglichste Vollständigkeit und Genauigkeit zu erreichen gesucht und die Vereinfachung der Formeln durch Näherungsrechnungen aus diesen Formeln selbst abgeleitet; Rechnungen von vornherein in Näherungen zu führen, widerstrebt dem Physiker, der ja auch Mathematiker ist, ein wenig, und schien mir auch darum nicht angebracht zu sein, weil ein solches Verfahren oft der Einsicht in das Wesen der Sache Abbruch tut und nicht selten auch die Uebersicht über den Wert des Erreichten erschwert. Dass aber die Correctionsrechnung auch für den Physiker von hoher Bedeutung ist, wird, glaube ich, in diesem Werke klar genug hervortreten. Die Anleitungen für die praktische Ausführung der Maassbestimmungen habe ich teils aus eigenen teils aus Anderer Erfahrungen zusammengestellt, hier kam es mir fast nur auf Angabe dessen, was zu tun ist und auf welche Punkte Theorie und Erfahrung besonders zu achten verlangen, an; man weiss ja auch, dass die Praxis sich kaum anders als durch die Praxis selbst lehren lässt.

Es ist überall erst das Wesen der betreffenden Maassbestimmung dargelegt, dann habe ich die zugehörigen Instrumente und Apparate in ihrer Einrichtung und Benutzung kurz beschrieben, hierauf die nötige theoretische Entwickelung für die Rechnung vorgenommen und meist mit einer Untersuchung der Fehlerquellen unter Angabe der zur Vermeidung der Beobachtungsunsicherheiten nötigen Vorsichtsmaassregeln geschlossen. In letzterer Beziehung konnte Vollständigkeit nur erstrebt, nicht erreicht werden.

Obgleich ich bemüht gewesen bin, jeden Abschnitt für sich selbst als ein vollständiges Ganze zu gestalten, habe ich doch oft auf Untersuchungen die an anderer Stelle geführt sind oder noch geführt werden sollen, hinweisen müssen. Das wird die praktische Benutzbarkeit dieses Werkes vielleicht ein wenig beeinträchtigen, konnte aber, wenn die Arbeit systematisch durchgeführt werden sollte, nicht vermieden werden. Beispiele glaube ich in genügender Zahl eingeflochten zu haben.

In den Literaturangaben fürchte ich von der Vollständigkeit weit entfernt geblieben zu sein, denn da ich das meiste erst aus eigener Ueberlegung entwickelt habe, wird mir bei dem nachträglichen Studiren der bereits vorhandenen entsprechenden Arbeiten manches entgangen sein. Wo ich gezwungen war, anderweitige Arbeiten zu benutzen oder in einzelnen Teilen geradezu zu übernehmen, was ja bei einem solchen Werke nicht zu vermeiden ist, fehlt natürlich die Angabe der Quelle nicht.

Der vorliegende Band enthält allein die Maassbestimmungen für Längen, Massen, Raumgehalte und Dichtigkeiten. Er ist sehr umfangreich geworden, es haben aber hier naturgemäss viele Untersuchungen Platz finden müssen, welche auch für alle andern in dem folgenden Bande zu behandelnden Maassbestimmungen von Wichtigkeit sind.

Beim Lesen der Correcturen haben mich mein Freund Herr Dr. Levy und die Herrn Drr. Plato und Niebour unterstützt, ich habe denselben meinen verbindlichsten Dank auszusprechen.

Berlin, im Mai 1888. B. Weinstein.

Inhaltsverzeichniss.

Erster Abschnitt.

Theorie der Einheiten und Dimensionen. Praktische Fundamentaleinheiten.

Zweiter Abschnitt.

Mechanische Messungen.

a) *Längenmessungen.*

IV. Das Principielle der Vorrichtungen und Methoden bei Längenmessungen.

V. Ausführung einfacherer Längenmessungen.

VI. Abschweifung über Abbildung vermittelst optischer Instrumente.

VII. Längenmessungen auf Apparaten mit optischen Einrichtungen.

VIII. Die geometrisch-mechanische Einrichtung von Längenmessungen.

a) *Vorrichtung zum Horizontiren und Verticalstellen von Linien und Ebenen; (Libellen und Lote.) Bestimmung von Neigungen, Verticalabweichungen und Collimationen.*

b) *Einfluss von Neigungen und Drehungen auf Längenmessungen.*

XVIII. Massenbestimmung durch Wägungen, Theorie und Einrichtung.

XIX. Wägungen in der Luft zu Massenbestimmungen.

XX. Volumen- und Dichtigkeitsbestimmungen.

a) *Bestimmung des äussern Volumens eines Körpers.*

b) *Bestimmung des innern Volumens eines Hohlkörpers.*

c) *Dichtigkeitsbestimmungen.*

Erster Abschnitt.

Theorie der Einheiten und Dimensionen. Praktische Fundamentaleinheiten.

Ehe ich die Auseinandersetzung der hauptsächlichen physikalischen Maassbestimmungen beginne, habe ich darzutun, wie Messungsergebnisse aufzufassen und auszudrücken sind. Die Festsetzungen und Regeln, die in diesem Abschnitt gegeben werden sollen, gelten für alle beliebigen Maassbestimmungen und haben sich mit unserer Wissenschaft selbst ausgebildet. Ein Teil von ihnen ist einfach und von einer gewissen Selbstverständlichkeit, ein anderer beruht auf Uebereinkommen oder vorgefassten, aber bei dem dermaligen Stande unserer Wissenschaft als am meisten wahrscheinlich angenommenen, Ansichten über die Vorgänge bei den einzelnen Naturerscheinungen.

I. Einheiten und Dimensionen.

1. **Vergleichseinheiten und abgeleitete Einheiten.** Wir nennen diejenigen Grössen, welche eine abstracte Zahl benannt machen, das heisst, der Quantität, die eine solche Zahl ausdrücken soll, eine bestimmte, anschauliche Bedeutung verleihen, die *Benennungen* oder *Einheiten* dieser Zahl. Die Einheiten selbst sind concrete Grössen, sei es, dass sie durch ganz bestimmte Gegenstände repräsentirt werden, oder dass uns für dieselben eine bestimmte Anschauung gegeben ist.

Bei der Messung einer physikalischen Grösse stellen sich die Einheiten entweder von selbst ein — und das geschieht bei den einfachen Messungen —, oder sie ergeben sich — wie bei zusammengesetzten Messungen und Untersuchungen — aus der Berechnung der betreffenden Messung, wobei natürlich in den zur Berechnung dienenden Formeln die Grössen, die als Einheiten dienen sollen, vorgesehen sein müssen. Einheiten der ersten Art wollen wir *Vergleichseinheiten* oder *Relativeinheiten,* Einheiten der zweiten Art *abgeleitete Einheiten* nennen.

Die Benutzung von Vergleichseinheiten bei der Bestimmung der Quantität einer physikalischen Grösse setzt voraus, dass man etwas zur Verfügung hat, womit die betreffende Grösse geradezu verglichen werden kann; die Zahl, welche dann die aus der Messung erschlossene Quantität der Grösse angiebt, drückt aus, wie oft die benutzte Vergleichsgrösse in derselben enthalten ist. Solche Vergleichsgrössen sind stets da anwendbar, wo man ausser der zu messenden Quantität, eine andere Quantität ganz derselben Art besitzt, die man ihrem Betrage nach entweder schon kennt, oder ein für alle Mal als bekannt festsetzt. Man sagt dann, dass man die betreffende Grösse durch sich selbst, soll heissen: durch eine Grösse gleicher Art gemessen hat, und es hängt diese Grösse dann auch immer nur von einer Einheit ab. In dieser Weise verfahren wir zum Beispiel, wenn wir Strecken mit gegebenen Maassstäben ausmessen.

Es ist nun nicht bei allen physikalischen Grössen möglich, zur Kenntnis ihrer Quantität durch eine einfache Vergleichung mit einer einzigen Grösse zu gelangen, oft bekommt man sie nur durch sehr zusammengesetzte Messungen, bei denen eine Vergleichsgrösse mehrfache Anwendung findet, oder gar mehrere Vergleichsgrössen herangezogen werden müssen. Auch hier kann dann im Schlussresultat die gesuchte Quantität der betreffenden Grösse immer noch durch eine ihr gleichartige Grösse ihren Ausdruck finden, so, als wenn sie mit dieser Grösse direct verglichen worden wäre; aber meist haben die Einheiten, die der erhaltenen Quantität zu Grunde liegen und den Zahlenausdruck für sie benannt machen, mit der betreffenden Grösse nichts zu tun, sind ganz anderer Art als diese, und müssen als abgeleitete Einheiten bezeichnet werden.

Bei vielen physikalischen Grössen ist es dem Belieben des Experimentators anheimgestellt, ob er sie durch Vergleichseinheiten oder durch abgeleitete ausdrücken will, er muss sich dann durch den Zweck, zu dem er die Messung ausführt, leiten lassen. So kann man das Volumen eines Körpers von Cylinderform entweder durch hydrostatische Wägung, also durch Vergleichung mit einem entsprechenden Volumen Wasser, oder durch Ausmessung von Höhe und Durchmesser mit einem Maassstab bestimmen; kommt es weniger auf Genauigkeit der Bestimmung als auf Schnelligkeit und Einfachheit der Ausführung an, so wird man die letztere Methode anwenden, das Volumen in abgeleiteten Einheiten ausdrücken, will man gehörige Genauigkeit erreichen, so führt man die Bestimmung durch hydrostatische Wägung aus, das betreffende Volumen ist dann in Vergleichseinheiten gemessen, und die Vergleichseinheit ist der Raumgehalt eines bestimmten Hohlmaasses, etwa ein Liter.

2. Die Fundamentaleinheiten. Absolute Maassbestimmungen. Die Erfahrung lehrt, dass alle bis jetzt in Frage kommenden physikalischen Grössen durch drei Grössen nach ihrer Quantität geschätzt werden können; es reichen drei Grössen aus, um für die Quantitäten aller physikalischen Grössen bestimmte Anschauung zu erlangen, die diese Quantitäten ausdrückenden Zahlen benannt zu machen. Wir bezeichnen diese Grössen als *Fundamentalgrössen* und die Einheiten, durch welche sie selbst gemessen werden, und die natürlich Grössen derselben Art von beliebiger, aber ein für alle Mal festgesetzter Quantität vorstellen, als *Fundamentaleinheiten.* Wo von einer Einheit allgemein, ohne Bezugnahme auf die Grösse dieser Einheit, gesprochen wird, soll einfach *Einheit* gesagt werden, wo mehr der Betrag der Einheit in Frage kommt, soll das Wort *Einheitsbetrag* benutzt werden. Wir werden also auch zwischen Fundamentaleinheiten und den Einheitsbeträgen der Fundamentaleinheiten zu unterscheiden haben. Eine Messung, welche die Quantität einer Grösse in Fundamentaleinheiten ergiebt, wird als eine *absolute Messung* bezeichnet; die Zahl, die diese Quantität in jenen Einheiten ausdrückt, heisst der *absolute Betrag* der betreffenden Grösse. Die Bezeichnung „absolut" hat zunächst keine andere Bedeutung, als dass sie in Erinnerung bringen soll, wie ein einziges, zudem sehr beschränktes System von Einheiten, allen physikalischen Maassbestimmungen zu Grunde liegt; wirklich ist ja die Tatsache, dass nur wenige Grössen ausreichen uns von der Quantität aller übrigen unter einander so ungleichartigen Grössen eine Anschauung zu verleihen, durchaus nicht vorauszusehen gewesen. Es mag daher das sonst etwas verrufene absolut, da es sich um Kennzeichnung einer so wichtigen Tatsache handelt, auch hier beibehalten werden.

3. Das mechanische Maasssystem. Länge, Zeit und Masse als Fundamentalgrössen. Welche drei Grössen man als Fundamentalgrössen annimmt, ist mathematisch betrachtet gleichgiltig, physikalisch wird man diejenigen vorziehen, die unserer Anschauung am nächsten stehen, ihr ursprünglich sind, und das sind die als mechanische Grössen bezeichneten. Ueber zwei dieser mechanischen Grössen hat von vornherein Einigkeit geherrscht, man hat von je her Raum und Zeit als Fundamentalgrössen betrachtet, wenn man auch bei praktischen Messungen der Einfachheit wegen nicht den Raum für sich, sondern eine Abmessung desselben, die Länge, als Fundamentalgrösse zur Anwendung bringt. Bei der dritten Grösse schwankte man zwischen Masse und Kraft, jetzt wird ziemlich allgemein Masse als dritte Fundamentalgrösse angenommen, doch wird nicht selten bei der Festsetzung der Masseneinheit auf Kraftäusserungen zurückgegangen.

Es darf nicht verschwiegen werden, dass für die Wahl mechanischer Grössen als Fundamentalgrössen noch andere Umstände entscheidend sind. Einmal geht das Bestreben der neueren Physik dahin, alle Naturerscheinungen auf mechanische Vorgänge zurückzuführen, weil solche Vorgänge unserer Anschauung am leichtesten zugänglich sind; und in der Tat scheint die Erfahrung dieses Bestreben auf das kräftigste zu unterstützen, die bis jetzt näher erforschten physikalischen Kräfte haben sich als mechanischen Kräften äquivalent erwiesen, und für mehrere physikalische Erscheinungen ist es bereits gelungen, ihre Gesetze unter der Annahme, dass ihnen gewisse mechanische Vorgänge zu Grunde liegen, vollständig zu entwickeln. Das ist ein theoretischer Grund für die Wahl mechanischer Grössen als Fundamentalgrössen. Praktisch sind aber mechanische Grössen, und zumal die drei hervorgehobenen, darum so ganz besonders geeignet, weil an ihnen Messungen sich am leichtesten und genauesten ausführen lassen, und weil von ihnen bestimmte Quantitäten bei geeigneter Definition sowohl am ehesten zu erhalten als wieder herzustellen sind.

Nicht bei allen physikalischen Grössen ist der Ausdruck der Quantität durch die Fundamentaleinheiten sofort anschaulich, denn wenn in einem solchen Ausdruck z. B. eine Quadratwurzel aus einer Masse vorkommt, so wissen wir nicht, was wir uns darunter denken sollen; in solchen Fällen ist dann wenigstens eine gewisse Potenz der betreffenden physikalischen Grösse, oder besser gesagt, das Product zweier der betreffenden Grösse gleichartigen Grössen, in anschaulichen Grössen ausdrückbar. Der Ausdruck durch Fundamentaleinheiten ist auch nicht einmal immer eindeutig, man kann für manche physikalische Grössen ihre Quantität in verschiedener Weise durch die Fndamentaleinheiten ausdrücken, je nach den Gesichtspunkten, die man geltend macht. Indessen kann hierauf und auf das vorher angedeutete an dieser Stelle noch nicht näher eingegangen werden, es soll später bei der Behandlung der einzelnen Grössen das nötige gesagt werden.

4. Das Maasssystem mit nur zwei Fundamentalgrössen. Es ist darauf hingewiesen worden, dass unter Zuziehung des Newton'schen Gravitationsgesetzes sogar ein System mit nur zwei der Fundamentalgrössen zum Ausdruck aller Quantitäten ausreichen muss. In der Tat ist einerseits nach den durch alle Erfahrungen bestätigten Gesetzen der Dynamik, eine bewegende Kraft gleich einer Masse multiplicirt mit einer Beschleunigung, und andererseits, wenn diese bewegende Kraft von der Anziehung zweier Massen herrührt, proportional dem Product dieser Massen, dividirt durch das Quadrat ihrer Entfernung von einander. Sagen wir also im zweiten Fall statt „proportional" „gleich", so haben wir die beiden Gleichungen

$$\text{Kraft} = \frac{\text{Masse.Länge}}{\text{Zeit.Zeit}}; \quad \text{Kraft} = \frac{\text{Masse.Masse}}{\text{Länge.Länge}},$$

und wenn eine bestimmte Kraft, gemessen durch Masse und Beschleunigung, denselben Betrag aufweisen soll, wie gemessen durch Masse und Länge unter Vermittelung des Newton'schen Gravitationsgesetzes, so muss die Beziehung stattfinden

$$\frac{\text{Länge}}{(\text{Zeit})^2} = \frac{\text{Masse}}{(\text{Länge})^2}, \text{ oder } \frac{\text{Länge}}{\text{Zeit}} = \sqrt{\frac{\text{Masse}}{\text{Länge}}}.$$

Es ist dann eine der drei Grössen, Länge, Zeit und Masse, durch die beiden andern mitbestimmt.

Nun ist es bemerkenswert, dass einerseits in allen bis jetzt für physikalische Grössen aufgestellten Ausdrücken durch die drei Fundamentalgrössen niemals Zeit, wol aber Länge und Masse in gebrochenen Potenzen vorkommen, und andererseits die Exponenten solcher gebrochenen Potenzen stets Vielfache von $^1/_2$ sind. Benutzt man also jene obige Beziehung, so werden überall die gebrochenen Potenzen ganz fortfallen, und man wird so stets Ausdrücke bekommen, die nur anschauliche Grössen enthalten. Darin scheint ein grosser Vorteil des Maasssystems mit nur zwei der Fundamentaleinheiten zu liegen.

Aber wir können verstandesmässig keine der drei genannten Grössen von den andern ableiten; die Forderung, eine Masse aus Länge und Zeit, oder eine Zeit aus Länge und Masse, oder eine Länge aus Masse und Zeit anschaulich zusammenzusetzen, muss uns ungereimt erscheinen, und es ist besser, die gebrochenen Potenzen bei dem Ausdruck von Grössen beizubehalten, für welche wir vorläufig ohnedies noch keine Vorstellung haben, (den magnetischen und elektrischen) als bei so klaren Grössen, wie es die mechanischen sind, nicht zu verstehende Beziehungen und diese durch Gesetze, deren Allgemeingiltigkeit noch keineswegs als genügend erwiesen anzusehen ist, einzuführen.

Wir bleiben also bei drei Fundamentalgrössen stehen und wählen, gemäss den Festsetzungen von Gauss, Länge, Zeit und Masse als Grundgrössen für alle Maassbestimmungen.

5. Festsetzung in Bezug auf die Bezeichnung von Einheiten. Um für Einheiten bequeme Symbole zu gewinnen, die zugleich an die Grössen selbst erinnern, bezeichne ich die Grössen durch lateinische grosse oder kleine Buchstaben, und benutze vorläufig für die Einheiten die entsprechenden Buchstaben der deutschen Alphabete; $\mathfrak{L}$ oder $\mathfrak{l}$ ist also eine Längeneinheit, wenn L oder l eine Länge angiebt, ähnlich sollen M oder m Massen, $\mathfrak{M}$ oder $\mathfrak{m}$ Masseneinheiten, T oder t Zeiten, $\mathfrak{T}$ oder $\mathfrak{t}$ Zeiteinheiten bedeuten.

6. Homogenität in Bezug auf die benennenden Einheiten. Dimensionen physikalischer Grössen. Wenn nun eine Zahl benannt wird, so geschieht das dadurch, dass man hinter die Zahl ihre Benennung hinzufügt. *Aus wie vielen Gliedern aber auch der Ausdruck für eine Quantität bestehen mag, so müssen doch alle diese Glieder genau dieselben Benennungen tragen.* Dieser Satz ist als ein Axiom zu betrachten und bedarf keines Beweises, denn es ist von selbst klar, dass nur gleichartige Grössen zu Summen zusammengefasst werden können.

Seine Richtigkeit zugegeben, kann man also in jedem Falle die Benennungen wie einen gemeinschaftlichen Factor vor alle Glieder ziehen, und daraus erhellt, *dass der allgemeine Ausdruck in Fundamentaleinheiten für die Quantität irgend einer Grösse X ist,*

I) $$X = n\mathfrak{L}^{\alpha}\mathfrak{M}^{\beta}\mathfrak{T}^{\gamma}.$$

n, α, β, γ sind Zahlen, und zwar geben α, β, γ die Exponenten, in welchen die drei Fundamentaleinheiten vertreten sind, n aber misst die Quantität der Grösse X. Man drückt sich gewöhnlich so aus, dass man sagt, *es sei die betreffende Grösse X von den Dimensionen* $\mathfrak{L}^{\alpha}\mathfrak{M}^{\beta}\mathfrak{T}^{\gamma}$.

Den obigen Satz fasst man dann in die Form:

Wenn irgend eine Grösse einem Aggregat von Gliedern gleich ist, so müssen alle diese Glieder von ganz gleichen Dimensionen sein.

Wo man voraussehen kann, dass die Dimensionen bekannt sind, lässt man die Benennungen fort, schreibt also $X = n$, man darf aber nicht ausser Acht lassen, dass diese Schreibweise nur eine abgekürzte ist.

Wenn $n = 1$ ist, wird die Quantität der betreffenden Grösse ebenfalls 1, die Einheit einer Grösse X ist also definirt durch

II) $$\mathfrak{X} = \mathfrak{L}^{\alpha} \mathfrak{M}^{\beta} \mathfrak{T}^{\gamma}.$$

Da die Dimensionen einer beliebigen Quantität einer Grösse dieselben sein müssen wie die ihrer Einheit, so reicht es aus, für diese Einheit ihre Dimensionen anzugeben, man hat dann für jede andere Quantität n

$$X = n\mathfrak{X}.$$

7. Heranziehung der Dimensionen zur Controle von Formeln. Der Satz von der Homogenität der Dimensionen kann bequem zur Controle von Formeln verwendet werden. Man untersucht alle Glieder der zu controlirenden Formel auf ihre Dimensionen — was sich immer sehr leicht und schnell ausführen lässt —, findet man bei allen Gliedern genau dieselben Dimensionen, so kann die Formel richtig sein, weichen aber die Dimensionen auch nur eines Gliedes von denen der andern Glieder ab, so muss die Formel falsch sein.

Diese Controle durch die Dimensionen empfiehlt sich ausserordentlich; sie schützt zwar nicht vor falschen Formeln, denn fehlende Glieder und falsche Zahlenfactoren oder unrichtige Zeichen kann sie nicht nachweisen, aber sie enthüllt vorhandene Absurditäten, und darum ist es gut, an jeder Formel, ob man sie selbst entwickelt oder von Andern genommen hat, erst die Probe durch die Dimensionen zu machen.

8. Ableitung der Dimensionen physikalischer Grössen. Zu der Kenntnis der Dimensionen einer Grösse in Bezug auf vorgeschriebene Fundamentalgrössen kann man nur gelangen, wenn man diese Grösse mit andern Grössen in Verbindung zu setzen vermag, deren Dimensionen in Bezug auf die betreffenden Fundamentalgrössen bereits bekannt sind. Den Dimensionsbestimmungen liegen also Formeln zu Grunde, die Beziehungen zwischen verschiedenartigen Grössen aussprechen. Die Entdeckung dieser Beziehungen bildet ja eine Hauptaufgabe der physikalischen Untersuchungen, und nur weil man die bei elektrischen, magnetischen, thermischen, u. a. Erscheinungen hervortretenden Grössen mit mechanischen Grössen hat in Beziehung bringen können, ist man im Stande, alle diese Grössen durch mechanische Einheiten zu messen.

Nun scheidet sich das gesammte Formelmaterial des Physikers in Grundformeln und abgeleitete Formeln, jene besonders einfachen Verhältnissen entsprechend und meist als Naturgesetze bezeichnet, diese complicirtern Bedingungen angepasst und aus jenen durch analytische Entwickelung erschlossen. An sich ist es gleichgiltig, ob man zur Erkennung der Dimensionen eine Grundformel oder eine aus ihr abgeleitete Formel benutzt, man geht aber gewöhnlich von den Grundformeln aus, weil diese meist die einfachsten und am leichtesten zu interpretirenden sind.

Es ist dagegen durchaus nicht gleichgiltig, aus welcher Erscheinungsklasse man die Formel zur Bestimmung der Dimensionen einer Grösse nimmt. So ist es bekannt, dass die Quantitäten elektrischer Grössen in ganz verschiedenen Dimensionen auftreten, je nachdem man die Dimensionen für eine Quantität Elektricität aus den elektrostatischen oder elektromagnetischen Erscheinungen bestimmt. Der Grund, warum wir bei vielen Grössen ihre Dimensionen nicht eindeutig zu bestimmen vermögen, kann zunächst darin liegen, dass wir für die betreffenden Grössen selbst noch keine Vorstellung besitzen, wir wissen z. B. noch durchaus nicht, was Elektricität ist, trotzdem wir mit den Wirkungen der Elektricität wol vertraut sind, darum ist es auch noch praktisch ohne Belang, in welchen Dimensionen wir eine Quantität Elektricität ausdrücken, die Dimensionen sollen nur für die Quantität, nicht für die Elektricität selbst Anschauung verleihen. Zweitens kann der Grund auch darin liegen, dass wir, weil die Erfahrung uns in Bezug auf die betreffende Grösse noch nicht alles gelehrt hat, nicht die geeignete Formel zur Ableitung der Dimensionen benutzen. Ich will mich hierüber, weil das einen sehr wichtigen Punkt betrifft, etwas näher auslassen.

9. Formeln, aus welchen die Dimensionen am besten abzuleiten sind. Beurteilung aus der Unveränderlichkeit der Proportionalitätsfactoren. Als was man auch die Dimensionen der physikalischen Grössen betrachten mag, ob man sie als etwas rein formales, conventionelles ansieht, lediglich dazu eingeführt, um die nötigen Maasseinheiten auf die tunlich geringste Anzahl zu reduciren, oder ob man ihnen eine tiefere, das Wesen der betreffenden Grössen berührende Bedeutung beilegt, jedenfalls sollte man diese Dimensionen so zu bestimmen suchen, dass sie für die betreffende Grösse unter allen Umständen gilt. Nun enthalten die physikalischen Formeln ausser den einzelnen nach ihren Dimensionen bekannten und nicht bekannten Grössen noch sogenannte Proportionalitätsfactoren — ein solcher Factor ist zum Beispiel die Attractionsconstante — die zur Reduction der nach ihren Dimensionen nicht bekannten auf die nach ihren Dimensionen bekannten Grössen dienen. Da, wo nach ihren Dimensionen nicht bekannte Grössen nicht vorhanden sind, werden die Zahlenwerte dieser Factoren durch die betreffenden Formeln selbst direct bestimmt, wie zum Beispiel der Zahlenwert der Attractionsconstante. Wo aber eine nach ihren Dimensionen erst zu bestimmende Grösse steht, dient dieser Factor, indem man ihm einen Zahlenwert beilegt, meist wählt man dazu die Zahl 1, zur Ableitung dieser Dimensionen. Es ist nun klar, dass die Festsetzung einer bestimmten Zahl für eine Grösse nur dann berechtigt ist, wenn diese Grösse ganz invariabel ist, wenn sie ganz und gar nicht von äussern Umständen abhängt, sonst ist diese Grösse kein einfacher Proportionalitätsfactor mehr, sondern führt eine selbstständige Bedeutung und ist selbst als physikalische Grösse zu betrachten.

Nehmen wir zum Beispiel die Attractions- oder Repulsionswirkung zweier mit gleichen Elektricitätsmengen e geladener Punkte; die Erfahrung lehrt, dass diese Wirkung direct proportional dem Producte der Elektricitätsmengen und umgekehrt proportional dem Quadrate der Entfernung r der Träger dieser Mengen ist. Die bewegende Kraft, die infolge ihrer Ladungen der eine Punkt auf den andern ausübt, ist also

$$K = c\frac{e^2}{r^2}.$$

Hier ist c der Proportionalitätsfactor.

Da wir nicht wissen, was Elektricität ist, eine bewegende Kraft uns ihren Dimensionen nach aber wol bekannt ist, legt man dem Factor c den Zahlenwert 1 bei und sagt damit, man wolle die Dimensionen einer Elektricitätsmenge so bestimmen, dass das Quadrat einer Quantität derselben dieselben Dimensionen hat, wie eine bewegende Kraft multiplicirt mit dem Quadrat einer Länge.

Aber nun fragt es sich, ob denn der Factor c, nachdem die Dimensionen von e so bestimmt sind, auch wirklich unter allen Umständen denselben Zahlenwert 1 beibehält, ob man nicht bei andern Verhältnissen gezwungen ist, diesen Zahlenwert abzuändern. Wir können diese Frage experimentell dadurch entscheiden, dass wir die Attraction bezüglich Repulsion der beiden einmal geladenen Punkte bei unveränderter Entfernung in verschiedenen Medien messen, etwa erst wenn zwischen den Punkten Luft, dann wenn Stickstoff, Wasserstoff oder irgend ein anderes isolirendes Gas sich befindet, dann wenn feste oder flüssige Isolatoren u. s. f. vorhanden sind, indem wir zugleich die Dimensionen der Zwischenmedien mannigfach variiren. Kann c wirklich als Zahl betrachtet werden, dann muss in allen diesen Verhältnissen die bewegende Kraft dieselbe sein: lehrt die Erfahrung, dass diese Kraft mit der Natur und vielleicht auch Ausdehnung des zwischen den Punkten sich erstreckenden Mittels variirt, dann haben wir kein Recht, c als Zahl zu behandeln, wir müssen diese Grösse — vorausgesetzt, dass die bewegende Kraft immer noch nach demselben Gesetz mit Grösse der Ladung und Entfernung abändert — als aus zwei Factoren zusammengesetzt ansehen, einem, der in der Tat als Zahlenfactor betrachtet werden kann, und einem, der eine selbstständige physikalische Bedeutung hat; bezeichnen wir den einen mit k, den andern mit γ, so ist also eigentlich zu schreiben

$$K = k\gamma\frac{e^2}{r^2},$$

und hierin sind zwei Grössen nach ihren Dimensionen unbekannt, γ und e, und die obige Formel für sich reicht nicht aus, ihre Dimensionen zu bestimmen. Man muss also entweder neue Erfahrungen sammeln, die zu einer zweiten Gleichung zwischen mechanischen Grössen und e und γ führen, oder aber, man muss eine andere Beziehung zwischen Elektricitätsmengen und mechanischen Grössen suchen, die nicht mit den äussern Verhältnissen abändert. Tut man das nicht, so gelangt man nur zu Maassen, die speciellen

Verhältnissen angepasst sind; man kann dann dieselben Maasse allerdings auch allgemein in allen andern Verhältnissen anwenden, ist aber zugleich gezwungen, die betreffende Grundformel je nach den Verhältnissen mit immer andern Factoren zu versehen, die nicht allein von den besondern specifischen Eigenschaften der Zwischenmittel abhängen. Also:

Dimensionen, die allgemein gelten sollen, leitet man am besten aus Formeln ab, deren accessorische Grössen, die sogenannten Proportionalitätsfactoren, von den äussern Verhältnissen entweder ganz unabhängig sind, oder doch nur durch die specifische Natur dieser Verhältnisse bestimmt werden, die also jedenfalls ihre Dimensionen stets beibehalten.

Diese Regel ist nicht immer beachtet worden, und wenn auch vom formalen Standpunkt aus betrachtet jedes Maasssystem, consequent durchgeführt und richtig angewendet, ausreicht, wird man doch diejenigen Systeme vorziehen müssen, die bei gleicher Consequenz Unabhängigkeit von äussern Verhältnissen aufweisen.

Weiteres allgemein giltiges lässt sich bei dem dermaligen Stande unserer Wissenschaft über die Wahl der Dimensionen nicht sagen, zumal so schon bei vielen Grössen die Angabe ihrer Dimensionen nur durch Hypothesen ermöglicht wird; bei der speciellen Behandlung der einzelnen Grössen wird noch einiges zu bemerken sein.

II. Das Rechnen mit den Einheiten.

Was die Rechnung mit den Dimensionen von Grössen anbetrifft, so besteht dieselbe durchgängig in einfachen Proportionsrechnungen. Drei Hauptaufgaben sind es besonders, die dabei in Betracht kommen: die Ersetzung gewisser Fundamentalgrössen durch andere Grössen, die Einführung neuer, accessorischer Einheiten oder Zusammenfassung von gewissen Dimensionen zu einer einzigen Dimension, die Umwandlung gewählter Einheitsbeträge in andere Einheitsbeträge.

Es ist leicht zu übersehen, nach welchen Regeln man zu verfahren hat, wenn eine dieser Aufgaben gestellt ist.

10. Transformation von Einheiten. Ich setze zunächst das Verfahren bei der Ersetzung von Fundamentalgrössen durch andere Grössen auseinander.

Es sei die Quantität einer Grösse, gemessen in den Einheiten $\mathfrak{L}$, $\mathfrak{M}$, $\mathfrak{T}$, also in Länge, Masse, Zeit

$$X = n\mathfrak{L}^{\alpha}\mathfrak{M}^{\beta}\mathfrak{T}^{\gamma},$$

wir wollen an Stelle der Masse $\mathfrak{M}$ den Betrag einer anderen Grösse K setzen, welche in den Einheiten $\mathfrak{L}$, $\mathfrak{M}$, $\mathfrak{T}$ ausgedrückt, bestimmt ist durch

$$K = n'\mathfrak{L}^{\alpha'}\mathfrak{M}^{\beta'}\mathfrak{T}^{\gamma'},$$

durch Elimination von $\mathfrak{M}$ finden wir sofort

$$\text{(III)} \qquad X = n\mathfrak{L}^{\alpha - \frac{\alpha'\beta}{\beta'}} \mathfrak{T}^{\gamma - \frac{\gamma'\beta}{\beta'}} \left(\frac{K}{n'}\right)^{\frac{\beta}{\beta'}}.$$

Nun sollte K die neue Fundamentaleinheit werden, wir haben also K zu ersetzen durch $\mathfrak{K}$ und bekommen

$$\text{(IV)} \qquad X = n\mathfrak{L}^{\alpha - \frac{\alpha'\beta}{\beta'}} \mathfrak{T}^{\gamma - \frac{\gamma'\beta}{\beta'}} \mathfrak{K}^{\frac{\beta}{\beta'}} \left(\frac{1}{n'}\right)^{\frac{\beta}{\beta'}}.$$

Es bedeute zum Beispiel K die Quantität einer bewegenden Kraft und zwar die der bewegenden Schwerkraft zu Paris. Die drei Fundamentaleinheiten seien Centimeter, Gramm, Secunde, für die wir später die Bezeichnungen c, g, s benutzen werden. Dann ist in diesen Einheiten, wie die Erfahrung gelehrt hat, annähernd

$$K = 981\, \mathfrak{L}^{+1} \mathfrak{M}^{+1} \mathfrak{T}^{-2}.$$

Wir haben also

$$\alpha' = +1, \quad \beta' = +1, \quad \gamma' = -2, \quad n' = 981.$$

Soll also diese bewegende Schwerkraft die neue Einheit bilden, so wird

$$X = \frac{n}{(981)^\beta} \mathfrak{L}^{\alpha - \beta} \mathfrak{T}^{\gamma + 2\beta} \mathfrak{K}^\beta.$$

Um das Beispiel noch weiter zu specialisiren, sei die ihrer Quantität nach zu bestimmende Grösse ebenfalls eine bewegende Kraft, dann ist $\alpha = +1$, $\beta = +1$, $\gamma = -2$, also

$$X = \frac{n}{981} \mathfrak{K}.$$

Für $n = 1$ geht X über in $\mathfrak{X}$, somit zeigt sich die Quantität einer bewegenden Kraft, wenn sie durch die bewegende Schwerkraft in Paris ausgedrückt wird, 981 mal so klein, als wenn sie durch die Fundamentaleinheiten Centimeter, Gramm, Secunde gemessen wird. Die Zahl 981 spielt die Rolle eines Reductionsfactors, es ist diejenige Zahl, mit der man eine Quantität einer bewegenden Kraft, wenn sie in Teilen der bewegenden Schwerkraft zu Paris ausgedrückt ist, zu multipliciren hat, um sie in Centimeter, Gramm, Secunde ausgedrückt zu erhalten.

Eine Masse durch eine beschleunigende Kraft zu ersetzen, ist nicht möglich, weil die beschleunigende Kraft in unsern Fundamentalgrössen ausgedrückt die Masse gar nicht enthält. Wo man von der Ersetzung der Masseneinheit durch die Krafteinheit redet, meint man auch stets eine bewegende Kraft, wenngleich man nicht selten die dabei in Betracht kommende bekannte Schwere - Constante g, als „Beschleunigung" bezeichnet. Nennen wir die bewegende Kraft, die die Erde auf 1 Gramm in Paris ausübt, das „Gewicht" dieser Masse in Paris, so bedeutet die soeben als Beispiel behandelte Transformation die Ersetzung der Masseneinheit durch eine Gewichtseinheit, das heisst die Ersetzung der Masse 1 Gramm durch das Gewicht von 1 Gramm in Paris. Wir werden später sehen, dass die so genannten „Gewichte" nicht zu Gewichts- sondern zu Massenbestimmungen dienen, also nicht mit den hier definirten Gewichten verwechselt werden dürfen.

11. Einführung neuer Einheiten; Zusammenfassung vorhandener Einheiten. In entsprechender Weise, wie die Vertauschung von Einheiten, lässt sich die Einführung neuer Einheiten behandeln.

Soll zu den in dem Ausdruck für die Quantität einer Grösse schon vorhandenen Einheiten noch eine neue Einheit, für die der Ausdruck durch jene Einheiten bekannt ist, eingeführt werden, so scheidet man in dem zu transformirenden Ausdruck von den Einheiten so viele Potenzen ab, als in dem Ausdruck für die neue Einheit vertreten sind, und ersetzt diese abgeschiedenen Potenzen durch die neue Einheit.

Sei also wieder

$$X = n\mathfrak{L}^{\alpha}\mathfrak{M}^{\beta}\mathfrak{T}^{\gamma}$$

und die neu einzuführende Einheit

$$K = n'\mathfrak{L}^{\alpha'}\mathfrak{M}^{\beta'}\mathfrak{T}^{\gamma'},$$

dann sind die in dem Ausdruck für X abzuscheidenden Potenzen $\mathfrak{L}^{\alpha'}\mathfrak{M}^{\beta'}\mathfrak{T}^{\gamma'}$, und es wird

$$\text{(V)} \qquad X = \frac{n}{n'}\,\mathfrak{L}^{\alpha-\alpha'}\,\mathfrak{M}^{\beta-\beta'}\,\mathfrak{T}^{\gamma-\gamma'}\,K$$

oder, da K die neue Einheit bedeutet,

$$\text{(VI)} \qquad X = \frac{n}{n'}\,\mathfrak{L}^{\alpha-\alpha'}\,\mathfrak{M}^{\beta-\beta'}\,\mathfrak{T}^{\gamma-\gamma'}\,\mathfrak{K}.$$

Die Potenz von $\mathfrak{K}$ ist, wie man sieht, noch beliebig, will man von dieser neuen Einheit die εte Potenz haben, so wird

$$\text{(VII)} \qquad X = \frac{n}{n'^{\varepsilon}}\,\mathfrak{L}^{\alpha-\alpha'\varepsilon}\,\mathfrak{M}^{\beta-\beta'\varepsilon}\,\mathfrak{T}^{\gamma-\gamma'\varepsilon}\,\mathfrak{K}^{\varepsilon}.$$

Gewöhnlich stellt sich die Aufgabe sehr einfach, und ist ε durch das, was man durch die Abscheidung der Dimensionen erreichen will, vorgeschrieben.

Sei zum Beispiel

$$X = n\mathfrak{L}^{\frac{3}{2}}\mathfrak{M}^{\frac{1}{2}}\mathfrak{T}^{-2},$$

schreiben wir das in der Form

$$X = n\mathfrak{L}^{\frac{1}{2}}\mathfrak{M}^{\frac{1}{2}}\mathfrak{T}^{-1}\,\mathfrak{L}\mathfrak{T}^{-1}$$

und führen eine Geschwindigkeit

$$K = n'\mathfrak{L}\mathfrak{T}^{-1}$$

als neue Einheit ein, so wird

$$X = \frac{n}{n'} \mathfrak{L}^{\frac{1}{2}} \mathfrak{M}^{\frac{1}{2}} \mathfrak{T}^{-1} \mathfrak{K}^{+1}.$$

Um zu Zahlen zu gelangen, nehme ich für die als neue Einheit eingeführte Geschwindigkeit die Fortpflanzungsgeschwindigkeit des Lichts im Vacuum, dann ist, wenn $\mathfrak{T} =$ einer mittlern Zeitsecunde, $\mathfrak{L} = 1$ Centimeter angesetzt wird, nach Foucault's Versuchen

$$K = 29836 \,.\, 10^6 \mathfrak{L} \mathfrak{T}^{-1},$$

somit

$$X = \frac{n}{29836} 10^{-6} \mathfrak{L}^{\frac{1}{2}} \mathfrak{M}^{\frac{1}{2}} \mathfrak{T}^{-1} \mathfrak{K}^{+1}$$

und die Einheit von X ist

$$\mathfrak{X} = \frac{1}{29836} 10^{-6} \mathfrak{L}^{\frac{1}{2}} \mathfrak{M}^{\frac{1}{2}} \mathfrak{T}^{-1} \mathfrak{K}^{+1}.$$

Wir werden später sehen, dass im absoluten elektrostatischen Maasssystem X eine elektrische Stromstärke bedeutet. Die elektrostatische Einheit der Stromstärke ist also Gramm, Centimeter, Secunde, und Fortpflanzungsgeschwindigkeit des Lichts zu Einheiten genommen — durch einen Ausdruck von der obigen Form gegeben, dass aber diese Form nicht ohne Interesse ist, wird dem Leser bekannt sein.

Ohne besondere Bedeutung und nur um das Beispiel fortzusetzen gewählt, ist noch die Einführung der bewegenden Schwerkraft auf die Masse 1 Gramm. Es ist diese Kraft, wie oben schon bemerkt, in Paris etwa

$$G = 981 \, \mathfrak{L}^{+1} \mathfrak{M}^{+1} \mathfrak{T}^{-2},$$

wir haben also in dem Ausdruck für $\mathfrak{X}$ abzuscheiden $\mathfrak{L}^{+1} \mathfrak{M}^{+1} \mathfrak{T}^{-2}$ und bekommen so — Centimeter, Gramm, Secunde bewegende Schwerkraft in Paris und Fortpflanzungsgeschwindigkeit des Lichts im Vacuum zu Einheiten gewählt —,

$$\mathfrak{X} = \frac{1}{29836 \,.\, 981} 10^{-6} \, \mathfrak{G} \mathfrak{K} \mathfrak{L}^{-\frac{1}{2}} \mathfrak{M}^{-\frac{1}{2}} \mathfrak{T}^{+1}.$$

In derselben Weise, wie man die Einheiten vermehrt, kann man sie auch vermindern. So sieht man ohne weiteres, dass, wenn man in dem letzten Ausdruck $\frac{1}{\sqrt{981}} \mathfrak{L}^{-\frac{1}{2}} \mathfrak{M}^{-\frac{1}{2}} \mathfrak{T}^{+1}$ abscheidet, an Stelle dieser Grösse $\mathfrak{G}^{-\frac{1}{2}}$ gesetzt werden kann, es ist also auch

$$\mathfrak{X} = \frac{1}{29836\sqrt{981}} 10^{-6} \, \mathfrak{G}^{+\frac{1}{2}} \mathfrak{K}^{+1},$$

wo die 5 Einheiten sofort auf 2 reducirt sind.

12. Transformation der Einheitsbeträge. Die dritte Aufgabe, die beim Rechnen entgegentritt, besteht in der Verwandlung von Ausdrücken für Quantitäten, die sich auf bestimmte Beträge einmal gewählter Fundamentaleinheiten beziehen, in andere Zahlengrössen, die andere Beträge dieser Fundamentaleinheiten zur Grundlage haben.

Es sei der Ausdruck für eine Quantität einer bestimmten Grösse

$$X = n\mathfrak{L}^{\alpha}\mathfrak{M}^{\beta}\mathfrak{T}^{\gamma}\ldots$$

n ist der Zahlenwert dieser Quantität, er sei vollständig bekannt, wenn für die Fundamentaleinheiten $\mathfrak{L}$, $\mathfrak{M}$, $\mathfrak{T}$, ... ganz bestimmte Beträge vorgeschrieben sind, etwa für $\mathfrak{L}$ ein Centimeter, $\mathfrak{M}$ ein Gramm u. s. f. Verstehen wir jetzt unter $\mathfrak{L}$, $\mathfrak{M}$, $\mathfrak{T}$, ... geradezu diese vorgeschriebenen Beträge und bezeichnen mit $\mathfrak{l}$, $\mathfrak{m}$, $\mathfrak{t}$, ... andere Beträge derselben Fundamentalgrössen, deren Relationen zu den frühern Beträgen bekannt sind, so haben wir

$$\mathfrak{L} = n_1\mathfrak{l},\quad \mathfrak{M} = n_2\mathfrak{m},\quad \mathfrak{T} = n_3\mathfrak{t},\ \ldots$$

und hierin sind n_1, n_2, n_3, ... als gegebene Zahlen anzusehen.

Führen wir also in dem Ausdruck für die Quantität X an Stelle der Einheitsbeträge $\mathfrak{L}$, $\mathfrak{M}$, $\mathfrak{T}$, ... die $\mathfrak{l}$, $\mathfrak{m}$, $\mathfrak{t}$, ... ein, so wird

VIII) $$X = n n_1^{\alpha} n_2^{\beta} n_3^{\gamma} \ldots \mathfrak{l}^{\alpha}\mathfrak{m}^{\beta}\mathfrak{t}^{\gamma}\ldots,$$

der neue Zahlenwert für die Quantität ist hiernach $nn_1^{\alpha}n_2^{\beta}n_3^{\gamma}\ldots$, *d. h. gleich dem alten Zahlenwert multiplicirt mit den Zahlen, welche angeben, wie oft die neuen Einheitsbeträge in den alten enthalten sind, jede dieser Zahlen zu der Potenz erhoben, die der entsprechenden Einheit zugehört.*

Für eine numerische Anwendung der obigen Regel sei X die bewegende Schwerkraft in Paris auf ein Gramm; $\mathfrak{L}$, $\mathfrak{M}$, $\mathfrak{T}$ mögen wie bisher Längeneinheit, Masseneinheit, Zeiteinheit bedeuten.

Zunächst ist, wenn die Einheitsbeträge 1 Centimeter, 1 Gramm, 1 mittlere Zeitsecunde sind, und diese Beträge gerade mit $\mathfrak{L}$, $\mathfrak{M}$, $\mathfrak{T}$ bezeichnet werden,

$$X = 981\,\mathfrak{L}\mathfrak{M}\mathfrak{T}^{-2}.$$

Wählen wir jetzt für die Einheitsbeträge 1 Meter, 1 Kilogramm, 1 mittlere Zeitminute und bezeichnen diese Beträge mit $\mathfrak{l}$, $\mathfrak{m}$, $\mathfrak{t}$, so ist, wie man weiss,

$$\mathfrak{L} = \frac{1}{100}\mathfrak{l},\quad \mathfrak{M} = \frac{1}{1000}\mathfrak{m},\quad \mathfrak{T} = \frac{1}{60}\mathfrak{t},$$

somit

$$X = 981\frac{1}{100}\frac{1}{1000}\left(\frac{1}{60}\right)^{-2}\mathfrak{l}\mathfrak{m}\mathfrak{t}^{-2} = 35{,}316\ \mathfrak{l}\mathfrak{m}\mathfrak{t}^{-2}.$$

Wir wollen ferner in dieselbe Grösse statt der metrischen Einheitsbeträge englische einführen, $\mathfrak{l}$ bedeute also 1 Yard, $\mathfrak{m}$ 1 pound (avoirdupois), $\mathfrak{T}$ lassen wir stehen, dann ist (die Tabellen für die Verhältnisse der englischen Maasse zu den metrischen werden später gegeben werden)

$$\mathfrak{L} = 0{,}0\,109\,363\,\mathfrak{l}, \quad \mathfrak{M} = 0{,}00\,220\,462\,\mathfrak{m},$$

somit

$$X = 981 \,.\, 0{,}0\,109\,363 \,.\, 0{,}00\,220\,462\,\mathfrak{l}\mathfrak{m}\mathfrak{T}^{-2} = 0{,}023\,649\,\mathfrak{l}\mathfrak{m}\mathfrak{T}^{-2}.$$

Alle drei Zahlen 981; 35,316; 0,023649 drücken genau dieselbe Grösse aus: nämlich die bewegende Kraft, die die Schwere in Paris auf die Masse 1 Gramm ausübt, also, wie wir auch sagen können, das Gewicht eines Gramm in Paris, aber in der ersten sind die Benennungen Gramm, Centimeter, Secunde; in der zweiten Kilogramm, Meter, Minute; in der dritten Avoirdupois-Pfund, Yard, Secunde.

Ist statt der bewegenden Kraft die beschleunigende zu bestimmen, so haben wir die drei obigen Zahlen durch die Masse 1 Gramm und zwar in Einheiten von 1 Gramm, 1 Kilogramm, 1 Avoirdupois-Pfund zu dividiren, die drei Zahlen für die Beschleunigung sind dann bezüglich 981; 35316; 10,729; wieder stellen alle drei Zahlen dieselbe Grösse dar, wenn auch in verschiedenen Einheiten. Bezeichnen wir diese beschleunigende Kraft mit G, so ist also

$$G = 981\,(\text{Centim.})\,(\text{Secunde})^{-2} = 35316\,(\text{Meter})\,(\text{Minute})^{-2}$$
$$= 10{,}729\,(\text{Yard})\,(\text{Secunde})^{-2}.$$

Vermöge derselben durchlaufen fallende Körper in Paris in einer Secunde $981/2 = 490{,}5$ Centimeter bezüglich $10{,}729/2 = 5{,}365$ Yard, und in einer Minute $35316/2 = 17658$ Meter.

Als zweites Beispiel, welches Veränderungen von Einheitsbeträgen mit Transformation der Einheiten verbinden soll, wählen wir die Berechnung der Newton'schen Gravitationsconstante für verschiedene Einheitsbeträge und die Vergleichung von Krafteinheiten mit bestimmten Attractionen. Sei M die Masse der Erde, R der Radius derselben, m die Masse irgend eines andern auf der Oberfläche der Erde befindlichen Körpers, dann ist, unter der Voraussetzung, dass die Erde Kugelform hat und als aus concentrischen Schichten gleicher Dichte zusammengesetzt angesehen werden darf, die Attractionsconstante K zu berechnen aus der Gleichung

$$\text{Bewegende Kraft der Erde} = K\frac{Mm}{R^2},$$

oder auch aus

$$G = \text{Beschleunigende Kraft der Erde} = K\frac{M}{R^2}.$$

Nehmen wir wieder Centimeter, Gramm, Secunde als Einheitsbeträge, so ist angenähert

$$M = 6061 \,.\, 10^{24}\,\text{Gramm}, \quad R = 637\,028\,320\,\text{Centimeter},$$
$$G = 981\,(\text{Centimeter})\,(\text{Secunde})^{-2}.$$

Damit wird

$$K = \frac{(637028320)^2}{6061 \,.\, 10^{24}}\, 981\ (\text{Centimeter})^3\,(\text{Gramm})^{-1}\,(\text{Secunde})^{-2}$$

$$= 6568 \,.\, 10^{-11}(\text{Centimeter})^3\,(\text{Gramm})^{-1}(\text{Secunde})^{-2}.$$

Wollen wir statt Centimeter und Gramm Meter und Kilogramm einführen, so ist die obige Zahl mit $\left(\frac{1}{100}\right)^3 \cdot 1000$ zu multipliciren, und es wird

$$K = 6568 \,.\, 10^{-14}(\text{Meter})^3(\text{Kilogramm})^{-1}\,(\text{Secunde})^{-2}.$$

Hiernach ist die bewegende Attraction zweier homogener kugelförmiger Himmelskörper von den Massen m_1, m_2 in der Entfernung r

$$A = 6568 \,.\, 10^{-11}\,\frac{m_1 m_2}{r^2}(\text{Centimeter})^3(\text{Gramm})^{-1}(\text{Secunde})^{-2}.$$

Drücken wir die Massen in Grammen und die Entfernung in Centimeter aus und setzen $m_1 = n_1$ Gramm, $m_2 = n_2$ Gramm, $r = n'$ Centimeter, so dass also n_1, n_2, n' reine Zahlen sind, so wird

$$A = 6568 \,.\, 10^{-11}\,\frac{n_1 n_2}{n'^2}\,(\text{Centimeter})\,(\text{Gramm})\,(\text{Secunde})^{-2}.$$

Für den Fall $n_1 = n_2 = n' = 1$ haben wir

$$A = 6568 \,.\, 10^{-11}(\text{Centimeter})\,(\text{Gramm})\,(\text{Secunde})^{-2}.$$

Bezeichnen wir also den Einheitsbetrag einer bewegenden Kraft — Centimeter, Gramm, Secunde als Einheiten vorausgesetzt —, mit $\mathfrak{K}$, so wird $A = 6568 \,.\, 10^{-11}\mathfrak{K}$, die Attractionsconstante $6568 \,.\, 10^{-11}$ bezeichnet hiernach diejenige bewegende Kraft, die zwei homogene kugelförmige Körper von den Massen 1 Gramm auf einander ausüben, wenn ihre Mittelpunkte um einen Centimeter von einander entfernt sind, oder, wie wir auch sagen können, der Einheitsbetrag für bewegende Kräfte — ausgedrückt durch Centimeter, Gramm, Secunde — ist $\frac{10^{11}}{6568}$ oder 15 220 000 Mal so gross wie die Attraction jener Körper von je ein Gramm Masse in der Entfernung 1 Centimeter.

Benutzen wir den zweiten Ausdruck für die Attractionsconstante, so wird

$$A = 6568 \,.\, 10^{-14}\,\frac{m_1 m_2}{r^2}(\text{Meter})^3\,(\text{Kilogramm})^{-1}\,(\text{Secunde})^{-2}.$$

Indem wir hier die Massen nach Kilogramm, die Entfernung nach Meter rechnen, wird

$$A = 6568 \,.\, 10^{-14}\,\frac{n_1 n_2}{n'^2}\,(\text{Meter})\,(\text{Kilogramm})\,(\text{Secunde})^{-2}.$$

Wollen wir jetzt den betreffenden Körpern die Massen 1 Gramm geben, und die Entfernung ihrer Mittelpunkte zu 1 Centimeter ansetzen, so hätten wir $n_1 = \frac{1}{1000}$, $n_2 = \frac{1}{1000}$, $n' = \frac{1}{100}$ zu machen, dann wäre genau dieselbe Attraction, die wir vorhin betrachtet haben, nämlich die zweier Gramme in der Entfernung 1 Centimeter

$$A = 6568.10^{-16}\,(\text{Meter})\,(\text{Kilogramm})\,(\text{Secunde})^{-2}.$$

Wenn wir aber auch jetzt $n_1 = n_2 = n' = 1$ setzen, so wird

$$A = 6568.10^{-14}\,(\text{Meter})\,(\text{Kilogramm})\,(\text{Secunde})^{-2}.$$

Dann ist jedoch die Bedeutung von A eine andere, und zwar giebt diese Grösse nunmehr die Attraction zweier homogener kugelförmiger Körper von den Massen 1 Kilogramm, deren Mittelpunkte von einander 1 Meter entfernt sind, auf einander — ausgedrückt in Einheiten einer bewegenden Kraft, deren Benennungen Meter, Kilogramm und Secunde sind — oder auch eine Krafteinheit, die durch Meter, Kilogramm und Secunde gemessen wird, ist $\frac{10^{14}}{6568}$, das heisst 1522000000 Mal so gross als die Attraction zweier kugelförmiger homogener Körper von den Massen 1 Kilogramm, deren Mittelpunkte um 1 Meter von einander abstehen.

Endlich wollen wir noch in $A = 6568.10^{-11}$(Centimeter) (Gramm)(Secunde)$^{-2}$ die Benennung durch $\mathfrak{G}/981$ ersetzen, $\mathfrak{G}$ bedeutet dann, wie wir früher gesehen haben, die bewegende Kraft der Schwere in Paris; es wird aber

$$A = \frac{6568}{981} 10^{-11}\mathfrak{G} = 6{,}70.10^{-11}\mathfrak{G}.$$

Die bewegende Kraft, die die Erde auf ihrer Oberfläche auf die Masse 1 Gramm ausübt, ist hiernach $\frac{10^{11}}{6{,}70}$ oder $1{,}409.10^{10}$, also mehr als Zehntausendmillionen Mal so gross als die Attraction dieser in Form einer homogenen Kugel gedachten Masse 1 Gramm auf eine ihr gleiche, ebenfalls kugelförmige Masse, deren Mitte von der ihrigen um 1 Centimeter absteht.

Diese Beispiele werden genügen darzutun, wie sehr Vorsicht bei der Transformation von Einheiten und Einheitsbeträgen geboten ist; sie sollten aber auch zeigen, wie man durch solche geeignete Transformationen sich leicht für Grössen eine Anschauung verschaffen kann, die sonst dem Verständnis, weil man noch keine genügende Erfahrung hat, fern stehen. Ueberhaupt ist es von grossem Vorteil, sich von den Quantitäten, die man zahlenmässig niederschreibt, auch eine bestimmte Vorstellung zu machen, sei es, dass man dieselben mit Quantitäten anderer Grössen, die aus der Erfahrung schon geläufig sind, vergleicht, sei es, dass man sich an die erfahrene Wirkung einer andern Quantität derselben Grösse erinnert. Selbstverständlich giebt die Vorstellung der Quantität einer Grösse noch nicht immer auch eine Vorstellung von der betreffenden Grösse selbst.

III. Die praktischen Einheitsbeträge.

13. Festsetzung der Fundamentalgrössen. Wir wollen nunmehr für alles folgende festsetzen, dass die Fundamentalgrössen, auf welche die Quantitäten aller physikalischen Grössen bezogen werden sollen, Länge, Masse und Zeit sind; als Fundamentaleinheiten haben wir dann Längeneinheit, Masseneinheit, Zeiteinheit anzusehen, das heisst eine bestimmte Länge, die zur Messung aller andern Längen; eine bestimmte Masse, die zur Messung aller andern Massen; eine bestimmte Zeit, die zur Messung aller andern Zeiten dient. Welche Länge, Masse, Zeit als diese Einheiten angenommen werden, ist an sich gleichgiltig, man wird aber natürlich nur solche Einheiten wählen, welche allgemein bekannt sind.

14. Natürliche und arbiträre Einheitsbeträge. Man kann nun die Beträge solcher Einheiten in zweierlei Weise festsetzen, entweder man stellt für dieselben eine bestimmte Definition auf, die es jedem ermöglicht, sich diese Einheiten für sich jederzeit herzustellen; oder man verfertigt bestimmte Repräsentanten beliebig angenommener Beträge der betreffenden Grössen und sieht diese Repräsentanten als die allen Messungen zu Grunde zu legenden Einheiten an.

Einheiten, die nach dem ersten Verfahren festgesetzt sind, werden als *natürliche Einheiten* bezeichnet, Einheiten, denen das zweite Verfahren zu Grunde liegt, kann man *willkürliche* (*arbiträre*) nennen.

Es ist klar, dass arbiträre Einheiten voraussetzen, dass bestimmte Repräsentanten (standards, étalons) derselben irgendwo aufbewahrt werden, man darf daher wol annehmen, dass das ursprüngliche Maasssystem, dessen die Menschen sich bedienten, das natürliche war; in der Tat weisen auch die Namen „Fuss“, „Elle“ u. s. f. auf solchen natürlichen Ursprung der betreffenden Maasse hin. Indessen hat man sich doch schon sehr früh genötigt gesehen, die der Natur entnommenen Einheitsbeträge durch bestimmte Repräsentanten zu fixiren, die dann an Stelle der natürlichen Einheiten traten, und so ist das Maasssystem wenigstens für Länge und Masse ein gemischtes geworden und bis auf den heutigen Tag geblieben.

Es ist früher heftig darüber gestritten worden, ob man das Maasssystem besser natürlich oder arbiträr wählt. Die Verteidiger des arbiträren Maasssystems konnten mit Recht geltend machen, dass einerseits diejenigen Beträge für Länge und Masse — von der Zeit wird später die Rede sein —, die wir aus der Natur leicht entnehmen können, wie zum Beispiel die Länge eines Fusses, eines Armes u. s. f., zu variabel seien, als dass sie der Definition von Maasseinheiten zu Grunde gelegt werden könnten, die Beträge aber, die wir als unveränderliche Grössen ansehen dürften, wie der mittlere Durchmesser und die Masse der Erde, eine Wellenlänge einer bestimmten Fraunhofer'schen Linie gemessen im Vacuum u. s. f., nur mit Aufwand ausserordentlicher Kosten und Arbeit nutzbar gemacht werden könnten, und dass andererseits, da wir die von der Natur gelieferten Beträge nicht ohne weiteres jedesmal zur Anwendung bringen können, wir uns doch von ihnen Repräsentanten herstellen müssen, die eben wieder arbiträr sind, weil wir nicht die Sicherheit haben können, dass sie völlig den natürlichen Beträgen entsprechen. Dagegen konnten die Anhänger des natürlichen Maasssystems mit nicht minderem Recht vorhalten, dass die Festsetzung arbiträrer Maasseinheiten von der Annahme ausgeht, dass die Repräsentanten derselben absolut unveränderlich seien, die Erfahrung aber gelehrt habe, wie alles körperliche im Laufe der Zeit Veränderungen unterliege, dass ferner, wenn durch einen bösen Zufall ein solch arbiträrer Repräsentant eines Einheitsbetrags verloren ginge oder vernichtet würde, eine Wiederherstellung desselben unmöglich und damit die notwendige Continuität der Maassbestimmungen unterbrochen sei.

Da die Argumente beider Teile unwiderleglich sind, so hat sich im Laufe der Zeit von selbst herausgestellt, dass man einen Mittelweg einschlagen müsse. Jetzt verfährt man in den civilisirten Ländern allgemein so, dass man entweder Maasseinheiten aus der Natur definirt und dann der Definition tunlichst genau entsprechende Repräsentanten derselben herstellt, die an Stelle der definirten treten, oder erst Repräsentanten für Maasseinheiten in mehr oder minder arbiträrem Betrage construirt und diese dann mit durch die Natur gegebenen entsprechenden Grössen sorgfältig vergleicht. So besitzt zwar kein Volk wirklich natürliche Maasseinheiten, aber die arbiträren Maasseinheiten lassen sich durch natürliche Grössen ausdrücken, selbstverständlich mit der Genauigkeit, die der derzeitige Stand unserer Wissenschaft gestattet.

15. Unterabteilungen und Vielfache von Maasseinheiten. Ein zweiter Punkt betrifft die Einteilung einmal bestimmter Maasseinheiten in Unterabteilungen. Hier stehen sich zwei Systeme gegenüber, das *Duodecimal-* (und das mit diesem zusammenhängende *Sexagesimal-*) und das *Decimal*system. Da unsere jetzige Arithmetik auf dem Zehnersystem gegründet ist, dürfte die Teilung der Einheiten in Zehntel und Potenzen von Zehntel der in Zwölftel und Potenzen von Zwölftel vorzuziehen sein, indessen ist die letztere bei der Zeit so ausschliesslich in Gebrauch gekommen, dass bisher alle Versuche, sie durch eine Decimalteilung zu ersetzen, fehlgeschlagen sind, und bei der Länge und Masse bildet sie noch jetzt für viele Maasssysteme die Grundlage. Es ist auch dieser Punkt, weil er mehr das Rechnen betrifft, nicht von principieller Bedeutung, wenngleich wahrscheinlich die schöne und consequente Decimalteilung des metrischen Maasssystems nicht wenig zu der Verbreitung dieses Systems beigetragen hat.

16. Aeltere Einheitsbeträge für Länge und Masse. Von weit grösserer praktischer und wissenschaftlicher Bedeutung ist die Einheitlichkeit des Maasssystems. Der ideale Zustand wäre, wenn auf der ganzen Erde nur ein Maasssystem herrschte; diesen Zustand haben wir noch nicht erreicht, und wenn wir ihm auch nicht mehr fern sind und für die nächste Zukunft nur noch zwei Systeme, das metrische und das englische, in Frage kommen, kann dem Physiker doch nicht erspart werden, sich mit verschiedenen Maasssystemen, sei es, dass dieselben jetzt noch in Gebrauch sind oder früher in Gebrauch waren, vertraut zu machen. Die Relationen zwischen denselben sind jetzt meist hinlänglich bekannt; neben dem enorm angewachsenen Handelsverkehr zwischen den Völkern hat namentlich die Geodäsie die Regierungen gezwungen, diese Relationen auf das genaueste feststellen zu lassen.

Ich werde im Folgenden einiges Historische über Maasssysteme, zunächst über die der Länge und Masse, zusammenstellen, dabei eingehender nur die Entstehung des metrischen und jetzigen englischen Systems behandeln. Die Arbeiten namentlich bei der Herstellung der metrischen Maasseinheiten sind für die physikalischen Maassbestimmungen nicht minder wie für die geodätischen von grundlegender Bedeutung geworden und sie gereichen den Männern, die sie ausgeführt haben, zum ewigen Ruhme.*)

Die Maasssysteme der Völker des Altertums für Länge und Gewicht scheinen alle einen und denselben Ursprung gehabt zu haben, wenigstens lassen sie sich, wie Böckh nachgewiesen hat, auf das Maasssystem des alten chaldäischen Reiches Babylon zurückführen. Von hohem Interesse ist dabei, dass schon damals Länge und Masse nicht unabhängig von einander festgesetzt wurden, aber während wir jetzt bei der Definition der Masseneinheit die Längeneinheit zu Hilfe nehmen, wurde im babylonischen Maasssystem umgekehrt die Längeneinheit aus der Masseneinheit abgeleitet.

Im Mittelalter und bis in die neueste Zeit hinein herrschten eine unzählige Menge von Maasssystemen, und es variirten die Maasse nicht blos von Land zu Land, sondern in vielen Ländern von Stadt zu Stadt. In England freilich ist den Maasseinheiten schon sehr früh grosse Aufmerksamkeit geschenkt worden, verhältnismässig eingehende Bestimmungen über dieselben existirten daselbst schon vor mehr als 900 Jahren, wenn auch die auf die heutige Zeit erhaltenen Hauptrepräsentanten solcher Einheiten nicht älter als 300 Jahre sein möchten. In Frankreich gehen die Bestrebungen, ein geordnetes Maasssystem zu schaffen, ins 14. Jahrhundert zurück, es kam zwar bis gegen das Ende des vorigen Jahrhunderts kein gesetzliches System zu Stande, doch gab es unter den vielen daselbst gebräuchlichen Maassen ein Längenmaass, welches seine staatliche Anerkennung dadurch documentirte, dass**) „ein Modell eines Vielfachen von ihm in Paris zur allgemeinen Benutzung aufbewahrt wurde. Es bestand aus einer mit Klammern an das Gemäuer des Châtelet befestigten Schiene von Eisen mit zwei Vorsprüngen.“ Die Entfernung dieser Vorsprünge wurde als Toise bezeichnet, und Bürger, die die Richtig-

*) Eingehendes über die verschiedenen Maasssysteme findet man in: Dove, Maass und Messen; Karsten, Encyklopädie der Physik, Bd. I, Cap. III; Muncke in Gehlers physikalischem Lexicon, Bd. VIa, Artikel Mass.

**) Peters, Zur Geschichte und Kritik der Toisen-Maass-Stäbe, Metronomische Beiträge No. 5. Herausgegeben von der Kaiserl. Normal-Aichungs-Commission.

keit ihrer Maassstäbe controliren wollten, taten dies dadurch, dass sie diese Maassstäbe zwischen die Vorsprünge durchschoben. Da bei der Feststellung des metrischen Maasssystems die Toise — wenn auch nicht die des Châtelet, sondern eine aus ihr abgeleitete, die Toise du Pérou — zur Grundlage diente, hat dieses Modell eine gewisse historische Bedeutung. Auch für die Gewichtseinheit existirte in Paris ein Modell in Gestalt der Pile de Charlemagne zu 50 Marc, welches jetzt ein Alter von 600 Jahren haben dürfte. Höchst mannigfaltig waren die Maasssysteme in den deutschen Staaten und Städten, und es ist bekannt, dass noch in unserem Jahrhundert fast jeder Staat sein eigenes Maasssystem besass.

Gegen das Ende des vorigen Jahrhunderts, als die Maassverwirrung sich namentlich für die geodätischen Arbeiten verderblich gezeigt hatte, wurde in der ersten Pflegerin dieser Arbeiten, in Frankreich, das metrische Maasssystem fixirt, welches sich jetzt fast die ganze Welt erobert hat und dem auch unser Maasssystem angehört. Seit der Zeit datirt auch die Reform aller anderen Maasssysteme und die grosse Rührigkeit, die in unserm Jahrhundert auf dem Gebiete der Metronomie herrscht.

17. Ursprüngliche Vorschläge für ein einheitliches Maasssystem. Vorschläge für ein einheitliches Maasssystem sind gleich gemacht worden, als man in den Naturwissenschaften exactere Messungen auszuführen anfing, und da man bald einsah, dass allgemeine Maasseinheiten vor allen Dingen internationalen Charakter tragen müssen, kam man schon früh auf den Gedanken, diese Einheiten der Natur zu entnehmen. Man fand auch gleich für die Längeneinheit — und für diese machte sich der Mangel eines einheitlichen festen Maasses am meisten fühlbar — die beiden natürlichen Maasse, welche noch jetzt zur Grundlegung und Controle dienen. Huyghens schlug 1664 vor, die Längeneinheit aus der Länge des einfachen Secundenpendels abzuleiten, und zwar wollte er in seinem 1673 erschienenen *Horologium Oscillatorium* den dritten Teil jener Länge als Einheit unter der Bezeichnung *pes horarius* festsetzen. Später, als man erkannte, dass die Pendellänge nicht unter allen Breiten gleich sei, fügte er noch die Angabe einer bestimmten Breite hinzu. 6 Jahre nach Huyghens Vorschlag, 1670, trat der Franzose Mouton in einem in Lyon gedruckten Werke mit dem Project auf, die Grösse der Erde als Grundlage für Maassbestimmungen zu benutzen; die Einheit der Länge sollte die Strecke sein, die einer Bogenminute eines grössten Kreises auf der Erdoberfläche gleich ist, die Unterabteilungen dieser Einheit, die er als Meile bezeichnet, wollte er nach dem Decimalsystem einrichten. Nachher ist dieses Project noch vielfach modificirt worden, bis es mit gewissen Aenderungen und nähern Festsetzungen in dem metrischen System seine Verwirklichung fand.

Es verging aber noch fast ein Jahrhundert, ehe man einen dieser Vorschläge ernstlich in Angriff nahm. Zwar hatten Picard und später Bouguer und Lacondamine Huyghens' Gedanken warm empfohlen, und der letztere hatte sogar nach Beendigung der so berühmten Längenmessungen in Peru, die in Verbindung mit den gleichzeitigen Messungen von Clairaut und Maupertuis in Lappland eine Entscheidung über die Gestalt der Erde herbeiführen sollten, unter dem Aequator die Länge des Secundenpendels daselbst in Stein einhauen und mit der Unterschrift *Mensurae naturalis exemplar, utinam et universalis* versehen lassen, aber der erste entscheidende Schritt wurde wol nicht vor 1790 getan.

18a. Entstehung des metrischen Maasssystems. Im Beginn dieses Jahres machte Talleyrand der Assemblée Constituante einen diesbezüglichen Vorschlag, am 6. Mai stattete de Bonnai Bericht ab und am 8. schon erliess die Assemblée ein Decret, wonach der König gebeten werden sollte, den König von England aufzufordern, eine Commission von Mitgliedern der Royal Society zu ernennen, die im Verein mit einer französischen Commission aus Mitgliedern der Académie des sciences unter irgend einem Breitengrade die Länge des Secundenpendels bestimmen, und aus dieser dann einen unveränderlichen Repräsentanten (*modèle*) für alle Maass- und Gewichtsbestimmungen ableiten sollte. Das Decret hielt sich, wie man sieht, an Huyghens Vorschlag.

In Tätigkeit trat nur die französische Commission unter dem Namen *Commission de l'Académie*, es gehörten derselben an Borda, Lagrange, Laplace, Monge und Condorcet, Namen, die der Physiker und Mathematiker nur mit einem Gefühle der Ehrfurcht und Bewunderung aussprechen kann. Der Bericht dieser Commission, datirt vom 19. März 1791, ging über den engen Rahmen hinaus, der im Decret vorgesehen war, denn er discutirte zugleich den zweiten Vorschlag für die natürliche Längeneinheit, den, diese Einheit aus der Grösse der Erde abzuleiten. Er entscheidet sich geradezu für diesen zweiten Vorschlag und beantragt als Einheit der Länge den zehnmillionten Teil eines Viertels eines Meridiankreises zu wählen, diese Länge später noch mit der Länge des Secundenpendels unter 45° Breite zu vergleichen und die Einheit der Masse dadurch darzustellen, dass man ein durch Teile der neuen Längeneinheit gemessenes Volumen destillirten Wassers von der Temperatur des schmelzenden Eises im Vacuum wägt.

Zur Ableitung der neuen Längeneinheit war es nun durchaus nötig, die Grösse eines Meridianquadranten mit irgend einem Maass auszumessen, da man aber die Erde mit sehr grosser Annäherung als ein abgeplattetes Rotationssphäroid ansehen kann, genügt es, schon ein Stück eines solchen Quadranten auszumessen.

Die Commission schlug denn auch eine solche Messung vor und wählte natürlich das zu messende Bogenstück seinem weitaus grössten Teile nach in Frankreich, und zwar den zwischen Dunkerque und Barcelona reichenden Bogen.

Am 26. März 1791 adoptirte die Assemblée diesen Plan der akademischen Commission, und nachdem derselbe vier Tage später die Königliche Sanction erhalten hatte, wurde die Akademie beauftragt, Commissare zur Ausführung der nötigen Arbeiten zu wählen.

Man ist später bei diesen Vorschlägen der ersten Commission der Akademie nicht ganz stehen geblieben. Namentlich wurde die Definition der Gewichtseinheit dadurch modificirt, dass man dem Wasser nicht die Temperatur des schmelzenden Eises, sondern diejenige vorschrieb, bei welcher dasselbe seine grösste Dichtigkeit hat, und zwar aus dem ausschlaggebenden Grunde, weil die Dichtigkeit des Wassers bei 0°, wo dasselbe in Eis übergeht, nicht mehr definirbar ist, dann aber auch, weil man so sich von allen Temperaturscalen unabhängig zu machen glaubte. Ferner setzte man noch fest, bei welcher Temperatur der Stab, der die neue Längeneinheit darstellen sollte, dem zehnmillionten Teil eines Erdquadranten gleich zu sein hatte. Im wesentlichen gab aber dieser Bericht allen Arbeiten der Commissare, die die Akademie sofort ernannte, die Directive.

Die Hauptarbeit fiel Méchain und Delambre zu, welche die Länge des angegebenen Bogens zu messen hatten. Es mussten diese Messungen im Sturme der Revolution ausgeführt werden, zu einer Zeit, da in Frankreich jeder, dessen Tätigkeit und republicanische Gesinnung nicht sofort klar war, vom aufgeregten und um seine Freiheit besorgten Volke mit Gefängnis oder Tod bedroht war.

Man kann auch der Zähigkeit und Kühnheit jener beiden Männer nicht genug Bewunderung zollen, die ihren Auftrag zum Heil der Wissenschaft und zur Ehre ihres Vaterlandes mit grösster Sorgfalt, trotz der Schwierigkeiten, die ihnen entgegentraten, mit Mühseligkeiten aller Art kämpfend, oft in Lebensgefahr, zu Ende führten.

Die Messung der Pendellänge haben Borda und Cassini bewerkstelligt, der erstere hat auch die Ausdehnung der benutzten Maassstäbe bestimmt, und namentlich die mechanischen Arbeiten, die gerade hier bei der Festsetzung neuer Maasseinheiten von grösster Bedeutung waren, geleitet.

Indessen wurde am 8. August 1793 die Akademie unterdrückt; die Commission zur Feststellung der Maasseinheiten liess man bestehen, suchte sie aber von den Elementen zu reinigen, denen man nicht genügende republicanische Gesinnung zutraute, und setzte Borda, Lavoisier, Laplace, Coulomb, Brisson und Delambre ab, und so schien die glänzende Untersuchung, zumal man auch provisorische Maasseinheiten decretirte, scheitern zu sollen. Es gelang aber bald die Machthaber umzustimmen, und nachdem ein Decret vom 18. Germinal *an* III bestimmte, später anzuführende Festsetzungen in Bezug auf die endgiltige Definition der neuen Maasseinheiten getroffen hatte, ordnete das Gesetz vom 18. Brumaire eine neue, von dem Comité d'instruction publique zu wählende Commission an, die die Arbeiten bis zur vollständigen Erledigung leiten sollte. Es gehörten dieser wichtigsten aller Commissionen an: Berthollet, Borda, Brisson, Coulomb, Delambre, Hauy, Lagrange, Laplace, Méchain, Monge, Prony, Vandermonde, und unter der Leitung dieser Männer, zu denen später Darcet, Legendre und Lefèvre-Gineau und durch

Cooptation eine Reihe Gelehrter anderer Staaten, namentlich van Swinden für die batavische und Tralles für die helvetische Republik traten, ist das grosse Werk zu Ende geführt worden.

Die Publication, die die Untersuchungen selbst sowie die Resultate enthält, umfasst drei starke Bände, die von 1806—1810 in Paris erschienen sind. Sie ist von Delambre redigirt und trägt den Titel *Base du Système Métrique décimal.* Zu bedauern ist nur, dass nicht alle Teile der Untersuchung in gleicher Vollständigkeit dargelegt sind, namentlich ist die Auseinandersetzung der Ableitung der Gewichtseinheit durch den Mangel der Originalbeobachtungen von empfindlicher Kürze. Von grosser Vorsicht zeugt es aber, dass man die definitiven Rechnungen nicht allein von den Beobachtern ausführen liess, sondern noch vier andere Forscher dazu zog, die alle unabhängig von einander nach selbstersonnenen Formeln zu arbeiten hatten. Die letzten Resultate sind auch nicht von den Experimentatoren selbst gezogen. Zwei auswärtige Forscher, van Swinden und Tralles, haben dieselben abgeleitet und dem Institut National in feierlichen Sitzungen im Monat Prairial *an* VII. mitgeteilt.

Am 4. Messidor desselben Jahres übergab die Commission der Akademie dem Staatsarchiv zu Paris einen Platinstab, der bei der Temperatur des schmelzenden Eises die Länge ein Meter, wie dieselbe der Definition gemäss sich aus den Messungen des Bogens zwischen Dunkerque und Montjouy (bei Barcelona) ergeben hatte, und einen Platincylinder, der die Masse ein Kilogramm haben sollte, der Definition entsprechend, im luftleeren Raum also so viel wiegen sollte, wie ein Kubikdecimeter destillirtes Wasser, letzteres im Zustand seiner grössten Dichtigkeit (bei 4° Celsius) genommen. Nach ihrem Aufbewahrungsort heissen dieses Meter und dieses Kilogramm, Archivmeter und Archivkilogramm (*mètre des archives* und *kilogramme des archives*), und es bilden diese beiden Stücke die Grundeinheiten der Längen- und Maassbestimmungen nicht blos in Frankreich, sondern bald der ganzen civilisirten Welt.

18b. Ableitung der metrischen Längeneinheit, des Meter. Nach diesem historischen Ueberblick ist noch klarzulegen, wie diese Einheiten aus ihren Definitionen mit Hilfe der bezeichneten Messungen gewonnen sind.

Da die Masseneinheit mit Hilfe der Längeneinheit erst abgeleitet ist, bildet die Bestimmung der Längeneinheit das Fundament des ganzen Maasssystems. Der Definition nach sollte diese Längeneinheit, das Meter, der zehnmillionte Teil eines Meridianquadranten sein. Einen ganzen Quadranten zu messen geht noch jetzt nicht an, man bestimmt also die Länge dieses Quadranten, indem man ein Stück desselben ausmisst und zugleich seinen Winkelwert beobachtet. Wäre die Erde eine Kugel, so würde es gleichgiltig sein, an welcher Stelle des Quadranten dieses Stück liegt, man würde ihre Grösse sofort aus jedem beliebigen Stück eines Quadranten ableiten können. Da die Erde aber sehr angenähert die Gestalt eines abgeplatteten Rotationsellipsoids besitzt, muss man die Lage der Endpunkte des gemessenen Stückes, die geographische Breite derselben, genau angeben. Derselbe Umstand bringt es aber auch noch mit sich, dass die Messung einer einzigen Strecke überhaupt nicht ausreicht, da ein Rotationsellipsoid erst durch zwei Durchmesser bestimmt ist. Man muss also mindestens zwei solche, auf demselben Meridian oder auch auf verschiedenen Meridianen gelegene Strecken messen. So bekommt man zwei Gleichungen, aus denen sich die beiden Durchmesser der Erde, oder auch die Länge eines Meridianquadranten und die Abplattung berechnen lassen. Hieraus ersieht man, dass, weil ein ganzer Erdquadrant nicht gemessen werden konnte, das Meter sich nicht für sich allein, sondern nur zugleich mit der Abplattung der Erde bestimmen liess.

Die französische Commission hat nur eine Strecke gemessen, die zweite nötige Gleichung entnahm sie den Messungen, die 50 Jahre vorher Bouguer und Lacondamine in Peru ausgeführt hatten. Nun haben die letztgenannten Forscher ihre Messungen mit einem eisernen Stab bewerkstelligt, der ungefähr die Länge der früher erwähnten Toise du Châtelet besass, und nachmals unter dem Namen Toise du Pérou zu grosser Berühmtheit gelangt ist. Die französische Commission musste also ihre Messungen auch auf dieser Toise du Pérou basiren. Man liess von Lenoir vier Stäbe aus Platin herstellen, deren jeder etwa zwei Toisen lang war, und maass dieselben mit der Toise du Pérou aus; einer dieser Stäbe, mit No. 1 bezeichnet und *Module* genannt, diente dann allen andern zur Grundlage, und in Einheiten seiner Länge wurden auch zunächst alle Messungsergebnisse ausgedrückt. Die Schlusszahl für die Länge des gemessenen Bogens konnte, da man die Relation zwischen dem Module und der Toise du Pérou kannte — nach van Swinden sollte der halbe Module bei der Temperatur 12°,5 der hundertteiligen Scale genau so lang sein, wie die Toise du Pérou bei 13° der Réaumurschen Scale — in Einheiten der Toise du Pérou angegeben werden. So hatte man zwei homogene Gleichungen für die Bestimmung der Abplattung und des Meter, und es ist hiernach klar, dass die aus demselben resultirende Länge für das Meter nichts anderes angab, als welcher Teil der Toise du Pérou (diese bei 13° Réaumur genommen) die neue Längeneinheit, das Meter, sein sollte. Indem man dann einen Stab aus Platin anfertigte, der bei der Temperatur des schmelzenden Eises genau so lang war, wie jener Teil der Toise du Pérou bei 13° der Réaumur'schen Scale, hatte man die der Definition entsprechende Längeneinheit, das Meter, eben jenes mètre des archives. Es hat sich später herausgestellt, dass die Zahl $\frac{1}{334}$, die die Commission für die Abplattung, indem sie von Beobachtungen in Peru allein die Bouguers benutzte, glaubte annehmen zu müssen, zu klein ist, man weiss jetzt, dass diese Zahl sehr nahe $\frac{1}{300}$ ist, und Delambre ist, weil er auch Lacondamine's Messungen zu Rate zog, der Wahrheit viel näher gekommen, denn er fand $\frac{1}{309}$.

Die Toise du Pérou zu 864 Linien gerechnet, machte die Commission das Meter gleich 443,296 Linien. Genau der Definition entsprechend, hätte diese Zahl etwas grösser sein müssen, darnach ist die eigentliche Längeneinheit des metrischen Systems nicht der zehnmillionte Teil des Erdquadranten, sondern das individuelle mètre des archives (bei 0°), und so ist auch diese Einheit später allgemein angenommen worden. Wahrscheinlich entspricht die, hiernach eigentlich arbiträre, metrische Längeneinheit ihrer natürlichen Definition bis auf weniger als 0,01 %, gewiss aber kann sie aus dieser Definition jederzeit mit hinreichender Genauigkeit reconstruirt werden.

18c. Ableitung der metrischen Masseneinheit. Was die zweite Einheit in dem System der metrischen Maasse anbetrifft, so kann es keinem Zweifel unterliegen, dass man sich bei der Definition derselben voll bewusst gewesen ist, dass man eine Einheit für Massen, nicht für Gewichte, hat schaffen wollen. Freilich wird diese Einheit oft als unité de poids bezeichnet, aber jede nähere Erläuterung, die gebracht wird, weist darauf hin, wie man darunter nur eine Masseneinheit verstanden hat. Es ist merkwürdig, dass man später aus dem Begriff der Masseneinheit einen Begriff der Gewichtseinheit hat machen können, das, was wir Gewichtstücke nennen, sind Massen. Gewicht ist an sich eine Kraft und zwar die anziehende Kraft der Erde und ist nur dadurch in die Massenbestimmungen hineingekommen, dass wir mit Hilfe dieser Kraft Massen am leichtesten mit einander vergleichen können. Zwei Massen sind für uns gleich, wenn die bewegenden Kräfte, die die Erde auf sie ausübt, gleich sind; diese bewegenden Kräfte sind die Gewichte der Massen. Aber es ist durchaus nicht nötig, dass wir Massen mit einander durch ihre Gewichte vergleichen, wir könnten es zum Beispiel auch durch ihre Stosswirkungen tun, wo die bewegende Kraft der Erde auf dieselben, die Gewichte, gar nicht mehr in Frage zu kommen brauchte.*) Ich komme später, wenn es sich um Massen und Kraftbestimmungen handelt, darauf zurück, hier war nur hervorzuheben, dass die Einheit, die die französische Commission festsetzen wollte, eine Masseneinheit ist, es ist demgemäss auch nirgend auch nur die geringste Andeutung darüber, dass man diese Einheit auf einen bestimmten Ort hat beziehen wollen, wie es doch wegen der Variabilität der Schwerkraft der Erde nötig gewesen wäre, wenn man eine Gewichtseinheit hätte construiren wollen.

Die Masseneinheit sollte nun diejenige Menge destillirtes Wasser grösster Dichte (von der Temperatur 4° der hundertteiligen Scale) sein, welche den Raum eines Würfels ausfüllt, dessen Seite den zehnten Teil des Meter, ein Decimeter, lang ist. Dieses Kubikdecimeter destillirtes Wasser im Zustand seiner grössten Dichte ist das Kilogramm. Da es nun nicht angeht, sich in jedem Falle ein solches Kubikdecimeter Wasser herzustellen, wurde gleich

*) Siehe auch die Auseinandersetzungen von Förster in der Publication der Kaiserl. Normal-Aichungs-Commission: Die Herstellung und wiederkehrende Prüfung der Haupt- und Controlnormale.

verfügt, dass ein für alle mal aus einer dauerhaften festen Substanz ein Körper hergestellt werden sollte, der genau soviel Masse besitzt wie jenes Kubikdecimeter Wasser. Es wurde aber angenommen, dass ein Körper mit diesem Kubikdecimeter Wasser gleiche Masse besitzt, wenn die bewegende Kraft der Erde unter gleichen Verhältnissen auf ihn so gross ist, wie auf dieses Kubikdecimeter Wasser, eine Annahme, an deren Berechtigung sich nicht gut zweifeln lässt. Endlich wurde noch hinzugefügt, dass jede andere Wirkung, die nicht proportional den Massen vor sich geht, bei der Herstellung des betreffenden das Kubikdecimeter Wasser ersetzenden Körpers vermieden oder in Rechnung gezogen werden sollte. Man weiss, dass die Luft durch den Auftrieb eine solche nicht den Massen proportionale Wirkung ausübt, und daher schreibt sich die nähere Bestimmung, dass der betreffende Körper dem Kubikdecimeter Wasser gleich sein sollte, wenn beide sich im Vacuum befinden.

Hiernach hätte die Commission zwei Operationen ausführen müssen, einmal ein Kubikdecimeter destillirtes Wasser grösster Dichte und dann einen festen Körper von gleicher Masse wie dieses Kubikdecimeter Wasser herstellen müssen. Sie ist aber aus leicht verständlichen Gründen in etwas anderer Weise verfahren.

Lefèvre-Gineau, dem die Commission die Fixirung der Masseneinheit übertragen hatte, liess sich einen überall geschlossenen Messingcylinder*) herstellen, dessen Höhe seinem Durchmesser gleich war und etwa 2,435 Decimeter betrug. Das Gewicht dieses Cylinders im luftleeren Raum, abzüglich seines Gewichts in destillirtem Wasser von grösster Dichte, beide Gewichte gemessen mit beliebigen Gewichtstücken, giebt dann das Gewicht der von dem Cylinder verdrängten Wassermenge. Kennt man also noch das Volumen des Cylinders in Kubikdecimeter, so weiss man, wie viel Stücke der benutzten Gewichte dem Gewicht dieses so bestimmten Volumens Wasser gleich sind, kann also auch die Anzahl Gewichtstücke angeben, welche gerade einem Kubikdecimeter des Wassers von der angegebenen Beschaffenheit an Masse gleich kommen. Dadurch ist der Repräsentant dieser Masseneinheit gewonnen, der dann seinerseits durch irgend einen andern Repräsentanten ersetzt werden kann. Genauer wird das Verfahren später bei der Theorie der Wägungen auseinandergesetzt werden, hier ist noch das Tatsächliche anzugeben.

Das Volumen des Cylinders musste Lefèvre-Gineau durch directe Ausmessung seiner Höhe und seines Durchmessers bestimmen. Da man nicht annehmen konnte, dass der Cylinder seiner geometrischen Definition absolut entsprach, so wurden Höhe und Durchmesser an sehr vielen Stellen bestimmt; es wurden 37 zu der mittleren Höhe symmetrisch und auf der Grundfläche

*) In dem ersten Bericht von Tralles über Lefèvre-Gineau's Arbeit wird das Metall des Cylinders wie auch das der benutzten Gewichtstücke stets cuivre genannt, in dem allgemeinen Bericht an die Akademie aber immer laiton, und es kann wol auch keinem Zweifel unterliegen, dass beide Bezeichnungen Messing (oder Bronze?) andeuten sollen.

gleichmässig verteilte Höhen und 48 Durchmesser, die zu je 6 auf 8 äquidistante Querschnitte symmetrisch verteilt waren, gemessen. So ergab sich als mittlere Höhe 0,2437672 Meter und als mittlerer Durchmesser 0,2428368 Meter, das Volumen also zu 11,2900054 Kubikdecimeter, alles bezogen auf 17°,6 der hundertteiligen Scale. In richtiger Erkenntnis, dass ein Vollcylinder von dieser Grösse keine genaue Wägung mehr gestattete, liess Lefèvre-Gineau denselben hohl herstellen, und da dann das Volumen zu sehr von den Verhältnissen der umgebenden Atmosphäre abhängig gewesen wäre, machte er den Innenraum durch ein enges Rohr mit der äusseren Luft communiciren, welches bei den Wägungen im Wasser natürlich aus dem Wasser herausragte. Die Wägungen im Wasser sind nicht bei der Temperatur ausgeführt, bei welcher das Wasser seine grösste Dichte hat (4° C.), sondern in der Nähe der Temperatur des schmelzenden Eises (im Mittel bei 0,3° C.). Lefèvre-Gineau hat aber, um später auf die Temperatur der grössten Dichte des Wassers übergehen zu können, untersucht, wie die Dichte des Wassers sich mit steigender Temperatur ändert. Wie der Cylinder waren auch die Gewichtstücke, mit denen die Wägungen ausgeführt wurden, aus Messing, ein Stück war in beliebiger Grösse angenommen, die andern bildeten durch sorgfältige Wägung genau ermittelte Teile dieses Stückes; später sind dann die Stücke auch mit der früher erwähnten pile de Charlemagne verglichen worden. Die Masseneinheit stellte sich also zuerst dar in Stücken des bei den Wägungen benutzten Gewichtsatzes, man fertigte aber sofort einen Platincylinder an, der diesen Stücken an Masse gleichgemacht wurde, und dieser Platincylinder ist das Kilogramm des archives und bildet die Masseneinheit des metrischen Systems.

In wie weit dieses Kilogramm des archives seiner Definition entspricht, ist noch nicht ausgemacht, wahrscheinlich beträgt seine Abweichung von dem definitionsmässigen Betrage weniger als 0,01 $^0/_0$, einige wollen sie sogar auf nur 0,001 $^0/_0$ ansetzen, gewiss ist, dass die Arbeiten zur Herstellung der Gewichtseinheit mit bewunderungswürdiger Umsicht und Sorgfalt ausgeführt worden sind, wir würden sie jetzt, nur weil wir bessere Instrumente haben und auch etwas mehr Erfahrungen über die Eigenschaften der einzelnen zur Anwendung gekommenen Substanzen besitzen, vielleicht mit noch grösserer Genauigkeit bewerkstelligen können.

Es ist auf die Art, wie die metrischen Maasseinheiten hergestellt sind, nicht blos darum so genau eingegangen, weil diese Einheiten für unser ganzes Maasssystem von grundlegender Bedeutung sind, sondern auch weil die Arbeiten selbst ungemein lehrreich sind, einige Teile des dritten Bandes der Base du Système métrique décimale können noch jetzt zum eifrigen Studium nicht warm genug empfohlen werden.

18d. Das Raummaass im metrischen System. Unterschied zwischen Liter und Kubikdecimeter. Für das bürgerliche Leben ist ausser dem Längen- und Massenmaass noch von grosser Wichtigkeit das Raummaass; dieses ist im metrischen System eigentlich ein doppeltes. Einmal wird die Raumeinheit abgeleitet allein aus der Längeneinheit, dann aber auch aus der Masseneinheit. Aus der Längeneinheit abgeleitet ist die Raumeinheit, der Raum eines Würfels, dessen Seite $^1/_{10}$ des Meter, ein Decimeter, lang ist. Aus der Masseneinheit abgeleitet ist es derjenige Raum, den ein Gefäss bei der Temperatur des schmelzenden Eises (bei 0°) haben muss, wenn es gerade ein Kilogramm destillirtes Wasser von der grössten Dichte (von der Temperatur 4° der hundertteiligen Skale) fassen soll. Jene Raumeinheit wird das Kubikdecimeter, diese das Liter genannt.

Wäre nun das Kilogramm genau entsprechend seiner Definition hergestellt, so müssten beide Raumeinheiten identisch sein, ein Liter wäre dasselbe wie ein Kubikdecimeter, das ist allerdings nicht der Fall, das Kilogramm des archives ist nicht ganz seiner Definition gemäss, und darum darf man Kubikdecimeter mit Liter nicht confundiren, aber die Abweichung des Liter von dem Kubikdecimeter ist anscheinend nur gering und so wird dem grossen Vorteil, den das metrische System für sich hat, dass nämlich die Verbindung zwischen Raumeinheit, Masseneinheit und Längeneinheit die denkbar einfachste ist (denn nichts hindert uns, statt des Meter $^1/_{10}$ seiner Länge als Längeneinheit anzusehen), nur wenig Abbruch getan. Die andern Maasssysteme befinden sich in dieser Beziehung in so sehr viel ungünstigerer Lage, dass in einigen die Raumeinheit ohne Rücksicht auf die Masseneinheit oder auf die Längeneinheit hat hergestellt werden müssen.

18e. Nomenklatur im metrischen Maasssystem. Endlich ist noch einiges über die Unterabteilungen und Vielfachen der Einheiten und die Bezeichnung derselben zu sagen. Für Länge wie für Masse sind die Unterabteilungen durch successive Division, die Vielfachen durch successive Multiplication mit 10 gebildet. Es ist also durchgängig die dekadische Rechnung durchgeführt. Bei den Bezeichnungen bildet für Länge das Meter, für Masse das Gramm die Grundlage, und es werden Vielfache durch Vorsetzung griechischer, Teile durch Vorsetzung lateinischer Zahlwörter benannt. Van Swinden besonders soll Urheber der so geschickten Nomenklatur des metrischen Systems sein, es ist aber zu bemerken, dass diese Nomenklatur schon in dem Gesetz vom 18. Germinal *an* 3 eingeführt ist. Die dekadische Teilung selbst ist schon von der ersten Commission vorgeschlagen worden.

19. Internationale Verbreitung des metrischen Maasssystems. In Frankreich trug man sich nach Fertigstellung der Längen- und Masseneinheit mit der stolzen Hoffnung, es werde das neue Maasssystem bald überall Anerkennung finden, und eben um den andern Nationen den Entschluss, das fremde Maasssystem anzunehmen, zu erleichtern, hatte man, wie erwähnt, eine grosse Anzahl auswärtiger Gelehrter zu der Commission der Akademie zugezogen, ja sogar die Verkündigung der Schlussresultate Nichtfranzosen anvertraut. Die wissenschaftliche Welt hat sich auch ziemlich früh dieses so consequenten und gutfundirten Maasssystems bemächtigt, aber die Regierungen haben sich nur schwer entschliessen können, es gesetzlich einzuführen, trotzdem fast alle grösseren Staaten ihre Maasseinheiten — die sogar zum grössten Teil erst nach dem metrischen System genau fixirt wurden

— schon sehr früh mit den französischen vergleichen liessen. Auch da, wo das Maasssystem auf das metrische basirt wurde, nahm man wenigstens andere Einheitsbeträge — meist $1/3$ des Meter — an und vermied die schöne Einteilung des metrischen Systems. Selbst das nach dem französischen weitaus bestfundirte System, das frühere preussische, ging lieber auf die altfranzösische Maasseinheit, die Toise, zurück.

Eine Wendung der Dinge trat ein, als durch Gesetz vom 17. August 1868 das metrische System zum obligatorischen gesetzlichen Maasssystem im ganzen Norddeutschen Bunde eingeführt wurde. Kurze Zeit nachher, im Beginn des Jahres 1869 schlug die französische Regierung die Einberufung einer internationalen Commission unter dem Namen *Commission internationale du mètre* vor zur gemeinsamen Beschlussfassung über das metrische System. Es sagten zwar alle grösseren Staaten zu, und die französischen Delegirten traten auch sofort zusammen, aber erst nach Beendigung des mittlerweile zwischen Deutschland und Frankreich ausgebrochenen Krieges konnte eine erspriessliche Tätigkeit beginnen. Bis zum Jahre 1875 dauerten die Verhandlungen dieser internationalen Commission, und sie führten zu jener am 20. Mai in Paris von den contrahirenden Staaten unterzeichneten Convention du mètre, die eine einheitliche Grundlage für die Maasssysteme fast aller civilisirten Staaten geschaffen.

Die Staaten, die der Convention beigetreten sind, scheiden sich in drei Gruppen, solche, bei denen das Maasssystem obligatorisch ist (Deutschland, Oesterreich-Ungarn, Belgien, Spanien, Frankreich, Italien, Portugal, Rumänien, Serbien, Norwegen, Schweiz, Argentinische Republik, Peru, Venezuela), solche, bei denen es facultativ ist, also neben dem gesetzlichen Maasssystem besteht (Grossbritannien, Schweden, Türkei, Nordamerika), endlich noch Staaten, die es zwar noch nicht einmal facultativ benutzen, aber offenbar seine Einführung vorbereiten (Russland, Dänemark).

Nach dieser Convention ist das mètre des archives die Einheit der Länge, das Kilogramm des Archives die Einheit der Masse. Damit nun die contrahirenden Staaten mit authentischen Copieen dieser Einheiten versehen werden können, ist ein *Comité international des poids et mesures,* bestehend aus 14 Mitgliedern, constituirt, welches für die Herstellung solcher Copieen zu sorgen hat. Dem Comité ist zur Ausführung der metronomischen Arbeiten ein ständiges *Bureau international des poids et mesures* beigegeben, welches jetzt mit den feinsten Apparaten ausgerüstet ist und in Sèvres bei Paris seinen ständigen Sitz hat. Die Copieen werden aus einer Mischung von 90 Procent Platin mit 10 Procent Iridium hergestellt, ihre mechanische Ausführung ist einer französischen Section übertragen. Diese Section hat auch je eine der Copieen für Meter und Kilogramm mit dem Meter bezüglich Kilogramm des Archives zu vergleichen, und diese so direct auf die Grundeinheiten bezogenen Maasse sind dann als Prototype der internationaler Maasseinheiten im Bureau, unter gemeinsamer Aufsicht des Bureau, des Comité und der französischen Regierung, aufzubewahren. Die Urmaasse für die einzelnen Staaten werden durch Vergleichung mit diesen Prototypen gewonnen, so dass diese nunmehr an Stelle der Archiveinheiten treten. Diese Vergleichungen auszuführen, ist die Hauptaufgabe des internationalen Bureaus.

Ueber dem Comité, das alljährlich wenigstens einmal in Paris zusammentreten muss, steht noch eine internationale Conferenz, die etwa alle sechs Jahre sich vom Comité Bericht erstatten lässt, die Arbeiten dieses Comités zu sanctioniren hat und ihrerseits neue Arbeiten anregt. Den Vorsitz in derselben führt der jeweilige Präsident der französischen Akademie.

Seit Abschluss dieser Convention sind zwölf Jahre vergangen, und in dieser Zeit sind eine Menge wichtiger metronomischer Fragen gelöst, und wenn auch die internationalen Urmaasse, weil ihre mechanische Herstellung und metronomische Untersuchung mit nicht geringen Schwierigkeiten verbunden ist, noch nicht vollendet sind, darf man doch mit Stolz auf das schon erreichte sehen. Das Hauptverdienst an der Verbreitung des metrischen Maasssystems gebührt der Wissenschaft, dann aber in erster Linie dem Staate Preussen, welcher ein ausgezeichnet fundirtes Maasssystem aufgab, um ein im Princip besseres einzuführen.

20. Das metrische Maasssystem in Deutschland; gesetzliche Einheiten und Bezeichnungen. In Deutschland ist jetzt das metrische Maasssystem consequent in allen seinen Teilen durchgeführt; nachdem das Reich dasselbe vom Norddeutschen Bunde übernommen hatte, sind durch Gesetz vom 11. Juli 1884 (Reichsgesetzblatt 1884, No. 20) auch die letzten Ueberbleibsel des alten Maasssystems getilgt.

Die gesetzlichen Bestimmungen sind folgende:

Artikel 1. Die Grundlage des Maasses und Gewichtes ist das Meter.

Das Meter ist die Einheit des Längenmaasses. Aus demselben werden die Einheiten des Flächenmaasses und des Körpermaasses — Quadratmeter und Kubikmeter — gebildet.

Das Gewicht des in einem Würfel von einem Zehntel des Meter Seitenlänge enthaltenen destillirten Wassers im luftleeren Raume und bei der Temperatur + 4 Grad des hundertteiligen Thermometers bildet die Einheit des Gewichts und heisst das Kilogramm.

Artikel 2. Als Urmaass gilt derjenige Platinstab, welcher im Besitz der Königlich Preussischen Regierung sich befindet, im Jahre 1863 durch eine von dieser und der Kaiserlich Französischen Regierung bestellte Commission, mit dem in dem Kaiserlichen Archive zu Paris aufbewahrten *Mètre des Archives* verglichen und bei der Temperatur des schmelzenden Eises gleich 1,00000301 Meter befunden worden ist.

Artikel 5. Als Urgewicht gilt das im Besitz der Königlich Preussischen Regierung befindliche Platinkilogramm, welches mit No. 1 bezeichnet, im Jahre 1860 durch eine von der Königlich Preussischen und der Kaiserlich Französischen Regierung niedergesetzte Commission mit dem in dem Kaiserlichen Archive zu Paris aufbewahrten *Kilogramme prototype* verglichen und gleich 0,999999842 Kilogramm befunden worden ist.

Artikel 3. Es gelten ausser den in Artikel 1 aufgeführten Namen der Maasseinheiten zur Bezeichnung von Teilen und Vielfachen derselben folgende Namen.

A. Längenmaasse.

Der tausendste Teil des Meter heisst das Millimeter.

Der hundertste Teil des Meter heisst das Centimeter.

Tausend Meter heissen das Kilometer.

B. Flächenmaasse.

Hundert Quadratmeter heissen das Ar.

Zehntausend Quadratmeter oder hundert Ar heissen das Hektar.

C. Körpermaasse.

Der tausendste Teil des Kubikmeter heisst das Liter.

Der zehnte Teil des Kubikmeter oder hundert Liter heissen das Hektoliter. Zulässig ist auch die Bezeichnung von Flächen oder Räumen durch die Quadrate oder Würfel des Centimeter und des Millimeter.

Artikel 6. Es gelten für Teile und Vielfache der in Artikel 1 genannten Gewichtseinheit folgende Namen:

Der tausendste Teil des Kilogramm heisst das Gramm.

Der tausendste Teil des Gramm heisst das Milligramm.

Tausend Kilogramm heissen die Tonne.

Artikel 9. Nach beglaubigten Copieen des Urmaasses (Artikel 2) und des Urgewichts (Artikel 5) werden die Normalmaasse und Normalgewichte hergestellt.

Für die abgekürzten Bezeichnungen gelten durch Bundesratsbeschluss folgende Normen:

A. Längenmaasse.

Kilometer	km
Meter	m
Centimeter	cm
Millimeter	mm

B. Flächenmaasse.

Quadratkilometer	qkm
Hektar	ha
Ar	a
Quadratmeter	qm
Quadratcentimeter	qcm
Quadratmillimeter	qmm

C. Körpermaasse.

Kubikmeter	cbm
Hektoliter	hl
Liter	l
Kubikcentimeter	ccm
Kubikmillimeter	cmm

D. Gewichte.

Tonne	t
Kilogramm	kg
Gramm	g
Milligramm	mg

Ferner ist noch hinsichtlich der Anwendung der Bezeichnungen festgesetzt:

1. Den Buchstaben werden Schlusspunkte nicht beigefügt;
2. Die Buchstaben werden an das Ende der vollständigen Zahlenausdrücke — nicht über das Decimalkomma derselben — gesetzt, also 5,37 m, — nicht 5^{m},37 und nicht 5 m 37 cm;
3. Zur Trennung der Einerstellen von den Decimalstellen dient das Komma — nicht der Punkt —, sonst ist das Komma bei Maass- und Gewichtszahlen nicht anzuwenden, insbesondere nicht zur Abteilung mehrstelliger Zahlenausdrücke. Solche Abteilung ist durch Anordnung der Zahlen in Gruppen zu je drei Ziffern, vom Komma aus gerechnet, mit angemessenem Zwischenraum zwischen den Gruppen zu bewirken.

21. Erläuterungen zu den vorstehenden Festsetzungen. Zur nähern Erläuterung dieser Bestimmungen mögen noch die folgenden Bemerkungen hinzugefügt werden.

Der Artikel 1 dieser Maass- und Gewichtsordnung setzt die Längen- und Gewichtseinheit gemäss ihren theoretischen Definitionen fest; da aber Gewissheit, dass dieser Definition genau entsprechende Repräsentanten herzustellen seien, nicht zu erlangen ist, führen gleich Artikel 3 und 5 die theoretischen Einheiten auf praktische zurück, und zwar unter Vermittelung des bezeichneten preussischen Meters und Kilogramms auf die als mètre, bezüglich kilogramme des archives schon charakterisirten Einheiten.

Die Reductionen dieser preussischen Urmaasse auf die metrischen sind, wie im Gesetz bemerkt, 1860 ausgeführt worden; später (1883) sind unter Zuhilfenahme anderer Maasse ihre Beziehungen zu dem Archivmeter und Archivkilogramm nochmals bestimmt worden, und dabei hat sich die gesetzliche Reductionszahl für das preussische Urmeter fast genau bewahrheitet, die Reductionszahl für das preussische Urkilogramm in dem Gesetz ist möglicherweise etwas (0,1 mg) zu gross.

Genau entsprechend der theoretischen Definition für die Gewichtseinheit ist auch die Definition des Liter gehalten, da man aber Volumina mit einiger Genauigkeit in den wenigsten Fällen anders als durch Wasser- (oder Quecksilber-) wägung bestimmen kann, deckt sich das praktische Liter nicht mit dem theoretischen. Einen praktischen Repräsentanten für ein Liter herzustellen, hätte keinen Wert, denn einerseits beziehen sich ja Volumenmessungen nicht allein auf innere Volumina, sondern auch auf äussere, und andererseits ist die directe Vergleichung von Räumen mit einander nur in roher Weise ausführbar. Das Gesetz ist darum auf den Unterschied, der zwischen dem Kubikdecimeter und dem Liter existiren kann, nicht weiter eingegangen, und konnte auf denselben nicht eingehen, weil man ihn noch nicht kennt, die Wissenschaft muss aber diese beiden Grössen einstweilen sorgfältig auseinanderhalten.

Der Leser darf sich nicht daran stossen, dass das Kilogramm als Gewicht definirt ist, das Wort Gewicht ist hier nur gewählt, weil das Gesetz vorzüglich die Interessen des Verkehrs berücksichtigen muss, Gewicht aber ein allen sehr geläufiger Begriff ist. Es unterliegt jedoch keinem Zweifel, dass hier nichts anderes definirt werden sollte, als eine Masseneinheit, sonst hätte noch, wie bei Gelegenheit der französischen Definition der Masseneinheit schon bemerkt ist, noch eine nähere Beziehung auf den Ort, wo dieses Gewicht die Einheit sein sollte, hinzugefügt werden müssen. Allerdings ist nicht zu leugnen, dass das Wort „Gewicht“ in der Definition in zweierlei Bedeutung gebraucht ist; im Eingang der Definition soll es offenbar einen Druck bezeichnen, sonst hätte ja die Hinzufügung, dass dies Gewicht im luftleeren Raum, das heisst unter Fortschaffung des Gegendruckes der umgebenden Atmosphäre gemessen werden soll, keinen Sinn, späterhin kann es aber gar nichts anderes als eine Masse bedeuten, zumal der Artikel 5 sofort eine solche Masse angiebt. Es ist schon früher bemerkt worden, dass solche Definitionen von Masseneinheiten durch Gewichte so zu verstehen sind, dass sie zweierlei festsetzen: einmal, Massen sind einander gleich, wenn die Erde auf sie unter denselben Verhältnissen gleiche bewegende Kräfte (und das sind Gewichte) ausübt; zweitens Körper, welche unter denselben Verhältnissen, wie sie für die betreffende bezeichnete Masse (z. B. das Kubikdecimeter Wasser von 4° Wärme) herrschen, durch die Erde dieselbe bewegende Kraft erleiden, sollen als Masseneinheiten angesehen werden. Um die nicht sofort klare Hinzufügung „unter denselben Verhältnissen“ zu vermeiden, wird gleich bestimmt angegeben, dass alles auf absolut leeren Raum bezogen werden soll, dass die Körper auch in Bezug auf ihre Lage zur Erde (und den umgebenden Massen und Himmelskörpern, wenn man noch genauer reden will,) völlig übereinstimmen müssen, wird als selbstverständlich vorausgesetzt. Dass die Sache so und nicht anders zu verstehen ist, wird in der authentischen Interpretation dieser Gesetze durch die erwähnte Publication der Kaiserlichen Normal-Aichungs-Commission scharf hervorgehoben.

Was endlich die Bezeichnungen der Maasse und Gewichte betrifft, so wird es gut sein, wenn der Leser sie ausschliesslich in Anwendung bringt, selbstverständlich kann er auch noch die Bezeichnungen, die nicht obligatorisch sind, wie Decimeter (dc) für den zehnten Teil des Meter, Milliliter (ml) für den tausendsten Teil des Liter u. s. f. benutzen. Es ist neuerdings Brauch geworden, ein Einheitssystem, in welchem Centimeter, Gramm, Secunde die Fundamentaleinheiten sind, als ein (*C. G. S.*) System zu bezeichnen, und dieser Brauch hat leider schon sehr weite Verbreitung gefunden, hier soll dasselbe System conform den gesetzlichen Bestimmungen nur durch (*c, g, s*) symbolisirt werden.

22. Die englischen Maasseinheiten. Nächst dem metrischen ist das wichtigste Maasssystem das englische. Dieses Maasssystem soll ursprünglich auch ein natürliches gewesen sein, jetzt kann man es wol nur als ein arbiträres bezeichnen.

Die Grundlage für Längenmessungen in diesem Maasssystem bildet das *Yard.* Das Yard hat 3 Fuss (*Foot*), der Fuss 12 Zoll (*Inch*); 2 Yard nennt man *Fathom,* $5^1/_2$ Yard heissen *Rod, Pole* oder *Perch,* 22 Yard (oder 100 *Links*) bilden eine *Chain,* 220 einen *Furlong* und 1760 eine *Mile.* Das Yard hat sich seit Jahrhunderten in annähernd gleicher Länge erhalten, es soll von Heinrich I. im Jahre 1101 nach der Länge seines Armes bemessen sein. Für Massenbestimmungen waren früher in England besonders 2 Pfunde in Gebrauch; das eine, *Troy pound* genannt, diente vornehmlich zum Abwägen von Edelmetallen, das andere, als *Avoirdupois pound* (abgekürzt *lb.*) bezeichnet, war dem Handelsverkehr gewidmet. Von beiden Pfunden wurden Repräsentanten amtlich aufgehoben (in den exchequer chambers); jenes wurde in 12, dieses in 16 Unzen (*Ounce, Oz*) geteilt, jenes hatte 5760, dieses 7000 Gran (*Grains*).

Im Jahre 1758 wurde vom Parlament eine Commission ernannt zur Feststellung der Maasseinheiten, und diese Commission liess unter möglichstem Anschluss an die vorhandenen Maasse ein neues Yard und ein neues Troy-Pfund aus Messing anfertigen, die die neuen Einheiten bilden sollten. Es dauerte aber bis 1824, ehe diese neuen Einheiten legalisirt wurden, und an ihnen sollte man erfahren, wie sehr ein natürliches Maasssystem einem willkürlichen vorzuziehen ist. Sie befanden sich nämlich unter Aufsicht des Clerks des House of Commons, und als das Parlamentshaus am 16. October 1834 ein Raub der Flammen wurde, gingen sie mit zu Grunde. Nun musste eine neue Commission niedergesetzt werden, um die Maasseinheiten wiederzufinden. Zwar hatte das Gesetz von 1824 bestimmt, dass jenes zerstörte Yard zu 36 Zoll zu rechnen sei, von denen 39,1393 die Länge des Secundenpendels in London ausmachen sollten, und dass das zerstörte Troy pound 5760 Grains gleichzuachten sei, von denen 252,458 (aus Messing herzustellende) soviel wiegen sollten wie ein Kubikzoll destillirtes Wasser bei der Temperatur 62° Fahrenheit und dem Barometerstand 30 Zoll, sodass dadurch anscheinend die verlorenen Maasseinheiten mussten wiedergefunden werden können; aber die Commission bemerkte bald, dass die Experimente, die die Beziehung des Yard zur Pendellänge geliefert hatten, nicht so durchgeführt waren, dass man nach jener gesetzlichen Angabe das Yard in seiner alten Länge aus der Pendellänge wiederzufinden hoffen durfte, ebensowenig konnte man sich auf die Bestimmung des Verhältnisses des Pound zum Kubikzoll Wasser verlassen. Die Commission schlug daher vor, die neuen Einheiten lieber aus vorhandenen Copieen der alten herzustellen, mit der Modification, dass an Stelle des Troy-Pfundes das Avoirdupois-Pfund treten sollte. Und so geschah es. Airy leitete die Wiederherstellung des Yard (sie wurde von Baily und nach dessen Tod von Sheepshanks ausgeführt), Miller die des Pfundes, und so beruht das neue Yard auf 5 Stäben, deren Relationen zu dem verlorenen Yard durch frühere mehr oder minder genaue Vergleichungen bekannt waren, das neue Pfund auf 2 Platinpfunden, deren eines dem bekannten Astronomen Schumacher gehörte, das andere sich im Besitz der Royal Society zu London befand. Die Arbeiten waren äusserst mühselig und langwierig, und wie sehr man auch die Hingebung der ausführenden Gelehrten und den Scharfsinn, mit dem sie zu Werke gingen, um einen wirklichen Anschluss an die alten Einheiten zu gewinnen, bewundern muss, es kann keine Frage sein, dass namentlich das neue Pfund wirklich eine neue Masseneinheit ist, denn leider war von dem alten Pfund das Volumen nicht bestimmt worden und musste aus einer Zeichnung desselben, die naturgemäss die Dimensionen nicht genau wiedergeben konnte, abgeleitet werden.

Die jetzigen englischen Maasseinheiten werden als *Imperial Standard Yard* und *Imperial Standard Pound* bezeichnet.

Das Yard ist auf einem Bronzestab festgelegt, und zwar ist es die Entfernung der Mitten zweier quer zum Stab auf Goldpflöckchen, die ihrerseits auf dem Grund zweier bis in die Mitte der Substanz des Stabes gehender Höhlungen eingelassen sind, gezogener Striche, wenn der Stab die Temperatur 62° der Fahrenheitschen Scale ($16^2/_3$° der hundertteiligen Scale) hat und ausserdem so gelagert ist, dass er nirgend verbogen ist.

Das Pfund repräsentirt, wie bemerkt, ein Avoirdupois-Pfund, es besteht aus einem Platincylinder mit abgerundeten Kanten, der etwas unterhalb der oberen Fläche von einer Rinne durchfurcht ist, in die die Gabel eingreifen soll, mit der es beim Gebrauch angehoben werden muss.

Durch Gesetz*) von 1878 ist bestimmt, dass dieses Urmaass und Urgewicht in dem Standards departement des Board of Trade aufgehoben werden sollen.

Nach ihnen sind die vier directen als *Parliamentary Copies* bezeichneten Copieen gesetzlich als Maasseinheiten anerkannt, davon wird eine in der Royal Mint, eine in der Royal Society, die dritte in der Sternwarte zu Greenwich bewahrt, die vierte ist in dem neuen Westminster Palast eingemauert.

Nach ihrer Herstellung sind die Maasseinheiten auf das sorgfältigste mit den metrischen Maasseinheiten verglichen worden, und indem in dem bezeichneten Gesetz die Resultate dieser Vergleichungen legale Anerkennung fanden, ist schon damals im Grunde genommen das englische Maasswesen auf das metrische zurückgeführt worden. Später (1884) hat man, wie erwähnt, die metrischen Maasse neben den englischen als legale zugelassen, und man darf wol erwarten, dass, was jetzt facultativ besteht, bald obligatorisch werden wird.

---

*) Weight and Measures Act.

Im englischen Maasssystem existirt keine einfache Beziehung zwischen der Längen-, Raum- und Gewichtseinheit, hier ist die Raumeinheit lediglich auf die Gewichtseinheit bezogen, und zwar ist dieselbe als der Raum definirt, der 10 Pfund destillirtes Wasser fasst, diese 10 Pfund gewogen mit Messinggewichten bei einer Lufttemperatur von 62° Fahrenheit ($16^2/_3$° der Centesimalscale) und bei einem Luftdruck von 30 Zoll. Diese Raumeinheit, die zur Ausmessung innerer wie äusserer Volumina dienen soll, heisst Gallone (*Gallon*), ein Viertel von ihr ist ein Quart (*Quart*), ein Achtel eine Pinte (*Pint*); zwei Gallonen geben ein *Peck*, acht ein *Bushel* u. s. f.

23. Anderweitige Maasssysteme. An die ältern englischen Maasse angeschlossen sind die nordamerikanischen Maasse und die russischen. Jene entsprechen ganz den englischen Maassen, diese zum Teil. Die Grundlage des russischen Längenmaasses ist die *Saschene* gleich 7 englische Fuss, sie wird in 3 *Arschinen* zu 28 Zoll oder 16 *Verschock* jede geteilt; die russischen Zolle sind hiernach ebenso gross, wie die englischen.

Das Pfund dagegen hat in Russland eine besondere Definition, es ist gleich dem Gewicht im luftleeren Raum von 25,019 Kubikzoll destillirtes Wasser von $13^1/_3$° der Réaumurschen Scale. Das weitere über die russischen Maasse darf übergangen werden, da die russischen Schriftsteller meist in metrischen Maassen rechnen.

Für das Studium älterer Arbeiten ist es für den Physiker von Wert, auch mit dem frühern preussischen Maasssystem vertraut zu sein. Hier genügt es aber, die Relationen dieses Systems zum metrischen anzuführen, und das wird später geschehen, doch sei bemerkt, dass die gesetzliche Geltung des bezeichneten Maasssystems von 1816 datirt.

Die nötigen Tafeln zur Reduction der einzelnen Maasseinheiten auf einander finden sich am Ende dieses Bandes.

24. Bezugsquellen für Einheiten für Länge und Masse. Da alle Messungen auf den drei Fundamentaleinheiten beruhen, ist es für den experimentirenden Physiker natürlich von grösster Bedeutung zu wissen, wie er zu richtigen Repräsentanten dieser Einheiten zu gelangen vermag. Sehen wir von der Zeiteinheit ab, über die bei der Behandlung der Zeitmessungen das nötige gesagt werden wird, so handelt es sich also um den Besitz eines seiner Länge nach bekannten Maassstabes und eines bekannten Gewichtes oder ganzen Gewichtsatzes; direct gelangt man zu diesem Besitz, wenn man sich an Institute wendet, die selbst mit bekannten Maassen versehen sind und auch die Mittel haben, Maasse mit einander zu vergleichen. Da die Beziehungen der Einheiten in den verschiedenen Systemen zu einander nunmehr hinlänglich festgestellt sind, genügt es, die Verhältnisse für die metrischen Einheiten anzugeben.

Oberste Instanz für die Ausgabe der metrischen Einheiten ist das schon erwähnte internationale Comité, speciell das Bureau international des poids et mésures*). Sodann kommen in den einzelnen Staaten die mit der Leitung

*) Pavillon de Bréteuil, Sèvres bei Paris.

und Ueberwachung des Aichwesens, sowie die mit der Aichung selbst betrauten Einrichtungen. In erster Linie sind hier die besondern, das ganze Maass- und Gewichtswesen des betreffenden Landes regulirenden Institute zu nennen, welche nicht nur in ihren Beziehungen zum Archivmeter und Archivkilogramm auf das genaueste bekannte Maasse und Gewichte besitzen, sondern auch mit allen und den feinsten Mitteln ausgerüstet sind, ihnen eingesandte Längen und Gewichte zu bestimmen. Für Deutschland ist das maassgebende Institut die *Kaiserliche Normal-Aichungs-Commission* in Berlin*) (Enkeplatz 3a), für Oesterreich die entsprechende Commission in Wien.

Die mit der directen Beaufsichtigung des Aichwesens in engern Bezirken betrauten *Aufsichtsbehörden* in Deutschland, ausschliesslich Bayern, welches keine eigentlichen Aufsichtsbehörden hat, 23 an der Zahl, und in den Hauptstädten der Länder und Provinzen domicilirt, und die eigentlichen *Aichämter* erhalten ihre Normale von den früher genannten Instituten, und zwar in den Abstufungen als Gebrauchsnormale, Controlnormale und Hauptnormale — letztere besitzen nur die Aufsichtsbehörden — sowohl solche für die gewöhnlichen Verkehrsgegenstände, als auch solche für die mit grösserer Genauigkeit und aus dauerhafterem Material gearbeiteten sogenannten Präcisions-Maasse und Gewichte. Die Hauptnormale dienen zur Controle der Controlnormale, diese zu der der Gebrauchsnormale, letztere werden bei der Aichung selbst angewendet. Mit genauen Angaben über ihr Verhältnis zu den metrischen Einheiten sind jedoch nur die Hauptnormale versehen, die Fehler der Control- und Gebrauchsnormale werden zwar auch an der Ausgabestelle der Normale bestimmt, jedoch nicht weiter den Aufsichtsbehörden mitgeteilt, für sie sind nur bestimmte Fehlergrenzen vorgeschrieben, die nicht überschritten werden dürfen und die in Tabellen auf der folgenden Seite angeführt sind.**)

Nach diesen Tabellen wird der Leser, im Falle er ein Normal eines Aichungsamts oder einer Aufsichtsbehörde benutzt, die Genauigkeit, die er diesem Normal zuschreiben darf, ermessen können. Die Hauptnormale brauchen ihren Nominalbeträgen nicht so genau zu entsprechen, wie die Control- oder selbst Gebrauchsnormale, weil ihre etwaigen Abweichungen von diesen Nominalbeträgen der betreffenden Behörde in dem Beglaubigungsschein mitgeteilt werden; bei ihnen darf man also nicht vergessen, sich diese Abweichungen zur Kenntnis geben zu lassen.

Ich habe mich auf die bei uns in Deutschland geltenden Einrichtungen und Vorschriften beschränken müssen, sie sind nicht viel anders in den andern Ländern.

---

*) Bayern hat seine Commission für sich in München, muss jedoch die von ihm anzuwendenden Normale von der Commission des Reiches beziehen.

**) Aichordnung für das Deutsche Reich, und ferner: Fehlergrenzen der aichpflichtigen Gegenstände, im Auftrage der Kaiserlichen Normal-Aichungs-Commission zusammengestellt von A. Baumann.

I. Längenmaasse.

Gegenstand	Fehlergrenzen	
	Gebrauchs-normale	Control-normale
Meter aus Messing für Präcisionsmaasse	0,04 mm	—
Meter aus Messing für gewöhnliche Maasse	0,1 „	0,05 mm*)
Meter aus Holz	0,3 „	—
Doppel-Meter aus Holz	0,6 „	—
Meter aus Stahl mit Anschlag . . .	0,3 „	—
Doppel-Meter aus Stahl	—	0,1 „
Bandmaass von 20 Meter aus Stahl .	1,6 „	—

II. Gewichte.

Gegenstand	Fehlergrenzen			
	Gebrauchsnormale		Controlnormale	
	für Verkehrs-gewichte	für Präcisions-gewichte	für Verkehrs-gewichte	für Präcisions-gewichte
50 kg	2000 mg	500 mg	1000 mg	250 mg
20 „	1600 „	400 „	800 „	200 „
10 „	1000 „	250 „	500 „	125 „
5 „	500 „	125 „	250 „	62,5 „
2 „	240 „	60 „	120 „	30 „
1 „	160 „	40 „	80 „	20 „
500 g	100 „	25 „	50 „	12,5 „
200 „	40 „	10 „	20 „	5 „
100 „	24 „	6 „	12 „	3 „
50 „	20 „	5 „	10 „	2,5 „
20 „	12 „	3 „	6 „	1,5 „
10 „	8 „	2 „	4 „	1 „
5 „	6 „	1,6 „	2,4 „	0,6 „
2 „	5 „	1,2 „	1,2 „	0,3 „
1 „	4 „	1,0 „	0,8 „	0,2 „
500 mg	—	—	0,4 „	0,1 „
200 „	—	—	0,4 „	0,1 „
100 „	—	—	0,4 „	0,1 „
50 „	—	—	0,2 „	0,05 „
20 „	—	—	0,2 „	0,05 „
10 „	—	—	0,2 „	0,05 „
5 „	—	—	0,1 „ **)	0,025 „
2 „	—	—	0,1 „ **)	0,02 „
1 „	—	—	0,1 „ **)	0,01 „

*) Die Abteilungen 0,5; 0,2; 0,1 m haben zu Fehlergrenzen 0,025 m.
**) Die Fehler müssen bis auf 0,02 mg bekannt sein.

Zweiter Abschnitt.

Mechanische Messungen.

Unter *mechanische Messungen* versteht man Messungen an Grössen, die beim Gleichgewicht und der Bewegung der Körper in Frage kommen; es gehören dazu ausser Messungen an den drei Fundamentalgrössen Länge, Zeit, Masse noch solche von Räumen, Flächen, Winkeln, Kräften, Momenten, Arbeiten u. s. f. Allen mechanischen Messungen zu Grunde liegen die Lehren der Mechanik; oft ist man gezwungen, auch die Lehren der andern Zweige der Physik, namentlich die der Optik und der Wärme, heranzuziehen, allein das geschieht dann meist, um die Ausführung der betreffenden Messungen zu ermöglichen, oder um aus einmal ausgeführten Messungen auch für andere Verhältnisse Nutzen ziehen zu können.

Man könnte noch die mechanischen Messungen in 2 Gruppen verteilen, in statische Messungen und in dynamische, indessen hat eine solche Zweiteilung praktisch wenig Bedeutung. Im folgenden ist die Teilung nach den einzelnen in Frage kommenden mechanischen Grössen durchgeführt. Es bilden aber die mechanischen Messungen die Grundlage für alle physikalischen Maassbestimmungen.

A) Längenmessungen.

Bei den Längenmessungen handelt es sich um Ausmessung von Strecken durch andere bekannte Strecken, also durch Strecken, deren Verhältnis zu der gewählten Längeneinheit bekannt ist. Ob solche Messungen geradezu bestimmte Körper betreffen (Stäbe, Flüssigkeitssäulen u. s. f.) oder sich auf Entfernungen beziehen, das Verfahren ist im Wesentlichen überall dasselbe.

Man führt Längenmessungen in zweierlei Absicht aus, einmal weil man die Länge einer gerade vorliegenden Strecke für einen bestimmten Zweck kennen will, dann aber auch, weil man die betreffende Strecke späterhin bei verschiedenen Gelegenheiten zu benutzen hat. Im ersten Fall hat man es lediglich mit der Ausmessung der betreffenden Strecke zu tun, im zweiten kann man aber nicht umhin, auch die Verhältnisse, unter denen die betreffende Strecke sich befindet, zu studiren, und zu untersuchen, wie sich diese Strecke ändert, wenn die Verhältnisse in bestimmter Weise variirt werden. Es scheidet sich so unsere Aufgabe in zwei Teile; wir haben von den Längenmessungen schlechthin zu reden, zu zeigen, wie in einem vorliegenden Fall eine Strecke auszumessen ist, dann sind auch die Umstände vorzuführen, welche Längen beeinflussen können, und es ist auseinanderzusetzen, wie man diese Beeinflussungen entweder vermeiden oder in Rechnung zu ziehen vermag. Es enthält aber der Abschnitt über Längenmessungen eine Menge Untersuchungen, die wir auch in den folgenden Teilen zu brauchen haben werden.

IV. Das Principielle der Vorrichtungen und Methoden bei Längenmessungen.

25a. Directes Abmessen. Die wesentliche Operation bei Längenmessungen besteht darin, dass man die zu messende Strecke auf bekannte Strecken überträgt, und die verschiedenen Methoden, die man hat, solche Messungen auszuführen, weichen von einander nur in der Art ab, wie diese Uebertragung bewerkstelligt wird.

Am einfachsten verfährt man, wenn man die zu messende Strecke direct auf die messende, etwa einen Maassstab, auflegt oder unmittelbar an dieselbe anlegt und zusieht, wie weit die Enden der zu messenden Strecke von den Enden der messenden abstehen. Ist zum Beispiel die gesuchte Länge A', die bekannte A und überragt, wenn A' auf A oder unmittelbar an A gelegt ist, das linke Ende von A' dasjenige von A um λ_l, das rechte von A' dasjenige von A um λ_r, so haben wir

IX) $$A' = A + \lambda_l + \lambda_r.$$

Die Grösse A sollte uns bekannt sein, die Bestimmung der Grössen λ bildet vornehmlich die Aufgabe der Messung.

25b. Messung durch Uebertragung. Die einfachen Uebertragungsvorrichtungen (Zirkel, Stangenzirkel, Diopter). Wenn man A' nicht auf A aufzulegen und auch nicht neben A hinzulegen vermag, überträgt man A' auf A mit Hilfe einer andern Strecke, die selbst sich direct auf A übertragen lässt. Man überträgt erst die Strecke A' auf eine Strecke L und dann L auf A. Hilfsmittel, die zur Uebertragung von Strecken auf einander dienen, bezeichnet man als *Zirkel*, oder besser als *Uebertragungsvorrichtungen* und zwar als *mechanische*, wenn die Begrenzungen der Hilfsstrecke materiell sind, als *optische*, wenn dieselben durch Absehlinien gebildet werden.

Als mechanische Uebertragungsvorrichtung kann man schon einen gewöhnlichen Zirkel verwenden, man öffnet die Schenkel desselben so weit, bis deren Spitzen die Enden von A' gerade berühren. Oft benutzt man einen *Stangenzirkel*, eine starre Stange, auf welcher zwei in Spitzen auslaufende Querstücke (auch Arme, Anschläge oder Backen genannt) beliebig verschoben werden können, man verschiebt das eine Querstück gegen das andere so lange, bis die Spitzen die Enden von A' berühren, in beiden Fällen ist A' repräsentirt durch die Entfernung zwischen den Spitzen des Zirkels und kann nun in dieser Repräsentation leicht auf A übertragen werden. Oft hat der Maassstab A selbst schon zwei Querstücke, von denen das eine festgelegt, das andere gegen dieses verschiebbar ist. Er bildet dann selbst einen Stangenzirkel oder Kalibermaassstab, und das verschiebbare Querstück heisst *Zeiger* oder *Index*. In diesem Falle legt man die zu messende Strecke A' mit ihrem einen Ende an das feste Querstück an und verschiebt das bewegliche Querstück auf dem Maassstab so lange, bis A' ganz und gerade zwischen die beiden Querstücke hineinpasst; die auf dem Maassstab abzulesende Entfernung der Querstücke giebt die gesuchte Länge.

Bei den optischen Uebertragungsvorrichtungen wird die zu messende Länge, wie bemerkt, zwischen zwei Abseh- oder Visirlinien genommen. Da jede Linie durch zwei Punkte erst bestimmt ist, muss hier die Einrichtung so getroffen werden, dass das Auge des Beobachters zwei hinter einander liegende Punkte zur Deckung bringt. Man befestigt also an einer Stange (auch Prisma oder Schiene genannt) quer zu derselben zwei verschiebbare Stücke, deren jedes zwei auf einander folgende Visirstellen trägt. Jedes dieser Querstücke mit den zugehörigen Visirstellen wird als *Diopter* bezeichnet; ein optischer Stangenzirkel besteht also aus einer Stange mit zwei verschiebbaren Dioptern. Fixirt man die Stange in einer besondern Lage, bringt erst die beiden Visirstellen des einen Diopters im Durchsehen mit einander und mit dem gegenüberliegenden Ende des zu messenden Stabes A' zur Deckung und verschiebt das andere Diopter auf der Stange so lange, bis im Durchsehen auch seine beiden Visirstellen sich mit einander und mit dem zweiten Ende des zu messenden Stabes A' decken, so ist A' repräsentirt durch die Entfernung der beiden Linien, die durch die bezüglichen Visirstellen jedes Diopters hindurchgehen.

Indem man jetzt den Stangenzirkel zu der messenden Strecke A in genau dieselbe Lage bringt, die er gegen A' hatte, kann man durch Hindurchsehen durch die Visirstellen jedes Diopters, wobei wieder diese Visirstellen zur Deckung gebracht werden, beurteilen, an welchen Stellen die Visirlinien diese Strecke treffen, oder wo sie an den Enden dieser Strcke vorbeigehen.

Die gebräuchlichen optischen Uebertragungsvorrichtungen unterscheiden sich von einander durch die Einrichtung der Visirstellen. Man sieht leicht, dass eine grosse Zahl Constructionen solcher Visirstellen möglich ist. Zum Beispiel kann jedes Querstück zwei hinter einander liegende Zinken tragen, die eingekerbt sind, die Spitzen der Kerben sind dann die Visirstellen; oder es können diese Zinken jede mit einer feinen Oeffnung versehen sein, die Visirlinie geht dann an jedem Stück durch diese Oeffnungen durch; oder es kann jede Zinke mit einer grossen Oeffnung versehen sein, die von zwei sich kreuzenden dünnen Fäden überspannt ist, die Kreuzungspunkte der Fadenpaare sind hier die Visirstellen; oder man fixirt die Absehlinien durch die optischen Axen von Fernrohren und Mikroskopen. Je nach dem Grad von Genauigkeit, die man bei der Messung erreichen will, wird man die eine oder andere Einrichtung wählen.

Die Uebertragung kann man entweder so bewerkstelligen, dass man die beiden Längen nach einander unter die Vorrichtung bringt, oder so, dass man mit der betreffenden Vorrichtung erst die eine Strecke abnimmt, die Vorrichtung zu der andern Strecke hinbringt und auch diese abnimmt. Wie man aber verfährt, vor allen Dingen kommt es darauf an, dass während der Uebertragung weder die Uebertragungsvorrichtung noch die Strecken sich ändern.

26. Die Comparatoren und Kathetometer. Wo man nun kleine Veränderungen, weil es auf grosse Genauigkeit nicht ankommt, nicht zu scheuen hat, braucht man Uebertragungsvorrichtungen in ihrer einfachsten Construction, und zwar zumeist mechanische, deren Stange zugleich als Maassstab dient, und führt die Uebertragung freihändig aus. Für genaue Messungen hat man aber Vorrichtungen construirt, die einerseits es gestatten, die Uebertragung der Längen auf einander unter Ausschluss erheblicherer Veränderungen auszuführen und andererseits bei dieser Uebertragung gleichmässige Verhältnisse gewährleisten. Man bezeichnet diese Vorrichtungen, wenn die Uebertragung bei horizontaler Lage der Stange — hier *Prisma* genannt — oder der Längen geschieht, als *Comparatoren*, und wenn bei dieser Uebertragung Prisma und Längen vertical gerichtet sind, als *Kathetometer*. Indessen sind diese beiden Arten von Uebertragungsvorrichtungen principiell von einander nicht verschieden, und man kann gar wohl, sowohl nach der Einrichtung als nach dem Gebrauch, das Kathetometer auch als Comparator ansehen; zur genaueren Unterscheidung mag man das Kathetometer als Verticalcomparator bezeichnen, den eigentlichen Comparator aber Horizontalcomparator nennen. In gewissen Constructionen dient das Prisma des Kathetometers zugleich als Maassstab, man überträgt dann nicht die Längen, sondern misst dieselben, und dann ist die Benennung Kathetometer ganz bezeichnend.

Der Horizontalcomparator besteht im wesentlichen aus einer horizontalen Unterlage für die auf einander zu übertragenden Längen und der Uebertragungsvorrichtung, welche auf zwei zu beiden Seiten der Unterlage senkrecht aufragenden Pfeilern horizontal ruht.

Besitzt diese Vorrichtung zwei von einander getrennte Visireinrichtungen, deren jedes für sich auf dem Prisma verschoben werden kann, so heisst der Comparator, weil dann die Verschiebung der Uebertragungsvorrichtung bezw. der Strecken quer zu dem Prisma geschieht, ein *Transversalcomparator*. In diesem Falle visirt man jede der Strecken mit beiden Visirvorrichtungen und zwar an dem einen Ende mit der einen, an dem andern mit der andern. Bei der Uebertragung hat man dann entweder das Prisma zu bewegen oder die Strecken. Ist der Apparat so eingerichtet, dass bei der Uebertragung die Strecken in Ruhe bleiben und die Uebertragungsvorrichtung bewegt wird, so tragen die Pfeiler auf ihren obern Enden horizontale parallele Gleitflächen, Schienen, das Prisma ist mit Röllchen versehen, mit denen es auf diesen Flächen aufliegt, und kann dann leicht horizontal hin- und hergeschoben werden. Da es dabei wünschenswert ist, dass dasselbe in allen Lagen seiner Enden auf den Gleitflächen einer und derselben Linie im Raume parallel ist, versieht man auch entweder beide Gleitflächen mit Gleitrinnen, in welche die Röllchen eingreifen, oder wenn man die so bewerkstelligte Zwangführung, die zu Deformationen des Prisma Veranlassung geben kann, vermeiden will, giebt man nur e i n e r der Gleitflächen eine Gleitrinne und versieht das Prisma an seinem einen Ende mit Röllchen, an dem andern mit einer in einer Pfanne sich drehenden Kugel.

Bei den andern Comparatoren stellt man die Uebertragungsvorrichtung fest und bewegt lieber die auf einander zu übertragenden Längen; bei diesen ruht die Unterlage auf einem Wagen, der auf festen Schienen rollt und den man nur zu verschieben hat, wenn man statt der einen Länge die andere unter die Uebertragungsvorrichtung bringen will.

Eine zweite Klasse von Comparatoren bilden die *Longitudinalcomparatoren.* Hier sind die beiden Visirvorrichtungen mit einander fest verbunden, sie befinden sich auf e i n e m auf dem Prisma verschiebbaren Stück, dem *Schlitten,* und die eine Visirvorrichtung dient zum Visiren auf die Enden der einen, die andere zum Visiren auf die der anderen Strecke. Das Prisma ist hier festgelegt und auch die Strecken brauchen nicht bewegt zu werden, dafür wird der Schlitten mit den Visirvorrichtungen parallel zu den Strecken (longitudinal) verschoben.

Comparatoren dieser oder der voraufgehend angegebenen Construction finden namentlich da Anwendung, wo die auf einander zu übertragenden Längen durch Striche oder Punkte auf Körpern abgegrenzt sind.

Eine besondere Klasse von Comparatoren bilden die oft als *Fühlhebelcomparatoren* bezeichneten Apparate, bei denen ein mechanischer Stangenzirkel zur Anwendung kommt, der gleich auf der Unterlage für die Längen angebracht ist; hier dient die Unterlage als Stange, die begrenzenden Anschläge ragen aus derselben hervor, und es ist von ihnen meist einer festgelegt, der andere parallel zur Unterlage verschiebbar. Derartige Comparatoren werden oft benutzt, wenn die auf einander zu übertragenden Strecken durch die Längen von Körpern zwischen ihren Enden gegeben sind.

Da man hier erst den einen Körper und dann den andern zwischen die Anschläge zu bringen hat, ist man selbstverständlich grösseren Fehlerquellen ausgesetzt, als bei den andern Comparatoren; man hat daher auch Apparate construirt, die die Einrichtungen der voraufgehend beschriebenen Comparatoren mit denen dieser vereinigen. Man kann dann aber die Unterlage mit ihren Anschlägen nicht eigentlich mehr als Stangenzirkel ansehen, es dienen vielmehr die Anschläge dann nur noch dazu, statt der zu messenden Entfernungen zwischen den Enden von Körpern Längen zu substituiren, die auf Körpern durch Striche oder Punkte abgegrenzt sind. Jede der Anschläge trägt auf der obern Seite eine Marke (einen Strich oder Punkt), und indem man den betreffenden Körper zwischen die Anschläge legt, bildet die Länge, mit der man es zu tun hat, nicht mehr die Länge dieses Körpers, sondern die Entfernung zwischen den Marken auf den Anschlägen; kennt man die Entfernungen dieser Marken von den bezüglichen mit den Enden des Körpers in Berührung kommenden Enden der Anschläge, so hat man durch die obige Substitution nichts weiter getan, als die betreffende Länge um bekannte Stücke vergrössert, die man dann später in Abzug bringt. Die Anschläge haben hier den besondern Namen *Zusatzstücke* oder *Contactstücke* erhalten.

Für das Kathetometer sind die auf einander zu übertragenden Längen vertical gerichtet, demgemäss steht beim Kathetometer das Prisma senkrecht. Wo es die Construction mit sich bringt, ist das Prisma um eine verticale Achse drehbar. Die Drehbarkeit kann in mannigfacher Weise bewerkstelligt sein, zumeist ist sie dadurch erreicht, dass ein Ende des Prisma abgedreht und in eine entsprechend ausgearbeitete Vertiefung eines Untergestells eingesetzt ist, oder dadurch, dass das Prisma zwischen Spitzen gestellt ist, die von den horizontalen Teilen eines festen Rahmens ausgehen. Wenn das Kathetometer nur einem bestimmten Zweck dienen soll, zum Beispiel zur Ablesung der Stände von Quecksilbersäulen in einem fest aufgestellten Barometer oder Manometer, kann es unmittelbar an die Stelle befestigt werden, wo die zu messenden Strecken sich befinden, oder sonst eine feste Aufstellung erhalten. Seine Construction vereinfacht sich dann erheblich, und namentlich kann, wenn der Maassstab durch das Prisma des Kathetometers selbst gegeben ist, oder der Maassstab unmittelbar an die zu messende Strecke angebracht ist, die Einrichtung zum Drehen des Prisma fortfallen; und wo eine Drehvorrichtung doch nötig ist, kann sie in der einfachsten Weise hergestellt sein, etwa so, dass das Prisma zwischen zwei sich gegenüberstehenden verticalen, in irgend einer Weise festgelegten Spitzen gestellt wird.

Wie beim Comparator unterscheidet man auch hier *Transversal-Kathetometer* von *Longitudinal-Kathetometern*; bei jenen sind die zum Visiren dienenden Instrumente getrennt und die Uebertragung geschieht demgemäss durch Drehung des Prisma um seine Axe; bei diesen sitzen die Instrumente auf demselben Schlitten, eines derselben dient zum Visiren auf die Enden der einen, das zweite wird zum Visiren auf die Enden der andern Strecke benutzt.

Die Prismen der Uebertragungsvorrichtungen sind bei den Comparatoren wie bei den Kathetometern aus geraden prismatisch oder drehrund, oder in irgend einer andern Form bearbeiteten Stäben (meist aus Metall) hergestellt, auf denen die Absehvorrichtungen sich beliebig hin- und herschieben und feststellen lassen. Bei prismatischer Form folgen diese Absehvorrichtungen bei ihrer Verschiebung von selbst schon einer und derselben Linie; bei drehrunder ist eine Rinne in die Stange eingearbeitet, in welche ein Vorsprung der Absehvorrichtung eingreift, oder es besitzt umgekehrt das Prisma einen Grat, der in eine der Absehvorrichtung gehörige Rinne hineinpasst.

27. Das Principielle in der Einrichtung der Messungsvorrichtungen. Was die Absehvorrichtungen selbst betrifft, so sind dieselben meist so construirt, dass sie nicht blos zur Fixirung der Uebertragungslinien dienen, sondern auch die Messung selbst bewerkstelligen lassen. Allgemein können wir die Aufgabe der Messung dahin präcisiren, dass wir sagen, es muss angegeben werden, um wieviel die Absehlinien der betreffenden Uebertragungsvorrichtungen parallel mit sich selbst und den zu vergleichenden Strecken verschoben werden müssen, wenn man von der Stellung, in welcher sie die zu messende Strecke einfassen, zu der übergeht, in welcher die messende Strecke zwischen sie passt. Wir wollen vorläufig annehmen, dass eine solche Verschiebung der Absehlinien parallel mit sich selbst und mit den zu vergleichenden Strecken möglich ist; dann genügt es offenbar, parallel zum Prisma in der Nähe jeder der Absehvorrichtungen eine Scale fest anzubringen, auf deren Teilung ein von der betreffenden Absehvorrichtung ausgehender fester Zeiger hinweist; man kann dann auf dieser Scale ablesen, um wieviel die betreffende Absehvorrichtung beim Uebergang von der einen Länge auf die andere hat verschoben werden müssen. Im wesentlichen ist dies auch die Methode, der man bei solchen Messungen folgt. Es seien die beiden Scalen gleichmässig in gewisse bekannte Intervalle geteilt; stehen die Zeiger in der ersten Lage der Absehvorrichtungen bei dem Strich m_0 beziehungsweise n_0, in der zweiten Lage bei dem Strich m_0' beziehungsweise n_0', so betrug die Verschiebung der einen Absehvorrichtung $m_0' - m_0$, die der andern $n_0 - n_0$, und die zu messende Länge ist um $m_0' - m_0 \pm (n_0' - n_0)$ Intervalle grösser oder kleiner als die bekannte Strecke. Das + Zeichen gilt, wenn die Teilung auf der einen Scale entgegengesetzt läuft wie auf der andern, das — Zeichen, wenn diese Teilung auf beiden Scalen gleiche Richtung verfolgt.

Nun werden natürlich nicht in allen Fällen die Zeiger jedesmal gerade auf volle Intervallstriche hinweisen, man muss vielmehr im allgemeinen die Lage der Zeiger z w i s c h e n den Einteilungsmarken bestimmen, und das kann durch Abschätzen des Abstandes eines solchen Zeigers von dem voraufgehenden oder folgenden Scalenstrich geschehen; sind diese Abstände für die Zeiger in der ersten Lage μ_0, ν_0, in der zweiten μ_0', ν_0', so hat man für die ganze Verschiebung $m_0' + \mu_0' - m_0 - \mu_0 \pm (n_0' + \nu_0' - n_0 - \nu_0)$. Die ν und μ sind Brüche, und zwar Bruchteile eines Intervalls auf den Scalen.

Die Verschiebung wird um so genauer bestimmt sein, je sicherer die Abschätzung geschieht, sie wird aber auch um so genauer bestimmt sein, je kleiner die Einheit ist, in der die geschätzten Bruchteile auszudrücken sind, je kleinere Intervalle also die Scalen tragen; und wenn diese Intervalle hinreichend klein sind, wird man die Abschätzungsfehler ganz vernachlässigen dürfen.

Hiernach haben wir zwei Gesichtspunkte für die Sicherung der Messung, entweder man bringt die Abschätzungsfehler auf das geringstmögliche Maass, oder man giebt den Scalen ganz kleine Intervalle.

Von dem ersten Gesichtspunkt aus wird man zunächst verlangen, dass der Beobachter sich hinlängliche Uebung im Abschätzen aneignet; da aber immerhin bei noch so grosser Uebung das Schätzungsvermögen eine gewisse Grenze nicht überschreiten kann (von einem Millimeterintervall vermag man bei grosser Uebung noch etwa den zwanzigsten Teil abzuschätzen), hat man gesucht, diese Abschätzung durch Hilfsvorrichtungen zu unterstützen.

28. Der Vernier oder Nonius. Die bekannteste und am meisten angewandte Vorrichtung ist der von dem Franzosen Vernier 1631 erfundene und jetzt nach ihm benannte Vernier (früher als Nonius bezeichnet); es reducirt dieser *Vernier* die Abschätzung auf die Beurteilung, ob zwei einander entgegenlaufende Striche zusammenfallen, bringt also eigentlich die Abschätzung auf eine Ablesung. Denken wir uns nämlich die Absehvorrichtung statt mit einem Zeiger mit einer kleinen Scale versehen, die mit der der Absehvorrichtung gegenüber liegenden festen Scale in gleicher Höhe und parallel verläuft, so wird irgend ein Strich dieser mit der Absehvorrichtung sich verschiebenden Scale den Zeiger abgeben können. Wir wollen annehmen, dass die Teilung der beweglichen Scale mit der der festen nach derselben Richtung verläuft und als Zeiger den ersten Strich jener Scale — den 0 Strich oder Zeigerstrich — ansehen. Ist diese bewegliche Scale in ebenso grosse Intervalle geteilt wie die feste, so werden in irgend einer Lage der Scalen gegeneinander immer alle Striche der beweglichen Scale um dasselbe Stück vor oder hinter den Strichen der festen Scale stehen, wie der Zeigerstrich; wenn jedoch an der beweglichen Scale die Intervalle kleiner oder grösser als an der festen sind, wird es kommen, dass einer ihrer Striche mit einem Strich der festen Scale zusammenfällt (das heisst mit diesem eine gerade Linie bildet), auch wenn der Zeigerstrich zwischen zwei Strichen der festen Scale steht. Welcher Strich mit einem Strich der festen Scale zusammenfallen muss, das hängt zunächst von der Lage des Zeigerstrichs ab, dann aber auch von dem Verhältnis, in welchem die Grösse der Intervalle der beweglichen Scale zu der der Intervalle der festen stehen; kennt man aber dieses Verhältnis und hat den betreffenden mit einem Strich der festen Scale coincidirenden Strich herausgefunden, so muss es offenbar möglich sein, die Lage des Zeigerstrichs zu bestimmen.

Gewöhnlich richtet man die Teilung der verschiebbaren Scale so ein, dass sie $\lambda + 1$ oder $\lambda - 1$ Intervalle auf einer Strecke besitzt, auf welcher die feste Scale λ Intervalle hat; es werden also die Intervalle der verschiebbaren Scale um $1/(\lambda + 1)$ kleiner bezw. und $1/(\lambda - 1)$ grösser als die der festen genommen. Fällt der Zeigerstrich mit dem $n$ten Strich der festen Scale zusammen, so wird der ihm folgende Strich, wir bezeichnen ihn mit Strich 1, um $1/(\lambda + 1)$ bezw. $1/(\lambda - 1)$ vor oder hinter (vor und hinter beziehen sich auf die Richtung, in der die Teilung fortschreitet) dem $n + 1$ten, der nächstfolgende — Strich 2 — um $2/(\lambda+1)$ bezw. $2/(\lambda-1)$ vor oder hinter dem $n+2$ten, allgemein der $i+1$te — Strich i — um $i/(\lambda+1)$ bezw. $i/(\lambda-1)$ vor oder hinter dem $n+i$ten zu liegen kommen, soll also umgekehrt der $i+1$te Strich der beweglichen Scale mit dem $n+i$ten der festen zusammenfallen, so muss der Zeigerstrich um $i/(\lambda+1)$ bezw. $i/(\lambda-1)$ hinter oder vor dem $n$ten Strich der festen Scale liegen, finden wir hiernach, dass in der Tat der $i+1$te Strich der beweglichen Scale mit einem Strich der festen Scale coincidirt, so schliessen wir sofort, der Zeigerstrich liege um $i/(\lambda+1)$ bezw. $i/(\lambda-1)$ Teile hinter oder vor dem $n$ten Strich, hinter, wenn die Intervalle der beweglichen Scale kleiner sind als die der festen, vor, wenn sie grösser sind als diese. Sollte die Teilung der verschiebbaren Scale der der festen entgegenlaufen, so hat man in der voraufgehenden Auseinandersetzung die Richtungsbestimmungen „vor" und „hinter" mit einander zu vertauschen. Die Abschätzung der Lage des Zeigerstrichs gegen den $n$ten Strich ist also in der Tat auf eine Ablesung zurückgeführt, nämlich auf die Ablesung der Nummer desjenigen Strichs der beweglichen Scale, der zuerst mit einem Strich der festen zusammenfällt.

Beispielsweise seien 10 Intervalle der beweglichen Scale so lang wie 9 der festen. Es ist dann $\lambda = 9$; finden wir, dass, während die Teilungen bei den beiden Scalen gleichlaufend sind, der Strich 6 (bei der obigen Festsetzung, wonach der erste Strich, der Zeigerstrich, die Nummer 0 tragen soll, der 7te Strich) der beweglichen Scale — diese ist eben der Vernier — mit einem Strich der festen coincidirt, während der Zeigerstrich zwischen dem $n$ten und $n+1$ten Strich der festen Scale steht, so bedeutet das, dass der Zeigerstrich um $^6/_{10}$ eines Intervalls der festen Scale hinter dem $n$ten und um $^4/_{10}$ vor dem $n+1$ten Strich steht. Besässe der Vernier zehn Teile auf 11 der festen Scale, so würde eine Coincidenz des sechsten Striches mit einem Strich der festen Scale darauf hinweisen, dass der Zeigerstrich um $^6/_{10}$ des Intervalls vor dem $n$ten Strich, $^4/_{10}$ hinter dem $n-1$ten steht. Im ersten Fall wäre die Ablesung $n+0{,}6$ Intervalle, im zweiten $n-0{,}6$ oder $n-1+0{,}4$ Intervalle. Hier können wir durch directe Ablesung die Lage des Zeigerstrichs nur bis auf 0,1 des Intervalls bestimmen. Hat der Vernier 20 Teile auf 19 Teile der festen Scale, so wäre $\lambda+1=20$, eine Coincidenz des siebenten Striches des Vernier mit einem Strich der festen Scale deutet an, dass der Zeigerstrich um $^7/_{20}$ oder 0,35 Teile eines Intervalls hinter dem $n$ten liegt; bei diesem Teilungsverhältnis und ebenso bei dem, wo der Vernier 20 Teile auf 21 Teile der festen Scale besitzt, vermögen wir die Lage des Zeigerstrichs durch directe Ablesung bis auf 0,05 eines Intervalls der festen Scale genau zu fixiren. Bei einem Verhältnis von 100 zu 99 oder von 100 zu 101 würden wir schon eine Genauigkeit von 0,01 des Intervalls erlangen.

Ueberhaupt ist die durch directe Ablesung des coincidirenden Strichs zu erreichende Genauigkeit in der Bestimmung der Lage des Zeigerstrichs um so grösser, je näher die Intervalle des Vernier denen der festen Scale an Grösse kommen. Indessen kann man die Genauigkeit nicht beliebig weit treiben, sondern nur soweit, als man eben den Strich unzweifelhaft zu erkennen vermag, der mit einem Strich der festen Scale coincidirt. Bei zu geringem Unterschied in der Grösse eines Intervalls auf dem Vernier und auf der festen Scale werden aber mehrere Striche des Vernier mit Strichen der Scale zusammenzufallen scheinen, und wir werden nicht mehr im Stande sein anzugeben, welcher von ihnen wirklich mit einem Strich der Scale coincidirt. Man vermag, wie es scheint, zwei genügend feine Striche, die, wenn sie zusammenfallen, mit ihren Enden unmittelbar zusammenstossen und eine ununterbrochene Linie bilden, noch als getrennt aufzufassen, wenn sie etwa 0,03 mm von einander entfernt sind; wenn also zum Beispiel der Vernier 100 Intervalle auf 99 der festen Scale trägt, und diese feste in mm geteilt ist, so werden uns wol 5 Striche desselben mit solchen der festen Scale zu coincidiren scheinen, und wir werden nicht wissen, welcher von ihnen wirklich mit einem Strich der Scale coincidirt. Hier verhülfe uns also das grosse Genauigkeit versprechende bedeutende Verhältnis zwischen den Vernier-Intervallen und den Intervallen der festen Scale factisch zu keiner grössern Genauigkeit, als wir zum Beispiel mit einem Vernier erreichen würden, der nur 50 auf 49 oder 50 auf 51 Intervalle der festen Scale trägt. Will man doch durch Vergrösserung des Verhältnisses der Vernier-Intervalle zu den Intervallen der festen Scale die Genauigkeit tunlichst weit treiben, so muss man noch Hilfsmittel zur Anwendung bringen, die das Erkennen des Coincidenzstriches erleichtern und sichern. Es bestehen diese Hilfsmittel in Lupen oder gehörig vergrössernden Mikroskopen, mit denen man die Striche des Vernier betrachtet und die die Zwischenräume zwischen Strichen, die wir mit blossem Auge als solche nicht haben erkennen können, indem sie entweder gestatten, das Auge denselben recht nahe zu bringen, oder vergrösserte Bilder derselben entwerfen, erkennbar machen.

In der praktischen Ausführung bringt man die festen Scalen gleich an die Prismen an, indem man die Teilung direct auf deren Körper oder auf mit denselben festverbundene Streifen aufträgt, die Absehvorrichtungen tragen dann die Vernier und, wenn nötig, die Lupen oder Mikroskope zur sichern Ablesung des mit einem Strich der festen Scale coincidirenden Striches. Der Vernier bekommt nicht mehr Intervalle, als dem Genauigkeitsverhältnis entspricht.

29. Ocularmikrometer. Nach der zweiten Methode sucht man die Bestimmung der Lage der Absehvorrichtungen dadurch zu sichern, dass man die Bedeutung der Abschätzungsfehler soweit als möglich reducirt, indem man, wie bemerkt, den (festen) Scalen eine aus tunlichst kleinen Intervallen bestehende Teilung giebt. Nun fällt es dem unbewaffneten Auge schon schwer, Intervalle, deren Grösse auch nur wenig unter 0,2 mm liegt, gehörig aus einander zu halten, und da solche Scalen, wenn die zweite Methode von Erfolg sein soll, oft mit sehr engen Teilungen (bis zu Intervallen von 0,01 oder gar 0,001 mm) versehen sein müssen, ist man gezwungen, diese Teilungen vergrössert zur Erscheinung zu bringen.

Auf directem Wege gelangt man zu einer solchen Vergrösserung, wenn man die betreffenden Scalen durch Lupen und Mikroskope betrachtet. Bei denjenigen Uebertragungsvorrichtungen, welche Mikroskope oder Fernrohre als Absehvorrichtungen benutzen, verwendet man die Oculare dieser Mikroskope oder Fernrohre selbst zum Betrachten der Scalen. Man legt dann diese Scalen in den Bildebenen der Oculare innerhalb der optischen Instrumente fest, muss aber natürlich die Scalen aus Glas herstellen. Richtet man das als Absehvorrichtung dienende Mikroskop oder Fernrohr auf ein Ende der zu messenden Strecke und stellt dasselbe so ein, dass das vom Objectiv entworfene Bild des betreffenden Endes in die bezeichnete Bildebene zu liegen kommt, so sieht man dieses in der Ebene der Scale und kann durch Ablesen und Schätzen die Stelle der Scale fixiren, die diesem Ende entspricht. Geht man dann zum Maassstab über, so vermag man in derselben Weise auch bei diesem die Lage seines Endes oder eines bekannten Teilstriches auf der Scale zu bestimmen, die Differenz der Scalenablesungen giebt an, um wieviel diese entsprechenden Enden von einander abstehen. Man sieht jedoch, dass diese einfache Einrichtung — sie wird als *Ocular-* oder *Glasmikrometer* bezeichnet — nur angewandt werden kann, wo man beim Uebergang von der einen Länge auf die andere die Absehvorrichtungen selbst auf dem Prisma nicht zu verschieben braucht, wo also, wenn die Längen unmittelbar nebeneinander lägen, die entsprechenden Enden beide zugleich im betreffenden optischen Instrument gesehen werden könnten.

Die Bedingung ist also, dass entweder die zu messende Länge nahezu so gross ist, wie der Maassstab, oder dass dieser Maassstab eine Teilung trägt, die so eng ist, dass, wie auch die Absehvorrichtung gestellt ist, immer wenigstens ein Strich im Gesichtsfeld erscheint.

Es ist darum hier auch von keinem mit der Absehvorrichtung verbundenen Zeiger die Rede.

Die Vergleichung geschieht dann mit dem Intervall auf dem Maassstab, welches zwischen den Strichen eingeschlossen ist, auf welche man geführt wird, wenn man von der zu messenden Länge auf den Maassstab übergeht. Diese Länge muss natürlich auch bekannt sein, sie ergiebt sich aus der Ablesung der Nummern der betreffenden Striche, falls der Maassstab solche Nummern für seine einzelnen Striche trägt und diese Nummern auch in den Mikroskopen oder Fernrohren gesehen werden können. Wenn auf dem Stab keine Nummern aufgeschlagen sind, oder diese Nummern, weil das Gesichtsfeld der benutzten optischen Instrumente zu klein ist, nicht gesehen werden, schneidet man sich ein Stückchen Papier spitz zu, verschiebt dieses auf dem Maassstab, bis man im betreffenden Instrument die Spitze des Papierstückchens den betreffenden Strich, dessen Lage in der Scalenteilung abgelesen ist, erreicht hat; der Strich ist dadurch fixirt, und seine Nummer kann durch directes Hinsehen auf den Maassstab abgelesen oder durch Abzählen gefunden werden.

30. Schraubenmikrometer. Bei der zweiten Art von Vergrösserung ist die Scale selbst in eigenartiger Weise hergestellt. Es besteht nämlich diese Scale aus einer Schraube, die einzelnen Gänge der Schraube stellen die Scalenstriche vor, die Zwischenräume zwischen den Gängen geben die Intervalle. Dreht man eine Schraube in einer zugehörigen Mutter, so entspricht einer vollen Umdrehung eine Verschiebung der Schraube (oder der Mutter, je nachdem die Mutter oder die Schraube festgelegt ist), um ein Intervall, eine Ganghöhe. Wir versehen jetzt die Schraube an ihrem Kopf mit einer senkrecht zu ihrer Axe stehenden Scheibe, einer *Trommel,* vom Radius r, verschiebt sich die Schraube um eine Ganghöhe δ, so bewegt sich ein Punkt des Scheibenrandes durch den Weg $2\pi r$; geschieht die Verschiebung der Schraube nur um den $n$ten Teil der Ganghöhe, um δ/n, so legt ein Punkt des Scheibenrandes den Weg $2\pi r/n$ zurück. Wie klein nun auch δ/n sein mag, man wird stets r so gross wählen können, dass die Drehung um $2\pi r/n$ deutlich sichtbar ist. Die Schraube mit der Trommel bietet also ein Mittel, unmerkbare Translationsbewegungen in deutlich messbaren Rotationsbewegungen zum Vorschein kommen zu lassen, und darauf beruht eben die zweite Art der Vergrösserung; in der Tat ist hier jedes Intervall (eine Ganghöhe der Schraube) ersetzt durch den Umfang der Trommel. Ist die Trommel an ihrem Umfang in n Teile geteilt, so gehört zu einer Drehung derselben um einen dieser Teile, also um $360/n$ Grad eine Verschiebung der Schraube um den $n$ten Teil der Ganghöhe. Sei zum Beispiel die Ganghöhe der Schraube 0,1 mm, der Radius der Trommel 10 mm, so entsprechen dem 0,1 mm die 62,8 mm des Trommelumfanges; da man nun eine Drehung dieser Trommel, bei welcher ein Punkt ihres Umfanges 0,5 mm zurücklegt, ohne Schwierigkeit constatiren kann, vermag man eine Verschiebung der Schraube von $\frac{0,1}{125,6}$ mm zu erkennen, und diese Verschiebung von etwa 1 Tausendteil Millimeter ist auf ein halbes Millimeter vergrössert.

Bei der Anwendung wird aber die Schraube nicht blos benutzt, um die Verschiebung der Absehlinie zu messen, sondern zugleich auch um diese Verschiebung selbst hervorzubringen. Die zugehörige Einrichtung richtet sich nach der Construction der Absehvorrichtung.

Ist das als Visirstelle etwa dienende Fadenkreuz, beziehungsweise das Parallel-Fadenpaar ein für alle Mal in der Absehvorrichtung festgelegt, so wird die Absehlinie in Bezug auf die Absehvorrichtung eine ganz unverrückbare Lage haben, will man also die Absehlinie parallel mit sich selbst verschieben, so hat man die ganze Vorrichtung parallel mit sich selbst zu bewegen, und das die betreffende Absehvorrichtung tragende Stück, der Schlitten, ist so construirt, dass diese Verschiebung durch Drehung der Schraube bewerkstelligt werden kann. Es besteht desshalb dieser Schlitten aus zwei an einander verschiebbaren Teilen, der eine Teil kann an dem Prisma festgeklemmt werden und ist selbst zu einer Führung ausgearbeitet, der andere trägt die Visirvorrichtung, ist als Schlitten gefertigt und sitzt an dem ersten, der ihm zur Führung dient. In jenem ist die Schraube um ihre Axe frei drehbar gelagert, mit diesem die Mutter zur Schraube fest verbunden.

In der andern Einrichtung wird das Fadenkreuz, beziehungsweise das Parallelfadenpaar, selbst mit Hilfe der Schraube verschoben. Hier sind die Fäden (wenigstens in den gewöhnlichen Einrichtungen) an einem in der Absehvorrichtung liegenden Rahmen befestigt, der eine Mutter trägt, in die die Gänge der Schraube eingreifen. Die Schraube wird so gehalten, dass sie selbst bei ihrer Drehung sich nicht verschiebt, sie bewegt dann die Mutter und mit dieser den Rahmen mit den Fäden nach vorwärts oder rückwärts.

Die erste Einrichtung kommt dann zur Anwendung, wenn die zu vergleichenden Längen so sehr von einander verschieden sind, dass ihre entsprechenden Enden, selbst wenn diese Längen Seite an Seite liegen, nicht zugleich im Gesichtsfeld der betreffenden Absehvorrichtung erscheinen, man also, nachdem das Ende der einen Länge eingestellt ist, um das Ende der andern Länge zu sehen, die Absehvorrichtung verschieben muss. Es hat diese Einrichtung den Vorteil, dass die Einstellung immer an derselben Stelle der Absehvorrichtung geschieht. Ein grosser Nachteil derselben ist aber, dass die Schraube das ganze Instrument bewegen muss, da dabei der Bedingung, dass die Absehlinie sich immer parallel mit sich selbst verschieben soll, nur schwer genügt werden kann.

Die zweite Einrichtung kann nur da Anwendung finden, wo die entsprechenden Enden der Längen (oder ein Ende der zu messenden Länge und ein Strich des Maassstabes) gleichzeitig im Gesichtsfelde erscheinen, oder wo für jede Länge eine besondere Visirvorrichtung zur Anwendung kommt. Man hat dann beim Uebergang von dem einen Ende auf das andere lediglich mit Hilfe der Schraube das Fadenkreuz oder das Fadenpaar von dem einen Ende zu dem andern überzuführen.

Um die Drehung der Schraube bei dem Uebergang von einem Ende auf ein anderes zu messen, ist die Trommel der Schraube auf ihrem Umfang in gleiche Teile (zum Beispiel in 100 Intervalle zu je $3^\circ{,}6$) geteilt. Der Trommel gegenüber steht ein Index — ein zugespitztes Metallstück oder ein auf einem Metallstück gezogener Strich — der auf dem sich nicht verschiebenden Teil der Absehvorrichtung fixirt ist, und man hat beim Drehen der Schraube lediglich die Anzahl der Trommelteile zu zählen, die bei dem Index vorbeigehen.

Sei der Durchmesser der Trommel in Millimeter gemessen d, die Anzahl der Intervalle, in welche ihr Umfang geteilt ist, z, die Ganghöhe der Schraube δ, der lineare Betrag der Verschiebung bei einer Drehung der Trommel um ein Trommelteil, wieder in Millimeter, τ, dann ist

$$\delta \text{ äquivalent } \pi d; \quad \tau = \frac{\delta}{z} \text{ und äquivalent } \frac{\pi d}{z},$$

τ giebt den Verschiebungswert eines Trommelteils an.

V. Ausführung einfacherer Längenmessungen.

Wir gehen jetzt dazu über, die einzelnen Operationen bei der Ausführung einer Längenmessung auseinanderzusetzen und die Mittel zur Vermeidung beziehungsweise Berücksichtigung der bei solchen Messungen möglichen Fehler klarzulegen.

31. Einfache Messungen, Correction für thermische Ausdehnung. Ueber solche Messungen, bei welchen der Maassstab mit freier Hand an die auszumessende Länge angelegt wird, ist nicht viel zu sagen. Man hat nur dafür zu sorgen, dass der Maassstab der zu messenden Länge tunlichst nahe parallel verläuft. Man legt dabei den Maassstab neben oder unter, beziehungsweise hinter die zu messende Länge, jedenfalls aber so, dass die Teilstriche oder Enden des Maassstabs den Enden dieser Länge so nahe kommen als möglich, und dieses darum, weil man hier für die Absehlinien keine Führung hat. Der Maassstab wird so angelegt, dass das eine Ende der zu messenden Länge mit seinem Anfang oder irgend einem Strich, etwa dem $m+1$, dem Strich m (wenn, wie das üblich, der erste Strich mit 0 bezeichnet wird), zusammenfällt. Trifft dann das andere Ende der Länge ebenfalls auf einen Teilstrich, etwa auf den $n+1$ten, den Strich n, und ist die Länge eines Intervalls auf dem Maassstabe gleich λ, so hat man für die gesuchte Länge

$$A' = (n - m)\lambda.$$

Fällt das zweite Ende zwischen den $n+1$ und $n+2$ten Strich, so ist abzuschätzen, wie viel Bruchteile des Intervalls es den $n+1$ten Strich überragt, hat die Abschätzung μ Bruchteile ergeben, so wird

X) $$A' = (n - m + \mu)\lambda.$$

λ die Grösse des Intervalls auf dem Maassstab muss bekannt sein. Die jetzigen Maassstäbe sind in Zehnteile, Hundertteile oder Tausendteile des Meter geteilt, also in Decimeter, Centimeter oder Millimeter. Da aber alle Körper sich mit steigender Temperatur ausdehnen oder zusammenziehen, sind die Intervalllängen eines Maassstabes nicht constant.

Die auf einem Maassstab seine Länge bezeichnende Zahl bezieht sich immer auf eine bestimmte Temperatur, die als *Normaltemperatur* bezeichnet wird, nennen wir diese ϑ, die Länge eines Intervalls bei dieser Normaltemperatur λ_ϑ, den linearen Ausdehnungscoefficienten der Substanz, aus welcher der Maassstab besteht, α, so ist für eine Temperatur t

$$\lambda = \lambda_\vartheta \left(1 + \alpha(t - \vartheta)\right),$$

und man hat

XI$_1$) $$A' = \lambda_\vartheta \left(1 + \alpha(t - \vartheta)\right)\left(n - m + \mu\right),$$

oder

XI$_2$) $$A' = (n - m + \mu)\lambda_\vartheta + \alpha(t - \vartheta)(n - m + \mu)\lambda_\vartheta,$$

das mit α multiplicirte Glied wird als Correction für die Temperatur bezeichnet; λ_ϑ bedeutet bei unsern Maassstäben Meter, Decimeter, Centimeter oder Millimeter und ist durch die Teilung des Maassstabes gegeben, α muss man von vornherein kennen, t, die Temperatur des Maassstabes während der Messung, liest man an einem in der Nähe desselben aufgestellten Thermometer ab; endlich ϑ ist auf dem Maassstab mitverzeichnet (indem angegeben ist, der Stab hat seine *normale*, das heisst auf ihm verzeichnete, Länge bei Temperatur 0° oder 13°, ... der hundertteiligen oder Fahrenheitschen oder Réaumurschen Temperaturscale) oder wird als allgemein durch die gesetzlichen Vorschriften bekannt angesehen; bei unsern Maassstäben ist, wenn eine besondere Angabe fehlt, ϑ gleich 0°, gleich der Temperatur des schmelzenden Eises.

Es sei zum Beispiel der Maassstab ein in Millimeter geteiltes Stahlmeter, λ_ϑ ist hier ein Millimeter, α, wenn als Temperaturscale die hundertteilige zu Grunde gelegt wird, 0,00001, ϑ soll 0° sein, der Stab soll also zwischen seinen Enden oder zwischen den Endstrichen genau 1 m lang sein, wenn er sich in einer Temperatur gleich der des schmelzenden Eises befindet. Die Temperatur während der Abmessung der gesuchten Länge sei zu 20°,5 C. abgelesen. Ist dann durch Ablesung der Nummern der Teilstriche, die den Enden der zu bestimmenden Länge entsprechen, $m = 16$, $n = 618$, und durch Schätzen, um wie viel das zweite Ende den Teilstrich 618 überragt, $\mu = 0{,}3$ gefunden, so haben wir

$$A' = (618 - 16 + 0{,}3)(1 + 0{,}00001 . 20{,}5)\,mm$$

$$= (602{,}3 + 0{,}12)\,mm = 602{,}42\,mm,$$

die $0{,}12\,mm$ stellen die Correction für die Temperatur dar.

Wäre die Normaltemperatur 13° R. und besässen wir zur Ablesung der Temperatur während der Messung ein Réaumur-Thermometer, so würde sich statt 20,5 die Temperatur zu $^4/_5 . 20{,}5 = 16°{,}4$ R. ergeben, und wir müssten α zu $0{,}00001 . ^5/_4 = 0{,}000012$ ansetzen; die Ablesungen auf dem Maassstabe würden dann natürlich auch andere sein als oben angegeben. Hat man zur Ablesung wieder ein Celsiusthermometer, so muss man die Angabe 13° R. für die Normaltemperatur durch Multiplication mit $^5/_4$ in Celsiusgrade oder die abgelesene Temperatur 20,5 durch Multiplication mit $^4/_5$ in Réaumurgrade verwandeln; tut man das erstere, so ist $\alpha = 0{,}00001$, tut man das letztere, so hat man $\alpha = 0{,}000012$ anzusetzen.

Im ganzen ist, wie man sieht, Beobachtung und Rechnung sehr einfach, aber dafür sind auch die zu befürchtenden Fehler sehr gross und das directe Verfahren ist meist schon nicht mehr anwendbar, wenn die gesuchte Länge auf $0{,}1\,mm$ genau eruirt werden soll.

32. Messung mit Kalibermaassstäben. Zu günstigern Resultaten gelangt man, wenn man einen Maassstab anwendet, der selbst als Stangencirkel eingerichtet ist (solche Maassstäbe werden oft auch als *Kaliber-*

maassstäbe bezeichnet). Es hat ein solcher Maassstab einen festen Arm und ein auf demselben bewegliches Stück und der erstere kann auf demselben den Nullstrich der Teilung markiren. Man fasst die zu bestimmende Länge zwischen diese Arme und liest die Stellung des beweglichen Arms auf dem Maassstab ab. Gewöhnlich trägt dieser Arm auch noch einen Vernier, wodurch der Ablesung eine gewisse Genauigkeit gewährleistet ist, alsdann kann der erste Strich, der Nullstrich, dieses Vernier, wenn der Maassstab unmittelbar zu Messungen dienen soll, in der Verlängerung der innern Linie des Arms liegen, die dann den Zeiger abgiebt.

Sind die Arme so eingerichtet, dass sie auf den einander zugekehrten Seiten einander parallel verlaufen, so hat man bei der Messung nur noch dafür zu sorgen, dass die zu messende Länge, wenn sie selbst aus einer festen Substanz besteht, oder wenigstens von festen Substanzen begrenzt wird, damit Verbiegungen vermieden werden, ohne Zwang zwischen den Armen liegt und zweitens dem Maassstab parallel verläuft.

Mangel in der Parallelität der Arme lässt die zu messende Länge zu lang finden, wenn die Arme auf einander zulaufen, zu kurz, wenn dieselben auseinandergehen. Es kann aber ein solcher Mangel entstehen, wenn die Arme selbst nicht genau gearbeitet sind, wenn der Stab krumm ist, wenn der bewegliche Arm nicht fest genug geht, sondern schlottert. Die Arme für sich kann man controliren, indem man dieselben zusammenschiebt, lassen sie nach ihrer Zusammenschiebung einen Parallelspalt zwischen sich, so darf man sie als parallel gearbeitet ansehen, hat dieser Spalt die Form eines Dreiecks oder irgend einer andern aus nicht parallelen Seiten zusammengesetzten Figur, so sind auch die Arme nicht parallel. Krümmungen im Maassstab kann man mit blossem Auge nur erkennen, wenn sie schon ziemlich erheblich sind, dagegen ist es verhältnismässig leicht zu entscheiden, ob der bewegliche Arm zu lose auf dem Stab sitzt.

Es ist leicht, den Einfluss all dieser hervorgehobenen Fehler rechnerisch zu untersuchen, es ist aber viel einfacher, diese Fehler in ihrer Gesammtwirkung durch den Versuch zu eliminiren, indem man die Parallelität der Arme in mehreren ihrer Stellungen gegen einander untersucht. Sind die Arme in einer Stellung nicht parallel, so wird ein zwischen dieselben geschobener starrer Stab nicht in allen Lagen gerade hineinpassen, laufen die Arme nach rückwärts verlängert zusammen, so wird man den Stab dem Maassstab nicht in stets paralleler Lage zu demselben beliebig nahe bringen können, laufen sie nach vorwärts zusammen, so wird man den Stab vom Maassstab nicht in stets paralleler Lage zu demselben beliebig zu entfernen vermögen. Man schiebt also einen Stab zwischen den Armen, die man mit seinen Enden einmal in Berührung gebracht hat, parallel zum Maassstab hin und her, die Arme sind parallel, wenn dabei die Bewegung ohne andern Widerstand, als er beim Gleiten überhaupt auftritt, vor sich geht und der Stab auch an keiner Stelle lose wird. Kennt man aus andern Untersuchungen auch noch die Länge des Stabes, so vermag man auch noch leicht die eventuelle Abweichung von der Parallelität zu berechnen. Doch wird von dem Einfluss solcher Richtungsabweichungen später die Rede sein.

Die Berechnung der Länge aus den Ablesungen auf dem Maassstab geschieht hier genau so wie im vorigen Fall und auch die Correction für die Temperatur des Maassstabes ist keine andere.

Es ist klar, dass man Kalibermaassstäbe nicht bei allen Gelegenheiten mit gleicher Genauigkeit anzuwenden vermag; wo man die betreffenden Längen zwischen ihre Arme bringen kann, versprechen sie eine grössere Genauigkeit, als man durch directes Anlegen eines Maassstabes erreicht, wo man aber die zu messende Länge mit ihren Armen nur anzuvisiren vermag, bekommt man nicht viel mehr, als durch directe Abmessung, da hier die Fehler des Anvisirens von derselben Grössenordnung sind, wie bei directer Ausmessung.

33. Absehlinien, parallaktische Fehler. Der mannigfachsten und, bei gehöriger Einrichtung, genauesten Anwendung fähig sind diejenigen Messungsmethoden, bei welchen eine wirkliche Uebertragung der zu messenden Länge auf den Maassstab vorgenommen wird. Hier ist es nun vor allen Dingen nötig, dass die die Uebertragung bewerkstelligenden Visirlinien wohl definirt sind. Es gewährleisten aber nicht alle Diopter solche vollständig definirte Visirlinien.

Um einsehen zu können, worauf es hier ankommt, wollen wir den allgemeinsten Fall eines Diopters in Betracht ziehen, bei welchem die Visirlinie dadurch bestimmt ist, dass sie durch zwei hinter einander liegende Visirstellen des Diopters der Uebertragungsvorrichtung und das Ende einer der Strecken hindurchgehen soll, und das Auge des Beobachters selbst sich diese Absehlinie festlegen muss. Das Auge hat hier zugleich drei Stellen zu fixiren, nämlich die beiden zur Deckung zu bringenden Visirstellen des Diopters und das betreffende Ende einer der zu vergleichenden Strecken. Da es aber nicht auf alle drei gleichzeitig accommodiren kann, sieht es bald die eine, bald die andere deutlich, und der Beobachter hat Mühe, zu entscheiden, wann die drei Stellen sich wirklich decken. In dem Bestreben, die Stellen, die er zur Deckung bringen soll, überhaupt zu sehen, wird er sogar geflissentlich bald über die eine, bald über die andere Stelle hinwegsehen, und so wird er die drei Stellen in ein Dreieck nicht in eine gerade Linie anordnen, er hat statt der einen Visirlinie meist zwei, von denen die eine durch die beiden Visirstellen, die andere durch eine Visirstelle und das Stabende oder jede durch das Stabende und je eine Visirstelle hindurchgeht.

Man nennt den Winkel zwischen den bezeichneten Linien die *Parallaxe*, den Fehler, der aus der Existenz der Parallaxe resultirt, *parallaktischen Fehler*. Letzterer wird gemessen durch den Abstand der beiden Linien am Stabende beziehungsweise an der ersten Visirstelle des Diopters genommen in Richtung der zu messenden Strecken; ist also die Entfernung des anvisirten Endes von der ersten Visirstelle r und die Parallaxe ϑ, so kann der parallaktische Fehler, weil die Parallaxe bei einigermassen genügender Einstellung nur klein sein wird, durch

$$\text{XII)} \qquad \varphi = r\vartheta \sin 1''$$

wiedergegeben werden, wo ϑ als in Bogensecunden gemessen angenommen ist. Der parallaktische Fehler ist also um so grösser, je bedeutender r, der Abstand der anvisirten Stelle von der ersten Visirstelle ist; er wächst auch mit der Grösse der Parallaxe, der Betrag dieser Parallaxe hängt aber in erster Linie ab von der Fähigkeit des Beobachters, drei Gegenstände zugleich mit genügender Aufmerksamkeit zu betrachten, in zweiter Linie kommt auch die Einrichtung der Visirstellen in Frage. Die Theorie setzt voraus, dass die Visirstellen Punkte oder scharfe Linien sind, in den praktischen Dioptern werden dieselben natürlich eine gewisse Ausdehnung haben, und diese Ausdehnung muss schon für sich eine gewisse Unsicherheit in der Lage der Visirlinie bedingen. Im Allgemeinen ist die hieraus resultirende Unsicherheit um so kleiner, je weiter die beiden Visirstellen von einander abstehen, Diopter mit nicht zu nahen Visirstellen lassen eine geringere Parallaxe befürchten, als solche mit einander ganz nahen Visirstellen.

34. Bedeutung der optischen Einrichtung der Visirvorrichtungen. Aber der parallaktische Fehler lässt sich dadurch verkleinern, dass man r klein genug nimmt; kann man r geradezu gleich Null machen, so verschwindet φ vollständig. Man müsste hiernach, um den parallaktischen Fehler zu vermeiden, das anvisirte Object geradezu in die erste (dem Auge nächste) Visirstelle verlegen, und das erreicht man, indem man von dem Object optisch ein Bild entwirft, welches in die Ebene der ersten Visirstelle fällt, indem man also Comparatoren und Kathetometer in Anwendung bringt, die zum Visiren mit optischen Instrumenten versehen sind. Um die nötigen Vorsichtsmaassregeln bei der Benutzung solcher optischen Einrichtungen zu Messungen genau darlegen zu können, sei zuerst an einige Lehren der Theorie der optischen Abbildung, die wir auch noch weiterhin oft genug brauchen werden, erinnert.

Es werden aber die einzelnen Betrachtungen nicht im Zusammenhang vorgeführt, sondern mit den Bemerkungen, die über die uns hier beschäftigenden Messungen zu machen sind, verwebt werden.

VI. Abschweifung über Abbildung vermittelst optischer Instrumente.

35a. Optische Systeme; Object und Bild. *Ein optisches System* bildet eine Zusammenstellung von gleich oder verschieden brechenden und reflectirenden Medien. Die Trennungsflächen zwischen den einzelnen Medien eines optischen Systems werden kugelförmig hergestellt oder wenigstens als kugelförmig angesehen. Ein optisches System ist *centrirt*, wenn die Mittelpunkte der trennenden Kugelflächen alle auf einer und derselben geraden Linie liegen. Diese gerade Linie heisst die *geometrische* oder *optische Axe* oder die *Centrale* des Systems. Strahlen, welche von einem Punkte ausgehen, werden als *homocentrische Strahlen* bezeichnet, schneiden sich diese Strahlen nach Durchsetzung des optischen Systems wieder in einem Punkte, so heisst dieser Punkt das *Bild* des Ausgangspunktes, und er ist mit dem Ausgangspunkt der Strahlen *conjugirt.*

Mehrere Ausgangspunkte für Strahlenbüschel fasst man als *Object* zusammen, die conjugirten Punkte derselben setzen dann das *Bild des Objects* zusammen.

In der geometrischen Optik betrachtet man nur ebene Objecte, also Punkte und Curven, die in einer Ebene liegen, und Stücke einer Ebene selbst oder aber Objecte, die so weit von dem betreffenden optischen System abstehen, dass sie, von diesen aus gesehen, als eben erscheinen. In weiterer Beschränkung nimmt man noch die Objecte in Ebenen an, welche die Centrale senkrecht scheiden.

Das Medium des optischen Systems, in welchem sich das Object befindet, bezeichnen wir als das *erste,* dasjenige, in welchem die Strahlen verlaufen, welche vorwärts oder rückwärts verlängert das Bild herstellen, als das *letzte* Medium des Systems; den Raum, den das erste Medium einnimmt, können wir *Objectraum*, denjenigen, der vom letzten Medium ausgefüllt wird, *Bildraum* nennen.

In Bezug auf irgend eine Stelle des Raumes liegen diejenigen Medien, welche dem Object zugewandt sind, nach vorne, die andern nach hinten. Befindet sich an dieser Stelle selbst ein Object, so heisst das von den vordern Medien entworfene Bild desselben das *vordere Bild,* das von den hintern Medien entworfene das *hintere Bild.*

35b. Strahlenbegrenzung.*) Von jedem Punkt eines Objects können eine grosse Menge von Strahlen und nach sehr verschiedenen Richtungen ausgehen, ist das Object selbstleuchtend oder besitzt es die Eigenschaft, auffallendes oder durchgehendes Licht vollständig zu zerstreuen, so sendet jeder Punkt nach allen möglichen Richtungen Strahlen aus. Zur Formirung des Bildes können aber naturgemäss nicht alle Strahlen beitragen, sondern von jedem Punkt nur so viele, als eben in das optische System Eingang finden. Die wirksame Strahlenmenge wird in unsern optischen Instrumenten durch die Fassungen der Linsen oder gewisse vor, hinter oder zwischen den Linsen angebrachte Diaphragmen abgegrenzt. Bestimmend für die Strahlenbegrenzung ist diejenige Oeffnung in dem Instrument, durch welche die

*) Für diesen Artikel und an vielen andern noch zu erwähnenden Stellen sind die schönen leider in so vielen Zeitschriften zerstreuten Arbeiten Abbes auf dem Gebiete der geometrischen Optik und Helmholtz' Darlegungen in seiner physiologischen Optik maassgebend gewesen.

Strahlen, welche sich im Bilde wirklich vereinigen, gerade noch hindurch gehen; wir nennen diese Oeffnung die *Hauptöffnung* oder das *Hauptdiaphragma* des Instruments, gleichgiltig, ob sie von dem Rand einer Linse oder dem irgend einer Blende gebildet wird.

Das von dem Hauptdiaphragma durch die vor demselben liegenden Linsen entworfene Bild, das vordere Bild, heisst die *Eintrittsöffnung* des Instruments, das durch die hinter demselben liegenden Linsen entworfene, das hintere Bild, die *Austrittsöffnung* des Instruments. Hiernach ergiebt sich, dass Eintrittsöffnung und Austrittsöffnung Bilder von einander in Bezug auf das ganze Instrument sind. Liegt das Hauptdiaphragma vor dem Instrument, so bildet es selbst die Eintrittsöffnung, die Austrittsöffnung ist dann das von dem ganzen Instrument entworfene Bild, in diesem Falle ist das Diaphragma meist durch den Rand des ersten Objectivglases gegeben, so dass die Austrittsöffnung das Bild dieses Randes darstellt.

Wie man von Eintritts- und Austrittsöffnung des ganzen Instruments spricht, kann man natürlich auch von Eintritts- und Austrittsöffnung bei einzelnen Teilen des Instruments reden, so von den Oeffnungen des Objectivsystems oder des Ocularsystems oder irgend einer Combination von Linsen des ganzen Instruments.

Die zur Formirung des Bildes wirksamen Strahlen füllen die Eintrittsöffnung vollständig aus, ebenso füllen die vom Bilde ausgehenden Strahlen die Austrittsöffnung vollständig aus.

Kein vom Object ausgesendeter Strahl ist im Bilde wirksam, der nicht die Eintrittsöffnung selbst oder gehörig verlängert schneidet; alle vom Bild überhaupt ausgesendeten Strahlen gehen selbst oder gehörig verlängert durch die Austrittsöffnung.

Von allen Strahlen, welche von dem in der Axe des Systems liegenden Punkt des Objects ausgehen, kommen im Bilde nur diejenigen zur Geltung, welche in einem Kegelraum verlaufen, dessen Basis die Eintrittsöffnung ist, nach ihrem Austritt bilden sie einen Kegel, dessen Spitze im Bilde des Axenpunkts des Objects liegt und dessen Basis die Austrittsöffnung ist. Allgemein verlaufen von allen von irgend einem Punkt des Objects ausgesendeten Strahlen diejenigen, welche im Bilde wieder zur Wirkung kommen, in einem Kegel, dessen Spitze in dem betreffenden Objectpunkt liegt und dessen Basis die Eintrittsöffnung ist, und es bilden diese Strahlen nach ihrem Austritt einen Kegel, dessen Spitze das Bild des betreffenden Objectpunkts ist und dessen Basis die Austrittsöffnung abgiebt.

Umgekehrt füllen alle in irgend einem Punkt der Eintrittsöffnung sich kreuzenden Strahlen einen Kegel aus, dessen Basis das Object ist, und alle in irgend einem Punkt der Austrittsöffnung sich kreuzenden geben einen Kegel, als dessen Basis das Bild erscheint.

Wir können also auch sagen: Für Object und Bild bewerkstelligen Eintrittsöffnung und Austrittsöffnung, für Eintrittsöffnung und Austrittsöffnung Object und Bild die Strahlenbegrenzung.

Ein Strahl, der durch conjugirte Punkte von Object und Bild geht, geht auch durch conjugirte Punkte von Eintritts- und Austrittsöffnung und ein Strahl, der conjugirte Punkte von Eintritts- und Austrittsöffnung trifft, trifft auch zwei conjugirte Punkte von Object und Bild. Strahlen, welche vom Object durch den Rand bezw. die Mitte der Eintrittsöffnung gehen, berühren also nach den Brechungen durch die vor dem Hauptdiaphragma liegenden Linsen den Rand bezw. die Mitte des Hauptdiaphragmas und nach den Brechungen durch die hinter dem Hauptdiaphragma liegenden Linsen den Rand bezw. die Mitte der Austrittsöffnung.

Man nennt von den Strahlen, die irgend ein Objectpunkt aussendet, denjenigen, dessen Richtung durch die Mitte (den Axenpunkt) der Eintrittsöffnung (also auch nach den verschiedenen Brechungen durch die des Hauptdiaphragmas und der Austrittsöffnung) führt, den *Hauptstrahl* dieses Punktes.

Die Hauptstrahlen eines Objects sollen sich also im Axenpunkt der Eintrittsöffnung kreuzen, es sind ihnen im Bilde Strahlen conjugirt, die sich im Axenpunkt der Austrittsöffnung kreuzen. Die Hauptstrahlen sind die Axenstrahlen der von den einzelnen Punkten des Objects bezw. des Bildes ausgehenden und zur Wirksamkeit kommenden Lichtkegel, bringt man also beim Durchsehen durch das Instrument das Auge an die Stelle, wo die Mitte der Austrittsöffnung liegt, so kommen gerade diese Strahlen zur Wahrnehmung und da sie eben die Mitten der einzelnen Kegel bilden, zu dem alle überhaupt vom Bild ausgehenden Strahlen sich in der Austrittsöffnung zusammendrängen, hat das Auge die vorteilhafteste Stellung eingenommen.

Man bezeichnet daher auch die Mitte der Austrittsöffnung als den *Augenpunkt* des Instruments. In den Fällen, wo das hintere Bild des Hauptdiaphragmas reell ist, ist die Austrittsöffnung deutlich sichtbar, indem sie über dem Ocular als kleine helle Kreisfläche erscheint (sie heisst dann auch *Ramsdenscher Ocularkreis*), hier hat es keine Schwierigkeit, das Auge in die vorteilhafteste Stellung zu bringen. Wenn aber das hintere Bild des Hauptdiaphragmas virtuell ist, giebt es keinen reellen Augenpunkt, also auch keine reelle vorteilhafteste Stellung für das Auge, man muss dann das Auge wenigstens dicht an die Ocularlinsen bringen.

In ganz derselben Weise, wie die Hauptstrahlen des Objects und des Bildes, können wir die Hauptstrahlen der Eintritts- und Austrittsöffnung definiren als diejenigen Strahlen, welche von den einzelnen Punkten dieser Oeffnungen durch den Axenpunkt des Objects bezw. des Bildes gehen.

Die Hauptstrahlen von Object und Bild sind offenbar bestimmend für das Verhältnis der Grösse von Object und Bild zur Entfernung von den Linsen des Systems, sowie für die Neigung der eintretenden und austretenden äussersten Strahlenkegel des ganzen Objects bezw. Bildes; die von Eintritts- und Austrittsöffnung für die Neigung der äussersten Strahlen, die von der Mitte des Objects eintreten, von der des Bildes austreten können. Beide Arten von Hauptstrahlen haben in der Theorie der Abbildung grosse Bedeutung, wie wir noch später sehen werden, doch haben nur die letztern

Hauptstrahlen zu besondern, das optische System selbst betreffenden Bezeichnungen geführt, die gleich erwähnt sein mögen.

Der Winkel, den zwei am stärksten gegen einander geneigte Hauptstrahlen der Eintrittsöffnung im Axenpunkt des Objects einschliessen, heisst die *Winkelöffnung* des Instruments in der betreffenden Lage des Objects für den Axenpunkt desselben. Wird das Instrument immer in derselben Entfernung vom Object benutzt und ist die Ausdehnung des Objects im Verhältnis zur Entfernung von der Eintrittsöffnung klein — wie das bei messenden Instrumenten der Fall — so kann man von einer Winkelöffnung des Instruments schlechtweg sprechen. Bestimmend für die Leistungsfähigkeit eines Instruments ist aber nicht sowohl diese Winkelöffnung als vielmehr, wie Abbe theoretisch und experimentell überzeugend nachgewiesen hat, das Product aus dem Verhältnis des Brechungsexponenten (n) des ersten Mediums zu dem (n') des letzten in den Sinus des halben Oeffnungswinkels (u); man nennt dieses Product, $\frac{n'}{n}\sin u$, die *numerische Apertur, Apertur* oder *Oeffnung* des Instruments.

Die weitern Darlegungen müssen wir in zwei Teile spalten, je nachdem es sich um Abbildung selbstleuchtender oder um Abbildung vermittelst reflectirten und gebrochenen, einer Lichtquelle entnommenen Lichtes sichtbar gemachter Objecte handelt. Letztere soll später untersucht werden.

35c. Die reine geometrische Optik. Wir legen den Betrachtungen zunächst Strahlen zu Grunde, die an jeder Stelle ihres Weges von der Centrale des Systems nur um eine gegen die Radien der betreffenden Trennungsflächen der Medien kleine Grösse abweichen. Die nachfolgend aufzuführenden Gesetze gelten also mit ausreichender Genauigkeit nur für solche in der Nähe der Centrale verlaufende Strahlen. Ferner nehmen wir an, dass wir es nur mit Strahlen zu tun haben, die alle gleich brechbar sind.

Homocentrische Strahlen sind auch nach Durchsetzung eines optischen Systems homocentrisch, das heisst, das Bild eines leuchtenden Punktes ist wieder ein Punkt. Es wird dieses Bild hervorgebracht durch den Schnittpunkt aller von dem betreffenden Punkt ausgehenden, das System brechender Flächen durchsetzenden Strahlen. Daraus folgt, dass bei einem optischen System jeder Teil desselben (unter Teil ein Stück verstanden, welches von allen Medien etwas enthält, nicht etwa ein aus einzelnen Medien zusammengesetztes) den Punkt abbildet. Das ganze Bild kommt durch Zusammenfallen aller durch die einzelnen Teile des Systems hervorgebrachten Bilder zu Stande, und es ergiebt sich hiernach, dass wenn von den einzelnen Medien eines brechenden Systems ein Teil hinweggenommen oder abgeblendet wird, die Lage des Bildes dadurch keine Beeinträchtigung erleidet. Das von der Hälfte, einem Drittel oder überhaupt irgend einem Teil des brechenden Systems entworfene Bild eines Punktes liegt also an derselben Stelle, wie das von dem ganzen brechenden System bewerkstelligte. Das nämliche gilt, wenn es sich nicht um einen Punkt, sondern um ein ausgedehntes

Object handelt, auch hier darf man von jedem der brechenden Medien beliebige Teile wegnehmen, ohne dadurch Lage und Grösse des Bildes zu ändern. Selbstverständlich wird diese Lage sofort eine andere, sobald man die Teile der brechenden Fläche nicht einfach wegnimmt oder unwirksam macht, sondern an eine andere Stelle versetzt.

Das Bild eines Punktes liegt mit diesem Punkte und mit der Centrale des abbildenden Systems in derselben Ebene. Punkte auf der Centrale haben ihre Bilder ebenfalls auf der Centrale.

Das Bild einer geraden Strecke ist wieder eine gerade Strecke, steht die Strecke senkrecht zur Centrale, so ist auch ihr Bild zu dieser Centrale senkrecht geneigt; die Durchschnittspunkte mit der Centrale sind conjugirte Punkte.

Das Bild eines Ebenenstückes ist wieder ein Ebenenstück; steht das Ebenenstück senkrecht zur Centrale, so ist auch sein Bild zu dieser Centrale senkrecht. Die Durchschnittspunkte mit der Centrale sind conjugirte Punkte.

Object und Bild sind einander geometrisch ähnlich und in Bezug auf einen gewissen Punkt zu einander perspectivisch.

Es ist nicht nötig, dass jedem Object auch ein bestimmtes, reelles Bild entspricht, es kann auch sein, dass dieses Bild erst construirt zu werden vermag, wenn man die Strahlen in der Richtung, die sie nach Durchsetzung des optischen Systems haben, nach rückwärts verlängert, das Bild heisst dann ein *virtuelles,* oder nach Helmholtz ein *potentielles.* Da das Auge die Bilder immer dahin versetzt, wo die sie entwerfenden Strahlen sich schneiden, so sieht dasselbe die virtuellen Bilder nicht minder als die reellen, aber jene sieht es nur, wenn es sich in dem betreffenden Strahlenkegel befindet, sonst unter keiner Bedingung, diese dagegen kann man von allen Seiten sichtbar machen, wenn man sie auf körperliche, diffus reflectirende Gegenstände, die Wand, einen Schirm u. s. f. fallen lässt, wobei dann das Licht von diesen Gegenständen nach allen Richtungen verbreitet wird. Es ist klar, dass reelle Bilder nur dann zu Stande kommen können, wenn die vom Object ausgehenden Strahlen durch das optische System convergent oder wenigstens nicht divergent gemacht werden; indessen entwirft ein und dasselbe optische System je nach der Lage des Objects reelle oder virtuelle Bilder von demselben.

Jedes optische System ist vollständig bestimmt durch 4 auf seiner Centrale gelegene Punkte, man kennt aber 6 Punkte von fundamentaler Bedeutung, und kann sich unter diesen 4 auswählen.

Zwei der Fundamentalpunkte sind die beiden *Hauptbrennpunkte*, deren jeder sein Bild in der Unendlichkeit hat. Lichtstrahlen, die sich im ersten Hauptbrennpunkt schneiden, verlassen das optische System in Linien, die zu einander und zu der Centrale parallel verlaufen, Lichtstrahlen, die zum optischen System in zu einander und zur Centrale parallelen Linien ankommen, gehen nach Durchsetzung des optischen Systems wirklich oder nach rückwärts verlängert durch den zweiten Hauptbrennpunkt.

Da die Strahlen der Sonne als nahezu parallel angesehen werden können, durchschneiden sich dieselben nach Durchgang durch ein optisches System zugleich mit den Wärmestrahlen in dem zweiten Hauptbrennpunkt, und weil sie dann, wenn dieser Punkt hinter dem optischen System liegt, in demselben auf eine sehr kleine Stelle concentrirt sind, bringen sie daselbst eine grosse Hitze hervor. Davon haben die Hauptbrennpunkte, die auch zuerst als besonders wichtige Punkte erkannt worden sind, ihren Namen beigelegt erhalten.

Ebenen, welche durch die Hauptbrennpunkte gehen, und die Centrale senkrecht schneiden, heissen *Hauptbrennebenen.* Strahlen, die sich in einem Punkte der ersten Hauptbrennebene schneiden, verlassen das optische System zu einander parallel. Strahlen, die zu einander parallel ankommen, schneiden sich nach Durchsetzung des optischen Systems in einem Punkte der zweiten Hauptbrennebene. Jede Brennebene hat ihr also conjugirtes Bild in der Unendlichkeit.

Die beiden andern Fundamentalpunkte, die *Hauptpunkte,* sind von Gauss entdeckt worden. Diese beiden Punkte sind zu einander conjugirt. Strahlen,

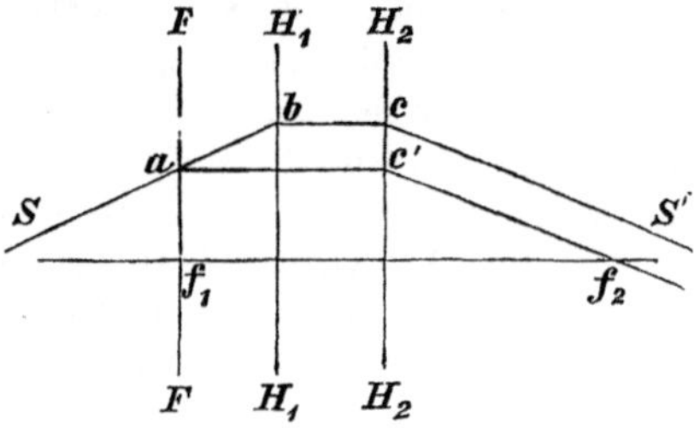

Fig. 1.

die durch den einen Punkt gehen, schneiden sich also nach Durchsetzung des optischen Systems in dem andern Punkt; es sind aber die Hauptpunkte ihrer Lage nach erst fixirt, wenn man die Ebenen betrachtet, die in ihnen die Centrale senkrecht schneiden, die beiden *Hauptebenen.* Jede Hauptebene ist das Bild der andern, ein Object, das in der einen Hauptebene liegt, hat ein gleich grosses und gleich gerichtetes ihm gerade gegenüberliegendes (mit dem Object durch Linien, die der Centrale parallel verlaufen, verbundenes) Bild in der andern Hauptebene. Will man also das Bild eines Punktes einer Hauptebene haben, so fällt man von diesem Punkte ein Lot auf die andere Hauptebene, der Fusspunkt dieses Lots ist dann das gesuchte Bild.

Mit Hilfe der Hauptebenen und Brennebenen kann man schon für jeden gegebenen einfallenden Strahl den aus dem optischen System austretenden, und für jeden Punkt sein Bild construiren. Es sei (Fig. 1) S der einfallende Strahl, man setzt denselben bis zu seinem Durchschnitt a mit der ersten Brennebene F und noch weiter bis zu dem b mit der ersten Hauptebene H_1 fort, von b fällt man ein Lot bc auf die zweite Hauptebene H_2, dann muss der austretende Strahl jedenfalls durch c gehen. Zieht man aber von a, dem Durchschnitt mit der ersten Brennebene einen Strahl parallel mit der Centrale, so geht dieser nach Durchsetzung des optischen Systems erstens durch den Punkt c', wo er die zweite Hauptebene H_2 trifft und ausserdem durch den zweiten Hauptbrennpunkt f_2. Der diesem entsprechende austretende Strahl ist also vollständig bekannt, und da er mit dem Strahl S durch denselben Punkt der ersten Brennebene geht, muss der S entsprechende austretende Strahl $c'f_2$ parallel sein, man findet also diesen austretenden Strahl S', wenn man durch c zu $c'f_2$ eine Parallele zieht.

Wenn man zu einem Punkt sein Bild construiren will, lässt man von ihm irgend zwei Strahlen ausgehen und zieht, eventuell nach der oben angegebenen Regel, die zugehörigen austretenden Strahlen. Der Punkt, in dem sich diese austretenden Strahlen, wirklich oder nach rückwärts verlängert, schneiden, ist dann das gesuchte Bild. Am bequemsten ist die Construction auszuführen, wenn man einen von den beiden Strahlen parallel

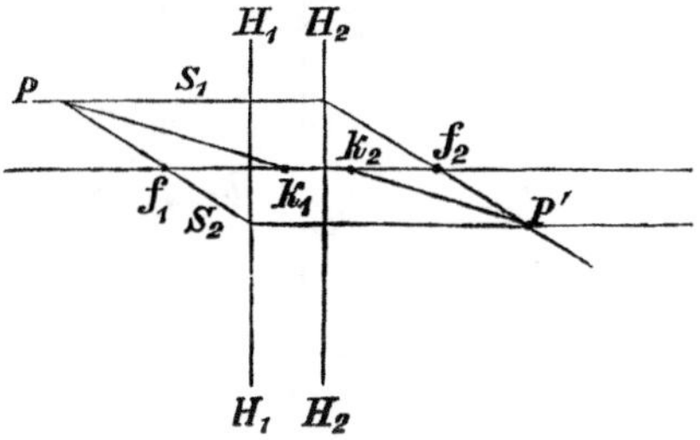

Fig. 2.

der Centrale wählt, den andern durch den ersten Brennpunkt gehen lässt, jenen hat man bis zur zweiten Hauptebene und von da durch den zweiten Brennpunkt gehen zu lassen, diesen setzt man bis zur ersten Hauptebene fort und lässt ihn von dader Centrale parallel verlaufen. Die vorstehende Figur 2 zeigt die Construction mit den beiden genannten Strahlen. P ist der Punkt, dessen Bild gesucht wird; f_1, f_2 geben die Brennpunkte, S_1, S_2 die gewählten Strahlen, H_1, H_2 die Spuren der Hauptebenen, P' ist das Bild von P.

Das letzte Punktpaar, von Listing eingeführt, begreift die *Knotenpunkte*, es sind das Punkte, die auf der Centrale liegen und ebenfalls zu einander conjugirt sind. Ein Strahl, der so einfällt, dass er wirklich oder gehörig verlängert durch den ersten Knotenpunkt geht, verläuft also nach Durchsetzung des optischen Systems wirklich oder gehörig verlängert durch den zweiten Knotenpunkt, er ist aber — und dadurch sind die Knotenpunkte definirt — dem einfallenden Strahl parallel. Zwei Strahlen, die durch den ersten Knotenpunkt gehen, schneiden sich hiernach, wenn sie aus dem optischen System ausgetreten sind, wirklich oder gehörig verlängert im zweiten Knotenpunkt und schliessen daselbst denselben Winkel ein wie die einfallenden Strahlen im ersten Knotenpunkt.

Mit Hilfe der Knotenpunkte lassen sich Strahlen und conjugirte Punkte ebenfalls leicht construiren. Sind (Fig. 3) k_1, k_2 die Knotenpunkte, so hat man nur a mit k_1 zu verbinden und durch c zu ak_1 eine Parallele zu ziehen, welche eben den austretenden Strahl zum einfallenden $Sabc$ giebt; oder man zieht vom zweiten Knotenpunkt k_2 eine Parallele zum einfallenden Strahl Sab und verbindet den Durchschnitt d dieser Parallelen mit der zweiten Hauptbrennebene mit dem Punkt c, cd ist dann der austretende Strahl.

Will man ferner zu einem Punkt sein Bild finden, so kann man ausser einem der bei der ersten Construction bezeichneten Strahlen den zweiten durch den ersten Knotenpunkt gehen lassen, die zu diesem Strahl durch den zweiten Knotenpunkt gezogene Parallele stellt den zweiten austretenden

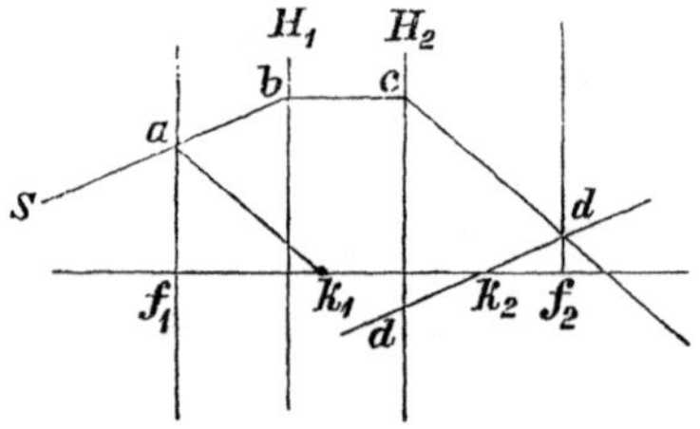

Fig. 3.

Strahl dar und ihr Schnittpunkt mit dem ersten austretenden Strahl giebt das gesuchte Bild des Punktes (Fig. 2).

Die Entfernungen in Richtung der Axe eines optischen Systems werden immer von den Hauptebenen gerechnet, und zwar bei den Objecten von der ersten Hauptebene, bei den Bildern von der zweiten. Man ist ferner übereingekommen, alle Strecken, welche im Sinne der Fortpflanzung der das System durchsetzenden Strahlen verlaufen, als positiv, alle, welche jenen Strahlen entgegenlaufen, als negativ in Rechnung zu setzen.

Die Entfernung der ersten Brennebene von der ersten Hauptebene heisst die *erste Hauptbrennweite*, die der zweiten Brennebene von der zweiten Hauptebene die *zweite Hauptbrennweite*. Die Lage der Knotenpunkte ist dadurch bestimmt, dass der erste Brennpunkt vom ersten Knotenpunkt um die zweite Brennweite, der zweite Knotenpunkt vom zweiten Brennpunkt um die erste Brennweite absteht, die Richtung dieser Entfernungen so genommen, wie die Folge ihrer Endpunkte angegeben ist und der obigen Festsetzung nach als positiv angesehen, wenn sie im Sinne der Fortpflanzung der Lichtstrahlen verlaufen.

Die Knotenpunkte stehen von einander ebenso weit ab, wie die Hauptpunkte, und es ist bezüglich der Brennpunkte der erste Knotenpunkt der Symmetriepunkt zum zweiten Hauptpunkt, der zweite Knotenpunkt der Symmetriepunkt zum ersten Hauptpunkt.

Die Hauptbrennweiten werden durch die Brechungsvermögen der einzelnen Medien und die Radien der Trennungsflächen bestimmt, ihr Verhältnis zu einander hängt aber nur ab von dem Brechungsvermögen des Mediums, in welchem der einfallende Strahl sich bewegt, und dem desjenigen, in welchem der austretende sich fortpflanzt, also von dem ersten und letzten Medium des Systems, das ist von den beiden das System begrenzenden Medien; und zwar ist jenes Verhältnis gleich dem mit negativem Zeichen genommenen Verhältnis der Brechungsvermögen dieser Medien.

Wenn das optische System zu beiden Seiten von demselben Medium begrenzt wird, wie das bei den zu Messungen dienenden optischen Vorrichtungen der Fall ist, wo das letzte Medium wie das erste aus Luft besteht, sind die beiden Brennweiten einander absolut gleich und fallen die Knotenpunkte in die entsprechenden Hauptpunkte.

Legen wir in irgend einer Meridianebene des optischen Systems Coordinatensysteme, deren x Axen in der Centralaxe des Systems verlaufen, benutzen im Objectraum als Coordinatenursprung den ersten, im Bildraum den zweiten Hauptpunkt, nennen f, f' die beiden Brennweiten des Systems, x, y die Coordinaten eines Punktes des Objectraums, x', y' die eines Punktes im Bildraum, so haben wir für zwei conjugirte Punkte von Object und Bild

XIII$_1$) $$\frac{f}{x}+\frac{f'}{x'}=1,$$

XIV$_1$) $$y\frac{f}{x}+y'\frac{f'}{x'}=0,$$

und für die Brennweiten, wenn n den Brechungsexponenten des ersten, n' den des letzten Mediums angiebt

XV) $$f'=-\frac{n'}{n}f;$$

oder auch

XIII$_2$) $$(x-f)(x'-f')=ff',$$

XIV$_2$) $$\frac{y}{y'}=\frac{f-x}{f},\quad \frac{y'}{y}=\frac{f'-x'}{f'}.$$

Rechnen wir die x, x' Ordinaten nicht von den bezüglichen Hauptpunkten, sondern von den entsprechenden Brennpunkten, und bezeichnen sie als solche mit ξ, ξ', so bekommen wir die besonders von Abbe cultivirten Formeln

XIII$_3$) $$\xi\xi'=ff',$$

XIV$_3$) $$\frac{y}{y'}=\frac{\xi}{f},\quad \frac{y'}{y}=\frac{\xi'}{f'}.$$

Die Formeln gelten für alle beliebigen Meridianebenen. Das Verhältnis $\frac{x'}{x}$ bezw. $\frac{\xi'}{\xi}$ bestimmt die Lage des Bildes, das Verhältnis $\frac{y'}{y}$ giebt die wahre Vergrösserung (wirkliche Vergrösserung für $\frac{y'}{y} > 1$, Verkleinerung für $\frac{y'}{y} < 1$) des Objects im Bilde.

Für ein kleines, die Centrale senkrecht schneidendes Ebenenstück als Object, und nur mit solchen Objecten haben wir es zu tun, sind x und x' für alle Punkte gleich gross, die Vergrösserung ist also für alle Strecken im Object dieselbe, und die Grösse $(f'-x')/f'$ oder $f/(f-x)$ giebt an, in welchem Verhältnis lineare Elemente im reellen bezw. virtuellen Bild grösser oder kleiner sind als im Object. Die lineare Vergrösserung eines Objects hängt hiernach von dessen Abstand von dem ersten Brennpunkt oder von dem Abstand seines Bildes vom zweiten Brennpunkt ab, diese Vergrösserung ist als eine absolute Zahl zu betrachten, sie ist es, die bei Messungen in Frage kommt, für das Betrachten von Gegenständen mit optischen Instrumenten ist eine andere Vergrösserung, die scheinbare, maassgebend, von der wir später zu reden haben werden.

35d. Optische Systeme mit constanter Vergrösserung (teleskopische Systeme). Es kommen in der Praxis optische Systeme zur Anwendung, bei denen die im Vorstehenden angegebenen Constructionen des Strahlenganges und der Punktbilder nicht ausgeführt werden können, weil ihre Brennpunkte beiderseits in unbegrenzte Fernen fallen. Man nennt ein optisches System mit unendlich grossen Brennweiten ein *teleskopisches System.* Ein solches System kann als aus zwei Teilsystemen zusammengesetzt angesehen werden (und auch praktisch construirt werden), die so zu einander liegen, dass der zweite Brennpunkt des vordern mit dem ersten Brennpunkt des hintern Teilsystems zusammenfällt. Zur Auffindung und Construction des Bildes eines Objects gilt hier der Satz: Der Abstand (a) zweier die Centrale senkrecht schneidender Ebenen im Objectraum verhält sich zum Abstand (a') der Bilder dieser Ebenen im Bildraum wie das Product aus den beiden Brennweiten (f_1, f_1') des vordern Teilsystems zu dem Product der beiden Brennweiten (f_2, f_2') des hintern Teilsystems; die lineare Vergrösserung ist gleich dem Verhältnis der ersten Brennweite des hintern Teilsystems zur zweiten Brennweite des vordern Teilsystems: wir haben also

XVI) $$\frac{a}{a'} = \frac{f_1 f_1'}{f_2 f_2'}, \quad \frac{y'}{y} = \frac{f_2}{f_1'}.$$

Von auch für praktische Messungen grosser Bedeutung ist, worauf besonders Abbe hingewiesen hat, namentlich die zweite Gleichung, insofern sie lehrt, dass bei teleskopischen Systemen die Vergrösserung eine von der Lage des Objects und seines Bildes vollständig unabhängige, ganz constante Grösse ist, wir kommen später darauf zurück.

Strahlen, welche in einem teleskopischen System parallel eintreten, verlassen dasselbe auch parallel. Bringt man das Hauptdiaphragma an der Stelle an, wo die beiden bezeichneten Brennpunkte der beiden Teilsysteme zusammenfallen, so rücken die Eintrittsöffnung wie die Austrittsöffnung in die Unendlichkeit, die Hauptstrahlen sind also sowohl für Object und Bild, als für Eintritts- und Austrittsöffnung einander parallel und statt der Hauptkegel haben wir Hauptcylinder.

36. Optik des Auges. Das Auge bildet zusammen mit der vor ihm befindlichen Luft ein optisches System, das als aus mindestens 5 Medien zusammengesetzt betrachtet werden muss, nämlich aus der Luft vor dem Auge, der Hornhaut (Cornea), der wässerigen Feuchtigkeit (humor aqueus) zwischen Hornhaut und Linse, der Linsensubstanz, dem Glaskörper (humor vitreus) zwischen Linse und Retina. Die Bilder, die das Auge von ausserhalb befindlichen reellen oder virtuellen Objecten herstellt, fallen auf die Retina, und zwar bei genauer Fixirung der betreffenden Objecte auf den gelben Fleck (macula lutea), wobei das Bild des Punktes, auf den der Blick sich direct richtet, in die in der Mitte des gelben Flecks befindliche Netzhautgrube zu liegen kommt. Der erste Brennpunkt des Auges liegt etwa 12,8 mm vor der Hornhaut, der zweite unmittelbar an oder auf der Retina, die beiden Hauptpunkte sind von einander nur etwa 0,4 mm entfernt und befinden sich ungefähr in der Mitte zwischen Hornhaut und Linse, die beiden Knotenpunkte, die also auch um 0,4 mm von einander abstehen, haben ihren Ort innerhalb der Linsensubstanz und zwar ist ihre Mitte um etwa 0,5 mm von der Hinterfläche der Linse entfernt.

Wenn das Auge einen Punkt scharf fixiren will, so stellt es sich wie gesagt so, dass das Bild dieses Punktes in die Netzhautgrube fällt, verbindet man also die Netzhautgrube mit dem zweiten Knotenpunkt und zieht durch den ersten Knotenpunkt eine Parallele zu dieser Linie, so muss diese gehörig verlängert auf den fixirten Punkt treffen. Die *Gesichtslinie* des Auges besteht so aus zwei parallelen Teilen, dem ausserhalb des Auges befindlichen Teil, der auf den ersten Knotenpunkt zugeht und dem innerhalb des Auges verlaufenden, der von dem zweiten Knotenpunkt nach der Netzhautgrube führt. Da die Knotenpunkte nur wenig von einander entfernt sind, kann man den einen Teil auch als eine Fortsetzung des andern ansehen, die Gesichtslinie ist dann die Gerade, welche von dem fixirten Punkt auf die Mitte zwischen den beiden Knotenpunkten des Auges zugeht und in der Netzhautgrube ihr Ende findet.

Wenn also gesagt wird, es sollen mehrere hinter einander gelegene Punkte zur Deckung gebracht werden, so heisst dies, das Auge und die Punkte sind so zu stellen, dass diese Punkte bei scharfer Fixirung eines derselben alle in die Gesichtslinie zu liegen kommen, geschieht das, so fallen ihre Bilder (oder wenigstens die Mittelpunkte der Zerstreuungskreise) alle in die Netzhautgrube und über einander und das Auge nimmt sie zusammen als einen Punkt wahr. Umgekehrt sieht das

Auge nur einen Punkt, so geht die Gesichtslinie durch alle Punkte. Diese Gesichtslinie ist dann die Absehlinie.

Wir können diese Gesichtslinie, weil sie in einem bestimmten Zustand des Auges offenbar zwei ganz feste Punkte (den zweiten Knotenpunkt, oder die Mitte zwischen den Knotenpunkten, und die Netzhautgrube) hat, also vollständig bestimmt ist, die Sehaxe des Auges nennen; Helmholtz*) hat nachgewiesen, dass sie nicht mit der Centralaxe des Auges (auf der die Fundamentalpunkte liegen) zusammenfällt.

Betrachtet das Auge durch ein optisches Instrument das von letzterem entworfene reelle oder virtuelle Bild eines Punktes, so richtet sich die Gesichtslinie geradezu nach diesem Bilde hin. Liegt der ursprüngliche Punkt in der Centralaxe des Instruments, so befindet sich auch sein Bild in dieser Axe, und die Gesichtslinie nimmt die Richtung dieser Axe an; liegt der Punkt ausserhalb der Axe, so wird auch sein Bild die Axe verlassen, alsdann ist die Gesichtslinie gegen die Centralaxe des Instruments geneigt, bei reellen Bildern sieht das Auge schief gegen das Instrument auf diese, bei virtuellen sieht es schief in das Instrument hinein. Immer aber haben wir die Gesichtslinie als die Absehlinie anzusehen, nicht die Centralaxe des Instruments. Wir werden später sehen, wie man von dieser Absehlinie, die ja, weil sie mit dem Auge sich hin und her bewegt, zur Fixirung und Festhaltung bestimmter Richtungen ganz ungeeignet ist, auf die feste Centralaxe überzugehen vermag.

Wäre das Auge ein starres optisches System, so könnte man nur solche Gegenstände scharf sehen, die von demselben in ganz bestimmter Entfernung liegen. Das Auge hat aber eine gewisse *Accommodationsfähigkeit* für das Sehen von Objecten in verschiedenen Entfernungen, die freilich nicht unbeschränkt ist. Den nächsten Punkt, den das Auge noch scharf zu sehen vermag, nennt man den *Nahepunkt*, den entferntesten den *Fernpunkt*. Der Fernpunkt befindet sich bei einem normalen Auge in so grosser Entfernung, dass man ihn als unendlich weit betrachten darf, wenn ein solches Auge auf den Fernpunkt accommodirt ist, sagt man deshalb auch, es sei auf Unendlich accommodirt, der Nahepunkt steht 2 bis 3 Decimeter vom Auge ab. Ein Auge ist *kurzsichtig,* wenn der Fernpunkt nahe an dasselbe herangerückt ist, es ist *weitsichtig,* wenn der Nahepunkt zu weit abliegt. Beim Sehen spielt aber nicht allein die Klarheit, mit der man das betreffende Object sieht, die Schärfe des Bildes, das von dem Object auf der Netzhaut entworfen wird, eine Rolle, sondern auch die Deutlichkeit, in der die Einzelheiten des Objects zur Wahrnehmung kommen. Diese Deutlichkeit ist aber um so grösser, je näher das Object dem Auge liegt, sie ist allgemein eine Function des Sehwinkels, unter dem das Object erscheint, und wächst zunächst mit diesem Sehwinkel. Der Sehwinkel für ein lineares Object ist ein Winkel, dessen Schenkel nach den Enden dieses Objects zulaufen und dessen Scheitel

*) Physiologische Optik, Ausgabe 1867, Seite 70.

im Innern des Auges liegt. An welcher Stelle dieser Scheitel sich befindet, hängt von der Art ab, wie man das Object betrachtet, fixirt man erst das eine Ende des Objects scharf und dann das andere Ende, so werden sich die beiden nach einander eingestellten Gesichtslinien in der Mitte zwischen den Knotenpunkten schneiden, der Sehwinkel hat also seinen Scheitel in der Mitte zwischen den Knotenpunkten, wenn man aber, wie es gewöhnlich geschieht, beide Enden zugleich betrachtet, also eigentlich keines von beiden scharf sieht, schneiden sich die Visirlinien, wie Helmholtz nachgewiesen hat*), in dem Mittelpunkt des von der Hornhaut entworfenen Bildes der Pupille, welches Bild natürlich gerade da liegt, wo wir es an dem betreffenden Auge durch die Hornhaut sehen, hier also wäre dieser Pupillenmittelpunkt als Scheitel des Sehwinkels anzunehmen. Für die Rechnung ist es meist gleichgiltig, wohin man diesen Scheitel im Innern des Auges verlegt, für Messungen wird man ihn vielleicht am bequemsten unmittelbar an der Hornhaut annehmen. Je kleiner der Sehwinkel zwischen zwei Punkten ist, um so weniger vermag das Auge diese Punkte von einander zu trennen, nach Helmholtz werden unter gewöhnlichen Verhältnissen zwei Punkte als ein Punkt wahrgenommen, wenn ihre Verbindungslinie unter einem Winkel von weniger als etwa 1′ erscheint. Die Grenze des Trennungsvermögens ist aber variabel mit den äussern Verhältnissen; beispielsweise kann man zwei Linien, welche eine helle Fläche zwischen sich fassen, unter einem viel kleinern Sehwinkel noch trennen, als zwei helle Linien auf dunkelem Grunde.

37. Wirkliche und scheinbare Grösse. Benutzung optischer Hilfsmittel. Wegen der Tatsache, dass Gegenstände in verschiedenen Entfernungen

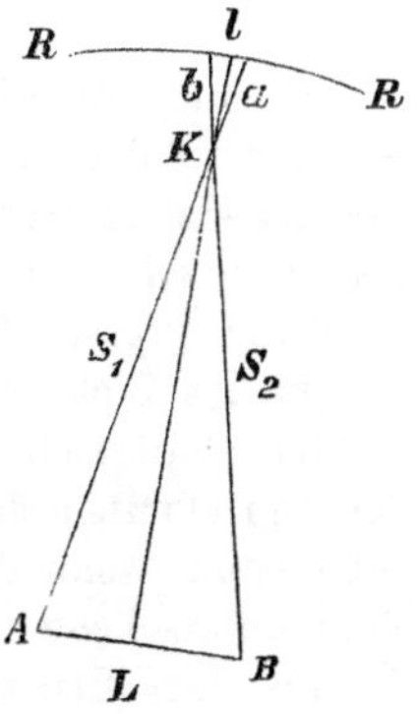

Fig. 4.

verschieden gross erscheinen, muss man die wahre Grösse von der scheinbaren unterscheiden, jene ist ganz bestimmt durch die linearen Abmessungen des Objects gegeben, diese nimmt ab, wie die Entfernung des Objects vom Auge zunimmt. Verlegen wir den Scheitel des Sehwinkels zwischen die

*) l. c. Seite 88.

Knotenpunkte des Auges und bezeichnen denselben mit K, mit AB die Länge eines linearen Gegenstands, mit S_1, S_2 die Gesichtslinien, mit R die Retina, so wird ab das Bild von AB sein, es ist aber

$$AB : ab = LK : lK,$$

also

$$ab = AB \frac{lK}{LK}.$$

LK können wir, vorausgesetzt, dass AB genügend scharf gesehen wird, als die *Sehweite*, S, bezeichnen, lK ist als Constante des betreffenden Auges zu betrachten, also ist ab proportional AB/S. ab ist das Bild von AB, wir beurteilen aber die scheinbare Grösse von AB nach der Grösse des Bildes. Ist demnach G die wahre Grösse von AB, g die scheinbare, k ein Proportionalitätsfactor, so haben wir

XVII) $$g = G \frac{k}{S}.$$

Es variirt g mit G und mit S, ist nun G zu klein, so können wir g vergrössern, indem wir S verkleinern, das Object also dem Auge näher bringen, weil aber das Auge nicht für beliebige Weiten accommodirbar ist, kann S nicht kleiner gemacht werden als die kleinste Entfernung, in der man noch deutlich sieht, ist die Entfernung des Nahepunktes von dem mittleren Knotenpunkt σ, so kann also S nicht unter σ sinken. Der grösste Wert von g ist darum

$$g = G \frac{k}{\sigma}.$$

Reicht dieser nicht aus, um uns die Einzelheiten des Objects unterscheiden zu lassen, so müssen wir zu dem uns eigenen optischen Apparat, dem Auge, noch ein optisches System zu Hilfe rufen. Ein solches System kann eine *Lupe* oder ein *Mikroskop* sein, und es hat die Aufgabe von dem betreffenden Object ein hinreichend grosses Bild zu entwerfen. Ist dieses Bild reell, so kann es auf einem das Licht diffus reflectirenden Schirm aufgefangen werden; der Beobachter stellt sich so, dass das Auge in der zur deutlichen Wahrnehmung der Einzelheiten des Bildes nötigen Entfernung von dem Bild sich befindet und kann, wenn dieses Bild gehörig vergrössert ist, nunmehr diese Einzelheiten unterscheiden. Wenn das Bild virtuell ist, bringt man das Auge in die aus dem Instrument tretenden Strahlen und stellt dann das Instrument so ein, dass das Bild in die deutliche Sehweite rückt. Da das Auge Accommodationsfähigkeit besitzt, hat das Wort „deutliche Sehweite“ hier keine bestimmte Bedeutung, das Auge ist auch für Accommodation zu verschiedenen Zeiten verschieden disponirt; man kann daher auch dem Instrument bis zu einem gewissen Grade verschiedene Einstellungen geben, das Bild also in verschiedene Weiten bringen, das Auge accommodirt sich den verschiedenen Weiten an, und so kommt es auch, dass man namentlich bei andauernden Beobachtungen, weil die Accommodationsfähigkeit des Auges sich geändert hat, oft die Stellung des Instruments oder einzelner Teile desselben ändern muss. Gewöhnlich stellt man bei mikroskopischen Beobachtungen unwillkürlich das Instrument so, dass das Bild in den Nahepunkt zu liegen kommt, weil man eben weiss, dass das Object sich dem Auge nahe befindet.

Wenn ein Gegenstand darum nicht deutlich gesehen zu werden vermag, weil derselbe zu weit absteht und dem Auge auch nicht genähert werden kann, hat das anzuwendende optische System, es kann in diesem Fall eine *Brille* oder ein *Fernrohr* sein, vor allen Dingen die Aufgabe, von dem Gegenstand ein Bild in deutlicher Sehweite zu entwerfen. Sollte die scheinbare Grösse selbst bei scharfem Sehen nicht ausreichen, die Einzelheiten des Objects erkennen zu lassen, so hat das optische System das Bild grösser darzustellen, als der Gegenstand dem Auge erscheint.

Man bemerkt aber, dass für das deutliche Sehen und Erkennen der Einzelheiten eines Objects mittelst eines optischen Systems maassgebend ist: das Verhältnis, in welchem die scheinbare Grösse des Bildes zu der scheinbaren Grösse des Objects steht. Wir bezeichnen dieses Verhältnis als die *scheinbare Vergrösserung*. Ist also, während das Auge das von dem optischen System entworfene Bild betrachtet, die Entfernung dieses Bildes von dem mittlern Knotenpunkt des Auges gleich S', die des Objects von demselben Punkt gleich S, eine lineare Abmessung im Bilde gleich G', eine entsprechende im Object gleich G, so wird hiernach die scheinbare Vergrösserung M des Instruments

XVIII) $$M = \frac{G'}{S'} : \frac{G}{S} = \frac{G'}{G} \cdot \frac{S}{S'}.$$

G und S sind durch directe Abmessung, oder wo man an das Object nicht heran kann, durch irgend welche andere Operationen zu bestimmen; G' ist durch G, S und die Eigenart des optischen Systems bestimmt, S' variirt von Auge zu Auge und bei demselben Beobachter von Zeit zu Zeit und kann bei Benutzung von Mikroskopen gleich der Entfernung des Nahepunktes vom mittlern Knotenpunkt des Auges, bei Benutzung von Fernrohren gleich S selbst angenommen werden. Wie man G' bestimmt, wird später in dem Abschnitt über optische Maassbestimmungen, wo überhaupt über die Eruirung der Bestimmungsstücke optischer Apparate die Rede sein wird, darzulegen sein.

VII. Längenmessungen auf Apparaten mit optischen Einrichtungen.

38. Die optischen Instrumente der Messapparate. Wir wenden diese Lehren gleich auf die bei Comparatoren und Kathetometern in Anwendung kommenden optischen Instrumente an. Es bestehen die mit den Apparaten für Längenmessungen verbundenen optischen Instrumente aus zwei Linsensystemen: dem Objectivsystem und dem Ocularsystem. Zwischen diesen Systemen befindet sich als Visireinrichtung ein Fadenkreuz oder Parallel-Fadenpaar. Das Objectivsystem soll ein reelles Bild des betreffenden einzustellenden Objects in der Ebene der Visireinrichtung entwerfen, das Ocularsystem dient, um von diesem reellen Bilde und der Visireinrichtung ein virtuelles Bild zu geben, welches so gelegen ist, dass es von dem in das Instrument hineinschauenden Auge deutlich und so gesehen wird, dass dem Auge Object und Visirvorrichtung in einer Ebene zusammenzufallen scheinen.

Die Objective dieser Instrumente bestehen aus einer Linse oder sind aus mehreren Linsen zusammengesetzt, über deren Einrichtung später einiges zu sagen sein wird. Die als Ocular bezeichneten Teile sind fast immer aus zwei Linsen gebildet, doch sind eigentlich nicht bei allen Ocularen die beiden Linsen auch als Ocularlinsen zu betrachten, bei einer Classe von Ocularen gehört die von den Strahlen zuerst getroffene Ocularlinse eigentlich noch zu dem Objectivsystem. Wir wollen daher Ocular von Ocularlinsen unterscheiden, jenes Wort soll den Teil des Mikroskops oder Fernrohrs bezeichnen, der nächst dem Auge liegt und mechanisch für sich eine selbständige Bedeutung hat; dieses die zur Beobachtung des von dem Objectivsystem entworfenen Bildes dienenden Linsen. Zur Anwendung kommen besonders zwei Arten von Ocularen, das *Ramsdensche* und das *Huyghenssche* Ocular, beide so construirt, dass der Einfluss der sphärischen und chromatischen Aberration tunlichst vermieden wird, wovon später noch die Rede sein wird. Beide Oculare bestehen aus zwei planconvexen Linsen, aber im Huyghensschen Ocular haben beide Linsen ihre convexen Seiten nach vorn gerichtet, im Ramsdenschen ist die convexe Seite bei der hintern Linse nach vorn, bei der vordern nach hinten gerichtet, so dass beide Linsen mit ihren convexen Seiten einander zugewendet sind.

In dieser angegebenen Stellung liegt die erste Brennebene beim Huyghensschen Ocular, etwa in der Mitte zwischen den beiden Linsen, beim Ramsdenschen unmittelbar vor der vordern Linse, die zweite Brennebene befindet sich bei beiden Ocularen unmittelbar hinter der hintern Linse. Die Bildebene des Objectivsystems liegt bei Anwendung eines Ramsdenschen Oculars unmittelbar vor demselben, hier sind also beide Linsen Ocularlinsen und das Ocular bildet ein kleines Mikroskop, welches zur Betrachtung des vom Objectiv entworfenen Bildes dient. Für ein Huyghenssches Ocular ist die Bildebene zwischen den beiden Linsen gelegen, es dient also die erste Linse dieses Oculars noch zur Herstellung des Bildes und sie gehört mit dem eigentlichen Objectiv zum Objectivsystem*), die hintere Linse kann als Lupe betrachtet werden.

Bezeichnen wir jetzt diejenige Ebene in dem Instrument, in welchem das Fadenkreuz oder das Fadenpaar ausgespannt ist, als *Mikrometerebene,* so können wir auch sagen: optische Instrumente mit Ramsdenschem Ocular haben ihre Mikrometerebene vor dem Ocular, eine Verschiebung des Oculars bedingt keine Verschiebung dieser Ebene. Diese Ebene ist in solchen Instrumenten ein für alle mal fixirt, indem die Fäden auf einen Rahmen gespannt sind, der sich im Rohr, welches das Objectivsystem trägt, befindet. Optische Instrumente mit Huyghensschem Ocular haben ihre Mikrometerebene zwischen den beiden Linsen, verschiebt man das Ocular, so verschiebt man um dieselbe Strecke auch die Mikrometerebene.

Ist das Instrument so eingerichtet, dass es beim Uebergang von der Einstellung auf das eine Object zu der auf ein anderes als Ganzes bewegt werden muss, so besitzt es als Visirstelle ein in der Mikrometerebene festgelegtes, auch nicht einmal in seiner Ebene verschiebbares Fadenkreuz oder Fadenpaar, und das Ocular ist in diesem Falle meist ein Huyghenssches; die Fäden sind hier auf einem Ring befestigt, der seinerseits innerhalb des Ocularrohres fixirt ist, und die Ebene dieses Ringes ist die Mikrometerebene.

Bei derjenigen Einrichtung, wo nicht das Instrument als Ganzes, sondern nur die Visirstelle zu bewegen ist, wird das Fadenkreuz oder das Fadenpaar auf einen ebenen Rahmen gespannt, der in seiner Ebene und nur in dieser verschoben werden kann. Hier braucht man meist Ramsdensche Oculare, der Rahmen mit den Fäden ist dann in einem andern Rahmen gelagert, der im Objectivrohr und senkrecht zur Objectivaxe befestigt ist, und kann in diesem, der ihm zur Führung dient, gleiten.

Bei Comparatoren, wo die Uebertragungsvorrichtung horizontal liegt, sind die optischen Instrumente an die Träger meist in verticaler Stellung befestigt, sie stecken in verticalen Röhren, in denen sie sich auf- und abschieben lassen.

Bei Kathetometern liegen die optischen Instrumente horizontal, sei es, dass sie von Ringen oder Röhren gefasst sind oder dass sie auf Lagern, die auf dem Prisma auf- und abgeschoben werden können, ruhen.

Wir wollen jetzt, um nicht die verschiedenen Bewegungen, die wir an einem optischen Instrument bei wirklichen Messungen auszuführen haben,

---

*) In Bezug auf Abbe's Auffassung der Functionen der einzelnen Linsen eines Mikroskops siehe dessen Abhandlung: Beiträge zur Theorie des Mikroskops; Max Schulz's Archiv für mikroskopische Anatomie, Bd. IX, S. 421 ff. und Dippel, das Mikroskop, Seite 214.

mit einander zu confundiren, feste Bezeichnungen für die einzelnen in Frage kommenden Bewegungen einführen.

39. Festsetzung einiger Operationen und der Bezeichnungen für dieselben. Ein Mikroskop oder Fernrohr von einem Object auf ein zweites *übertragen,* heisst dasselbe (eventuell mitsammt der Vorrichtung, an welcher es befestigt ist) von einer Stellung, in welcher es auf dieses Object gerichtet war, in eine andere bringen, in welcher es auf das zweite Object gerichtet werden kann. In entsprechender Bedeutung soll von einer Uebertragung auch gesprochen werden, wenn das optische Instrument unverrückt an seinem Ort bleibt, aber an Stelle eines Objects ein anderes Object gesetzt wird.

Wenn wir ein optisches Instrument auf ein Object *einstellen,* so rücken wir dieses Insrument oder das Object so, dass letzteres im Gesichtsfelde des Instruments erscheint, neigen das Instrument oder das Object solange, bis die Ebene, in welcher das Object liegt, die optische Axe des Instruments senkrecht schneidet, und schieben Object und Instrument beide gegen einander oder eines gegen das andere, bis das Object dem in das Instrument schauenden Auge in voller Klarheit und Deutlichkeit erscheint.

Wir *pointiren* mit einem optischen Instrument auf eine Stelle eines Objects, wenn wir, nachdem das Instrument auf das Object eingestellt ist, dieses in seiner Ebene oder das Instrument parallel mit sich selbst oder endlich das Fadenkreuz beziehungsweise Fadenpaar in seiner Ebene so bewegen, dass die zu fixirende Stelle des Objectbildes sich mit der Mitte des Fadenkreuzes beziehungsweise Fadenpaars deckt.

Wie die Uebertragung bewerkstelligt wird, ist bei der summarischen Beschreibung der Comparatoren und Kathetometer in Art. 26 bereits angegeben.

Bei der Einstellung wird das Rücken, wenn es das Object betrifft, meist mit freier Hand ausgeführt; wird es an dem Instrument bewerkstelligt, so geschieht es mit freier Hand oder mit Hilfe einer Schraube, im ersten Fall wird das Instrument mit dem ganzen Schlitten, auf dem es sitzt, auf dem Prisma der Uebertragungsvorrichtung geschoben, im zweiten Falle bleibt der eigentliche Schlitten fest liegen und das Instrument wird auf diesem Schlitten ganz in der in Art. 30 angegebenen Weise bewegt.

Das Ausrichten der Objectebene gegen die Centralaxe wird gewöhnlich am Object ausgeführt, man giebt den optischen Instrumenten an den Comparatoren und Kathetometern ein für alle mal eine bestimmte Richtung, etwa eine senkrechte bei den Comparatoren, eine horizontale bei den Kathetometern, das Ausrichten der Objectebene gegen die Centralaxe wird dann dadurch bewerkstelligt, dass man diese Objectebene horizontal beziehungsweise vertical stellt; horizontal, wenn die Messung mit einem Comparator, vertical, wenn sie mit einem Kathetometer ausgeführt wird. Was endlich die eigentliche Einstellung auf das Object anbetrifft, so wird diese durch Verschiebung des optischen Instruments in Richtung seiner Centralaxe nach dem Object hin beziehungsweise von diesem ab, oder durch Verschiebung des Objects in einer zu seiner Ebene senkrechten Richtung nach dem Instrument hin beziehungsweise von diesem ab bewirkt. Bei Instrumenten mit Ramsdenschem Ocular, wo die Bildebene für das Objectivsystem (eben die Mikrometerebene) fest bestimmt ist, ist auch der nötige Abstand des Objects von dem Instrument (etwa von der ersten Linse) fest vorgeschrieben, hat man mit einem solchen Instrument nach einander auf verschiedene Objecte einzustellen, so müssen sich alle diese Objecte in genau demselben Abstand von dem Instrument befinden, und wenn man alle diese Objecte in eine und dieselbe Ebene gebracht und auf eines derselben eingestellt hat, ist man sicher, auch jedes der andern nach Uebertragung auf dieselben scharf zu sehen. Instrumente mit Huyghensschem Ocular können allerdings ebenso benutzt werden, wie solche mit Ramsdenschem, ist bei denselben aber das Ocular in Richtung der Centralaxe verschiebbar, so kann man, ohne das ganze Instrument oder das Object verstellen zu müssen, lediglich durch Hineinstossen beziehungsweise Herausziehen des Oculars das Instrument verschieden entfernten Objecten adaptiren. Indessen ist es unter allen Umständen geraten, während der Messungen an den Instrumenten keine Manipulationen vorzunehmen, die nicht durchaus nötig sind, und man tut daher besser, wenn die Messung ein Einstellen auf verschiedene Objecte erfordert, all diese Objecte in eine und dieselbe zur Centralaxe des Instruments senkrechte Ebene zu bringen.

Das Pointiren auf ein Object wird mit Hilfe der Schraube ausgeführt, sei es, dass diese das ganze Instrument bewegt oder nur die Fäden in der Mikrometerebene verschiebt. Da bei dem Pointiren die Einstellung sich nicht ändern darf, muss da, wo durch die Schraube das ganze Instrument bewegt wird, jedenfalls die mechanische Einrichtung so getroffen sein, dass dasselbe sich während der Bewegung weder hebt noch senkt, noch auch irgendwie neigt; das ist, weil es sich dabei immerhin um bedeutende Massen handelt, nicht leicht zu erreichen, und darum ist auch die Einrichtung, wo nicht das ganze Instrument zu bewegen ist, sondern nur die Fäden in der Mikrometerebene verschoben werden, vorzuziehen, indessen ist diese Einrichtung nicht überall anwendbar (s. Art. 30).

Wir können jetzt den vollständigen Verlauf der Ausmessung einer Strecke unter Benutzung eines Comparators oder Kathetometers beschreiben. Der leichtern Uebersicht wegen wollen wir aber Messungen mit dem Comparator von solchen mit dem Kathetometer trennen. Ferner wollen wir annehmen, dass alle Operationen, die wir hier angeben, auch genau bewerkstelligt werden können, wir werden später die Einflüsse einer nicht genauen Ausführung derselben untersuchen.

40. Einrichtung der Messungen auf dem Comparator. Wir betrachten erst Messungen auf dem Transversalcomparator. Das Prisma des Comparators soll horizontal liegen, und wenn es bei dem Uebergang von einer Länge auf eine andere selbst verschoben werden muss, so soll die Verschiebung so vor sich gehen, dass dasselbe einerseits stets sich selbst parallel bleibt und andererseits stets in einer und derselben Horizontalebene verharrt, es soll also sich keiner seiner Punkte heben oder senken, noch irgendwie drehen, vor allen Dingen darf das Prisma aber dabei seine Gestalt nicht ändern. Dass es auch Comparatoren mit schräg gestellten Instrumenten und auch solche wo die Uebertragung durch Drehung des Prisma geschieht, giebt, mag nur nebenbei erwähnt werden.

Wird bei dem Uebergang von einer Länge auf die andere die Unterlage der Strecken bewegt, so muss diese Bewegung unter ganz denselben Bedingungen vor sich gehen, wie sie bei der Bewegung des Prisma angegeben sind.

Die Mikroskope oder Fernrohre müssen den theoretisch an sie zu stellenden Bedingungen genügen, bei jedem Instrument sollen also die Centralaxen der einzelnen Linsen zusammenfallen, und soll die Mikrometerebene senkrecht zu der gemeinsamen Centralaxe der Linsen stehen.

Man richtet jedes Instrument so, dass seine Centralaxe eine lotrechte Stellung einnimmt, die Mikrometerebene also horizontal liegt, es muss aber jedes Instrument mit dem Prisma so fest zusammenhängen, dass, wenn das Prisma bei dem Uebergang von einer Länge auf die andere selbst zu verschieben ist, die Mikrometerebenen sich weder heben noch senken, noch neigen, noch auch zur Seite weichen können, sondern sich lediglich gradeaus bewegen.

Man bringt die zu messende Strecke mit dem Maassstab in eine und zwar in dieselbe horizontale Ebene, sorgt also dafür, dass die Linie, welche die Enden der zu messenden Strecke und die Linie, welche die Enden des Maassstabes mit einander verbindet — es können diese Enden entweder die natürlichen Enden der betreffenden Strecken sein, oder durch Punkte und Striche markirt sein — horizontal in gleicher Höhe liegen. Besteht eine der beiden Strecken aus mehreren von einander getrennten Teilen (etwa der Maassstab aus zwei einzelnen Meterstäben oder aus einem Meterstab mit an seine Enden von beiden Seiten anstossenden, ihn aus einem Endmaass in ein Strichmaass verwandelnden Contactstücken [Art. 26]), so müssen diese Teile natürlich ebenfalls alle in eine und dieselbe Horizontalebene fallen. Zur Erleichterung und Sicherung der Horizontirung wird die Unterlage für die zu vergleichenden Strecken selbst horizontal gestellt.

In der Horizontalebene, in welcher die Strecken sich befinden, sind dieselben einander parallel zu rücken, und zwar so, dass sie beide der durch die Centralaxe der beiden optischen Instrumente gehenden Ebene parallel verlaufen.

Endlich werden die optischen Instrumente zunächst auf die Enden einer der beiden Längen eingestellt. Führt man dann das Prisma mit den Instrumenten auf die andere Strecke oder (je nach der Einrichtung des betreffenden Comparators) diese andere Strecke auf ihrer Unterlage unter die Instrumente, so müssen, wenn jene Vorarbeiten gehörig ausgeführt sind, die Enden dieser Strecke in beiden Mikroskopen oder Fernrohren innerhalb der bezüglichen Mikrometerebene und scharf abgebildet gesehen werden können.

Ich habe die Vorarbeiten für eine besondere Art von Comparatoren beschrieben, im wesentlichen sind dieselben aber bei allen Comparatoreinrichtungen dieselben, fast immer handelt es sich um Verticalstellung der Centralaxen der optischen Instrumente, Horizontirung der Mikrometerebenen und der zu vergleichenden Längen und um Parallellegung der zu vergleichenden Längen sowohl in Bezug auf einander als in Bezug auf die Ebene der Centralaxen. Hat etwa der betreffende Comparator nur ein optisches Instrument, welches dann bald auf der einen, bald auf der andern Seite benutzt wird, so ist die Ebene der Centralaxe diejenige Ebene, welche die Centralaxe des Instruments in dessen beiden Lagen enthält.

Besitzt der Comparator zwei mit einander fest verbundene, auf demselben Schlitten aber in verschiedenen Entfernungen von dem Prisma sitzende Instrumente, wobei letztere zusammen von der einen Seite nach der andern längs des Prisma hin bewegt werden, so haben wir zwei solche Centralaxen-Ebenen, je eine für jedes optische Instrument in seinen beiden Lagen, es sind dann aber diese Ebenen als parallel anzusehen, und sie werden auch in der Tat parallel sein, wenn die optischen Instrumente so fest mit einander verbunden sind, dass sie sich gegen einander während der Verschiebung längs des Prisma nicht verstellen können. Da ferner bei dieser Einrichtung des Comparators jede der Strecken mit einem besondern optischen Instrument betrachtet wird, kann es kommen, dass die beiden Strecken nicht mehr in eine und dieselbe Horizontalebene gebracht zu werden brauchen, es werden vielmehr die Ebenen, in welchen diese Strecken liegen, verschieden von einander sein dürfen, wenn die betreffenden optischen Instrumente nicht optisch gleich gebaut sind, etwa das eine Instrument stärker gekrümmte Linsen hat, als das andere; legt man die Strecken jedoch auch in diesem Fall in dieselbe Horizontalebene, so wird bei der Einstellung das eine Instrument von der ihm zugewiesenen Strecke mehr oder weniger weit zu entfernen sein als das andere, die Einstellung muss bei jedem Instrument für sich ausgeführt werden. Ist diese Einstellung aber an der einen Seite bewerkstelligt, so müssen die Instrumente noch einstehen, wenn sie auf die andere Seite gebracht sind, um die andern Enden zu betrachten.

41. Messung auf dem Comparator. Nachdem die im vorigen bezeichneten Vorarbeiten getroffen sind, beginnt man die eigentliche Messung. Es besteht diese Messung in den Pointirungen auf die Enden der beiden Längen und den Ablesungen der beim Uebergang von den Pointirungen auf die eine Länge zu denen auf die andere nötigen Verschiebung der Absehnslinie. Allgemein kann man in der Anordnung der Messungen so verfahren, dass man erst die Pointirungen auf der einen Seite ausführt, und dann die auf der andern Seite vornimmt. Man muss in dieser Anordnung vorgehen, wenn dasselbe Instrument auf beiden Seiten zur Anwendung kommt, wenn also der Comparator entweder nur ein optisches Instrument hat oder zwar zwei Instrumente besitzt, diese aber fest verbunden auf demselben Schlitten sich befinden. Bei der andern Einrichtung, wo auf jeder Seite ein optisches Instrument vorhanden ist, kann man auch so verfahren, dass man die Pointirungen erst an der einen Strecke ausführt, also mit dem einen Instrument auf das eine, mit dem zweiten auf das andere Ende der betreffenden Strecke pointirt und darauf die Pointirungen auf die Enden der andern Strecke ausführt. Die folgenden Auseinandersetzungen passen wir der zuerst angegebenen Anordnung der Messungen an, sie sind ohne Schwierigkeit auf jede andere Anordnung auszudehnen.

Der Uebergang von der Pointirung auf ein Ende der einen Strecke zu der auf das gleich gelegene der andern Strecke wird, wenn nötig, durch eine Schraube bewerkstelligt. Ueber die Messung der Verschiebung ist auch nichts weiter hinzuzufügen, wenn letztere unmittelbar an einer Scale, sei es mit oder ohne Zuhilfenahme eines Vernier, ausgeführt wird, hier gelten alle Bemerkungen und Formeln des Art. 28. Genauer haben wir nur den Fall zu behandeln, wo die Schraube selbst zur Messung herangezogen wird.

Es sei ein optisches Instrument auf ein Ende der zu messenden Strecke eingestellt. Wir pointiren mit dem Instrument auf diese Strecke, indem wir die Schraube so drehen, dass die Mitte des Fadenkreuzes beziehungsweise des Fadenpaares dieses Ende zu decken scheint. Wir lesen die Stellung des Index gegen die Teilung auf der Trommel ab, es stehe derselbe um (zu schätzende) μ Teile eines Trommelteils hinter dem $m+1$ Trommelstrich, das ist hinter dem Strich m. Dann führen wir die Uebertragungsvorrichtung auf die zweite Strecke, oder diese unter die Uebertragungsvorrichtung und pointiren durch Drehen der Schraube auf das entsprechende Ende dieser Strecke; wir zählen die vollen Umdrehungen, die wir haben ausführen müssen, und lesen zuletzt die Lage des Index gegen die Trommelteile ab.

Sei die Anzahl der ausgeführten Trommelumdrehungen λ, und die Stellung des Index $n+\nu$, wo n die Nummer des Striches angiebt, hinter dem der Index steht, und ν den in Teilen eines Trommelintervalls geschätzten Abstand des Index von dem Strich n bedeutet, dann ist die ganze Drehung, gemessen in Trommelteilen, $\lambda z + n + \nu - (m + \mu)$, wenn z angiebt, in wieviel Teile die Trommel geteilt ist. Hiernach beträgt die ganze Verschiebung gemessen in Ganghöhen dieser Schraube $\lambda + \frac{n + \nu - (m + \mu)}{z}$; ist diese Ganghöhe bekannt und gleich δ, so haben wir also für die Verschiebung

$$a = (\lambda z + n + \nu - \overline{m + \mu})\frac{\delta}{z}.$$

Wir haben nun die beiden Fälle zu unterscheiden, wo beim Pointiren das ganze Instrument verschoben wird, und wo nur die Fäden in der Mikrometerebene bewegt werden.

Im ersten Fall, wo das ganze optische Instrument durch Drehung der Schraube verschoben wird, ist offenbar die Verschiebung a gleich der Strecke, um welche die entsprechenden Enden der beiden Strecken (diese immer Seite an Seite gedacht) auseinanderstehen; haben dann a', m', n', μ', ν', λ', δ', z' in Bezug auf die Enden der Strecken auf der andern Seite dieselbe Bedeutung wie die entsprechenden Buchstaben für die hervorgehobenen, so wird also die gesuchte Länge

$$A' = A \pm a' \pm a = A \pm (\lambda' z' + n' + \nu' - \overline{m' + \mu'})\frac{\delta'}{z'} \pm (\lambda z + n + \nu - \overline{m + \mu})\frac{\delta}{z}.$$

Gewöhnlich sucht man natürlich die Schrauben und Trommeln in allen Instrumenten einander gleich herzustellen — und es sind dieselben identisch, wenn der Comparator überhaupt nur ein optisches Instrument hat —, z kann unter allen Umständen z' gleich gemacht werden, δ lässt sich aber nicht ohne weiteres so gross wie δ' herstellen; wir wollen deshalb den Accent zwar bei z fortlassen, bei δ aber noch behalten, dann ist

$$A' = A \pm \frac{(\lambda' z + n' + \nu' - \overline{m' + \mu'})\delta' \pm (\lambda z + n + \nu - \overline{m + \mu})\delta}{z}.$$

Die Zeichen sind doppelt geschrieben, um den Leser zur Vorsicht bei ihrer Feststellung zu mahnen, er muss sich bei seinem Instrument erst unterrichten, welche Zeichen zu wählen sind. Wir wollen einer Grösse das Symbol $\backsim$ vorsetzen, wenn über das Zeichen derselben erst entschieden werden soll, dann haben wir

XIX) $$A' = A \backsim (\lambda' z + n' + \nu' - \overline{m' + \mu'})\frac{\delta'}{z} \backsim (\lambda z + n + \nu - \overline{m + \mu})\frac{\delta}{z}.$$

Im zweiten Fall, wo durch Drehung der Schraube allein die Mitte des Fadenkreuzes beziehungsweise die des Fadenpaares verschoben wird, ist die

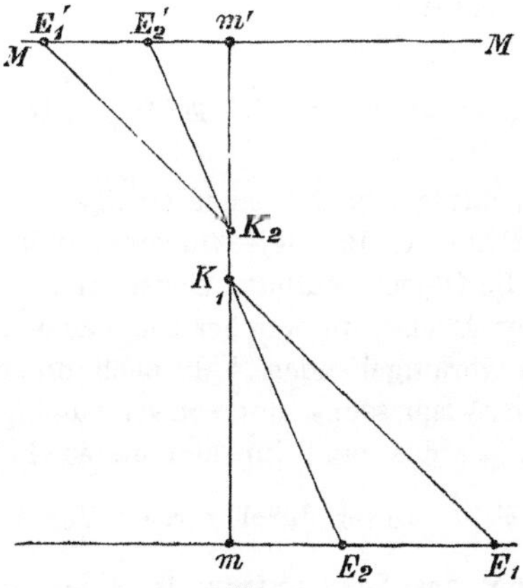

Fig. 5.

ausgeführte Verschiebung nicht mehr gleich dem Abstand der entsprechenden Enden der beiden Längen von einander, sondern gleich dem Abstand der Bilder dieser Enden in der Mikrometerebene. Es stelle die vorstehende Figur 5 einen Schnitt durch die Centralaxe des betreffenden optischen Instruments dar, K_1 sei der erste, K_2 der zweite Knotenpunkt des Objectivsystems, M die Bildebene des Objectivs. Der Einfachheit wegen nehmen wir an, die beiden entsprechenden Enden E_1, E_2 der beiden Längen lägen ebenfalls in der Schnittebene, dass wir also durch das Ocular beide Enden zugleich sehen. Alle Strahlen, die von E_1 ausgehen, entwerfen von E_1 an der Stelle von M ein Bild, wo der dem Strahl E_1K_1 parallele Strahl K_2E_1' die Ebene M schneidet, also in E_1'; alle Strahlen, die von E_2 ausgehen, vereinigen sich in dem Punkt E_2', wo der dem Strahl E_2K_1 parallele Strahl K_2E_2' die Ebene M trifft. Wir pointiren daher erst auf E_1' und dann auf E_2', und die Verschiebung beim Uebergang von E_1' auf E_2' ist gleich der Entfernung $E_1'E_2'$. Nun sind die Dreiecke $E_1'E_2'K_2$ und $E_1E_2K_1$ einander ähnlich, daher ist

$$E_1'E_2' = E_1E_2 \cdot \frac{E_2'K_2}{E_2K_1} = E_1E_2 \frac{K_2m'}{K_1m}.$$

Die Entfernung K_1m des ersten Knotenpunkts des Objectivsystems von der Ebene, in welcher die beiden zu vergleichenden Objecte, die beiden Strecken, liegen, nenne ich $\varkappa_1$, die des zweiten Knotenpunkts von der Bildebene des Objectivs, die als mit der Ebene, in welcher die beiden Bilder der Objecte liegen, zusammenfallend angesehen wird, $\varkappa_2$, so haben wir

$$E_1'E_2' = \frac{\varkappa_2}{\varkappa_1} E_1E_2, \quad E_1E_2 = \frac{\varkappa_1}{\varkappa_2} E_1'E_2',$$

damit wird, indem wir entsprechende accentuirte Buchstaben für das andere optische Instrument benutzen,

$$\text{XX)} \quad A' = A \sim \frac{\varkappa_1'}{\varkappa_2'} \frac{\delta'}{z} (\lambda' z + m' + \nu' - \overline{m' + \mu'}) \sim \frac{\varkappa_1}{\varkappa_2} \frac{\delta}{z} (\lambda z + m + \nu - \overline{m + \mu}).$$

Besteht das Objectivsystem aus einer einzigen Linse, so kann man für $\varkappa_1$ den Abstand der Mitte der den Objecten zugewandten Fläche des Objectivs von der Ebene, die die Objecte enthält, setzen und unter $\varkappa_2$ die Entfernung des Objectivs von der Ebene, in welcher die Fäden liegen, verstehen. Da jedoch hier wie im voraufgehenden Fall noch die δ zu bestimmen sind, welche einer directen Ausmessung nur schwer zugänglich sind, eruirt man die nötigen Grössen — das sind für den ersten Fall δ und δ', für den zweiten $\frac{\varkappa_1}{\varkappa_2}\delta$ und $\frac{\varkappa_1'}{\varkappa_2'}\delta'$ — besser durch directe Versuche.

42. Bestimmung des Schraubenwerts eines Schraubenmikrometers. Zur Bestimmung der bezeichneten Factoren legt man auf die Unterlage, welche zur Aufnahme der zu vergleichenden Strecken dient, einen Körper mit ebener Oberfläche, auf welcher mindestens zwei Striche gezogen sind, die ein bekanntes Intervall, z. B. 1 mm, abgrenzen, welches in das Gesichtsfeld jedes der beiden optischen Instrumente vollständig hineinpasst. Hat der Maassstab eine Einteilung, die so eng ist, dass in jedem der Mikroskope immer mindestens zwei Striche zugleich gesehen werden, so kann man ein Intervall dieses Maassstabs benutzen. Es sei die bekannte Länge des Intervalls α. Man pointirt im ersten Fall mit beiden Instrumenten, im zweiten mit den Fadenkreuzen oder den Fadenpaaren bei beiden Instrumenten erst auf den einen und dann auf den andern Begrenzungsstrich dieses Intervalls; haben dann $\lambda_0, n_0, \nu_0, m_0, \mu_0$; $\lambda'_0, n'_0, \nu'_0, m'_0, \mu'_0$ für diese Pointirungen entsprechende Bedeutungen, wie λ, n, ν, m, μ; $\lambda', n', \nu', m', \mu'$, so resultiren die beiden Gleichungen

$$\left.\begin{aligned} \alpha &= \frac{\delta}{z}(\lambda_0 z + n_0 + \nu_0 - \overline{m_0 + \mu_0}), \\ \alpha &= \frac{\delta'}{z}(\lambda'_0 z + n'_0 + \nu'_0 - \overline{m'_0 + \mu'_0}) \end{aligned}\right\}\text{im ersten Fall;}$$

$$\left.\begin{aligned} \alpha &= \frac{\varkappa_1}{\varkappa_2}\frac{\delta}{z}(z\lambda_0 + n_0 + \nu_0 - \overline{m_0 + \mu_0}), \\ \alpha &= \frac{\varkappa'_1}{\varkappa'_2}\frac{\delta'}{z}(\lambda'_0 z + n'_0 + \nu'_0 - \overline{m'_0 + \mu'_0}) \end{aligned}\right\}\text{im zweiten Fall.}$$

Den Betrag von $\frac{\delta}{z}$, beziehungsweise den von $\frac{\varkappa_1}{\varkappa_2}\frac{\delta}{z}$ nennt man den *Schraubenwert* des betreffenden Instruments für eine Drehung der Schraube um ein Intervall ihrer Trommelteilung. Es ist dieser Schraubenwert, wenn wir ihn τ nennen, allgemein

$$\text{XXI)} \qquad \tau = \frac{\alpha}{z\lambda_0 + n_0 + \nu_0 - \overline{m_0 + \mu_0}}.$$

Es habe zum Beispiel die Schraube auf ihrer Trommel 100 Intervalle, die Striche auf derselben zählen dann von 0 bis 100 und es ist $z = 100$, α sei gleich 1 Millimeter. Bei der Einstellung auf den ersten Strich des Intervalls habe der Index zwischen dem Strich 11 und dem Strich 12 der Trommel gestanden und zwar nach der Abschätzung um 0,6 des zwischen Strich 11 und Strich 12 eingefassten Trommelteils, dann ist $m_0 = 11$, $\mu_0 = 0{,}6$, $m_0 + \mu_0 = 11{,}6$. Bei dem Uebergang auf den zweiten Strich des Intervalls α soll man die Schraube in Richtung der wachsenden Strichnummern 2 mal über den Strich 12 hinweggedreht haben, und die Pointirung sei so erfolgt, dass der Index auf 23,5 gewiesen habe; dann ist $\lambda_0 = 2$, also $\lambda_0 z = 200$; $n_0 + \nu_0 = 23{,}5$, und wir bekommen für den Wert eines Trommelteils

$$\tau = \frac{1\text{ mm}}{200 + 23{,}5 - 11{,}6} = \frac{1}{211{,}9}\text{ mm} = 0{,}00472\text{ mm}.$$

Mit dieser Zahl 0,00472 haben wir also alle Ablesungen der betreffenden Trommel zu multipliciren, wenn wir dieselben in Millimeter verwandeln wollen.

43. Berücksichtigung der Temperatur bei den Maassstäben und Bestimmung von Zusatzlängen. Weder A, die Länge des von dem Maassstab zur Abmessung der gesuchten Strecke benutzten Stückes, noch die Schraubenbeträge τ, τ' behalten immer denselben Wert, alle variiren sie, wenn die Temperatur sich ändert. Besteht die Vergleichsstrecke, der Maassstab, nur aus einem Stück oder auch aus mehreren sich unmittelbar an einander reihenden Stücken von gleicher Substanz, so hat man (Art. 31)

$$A = (n_2 - n_1)(1 + \alpha\overline{t - \vartheta})l,$$

woselbst n_2 und n_1 die Nummern der Striche sind, auf welche pointirt ist, α den linearen Ausdehnungscoefficienten der Substanz des Maassstabes bedeutet, ϑ die Temperatur des Stabes angiebt, bei welcher ein Intervall auf demselben die verzeichnete Länge l hat, endlich t die Temperatur des Stabes während der Messung fixirt.

Ist die Vergleichsstrecke aus mehreren Teilen, die aus verschiedenen Substanzen bestehen, zusammengesetzt, so hat man jeden dieser Teile mit der seiner Substanz eigenen Ausdehnung einzuführen.

Es bestehe, um den wichtigsten Fall zu behandeln, die ganze Vergleichsstrecke aus einem Endmaass, der bei der Temperatur ϑ_1, seiner *Normaltemperatur*, die Länge L hat und sich pro Grad Temperaturänderung für die Längeneinheit um die Strecke α_1 ausdehnt, so wie aus zwei an die Enden dieses Maasses anstossenden Zusatzstücken, denen die Ausdehnungscoefficienten α, α' und die Normaltemperaturen ϑ, ϑ' zugehören. Die Striche der Vergleichsstrecke, auf welche pointirt ist, liegen hier auf den Zusatzstücken, und zwar je ein Strich auf je einem Zusatzstück, sind ihre Abstände von den bezüglichen mit ihnen in Berührung befindlichen Enden des zwischen ihnen liegenden Endmaasses bei den zugehörigen Normaltemperaturen ϑ, ϑ' gegeben durch l, l', so hat man, wenn während der Messung Maass und Zusatzstücke die Temperatur t besitzen,

$$\text{XXII)} \quad A = L(1 + \alpha_1\overline{t - \vartheta_1}) + l(1 + \alpha\overline{t - \vartheta}) + l'(1 + \alpha'\overline{t - \vartheta'}).$$

Alle auf der rechten Seite vertretenen Grössen müssen natürlich einzeln bekannt sein, man bestimmt aber nicht selten die beiden letzten Summanden durch eine besondere Beobachtung auf einmal. Hierzu müssen die Zusatzstücke so eingerichtet sein, dass man sie gegen einander schieben kann. Man stellt dann diese Zusatzstücke so gegen einander, dass sie sich mit ihren zugewandten Enden berühren und in einer geraden horizontalen Linie liegen, dann legt man neben sie einen entsprechenden Maassstab und misst mit Hilfe dieses die Entfernung zwischen den pointirten Marken ganz so, wie wenn man es mit einer unbekannten Länge zu tun hat. Wenn die Temperatur während dieser Messung genau so hoch ist wie während der Messung, zu welcher die Zusatzstücke benutzt wurden, bekommt man so die Summe $l(1 + \alpha\overline{t - \vartheta}) + l'(1 + \alpha'\overline{t - \vartheta'})$ unmittelbar. Bestehen die Zusatzstücke aus gleicher Substanz, so geben die Summanden $(l + l')(1 + \alpha\overline{t - \vartheta})$, alsdann darf man diese Grösse überhaupt bei irgend einer Temperatur messen. Ist eine solche Messung bei der Temperatur t_1 ausgeführt und hat dieselbe ergeben

$$(l + l')(1 + \alpha\overline{t_1 - \vartheta}) = l_1,$$

so wird für jede andere Temperatur t

$$(l + l')(1 + \alpha\overline{t - \vartheta}) = l_1 \frac{1 + \alpha(t - \vartheta)}{1 + \alpha(t_1 - \vartheta)},$$

oder mit genügender Annäherung

$$(l + l')(1 + \alpha\overline{t - \vartheta}) = l_1(1 + \alpha\overline{t - t_1}).$$

Im andern Fall, wenn die Zusatzstücke aus verschiedenen Substanzen gearbeitet sind und die Bestimmung der betreffenden Grösse nicht genau bei der Temperatur der eigentlichen Messung ausgeführt werden kann, muss man dieselbe bei mindestens zwei Temperaturen bewerkstelligen. Man bekommt dann zwei oder mehr Gleichungen, aus denen l und l' eventuell nach den Regeln der Ausgleichungsrechnung abzuleiten sind. Gewöhnlich führt man eine Reihe solcher Bestimmungen vor, eine andere nach der eigentlichen Messung aus, um etwaigen Veränderungen der Zusatzstücke Rechnung tragen zu können und die Bestimmungen gewissermassen auf den Zustand der Zusatzstücke während der eigentlichen Messung zu beziehen.

44. Veränderungen des Schraubenwerts. Im wesentlichen ebenso einfach erledigt sich die Frage nach der Veränderlichkeit des Schraubenwerts in derjenigen Einrichtung, wo bei dem Uebergang von einer Pointirung auf eine andere durch die Schraube das ganze Instrument bewegt wird. Hier hängt der Schraubenwert allein von der Schraube ab, ändert sich die Schraube nicht, so behält auch der Schraubenwert seinen Betrag, variirt die Schraube, so variirt auch der Schraubenwert. Die einzige zu berücksichtigende Variabilität der Schraube ist die durch Temperaturänderungen bedingte. Sind die Ausdehnungscoefficienten der Substanzen, aus welchen die Schrauben geschnitten sind, σ, σ', die Beträge der Schraubenwerte bei den Temperaturen ϑ, ϑ' gleich τ_ϑ, τ'_ϑ, so hat man für die Schraubenwerte bei jeder andern Temperatur t

XXIII) $$\tau = \tau_\vartheta(1 + \sigma\overline{t - \vartheta}), \quad \tau' = \tau'_{\vartheta'}(1 + \sigma'\overline{t - \vartheta'}).$$

Ist also jedes der τ für eine Temperatur bestimmt, so kann man den Schraubenwert für jede andere Temperatur berechnen, und es wird

XXIV) $$A - A' = \backsim(\lambda z + n + \nu - \overline{m + \mu})(1 + \sigma\overline{t - \vartheta})\tau_\vartheta$$
$$\backsim(\lambda' z + n' + \nu' - \overline{m' + \mu'})(1 + \sigma'\overline{t - \vartheta'})\tau'_{\vartheta'}.$$

Die Formel ist keine andere für Messungen auf dem Longitudinalcomparator, nur haben wir die nicht accentuirten Buchstaben auf die Pointirungen am Maassstab, die accentuirten auf die an der zu bestimmenden Strecke zu beziehen; $\lambda z + n + \nu - \overline{m + \mu}$ ist dann die Ablesungsdifferenz beim Uebergang von der Pointirung auf ein Ende des Maassstabes zu der auf das andere Ende, $\lambda' z + n' + \nu' - \overline{m' + \mu'}$ hat die entsprechende Bedeutung für die zu bestimmende Strecke.

Gewöhnlich richtet man sich bei Messungen so ein, dass man bei dem Uebergang von einer Pointirung zur andern die Instrumente nur wenig zu verschieben hat, alsdann darf man die Temperatur-Correction der Schraubenwerte vernachlässigen, doch ist man nicht selten gezwungen, die Schrauben auf bedeutende Strecken zu benutzen, und dann muss man den Schraubenwert entweder für die betreffende Messung besonders bestimmen oder die Temperaturcorrection zur Anwendung bringen.

Anders stellen sich die Verhältnisse, wenn die Pointirung durch Verschiebung des Fadenkreuzes oder Fadenpaares in der Mikrometerebene geschieht, auch hier variirt zwar der Schraubenwert, weil durch Temperaturänderung die Schraube ausgedehnt oder zusammengezogen wird, aber er variirt auch, wenn die Knotenpunktdistanzen $\varkappa_1$, $\varkappa_2$ Veränderungen erleiden.

Diese Veränderungen können nun willkürliche oder wieder durch Temperaturvariationen bedingte sein.

Die als willkürlich bezeichneten verdanken ihre Entstehung den Unsicherheiten, die immer vorhanden sind, so oft es sich um die scharfe Einstellung eines optischen Instruments auf ein Object handelt. Man macht nämlich bei nicht zu starken Instrumenten leicht die Erfahrung, dass die Einstellung derselben innerhalb gewisser Grenzen variirt werden darf, ohne dass deshalb der Deutlichkeit des Bildes Abbruch geschieht. Es beruht das besonders auf der Fähigkeit des Auges für verschiedene Entfernungen zu accommodiren, das Auge passt sich den verschiedenen Entfernungen, in welchen das Bild bei verschiedenen Einstellungen sich befindet, an, so weit wenigstens, als es nicht beschwerlich fällt. Man wird also bei verschiedenen Reihen von Messungen nicht immer in derselben Weise einstellen, also auch nicht immer dieselben Schraubenwerte haben. Auch bei einer und derselben Messungsreihe kann der Schraubenwert Veränderungen erleiden, denn man ist manchmal gezwungen, mitten in der Messung die Einstellung zu corrigiren. Im Beginn der Messungen nämlich, wenn das Auge noch nicht angestrengt ist, ist die Accommodationsfähigkeit am grössten, am Ende derselben am kleinsten, wenn also die Einstellung nicht so ausgefallen ist, dass das Bild sich in der für das Auge bequemsten Entfernung befindet, so verliert dieses Bild im Laufe der Messungen mehr und mehr an Deutlichkeit, ändert man aber, um das Bild wieder deutlich sehen zu können, die Einstellung, so ändern sich auch die Knotenpunktdistanzen und damit die

Schraubenwerte. Wir werden den Einfluss dieser willkürlichen Aenderungen der Schraubenwerte später, wenn wir die bei Längenmessungen möglichen Fehler discutiren, genauer verfolgen.

Was die regelmässigen durch Temperaturänderungen bedingten Aenderungen der Schraubenwerte betrifft, so zerfallen diese in drei Teile. Der eine Teil betrifft den allein aus der Verkürzung oder Verlängerung der Schraube herrührenden, der sich in ganz derselben Weise wie früher angegeben, in Rechnung ziehen lässt. Der zweite resultirt aus der Ausdehnung oder Zusammenziehung der die Linsen haltenden Rohre, welche Aenderungen in den Entfernungen dieser Linsen von einander und damit in denen der Knotenpunktdistanzen verursacht. Der dritte unbedeutendste endlich wird bewirkt durch die mit den Temperaturvariationen verbundenen Aenderungen der Brechungsvermögen der Linsen, die ebenfalls die Knotenpunktdistanzen beeinflussen. Sicherlich wird man auch hier mit hinreichender Genauigkeit sich der allgemeinen Formel

$$\tau = \tau_\vartheta(1 + \sigma\,\overline{t - \vartheta})$$

bedienen dürfen, aber dann hat man unter σ nicht mehr den Ausdehnungscoefficienten der Substanz der Schraube zu verstehen, sondern eine andere Constante, die allen angegebenen möglichen Veränderungen durch Temperaturvariation zugleich Rechnung tragen helfen soll. Die obige Gleichung bekommt darum besser die Form

$$\tau = a + bt,$$

wo a und b unbekannte Grössen sind. Man wird dann auch nicht mehr mit einer Schraubenbestimmung auskommen, sondern — um auch σ zu erhalten — deren mindestens zwei ausführen müssen. Aus solchen bei den Temperaturen ϑ_1, ϑ_2, ... bewerkstelligten Bestimmungen, die etwa die Werte τ_1, τ_2, ... ergeben haben, folgen die Gleichungen

$$\tau_1 = a + b\vartheta_1, \quad \tau_2 = a + b\vartheta_2, \ldots$$

aus denen a und b nach dem Ausgleichungsverfahren zu berechnen sind.

Indessen tut man immer am besten, die Schraubenwerte für jede Messungsreihe besonders zu bestimmen, indem man mit der Schraube in der (Art. 42) angegebenen Weise ein bekanntes Intervall vor und nach jeder Messungsreihe ausmisst; bei nicht zu ausgedehnten Messungsreihen darf das Mittel aus beiden Bestimmungen als wirklicher Schraubenwert benutzt werden. Ist man während der Messungen gezwungen, die Einstellung zu ändern, so hat man vor der Aenderung wie nach derselben den Schraubenwert zu bestimmen, um der durch diese Einstellungsänderung bedingten Veränderung des Schraubenwerts Rechnung tragen zu können.

45a. Messungen mit dem Kathetometer. In ganz entsprechender Weise sind die Vorarbeiten und Messungen bei Anwendung des Kathetometers auszuführen, nur dass wir hier im allgemeinen vertical sagen müssen, wo wir beim Comparator von Horizontalität, und horizontal, wo wir dort von Verticalität sprechen. Vorweg sei aber nochmals hervorgehoben, dass, während der Comparator, wie schon sein Name sagt, fast nur zur „Vergleichung“ von Längen mit einander benutzt wird, wobei beide Längen, die zu messende und der Maassstab sich unter genau gleichen Verhältnissen befinden und in genau gleicher Weise behandelt werden, das Kathetometer nicht allein als Verticalcomparator dient, sondern oft auch als wirkliches Messinstrument benutzt wird, indem der Maassstab, an welchem die Abmessung der betreffenden Länge geschieht, in das Prisma ein für alle mal eingelassen ist. In dieser in physikalischen Laboratorien bevorzugten Einrichtung befinden sich Maassstab und zu messende Länge nicht mehr in denselben Verhältnissen, und meist wird auch die Ablesung für die Pointirung des Maassstabes nicht in derselben Weise ausgeführt wie die für die Pointirung der zu messenden Länge. Ich nehme zunächst an, dass das Kathetometer wirklich als Verticalcomparator dienen soll, man mit demselben also zwei Strecken, die von ihm selbst getrennt sind, zu vergleichen hat.

Man stellt das Kathetometer mit Hilfe der Fussschrauben (es sind deren 3 vorhanden) so, dass das Prisma vertical steht, ist das Kathetometer constructiv gut ausgeführt, so darf sich das Prisma dann, wenn es um seine Axe gedreht wird, weder neigen noch heben und senken, jeder seiner Punkte muss bei einer solchen Drehung ein Bogenstück eines horizontal liegenden Kreises beschreiben.

Hat das Kathetometer zwei von einander getrennte optische Instrumente, so sollen deren Axen horizontal und einander parallel verlaufen, die Ebene, die beide Axen enthält, muss vertical stehen. Wird dasselbe, wie das meist geschieht, nur mit einem optischen Instrument benutzt, so muss die Axe dieses Instruments horizontal liegen und bei der Auf- und Abbewegung längs des Prisma stets horizontal und auch in der nämlichen Vertical-Ebene bleiben. Ist das Kathetometer endlich mit zwei auf demselben Schlitten neben einander sitzenden Instrumenten versehen, so müssen die Axen dieser Instrumente bei Auf- und Abschieben des Schlittens parallele verticale Ebenen beschreiben.

Die beiden zu vergleichenden Strecken sollen vertical gerichtet sein, sind sie es, so laufen sie einander auch schon parallel. Muss zum Uebergang von einer Strecke auf die andere das Prisma gedreht werden, so hat man die Strecken so zu stellen, dass sie auf dem Mantel einer Cylinderfläche liegen, deren Axe in die Drehungsaxe des Prisma vom Kathetometer fällt.

Ueber Einstellung, Pointirung, die eigentliche Messung ist nichts zu sagen, es geschieht hier alles genau so, wie bei Anwendung des Horizontalcomparators, wie schon in Art. 41 besonders hervorgehoben ist. Wenn das Kathetometer als eigentliches Messinstrument dient, hat es immer nur ein optisches Instrument, es müssen natürlich alle voraufgehenden Forderungen in Bezug auf das Prisma, die zu messende Länge und die Axe des optischen

Instruments in ihren verschiedenen Lagen auch hier erfüllt sein. Den Maassstab vertical zu stellen, liegt nicht in der Macht des Experimentirenden, der construirende Mechaniker muss diesen Maassstab dem Prisma schon so einverleibt haben, dass er vertical verläuft, wenn das Prisma vertical gestellt ist. Hier befindet sich der Maassstab mit der zu messenden Länge nicht mehr auf einer Cylinderfläche, das ist auch nicht nöthig, weil hier keine Drehungen des Prisma auszuführen sind.

Die Messung geschieht mit diesem Kathetometer in ganz derselben Weise wie mit dem Kalibermaassstab, in der Tat ist auch ein solches Kathetometer nichts anderes als ein besonders feiner Kalibermaassstab. Man stellt das optische Instrument auf das obere Ende der zu messenden Länge, pointirt auf dieses Ende, indem man mit einer Schraube dieses Instrument so lange hebt und senkt, bis das abgebildete betreffende Ende mit der Mitte des Fadenkreuzes oder Fadenpaars zusammenfällt, und liest die Stellung des Instruments auf dem Maassstab ab. Dann transportirt man das Instrument längs des Prisma nach unten, klemmt dort den Schlitten fest und pointirt in gleicher Weise auf das untere Ende der betreffenden Strecke. Die Ablesung der Stellung des optischen Instruments in seiner obern und untern Lage geschieht meist mit Zuhilfenahme eines Vernier. Der Vernier ist mit dem Schlitten fest verbunden und seine Teilung läuft unmittelbar gegen die Teilung auf dem Prisma aus, so dass seine Striche genau da aufhören, wo die des Maassstabes beginnen. Geht zum Beispiel die Teilung auf dem Prisma von unten nach oben, und steht der Nullstrich des Vernier in der untern Stellung des optischen Instruments über dem $m + 1$ ten Strich des Maassstabes, in der obern über dem $n + 1$ten und zwar dort um μ, hier um ν Teile eines Intervalls auf dem Maassstab, so haben wir die gesuchte Länge

$$A = (n + \nu - \overline{m + \mu})(1 + \alpha\,\overline{t - \vartheta})\,l,$$

falls l die Länge eines Intervalls auf dem dem Prisma einverleibten Maassstabe, bei der auf demselben verzeichneten Normaltemperatur ϑ ist. ν und μ werden nach Anleitung des Art. 28 gefunden, α bedeutet wieder den thermischen Ausdehnungscoefficienten, als solchen hat man stets den der Substanz des Prisma anzunehmen (also meist den von Messing), selbst wenn die Teilung auf einem in das Prisma eingelassenen Streifen aus einer andern Substanz aufgetragen sein sollte, vorausgesetzt allerdings, dass dieser Streifen mit dem Prisma seiner ganzen Länge nach so fest verbunden ist, dass er eigene Bewegungen nicht auszuführen vermag.

45b. Correction wegen elastischer Dehnung oder Compression. Bei Messungen mit dem Kathetometer hat man unter Umständen noch einer besondern Correction Rechnung zu tragen. In diesem Falle ist nämlich der Maassstab vertical aufgehängt oder aufgestellt, und wird also durch sein eigenes Gewicht ausgedehnt oder comprimirt, seine Länge und die seiner einzelnen Intervalle ist dann eine andere als in der horizontalen Lage, und da die angegebene Länge sich immer auf horizontale Lage bezieht, muss man diese auf die verticale Stellung zurückführen. Nach den Lehren der Elasticitätstheorie ist die Ausdehnung (oder Compression) eines Stückes dx des Maassstabes (der immer als prismatisch oder cylindrisch geformt angesehen werden kann), dessen Mitte von dem freien Ende um x absteht, proportional dem unterhalb dieses Stückes noch befindlichen Teil des Maassstabes, also wenn wir die x von dem freien Ende aus rechnen, gleich $\alpha x dx$. Die Gesammtverlängerung oder Verkürzung des Maassstabes von dem freien Ende bis zu der von diesem Ende um ξ abstehenden Stelle ist hiernach

$$\delta_\xi = \alpha \int_0^\xi x\,dx = \alpha \left(\frac{\xi^2}{2}\right).$$

Für die Verlängerung oder Verkürzung des zwischen den Strichen n und m befindlichen Stückes haben wir nach dieser Formel, wenn der Strich 0 am freien Ende liegt und die Länge eines Intervalls des Maassstabes mit l bezeichnet wird,

XXV') $$\delta = \alpha \frac{n^2 - m^2}{2} l^2 = \alpha \frac{(n-m)(n+m)}{2} l^2$$

und noch allgemeiner für die Ablesungen $n + \nu$, $m + \mu$ auf dem Maassstab

XXV) $$\delta = \alpha \frac{(n + \nu - m - \mu)(n + \nu + m + \mu)}{2} l^2.$$

Der absolute Betrag dieser Grösse ist zu der gefundenen Länge hinzuzufügen, wenn der Maassstab aufgehängt; von demselben abzuziehen, wenn derselbe aufgestellt ist. Um diese Grösse zu berechnen, bedarf es noch der Kenntnis von α. Experimentell gelangt man dazu, wenn man die Längenänderung des ganzen Maassstabes durch Verticalstellung ein für alle mal bestimmt; ist diese ganze Länge L, die beobachtete Längenänderung Δ, so hat man

$$\alpha = \frac{2\Delta}{L^2}.$$

Zur Ausführung bestimmt man am einfachsten den Unterschied der Länge, die der Maassstab zeigt, wenn er aufgehängt ist gegen die, wenn er aufgestellt ist, dieser Unterschied ϑ ist gleich 2Δ, also $\Delta = \frac{\vartheta}{2}$. Bei der Aufstellung muss man, um das Umfallen zu verhindern, den Maassstab stützen, man darf ihn aber nur stützen, nicht halten. Die Messung geschieht mit dem Kathetometer, man hängt den Maassstab auf und stellt die Instrumente des Kathetometers auf seine Enden ein, dann stellt man den Maassstab auf und dreht die Mikrometerschrauben bis die Visirstellen wieder die Enden berühren; die an den Trommeln abzulesenden Strecken, um welche die Schrauben haben gedreht werden müssen, bestimmen die gesuchte Grösse.

Auf einem andern Wege bestimmt man α durch das Gewicht, den Querschnitt und den Elasticitätscoefficienten der Substanz des Maassstabes, ist dieses Gewicht P, der Querschnitt Q, der Elasticitätscoefficient E, so hat man

$$\alpha = \frac{2P}{E.Q.L},$$

oder wenn D die Dichtigkeit der Substanz des Maassstabes angiebt

$$\text{XXVI)} \qquad \alpha = 2\frac{D}{E}.$$

Die Grössen E und D finden sich in Handbüchern der Experimentalphysik und in Sammelwerken für physikalische Constanten angegeben, für die Substanzen Stahl, Messing, Platin hat man $D = 7{,}8$; $8{,}4$; $21{,}5$; $E = 21.10^8$; 9.10^8; 17.10^8 Gramm und Centimeter zu Einheiten genommen, somit wird für diese Substanzen α gleich 8.10^{-9}; 2.10^{-8}; 24.10^{-10} Centimeter als Einheit angesetzt. Die Dimension von α ist c^{-1}.

Für einen Stab aus Messing von der Länge ein Meter würde hieraus folgen $\Delta = 10^{-8}(100)^2$ c, das ist 0,001 mm, eine recht kleine Grösse. Es ist auch die Correction wegen Compression oder Dilatation durch das Eigengewicht des Maassstabes nur bei sehr genauen Messungen in Betracht zu ziehen.

Ist der Maassstab gleich in das Kathetometer eingelassen, so ist bei Berechnung dieser Correction die Dichtigkeit und der Elasticitätscoefficient der Substanz des Prisma anzuwenden.

Die Länge, die man für die gesuchte Strecke durch Messung findet, bezieht sich auf die Lage, die diese Strecke während der Messung eingenommen hat, will man dieselbe auf eine andere Lage beziehen, so hat man eine Correction nach dem obigen Verfahren zu berechnen.

46. Systematische Einteilung der bei Längenmessungen zu befürchtenden Fehler. Wir kommen jetzt, nachdem die zu den Längenmessungen dienenden Hilfsmittel beschrieben sind, deren Gebrauch dargelegt ist und die Messungs- und Berechenmethoden der Hauptsache nach klargestellt sind, zu der Discussion der bei Längenmessungen möglichen Fehler und zur Angabe der Vorsichtsmaassregeln, die zu ihrer Verhütung dienen können.

Ich werde diese Fehler in drei Gruppen behandeln, und zwar in der Einteilung:

Fehler der Einrichtung der Messungen,
Fehler der Messungsmittel,
Fehler der Messungen.

Bei der Behandlung der ersten Gruppe von Fehlern haben wir uns an die gemäss Art. 40 ff. durch Vorarbeiten zu erfüllenden Anforderungen zu halten. Diese Anforderungen beziehen sich auf Richtungen und Entfernungen, auf Temperatur- und optische Verhältnisse. Demgemäss zerfallen die Fehler der ersten Gruppe in die drei Unterabteilungen:

Fehler der geometrischen und mechanischen Einrichtung,
Fehler der thermischen Einrichtung,
Fehler der optischen Einrichtung.

VIII. Die geometrisch-mechanische Einrichtung von Längenmessungen.

a) *Vorrichtungen zum Horizontiren und Verticalstellen von Linien und Ebenen; (Libellen und Lote.) Bestimmung von Neigungen, Verticalabweichungen und Collimationen.*

Betrachten wir zunächst die Anforderungen hinsichtlich der geometrischen Einrichtung, so beziehen sich diese immer auf gewisse Richtungen, und zwar auf zwei Richtungen, die horizontale und die verticale, und wir haben anzugeben, welche Mittel man besitzt, um zu entscheiden, ob eine Strecke eine dieser Richtungen einschlägt oder nicht.

47. Die Libellen oder Niveaux. Das schärfste Prüfungsmittel für horizontale Richtungen bietet die Libelle (auch Niveau und Senkwaage genannt), das ist ein mit einer leicht beweglichen Flüssigkeit (etwa Aether) bis auf eine übrig bleibende kleine Blase gefülltes rings geschlossenes Gefäss. Je nachdem das Gefäss die Form einer kreisförmigen, oben mit einem Glasdeckel geschlossenen Dose oder die einer Röhre mit geschlossenen Enden hat, wird die Libelle als *Dosenlibelle* oder *Röhrenlibelle* bezeichnet.

Die Dosenlibelle ist an ihrer untern Fläche so abgeschliffen, dass auf einer horizontalen Ebene die Blase genau in der Mitte des Deckglases erscheint, stellt man also dieselbe auf eine Ebene und findet, dass die Blase sich in die Mitte verfügt, so ist man sicher, dass die Ebene horizontal verläuft. Zur genauern Beurteilung der Lage der Blase sind auf dem Deckglase concentrische Kreise aufgetragen, die Blase ist so gewählt, dass ihr Radius zwischen den Radien dieser Kreise liegt, und sie hat sich so einzustellen, dass ihr Rand mit diesen Kreisen concentrisch verläuft. Die Grösse der Blase, welche von der Temperatur abhängt — sie wächst mit abnehmender Temperatur — kann durch eine Schraube, die sich in die Flüssigkeit mehr oder weniger tief hineindrehen lässt, gehörig variirt werden, man wählt sie am besten so, dass ihr Durchmesser gleich dem arithmetischen Mittel zwischen den Durchmessern der bezeichneten Kreise ist. Die Dosenlibelle wird nur zur Prüfung von Richtungen benutzt, nicht zur Bestimmung von

Neigungen solcher Richtungen, sie soll nur anzeigen, ob eine Ebene horizontal ist oder nicht, nicht aber die Abweichung von der Horizontalität, die Neigung der Ebene auch messen.

Die Röhrenlibelle dient nicht blos zur Horizontirung von Strecken, sondern auch zur Bestimmung etwaiger Neigungen gegen die Horizontalebene. Das Glasrohr ist in eine Metallfassung getan und kann in derselben durch Verticalschrauben an dem einen oder andern Ende gehoben oder gesenkt und durch Horizontalschrauben nach vorn oder hinten bewegt werden. Auf ihrer obern Fläche ist die Fassung ausgeschnitten und das Glasrohr trägt zur Ablesung der Stellung der Blase eine Teilung. Die Fassung ist entweder auf ihrer untern Seite eben abgeschliffen oder sie trägt zwei zu V oder kreisförmig ausgeschliffene Füsse oder endlich sie hat zwei in Haken endigende Arme. In der ersten Einrichtung der Fassung dient die Libelle (als *Aufsatzlibelle)* zur Bestimmung der Neigung von ebenen Flächen und geraden Linien, in der zweiten (als *Reiterlibelle*) zu der von cylindrischen oder prismatischen Körpern wie zum Beispiel für Fernrohre oder Mikroskope von Kathetometern, in der dritten (als *Anhängelibelle*) meist zu der von Rotationsaxen (etwa bei Theodoliten und Passageinstrumenten), hier wird sie an die Axe so gehängt, dass ihre Arme die beiden Axenenden umklammern.

Die Blase einer Libelle wird nach mechanischen Grundsätzen immer nach der höchsten Stelle gedrängt, ist also die obere Begrenzung des innern Raumes der Libelle, man nennt diese obere innere Begrenzung den *Grat* der Libelle, gerade, so wird die Blase bei der geringsten Neigung sofort nach dem betreffenden gehobenen Ende sich hinbegeben. Solche Libellen mit geradem Grat sind unendlich empfindlich, und infolge dessen wird das Arbeiten mit ihnen zur Unmöglichkeit. Man giebt deshalb den bezeichneten Begrenzungen eine mehr oder weniger grosse Krümmung, indem man bei Dosenlibellen das Deckglas innen zu einer Kugelcalotte biegt oder ausschleift, deren höchste Stelle sich in der Mitte des Glases befindet, bei Röhrenlibellen die Röhre zu einem Kreisbogen biegt oder an der obern innern Begrenzung tonnenförmig ausschleift. Ist die Unterlage der betreffenden Libelle horizontal, so befindet sich bei einer vollkommen justirten Libelle der höchst gelegene innere Punkt in der Mitte derselben und die Blase stellt sich so ein, dass ihre Mitte mit diesem mittlern Punkt zusammenfällt. Hat die Unterlage eine gewisse Neigung, so wird ein anderer Punkt an die Stelle des mittlern Punktes rücken, und die Blase stellt sich mit ihrer Mitte in diesen andern Punkt. Welcher Punkt an Stelle der Mitte bei einer bestimmten Neigung tritt, immer ist dieser Punkt so gelegen, dass ein von ihm ausgehender Radius der Libelle vertical verläuft, also horizontale Sehnen senkrecht schneidet, wie weit er aber von dem ursprünglichen Punkt absteht, das hängt von der Krümmung der innern obern Begrenzung ab, der Punkt wird von dieser Mitte um so weiter abstehen, je schwächer diese Krümmung ist. Die Krümmung giebt ein Mittel, Libellen von verschiedener Empfindlichkeit herzustellen, grobe Libellen müssen eine starke, feine eine schwache Krümmung haben.

48. Empfindlichkeit der Libellen. Die folgenden Betrachtungen erstrecken sich allein auf die Röhrenlibelle. Es stelle AMB die innere obere Begrenzung der Libelle dar in horizontaler Lage, $A'M'B'$ in einer andern Lage, wo ihre Axe $A'B'$ mit der horizontalen AB den Winkel i einschliesst. M beziehungsweise M' bezeichnen die Mitte der Libelle in den beiden Lagen. In der ersten Lage ist der höchste Punkt M, in der zweiten ist es ein anderer Punkt, Z, der von der Mitte M' die Bogendistanz $M'Z$ hat. Ist aber N das Centrum des Bogens der Libelle, r der Radius derselben und φ der Winkel $ZN'M'$, so haben wir

$$ZM' = r\varphi.$$

Da nun ZN' vertical und parallel MN verlaufen muss, so ist Winkel $\varphi = ZN'M' = MCM'$. Der Winkel MCM' aber ist der Winkel, um welchen

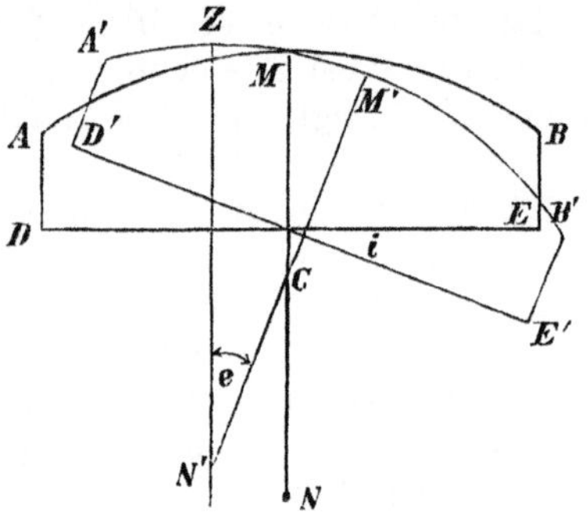

Fig. 6.

die Libelle aus ihrer ursprünglichen Lage herausgedreht ist, also gleich der Neigung i, ihrer Unterlage i. Wir haben darnach (wie man auch leicht geometrisch ableitet) $\varphi = i$ und

$$ZM' = ri,$$

i ist hier in Teilen des Kreisumfanges ausgedrückt gedacht, rechnen wir die Neigung in Secunden, so ist die rechte Seite durch die Zahl 206 265, welche die Secundenanzahl des Bogens angiebt, dessen Länge gleich der des Radius des betreffenden Kreises ist, zu dividiren, dann haben wir, wenn wir noch den Ausschlag ZM' der Libelle bei ihrer Neigung um den Winkel i mit a bezeichnen,

$$a = \frac{ri}{206\,265}.$$

Hieraus ergiebt sich

XXVII$_1$) $$i = 206\,265\,\frac{a}{r}.$$

Zunächst lehrt diese Gleichung, wie die Neigung i der Libelle aus dem beobachteten Ausschlag a und dem als bekannt vorausgesetzten Radius r zu berechnen ist, dann aber zeigt dieselbe, dass für denselben Winkel i der Ausschlag a um so grösser ist, je grösser der Radius der Libelle, je gerader die innere obere Begrenzung der Röhre ist. Die Empfindlichkeit einer Libelle wächst also mit wachsendem Radius. Soll zum Beispiel die Libelle für eine Neigung von 5 Secunden einen Ausschlag von 1 mm geben, so haben wir den Radius derselben so zu wählen, dass

$$r = 206\,265 \, \frac{1}{5} \,\mathrm{mm},$$

also gleich 41253 mm = 41,253 m wird, soll sie dagegen schon für eine Neigung von 1 Secunde den Ausschlag 1 mm geben, so wird $r = 206265$ mm = 206,265 m. Bei ganz feinen Libellen wird der Radius noch grösser genommen, so dass einer Neigung von 1 Secunde 2 oder 3 mm Ausschlag entsprechen. Da man solche Ausschläge ohne weiteres constatiren kann, ist man mit solchen Libellen im Stande, mit Leichtigkeit Neigungen von 1 Secunde zu messen. Man kann überhaupt, wie schon bemerkt, die Empfindlichkeit ins Unbegrenzte steigern, allein in Folge der stets vor sich gehenden kleinen Erschütterungen und Temperaturvariationen ändern sich solche Neigungen bei der Unterlage sowohl, wie bei der Libelle fortwährend, die Blase einer zu empfindlichen Libelle geht dann immer hin und her, und deshalb ist ihre Ruhelage nicht mehr mit Sicherheit abzulesen. Noch schlimmer ist es, wenn eine Fläche mit einer zu empfindlichen Libelle erst horizontirt werden soll, die mechanischen Mittel, mit Hilfe deren die Horizontirung ausgeführt wird (Schrauben oder Excenter), sind dann meist nicht fein genug, um die nötigen letzten kleinen einseitigen Hebungen oder Senkungen der Fläche ausführen zu können, und so wendet man diese Mittel unwillkürlich zu stark an, die Libellenblase fährt, indem man die zu grossen Hebungen oder Senkungen durch Senkungen beziehungsweise Hebungen corrigirt, hin und her, und es ist ein Zufall, wenn die Hebung oder Senkung gerade so ausfällt, dass die Blase in der Mitte stehen bleibt. Es ist deshalb nicht rätlich, zu empfindliche Libellen anzuwenden. Libellen, die für 1″ Neigung 1 mm Ausschlag ergeben, sind schon als sehr empfindlich zu bezeichnen, der Physiker wird meist mit viel weniger empfindlichen Libellen auskommen.

49. Bestimmung der Neigung einer Linie mit einer richtigen Libelle. Die Ablesung des Ausschlags geschieht an einer auf der obern Seite der Röhre eingerissenen oder aufgetragenen Teilung in Millimetern oder Pariser Linien u. s. f., welche von der Mitte nach beiden Seiten (wobei dann die Nummern der Striche nach der einen Seite mit positiven, nach der andern mit negativen Zeichen versehen werden können) oder von einem Ende nach dem andern fortlaufend zählt. Um diesen Ausschlag für eine bestimmte Neigung angeben zu können, muss man die Stellung der Blase bei horizontaler Richtung ihrer Unterlage kennen. Der Ausschlag ist dann gleich der Ablesung ihrer Mitte bei der betreffenden Neigung der Unterlage vermindert um die Ablesung ihrer Mitte bei horizontaler Richtung der Unterlage. Die Mitte der Blase lässt sich zwar ohne weiteres nicht bezeichnen, man bekommt aber die für dieselbe geltende Ablesung aus dem Mittel der Ablesungen an den Enden. Sei die Ablesung bei horizontaler Unterlage am linken Ende m, am rechten n, bei geneigter links m', rechts n', dann ist die Ablesung für die Mitte der Blase im ersten Fall $\frac{m+n}{2}$, im zweiten $\frac{m'+n'}{2}$, und es wird der der Neigung der Unterlage entsprechende Ausschlag

$$a = \frac{m'+n'}{2} - \frac{m+n}{2}$$

und die Neigung i selbst in Secunden

$$\text{XXVII}_2)\qquad i = 206\,265\,\frac{m'+n' - \overline{m+n}}{2r}\,.$$

Der Ausdruck für i enthält im Nenner noch den Durchmesser der Libelle, dieser lässt sich aber nicht direct ausmessen; um denselben zu eliminiren, giebt man der Unterlage eine Neigung J, bestimmt diese mit irgend welchen Mitteln und zugleich mit der Libelle. Sind M', N' die Ablesungen für die Enden der Libellenblase bei dieser Neigung J der Unterlage, so hat man

$$\text{XXVII}_3)\qquad i = \frac{m'+n' - \overline{m+n}}{M'+N' - \overline{m+n}}\,J.$$

Wie man bei dieser Empfindlichkeitsbestimmung verfährt, wird später auseinandergesetzt werden.

50. Einfluss der Temperatur auf die Libellenblase. Die Länge der Blase hängt von der Temperatur ab. Gewöhnlich verfährt man nämlich bei der Construction von Libellen so, dass man die Röhre bei hoher Temperatur mit der betreffenden Flüssigkeit (Aether, Alkohol oder Schwefelkohlenstoff) ganz füllt und an beiden Seiten zuschmelzt. Sinkt dann die Temperatur, so zieht sich die Flüssigkeit zusammen und lässt einen mit dem Dampf derselben gefüllten Raum, eben die Blase, zurück. Die Blase wird hiernach mit sinkender Temperatur immer länger, und sie kann schliesslich so lang werden, dass ihr Ende schon bei mässigen Neigungen gegen das eine oder andere Ende der Röhre stösst, die Ablesungen also unmöglich werden. Gute Libellen bekommen deshalb an ihrem einen Ende eine Kammer, die durch eine relativ enge Oeffnung mit dem eigentlichen Libellenraum communicirt und etwas von der Füllflüssigkeit enthält. Ist die Blase zu lang geworden, so neigt man die Libelle so, dass die Blase gegen das mit der Kammer versehene Ende stösst, es dringt dann ein Teil des Dampfes in diese Kammer und bleibt auch daselbst, dagegen ein Teil der Kammerflüssigkeit in die eigentliche Röhre, und so wird die Blase kürzer.

Ist die Blase, weil die Temperatur zu stark gestiegen ist, zu kurz, so neigt man die Libelle nach der andern Seite. Dadurch geht Flüssigkeit aus der Röhre in die Kammer und Dampf aus der Kammer in die Röhre, und die Blase wird länger.

51. Bedingungen für die Richtigkeit einer Libelle. Wir haben bisher die Libelle in ihrer vollkommnen Justirung behandelt. Zu einer vollkommnen Justirung gehört aber, dass

1) der Grat der Libelle wirklich ein Kreisbogen ist,
2) der Grat in einer Verticalebene liegt,
3) die Sehne des Grats, wenn die Libelle auf einer Horizontalebene oder auf einem horizontal liegenden Kreiscylinder steht, horizontal verläuft,
4) die Füsse (beziehungsweise Arme) der Libelle, gerechnet von den Enden des Grats bis zu den Stellen, welche mit der Horizontalebene beziehungsweise der Cylinderfläche in Berührung sind, gleiche Länge besitzen.

Die am wenigsten wichtige Bedingung ist die unter 2) angeführte, wenn die Bedingungen ad 1), 3) und 4) erfüllt sind, darf, selbst wenn die Krümmung innerhalb der Röhren durch Biegen hergestellt ist, von dieser Bedingung ziemlich stark abgewichen werden. Wir wollen sie auch nicht weiter beachten. Die Bedingungen unter 3) und 4) sind in der Discussion von einander nicht zu trennen.

Ob die Bedingung unter 1) erfüllt ist, erfährt man am leichtesten, wenn man die Empfindlichkeit mit verschiedenen Neigungen bestimmt; zeigen sich die Ausschläge immer diesen Neigungen proportional, so darf man (vorausgesetzt, dass die Teilung auf der Libellenröhre gleichmässig ist) diese Bedingung als erfüllt ansehen.

Ueber das Verhalten einer Libelle gegen die Bedingungen unter 3) und 4) kann man sich Klarheit verschaffen, wenn man eine horizontale Ebene und noch besser einen horizontal liegenden genau abgedrehten Kreiscylinder hat. Erfüllt die Libelle jene Bedingungen, so darf die Blase ihren Ort nicht ändern, ob man die Libelle um eine Verticalaxe um 180° herumdreht (*umlegt,* wie der technische Ausdruck lautet) oder ob man sie auf dem Cylinder seitwärts nach vorn oder hinten dreht (*kippt*). Eine solche Ebene oder einen solchen Cylinder kann man sich natürlich nicht so ohne weiteres verschaffen, und wir müssen darum zusehen, welche Fehler bei Neigungsbestimmungen mit Hilfe einer Röhrenlibelle zu befürchten sind, falls die genannten Bedingungen keine Erfüllung finden.

52. Bestimmung der Neigung einer Linie mit einer nicht justirten Libelle. Es sei also die Neigung i einer Linie A mit einer Libelle zu bestimmen, deren Gratsehne, wenn die Libelle auf diese Linie aufgesetzt ist, gegen die Horizontalebene H um den Winkel φ geneigt ist, und deren Füsse von einander verschiedene Längen besitzen.

Die Füsse der Libelle können schräg zu der Linie stehen, denken wir uns aber von den Enden der Gratsehne Normalen auf die Linie gefällt, so ändert sich nichts, wenn wir an Stelle der wirklichen Füsse der Libelle diese Normalen als solche ansehen; wir dürfen daher annehmen, dass die Füsse der Libelle so eingerichtet sind, dass sie, wenn die Libelle auf die Linie aufgesetzt ist, diese Linie senkrecht schneiden. Die Länge der einen Normale sei a, die der andern b, $b-a$ vertritt dann die Differenz, die etwa zwischen der Länge der Füsse und deren Neigung zur Gratsehne vorhanden ist.

Ich nehme an, dass die Gratlinie der Libelle in derselben Verticalebene sich befindet, in welcher die Linie A liegt, die beistehende Figur stellt dann die Verhältnisse in dieser Verticalebene dar. Die Libelle sei zunächst so aufgesetzt, dass der Fuss von der Länge a zur Linken, der von der Länge b zur Rechten steht. Wie auch die Libelle beschaffen sein mag, die Blase derselben stellt sich so, dass ihre Mitte den höchsten Punkt des Grats einnimmt. Sei dies der Punkt Z, und gebe N den Mittelpunkt des Kreises, dem der Gratbogen gehört, dann ist der Radius ZN eine Verticallinie. Führen wir jetzt ein Coordinatensystem xy ein, dessen x Axe die Richtung

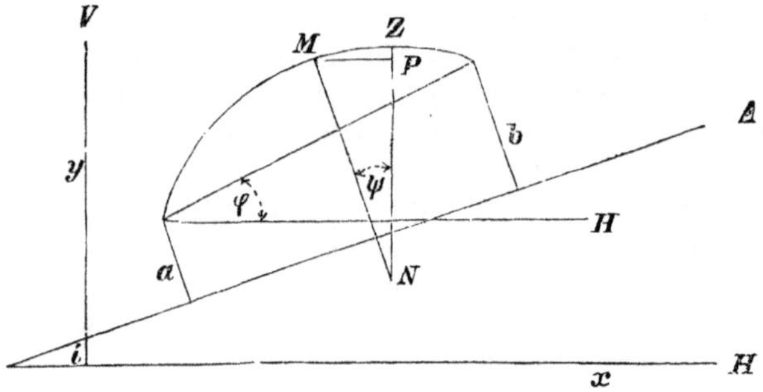

Fig. 7.

der Horizontalen H, dessen y-Axe die der Verticalen V hat, so ist die Ordinate des Punktes Z die grösste des ganzen Gratbogens. Bezeichnen wir aber die Coordinaten des Libellencentrums N mit α, β, den Radius des Grats mit r, so haben wir als Gleichung des Grats

$$(x-\alpha)^2+(y-\beta)^2=r^2,$$

und wenn die Ordinate y des Punktes Z ein Maximum sein soll, müssen nach bekannten Sätzen die ersten Differentialquotienten der Grösse $y+c\left((x-\alpha)^2+(y-\beta)^2-r^2\right)$, wo c ein constanter Factor ist, nach x und y einzeln verschwinden. Damit bekommen wir nach leichter Zwischenrechnung für die Coordinaten ξ, η des höchsten Punktes Z

$$\xi=\alpha,\quad \eta=\beta\pm r.$$

Von den beiden Zeichen von r haben wir natürlich das obere Zeichen zu wählen, hiernach werden die Coordinaten von Z, also die der Mitte der Libellenblase

$$\xi=\alpha,\quad \eta=\beta+r.$$

Die Grössen α und β sind einer directen Messung nicht zugänglich, wir können sie aber leicht durch die Coordinaten der Enden des Gratbogens oder, was dasselbe ist, durch die der Gratsehne, ausdrücken. Es seien die Coordinaten des linken Endes x_1, y_1 die des rechten x_2, y_2, dann bestehen die beiden Gleichungen

$$(x_1 - \alpha)^2 + (y_1 - \beta)^2 = r^2,$$
$$(x_2 - \alpha)^2 + (y_2 - \beta)^2 = r^2.$$

Durch Subtraction der obern Gleichung von der untern bekommt man zunächst

$$x_2{}^2 - x_1{}^2 - 2\alpha(x_2 - x_1) + y_2{}^2 - y_1{}^2 - 2\beta(y_2 - y_1) = 0.$$

Dividirt man durch $x_2 - x_1$ und setzt

$$\frac{y_2 - y_1}{x_2 - x_1} = \operatorname{tg}\varphi = \tau; \quad \frac{x_1 + x_2}{2} = \bar{x}; \quad \frac{y_1 + y_2}{2} = \bar{y},$$

so wird aus dieser Gleichung

$$\bar{x} - \alpha = -\tau(\bar{y} - \beta).$$

Indem man jetzt die erste Gleichung in der Form schreibt

$$\left(x_1 - \bar{x} - (\alpha - \bar{x})\right)^2 + \left(y_1 - \bar{y} - (\beta - \bar{y})\right)^2 = r^2$$

und für $\alpha - \bar{x}$ seinen Wert $\tau(\beta - \bar{y})$ substituirt, folgt für die linksstehende Grösse

$$(x_1 - \bar{x})^2 + 2(\beta - \bar{y})\left((x_1 - \bar{x})\tau - y_1 + \bar{y}\right) + (\beta - \bar{y})^2(1 + \tau^2) + (y_1 - \bar{y})^2.$$

Es ist aber

$$(x_1 - \bar{x}) = x_1 - \frac{x_1 + x_2}{2} = -\frac{x_2 - x_1}{2}, \; y_1 - \bar{y} = y_1 - \frac{y_1 + y_2}{2} = -\frac{y_2 - y_1}{2}$$

$$(x_1 - \bar{x})\tau = -\frac{x_2 - x_1}{2}\,\frac{y_2 - y_1}{x_2 - x_1} = -\frac{y_2 - y_1}{2},$$

somit reducirt sich der Factor von $2(\beta - \bar{y})$ auf Null, und es bleibt

$$\left(\frac{x_2 - x_1}{2}\right)^2 + \left(\frac{y_2 - y_1}{2}\right)^2 + (1 + \tau^2)\,\beta - \bar{y})^2 = r^2.$$

Indem man nunmehr die beiden ersten Quadrate in der Form

$$\left(\frac{x_2 - x_1}{2}\right)^2\left(1 + \left(\frac{y_2 - y_1}{x_2 - x_1}\right)^2\right)$$

schreibt und beachtet, dass $\left(\frac{y_2 - y_1}{x_2 - x_1}\right)^2 = \tau^2$ ist, wird

$$(\beta - \bar{y})^2 = \frac{r^2}{1 + \tau^2} - \left(\frac{x_2 - x_1}{2}\right)^2.$$

$1/(1 + \tau^2)$ ist gleich $\cos^2\varphi$, ich setze

$$\gamma^2 = \cos^2\varphi,\ \sigma^2 = \sin^2\varphi,$$

dann wird

$$\beta = \bar{y} \pm \sqrt{r^2\gamma^2 - \left(\frac{x_2 - x_1}{2}\right)^2}$$

und aus der Gleichung $\alpha - \bar{x} = -\tau(\beta - \bar{y})$

$$\alpha = \bar{x} \mp \tau \sqrt{r^2\gamma^2 - \left(\frac{x_2 - x_1}{2}\right)^2}.$$

$x_2 - x_1$ ist die Differenz der Abscissen der beiden Endpunkte der Libelle, für empfindliche Libellen ist aber jedenfalls r sehr viel grösser als $x_2 - x_1$ (meist mehrere hundert Mal grösser). Wenn also die Libelle nicht gar zu schlecht gearbeitet ist und es sich, wie es in der Praxis fast immer der Fall ist, um Bestimmung kleiner Neigungen handelt, wird φ klein γ also nahezu 1 sein, und es ist jedenfalls $\left(\frac{x_2 - x_1}{2}\right)^2$ gegen $r^2\gamma^2$ von ganz untergeordneter Bedeutung.

Wir haben also

$$\alpha = \bar{x} \mp r\sigma,$$
$$\beta = \bar{y} \pm r\gamma$$

und damit für die Coordinaten des höchsten Punkts, der Einstellung der Blasenmitte

$$\xi = \bar{x} \mp r\sigma,$$
$$\eta = \bar{y} + r(1 \pm \gamma).$$

Die Zeichen von σ und γ hängen von unserm Belieben ab, legen wir das Coordinatensystem der Libelle so nahe als möglich und zählen x positiv nach der Richtung hin, in welcher die Libelle sich befindet, so ist, wie eine leichte Ueberzeugung lehrt, bei β das $r\gamma$ mit dem negativen Zeichen anzunehmen und bei α das $r\sigma$ mit dem positiven, also zu setzen

$$\xi = \bar{x} + r\sigma,$$
$$\eta = \bar{y} + r(1 - \gamma),$$

$\bar{x}$ und $\bar{y}$ sind die Coordinaten des mittlern Punkts des Grats.

Ich bezeichne diesen mittlern Punkt des Libellengrats mit M und nenne den Bogen $MZ = a$ den *Ausschlag* der Libelle, ist dann der Centriwinkel MNZ, in Secunden gemessen, gleich ψ, so haben wir

$$a = MZ = \frac{r\psi}{206265}.$$

Den Winkel ψ können wir aber leicht durch die Coordinaten $\bar{x}$, $\bar{y}$ von M und durch die ξ, η von Z ausdrücken. Ziehen wir nämlich von M eine horizontale Sehne, so wird diese von ZN in P senkrecht geschnitten, daher ist

$$\sin\psi = \frac{MP}{r},$$

aber es ist offenbar $MP = \xi - \bar{x}$, somit

$$\sin\psi = \frac{\xi - \bar{x}}{r} = \frac{r\sigma}{r} = \sigma = \sin\varphi,$$

der Winkel ψ ist also nichts anderes als der Winkel φ, den die Gratsehne mit der Horizontalen einschliesst, und es wird

$$a = \frac{r\varphi}{206265}.$$

a können wir messen, von r können wir auch annehmen, dass es messbar ist, aber φ hängt nicht allein ab von der Neigung der Gratsehne gegen die Linie, deren Richtung bestimmt werden soll, sondern auch von der Neigung dieser Linie selbst. Bezeichnen wir die Neigung der Gratsehne gegen die zu bestimmende Richtung mit λ, so wird

$$\varphi = i + \lambda$$

und

$$a = \frac{r(i + \lambda)}{206265}$$

und es enthält diese Gleichung zwei unbekannte Grössen i und λ.

Wir brauchen daher noch eine Gleichung und müssen demgemäss mit der Libelle noch eine Operation vornehmen. Diese Operation besteht darin, dass wir die Libelle umlegen, sodass ihre Mitte zwar an derselben Stelle bleibt, ihre Füsse aber die Plätze vertauschen, der Fuss b nach links, der a nach rechts zu liegen kommt. Indem wir die Symbole der bis jetzt betrachteten Grössen für die neue Lage der Libelle mit Accenten versehen, haben wir für die Coordinaten der Blasenmitte nach der Umlegung

$$\xi' = \bar{x}' + r\sigma',$$
$$\eta' = \bar{y}' + r(1 - \gamma').$$

Die Winkel zwischen den Ordinaten y_1', y_2' und den entsprechenden Füssen b, a sind, wie aus der Figur leicht zu übersehen, beide einander gleich und gleich der zu bestimmenden Neigung i, wir haben daher

$$x_1' = x_1 - (b-a)\sin i,\quad x_2' = x_2 + (b-a)\sin i;$$
$$y_1' = y_1 + (b-a)\cos i,\quad y_2' = y_2 - (b-a)\cos i.$$

Daraus folgt zunächst, wie vorauszusehen war,

$$\overline{x'} = \overline{x},\quad \overline{y'} = \overline{y}.$$

Die Mitte der Libelle behält also bei der Umlegung ihren Platz. Um den jetzigen Winkel φ zu bestimmen, haben wir

$$\tau' = \operatorname{tg}\varphi' = \frac{y_2' - y_1'}{x_2' - x_1'} = \frac{y_2 - y_1 - 2(b-a)\cos i}{x_2 - x_1 + 2(b-a)\sin i}.$$

Ich bezeichne die Länge der Gratsehne mit L, dann ist

$$y_2 - y_1 = L\sin\varphi,\ x_2 - x_1 = L\cos\varphi,$$

setzt man noch

$$\frac{2(b-a)}{L} = c,$$

so wird

$$\tau' = \operatorname{tg}\varphi' = \frac{\sin\varphi - c\cos i}{\cos\varphi + c\sin i},$$

aber es ist

$$\frac{b-a}{L} = \sin\lambda,\ \text{somit}\ c = 2\sin\lambda$$

und

$$\tau' = \frac{\sin\varphi - 2\sin\lambda\cos i}{\cos\varphi + 2\sin\lambda\sin i} = \frac{\sin\varphi - \sin(i+\lambda) + \sin(i-\lambda)}{\cos\varphi - \cos(i+\lambda) + \cos(i-\lambda)}.$$

also weil $i + \lambda = \varphi$ ist

$$\tau' = \operatorname{tg}\varphi' = \operatorname{tg}(i-\lambda),\ \sin\varphi' = \sin(i-\lambda),\ \psi' = i - \lambda.$$

Hiernach wird

$$a' = \frac{r(i-\lambda)}{206\,265},$$

und wir bekommen

$$a + a' = \frac{2ri}{206\,265},$$

also die gesuchte Neigung

XXIX$_1$) $$i = \frac{a+a'}{2}\,\frac{206\,265}{r}.$$

und als Nebenresultat

XXX) $$\lambda = \frac{a-a'}{2}\,\frac{206265}{r}.$$

Von welchem Punkte aus wir die Ausschläge messen, ist ganz gleichgültig, wir müssen nur immer denselben Punkt nehmen. Die obige Gleichung aber lehrt, dass, wenn eine Libelle den Bedingungen ad 3) und 4) nicht genügt, man mit derselben Neigungen von Linien, welche in Verticalebenen liegen, wenn diese Neigungen eine bestimmte Grösse nicht überschreiten (es muss $i + \lambda$ so nahe 0 sein, dass $r \cos(i + \lambda)$ gegen die halbe Länge der Libelle sehr gross ist), dadurch noch genau bestimmen kann, dass man die Lage ihrer Blasenmitte in zwei Stellungen der Libelle abliest; man setzt die Libelle auf die Linie, liest die Stellung der Blasenmitte ab, dreht die Libelle, indem man sie in der Mitte anfasst, um eine Verticalaxe um 180°, setzt sie wieder auf und liest abermals die Lage der Blasenmitte ab. Sind die Ablesungen der beiden Enden der Blase in der ersten Stellung der Libelle m und n, in der zweiten m' und n', so hat man

$$a = \frac{m+n}{2}, \quad a' = \frac{m'+n'}{2}, \quad \text{somit}$$

XXIX$_2$)
$$i = \frac{m+n+m'+n'}{4} \cdot \frac{206265}{r};$$

r eleminirt man wieder durch eine Empfindlichkeitsbestimmung (Beispiel Art. 58).

53. Justirung einer Libelle. Das Umlegen der Libelle führt noch zu einem Verfahren, welches die Libelle zu justiren, die Röhre so zu richten, dass die Gratsehne bei horizontaler Unterlage horizontal zu liegen kommt, gestattet. Wir benutzen dazu ein ebenes Brett, welches an einem Ende um Charniere drehbar ist, an dem andern Ende einen Fuss besitzt, der durch eine Schraube gebildet ist, die in einer an das Brett befestigten Mutter läuft. Dreht man diese Schraube, so wird der Fuss verlängert oder verkürzt und das Brett, indem es sich um die Charniere dreht, an dem Fussende gehoben oder gesenkt; man kann so dem Brett jede Neigung gegen den Horizont erteilen. Wir setzen nun die Libelle so auf das Brett auf, dass die Röhre ungefähr in eine Linie zu liegen kommt, die vom Fuss auf die Charnierlinie senkrecht gezogen ist. Dann drehen wir die Fussschraube des Bretts so lange, bis die Blase sich ungefähr in die Mitte der Röhre einstellt, sei M_1 der Punkt der Röhre, wo die Mitte der Blase sich befindet. Legen wir nun die Libelle um, so wird die Blase ihren Ort verlassen und sich so stellen, dass ihre Mitte etwa den Punkt m_1 einnimmt; drehen wir dann an den verticalen Stellschräubchen der Libelle, so dass der Ausschlag $M_1 m_1$ auf die Hälfte sinkt und dann an der Fussschraube des Bretts so, dass er noch weiter auf Null reducirt wird, so steht die Mitte der Blase wieder bei M_1. Nun legen wir wieder um, die Libelle kommt dann in ihre erste Lage zurück; da aber die Neigungen der Libelle und der Unterlage jetzt andere sind als früher, wird die Blasenmitte sich nicht mehr bei M_1 einstellen; es sei der neue Einstellungspunkt M_2, wir drehen wieder die Fussschraube des Bretts, bis die Blasenmitte in die Mitte des Bogens M_1M_2 bei M^1 zu stehen kommt. Legen wir die Libelle um in die zweite Lage, so wird dann die Blasenmitte etwa bei m_2 sich einstellen; die Hälfte des Ausschlages M^1m_2 corrigiren wir mit den Stellschräubchen der Libelle, die andere Hälfte mit der Fussschraube des Bretts. Dann legen wir wieder um, führen die Blase mit der Fussschraube in die Mitte M^2 von M_2M_3, legen um, corrigiren M^2m_3 zur Hälfte mit den Libellenschräubchen, zur Hälfte mit der Fussschraube, legen um... So fahren wir mit Umlegen und Corrigiren fort, bis die Blase beim Umlegen ihren Ort nicht mehr ändert; alsdann ist gemäss unsern frühern Gleichungen

$$i + \lambda = 0, \quad i - \lambda = 0,$$

also $i = 0$ und $\lambda = 0$; das Brett steht horizontal und die Gratsehne der Libelle ist horizontal. Die Mitte der Libelle ist die Stelle, wo die Mitte der Luftblase sich nunmehr befindet. Zählen wir von dieser Mitte aus die Ausschläge, so geben dieselben ohne weiteres die Neigung der Strecken, auf welche die so justirte Libelle aufgesetzt ist.

54. Bestimmung der Empfindlichkeit einer Libelle. Wenn die Schraube des Bretts — es heisst dasselbe *Legebrett* — mit einer geteilten Trommel versehen und die Ganghöhe dieser Schraube bekannt ist, kann man auch noch die Empfindlichkeit der Libelle bestimmen. Man justirt Brett und Libelle nach dem oben auseinandergesetzten Verfahren so, dass beide horizontal verlaufen und liest die Stellung eines an dem Brett befestigten Index gegen die Teilung der Trommel ab. Es zeige der Index an der Trommel auf m. Man dreht die Schraube etwa um λ ganze Umdrehungen oder mehr oder weniger. Zeigt jetzt der Index auf n, so beträgt die Verschiebung der Schraube gegen ihre Mutter $\delta\left(\lambda + \frac{n-m}{z}\right)$, wo δ die Ganghöhe und z die Anzahl der auf der Trommel aufgetragenen Teile ist. Um diese Grösse ist auch das betreffende Ende des Bretts gehoben oder gesenkt worden und wir können, weil es sich hier naturgemäss nur um geringe Neigungen handelt, setzen

$$\text{XXXI}') \qquad \operatorname{tg} I = \frac{\delta\left(\lambda + \frac{n-m}{z}\right)}{u}.$$

u ist die Entfernung des Endes der Fussschraube von der Charnierlinie. Da I nur klein sein sollte, haben wir auch in Secunden

$$\text{XXXI}) \qquad I = 206265 \frac{\delta\left(\lambda + \frac{n-m}{z}\right)}{u}.$$

Wir lesen an der Libelle den Ausschlag A ab, um welchen die Blase sich in Folge dieses Neigens des Bretts von der Mitte entfernt hat, und bekommen

$$A = \frac{Ir}{206265}, \quad \frac{r}{206265} = \frac{A}{I},$$

also

$$\frac{r}{206265} = \frac{A}{206265} \frac{u}{\delta\left(\lambda + \frac{n-m}{z}\right)}$$

und hieraus für jede andere Neigung i, der ein Ausschlag a entspricht,

XXXII) $$i = 206265 \frac{a}{A} \frac{\delta\left(\lambda + \frac{n-m}{z}\right)}{u}.$$

Es sei die Trommel zum Beispiel in 100 Teile geteilt und die Ganghöhe der Schraube gleich 1 mm, und durch Abmessung die Entfernung des Fusses der Schraube von der Charnierlinie zu 200 mm gefunden, dann ist $z = 100$, $\delta = 1$ mm, $u = 200$ mm. Ursprünglich zeige der Index auf die Stelle 15,5 der Trommel, wir drehen die Trommel einmal herum, der Index zeige auf 20,3, dann ist $\lambda = 1$, $m = 15{,}5$, $n = 20{,}3$,

$$I = \frac{1\left(1 + \frac{4{,}8}{100}\right)}{200} \cdot 206265 = 0{,}00524 . 206265.$$

I ist also 1080,8 Secunden. Die Libelle sei von der Mitte aus nach beiden Seiten in gleiche Teile, etwa Millimeter, geteilt; wir zählen nach links —, nach rechts +. Wenn sie vollständig justirt ist und das Brett noch horizontal liegt, stehe das linke Ende der Blase bei — 15,3, das rechte bei + 18,5; die der Mitte der Blase entsprechende Ablesung ist dann $\frac{-15{,}3 + 18{,}5}{2} = +1{,}6$, und bei + 1,6 liegt die eigentliche Mitte der Libelle. Nachdem das Brett geneigt ist, stehe ihr linkes Ende bei + 25,2, ihr rechtes bei + 59,3, die Mitte der Blase liegt dann bei + 42,2 und der den 1080,8 Secunden entsprechende Ausschlag beträgt $42{,}2 - 1{,}6 = 40{,}6$ Intervalle auf der Libelle. Für eine Secunde würde also der Ausschlag betragen $\frac{40{,}6}{1080{,}8}$, d. i. 0,038, oder 10 Secunden Neigung der Unterlage würden an der Libelle sich in einem Ausschlag von etwa 0,4 partes bemerkbar machen. Für jede andere Neigung i ist

$$i = \frac{a}{0{,}038}.$$

Da man Zehnteile eines Intervalls noch bequem schätzen kann, würde man mit einer solchen Libelle noch Neigungen bis zu zwei Secunden messen können.

Viele zu feinern Messungen dienenden Libellen sind noch empfindlicher, geben für 10 Secunden einen oder gar 10 Teile Ausschlag.

55. Bestimmung der Neigung einer Ebene. Die Neigung einer Ebene bestimmt man durch die Neigung zweier in ihr gelegener Linien. Es seien diese Linien mit A und A' bezeichnet. Die Neigung von A sei i, die von

A' sei i', der Winkel zwischen A und A' sei gleich ϑ. Denkt man sich ein Coordinatensystem so gelegt, dass die xz Ebene horizontal, die y Achse also vertical verläuft und dass die xy Ebene die Linie A enthält und bezeichnet die Richtungswinkel von A mit α, β, γ, von A' mit α', β', γ' und die der Normale zur Ebene durch A und A' mit λ, μ, ν, so bestehen, weil

$$\cos\alpha = \cos i,\quad \cos\beta = \sin i,\quad \cos\gamma = 0,\quad \cos\beta' = \sin i'$$

ist, die Gleichungen

$$1)\qquad \left\{\begin{aligned} &\cos\vartheta = \cos i\cos\alpha' + \sin i \sin i',\\ &\sin^2\gamma' = \cos^2\alpha' + \cos^2 i',\\ &0 = \cos\lambda\cos i + \cos\mu\sin i,\\ &0 = \cos\lambda\cos\alpha' + \cos\mu\sin i' + \cos\nu\cos\gamma',\\ &\sin^2\nu = \cos^2\lambda + \cos^2\mu. \end{aligned}\right.$$

Die Linien A, A' können wir wählen, wie wir wollen; nehmen wir sie senkrecht zu einander, was für die Sicherheit der Bestimmung der Neigung der Ebene am geeignetsten ist, dann ist $\cos\vartheta = 0$, und eine einfache Rechnung ergiebt

$$\text{XXXIV}_1)\quad \cos\lambda = \pm\sin i\sqrt{1-\frac{\sin^2 i'}{\cos^2 i}},\quad \cos\mu = \mp\cos i\sqrt{1-\frac{\sin^2 i'}{\cos^2 i}},\quad \cos\nu = \pm\frac{\sin}{\cos}$$

die Gleichungen bestimmen die Stellungswinkel der Ebene gegen das angegebene Coordinatensystem. Der gesuchte Neigungswinkel $\varkappa$ der Ebene gegen die Horizontalebene ist gleich dem Neigungswinkel ihrer Normale gegen die Verticale, also gleich μ; wir haben demnach

$$\text{XXXIII}_1)\qquad \cos\varkappa = \mp\cos i\sqrt{1-\frac{\sin^2 i'}{\cos^2 i}}.$$

Welches Zeichen zu wählen ist, hängt von der Lage der Ebene zu dem Coordinatensystem ab, und es wird $\varkappa$ ein Winkel ε oder $\pi-\varepsilon$ sein können. Da nun die Blase der Libelle sich immer nach der höchsten Stelle hinbegiebt, wird man an der Libelle selbst entnehmen können, welche Seite der Ebene die höhere ist, indem man dann unter $\varkappa$ lediglich den Neigungswinkel der Ebene gegen den Horizont versteht, ohne Rücksicht auf die dabei in Betracht kommende Seite, und in Worten ausdrückt, welche Seite nach unten, welche nach oben geht, kann man $\cos\varkappa$ immer positiv rechnen, also schreiben

$$\text{XXXIII}_2)\qquad \cos\varkappa = \cos i\sqrt{1-\frac{\sin^2 i'}{\cos^2 i}}.$$

Mit der Libelle sind immer nur kleine Winkel zu bestimmen, i und i' werden beide klein sein; wir können daher mit genügender Annäherung setzen

$$\cos\varkappa = \cos i\left(1-\frac{1}{2}\frac{\sin^2 i'}{\cos^2 i}\right),$$

oder auch $\varkappa$ und i, i' in Secunden gemessen

$$1-\frac{1}{2}\frac{\varkappa^2}{(206265)^2}=\left(1-\frac{1}{2}\frac{i^2}{(206265)^2}\right)\left(1-\frac{1}{2}\frac{i'^2}{(206265)^2}\right).$$

Hieraus ergiebt sich in genügender Annäherung

$$\text{XXXIII}_3)\qquad \varkappa^2=i^2+i'^2,\ \varkappa=\sqrt{i^2+i'^2},$$

vorausgesetzt eben, dass die beiden Linien A und A', deren Neigungen i und i' sind, senkrecht auf einander gewählt sind. Ist das betreffende Ebenenstück nach einer Richtung zu schmal, so lässt sich dieser Bedingung nicht genügen, weil die Libelle dann bei einer der beiden Linien keinen Platz auf der Ebene findet. In diesem Falle ist $\cos\vartheta$ von Null verschieden, und man bekommt aus dem Gleichungssystem 1) zunächst

$$\text{XXXIV}_2)\quad \begin{cases} \cos\lambda=\pm\dfrac{\operatorname{tg} i}{\sin\vartheta}\sqrt{\cos^2 i-\cos^2\vartheta-\sin^2 i'+2\cos\vartheta\sin i\sin i'} \\[2ex] \cos\mu=\mp\dfrac{1}{\sin\vartheta}\sqrt{\cos^2 i-\cos^2\vartheta-\sin^2 i'+2\cos\vartheta\sin i\sin i'}, \\[2ex] \cos\nu=\mp\dfrac{\sin i\cos\vartheta-\sin i'}{\cos i\sin\vartheta} \end{cases}$$

für die Stellungswinkel der Ebene, die Neigung ist wieder μ, lassen wir wie früher nur das positive Zeichen zu, so wird bis auf kleine Grössen

$$1-\frac{1}{2}\frac{\varkappa^2}{(206265)^2}=\frac{1}{\sin\vartheta}\sqrt{\sin^2\vartheta-\frac{i^2+i'^2}{(206265)^2}+2\cos\vartheta\frac{i\,i'}{(206265)^2}}$$

oder

$$\text{XXXIII}_4)\qquad \varkappa=\sqrt{\frac{i^2+i'^2-2\,i\,i'\cos\vartheta}{\sin\vartheta}}.$$

Selbstverständlich darf ϑ nicht zu klein werden, es wird ϑ auch immer mindestens gleich 10° gemacht werden können.

Ist die Ebene horizontal, so müssen i und i' und überhaupt die Neigungen aller in derselben enthaltenen Linien Null sein. Die Libellenblase darf ihre Stellung in der Mitte der Röhre nicht ändern, wie man sie auch auf der Ebene schieben oder drehen mag.

56. Bei der Bestimmung der Neigung einer Linie kommt es nicht darauf an, ob die Libelle genau auf diese Linie oder auf eine gegen dieselbe in horizontaler Richtung wenig geneigte andere Linie gesetzt wird. Wir ziehen aus der Gleichung für die Neigung einer Ebene noch eine andere wichtige Folgerung. Sind nämlich die Neigung $\varkappa$ der Ebene und die i der Linie A bekannt, so ist die Neigung jeder andern

Linie A' der Ebene, wenn diese Linie mit A den Winkel ϑ einschliesst, zu bestimmen aus der Gleichung

$$\cos^2\varkappa \sin^2\vartheta = \cos^2 i - \cos^2\vartheta - \sin^2 i' + 2\cos\vartheta \sin i \sin i'.$$

Durch einfache Transformation geht diese Gleichung über in

$$\sin^2 i' - 2\cos\vartheta \sin i \sin i' = \sin^2\vartheta \sin^2\varkappa - \sin^2 i$$

und indem man diese quadratische Gleichung für $\sin i'$ auflöst, bekommt man

$$\sin i' = \cos\vartheta \sin i \pm \sin\vartheta \sqrt{\sin^2\varkappa - \sin^2 i},$$

oder

XXXV) $$\sin i' = \cos\vartheta \left(\sin i \pm \operatorname{tg}\vartheta \sqrt{\sin^2\varkappa - \sin^2 i}\right).$$

So lange nun, wie wir es bei der Bestimmung von $\varkappa$ aus i und i' fordern müssen, ϑ einen endlichen Betrag hat, $\cos\vartheta$ also keine allzu kleine Zahl repräsentirt, ist offenbar das zweite in der Klammer stehende Glied, $\operatorname{tg}\vartheta\sqrt{\sin^2\varkappa - \sin^2 i}$, von derselben Grössenordnung wie das erste, $\sin i$, so wie aber ϑ selbst einen sehr kleinen Winkel darstellt, wird dieses zweite Glied gegen das erste unendlich klein. Die Neigung einer Linie A', welche mit einer andern Linie A einen sehr kleinen Winkel bildet, unterscheidet sich hiernach von der Neigung dieser Linie nur um eine gegen die Neigung dieser Linie selbst noch sehr kleine Grösse, falls beide Linien einer Ebene angehören, deren Neigung sehr klein ist. Man würde also bei der Angabe der Neigung von A' einen Fehler zweiter Ordnung begehen, wenn man statt der wirklichen Neigung dieser Linie die einer andern Linie A setzte, welche ebenfalls eine nur sehr geringe Neigung besitzt und mit A' einen kleinen Winkel einschliesst.

Diese Folgerung hat eine praktische Bedeutung; es ist früher, als von der Bestimmung der Neigung einer Linie mit Hilfe einer Aufsatzlibelle die Rede war, angenommen worden, dass der Grat der Libelle mit den Füssen und mit der betreffenden Linie in einer und derselben verticalen Ebene liegen. Nun ist es nicht möglich, an einer Libelle ohne weiteres die Gratsehne anzugeben, man weiss daher auch nicht, ob jene Annahme in der Wirklichkeit gerechtfertigt ist oder nicht, und da es sein kann, dass wenn die Libelle auf die Linie aufgesetzt ist, ihr Grat die Linie kreuzt, so scheint es, als ob man die früher angegebenen Formeln nicht unmittelbar anwenden darf. Die obige Folgerung lehrt aber, dass eine solche Abweichung des Grats aus der Verticalebene, die die Linie enthält, ohne Bedeutung für die Bestimmung der Neigung dieser Linie ist, wenn diese Abweichung gering ist und die Gratsehne nahezu horizontal verläuft, Annahmen, die man hier, wo die Libelle unmittelbar auf die zu bestimmende Linie aufgesetzt wird, wol machen darf; man bestimmt zwar nicht die Neigung der gegebenen Linie, sondern die einer diese kreuzenden, aber die gesuchte Neigung unterscheidet sich von der gefundenen um eine gegen diese selbst sehr kleine Grösse.

57. Bestimmung der Neigung eines cylindrischen Körpers (Fernrohr, Mikroskop, Rotationszapfen u. s. f.). Den dritten für uns wichtigen Fall bildet die Bestimmung der Neigung eines cylindrischen Körpers, sei es, dass dieser wie bei dem Kathetometer durch das Rohr eines Fernrohrs oder Mikroskops gebildet wird, sei es, dass er wie beim Theodolit die Enden der Drehungsaxe, die Zapfen eines solchen optischen Instruments abgiebt. Auch hier handelt es sich um die Neigung einer Linie, der Axe des Cylinders, aber da diese Axe im Innern des Körpers liegt, kann die Libelle nicht mehr auf dieselbe direct aufgesetzt werden, man muss aus der Neigung, die die Libelle anzeigt, wenn sie auf den Cylinder selbst aufgesetzt ist, auf die Neigung der Axe schliessen.

Bei manchen in physikalischen Instituten gebräuchlichen Kathetometern ist die Libelle von vornherein mit dem optischen Instrument und dieses Instrument mit dem Schlitten fest verbunden, es bleibt dann nichts übrig als anzunehmen, dass der Mechaniker die Axe des Instruments der Gratsehne der Libelle schon parallel gemacht hat, die Neigung der Libelle wird dann an Stelle der Neigung der Axe gesetzt und da solche Kathetometer nur ein Instrument tragen und zum directen Abmessen von Strecken an einer auf dem Prisma angebrachten Scale dienen, spielt auch eine etwaige noch vorhandene Neigung der Axe des Instruments keine besondere Rolle, vorausgesetzt, dass sie in der obern Lage des Instruments ebenso gross ist wie in der untern.

Bei feinern Kathetometern und bei Theodoliten liegt das optische Instrument in V-Lagern und die Libelle kann frei aufgesetzt oder an Armen aufgehängt werden. Die Füsse oder Arme der Libellen sind Λ-förmig ausgearbeitet, und es wird der Winkel dieser Λ so gross gemacht, wie der der V-Lager. Hier kann man also mit der Libelle wie mit dem optischen Instrument jede beliebige Bewegung ausführen, man kann namentlich beide umlegen, das Instrument um seine Axe drehen und auch die Libelle, während ihre Füsse in steter Berührung mit dem Rohr beziehungsweise den Zapfen des Instruments sind, um diese Axe bewegen (um die Axe *kippen*).

Die in der Praxis vorkommenden cylindrischen Körper werden im allgemeinen nicht vollständige Kreiscylinder sein, die Radien werden nicht blos von Querschnitt zu Querschnitt, sondern auch in demselben Querschnitt variiren können.

Nehmen wir aber an, dass uns ein Körper zur Verfügung steht, der vollkommen cylindrisch gestaltet ist, und setzen auf einen solchen Körper eine Libelle auf, so wird die Blase, wenn jene gehörig justirt ist, ihre einmal entsprechend der Neigung des Cylinders angenommene Stellung nicht verlassen, wie wir auch die Libelle auf dem Cylinder hin und her drehen (kippen) mögen. Es braucht die Libelle nicht einmal vollständig justirt zu sein, es ist nur erforderlich, dass die Ebene. die durch ihren Grat geht, auch die Cylinderaxe enthält, in dieser Ebene darf der Grat irgend eine Neigung besitzen. Der Grat der Libelle soll also den Cylinder nicht kreuzen.

Bei der Bestimmung der Neigung einer auf einer Ebene gelegenen Linie mit Hilfe einer Aufsatzlibelle sahen wir, dass die Gratebene die Linie wol kreuzen darf, wenn nur der Kreuzungswinkel und ebenso die Neigung der Ebene klein genug ist. Sitzt nun eine Reiterlibelle auf einem Cylinder, so kann zwar die erste Bedingung erfüllt sein, wenn die Gratebene die Axe nur unter einem kleinen Winkel schneidet, aber die Ebene, welche die beiden Linien enthält, von denen die eine mitten zwischen den Libellenfüssen, auf dem Cylindermantel liegt, die andere durch den Schnitt der Gratebene mit dem Cylindermantel bestimmt ist, kann je nach der Stellung der Libelle auf dem Cylinder sehr verschieden stark geneigt sein. Je mehr man die Libelle auf dem Cylinder nach vorn oder nach hinten kippt, um so grösser wird die Neigung $\varkappa$ dieser Ebene, und es kann kommen, dass $\varkappa$ einen so bedeutenden Betrag erreicht, dass die Grösse $\operatorname{tg}\vartheta\sqrt{\sin^2\varkappa-\sin^2 i'}$ durchaus von der Grössenordnung von $\operatorname{tg}\vartheta$ selbst wird. Alsdann stellt die gemessene Neigung nicht mehr auch nur annähernd die Neigung der zuerst bezeichneten Linie dar. Man sieht aber sofort, wie eine solche Kreuzung zwischen Cylinderaxe und Gratebene sich bemerkbar macht. Ist nämlich eine solche vorhanden, so weicht die Blase, sobald man die Libelle auf dem Cylinder kippt, nach der einen oder andern Seite aus. Dasselbe geschieht auch, wenn die Gratebene die Cylinderaxe nicht kreuzt, sondern nur vorn oder hinten an derselben vorbeigeht.

Nachdem man also die Libelle nach dem in Art. 53 auseinandergesetzten Verfahren (wobei beim Kathetometer, falls der Schlitten der das optische Instrument trägt, mit einer dieses Instrument einseitig hebenden und senkenden Schraube versehen ist, die Justirung auf dem Instrument selbst vorgenommen werden kann) mit Hilfe der verticalen Schräubchen so corrigirt hat, dass die Gratsehne auf einer horizontalen Unterlage horizontal läuft, benutzt man die horizontalen Schräubchen, um die Gratebene gehörig zu rücken. Man zieht aber von diesen Schräubchen das eine zurück und schiebt das andere vor, bis die Libelle, wie man sie auch auf dem Cylinder kippt, kein Ausweichen der Blase mehr zeigt. Gewöhnlich wird durch die Horizontaljustirung die Verticaljustirung ein wenig verändert, man muss deshalb meist, nachdem jene ausgeführt ist, diese noch nachcorrigiren.

Hat man keinen vollkommenen Kreiscylinder (oder vollkommenen Kreiskegel) zur Verfügung, so kann man die Horizontaljustirung nicht vollständig ausführen. Meist sind aber die betreffenden Cylinder so gut gearbeitet, dass der noch fehlende Betrag an der Justirung von ganz unbedeutender Wirkung sein wird, geringe Unregelmässigkeiten in der Querschnittsform spielen hier auch keine besondere Rolle.

Wenn die Libelle in der angegebenen Weise justirt ist, kann man sie unmittelbar zur Bestimmung der Neigung von Cylinderaxen benutzen. Wir wollen der grössern Allgemeinheit wegen annehmen, dass es sich um Bestimmung der Neigung einer Kegelaxe handelt, die Libelle sei eine Reiterlibelle (für eine Anhängelibelle sind die Betrachtungen und Resultate genau dieselben).

Wir legen den Kegel in seine Lager so, dass sein breiteres Ende links liegt, und setzen die Reiterlibelle auf. Ob die Lagerstücke des Instruments und die Füsse der Libelle genau vertical gerichtet sind oder nicht, darauf kommt es wenig an, wir nehmen daher an, dass die entsprechenden Lager und Füsse je in einer und derselben und senkrechten Ebene liegen und stellen in der nachfolgenden Figur eine dieser Ebenen in der Vorderansicht dar. Der Kreis ist der Querschnitt des Kegels an dem betreffenden Ende.

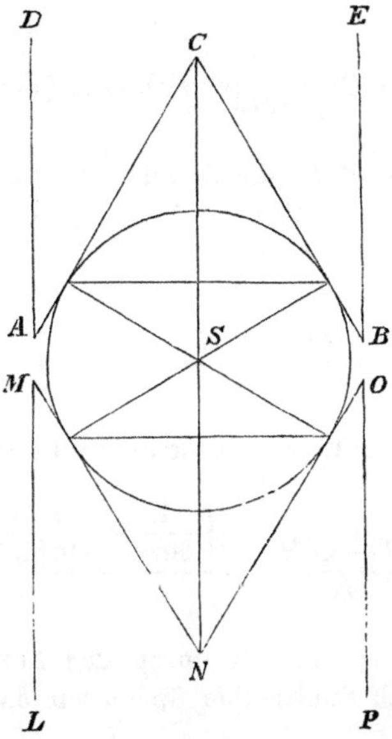

Fig. 8.

LMNOP giebt eine Anschauung vom Lager, *ABCDE* eine solche vom aufstehenden Fuss der Libelle. Benutzen wir entsprechende accentuirte Buchstaben für die entsprechenden Stücke am andern Ende, so haben wir also die Neigung von SS' mit der Libelle zu bestimmen, falls S links, S' rechts liegt.

SS' kann aus zwei Gründen gegen den Horizont geneigt sein; einmal, weil die Radien an den beiden Enden des Körpers einander nicht gleich sind und dann, weil die Lager nicht gleich hoch stehen und nicht gleich gearbeitet sind; von dem letzteren Umstande können wir absehen, die Ungleichheit der Lager ist äquivalent einem Höher- oder Tieferstehen eines von ihnen. Ich nehme also an, dass $MNO = M'N'O'$, $ACB = A'C'B'$ ist, bezeichne den Winkel in den Lagern mit 2α, den in den Füssen mit 2β, nenne r den Radius des Kegels am linken, r' den am rechten Ende und lasse h die Höhe bedeuten, um welche das rechte Lager höher oder tiefer steht als das linke.

Legt man durch N eine horizontale Ebene, so steht S über derselben um SN und C um CN; es ist aber

$$SN = \frac{r}{\sin\alpha}, \quad SC = \frac{r}{\sin\beta}, \quad \text{also } CN = r\left(\frac{1}{\sin\alpha} + \frac{1}{\sin\beta}\right).$$

Entsprechend haben wir an dem rechten Ende, wo die Ebene die Linie $S'N'$ in einem Punkte N'' schneidet, der um h höher oder tiefer als N liegt,

$$S'N'' = \frac{r'}{\sin\alpha} + h, \quad S'C' = \frac{r'}{\sin\beta}, \quad \text{also } C'N'' = r'\left(\frac{1}{\sin\alpha} + \frac{1}{\sin\beta} + h\right).$$

Nun ist aber $SN - S'N''$ die Strecke, um welche S höher oder tiefer steht als S'; bezeichnen wir also die Neigung der Kegelaxe mit i, die Entfernung der Lager mit H, so ist

$$\sin i = \frac{SN - S'N''}{SS'} = \frac{\frac{1}{\sin\alpha}(r - r') - h}{H},$$

dagegen die Neigung λ der Libelle, diese als vollkommen justirt angenommen,

$$\sin\lambda = \frac{CN - C'N''}{H} = \frac{\left(\frac{1}{\sin\alpha} + \frac{1}{\sin\beta}\right)(r - r') - h}{H}.$$

Diese Neigung ist es, die wir durch den Ausschlag a der Libelle angezeigt erhalten. Durch Subtraction finden wir dann

$$\sin\lambda - \sin i = \frac{1}{\sin\beta}\,\frac{r - r'}{H}.$$

Legen wir jetzt den Kegel (unter Festhaltung der Libelle) um, so dass sein linkes Ende nach rechts, sein rechtes nach links kommt, so wird, indem wir die frühern Bezeichnungen mit Strichen versehen, an der linken Seite

$$\overline{SN} = \frac{r'}{\sin\alpha}, \quad \overline{SC} = \frac{r'}{\sin\beta}, \quad \overline{CN} = r'\left(\frac{1}{\sin\alpha} + \frac{1}{\sin\beta}\right),$$

an der rechten

$$\overline{S'N''} = \frac{r}{\sin\alpha} + h, \quad \overline{S'C'} = \frac{r}{\sin\beta}, \quad \overline{C'N''} = r\left(\frac{1}{\sin\alpha} + \frac{1}{\sin\beta}\right) + h,$$

somit

$$\sin\bar{i} = \frac{\overline{SN} - \overline{S'N''}}{\overline{SS'}} = \frac{\frac{1}{\sin\alpha}(r'-r) - h}{H},$$

$$\sin\bar{\lambda} = \frac{\overline{CN} - \overline{C'N''}}{\overline{SS'}} = \frac{\left(\frac{1}{\sin\alpha} + \frac{1}{\sin\beta}\right)(r'-r) - h}{H}$$

und durch Subtraction

$$\sin\bar{\lambda} - \sin\bar{i} = \frac{1}{\sin\beta}\frac{(r'-r)}{H}.$$

Man findet nun aus den Gleichungen für $\sin\lambda$ und $\sin\bar{\lambda}$

$$\left(\frac{1}{\sin\alpha} + \frac{1}{\sin\beta}\right)\frac{(r-r')}{H} = \frac{\sin\lambda - \sin\bar{\lambda}}{2}.$$

Gewöhnlich macht man die V Einschnitte in den Lagern ebenso weit, wie in den Füssen (Armen), also $\alpha = \beta$; aber selbst wenn zwischen α und β ein Unterschied von einigen Graden sein sollte, so darf man doch $\alpha = \beta$ ansehen, weil $1/\sin\alpha + 1/\sin\beta$ noch mit $r - r'$ multiplicirt ist, welches meist eine sehr kleine Grösse sein wird. Wir haben also aus der letzten Gleichung

$$\frac{1}{\sin\beta}\frac{r-r'}{H} = \frac{\sin\lambda - \sin\bar{\lambda}}{4}$$

und damit bekommen wir für die Neigung der Axe in den beiden Lagen

$$\text{XXXVI}_1)\quad \begin{cases} \sin\lambda - \sin i = \dfrac{\sin\lambda - \sin\bar{\lambda}}{4}, \\ \sin\bar{\lambda} - \sin\bar{i} = \dfrac{\sin\bar{\lambda} - \sin\lambda}{4}. \end{cases}$$

Wir haben also, da an Stelle der trigonometrischen Functionen die Winkel gesetzt werden dürfen, für die Neigung der Axe in der

$$\text{XXXVI}_2)\quad \begin{cases} \text{ersten Lage} \\ \qquad i = \lambda - \dfrac{\lambda - \bar{\lambda}}{4}, \\ \text{zweiten Lage} \\ \qquad \bar{i} = \bar{\lambda} + \dfrac{\lambda - \bar{\lambda}}{4}. \end{cases}$$

Dabei ist gedacht, dass bei der Umlegung des Körpers (Cylinders oder Kegels) die Libelle nicht mit umgelegt wird, selbstverständlich wird man aber jedes der λ aus zwei Ablesungen der Libelle ableiten, indem man die Libelle in jeder Axenlage auch noch umlegt. Sind die Ausschläge in der ersten Lage des Körpers a, a', in der zweiten $\bar{a}'$, $\bar{a}$, so hat man nach Art. 52

$$\lambda = \frac{a + a'}{2} \cdot \frac{206265}{r}, \quad \bar{\lambda} = \frac{\bar{a}' + \bar{a}}{2} \frac{206265}{r}.$$

Es ist hier vorausgesetzt, dass die Querschnitte der Enden des betreffenden Körpers vollkommene Kreise sind. Weichen diese Querschnitte von der Kreisform ab, so wird die Neigung der Axe eine andere, sowie man den Körper in seinen Lagern dreht; bei dem Theodolit zum Beispiel wird dann die Neigung der Zapfenaxe variiren, sowie man das Fernrohr um die Zapfen auf und ab bewegt. In diesem Falle bleibt nichts übrig, als die Neigung für jede Lage des Körpers in seinen Lagern zu bestimmen. Bei dem Kathetometer, wo man das optische Instrument durchaus nicht in seinen Lagern zu drehen nötig hat, reicht es principiell aus, die Neigung nur einmal zu bestimmen; beim Theodolit, bei welchem das Fernrohr in verschiedenen Höhen angewandt wird, bestimmt man die Neigung etwa von 10° zu 10° Höhe des Fernrohrs und interpolirt für die Zwischenlagen. Da man aber bei nicht absolut fest aufgestellten Apparaten keine Sicherheit hat, dass ihre Neigungen sich unverändert erhalten, muss man auch bei Kathetometern die Neigung der Axen der optischen Instrumente jedesmal vor und nach der Benutzung bestimmen. Hierbei hat man darauf zu achten, dass beim Umlegen des Instruments dasselbe nicht um seine Axe gedreht wird.

58. Verticalstellung von Körpern. Die Bestimmung der Neigung eines Körpers oder einer Linie gegen die Verticale, der *Verticalabweichung*, geschieht, wo es auf grosse Genauigkeit nicht ankommt, mit Hilfe des *Senklots*.

Das Senklot ist nichts weiter als ein Faden, der durch einen an sein Ende festgebundenen schweren Körper straff gespannt und vertical gerichtet ist. Eine Linie, welche vertical verlaufen soll, muss also dem Faden eines solchen Senklots parallel sein, und man hat, namentlich wenn das Senklot in der Nähe dieser Linie aufgehängt wird, die Linie so lange zu neigen, bis sie sich mit dem Faden ihrer ganzen Länge nach deckt. Es genügt aber natürlich nicht eine solche Deckung nur bei einer Lage des Fadens zur Linie zu constatiren, es muss eine solche Deckung mindestens bei zwei Lagen vorhanden sein; findet sie aber bei zwei Lagen statt, so ist man sicher, dass sie immer stattfindet, wie man auch das Lot um die Linie herumtragen mag, und die Linie ist vertical. (Bekanntlich benutzt man häufig statt des Senklots ein Fensterkreuz oder die Kante einer Wand; es ergiebt sich aus dem obigen, dass man mit einem Fensterkreuz nicht auskommen kann, man muss immer zwei haben und die Deckung mit beiden constatiren.) Das Senklot ist aber nur brauchbar, wenn es darauf ankommt, eine Linie vertical zu richten, oder an einer schon gerichteten Linie zu beurteilen, ob dieselbe vertical ist oder nicht. Messungen von Verticalabweichungen kann man mit demselben nicht gut ausführen, zu solchen Messungen dienen vielmehr die Libelle und der künstliche Horizont. Jene wird angewendet, wenn die betreffende Linie in einem Körper enthalten ist, der entweder mit einer ebenen Platte, oder irgend einem annähernd horizontal liegenden Körper in Verbindung steht, dieser bei der Bestimmung der Verticalabweichung optischer Axen.

Es handele sich, um den für uns wichtigen Fall zu betrachten, um die Verticalstellung des Prisma eines Kathetometers. Das Prisma ist in ein Dreibein eingelassen, und kann unter Umständen um einen in eine entsprechende Höhlung dieses Dreibeins eingepassten konischen Zapfen gedreht werden; über dem Dreibein hat das Prisma einen ebenen breiten, fest angesetzten Ring. Steht das Prisma senkrecht zu der Ringebene, so wird es vertical gerichtet sein, wenn die Ringebene horizontal ist. Wenn aber eine Ebene horizontal sein soll, müssen mindestens zwei Linien auf derselben horizontal verlaufen; man setzt also eine Libelle in zwei tunlichst 90° gegen einander gerichtete Lagen auf und berechnet nach Art. 56 die etwaige Neigung der Ringebene; diese Neigung ist gleich der Verticalabweichung des Prisma.

Versieht man aber die Ringebene von vornherein mit Libellen, so muss man hiernach mindestens zwei sich kreuzende Libellen anbringen und hat die Fussschrauben des Dreibeins so zu drehen, dass beide Libellen einspielen. Die Mechaniker bringen freilich meist nur eine Libelle an, sie verlassen sich dann darauf, dass die Ringebene, die mit dem Prisma fest verbunden ist, mit diesem gedreht werden und die Libelle so in verschiedene Lagen gebracht werden kann. Der Experimentirende bringt die Libelle mit Hilfe der Fussschrauben zum Einspielen, dreht das Prisma um etwa 90°, bringt die Libelle halb zum Einspielen, dreht in die erste Lage zurück und bringt die Libelle halb zum Einspielen und fährt so fort, bis die Libellenblase beim Drehen des Prisma ihre Stellung nicht mehr ändert. Damit ist, allerdings unter der Annahme, dass das Prisma ganz gerade ist und die Rotationsaxe den Kanten desselben (namentlich der auf dem Prisma etwa angebrachten Teilung) parallel und zur Ringebene senkrecht gerichtet ist, die Verticalstellung bewirkt. Indessen, da man nicht sagen kann, in wie weit diese Annahmen berechtigt sind, kann man sich auch mit dieser Verticalstellung nicht begnügen.

59. Bestimmung der Verticalabweichung bei Kathetometern. Bei Kathetometern, die direct zur Messung von Strecken dienen, also den Maassstab in Form eines geteilten Streifens unmittelbar in das Prisma eingelassen haben, kommt es, da hier während der Messung Drehungen des Prisma nicht ausgeführt zu werden brauchen, vor allen Dingen auf die Verticalität der Teilung an; diese lässt sich aber nicht bestimmen und darum begnügt man sich bei solchen Kathetometern (die ja auch meist bei weniger feinen Messungen Anwendung finden) das Prisma in der angegebenen Weise vertical zu stellen.

Bei Kathetometern, die als Verticalcomparatoren benutzt werden können, stellt man zunächst das Prisma in der angegebenen Weise so gut als es geht annähernd vertical, muss dann aber ausserdem die noch etwa übrig gebliebene Verticalabweichung der Rotationsaxe des Prisma bestimmen. Dazu verwendet man die Libelle des auf dem Schlitten des Kathetometers sitzenden optischen Instruments; indem man ihre Angaben bei verschiedenen durch Drehung um die Rotationsaxe veränderten Stellungen abliest, wodurch man die Neigung irgend einer mit dem Instrument fest verbundenen Linie, eventuell die der optischen Axe dieses Instruments erhält, vermag man die Verticalabweichung der Axe selbst abzuleiten.

Ich beziehe die Punkte der Linie, deren Neigung bestimmt wird, auf ein festes rechtwinkliges Coordinatensystem x, y, z, dessen zAxe vertical nach oben läuft, die x und yAxe irgendwie in einer Horizontalebene gerichtet sind und dessen Ursprung in irgend einem Punkt der Rotationsaxe gelegen ist. Sind dann in einer bestimmten Lage der Libelle z_1 und z_2 die verticalen Coordinaten der Enden dieser Linie, so haben wir für die durch die Libelle angezeigte Neigung i

$$\sin i = \frac{z_2 - z_1}{L},$$

wo L die Länge der Linie anzeigt. z_1 und z_2 hängen von der Lage der Libelle ab und ändern sich, wenn diese Lage durch Rotation um die Axe eine andere wird. In welcher Weise z_1 und z_2 von dem Rotationswinkel und der Verticalabweichung der Axe bestimmt werden, findet man am einfachsten durch Einführung eines zweiten Coordinatensystems und Benutzung der bekannten Formeln für die Transformation von Coordinaten in einander. Das zweite Coordinatensytem sei mit ξ, η, ζ bezeichnet, sein Ursprung liege in demselben Punkt der Rotationsaxe wie der von x, y, z, die ζAxe falle mit der Rotationsaxe zusammen, die ξ und ηAxen seien mit dieser Rotationsaxe fest verbunden; während der Rotation dreht sich dieses Coordinatensystem mit, und es ändern sich dann die ξ, η, ζ Coordinaten der betreffenden Linie nicht. Wir haben nun

$$\alpha)\qquad \begin{aligned} x &= \xi \cos(\xi, x) + \eta \cos(\eta, x) + \zeta \cos(\zeta, x), \\ y &= \xi \cos(\xi, y) + \eta \cos(\eta, y) + \zeta \cos(\zeta, y), \\ z &= \xi \cos(\xi, z) + \eta \cos(\eta, z) + \zeta \cos(\zeta, z). \end{aligned}$$

Wir werden von Coordinatentransformationen noch sehr oft Gebrauch zu machen haben, es seien daher die hierzu nöthigen Gleichungen zusammengestellt. Ich benutze Kirchhoff's Bezeichnungen*) und setze

$$\begin{aligned} \cos(\xi, x) &= \alpha_1, \ \cos(\eta, x) = \alpha_2, \ \cos(\zeta, x) = \alpha_3; \\ \cos(\xi, y) &= \beta_1, \ \cos(\eta, y) = \beta_2, \ \cos(\zeta, y) = \beta_3; \\ \cos(\xi, z) &= \gamma_1, \ \cos(\eta, z) = \gamma_2, \ \cos(\zeta, z) = \gamma_3; \end{aligned}$$

*) Kirchhoff, Vorlesungen über mathematische Physik S. 44.

also dass

$$x = \alpha_1 \xi + \alpha_2 \eta + \alpha_3 \zeta,$$
$$y = \beta_1 \xi + \beta_2 \eta + \beta_3 \zeta,$$
$$z = \gamma_1 \xi + \gamma_1 \eta + \gamma_3 \zeta$$

wird.

Die 9 Winkel lassen sich durch drei andere, ϑ, φ, f, ausdrücken, ϑ ist der Winkel zwischen der z und ζ Axe; φ giebt den Winkel, um welchen die zx Ebene um die z Axe gedreht werden muss, damit sie die ζ Axe in sich aufnimmt, und zwar in dem Sinne, in welchem man sie um 90° zu drehen hat, um die y Axe in sie hineinfallen zu machen; f hat eine analoge Bedeutung wie φ, es ist der Winkel, um welchen die $\zeta\xi$ Ebene um die ζ Axe zu drehen ist, bis sie die z Axe in sich aufnimmt, und zwar in dem Sinne, in welchem man sie um 90° bis zur η Axe zu drehen hat. Man hat

$$\begin{aligned}
\alpha_1 &= -\cos\varphi \cos f \cos\vartheta - \sin\varphi \sin f,\\
\beta_1 &= -\sin\varphi \cos f \cos\vartheta + \cos\varphi \sin f,\\
\gamma_1 &= +\cos f \sin\vartheta;\\
\alpha_2 &= -\cos\varphi \sin f \cos\vartheta + \sin\varphi \cos f,\\
\beta_2 &= -\sin\varphi \sin f \cos\vartheta - \cos\varphi \cos f,\\
\gamma_2 &= +\sin f \sin\vartheta;\\
\alpha_3 &= +\cos\varphi \sin\vartheta,\\
\beta_3 &= +\sin\varphi \sin\vartheta,\\
\gamma_3 &= +\cos\vartheta.
\end{aligned} \tag{β}$$

Wir gehen von einer Lage aus, bei welcher die $\xi\zeta$ Ebene mit der xz Ebene zusammenfällt, etwa wie diese nach Norden gerichtet ist, und drehen das Prisma so, dass diese Ebene von Norden durch Osten nach Süden und Westen (wie die Zeiger einer Uhr) geht. Zufolge der Werte von γ_1, γ_2, γ_3 haben wir

$$\cos(\xi, z) = \cos f \sin\vartheta, \quad \cos(\eta, z) = \sin f \sin\vartheta, \quad \cos(\zeta, z) = \cos\vartheta,$$

und damit die uns vor allen Dingen interessirende Coordinate

$$z = \xi \cos f \sin\vartheta + \eta \sin f \sin\vartheta + \zeta \cos\vartheta.$$

Hierin bleiben während der Drehung ξ, η, ζ und der Winkel ϑ ungeändert, und es variirt allein f. Die ξ, η, ζ hängen von dem Ort in der Rotationsaxe ab, in welchem wir den Coordinatenursprung denken, ich nehme diesen Punkt da an, wo die Rotationsaxe von einer durch die Mitte der Linie gehenden und gegen diese Axe senkrecht gerichteten Ebene geschnitten wird. Diese Ebene ist dann die Ebene der $\xi\eta$ und in derselben legen wir die ξ und η Axe so, dass sie mit der von der Mitte der nivellirten Linie nach dem Ursprung gehenden (die Axe senkrecht schneidenden) Geraden gleiche Winkel (jeden zu 45°) bilden.

Wir haben nun, wenn ξ_2, η_2, ζ_2 bezw. ξ_1, η_1, ζ_1 für ein bestimmtes f die Coordinaten der Enden der nivellirten Linie angeben

$$\sin i = \frac{(\xi_2 - \xi_1)\cos f \sin\vartheta + (\eta_2 - \eta_1)\sin f \sin\vartheta + (\zeta_2 - \zeta_1)\cos\vartheta}{L}.$$

f sollte der Winkel sein, um welchen die $\xi\zeta$Ebene von der Stellung, wo sie mit der zAxe zusammenfiel, herumgedreht ist, da man aber die Lage der ζAxe nicht kennt, ist auch die Lage der $\xi\zeta$Ebene nicht angebbar, und darum ist f eigentlich als unbekannte Grösse zu betrachten. Bezeichnen wir aber mit f_0 den Wert von f bei der Lage der $\xi\zeta$Ebene, wo wir zum ersten Mal die Libelle ablesen, so wird für jede andere Lage $f = f_0 + \psi$ sein, wo ψ von dieser ersten willkürlich angenommenen Lage gemessen wird und gleich dem Winkel ist, um welchen die Libelle aus dieser ersten Lage herausgedreht ist. Indem wir dann

$$\frac{\sin\vartheta}{L}\Big((\xi_2 - \xi_1)\cos f_0 + (\eta_2 - \eta_1)\sin f_0\Big) = \alpha,$$

$$\frac{\sin\vartheta}{L}\Big(-(\xi_2 - \xi_1)\sin f_0 + (\eta_2 - \eta_1)\cos f_0\Big) = \beta,$$

$$\cos\vartheta\,\frac{\zeta_2 - \zeta_1}{L} = \gamma$$

setzen, wird

$$\sin i = \alpha\cos\psi + \beta\sin\psi + \gamma.$$

Die Gleichung enthält die drei Unbekannten α, β, γ und die Variabele ψ.

Liest man die Libelle für drei Werte von ψ ab, so hat man drei Gleichungen, aus denen α, β, γ zu berechnen sind. Quadrirt man aber die Ausdrücke für α und β, und addirt die Quadrate, so bekommt man

$$\alpha^2 + \beta^2 = \sin^2\vartheta\left(\left(\frac{\xi_2 - \xi_1}{L}\right)^2 + \left(\frac{\eta_2 - \eta_1}{L}\right)^2\right),$$

also weil

$$L^2 = (\xi_2 - \xi_1)^2 + (\eta_2 - \eta_1)^2 + (\zeta_2 - \zeta_1)^2$$

ist

$$\alpha^2 + \beta^2 = \sin^2\vartheta\left(1 - \left(\frac{\zeta_2 - \zeta_1}{L}\right)^2\right)$$

und zufolge des Betrages von γ

$$\alpha^2 + \beta^2 = \sin^2\vartheta\left(1 - \frac{\gamma^2}{\cos^2\vartheta}\right) = \operatorname{tg}^2\vartheta(\cos^2\vartheta - \gamma^2).$$

Wenn nun, wie es in allen praktischen Fällen sein wird, die Verticalabweichung ϑ der Rotationsaxe gering ist, ist $\operatorname{tg}\vartheta$ sehr klein, $\cos^2\vartheta$ fast gleich 1, und da γ, wie leicht zu ersehen, der Sinus der Neigung der nivellirten Linie gegen eine die Rotationsaxe senkrecht schneidende Ebene ist, wird auch γ sehr klein sein, es ist also mit ausreichender Annäherung

$$\operatorname{tg}\vartheta = \sqrt{\alpha^2 + \beta^2}$$

oder in Secunden gerechnet

XXXVII) $$\vartheta = 206265 \sqrt{\alpha^2 + \beta^2}.$$

Die drei Lagen, in denen wir die Neigung der Libelle beobachten, können ganz beliebig gewählt werden, am besten nimmt man sie so, dass sie von einander tunlichst weit abstehen, also etwa um 90° oder 120° von einander abweichen. Unter der Annahme von 120° hat man

$$\psi_1 = 0, \quad \psi_2 = 120, \quad \psi_3 = 240,$$

somit

$$\sin i_0 = \alpha + \gamma,$$
$$\sin i_{120} = -\frac{1}{2}\alpha + \frac{1}{2}\sqrt{3}\beta + \gamma,$$
$$\sin i_{240} = -\frac{1}{2}\alpha - \frac{1}{2}\sqrt{3}\beta + \gamma,$$

woraus folgt

$$\gamma = \frac{\sin i_0 + \sin i_{120} + \sin i_{240}}{3} = \frac{i_0 + i_{120} + i_{240}}{3 . 206265},$$
$$\alpha = \frac{\sin i_0 - \sin i_{120} + \sin i_0 - \sin i_{240}}{3} = \frac{2 i_0 - i_{120} - i_{240}}{3 . 206265},$$
$$\beta = \frac{1}{\sqrt{3}}(\sin i_{120} - \sin i_{240}) = \frac{1}{\sqrt{3}}\,\frac{i_{120} - i_{240}}{206265},$$

also die gesuchte Neigung

XXXVII$_1$) $$\vartheta = \frac{2}{3}\sqrt{i_0(i_0 - i_{120}) + i_{120}(i_{120} - i_{240}) + i_{240}(i_{240} - i_0)}.$$

Hätten wir statt der Drehungen um 120° solche um 90° ausgeführt, so wäre einfacher

XXXVII$_2$) $$\vartheta = \sqrt{2}\sqrt{(i_{90} - i_0)^2 + (i_{90} - i_{180})^2}.$$

Um welchen Winkel man auch zwischen den einzelnen Ablesungen der Libelle drehen mag, keinesfalls kommt es darauf an, diesen Winkel genau zu kennen oder einzuhalten. Will man also um Winkel von 120° drehen, so kann man sich bei Abschätzung derselben ganz roher Mittel bedienen, indem man etwa den oberen Ring des Dreibeins durch drei Marken in drei gleiche Teile teilt, an das Prisma ein Stückchen Draht als Index anklebt und die Ablesungen der Libelle in den Stellungen vornimmt, wo der Draht nach den einzelnen Marken hinweist, oder noch einfacher, indem man die Libelle, wo es geht, nach den drei Füssen des Untergestells richtet.

Durch die Kenntnis des Winkels ϑ ist die Lage der Rotationsaxe noch nicht völlig bestimmt, wir müssen auch noch wissen, in welcher Verticalebene die Axe bei einer gegebenen Aufstellung des Kathetometers sich befindet, bedürfen also der Kenntnis desjenigen Winkels φ, welcher angiebt, um wieviel man die verticale xzEbene zu drehen hat, um sie in eine Lage zu bringen, in welcher die Kathetometeraxe in sie fällt. Wir denken uns zunächst das Coordinatensystem x, y, z so um die Verticalaxe z gedreht, dass die nivellirte Linie, bei der Stellung, wo letztere die Neigung i hat, der xzEbene parallel wird. Bezeichnen wir die Richtung dieser Linie mit L, so haben wir dann

$$\cos(L, y) = 0, \quad \cos(L, x) = \cos i, \quad \cos(L, z) = \sin(L, x) = \sin i,$$

somit, wenn die Richtung der Kathetometeraxe wie bisher durch ζ bezeichnet wird,

$$\cos(L, \zeta) = \cos i \cos(\zeta, x) + \sin i \cos(\zeta, z).$$

Es ist aber

$$\cos(L, \zeta) = \frac{\zeta_2 - \zeta_1}{L} = \frac{\gamma}{\cos\vartheta}$$

und nach den Gleichungen unter α)

$$\cos(\zeta, x) = \cos\varphi \sin\vartheta, \quad \cos(\zeta, z) = \cos\vartheta,$$

somit

$$\frac{\gamma}{\cos\vartheta} = \cos i \cos\varphi \sin\vartheta + \sin i \cos\vartheta$$

oder, weil i und ϑ kleine Winkel sind, in Secunden

$$\gamma = \frac{1}{206\,265}(\vartheta \cos\varphi + i),$$

also

$$\cos\varphi = \frac{206\,265\,\gamma - i}{\vartheta}.$$

Um den durch diese Gleichung bestimmten Winkel φ haben wir nur eine Verticalebene, welche die Libelle in der Lage, in welcher wir Neigung gleich i gefunden haben (wie wir auch sagen können, die Libelle in der Lage, wo sie die Neigung i angiebt) zu drehen, bis wir zur Kathetometeraxe gelangen. Ist i die angezeigte Neigung in der ersten Lage, also die erste beobachtete Neigung i_0, so wird das entsprechende φ, etwa φ_0, bestimmt durch

$$\cos\varphi_0 = \frac{206\,265\,\gamma - i_0}{\vartheta}$$

und wenn die andern Lagen der Libelle von dieser und von einander um 120° verschieden sind, hat man zufolge des Wertes von γ

XXXVIII) $$\cos\varphi_0 = \frac{-2i_0 + i_{120} + i_{240}}{3\vartheta}.$$

Hat das Kathetometer zwei Schlitten mit zwei optischen Instrumenten und zugehörigen Libellen, so beobachtet man an beiden Libellen und nimmt aus den erhaltenen Beträgen für ϑ und φ_0 Mittel. Ist dasselbe nur mit einem Schlitten und einer zugehörigen Libelle versehen, so beobachtet man in einer obern und einer untern Lage. Selbstverständlich bestimmt man die Neigungen der Libelle in den einzelnen Lagen auch nicht durch eine Ablesung, sondern durch zwei, indem man dazwischen die Libelle jedesmal umlegt.*)

Zur Klarstellung des Verfahrens führe ich folgendes Beispiel an:

An einem Kathetometer mit zwei Schlitten und zwei zugehörigen Libellen sind in drei um je 120° verschiedenen Lagen folgende Ablesungen gemacht worden:

	obere Libelle			untere Libelle		
	0°	120°	240°	0°	120°	240°
links	12,0	4,3	5,5	17,0	7,7	9,4
rechts	19,0	11,3	12,5	24,0	14,7	16,4
			Libelle umgelegt.			
links	9,2	18,3	16,8	— 1,7	14,0	12,4
rechts	2,2	11,3	9,8	+ 5,3	7,0	5,4

Die Libellen hatten eine von einem Ende zum andern fortlaufende Teilung; die Stellen der Blasenmitten sind also die Mittel aus den bezüglichen links und rechts gemachten Ablesungen und ergeben sich zu

in der ersten Lage der Libellen

15,5	7,8	9,0	20,5	11,2	12,9

in der zweiten Lage der Libellen

5,7	14,8	13,3	1,8	10,5	8,9

Es ist nun klar, dass wir bei der oben angegebenen Numerirung der Marken auf der Libelle zur Bildung von $a + a'$ (Art. 52) die Zahlen der untern Reihe von denen der obern zu subtrahiren haben, wenn wir die Neigung einer Linie als positiv ansehen, falls deren rechtes Ende nach oben weist. Wir bekommen so für die Neigungen i_0, i_{120}, i_{240} unserer Ausgangslinie, in Teilen, wie sie auf der Libelle angegeben sind, + 4,9; — 3,5; — 2,1; + 9,4; + 0,3;

*) Zu entsprechenden Formeln ist auch Herr Marek gelangt. Siehe dessen für die Theorie des Kathetometers auch sonst sehr werthvolle Arbeit in *Traveaux et Mémoires du Bureau international des poids et mésures* Tome III pag. D 28.

$+2{,}0$; und somit für die Verticalabweichung der Rotationsaxe: unten $\frac{2}{3}\sqrt{60{,}8} = 5{,}2$, oben $\frac{2}{3}\sqrt{68{,}6} = 5{,}6$. Ein Intervall der Libellenteilung ist äquivalent $2'',05$, also wird $\vartheta = 10'',7$ bezw. $11'',5$, im Mittel $11'',1$. Für den Winkel φ_0 finden wir aus der Nivellirung mit der untern Libelle $\cos\varphi_0 = \frac{-9{,}8 - 3{,}5 - 2{,}1}{15{,}6}$, aus der mit der obern $\cos\varphi_0 = \frac{-18{,}6 + 0{,}3 + 2{,}0}{16{,}8}$, das ist $\varphi_0 = 170°$ bezw. $166°$, im Mittel $168°$; um diesen Winkel hat man das Prisma von der ersten Stellung aus in dem Sinne, in welchem man dasselbe bei der Nivellirung bewegt hat, herumzudrehen, bis die die Libelle senkrecht schneidende Verticalebene auf die Rotationsaxe trifft.

Natürlich gelten diese Zahlen nur für die besondere Stellung des Kathetometers, in der die Bestimmung ausgeführt ist, und in welcher es Verwendung finden sollte; ändert man die Aufstellung des Kathetometers, so ändern sich auch ϑ und φ und man muss die Bestimmung von neuem ausführen. Nur bei Kathetometern, die auf fest fundamentirten Pfeilern aufgestellt sind, darf man für ϑ und φ_0 Unveränderlichkeit wenigstens während einer gewissen Zeit beanspruchen und braucht diese Grössen nur hin und wieder zur Controle zu bestimmen, bei Kathetometern, die von Ort zu Ort transportirt werden und zudem auf den gewöhnlichen Fussböden ihre Aufstellung finden, sind die betreffenden Grössen vor jeder Benutzung abzuleiten.

60. Prüfung der Verticalität von optischen Instrumenten. Für die Prüfung der Verticalität der Axen von optischen Instrumenten, wie sie bei Comparatoren angewendet werden, hat man noch kein bequemes und zugleich befriedigendes Mittel. Angenähert ist diese Verticalität mit dem Senklot oder mit einer auf das Lager des betreffenden Instruments aufgesetzten Libelle zu untersuchen. Neuerdings ist auch ein Verfahren vorgeschlagen, welches dem Verfahren der Astronomen bei sogenannten Nadirbestimmungen und dem bei spectrometrischen Beobachtungen zur Verticalstellung des brechenden Prisma üblichen analog ist.

Das Princip ist das folgende. Denkt man sich innerhalb des Instruments an irgend einer Stelle senkrecht zur Axe ein leuchtendes Fadennetz ausgespannt, so entwirft das Objectiv von diesem Netz ein Bild nach vorn, das Ocular ein solches nach hinten. Befindet sich nun unterhalb des betreffenden Instruments eine spiegelnde Ebene, so wird dieselbe die durch das Objectiv nach vorn dringenden Strahlen des Netzes nach dem Objectiv zurückwerfen, dieses wird ein zweites Bild vom Netz herstellen, und dieses zweite Bild kann dann wieder durch das Ocular beobachtet werden. Im Ocular sieht man also bei geeigneter Einstellung desselben zwei Bilder, eines von dem Fadennetz selbst und ein zweites von dem zweiten Objectivbild dieses Netzes. Das zweite Objectivbild entsteht aber im Instrument an der Stelle, welche conjugirt ist der Lage des ersten Objectivbildes, wie sie durch die reflectirende Fläche bestimmt wird. Steht also die optische Axe senkrecht zu dieser Fläche, so wird das zweite Objectivbild genau da liegen, wo sich das Fadennetz selbst befindet, und der Beobachter sieht durch das Ocular beide Fadennetzbilder zusammenfallen.

Will man nun die Axe eines Instruments senkrecht richten, so stellt man unter dasselbe einen sogenannten künstlichen Horizont hin, das ist eine Schale mit einer Flüssigkeit, als welche sich weitaus am besten Quecksilber empfiehlt. Die Flüssigkeit stellt sich von selbst horizontal und wenn man innerhalb des Instruments ein leuchtendes Fadennetz hat und dieses Instrument so ausrichtet, dass die beiden Bilder, die nun durch das Ocular vom Netz gesehen werden, ganz zusammenfallen, ist man sicher, dass die optische Axe senkrecht zur Flüssigkeitsoberfläche, also auch vertical ist.

Bei der praktischen Ausführung braucht man nicht selbstleuchtende Netze, sondern beleuchtete, oder von einem hellen Hintergrund sich abhebende. Man stellt innerhalb oder ausserhalb des Instruments über dem Netz ein planparalleles Glasplättchen unter 45° gegen die optische Axe geneigt auf. Strahlen, welche auf dieses Plättchen von der einen Seite auffallen, werden in Richtung der Axe in das Rohr hineinreflectirt und erhellen die Fäden des Netzes oder den Hintergrund. Der Beobachter sieht dann durch das Plättchen hindurch. Ist das Plättchen im Rohr des Instruments angebracht, so muss natürlich an der betreffenden Stelle das Rohr aufgeschnitten sein, damit äusseres Licht zu dem Plättchen gelangen kann; benutzt man, wie das namentlich von den Astronomen bei Nadirbestimmungen geschieht, das Fadennetz des Mikrometers selbst, so bringt man zweckmässig das Plättchen zwischen Auge und Ocularlinse an. In diesem Falle sieht man die Mikrometerfäden zugleich mit dem (zweiten) Objectivbild derselben in der Mikrometerebene, und kann das Ocular genau in der Stellung lassen, die es bei den Messungen selbst einnimmt, während man sonst das Ocular, wenn man keine verschwommenen Bilder haben will (die übrigens hier nicht viel schaden, weil beide Bilder in derselben Ebene liegen und bis auf die Helligkeit oder Dunkelheit genau gleich aussehen) der Lage des Fadennetzes anpassen muss.

Das, worauf noch besonders zu achten ist, ist, dass das Fadennetz senkrecht zur optischen Axe geneigt ist, und dass dieses Netz selbst oder der Hintergrund genügend hell erscheinen.

Ueber die Einrichtung des künstlichen Horizontes ist nicht viel zu sagen, die Schale soll mindestens 100 mm im Durchmesser haben, damit die spiegelnde Fläche in ihrem mittleren Teil hinlänglich eben ist. Die Flüssigkeit muss genügendes Reflexionsvermögen haben, wird Quecksilber genommen, so streicht man vor dem Gebrauch die Oberfläche mit einer reinen Feder ab, um Unreinigkeiten (Amalgame, Oxyde u. s. f.) zu entfernen.

61. Neigungs-, Höhen- und Entfernungsdifferenzen. Durch die im Voraufgehenden auseinandergesetzten Mittel und Methoden sind wir also in den Stand gesetzt, wo es nötig ist, die Horizontalität oder Verticalität aller in Frage kommenden Stücke herzustellen, beziehungsweise etwa vorhandene Abweichungen zu bestimmen. Handelt es sich zum Beispiel um die Horizontalrichtung eines Maassstabs, so setzt man auf diesen Maassstab, nachdem derselbe auf seiner Unterlage ungefähr horizontal hingelegt ist, eine Röhrenlibelle und sieht zu, nach welcher Seite die Blase ausschlägt, geht sie nach links, so ist das linke Ende gegen das rechte zu hoch, man muss also, wo die instrumentelle Einrichtung es gestattet, dieses Ende so lange erniedrigen oder (was immer, eventuell durch untergeschobene Holzkeile oder Papierlagen zu bewirken ist) das rechte so lange heben, bis die Blase sich in die der Horizontalrichtung entsprechende Stelle begiebt; u. s. f.

Die andern mehr geometrischen Fehler der Einrichtung beziehen sich auf Mangel an Parallelität zwischen der zu messenden Strecke und dem Maassstab, so wie (unter Umständen) auf Nichtübereinstimmung der Ebenen beziehungsweise Cylinderflächen, innerhalb deren die zu vergleichenden Strecken liegen.

Was zunächst die Verschiedenheit in der Höhe beziehungsweise die in der Entfernung von einer bestimmten Axe betrifft, so kann dieselbe sogar durch die besondere Einrichtung des Messapparates erfordert sein. Sie spielt gar keine Rolle, sobald der Comparator und das Kathetometer auf demselben Schlitten zwei optische Instrumente haben, von denen das eine zur Pointirung auf die Enden der einen, das andere zur Pointirung auf die Enden der andern Strecke dient (die Comparatoren und Kathetometer, wie man sagt, *Longitudinale* sind), und bei Kathetometern, welche direct zur Abmessung dienen, den Maassstab also in das Prisma eingelassen haben, ist sogar die Entfernung des Maassstabes von der zu messenden Strecke sehr gross. Misst man aber mit Apparaten, bei denen für beide Strecken dieselben optischen Instrumente zur Verwendung kommen (Transversalcomparator und Transversalkathetometer), so können die Abweichungen in der Höhe oder Entfernung allerdings von Bedeutung werden, und zwar aus geometrischen Gründen, sowohl wie aus optischen; die geometrischen liegen auf der Hand, sobald man daran denkt, dass bei noch so guter Einrichtung kleine Abweichungen in der Parallelität der Absehnslinien stets zu befürchten sein werden.

Grössere Verschiedenheiten in der Höhe beziehungsweise Entfernung der zu vergleichenden Strecken kann man mit blossem Auge erkennen und wenn sie nicht zum Verschwinden zu bringen sind, mit einem Maassstab bestimmen. Kleinere kann man daran constatiren, dass, nachdem man auf eine der Strecken eingestellt hat, die andere in dem betreffenden optischen Instrument nicht deutlich genug erscheint. Man sieht leicht, dass diese Fehler mit den Fehlern der Einstellung zusammenlaufen und bei der Discussion dieser letztern Fehler werden wir ihnen, sowie den erwähnten Fehlern aus optischen Gründen begegnen.

62. Nichtparallelität der zu vergleichenden Längen. Die Fehler aus der Nichtparallelität zwischen Maassstab und der zu bestimmenden

Strecke brauchen nur zum Teil Fehler der Einrichtung zu sein, zum Teil können sie auch dadurch verursacht sein, dass Unsicherheit in Bezug auf das, was wir „Enden" der Strecken genannt haben, herrscht. Die Parallelität bezieht sich auf die geraden Linien, die die Enden der Strecken verbinden. Man ist aber nicht immer in der Lage, angeben zu können, welches das Ende einer Strecke ist. Bei Maassstäben sucht man der Unsicherheit dadurch zu entgehen, dass man diese Enden fixirt; bei Endmaassen gilt so im allgemeinen als angegebene Länge die Länge der Linie, welche die Mitten der Endquerschnitte verbindet, bei Strichmaassen, deren Striche einander parallel laufen, beziehen sich die Längen auf die Abschnitte einer Linie, welche senkrecht zu den Strichen oder parallel zur Kante gezogen ist.

Bei andern Strecken ist es schwer oder ganz unmöglich, die Enden mit Sicherheit anzugeben. So kann man, wenn es sich um die Ausmessung einer in einer capillaren Glasröhre gehobenen Wassersäule handelt, zwar das obere Ende als den tiefsten Punkt des Meniscus noch einigermaassen erkennen, aber das untere Ende, welches in der Höhe des Niveau der äussern Flüssigkeitsmasse, da wo dieselbe eine Ebene bildet, liegt, ist schon schwer mit gewöhnlichen Mitteln gehörig zu fixiren. Hier giebt es eine Menge namentlich optischer Methoden zur Fixirung der Stellen, die als Enden zu betrachten sind, welche wir an andern Orten noch kennen lernen werden.

Diese aus der Unsicherheit hinsichtlich der Enden der betreffenden Strecken resultirenden Fehler sind organisch und können meist nur durch gehörige Variirung der Umstände, unter denen beobachtet wird, wie wir an einigen Beispielen sehen werden, unschädlich gemacht werden.

Stellen wir uns aber vor, dass diese Enden bei beiden Strecken gehörig bekannt sind, so kommt es also darauf an, die dieselben verbindenden Linien parallel zu richten.

Bei Strecken, welche vertical neben einander hängend sich befinden, ist die Parallelität schon durch die Verticalstellung erreicht, bei Strecken, die aufrecht aufgestellt oder horizontal gelagert sind, muss man die Parallelität durch geeignete Neigung derselben gegen einander zu erreichen suchen. Die Strecken sind parallel, wenn ihre Entfernung von einander überall die nämliche ist; nachdem man die eine Strecke gehörig eingestellt hat, schiebt man die andere Strecke so, dass sie an beiden Seiten von jener gleich weit (so weit als es die Einrichtung des Apparats erfordert) absteht. Uebrigens erkennt man Abweichungen von der Parallelität am besten in den optischen Instrumenten selbst, denn wenn eine solche Abweichung vorhanden ist, werden die Bilder der Enden auf der einen Seite anders zu einander gelegen sein, als auf der andern Seite.

Wenn eine Strecke mit mehreren hinter einander gelegten einzelnen Strecken auszumessen ist, etwa mit einem Endmaass und beiderseits anstossenden Zusatzstücken, müssen die einzelnen Strecken eine ununterbrochene gerade Linie bilden oder wenigstens alle einander parallel laufen. Im allgemeinen wird man die Parallelität der Einzelstrecken dadurch herzustellen suchen, dass man sie erst in eine und dieselbe verticale Ebene bringt und dann unter Zuhilfenahme einer Libelle horizontal richtet. Zusatzstücke, die permanent für Vergleichung von Endmaassen mit einander oder mit Strichmaassen dienen und als solche besonders construirt sind und Pertinenzstücke des betreffenden Comparators bilden, erhalten häufig eine optische Nebeneinrichtung, die das Parallelstellen derselben ermöglicht. Jedes Zusatzstück ist mit einem sogenannten Collimator, dessen Axe die Richtung seiner Axe selbst angiebt, festverbunden. Richtet man die Collimatoraxen zweier sich gegenüberstehender Zusatzstücke parallel, so sind auch die Zusatzstücke selbst parallel. Ein *Collimator* ist nun nichts weiter als ein Fernrohr, in welchem im Rohr in der Hauptbrennebene ein Fadennetz ausgespannt ist. Sendet dieses Fadennetz Licht aus, so wird dieses Licht durch das Objectiv in zu einander und zur Axe parallelen Strahlen austreten. Treffen dann diese Strahlen auf ein zweites dem ersten zugewandtes Fernrohr, dessen Axe der des ersten Fernrohrs parallel ist, so werden dieselben sich in der Hauptbrennebene dieses Fernrohrs vereinigen und daselbst ein Bild des leuchtenden Fadennetzes des ersten Fernrohrs hervorbringen, dessen Axenpunkt in den Axenpunkt dieses zweiten Fernrohrs fällt. Durch das Ocular des zweiten Fernrohrs sieht man dann dieses Bild des Fadennetzes des ersten Fernrohrs. Die Lage dieses Bildes bleibt ungeändert, so lange die Axen der beiden Rohre einander parallel sind, man mag im Uebrigen ein Rohr gegen das andere heben oder senken oder irgendwie nach seitwärts schieben. Denn durch solche Translationen wird nichts weiter bewirkt, als dass der aus dem Objectiv des ersten Fernrohrs austretende Strahlencylinder von dem Objectiv des zweiten Fernrohrs an verschiedenen Stellen seines Querschnitts getroffen wird. Die Strahlen treten in das zweite Fernrohr immer noch parallel der Axe desselben ein und das Fadennetz wird, wenn auch durch diese Translationen gewisse Teile des Objectivs, weil sie aus dem Strahlencylinder herauskommen, unwirksam werden, immer noch an derselben Stelle abgebildet, allerdings mit etwas geringerer Helligkeit (Art. 35 c).

Sowie aber die Axe eines Collimators gegen die des andern geneigt wird, verlässt das Bild des Axenpunktes des Fadennetzes vom ersten Fernrohr den Axenpunkt des zweiten Fernrohrs. Sind also in beiden Fernrohren die Axenpunkte markirt, so kann man diese beiden Fernrohre einander dadurch parallel machen, dass man eins gegen das andere so lange dreht und neigt, bis im zweiten Fernrohr der Axenpunkt mit dem Bild des Axenpunktes des Netzes vom ersten Fernrohr zusammenfällt.

Man versieht nun, um auch im zweiten Fernrohr Marken zu haben, auch dieses in der Hauptbrennebene des Objectivs mit einem Fadennetz. Die Axenpunkte werden dann fixirt, indem man als Fadennetz in beiden Fernrohren zwei einander in der Axe schneidende Fäden oder Fadenpaare benutzt. Im ersten Fall sieht man im zweiten Fernrohr zwei Fadenkreuze in derselben Ebene abgebildet, die man durch Neigen und Drehen zur Deckung bringen muss, im zweiten zwei Bilder von dieser Form #, die Mitten der Quadrate sind die Axenpunkte, und somit sind die Rohre so zu neigen und zu drehen, dass bei jedem Fadenpaar eines der Netzbilder die zwei Fäden zu den entsprechenden Fäden des entsprechenden Paares des andern Netzbildes vollständig gleich liegen. Wo andere Fadennetze in Anwendung kommen, wird man in ähnlicher Weise verfahren können, wenn man nur weiss, wo die Axenpunkte liegen. Sind die Mitten der Fadennetze wirklich Axenpunkte der betreffenden Instrumente, so müssen sie sich, wenn sie einmal zur Deckung gebracht sind, auch weiter noch einander decken, wenn man auch eines der Instrumente oder beide um ihre Axen dreht.

Da man übrigens das Netz des ersten Fernrohrs nicht ohne weiteres selbstleuchtend machen kann, verfährt man ähnlich, wie in Art. 60 angegeben ist, indem man in dieses Fernrohr durch das Ocular Licht hineinschickt, das Netz erscheint dann nicht leuchtend im zweiten Fernrohr, sondern dunkel auf hellem Grunde. Collimatoren sind sehr geeignet, Linien in gewisse Richtungen zu bringen und auch Neigungen von Linien gegen einander zu bestimmen, sie finden bei den Astronomen namentlich zur Controle der Axenlage festaufgestellter Instrumente die weitgehendste Anwendung und auch wir werden ihnen noch oft begegnen.

b) *Einfluss von Neigungen und Drehungen auf Längenmessungen.*

63. Vorbereitende Formeln. Nachdem so die einzelnen geometrischen Fehler der Einrichtung vorgeführt und die Mittel sie zu erkennen dargelegt sind, wollen wir ihren Einfluss auf die Messungen discutiren, um einerseits, wo sie zahlenmässig fixirt werden können, sie in Rechnung ziehen zu lernen, und andererseits abzuleiten, welche von ihnen ganz besonders zu berücksichtigen sind und welche man ausser Acht lassen darf. Ich führe die Untersuchung erst ganz allgemein und gehe dann zu speciellen Discussionen über.

Wir stellen uns also eine Uebertragungsvorrichtung irgend welcher Construction vor, mit Hilfe deren zwei irgendwie gelegene Strecken A, A' auf einander bezogen werden sollen. Durch einen irgendwo im Raume gelegenen Punkt 0 legen wir ein rechtwinkliges Coordinatensystem, die x Axe gehe vertical von oben nach unten, die y und z Axe sind dann horizontal gerichtet.

In diesem Coordinatensystem seien die Coordinaten der Enden von A gleich x_1, y_1, z_1; x_2, y_2, z_2, die der Enden von A' gleich x'_1, y'_1, z'_1; x'_2, y'_2, z'_2. Drücken wir aus, dass $x_2 - x_1$ die Projection von A auf x Axe, $y_2 - y_1$ die von A auf die y Axe u. s. f. ist, so bekommen wir die zwei Systeme von je drei Gleichungen für A und A'

$$\gamma)\quad \begin{array}{l|l} x_2 - x_1 = A\cos(A,\, x) & x'_2 - x'_1 = A'\cos(A',\, x) \\ y_2 - y_1 = A\cos(A,\, y) & y'_2 - y'_1 = A'\cos(A',\, y) \\ z_2 - z_1 = A\cos(A,\, z) & z'_2 - z'_1 = A'\cos(A',\, z) \end{array}$$

64. Theorie des Comparators. Um diese Darstellungen so umzuändern, dass in ihnen die geometrische Einrichtung der Messungen zum Ausdruck kommt, benutze ich den schematischen Algorithmus der Coordinatentransformation, dessen Hauptformeln im Art. 59 gegeben sind, indem ich das System x, y, z in andere Systeme transformire, deren Axen in die in Frage kommenden Richtungen fallen. Es kann diese Transformation ganz ohne Bezugnahme auf die Besonderheit der Messung ausgeführt werden, da aber das Verständnis erheblich erleichtert wird, wenn man auf concrete Verhältnisse zurückgeht, will ich annehmen, dass es sich für uns um eine Messung auf dem Comparator handelt. Ferner nehme ich, um eine bequeme Ausdrucksweise zu gewinnen, an, dass es sich immer nur um horizontale und verticale Richtungen handelt, Apparate, bei denen andere Richtungen maassgebend sind, sind genau nach dem Schema zu behandeln, welches bald für die obige Annahme entwickelt werden soll. Die Uebertragungsvorrichtung sei mit optischen Instrumenten versehen, sie kann dann ein oder zwei solcher Instrumente besitzen, da aber bei jeder Vergleichung vier Pointirungen ausgeführt werden, können wir die Entwickelung so führen, als ob es sich um vier verschiedene Instrumente handelte, zwei zur Pointirung auf die Enden von A, zwei zu der auf die entsprechenden Enden von A'.

Es genügt den Ausdruck für eine der Grössen A, A' zu transformiren, ich transformire den für A. Die Instrumente, die auf die Enden von A pointiren, seien mit I und II bezeichnet; ich denke mir diese Instrumente ungefähr auf die Enden von A eingestellt und zwar I auf das Ende (x_1, y_1, z_1), II auf das (x_2, y_2, z_2), und führe zwei neue Coordinatensysteme $(\xi, \eta, \zeta)_1$; $(\xi, \eta, \zeta)_2$. je ein System für jedes Ende von A ein. Das Coordinatensystem $(\xi, \eta, \zeta)_1$ habe seinen Ursprung in einem Punkt der optischen Axe des Instruments I, das $(\xi, \eta, \zeta)_2$ in einem solchen der optischen Axe des Instruments II; sind also $\bar{x}_1$, $\bar{y}_1$, $\bar{z}_1$ die Coordinaten des betreffenden Punkts von I, $\bar{x}_2$, $\bar{y}_2$, $\bar{z}_2$ die desjenigen von II, so geben diese Grössen zugleich die Coordinaten der Ursprünge der neuen Systeme, und wenn die Coordinaten in dem eingestellten Ende x_1, y_1, z_1 von A in dem zugehörigen System $(\xi, \eta, \zeta)_1$ mit ξ_1, η_1, ζ_1, die in dem eingestellten Ende x_2, y_2, z_2 von A in dem zugehörigen System $(\xi, \eta, \zeta)_2$ mit ξ_2, η_2, ζ_2 bezeichnet werden, und die Systeme der Richtungscosinusse der neuen Axensysteme gegen das alte System nach den folgenden Schematen

	ξ_1	η_1	ζ_1
x_1	α_1	α_2	α_3
y_1	β_1	β_2	β_3
z_1	γ_1	γ_2	γ_3

	ξ_2	η_2	ζ_2
x	λ_1	λ_2	λ_3
y	μ_1	μ_2	μ_3
z	ν_1	ν_2	ν_3

gewählt werden, haben wir

$$\alpha)\quad \begin{aligned} x_1-\overline{x}_1 &= \xi_1\alpha_1+\eta_1\alpha_2+\zeta_1\alpha_3, \\ y_1-\overline{y}_1 &= \xi_1\beta_1+\eta_1\beta_2+\zeta_1\beta_3, \\ z_1-\overline{z}_1 &= \xi_1\gamma_1+\eta_1\gamma_2+\zeta_1\gamma_3, \end{aligned} \qquad \begin{aligned} x_2-\overline{x}_2 &= \xi_2\lambda_1+\eta_2\lambda_2+\zeta_2\lambda_3, \\ y_2-\overline{y}_2 &= \xi_2\mu_1+\eta_2\mu_2+\zeta_2\mu_3, \\ z_2-\overline{z}_2 &= \xi_2\nu_1+\eta_2\nu_2+\zeta_2\nu_3, \end{aligned}$$

und damit

$$\delta)\quad \begin{aligned} \xi_2\lambda_1+\eta_2\lambda_2+\zeta_2\lambda_3-\xi_1\alpha_1-\eta_1\alpha_2-\zeta_1\alpha_3 &= A\cos(A,x)-(\overline{x}_2-\overline{x}_1), \\ \xi_2\mu_1+\eta_2\mu_2+\zeta_2\mu_3-\xi_1\beta_1-\eta_1\beta_2-\zeta_1\beta_3 &= A\cos(A,y)-(\overline{y}_2-\overline{y}_1), \\ \xi_2\nu_1+\eta_2\nu_2+\zeta_2\nu_3-\xi_1\gamma_1-\eta_1\gamma_2-\zeta_1\gamma_3 &= A\cos(A,z)-(\overline{z}_2-\overline{z}_1). \end{aligned}$$

Von diesen Gleichungen brauchen wir nur eine, die erste Gleichung, zu benutzen. Nach den in Art. 59 aufgeführten Formeln sind die neun Richtungscosinusse α, β, γ wie die λ, μ, ν durch trigonometrische Functionen von je drei andern Winkeln, die wir für das System $(\xi, \eta, \zeta)_1$ mit φ_1, ϑ_1, f_1, für das $(\xi, \eta, \zeta)_2$ mit φ_2, ϑ_2, f_2 bezeichnen und deren Bedeutung derjenigen der in Art. 59 analog φ, ϑ, f genannten Winkel entspricht. Wir wollen aber erst unsere neuen Axensysteme specialisiren.

Da wir in dieser Betrachtung von allen optischen Fehlern der Einrichtung abstrahiren, haben wir die optischen Instrumente als fehlerfrei anzusehen, namentlich soll also die Pointirungsrichtung bei jedem Instrument senkrecht zur optischen Axe desselben verlaufen. Wir nennen die Ebene, die durch die Pointirungsrichtung und die Axe geht, die *Centralebene* des Instruments, und die Ebene, welche die Pointirungsrichtung und die Fäden enthält, die *Mikrometerebene*, den Schnittpunkt der optischen Axe mit der Pointirungsrichtung die *Mikrometermitte;* Centralebene und Mikrometerebene sollen also bei allen Instrumenten einander senkrecht schneiden. Diese beiden Ebenen nehmen wir zu Ebenen der $\xi\zeta$ und der $\eta\zeta$. Die ζ Axen sollen die Pointirungsrichtungen, die ξ Axen die optischen Axen der Instrumente, gerechnet von oben nach unten, sein, die η Axen stehen zu diesen senkrecht, liegen in den Mikrometerebenen und sollen von hinten nach vorn (in Bezug auf den Beobachter) gehen. Das Axensystem $(\xi, \eta, \zeta)_1$ soll so gelegen sein, wie das $(\xi, \eta, \zeta)_2$, also z. B. die Axe ζ_2 von links nach rechts gehen, wenn ζ_1 von links nach rechts geht.

Bei diesen Annahmen über die neuen Coordinatensysteme können die Winkel ϑ, φ, f noch irgend welche Werte haben, wir wollen daher auch noch das System der x, y, z näher specialisiren, es soll nämlich die z Axe mit der optischen Axe und der Pointirungsrichtung des Instruments I in der nämlichen Ebene liegen. Alsdann können die ϑ nur kleine Winkel sein und wir dürfen, wenn diese Winkel in Secunden ausgedrückt werden und für $\sin 1'' = \frac{1}{206265}$ der Buchstabe ε gesetzt wird, $\cos\vartheta = 1$, $\sin\vartheta = \varepsilon\vartheta$ annehmen.

Nach den Formeln in Art. 59 ist nun unter diesen Umständen

$$\alpha_1 = -\cos(f_1 - \varphi_1),\quad \alpha_2 = -\sin(f_1 - \varphi_1),\quad \alpha_3 = \varepsilon\vartheta_1 \cos\varphi_1,$$
$$\beta_1 = +\sin(f_1 - \varphi_1),\quad \beta_2 = -\cos(f_1 - \varphi_1),\quad \beta_3 = \varepsilon\vartheta_1 \sin\varphi_1,$$
$$\gamma_1 = +\varepsilon\vartheta_1 \cos f_1,\quad \gamma_2 = +\varepsilon\vartheta_1 \sin f_1,\quad \gamma_3 = 1.$$

Entsprechende Gleichungen bekommen wir für die Richtungscosinus λ, μ, ν des Systems $(\xi, \eta, \zeta)_2$, wenn wir den Index $_1$ mit dem $_2$ vertauschen. Zwar liegt die z Axe im allgemeinen nicht zugleich auch in der $(\xi\zeta)_2$ Ebene, der Centralebene des Instruments II, da jedoch diese Centralebene bei guter Einrichtung der des Instruments I fast parallel sein wird, kann auch ϑ_2 nur einen kleinen Winkel repräsentiren.

Nehmen wir nun von den drei Gleichungen für A die letzte, die welche $A\cos(A, z)$ ergiebt, so haben wir

$$\text{XXXIX}_1)\qquad A\cos(A, z) - (\bar{z}_2 - \bar{z}_1) = \zeta_2 - \zeta_1 + \varepsilon(\eta_2\vartheta_2 \sin f_2 - \eta_1\vartheta_1 \sin f_1) + \varepsilon(\xi_2\vartheta_2 \cos f_2 - \xi_1\vartheta_1 \cos f_1),$$

f_1 ist der Winkel, um welchen man die $(\xi\zeta)_1$Ebene, die Centralebene von I, von hinten nach vorn zu drehen hat, um dieselbe der zAxe parallel zu machen, da die zAxe dieser Ebene schon parallel ist, haben wir $f_1 = 0$ zu setzen. Entsprechende Bedeutung hat f_2 für das Instrument II, hier braucht zwar, wie schon bemerkt, die zAxe der Centralebene nicht parallel, f_2 also auch nicht 0 zu sein, jedenfalls wird aber f_2 von Null nur wenig verschieden sein, und hiernach dürfen wir den von den η abhängigen Teil ohne weiteres vernachlässigen, zumal diese η selbst bei gehöriger Einstellung nur unbedeutende Beträge erreichen können. In den Gliedern, die mit den ξ multiplicirt sind, ist es aber gestattet, die $\cos f_1$, $\cos f_2$ durch 1 zu ersetzen, und zwar gehen dabei nur Glieder, die mit ε^3 multiplicirt sind, verloren. So bekommt man also

$$\text{XXXIX}_2)\qquad A\cos(A, z) - (\bar{z}_2 - \bar{z}_1) = \zeta_2 - \zeta_1 + \varepsilon(\xi_2\vartheta_2 - \xi_1\vartheta_1)$$

und dabei ist ϑ als positiv gerechnet, wenn die Pointirungsrichtung über der horizontalen Richtung der zAxe verläuft.

Um noch den letzten Rest des alten Coordinatensystems auszumerzen, führe ich ein drittes System $(\xi, \eta, \zeta)_0$ ein. Der Anfang soll in der Mikrometermitte von I liegen, die ζ_0Axe möge von dieser Mitte nach der Mikrometermitte von II hinführen, die ξ_0Axe nehme ich in einer Verticalebene, die die ζ_0Axe enthält. Wir haben dann zunächst

$$\bar{z}_2 - \bar{z}_1 = \zeta_0 \cos(\zeta_0, z).$$

ζ_0 ist die Entfernung der Mikrometermitte von I von der von II, wir bezeichnen dieselbe durch a.

Ferner nennen wir die Neigung der ξ_0Axe gegen die xAxe, die Verticalabweichung der ξ_0Axe, i_0, positiv gerechnet, wenn die Reihenfolge der Axen ist ξ_0, x, ζ_0 ist, den Winkel, um welchen man die xzEbene um die xAxe nach der yAxe von hinten nach vorn zu drehen hat, bis diese Ebene der ξ_0Axe parallel wird ψ_0. Alsdann ist, weil die $\xi_0\,\zeta_0$Ebene zu der xAxe parallel steht,

$$\overline{z}_2 - \overline{z}_1 = -a \cos \psi_0 \cos i_0.$$

Wenn die beiden Instrumente tatsächlich nur ein Instrument in zwei verschiedenen Lagen darstellen, wird a nahezu horizontal liegen; aber auch wenn I und II zwei besondere Instrumente sind, darf man doch a als nahezu horizontal ansehen, denn es ist gar kein Grund für den Mechaniker vorhanden, demselben Apparat zwei verschiedene Instrumente zu verleihen. Es kann also i_0 wie ein von 0° nur wenig verschiedener Winkel behandelt werden, und da zufolge der besondern Annahme über das neue System $(\zeta_0, x) = 90° - i_0$ ist, so bedeutet i_0 auch die Neigung der ζ_0Axe. Wir rechneten i_0 als positiv, wenn die ξAxe gegen die xAxe nach hinten geneigt ist, die Neigung i_0 der ζAxe soll also als positiv in Anschlag gebracht werden, wenn diese Axe über der Horizontalebene liegt. Was aber den Winkel ψ_0 betrifft, so wird dieser, weil die zAxe in der Ebene $(\xi\zeta)_1$ liegen sollte, $(\zeta)_1$ jedoch als in demselben Sinne sich erstreckend angenommen ist wie a, nahezu 180° sein, setzen wir also $\psi_0 = 180° - \delta\varphi_0$, so haben wir hiernach

$$\overline{z}_2 - \overline{z}_1 = a\left(1 - \frac{\varepsilon^2}{2}\delta\varphi_0^2\right)\left(1 - \frac{\varepsilon^2}{2} i_0^2\right) = a\left(1 - \frac{\varepsilon^2}{2}\delta\varphi_0^2 - \frac{\varepsilon^2}{2} i_0^2\right).$$

Genau so, wie wir a als ζAxe eines Coordinatensystems angesehen haben, können wir auch eine durch die Mikrometermitte von I gehende, zu A parallele Linie als eine ζAxe eines Coordinatensystems betrachten, und da A sich in jeder Beziehung so verhält wie a, haben wir unter Benutzung der Bezeichnung ψ, i für Winkel, die den Winkeln ψ_0, i_0 entsprechen,

$$\cos(A, z) = 1 - \frac{\varepsilon^2}{2}\delta\varphi^2 - \frac{\varepsilon^2}{2} i^2,$$

wo i die Neigung von A angiebt. Hiernach wird

$$A\cos(A, z) - (\overline{z}_2 - \overline{z}_1) = A - a - \frac{\varepsilon^2}{2}\left(A(\delta\varphi^2 + i^2) - a(\delta\varphi_0^2 + i_0^2)\right),$$

und damit bekommen wir

$$A = a + \zeta_2 - \zeta_1 + \varepsilon(\xi_2\vartheta_2 - \xi_1\vartheta_1) + \frac{\varepsilon^2}{2}A(\delta\varphi^2 + i^2) - \frac{\varepsilon^2}{2}a(\delta\varphi_0^2 + i_0^2).$$

Für die Strecke A' können wir eine ganz entsprechende Gleichung aufstellen, zwar brauchen die hier maassgebenden Winkel f_1', f_2' nicht identisch mit f_1, f_2 zu sein, da sie jedoch von diesen Winkeln nur wenig abweichen dürfen, können wir auch hier, wie eine leichte Ueberlegung zeigt, ihre Sinus gleich 0, ihre Cosinus gleich 1 setzen und haben dann

$$A' = a' + \zeta_2' - \zeta_1' + \varepsilon(\xi_2' \vartheta_2' - \xi_1' \vartheta_1') + \frac{1}{2}\varepsilon^2\Big(A'(\delta\varphi'^2 + i'^2) - a'(\delta\varphi_0'^2 + i_0'^2)\Big).$$

Ziehen wir von dieser Gleichung die Gleichung für A ab, so resultirt

$$\text{XL}_1)\quad A' = A + \zeta_2' - \zeta_1' - (\zeta_2 - \zeta_1) + a' - a + \varepsilon(\xi_2' \vartheta_2' - \xi_1' \vartheta_1' - \xi_2 \vartheta_2 + \xi_1 \vartheta_1)$$
$$+ \frac{1}{2}\varepsilon^2\Big(A'(\delta\varphi'^2 + i'^2) - a'(\delta\varphi_0'^2 + i_0'^2) - A(\delta\varphi^2 + i^2) + a(\delta\varphi_0^2 + i_0^2)\Big).$$

Wenn die Einrichtung absolut vollkommen ist, stehen alle optischen Axen vertical, sind alle andern in Frage kommenden Richtungen horizontal und einander parallel und ist die Entfernung von I, II ebenso gross wie die von I′, II′. Alsdann gehen also alle Winkel in Null über, und es wird

$$A' = A + \zeta_2' - \zeta_1' - (\zeta_2 - \zeta_1).$$

$\zeta_2' - \zeta_1' - (\zeta_2 - \zeta_1)$ stellt also das eigentliche Messungsresultat dar, und diese Grösse oder deren Product in die Vergrösserungsziffern ist es auch, die wir, wenn die Mikrometerebene die Centralebene senkrecht schneidet, wirklich messen und an den Schrauben oder sonstigen Mikrometern tatsächlich ablesen. Beim Transversalcomparator ist dann, wenn das Prisma mit den Instrumenten festgelegt und der Uebergang von A auf A' durch Heranschieben der Strecken geschieht, das System $(\xi\,\eta\,\zeta)_1$ vollkommen identisch mit $(\xi'\,\eta'\,\zeta')_1$ und das $(\xi\,\eta\,\zeta)_2$ vollkommen identisch mit $(\xi'\,\eta'\,\zeta')_2$; wenn zum Uebergang von A auf A' das Prisma mit den Instrumenten verschoben wird, haben $(\xi\,\eta\,\zeta)_1$ und $(\xi'\,\eta'\,\zeta')_1$ die $\zeta\eta$Ebene gemeinsam und das nämliche gilt von den Systemen $(\xi\,\eta\,\zeta)_2$ und $(\xi'\,\eta'\,\zeta')_2$. Unter allen Umständen sind also die ζ und ζ' von derselben Ebene aus gemessen. Beim Longitudinalcomparator können zwar die Systeme $(\xi\,\eta\,\zeta)_1$ und $(\xi'\,\eta'\,\zeta')_1$ und ebenso die $(\xi\,\eta\,\zeta)_2$ und $(\xi'\,\eta'\,\zeta')_2$ vollkommen unabhängig von einander sein, aber dafür stehen die Systeme $(\xi\,\eta\,\zeta)_1$, $(\xi'\,\eta'\,\zeta')_1$ mit bezw. $(\xi\,\eta\,\zeta)_2$, $(\xi'\,\eta'\,\zeta')_2$ in Verbindung; bei vollkommener Einrichtung verschieben sich bei dem Transport des Schlittens mit den Instrumenten von einer Seite nach der andern die $\xi\zeta$Ebenen von I und I′ in sich selbst und wenn auch hier die ζ_1', ζ_1 und ζ_2', ζ_2 von verschiedenen $\xi\eta$Ebenen aus gerechnet werden, können doch die Differenzen $\zeta_1' - \zeta_1$ und $\zeta_2' - \zeta_2$ nur um eine und dieselbe Constante (um die Strecke, um welche der Schlitten transportirt ist) willkürlich bleiben, in der Differenz $\zeta_2' - \zeta_2 - (\zeta_1' - \zeta_1)$ verschwindet dann diese Willkürlichkeit gänzlich.

Wenn die Einrichtung nicht ganz vollkommen ist, treten zwischen den einzelnen Coordinatensystemen Verschiebungen und Drehungen ein, denen durch die weitern Glieder Rechnung getragen wird, $a' - a$ und die mit ε und ε^2 multiplicirten Glieder sind also Correctionsgrössen, wenn kleine Abweichungen von der vollkommenen Einrichtung vorhanden sind.

Ich führe für diese Correctionsgrössen besondere Bezeichnungen ein, und zwar setze ich

$$a' - a = \delta a,$$

$$\varepsilon(\xi_2'\vartheta_2' - \xi_1'\vartheta_1' - \xi_2\vartheta_2 + \xi_1\vartheta_1) = \delta b,$$

$$\frac{1}{2}\varepsilon^2\left(a'(\delta\varphi_0'^2 + i_0'^2) - a(\delta\varphi_0^2 + i_0^2)\right) = \delta c.$$

$$\frac{1}{2}\varepsilon^2\left(A'(\delta\varphi'^2 + i'^2) - A(\delta\varphi^2 + i^2)\right) = \delta C.$$

dann ist

$$\text{XL}_2) \qquad A' = A + \zeta_2' - \zeta_1' - \zeta_2 + \zeta_1 + \delta a + \delta b - \delta c + \delta C,$$

und wir haben nunmehr die einzelnen Correctionen einer Discussion zu unterziehen.

64a. Die Correction wegen Längenänderung des Prisma. Von den Correctionsgliedern ist oft das wichtigste Glied δa. Beim Transversalcomparator, wo man zwei von einander getrennte Instrumente hat, eines zur Einstellung auf das links liegende Ende von A beziehungsweise A', eines zu der auf das rechts liegende Ende jeder der genannten Strecken, sollte sich a von a' garnicht unterscheiden, denn nachdem die die Instrumente tragenden Schlitten einmal in eine den Strecken angepasste Entfernung von einander gebracht und an dem Prisma festgeklemmt sind, dürfen weitere Verstellungen nicht vorgenommen werden. Ist dennoch hier a' von a verschieden, so kann das aus drei Gründen geschehen sein; erstens weil die Instrumente durch die unvermeidlichen Erschütterungen und mechanischen Einwirkungen seitens des Beobachters während der Messungen kleine Aenderungen in ihrer Stellung erlitten haben, zweitens — und das gilt für Comparatoren, bei denen zum Uebergang von einer Strecke auf die andere das Prisma mit den Instrumenten übertragen wird — weil während des Ueberganges von A auf A' das Prisma mit den Instrumenten irgend welche Verbiegungen erfahren hat, drittens weil während der Messung Temperaturänderungen eingetreten sind, infolge deren das Prisma sich zusammengezogen oder ausgedehnt hat.

Den Einflüssen der ersten Art können wir nicht Rechnung tragen, die Instrumente müssen fest genug gelagert sein, dass Erschütterungen und selbst kleine Drucke sie nicht verstellen. Ob das in hinreichendem Maasse der Fall ist, sieht man an jedem Instrument am einfachsten, wenn man auf eine bestimmte Stelle (etwa einen Strich des Maassstabs) pointirt und dann absichtlich gegen das Instrument, den tragenden Schlitten, das Prisma u. s. f. drückt, bei einem solchen Druck wird sich natürlich die Pointirung ändern, lässt man aber mit dem Druck nach, so muss sich, wenn alles in Ordnung ist, die alte Pointirung wieder herstellen. Wir zählen auch Fehler, die diesen Einflüssen zuzuschreiben sind, zu den zufälligen, die durch gehörige Häufung der Beobachtungen und genügende Variirung der Umstände zu eliminiren sind.

Die Einflüsse der zweiten Art können sich wie gesagt nur bei Comparatoren geltend machen, bei denen zum Uebergang von einer Strecke auf die andere eine Fortbewegung des Prisma mit den Instrumenten notwendig ist. Es sind diese Einflüsse namentlich da, wo die Fortbewegung nicht ganz ohne Zwang abgeht, die weitaus gefährlichsten. Sie allgemein zu discutiren hat keinen praktischen Wert, da man in vorliegenden Fällen alle Verbiegungen und Torsionen doch nicht bestimmen kann. Am häufigsten hat man es mit einer einfachen Verbiegung zu tun. Ist zum Beispiel die Strecke a in der Einstellung auf A gerade, dagegen in der Einstellung auf A' durch einen solchen Zwang zu einem Bogen vom Radius R gebogen, so tritt an Stelle von a die Sehne dieses Bogens und wir haben, falls die Höhe dieses Bogens (der „Pfeil“ des Bogens) h ist

$$a' = \sqrt{a^2 - 4h^2} = a\left(1 - \frac{2h^2}{a^2}\right) = a - \frac{2h^2}{a},$$

somit

$$\delta a = -\frac{2h^2}{a}.$$

Soll die Messung von dieser Seite bis auf 0,001 mm sicher sein, so darf h nicht grösser sein als $\sqrt{\frac{0{,}001 . a}{2}}$, also bei Vergleichung von 2 Meterstäben mit einander, wo a ungefähr 1000 mm sein wird, nicht grösser sein als $\sqrt{\frac{1}{2}}$ mm, das ist etwa 0,7 mm.

Die Verbiegung h lässt sich durch einfache Nachmessung derselben nicht wol bestimmen, man verschafft sich eine angenäherte Kenntnis von ihr, wenn man eine bekannte Strecke in verschiedenen Stellungen des Prisma nachmisst. Indessen wird bei der Einrichtung solcher Comparatoren schon dafür gesorgt, dass die Bewegung des Prisma so zwangfrei als möglich geschieht; viele Comparatoren haben übrigens ein festgelegtes Prisma, so dass nicht die Instrumente, sondern die zu vergleichenden Strecken auf ihrer Unterlage hin- und herzufahren sind, und bei solchen Comparatoren fallen die genannten Einflüsse ganz fort.

Die Einflüsse der dritten Art haben wir später zu discutiren.

Beim Longitudinalcomparator ist entweder nur ein Instrument zur Pointirung auf alle vier Enden vorhanden oder es existiren zwei auf demselben Schlitten sitzende Instrumente, deren eines zur Pointirung auf die Enden von A dient, deren anderes auf die Enden von A' pointiren soll. Da man hier in beiden Fällen erst auf einer Seite auf A und A' ointirt, dann den Schlitten mit dem Instrument längs der Schiene nach der andern Seite transportirt und auf die dort liegenden Enden von A und A' pointirt, ist, wenigstens wenn die Pointirungen an jeder Seite rasch auf einander folgten, von einer thermischen Correction δa keine Rede. Von den aus mechanischen Einflüssen sich herschreibenden Correctionen δa ist auch die durch Erschütterungen und unwillkürliche Einwirkung des Beobachters etwa bedingte, ebenso wie bei den Messungen auf dem Transversalcomparator durch Häufung der Beobachtungen und Variirung der begleitenden Umstände zu eliminiren, während die andere, etwa aus einer Biegung des Prisma sich ergebende hier von vornherein fortfällt, weil bei Longitudinalcomparatoren das Prisma festliegt und man sich immer so einrichtet, dass man da, wo zwei Instrumente vorhanden sind, unter das eine Instrument die eine, unter das andere die andere Strecke legt, und da, wo nur ein Instrument zu allen Pointirungen dient, beide Strecken unmittelbar neben einander gelegt werden, so dass sie zugleich im Gesichtsfelde erscheinen. Scheint hiernach ein Longitudinalcomparator hinsichtlich dieser Correctionen δa vor einem Transversalcomparator grosse Vorzüge zu besitzen, so steht es ihm hinsichtlich der folgenden Correctionen im allgemeinen nach.

64b. Die Correction wegen Verticalabweichung und Drehung der optischen Instrumente. Die folgende Correction δb ist meist die am wenigsten bedeutungsvolle, sie hängt von den Abweichungen der Pointirungsrichtungen von der festen z Axe, von den Entfernungen der Streckenenden, von den Mikrometermitten der Instrumente und den Abweichungen der Pointirungsrichtungen von einander ab. Es können nun zunächst die Abweichungen wieder aus mechanischen und aus thermischen Gründen Veränderungen unterworfen sein. Die aus der Wärmewirkung resultirenden Veränderungen der betreffenden Grössen können wir bei nicht zu grossen Temperaturschwankungen unbedenklich vernachlässigen, denn sind schon diese Veränderungen für sich nur klein, so erscheinen sie, weil mit ε multiplicirt, noch beträchtlich verringert. Anders steht es mit den möglichen mechanischen Aenderungen der einzelnen Abweichungen, hier können dieselben sehr wol von der Ordnung der Abweichungen selbst sein.

Wir können allgemein sagen, dass die ϑ dadurch in die ϑ' übergehen, dass die Instrumente bei Transversalcomparatoren während des Uebergangs von A auf A', bei Longitudinalcomparatoren während des Uebergangs von der einen Seite der zu vergleichenden Strecken auf die andere gegen einander Verdrehungen erleiden, wodurch bei jenen ϑ_1 zu ϑ_1', ϑ_2 zu ϑ_2', bei diesen ϑ_1 zu ϑ_2, ϑ_1' zu ϑ_2' wird. Solche Verdrehungen treten beim Transversalcomparator auf, wenn die Einrichtung so getroffen ist, dass man zur Bewerkstelligung des Uebergangs von A auf A' das Prisma mit den Instrumenten von A auf A' überführen muss und diese Ueberführung entweder nicht ohne Zwang vor sich geht, so dass Verbiegungen und Torsionen zu Stande kommen, oder mit Drehungen des Prisma verbunden ist, vermöge deren dasselbe einen Kegelmantel, statt, wie es geschehen soll, eine Ebene beschreibt. Beim Longitudinalcomparator aber erscheinen sie, wo mit der Verschiebung des Schlittens zugleich eine Drehung desselben, sei es während der Verschiebung oder später beim Festklemmen in der neuen Lage vorfällt, und gerade hier können sie viel leichter eintreten als beim Transversalcomparator.

Wir wollen zunächst von Verbiegungen und Torsionen absehen und bei dem Transversalcomparator das Prisma, bei dem Longitudinalcomparator den Schlitten als ein starres, mit den Instrumenten starr verbundenes System ansehen. In diesem Falle ist bei beiden Comparatorarten $\varphi_1' = \varphi_1$, und es ändern sich nur die ϑ. Die Aenderungen von ϑ_1, ϑ_2 in ϑ_1', ϑ_2', beziehungsweise von ϑ_1, ϑ_1' in ϑ_2, ϑ_2' können dann nur durch gewöhnliche Drehung um irgend welche Punkte zu Stande kommen.

Beim Transversalcomparator ist der Uebergang von ϑ_1 in ϑ_1' und der von ϑ_2 in ϑ_2' zu verfolgen.

Setzen wir $\sin\vartheta_1' = \sin\vartheta_1 + \delta(\sin\vartheta_1)$ und beachten, dass $\cos\vartheta_1 = \gamma_3$ ist, so folgt

$$\delta(\sin\vartheta_1) = \delta(\sqrt{1-\gamma_3^2}) = -\frac{\gamma_3}{\sqrt{1-\gamma_3^2}}\delta\gamma_3 = -\frac{\cos\vartheta_1}{\sin\vartheta_1}\delta\gamma_3.$$

Wir zerlegen die ganze Drehung, die das Instrument I beim Uebergang von A auf A' erleidet, in drei Componenten π_1, χ_1, ρ_1 nach den drei Axen der ξ_1, η_1, ζ_1, also nach dem I zugehörigen Axensystem in seiner Einstellung auf A. Alsdann haben wir,*) wenn diese Componenten in Bogensecunden ausgedrückt werden,

$$\delta\gamma_3 = \varepsilon(\gamma_1\chi_1 - \gamma_2\pi_1),$$

also zufolge der früher gegebenen Beträge von γ_1 und γ_2

$$\delta\gamma_3 = \varepsilon(\chi_1 \sin\vartheta_1 \cos f_1 - \pi_1 \sin\vartheta_1 \sin f_1).$$

Hiernach wird

$$\delta(\sin\vartheta_1) = -\varepsilon(\chi_1 \cos f_1 - \pi_1 \sin f_1)\cos\vartheta_1,$$

und entsprechend

$$\delta(\sin\vartheta_2) = -\varepsilon(\chi_2 \cos f_2 - \pi_2 \sin f_2)\cos\vartheta_2,$$

f_1 und f_2 dürfen wir hier beide gleich Null annehmen, und da auch $\cos\vartheta_1 = \cos\vartheta_2 = 1$ gesetzt werden kann, haben wir

$$\sin\vartheta_1' = \sin\vartheta_1 - \varepsilon\chi_1, \quad \sin\vartheta_2' = \sin\vartheta_2 - \varepsilon\chi_2,$$

und die Correction δb geht über in

$$\delta b = \varepsilon\Big((\xi_2' - \xi_2)\vartheta_2 - (\xi_1' - \xi_1)\vartheta_1 - \chi_2\xi_2' + \chi_1\xi_1'\Big).$$

δb zerfällt also in zwei Teile, dem

$$\delta b_1 = \varepsilon\Big((\xi_2' - \xi_2)\vartheta_2 - (\xi_1' - \xi_1)\vartheta_1\Big),$$

*) Kirchhoff, Mathematische Physik, Seite 50, Gleichungen 20).

der fast allein von der ersten Einrichtung der Instrumente abhängt, und dem

$$\delta b_2 = -\varepsilon(\chi_2 \xi_2' - \chi_1 \xi_1'),$$

der durch Drehungen der Instrumente bei dem Uebergang von A auf A' hervorgebracht wird.

Ganz ebenso finden wir bei dem *Longitudinalcomparator*, wo der Uebergang von ϑ_1, ϑ_1' in ϑ_2 bezw. ϑ_2' zu betrachten ist,

$$\delta b_1 = \varepsilon\big((\xi_2' - \xi_1')\vartheta_1' - (\xi_2 - \xi_1)\vartheta_1\big),$$

$$\delta b_2 = -\varepsilon(\chi_1' \xi' - \chi_1 \xi_1),$$

wo χ_1', χ_1 für die Instrumente I′, I dieselbe Bedeutung haben, wie bei dem Transversalcomparator χ_1, χ_2 für die Instrumente I, II.

Was den Teil δb_1 anbetrifft, so sind die ξ die Entfernungen der Mikrometermitten von den bezüglichen Strecken. Bei guter Einrichtung werden $\xi_2' - \xi_2$ und $\xi_1' - \xi_1$, bezw. $\xi_2' - \xi_1'$ und $\xi_2 - \xi_1$ nur geringe Beträge erreichen, jedenfalls kann ξ_2' von ξ_2 und ξ_1' von ξ_1, bezw. ξ_2' von ξ_1' und ξ_2 von ξ_1 nicht mehr verschieden sein, als es die Deutlichkeit der Bilder in den Instrumenten zulässt.

Setzt man für diese Differenzen selbst 5 mm an, was sehr viel ist und in der Praxis kaum je erreicht werden wird, und nimmt $\vartheta_2 = 2' = 120''$, so ist der Term $\varepsilon(\xi_2' - \xi_2)\vartheta_2 = \frac{600}{206265}$ mm $= 0{,}003$ mm. Bis zu 2′ können die ϑ allerdings ansteigen, ohne besonders bemerkt zu werden, bei ganz genauen Messungen wird man also die Glieder $(\xi_2' - \xi_2)\vartheta_2 - (\xi_1' - \xi_1)\vartheta_1$, bezw. $(\xi_2' - \xi_1')\vartheta_1' - (\xi_2 - \xi_1)\vartheta_1$ anscheinend nicht ohne weiteres fortlassen dürfen. Bei solchen ganz genauen Messungen werden aber dafür auch die $\xi_2' - \xi_2$ und $\xi_1' - \xi_1$, bezw. $\xi_2 - \xi_1'$ und $\xi_2 - \xi_1$ sehr klein gehalten werden, weil man bei solchen Messungen einerseits auf die Einstellung grössere Sorgfalt verwendet und andererseits stärkere Vergrösserungen in den Instrumenten zur Anwendung bringt, und mit der Vergrösserung die Spielweite der Einstellung abnimmt, worauf wir später noch zurückkommen werden. Da man nun die ϑ nur sehr selten wird experimentell bestimmen können, gewährt es eine gewisse Beruhigung, wenn man wenigstens weiss, dass die von ihnen abhängigen Glieder in den meisten Fällen nur unbeträchtliche Werte erreichen.

Der zweite Teil δb_2 wird durch etwaige Drehung der Instrumente um die η Axen bestimmt. Diese Axen sind einander nahezu parallel, laufen beide nahezu horizontal und sind beide gegen das Prisma quergerichtet, es kommen also nur Drehungen um horizontale, gegen die Pointirungsrichtungen senkrechte Axen in Frage; Drehungen um andere Axen haben keinen bemerkbaren Einfluss.

Wir wollen erst annehmen, dass das Prisma mit den Instrumenten sich wie ein starres System verhält, alsdann haben jedenfalls χ_1 und χ_2, bezw. χ_1' und χ_1 beide gleiches Zeichen. Bezeichnen wir das grössere von beiden mit χ, so kann also die Correction δb_2 den Wert $\varepsilon\chi(\xi_2' - \xi_1')$, bezw. $\varepsilon\chi(\xi_2' - \xi_2)$ nicht überschreiten. Beim Transversalcomparator ist $\xi_2' - \xi_1'$ die Differenz der Abstände der Mikrometermitten von I' und II' von den bezüglichen Enden der Strecke A'; sind also die Instrumente gleich construirt, so wird diese Differenz jedenfalls nur gering sein und dann ist auch δb_2 zu vernachlässigen. Da hier beide Instrumente bei beiden Strecken zur Anwendung kommen, ist gar kein Grund vorhanden, diese beiden Instrumente verschieden zu gestalten, man wird darum auch selten δb_2 zu beachten haben.

Bei dem Longitudinalcomparator können sich ξ_2' und ξ_2 auf verschiedene Instrumente beziehen und wenn jedes dieser Instrumente nur bei einer Strecke benutzt wird, ist es wol möglich und oft sogar — namentlich dann, wenn sehr enggeteilte Scalen (Gitter) mit weitgeteilten zu vergleichen sind — geboten, diese Instrumente optisch verschieden zu wählen und dann kann $\xi_2' - \xi_2$ bis zu einem beträchtlichen Werte, bis zu 100 mm und mehr ansteigen. Beim Longitudinalcomparator befinden wir uns also hinsichtlich der Correction δb nicht immer in der günstigen Lage, wie bei dem Transversalcomparator.

Wie dem auch sei, jedenfalls ist bei beiden Comparatorarten, wenn nur die beiden Instrumente zusammen sich wie ein starres System drehen, vornehmlich auf Drehungen der Instrumente um horizontale, gegen die Centralebenen quergerichtete Axen ganz besonders zu achten. Solche Drehungen erscheinen bei dem Transversalcomparator, wenn zum Uebergang von A auf A' das Prisma mit den Instrumenten vor- oder rückwärts geschoben werden muss und die Unterlagen des Prisma, die Schienen, nicht ganz parallel sind, sondern eine in Bezug auf die andere mehr nach oben oder nach unten geht; bei dem Longitudinalcomparator, wenn der Schlitten bei dem Transport von der einen Seite nach der andern, oder bei dem Festklemmen, weil das Prisma nicht gerade ist oder unter dem Druck der Klemmschraube sich biegt, sich nicht parallel bleibt, und hier gerade können solche Drehungen leicht auftreten.

Wir können für diesen Fall, wo die Drehung wie bei einem starren System vor sich gehen soll, statt der Drehungscomponenten um die η Axen auch die um die x, y, z Axen einführen, welche für beide Instrumente dieselben Beträge haben; es ist, wenn wir die Drehungen um diese x, y, z Axen mit εp, εq, εr bezeichnen, zum Beispiel

$$\chi_1 = \alpha_2 p + \beta_2 q + \gamma_2 r,$$

somit zufolge der Seite 128 gegebenen Werte der α_2, β_2, γ_2

$$\chi_1 = -p \sin(f_1 - \varphi_1) - q \cos(f_1 - \varphi_1) + r \sin\vartheta_1 \sin f_1$$

und weil $f_1 = 0$, ϑ_1 sehr klein ist,

$$\chi_1 = p \sin\varphi_1 - q \cos\varphi_1.$$

Entsprechend ist mit genügender Näherung

$$\chi_2 = p \sin\varphi_2 - q \cos\varphi_2,$$
$$\chi_1 = p \sin\varphi_1 - q \cos\varphi_1, \quad \chi_1' = p \sin\varphi_1' - q \cos\varphi_1',$$

und es wird

$$\delta b_2 = \varepsilon\left(p\,(\xi_1' \sin\varphi_1 - \xi_2' \sin\varphi_2) - q\,(\xi_1' \cos\varphi_1 - \xi_2' \cos\varphi_2)\right),$$

bezw.

$$\delta b_2 = \varepsilon\left(p\,(\xi_2 \sin\varphi_2 - \xi_2' \sin\varphi_2') - q\,(\xi_2 \cos\varphi_2 - \xi_2' \cos\varphi_2')\right).$$

Diese Ausdrücke haben aber mehr theoretisches, als praktisches Interesse.

Wenn die Instrumente nicht mit einander starr verbunden sind, kann jedes von ihnen unabhängig von dem andern, etwa durch Erschütterungen, Drehungen erleiden, es können auch, namentlich bei dem Transversalcomparator, Torsionen und Biegungen eintreten, vermöge deren ebenfalls Drehungen zustande kommen. Wir dürfen dann nur von der ersten Form für δb_2 Gebrauch machen, haben aber kein Recht mehr, den χ_1 und χ_2, bezw. den χ_1', χ_1 gleiche Zeichen zuzusprechen, und es können die δb_2 zu beträchtlichen Werten ansteigen. Indessen ist es nicht möglich, allgemeine Beziehungen zwischen diesen Grössen aufzustellen, und man muss praktisch darauf halten, dass eben solche selbständige Drehungen und Biegungen und Torsionen vermieden werden. Bei dem Transversalcomparator muss also das Prisma gehörig rigid sein, bei beiden Comparatoren müssen die Instrumente an dem Schlitten ganz fest geklemmt werden, bei dem Longitudinalcomparator müssen die die einzelnen Teile des beide Instrumente tragenden Schlittens fest in einander gefügt sein. Ob diese Bedingungen erfüllt sind, sieht man, wie schon bemerkt, am besten, wenn man die Instrumente auf irgend welche Objecte einstellt und absichtlich starke Erschütterungen durch Stösse hervorbringt; die Objecte werden bei genügender Rigidität nach eingetretener Ruhe an derselben Stelle des Gesichtsfeldes erscheinen, die sie vor den Erschütterungen inne hatten, andernfalls zeigen sie sich an andern Orten.

64c. Die Correction wegen Lagenänderung der optischen Instrumente. Die dritte Correction δc ist bestimmt durch

$$\delta c = \frac{\varepsilon^2}{2}\left(a'\,(\delta\varphi_0'^2 + i_0'^2) - a(\delta\varphi_0^2 + i_0^2)\right).$$

Wir dürfen hier ohne weiteres a' durch a ersetzen, denn wie wir gesehen haben, können a' und a bei einigermassen guter Einrichtung und günstigen Umständen nur wenig von einander verschieden sein. Es ist also

$$\delta c = \frac{\varepsilon^2}{2}\,a\left(\delta\varphi_0'^2 - \delta\varphi_0^2 + i_0'^2 - i_0^2\right).$$

Der Wert von a braucht nur angenähert bekannt zu sein und darf auch durch den bekannten Betrag A des benutzten Teils des Maassstabes, den wir mit A' vergleichen, ersetzt werden.

Die Correction δc hängt allein von den Veränderungen der optischen Instrumente ab; wenn diese Veränderungen fortfallen, verschwindet auch diese Correction. Wir sehen wieder zunächst von Verbiegungen und Torsionen, die die Instrumente gegen einander verstellen, ab und nehmen an, dass i_0' aus i_0 und $\delta\varphi_0'$ aus $\delta\varphi_0$ dadurch entstanden ist, dass das Prisma oder der Schlitten als starres System Drehungen erlitten hat. Führen wir wieder die Drehungscomponenten εp, εq, εr des ganzen Systems um die Axen der x, y, z und ferner das in Art. 64 benutzte Coordinatensystem $(\xi, \eta, \zeta)_0$, in welchem die Axe ζ die Linie a selbst ist, ein, so wird nach den herangezogenen Lehren der Mechanik

$$\cos(a', z) = \cos(a, z) - \varepsilon\big(q\cos(\zeta_0 x) - p\cos(\zeta_0 y)\big).$$

Hierin ist aber nach Art. 64

$$\cos(a', z) = 1 - \frac{\varepsilon^2}{2}(\delta\varphi_0'^{\,2} + i_0'^{\,2}),\ \cos(a, z) = 1 - \frac{\varepsilon^2}{2}(\delta\varphi_0^{\,2} + i_0^{\,2}),$$

also bekommen wir

$$-\frac{\varepsilon^2}{2}(\delta\varphi_0'^{\,2} - \delta\varphi_0^{\,2} + i_0'^{\,2} - i_0^{\,2}) = p\cos(\zeta_0 y) - q\cos(\zeta_0 x),$$

d. h.

$$\delta c = -a\big(p\cos(\zeta_0 y) - q\cos(\zeta_0 x)\big).$$

Es ist nun (Art. 64)

$$\cos(\zeta_0 x) = \sin i_0,\ \cos(\zeta_0 y) = -\sin\varphi_0,$$

also

$$\cos(\zeta_0 x) = +\varepsilon i_0,\ \cos(\zeta_0 y) = -\varepsilon\delta\varphi_0$$

und

$$\delta c = a\varepsilon^2(p\delta\varphi_0 + q i_0).$$

Es verschwindet δc zunächst, wenn q und p beide Null sind, das Prisma sich also um die Horizontal- und Verticalaxe nicht dreht, welche Drehungen sie auch um die Pointirungsrichtung erleidet, wie auch von vornherein einleuchtet. Ferner ist auch $\delta c = 0$, wenn $q/p = -\delta\varphi_0/i_0$ ist, wenn also die Drehung des Prisma um die Horizontalaxe zu der um die Verticalaxe in demselben Verhältnis steht, wie die Neigung der Linie a gegen die verticale xz Ebene zu der Neigung gegen die horizontale zy Ebene. Es ist aber wol nicht möglich zu entscheiden, ob bei einem gerade in Anwendung befindlichen Apparat eine dieser beiden Bedingungen erfüllt ist.

Vorhin sahen wir, dass bei der Verwandlung der ϑ in ϑ' durch Drehungen allein vorzüglich die q Componente in Frage kam, hier tritt noch die p Componente hinzu. Im Ganzen ist also, wenigstens bei der hier gewählten Art der Correctionsrechnung, hinsichtlich der Drehungen des Prisma beziehungsweise des Schlittens (beim Longitudinalcomparator) als starres System nur die Drehung zu beachten, welche um eine Axe vor sich geht, die in einer auf der Pointirungsrichtung senkrecht stehenden Verticalebene liegt.

Kommen wieder zu den Drehungen noch Verbiegungen und Torsionen hinzu, so müssen wir bei der ursprünglichen Form der Correction δc stehen bleiben.

64d. Die Correction wegen Neigung und Nichtparallelität der zu vergleichenden Längen. Die letzte Correction δC hängt ganz allein von der Lage der zu vergleichenden Strecken ab, und da diese beiden Strecken im allgemeinen getrennt sein werden, wird zwischen $\delta\varphi'$, i' und $\delta\varphi$, i keine Verbindung bestehen.

Es ist leicht zu zeigen, wie man die Winkel $\delta\varphi$, $\delta\varphi'$ einander gleich machen kann, wenn die Linien, welche die Enden der Strecken verbinden, woldefinirt sind, sei es dadurch, dass A und A' selbst geradezu durch mechanisch gezogene sichtbare Linien dargestellt sind, oder da, wo nur die Enden charakterisirt sind, dadurch dass wenigstens zu denselben parallele Linien (wie Kanten, Projectionen von Mantelflächen u. s. f.) existiren. Beim Transversalcomparator benutzt man zunächst eine der Strecken oder, wo sie nicht selbst sichtbar auftritt, eine ihr parallele Linie, um die Pointirungsrichtungen der beiden Instrumente (I, II) in dieselbe Ebene zu bringen. Dazu dreht man diese Instrumente in ihren Hülsen so lange, bis die in ihren Mikrometerebenen durch Fäden markirten Pointirungsrichtungen mit dieser Linie zusammenzufallen scheinen. Rückt man nun die betreffende zweite Strecke so zurecht, dass die sie charakterisirende Linie oder eine andere ihr parallele, wenn die Instrumente auf ihre Enden eingestellt sind, im Gesichtsfeld derselben den, wie bemerkt, durch Fäden markirten Pointirungsrichtungen parallel läuft, so können jedenfalls $\delta\varphi$ und $\delta\varphi'$ als einander hinlänglich gleich angesehen werden, denn in der Correction δC sind diese Grössen mit ε^2 multiplicirt. Eine der beiden Strecken, nämlich A, gehört einem Maassstab an; hier ist die nötige gerade Linie durch die Kante des Maassstabes, oder durch eine durch die Striche selbst gezogene Linie oder dadurch gegeben, dass die Mitten der Striche ideell verbunden gedacht werden. Man wird also zumeist den Maassstab benutzen können, um die Pointirungsrichtungen in eine Ebene zu bringen.

Beim Longitudinalcomparator hat man die Pointirungsrichtung des einen optischen Instruments an der einen, die des andern an der andern Strecke zu richten, da man aber hier die Instrumente von einer Seite nach der andern transportiren muss, kann man dieses Richten nicht allein an den Instrumenten ausführen, sondern muss zugleich auch die Strecken oder die ihnen parallelen Linien richten. Nehmen wir die Strecke A und das Instrument I, so legt man erst A so hin, dass es dem Prisma annähernd parallel ist und zugleich an einem Ende im Gesichtsfeld von I erscheint, dann dreht man I in seiner Fassung, bis der die Pointirungsrichtung markirende Faden A parallel läuft; bringt man den Schlitten mit den Instrumenten nach der andern Seite, so wird dort A nicht mit der Pointirungsrichtung übereinstimmen, man corrigirt einen Teil durch kleine Stösse, die man A an der betreffenden Stelle versetzt und den Rest durch Drehen des Instruments in seiner Fassung, dann geht man wieder zurück auf die Ausgangsstelle und corrigirt dort in derselben Weise zur einen Hälfte an A, zur andern an dem Instrument u. s. f. Ebenso verfährt man mit A' und dem zugehörigen Instrument; hat aber A' keine sichtbare, mit der zu messenden Strecke zusammenfallende oder derselben parallele Linie, so legt man erst an Stelle von A' einen Stab mit gerader Kante, etwa A selbst, hin und operirt mit diesem in der angegebenen Weise. Ersetzt man dann diesen Stab durch A', so hat man A' so zurecht zu rücken, dass das eine Ende im Gesichtsfeld des Instruments in derselben Entfernung von dem die Pointirungsrichtung markirenden Faden erscheint, wie nach Transportirung des Schlittens und geeigneter Einstellung das andere Ende.

Es wäre sehr gut, wenn man das Richten der Pointirungsrichtungen nur ein für alle mal auszuführen brauchte, denn je weniger man an den Instrumenten operirt, desto besser ist es, da man aber meist gezwungen ist die optischen Instrumente bei jeder besondern Messung erst auf deutliche Sichtbarkeit der Enden einzustellen und bei einer solchen Einstellung eine mehr oder minder grosse Drehung der Instrumente in ihren Fassungen sich nicht gut ganz vermeiden lässt, geht das nicht an; nur bei solchen Apparaten, wo die Unterlage der Strecken sich höher und tiefer bringen lässt, kann das Einstellen nicht an den Instrumenten, sondern an der Unterlage der Strecken bewirkt werden, indem man diese so lange hebt oder senkt, bis die Strecken im Gesichtsfelde der Instrumente deutlich und scharf erscheinen.

Man kann auch $\delta\varphi'^2 - \delta\varphi^2$ dadurch zum Verschwinden bringen, dass man $\delta\varphi' = \delta\varphi$ macht, bedenkt man aber, dass diese Winkel die Neigungen der Strecken gegen die jeweilige Ebene der xz, diese aber, weil die x Axe unsern Festsetzungen nach einmal in der Centralebene von Instrument I und dann in der von I′ liegen sollte, in Bezug auf A' nur dann der Ebene in Bezug auf A parallel sein wird, wenn die Centralebenen von I und I′ parallel laufen, so sieht man, dass hierzu nicht ausreicht, die Strecken für sich in parallele Ebenen zu bringen, die Hauptsache ist vielmehr, dass die Strecken zu den zugehörigen xz Ebenen dieselbe Neigung besitzen. Indessen wird gerade diese von $\delta\varphi'^2 - \delta\varphi^2$ abhängende Correction am wenigsten beachtet, weil sich eben die Centralebenen genügend parallel richten lassen.

Es hängt δC nun noch ab von $i'^2 - i^2$ der Differenz der Quadrate der Neigungen der Strecken gegen den Horizont. Diese Neigungen sind leicht zu bestimmen, wenn die Längen auf geebneten Flächen aufgetragen sind. Auch dann, wenn etwa die Strecken Linien parallel sind, mit denen sie auf der Unterlage aufliegen, sei es, dass diese Linien (wie bei Maassstäben) geebneten oder (wie bei in Röhren eingeschlossenen Quecksilberfäden) cylindrisch gekrümmten Flächen angehören, sei es, dass sie durch Vorsprünge gelegt zu denken sind, kann man i' und i messen, indem man die Neigung der Unterlage in den Richtungen jener Linien mit Röhrenlibellen bestimmt. Natürlich wird man in diesen Fällen überhaupt i' und i durch Horizontiren der Strecken oder ihrer Unterlage zum Verschwinden zu bringen suchen.

Statt des Horizontirens der Strecken mit Libellen kann man sich auch eines optischen von den Mechanikern Brunner*) vorgeschlagenen Verfahrens bedienen. Man stellt, beispielsweise beim Transversalcomparator, die Instrumente I, II auf Objecte ein, von denen man sicher ist, dass dieselben in einer und derselben Horizontalebene liegen, bringt man dann die zu vergleichenden Strecken auf ihrer Unterlage in solche Höhe, dass jede von ihnen an beiden Enden gleich scharf gesehen werden kann, so kann man annehmen, dass diese Enden bei jeder Strecke, soweit wenigstens, als es der Spielraum für optische Einstellungen gestattet (Art. 37), in einer Horizontalebene liegen. Die nötigen Objecte verschafft man sich dadurch, dass man zwei Schaalen mit Wasser füllt und mit Lykopodium oder einem feinen Pulver bestreut. Die eine Schaale stellt man unter das eine, die andere unter das andere Instrument. Verbindet man nun beide Schaalen durch einen Schlauch, so gelangen die beiden Wasserspiegel und mit ihnen die auf ihrer Oberfläche schwimmenden Körperchen in genau dieselbe Horizontalebene und wenn man nun mit den optischen Instrumenten auf die bezüglichen Körperchen scharf einstellt, hat man den Zweck, die Instrumente derselben Horizontalebene anzupassen, erreicht. Diese Anpassung kann lange Zeit erhalten bleiben und braucht nur hin und wieder controlirt zu werden.

Die Correction δC ist um so weniger bedeutend, je kleiner die zu vergleichenden Strecken sind, ganz so wie die Correction δc, so dass man sie bei Messungen, die ganz geringe Strecken betreffen, etwa solche, die noch nicht 100 mm erreichen, vernachlässigen darf.

64e. Eliminirung der Correctionen durch Vertauschung der zu vergleichenden Strecken. Damit ist die Discussion der einzelnen Correctionsglieder erledigt, und es ist diese Discussion insofern von Wert, als sie gelehrt hat, worauf es ankommt, auf welche Eigenheiten des Apparates und der geometrischen Einrichtung ganz besonders zu achten ist. Fragt man aber danach, welche der Correctionsglieder sich gegebenen Falls wirklich in Rechnung ziehen lassen, so zeigt sich, dass wir mit unsern jetzigen Mitteln eigentlich nur die Terme $\frac{\varepsilon^2}{2} A(i'^2 - i^2)$ und $a' - a$, und diese auch nicht immer und in voller Strenge zu berücksichtigen im Stande sind. Alle andern Correctionsglieder haben mehr ideellen als praktischen Wert, vor allen Dingen weil die auf die Pointirungsrichtungen sich beziehenden Winkel einer experimentellen Bestimmung noch nicht zugänglich sind.

*) Bénoit in Traveaux et mémoires du Bureau international des poids et mésures. Tome II.

Man kann sich aber von diesen Correctionen zum Teil frei machen, wenn man die Messungen mehrmals und zwar jedesmal unter andern Verhältnissen ausführt. Nicht blos ordnet man die ganze Messung symmetrisch zur Mitte an, indem man die Pointirungen in der Folge A, A', A', A ausführt, also in derselben Messungsreihe zwei vollständige und von einander unabhängige Vergleichungen, und zwar erst von A mit A' und dann von A' mit A ausführt, sondern man tut gut, nach einer Messungsreihe noch eine zweite vorzunehmen, nachdem man die zu vergleichenden Strecken mit einander vertauscht hat. In der Tat hat man eine Messungsreihe mit vertauschten Strecken ausgeführt und dabei die Pointirungen beispielsweise in der Folge A', A, A, A' vorgenommen, so bekommen bei sonst unveränderten Verhältnissen fast alle von der Einrichtung der Instrumente abhängigen Correctionsglieder das entgegengesetzte Zeichen, denn die nicht accentuirten Buchstaben beziehen sich dann auf die Pointirungen auf A', die accentuirten auf die von A, und man sieht leicht, dass so im Mittel aus beiden Messungsreihen fast alle Correctionen (bis auf diejenigen, welche von der Orientirung der Strecken selbst abhängen) herausfallen.

Andere Variirungen der Verhältnisse bestehen in Umlegen der Strecken, so dass die zuerst links gelegenen Enden nach rechts kommen. Dieses Umlegen trägt wenig zur Vernichtung der hier behandelten Correctionsgrössen bei, ist aber zur Eliminirung anderer Correctionen, die wir später noch kennen lernen werden, von bedeutendem Vorteil.

64 f. (Contactmessungen), Vergleichung zusammengesetzter Strecken, Messungen mit Zusatzstücken. Ich habe bis jetzt vorausgesetzt, dass die Strecken A und A' direct mit einander verglichen werden können, jede von ihnen eine fortlaufende Gerade bildet. Es ist aber schon in Art. 43 darauf hingewiesen, dass man oft gezwungen ist, die Vergleichungen nicht an diesen Strecken selbst auszuführen, sondern an diesen Strecken, nachdem man sie beide oder eine von ihnen noch mit Zusatzstücken (Contactstücken) versehen hat. Diese Zusatzstücke bilden Verlängerungen der betreffenden Strecken, die als bekannt anzusehen sind, und wenn sie erstens genau in Richtung der betreffenden Strecken selbst verlaufen und zweitens deren unmittelbare Fortsetzung bilden, bringt ihre Anwendung auch keine Complication in die Rechnung, es bleibt die einfache in Art. 64 angegebene Formel bestehen. Da man aber nicht unter allen Umständen erwarten darf, diese beiden Bedingungen erfüllt zu sehen, haben wir noch zuzusehen, welche Correctionen hier noch etwa hinzukommen.

Um die Untersuchung nicht unnütz zu compliciren, abstrahire ich zunächst von der zweiten Bedingung, nehme also an, dass die betreffenden Enden der Zusatzstücke mit den Enden der Strecken A und A' absolut zusammenfallen. Es seien die linken Zusatzstücke an A und A' bezw. Z_l, Z'_l, die rechten bezw. Z_r, Z'_r; die linken Enden der Strecken nenne ich l, l', die rechten r, r'. Die Enden von Z_l, Z_r, bezw. Z'_l, Z'_r, welche mit den Enden von A bezw. A' in Berührung stehen sollen — sie sollen die *Contactenden* der Zusatzstücke heissen — nenne ich λ_r, ρ_l, bezw. λ'_r, ρ'_l, die Enden, auf welche pointirt wird (Punkte oder Striche auf den Zusatzstücken), λ_l, ρ_r, bezw. λ'_l, ρ'_r.

Zu vergleichen sind dann die Linien $A = lr$ und $A' = l'r'$, gemessen werden aber die Linien $\lambda_l \rho_r$ und $\lambda'_l \rho'_r$. Bezeichnet man diese letztern Strecken mit A bezw. A', die Zusatzstrecken mit α_l, α_r; α'_l, α'_r, so wird

$$\mathrm{A} = \lambda_l \rho_r,\quad \mathrm{A}' = \lambda'_l \rho'_r;\quad \alpha_l = \lambda_l \lambda_r,\quad \alpha_r = \rho_l \rho_r;\quad \alpha'_l = \lambda'_l \lambda'_r,\quad \alpha'_r = \rho'_l \rho'_r.$$

α_l, α'_l sind als positive Beträge in die Rechnung einzuführen, wenn die Contactenden rechts von den Pointirungsenden liegen, als negative, wenn sie sich links von diesen befinden. Umgekehrt sind α_r, α'_r wie negative Grössen zu behandeln, wenn die Contactenden rechts von den Pointirungsenden liegen, wie negative, wenn sie links von denselben sich befinden. Wann der eine oder andere Fall eintritt, hängt ganz von der Construction der Zusatzstücke ab.

Eine Beziehung zwischen A und A ist sehr leicht zu bekommen, wenn man den Cosinus der Richtungswinkel von A in geeigneter Weise ausdrückt.

Bezeichnen wir die z Coordinaten von λ_l, λ_r mit z_l, ζ_r, die von ρ_l, ρ_r mit ζ_l, z_r, so haben wir zunächst

$$\cos(\mathrm{A}, z) = \frac{z_r - z_l}{\mathrm{A}}$$

oder, wenn wir $\zeta_l - \zeta_r$ subtrahiren und addiren,

$$\mathrm{A} \cos(\mathrm{A}, z) = (z_r - \zeta_l) + (\zeta_r - z_l) + (\zeta_l - \zeta_r).$$

Es ist aber, wenn wir die Richtungen in der Erstreckung von links nach rechts als positiv rechnen, also auch das Instrument I als das links befindliche ansehen,

$$(z_r - \zeta_l) = \alpha_r \cos(\alpha_r, z),\quad (\zeta_r - z_l) = \alpha_l \cos(\alpha_l, z),\quad (\zeta_l - \zeta_r) = A \cos(A, z),$$

somit

$$\mathrm{A} \cos(\mathrm{A}, z) = \alpha_r \cos(\alpha_r, z) + \alpha_l \cos(\alpha_l, z) + A \cos(A, z).$$

Nun liegen alle hier in Frage kommenden Linien nahezu horizontal, führen wir also Winkel $\delta\varphi$ und i in ähnlicher Bedeutung wie früher bei A und a ein, und symbolisiren diese Winkel nach dem folgenden Schema

zu A	Winkel	$\overline{\delta\varphi}$,	$\overline{i}$,
„ A	„	$\delta\varphi$,	i,
„ Z_l	„	$\delta\varphi_l$,	i_l,
„ Z_r	„	$\delta\varphi_r$,	i_r,

so haben wir analog wie in Art. 64

$$\cos(\mathrm{A},\ z) = 1 - \frac{\varepsilon^2}{2}(\overline{\delta\varphi}^2 + \overline{i}^2),\quad \cos(A,\ z) = 1 - \frac{\varepsilon^2}{2}(\delta\varphi^2 + i^2),$$

$$\cos(\alpha_r,\ z) = 1 - \frac{\varepsilon^2}{2}(\delta\varphi_r{}^2 + i_r{}^2),\ \cos(\alpha_l,\ z) = 1 - \frac{\varepsilon^2}{2}(\delta\varphi_l{}^2 + i_l{}^2).$$

Damit wird

$$A = \mathrm{A} - \alpha_r - \alpha_l$$
$$-\frac{\varepsilon^2}{2}\left\{\mathrm{A}(\overline{\delta\varphi}^2 + \overline{i}^2) - A(\delta\varphi^2 + i^2) - \alpha_r(\delta\varphi_r{}^2 + i_r{}^2) - \alpha_l(\delta\varphi_l{}^2 + i_l{}^2)\right\}.$$

Wir haben nur die Buchstaben mit Accenten zu versehen, um sofort auch die nötige Gleichung für A' zu bekommen, nämlich

$$A' = \mathrm{A}' - \alpha_r' - \alpha_l'$$
$$-\frac{\varepsilon^2}{2}\left\{\mathrm{A}'(\overline{\delta\varphi}'^2 + \overline{i}'^2) - A'(\delta\varphi'^2 + i'^2) - \alpha_r'(\delta\varphi_r'{}^2 + i_r'{}^2) - \alpha_l'(\delta\varphi_l'{}^2 + i_l'{}^2)\right\}.$$

Nunmehr ergiebt die Subtraction dieser Gleichungen von einander

$$A' - A = \mathrm{A}' - \mathrm{A} - (\alpha_r' - \alpha_r + \alpha_l' - \alpha_l)$$
$$-\frac{\varepsilon^2}{2}\left\{\mathrm{A}'(\overline{\delta\varphi}'^2 + \overline{i}'^2) - A'(\delta\varphi'^2 + i'^2) - \alpha_r'(\delta\varphi_r'{}^2 + i_r'{}^2) - \alpha_l'(\delta\varphi_l'{}^2 + i_l'{}^2)\right\}$$
$$+\frac{\varepsilon^2}{2}\left\{\mathrm{A}(\overline{\delta\varphi}^2 + \overline{i}^2) - A(\delta\varphi^2 + i^2) - \alpha_r(\delta\varphi_r{}^2 + i_r{}^2) - \alpha_l(\delta\varphi_l{}^2 + i_l{}^2)\right\}.$$

Hierin ist A′— A bestimmt durch die Gleichung XL) auf Seite 130, nur dass daselbst $\delta\varphi$ und i zu ersetzen sind durch $\overline{\delta\varphi}$ und $\overline{i}$ und alle Grössen zu beziehen sind auf die Einstellungen auf A und A′, also auf die Enden λ_l, ρ_r bezw. λ_l', ρ_r'.

$\alpha_r' - \alpha_r + \alpha_l' - \alpha_l$ bedeutet die Differenz in der Länge der Zusatzstücke und muss naturgemäss in Abzug gebracht werden.

Die folgenden mit $\frac{\varepsilon^2}{2}$ multiplicirten Glieder sind Correctionen, die ganz der in A′— A vertretenen Correction δC entsprechen.

Bezeichnet man diese Correctionen mit $\overline{\delta C}$, so wird nach Eintragung des Wertes für A′—A, falls $-\delta c + \delta C + \overline{\delta C} = (\delta C)$ gesetzt wird,

$$A' - A = \zeta_2' - \zeta_2 - (\zeta_1' - \zeta_1) - (\alpha_r' - \alpha_r + \alpha_l' - \alpha_l) + \delta a + \delta b + (\delta C).$$

Wir haben nun

$$-\delta c + \delta C = +\frac{\varepsilon^2}{2}\mathrm{A}'(\overline{\delta\varphi}'^2 + \overline{i}'^2) - a'(\delta\varphi_0'{}^2 + i_0'{}^2) - \mathrm{A}(\overline{\delta\varphi}^2 + \overline{i}^2) + a(\delta\varphi_0{}^2 + i_0{}^2)$$

und da wir ohne weiteres a' durch A$'$ und a durch A ersetzen dürfen

$$-\delta c+\delta C=+\frac{\varepsilon^2}{2}\left(\mathrm{A}'(\overline{\delta\varphi}'^2-\delta\varphi_0'^2)+\mathrm{A}'(\overline{i}'^2-i_0'^2)-\mathrm{A}(\overline{\delta\varphi}^2-\delta\varphi_0^2)-\mathrm{A}(\overline{i}^2-i_0^2)\right).$$

Somit wird

$$\frac{2}{\varepsilon^2}(\delta C)=(-\delta c+\delta C+\overline{\delta C})$$

$$= A'(\delta\varphi'^2+i'^2)-A(\delta\varphi^2+i^2)-\mathrm{A}'(\delta\varphi_0'^2+i_0'^2)+\mathrm{A}(\delta\varphi_0^2+i_0^2)$$
$$+\alpha_r'(\delta\varphi_r'^2+i_r'^2)-\alpha_r(\delta\varphi_r^2+i_r^2)+\alpha_l'(\delta\varphi_l'^2+i_l'^2)-\alpha_l(\delta\varphi_l^2+i_l^2).$$

In dieser Gleichung kommen die Winkel $\overline{\delta\varphi}$ und $\overline{i}$ nicht mehr vor, das sind aber gerade Winkel, für deren Grösse wir, weil die Linien A$'$ und A ideelle sind, gar keine Controle haben.

Die Messung giebt nur A$'$— A, nicht aber A$'$ und A, da es sich jedoch um Correctionsglieder handelt, können wir

$$\mathrm{A}'=A'+\alpha_r'+\alpha_l',\quad \mathrm{A}=A+\alpha_r+\alpha_l$$

setzen. Es geht dann unsere Gleichung über in

$$(\delta C)=\frac{\varepsilon^2}{2}\Big\{A'(\delta\varphi'^2-\delta\varphi_0'^2+i'^2-i_0'^2)-A(\delta\varphi^2-\delta\varphi_0^2+i^2-i_0^2)$$
$$+\alpha_r'(\delta\varphi_r'^2-\delta\varphi_0'^2+i_r'^2-i_0'^2)-\alpha_r(\delta\varphi_r^2-\delta\varphi_0^2+i_r^2-i_0^2)$$
$$+\alpha_l'(\delta\varphi_l'^2-\delta\varphi_0'^2+i_l'^2-i_0'^2)-\alpha_l(\delta\varphi_l^2-\delta\varphi_0^2+i_l^2-i_0^2)\Big\}$$

und diese Correction, in der man noch A für A' setzen darf, tritt jetzt an Stelle der Correction $-\delta c+\delta C$ ein.

Bei der Einrichtung der Messungen hat man vor allen Dingen die $\delta\varphi$ zum Verschwinden zu bringen, dazu ist nötig, dass einerseits A, Z_r, Z_l und andererseits A', Z_r', Z_l' in je einer Ebene liegen. Ob das der Fall ist, erkennt man wie früher daran, dass die Linien, die die bezeichneten Strecken darstellen, den Fäden der Instrumente (oder dem Faden eines Instruments in verschiedenen Stellungen auf dem Prisma), welche die Pointirungsrichtungen markiren, parallel gesehen werden. Sind die $\delta\varphi$ verschwunden, dann hängt die Correction nur noch von den Neigungen der einzelnen in Frage kommenden Strecken ab, diese bestimmt man aber mit Hilfe von Röhrenlibellen.

Ich setze jetzt

$$\frac{\varepsilon^2}{2}\left(A'(\delta\varphi'^2-\delta\varphi_0'^2+i'^2-i_0'^2)-A(\delta\varphi^2-\delta\varphi_0^2+i^2-i_0^2)\right)=\delta A,$$

$$\frac{\varepsilon^2}{2}\Big(\alpha_r'(\delta\varphi_r'^2-\delta\varphi_0'^2+i_r'^2-i_0'^2)+\alpha_l'(\delta\varphi_l'^2-\delta\varphi_0'^2+i_l'^2-i_0'^2)$$
$$-\alpha_r(\delta\varphi_r^2-\delta\varphi_0^2+i_r^2-i_0^2)-\alpha_l(\delta\varphi_l^2-\delta\varphi_0^2+i_l^2-i_0^2)\Big)=\delta\alpha$$

und

$$\alpha'_r + \alpha'_l - (\alpha_r + \alpha_l) = \Delta\alpha,$$

dann ist

XLI)
$$A' - A = \zeta'_2 - \zeta_2 - (\zeta'_1 - \zeta_1) + \delta a + \delta b + \delta A - \Delta\alpha + \delta\alpha.$$

Diese Formel birgt die Gleichungen für eine Menge wichtiger Specialfälle in sich

1) $A = A' = 0$. Man vergleicht zwei gebrochene Strecken $\alpha'_r + \alpha'_l$ und $\alpha_r + \alpha_l$ mit einander und hat

XLI$_1$)
$$\alpha'_r + \alpha'_l - (\alpha_r + \alpha_l) = \zeta'_2 - \zeta_2 - (\zeta'_1 - \zeta_1) + \delta a + \delta b + \delta\alpha.$$

2) $A = 0$, $\alpha'_r = \alpha'_l = 0$. Man vergleicht eine Strecke A' mit der Summe zweier an einander gelegter Strecken α_r und α_l, weil jede von ihnen zu kurz ist und eine Strecke von der Länge von A' nicht zur Verfügung steht. Hier ist

XLI$_2$)
$$A' - (\alpha_r + \alpha_l) = \zeta'_2 - \zeta_2 - (\zeta'_1 - \zeta_1) + \delta a + \delta b + \frac{\varepsilon^2}{2} A'(\delta\varphi'^2 - \delta\varphi_0'^2 + i'^2 - i_0'^2) - \frac{\varepsilon^2}{2}\Big(\alpha_r(\delta\varphi_r^2 - \delta\varphi_0^2 + i_r^2 - i_0^2) + \alpha_l(\delta\varphi_l^2 - \delta\varphi_0^2 + i_l^2 - i_0^2)\Big).$$

3) $\alpha_l = \alpha'_l = 0$. Die Zusatzstücke Z_l und Z'_l dienen dann nicht zur Verlängerung der Strecken, sondern nur um diesen auf einer Seite einen festen Stützpunkt zu verleihen. In diesem Fall hat man überhaupt nicht vier Zusatzstücke, sondern nur zwei, von jedem Paar ist ein Stück an die Unterlage festgeschraubt, das andere in einer Führung in Richtung seiner Axe verschiebbar. Man legt erst A' gegen das feste Stück, schiebt das bewegliche zur Berührung und pointirt auf einen Strich dieses Stückes, dann nimmt man A' fort, legt A gegen das feste Stück an, schiebt das bewegliche Stück bis zur Berührung heran und pointirt eventuell auf einen andern Strich dieses Stückes. Man hat dann natürlich auch nur ein Instrument, welches nicht verstellt werden darf, es ist also $\delta a = \delta b = 0$ zu setzen und man bekommt

XLI$_3$)
$$A' - A = \zeta'_2 - \zeta_2 - (\zeta'_1 - \zeta_1) + A'(\delta\varphi'^2 + i'^2) - A(\delta\varphi^2 + i^2) - \alpha'_r + \alpha_r + \frac{\varepsilon^2}{2}\alpha'_r(\delta\varphi_r'^2 + i_r'^2) - \frac{\varepsilon^2}{2}\alpha_r(\delta\varphi_r^2 + i_r^2).$$

Verschiebt sich das Zusatzstück (Contactcylinder) parallel mit sich selbst, so ist $\delta\varphi'_r = \delta\varphi_r$, $i'_r = i_r$ und die letzten Glieder gehen über in $-(\alpha'_r - \alpha_r)(\delta\varphi_r^2 + i_r^2)\frac{\varepsilon^2}{2}$. Im allgemeinen ist $\alpha'_r - \alpha_r$ selbst schon klein, und man darf überhaupt die Correction für die Richtung des Contactcylinders fortlassen, Für andere Fälle wird der Leser selbst die Formel leicht specialisiren können.

Gehen wir auf diese allgemeine Formel zurück.

Die rechtsstehenden Glieder der ersten Zeile sind genau dieselben Grössen, die wir schon bei Messungen ohne Zusatzstücke discutirt haben; die beiden Glieder der zweiten Zeile sind neu hinzugekommen. Von diesen beiden Gliedern ist $\Delta\alpha$ nicht als Correctionsglied anzusehen, es tritt unter allen Umständen auf, wenn nicht gerade die Längen auf den Zusatzstücken so abgemessen sind, dass sie sich in $\Delta\alpha$ gegen einander aufheben. Sind diese Längen bekannt, so kann man $\Delta\alpha$ aus der Definitionsgleichung berechnen.

Gewöhnlich bestehen nun die Zusatzstücke, wo sie wirklich als solche und nicht vielmehr als Maassstäbe dienen, aus cylindrisch geformten Körpern; an den Enden, welche mit den Strecken zur Berührung zu bringen sind, wir nannten diese Enden *Contactenden,* also bei λ_r, ρ_l, λ'_r, ρ'_l, sind diese Körper eben oder kugelförmig oder konisch oder schneidenförmig abgeschliffen, diese Enden liegen also in einer Ebene, einer Kugelfläche, einer Kegelspitze oder einer Linie. Die andern Enden, λ_l, ρ_r, λ'_l, ρ'_r, wir nannten sie die *Pointirungsenden,* sind Punkte oder Striche. Bei einigen Zusatzstücken befinden sich diese Pointirungsenden auf einer Ebene aufgetragen, die in dem betreffenden Zusatzstück so eingeschliffen ist, dass sie auch das zugehörige Contactende in sich aufnimmt, hier bilden die Verbindungslinien der Pointirungsenden mit den Contactenden die Zusatzstrecken, und es kommt dann auf deren Länge und Richtung an. Bei andern Zusatzstücken befinden sich die Pointirungsenden in höherer oder tieferer Lage als die Contactenden, hier sind die Z nicht mehr als Verbindungslinien definirbar. Wenn aber die Neigungen i und $\delta\varphi$ auf die Axen der Zusatzstücke selbst bezogen werden, kann man jedes der Z als diejenige Linie auffassen, welche von dem Pointirungsende des betreffenden Zusatzstückes parallel mit der Axe dieses Stückes bis zu der Verticalebene hinführt, die durch das von dem Contactende berührte Ende der betreffenden Strecke gelegt ist.

Wie auch die Zusatzstücke eingerichtet sein mögen, jedenfalls ist, namentlich weil die Enden der in Frage kommenden Zusatzstrecken Z so ganz ungleichartig sind, eine directe Ausmessung der einzelnen Z selbst dann nicht gut durchführbar, wenn die Contactenden und die Zusatzstrecken sichtbar gemacht werden können. Da man aber meist weder über die Lage der Contactenden noch über den Verlauf der Strecken α genügend informirt ist, bestimmt man, wie schon in Art. 43 hervorgehoben ist, lieber $\Delta\alpha$ entweder auf einmal oder in seinen beiden Teilen $\alpha'_l + \alpha'_r$ und $\alpha_l + \alpha_r$.

Auf einmal kann man $\Delta\alpha$ nur bestimmen, wenn die Summe der Zusatzstrecken zu A der Summe der Zusatzstrecken zu A' so nahe gleich ist, dass man eben $\alpha'_l + \alpha'_r$ direct mit $\alpha_l + \alpha_r$ zu vergleichen vermag. Es ist nämlich $\Delta\alpha = \alpha'_l + \alpha'_r - (\alpha_l + \alpha_r)$, denken wir uns also, nachdem die Strecken A, A' fortgenommen sind, die je gegenüberstehenden Zusatzstücke so weit gegen einander geschoben, bis die Contactenden zur Berührung kommen, so haben wir zwei neben einander liegende Strecken $\alpha'_l + \alpha'_r$ und $\alpha_l + \alpha_r$, die wir mit einander vergleichen können. Wir bekommen dann, indem wir unsere früheren Symbole beibehalten, sie aber, weil die Lagen der Instrumente und der Zusatzstücke jetzt andere sein können als früher bei den Messungen an A und A', mit Horizontalstrichen versehen, dadurch, dass wir in der allgemeinen Formel XLI) A und A' beide gleich Null setzen

$$\Delta\alpha = \alpha'_l + \alpha'_r - (\alpha_l + \alpha_r) = \overline{\zeta'_2} - \overline{\zeta_2} - (\overline{\zeta'_1} - \overline{\zeta_1}) + \overline{\delta a} + \overline{\delta b} + \overline{\delta\alpha}.$$

Darf man annehmen, dass die Orientirung der Instrumente bei der Bestimmung der Grösse $\Delta\alpha$, abgesehen davon, dass die Instrumente einander haben genähert werden müssen, dieselbe ist, wie bei der Vergleichung von A' mit A, und dass auch die Zusatzstücke, wenn sie zu zwei und zwei an einander geschoben sind, so liegen, wie da sie A beziehungsweise A' berührten, so haben wir

$$\overline{\delta a} = \delta a, \quad \overline{\delta b} = \delta b, \quad \overline{\delta\alpha} = \delta\alpha.$$

In diesem Falle also erstreckt sich die Bestimmung nicht sowohl auf $\Delta\alpha$ als vielmehr sofort auf $\Delta\alpha - \delta a - \delta b - \delta\alpha$ und man bekommt

$$A' - A = \zeta'_2 - \zeta_2 - (\zeta'_1 - \zeta_1) - (\overline{\zeta'_2} - \overline{\zeta_2}) + (\overline{\zeta'_1} - \overline{\zeta_1}) + \delta A,$$

wo dann die einzige noch zu berücksichtigende Correction δA ist.

Wie weit eine solche Annahme berechtigt ist, muss man in jedem besondern Fall untersuchen, im allgemeinen sind die Correctionen $\overline{\delta a}$, $\overline{\delta b}$, $\overline{\delta\alpha}$ von denen δa, δb, $\delta\alpha$ verschieden, und man hat

$$\text{XLII)} \quad A' - A = \zeta'_2 - \zeta_2 - (\zeta'_1 - \zeta_1) - (\overline{\zeta'_2} - \overline{\zeta_2}) + \overline{\zeta'_1} - \overline{\zeta_1} + \delta a + \delta b \\ - \overline{\delta a} - \overline{\delta b} + \delta\alpha - \overline{\delta\alpha} + \delta A.$$

Ist die Summe der Zusatzstrecken zu A nicht nahezu gleich der der Zusatzstrecken zu A', sondern von dieser so weit verschieden, dass man nicht von derselben Einstellung aus auf die entsprechenden Enden von $\alpha'_r + \alpha'_l$ und $\alpha_r + \alpha_l$ pointiren kann, so vermag man nicht mehr $\alpha'_l + \alpha'_r$ und $\alpha_l + \alpha_r$ mit einander direct zu vergleichen und muss jede dieser Summen für sich bestimmen. Dazu bedarf man jedesmal eines Maassstabs. Die nötigen Formeln sind aber diejenigen, welche dem vorhin an zweiter Stelle angeführten Specialfall angehören. Bedienen wir uns wieder aller früher benutzten Symbole und geben ihnen den Index 1 oder 2, je nachdem sie sich auf die Ausmessung von $\alpha_l + \alpha_r$ oder $\alpha'_l + \alpha'_r$ beziehen, so haben wir

$$\alpha_l + \alpha_r = A_1 + \big(\zeta'_2 - \zeta_2 - (\zeta'_1 - \zeta_1)\big)_1 + \delta a_1 + \delta b_1 - \frac{\varepsilon^2}{2} A_1 (\delta\varphi'^2 - \delta\varphi_0'^2 + i'^2 - i_0'^2)_1 \\ + \frac{\varepsilon^2}{2} \alpha_r (\delta\varphi_r^2 - \delta\varphi_0^2 + i_r^2 - i_0^2)_1 + \frac{\varepsilon^2}{2} \alpha_l (\delta\varphi_l^2 - \delta\varphi_0^2 + i_l^2 - i_0^2)_1,$$

$$\alpha'_l + \alpha'_r = A_2 + \big(\zeta'_2 - \zeta_2 - (\zeta'_1 - \zeta_1)\big)_2 + \delta a_2 + \delta b_2 - \frac{\varepsilon^2}{2} A_2 (\delta\varphi'^2 - \delta\varphi_0'^2 + i'^2 - i_0'^2)_2 \\ + \frac{\varepsilon^2}{2} \alpha'_r (\delta\varphi_r'^2 - \delta\varphi_0'^2 + i_r'^2 - i_0'^2)_2 + \frac{\varepsilon^2}{2} \alpha'_l (\delta\varphi_l'^2 - \delta\varphi_0'^2 + i_l'^2 - i_0'^2)_2,$$

woraus sich der Werth von $\Delta\alpha$ durch Subtraction der ersten Gleichung von der zweiten ergiebt.

Hier und in den früher abgeleiteten Gleichungen stehen zwar immer noch die α in der Mitte der Glieder, die als bekannt angesehen werden, aber da sie nur als Factoren von Correctionsgliedern erscheinen, brauchen sie nicht besonders genau bekannt zu sein, es genügt für sie Beträge einzusetzen, die man in irgend einer Weise, eventuell durch directes Abmessen mit einem angelegten Maassstab, erhalten hat. Wo die α selbst schon klein sind, darf man die Correctionsglieder $\delta\alpha$ überhaupt fortlassen.

Soweit wäre alles in Ordnung und nicht complicirter als bei einfachen Vergleichungen. Die Schwierigkeiten liegen auch nicht in den einzelnen Bestimmungen, sondern in der Ungewissheit, in der man sich im allgemeinen hinsichtlich der zur Berührung gebrachten Stellen befindet. Sollen nämlich die vorstehend angegebenen Formeln Anwendung finden können, so müssen: 1) bei der Vergleichung von A mit A' die Zusatzstücke genau mit den Enden von A bezw. A' in Berührung stehen, oder wenn sie andere Punkte berühren, müssen die diese Punkte bezw. verbindenden Geraden die nämlichen Richtungen und Längen haben, wie die zu vergleichenden Strecken, 2) bei der Bestimmung von $\Delta\alpha$, sei es durch directe Vergleichung von $\alpha'_l + \alpha'_r$ mit $\alpha_l + \alpha_r$ oder durch Ausmessung jeder dieser Grössen für sich die Stellen, die bei der Vergleichung von A' mit A die Contactenden waren, auch jetzt die Contactenden sein. Ob diese Bedingungen erfüllt sind oder nicht, lässt sich mit einiger Sicherheit wol nur in sehr seltenen Fällen entscheiden, man kann aber wenigstens bei den Stücken, über deren Beschaffenheit man beliebig verfügen darf, also bei der Vergleichsstrecke und den Zusatzstücken, darauf hinwirken, dass diese eine für die Erfüllung dieser Bedingungen tunlich geeignete Begrenzung haben. Als solche Begrenzungen ganz besonders geeignet sind bei den Endmaassen, und als Endmaass fungirt hier die Vergleichsstrecke A, kleine ebene Flächen. Man lässt also entweder das Endmaass an beiden Enden in stumpfe Kegel, deren Grundflächen fein abgeschliffen sind, auslaufen oder man versieht den Stab an seinen Enden mit fest eingefügten Metall- oder Steinstückchen, die an den Aussenflächen eben und glatt abgeschliffen sind. Zu rohern Messungen benutzt man wol auch Endmaasse, deren breite Endflächen eben und einander möglichst parallel gehalten sind, die Mitten dieser Flächen sollen dann die Enden sein, oder Maasse, die beiderseits in Schneiden ausgehen, so jedoch, dass die Schneide an dem einen Ende vertical, an dem andern horizontal verläuft. Wie die Zusatzstücke geformt sind, ist schon früher angegeben, neuerdings hat man, um von der zweiten Bedingung so weit es geht unabhängig zu werden, diese Zusatzstücke vorne, am Kopf, ganz kugelförmig abgeschliffen und die Pointirungsenden in die Mittelpunkte der bezüglichen Kugeln verlegt.*) Befindet sich wirklich bei einem so geformten Zusatzstück

*) Nach mündlicher Mitteilung des Mechanikers Reichel (Berlin).

das Pointirungsende in dem Mittelpunkt der Kugel, so sind alle Linien, die von demselben nach der Oberfläche der Kugel hinführen, gleich lang, es kommt also nicht darauf an, mit welchem Punkte dieser Kugelfläche das Zusatzstück die betreffende Strecke oder ein anderes Zusatzstück berührt, mit andern Worten die Lage der Contactenden ist gleichgiltig. Doch erstreckt sich die Unabhängigkeit von der Lage der Contactenden nur auf die Grösse $\Delta\alpha$, auf die allerdings am meisten zu achten ist; die mit den α multiplicirten Correctionsglieder sind von dieser Lage nicht unabhängig, da diese Glieder aber durch geeignete Einrichtung gehörig klein gehalten werden können, scheint diese Construction der Zusatzstücke grosse Vorteile zu bieten.

Die Anwendung von Zusatzstücken unterliegt aber noch aus anderen Gründen einigen Bedenken; es ist nämlich notwendig, dass ihre Contactenden die Enden der zu vergleichenden Strecken wirklich berühren; man muss darum diese Stücke mit einer gewissen Kraft gegen die Strecken drücken und gedrückt halten und dadurch können Deformationen dieser Strecken eintreten. Wo gar die zu bestimmende Strecke einem flüssigen Körper angehört, ist die Anwendung von Contactstücken mit noch grössern Schwierigkeiten verbunden. Da es nun einerseits darauf ankommt, dass Berührung stattfindet und andererseits jeder überflüssige Druck schädlich wirkt, hat man sich mit Mitteln versehen, um entscheiden zu können, ob wirklich Contact zwischen Zusatzstück und Strecke vorhanden ist. Die Contactstücke sind deshalb oft mit Fühlhebelsystemen oder mit Libellen versehen, welche den Eintritt der Berührung sofort anzeigen. Nun haben Zusatzstücke häufig gar keine andere Aufgabe, als an Stelle nicht gut zu pointirender Enden der zu vergleichenden Strecken leicht zu pointirende Marken zu schaffen. Sie sollen gewissermaassen diese Enden sichtbar und scharf einstellbar machen. Hier kann man sie also durch jedes andere Mittel ersetzen, das den gleichen Zweck erfüllt, und darum benutzt man in solchen Fällen optische Mittel, die für Längenmessungen besonders eingehend durchdacht zn haben, das Verdienst Fizeaus ist, und die in der neueren Zeit bei physikalischen Maassbestimmungen die weitgehendste Anwendung finden. Diese Mittel richten sich ganz nach der Beschaffenheit der Enden.

Gehören diese Enden Ebenen an, welche genügend Licht reflectiren, so nähert man denselben eine Spitze. Die betreffende Ebene entwirft ein Bild derselben, welches eben so weit hinter der Ebene liegt, als die Spitze sich vor derselben befindet. Die Mitte zwischen Spitze und Bild derselben fällt also gerade in die Ebene, ist also das Ende der betreffenden Strecke, und wenn man auf diese Mitte pointirt, hat man auf dieses Ende pointirt. Hier ist also jede Berührung vermieden; man muss nur die Spitze der Endebene so weit nähern, dass man sie und ihr Bild zugleich im optischen Instrument sieht. Es darf nicht verschwiegen werden, dass hier einige Vorsicht nötig ist. Ist die Ebene zum Beispiel der Endquerschnitt eines Maassstabes, so wird beim Pointiren zwischen Spitze und Bild durch den Maassstab selbst ein Teil des Gesichtsfeldes des benutzten Instruments verdeckt und das Bild der Spitze wird in dem Instrument von einem andern Teil des Objectivs desselben abgebildet als die Spitze selbst. Nach Art. 35c. sollte es zwar gleichgiltig sein, durch welche Teile des Objectivs man einen Gegenstand abbilden lässt; die dort entwickelten Gesetze gelten aber nicht in aller Strenge für praktische Instrumente (wie wir noch später genauer sehen werden), und es kann wol sein, dass das Objectivbild vom Bild der Spitze in der Mikrometerebene nicht die Lage einnimmt, die ihm zukommen würde, wenn bei seiner Herstellung das ganze Objectiv, oder wenigstens soviel von demselben als bei der Abbildung der Spitze selbst tätig war, mitwirkte. In einem solchen Falle ist die pointirte Mitte zwischen Spitze und Spitzenbild nicht in dem Endquerschnitt des Stabes gelegen und markirt auch nicht das Ende desselben. Noch grössere Complicationen können auftreten, wenn die Verhältnisse an den verschiedenen Enden verschieden sind, oder gar die Enden an der zu bestimmenden Strecke in anderer Weise pointirt werden als an der messenden.

Auf Einzelheiten wird bei Gelegenheit der Beschreibung barometrischer Messungen und von Tropfenbestimmungen eingegangen werden.

65. Theorie des Kathetometers. Wesentlich nach denselben Principien erledigt sich die Theorie der kathetometrischen Messungen, ich will aber diese Theorie, die für den Physiker vielleicht von grösserem Interesse als die des Comparators ist, auch von Grund aufbauen.

Wie früher denken wir uns den Apparat mit vier Instrumenten versehen, I, I′ sollen zu den Pointirungen auf die untern, II, II′ zu den auf die obern Enden der Strecken A, A' dienen. Die Pointirungsrichtungen sind aber hier nicht mehr nahezu horizontal, sondern nahezu vertical.

Wir sehen wieder von allen Fehlern der optischen Einrichtung ab, die Pointirungsrichtungen sollen also die optischen Axen, die Mikrometerebenen die Centralebenen senkrecht schneiden.

Durch die Mikrometermitte von I ziehen wir 1) eine Linie vertical von unten nach oben, 2) eine Linie von unten nach oben zusammenfallend mit der Pointirungsrichtung von I, 3) eine Linie von hinten nach vorn zusammenfallend mit der Centralaxe des Instruments. Die erste und zweite Linie sollen die z bezw. ζAchse zweier Coordinatensysteme (x, y, z), $(\xi, \eta, \zeta)_1$ geben, die dritte Linie soll in Verbindung mit der ersten die zxEbene, in Verbindung mit der zweiten die $\zeta\xi$Ebene festsetzen; da sie der Annahme nach zur ζAxe senkrecht ist, soll sie die ξAxe selbst sein. Es laufen hiernach die x und ξAxe nahezu von hinten nach vorn, die y und ηAxe nach der Seite, und zwar, wie wir festsetzen wollen, von links nach rechts.

Entsprechend dem Axensystem $(\xi, \eta, \zeta)_1$, nehmen wir bei II ein System $(\xi, \eta, \zeta)_2$ an, wo also die Pointirungsrichtung die ζAxe, die Centralaxe die ξAxe ist.

Führen wir wieder die Winkel $\vartheta_1, f_1, \varphi_1, \vartheta_2, f_2, \varphi_2$ ein, so können bei diesen Annahmen über die Coordinatensysteme (x, y, z), $(\xi, \eta, \zeta)_1$ die Winkel f_1, f_2 und φ_1, φ_2 alle möglichen Beträge zwischen 0 und 360° annehmen, dagegen sind die ϑ_1, ϑ_2, die Verticalabweichungen der Pointirungsrichtungen, jedenfalls sehr klein.

Wir haben nun wie früher, indem wir hier von den drei in Art. 64 angegebenen Gleichungen die dritte benutzen, unter Anwendung der dort eingeführten Bezeichnungen

$$A\cos(A, z) - (\bar{z}_2 - \bar{z}_1) = \xi_2\nu_1 + \eta_2\nu_2 + \zeta_2\nu_3 - \xi_1\gamma_1 - \eta_1\gamma_2 - \zeta_1\gamma_3.$$

Hierin ist nach den allgemeinen Transformationsformeln des Art. 58

$$\nu_1 = \varepsilon\vartheta_2\cos f_2, \quad \nu_2 = \varepsilon\vartheta_2\sin f_2, \quad \nu_3 = \cos\vartheta_2,$$
$$\gamma_1 = \varepsilon\vartheta_1\cos f_1, \quad \gamma_2 = \varepsilon\vartheta_1\sin f_1, \quad \gamma_3 = \cos\vartheta_1,$$

somit

$$A\cos(A, z) - (\bar{z}_2 - \bar{z}_1) = \zeta_2 - \zeta_1$$
$$+ \varepsilon\Big(\vartheta_2(\xi_2\cos f_2 + \eta_2\sin f_2) - \vartheta_1(\xi_1\cos f_1 + \eta_1\sin f_1)\Big) - \frac{\varepsilon^2}{2}(\zeta_2\vartheta_2^2 - \zeta_1\vartheta_1^2).$$

Die Pointirungsrichtungen sind beide als von unten nach oben laufend angesehen. Rechnen wir auch die Verbindungslinie a der Mikrometermitte von I mit der Mikrometermitte von II von unten nach oben als positiv, so haben wir

$$(\bar{z}_2 - \bar{z}_1) = a\cos(a, z) = a\cos\vartheta_0,$$

indem wir wieder mit ϑ_0 die Verticalabweichung von a bezeichnen. Ferner ist auch

$$\cos(A, z) = \cos\vartheta,$$

also

$$A\cos(A, z) - (\bar{z}_2 - \bar{z}_1) = (A - a) - \frac{\varepsilon^2}{2}(A\vartheta^2 - a\vartheta_0^2)$$

und

$$A - a = \zeta_2 - \zeta_1 + \varepsilon\Big(\vartheta_2(\xi_2\cos f_2 + \eta_2\sin f_2) - \vartheta_1(\xi_1\cos f_1 + \eta_1\sin f_1)\Big)$$
$$- \frac{\varepsilon^2}{2}(\zeta_2\vartheta_2^2 - \zeta_1\vartheta_1^2) + \frac{\varepsilon^2}{2}(A\vartheta^2 - a\vartheta_0^2).$$

Gewöhnlich sind die ξ Abstände der Mikrometermitten von den Enden der Strecke A sehr viel grösser als die ζ, die nicht grösser sein können als die Länge der Pointirungsschraube, ja die ξ überragen oft selbst die A um Vielfache von deren Länge, wir dürfen daher das von den ζ abhängige Correctionsglied ohne weiteres fortlassen. Auch den mit den η multiplicirten Correctionsgliedern brauchen wir weiter keine Beachtung zu schenken, da diese η von dem Beobachter dadurch, dass dieser sich so einrichtet, dass die Enden der Strecke A nahezu in der Mitte des Gesichtsfeldes der bezüglichen Instrumente erscheinen, selbst schon beliebig klein gemacht werden können. Wir bekommen also einfacher

$$A = a + \zeta_2 - \zeta_1 + \varepsilon(\vartheta_2 \xi_2 \cos f_2 - \vartheta_1 \xi_1 \cos f_1) + \frac{\varepsilon^2}{2}(A\vartheta^2 - a\vartheta_0^2)$$

und entsprechend

$$A' = a' + \zeta_2' - \zeta_1' + \varepsilon(\vartheta_2' \xi_2' \cos f_2' - \vartheta_1' \xi_1' \cos f_1') + \frac{\varepsilon^2}{2}(A'\vartheta'^2 - a'\vartheta_0'^2).$$

Durch Subtraction ergiebt sich dann

$$\text{XLIII}_1)\quad A' - A = + \zeta_2' - \zeta_2 - (\zeta_1' - \zeta_1) + a' - a + \varepsilon(\vartheta_2' \xi_2' \cos f_2' - \vartheta_1' \xi_1' \cos f_1' - \vartheta_2 \xi_2 \cos f_2 + \vartheta_1 \xi_1 \cos f_1) + \frac{\varepsilon^2}{2}(A'\vartheta'^2 - a'\vartheta_0'^2 - A\vartheta^2 + a\vartheta_0^2)$$

und indem

$$a' - a = \delta a,$$

$$\varepsilon(\vartheta_2' \xi_2' \cos f_2' - \vartheta_1' \xi_1' \cos f_1' - \vartheta_2 \xi_2 \cos f_2 + \vartheta_1 \xi_1 \cos f_1) = \delta b,$$

$$\frac{\varepsilon^2}{2}(a'\vartheta_0'^2 - a\vartheta_0^2) = \delta c,$$

$$\frac{\varepsilon^2}{2}(A'\vartheta'^2 - A\vartheta^2) = \delta C$$

gesetzt wird

$$\text{XLIII}_2)\qquad A' - A = \zeta_2' - \zeta_2 - \zeta_1' + \zeta_1 + \delta a + \delta b - \delta c + \delta C.$$

Die ζ, ζ' oder diese Grössen multiplicirt mit dem Vergrösserungsverhältnis der Instrumente sind, da wir vollkommene optische Einrichtung angenommen haben, das, was wir an den Mikrometern direct messen, die andern Glieder geben die wegen mangelhafter Verticalität u. s. f. nötigen Correctionen an.

Die weitere Betrachtung wollen wir für das Transversalkathetometer getrennt von der für das Longitudinalkathetometer führen.

65a. Das Transversalkathetometer. Bei dem Transversalkathetometer sind I und II die gesonderten Instrumente, man pointirt erst auf die Enden von A, dann dreht man eventuell das Prisma um seine Axe, bis I und II auf A' eingestellt sind (sie sind in dieser Stellung als I′, II′ bezeichnet) und pointirt auf die Enden von A'.

Correction für Längenänderung des Prisma. Hinsichtlich der Correction δa gilt alles, was in Art. 64a über dieselbe gesagt ist, bei dem Kathetometer in gleicher Weise wie bei dem Comparator, es sind also auch hier Verbiegungen und Temperaturänderungen während des Uebergangs von einer Strecke auf die andere zu berücksichtigen. Verbiegungen des Prisma können hier einmal dadurch entstehen, dass die Drehung des Prisma nicht ganz zwangfrei vor sich geht, weil etwa die Lager, in welchen die Zapfen (eines derselben oder beide) des Prisma ruhen und in welchen sie sich drehen müssen, in ihrer innern Begrenzung nicht der Form der äussern Flächen der Zapfen genügend angepasst sind. Sie können aber auch dadurch zu Stande kommen, dass die Rotationsaxe nicht genau vertical steht, denn in diesem Falle wird sowohl das Eigengewicht des Prisma als das Gewicht der auf demselben festgeklemmten, das Instrument tragenden Apparatteile, das Prisma in verschiedenen Stellungen auch verschieden stark biegen. Gegen die Verbiegungen an den Zapfen lässt sich bei einem einmal gegebenen Apparat nichts tun, man darf aber bei einem nur einigermassen sorgfältig gearbeiteten Kathetometer von diesen Verbiegungen absehen. Verbiegungen durch das Eigengewicht des Prisma suchen die Mechaniker dadurch zu reduciren, dass sie dem Prisma bei grosser Starrheit möglichst wenig Masse verleihen, die Prismen sind dreikantig oder cylindrisch und hohl. Endlich werden die Verbiegungen durch die auf dem Prisma festgeklemmten Apparatteile so weit als möglich in der Weise gehoben, dass man die Apparatteile so anordnet, dass ihre Masse das Prisma von allen Seiten tunlich gleichmässig umgiebt, und dass man die Teile, die eben nur auf einer Seite des Prisma liegen können, auf der andern Seite durch Gegengewichte äquilibrirt. Man sucht sich immer so einzurichten, dass der Schwerpunkt aller am Prisma befindlichen Massen in der Rotationsaxe zu liegen kommt und auch daselbst bleibt.

Ein gutes Mittel zur Prüfung eines Kathetometers auf Verbiegungen hat man in der Bestimmung der Lage der Rotationsaxe; führt man diese Bestimmung gemäss dem in Art. 58 gegebenen Verfahren in verschiedenen Höhen des das Instrument sammt der Libelle tragenden Schlittens aus, etwa erst, wenn der Schlitten ganz oben, dann wenn er in der Mitte, zuletzt wenn er ganz unten am Prisma festgeklemmt ist, so muss man für die in Frage kommenden Winkel der Rotationsaxe immer dieselben Werte bekommen. Ergeben sich zu stark abweichende Werte, so kann man mit Hilfe der dem Schlitten beigefügten Aequilibrirgewichte, die auf Schrauben laufen, nachcorrigiren, vorausgesetzt natürlich, dass das Prisma überhaupt gerade genug geschliffen ist.

Wenn die beiden zu vergleichenden Strecken einander so nahe liegen, dass man sie beide zugleich in den Instrumenten beobachten kann, braucht man das Prisma zum Uebergang von der einen Strecke auf die andere nicht zu drehen, und der von etwaigen Verbiegungen herrührende Teil der Correction δa fällt ausser Betrachtung, es bleibt nur der durch Temperaturänderungen verursachte.

Correction wegen Neigung der Rotationsaxe. Die Berechnung der Correction δb kann nur in Frage kommen, wenn man zum Uebergang von A auf A' das Prisma drehen muss. Es gehört zu dieser Berechnung zunächst die Kenntnis der Längen ξ, das sind die Entfernungen der Streckenenden von den bezüglichen Mikrometermitten der Instrumente; hier bedarf es so wenig wie bei Messungen auf dem Comparator besonderer Genauigkeit, eine rohe Abmessung bis auf 10 mm wird in den meisten Fällen mehr als ausreichend sein.

Die andern in dieser Correction vertretenen Grössen sind die Winkel f und ϑ. Ueber die Winkel f_1, ϑ_1; f_2, ϑ_2 kann man in gewisser Weise verfügen, denn diese hängen eben von der Einrichtung der ganzen Messung ab, die Winkel f_1', ϑ_1'; f_2', ϑ_2' sind aber nicht unserm Belieben anheimgegeben, denn da man zwischen den Messungen an den Instrumenten keinerlei Veränderungen vornehmen darf, hängen diese Winkel ganz von der Einrichtung der Messungen und den Eigenheiten des betreffenden Apparates ab. Wir wollen die für uns hauptsächlich wichtigen Fälle genauer discutiren.

Wir sehen von allen Torsionen und Verbiegungen ab, dann bewegt sich das Prisma bei seiner Drehung behufs Uebergangs von A auf A' wie ein starres System. ϑ_1, ϑ_2; f_1, f_2 können nun zunächst dadurch Veränderungen erleiden, dass die Drehung des Prismas nicht um eine verticale Axe vor sich geht, die Rotationsaxe also geneigt ist, die so hervorgebrachte Correction δb bezeichnen wir mit δb_1. Zweitens kann das Prisma während der Drehung auch noch Bewegungen um horizontale Axen durchmachen, sich also nach vorn oder hinten oder seitwärts neigen, auch dadurch werden die genannten Winkel alterirt, und es wird zur Entstehung einer andern Correction δb_2 Veranlassung gegeben. Endlich kann das Prisma während der Drehung sich noch parallel mit sich selbst verschieben, etwa heben oder senken u. s. f.

Wir beschäftigen uns erst mit der Correction δb_1; hier muss es offenbar möglich sein die f', ϑ' aus den f, ϑ, den Winkeln, die die Lage der Rotationsaxe bestimmen, und der Grösse der vorgenommenen Drehung zu berechnen. In der Tat dreht sich dann das Prisma mit den Instrumenten wie ein starres System, drücken wir das analytisch aus, so gelangen wir zu den nötigen Formeln.

Um von bestimmten Verhältnissen auszugehen, betrachten wir die auf das erste Instrument bezüglichen Grössen. Wir denken uns die Rotationsaxe als Axe eines neuen Cordinatensystems ξ, η, ζ, die ζ Axe soll die Rotationsaxe selbst sein, die ξ Axe und η Axe sollen zunächst willkürlich in irgend einer zur Rotationsaxe senkrechten Ebene gelegen sein. F, Φ, Θ seien die die Lage dieses Systems zum System der x, y, z charakterisirenden schon mehrfach definirten Winkel f, φ, ϑ.

Bei der Drehung des Prisma drehen sich vom neu eingeführten System nur die ξ, η Axen, vom Axensystem $(\xi, \eta, \zeta)_1$ aber alle Axen mit, daher erleiden zwar die Winkel f, φ, ϑ des letztern Systems alle Veränderungen, dagegen nimmt von den entsprechenden Winkeln des Systems ξ, η, ζ nur der Winkel F einen andern Betrag F' an, und es bleibt $\Phi' = \Phi$, $\Theta' = \Theta$. Es sollte aber das ganze System starr sein , daher bleibt die Lage dieses letztern Systems gegen das neu eingeführte unverändert, wir haben also

$$\cos(\xi', \xi_1') = \cos(\xi, \xi_1),\ \cos(\xi', \eta_1') = \cos(\xi, \eta_1),\ \ldots,\ \cos(\zeta', \zeta_1') = \cos(\zeta, \zeta_1).$$

Von diesen neun Gleichungen sind nur drei von einander unabhängig, die wir uns beliebig aussuchen können. Man übersieht leicht, dass die bequemsten Ausdrücke durch diejenigen Gleichungen geliefert werden, welche die ζ Axen enthalten, es reichen von ihnen drei aus; der Symmetrie wegen nehmen wir vier, und zwar die folgenden

$$\cos(\xi', \zeta_1') = \cos(\xi, \zeta_1), \quad \cos(\eta', \zeta_1') = \cos(\eta, \zeta_1), \quad \cos(\xi_1', \zeta') = \cos(\xi_1, \zeta),$$
$$\cos(\eta_1', \zeta') = \cos(\eta_1, \zeta)$$

und diese geben vier Gleichungen, von denen nur eine hingeschrieben zu werden braucht, nämlich

$$\cos(\xi', x)\cos(\zeta_1', x) + \cos(\xi', y)\cos(\zeta_1', y) + \cos(\xi', z)\cos(\zeta_1', z)$$
$$= \cos(\xi, x)\cos(\zeta_1, x) + \cos(\xi, y)\cos(\zeta_1, y) + \cos(\xi, z)\cos(\zeta_1, z).$$

Wir haben nun unter Berücksichtigung des Umstandes, dass ϑ_1, ϑ_1' und Θ kleine Winkel sind zunächst

$$\alpha_1 = \cos(\xi_1, x) = -\cos(f_1 - \varphi_1) + \frac{\varepsilon^2}{2}\vartheta_1^2 \cos f_1 \cos\varphi_1,$$

$$\beta_1 = \cos(\xi_1, y) = +\sin(f_1 - \varphi_1) + \frac{\varepsilon^2}{2}\vartheta_1^2 \cos f_1 \sin\varphi_1,$$

$$\gamma_1 = \cos(\xi_1, z) = +\varepsilon\vartheta_1 \cos f_1,$$

$$\alpha_2 = \cos(\eta_1, x) = -\sin(f_1 - \varphi_1) + \frac{\varepsilon^2}{2}\vartheta_1^2 \sin f_1 \cos\varphi_1,$$

$$\beta_2 = \cos(\eta_1, y) = -\cos(f_1 - \varphi_1) + \frac{\varepsilon^2}{2}\vartheta_1^2 \sin f_1 \sin\varphi_1,$$

$$\gamma_2 = \cos(\vartheta_1, z) = +\varepsilon\vartheta_1 \sin f_1,$$

$$\alpha_3 = \cos(\zeta_1, x) = \varepsilon\vartheta_1 \cos\varphi_1,$$

$$\beta_3 = \cos(\zeta_1, y) = \varepsilon\vartheta_1 \sin\varphi_1,$$

$$\gamma_3 = \cos(\zeta_1, z) = 1 - \frac{\varepsilon^2}{2}\vartheta_1^2.$$

Versehen wir in den rechts stehenden Gliedern die Symbole mit Accenten, so bekommen wir die neun Cosinus $\cos(\xi_1', x), \ldots, \cos(\zeta_1', z)$, lassen wir die Indices 1 fort und ersetzen f, φ, ϑ durch F, Φ, Θ, so folgen die neun Cosinus $\cos(\xi, x), \ldots, \cos(\zeta, z)$, geben wir ausserdem noch F, Θ, Φ Accente, so resultiren die neun Cosinus $\cos(\xi', x), \ldots, \cos(\zeta', z)$.

Indem wir jetzt mit den so bestimmten 36 Cosinus die hervorgehobenen vier Gleichungen zusammensetzen, bekommen wir nach sehr einfachen Zwischenrechnungen bis auf Glieder dritter Ordnung

1) $\vartheta_1' \sin(\Phi - F' - \varphi_1') + \Theta \sin F' = \vartheta_1 \sin(\Phi - F - \varphi_1) + \Theta \sin F,$

2) $\vartheta_1 \cos(\Phi - F' - \varphi_1) - \Theta \cos F' = \vartheta_1 \cos(\Phi - F - \varphi_1) - \Theta \cos F;$

3) $\Theta \sin(\varphi_1' - f_1 - \Phi) + \vartheta_1' \sin f_1' = \Theta \sin(\varphi_1 - f_1 - \Phi) + \vartheta_1 \sin f_1,$

4) $\Theta \cos(\varphi_1' - f_1' - \Phi) - \vartheta_1' \cos f_1' = \Theta \cos(\varphi_1 - f_1 - \Phi) - \vartheta_1 \cos f_1.$

Quadrirt man die beiden ersten Gleichungen und addirt sie, und quadrirt man die beiden letzten und addirt sie, so gelangt man beide mal zu derselben Endgleichung, daraus folgt schon, dass diese vier Gleichungen nicht unabhängig von einander sind. Es reichen aber diese Gleichungen aus, um die gesuchten Grössen f_1', φ_1', ϑ_1' zu berechnen.

Ich multiplicire die erste Gleichung mit $\cos F'$, die zweite mit $\sin F'$ und addire, dann multiplicire ich die erste Gleichung mit $\sin F'$, die zweite mit $-\cos F'$ und addire wieder, so bekomme ich

$$1_1)\quad \vartheta_1' \sin(\Phi - \varphi_1') = \vartheta_1 \sin\big(\Phi - \varphi_1 + (F' - F)\big) - \Theta \sin(F' - F),$$

$$2_1)\quad \vartheta_1' \cos(\Phi - \varphi_1') = \vartheta_1 \cos\big(\Phi - \varphi_1 + (F' - F)\big) - \Theta \cos(F' - F) + \Theta.$$

Aus der dritten und vierten Gleichung würden wir ganz entsprechende Formeln erhalten, da es uns aber auf die Berechnung von $\vartheta_1' \cos f_1'$ und $\vartheta_1' \sin f_1'$ ankommt, wollen wir hier einige kleine Aenderungen treffen. Wir bezeichnen die rechten Seiten der dritten und vierten Gleichung mit l_1, l_2, dann bekommen wir wie aus 1) und 2)

$$\Theta \sin(\varphi_1' - \Phi) = + l_1 \cos f_1' + l_2 \sin f_1',$$
$$\Theta \cos(\varphi_1' - \Phi) = - l_1 \sin f_1' + l_2 \cos f_1' + \vartheta_1'.$$

Nun multipliciren wir beide Gleichungen mit ϑ_1' und setzen die unbekannten Grössen

$$\vartheta_1' \cos f_1' = x, \quad \vartheta_1' \sin f_1' = y,$$

dann wird

$$3_1)\quad \Theta\vartheta_1' \sin(\Phi - \varphi_1') = - x_1 l_1 - y_1 l_2,$$

$$4_1)\quad \Theta\vartheta_1' \cos(\Phi - \varphi_1') - \vartheta_1{}^2 = - y_1 l_1 + x_1 l_2,$$

somit

$$x_1 = - \frac{l_1 \Theta\vartheta_1' \sin(\Phi - \varphi_1) + l_2\big(\vartheta_1'^2 - \Theta\vartheta_1' \cos(\Phi - \varphi_1')\big)}{l_1^2 + l_2^2},$$

$$y_1 = - \frac{l_2 \Theta\vartheta_1' \sin(\Phi - \varphi_1') - l_1\big(\vartheta_1'^2 - \Theta\vartheta_1' \cos(\Phi - \varphi_1)\big)}{l_1^2 + l_2^2}.$$

Quadrirt man aber die beiden Gleichungen 3) und 4) und addirt, so ergiebt sich

$$\vartheta_1'^2 - 2\Theta\vartheta_1' \cos(\Phi - \varphi_1') = \vartheta_1{}^2 - 2\Theta\vartheta_1 \cos(\Phi - \varphi_1),$$

es ist also auch

$$\vartheta_1'^2 - \Theta\vartheta_1' \cos(\Phi - \varphi_1') = \vartheta_1{}^2 - 2\Theta\vartheta_1 \cos(\Phi - \varphi_1) + \Theta\vartheta_1' \cos(\Phi - \varphi_1'),$$

und hiernach wird

$$x_1 = -\frac{\Theta\big(l_1\vartheta_1'\sin(\Phi-\varphi_1') + l_2\vartheta_1'\cos(\Phi-\varphi_1')\big) + l_2\big(\vartheta_1^2 - 2\Theta\vartheta_1\cos(\Phi-\varphi_1)\big)}{l_1^2+l_2^2},$$

$$y_1 = -\frac{\Theta\big(l_2\vartheta_1'\sin(\Phi-\varphi_1') - l_1\vartheta_1'\cos(\Phi-\varphi_1')\big) - l_1\big(\vartheta_1^2 - 2\Theta\vartheta_1\cos(\Phi-\varphi_1)\big)}{l_1^2+l_2^2}.$$

Ich setze zur Abkürzung

$$\Phi - \varphi_1 = \overline{\varphi}_1, \quad F' - F = \delta,$$

dann ist zunächst

$$l_1 = -\Theta\sin(\overline{\varphi}_1 + f_1) + \vartheta_1 \sin f_1,$$
$$l_2 = +\Theta\cos(\overline{\varphi}_1 + f_1) - \vartheta_1 \cos f_1,$$
$$l_1^2 + l_2^2 = \Theta^2 + \vartheta_1^2 - 2\vartheta_1\Theta\cos\overline{\varphi}_1.$$

Ferner hat man nach 1_1) und 2_1)

$$\vartheta_1'\sin(\Phi-\varphi_1') = \vartheta_1\sin(\overline{\varphi}_1+\delta) - \Theta\sin\delta,$$
$$\vartheta_1'\cos(\Phi-\varphi_1') = \vartheta_1\cos(\overline{\varphi}_1+\delta) - \Theta\cos\delta + \Theta,$$

also wird auch

$$x_1 = -\Theta\,\frac{l_1\big(\vartheta_1\sin(\overline{\varphi}_1+\delta) - \Theta\sin\delta\big) + l_2\big(\vartheta_1\cos(\overline{\varphi}_1+\delta) - \Theta\cos\delta\big)}{l_1^2+l_2^2} - l_2,$$

$$y_1 = -\Theta\,\frac{l_2\big(\vartheta_1\sin(\overline{\varphi}_1+\delta) - \Theta\sin\delta\big) - l_1\big(\vartheta_1\cos(\overline{\varphi}_1+\delta) - \Theta\cos\delta\big)}{l_1^2+l_2^2} + l_1.$$

Führt man hierin die Werte von l_1 und l_2 ein, so geht der Zähler des mit Θ multiplicirten Gliedes von x_1 über in

$$\Theta\vartheta_1\big(\cos(2\overline{\varphi}_1+f_1+\delta)+\cos(f_1+\delta)\big) - \vartheta_1^2\cos(\overline{\varphi}_1+f_1+\delta) - \Theta^2\cos(\overline{\varphi}_1+f_1+\delta).$$

Der Factor von $\Theta\vartheta_1$ giebt $2\cos(\overline{\varphi}_1+f_1+\delta)\cos\overline{\varphi}_1$, der Zähler wird also $-\cos(\overline{\varphi}_1+f_1+\delta)\,(\Theta^2+\vartheta_1^2-2\Theta\vartheta_1\cos\overline{\varphi}_1)$, das ist $-(l_1^2+l_2^2)\cos(\overline{\varphi}_1+f_1+\delta)$. Entsprechend ist der Zähler des mit Θ multiplicirten Gliedes in y_1 gleich $-(l_1^2+l_2^2)\sin(\overline{\varphi}+f_1+\delta)$. Man bekommt also

$$x_1 = \Theta\cos(\overline{\varphi}_1+f_1+\delta) - l_2, \quad y = \Theta\sin(\overline{\varphi}_1+f_1+\delta) + l_1,$$

oder nach Ersetzung der l_2 und l_1 durch ihre Beträge

$$x_1 = \Theta\big(\cos(\overline{\varphi}_1+f_1+\delta) - \cos(\overline{\varphi}_1+f_1)\big) + \vartheta_1\cos f_1,$$
$$y_1 = \Theta\big(\sin(\overline{\varphi}_1+f_1+\delta) - \sin(\overline{\varphi}_1+f_1)\big) + \vartheta_1\sin f_1.$$

Entsprechende Werte haben wir für x_2, y_2 und hiernach wird die Correction δb gleich

$$\delta b_1 = \varepsilon \Big\{ \Theta \Big[\xi_2' \big(\cos(\overline{\varphi}_2 + f_2 + \delta) - \cos(\overline{\varphi}_2 + f_1) \big) - \xi_1' \big(\cos(\overline{\varphi}_1 + f_1 + \delta) - \cos(\overline{\varphi}_1 + f_1) \big) \Big] + (\xi_2' - \xi_2)\, \vartheta_2 \cos f_2 - (\xi_1' - \xi_1)\, \vartheta_1 \cos f_1 \Big\}.$$

Wenn die Einrichtung einigermassen richtig bewerkstelligt ist, werden die ξ' von den entsprechenden ξ nur wenig abweichen, aber selbst wenn die Differenzen $\xi_2' - \xi_2$ und $\xi_1' - \xi_1$ erheblichere Beträge erreichen sollten, wird man doch $\varepsilon(\xi_2' - \xi_2)$ und $\varepsilon(\xi_1' - \xi_1)$ vernachlässigen dürfen, denn es ist, wenn eine dieser Differenzen selbst 100 mm gleichkommt, ε multiplicirt mit dieser Differenz etwa gleich 1/2060, und die vernachlässigte Correction beträgt für jede Secunde Verticalabweichung in der Pointirungsrichtung nur 0,0005 mm. Ein so hoher Unterschied in den Entfernungen ξ wird aber nie eintreten können, denn da I′ und I, beziehungsweise II′ und II ja dasselbe Instrument repräsentiren, wird schon die Einstellung verlangen, dass ξ_2' sehr nahe gleich ξ_2 und ξ_1' sehr nahe gleich ξ_1 gemacht wird. Wir dürfen hiernach mit unter allen Umständen ausreichender Genauigkeit

$$\delta b_1 = \varepsilon \Theta \Big\{ \xi_2' \big(\cos(\overline{\varphi}_2 + f_2 + \delta) - \cos(\overline{\varphi}_2 + f_2) \big) - \xi_1' \big(\cos(\overline{\varphi}_1 + f_1 + \delta) - \cos(\overline{\varphi}_1 + f_1) \big) \Big\}$$

setzen, ein Ausdruck, der durch Ueberführung der Differenzen von Cosinus im Producte von Sinus übergeht in

$$\delta b_1 = 2 \varepsilon \Theta \sin \frac{\delta}{2} \left\{ \xi_1' \sin\left(\overline{\varphi}_1 + f_1 + \frac{\delta}{2} \right) - \xi_2' \sin\left(\overline{\varphi}_2 + f_2 + \frac{\delta}{2} \right) \right\}.$$

Θ ist die Verticalabweichung der Rotationsaxe, δ hängt allein von dem Winkel ab, um welchen man das Prisma drehen muss, um von A auf A' überzugehen, und zwar ist δ diesem Drehungswinkel geradezu gleich. Erstens ist nämlich nach der Definition $\delta = F' - F$, und zweitens bedeuten F, F' die Winkel, welche die $\zeta\xi$ Ebene vor beziehungsweise nach der Drehung gegen die feste Verticale z bildet, ihre Differenz giebt also den Winkel, um welchen die $\zeta\xi$ Ebene, also auch das Prisma gedreht ist. Ferner haben wir $\overline{\varphi}_1 = \Phi - \varphi_1$, $\overline{\varphi}_2 = \Phi - \varphi_2$, $\overline{\varphi}_1$ und $\overline{\varphi}_2$ hängen also sowohl von der Lage der Rotationsaxe, wie von der der Pointirungsrichtungen der Instrumente in ihrer Einstellung auf A ab, endlich sind f_1, f_2 allein durch diese Pointirungsrichtungen bestimmt.

Wie man Θ bestimmt, ist früher, Art. 58, dargelegt worden, δ braucht man nur mit roher Annäherung zu kennen; man versieht das Prisma mit einem Zeiger, welcher auf einen roh geteilten, etwa aus Papier ausgeschnittenen, Kreisbogen hinweist, der annähernd concentrisch mit der Figuraxe des Prisma auf dem Gestelle des Kathetometers angebracht (etwa aufgeklebt) ist, die Differenz der Ablesung der Stellung des Zeigers bei der Pointirung auf A' gegen die bei der Pointirung auf A kann für den Winkel δ angenommen werden. Φ ergiebt sich zugleich mit Θ aus den in

Art. 58 beschriebenen Nivellirungen. Die Winkel f_1, f_2 und φ_1, φ_2 lassen sich zwar nicht bestimmen, man kann sich aber bei geeigneter Construction der Instrumente durch gehörige Einrichtung von ihnen unabhängig machen. Wenn nämlich die Instrumente frei um ihre Figuraxen gedreht werden können, und die Pointirungsrichtungen der Instrumente in den Gesichtsfeldern derselben sichtbar gemacht sind, vermag man diese Richtungen zunächst in eine und dieselbe Ebene zu bringen. Die erste Bedingung ist erfüllt, wenn die Instrumente nicht mit den Schlitten fest verbunden sind, sondern in kreis- oder V förmigen Lagern freiliegen; um dann die Drehung der Instrumente um ihre Axe mit gehöriger Feinheit ausführen zu können und zugleich denselben nach einer Richtung einen Anschlag zu verleihen, der ihre ihnen einmal verliehene Lage fixirt, ist das Lager jedes von ihnen mit einem quer zu dem betreffenden Instrument gerichteten vorstehenden Schräubchen versehen und bekommen die Instrumente selbst entsprechende Anschläge. Die Instrumente werden mit freier Hand so gedreht, dass diese Anschläge gegen die Schräubchen anliegen, dreht man dann ein Schräubchen nach vorwärts, so drückt es den Anschlag des betreffenden Instruments und dreht so dasselbe um seine Axe; dreht man das Schräubchen nach rückwärts, so wird der Anschlag frei und das Instrument kann mit der Hand nachgedreht werden. Natürlich sind auch andere Vorrichtungen denkbar und üblich.

Die Pointirungsrichtungen sind wie beim Comparator durch Fäden sichtbar gemacht, welche ihnen parallel, also wie diese nahezu vertical laufen sollen. Es reicht für unsere Zwecke schon aus, wenn diese Fäden mit den Pointirungsrichtungen nur in einer Ebene liegen. Ob das der Fall ist, erkennt man am einfachsten bei denjenigen Constructionen, wo das bewegliche Fadenpaar aus zwei gekreuzten Fäden besteht: dreht man hier die zugehörige Mikrometerschraube, so darf man den Kreuzungspunkt dieser Fäden sich von dem Verticalfaden nicht entfernen sehen, fällt dieser Punkt in einer Stellung mit dem Verticalfaden zusammen, so muss er, nach welcher Richtung und wie weit man auch die Schraube dreht, stets mit demselben zusammenfallen, liegt er ausserhalb desselben, was wol sehr selten der Fall sein wird, so muss seine Bahn dem Verticalfaden parallel sein. Ist das bewegliche Fadenpaar von zwei parallelen Fäden gebildet, so muss man bei seiner Verschiebung im Gesichtsfeld durch Drehung der Mikrometerschraube es mit dem Verticalfaden stets denselben Winkel bilden und von demselben an stets denselben Stellen geschnitten sehen; am besten tut man auch hier an dem Fadenpaar irgend eine dem Verticalfaden recht nahe, durch irgend eine Besonderheit, etwa ein Faserchen oder eine kleine Hervorragung gekennzeichnete Stelle, ins Auge zu fassen und die Bewegung dieser Stelle gegen den Verticalfaden zu verfolgen, es muss dieselbe, soll der Verticalfaden mit der Pointirungsrichtung in derselben Ebene liegen, von dem Verticalfaden stets gleich weit entfernt bleiben.

Hat man sich in dieser oder in irgend einer andern Weise davon überzeugt, dass die Verticalfäden mit den Pointirungsrichtungen in derselben

Ebene liegen oder durch Parallelverschiebung in dieselbe Ebene gebracht werden können, so hängt man in deutlicher Sehweite, also in der Entfernung der zu vergleichenden Strecken ein Lot an einem feinen Faden auf. Richtet man beide Instrumente auf dieses Lot, so wird man im allgemeinen in jedem derselben den Verticalfaden das Bild des Lotfadens durchkreuzen sehen. Man dreht dann mit Hilfe des Stellschräubchens die Instrumente so lange um ihre bezüglichen Figuraxen, bis in jedem Instrument der Verticalfaden dem Lotfaden parallel läuft. Die Verticalfäden, also auch die Pointirungsrichtungen liegen dann in Verticalebenen. Bei gut construirten Apparaten liegen sie sogar in einer und derselben Verticalebene, und wenn man das Prisma dreht, muss man sie beide zugleich mit dem Lotfaden zur Coincidenz bringen können.

Wir wollen annehmen, dass wir es mit einem so construirten Kathetometer zu tun haben, dass man beide Pointirungsrichtungen, die von I wie die von II, nicht blos jede für sich in eine besondere Verticalebene zu bringen vermag, sondern beide zugleich in dieselbe Verticalebene versetzen kann; ferner wollen wir das Lot an der Stelle aufhängen, wo sich nachher die Strecke A befinden soll, sind die Pointirungsrichtungen in der angegebenen Weise in eine Verticalebene gebracht, so ist diese Ebene sowohl xz, als $(\xi\zeta)_1$, als $(\xi\zeta)_2$ Ebene, und da dann $f_1 = f_2 = 0$ und $\varphi_1 = \varphi_2 = 180°$ ist, haben wir also

$$\sin\left(\bar{\varphi}_1 + f_1 + \frac{\delta}{2}\right) = \sin\left(\bar{\varphi}_2 + f_2 + \frac{\delta}{2}\right) = -\sin\left(\Phi + \frac{\delta}{2}\right),$$

und damit

$$\delta b_1 = 2\varepsilon\Theta \sin\frac{\delta}{2}\sin\left(\Phi + \frac{\delta}{2}\right)(\xi_2' - \xi_1').$$

Sind beide Instrumente optisch nahezu gleich, so wird $\xi_2' - \xi_1'$ nicht besonders gross werden können, und da diese Differenz selbst bis 20 oder 30 mm ansteigen darf, fällt in diesem Falle die Correction δb_1 überhaupt als unerheblich fort. Wir brauchen dann also weder die Neigungen der Instrumente noch die der Rotationsaxe zu bestimmen, die einzige Operation, die wir vor den Messungen an dem Kathetometer vorzunehmen haben, ist die, die Verticalfäden in eine und dieselbe Verticalebene zu bringen. Hätten wir das Lot nicht an die Stelle angebracht, wo nachher A sich befinden soll, so wäre nicht mehr $f_1 = f_2 = 0$ und $\varphi_1 = \varphi_2 = 180$, aber jedenfalls wäre immer noch $f_1 = f_2$ und $\varphi_1 = \varphi_2$, und man hätte

$$\delta b_1 = -2\varepsilon\Theta \sin\frac{\delta}{2}\sin\left(\Phi - \varphi_1 + f_1 + \frac{\delta}{2}\right)(\xi_2' - \xi_1'),$$

und auch hier kann die Correction δb_1 fortgelassen werden.

Wenn man Bedenken trägt, diese Correction zu vernachlässigen, tut man gut, die Vergleichung zweimal auszuführen und zwar das zweite mal, nachdem man vorher die Instrumente mit einander vertauscht hat. Die Correction δb ist dann bei der zweiten Vergleichung

$$\delta b_1 = -2\varepsilon\Theta \sin\frac{\delta}{2}\cos\left(\Phi - \varphi_1 + f_1 + \frac{\delta}{2}\right)(\xi_1' - \xi_2').$$

Bildet man das Mittel aus beiden Vergleichungen, so fällt die Correction δb_1 von selbst fort.

Ist das Kathetometer nicht so genau construirt, dass die Verticalfäden nach der Justirung mit Hilfe des Lots in dieselbe Ebene zu liegen kommen, so ist auch nicht mehr $f_1 = f_2$ und $\varphi_1 = \varphi_2$; man kann dann zwar noch f_1 oder f_2 gleich 0 und φ_1 oder φ_2 gleich 180° ansetzen, aber eines der f und eines der φ bleibt stehen. Es sind nun zwar die Winkel f und φ der Beobachtung nicht ohne weiteres zugänglich, wenn man aber die Pointirungsrichtungen an beiden Instrumenten mit Hilfe desselben Lotfadens corrigirt hat, wird die Correction δb_1 überhaupt nur eine geringe Rolle spielen, wie die voraufgehende Betrachtung erkennen lässt.

Wir können die vorstehenden Entwicklungen gleich dazu benutzen, um unter denselben Annahmen auch die Correction δc zu discutiren. Es war

$$\delta c = \frac{\varepsilon^2}{2}(a'\vartheta_0'^2 - a\vartheta_0^2),$$

und es ist diese Correction ebenfalls durch die Einrichtung der Instrumente bestimmt. Wir können zunächst ohne weiteres a' und a beide durch A ersetzen und haben dann

$$\delta c = \frac{\varepsilon^2}{2} A(\vartheta_0'^2 - \vartheta_0^2).$$

Unter der bisher gemachten Annahme, dass das Prisma bei dem Drehen von A auf A' sich wie ein starres System bewegt, ist $\vartheta_0'^2 - \vartheta_0^2$ durch die Orientirung der Rotationsaxe zu bestimmen. Die Entwicklungen, die zur Kenntnis dieser Differenz führen, unterscheiden sich in nichts von denjenigen, mit Hilfe deren wir die Winkel f_1', φ_1', ϑ_1' abgeleitet haben; wir haben in jenen Formeln nur f_1, ϑ_1, φ_1 durch f_0, ϑ_0, φ_0 zu ersetzen. Es geht dann über $\overline{\varphi}_1 = \Phi - \varphi_1$ in $\Phi - \varphi_0$, eine Grösse, die wir $\overline{\varphi}_0$ nennen wollen; δ behält seinen Wert und wir bekommen aus zwei den Gleichungen für x_1, y_1 analog gebauten Formeln

$$\vartheta_0'^2 = \vartheta_0^2 + 2\Theta^2 - 2\Theta\vartheta_0\cos\overline{\varphi}_0 + 2\Theta\left(\vartheta_0\cos(\overline{\varphi}_0 + \delta) - \Theta\cos\delta\right),$$

oder nach leichter Umformung

$$\vartheta_0'^2 - \vartheta_0^2 = 4\Theta\sin\frac{\delta}{2}\left\{\Theta\sin\frac{\delta}{2} - \vartheta_0\sin\left(\overline{\varphi}_0 + \frac{\delta}{2}\right)\right\};$$

darnach wird

$$\delta c_1 = 2\varepsilon^2 A\Theta \sin\frac{\delta}{2}\left\{\Theta \sin\frac{\delta}{2} - \vartheta_0 \sin\left(\overline{\varphi}_0 + \frac{\delta}{2}\right)\right\}.$$

Wenn die Pointirungsrichtungen in der Stellung I, II der Instrumente in der angegebenen Weise in eine und dieselbe und verticale Ebene haben gebracht werden können, liegt a mit diesen Richtungen in eben derselben Ebene und wir haben $f_0 = 0$ zu setzen; alsdann ist $\overline{\varphi}_0 = \Phi - 180°$ und somit

$$\delta c_1 = 2\varepsilon^2 A\Theta \sin\frac{\delta}{2}\left\{\Theta \sin\frac{\delta}{2} + \vartheta_0 \sin\left(\Phi + \frac{\delta}{2}\right)\right\}.$$

Wir sahen vorhin, dass für diesen Fall die Correction δb_1 vernachlässigt werden durfte, hier zeigt sich, dass δc_1 selbst unter diesen so günstigen Verhältnissen nicht ohne weiteres fortzulassen ist, und zwar darum nicht, weil diese Correction A zum Factor hat und diese — die benutzte Maassstablänge — je nach der Grösse der zu bestimmenden Strecke A' einen bedeutenden Betrag erreichen kann.

Θ und Φ können wir nach den Regeln des Art. 59 bestimmen, nicht so leicht ϑ_0, denn a ist eine ideelle Linie und die Mikrometermitten sind nicht zugänglich. Sind die Instrumente beide gleichgebaut, so darf man an Stelle ihrer Mikrometermitten die Vorderpunkte ihrer Objective setzen; indem man dann an das Objectiv von II ein Lot hält, kann man aus der Abweichung dieses Lots von dem Objectiv von I ungefähr auf die Verticalabweichung ϑ_0 schliessen; ist die gerade Entfernung des Lotfadens von dem Objectiv I, wenn dieser Faden mit dem Objectiv II unmittelbar in Berührung gebracht ist, gleich ρ, so haben wir $\vartheta_0 = \frac{1}{\varepsilon}\frac{\rho}{A}$. Ein besseres Mittel, den von ϑ_0 abhängenden Teil von δc_2 zu beseitigen, hat man wieder in der Vertauschung der Instrumente. Man führt zwei Vergleichungen aus, einmal mit I unten, II oben und dann mit II unten, I oben; bei der zweiten Vergleichung bekommt das mit ϑ_0 multiplicirte Glied das entgegengesetzte Zeichen, und da A, Θ, Φ, δ dabei ungeändert bleiben, fällt im Mittel der beiden Vergleichungen das Glied $2\varepsilon^2 A\Theta\vartheta_0 \sin\frac{\delta}{2}\sin\left(\Phi + \frac{\delta}{2}\right)$ fort. Die Voraussetzung, von der man dabei ausgeht, ist dann die, dass jedes der Instrumente oben genau so liegt, wie unten, so zwar, dass der Ort der Mikrometermitte bei jedem Instrument in der obern Lage vertical über dem in der untern Lage sich befindet, und hieraus erhellt schon, dass das Verfahren mit Vorsicht anzuwenden ist.

Es ist bis jetzt angenommen worden, dass das Prisma während der Drehung keine Translationen erleidet und auch keine andere Drehung durchmacht, als die beabsichtigte, also namentlich sich nicht nach hinten oder vorn, oder nach rechts oder links neigt. Translationen und Drehungen um horizontale Axen sollten also nicht stattfinden. Es ist aber leicht zu sehen, dass Translationen, selbst wenn sie stattfinden sollten, so gut wie ganz einflusslos sind; parallel mit sich selbst darf sich das Prisma innerhalb gewisser, aber ziemlich weiter Grenzen heben und senken, vorwärts und rückwärts und seitwärts verschieben. Gefährlich dagegen können Drehungen um horizontale Axen werden.

Correctionen für Neigungen des Prisma. Um den Einfluss solcher nicht beabsichtigter, spontaner Drehungen schätzen zu können, betrachten wir den allgemeinen Fall, wo während des Uebergangs von A auf A' solche Drehungen, die allerdings nur sehr klein sein werden, um irgend eine Axe stattfinden. Obgleich diese Drehungen während der Drehung des Prisma von A auf A' vor sich gehen, können wir doch den Tatbestand so ansehen, als ob die Instrumente schon in ihrer Einstellung auf A die ihnen durch jene spontanen Drehungen des Prisma zukommenden Drehungen erleiden und dann ohne weitere spontane Drehungen durch Drehung des Prisma von A auf A' übergeführt werden.

Die aus diesen Drehungen resultirende Correction δb — sie soll mit $\delta b'$ bezeichnet werden — ist, wie man leicht sieht, bedingt durch die Aenderungen der Grössen $\xi_1\,\gamma_1$, $\eta_1\,\gamma_2$, $\zeta_1\,\gamma_3$, $\xi_2\,\nu_1$, $\eta_2\,\nu_2$, $\zeta_2\,\nu_3$; bezeichnen wir diese Aenderungen, indem wir den betreffenden Grössen ein δ vorsetzen, und sehen von den aus diesen Bewegungen resultirenden Aenderungen der ξ, η, ζ selbst ab, so haben wir

$$\delta b' = \xi_2\delta\nu_1 + \eta_2\delta\nu_2 + \zeta_2\delta\nu_3 - \xi_1\delta\gamma_1 - \eta_1\delta\gamma_2 - \zeta_1\delta\gamma_3.$$

Ich beziehe die spontane Drehung auf das feste Coordinatensystem der x, y, z, messe die Drehungscomponenten in Secunden und nenne dieselben εp, εq, εr. Wir haben dann, weil diese Componenten klein sind, nach schon mehrfach benutzten Lehren der Mechanik:

$$\begin{aligned}
\delta\gamma_1 &= \varepsilon(\beta_1 p - \alpha_1 q), & \delta\gamma_2 &= \varepsilon(\beta_2 p - \alpha_2 q), & \delta\gamma_3 &= \varepsilon(\beta_3 p - \alpha_3 q),\\
\delta\nu_1 &= \varepsilon(\mu_1 p - \lambda_1 q), & \delta\nu_2 &= \varepsilon(\mu_2 p - \lambda_2 q), & \delta\nu_3 &= \varepsilon(\mu_3 p - \lambda_3 q),
\end{aligned}$$

oder zufolge der Seite 156 gegebenen Werte der in Frage kommenden Richtungscosinus, bis auf zu vernachlässigende Grössen,

$$\begin{array}{l|l}
\delta\gamma_1 = \varepsilon\big(p\sin(f_1-\varphi_1)+q\cos(f_1-\varphi_1)\big) & \delta\nu_1 = \varepsilon\big(p\sin(f_2-\varphi_2)+q\cos(f_2-\varphi_2)\big),\\
\delta\gamma_2 = \varepsilon\big(q\sin(f_1-\varphi_1)-p\cos(f_1-\varphi_1)\big) & \delta\nu_2 = \varepsilon\big(q\sin(f_2-\varphi_2)-p\cos(f_2-\varphi_2)\big),\\
\delta\gamma_3 = \varepsilon^2\vartheta_1(p\sin\varphi_1 - q\cos\varphi_1) & \delta\nu_3 = \varepsilon^2\vartheta_2(p\sin\varphi_2 - q\cos\varphi_2).
\end{array}$$

Man bemerkt zunächst, dass r in diesen Gleichungen nicht vertreten ist; Drehungen um eine Verticalaxe sind also einflusslos, was ja auch von vornherein klar ist. Ferner sind $\delta\gamma_3$ und $\delta\nu_3$ beide selbst gegen $\delta\gamma_1 \ldots$, $\delta\nu_2$ klein, wir können also $\zeta_2\delta\nu_3 - \zeta_1\delta\gamma_3$ fortlassen. Tun wir das, so wird

$$\begin{aligned}
\delta b' = {} & \varepsilon\xi_2\big(p\sin(f_2-\varphi_2)+q\cos(f_2-\varphi_2)\big) + \varepsilon\eta_2\big(q\sin(f_2-\varphi_2)-p\cos(f_2-\varphi_2)\big)\\
& -\varepsilon\xi_1\big(p\sin(f_1-\varphi_1)+q\cos(f_1-\varphi_1)\big) - \varepsilon\eta_1\big(q\sin(f_1-\varphi_1)-p\cos(f_1-\varphi_1)\big).
\end{aligned}$$

Die εp, εq, εr sind nur kleine Grössen, da die η auch nur sehr klein sind, werden nur die mit den ξ multiplicirten Producte zu beachten sein, und so wird

$$b\delta' = \varepsilon p\big(\xi_2 \sin(f_2 - \varphi_2) - \xi_1 \sin(f_1 - \varphi_1)\big) + \varepsilon q\big(\xi_2 \cos(f_2 - \varphi_2) - \xi_1 \cos(f_1 - \varphi_1)\big).$$

Wenn die beiden Pointirungsrichtungen in der Seite 160 angegebenen Weise in eine und dieselbe und verticale Ebene gebracht sind, haben wir $f_1 = f_2 = 0$, $\varphi_1 = \varphi_2 = 180°$, also

$$\delta b' = \varepsilon q\,(\xi_1 - \xi_2).$$

Hieraus ergiebt sich:

1. Auf die Correction δb sind von Drehungen, die nicht um die Rotationsaxe vorgenommen werden, nur die Drehungen von Einfluss, welche um eine quer zu den Instrumenten gehende horizontale Axe geschehen, die also das Prisma nach hinten oder vorn neigen.

2. Bei Apparaten, deren beide Instrumente einander optisch nahe gleich sind, spielt diese Correction $\delta b'$, wenn, wie verlangt werden muss, die Pointirungsrichtungen in eine und dieselbe und verticale Ebene gebracht sind, keine Rolle.

3. Will man der Correction $\delta b'$ dennoch Rechnung tragen, so führt man die Vergleichung zweimal aus, indem man nach der ersten Vergleichung die Instrumente vertauscht und nimmt das Mittel aus beiden Vergleichungen.

Wir haben nun noch $\delta \cos(a, z)$ zu bilden. Es ist zunächst

$$\delta\big(\cos(a, z)\big) = \varepsilon\big(p \cos(\zeta_0, y) - q \cos(\zeta_0, x)\big).$$

ζ_0 steht für a, η_0 ist eine zu a senkrechte, von links nach rechts gerichtete Axe. Auch diese Variation ist von r frei. Führen wir wieder die Winkel φ_0, ϑ_0 ein, so wird

$$\cos(\zeta_0, x) = \cos\varphi_0 \sin\vartheta_0 = \varepsilon\vartheta_0 \cos\varphi_0; \quad \cos(\zeta_0, y) = \sin\varphi_0 \sin\vartheta_0 = \varepsilon\vartheta_0 \sin\varphi_0$$

und

$$\delta\big(\cos(a, z)\big) = \varepsilon^2\vartheta_0(p \sin\varphi_0 - q \cos\varphi_0).$$

Damit wird der Teil von δa und δc, welcher von der Aenderung der Orientirung von a durch die spontanen Drehungen herrührt — er soll mit $\delta a' - \delta c'$ bezeichnet werden —

$$\delta a' - \delta c' = a\varepsilon^2\vartheta_0\,(p \sin\varphi_0 - q \cos\varphi_0).$$

Diese Correction ist, wie man sieht, auch nicht allein von q abhängig, sie bestimmt sich im allgemeinen durch den ganzen in die Horizontalebene fallenden Teil der Drehung. Indessen ist diese Abhängigkeit von der Drehungscomponente p nicht vorhanden, sobald es gelungen ist, die beiden Pointirungsrichtungen in eine und dieselbe und verticale

Ebene zu bringen; in der Tat fällt dann a selbst in diese Ebene und man hat, weil ja nichts hindert, die ξ_0 Axe in dieselbe Ebene zu verlegen, $\varphi_0 = 180°$, somit

$$\delta a' - \delta c' = a\varepsilon^2 \vartheta_0 q,$$

wo selbst nur noch die Drehung um die Queraxe vertreten ist. Man kann aus dieser Gleichung ganz analoge Folgerungen, wie aus der für die Correction $\delta b'$ ziehen, nämlich

1. Die durch spontane während des Uebergangs von der einen Strecke auf die andere eintretenden Drehungen zu den Correctionen δa und δc hinzukommende Correction $\delta a' - \delta c'$ hängt im allgemeinen allein von den Drehungen um horizontale Axen ab; ist die Einrichtung so getroffen, dass die Pointirungsrichtungen einmal in eine und dieselbe und verticale Ebene fallen, so kommt von diesen Drehungen auch nur diejenige Drehung in Frage, durch welche das Prisma nach vorn oder hinten geneigt wird.

2. Will man der Correction $\delta a' - \delta c'$ annähernd Rechnung tragen, so führt man die Vergleichung zweimal aus, indem man nach der ersten Vergleichung die Instrumente vertauscht, und nimmt das Mittel aus beiden Vergleichungen.

Experimentelle Untersuchung auf Translationen und Neigungen. Obgleich diese Ergebnisse die Bedeutung der Drehungen um horizontale Axen teils stark abgeschwächt, teils diesen Drehungen Rechnung zu tragen gelehrt haben, ist es doch gut, an einem gegebenen Apparat die etwaige Existenz und Grösse der Drehungen zu untersuchen, zumal man zugleich durch eine solche Untersuchung auch die Kenntnis der zu $\delta a - \delta c$ hinzuzufügenden Correction $\delta a' - \delta c'$ erlangt. Der Effect aller solcher Drehungen zeigt sich in einem gewissen Heben oder Senken der Instrumente, da aber zugleich mit den Drehungen auch wirkliche Translationen in Richtung der Verticale stattfinden können, werden die in Erscheinung tretenden Hebungen und Senkungen nicht allein von den Drehungen herrühren, sondern zugleich auch von den etwa vorhandenen wirklichen Translationen und nicht minder von der vorgenommenen Drehung um die Rotationsaxe.

Es sei H_1 die ganze an dem Instrument I beobachtete Hebung oder Senkung bei der Drehung des Prisma von $F = F_1$ bis $F = F_1'$; es setzt sich H_1 aus 3 Teilen zusammen: h_{11} dem durch verticale Translation des Prismas bewirkten, h_{12} dem durch spontane Drehungen um horizontale Axen entstandenen, h_{13} dem durch die vorgenommene Drehung um die Rotationsaxe eingetretenen Teil, und es ist $H_1 = h_{11} + h_{12} + h_{13}$. Für das Instrument II bezeichne ich die entsprechenden Grössen mit H_2, h_{21}, h_{22}, h_{23}. Es kommt nun für die Vergleichung nicht H_1 und H_2 selbst, sondern nur deren Differenz $H_2 - H_1$ in Frage, diese Differenz ist aber $(h_{21} - h_{11}) + (h_{22} - h_{12}) + (h_{32} - h_{31})$. Bildet das Prisma mit den Instrumenten ein starres System, so ist jedenfalls $h_{21} = h_{11}$ und ebenso $h_{32} = h_{31}$, somit $H_2 - H_1 = h_{22} - h_{12}$. Es ist aber sehr leicht einzusehen, dass $h_{22} - h_{12}$ nichts anderes bedeutet als die früher von uns mit $\delta a' - \delta c'$ bezeichnete

Grösse, nämlich die Grösse $\delta\left(a\cos(a, z)\right)$. Durch die Beobachtung der Hebungen und Senkungen ist man also in den Stand gesetzt, diese Correction zu δa und $-\delta c_1$ direct zu bestimmen.

Es sind einige Methoden erdacht worden, etwaige Hebungen und Senkungen des Prisma bei der Drehung zu constatiren und der Grösse nach zu bestimmen, aber diese Methoden sind nicht besonders einfach und auch nicht alle bei allen Kathetometern anwendbar. Die allgemeinste Methode ist die von Löwenherz*) angegebene.

Ein gabelförmig gebogener Draht trägt auf jeder Zinke eine herumlaufende Marke und am Stiel ein Eisenstück oder irgend einen andern beschwerenden cylindrisch geformten Körper. Taucht man die Gabel mit dem Stiel in ein mit Quecksilber gefülltes, den beschwerenden Körper umschliessendes Rohr, so schwimmt dieselbe, man stellt sie so, dass die Ebene der Zinken dem Prisma parallel läuft. Man richtet eines der Instrumente aufdie linke Zinke und pointirt die Marke, dreht das Prisma auf die zweite Zinke und pointirt auf die dieser zugehörige Marke; dann dreht man die Gabel um 180 Grad, so dass die Zinken ihre Plätze vertauschen, pointirt auf die betreffende Marke, dreht das Prisma in die alte Stellung und pointirt auf die nunmehr gegenüberstehende Marke. Sei die Höhe der Marke der zuerst rechts gelegenen Zinke über der Marke der zuerst links gelegenen Zinke gleich h, die Hebung oder Senkung des Prisma beim Drehen von der linken Zinke zur rechten gleich $\pm H_1$. Sind dann die Ablesungen an der Mikrometerschraube des Instruments bei den verschiedenen Pointirungen in der angegebenen Reihenfolge l_1, r_1, r_2, l_2 und wachsen diese Ablesungen, wenn die Mikrometerfäden sich von unten nach oben bewegen, so haben wir

$$r_1 - l_1 = h \mp H_1,$$
$$l_2 - r_2 = h \pm H_1,$$

somit die gesuchte Hebung oder Senkung

$$H_1 = \frac{(r_1 - l_1) - (l_2 - r_2)}{2}.$$

Die Differenzen $r_1 - l_1$, $l_2 - r_2$ sind zunächst in Trommelteilen gegeben, indem man sie mit dem Schraubenwert multiplicirt, verwandelt man sie in metrisches Maass. Die so gefundene Grösse H_1 giebt die Hebung oder Senkung des Prisma für die ausgeführte Drehung. Ist der Winkel F für die Stellung des Prisma bei der Pointirung auf die linke Zinke F_1, bei der auf die rechte F_2, so beträgt diese Drehung $F_2 - F_1$. Man transportirt nun das Quecksilbergefäss sammt der schwimmenden Gabel so weit, dass

*) Mündliche Mitteilung. Im übrigen soll das obige die Methode nur skizziren, die Anwendung wird noch manches erfordern. Statt des gabelförmig gebogenen Drahtes empfiehlt sich vielleicht eine capillare U-Röhre, die mit einer gut benetzenden Flüssigkeit (Alkohol) gefüllt ist. Siehe auch Marek in Traveaux et Mémoires du Bureau international des poids et mésures, Tome III, Seite D 27.

die linke Zinke da zu liegen kommt, wo früher die rechte war, die rechte Zinke kommt dann noch weiter nach rechts, und man hat für die Drehung von $F = F_2$ bis $F = F_3$ eine entsprechende Gleichung

$$H_2 = \frac{(r'_2 - l'_2) - (l_3 - r_3)}{2}.$$

Indem man so mit Transportiren und Pointiren fortfährt, kommt man ganz um das Prisma herum und erlangt eine Reihe von Werten H in folgender Zuordnung

$$H_1, \quad H_2, \quad H_3, \ldots\ldots H_{n-1},$$

für die Drehung $F_2 - F_1,\ F_3 - F_2,\ F_4 - F_3, \ldots F_n - F_{n-1}$,

somit

$$H_1, \quad H_1 + H_2, \quad H_1 + H_2 + H_3,$$

für die Drehung $F_2 - F_1,\ F_3 - F_1,\ F_4 - F_1, \ldots$

Bezeichnen wir jetzt die ganze Hebung von F_1 bis F_i mit $H^{(i)}$, wo also $H^{(i)} = H_1 + H_2 + \cdots + H_{i-1}$, so können wir, weil nachdem das Prisma um 360° herumgedreht ist, die H sich wiederholen müssen,

$$H^{(i)} = a + b \sin \frac{F_i - F_1}{2\pi} + c \cos \frac{F_i - F_1}{2\pi}$$

setzen, wir haben dann $n - 1$ Gleichungen von dieser Form, aus denen die a, b, c nach den im ersten Band gegebenen Regeln durch Ausgleichung auszurechnen sind; am bequemsten für die Ausgleichung ist, wenn die Zinken von einander einen solchen Abstand haben, dass die Beträge der Drehungswinkel, die alle einander gleich sein werden, in 360° aufgehen, es gelten dann die in Band I, Art. 291 d gegebenen Formeln. Kennt man die Zahlenwerte der a, b, c, so vermag man später für jede andere Drehung $F' - F_1$ nach der Formel die zugehörige Hebung oder Senkung zu bestimmen. Es gelten aber die so berechneten Hebungen nur für den Fall, wo die Drehung von der Stellung des Prisma gerechnet ist, von welcher die Beobachtung ausging, also von der durch F_1 charakterisirten Stellung, man tut daher gut, diese sonst willkürliche Stellung dadurch fest zu legen, dass man unten an das Prisma sich eine Marke macht, die mit einer andern auf dem Gestelle gezogenen Marke in jener Stellung coincidirt. Besser noch versieht man das Prisma unten mit einem Zeiger, den Fuss mit einem zur Axe concentrischen roh geteilten Kreis.

Die Correction δC können wir für alle Kathetometer zugleich untersuchen.

65b. Das Longitudinalkathetometer. Wenden wir uns zunächst zur Discussion der Correction δa und δb für Messungen mit dem Longitudinalkathetometer, so können wir einen Fall sofort erledigen. Besitzt nämlich das betreffende Kathetometer auf dem Schlitten nur ein Instrument, so bildet es ein Mittelding zwischen dem Transversal- und Longitudinalkathetometer, man pointirt mit diesem Instrument auf das obere Ende von A, dreht, wenn die Strecken nicht zugleich im Gesichtsfelde gesehen werden können, das Prisma nach A' hin und pointirt auf das entsprechende Ende von A', dann lässt man den Schlitten auf dem Prisma nach dem untern Ende von A' gleiten, pointirt auf dieses untere Ende von A', dreht zurück nach A und pointirt das untere Ende von A. Für diesen Fall gelten ohne weiteres alle über das Transversalkathetometer angestellten Betrachtungen, die Correctionen δa und δb sind hier genau so zu berechnen wie dort. Neigungen des Prisma können hier Fehler von derselben Grössenordnung wie bei dem Transversalkathetometer hervorbringen, von den Translationen sind aber Hebungen und Senkungen hier mehr zu fürchten. Es würden solche Hebungen und Senkungen auch hier ohne Einfluss sein, wenn sie bei der Zurückdrehung auf A in entgegengesetztem Sinne vor sich gingen, absolut aber denselben Betrag erreichten wie bei der Hindrehung nach A', im allgemeinen kann man aber nicht erwarten, dass das Prisma in der zweiten Einstellung auf A genau wieder die Lage einnimmt, die dasselbe bei der ersten hatte.

Genauere Untersuchung gebührt dem Falle, wo der Schlitten des Apparats zwei Instrumente trägt, deren eines auf den Maassstab, deren anderes auf die zu bestimmende Strecke pointirt. Drehungen des Prisma von A auf A' werden hier im allgemeinen nicht ausgeführt, dagegen muss der Schlitten mit den Instrumenten längs des Prisma von oben nach unten oder von unten nach oben transportirt werden. Da bei diesem Transport des Schlittens längs des Prisma durch Druck gegen das Prisma oder den Schlitten leicht Verstellungen des ganzen Kathetometers und der Instrumente eintreten können, ist es geboten, denselben so sorgfältig als möglich zu bewerkstelligen.

Am besten führt man die Messungen erst an den obern Enden aus und lässt den Schlitten, indem man ihn nur so weit mit der Hand unterstützt, dass er nicht herabfällt, nach den untern Enden herabgleiten, muss man aber den Schlitten nach oben bringen, dann soll das so geschehen, dass die hebende Kraft nur von unten nach oben angewendet wird, also nicht seitwärts wirkt. Zugleich hat man sich vorzusehen, nicht gegen die Instrumente zu stossen, um Verstellungen derselben gegen einander zu vermeiden.

Hinsichtlich der Correction δa ist hier nichts zu bemerken, dieselbe fällt aus den Gründen, die schon bei den Messungen mit dem Longitudinalcomparator angeführt sind, meist fort.

Bei der Correction δb haben wir uns zu erinnern, dass die Pointirungen von I und II an demselben Instrument ausgeführt werden, ebenso wie die I' und II', bleiben also die Instrumente während ihrer Verschiebung längs des Prisma sich selbst parallel, so haben wir $\vartheta_1 = \vartheta_2$, $f_1 = f_2$,

$\vartheta'_1 = \vartheta'_2$, $f'_1 = f'_2$, und es wird

$$\delta b = \varepsilon\left(\vartheta'_1 \cos f'_1 (\xi'_2 - \xi'_1) - \vartheta_1 \cos f_1 (\xi_2 - \xi_1)\right).$$

Ist das Prisma, welches zur Führung des Schlittens dient, nicht zu sehr gegen die Verticale geneigt und laufen die Strecken A und A' einander nahezu parallel, so darf man jedenfalls $\xi'_2 - \xi'_1$ und $\xi_2 - \xi_1$ als der Null sehr nahe kommend ansehen, die Correction δb ist dann zu vernachlässigen, es dürfen aber auch diese Differenzen erheblichere Werte erreichen, bis zu 10 mm und mehr ansteigen, ohne dass man unter diesen Umständen von der Correction δb Notiz zu nehmen braucht.

Im allgemeinen wird der Schlitten während des Transports von den obern Enden der Strecken nach den untern und umgekehrt und während des Festklemmens an das Prisma Drehungen erleiden, und nach solchen Drehungen darf man nicht mehr die in Frage kommenden Winkel einander gleich setzen. Der Fall entspricht genau dem im voraufgehenden Art. untersuchten Fall bei dem Transversalkathetometer, dort handelte es sich um den Uebergang der Grösse $\xi_2 \vartheta_2 \cos f_2 - \xi_1 \vartheta_1 \cos f_1$ in $\xi'_2 \vartheta'_2 \cos f'_2 - \xi'_1 \vartheta'_1 \cos f'_1$, hier um den von $\xi'_1 \vartheta'_1 \cos f'_1 - \xi_1 \vartheta_1 \cos f_1$ in $\xi'_2 \vartheta'_2 \cos f'_2 - \xi_2 \vartheta_2 \cos f_2$, und da die Berechnungen ganz den dort ausgeführten gleichen, bekommt man für die durch solche Drehungen verursachte Correction δb, wenn die durch dieselbe Drehung bewirkten Veränderungen der ξ ausser Acht gelassen werden, zunächst

$$\delta b' = \xi'_1 \delta\gamma'_1 - \xi_1 \delta\gamma_1$$

und durch Einführung der Werte von $\delta\gamma'_1$ und $\delta\gamma_1$

$$\delta b' = \varepsilon\Big\{\xi'_1\left(p \sin(f'_1 - \varphi'_1) + q \cos(f'_1 - \varphi'_1)\right) \\ - \xi_1\left(p \sin(f_1 - \varphi_1) + q \cos(f_1 - \varphi_1)\right)\Big\}.$$

Wir lassen diesen Ausdruck zunächst in seiner Allgemeinheit stehen und wenden uns zu der Correction δc.

Wenn der Schlitten ganz ohne irgend welche Verdrehungen aus der Lage I, I' in die II, II' anlangt, beschreiben alle Punkte desselben einander parallele Linien, es ist dann also auch a parallel a', somit $\vartheta'_0 = \vartheta_0$ und hiernach $\delta c = 0$. Bei vollkommen genauer Parallelführung des Schlittens fällt die Correction δc fort. Treten dagegen spontane Drehungen ein, so bewirken dieselben, dass a und a' einander nicht mehr parallel sind, es ist dann auch nicht mehr $\vartheta'_0 = \vartheta_0$, also auch nicht $\delta c = 0$. Indem wir für diesen Fall die Correction δc mit der δa zusammenfassen und beachten, dass $\delta a - \delta c$ gleich $a' \cos(a', z) - a \cos(a, z) = \bar{z}'_2 - \bar{z}'_1 - (\bar{z}_2 - \bar{z}_1)$ ist, wird $\delta a' - \delta c' = (\bar{z}'_2 - \bar{z}'_1) - (\bar{z}_2 - \bar{z}_1)$. Man hat nun, wenn die Translation in Richtung der Verticale für I mit Z, für I' mit Z' bezeichnet wird,

$$\bar{z}'_2 - \bar{z}'_1 = Z' + \varepsilon(\bar{y}'_1 p - \bar{x}'_1 q), \quad \bar{z}_2 - \bar{z}_1 = Z + \varepsilon(\bar{y}_1 p - \bar{x}_1 q),$$

also

$$\delta a' - \delta c' = Z' - Z + \varepsilon\left\{(\overline{y'_1} - \overline{y_1})p - (\overline{x'_1} - \overline{x_1})q\right\}.$$

Wir haben schon früher das Coordinatensystem x, y, z so gelegt gedacht, dass sein Ursprung in die Mikrometermitte des Instruments I fiel, dass also $\overline{y_1} = \overline{x_1} = 0$ ist, bedeuten also $\overline{y'_1}$, $\overline{x'_1}$ die relativen Coordinaten der Mikrometermitten von I′ gegen die Mikrometermitte von I, so wird

$$\delta a' - \delta c' = Z' - Z + \varepsilon(\overline{y'_1}p - \overline{x'_1}q).$$

Wenn der Schlitten sammt den Instrumenten sich wie ein starres System bewegt, also Verstellungen der Instrumente gegen einander ausgeschlossen sind, ist jedenfalls $Z' = Z$, und

$$\delta a' - \delta c' = \varepsilon(\overline{y'_1}p - \overline{x'_1}q).$$

Correctionsrechnung für das gewöhnliche Kathetometer (mit Maassstab am Prisma). Bis hierher galten die Entwicklungen ganz allgemein für alle Longitudinalkathetometer, wir wollen nun dieselben auf einige besondere Constructionen anwenden.

Wir betrachten erst die Construction, die in physikalischen Laboratorien am meisten angetroffen wird, wo das Kathetometer wie ein Kalibermaassstab den Maassstab auf dem Prisma selbst trägt, und also als wirklich messender Apparat Verwendung findet. Der Maassstab wird mit einem Nonius oder einem Mikrometermikroskop abgelesen. Bei Benutzung eines Nonius, dessen Striche, wie es durchaus notwendig ist, sich unmittelbar an die Striche des Maassstabes anschliessen, ist ξ_1 geradezu gleich Null zu setzen, es wird also

$$\delta b' = \varepsilon\xi'_1\left\{p\sin(f'_1 - \varphi'_1) + q\cos(f'_1 - \varphi'_1)\right\}$$

und es kann diese Correction, wenn ξ'_1 dadurch, dass zu den Pointirungen auf die zu messende Strecke A' ein Fernrohr benutzt wird, erheblich ist, sehr bedeutend werden.

Wir können aber der vorstehenden Darstellung für diese Correction eine einfachere und bequemere Form verleihen. Da nämlich die Pointirungsrichtung von I nicht mehr in Frage kommt, hindert nichts, die Rolle, die wir früher dieser Pointirungsrichtung zugewiesen haben, auf I′ zu übertragen. Wir denken uns also den Ursprung der Coordinaten x, y, z in die Mikrometermitte von I′ verlegt und richten, wenn die Einrichtung des Instruments I′ es gestattet, dieses Instrument mit Hilfe des Lots so, dass seine Pointirungsrichtung beim Pointiren auf A' in eine Verticalebene zu liegen kommt; verlegen wir dann, wie wir dürfen, die zx und $\zeta\xi$ Ebene in diese Verticalebene, so ist $f'_1 = 0$, $\varphi'_1 = 180°$, somit

$$\delta b' = -\varepsilon\xi'_1 q.$$

Diese Formel gilt also allgemein für Kathetometer der bezeichneten Einrichtung und zeigt, dass $\delta b'$ abhängt von der Drehung des auf die zu bestimmende Strecke gerichteten Instruments um eine horizontale Queraxe, und mit dieser Drehung und mit dem Abstande von der zu bestimmenden Strecke wächst.

Für die Correction $\delta a' - \delta c'$ ist eine Vereinfachung allgemein nicht angebbar, es ist dieselbe bei der jetzigen Wahl des Coordinatensystems

$$\delta a' - \delta c' = \varepsilon(\bar{x}_1 q - \bar{y}_1 p),$$

und es hängt dieselbe von den horizontalen Coordinaten des Index des Nonius gegen die Mikrometermitte (den Index) des Instruments ab. Befindet sich dieser Index, also auch der Rand des Nonius, und der des Maassstabes in derselben Verticalebene wie die Pointirungsrichtung, so ist $\bar{y}_1 = 0$ und $\bar{x}_1$ gleich dem Abstand dieses Index von der bezeichneten Mikrometermitte. In diesem Falle ist die Correction $\delta a' - \delta c'$ wie die $\delta b'$ nur durch die Drehung q bestimmt, und es wird

$$\delta b' + \delta a' - \delta c' = -\varepsilon q(\xi_1' - \bar{x}_1).$$

Da die positive x Axe vom Instrument nach der zu bestimmenden Strecke hinläuft, ist $\bar{x}_1$ jedenfalls negativ, $\xi_1' - \bar{x}_1$ bedeutet also die Entfernung des Noniusindex von der zu bestimmenden Strecke, oder wie wir auch sagen können, den Abstand der zu bestimmenden Strecke von dem Maassstab des Kathetometers; nennen wir diesen Abstand D, so wird

$$\delta b' + \delta a' - \delta c' = -\varepsilon q D.$$

Gerade weil dieser Abstand in der Praxis unter Umständen sehr gross werden kann, und Drehungen des Instruments, sei es bei der Verschiebung desselben längs des Prisma, sei es während der Festklemmung an das Prisma, in der Tat leicht vorkommen können, ist das Kathetometer als Messinstrument zu genauen Bestimmungen wenig geeignet, denn man ist selten in der Lage, die vorgefallene Drehung und damit die nötige Correction mit genügender Genauigkeit zu bestimmen. Am ehesten giebt sich eine solche Drehung an dem Ausschlagen der mit dem Instrument verbundenen oder auf dasselbe aufgesetzten Libelle zu erkennen, ist z. B. $D = 2\text{m}$ — und in solcher Entfernung von der zu messenden Strecke hat der Physiker das Kathetometer nicht selten zu benutzen — und soll die Messung mit einer Genauigkeit von 0,01 mm ausgeführt werden, so hat man q bis $0{,}01/2000.\varepsilon$, das ist bis auf 206265/200000, also bis auf eine Secunde zu kennen 'die Libelle muss also so fein sein, dass sie eine Secunde Neigung durch einen Ausschlag anzeigt; so empfindlich wird aber wol selten eine einem Kathetometer beigegebene Libelle sein. Viel günstiger sind natürlich die Verhältnisse, wenn man mit dem Kathetometer an die zu messende Strecke so nahe herankommen darf, dass statt eines Fernrohrs ein Mikroskop angewendet werden kann, in diesem Falle ist dann D erheblich kleiner, 500 oder gar nur 200 und weniger Millimeter, und im gleichen Maasse ist auch die Genauigkeit, mit der q gekannt werden muss, verringert.

Die Voraussetzung, dass der Noniusindex in der Verticalebene, die die Pointirungsrichtung des Instruments aufnimmt, sich befindet, ist in der Praxis selten verwirklicht, aber da die Correction $\delta a' - \delta c'$ hier meist überhaupt gegen die $\delta b'$ zurücktritt, darf man immer von der angenäherten Formel

$$\delta b' + \delta a' - \delta c' = -\varepsilon q D$$

Gebrauch machen, zumal wenn der Index nicht zu sehr aus dieser Ebene heraustritt.

Die Verhältnisse ändern sich, sobald der Maassstab nicht mit einem Nonius, sondern mit einem Mikrometermikroskop abgelesen wird; da wir dann nicht mehr ξ_1 geradezu gleich Null setzen dürfen, behält auch der Ausdruck für $\delta b'$ und $\delta a' - \delta c'$ seine allgemeine Form und erfährt nur für besondere Constructionen eine Vereinfachung. Wo z. B. wie in dem neuerdings von Fuess*) construirten Kathetometer das Instrument I von dem Ocular des Instruments I′ gebildet wird, also I und I′ eine und dieselbe Pointirungsrichtung haben, sind f_1 und f_1' sowie φ_1 und φ_1' einander gleich und wenn diese Pointirungsrichtung in eine Verticalebene gebracht ist, $f_1 = f_1' = 0$, $\varphi_1 = \varphi_1' = 180°$, und es wird ähnlich wie im vorigen Fall

$$\delta b' = -\varepsilon q (\xi_1' - \xi_1).$$

ξ_1 ist hier Null, denn das Instrument I ist hier nichts weiter als eine Lupe, die zur Betrachtung des Maassstabes dient und da hier $\overline{x}_1 = \xi_1$ ist, wird

$$\delta a' - \delta c' = \varepsilon q \overline{\xi_1} = 0,$$

also

$$\delta b' + \delta a' - \delta c' = -\varepsilon q \xi_1'.$$

ξ_1' giebt wieder den Abstand D des Maassstabes von der zu bestimmenden Strecke, es wird also auch jetzt

$$\delta b' + \delta a' - \delta c' = -\varepsilon q D.$$

Insofern unterscheidet sich dieses Fuess'sche Kathetometer von dem gewöhnlichen Kathetometer nicht, aber bei ihm sind gerade die Bedingungen erfüllt, die dort meist nur angenähert supponirt werden können, und zudem wird das Instrument durch den Maassstab selbst so geführt, dass Drehungen nur in geringem Maasse vorkommen können.

Correctionsrechnung für ein zu Vergleichungen dienendes Longitudinalkathetometer (mit besonderem Maassstab). Wenn das Longitudinalkathetometer nicht zum directen Abmessen, sondern zum Vergleichen zweier Strecken mit einander eingerichtet ist, müssen wir auf

*) Zeitschrift für Instrumentenkunde, Jahrgang 1886.

die allgemeinen Formeln zurückgehen. Hier ist der Maassstab von dem Prisma getrennt und befindet sich neben der zu bestimmenden Strecke. Da dann auch die Instrumente I und I′ einander sehr nahe gleich sind, werden ξ'_1, ξ_1 von nahezu gleicher Grösse, und die Correction $\delta b'$, die bei den direct messenden Kathetometern eine so hervorragende Rolle spielen kann, tritt erheblich zurück. Dafür gewinnt die Correction $\delta a' - \delta c'$ an Bedeutung, und es ist leicht zu sehen, dass während dieselbe bei jenen messenden Kathetometern vorzugsweise in der Form $\varepsilon \overline{x'_1} q$ auftrat, hier das zweite Glied $\varepsilon \overline{y'_1}$ prävaliren wird. $\overline{y'_1}$ können wir als die Entfernung der Figuraxen der beiden Instrumente ansehen, diese Entfernung ist leicht zu messen, p bedeutet die Drehung des Schlittens um die Figuraxe des ersten Instruments, und kann bestimmt werden, wenn der Schlitten ausser den den Instrumenten parallelen Libellen noch eine gegen dieselben quergerichtete Libelle trägt. Soviel ist klar, je näher die Instrumente einander liegen und je mehr sie einander parallel laufen, desto unbedeutender werden die Correctionsglieder, es ist aber freilich der Abstand der Instrumente von dem nicht immer nach Belieben wählbaren Abstand der zu vergleichenden Strecken abhängig.

Weiter auf die Theorie der Longitudinalkathetometer einzugehen hat keinen Zweck, die den Physiker hauptsächlich interessirenden Fälle sind im vorstehenden behandelt.

65c. Correction für die Verticalabweichung der zu vergleichenden Strecken. Wir haben als letzte Correction noch die δC. Es hängt diese Correction ganz allein von der Orientirung der zu vergleichenden Strecken ab, denn sie ist gegeben durch

$$\delta C = \frac{\varepsilon^2}{2}(A' \vartheta'^2_0 - A \vartheta_0^2).$$

Für A' dürfen wir natürlich einen Näherungsbetrag, A selbst, einführen, also

$$\delta C = \frac{\varepsilon^2}{2} A(\vartheta'^2_0 - \vartheta_0^2)$$

setzen. Von einer numerischen Bestimmung dieser Correction in einem gegebenen Fall muss man meist absehen, denn so unzureichend unsere Mittel sind, Strecken vertical zu stellen, noch unzureichender sind die Mittel, welche die etwaigen Verticalabweichungen einem genauern Betrage nach kennen lehren sollen. Aber allerdings darf man sich mit roheren Schätzungen der Winkel begnügen, denn soll zum Beispiel, wie etwa bei barometrischen Ablesungen, auf eine Strecke von 760 mm eine Genauigkeit von 0,01 mm in der Correction δC erreicht werden, so muss man die Verticalabweichungen bis auf etwa 10 Minuten kennen, diese 10 Minuten gben bei einem Kreise von 760 mm Radius einen Bogen von etwas mehr als 2 mm, eine Grösse, die mit einiger Sorgfalt wol ausgelotet werden kann.

Ist der Maassstab dem Kathetometer selbst einverleibt, wie bei den direct messenden Kathetometern, so darf man in der Praxis $\vartheta = 0$ setzen, es bleibt dann

$$\delta C = \frac{\varepsilon^2}{2} A \vartheta'^2.$$

Die Correction sieht zwar einfacher aus als die für den allgemeinern Fall, aber die Schwierigkeit sie zu bestimmen, bleibt bestehen.

IX. Einfluss von elastischen Deformationen und nicht zwangfreier Lagerung auf der Länge von Strecken.

66. Biegung eines Stabes durch das Eigengewicht. Eine Hauptquelle für systematische Fehler bei Längenmessungen bildet der Einfluss der Schwerkraft auf die Form des Maassstabes bezw. der zu messenden Strecke. Ist nämlich eine Strecke auf einen festen Körper aufgetragen, und biegt sich der Körper unter dem Einfluss seines Eigengewichts, so wird man, da die Biegung Formveränderungen und Zerrungen hervorruft, nicht erwarten dürfen, die Länge in der Grösse wiederzufinden, welche ihr bei deformationsfreier Lage zukommt. Wie gross die Verlängerung oder Verkürzung durch elastische Deformation der Strecke ist, das hängt von der ursprünglichen Form des betreffenden Körpers ab und von der Art, wie dieser Körper gelagert ist.

Bei kathetometrischen Messungen nun, wo die Strecken senkrecht gerichtet sein sollen, sind Verbiegungen im ganzen nur selten zu befürchten, und wo sie vorhanden sind, können sie, wenigstens wenn die Strecken an einem Ende aufgehängt sind, nur geringe nicht zu beachtende Beträge erreichen. Anders bei Messungen auf dem Comparator, hier sollen die Strecken horizontal liegen, es kommt also immer das ganze Gewicht der betreffenden Körper in Wirksamkeit, und wenn zum Beispiel der Maassstab nicht mit seiner ganzen Fläche auf der Unterlage aufliegt, sondern diese nur an einzelnen Stellen berührt, wird die Durchbiegung desselben eine nicht unbedeutende sein können. Die Grösse der Durchbiegung und der durch dieselbe bedingten Längenänderung eines Körpers lässt sich bestimmen, wenn man sowohl die Form der Unterlage als die des Körpers kennt. Die analytischen Entwicklungen sind freilich nur für Körper von geringer Dicke und Breite für sogenannte stabförmige Körper und für einfache Verhältnisse der Lagerung durchführbar. Indessen hat man es bei Längenmessungen auf dem Comparator vorzugsweise mit Strecken, die auf stabförmigen (parallelepipedischen oder cylindrischen) Körpern aufgetragen sind, zu tun.

Legt man diese Körper direct auf die Unterlage, so werden, da Fläche auf Fläche auflagert, die Berührungspunkte meist ungleichmässig und in nicht zu eruirender Weise verteilt sein, und man wird auch so die etwaige Durchbiegung nicht zu übersehen vermögen. Bessel hat darum in seiner „Darstellung der Untersuchungen und Maassregeln, welche in den Jahren 1835 bis 1838 durch die Einheit des preussischen Längenmaasses veranlasst worden sind,“*) vorgeschlagen, die zu vergleichenden Strecken nicht direct auf die Unterlage zu tun, sondern durch je zwei cylindrisch oder prismatisch geformte auf die Unterlage gelegte Körper zu unterstützen. Jede Strecke ruht dann wie auf zwei Schneiden, und indem man diese Schneiden den Enden der Strecke mehr oder weniger nahe bringt, hat man es in der Gewalt, die Durchbiegung zu variiren. Bessel hat dann weiter eine wunderschöne Untersuchung über die Abhängigkeit der Durchbiegung von der Lage der Stützen gegen die Enden der betreffenden Strecke angestellt und im Verlaufe derselben berechnet, an welchen Punkten die Strecke zu unterstützen ist, wenn die aus der elastischen Deformation derselben resultirende Veränderung ihrer Länge ein Minimum sein soll. Die Deduction ist so lehrreich und gestattet ein so leichtes Weiterarbeiten, dass sie nicht übergangen werden darf. Es sei erst auf die Hauptmomente derselben hingewiesen und dann gezeigt, wie man zu den Resultaten Bessels mit Hilfe der uns jetzt zur Verfügung stehenden Elasticitätsgleichungen gelangt.

67. Bessels Theorie der Durchbiegung und vorteilhaftesten Auflagerung. Wir wollen uns einen Stab von überall gleichem Querschnitt auf zwei auf der Unterlage verschiebbare Schneiden aufgelegt denken, welch letztere einander parallel und quer zum Stab gestellt sind. Alle Teile des Stabes biegen sich; die Form, die der Stab annimmt, hängt aber ganz von der Lage der unterstützenden Schneiden ab, der Stab kann concav, convex oder an den Enden convex, in der Mitte concav u. s. f. werden. Wir können nun die ganze Deformation in zwei Teile zerlegen, in eine Krümmung, durch welche alle horizontal in Richtung des Stabes verlaufenden Fasern eine und dieselbe Form annehmen, die Form, welche die in der Mitte gelegene Faser bekommt, und in eine Drehung, welche jeden Querschnitt des Stabes um eine in ihm liegende, durch seine Mitte parallel zu den Schneiden verlaufende Axe dreht. Mit diesen Deformationen wird streng genommen auch eine Dilatation verbunden sein, diese ist aber praktisch so gering, dass sie gar nicht in Betracht kommt.

Wir nehmen also an, dass jede Faser im deformirten Zustand dieselbe Länge hat wie im nicht deformirten, da wir nun die Messungen an dem deformirten Stabe ausführen, so wird schon jede Faser dadurch kürzer oder länger erscheinen, dass sie gekrümmt ist, denn wir messen ihre Projection auf eine Horizontalebene, rechnen aber mit ihrer wirklichen Länge.

Ist ds ein Element der mittlern durch die Schwerpunkte aller Querschnitte gehenden Faser, also $\int ds$ die Länge dieser Mittelfaser, und A die

*) Berlin 1839.

Projection derselben auf eine Horizontalebene, so wird der durch die Krümmung allein veranlasste Fehler $f_1 = A - \int ds$. Es sei ein Coordinatensystem gegeben, dessen xy Ebene vertical steht und die Mittelfaser enthält, die Ordinate x laufe horizontal, die y vertical von oben nach unten. Sind dann x_2, x_1 die Abscissen der Endpunkte von s, so haben wir

$$f_1 = x_2 - x_1 - \int_{x_1}^{x_2} ds = (x_2 - x_1) - \int_{x_1}^{x_2} \sqrt{1 + \left(\frac{dy}{dx}\right)^2}\, dx.$$

Da die Curve, in welche die Faser sich krümmt, immer nur sehr flach sein wird, dürfen wir $\frac{dy}{dx}$ als eine sehr kleine Grösse behandeln, ersetzen wir also die Wurzel durch $1 + \frac{1}{2}\left(\frac{dy}{dx}\right)^2$, so folgt

$$\text{XLIV}_1) \qquad f_1 = -\frac{1}{2}\int_{x_1}^{x_2} \left(\frac{dy}{dx}\right)^2 dx.$$

Der zweite Teil der Deformation sollte in einer Drehung der einzelnen Querschnitte bestehen; ist φ_x der Winkel, um welchen ein Querschnitt, dessen Mittelpunkt die Abscisse x hat, um seine horizontale Mittelaxe gedreht ist, und giebt d die Entfernung einer Stelle im Querschnitt von der Mittelaxe an, so hat sich diese Stelle durch den Bogen $\varphi_x d$ geschoben, Es beträgt darnach die von der Drehung der Querschnitte herrührende Längenänderung einer von der Mittelfaser in Richtung der Verticalen um d abstehenden Faser für die Strecke zwischen den Abscissen x_2 und x_1, wenn die φ in Secunden gemessen werden,

$$\text{XLIV}_2) \qquad f_2 = (\varphi_{x_2} - \varphi_{x_1}) \frac{d}{206265}.$$

Die ganze Längenänderung wird nunmehr

$$\text{XLIV}) \qquad f = f_1 + f_2 = -\frac{1}{2}\int_{x_1}^{x_2} \left(\frac{dy}{dx}\right)^2 dx + (\varphi_{x_2} - \varphi_{x_1}) \frac{d}{206265}.$$

Um diese Grösse ist A kürzer oder länger als sein Nominalbetrag. Wir haben nun die einzelnen Grössen auf der rechten Seite der Gleichung zu bestimmen y ist die Ordinate eines Punktes der Mittelfaser in deren deformirtem Zustande, also die Strecke, um welche sich der betreffende Punkt gesenkt oder gehoben hat. Bezeichnen wir das Drehungsmoment, welches auf die einzelnen Teile des Stabes von der betreffenden Stelle ab bis zum Ende hin wirkt, mit M, nennen E den Elasticitätscoefficienten und λ das Trägheitsmoment eines Querschnitts in Bezug auf seine horizontale Mittelaxe, um welche der Querschnitt bei der Deformation sich dreht, so haben wir nach bekannten Lehren der Elasticitätstheorie

$$E\lambda \frac{d^2y}{dx^2} = M.$$

M kann von einzelne Stellen des Stabes angreifenden Druckkräften und Kräftepaaren, sowie von solchen Kräften herrühren, welche auf alle Teilchen des Stabes wirken. In unserm Fall sind besondere Kräftepaare nicht vorhanden; Drucke wirken nur an den Stellen, in welchen der Stab unterstützt ist, und zwar, wenn wir die Unterstützungspunkte beiderseits in derselben Entfernung von den bezüglichen Enden des Stabes annehmen, in beiden Stellen Drucke von gleichem Betrage, und es sind das die Drucke, die die Unterstützungen von dem Gewicht des Stabes erfahren; auf die ganze Substanz aber wirkt die Schwerkraft..

Nennen wir also den Druck an jeder Unterstützungsstelle P, das Gewicht des ganzen Stabes G, die Länge des Stabes L, die Entfernung der Unterstützungsstellen von den bezüglichen Enden a und rechnen die Abscissen von einem Ende des Stabes aus, so haben wir: für Punkte in dem Teil des Stabes vom Anfang bis zur ersten Unterstützungsstelle $M_1 = P(a-x) + P(L-a-x) + \frac{G}{L}\int_x^L (\zeta - x)d\zeta$; zwischen den beiden Unterstützungsstellen $M_2 = P(L-a-x) + \frac{G}{L}\int_x^L (\zeta - x)d\zeta$; von der zweiten Unterstützungsstelle bis zu dem Ende $M_3 = \frac{G}{L}\int_x^L (\zeta - x)d\zeta$. An den Enden des Stabes wirken gar keine Kräfte, denn diese Enden ragen frei hervor, es muss also $M_1 = 0$ für $x = 0$ und $M_3 = 0$ für $x = L$ sein. Die erste Bedingung giebt eine Gleichung zur Bestimmung von P, nämlich $PL = -\frac{G}{L}\frac{L^2}{2}$, somit $P = -\frac{G}{2}$, die zweite ist von vornherein erfüllt. Wir bekommen hiernach für die drei Abschnitte, in welche der Stab durch die beiden Unterstützungen zerlegt wird, indem wir zur Abkürzung $\frac{2E\lambda L}{G} = \alpha$ setzen,

$$\alpha \frac{d^2y_1}{dx^2} = (L-x)^2 - L(L-2x) \qquad = x^2, \qquad x = 0 \text{ bis } x = a,$$

$$\alpha \frac{d^2y_2}{dx^2} = (L-x)^2 - L(L-a-x) = x^2 + L(a-x), \quad x = a \text{ bis } x = L-a,$$

$$\alpha \frac{d^2y_3}{dx^2} = (L-x)^2, \qquad x = L-a \text{ bis } x = L.$$

Hieraus folgt unter Einführung von Integrationsconstanten und in übersichtlicher Schreibweise

$$\alpha\frac{dy_1}{dx}=c_1'+\frac{x^3}{3};\qquad \alpha y_1=c_1''+c_1'x+\frac{x^4}{12},$$

$$\alpha\frac{dy_2}{dx}=c_2'+\frac{x^3}{3}-\frac{L(a-x)^2}{2};\qquad \alpha y_2=c_2''+c_2'x+\frac{x^4}{12}+\frac{L(a-x)^3}{6},$$

$$\alpha\frac{dy_3}{dx}=c_3'-\frac{(L-x)^3}{3};\qquad \alpha y_3=c_3''+c_3'x+\frac{(L-x)^4}{12}.$$

Die Bestimmung der sechs Constanten c knüpft sich an sechs Bedingungen, die in den Unterstützungsstellen zu erfüllen sind. In diesen Stellen muss nämlich der Continuität wegen $y_1=y_2$, $y_2=y_3$, $\frac{dy_1}{dx}=\frac{dy_2}{dx}$, $\frac{dy_2}{dx}=\frac{dy_3}{dx}$, $\frac{d^2y_1}{dx^2}=\frac{d^2y_2}{dx^2}$, $\frac{d^2y_2}{dx^2}=\frac{d^2y_3}{dx^2}$ sein, die beiden letzten Gleichungen haben schon in den Differentialgleichungen Berücksichtigung gefunden, es bleiben also nur vier Gleichungen übrig. Beachtet man aber, dass an den Unterstützungsstellen die Punkte fast gar keine Senkung erleiden können, wenn die Substanz des Stabes überhaupt nur hart genug ist, so wird man für diese Punkte auch noch $y=0$ haben. Wir bekommen also

$$\text{für } x=a:\qquad y_1=0,\ y_2=0,\ \frac{dy_1}{dx}=\frac{dy_2}{dx},$$

$$\text{für } x=L-a:\quad y_2=0,\ y_3=0,\ \frac{dy_2}{dx}=\frac{dy_3}{dx}.$$

Durch diese sechs Bedingungen lassen sich alle sechs Integrationsconstanten in einfacher Rechnung ableiten, man findet

$$c_1'=c_2'=+\frac{L}{12}\Big(6a^2+L(L-6a)\Big),\quad c_1''=c_2''=-\frac{a}{12}\Big(a^3+L\big(6a^2+L(L-6a)\big)\Big),$$

$$c_3'=-\frac{L}{12}\Big(6a^2+L(L-6a)\Big),\quad c_3''=-\frac{1}{12}\Big(a^4-L(L-a)\big(6a^2+L(L-6a)\big)\Big).$$

Die Gleichungen, die man nach Einführung dieser Werte für die y erhält, stimmen vollständig mit den von Bessel aus der directen Anwendung des Princips der virtuellen Verrückungen erschlossenen überein.*) Wir brauchen hier nur die Werte der Differentialquotienten.

Wir wollen erst die scheinbare Veränderung der Mittellinie des Stabes berechnen, die einzige, die wir zu berücksichtigen haben, wenn der Stab ein Endmaass darstellt, da dann die Nominallänge durch die Strecke, welche die Mitten der Endquerschnitte verbindet, dargestellt wird. In diesem Fall ist $f=f_1$ und $=-\frac{1}{2}\int_0^L\left(\frac{dy}{dx}\right)^2dx$. Das Integral zerfällt in drei Teile, nach den

---

*) l. c. Seite 128. Bei Bessel steht l für $\frac{L}{2}$ und x für $x-\frac{L}{2}$, letzteres weil der Coordinatenanfang in die Mitte des Stabes verlegt ist.

drei Abschnitten des Stabes, es ist nämlich

$$\int\left(\frac{dy}{dx}\right)^2 dx = \int_0^a\left(\frac{dy_1}{dx}\right)^2 dx + \int_a^{L-a}\left(\frac{dy_2}{dx}\right)^2 dx + \int_{L-a}^{L}\left(\frac{dy_3}{dx}\right)^2 dx.$$

Nach Einsetzung der Werte und Ausführung der einfachen Integrationen ergiebt sich für f, welches wir für diesen Fall f_0 nennen wollen,

$$f_0 = -\frac{1}{2}\int\left(\frac{dy}{dx}\right)^2 dx = -\frac{L^7}{360\alpha^2}\left\{\frac{17}{28} - 6\left(\frac{a}{L}\right) + 15\left(\frac{a}{L}\right)^2 + 10\left(\frac{a}{L}\right)^3 - 60\left(\frac{a}{L}\right)^4 + 42\left(\frac{a}{L}\right)^5 + 2\left(\frac{a}{L}\right)^6\right\},$$

dem Betrage nach übereinstimmend mit dem von Bessel gefundenen Wert. Wir können nun a so wählen, dass dieser Ausdruck ein Minimum wird. Die aus der Differentiation des Klammerausdrucks resultirende Bedingung dafür ist

$$1 - 5\left(\frac{a}{L}\right) - 5\left(\frac{a}{L}\right)^2 + 40\left(\frac{a}{L}\right)^3 - 35\left(\frac{a}{L}\right)^4 - 2\left(\frac{a}{L}\right)^5 = 0,$$

eine Gleichung 5ten Grades für $\frac{a}{L}$, aus welcher Bessel $a = 0{,}22031\,L$ findet. Rückt man also die Stützen so, dass dieselben von den bezüglichen Enden des Stabes um $\frac{1}{5}$ bis $\frac{1}{4}$ der Stablänge abstehen, so erleidet die Mittellinie durch die Krümmung allein die geringstmögliche Veränderung. Es beträgt aber die noch restirende Veränderung, welche hier in einer Verkürzung besteht, die wir $\overline{f_0}$ nennen wollen, $0{,}0000025\,\frac{L^7}{\alpha^2}$, und nach Einsetzung des Betrages von α^2

$$\overline{f_0} = -0{,}000\,000\,63\,\frac{G^2L^5}{\lambda^2E^2}.$$

Hätten wir $a = 0$ genommen, den Stab also in seinen Enden unterstützt, so wäre $f_0 = -0{,}000422\,\frac{G^2L^5}{\lambda^2\varepsilon^2}$, also nahezu 700 mal so gross. Daraus ergiebt sich von wie grossem Vorteil Bessels Vorschlag hinsichtlich der Unterstützung des Stabes ist.

Nehmen wir als Beispiel die Verhältnisse des mètre des archives. — Dieses Meter besteht aus Platin und ist parallelepipedisch geformt; die Länge L beträgt natürlich 100 c, die Breite $B = 2{,}5$ c, die Dicke $D = 0{,}4$ c. Hieraus folgt das Gewicht $G = 100.2{,}5.0{,}4.21 = 2100$ g, das Trägheitsmoment eines Querschnitts in Bezug auf eine diesen Querschnitt der Breite nach halbirende Axe ist $\lambda = \frac{BD^3}{12} = 0{,}0133$ c^4. Für E nehme ich die früher (Art. 45b) gegebene Zahl 17.10^8. Wir bekommen also für dieses Meter $\overline{f_0} = -0{,}0000006\,\frac{(2100)^2\,(100)^5}{(17)^2\,10^8\,(133)^2}$ c, das ist $\overline{f_0} = -0{,}0006$ mm, eine fast ganz unmerkbare Grösse. Legt man dagegen das Archivmeter so auf, dass dasselbe gerade an seinen Enden gestützt ist, so ergiebt sich $f_0 = -0{,}380$ mm; das Meter würde also bei dieser letztern Auflagerung um fast 4/10 mm verkürzt erscheinen.

Wenn die Länge des Maassstabes nicht durch seine Mittellinie, sondern durch die Entfernung zwischen gewissen in dieser Mittellinie gezogenen Strichen gegeben ist, haben wir, falls a_1, a_2 die Abstände der betreffenden Striche von den entsprechenden Enden des Stabes sind, zunächst für den von der Krümmung herrührenden Teil der Verkürzung $f_1 = -\frac{1}{2}\int\limits_{a_1}^{a_2}\left(\frac{dy}{dx}\right)^2$.

Bei der Ausführung der Integration haben wir drei Fälle zu unterscheiden, je nachdem die begrenzenden Striche ausserhalb, innerhalb oder zum Teil ausserhalb, zum Teil innerhalb der Unterstützungsstellen sich befinden. Wir charakterisiren die zugehörigen f durch Accente.

Liegen die begrenzenden Stiche zwischen den Enden und den Unterstützungsstellen, so dass a_1, a_2 beide kleiner als a sind, so ist

$$2f_1' = -\int\limits_{a_1}^{a}\left(\frac{dy_1}{dx}\right)^2 dx - \int\limits_{a}^{L-a}\left(\frac{dy_2}{dx}\right)^2 dx - \int\limits_{L-a}^{L-a_2}\left(\frac{dy_3}{dx}\right)^2 dx = -\int\limits_{0}^{L}\left(\frac{dy}{dx}\right)^2 dx$$
$$+\int\limits_{0}^{a_1}\left(\frac{dy_1}{dx}\right)^2 dx + \int\limits_{L-a_2}^{L}\left(\frac{dy_3}{dx}\right)^2 dx.$$

Das erste Integral ist schon bestimmt, und gleich $2f_0$, nach Ausrechnung der beiden andern Integrale resultirt

$$f_1' = f_0 + \frac{L^7}{2016\,a^2}\left(7\left(1+6\left(\frac{a}{L}\right)^2 - 6\left(\frac{a}{L}\right)\right)^2\left(\frac{a_1}{L}+\frac{a_2}{L}\right)\right.$$
$$\left. + 14\left(1+6\left(\frac{a}{L}\right)^2 - 6\left(\frac{a}{L}\right)\right)\left(\frac{a_1^4}{L^4}+\frac{a_2^4}{L^4}\right) + 16\left(\frac{a_1^7}{L^7}+\frac{a_2^7}{L^7}\right)\right).$$

Wenn die begrenzenden Striche zwischen den Unterstützungsstellen selbst sich befinden, haben wir

$$f_1'' = -\frac{1}{2}\int\limits_{a_1}^{L-a_2}\left(\frac{dy_2}{dx}\right)^2 dx = \frac{-L^7}{1440\,a^2}\left\{\frac{80}{7}\left(\left(1-\frac{a_2}{L}\right)^7 - \left(\frac{a_1}{L}\right)^7\right) - 40\left(\left(1-\frac{a_2}{L}\right)^6 - \left(\frac{a_1}{L}\right)^6\right)\right.$$
$$+12\left(8\frac{a}{L}+3\right)\left(\left(1-\frac{a_2}{L}\right)^5 - \left(\frac{a_1}{L}\right)^5\right) + 10\left(1-6\frac{a}{L}\right)\left(\left(1-\frac{a_2}{L}\right)^4 - \left(\frac{a_1}{L}\right)^4\right)$$
$$+20\left(12\left(\frac{a}{L}\right)^2 - \left(1-6\frac{a}{L}\right)\right)\left(\left(1-\frac{a_2}{L}\right)^3 - \left(\frac{a_1}{L}\right)^3\right)$$
$$+60\frac{a}{L}\left(1-6\left(\frac{a}{L}\right)\right)\left(\left(1-\frac{a_2}{L}\right)^2 - \left(\frac{a_1}{L}\right)^2\right)$$
$$\left.+5\left(1-6\frac{a}{L}\right)^2\left(\left(1-\left(\frac{a_2}{L}\right)\right) - \left(\frac{a_1}{L}\right)\right)\right\}.$$

Endlich kann eine begrenzende Marke innerhalb die andere ausserhalb der Unterstützungsstellen vorhanden sein. Sei a_1 die erstere, a_2 die zweite dann haben wir

$$f_1''' = -\frac{1}{2}\int_{a_1}^{L-a}\left(\frac{dy_2}{dx}\right)^2 dx - \frac{1}{2}\int_{L-a}^{L-a_2}\left(\frac{dy_3}{dx}\right)^3 dx = f_1''(\text{für } a_2 = a)$$

$$-\frac{L^7}{2016}\left(7\left(1-6\left(\frac{a}{L}\right)+6\left(\frac{a}{L}\right)^2\right)^2\left(\frac{L-a_2}{L}-\frac{L-a}{L}\right)-14\left(1-6\left(\frac{a}{L}\right)\right.\right.$$

$$\left.\left.+6\left(\frac{a}{L}\right)^2\right)\left(\left(\frac{L-a_2}{L}\right)^4-\left(\frac{L-a}{L}\right)^4\right)-16\left(\left(\frac{L-a_2}{L}\right)^7-\left(\frac{L-a}{L}\right)^7\right)\right).$$

Fragt man auch unter diesen Verhältnissen nach den günstigsten Unterstützungspunkten, so kann von solchen nur im ersten und dritten Fall, nicht im zweiten die Rede sein. Die Gleichungen $\frac{\partial f_1'}{\partial a} = 0$, $\frac{\partial f_1'''}{\partial a} = 0$ für die günstigsten Beträge von a hängen dann von den a_1, a_2 ab und geben für besondere Beträge dieser Grössen auch besondere Werte für a.

Wenn die Teilung des Maassstabes nicht in der Mittellinie liegt, sondern in einer von dieser Linie um d abstehenden Ebene, so haben wir zu den oben gegebenen Werten für die f_1 noch die Beträge der $\frac{d}{206265}(\varphi_{a_2} - \varphi_{a_1})$ hinzuzufügen. Es ist nun, wie eine leichte Ueberlegung lehrt, $\operatorname{tg}\varphi = \frac{dy}{dx}$, somit, da die φ sehr kleine Winkel repräsentiren, $\varphi = 206265\,\frac{dy}{dx}$, und wir haben für die drei bezeichneten Fälle als zu den f_1 hinzuzufügende Grössen

$$f_2' = \left(\left(\frac{dy_3}{dx}\right)_{x=L-a_2} - \left(\frac{dy_1}{dx}\right)_{x=a_1}\right)d,$$

$$f_2'' = \left(\left(\frac{dy_2}{dx}\right)_{x=L-a_2} - \left(\frac{dy_2}{dx}\right)_{x=a_1}\right)d,$$

$$f_2''' = \left(\left(\frac{dy_3}{dx}\right)_{x=L-a_2} - \left(\frac{dy_2}{dx}\right)_{x=a_1}\right)d.$$

Mit den für die $\frac{dy}{dx}$ gegebenen Beträgen findet sich hieraus

$$f_2' = \frac{-L^3 d}{3\alpha}\left(\left(\left(\frac{a_2}{L}\right)^3+\left(\frac{a_1}{L}\right)^3\right)+\frac{1}{2}\left(1+6\left(\frac{a}{L}\right)^2-6\left(\frac{a}{L}\right)\right)\right),$$

$$f_2'' = \frac{+L^3 d}{\alpha}\left(\frac{1}{3}\left(1-\frac{a_2}{L}\right)^3-\frac{1}{3}\left(\frac{a_1}{L}\right)^3+\left(\frac{a}{L}\right)\left(1-\frac{a_2}{L}-\frac{a_1}{L}\right)-\frac{1}{2}\left(\left(1-\frac{a_2}{L}\right)^2-\left(\frac{a_1}{L}\right)^2\right)\right),$$

$$f_2''' = \frac{-L^3 d}{\alpha}\left(\frac{1}{6}\left(1+3\left(\frac{a}{L}\right)^2-6\left(\frac{a}{L}\right)\right)+\frac{1}{3}\left(\left(\frac{a_2}{L}\right)^3+\left(\frac{a_1}{L}\right)^3\right)+\frac{1}{2}\left(2\left(\frac{a}{L}\right)-\left(\frac{a_1}{L}\right)\right)\left(\frac{a_1}{L}\right)\right).$$

Die Gesammtveränderung erhält man aus den Summmen $f_1' + f_2'$, $f_1'' + f_2'$, $f_1''' + f_2'''$, und diese Zahlen hat man zu den abgelesenen Beträgen zu addiren, wenn es sich um den Maassstab handelt, und von den abgelesenen Beträgen abzuziehen, wenn die zu messende Länge in Frage kommt. Das Resultat stellt sich als eine scheinbare Verlängerung dar, wenn die betreffenden Zahlen positiv sind, als eine Verkürzung, wenn dieselben negativ ausfallen; was aber in einem besondern Fall eintritt, ob eine Verlängerung oder eine Verkürzung, das hängt ganz von der Lage der Unterstützungspunkte und der begrenzenden Striche ab.

Nehmen wir zum Beispiel an einem Endmaass die Länge nicht zwischen den Mitten der Endquerschnitte, sondern zwischen deren auf der obern Fläche liegenden Kanten, betrachten also als solche nicht die Mittellinie, sondern eine Längskante, so haben wir $a_1 = a_2 = 0$, und somit

$$f' = f_0 - \frac{L^3 d}{6\alpha}\left(1 + 6\left(\frac{a}{L}\right)^2 - 6\left(\frac{a}{L}\right)\right) = f_0 - \frac{G d L^2}{12 \lambda E}\left(1 + 6\left(\frac{a}{L}\right)^2 - 6\left(\frac{a}{L}\right)\right).$$

Liegen nun die Stützen so, dass die Mittellinie das Minimum ihrer Durchbiegung erleidet, so wird f_0 fast gleich Null, und da $\left(\frac{a}{L}\right)$ für diesen Fall 0,22031 ist, zeigt $f' = -\frac{G d L^2}{12 \lambda E}\left(1 + 6\left(\frac{a}{L}\right)^2 - 6\left(\frac{a}{L}\right)\right) = +0{,}0025 \frac{G d L^2}{\lambda E}$ eine scheinbare Verlängerung an.

Für das Archivmeter ist $d = 0{,}2c$, somit unter Benutzung der auf Seite 180 angegebenen Zahlenwerte $f' = +0{,}0047$ mm; um diesen Betrag erscheint also bei der angegebenen Auflagerung die Längskante des Archivmeter grösser als die Mittellinie und darnach ist die Länge dieser Kante 1 m + 0,0047 mm.

Eine Faser dieses Meter, die um 1 mm von der die Mittellinie enthaltenden Horizontalschicht, der sogenannten *neutralen Schicht*, absteht, erscheint um 0,0023 mm verlängert; es ist also durchaus nicht gleichgiltig, zwischen welchen Stellen der Endquerschnitte man das Meter definirt, man darf sich von den Mitten dieser Querschnitte nicht um $\frac{1}{2}$ mm entfernen, wenn man das Meter bis auf 0,001 mm sicher haben will.

f' wird ohne Berücksichtigung von f_0 gleich Null, wenn $1 + 6\frac{a^2}{L^2} - 6\frac{a}{L} = 0$, also $\frac{a}{L} = 0{,}2113$ ist, für diesen Wert wird aber auch f_0 im allgemeinen sehr klein sein, und man kann ihn statt 0,22031 anwenden.

Wenn a_1 und a_2 nicht Null sind, werden sich die numerischen Rechnungen etwas verwickelter gestalten, ohne jedoch irgend welchen principiellen Schwierigkeiten zu unterliegen.

68. Geeignete Formen für Maassstäbe. Im allgemeinen ist die von der Drehung der Querschnitte herrührende Längenänderung grösser als die durch die Krümmung verursachte und bei relativ dicken Stäben kann sie so gross werden, dass letztere dagegen fast ganz verschwindet. Die günstigsten

Verhältnisse werden bei Stäben angetroffen werden, deren Länge durch die Länge ihrer Mittellinie, oder wenigstens durch einen Teil dieser Mittellinie definirt ist. Bei Endmaassen bezieht man die Länge schon auf die der Mittellinie; um auch bei Strichmaassen zu günstigen und für die Rechnung übersichtlichen Verhältnissen zu gelangen, construirt man diese neuerdings so, dass die Teilungsebene in die sogenannte neutrale Schicht, das ist in die horizontale Symmetrieebene des Stabes fällt, welche eben die Mittellinie enthält. Die Engländer haben darum ihre Prototype, wie schon (Seite 35) bemerkt, so eingerichtet, dass die Marken auf den Grund von Vertiefungen aufgetragen sind, die in den Körper des betreffenden Stabes bis zur Mitte eingearbeitet wurden. Es ist auch vorgeschlagen worden, bei Stäben, die nur an den Enden begrenzende Striche haben sollen, die Substanz an diesen Enden bis zur Mitte wegzuschneiden; die Enden nehmen dann diese Form 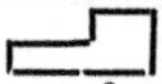 an und die Striche sind auf die die Mittellinie enthaltende Fläche aufgetragen.

Die beste Form für Maassstäbe ist wol die von Tresca*) vorgeschlagene *X*- oder Trogform; die beistehende Figur stellt den Querschnitt eines Stabes

Fig. 9.

von dieser Form dar, die neutrale Schicht *A* bildet den Grund des Troges und auf diesen Grund sind die Teilmarken aufgetragen. Es ist aber in dieser Form noch mehr erreicht, als blos dass die Marken in der Ebene der Mittellinie liegen, denn sie ist so berechnet, dass etwa eintretende Verbiegungen die geringstmögliche Wirkung ausüben. Nach den Formeln für die f gehört dazu, dass α sehr gross, also das Gewicht recht klein, dagegen das Trägheitsmoment eines Querschnitts um seine horizontale Mittelaxe recht gross ausfällt. Durch Aussparung der Substanz in der ganzen Länge des Stabes ist das erstere, durch die besondere Form des Querschnitts das letztere bewirkt. Wenn man einen so geformten Stab auf zwei Stützen legt, deren

*) Procés verbeaux. Commission international du mètre 1872, pag. 197 ss.

Entfernung von den bezüglichen Enden man je nach dem zu benutzenden Intervall (je nach den Werten von a_1 und a_2) unter Zuhilfenahme der Formeln für die f_1 geeignet wählt, kann man von allen Correctionen für die Biegung ganz abstrahiren.

Neuerdings hat F. E. Neumann*) vorgeschlagen, die Stäbe, die ihre Teilung auf ihrer Oberfläche in der Mitte derselben haben, einfach hochkant zu stellen; es liegen dabei die Mitten der Teilmarken in der horizontalen Mittelebene. Man muss dann aber den Comparator so einrichten, dass die optischen Instrumente horizontal gegen die Stabfläche gerichtet sind, oder man muss ein besonderes System von Prismen und Spiegeln benutzen, um die vom Stab reflectirten Strahlen in die vertical stehenden optischen Instrumente hinein zu reflectiren.

Ueber die Form des zu messenden Körpers kann man natürlich nichts voraussagen. Handelt es sich um die Ausmessung von Quecksilberfäden, die in Glasröhren eingeführt sind, so liegt die zu messende Strecke in der Mittellinie, und man hat schon verhältnismässig günstige Verhältnisse, die man noch besser gestalten kann, wenn man die Röhre geeignet (es sind wieder die Formeln für die f_1 maassgebend) unterstützt.

69. Deformationen bei vertical gerichteten Strecken. Bei Strecken, welche vertical gerichtet sind, kann die Biegung von Bedeutung werden, wenn dieselben in horizontaler Lage nicht gerade, sondern krumm sind, oder — falls die Strecken an beiden Enden gehalten werden — die Haltung nicht zwangfrei geschieht. Eine Biegung wegen ursprünglicher Krummheit der Strecken wird man sehr selten zu befürchten und noch seltener in Rechnung zu ziehen haben. Wol aber kann es zu bedeutenden Fehlern führen, wenn die Strecken nicht zwangfrei gehalten werden, es treten dann Correctionsgrössen ganz von der Art derjenigen, die wir in Art. 64a behandelt haben, auf. Jedenfalls ist es wol besser, eine Strecke an einem Ende aufzuhängen, oder wenn es nicht anders geht, sie aufzustellen, als an beiden Enden zu halten.

70. Widerstand der Lagerung gegen die thermische Ausdehnung oder Zusammenziehung. Noch in anderer Beziehung kann die Lagerung der Strecken von Wichtigkeit werden. Findet nämlich bei horizontaler Auflage eines Körpers auf eine Fläche Reibung zwischen dieser Fläche und dem Körper statt, so setzt sich jeder Translation des Körpers ein gewisser Widerstand entgegen. Der Körper wird sich dann auch bei eintretender Temperaturänderung nicht frei ausdehnen oder zusammenziehen können, und so wird er einerseits eine ihm bei der betreffenden Temperatur nicht zukommende Länge aufweisen und andererseits, weil er sich in einem Zwangzustand befindet, sich nach oben oder unten krümmen. Da wir nun in einem solchen Fall die tatsächlichen Längen messen und mit den Soll-

*) Wild, Mélonges physiques et chimiques tirés du Bulletin de l'Académie impériale, St. Petersburg, Tome VIII, 15/27 Mai 1873.

längen rechnen, können wir zu falschen Zahlen gelangen. Wol hauptsächlich um dem Stab alle Freiheit für Bewegung zu gestatten und zugleich die Last, die er auf die Unterlage ausübt, ganz gleichmässig zu verteilen, haben die Engländer für ihre Fundamental-Längenmessungen eine eigenartige Unterlage hergestellt, welche aus 8 Rollen besteht, die durch Hebel so mit einander verbunden sind, dass sie alle gleich viel zu tragen haben.

Für den experimentirenden Physiker haben solche complicirte Einrichtungen keine Bedeutung, es darf aber zugleich hervorgehoben werden, dass, falls die Stabflächen und die Unterlagen rein genug gehalten werden, namentlich bei der Auflagerung, nach Bessels Methode, wenn zugleich die Unterstützung durch um Axen leicht drehbare Rollen geschieht, wenig von den Widerständen, die die Strecken bei Ausdehnungen und Zusammenziehungen zu überwinden haben, zu fürchten sein wird, zumal die kleinen Erschütterungen, die der Beobachter selbst gegen seinen Willen verursacht, und die auch durch äussere Bewegungen namentlich in grössern Städten stetig hervorgebracht werden, den Strecken die Widerstände leichter zu überwinden gestatten.

Viel gefährlicher können solche Widerstände werden, wo die Fassung den Strecken die Möglichkeit sich auszudehnen oder zusammenziehen überhaupt raubt, es kommen wieder Fehler von der in den Art. 64a behandelten Art in Betracht. Man entgeht ihnen, wenn man die Temperatur während der Messung recht constant erhält. Darauf kommen wir später zurück.

X. Die thermische Einrichtung von Längenmessungen.

71a. Einrichtung für die Temperaturbestimmung. Die zweite Abteilung der Fehler der Einrichtung betrifft die aus den thermischen Verhältnissen bedingten Fehler. Es treten solche Fehler ein, sobald die Temperatur entweder nicht genau genug bestimmt werden kann, oder zu sehr schwankt.

Die Temperaturbestimmungen beziehen sich immer auf die zu vergleichenden Strecken, man misst die Temperatur entweder an den betreffenden Strecken selbst, oder in der unmittelbaren Umgebung der Strecken. Im ersten Fall stehen die Thermometer mit den Substanzen, denen die Strecken angehören, in Berührung und werden wol gar von ihnen an den Gefässen vollständig umhüllt, im zweiten Fall befinden sich die Thermometer in der Nähe der Strecken. Da die verschiedenen Stellen der Strecken verschiedene Temperatur haben können, reicht es meist nicht aus, für jede Strecke die Temperatur nur an einer Stelle zu bestimmen, man wird bei jeder Strecke, wenn dieselbe lang ist, mindestens zwei Thermometer, je eines in der Nähe eines Endes derselben, zur Anwendung bringen, und dieselben so legen, dass die Gefässe sich in gleichen Abständen von den bezüglichen Enden befinden. Als Temperatur der betreffenden Strecke wird das Mittel aus den Temperaturangaben der beiden zugehörigen Thermometer angesehen, indem man von der Annahme ausgeht, dass die Temperatur der Strecke vom einen zum andern Ende gleichmässig zu- oder abnimmt. Hat man für jede Strecke nur ein Thermometer zur Verfügung, so legt man dieses so, dass sein Gefäss in die Mitte der Strecke zu liegen kommt, bei proportionaler Verteilung der Temperatur ist die Temperatur der Mitte zugleich die mittlere Temperatur der ganzen Strecke. Befinden sich die beiden Strecken in unmittelbarer Nähe neben einander, so wird man entweder überhaupt nur ein Thermometer benutzen, das dann in die Mitte zwischen die Strecken zu legen ist oder, wo man zwei anwenden kann, diese zwischen den Strecken in gleichen Entfernungen von den Enden anordnen.

Je grösser der Ausdehnungscoefficient der Substanz einer Strecke ist, um so genauer muss die Temperaturbestimmung ausfallen, jeder Fehler in der Temperaturbestimmung geht mit dem Ausdehnungscoefficienten und der ganzen Länge der Strecke multiplicirt als Fehler in die Längenbestimmung ein.

71b. Einrichtung für gleichmässige Temperaturverteilung; Benutzung von Schirmen. Wie man Thermometer zu Temperaturbestimmungen benutzt, wird an einer andern Stelle auseinandergesetzt werden, abgesehen von den Thermometern sind aber folgende Punkte bei den hier in Frage kommenden Temperaturbestimmungen zu beachten:

1. Die Temperatur der Strecken darf während der Messung keine plötzlichen Veränderungen erleiden;

2. Die Temperatur der Strecken soll von der ihrer unmittelbaren Umgebung so wenig als möglich abweichen;

3. Längs jeder Strecke soll die Temperatur, wenn sie überhaupt von Stelle zu Stelle variirt, gleichmässig zu- oder abnehmen.

Am besten ist es natürlich, wenn die Temperatur weder nach Zeit noch nach dem Ort variirt, vollständige Gleichheit und Constanz der Temperatur ist das Ideal eines jeden Metronomen, und dieses Ideal zu erreichen sind eine Menge von Versuchen gemacht und Methoden erdacht worden. Der Physiker, der meist mit geringern Mitteln arbeiten muss, wird sich mit den einfachsten derselben zu helfen suchen müssen. Gleichheit der Temperatur ist nur erreichbar, wenn die Umgebung der Strecken überall gleiche Temperatur hat, man muss daher alle fremden Wärmequellen so fern als möglich halten; namentlich muss auch der Beobachter seine Eigenwärme so wenig als möglich zur Geltung kommen lassen. Am besten schützt man sich gegen Wärmestrahlung durch Schirme von Pappdeckel oder auf beiden Seiten polirtem Metall oder von irgend einem Wollenstoff, der Beobachter wird daher sowohl seine Eigenwärme als andere Zustrahlungen durch solche Schirme abzuhalten suchen. In welcher Weise Schirme allein durch ihre Anwesenheit, selbst ohne Berücksichtigung des Reflexionsvermögens, wirken, ist sehr schön aus einem Abschnitt in Fouriers Werk: Théorie, Analytique de la Chaleur*) zu ersehen. Es haben aber solche Schirme auch noch den

*) Deutsche Uebersetzung, Sechste Section.

Vorteil, dass sie Luftströmungen und damit convectiv fortgeführte Wärme abhalten.

Wir stützen uns dabei auf die Tatsache, dass man den Wärmeverlust eines Körpers bezw. die Erwärmung eines Körpers durch äussere Wärmequellen um so mehr verhindern kann, mit je mehr Hüllen man diesen Körper umgiebt.

Es sei z. B. ein Körper von der Oberfläche S und der constanten Temperatur τ von einer Anzahl n von Hüllen umgeben, deren Dicken e_1, $e_2, \ldots, e_n$, deren Oberflächen $S_1, S_2, \ldots, S_n$ sind; g sei die äussere Leitungs- und Strahlungsfähigkeit des Körpers, h_i die der $i$ten Hülle an ihrer innern, H_i die derselben Hülle an ihrer äussern Fläche, k_i die innere Leitungsfähigkeit dieser selben Hülle, t die Temperatur des Körpers, t' die der denselben umgebenden Luft, τ' die Temperatur der die äusserste Hülle umgebenden Luft, dann ist bei stationärem Zustande mit ausreichender Genauigkeit*)

$$t' = \tau' + \frac{g \sum_{i=1}^{i=n} \frac{S}{S_i}\left(\frac{1}{h_i} + \frac{e_i}{k_i} + \frac{1}{H_i}\right)}{1 + g \sum_{i=1}^{i=n} \frac{S}{S_i}\left(\frac{1}{h_i} + \frac{e_i}{k_i} + \frac{1}{H_i}\right)} (t - \tau').$$

Da die Summen durchaus positive Glieder enthalten, nimmt der Bruch der mit $(t - \tau')$ multiplicirt ist um so mehr den Wert 1 an, je mehr Glieder diese Summen enthalten, also mit je mehr Hüllen der Körper umgeben ist. Der Bruch convergirt auch um so mehr gegen 1, je geringer die innere Leitungsfähigkeit und je geringer die äussere Leitungsfähigkeit der Hüllen ist, je grösser die Dicke der einzelnen Hüllen sich zeigt und endlich je enger die Hüllen den Körper umgeben.

Man kann also einem Körper seine Temperatur erhalten oder die Strahlung eines solchen Körpers gegen andere Körper hemmen, wenn man denselben mit möglichst vielen, dicken, die Wärme in ihrer Substanz und nach aussen schlecht leitenden und schlecht strahlenden Hüllen eng umgiebt. Was einer Hülle an geringer innerer Leitungsfähigkeit der Substanz fehlt, kann durch Dicke ihrer Wandung, was den nach dem Körper hingerichteten Seiten aller Hüllen an schlechter äusserer Leitungsfähigkeit mangelt, kann durch Vermehrung der Zahl der Hüllen ersetzt werden. Die äussere Leitungsfähigkeit wird, soweit sie wenigstens von der durch directe Strahlung abhängenden Wärmeabgabe abhängt, auch dadurch verringert, dass man die Oberflächen der Hüllen polirt und so reflectirend macht. Am besten ist es natürlich, wenn der Körper, dessen Wärme vor Zerstreuung oder der vor Wärmezustrahlung geschützt werden soll, von diesen Hüllen ganz umgeben ist. Wo das nicht geht, bedient man sich statt der Hüllen der Schirme,

*) l. c. Seite 45.

und es kann als Regel angesetzt werden, dass man diese Schirme dem Körper nahe zu stellen hat, dessen Temperatur man constant zu halten sucht bezw. in der Nähe desjenigen placirt, dessen Ausstrahlung man verhindern will. Bei Längenmessungen wird man also Schirme sowohl in der Nähe der Wärmequellen als in der der zu vergleichenden Maasse anbringen.

Es schützen aber solche Schirme, wie bemerkt, nicht blos gegen zugeleitete und strahlende, sondern auch gegen convectiv fortgeführte Wärme, weil sie die Luftströmungen aufhalten oder wenigstens von den Stellen, wo sie verderblich wirken könnten, ablenken.

Oft ist man gezwungen bei künstlicher Beleuchtung zu arbeiten, die Lichtquellen wirken dann zugleich als Wärmequellen, und zwar indem sie einerseits ihre Umgebung und damit den Beobachtungsraum erwärmen und andererseits den Strecken und Apparatteilen, die sie erleuchten, Wärme zustrahlen. Man stellt dann die Lichtquellen so weit entfernt auf, als nur ohne die Beleuchtung zu sehr zu beeinträchtigen geht, sorgt für einen guten Abzug der heissen Verbrennungsgase, indem man dieselben gleich in ein Rohr eintreten lässt, welches nach aussen führt, und lässt wol auch das zu benutzende Licht erst durch durchsichtige, aber Wärme absorbirende Substanzen wie Alaunlösungen hindurchgehen.

Von grossem Vorteil ist es auch, wenn man das umgebende Medium von Zeit zu Zeit gehörig durchrühren kann, es wird dadurch die Bildung von verschieden temperirten Schichten, die Schichtung, verhindert. Natürlich ist eine solche Durchrührung nur unter besondern Verhältnissen, namentlich wenn die Strecken sich in Flüssigkeiten befinden, möglich. Die Luft, wenn sie umgebendes Medium ist, durchzurühren, dürfte eher schädlich als nützlich sein, weil es sich hier meist um sehr grosse Quantitäten handelt und die nachfolgenden Strömungen, die nicht schnell genug aufhören, Wärme mechanisch von allen Seiten in der verschiedensten Verteilung herbeiführen.

72. Einfluss von Temperaturänderungen auf die Messungen. Die Aenderung der thermischen Verhältnisse übt ausser auf die Strecken auch auf die einzelnen Teile der Apparate einen Einfluss aus. Es ändern sich mit der Temperatur die Schraubenwerte, die optischen Axen, die Längen der Prismen u. s. f. Ven den durch Temperaturänderungen bedingten Aenderungen an den optischen Instrumenten dürfen wir, da solche Temperaturänderungen immer in engen Grenzen gehalten werden müssen, wenn die Messungen nicht selbst unpräcis ausfallen sollen, absehen. Halten wir uns an die früher eingeführten Grössen und Bezeichnungen, so können wir sagen, dass Temperaturänderungen ganz besonders zur Entstehung von einer Correction δa Veranlassung geben, da wenigstens, wo von dieser Correction überhaupt die Rede sein kann, also namentlich bei Transversalcomparatoren und Transversalkathetometern. In der Tat, es ist bei diesen Apparaten $\delta a = a' - a$, und es müsste, abgesehen von etwaigen mechanischen Aenderungen, $a' = a$ sein, wenn die Temperatur des Prisma während der Pointirungen an A dieselbe ist, wie während der an A'. Ist das nicht der Fall, so hat sich das Prisma in der Zwischenzeit ausgedehnt oder zusammengezogen, und es wird im ersten Fall $a' > a$, im zweiten $a' < a$. Um wie viel a' von a verschieden ist, hängt nicht blos von dem Ausdehnungscoefficienten der Substanz des Prisma und der in der Temperatur eingetretenen Aenderung ab, sondern auch davon, ob das Prisma sich überhaupt frei auszudehnen vermag oder nicht, also an den Enden frei oder an andere fixirte Stücke, etwa Pfeiler, befestigt ist.

Ist das Prisma frei, so kommt die ganze thermische Ausdehnung in Frage. Es sei die mittlere Temperatur des Prisma während der Operationen an A gleich t, die während der Operationen an A' gleich t' und es bedeute σ den linearen Ausdehnungscoefficienten der Substanz des Prisma, so haben wir

$$a' = a\big(1 + \sigma(t' - t)\big).$$

Besteht zum Beispiel das Prisma aus Eisen, so haben wir, wenn die Temperatur in Celsiusgraden bestimmt ist, σ etwa gleich 0,000011, soll also $a' - a$ ein Tausendteil des Millimeter nicht übersteigen, so muss

$$t' - t < \frac{1000}{11 . a}$$

sein. Für $a = 1000$ mm folgt hieraus $t' - t < 0{,}1°$ C. etwa. Die Temperatur des Prisma sollte also bis auf $\frac{1}{10}$ Grad constant erhalten werden. Es ändert sich nun diese Temperatur ganz so wie die der Strecken, weil etwa die Temperatur im Beobachtungsraum überhaupt variirt, dann aber, weil der Beobachter naturgemäss dem Prisma sehr nahe steht und von seiner Körperwärme ausstrahlt. Es ist nicht leicht und deshalb nicht üblich, die Temperatur des Prisma selbst zu bestimmen, man sucht, wie bemerkt, einesteils die Temperatur des Beobachtungsraumes constant zu erhalten und andererseits den Comparator durch einen zwischen ihn und den Beobachter aufgestellten Schirm oder Vorhang, der natürlich die Operationen an den Instrumenten nicht hindern darf, gegen die Strahlung des Beobachters zu schützen. Man hat aber auch in der Anordnung der Messung ein Mittel, diesen Temperatureinfluss zu paralysiren. Geht man nämlich von A' wieder zurück auf A, so bekommt man, wenn dabei, dadurch dass das Prisma von der Temperatur t' auf die t'' gelangt ist, a' sich in a'' umgewandelt hat, unter Fortlassung der Correctionen, mit denen wir uns jetzt nicht beschäftigen, die drei Gleichungen

$$A = \zeta_2 - \zeta_1 + a, \quad A' = \zeta_2' - \zeta_1' + a', \quad \overline{A} = \zeta_2'' - \zeta_1'' + a''.$$

Das Mittel aus der ersten und dritten Gleichung ist

$$\frac{A + \overline{A}}{2} = \frac{\zeta_2 + \zeta_2''}{2} - \frac{\zeta_1 + \zeta_1''}{2} + \frac{a + a''}{2}.$$

Zieht man das von der zweiten Gleichung ab, so wird

$$A' - \frac{A + \bar{A}}{2} = \zeta_2' - \frac{\zeta_2 + \zeta_2''}{2} - \left(\zeta_1' - \frac{\zeta_1 + \zeta_1''}{2}\right) + a' - \frac{a + a''}{2}$$

und hierin ist

$$a' = a\big(1 + \sigma(t' - t)\big), \quad a'' = a\big(1 + \sigma(t'' - t)\big),$$

also

$$\frac{a + a''}{2} = \frac{a\big(2 + \sigma(t'' - t)\big)}{2}.$$

Man kann nun, wenn plötzliche Temperaturänderungen ausgeschlossen sind und es sich überhaupt nur um kleine Schwankungen handelt, immer annehmen, dass die Temperatur proportional der Zeit anwächst oder fällt, dass also $t'' - t$ sehr nahe das Doppelte von $t' - t$ ist, man bekommt dann $(a + a'')/2 = a\big(1 + \sigma(t' - t)\big)$, das ist gleich a' und damit

$$A' - \frac{A + \bar{A}}{2} = \zeta_2' - \frac{\zeta_2 + \zeta_2''}{2} - \left(\zeta_1' - \frac{\zeta_1 + \zeta_1''}{2}\right),$$

eine Gleichung, in der die Correction wegen der thermischen Aenderung des Prisma nicht mehr vorkommt. In der Praxis wird die Anordnung der Messungen „symmetrisch zur Mitte“ (Bd. I, Art. 3) noch weiter getrieben, wie schon in Art. 64e hervorgehoben ist, namentlich führt man die Messungen an beiden Strecken gleich oft aus, also nicht, wie oben der Einfachheit halber angenommen, in der Folge A, A', A, sondern in der A, A', A', A. Der Erfolg ist aber der nämliche und auch die angegebene Formel bleibt bestehen, wenn man unter ζ_2', ζ_1' die Mittel der entsprechenden ζ in den Messungen an A' versteht.

Wenn das Prisma an seinen Enden nicht frei ist, vermag dasselbe etwaigen Ausdehnungen nicht ganz zu folgen und biegt sich. Da dann der Bogen, in den a übergeht, annähernd gleich $a' = a\big(1 + \sigma(t' - t)\big)$ ist, so erscheint a' verkürzt und nähert sich an Grösse dem a, so dass in diesem Falle die Correction δa kleiner ist als sonst.

73. Ausgleichung der Temperatur. Jedenfalls erhellt aus diesen und den voraufgehenden Darlegungen, dass man die Messungen nie sofort nach der Einrichtung derselben vornehmen darf, man muss mit dem Beginn der Messungen so lange warten, bis die einzelnen Apparatteile und die zu vergleichenden Strecken ihre Temperatur mit der der Umgebung ins Gleichgewicht gebracht haben. Dadurch werden einerseits zu starke Temperaturänderungen während der Messung vermieden, und andererseits gewinnt die Wärme Zeit von dem ungeordneten Zustand, in den sie durch das ungleichmässige und eingreifende Arbeiten des Beobachters an den Apparatteilen versetzt ist, in eine geordnete Verteilung überzugehen. Die Annahme, dass die Wärme in den entscheidenden Teilen des Apparates und in den Strecken geordnet und insbesondere gleichmässig verteilt ist, bildet aber das Fundament für die Berechnung der Temperaturcorrectionen.

XI. Die optische Einrichtung.

Bei der optischen Einrichtung ist zu achten: auf genügende Helligkeit der in den optischen Instrumenten von den Enden der zu messenden Strecken erzeugten Bilder, die Klarheit und Correctheit dieser Bilder, die Coincidenz der Bildebenen mit den Mikrometerebenen, die richtige Beleuchtung der Mikrometerebenen, wo eine solche nötig sein sollte. Ich will die vorgeführten Punkte einzeln besprechen, da optische Einrichtungen in allen Zweigen der Physik von der grössten Bedeutung sind.

a) *Beleuchtung, Bildhelligkeit.*

74. Gesetze der Beleuchtung, Abhängigkeit der Helligkeit und Beleuchtungsstärke von der Natur der Körper. Die Helligkeit des von einem optischen Instrument entworfenen Bildes eines Objects hängt ab von der Beleuchtung des Objects und von der Natur des benutzten optischen Instruments. Bei einem und demselben Instrument ist sie um so grösser, je stärker das Object selbst leuchtet, es kommt daher vor allen Dingen darauf an, die Objecte, die man abbilden will, zweckentsprechend zu beleuchten.

Die Beleuchtung eines selbst nicht leuchtenden Körpers würde am einfachsten zu bewerkstelligen sein, wenn man unmittelbar über diesem Körper eine Lichtquelle anbrächte. Bei messenden Arbeiten sind wir aber selbst bei Benutzung künstlicher Beleuchtung nicht immer in der Lage, die Lichtquelle dem betreffenden Körper beliebig nähern zu können und oft auch nicht einmal im Stande, diesen Körper direct in den Strahlenkegel der Lichtquelle zu bringen. Wir müssen im allgemeinen die Lichtquelle, um deren thermische Wirkungen auszuschliessen, so weit als möglich von dem zu beleuchtenden Object entfernt halten und Spiegel und Linsen anwenden, um das Licht an die Stelle hinzubringen, die wir erhellen wollen. Es fragt sich also, wie wir Linsen und Spiegel zu wählen und wie wir dieselben zu stellen haben, wenn grösste Lichtstärke erzielt werden soll.

Maassgebend sind hier zunächst die Gesetze, nach denen leuchtende Körper andere Körper beleuchten und die Regeln, nach welchen beleuchtete Körper durch Reflexion oder Brechung das empfangene Licht weiter geben.

Körper, welche selbst leuchten, schicken das Licht nach allen Richtungen aus, und um ein Maass für die Intensität zu gewinnen, mit der sie andere Körper zu erhellen vermögen, schreiben wir ihnen eine gewisse *Leuchtkraft* zu, indem wir darunter diejenige Lichtmenge verstehen, welche dieselben in der Zeiteinheit von einer Flächeneinheit (oder, bei Körpern, die wie Gase durch ihre ganze Masse leuchtend gesehen werden, von einer Volumeinheit) normal aussenden. Die Stärke, mit der solche Körper andere Körper beleuchten, hängt zunächst von der Form und Lage dieser Körper ab. Es sind aber in Bezug auf die Beleuchtung einer gewissen Stelle eines Körpers nur diejenigen Strahlen wirksam, welche auf diese Stelle zugehen; bezeichnen wir als *Emanationswinkel* eines Strahls den Winkel, unter welchem dieser Strahl beim Ausgange von dem leuchtenden Körper gegen die Normale an seiner Ausgangsstelle geneigt ist, als *Incidenzwinkel* den Winkel, den dieser Strahl bei seiner Ankunft an die beleuchtete Stelle mit der Normale daselbst einschliesst, so ist die Lichtmenge, die ein Element des leuchtenden Körpers einem Element des beleuchteten zusendet, gleich der Leuchtkraft jenes Elements multiplicirt mit dem Cosinus des Emanationswinkels und dem des Incidenzwinkels, des weitern noch multiplicirt mit dem Flächeninhalt des leuchtenden sowie mit dem des beleuchteten Elements und dividirt durch das Quadrat der Entfernung der beiden Elemente von einander.

Als *Beleuchtungsstärke* an einer Stelle des beleuchteten Körpers können wir dann die ganze Lichtmenge bezeichnen, die diese Stelle von dem leuchtenden Körper erhält. Es braucht aber diese Beleuchtungsstärke nicht identisch zu sein mit der *Helligkeit*, in welcher uns diese beleuchtete Stelle erscheint, denn erstens wächst für unsere Beurteilung die Helligkeit nicht durchaus proportional der Beleuchtungsstärke, und zweitens verhalten sich die einzelnen Körper hinsichtlich der Weitergabe empfangenen Lichtes sehr verschieden von einander.

Was zunächst die Beeinflüssung der Helligkeit von beleuchteten Körpern durch die Natur dieser Körper sowohl hinsichtlich ihrer Substanz als hinsichtlich ihrer Oberflächenbeschaffenheit anbetrifft, so teilen wir alle Körper ein in diffus reflectirende und regulär reflectirende.

Diffus reflectirend sind diejenigen Körper, welche auf ihrer Oberfläche so viele kleine Rauhigkeiten haben, dass eine regelmässige Reflexion nicht mehr zu Stande kommt, und ein auffallendes Lichtbündel, weil seine einzelnen Strahlen verschiedene Rauhigkeiten und an diesen Rauhigkeiten verschieden geneigte Stellen treffen, Beugungen erleiden und nach allen Richtungen zerstreut werden. Auch bei ihnen kann man, wenn sie beleuchtet sind, allgemein von einer Leuchtkraft reden, es hängt diese Leuchtkraft an einem Element dann ab von der Stärke, mit der dasselbe von der eigentlichen Lichtquelle beleuchtet wird und von dem Reflexionsvermögen der Oberfläche an diesem Element, sie ist beiden proportional. Sonst verhalten sich solche diffus reflectirende Körper hinsichtlich der Weiterverbreitung des Lichts ganz wie selbstleuchtende Körper, wenigstens bei nicht zu grossen Incidenzwinkeln der beleuchtenden Strahlen, und es gilt das nicht blos für Beleuchtung durch solche Strahlen, welche von dem betreffenden Körper zurückgeworfen (reflectirt) werden, sondern auch für die Beleuchtung durch solche Strahlen, die etwa durch Brechung in den Körper hinein gelangt sind, nur dass die Leuchtkraft für jene Strahlen eine andere sein wird als für diese.

75. Beleuchtung vermittelst regulär reflectirender und brechender Körper. Anders liegen die Verhältnisse bei Körpern mit ganz glatter Oberfläche, wo reguläre Reflexion und reguläre Brechung stattfindet. Fällt auf solche Körper Licht und beleuchten dieselben dann ihrerseits, sei es durch die reflectirten oder die gebrochenen Strahlen, andere Körper, so kann man hier nicht mehr von einer Leuchtkraft derselben ganz allgemein reden, vielmehr ist die Leuchtkraft einer Stelle derselben verschieden je nach dem Ort, an welchem die durch die von dieser Stelle ausgehenden reflectirten oder gebrochenen Strahlen beleuchtete Stelle sich befindet. Für die Anwendung reicht es aus, nur die beiden Fälle in Betracht zu ziehen, wo alles Licht entweder reflectirt oder durchgelassen wird.

Beleuchtet eine durch einen leuchtenden Körper selbst beleuchtete Stelle A eines total reflectirenden Körpers ihrerseits eine andere Stelle B, so ist die Leuchtkraft derselben gleich der Leuchtkraft desjenigen Elements des selbstleuchtenden Körpers, auf welches man geführt wird, wenn man die Strahlen, die von A nach B hin reflectirt werden, von A aus gemäss der Reflexionsregel (wonach der Incidenzwinkel dem Reflexionswinkel gleich zu machen ist) rückwärts verfolgt. Aendert sich die Lage der beleuchteten Stelle B, so kommt man zu andern und andern Stellen des selbstleuchtenden Körpers, die A zuzuschreibende Leuchtkraft wird also variiren können; wird man durch das angegebene Verfahren auf Strahlen geführt, die an dem leuchtenden Körper vorbeigehen, so bedeutet das, dass die Stelle B überhaupt nicht erleuchtet wird u. s. f. Die gesammte Beleuchtungsstärke in B bekommt man, indem man allen Elementen der total reflectirenden Fläche die ihnen nach der angegebenen Regel zukommende Leuchtkraft beilegt und nun die Beleuchtung in B so berechnet, wie wenn diese Fläche selbstleuchtend wäre. Ganz entsprechend ist das Verfahren, wenn die Beleuchtung durch einen das Licht regelmässig brechenden und ganz durchlassenden Körper geschieht. Ist A die Stelle der Oberfläche, deren Leuchtkraft in Bezug auf die Beleuchtung einer durch die bei A gebrochenen Strahlen beleuchteten Stelle B zu bestimmen ist, so verfolgt man die von A nach B gebrochenen Strahlen von A rückwärts, die Leuchtkraft der Stelle der Lichtquelle, auf die man dann geführt wird, bestimmt die A beizulegende Leuchtkraft, nur ist hier diese Leuchtkraft, wenn sie auf A übertragen wird, noch zu multipliciren mit dem Quadrat des Verhältnisses des Brechungsexponenten des Mediums, welches die beleuchtete Stelle B in sich birgt, zu dem Brechungsexponenten des Mediums, in welchem die Lichtquelle liegt, so dass die A zuzuschreibende Leuchtkraft in dem Quadrat dieses Verhältnisses grösser wird als die Leuchtkraft der Stelle der Lichtquelle, auf welche man durch die angegebene Construction gelangt ist, wenn die beleuchtete Stelle in einem das Licht stärker brechenden Medium liegt als die Lichtquelle. Wandert die beleuchtete Stelle von einem Medium in ein anderes, so wird sich hiernach die Leuchtkraft, die A in Bezug auf dasselbe hat, nicht blos dadurch ändern können, dass man durch Verfolgung der von A nach B gebrochenen Strahlen nach rückwärts auf andere Stellen der Lichtquelle, die ja nicht überall gleiche Leuchtkraft zu besitzen braucht, geführt werden kann, sondern auch dadurch, dass die verschiedenen Medien, in denen B der Reihe nach sich befindet, verschiedene Brechungsexponenten zu haben vermögen. Die ganze Beleuchtung bekommt man wieder durch Summation der Beleuchtungen durch die einzelnen Teile der brechenden Fläche.

Bei messenden Arbeiten geschieht die Beleuchtung dadurch, dass man das Licht einer Lichtquelle, der Sonne oder einer Flamme entweder geradezu auf die zu beleuchtende Stelle fallen lässt, oder unter Vermittelung von reflectirenden und brechenden Körpern (diffusreflectirende und brechende Flächen, Spiegel oder Prismen und Linsen), jene Beleuchtung heisst *direct*, diese *künstlich*. Künstliche Beleuchtung wird zunächst da angewendet, wo das zu beleuchtende Object nicht so gelegen ist, dass man die Strahlen der Lichtquelle auf dasselbe direct fallen lassen könnte; ferner bei solchen Gelegenheiten, wo die directe Beleuchtung eine zu geringe Helligkeit liefern würde, sei es dass die benutzte Lichtquelle zu schwache Leuchtkraft entwickelt oder dass dieselbe zu dem Object nicht in die günstigste Stellung gebracht werden kann. In der Tat ist man sehr oft in der Lage, die Lichtquelle, weil leuchtende Körper auch Wärmestrahlen aussenden, vom Object so weit als möglich entfernt halten zu müssen.

76. Regeln für künstliche Beleuchtung; Beleuchtung durch Planspiegel, Concavspiegel und Linsen, diffus reflectirende und durchlassende Flächen. Wie man aber auch die Beleuchtung einrichten mag, zwei allgemeine Regeln, die sich aus den vorstehenden Betrachtungen ergeben, sind nicht ausser Acht zu lassen.

1. Man muss dafür sorgen, dass die auf das Object fallenden Strahlen dieses senkrecht treffen und von der Lichtquelle bezw. ihrem das Object bestrahlenden Bilde senkrecht ausgehen.

2. Man hat die die Beleuchtung vermittelnden Körper (Spiegel, diffus reflectirende Flächen, Linsen) immer so zu stellen und so gross zu wählen, dass kein Teil der Flamme unbenutzt bleibt. Die Grenzlinien der Spiegel und Linsen sind also mindestens so ausgedehnt zu bestimmen, dass die von ihren Punkten zur beleuchteten Stelle gehenden Strahlen nach dem Reflexions- bezüglich Refractionsgesetz rückwärts verlängert die Flamme bis zu deren Rand treffen.

Ist der betreffende Spiegel oder die betreffende Linse zu klein, so bleibt ein Teil der Flamme unbenutzt. Indessen richtet sich, wie man sieht, die den Spiegeln und Linsen zu erteilende Grösse nach der Lage derselben zur Lichtquelle und zur zu beleuchtenden Stelle.

Wir können beide Regeln in eine Regel zusammenziehen, indem wir sagen, die Spiegel und Linsen sind so zu stellen, dass das von der zu beleuchtenden Stelle gesehene Bild der Flamme gerade über dieser Stelle und ihr parallel erscheint und ausserdem die ganze Flamme darstellt.

Man kann dieser Regel natürlich nicht immer gerecht werden, muss aber die in ihr getroffenen Festsetzungen, da wo es auf eine kräftige Beleuchtung ankommt, so nahe als möglich zu erfüllen suchen.

Um an einem Beispiel zu zeigen, worauf es hier ankommt, wollen wir den einfachen Fall betrachten, wo Licht einer Lichtquelle mit Hilfe eines ebenen Spiegels auf eine kleine Fläche geworfen werden soll. $ab = A$ stelle einen Schnitt durch die Lichtquelle, $cd = B$ einen solchen durch die zu beleuchtende Fläche dar. Auf dieser Fläche errichten wir eine lotrechte Linie N und senkrecht zu dieser Linie in einer Entfernung n ziehen wir eine andere Linie $a'b' = A'$, die gleich A ist und von N halbirt wird. A' betrachten wir als das Bild der Lichtquelle A, und wir haben nunmehr die dem planen Spiegel zu erteilende Lage zu bestimmen. Es ist klar, dass es nicht immer möglich sein wird, einen planen Spiegel so zu stellen, dass A' wirklich das Bild von A in demselben ist, es ist dazu nötig, dass A und A' so zu einander liegen, dass die ihre entsprechenden Enden verbindenden Linien aa' und

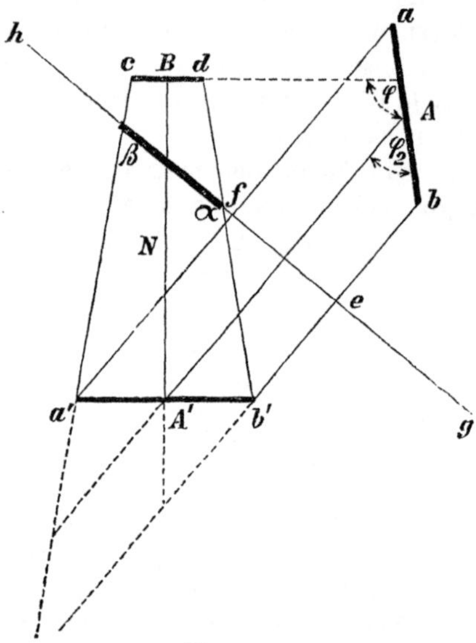

Fig. 10.

bb' einander parallel laufen, sie mit diesen Linien zusammen ein Trapez (nicht Parallelogramm) bilden. Wenn das aber der Fall ist, dann hat man nur aa' und bb' zu halbiren und durch die Halbirungspunkte e, f eine Linie gh zu ziehen. Wo diese Linie den Lichtkegel $a'b'cd$ vom Bild der Lichtquelle nach dem zu beleuchtenden Object hin schneidet, liegt der Durchschnitt des Spiegels mit der Ebene der Zeichnung, der Spiegel ist also so zu stellen, dass sein Durchschnitt mit der Ebene der Zeichnung durch die Linie $\alpha\beta$ gebildet wird, welche durch den Lichtkegel aus gh ausgeschnitten wird, und zugleich muss der Spiegel in dieser Ebene der Zeichnung eine Ausdehnung haben, die $\alpha\beta$ mindestens gleich kommt. Wie man von dieser Construction in der Ebene zu der im Raume übergeht, braucht nicht erst auseinandergesetzt zu werden. Man sieht aber, dass diese Construction der dem Spiegel zu erteilenden Lage und Grösse nicht möglich ist, sobald $aa'bb'$ kein Trapez bildet und ab nicht gleich $a'b'$ ist, sobald man also von den Enden ab der Lichtquelle keine zwei Parallellinien ziehen kann, welche von einer auf die Normale N des zu beleuchtenden Objects senkrecht gezogene Linie ein Stück $a'b'$ ausschneiden, welches ab gleich ist.

Ist nun die Lage des Bildes durch irgend welche Umstände vorgeschrieben, so kann man die Lichtquelle immer so stellen, dass A und A' Bilder von einander in einem Planspiegel zu sein vermögen; man hat von den Enden $a'b'$ des Bildes A' Parallelen zu ziehen und A so zu rücken, dass seine Enden a, b in diese Parallelen fallen und zugleich $aa'bb'$ ein Trapez wird. Je weiter A von A' entfernt wird, desto näher rückt der Spiegel $\alpha\beta$ an die zu beleuchtende Stelle B hin, man wird also die Lichtquelle nicht über eine gewisse Entfernung hinaus von ihrem Bild fortrücken können.

Gewöhnlich ist die Lage der Lichtquelle gegeben und die des Bildes beliebig; um dann, behufs Construction des Spiegels, das Bild in der durch die beiden Regeln festgesetzten Stellung zu finden, halbirt man den Neigungswinkel φ zwischen der Lichtquelle und dem zu beleuchtenden Flächenstück und zieht von der Mitte der Lichtquelle zu der Halbirungsebene eine Parallelebene, wo diese Ebene die Normale N zur Mitte der zu beleuchtenden Fläche schneidet, ist das Bild zu verlegen, man bekommt also dieses Bild für den Durchschnitt A der Lichtquelle, indem man in der angegebenen Schnittstelle eine Senkrechte zu N errichtet, die zu beiden Seiten von N um die Hälfte von A hervorragt. Diese Construction ist in der Figur 10 mit angedeutet, der Grund für dieselbe ist aber leicht zu ersehen. Als Neigungswinkel φ ist dabei der Winkel zwischen der (zu verwendenden) leuchtenden Seite der Lichtquelle und der zu beleuchtenden Seite des betreffenden Flächenstücks anzusehen. Es ergiebt sich dann leicht, dass das Bild um so weiter von B absteht, je grösser der so definirte Neigungswinkel ist; beträgt dieser Winkel 180°, so rücken Bild und Spiegel in die Unendlichkeit; geht derselbe über 180° hinaus, so würden Bild und Spiegel das Licht nach der nicht zu beleuchtenden Seite von B hinsenden. Je geringer die Neigung zwischen der zu beleuchtenden Stelle und der Lichtquelle ist, um so näher rückt das Bild an B heran, da nun die Beleuchtungsstärke dieses Bildes für B im quadratischen Verhältnis zunimmt, wenn sein Abstand von B abnimmt, so wird es vorteilhaft sein, jene Neigung tunlichst gering zu machen, die Lichtquelle der zu beleuchtenden Stelle so weit es geht parallel zu stellen, es versteht sich aber von selbst, dass diese Neigung nicht beliebig klein gemacht werden kann. Die Grenze für diesen Neigungswinkel ist in jedem Fall dadurch bestimmt, dass der Spiegel noch vor der zu beleuchtenden Stelle stehen muss. Die

Neigung kann also höchstens so klein gemacht werden, dass das in obiger Weise bestimmte Bild von der zu beleuchtenden Stelle ebenso weit absteht wie diese Stelle von der Lichtquelle, und wenn die Neigung so klein gemacht ist, muss schon der Spiegel die zu beleuchtende Stelle schneiden. Gewöhnlich kann man aber den Spiegel der zu beleuchtenden Stelle nur bis zu einem gewissen Grade nähern und dann ist der kleinstmögliche Neigungswinkel noch grösser, als er der Theorie nach sein könnte.

Bei Beleuchtung mittelst des diffusen Tageslichts kann man den Spiegel parallel mit sich längs der Normale der zu beleuchtenden Stelle beliebig verschieben und hier hat man denselben gegen diese Normale um 45° zu neigen.

Je weiter die Lichtquelle vom Object entfernt ist, desto grösser muss der Spiegel sein; da man aber bei gleicher Fläche mit Concavspiegeln und Linsen grössere Teile der Lichtquelle benutzbar machen kann, als mit Planspiegeln unter denselben Umständen, wählt man, wenn die Lichtquelle der zu beleuchtenden Stelle nicht genügend nahe gebracht zu werden vermag, statt des Planspiegels einen Concavspiegel oder eine Linse, oder combinirt mit dem Planspiegel eine Sammellinse. Man richtet sich dabei so ein, dass das von dem Concavspiegel oder der Sammellinse entworfene Bild der Lichtquelle kleiner als diese Lichtquelle wird und gerade auf die zu beleuchtende Stelle fällt. Concavspiegel und Linse müssen so gross sein, wie es die zweite Regel vorschreibt, den Concavspiegel stellt man in den Weg der (eventuell durch einen Planspiegel erst auf ihn gelenkten) Lichtstrahlen und richtet ihn so, dass das von ihm entworfene Bild der Lichtquelle so regelmässig als möglich aussieht. Sammellinsen setzt man entweder zwischen Lichtquelle und Spiegel, oder wenn noch schärfere Beleuchtung gewünscht ist, zwischen Spiegel und Object; im zweiten Fall ist der Spiegel nach der vorstehend gegebenen Anleitung zu stellen und die Linse parallel zum Object zu richten, und auch im ersten Fall gilt in Bezug auf den Spiegel wieder dieselbe Anleitung, wenn die Linse der Lichtquelle parallel steht, oft aber benutzt man die Linse zugleich dazu, um die Strahlen der Lichtquelle der zu beleuchtenden Fläche zuzuneigen, alsdann gilt für die Construction der Lage des Spiegels als Neigungswinkel zwischen Lichtquelle und Object annähernd der Winkel zwischen der Linse und dem Object.

Es geschieht nicht selten, dass bei der Anwendung einer vorgesetzten Linse das Zuneigen der Lichtstrahlen sogar die Hauptabsicht ist, in diesem Falle lässt man das von der Linse entworfene Bild wol auch auf den Spiegel fallen, oder achtet, wo die Beleuchtung so schon stark genug ist, auch garnicht auf die Lage des Bildes.

Es empfiehlt sich oft, statt des Spiegels eine diffus reflectirende Fläche zur Anwendung zu bringen. Da eine solche Fläche in Bezug auf Weitergabe von Strahlen sich völlig so verhält, wie eine selbstleuchtende Fläche, ist sie so zu stellen, dass ihre Mitte über der Mitte der zu beleuchtenden Stelle steht, und hier hat man dieselbe vor allen Dingen selbst so gut als möglich zu beleuchten, wobei die im Vorstehenden gegebenen Anleitungen zu befolgen sind. Die Neigung der diffus reflectirenden Fläche gegen die Normale der zu beleuchtenden ist aber so einzurichten, dass der Winkel dieser Normale mit den auf die diffuse Fläche fallenden Strahlen annähernd so gross wird, wie der mit den von dieser Fläche zur zu beleuchtenden Stelle abgehenden Strahlen. Wird die diffus reflectirende Fläche durch diffuses Tageslicht beleuchtet, so ist dieselbe gegen die beleuchtete Fläche um 45° zu neigen.

Flächen und Körper, welche Licht durchlassen, wie zum Beispiel die Milchglasscalen von Thermometern, werden am besten von hinten beleuchtet, indem das Licht auf ihre Rückseite concentrirt wird. Für die Durchleuchtung solcher Körper behufs mikroskopischer Untersuchung derselben hat Abbe einen besondern Apparat construirt, der für das ganze Object Lichtkegel mit grosser Oeffnung liefert, aber jeden Punkt des Objects durch sehr enge Lichtkegel zu beleuchten gestattet. Es wird dadurch die Aehnlichkeit zwischen Object und Bild befördert, die sphärische Aberration längs der Axe eingeschränkt. Der Apparat kann ausserdem so gestellt und gedreht und durch Blenden in seiner Wirkung modificirt werden, dass man jede nur wünschenswerte Art von Beleuchtung hervorzubringen vermag.*)

Eine Beleuchtung, die nach den vorstehend angegebenen Regeln ausgeführt ist, wollen wir eine *centrale Beleuchtung* nennen; Flächen, die central beleuchtet sind, leuchten selbst am stärksten in Richtung ihrer Normale, werden sie in dieser Richtung mit dem Auge oder mit einem optischen Instrument betrachtet, so sind die im Auge beziehungsweise dem Instrument hauptsächlich wirksamen Strahlen Centralstrahlen, Strahlen, die sich in einem Punkt der Centralaxe (die hier mit der Normale der leuchtenden Fläche zusammenfallen sollte) schneiden, und das ist für die richtige Abbildung der betreffenden Fläche in dem Auge oder dem optischen Instrument von der grössten Bedeutung, wie noch später klar gestellt werden wird.

77. Absolute Helligkeit und Leuchtkraft optischer Bilder. Bei Messungen unter Zuhilfenahme dioptrischer Instrumente kommt nun nicht allein die objective Beleuchtungsstärke der betreffenden Fläche in Frage, sondern die Helligkeit, in welcher uns das von dem benutzten optischen Instrument reell oder virtuell entworfene Bild erscheint. Hier hat die Theorie zu einem Ergebnis geführt, welches von Helmholtz erkannt und angewendet worden ist, und von Abbe seine allgemeine Formulirung erhalten hat,**) und unter Benutzung der in Art. 35a dargelegten Art der Strahlenbegrenzung durch Eintritts- und Austrittsöffnung in folgenden Sätzen ausgesprochen werden kann.

1) Die Beleuchtung einer Stelle des Raumes durch das von einem

*) Abbe: Max Schultzes Archiv für mikroskopische Anatomie, Bd. IX, Dippel, Das Mikroskop, Seite 274 ff.

**) Helmholtz, Theorie des Augenspiegels in dessen physiologischer Optik. Abbe in der Jenaischen Zeitschrift von 1869.

optischen System entworfene Bild des Objects wird dadurch erhalten, dass man von dieser Stelle eine Kegelfläche durch den Rand der Austrittsöffnung legt, diese bis zu dem Bilde des Objects fortsetzt und das Stück des Bildes, welches von dieser Kegelfläche ausgeschnitten wird, (aber nur dieses), als selbstleuchtend betrachtet. Dabei kommt einem Element dieses Stückes als Leuchtkraft die Leuchtkraft desjenigen Punktes des Objects zu, auf den man geführt wird, wenn man die Verbindungslinie dieses Elements mit der zu beleuchtenden Stelle des Raumes als Strahl ansieht und den Gang dieses Strahls durch alle Linsen rückwärts verfolgt, noch multiplicirt mit dem Quadrat des Verhältnisses des Brechungsexponenten des Mediums, in welchem das Bild entworfen wird, zu dem Brechungsexponenten des Mediums, in welchem das Object liegt.

2) Die Beleuchtung einer Stelle des Bildes vom Object selbst, die Helligkeit der betreffenden Bildstelle, wird erhalten, wenn man diese Stelle als durch die Austrittsöffnung beleuchtet ansieht, indem man dabei allen Punkten dieser Oeffnung die gleiche Leuchtkraft zuschreibt, und zwar die Leuchtkraft des Punktes des Objects, dessen Bild gerade die Stelle des Objectbildes ist, für welche man die Helligkeit kennen lernen will, multiplicirt mit dem Quadrat des Verhältnisses des Brechungsexponenten des Mediums, in welchem das Bild entworfen wird, zu dem Brechungsexponenten des Mediums, in welchem das Object liegt.

3) Die Lichtstärke eines optischen Systems wächst proportional dem Quadrate der numerischen Apertur, unter Apertur bei Mikroskopen das Verhältnis des Brechungsexponenten des ersten Mediums zu dem des letzten multiplicirt mit dem Sinus des halben Oeffnungswinkels (Art. 35 b), bei Fernrohren den Durchmesser des Objectivs verstanden.

Aus dem ersten Satz erhellt, dass die einzelnen Punkte des Raumes von dem Objectbild sehr verschieden stark beleuchtet werden; Punkte, die so gelegen sind, dass die von ihnen nach dem Rand der Austrittsöffnung gezogene Kegelfläche gehörig nach vorwärts oder rückwärts fortgesetzt das ganze Objectbild umfasst, werden am stärksten beleuchtet; Punkte, deren Lage es mit sich bringt, dass diese Kegelfläche überall am Objectbilde vorbeigeht, erhalten gar kein Licht vom Objectbild, befinden sich an solchen Stellen reflectirende Körper, so bleiben dieselben trotzdem ganz dunkel. Die nachstehende, der Abbe'schen Abhandlung entnommene Figur stellt die Verteilung der Beleuchtung durch das Objectbild *bc* unter Vermittelung der Austrittsöffnung $\beta\gamma$ dar, im engschraffirten Raume bleiben alle Punkte dunkel, im halbschraffirten werden die Punkte durch Teile des Bildes beleuchtet, z. B. o' durch das Stück *st*, *o* durch das *rc*, o'' durch das *uv*. Im nichtschraffirten erhalten die Punkte von dem ganzen Objectbild Licht, dort ist die Beleuchtung durch das Bild am stärksten.

Offenbar steht dieser Satz mit den in Art. 75, 76 vorgetragenen Lehren in Verbindung, das optische System ist dort ein Plan- oder Concavspiegel oder eine Linse, das Hauptdiaphragma ist die Spiegel- oder Linsenfläche und demgemäss fällt die Austrittsöffnung, wo nur ein Spiegel oder eine Linse in Anwendung kommt, mit dieser Fläche selbst zusammen.

Nach dem zweiten Satz müsste man die Diaphragmen, um eine tunlichst grosse Helligkeit des Bildes zu erreichen, tunlichst gross nehmen, es ist aber schon bemerkt, dass das nicht geht, weil mit der Grösse der Diaphragmen die Menge der durchgehenden Randstrahlen zunimmt, das Bild also infolge der sphärischen Aberration an Deutlichkeit einbüsst.

Der dritte Satz, der nicht unabhängig dasteht, lehrt, wie aus späterhin vorzutragenden Sätzen deutlich werden soll, dass dieselbe Grösse, die den Grad der Aehnlichkeit zwischen Object und Bild bestimmt, auch für die Lichtstärke von Bedeutung ist, mit der Apertur selbst wächst die Aehnlichkeit zwischen Bild und Object, mit dem Quadrate der Apertur die Helligkeit des Bildes. Sind n und n' einander gleich, so wird die Apertur $\sin u$, Trockensysteme können also unter keinen Umständen Bilder geben, welche heller sind, als das Object unter gleichen Verhältnissen.

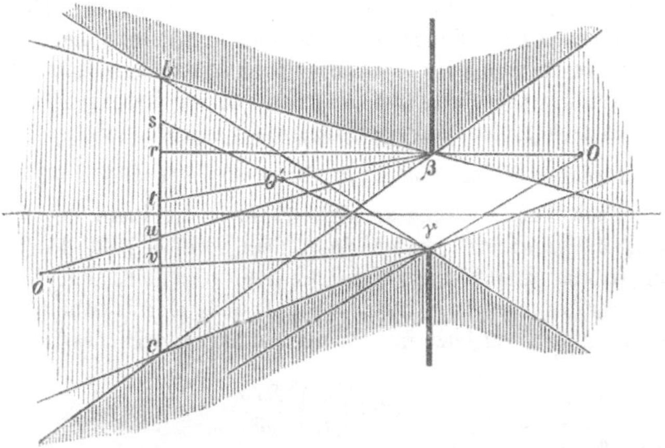

Fig. 11.

78. Sichtbare Helligkeit optischer Bilder. Wir wenden diese Sätze zunächst auf das Auge selbst an.

Das Diaphragma des Auges ist die Pupille, das von der Pupille durch die Hornhaut entworfene Bild (es liegt da, wo wir es an dem betreffenden Auge von aussen sehen) die Eintrittsöffnung, das von der Linse bewerkstelligte (es liegt, weil der Pupillarrand fast der ersten und zweiten Haupt ebene des Systems Linse, Glaskörper angehört, da, wo die wirkliche Pupille sich befindet und ist auch so gross wie diese), die Austrittsöffnung. Kommt nun von einem gleichmässig beleuchteten oder gleichmässig selbstleuchtenden Flächenelement ein Strahlenkegel ins Auge, dessen Basis am Auge grösser ist als die Pupille, so bildet diese Pupille selbst das

Hauptdiaphragma und die Beleuchtung des auf der Retina entworfenen Bildes wird so gross, wie wenn die Pupille mit der Leuchtkraft des Objects selbstleuchtend dieses Bild bestrahlte, sie ist, da man in unserm Fall Emanations- und Incidenzwinkel beide als sehr klein ansehen darf,

$$B' = \left(\frac{n'}{n}\right)^2 \frac{I.\omega.\sigma}{\delta^2},$$

wenn I die Leuchtkraft des Objects, ω die Fläche des Linsenbildes der Pupille, (wie wir auch sagen können, der wirklichen Pupille), σ den Flächeninhalt des Objectbildes auf der Retina, δ den Abstand dieses Bildes von dem Linsenbild der Pupille (wie wir auch sagen können, von der wirklichen Pupille), n' den Brechungsexponenten des Glaskörpers (humor vitreus), n denjenigen des Mediums, in welchem das Object liegt, angiebt. Stellen wir jetzt zwischen Object und Auge ein Diaphragma, dessen Oeffnung so klein ist, dass der vom Object ausgehende und durch das Diaphragma dringende Strahlenkegel am Auge ankommend nicht mehr die ganze Pupille ausfüllt, sondern einen Teil derselben freilässt, so ist dieses Diaphragma die Eintrittsöffnung. Liegt dieses Diaphragma unmittelbar am Auge, so ist als sein vorderes Bild die Umgrenzung des Strahlenkegels an dem Hornhautbild der Pupille anzusehen (die Strahlen bis zu diesem Bilde geradlinig fortgesetzt gedacht), das hintere Bild, die Austrittsöffnung, ist dann das Bild des vordern Bildes und kann, wie aus der Gleichung $\frac{y'}{y} = 1 - \frac{x}{f}$, weil hier, nach den Angaben in Art. 36 über die Lage der Hauptebenen des Auges, $x = 0$ gesetzt werden darf, dem vordern Bild des Diaphragma selbst an Grösse gleich angesehen werden. Ist also der Flächeninhalt des Durchschnitts zwischen Strahlenkegel und Hornhautbild der Pupille gleich ω', so haben wir jetzt für die Beleuchtungsstärke des Bildes im Auge

$$B' = \left(\frac{n'}{n}\right)^2 \frac{I\omega'\sigma}{\delta^2}.$$

Daraus folgt

$$B' = B\frac{\omega'}{\omega},$$

für $\omega' = \omega$ und für $\omega' > \omega$ ist $B' = B$, dagegen für $\omega' < \omega$ ist $B' < B$.

Was hier von einem Diaphragma gesagt ist, gilt in gleicher Weise auch für den Fall, wo vor das Auge ein optisches Instrument gesetzt wird, füllt der aus diesem Instrument in das Auge tretende Strahlenkegel das Hornhautbild der Pupille nicht aus, so erscheint das Object durch das Instrument gesehen dunkler, als mit dem blossen Auge betrachtet, ist dieser Kegel so breit, dass die Pupille ganz in denselben hineintauchen kann, so sieht man das Bild so hell wie mit blossem Auge. Optische Instrumente können deshalb auch nie Flächenstücke heller erscheinen lassen, als man dieselben mit blossem Auge sieht. Jedenfalls ist es, wo es auf Helligkeit ankommt, vorteilhaft, wenn die Austrittsöffnung des Instruments mindestens so gross ist, dass der durch dasselbe aus dem Instrument in das Auge dringende Strahlenkegel an der Pupille zum wenigsten so breit wird wie die Pupille selbst.

Messinstrumente, deren Hauptdiaphragma durch die Objectivöffnung gegeben ist, entwickeln das hintere Bild desselben, die Austrittsöffnung, die hier Ocularkreis genannt wird, meist unmittelbar über dem letzten Ocularglas als reelles Bild, man stellt dann das Auge so, dass die Pupille ungefähr in der Ebene des Ocularkreises zu liegen kommt und nennt darum auch, wie schon bemerkt, den Durchschnitt dieses Kreises mit der Axe des Systems den Augenpunkt, hier muss also, soll grösste Helligkeit des Instruments erzielt werden, die Objectivöffnung so gross gewählt werden, dass der Ocularkreis die Breite der Pupille bekommt.

79. Gesichtsfeld. Von geringerer Bedeutung für den messenden Physiker ist die Grösse des Gesichtsfeldes bei optischen Instrumenten. Da alle Strahlen, welche aus dem Instrument dringen, durch die Eintrittsöffnung gehen müssen, so bestimmt diese Oeffnung auch das Gesichtsfeld, man übersieht mit dem Instrument den Teil des Objects, der von den Strahlen ausgeschnitten wird, die vom ersten (im Sinne der Lichtbewegung) Knotenpunkt des das vordere Bild des Hauptdiaphragma entwerfenden Linsensystems nach dem Rand dieses vordern Bildes verlaufen, Strahlen, die also parallel sind den Strahlen, die vom zweiten Knotenpunkt desselben Linsensystems nach dem Rand des Hauptdiaphragma gehen.

Das Gesichtsfeld des Auges ist, wenn dasselbe keinen Punkt scharf fixirt, bestimmt durch den Kegel, der von den Visirlinien nach dem Rande des Hornhautbildes der Pupille geht, und weil dieser Kegel seine Spitze im Mittelpunkt dieses Pupillenbildes hat, begreift das Gesichtsfeld des Auges nahezu eine Halbkugel. Ist das Auge auf eine besondere Stelle scharf eingestellt, so ist das Gesichtsfeld auch nicht viel kleiner, denn der erste Knotenpunkt der Hornhaut liegt der Mitte der Pupille nahe genug. Die Benutzung von optischen Instrumenten reducirt das Gesichtsfeld ausserordentlich, und zwar im allgemeinen um so mehr, je stärker die Vergrösserung derselben ist.

b) *Aberrationen in der Abbildung; die Abbildung nicht selbstleuchtender Objecte.*

Der zweite Punkt, auf den es bei der Anwendung optischer Hilfsmittel ankommt, betrifft die Abbildung der zu betrachtenden Objecte.

Die in Art. 35b für die durch optische Systeme entworfenen Bilder vorgeführten Gesetze, haben nicht unbeschränkte Giltigkeit. Sie sind, selbst bei vollkommen centrirten Systemen, an die gleich im Eingang des bezeichneten Artikels aufgeführten Annahmen gebunden und gelten auch dann ohne weiteres, nur wenn es sich um selbstleuchtende Objecte handelt. Sind diese Annahmen nicht erfüllt, oder ist gar das optische System nicht centrirt, so treten Complicationen ein, die sich bei der praktischen Benutzung optischer Instrumente sehr fühlbar machen, und deren Kenntnis die Voraussetzung einer richtigen Anwendung dieser Instrumente bildet.

80. Einfluss mangelhafter Centrirung. Fehler in den Bildern, die daraus resultiren, dass das optische System nicht centrirt ist, die Axen der einzelnen Linsen also nicht zusammenfallen, sind als eigentliche Fehler der betreffenden Instrumente zu bezeichnen. Da die Linsen meist in ihren Fassungen festsitzen, liegt es nicht in der Macht des Beobachters, derartige Fehler zu corrigiren. Man kann sie aber leicht daran erkennen, dass bei feststehendem Instrument bei bester Einstellung auf das Object das Bild nicht in allen seinen Teilen gleich deutlich erscheint, und zwar so, dass die Undeutlichkeiten unsymmetrisch zur Axe verteilt sind. Dreht man ferner das Instrument um seine Figuraxe, ohne den Abstand vom Object zu ändern, so werden deutliche Stellen undeutlich, undeutliche deutlich, und es kann auch sein, dass dabei gewisse Punkte im Bilde sich mitzubewegen scheinen. Es liefern solche nicht gehörig centrirte Systeme ein verzerrtes Bild vom Object, und gerade deshalb können sie in die Messungen bedeutende Fehler einführen.

Nicht als eigentliche Fehler der Instrumente haben wir diejenigen Abweichungen von den einfachen Abbildungsgesetzen anzusehen, welche von der Nichterfüllung der für die Geltung dieser Gesetze notwendigen Bedingungen resultiren.

Wir wollen zunächst noch annehmen, dass es sich um die Abbildung eines selbstleuchtenden Objects handelt, aber, wie es in der Praxis meist geschieht, von den Bedingungen, dass die abbildenden Strahlen überall gegen die Centralaxe wenig geneigt und ausserdem alle gleichfarbig sind, absehen.

Abweichungen von diesen Bedingungen bringen die allgemein als *Aberration der Strahlen* bezeichneten Erscheinungen hervor, und zwar Abweichungen von der Forderung hinsichtlich der Neigung der Strahlen, Aberrationen — sogenannte *sphärische Aberrationen* — vermöge deren verschiedene von einem Punkt ausgehende Strahlen sich nach Durchsetzung des optischen Systems nicht mehr in einem Punkt wieder vereinigen, sondern in mehreren mehr oder weniger weit von einander entfernten, hinter und neben einander gelegenen Punkten kreuzen, und ein Object von verschiedenen Teilen des Systems an verschiedenen Stellen und von demselben Teil nicht in allen Stücken in demselben Vergrösserungsverhältnis abgebildet wird. Abweichungen von der Forderung der Gleichfarbigkeit der Strahlen, Aberrationen — sogenannte *chromatische Aberrationen* —, infolge deren jedes Bild und jede sphärische Aberration sich so oft wiederholt, als Farben in dem Strahlensystem vertreten sind.

Es ist hier nicht der Ort, die ganze ungemein complicirte Theorie der Aberrationen zu behandeln, es seien nur die Hauptmomente hervorgehoben.

81a. Die sphärischen Aberrationen, aplanatische und orthoskopische Systeme. Sehen wir zunächst von der sphärischen Aberration ab, so besteht die Abbildung, wie früher bemerkt, darin, dass jeder (aus Stücken aller in Frage kommenden Medien zusammengesetzte) Teil des Systems für sich ein Bild vom Object entwirft, und dass alle Bilder sich zu einem Gesammtbild zusammensetzen. Wir müssen daher zunächst verlangen, dass die einzelnen Bilder jedes Teils des Systems für sich klar und unverzerrt ausfallen, und dann dass alle Bilder einander gleich werden und sich in allen Teilen vollständig decken.

Ist nun die Winkelöffnung des von einem selbstleuchtenden Objectpunkt durch die Eintrittsöffnung gehenden Strahlenkegels zu gross, so werden sich die Strahlen in mehreren (unendlich vielen) Punkten schneiden, und da wir keinen dieser Bildpunkte besonders betrachten können, erscheint statt eines scharfen Punktes als Bild des Punktes eine kleine helle Fläche, ein *Zerstreuungskreis.* Das Gesammtbild des Objects ist also aus einzelnen Zerstreuungskreisen zusammengesetzt, und nur wenn diese hinlänglich klein sind — was eben geschieht, wenn der von jedem Punkt durch die Eintrittsöffnung gehende Lichtkegel eng ist — kann das Bild deutlich hervortreten. Das „hinlänglich" hat aber die Bedeutung, dass die Zerstreuungskreise im Bilde kleiner sein sollen als die kleinsten linearen Distanzen, die wir im Bilde noch sehen wollen.

Ist ferner das Object zu ausgedehnt im Verhältnis zu seiner Entfernung von den ersten Linsen des Systems, so werden die äussersten Strahlen des Objects mit Bezug auf irgend einen Punkt der Eintrittsöffnung gegen einander mehr oder weniger stark geneigt sein, infolge dessen ist die Vergrösserung nicht einmal mehr in einem und demselben Partialbilde überall von demselben Betrag und jedes der Partialbilder erscheint verzerrt.

Optische Systeme, in welchen alle Partialbilder eben sind und in den entsprechenden Punkten alle zusammenfallen, nennt man *aplanatische Systeme.* Die Bedingung des Zusammenfallens entsprechender Punkte verlangt offenbar, dass selbst, wenn die Bilder verzerrt sind, die Verzerrung alle Bilder in gleichem Maasse trifft. Aplanatische Systeme liefern also scharfe Bilder, die aber nicht unverzerrt zu sein brauchen.

Optische Systeme, welche alle Partialbilder unverzerrt darstellen, also in jedem Bilde überall das nämliche Vergrösserungsverhältnis aufweisen (welches aber von Bild zu Bild variiren kann), heissen *orthoskopische Systeme.* Ein optisches System ist in Bezug auf sphärische Aberration vollkommen, wenn es aplanatisch und orthoskopisch ist.

Man ist nicht im Stande, die optischen Instrumente für alle Lagen des Objects weder aplanatisch noch orthoskopisch herzustellen, man begnügt sich daher, Aplanatismus oder Orthoskopicität wenigstens für eine Lage zu bewirken, für diejenige natürlich, welche bei der Benutzung ganz besonders in Frage kommt. Spricht man daher von aplanatischen oder orthoskopischen Stellen eines Instruments, so meint man damit solche Stellen der Axe, von welchen aus ein Object aplanatisch oder orthoskopisch abgebildet wird. Die Stelle, die das Object einnimmt, und die ihr conjugirte im Bilde sind dann die zu einander **aplanatisch** bezw. **orthoskopisch conjugirten Punkte** des optischen Instruments. Die Bedingung des Aplanatismus knüpt sich an die Hauptstrahlen der Eintritts- und Austrittsöffnung, die der Orthoskopicität an die Hauptstrahlen von Object und Bild.

Zwei Punkte der Axe eines optischen Instruments sind zu einander *aplanatisch conjugirt,* wenn für ein leuchtendes Object, das in einem derselben die Centralaxe des Systems schneidet, erstens jedem Punkt nur ein Bildpunkt entspricht, und zweitens das Verhältnis des Sinus des halben Oeffnungswinkels des von einem Punkt des Objects durch einen Teil der Eintrittsöffnung gehenden Strahlenkegels zu dem Sinus des halben Oeffnungswinkels des von dem conjugirten Punkt des Bildes durch den conjugirten Teil der Austrittsöffnung gehenden Strahlenkegels für alle Punkte des Objects und für alle Teile der Eintrittsöffnung einen und denselben Wert aufweist.

Zwei Punkte der Axe eines optischen Systems sind zu einander *orthoskopisch conjugirt,* wenn für ein leuchtendes Object, das in einem derselben die Centralaxe des Systems schneidet, das Verhältnis der Tangente des halben Oeffnungswinkels eines von einem Punkt der Eintrittsöffnung ausgehenden und durch das Object begrenzten Strahlenkegels zu der Tangente des halben Oeffnungswinkels eines von dem conjugirten Punkt der Austrittsöffnung ausgehenden und durch das Bild des Objects begrenzten Strahlenkegels für alle Punkte der bezüglichen Oeffnung einen und denselben Wert hat.

Dieser Wert ist in beiden Fällen gleich dem Verhältnis des Brechungsexponenten im letzten Medium zu dem im ersten, multiplicirt mit der Vergrösserung für die betreffende Lage des Objects.

Bezeichnen wir die halbe Oeffnung von Lichtkegeln, die ihre Spitze im Object bezw. Bild, ihre Basis in der Eintritts- bezw. Austrittsöffnung haben, mit u, u'; die von Lichtkegeln, welche ihre Spitze in der Eintritts- bezw. Austrittsöffnung, ihre Basis im Object bezw. Bilde haben, mit v, v', und nennen M die Vergrösserung, n, n' die Brechungsexponenten des ersten und letzten Mediums, so ist also

$$\text{für aplanatische Punkte:}\quad \frac{\sin u}{\sin u'} = \frac{n'}{n} M,$$

$$\text{für orthoskopische Punkte:}\quad \frac{\operatorname{tg} v}{\operatorname{tg} v'} = \frac{n'}{n} M.$$

Die Axen der betreffenden Kegel sind die Hauptstrahlen derselben mit Bezug auf die Eintritts- und Austrittsöffnung bezw. auf Object und Bild, die u, u' und v, v' können also auch als die Neigungswinkel der äussersten Strahlen der betreffenden Kegel gegen die zugehörigen Hauptstrahlen angesehen werden.

Die Kegel brauchen natürlich nicht Kreiskegel zu sein, die Oeffnungswinkel derselben können also von Meridian zu Meridian variiren, die obigen Sätze bleiben aber bestehen; unter den halben Oeffnungswinkeln sind dann die Neigungen der äussersten Strahlen gegen den Hauptstrahl in den einzelnen Meridianen zu verstehen.

$n \sin u$ ist die numerische Apertur des von einem Objectpunkt eintretenden, $n' \sin u'$ die des von dem zugehörigen Bildpunkt austretenden Strahlenkegels, wie wir sagen können die conjugirte Apertur. Bei aplanatischen Punkten stehen also diese Aperturen zu einander durch die ganze Ausdehnung des Objects und Bildes in demselben Verhältnis. Oder: das Vergrösserungsverhältnis der Apertur ist gleich dem Reciproken des linearen Vergrösserungsverhältnisses und demgemäss für alle von den einzelnen Objectpunkten durch die einzelnen Teile der Eintrittsöffnung eintretenden Strahlenkegel gleich gross.

Mangelhafte Orthoskopicität erkennt man leicht, wenn man durch das betreffende Instrument eine regelmässige bekannte Zeichnung betrachtet. Sieht man z. B. auf ein System sich rechtwinklig durchkreuzender Linien, die ein Netz von Quadraten bilden, so erscheinen die Linien am Rande gekrümmt und die Quadrate gehen von der Mitte zum Rande nach allen Seiten mehr und mehr in sphärische Vierecke über.

Mangelhafter Aplanatismus giebt sich in einer gewissen Wölbung des Bildes zu erkennen, die sich so weit steigern kann, dass das Bild wie ein auf- oder absteigender spitzer Kegel erscheint. Fährt man ferner vor dem Objectiv eines nicht aplanatischen Instruments mit einer engen Blende hin und her, so sieht man durch das Gesichtsfeld eine Reihe von Bildern huschen, die weder in ihrer Lage, noch in ihrer Grösse übereinstimmen. Es sind das die Bilder, die von den einzelnen Teilen des Objectivs entworfen werden, und die eigentlich alle denselben Ort einnehmen und gleich gross sein sollten. Dass die Bilder auch ungleich hell erscheinen, hat mit dem Mangel an Aplanatismus nichts zu tun.*)

81b. Chromatische Aberrationen. Die Aberrationen wegen der Verschiedenfarbigkeit der vom Object ausgesendeten Strahlen unterscheiden sich von den sphärischen Aberrationen vor allem dadurch, dass sie auch bei Abbildung sehr kleiner Objecte durch nur sehr enge Strahlenkegel auftreten können. Vermöge derselben entstehen von jedem Objest so viele Bilder, als Farben im Strahlenkegel vorhanden sind, und da diese Bilder nicht blos an verschiedenen Stellen liegen, sondern auch verschiedene Grösse haben, kommt kein deutlicher Gesammteindruck zu Stande und es treten an den Rändern des Objects und einzelner Teile desselben Farbensäume auf, die auf die Messungen nicht ohne Einfluss sind. Alle chromatischen Aberrationen lassen sich so wenig wie die spärischen Aberrationen, mit denen sie**) eng verbunden sind, durch Einrichtung des optischen Systems

---

*) Abbe, dem auch die Aufstellung der genauen Bedingungen für Aplanatismus und Orthoskopicität zu verdanken ist, hat diese Untersuchung von optischen Systemen mit Hilfe von engen Blenden eingeführt und zu hoher Vollendung gebracht. Wegen der geeigneten Apparate sei auf dessen Arbeiten verwiesen.

**) Abbe im neunten Band vom Schultze'schen Archiv für mikroskopische Anatomie.

aufheben; denjenigen Teil derselben, der auch unabhängig von der sphärischen Aberration auftritt, hat man wenigstens für die Hauptfarben durch die bekannten achromatischen Combinationen von Linsen aus verschiedenem Glase und durch besondere Zusammenstellungen von Linsen gleichen Glases unschädlich zu machen gesucht.

Achromatische Systeme werden aus zwei Linsen von verschiedenen Glassorten (einer Sammellinse aus Kronglas und einer Zerstreuungslinse aus Flintglas) so gebildet, dass die beiden Hauptbrennpunkte, die in jeder Linse für sich von Farbe zu Farbe variiren, in der Combination für die Hauptfarben zusammenfallen. Treten in eine solche achromatische Combination Strahlen von einem hinlänglich fernen Object ein, so dass sie sich nahezu in der zweiten Brennebene vereinigen, so fallen also die Bilder für die Hauptfarben nahezu zusammen, nicht minder fallen die Bilder zusammen, wenn die Strahlen von einem Object kommen, das in der Nähe des ersten Brennpunkts liegt, demnach das System nahezu parallel verlassen. Die Grössen der Bilder in den verschiedenen Farben können dann freilich von einander verschieden sein und so wird das Gesammtbild im Innern farblos, am Rande aber von einem mehr oder weniger breiten und intensiven Farbensaum umgeben sein können. Solche Combinationen finden als Objective bei Fernrohren und Mikroskopen Anwendung.

Wenn man durch Zusammenstellung von gleichartigen Linsen der chromatischen Aberration steuern will, macht man die beiden Hauptbrennweiten für die Hauptfarben gleich; Strahlen, welche aus grosser Ferne kommen, geben ebenso wie Strahlen, welche aus der Nähe des ersten Hauptbrennpunktes ausgehen, in verschiedenen Ebenen gelegene Bilder, aber die Bilder sind, wie die Gleichung $\frac{y'}{y} = \frac{\xi'}{f'}$ lehrt, im Verhältnis des ξ' vergrössert, erscheinen also hier einem Auge, das sich in der Nähe der zweiten Hauptebene des Systems befindet, unter gleichem Gesichtswinkel, so dass sie einander decken, Farbensäume kommen also hier nicht zum Vorschein, aber die Zerstreuungskreise sind in den verschiedenfarbigen Bildern verschieden gross, und das Gesammtbild kann unklar werden. In dieser Weise corrigirt man den fraglichen Teil der chromatischen Aberration in den am meisten angewendeten Ocularen unserer Instrumente, woselbst die ungleiche Grösse der Zerstreuungskreise nicht so sehr in Frage kommt.*)

Den Teil der chromatischen Aberration, der an die sphärische Aberration gebunden ist, corrigiren die Mechaniker teilweise und nach verschiedenen Principien, er tritt selbst bei Systemen, die für gerade durchgehendes Licht farblose Bilder geben, sofort auf, sobald man Abbildungen vermittelst schief einfallenden Lichts anwendet.

81 c. Einfluss der Aberrationen auf die Messungen. Fragen wir jetzt nach der Bedeutung dieser einzelnen Aberrationen für physikalische Messungen, so wird zunächst der Undeutlichkeit der Bilder der relativ geringste

*) Dippel, Das Mikroskop Seite 43 ff.

Einfluss zuzuschreiben sein. Man wird an Stelle von Pnnkten Zerstreuungskreise sehen. So lange keine andern Aberrationen sich geltend machen, wird aber in jedem Zerstreuungskreis alles symmetrisch zur Mitte sein, und diese Mitten der Zerstreuungskreise vertreten völlig die scharfen Bilder der einzelnen Punkte. Es kommt also nur darauf an, diese Mitten selbst zu erkennen, und es müssen schon sehr schlechte Instrumente sein, bei denen man bei sonst guter Einrichtung und Einstellung dieselben nicht soll angeben können. Nur darin können Instrumente mit undeutlichen Bildern lästig sein, dass sie die Parallaxe nicht ganz vermeiden lassen und, weil man keinen rechten Anhalt hat, ob man jedesmal in derselben Einstellung beobachtet, zwingen den Schraubenwert ihrer Mikrometer in jeder Einstellung zu bestimmen.

Von grösserer Bedeutung ist eine etwaige Verzerrung der Bilder, sei es, dass dieselbe durch ungenügende Centrirung der Linsen, sei es, dass sie durch den in Folge der sphärischen Aberration eintretenden Mangel an Orthoskopicität hervorgebracht wird. Wenn eine grade Linie im Object als krumme Linie im Bild erscheint, wird man bei der Pointirung auf verschiedene Stellen derselben verschiedene Ablesungen am Mikrometer erhalten, und da ferner äquidistanten Punktepaaren im Object auch nicht äquidistante Punktpaare im Bilde zu entsprechen brauchen, wird man aus der Messung der Distanz zweier Punkte im Bilde keinen Schluss auf ihren wirklichen Abstand im Object ziehen können, selbst wenn man das Vergrösserungs verhältnis für ein anderes Punktpaar kennt. Es folgt hieraus, dass man be Instrumenten, welche nicht genügend orthoskopisch sind, nicht mehr allgemein von einem Schraubenwert reden kann; der Schraubenwert hat bei der näm lichen Einstellung in den verschiedenen Teilen des Gesichtsfeldes andere und andere Werte, und man muss ihn demgemäss, indem man das betreffende Intervall oder auch das Instrument verschiebt, für die einzelnen Stellen des Gesichtsfeldes bestimmen. Wenn man dann bei dem Uebergang von der Pointirung auf ein Object zu der auf ein anderes die Fäden durch einen grössern Teil des Gesichtsfeldes hat führen müssen, darf man als Schraubenwert weder den bei der ersten Pointirung noch den bei der zweiten wählen, sondern muss wenigstens das Mittel aus beiden Schraubenwerten benutzen.

Da man von optischen der Messung dienenden Instrumenten nur selten grosse Oeffnung und grosses Gesichtsfeld verlangt, hilft man sich gegen den Mangel an Deutlichkeit und Orthoskopicität, indem man die Eintrittsöffnung möglichst klein macht, das Hauptdiaphragma eng wählt und es so stellt, dass nur Strahlenkegel mit geringen Oeffnungswinkeln eintreten können, und indem man durch Ocularblenden die Randteile des Objectivbildes ausschliesst. Man kann dann nur ein kleines Stück des Objects übersehen, aber dieses wird durch den besten Teil des Objectivs abgebildet und kann durch principiell richtig ausgeführte Beleuchtung auch genügend hell gemacht werden. Kleine Unbequemlichkeiten, die durch die Kleinheit des Gesichtsfeldes verursacht werden, wie etwa, dass man über die Lage (die Nummer) des pointirten Strichs auf dem Maassstab sich durch besondere Versuche Klarheit verschaffen muss, fallen nicht in's Gewicht.

Einen andern Einfluss als die sphärischen Abweichungen haben die chromatischen, insofern sie die Lage der zu pointirenden Stellen im Bilde, die von Strichen oder Punkten, scheinbar verschieben. Es treten nämlich an diesen Stellen, wenn die chromatische Aberration nicht vermieden ist, Farbensäume auf, und zwar so, dass die verschiedenen Seiten verschieden gefärbt sind. Ist nun zum Beispiel bei einem auf seine Mitte zu pointirenden dunkeln Strich im Bilde die linke Seite blau, die rechte gelblich gefärbt, so scheint uns in Folge des Farbencontrastes der Strich mehr links zu liegen als es tatsächlich der Fall ist, und das, was uns als Mitte erscheint, liegt tatsächlich links von der Mitte. Pointiren wir dadurch, dass wir zwei Parallelfäden so einstellen, dass bei Abwesenheit aller Farben der linke Faden von der linken Grenzlinie des Strichs ebenso weit absteht, wie der rechte von der rechten Grenzlinie — wie man sagt durch *Bisection* — so beurteilen wir die Gleichheit der bezeichneten Zwischenräume namentlich aus der gleichen Helligkeit derselben. Hat aber der Strich zu seinen beiden Seiten Farbensäume, so sind wir nicht mehr im Stande, die Helligkeiten der beiden Zwischenräume zwischen den Fäden und den Strichgrenzen gegen einander genau abzuwägen und werden im allgemeinen geneigt sein, den heller gefärbten Zwischenraum kleiner zu wählen als den dunkler gefärbten; wir schieben dann das Fadenpaar nach der Seite, die den dunklern Farbensaum hat, heraus. Sollen wir endlich auf das Bild eines wirklichen Endes eines Gegenstandes pointiren, etwa auf das Bild der Kuppe einer Quecksilbersäule, so hindert uns ein vorhandener Farbensaum dieses Ende deutlich zu erkennen, wir können je nach den Umständen zu hoch oder zu niedrig pointiren.

Wie man die chromatische Aberration bei der Construction des Instruments zum Teil vermeidet, ist schon gesagt, da dieselbe aber auch bei sogenannten achromatischen Instrumenten, wenn schiefes Licht eindringt, auftreten kann, hat man, wo die Objecte selbst spiegeln, die Beleuchtung central zu wählen, also Linsen und Beleuchtungsspiegel so zu stellen, dass das Bild der Lichtquelle in dem reflectirenden Object in Richtung der Verlängerung der optischen Axe und diese senkrecht schneidend erscheint. In der Tat sieht man, wenn bei centraler Beleuchtung alles im Bilde farblos erscheint, sofort Farbensäume hervortreten, sobald man z. B. den Beleuchtungsspiegel dreht und in eine Stellung bringt, wo er das Bild der Lichtquelle schief gegen das Object und schief in das Instrument wirft.

82. Abbildung von nicht selbst leuchtenden Objecten durch durchgehendes oder reflectirtes Licht. Wir kommen jetzt zu den Modificationen der Bilder, die dadurch entstehen können, dass die Objecte nicht selbst leuchten, sondern erst mit durchfallendem oder reflectirtem Licht einer Lichtquelle beleuchtet werden. Solche Objecte gelangen der gewöhnlichen

Ansicht nach dadurch zur Wahrnehmung, dass die verschiedenen Teile ihrer Substanz das Licht verschieden durchlassen oder reflectiren, undurchlässige und nicht reflectirende Stellen erscheinen schwarz auf hellem, stark durchlässige und stark reflectirende hell auf dunklem Grunde. Eine Abbildung solcher Objecte besteht also eigentlich in einer Abbildung aller Strahlen der Lichtquelle mit den Modificationen, die sie beim Durchgang durch das Object oder beim Rückprall von demselben erlitten haben, wie wir sagen können, mit den durch die Objectstructur hervorgebrachten Schatten und Lichtlinien und dem dem Object eigenen Färbungsvermögen.

Aber es kommt hier noch ein Besonderes hinzu, was in der Natur des Lichts als Wellenbewegung begründet ist. So oft ein Lichtkegel einen seinen Fortgang an einzelnen Stellen ganz oder zum Teil hindernden Körper passirt, sei es, dass er diesen durchzieht oder von demselben reflectirt wird, erleidet er eine Zersplitterung in einzelne Lichtkegel, deren weitere Wirkung nach dem Huyghens'schen Princip vor sich geht und welche die als *Diffraction* oder *Beugung* bekannten Erscheinungen hervorrufen. Objecte, an welchen eine Structur studirt werden soll, verursachen vermöge dieser Structur selbst Diffraction des beleuchtenden Lichtes. Bringt man das Auge in die Ebene des Objects, so sieht man die Lichtquelle oder, falls das Object spiegelt, wie die Teilungsfläche eines Maassstabes oder Gitters, das virtuelle Bild derselben von den unter dem Namen Frauenhofers bekannten Diffractionserscheinungen umgeben, die virtuelle *Beugungsfigur der Lichtquelle.* Und wenn das Object mit einem optischen System abgebildet werden soll, kommen nicht mehr die Strahlen der Lichtquelle mit den gewöhnlichen zuerst genannten Modificationen derselben in Frage, sondern es ist hier der durch die Beugung am Object zerstreute mit Maximis und Minimis der Lichtstärke und Färbung versehene Lichtbüschel massgebend.

Die Beugungsfigur der Lichtquelle, also die Natur des Lichtbüschels, der vom Object weiter geht, hängt von der Structur des Objects ab, jeder besondern Structur gehört eine besondere Beugungsfigur an. Umgekehrt ist durch die Beugungsfigur auch die Structur, die dasselbe hervorbringen kann, bestimmt, jeder Beugungsfigur ist eine ganz bestimmte Structur des beugenden Objects zugeordnet. Man kann von der Beugungsfigur kein Stück abschneiden, ohne sofort die Structur, die den Rest hervorzubringen vermag, zu ändern. Jeder Teil der Diffractionsfigur wird also durch eine besondere Structur hervorgebracht, die Structur ist nur bestimmt, wenn die ganze Beugungsfigur angeschaut wird. Es verlieren aber Teile der Diffractionsfigur um so mehr in ihrer Bedeutung für die Bestimmung der Structur, je lichtschwächer sie sind, und es kann sein, dass man schon eine der Structur sehr ähnliche Structur bekommt, wenn man bei der Berechnung derselben aus der Beugungsfigur der Lichtquelle die lichtschwächern Randteile dieser Beugungsfigur vernachlässigt oder sich abgeblendet denkt.

Was von der virtuellen Beugungsfigur der Lichtquelle und seinem Verhältnis zu der Structur gesagt ist, gilt in ganz gleicher Weise von dem Beugungsbüschel, da ja dessen Strahlen in ihrem Durchschnitt nach rückwärts die virtuelle Beugungsfigur hervorbringen. Führt man dieses Büschel durch ein optisches System, so wird dieses zunächst ein Bild der virtuellen Beugungsfigur der Lichtquelle hervorbringen und zwar an dem dieser Lichtquelle conjugirten Orte und in der Ausdehnung, in welcher die Apertur des Systems es zulässt. Man sieht dieses Bild, wie es zum Beispiel von dem Objectivsystem eines Mikroskops entworfen wird, wenn man das Ocular herauszieht und in das Rohr auf das Objectiv hinabschaut; ist die Lichtquelle hinlänglich weit entfernt, so erscheint dasselbe natürlich in der zweiten Hauptbrennebene des Objectivs. Auch das vom ganzen Mikroskop entworfene Bild kann sichtbar gemacht werden. Von diesem Bild der virtuellen Beugungsfigur kann man daher auf die Structur, welche die Lichtzerstreuung veranlasst hat, nur schliessen, wenn alle abgebeugten Strahlen in das optische System eingetreten sind: und wenn die nämlichen Strahlen, welche dieses Bild hervorgebracht haben, in ihrem Weitergang durch das optische System ein neues Bild an der dem Object conjugirten Stelle hervorbringen, kann dieses neue Bild dem Object in seiner Structur nur dann ähnlich sein, wenn das ganze Beugungsbüschel an seiner Formirung beteiligt ist.

Allgemein ist das an der dem Object conjugirten Stelle eines optischen Systems entstehende Bild einem Object ähnlich, welches eine Diffractionserscheinung hervorbringen würde, wie sie das optische System von der virtuellen Beugungsfigur der Flamme vermöge der ihm eigenen Oeffnung wirklich hervorbringt. Fehlen in diesem Bilde Teile der virtuellen Diffractionsfigur, so wird das dem Object conjugirte Bild kein Bild dieses Objects selbst, und es ist dem Object um so unähnlicher, je mehr der lichtstarken Teile der virtuellen Diffractionsfigur vom System nicht mit abgebildet werden.

Denken wir uns an der Stelle des Systems, an welcher das Bild der virtuellen Diffractionsfigur erscheint, ein Diaphragma befestigt und zwar von solcher Oeffnung, dass sein Rand mit dem Rand des bezeichneten Bildes zusammenfällt, so ändert sich nichts in den Abbildungen. Das vordere Bild dieses Diaphragma ist die Eintrittsöffnung und liegt natürlich in der Ebene der Lichtquelle, also in der der virtuellen Diffractionserscheinung; es schneidet aber von dieser virtuellen Diffractionserscheinung soviel heraus, als im optischen System abgebildet wird. Stellen wir uns daher vor, dass die Strahlenbegrenzung unter allen Umständen durch ein solches Diaphragma bewerkstelligt wird, so können wir sagen:

Damit das an der dem Object conjugirten Stelle auftretende Bild dem Object gleiche, ist notwendig, dass die Eintrittsöffnung des optischen Systems so gross ist, dass die ganze virtuelle Diffractionsfigur der Lichtquelle im System abgebildet werden kann oder wenigstens nur ganz lichtschwache Teile in Fortfall kommen können.

Dass aber in einem aplanatischen optischen System durch das Zusammenwirken der in dem Bilde von der virtuellen Beugungsfigur der Lichtquelle sich kreuzenden Strahlen an der dem Object conjugirten Stelle ein Bild entsteht, und zwar ein solches, welches jedesmal dem Bilde der virtuellen Beugungsfigur genau entspricht und dem Object gleicht, wenn in dem Bilde dieser virtuellen Beugungsfigur kein Licht von irgend nennenswerter Intensität aussendender Teil der Figur selbst fehlt, hat Abbe, der um die Theorie der optischen Instrumente so hochverdiente Forscher, dem wir auch die genaue Untersuchung dieser Verhältnisse verdanken, nachgewiesen. Massgebend für die Aehnlichkeit zwischen Object und Bild ist hier die numerische Apertur des Systems; die Aehnlichkeit wächst mit der Apertur, sie wird zur Gleichheit, sowie die Apertur so gross geworden ist, dass alle Strahlen des ganzen diffrangirten Lichtbüschels durch die Eintrittsöffnung können.

Da diese Apertur, wenn, wie das immer der Fall ist, das letzte Medium des optischen Systems Luft, also $n' = 1$ ist, aus dem Product zweier Grössen besteht, des Brechungsvermögens des Mediums, in welchem das Object liegt, und des Sinus des halben Oeffnungswinkels, kann dieser Oeffnungswinkel für ein gegebenes Object um so kleiner sein, je grösser das Brechungsvermögen des ersten Mediums ist. Mit dem Oeffnungswinkel wachsen nun im allgemeinen die Aberrationen; es wird also vorteilhafter sein, kleinere Oeffnungswinkel und grössere brechende Kraft des das Object einhüllenden Mediums zu wählen.

Die Zerstreuung des Lichtbüschels nimmt zu, sowie die Entfernung zwischen den einzelnen Structurelementen des beugenden Objects abnimmt; zur Betrachtung von beleuchteten Objecten muss man also Instrumente mit um so grösserer Apertur haben, je enger die Structurelemente aneinanderliegen, und da der Oeffnungswinkel u höchstens 90° erreichen kann, sucht man die Apertur dadurch zu vergrössern, dass man das Object in ein stark brechendes Medium einbettet. Gewöhnlich kommt dabei eine Flüssigkeit zur Anwendung (Wasser, Glycerin u. a.), die als erstes Medium das Object umgiebt und sich bis zur ersten Linse des betreffenden Systems erstreckt, und man nennt Instrumente, die mit solchen Flüssigkeiten als erstes Medium benutzt werden, Instrumente mit *Immersion*. Im Gegensatz dazu nennt man Systeme mit Luft oder irgend einem andern Gas als erstem Medium *Trockensysteme*. Die Immersion ist *homogen*, wenn die Immersionsflüssigkeit ein eben so grosses oder nahezu eben so grosses Brechungsvermögen hat, wie die erste Linse des Instruments. Besteht die erste (vorderste) Linse, wie das meist der Fall ist, aus Kronglas, so sind von Abbe als sehr geeignete Immersionsflüssigkeiten erkannt worden:*) das flüchtige Oel aus dem Holze des virginischen Wachholders, eine Mischung von Fenchelöl und Ricinusöl, Copaivabalsam u. s. f., vor allen das gewöhnliche Cedernholzöl.

---

*) Dippel, Das Mikroskop, S. 244 ff.

Immersionssyteme haben für richtige und klare Abbildung ausserordentliche Vorzüge vor den Trockensystemen, der messende Physiker wird aber nur selten von ihnen Gebrauch machen.

Die Aehnlichkeit zwischen Object und Bild wird auch gefördert, wenn man das Licht vom Object aus schief in das Instrument einfallen lässt; die bei schiefer Incidenz bestimmende Apertur ist für die wichtigsten Fälle gleich der normalen Apertur $n \sin u$ für gerade einfallende Kegel vermehrt um die Grösse $n \sin i$, woselbst i den Winkel angiebt, den die Axe des betreffenden Kegels mit der Centralaxe einschliesst. Bei schwierigen Objecten wird man daher Beleuchtung mit schief einfallendem Licht zu wählen haben, wie man sie durch excentrische Stellung des Beleuchtungsapparats, durch besondere eingeschaltete Prismen u. s. f. zu erreichen vermag.

83. Notwendige Oeffnung der optischen Instrumente bei Gittermessungen. Wenden wir nun diese Lehre von der Abbildung nicht selbst leuchtender Objecte auf Maassbestimmungen an, so ergiebt sich vor allen Dingen, dass man bei Messungen sehr kleiner Objecte, das heisst von Objecten, deren Ausdehnung nicht ein beträchtliches Vielfache der Wellenlänge von Licht mittlerer Brechbarkeit ist und bei Pointirungen auf Striche oder Punkte, die einer Reihe dicht und regelmässig an einander gelagerter Striche und Punkte angehören, ganz besonders auf bedeutende Apertur des Instruments zu sehen hat. Der Physiker kommt in eine solche Lage namentlich dann, wenn er Beugungsgitter auszumessen hat. Hier kann er, wie Abbe, theoretisch wie experimentell gezeigt, zu den Gittern selbst ganz unähnlichen Bildern gelangen, wenn er dieselben mit Instrumenten von zu geringer Apertur betrachtet. Ist zum Beispiel die Apertur nur so gross, dass von dem — hier aus abwechselnden Maximis und Minimis bestehenden, im weissen Licht zu Spectren ausgezogenen virtuellen Beugungsbild der Lichtquelle — nur das erste Maximum, das Hauptmaximum im Instrument wirksam wird, so sieht man lediglich das Gesichtsfeld gleichmässig erleuchtet; kommen zu diesem Hauptmaximum beiderseits noch je ein zweites Maximum, so zeigt sich ein vollständiges Bild der Gitterlinien, welche sich von dem durch das verwaschene Bild der Lichtquelle erhellten Hintergrund abheben, aber mit überall gleichen Abständen der Linien, wenn diese Abstände im Gitter selbst auch nicht gleich sein sollten. Verdoppelt, verdreifacht, ... erscheinen die Linien, wenn nach dem Hauptmaximum nicht die nächsten, sondern erst die zweiten, dritten, ... Maxima zugelassen werden u. s. f.

Aus denselben Gründen erscheint eine vereinzelte Linie oder ein vereinzelter Punkt im Bilde grösser, als es nach der Vergrösserung des Instruments sein sollte.

Um dem Leser für die Wahl des Instruments einen Anhalt zu geben, sei hier eine Tafel reproducirt, die Dippel nach Abbe's Angaben zusammengestellt hat. Es giebt dieselbe in den ersten angenommene Aperturen ($n \sin u$), in der zweiten, dritten und vierten die entsprechenden Winkelöffnungen ($2u$) des Instruments für Trockensysteme, Systeme mit Wasser-immersion und Systeme mit homogener Immersion bei centraler Beleuchtung, in der fünften die Streifendistanz, die die Gitter bei gerader, in der sechsten die, welche sie bei möglichst schiefer Incidenz haben dürfen, wenn sie von Instrumenten mit den entsprechenden Aperturen noch sollen vollkommen ähnlich abgebildet werden können.

Apertur	Oeffnungswinkel			Streifen-abstand in 0,001 mm	Streifen-abstand bei schiefer Beleuchtung
	Trocken-system	Wasser-immersion	Homogene Immersion		
0,15	17°	—	—	1,70	—
0,20	23°	—	—	1,40	—
0,25	29°	—	—	1,00	—
0,30	35°	—	—	0,90	—
0,35	41°	—	—	0,80	—
0,40	47°	—	—	0,74	0,68
0,45	53°	—	—	0,70	0,60
0,50	60°	—	—	0,65	0,55
0,55	66°	—	—	0,60	0,50
0,60	74°	—	—	0,58	0,45
0,65	82°	—	—	0,55	0,42
0,70	90°	—	—	0,53	0,39
0,75	97°	—	—	0,50	0,36
0,80	106°	—	—	0,48	0,34
0,85	116°	—	—	0,46	0,32
0,90	128°	85°	—	0,44	0,30
0,95	144°	91°	—	0,42	0,29
1,00	180°	97°	82°	0,41	0,27
1,05	—	104°	86	0,39	0,26
1,10	—	112°	92	0,38	0,25
1,15	—	119°	98	0,36	0,24
1,20	—	128°	104	0,35	0,23
1,25	—	140°	113	0,34	0,22
1,35	—	156°	120	0,335	0,21
1,40	—	—	128	0,32	0,20
1,45	—	—	138	0,315	0,195
1,50	—	—	145	0,30	0,19

Die Zahlen der fünften und sechsten Columne sind nach den aus der Theorie der Fraunhoferschen Beugungs-Erscheinung folgenden Formeln:

$$e = \frac{\lambda}{a}$$

für gerade,

$$e = \frac{\lambda}{2a}$$

für möglichst schiefe Incidenz gerechnet, woselbst a die Apertur ($n \sin u$), λ die Wellenlänge des beleuchtenden Lichts, als welche hier die mittlere Wellenlänge 0,00055 angenommen ist, und e die mit der betreffenden Apertur noch abbildbare Streifendistanz giebt.

Die engsten Gitter, die jetzt zu Wellenlängenmessungen benutzt werden, haben einen mittleren Streifenabstand von etwas mehr als 0,001 mm. Die obige Tafel giebt also bei weitem mehr, als man in der Physik in langer Zeit wird brauchen können, sie kann aber auch bei manchen andern Untersuchungen Anwendung finden und ist ausserdem sehr lehrreich in Bezug auf das Verhältniss der Trockensysteme zu den Immersionssystemen und der geraden Beleuchtung zur schiefen. Abbe hat auch experimentelle Mittel, die numerische Apertur eines optischen Systems zu messen, angegeben, wir werden sie später in dem optische Maassbestimmungen behandelnden Teil kennen lernen; für Längenmessungen genügt einstweilen das Gesagte.

84. Einfluss von Schatten und Reflexen. Je mehr die Structurelemente eines beugenden Objects auseinanderrücken, desto mehr zieht sich die virtuelle Beugungsfigur der Lichtquelle zusammen, um so geringer darf daher die Apertur sein, und schliesslich, wol schon wenn der betreffende Abstand 0,1 mm beträgt, braucht man sich überhaupt nicht um die Apertur zu kümmern, da alle Instrumente die nötige Apertur aufweisen. Theoretisch bleibt das Verhältnis zwischen dem Bild der Lichtquelle und dem des Objects immer bestehen; an der der Lichtquelle conjugirten Stelle entsteht ein Bild der Lichtquelle, welches diese so abbildet, wie sie dem Auge erscheint, wenn dasselbe sich in der Structur befindet und durch diese die Lichtquelle ansieht, an der dem Object conjugirten Stelle tritt das Bild des Objects auf, welches das verwaschene Bild der Lichtquelle zum Hintergrund hat und es kommen so etwaige dunkle Stellen dadurch zum Vorschein, dass sie sich von diesem selben Hintergrunde abheben. Aber je mehr die Beugungserscheinungen zurücktreten, desto wichtiger werden die Erscheinungen, welche sich durch etwaige ungleiche Helligkeit des Bildes in seinen einzelnen Teilen und namentlich durch, durch etwaige Rauhigkeiten hervorgebrachte Schatten und Reflexe bemerkbar machen. Starke Reflexe an der zu pointirenden Stelle und starke Schatten beeinflussen die Beurteilung der Lage derselben und können bewirken, dass auf eine andere Stelle pointirt wird, als man wollte. Solche Reflexe und Schatten entstehen an Hervorragungen und Vertiefungen sowie an Structurunregelmässigkeiten im Object. Betrachten wir aber die bei Längenmessungen hauptsächlich in Frage kommenden Objecte, so bestehen dieselben aus Metall- oder Glasflächen, in welche Striche, die Teilungsmarken, eingeritzt sind, die Striche bilden also Gräben mit zwei Wänden. Fällt nun das Licht nicht genau central auf einen Strich, sondern schräg zu demselben, so wirft die eine Wand in den Grund des Strichs einen Schatten, die andere wird an ihren obern Teilen ganz besonders erleuchtet, und so scheint der Strich nach der Seite hin verrückt, von welcher das Licht herkommt, und wenn wir pointiren, tun wir das nicht auf das wirkliche Bild des Strichs, sondern auf ein Bild, welches wir mehr oder weniger nach der Richtung verschoben sehen, wo der Schatten sich markirt. Aehnlich sind die Verhältnisse bei Einstellungen auf gewisse Punkte von Flächen, wofür wir späterhin ein Beispiel bei Barometerablesungen discutiren werden.

Indem aber gezeigt ist, zu welch falschen Beurteilungen man bei Beobachtung von Gegenständen, die erst erleuchtet werden müssen, gelangen kann, ist auch schon angegeben, wie man sie wenigstens teilweise zu vermeiden vermag. Man muss vor allen Dingen die Beleuchtung central machen; wie gegen Farbensäume, so schützt die centrale Beleuchtung auch gegen verderbliche Schatten und Reflexe. Grosser Schutz wird noch gewährt, wenn die Objectfläche nicht regulär reflectirt oder bricht, sondern diffus, und Maassstäbe erhalten deshalb, wenn sie auch nicht gerade immer matt polirt werden, wenigstens keine Glanzpolitur.

Was von der Abbildung des Objects durch das Objectivsystem gesagt ist, gilt in gleicher Weise von der des Fadennetzes durch das Ocular.

Bei den bei Längenmessungen benutzten Instrumenten dient zur Sichtbarmachung dieses Netzes dasselbe Licht, welches das Object abbildet, es wird also das Objectivbild des Objects zusammen mit dem Fadennetz abgebildet und zwar beide von genau denselben Strahlen so, als ob das Fadennetz dem Objectivbild des Objects selbst angehörte. Wenn das Fadennetz für sich noch eine besondere Beleuchtung hat, wie sie bei Betrachtung schwach leuchtender oder punktförmiger Objecte benutzt werden muss, treten gewisse Complicationen ein*), die wir aber nicht hier, sondern an anderer Stelle zu betrachten haben.

85. Entstellungsfehler. Endlich haben wir noch die Fehler zu besprechen, welche von mangelhafter Einstellung des betreffenden optischen Instruments hervorgebracht werden können.

Das Instrument ist richtig eingestellt, wenn die der Objectebene in Bezug auf das Objectivsystem conjugirte Ebene, die Bildebene dieses Systems, genau mit der Mikrometerebene zusammenfällt; alsdann sieht man, wenigstens unter den uns hier allein beschäftigenden Verhältnissen durch das Ocularsystem Bild und Fäden so, als ob sie beide einem und demselben Object angehörten, und auch wenn das Ocular selbst nicht genau eingestellt sein sollte, erscheinen die Zerstreuungskreise des Fadennetzes unter genau denselben Verhältnissen wie die des Bildes, und Bild und Fadennetz scheinen mit einander unverrückbar fest verbunden zu sein.

Wie man also auch das Ocular einstellt, so sind die Messungen nur mit den Fehlern behaftet, die aus etwaiger Undeutlichkeit der Bilder, welche ein richtiges Pointiren erschwert, resultiren.

Anders verhält es sich, sobald die Objectivbildebene nicht in die Mikrometerebene fällt. Ist die Mikrometerebene senkrecht zur optischen Axe und diese Axe senkrecht zur Objectebene, so wird das Objectivbild über oder unter der Mikrometerebene zu liegen kommen, aber dieser Ebene parallel laufen; ist die Mikrometerebene nicht senkrecht zur optischen Axe oder steht letztere nicht senkrecht zur Objectebene, so wird das Objectbild,

*) Förster: Beleuchtung von Mikrometereinrichtungen. Zeitschr. für Instrumentenkunde 1881, Seite 7 ff., 119 ff.

wovon man sich leicht unter Beihilfe der in Art. 35c. gegebenen Formeln überzeugt, zwar immer noch eben sein, aber es wird die optische Axe schief schneiden und auch wol gegen die Mikrometerebene geneigt sein. Im erstern Falle kann man das Ocular, wenn man will, immer so einstellen, dass man das ganze Bild des Objects scharf sieht, im letztern wird man im allgemeinen nur einen geringen Teil des Objectbildes (und einen um so geringern, je stärker die Vergrösserung des optischen Systems ist) überschauen.

Die Fehler, zu denen die Nichtcoincidenz zwischen Bildebene und Mikrometerebene Veranlassung geben kann, lassen sich in solche der Parallaxe und solche der Vergrösserung sondern, die wir getrennt von einander betrachten können.

85a. Parallaxe. Wir sprechen von einer vorhandenen *Parallaxe,* wenn zwei Richtungen, die mit einander zusammenfallen sollten, gegen einander geneigt erscheinen. Parallaxe kann aber beim Sehen mittelst optischer Instrumente aus zwei Gründen entstehen. Indem die Objectivbildebene nicht mit der Mikrometerebene coincidirt, entwirft das Ocular von dem Fadennetz und dem Object nicht zusammenfallende virtuelle Bilder, sondern hinter einander liegende getrennte, eines von dem Fadennetz, eines von dem Objectbild; wie bei gewöhnlichen Objecten wird also die Stellung der beiden Bilder zu einander ganz von der Stellung, die das Auge einnimmt, abhängen; sieht man in Richtung der optischen Axe hindurch, so decken sich beide Bilder gerade, bewegt man das Auge nach rechts oder links von der Axe, so schiebt sich das Objectbild gegen das Fadenbild scheinbar nach links oder rechts. Aber durch diese geometrischen Verhältnisse allein ist die Parallaxe noch nicht vollständig bedingt, es kommt noch ein Umstand hinzu, der oft sogar vorzugsweise zur Entstehung von Parallaxe Veranlassung giebt.

Wenn nämlich das virtuelle Ocularbild des Objectbildes in anderer Entfernung vom Auge sich befindet als dasjenige vom Fadennetz, kann das Auge nicht auf beide Bilder zugleich accommodiren und in Folge dessen werden die Punkte eines von beiden oder auch beider sich auf der Netzhaut in Zerstreuungskreise auflösen. Ein solcher Zerstreuungskreis ist nicht in allen seinen Stellen gleich hell, wir beurteilen daher die Lage des zugehörigen Punkts und damit auch die Richtungen der nach demselben hinführenden Linien nach der hellsten Stelle des Zerstreuungskreises, wie man sagt, nach dem Lichtschwerpunkt desselben. Die Lage dieses Lichtschwerpunktes hängt aber ganz von den Strahlen ab, die in das Auge gelangen, scheiden wir von dem Kegel der von einem Punkte des virtuellen Ocularbildes von Object oder Fadennetz ausgehenden Strahlen einen Teil ab, so ändert sich die Lichtverteilung im Zerstreuungskreis und der Schwerpunkt desselben erleidet eine Verschiebung. Alle Strahlen, welche vom Ocularbild des Objects oder des Fadennetzes überhaupt in das Auge dringen können, gehen nun durch die Austrittsöffnung des Instruments und die Eintrittsöffnung des Auges (die Pupille). Bewegen wir das Auge seitwärts, so werden sich also diese beiden Oeffnungen seitlich gegen einander verschieben, es kann also in der Tat ein

Abschneiden von Strahlen eintreten, und zwar geschieht ein solches, sobald der aus dem Instrument durch die Austrittsöffnung gehende Strahlenkegel den Rand der Pupille berührt, sobald die Austrittsöffnung der Strahlen, genommen in der Ebene der Pupille an den Rand dieser gelangt und in weiterer Bewegung von diesem Rand geschnitten wird. Man sieht hieraus, dass man das Auge um so mehr zur Seite wird bewegen müssen, um Strahlen abzuschneiden, je kleiner die Austrittsöffnung der Strahlen in der Pupillenebene ist. Ehe ein solches Abschneiden von Strahlen eintritt, verändern sich aber die Zerstreuungskreise nicht merklich; bei Seitwärtsbewegung des Auges werden also die Zerstreuungskreise um so eher ihre Lichtschwerpunkte verschieben, je grösser die Austritts- und damit die Eintrittsöffnung ist und um so später, je kleiner dieselbe ist, oder, wie wir auch sagen können (Art. 35b), je mehr bezw. je weniger Strahlen von einem Objectpunkt in das Instrument hineinkommen und durch dasselbe hindurchtreten. Ist im ideellen Fall die Oeffnung des Instruments so eng, dass von jedem Punkt des Objects nur ein Strahl hineingelangt, so würden die Zerstreuungskreise auf der Retina sich zu Punkten zusammenziehen und dann kann keine Bewegung des Auges dieselben irgendwie in ihrer innern Beschaffenheit verändern.

Wenn nun die virtuellen Bilder von Object und Fadennetz zusammenfallen, so heisst das, dass jeder Punkt der Mikrometerebene durch genau dieselben Strahlen beleuchtet ist, genau dieselben Strahlen aussendet, wie der mit ihm zusammenfallende Punkt des Objectivbildes. Schneiden wir also von dem vom letztern ausgehenden Strahlenkegel etwas ab, so nehmen wir ein gleiches Stück gleicher Strahlen auch dem von dem entsprechenden Mikrometerpunkt ausgesandten Kegel, und darnach ändern sich die Zerstreuungskreise beider Punkte in genau gleicher Weise; wie wir dann auch das Auge bewegen mögen, wir ändern zwar die Zerstreuungskreise des Bildpunkts und des Mikrometerpunkts jeden *für sich*, nicht aber ihr Verhalten *zu einander*, der Mikrometerpunkt scheint in steter Coincidenz mit dem Bildpunkt zu bleiben. Sowie aber Bildebene und Mikrometerebene nicht zusammenfallen, sind die von den correspondirenden Punkten derselben ausgehenden Strahlenkegel nicht mehr identisch. In der Tat, von einem Bildpunkt kommen alle Strahlen zur Wirkung, die vom conjugirten Objectpunkt durch die Eintrittsöffnung des *ganzen* Instruments haben hindurchgehen können, ein Mikrometerpunkt wird aber beleuchtet durch (Art. 35b) alle Strahlen, die von denjenigen Punkten des Objectbildes ausgehen, welche von einem nach vorwärts oder rückwärts verlängerten Kegel, dessen Spitze in diesem Mikrometerpunkt liegt und dessen Mantel durch die Austrittsöffnung des Objectivsystems hindurchgeht, aus dem Objectbild des Objectivsystems ausgeschnitten werden. Von diesen Strahlen sind im Ocularbild der Mikrometerebene nur diejenigen wirksam, welche durch die Eintrittsöffnung des Oculars hindurch können, aber wenn auch, wie das meist der Fall sein dürfte, alle diese Strahlen durch die Ocularöffnung Durchgang finden, so sind doch, wie aus dem obigen erhellt, die die Mikrometerpunkte sichtbar machenden Strahlenkegel ganz anders geartet, als die von den entsprechenden Punkten des Objectivbildes ausgehenden.

Trotzdem also in dem Fall, mit dem wir es hier allein zu tun haben — dass nämlich die Mikrometerebene durch das Objectivbild des Objects selbst erleuchtet wird —, von den Punkten der Mikrometerebene keine Strahlen ausgehen, die nicht auch Punkten des Objectivbildes des Objects angehören, also im Ocularbild der Mikrometerebene keine andern Strahlen als im Ocularbild des ganzen Instruments zur Vereinigung kommen, sind doch die in ihren Spitzen die Bilder der Mikrometerpunkte darstellenden Strahlenkegel von andern Strahlen zusammengesetzt und anders geformt als die die Bilder der Objectpunkte constituirenden, es werden also auch die Zerstreuungskreise auf der Retina von den Mikrometerpunkten different sein von denen der Objectpunkte. Wenn man jetzt durch Seitwärtsbewegung des Auges einen Teil der Austrittsöffnung aus der Pupille herausbringt, wird man von den Strahlenkegeln der Mikrometerpunkte andere Strahlen abschneiden, als von denen der Objectpunkte, es ändert sich dann die Lichtverteilung in den Zerstreuungskreisen der Mikrometerpunkte in anderer Weise, als in denen der Objectpunkte, die Schwerpunkte verschieben sich nicht mehr bei beiden Arten von Zerstreuungskreisen in gleicher Weise und um gleiche Strecken, und deshalb scheinen sich die Punkte der Mikrometerebene gegen die Punkte des Objectbildes mit der Seitwärtsbewegung des Auges gleichfalls zu verschieben. Diese besondere Art von Parallaxe vereinigt sich mit der früher erwähnten und beide zusammen machen die ganze Parallaxe aus. Ihr Charakteristikum ist, dass sie mit abnehmender Oeffnung des Instruments abnehmen muss, denn sowie die Oeffnung abnimmt, nehmen die von den einzelnen Punkten des Objectbildes und, wie man aus den vorstehenden Erörterungen sieht, auch die von den einzelnen Punkten der Mikrometerebene ausgehenden Kegel an Strahlenmenge ab, zuletzt wenn von jedem Objectpunkt nur ein Strahl hindurch kann, wird auch noch jeder Mikrometerpunkt nur von einem Strahl erleuchtet, er empfängt diesen Strahl von demjenigen Punkt des Objectivbildes des Objects, der mit ihm und der Austrittsöffnung in gerader Linie liegt, und von keinem andern, und scheint sich mit diesem, wie man auch das Auge bewegen mag, stets zu decken.

Darum ist es auch gut, jedem Bildpunkt als Mikrometerpunkt sich denjenigen Punkt der Mikrometerebene zugeordnet zu denken, welcher mit ihm und der Mitte der Austrittsöffnung des Objectivs in gerader Linie liegt.

Wir werden auch desshalb den Punkt, in welchem eine Linie von der Mitte der Austrittsöffnung nach einem Bildpunkt eine besondere Ebene schneidet, den diesem Bildpunkt in der betreffenden Ebene correspondirenden Punkt nennen.

Da man bei vorhandener Parallaxe lediglich durch Bewegung des Auges die verschiedensten Punkte von Objectbild und Mikrometerebene zur Deckung bringen kann, wird die Pointirung auf einen Punkt des Objectbildes durch jede Bewegung des Auges des Beobachters beeinflusst und um so mehr beeinflusst, je stärker die Parallaxe ist. Es kommt also darauf an, entweder mit dem Auge immer nach derselben Richtung hinzusehen oder die Parallaxe zu vermeiden.

Nach derselben Richtung immer hinzusehen gelingt mit einiger Leichtigkeit nur wenn die Pointirungen immer an derselben Stelle der Mikrometerebene ausgeführt werden, also nur bei besonderer Einrichtung des mikrometrischen Apparates, und zwar bei derjenigen Einrichtung, bei welcher die Mikrometerebene nur zur Aufnahme eines festen Index, ein festes Fadenpaar oder Fadenkreuz, dient, die Pointirung also dadurch geschieht, dass man mit einer ausserhalb des Instruments angebrachten Schraube das ganze Instrument verschiebt (Art. 30).

Wenn die Messungen in der Mikrometerebene selbst ausgeführt werden, liegen die zu pointirenden Stellen nicht immer in der Mitte des Gesichtsfeldes und auch nicht immer an derselben Stelle, hier wird man das Auge unwillkürlich von der schon pointirten nach der zu pointirenden Stelle hinwenden, und da man überhaupt nicht leicht den Kopf immer in derselben Stellung behalten kann, ist es sicher besser, unter allen Umständen die Parallaxe zu vermeiden.

Die Parallaxe verschwindet, wenn die Bild- mit der Mikrometerebene genau zum Zusammenfallen gebracht wird. Man stellt daher erst die Ocularlinsen so ein, dass die Fäden in der Mikrometerebene scharf gesehen werden und verschiebt dann das ganze Instrument oder nur einen Teil desselben, bis das zu pointirende Object deutlich und klar gesehen wird. Bewegt man den Kopf vor dem Ocular hin und her, so darf das Objectbild keinerlei Verschiebung gegen das Fadenbild zeigen, man muss Fadenbild und Objectbild wie in einer Ebene liegend sehen.

Um die Probe auf Parallaxe mit einiger Genauigkeit ausführen zu können, blendet man einen Teil des Objectivs durch Vorhalten eines Schirmes oder besser einer Blende mit enger Oeffnung, die man noch hin und her schieben kann, ab. Wie wir nämlich gesehen haben, entwirft jeder Teil des Objectivs ein Bild vom Object und der Gesammteindruck kommt dadurch zu Stande, dass alle Bilder an der dem Object conjugirten Stelle zusammenfallen. Sie fallen aber natürlich nur an dieser Stelle zusammen, vor und hinter derselben gehen die sie constituirenden Strahlenkegel getrennt. Wenn also das Auge auf die Mikrometerebene accommodirt ist und diese nicht mit der Bildebene coincidirt, sieht es in dieser Ebene nicht ein Bild von dem Object, sondern unzählig viele Bilder. Die Bilder können bei Benutzung der ganzen Objectivöffnung nicht von einander getrennt werden, sie machen nur, dass das Gesammtbild unscharf und unregelmässig erscheint. Lässt man aber, indem man vor dem Objectiv einen Schirm oder eine Blende mit enger Oeffnung hin und her schiebt, nach und nach verschiedene Teile des Objectivs wirksam werden, so sieht man auch deutlich, wie sich das Bild des Objects im Gesichtsfeld hin und her schiebt. Es ist nun sofort klar, wie man diese Erscheinung zur scharfen Einstellung auf das Object anwenden kann. So lange die Bildebene aus der Mikrometerebene herausfällt, wird das Objectbild bei dem Hin- und Herschieben des Schirms oder der Blende im Gesichtsfeld fortwährend seinen Platz wechseln; so wie die Einstellung so weit gediehen ist, dass die Bildebene mit der Mikrometerebene coincidirt, bleibt das Objectbild, wenigstens wenn das optische System hinlänglich aplanatisch ist, wie man auch den Schirm oder die Blende vor dem Objectiv schieben und bewegen mag, unverrückt an derselben Stelle. Man stellt also so lange ein, bis völlige Unbeweglichkeit eingetreten ist.

Bei dieser ausgezeichneten Methode zur Vermeidung der Parallaxe hat man jedoch darauf zu achten, dass man stets auf die Fäden accommodirt, man hat also vor allen Dingen diese so genau als möglich, und zwar für die müheloseste Lage und Accommodation des Auges, das ist für den Fernpunkt desselben einzustellen, und tut dann gut, immer nur die Fäden genau anzusehen, bei dem Objectbild aber nur die etwaigen Bewegungen zu verfolgen und ja nicht Details in demselben unterscheiden zu wollen.

Für die Einstellung des Oculars auf die Fäden sind besondere Methoden und Hilfsmittel nicht von Nöten, man hat nur für eine gute Beleuchtung des Gesichtsfeldes durch diffuse Strahlen zu sorgen, damit das Fadennetz sich gehörig abhebt und unter ähnlichen Umständen abgebildet wird, wie nachher durch die Objectstrahlen. Deshalb legt man bei der Einstellung des Oculars vor das Objectiv mit Vorteil ein weisses Blatt Papier hin, welches seinerseits durch das Tageslicht oder mit Hilfe einer künstlichen Beleuchtung belichtet wird. Das Schwierigste ist, mit dem Auge so in das Instrument hineinzusehen, dass dasselbe sich unter dem geringsten Zwange befindet, auf den Fernpunkt accommodirt ist, denn da man das Bild des Fadennetzes zu sehen bestrebt ist, sucht man unwillkürlich auf dasselbe zu accommodiren, ehe es noch in die für das Sehen bequemste Entfernung gelangt ist. Daher kommt es, worauf schon in Art. 36 hingewiesen ist, dass im Laufe einer Messungsreihe Undeutlichkeit der Bilder auftreten kann, die sich im Beginn derselben durchaus nicht gezeigt hat; das Auge hat bei der Einstellung des Fadennetzes nicht auf die bequemste Entfernung accommodirt, ist im Laufe der Messungen ermüdet und accommodirt nun nicht mehr auf die Mikrometerebene; Parallaxe braucht mit der Undeutlichkeit nicht verbunden zu sein, diese kommt nur zur Erscheinung, wenn bei der Einstellung die Bildebene nicht genau in die Mikrometerebene gebracht ist.

Inzwischen ist nicht ausser Acht zu lassen, dass mit dem scheinbaren Verschwinden der Parallaxe noch nicht genaue Coincidenz der Mikrometerebene mit der Bildebene erreicht zu sein braucht, da immer noch kleine Bewegungen zwischen Bild und Mikrometer existiren können, die man nicht mehr zu constatiren vermag, zumal man selbst den Kopf in fortwährender Bewegung zu erhalten hat.

85b. Vergrösserungsveränderungen. Ueber den Einfluss variabeler Vergrösserung auf die Messungen ist schon bei einer frühern Gelegenheit

(Art. 44) einiges gesagt worden. Die Art, wie dieser Einfluss sich geltend macht, hängt aber von der Art, wie wir beobachten, ab. Wenn nämlich Bildebene und Mikrometerebene, also auch die Ocularbilder dieser Ebenen, nicht zusammenfallen, können wir entweder auf die Bildebene accommodiren oder auf die Mikrometerebene oder auf irgend eine andere zwischen ihnen befindliche Ebene.

Accommodiren wir auf die Bildebene, so messen wir in dieser Bildebene und jedes Intervall im Bilde wird uns so vergrössert erscheinen, wie es die Lage dieser Bildebene zur zweiten Hauptebene des Objectivsystems verlangt. Stellen wir das Objectivsystem gegen das Object anders und anders ein, so wird die Vergrösserung variiren, und zwar umgekehrt proportional dem Abstande des Objects von der ersten Hauptebene des Objectivsystems. Nur wenn das Objectivsystem ein teleskopisches ist, bleibt (Art. 35d) in der Bildebene die Vergrösserung, wie auch die Einstellung ausfallen möge, gleich gross, misst man in der Bildebene, so wäre ein teleskopisches System als Objectiv das beste Mittel, sich von der Abhängigkeit der Vergrösserung von der Einstellung frei zu machen, man brauchte (abgesehen von thermischen Einflüssen) den Schraubenwert nur einmal zu bestimmen und könnte den einmal gefundenen Wert stets zur Anwendung bringen.

Gewöhnlich accommodirt man nicht auf das Objectbild, sondern auf die Mikrometerebene, diese erscheint dann scharf, jenes projicirt sich auf die Retina in Zerstreuungskreisen, und indem man die Messungen in der Mikrometerebene ausführt, pointirt man nicht auf die Punkte des Objectbildes selbst, sondern auf die Lichtschwerpunkte der Zerstreuungskreise, so als ob das Retinabild des Objects herkäme von einem Object in der Mikrometerebene, welches genau so aus Zerstreuungskreisen zusammengesetzt wäre wie das Retinabild. Ist die Eintrittsöffnung des Objectivsystems relativ gering, so dass von jedem Objectpunkt nur ein einziger Strahlenkegel eintritt, dann darf man die Lichtschwerpunkte der Zerstreuungskreise in der Mikrometerebene als an den Stellen liegend ansehen, in welchen die Bildpunkte wirklich zu liegen scheinen. Es sind das die Stellen, in denen diese Ebene von den Hauptstrahlen (denjenigen Strahlen, welche durch den Mittelpunkt der Austrittsöffnung des Objectivsystems hindurchgehen) der einzelnen Punkte des Objectivbildes des Objects geschnitten wird, also nach unserer frühern Nomenklatur die correspondirenden Punkte des Objectbildes, welche, wie wir sagen können, ein dem Objectbild in der Mikrometerebene correspondirendes Bild zusammensetzen. Die Verbindungslinie eines Mikrometerpunktes, des ihm correspondirenden Bildpunktes und des Mittelpunktes der Austrittsöffnung des Objectivsystems wird nun im allgemeinen schief gegen die optische Axe geneigt sein, daher ist die Vergrösserung des dem Objectbilde in der Mikrometerebene correspondirenden Bildes nicht gleich der des Objectbildes selbst. Der Schraubenwert bei der Messung in der Mikrometerebene stellt sich darnach auch verschieden von dem bei der Messung in der Bildebene, und selbst wenn die wirkliche

Vergrösserung in der Bildebene von der Einstellung unabhängig sein sollte, kann der Schraubenwert in der Mikrometerebene immer noch mit der Einstellung auf das Object variiren.

Hat man auch nicht auf die Mikrometerebene accommodirt, sondern auf irgend eine andere Ebene, so geschehen die Messungen in dieser Ebene an dem in dieser Ebene correspondirenden Bilde und die Vergrösserung ist eine von der in der Mikrometerebene sowohl als von der in der Bildebene verschiedene.

Man sieht, wie mannigfaltig die Vergrösserungen variiren können, die bei den Messungen in Frage kommen, und da man erstens nie sicher ist, die Einstellung des Oculars und des Objectivs so getroffen zu haben, dass das Objectbild mit dem Fadenbild genau zusammenfällt und beide scharf erscheinen, und zweitens die Accommodation des Auges sich im Laufe einer Messung, wenn diese etwas zu ausgedehnt ist und die Einstellung nicht gleich von vornherein so geschehen ist, dass die virtuellen Bilder in die für das betreffende Auge bequemste Entfernung zu liegen kommen, ändert, wird die maassgebende Vergrösserung sowohl in verschiedenen Einstellungen als selbst bei einer und derselben Einstellung variiren können.

Es ist darum schon früher, wo noch von andern Gründen für die Variabilität der Vergrösserung die Rede war (Art. 44), bemerkt worden, dass man den Schraubenwert nach jeder besondern Einstellung besonders zu bestimmen hat und in einer und derselben Messung gut tut, sich seines Betrages am Anfang der Messung und am Schluss derselben zu versichern.

Abbe hat gezeigt, wie man die Veränderlichkeit der Vergrösserung auch durch besondere Einrichtung des optischen Instruments vermeiden kann. Stellt man zunächst das Objectivsystem aus zwei Linsen oder Linsencombinationen zusammen, die ein teleskopisches System geben, so ist die wahre Bildvergrösserung unabhängig von der Entfernung des Objects vom Objectiv, also unabhängig von der Einstellung des Objectivs.

Bringt man nun noch an der Stelle, wo die hintere Brennebene des vorderen Teils des Objectivs mit der vordern Brennebene des hintern Teils desselben zusammenfällt, eine relativ enge Blende, deren Oeffnung Eintritts- und Austrittsöffnung bestimmt, so tritt auch Unabhängigkeit der Vergrösserung von der Lage der Ebene, auf die man accommodirt, ein. In diesem Falle nämlich liegt die Eintrittsöffnung in der Unendlichkeit und nicht minder auch die Austrittsöffnung, die Hauptstrahlen laufen also der optischen Axe parallel, jeder Hauptstrahl schneidet demnach alle zur Axe senkrechten Ebenen in gleichen Entfernungen von der optischen Axe. Da aber die Lichtschwerpunkte der Zerstreuungskreise in irgend einer zur Axe senkrechten Ebene bei hinlänglich enger Oeffnung als mit den Durchschnittsstellen dieser Ebene mit den Hauptstrahlen zusammenfallend angesehen werden können, so folgt, dass die Lichtschwerpunkte der einem bestimmten

Bildpunkt correspondirenden Punkte in verschiedenen Ebenen immer gleich weit von der Axe abstehen werden, das heisst eben, dass die Vergrösserung in allen Ebenen gleich gross sein wird.

Hätten wir kein teleskopisches System als Objectiv zur Anwendung gebracht, dagegen in die vordere Brennebene des Objectivs eine Blende mit enger Oeffnung versetzt, so läge die Austrittsöffnung auch jetzt noch in der Unendlichkeit, für eine bestimmte Einstellung des Objectivs wäre also auch jetzt noch, wenn die Blendenöffnung hinlänglich klein ist, die Vergrösserung von der Ebene, auf die accommodirt wird, unabhängig, aber die Vergrösserung könnte von Einstellung zu Einstellung variiren, weil die absolute Bildvergrösserung nicht von dem Abstand des Objects vom Objectiv unabhängig gemacht ist.

Objectivsysteme nach Abbe's Vorschlag dürften bei Messinstrumenten noch nicht besonderen Eingang gefunden haben, ich glaubte aber diesen Vorschlag hier besonders hervorheben zu müssen, weil er von der hohen Genialität Abbe'scher Untersuchungen in der geometrischen Optik glänzendes Zeugniss ablegt und ausserdem auch von eminent praktischer Bedeutung zu sein scheint.

Wir sind auch im Besitz einiger experimenteller Untersuchungen über den Einfluss nicht genügender Einstellung auf lineare Messungen. In seiner Arbeit „Sur l'influence de la mise au foyer et de l'inclinaison des microscopes sur les mésures micrométriques*), in welcher auch schon die Bedeutung enger Strahlenbündel für Parallaxe und Vergrösserung hervorgehoben wird, teilt Foerster folgende Zahlen mit. Zwei auf Metall durch je zwei Striche fixirte Intervalle von etwa 0,4 mm wurden mit der Schraube eines Mikrometer-Mikroskops von 30facher Vergrösserung ausgemessen. In einem Abstand des Objectivs von den Intervallen gleich 51,5 mm fanden sich diese Intervalle in Teilen der Trommel im Mittel aus 5 Beobachtungen zu 396,25 bezw. 398,51. Dann wurden die Intervalle dem Mikroskop durch Heraufschrauben ihrer Unterlage um 0,2 mm genähert. Eine nochmalige Messung derselben ergab 397,92 bezw. 399,76. Die durch die Annäherung um 0,2 mm bewirkte Aenderung der Vergrösserung betrug hiernach 1,67 bezw. 1,25 Trommelteile. Da der Schraubenwert, etwa 0,001 mm betrug, entsprach also einer Einstellungsänderung von 0,2 mm, einer Vergrösserungsänderung von im Mittel 0,0014 mm, eine bei feinen Messungen durchaus nicht zu vernachlässigende Grösse.

Förster zeigt in dieser Arbeit mit einer einfachen geometrischen Construction, dass man das Verhältnis der Vergrösserungsänderung zu der Einstellungsänderung gleich dem Verhältnis der linearen Objectgrösse zu dem mittleren Abstand des Objects von dem ersten Knotenpunkt des Objectivs setzen darf, und in der Tat verificiren die angeführten und noch andere von Hirsch**) erlangte Versuchsergebnisse dieses Gesetz.

---

*) Procès verbaux du comité international des Poids et Mesures, séances de 1878.

**) l. c.

In welchem Intervall man die Einstellung eines Mikroskops ändern kann, ohne durch die Undeutlichkeit des Bildes und erheblichere Parallaxe gestört zu werden, hängt ganz von der Vergrösserung des Mikroskops und der Accommodationsfähigkeit des Auges ab.

XII. Bestimmung der Teilungsfehler von Maassstäben und Scalen.

Die zweite Gruppe der Fehler sollte die Fehler der Messungsmittel umfassen. Wir verstehen unter Messungsmittel diejenigen Teile der Einrichtung, welche direct zur Ausmessung benutzt werden, also vor allen Dingen den Maassstab, dann auch die mikrometrischen Vorrichtungen, wie Glasmikrometer, Vernier und Mikrometerschraube. Maassstab, Glasmikrometer, Vernier repräsentiren bestimmte Strecken oder aus einer Reihe von Intervallen bestehende Scalen, bei ihnen kommt es darauf an, dass die zwischen irgend welchen Marken enthaltene Länge genau bekannt ist. Nun ist bei solchen Scalen die Länge, die sie selbst zwischen ihren Enden repräsentiren, sowie die Grösse der Intervalle, nach welchen sie etwa geteilt sind, unmittelbar angegeben, da aber die Herstellung bestimmter Längen und die Einteilung einer vorgelegten Länge in einzelne vorgeschriebene Intervalle sich mit absoluter Genauigkeit nicht ausführen lässt, muss man immer darauf gefasst sein, dass die Sollwerte der betreffenden Länge und ihrer Intervalle sich mit den wirklichen Werten nicht decken. Das, was aber in Frage kommt, ist die wirkliche Länge, und deshalb bedingt jedes Abweichen dieser wirklichen Länge irgend eines Teiles des betreffenden Maassstabes von der angegebenen einen Fehler für die Messung.

86. Totale Teilungsfehler. Um einen bestimmten Fall vor Augen zu haben, wollen wir uns einen Stab vorstellen, der laut Angabe zwischen seinen Enden (sei es, dass diese durch Striche oder durch die Endquerschnitte markirt sind) die Länge L haben soll und durch $n+1$ Striche oder sonstige Marken, wieder laut Angabe, in n gleiche Teile geteilt ist. Wir bezeichnen die einzelnen Marken mit $0, 1, 2, \ldots, i, \ldots, n$.

Nach der Angabe ist also die Länge der Strecke zwischen der Marke 0 und der i gleich $\frac{L}{n}i$, und die zwischen der Marke 0 und der Marke $\varkappa$ gleich $\frac{L}{n}\varkappa$ und allgemein die Länge zwischen der Marke i und der $\varkappa$ gleich $(\varkappa - i)\frac{L}{n}\cdot$ Da wir nicht wissen, ob die Angabe der Länge L für den ganzen Stab zutrifft, und ob die Einteilung des Stabes eine ganz genau der Angabe entsprechende ist, nehmen wir an, es sei die factische Länge zwischen der

Marke 0 und der 1 gleich l_1, die zwischen 0 und 2 gleich l_2, allgemein die zwischen 0 und i gleich l_i, dann repräsentiren die Grössen

$$l_1 - \frac{L}{n},\ l_2 - 2\frac{L}{n},\ l_3 - 3\frac{L}{n},\ \ldots,\ l_n - n\frac{L}{n},$$

die Differenzen zwischen den Sollwerten jener Längen und den wirklichen Beträgen derselben. Wir bezeichnen diese Differenzen mit ξ'_1, ξ'_2 $\xi'_3, \ldots, \xi'_n$ und nennen dieselben die *Fehler* der betreffenden Längen, derart dass ξ'_i den Fehler der Länge des Maassstabes von seiner Marke 0 bis zu seiner Marke i angiebt. Aus der Definition der ξ' folgt, dass $\xi'_\varkappa - \xi'_i$ den Fehler der Länge des Maassstabes von seiner Marke i bis zu der $\varkappa$ bedeutet, und dass ξ'_n den Fehler des ganzen Maassstabes festsetzt. Unter Einführung dieser Fehler $\xi'_1, \xi'_2, \ldots, \xi'_n$ drücken sich hiernach die wirklichen Längen zwischen der Marke 0 und den folgenden Marken aus durch

$$\text{XLV}_1)\quad l_1 = \frac{L}{n} + \xi'_1,\ l_2 = 2\frac{L}{n} + \xi'_2,\ l_3 = 3\frac{L}{n} + \xi'_3,\ \ldots,\ l_n = n\frac{L}{n} + \xi'_n,$$

also durch die Summen der Solllängen und der zugehörigen Fehler, und es ist die wirkliche Länge A zwischen den Marken i und $\varkappa$

$$\text{XLVI})\qquad A = \frac{L}{n}(\varkappa - i) + \xi'_\varkappa - \xi'_i.$$

Hat man gerade diese Marken bei der Messung der Strecke A' benutzt, so ist also A nicht gleich $\frac{L}{n}(\varkappa - i)$, sondern gleich dieser Strecke vermehrt um $\xi'_\varkappa - \xi'_i$ zu setzen. Gewöhnlich nennt man die ξ' in abgekürzter Ausdrucksweise die *Fehler der* betreffenden *Marken,* oder *Striche*, und die Differenzen $\xi'_\varkappa - \xi'_i$ die *Fehler der* betreffenden *Intervalle.*

87. Die innern Teilungsfehler und die Fehler für die Gesammtlänge. Wir wollen jetzt mit den Gleichungen für die wahren Längen $l_1, l_2, \ldots, l_n$ eine kleine Aenderung vornehmen, indem wir L durch die wahre Länge $L + \xi'_n$ ersetzen, es ist dann

$$l_1 = \frac{L+\xi'_n}{n} + \xi'_1 - \frac{\xi'_n}{n},\ l_2 = 2\frac{L+\xi'_n}{n} + \xi'_2 - 2\frac{\xi'_n}{n},\ \ldots,\ l_i = i\frac{L+\xi'_n}{n} + \xi'_i - i\frac{\xi'_n}{n}, \ldots,$$

und indem wir abgekürzt

$$\xi'_1 - \frac{\xi'_n}{n} = \xi_1,\ \xi'_2 - 2\frac{\xi'_n}{n} = \xi_2,\ \ldots,\ \xi'_i - i\frac{\xi_n}{n} = \xi_i,\ \ldots$$

schreiben, wird

$$\text{XLV}_2)\ l_1 = \frac{L}{n} + \frac{\xi'_n}{n} + \xi_1,\ l_2 = 2\frac{L}{n} + 2\frac{\xi'_n}{n} + \xi_2,\ \ldots,\ l_i = i\frac{L}{n} + i\frac{\xi_n}{n} + \xi_i,\ \ldots$$

Die Fehler stellen sich jetzt allgemein dar durch $i\frac{\xi'}{n} + \xi_i$; ist nun $\xi'_n = 0$, also die Länge der ganzen Strecke richtig angegeben, so bleibt für den Fehler der Marke i übrig ξ_i. Dieser Fehler besteht also unabhängig von einem etwaigen Fehler der Gesammtlänge und kann nur noch in einer unrichtigen Teilung der Strecke seinen Grund haben, darum nennt man die ξ_i die *innern Teilungsfehler* oder auch einfach *Teilungsfehler* an den einzelnen Marken. Die ganzen Fehler setzen sich so zusammen aus den innern Teilungsfehlern und den Fehlern für die Gesammtlänge; bestimmt man den Fehler der Gesammtlänge, wir wollen denselben fortan mit ξ bezeichnen, und die Teilungsfehler der einzelnen Marken, so hat man für die ganzen Fehler

$$\text{XLVII}_2)\quad \xi_1' = \xi_1 + \frac{\xi}{n},\quad \xi_2' = \xi_2 + \frac{2\xi}{n},\quad \xi_3' = \xi_3 + \frac{3\xi}{n},\ \ldots,\ \xi_i' = \xi_i + \frac{i\xi}{n},\ \ldots$$

Der Teilungsfehler der Marke 0 ist Null, wir bezeichnen denselben der Gleichartigkeit wegen mit ξ_0, ebenso ist der innere Teilungsfehler der letzten Marke, der Marke n, gleich Null, die innern Teilungsfehler aller Marken setzen sich also zu der Reihe

$$\xi_0,\ \xi_1,\ \xi_2,\ \ldots,\ \xi_{n-1},\ \xi_n$$

zusammen, wobei

$$\xi_0 = 0,\ \xi_n = 0$$

ist.

Wir haben nun zuzusehen, wie die Componenten der ganzen Fehler experimentell bestimmt werden.

Ueber die Bestimmung des Fehlers der Gesammtlänge eines Maassstabes oder einer Scale ist nichts besonderes zu sagen, es wird derselbe durch Vergleichung mit einem bekannten Maassstab so gewonnen, wie wir es in den frühern Artikeln dargelegt haben. Einen Maassstab, dessen Fehler bekannt sind, muss man also unter allen Umständen besitzen. Davon ist schon im ersten Abschnitt die Rede gewesen.

88. Bestimmung der innern und ganzen Teilungsfehler an einer bekannten Scale. Während also der Physiker hinsichtlich des Fehlers der Gesammtlänge seines Maassstabes durchaus auf fremde Hilfe angewiesen ist, vermag er die etwaigen Einteilungsfehler desselben, wenn ihm die nötigen Apparate zur Verfügung stehen, selbst zu bestimmen. In der Tat rühren ja die Einteilungsfehler lediglich davon her, dass eine bestimmte Festsetzung über das Verhältnis der einzelnen Intervalle zu einander und zum ganzen Maassstab nicht genau befolgt worden ist; kennt man diese Festsetzung, so muss es auch, da es sich nur um Differenzen gegebener Intervalle gegen einander handelt, möglich sein, die etwaigen Abweichungen von derselben ohne Zuhilfenahme genau bekannter Längen zu eruiren. Bei Maassstäben besteht die Festsetzung darin, dass die Intervalle, die durch eine fortlaufende Reihe von Ziffern bezeichnet sind, einander gleich sein sollen, bei andern Scalen können die fortlaufend bezifferten Intervalle stetig wachsen oder abnehmen, dann ist aber stets das Gesetz, nach welchem sie wachsen oder abnehmen sollen, als gegeben anzusehen. Wir werden später einen solchen

Fall von stetig sich ändernder Grösse der Intervalle näher zu betrachten haben, hier haben wir es allein mit Scalen zu tun, die ganz oder auf gewissen Strecken gleichmässig geteilt sein sollen.

88a. Bestimmung mittelst einer bekannten Hilfsscale. Am einfachsten verfährt man bei der Bestimmung von Teilungsfehlern einer Scale, wenn man diese Scale mit einer andern, deren Fehler schon bekannt sind, Strich für Strich vergleicht. Ist also die bekannte Scale ebenso geteilt, wie die zu bestimmende, so vergleicht man, immer von der ersten Marke angefangen, gleich lange Intervalle der beiden Scalen mit einander. Ich bezeichne die Striche oder Marken ihrer Reihenfolge nach wie früher mit 0, 1, 2, 3, . . ., n, den wahren Betrag des Intervalls zwischen dem Strich 0 und dem $\varkappa$ auf der zu bestimmenden Scale mit $(0\varkappa)$, auf der bekannten Hilfsscale mit $[0\varkappa]$. Die Vergleichungen geben jedes mal die nach den frühern Anleitungen zu berechnende Differenz eines Stückes auf der zu bestimmenden Scale gegen ein entsprechendes auf der bekannten; nennt man diese Differenz allgemein $l_{0\varkappa}$, so liefern also die Beobachtungen die Gleichungen

$$\begin{aligned}(01) - [01] &= l_{01},\\ (02) - [02] &= l_{02},\\ (03) - [03] &= l_{03},\\ \vdots \quad & \quad \vdots\\ (0n) - [0n] &= l_{0n}.\end{aligned}$$

Man hat n solche Gleichungen, kann von ihnen aber nur Gebrauch machen, wenn die Hilfsscale vollkommen bekannt ist, die Werte ihrer Intervalle also durch eine voraufgegangene Untersuchung bestimmt sind.

Gewöhnlich vergleicht man die Intervalle nicht gesondert von einander, sondern gleich alle in einer Reihe. Man pointirt also erst auf die Striche 0, dann auf die 1, 2, 3, . . ., n, ohne die Pointirungen auf Strich 0 zu wiederholen. Nur wenn man die Messung unterbricht, hat man bei der Wiederaufnahme derselben nochmals auf Strich 0 zu pointiren.

Im Grunde genommen besteht dieses Verfahren lediglich in einer Ausmessung aller von der ersten Marke an gerechneten Intervalle mit Hilfe einer als Maassstab dienenden Scale, und man bekommt nicht blos die innern Einteilungsfehler, sondern gleich die ganzen Fehler an den einzelnen Marken in der Temperatur, die während der Vergleichung geherrscht hat. Will man von diesen ganzen Fehlern zu den innern Teilungsfehlern übergehen, so hat man den für die letzte Marke gefundenen Fehler nach den in Art. 87 gegebenen Formeln nach unten hin zu verteilen, und diese Fehler gelten dann natürlich für alle Temperaturen. In diesem Falle braucht man von den Fehlern der Hilfsscale auch nur die inneren Teilungsfehler zu kennen.

Es seien die *Nominal*beträge der Intervalle (01), (02), . . ., $(0n)$ auf der zu bestimmenden Scale (1), (2)..., (n), die ganzen Fehler an den Marken dieser

Scale wie früher (ξ_0'), (ξ_1'), (ξ_2'), ..., (ξ_n'), dann geben die Vergleichungen für diese Fehler

XLVIII$_1$)
$$\begin{aligned}
(\xi_1') &= (\xi_0') + [01] - (1) + l_{01},\\
(\xi_2') &= (\xi_0') + [02] - (2) + l_{02},\\
&\vdots\\
(\xi_n') &= (\xi_0') + [0n] - (n) + l_{0n},
\end{aligned}$$

oder, wenn man die Nominalbeträge für die Intervalle der bekannten Scale mit [1], [2], ..., [n], die zugehörigen Fehler mit $[\xi_0']$, $[\xi_1']$, ... $[\xi_n']$ bezeichnet,

XLVIII$_2$)
$$\begin{aligned}
(\xi_1') &= [1] - (1) + (\xi_0') - [\xi_0'] + [\xi_1'] + l_{01},\\
(\xi_2') &= [2] - (2) + (\xi_0') - [\xi_0'] + [\xi_2'] + l_{02},\\
&\vdots\\
(\xi_n') &= [n] - (n) + (\xi_0') - [\xi_0'] + [\xi_n'] + l_{0n}.
\end{aligned}$$

Sucht man nicht die ganzen Fehler an den einzelnen Marken, sondern nur die innern Teilungsfehler, so hat man $(\xi_0') = 0$, und es ist der für (ξ_n') resultirende Wert zu verteilen. Es ist also allgemein

$$(\xi_\varkappa) = [\varkappa] - (\varkappa) + \left([\xi_\varkappa'] - [\xi_0']\right) + l_{0\varkappa} - \varkappa\,\frac{[\xi_n'] - [\xi_0']}{n} + \varkappa\,\frac{l_{0n}}{n}.$$

Offenbar giebt aber $[\xi_\varkappa'] - [\xi_0'] - \frac{\varkappa}{n}\left([\xi_n'] - [\xi_0']\right)$ den innern Teilungsfehler der betreffenden Marke der bekannten Scale, das ist nach unserer Nomenklatur $[\xi_\varkappa]$. Es wird also

XLVIII$_3$)
$$\begin{aligned}
(\xi_0) &= 0,\\
(\xi_1) &= [1] - (1) + [\xi_1] + l_{01} - 1\,\frac{l_{0n}}{n},\\
(\xi_2) &= [2] - (2) + [\xi_2] + l_{02} - 2\,\frac{l_{0n}}{n},\\
&\vdots\\
(\xi_{n-1}) &= [n-1] - (n-1) + [\xi_{n-1}] + l_{0n-1} - (n-1)\,\frac{l_{0n}}{n},\\
(\xi_n) &= 0.
\end{aligned}$$

Das ξ_0', der Fehler der Marke, von der aus wir die Scale bestimmen, ist entweder von vornherein gegeben (falls diese Scale vor der Marke, von der aus wir sie bestimmen, noch andere Marken oder Striche hat), oder gleich 0 (wenn die Marke 0 die erste Marke ist, die die Scale überhaupt hat); die andern rechts stehenden Grössen sind alle als bekannt anzusehn, $[\varkappa]$ und $(\varkappa)$ als gegebene Intervalllängen bezw. gegebene Nominalbeträge von Intervalllängen, $l_{0\varkappa}$ als durch die Beobachtung direct bestimmt.

Es ist nicht nötig, dass die kleinsten Intervalle der Hilfsscale denen der zu bestimmenden Scale annähernd gleich sind oder, besser ausgedrückt, gleiche Nominalbeträge haben wie diese; es ist auch nicht nötig, dass die Hilfsscale von ihrer ersten Marke an benutzt wird, nur muss natürlich die Vergleichung von einer solchen Marke an begonnen werden, dass das zur Verfügung stehende Stück der Hilfsscale der Länge der zu bestimmenden Scale mindestens gleich kommt. Wir können also allgemeiner schreiben:

$$\text{XLVIII}_4)\qquad \begin{aligned} (\xi_1') &= (\xi_0') + [0\varkappa_1] - [0i] - (1) + l_{01}, \\ (\xi_2') &= (\xi_0') + [0\varkappa_2] - [0i] - (2) + l_{02}, \\ &\vdots \qquad\qquad\qquad \vdots \\ (\xi_n') &= (\xi_0') + [0\varkappa_n] - [0i] - (n) + l_{0n}. \end{aligned}$$

Hier sind die Fehler in der Einheit ausgedrückt gedacht, welche der Teilung der Hilfsscale zu Grunde liegt, es ist also anch angenommen, dass die Nominalwerte der Intervalle der zu bestimmenden Scale in derselben Einheit angegeben sind.

Wenn der Teilung der zu bestimmenden Scale eine andere Einheit zu Grunde liegt als der der Hilfsscale, oder diese Teilung gar ungleichmässig nach einem vorgeschriebenen Gesetz fortschreitet, so hat man die Nominalbeträge $(1), (2), \ldots, (n)$ erst in der Einheit, die der Hilfsscale zu Grunde gelegt ist, zu berechnen. In diesem Falle handelt es sich nur um innere Teilungsfehler; ξ_0' und ξ_n' sind also gleich Null, die ξ' gehen in die ξ über, und die letzte Gleichung giebt so fort den Wert von (n), nämlich

$$(n) = [0\varkappa_n] - [0i] + l_{0n}.$$

Aus dem so gefundenen (n) sind dann alle andern Intervalle nach dem als vorgeschrieben anzusehenden Gesetz zu berechnen. Bei gleichmässiger Teilung zum Beispiel ist, wenn die zu Grunde gelegte Einheit durch ε bezeichnet wird,

$$(n) = n\varepsilon,$$

somit

$$\varepsilon = \frac{[0\varkappa_n] - [0i] + l_{0n}}{n},$$

und hiernach

$$(1) = 1\,\frac{[0\varkappa_n] - [0i] + l_{0n}}{n},$$

$$(2) = 2\,\frac{[0\varkappa_n] - [0i] + l_{0n}}{n},$$

u. s. f.

Es wird also dann in Einheiten der Teilung der Hilfsscale

$$(\xi_\alpha) = [0\varkappa_\alpha] - [0i] + l_{0\alpha} - \alpha\,\frac{[0\varkappa_n] - [0i] + l_{0n}}{n}, \quad \alpha = 1, 2, 3, \ldots, n.$$

Gewöhnlich braucht man die Fehler in der Einheit ausgedrückt, welche der Teilung der zu bestimmenden Scale zu Grunde gelegt ist; man bekommt dieselben, wenn man die rechts stehenden Zahlen durch die Werte von ε dividirt, und zwar bei ungleichmässiger Teilung durch die Werte von ε, welche für die betreffenden Stellen gerade gelten. Als Betrag des ε an der Marke α kann man dabei mit genügender Annäherung den Wert

$$\varepsilon_\alpha = \frac{(0\alpha+1)-(0\alpha)+(0\alpha)-(0\alpha-1)}{2} = \frac{(0\alpha+1)-(0\alpha-1)}{2}$$

ansehen.

Bei der Rechnung bedient man sich am besten der Formeln

$$(0\alpha) = [0\varkappa_\alpha] - [0i] + l_{0\alpha},$$

$$\alpha = 1, 2, 3, \ldots n;$$

man schreibt die aus denselben resultirenden Werte der (01), (02),..., $(0n)$ in eine Columne, in die zweite Columne kommen dann die aus dem Betrag von $0n$ unter Benutzung des noch etwa für die Teilung vorgeschriebenen Gesetzes berechneten Nominalbeträge; man zieht die Zahlen dieser Columne von den nebenstehenden Zahlen der ersten Columne ab und dividirt jede der Zahlen dieser so gewonnenen neuen Columne durch die halbe Differenz der in der ersten Columne verzeichneten Beträge des nächstfolgenden Intervalls gegen das nächstvorhergehende.

Wir wollen dieses meist angewandte und bequemste Verfahren der Teilungsfehlerbestimmung vermittelst Vergleichung mit einer bekannten Scale durch ein kurzes Beispiel klar machen.

Beispiel. Die Scale, wie die Hilfsscale sind beide nominell in Decimeter geteilte Meterstäbe; ihre Vergleichung ist auf einem Longitudinalcomparator ausgeführt. Der Comparator trug zwei mit einander fest verbundene Mikroskope I und I'; I ist links, I' rechts vom Beobachter, und ferner steht I etwas hinter I'. Die Mikroskope waren mit Schraubenmikrometern versehen und hatten in der Mikrometerebene Parallelfäden. Die Schrauben liefen auf einander zu; die Trommel des linken Mikroskops war also links, die des rechten rechts von dem betreffenden Mikroskop. Die Teilung der Trommeln war so eingerichtet, dass bei beiden, wenn die Schraube in Richtung der wachsenden Ablesungen der Trommel gedreht wurde, das zur Pointirung dienende Fadenpaar nach aussen, also beim linken Mikroskop nach links, beim rechten nach rechts ging. Da aber die Objective verkehrte Bilder der Objecte gaben, erschienen in den Mikrometerebenen Marken rechts von den Centralen, wenn sie in Wirklichkeit links von denselben lagen und links, wenn sie sich rechts befanden. Man habe zwei Intervalle (01) und [01] zu vergleichen. Ich werde einen Fall behandeln, die andern sind in derselben Weise zu erledigen. Es mögen beide Intervalle ihre 0 Marken links vom Beobachter haben, [01] soll hinter (01) liegen. Man pointirt zufolge der obigen Angaben mit dem linken Mikroskop, dem I, auf die Enden von [01], mit dem rechten, dem I', auf die von (01). Es seien die Ablesungen der

Trommeln von I und I' bei den Pointirungen auf die bezüglichen Nullmarken $[a_0]$ bezw. (a_0), jene für die 0 Marke von [01], diese für die von (01). Nach den Pointirungen auf die Nullmarken verschiebt man den Schlitten mit den Mikroskopen, bis dieselben auf die andern Marken eingestellt sind. Die Strecke, um welche der Schlitten verschoben ist, sei C. Man pointirt auf die Marke 1 von [01] und ebenso auf die Marke 1 von (01); die Trommelablesungen seien $[a_1]$ und (a_1). Ist nun $[a_1]$ grösser als $[a_0]$, so bedeutet das nach den obigen Angaben über die Schrauben, dass das Fadenpaar von I, nach der Verschiebung des Schlittens um die Strecke C, nach aussen, also hier nach links hat gedreht werden müssen, um die Pointirung ausführen zu können; da die Verschiebung nach rechts gegangen ist, so war sie also zufolge der umgekehrten Lage des Bildes in der Mikrometerebene zu klein, und es ist $[01] > C$; also

$$[01] = C + \tau_I\big([a_1] - [a_0]\big) = C + \tau_I[a_1] - \tau_I[a_0].$$

τ_I bedeutet den Linear-Werth eines Intervalls der Trommelteilung an I, ausgedrückt in Centimeter, Millimeter, oder sonst einem Teil des Meter. Ist ferner (a_1) grösser als (a_0), so heisst das: das Fadenpaar von I' hat nach aussen, also hier nach rechts, bewegt werden müssen, um die Pointirung ausführen zu können; die Verschiebung C, welche ebenfalls nach rechts vor sich ging, war also, wieder wegen der umgekehrten Lage des Objectivbildes, zu gross, und es ist jedenfalls $(01) < C$, somit haben wir diesmal

$$(01) = C - \tau_{I'}\big((a_1) - (a_0)\big) = C + \tau_{I'}\big((a_0) - (a_1)\big),$$

woselbst τ_I' für das Mikroskop I' dieselbe Bedeutung hat wie τ_I für I. Zu ganz denselben Gleichungen würden wir auch gelangt sein, wenn $[a_1]$ und (a_1) kleiner als $[a_0]$ und (a_0) sich ergeben hätte; es wäre dann

$$[01] = C - \tau_I\big([a_0] - [a_1]\big) = C + \tau_I\big([a_1] - [a_0]\big),$$
$$(01) = C + \tau_{I'}\big((a_0) - (a_1)\big) = C - \tau_{I'}\big((a_1) - (a_0)\big)$$

u. s. f. Wir bekommen hiernach für diese Anordnung der Scalen

$$(01) - [01] = \big(\tau_I[a_0] + \tau_{I'}(a_0)\big) - \big(\tau_I[a_1] + \tau_{I'}(a_1)\big).$$

Bei den Beobachtungen für die beiden Stäbe lagen diese so, wie die Intervalle in dem behandelten Fall. Ich schreibe jetzt die Beobachtungen hin und daneben die Rechnung, alles in Columnen geordnet (siehe folg. Seite). Die Kopfüberschriften geben die Bedeutung der in den einzelnen Columnen stehenden Zahlen, und es ist nach dem Voraufstehenden nichts weiter hinzuzufügen, als dass der Wert eines Trommelteils, τ_I und $\tau_{I'}$ sich aus besondern Untersuchungen bei beiden Mikroskopen zu 0,05 mm ergeben hat.

Um aus der letzten Zahlencolumne die gesuchten innern Fehler des zu bestimmenden Maassstabes zu bekommen, haben wir noch zu denselben die

Nummern der Striche	Ablesungen der Mikrometer (a)	$[a]$	Ablesungen verwandelt in 0,001 mm $\tau_I[a]$	$\tau_{I'}(a)$	$\tau_I[a]+\tau_{I'}(a)$	$(0\varkappa)-[0\varkappa]$	$(0\varkappa)-[0\varkappa] - \frac{\varkappa}{n}((0n)-[0n])$
0	+ 700	+ 13	+ 0,65	+ 35,00	+ 35,65	0	0
1	+ 706	+ 6	+ 0,30	+ 35,30	+ 35,60	+ 0,05	+ 0,4
2	+ 728	+ 10	+ 0,50	+ 36,40	+ 36,90	— 1,25	— 0,5
3	+ 800	+ 3	+ 0,15	+ 40,00	+ 40,15	— 4,50	— 3,4
4	+ 837	— 1	— 0,05	+ 41,85	+ 41,80	— 6,15	— 4,6
5	+ 993	+ 3	+ 0,15	+ 49,65	+ 49,80	— 14,15	— 12,2
6	+ 1002	+ 14	+ 0,70	+ 50,10	+ 50,80	— 15,15	— 12,9
7	+ 1016	+ 2	+ 0,10	+ 50,80	+ 50,90	— 15,25	— 12,6
8	+ 1057	— 12	— 0,60	+ 52,85	+ 52,25	— 16,60	— 13,6
9	+ 1075	+ 2	+ 0,10	+ 53,75	+ 53,85	— 18,20	— 14,8
10	+ 795	— 6	— 0,30	+ 39,75	+ 39,45	— 3,80	0

als bekannt vorauszusetzenden innern Fehler des zur Bestimmung benutzten Maassstabes hinzuzufügen. Für diese innern Fehler sind aber aus einer besondern Untersuchung gefunden

0; — 1,9; — 1,1; — 0,2; + 0,3; + 3,9; + 2,2; + 3,1; + 2,0; + 4,2; 0.

Addiren wir diese Zahlen zu den entsprechenden der Zahlen der letzten Columne, so kommt schliesslich für die gesuchten innern Fehler der Decimeter des zu bestimmenden Stabes

0; — 1,5; — 1,6; — 3,6; — 4,3; — 8,3; — 10,7; — 9,5; — 11,6; — 10,6; 0,

ausgedrückt in 0,001 mm.

Die auseinandergesetzte Methode erfordert zu ihrer Anwendung immer den Besitz einer auf ihre Teilungsfehler schon untersuchten Scale. Es giebt aber noch andere Methoden, zu deren Anwendung man nichts weiter braucht als Intervalle, die den zu bestimmenden annähernd gleich sind.

88b. Hansens Methode zur Bestimmung von innern Teilungsfehlern mit willkürlichen Hilfsintervallen. Bestimmung mit einem Intervall. Es sind diese Methoden namentlich von Hansen entwickelt worden, und da die zur Anwendung kommende Theorie uns noch in sehr vielen Gebieten der messenden Physik nützlich sein wird, scheint ein genaueres Eingehen auf die Materie geboten zu sein.

Es sei also eine Scale zu untersuchen, die in n einander nahezu gleiche Intervalle geteilt ist. Offenbar wird man die Abweichungen der Intervalle von einander kennen, wenn man ihre Abweichungen von einem bestimmten Intervall anzugeben vermag. Wir verschaffen uns hiernach ein Intervall, welches ungefähr so gross ist, wie eines der Intervalle der Scale und vergleichen — in welcher Weise wird später gesagt werden — alle Intervalle der Scale mit diesem Intervall.

Sind die richtigen Beträge der Intervalle der Scale zwischen den Marken, welche sie einschliessen, und von denen wir immer die erste mit 0, die letzte mit n bezeichnen, (01), (12), (23) u. s. f., und die der Reihe nach gefundenen Abweichungen dieser Intervalle von dem Hilfsintervall — es soll dieses letztere mit f_1 bezeichnet werden, — gleich $l_{01}, l_{12}, l_{23}, \ldots, l_{n-1n}$, so haben wir zunächst die Reihe von Gleichungen

$$(01) = f_1 + l_{01},\ (12) = f_1 + l_{12},\ \ldots,\ (n-1n) = f_1 + l_{n-1n}.$$

Es ist aber unter Wiedereinführung der früher benutzten Symbole

$$(01) = \frac{L+\xi}{n} + \xi_1 - \xi_0,\ (12) = \frac{L+\xi}{n} + \xi_2 - \xi_1,\ (23) = \frac{L+\xi}{n} + \xi_3 - \xi_2,\ \ldots,$$

$$(n-1n) = \frac{L+\xi}{n} + \xi_n - \xi_{n-1},$$

wobei ξ_0 und ξ_n gleich 0 zu setzen sind, also haben wir, indem

$$f_1 - \frac{L+\xi}{n} = \eta_1$$

gemacht wird, zur Bestimmung der gesuchten Grössen $\xi_0, \xi_1, \xi_2, \ldots, \xi_n$

$$\begin{aligned}
\xi_1 - \xi_0 &= \eta_1 + l_{01},\\
\xi_2 - \xi_1 &= \eta_1 + l_{12},\\
\xi_3 - \xi_2 &= \eta_1 + l_{23},\\
&\vdots\\
\xi_n - \xi_{n-1} &= \eta_1 + l_{n-1n}.
\end{aligned}$$

Die n Gleichungen enthalten zunächst die $n+1$ Grössen $\xi_0, \xi_1, \ldots, \xi_n$ und dann noch die Grösse η_1; von jenen $n+1$ Grössen sind zwei bekannt, ξ_0 und ξ_n, die beide Null sind, unbekannt bleiben also $n-1$; die Grösse η_1 ist auch bekannt, wenn der Fehler ξ der Gesammtlänge gegeben ist und das Hilfsintervall f_1 seiner Länge nach bekannt ist, das erstere könnten wir wol voraussetzen, das zweite aber nicht mehr, wenigstens nicht, wenn die Methode allgemein anwendbar sein soll, η_1 ist also auch als unbekannte Grösse zu behandeln, und so beherbergen jene n Gleichungen n Unbekannte. Die Ausrechnung der Unbekannten unter der Annahme, dass die l alle mit gleicher Genauigkeit bestimmt sind, das heisst, dass man alle Vergleichungen gleichartig ausgeführt hat, ist sehr einfach. Addiren wir zunächst alle Gleichungen zusammen, so resultirt, weil $\xi_0 = \xi_n = 0$ ist,

$$0 = n\eta_1 + l_{01} + l_{12} + \cdots + l_{n-1n},$$

also zunächst als Wert von η_1

$$\eta_1 = -\frac{l_{01} + l_{12} + \cdots + l_{n-1n}}{n}.$$

Ersetzen wir jetzt in den einzelnen Gleichungen η_1 durch seinen Wert, den wir, weil er absolut genommen gleich dem arithmetischen Mittel der l ist, mit $\overline{l}_1$ bezeichnen, so wird

$$\xi_1 = -\bar{l}_1 + l_{01} = \frac{(n-1)l_{01} - l_{12} - l_{23} - \cdots - l_{n-1n}}{n},$$

$$\xi_2 = -2\bar{l}_1 + l_{12} + l_{01} = \frac{(n-2)l_{01} + (n-2)l_{12} - 2l_{23} - \cdots - 2l_{n-1n}}{n},$$

$$\xi_3 = -3\bar{l}_1 + l_{23} + l_{12} + l_{01} = \frac{(n-3)l_{01} + (n-3)l_{12} + (n-3)l_{23} - 3l_{34} - \cdots - 3l_{n-1n}}{n},$$

allgemein

$$\text{LL)}\quad \xi_i = \frac{(n-i)l_{01} + (n-i)l_{12} + \cdots + (n-i)l_{i-1i} - il_{ii+1} - \cdots - il_{n-1n}}{n}.$$

Die Berechnung der Teilungsfehler stellt sich also einfach genug.

Hier macht Hansen aber eine wichtige Bemerkung. Der Annahme nach sollten alle l mit gleicher Genauigkeit bestimmt sein, bezeichnen wir also mit μ den mittlern Fehler eines der l, so stellt μ zugleich die mittlern Fehler aller l dar. Es ist darum der mittlere Fehler eines der ξ allgemein der des ξ_i, nach den Regeln des Art. 199 im ersten Band

$$\mu_{\xi_i} = \mu \sqrt{\frac{(n-i)^2 + (n-i)^2 + \cdots + (n-i)^2 + i^2 + \cdots + i^2}{n^2}},$$

$(n-i)^2$ kommt i mal, i^2 also $n-i$ mal vor, somit wird

$$\mu_{\xi_i} = \mu \sqrt{\frac{(n-i)^2 i + i^2(n-i)}{n^2}} = \mu \sqrt{\frac{i(n-i)}{n}}.$$

Die mittlern Fehler der ξ sind also einander nicht gleich, sie wachsen bis zur Mitte und nehmen dann wieder ab, und zwar sind die mittlern Fehler zweier ξ, die zur Mitte symmetrisch liegen, einander gleich. Daraus folgt, dass man mit der angegebenen Methode nicht alle Teilungsfehler mit gleicher Sicherheit kennen lernt, die Sicherheit nimmt von beiden Seiten, und zwar von beiden in gleicher Weise, zur Mitte ab.

Ist zum Beispiel $n = 10$, die Scale also mit 10 Intervallen versehen, so hat man für die mittlern Fehler der 9 Grössen ξ der Reihe nach

$$\mu\sqrt{\frac{9}{10}},\ \mu\sqrt{\frac{16}{10}},\ \mu\sqrt{\frac{21}{10}},\ \mu\sqrt{\frac{24}{10}},\ \mu\sqrt{\frac{25}{10}},\ \mu\sqrt{\frac{24}{10}},\ \mu\sqrt{\frac{21}{10}},\ \mu\sqrt{\frac{16}{10}},\ \mu\sqrt{\frac{9}{10}},$$

Die Unsicherheit des Teilungsfehlers an der mittlern Marke ist also im Verhältnis von 5 : 3 grösser als die des Teilungsfehlers an der zweiten oder vorletzten Marke. Für $n = 100$ wäre die Unsicherheit des Teilungsfehlers der mittlern Marke nahezu 5 mal so gross als die der zweiten oder vorletzten Marke u. s. f.

Nun ist es klar, dass man stets bestrebt sein muss, die Teilungsfehler so zu bestimmen, dass man bei allen gleiche Genauigkeit verbürgen kann, und eben in diesem Bestreben hat Hansen seine Methode erweitert.

Bestimmung mit einer beschränkten Anzahl von Intervallen. Die Erweiterung geht dahin, dass man nach Ausführung der voraufgehend bezeichneten Vergleichung der einzelnen Intervalle mit einem denselben nahezu gleichen Hilfsintervall erst immer zwei, dann immer drei u. s. f. Intervalle mit entsprechenden neuen Hilfsintervallen, deren Grössen ungefähr denen von 2, 3, ... Intervallen der Scale gleichkommen, vergleicht.

Bezeichnen wir die Länge eines Hilfsintervalls, das an Grösse dem von $\varkappa$ Intervallen der Scale gleichkommt, allgemein mit $f_\varkappa$, so stellt sich hiernach die Summe von Operationen dar durch

Vergleichung von f_1 mit (01), (12), (23), ..., $(n-1\,n)$;
" " f_2 " (02), (13), (24), ..., $(n-2\,n)$;
" " f_3 " (03), (14), (25), ..., $(n-3\,n)$;
allgemein
" " $f_\varkappa$ " $(0\varkappa)$, $(1\,\varkappa+1)$, $(2\,\varkappa+2)$, ..., $(n-\varkappa\,n)$

und von diesen Operationsreihen umfasst die erste n, die zweite $n-1$, die dritte $n-2$, allgemein die $\varkappa$te $n-\varkappa+1$ Vergleichungen; so dass die erste n, die zweite $n-1$, die dritte $n-2$, allgemein die $\varkappa$te $n-\varkappa+1$ Gleichungen liefert. Nachdem wir die Gleichungen, zu denen die erste Operationsreihe führt, genauer abgeleitet haben, ist es leicht zu übersehen, wie die der folgenden Reihen laufen werden.

Wir setzen, indem wir der Vollständigkeit halber die erste Operationsreihe nochmals mit aufführen,

$$f_1-\frac{L+\xi}{n}=\eta_1,\quad f_2-2\,\frac{L+\xi}{n}=\eta_2,\quad f_3-3\,\frac{L+\xi}{n}=\eta_3,\quad\cdots,\quad f_\varkappa-\varkappa\,\frac{L+\xi}{n}=\eta_\varkappa,\quad\cdots,$$

ferner bezeichnen wir die beobachtete Differenz zwischen einem Hilfsintervall f_i und der Summe von i Intervallen auf der Scale, die also, wenn die Intervalle von der Marke i' beginnen, bis zu der Marke $i'+i$ fortlaufen, das heisst die Differenz $(i'\,i'+i)-f_i$, mit $l_{i'+i\,i'}$, alsdann haben wir aus den einzelnen Operationsreihen folgende Gleichungssysteme

$$\begin{array}{l|l|l}
\xi_1-\xi_0=l_{1\,0}+\eta_1 & \xi_2-\xi_0=l_{2\,0}+\eta_2 & \xi_3-\xi_0=l_{3\,0}+\eta_3,\\
\xi_2-\xi_1=l_{2\,1}+\eta_1 & \xi_3-\xi_1=l_{3\,1}+\eta_2 & \xi_4-\xi_1=l_{4\,1}+\eta_3,\\
\xi_3-\xi_2=l_{3\,2}+\eta_1 & \xi_4-\xi_2=l_{4\,2}+\eta_2 & \xi_5-\xi_2=l_{5\,2}+\eta_3,\\
\vdots & \vdots & \vdots\\
\xi_n-\xi_{n-1}=l_{n\,n-1}+\eta_1 & \xi_n-\xi_{n-2}=l_{n\,n-2}+\eta_2 & \xi_n-\xi_{n-3}=l_{n\,n-3}+\eta_3,
\end{array}$$

allgemein

$$\begin{aligned}
\xi_\varkappa-\xi_0&=l_{\varkappa\,0}+\eta_\varkappa,\\
\xi_{\varkappa+1}-\xi_1&=l_{\varkappa+1\,1}+\eta_\varkappa,\\
\xi_{\varkappa+2}-\xi_2&=l_{\varkappa+2\,2}+\eta_\varkappa,\\
&\vdots\\
\xi_n-\xi_{n-\varkappa}&=l_{n\,n-\varkappa}+\eta_\varkappa.
\end{aligned}$$

Im ganzen sind also, bei Benutzung von $\varkappa$ Hilfsintervallen, $n+n-1+n-2+\cdots+n-\varkappa+1$, das ist $\frac{\varkappa(2n-\varkappa+1)}{2}$ Gleichungen vorhanden, welche, weil ξ_0 und ξ_n beide gleich Null sind, $n+\varkappa-1$ Unbekannte enthalten, und wir haben sonach $\frac{(\varkappa-1)(2n-2-\varkappa)}{2}$ überschüssige Beobachtungsgleichungen. Nun wächst die Sicherheit der Bestimmungen für die ξ, je mehr überschüssige Beobachtungen uns zu Gebote stehen, je grösser also $\frac{(\varkappa-1)(2n-2-\varkappa)}{2}$ für ein gegebenes n ist, den grössten Wert erreicht aber diese Grösse, wenn $\varkappa=\frac{2n-1}{2}$ ist, wir gelangen also zur grössten Genauigkeit in der Bestimmung der gesuchten Grössen, wenn wir die Vergleichungen mit $\frac{2n-1}{2}$ Hilfsintervallen vornehmen. $\frac{2n-1}{2}$ ist aber stets eine gebrochene Zahl, wir haben daher zur Erreichung grösstmöglicher Genauigkeit entweder $\varkappa=n$ oder $\varkappa=n-1$ zu wählen; beide Annahmen sind gleich gut, da die zweite eine Messung weniger erfordert, und die erste eine Bestimmung der Gesammtlänge involvirt, die den Operationen fremd ist, wählen wir natürlich diese, führen also Vergleichungen mit $n-1$ Hilfsintervallen aus.

Es ist nun nicht immer möglich und auch nicht immer nötig, eine so grosse Anzahl von Vergleichungen auszuführen, wir setzen deshalb über $\varkappa$ zunächst nichts fest, führen also die Discussion unter der Annahme, dass $\varkappa$ irgend eine zwischen 1 und n liegende Zahl ist.

Die Aufgabe, aus einem System von Gleichungen die wahrscheinlichsten Werte der Unbekannten abzuleiten, hat im sechsten Abschnitt des ersten Bandes schon ihre vollständige Auflösung erfahren, und nach den dort gegebenen Regeln würde auch hier die Rechnung zu führen sein. Indessen hängt die Anwendung jener Regeln ganz von den mit $\eta_1, \eta_2, \ldots, \eta_\varkappa$ bezeichneten Grössen ab, denn da über die Hilfsintervalle $f_1, f_2, \ldots, f_\varkappa$ nichts weiter vorausgesetzt ist, kann es in besondern Fällen vorkommen, dass dieselben entweder nicht alle als unbekannt angesehen werden dürfen, oder dass sie in irgend welchen Verbindungen mit den Intervallen der Scale stehen; im ersten Fall scheiden eine Reihe von Unbekannten aus, im zweiten gruppiren sich die Unbekannten in anderer Weise und bekommen auch andere Coefficienten.

Ich nehme an, dass alle Hilfsintervalle ihrer genauen Länge nach nicht bekannt sind, und dass dieselben auch in keinen Beziehungen zu den zu bestimmenden Intervallen stehen, die Hilfsintervalle sind dann unbekannte von den ξ unabhängige Grössen, und unser System von Gleichungen ist nach den $\xi_1, \xi_2, \ldots, \xi_{n-1}; \eta_1, \eta_2, \ldots, \eta_\varkappa$ aufzulösen.

Man kann die Gleichungen symmetrischer und bequemer gestalten, wenn man auch ξ_0 und ξ_n als unbekannte Grössen behandeln, da aber diese beiden Fehler bestimmt vorgeschriebene Werte haben sollen, sie sollten beide gleich

Null sein, muss man, wenn in die Ausgleichung ξ_0 und ξ_n mit einbegriffen sein sollen, dieselbe so ausführen, dass den beiden Bedingungen

$$\xi_0 = 0, \quad \xi_n = 0$$

genügt wird. Wir haben es alsdann mit einer Ausgleichung unter Berücksichtigung zweier Bedingungsgleichungen zu tun, und es kommen darnach die im ersten Band Cap. XVIII gegebenen Regeln zur Anwendung. Da nur zwei Bedingungsgleichungen zu genügen ist, sind auch neben den Unbekannten $\xi_0, \ldots, \xi_n, \eta_1, \ldots, \eta_\varkappa$ nur noch zwei Correlaten, die wir hier mit λ, λ' bezeichnen wollen, mitzurechnen. Nun sind die dort mit f bezeichneten Grössen für unsern Fall ξ_0 und ξ_n, somit haben wir

$$-f_1 = 0, \quad -f_2 = 0, \quad \frac{\partial f_1}{\partial \xi_0} = 1, \quad \frac{\partial f_2}{\partial \xi_n} = 1,$$

während alle andern partiellen Differentialquotienten verschwinden.

Hiernach können wir den Normalgleichungen die Form geben*)

$$\begin{array}{llllll}
a_{00}\xi_0 & + a_{01}\xi_1 & + \cdots + a_{0n}\xi_n & + \lambda + a'_{01}\eta_1 & + \cdots + a'_{0\varkappa}\eta_\varkappa & = l_0, \\
a_{10}\xi_0 & + a_{11}\xi_1 & + \cdots + a_{1n}\xi_n & \quad\;\; + a'_{11}\eta_1 & + \cdots + a'_{1\varkappa}\eta_\varkappa & = l_1, \\
\vdots & & \vdots & & & \vdots \\
a_{n-1\,0}\xi_0 & + a_{n-1\,1}\xi_1 & + \cdots + a_{n-1\,n}\xi_n & \quad\;\; + a'_{n-1\,1}\eta_1 & + \cdots + a'_{n-1\,\varkappa}\eta_\varkappa & = l_{\varkappa-1}, \\
a_{n0}\xi_0 & + a_{n1}\xi_1 & + \cdots + a_{nn}\xi_n & + \lambda' + a'_{n1}\eta_1 & + \cdots + a'_{n\varkappa}\eta_\varkappa & = l_n; \\
b_{10}\xi_0 & + b_{11}\xi_1 & + \cdots + b_{1n}\xi_n & + b'_{11}\eta_1 + b'_{12}\eta_2 & + \cdots + b'_{1\varkappa}\eta_\varkappa & = l'_1, \\
b_{20}\xi_0 & + b_{21}\xi_1 & + \cdots + b_{2n}\xi_n & + b'_{21}\eta_1 + b'_{22}\eta_2 & + \cdots + b'_{2\varkappa}\eta_\varkappa & = l'_2, \\
\vdots & & \vdots & & & \vdots \\
b_{\varkappa 0}\xi_0 & + b_{\varkappa 1}\xi_1 & + \cdots + b_{\varkappa n}\xi_n & + b'_{\varkappa 1}\eta_1 + b'_{\varkappa 2}\eta_2 & + \cdots + b'_{\varkappa\varkappa}\eta_\varkappa & = l'_\varkappa,
\end{array}$$

wozu noch kommt

$$\xi_0 = 0, \quad \xi_n = 0.$$

Die a, a', b, b' sind nach den im IV. Abschnitt des ersten Bandes ge-

*) Es ist auf die Ableitung der Normalgleichungen besonders eingegangen, weil, wie ich glaube, diese Gleichungen bei Hansen nicht genau angegeben sind. Hansen behandelt ξ_0 und ξ_n ohne weiteres mit als unbekannte Grössen und setzt sie erst in den Normalgleichungen als bekannt, das entspricht offenbar nicht ganz der Ausgleichungslehre und ist auch nicht ganz aufrecht zu erhalten, denn bekannte Grössen sind eben bekannt und dürfen nicht als unbekannt behandelt werden, wenn nicht zugleich die Bedingung, welche angiebt, dass sie bekannt sind, mit eingeführt wird. Die weitern Entwickelungen coincidiren deshalb auch nicht in Allem mit den Hansenschen, werden jedoch praktisch in den meisten Fällen zu denselben Resultaten führen. Die Bearbeitungen der Hansenschen Methode von Marek, Benoit und namentlich Broch (des letztern in Traveaux et mémoires du Bureau international des poids et mésures Tome V) sind Hansens Gedankengang gefolgt, gehen also auch von Hansens Normalgleichungen aus.

gebenen Regeln zu berechnen. Will man aber allgemeine Ausdrücke für dieselben aufstellen, so tut man gut, die Fälle, in denen die Anzahl der Hilfsintervalle die Hälfte aller zu bestimmenden Intervalle übertrifft, von denjenigen, in welchen sie unter dieser Hälfte bleibt, getrennt zu betrachten. Wir haben also zu unterscheiden bei geradem n, ob $\varkappa \lesseqgtr \frac{n}{2}$, bei ungeradem, ob $\varkappa \lesseqgtr \frac{n-1}{2}$ ist.

Sei **erstens** $\varkappa < n, \frac{n-1}{2}$, dann ist, wenn jedesmal im verticalen Eingang die ersten, im horizontalen die zweiten Indices angegeben werden, das System der

a)

	0	1	2	...	$\varkappa-1$	$\varkappa$	$\varkappa+1$	$\varkappa+2$	...	$n-\varkappa-1$	$n-\varkappa$	$n-\varkappa+1$	...	$n-2$	$n-1$	n
0	$\varkappa$	−1	−1	...	−1	−1	0	0	...	0	0	0	...	0	0	0
1	−1	$\varkappa+1$	−1	...	−1	−1	−1	0	...	0	0	0	...	0	0	0
2	−1	−1	$\varkappa+2$	...	−1	−1	−1	−1	...	0	0	0	...	0	0	0
⋮				⋮					⋮				⋮			
$\varkappa-1$	−1	−1	−1	...	$2\varkappa-1$	−1	−1	−1	...	0	0	0	...	0	0	0
$\varkappa$	−1	−1	−1	...	−1	$2\varkappa$	−1	−1	...	0	0	0	...	0	0	0
$\varkappa+1$	0	−1	−1	...	−1	−1	$2\varkappa$	−1	...	0	0	0	...	0	0	0
$\varkappa+2$	0	0	−1	...	−1	−1	−1	$2\varkappa$	...	0	0	0	...	0	0	0
⋮				⋮					⋮				⋮			
$n-\varkappa-1$	0	0	0	...	0	0	0	0	...	$2\varkappa$	−1	−1	...	−1	−1	0
$n-\varkappa$	0	0	0	...	0	0	0	0	...	−1	$2\varkappa$	−1	...	−1	−1	−1
$n-\varkappa+1$	0	0	0	...	0	0	0	0	...	−1	−1	$2\varkappa-1$	...	−1	−1	−1
⋮				⋮					⋮				⋮			
$n-2$	0	0	0	...	0	0	0	0	...	−1	−1	−1	...	$\varkappa+2$	−1	−1
$n-1$	0	0	0	...	0	0	0	0	...	−1	−1	−1	...	−1	$\varkappa+1$	−1
n	0	0	0	...	0	0	0	0	...	0	−1	−1	...	−1	−1	$\varkappa$

a')

	1	2	3	4	...	$\varkappa-1$	$\varkappa$
0	+1	+1	+1	+1	...	+1	+1
1	0	+1	+1	+1	...	+1	+1
2	0	0	+1	+1	...	+1	+1
3	0	0	0	−1	...	+1	+1
⋮	⋮				⋮		⋮
$n-3$	0	0	0	−1	...	−1	−1
$n-2$	0	0	−1	−1	...	−1	−1
$n-1$	0	−1	−1	−1	...	−1	−1
n	−1	−1	−1	−1	...	−1	−1

b)

	0	1	2	3 ...	$n-3$	$n-2$	$n-1$	n
1	+1	0	0	0 ...	0	0	0	−1
2	+1	+1	0	0 ...	0	0	−1	−1
3	+1	+1	+1	0 ...	0	−1	−1	−1
		⋮						
$\varkappa-2$	+1	+1	+1	+1 ...	−1	−1	−1	−1
$\varkappa-1$	+1	+1	+1	+1 ...	−1	−1	−1	−1
$\varkappa$	+1	+1	+1	+1 ...	−1	−1	−1	−1

b')

	1	2	3 ...	$\varkappa-1$	$\varkappa$
1	n	0	0 ...	0	0
2	0	$n-1$	0 ...	0	0
3	0	0	$n-2$ ...	0	0
⋮	⋮				⋮
$\varkappa-1$	0	0	0 ...	$n-\varkappa+2$	0
$\varkappa$	0	0	0 ...	0	$n-\varkappa+1$

l)

$$
\begin{aligned}
l_0 &= \qquad\qquad -(l_{10}+l_{20}+l_{30}+\cdots+l_{\varkappa 0}),\\
l_1 &= l_{10} \qquad\quad -(l_{21}+l_{31}+l_{41}+\cdots+l_{\varkappa+1\,1}),\\
l_2 &= l_{21}+l_{20} \quad -(l_{32}+l_{42}+l_{52}+\cdots+l_{\varkappa+2\,2}),\\
l_3 &= l_{32}+l_{31}+l_{30}-(l_{43}+l_{53}+l_{63}+\cdots+l_{\varkappa+3\,3}),\\
&\vdots\\
l_\varkappa &= l_{\varkappa\,\varkappa-1}+l_{\varkappa\,\varkappa-2}+\cdots+l_{\varkappa 0}-(l_{\varkappa+1\,\varkappa}+l_{\varkappa+2\,\varkappa}+\cdots+l_{2\varkappa\,\varkappa}),\\
l_{\varkappa+1} &= l_{\varkappa+1\,\varkappa}+l_{\varkappa+1\,\varkappa-1}+\cdots+l_{\varkappa+1\,1}-(l_{\varkappa+2\,\varkappa+1}+l_{\varkappa+3\,\varkappa+1}+\cdots+l_{2\varkappa+1\,\varkappa+1}),\\
l_{\varkappa+2} &= l_{\varkappa+2\,\varkappa+1}+l_{\varkappa+2\,\varkappa}+\cdots+l_{\varkappa+2\,2}-(l_{\varkappa+3\,\varkappa+2}+l_{\varkappa+4\,\varkappa+2}+\cdots+l_{2\varkappa+2\,\varkappa+2}),\\
&\vdots\\
l_{n-\varkappa} &= l_{n-\varkappa\,n-\varkappa-1}+\cdots+l_{n-\varkappa\,n-2\varkappa}-(l_{n-\varkappa+1\,n-\varkappa}+\cdots+l_{n\,n-\varkappa}),\\
l_{n-\varkappa+1} &= l_{n-\varkappa+1\,n-\varkappa}+\cdots+l_{n-\varkappa+2\,n-2\varkappa+1}-(l_{n-\varkappa+2\,n-\varkappa+1}+\cdots+l_{n\,n-\varkappa+1}),\\
&\vdots\\
l_{n-1} &= l_{n-1\,n-2}+l_{n-1\,n-3}+\cdots+l_{n-1\,n-\varkappa-1}-(l_{n\,n-1}),\\
l_n &= l_{n\,n-1}+l_{n\,n-2}+\cdots+l_{n\,n-\varkappa}.
\end{aligned}
$$

l')

$$
\begin{aligned}
-l'_1 &= l_{10}+l_{21}+l_{32}+\cdots+l_{n\,n-1},\\
-l'_2 &= l_{20}+l_{31}+l_{42}+\cdots+l_{n\,n-2},\\
&\vdots\\
-l'_\varkappa &= l_{\varkappa 0}+l_{1\,\varkappa+1}+l_{2\,\varkappa+2}+\cdots+l_{n\,n-\varkappa}.
\end{aligned}
$$

Ein Blick auf das Coefficientensystem a' lehrt, dass, wenn man von den $n+1$ ersten Normalgleichungen die erste und letzte, die zweite und vorletzte, die dritte und drittletzte u. s. f. Gleichung addirt, das resultirende

Gleichungssystem von den η frei ist. Ferner zeigt das Coefficientensystem a, dass zwei zur Mitte symmetrisch gelegene ξ dieselbe Zahl zum Factor haben; indem wir also jene Additionen ausführen, bekommen wir ein neues System von Gleichungen, in welchem immer zwei der ξ, deren Indices sich zu n ergänzen, zusammentreten. Setzen wir also

$$\xi_0+\xi_n=x_0,\quad \xi_1+\xi_{n-1}=x_1,\quad \xi_2+\xi_{n-2}=x_2,\ \ldots,\ \xi_i+\xi_{n-i}=x_i,\ldots$$

so wird

$$L_1)\left\{\begin{array}{l}
0)\ \varkappa x_0-x_1-x_2-x_3-\cdots-x_{\varkappa-2}-x_{\varkappa-1}-x_\varkappa+\lambda+\lambda' =l_0+l_n,\\
1)\ -x_0+(\varkappa+1)x_1-x_2-x_3-\cdots-x_{\varkappa-2}-x_{\varkappa-1}-x_\varkappa-x_{\varkappa+1} =l_1+l_{n-1},\\
2)\ -x_0-x_1+(\varkappa+2)x_2-x_3-\cdots-x_{\varkappa-2}-x_{\varkappa-1}-x_\varkappa-x_{\varkappa+1}-x_{\varkappa+2}=l_2+l_{n-2},\\
\quad\vdots \qquad\qquad\qquad\qquad\qquad\qquad \vdots \qquad\qquad\qquad \vdots\\
\varkappa-1)\ -x_0-x_1-x_2-x_3-\cdots-x_{\varkappa-2}+(2\varkappa-1)x_{\varkappa-1}-x_\varkappa-x_{\varkappa+1}-x_{\varkappa+2}-\cdots\\
\qquad\qquad -x_{2\varkappa-1}=l_{\varkappa-1}+l_{n-\varkappa+1},\\
\varkappa)\ -x_0-x_1-x_2-x_3-\cdots-x_{\varkappa-2}-x_{\varkappa-1}+2\varkappa x_\varkappa-x_{\varkappa+1}-x_{\varkappa-2}-\cdots\\
\qquad\qquad -x_{2\varkappa-1}-x_{2\varkappa}=l_\varkappa+l_{n-\varkappa},\\
\varkappa+1)\ -x_1-x_2-x_3-\cdots-x_{\varkappa-2}-x_{\varkappa-1}-x_\varkappa+2\varkappa x_{\varkappa+1}-x_{\varkappa+2}-\cdots\\
\qquad\qquad -x_{2\varkappa-1}-x_{2\varkappa}-x_{2\varkappa+1}=l_{\varkappa+1}+l_{n-\varkappa-1},\\
\varkappa+2)\ -x_2-x_3-\cdots-x_{\varkappa-2}-x_{\varkappa-1}-x_\varkappa-x_{\varkappa+1}+2\varkappa x_{\varkappa+2}-\cdots\\
\qquad\qquad -x_{2\varkappa-1}-x_{2\varkappa}-x_{2\varkappa+1}-x_{2\varkappa+2}=l_{\varkappa+2}+l_{n-\varkappa-2},\\
\varkappa+3)\ -x_3-\cdots-x_{\varkappa-2}-x_{\varkappa-1}-x_\varkappa-x_{\varkappa+1}-x_{\varkappa+2}-\cdots\\
\qquad\qquad -x_{2\varkappa-1}-x_{2\varkappa}-x_{2\varkappa+1}-x_{2\varkappa+2}-x_{2\varkappa+3}=l_{\varkappa+3}+l_{n-\varkappa-3}.
\end{array}\right.$$

Die letzte Gleichung lautet, wenn die Anzahl n der Intervalle ungerade ist

$$-x_{\frac{n-2\varkappa-1}{2}}-x_{\frac{n-2\varkappa+1}{2}}-\cdots-x_{\frac{n-3}{2}}+2\varkappa x_{\frac{n-1}{2}}-x_{\frac{n+1}{2}}-\cdots$$
$$-x_{\frac{n+2\varkappa-1}{2}}=l_{\frac{n-1}{2}}+l_{\frac{n+1}{2}};$$

wenn die Anzahl n dieser Intervalle gerade ist

$$-x_{\frac{n-2\varkappa}{2}}-x_{\frac{n-2\varkappa+2}{2}}-\cdots-x_{\frac{n-2}{2}}+2\varkappa x_{\frac{n}{2}}-x_{\frac{n+2}{2}}-\cdots-x_{\frac{n+2\varkappa}{2}}=l_{\frac{n}{2}}+l_{\frac{n}{2}}.$$

Im Ganzen sind $\frac{n-1}{2}$ bezw. $\frac{n}{2}$ solche Gleichungen vorhanden, es enthalten diese Gleichungen scheinbar $\frac{n+2\varkappa-1}{2}$ bezw. $\frac{n+2\varkappa}{2}$ Unbekannte, da jedoch $x_i=x_{n-i}$ ist, sind in Wahrheit nur $\frac{n-1}{2}$ beziehungsweise $\frac{n}{2}$ Unbekannte vertreten.

Vereinigt man in jeder Gleichung die gleichen x, so enden von der $\frac{n-2\varkappa-1}{2}$, bezw. $\frac{n-2\varkappa}{2}$ ten Gleichung ab alle Gleichungen mit $\frac{x_{n-1}}{2}$, bezw. $\frac{x_n}{2}$, und es kommt von der $\frac{n-2\varkappa+1}{2}$, bezw. $\frac{n-2\varkappa+2}{2}$ ten Gleichung an erst das letzte bezw. vorletzte; dann das letzte und vorletzte bezw. vorletzte und drittletzte; dann das letzte, vorletzte und drittletzte bezw. vorletzte, drittletzte und viertletzte u. s. f. der x nochmals vor und zwar immer mit -1 multiplicirt.

Die vorstehenden Gleichungen reichen also aus, alle x zu berechnen. Nachdem man aus denselben die Summen der Fehler abgeleitet hat, bildet man Differenzen dieser Fehler. Dazu leitet man aus den $n+1$ ersten Normal-Gleichungen neue her, indem man die letzte von der ersten, die vorletzte von der zweiten, die drittletzte von der dritten u. s. f. abzieht. Dadurch bekommt man $\frac{n+1}{2}$, bezw. $\frac{n}{2}$ neue Gleichungen, in denen zunächst die Differenzen der Grössen vorkommen, deren Summen die x gebildet haben. Setzen wir

$$\xi_0-\xi_n=y_0,\ \xi_1-\xi_{n-1}=y_1,\ \xi_2-\xi_{n-2}=y_2,\ldots,\xi_i-\xi_{n-i}=y_i,\ldots,$$

so sind also die $y_0, y_1, y_2, \ldots, y_{\frac{n-1}{2}}$, bezw. $y_{\frac{n}{2}}$ die neuen Unbekannten. Ausserdem stehen aber in diesen Gleichungen, und zwar in den $\varkappa$ ersten derselben, noch die η, deren Anzahl $\varkappa$ beträgt.

Man sieht aber aus dem System der b, dass in den $\varkappa$ letzten Normalgleichungen die ξ sich auch gerade zu den y zusammensetzen; die $\frac{n+1}{2}$, bezw. $\frac{n}{2}$ vorhin genannten Gleichungen zusammen mit den $\varkappa$ letzten Gleichungen geben also gerade die y (bis auf y_0, welches 0 ist) und die η.

Hiernach hat man noch zwei Systeme von Gleichungen. In dem ersten dieser Systeme sind die Factoren der y ähnlich gebildet wie die der x in dem System L_1); bezeichnen wir die in ihrer Form darum als bekannt anzusehenden Aggregate der y mit $Y_0, Y_1, Y_2, \ldots$, so haben wir

$$LI_1)\left\{\begin{array}{lr}
Y_0+2\eta_1+2\eta_2+2\eta_3+2\eta_4+\cdots+2\eta_\varkappa+\overline{\lambda-\lambda'} & =l_0-l_n,\\
Y_1\qquad\ +2\eta_2+2\eta_3+2\eta_4+\cdots+2\eta_\varkappa & =l_1-l_n,\\
Y_2\qquad\qquad\ +2\eta_3+2\eta_4+\cdots+2\eta_\varkappa & =l_2-l_{n-2},\\
Y_3\qquad\qquad\qquad\ +2\eta_4+\cdots+2\eta_\varkappa & =l_3-l_{n-3},\\
\vdots & \vdots\\
Y_{\varkappa-1}\qquad\qquad\qquad\qquad\ +2\eta_\varkappa & =l_{\varkappa-1}-l_{n-\varkappa+1},\\
Y_\varkappa & =l_\varkappa-l_{n-\varkappa},\\
\vdots & \vdots\\
Y_{\frac{n-1}{2}} & =l_{\frac{n-1}{2}}-l_{\frac{n+1}{2}},\\
\text{bezw.} & \\
Y_{\frac{n-2}{2}} & =l_{\frac{n-2}{2}}-l_{\frac{n+2}{2}},
\end{array}\right.$$

woselbst also

$$Y_0 = \varkappa y_0 - y_1 - y_2 - \cdots - y_\varkappa,$$
$$Y_1 = -y_0 + (\varkappa + 1)\, y_1 - y_2 - \cdots - y_{\varkappa+1},$$
$$Y_2 = -y_0 - y_1 + (\varkappa + 2)\, y_2 - \cdots - y_{\varkappa+1},$$
$$\vdots \qquad\qquad \vdots$$
$$Y_{\varkappa-1} = -y_0 - y_1 - y_2 - \cdots - y_{\varkappa-2} + (2\varkappa - 1)\, y_{\varkappa-1} - y_\varkappa - \cdots - y_{2\varkappa-1},$$
$$Y_\varkappa = -y_0 - y_1 - y_2 - \cdots - y_{\varkappa-1} + 2\varkappa y_\varkappa - y_{\varkappa+1} - \cdots - y_{2\varkappa},$$
$$Y_{\varkappa+1} = -y_1 - y_2 - \cdots - y_\varkappa + 2\varkappa y_{\varkappa+1} - y_{\varkappa+2} - \cdots - y_{2\varkappa+1},$$
$$Y_{\varkappa+2} = -y_2 - \cdots - y_{\varkappa+1} + 2\varkappa y_{\varkappa+2} - y_{\varkappa+3} - \cdots - y_{2\varkappa+2},$$
$$\vdots \qquad\qquad \vdots$$
$$Y_{\frac{n-1}{2}} = -y_{\frac{n-2\varkappa-1}{2}} - y_{\frac{n-2\varkappa+1}{2}} - \cdots - y_{\frac{n-3}{2}} + 2\varkappa y_{\frac{n-1}{2}} - y_{\frac{n+1}{2}} - \cdots - y_{\frac{n+2\varkappa-1}{2}},$$

bezw.

$$Y_{\frac{n-2}{2}} = -y_{\frac{n-2\varkappa}{2}} - y_{\frac{n-2\varkappa-2}{2}} - \cdots - y_{\frac{n-4}{2}} + 2\varkappa\, y_{\frac{n-2}{2}} - y_{\frac{n}{2}} - \cdots - y_{\frac{n+2\varkappa}{2}}$$

ist.

$$\mathrm{LII}_1)\left\{\begin{array}{lllll}
1)\; y_0 & +n\eta_1 & & & = l'_1, \\
2)\; y_0 + y_1 & & (n-1)\eta_2 & & = l'_2, \\
3)\; y_0 + y_1 + y_2 & & & (n-2)\eta_3 & = l'_3, \\
\vdots \quad \vdots \quad \vdots & & & \vdots & \vdots \\
\varkappa)\; y_0 + y_1 + y_2 + \cdots + y_{\varkappa-1} & & & (n-\varkappa+1)\eta_\varkappa & = l'_\varkappa,
\end{array}\right.$$

Ferner ist zu beachten, dass, wenn man in den Aggregaten Y, ähnlich wie in den Aggregaten der x im System L_1) die gleichen y zusammenfassen will, $y_i = -y_{n-i}$ ist; hier treten also nicht einige y mit dem Factor -2 auf, sondern es verschwinden eine Anzahl derselben in den einzelnen Gleichungen, und da, wo ein y einen positiven Factor $\varkappa + i$ oder $2\varkappa$ hat, vergrössert sich dieser um 1, geht also über in $\varkappa + i + 1$, bezw. in $2\varkappa + 1$.

Man sieht, dass die Coefficienten dieses letzten Systems mit denen des voraufgehenden nur dann ein symmetrisches System bilden, wenn dieselben mit 2 multiplicirt werden; wollen wir also das im ersten Band ... gegebene Rechenschema zur Anwendung bringen, so haben wir die vorstehenden Gleichungen LII_1) alle mit 2 zu multipliciren.

Man berechnet hiernach aus dem System L_1) die x, dann aus LI_1) und LII_1) nach Elimination der η die y und bekommt zuletzt durch Bildung der Summen und Differenzen der entsprechenden x und y die ξ, nämlich

$$\xi_1 = \frac{x_1 + y_1}{2}, \quad \xi_{n-1} = \frac{x_1 - y_1}{2}, \ldots,$$
$$\xi_2 = \frac{x_2 + y_2}{2}, \quad \xi_{n-2} = \frac{x_2 - y_2}{2}, \ldots$$

u. s. f.

Bei der numerischen Ausführung ist das im ersten Band entwickelte Schema anzuwenden. Die Auflösung der Normalgleichungen geschieht am besten durch successive Näherung. Die Correlaten λ, λ' sind zwar mit in den Gleichungen für die x und y vertreten, aber man sieht leicht, dass man dieselben, um die x und y zu erhalten, nicht zu berücksichtigen braucht; man kann sie ganz fortlassen, wenn man die Gleichungen, in denen sie vertreten sind, nicht mit hinschreibt und x_0 und y_0 von vornherein gleich Null setzt.

Um ein Beispiel für die Aufstellung der Gleichungen für die x und y anzuführen, nehme ich an, eine Scale mit 11 Intervallen sei mit Hilfe von 3 Hilfsintervallen, deren Längen nacheinander 1, 2, 3 der Scalenintervalle annähernd gleich waren, auf ihre Teilungsfehler untersucht worden; wir haben dann $n = 11$, $\varkappa = 3$ und es wird unter Fortlassung der Gleichungen, die die Correlaten enthalten und der Glieder, die mit den unnützen x_0, y_0 multiplicirt sind, das System der Gleichungen in x und y

$$
\begin{array}{ll}
4x_1-x_2-x_3-x_4 & =(l_{1\,0}-l_{11\,10}) \qquad\qquad\qquad\qquad -(l_{2\,1}-l_{10\,9})-(l_{3\,1}-l_{10\,8})-(l_{4\,1}-l_{10\,7}) \\
-x_1+5x_2-x_3-x_4-x_5 & =(l_{2\,1}-l_{10\,9})-(l_{2\,0}-l_{11\,9}) \qquad -(l_{3\,2}-l_{9\,8})-(l_{4\,2}-l_{9\,7})-(l_{5\,2}-l_{9\,6}) \\
-x_1-x_2+6x_3-x_4-2x_5 & =(l_{3\,2}-l_{9\,8})+(l_{3\,1}-l_{10\,8})+(l_{3\,0}-l_{11\,8})-(l_{4\,3}-l_{8\,7})-(l_{5\,3}-l_{8\,6})-(l_{6\,3}-l_{8\,5}) \\
-x_1-x_2-x_3+5x_4-2x_5 & =(l_{4\,3}-l_{8\,7})+(l_{4\,2}-l_{9\,7})+(l_{4\,1}-l_{10\,7})-(l_{5\,4}-l_{7\,6})-(l_{6\,4}-l_{7\,5}) \\
\quad -x_2-2x_3-2x_4+5x_5 & =(l_{5\,4}-l_{7\,6})+(l_{5\,3}-l_{8\,6})+(l_{5\,2}-l_{9\,6})-(l_{7\,5}-l_{6\,4})-(l_{8\,5}-l_{6\,3}) \\
\hline
+4y_1-y_2-y_3-y_4+2\eta_2+2\eta_3 & =(l_{1\,0}+l_{11\,10}) \qquad\qquad\qquad\qquad -(l_{2\,1}+l_{10\,9})-(l_{3\,1}+l_{10\,8})-(l_{4\,1}+l_{10\,7}) \\
-y_1+5y_2-y_3-y_4-y_5+2\eta_3 & =(l_{2\,1}+l_{10\,9})+(l_{2\,0}+l_{11\,9}) \qquad -(l_{3\,2}+l_{9\,8})-(l_{4\,2}+l_{9\,7})-(l_{5\,2}+l_{9\,6}) \\
-y_1-y_2+6y_3-y_4 & =(l_{3\,2}+l_{9\,8})+(l_{3\,1}+l_{10\,8})+(l_{3\,0}+l_{11\,8})-(l_{4\,3}+l_{8\,7})-(l_{5\,3}+l_{8\,6})-(l_{6\,3}+l_{8\,5}) \\
-y_1-y_2-y_3+7y_4 & =(l_{4\,3}+l_{8\,7})+(l_{4\,2}+l_{9\,7})+(l_{4\,1}+l_{10\,7})-(l_{5\,4}+l_{7\,6})-(l_{6\,4}+l_{7\,5})-(l_{7\,4}+l_{7\,4}) \\
\quad -y_2+7y_5 & =(l_{5\,4}+l_{7\,6})+(l_{5\,3}+l_{8\,6})+(l_{5\,2}+l_{9\,6})-(l_{6\,5}+l_{6\,5})-(l_{7\,5}+l_{6\,4})-(l_{8\,5}+l_{6\,3}) \\
\hline
\quad +22\eta_1 & =-2(l_{1\,0}+l_{2\,1}+l_{3\,2}+l_{4\,3}+l_{5\,4}+l_{6\,5}+l_{7\,6}+l_{8\,7}+l_{9\,8}+l_{10\,9}+l_{11\,10}) \\
+2y_1+20\eta_2 & =-2(l_{2\,0}+l_{3\,1}+l_{4\,2}+l_{5\,3}+l_{6\,4}+l_{7\,5}+l_{8\,6}+l_{9\,7}+l_{10\,8}+l_{11\,9}) \\
+2y_1+2y_2+18\eta_3 & =-2(l_{3\,0}+l_{4\,1}+l_{5\,2}+l_{6\,3}+l_{7\,4}+l_{8\,5}+l_{9\,6}+l_{10\,7}+l_{11\,8}).
\end{array}
$$

Bei der numerischen Ausrechnung wendet man auf das erste System, wie auf das combinirte zweite und dritte System, das im ersten Bande S. 428, 429 gegebene Schema an, es ist das dort mit $a_{11}, a_{12}, \ldots, a_{nn}$ bezeichnete Coefficientensystem

für das erste

$$
\begin{array}{rrrrr}
+4 & -1 & -1 & -1 & 0 \\
-1 & +5 & -1 & -1 & -1 \\
-1 & -1 & +6 & -1 & -2 \\
-1 & -1 & -1 & +5 & -2 \\
0 & -1 & -2 & -2 & +5
\end{array}
$$

für das zweite und dritte

$$
\begin{array}{rrrrrrrr}
+4 & -1 & -1 & -1 & 0 & 0 & +2 & +2 \\
-1 & +5 & -1 & -1 & -1 & 0 & 0 & +2 \\
-1 & -1 & +6 & -1 & 0 & 0 & 0 & 0 \\
-1 & -1 & -1 & +7 & 0 & 0 & 0 & 0 \\
0 & -1 & 0 & 0 & +7 & 0 & 0 & 0 \\
0 & 0 & 0 & 0 & 0 & +22 & 0 & 0 \\
+2 & 0 & 0 & 0 & 0 & 0 & +20 & 0 \\
+2 & +2 & 0 & 0 & 0 & 0 & 0 & +18
\end{array}
$$

während die zugehörigen l_1, l_2, ... durch die auf den rechten Seiten der Gleichungen stehenden Glieder gegeben sind.

Zweitens sei $\varkappa > \frac{n}{2}, \frac{n-1}{2}$, wir haben dann für das System der

a)

	0	1	2	...	$n-\varkappa-2$	$n-\varkappa-1$	$n-\varkappa$	$n-\varkappa+1$	...	$\varkappa+1$	$\varkappa$	$\varkappa+1$	$\varkappa+2$	...	$n-2$	$n-1$	n
0	$\varkappa$	−1	−1	...	−1	−1	−1	−1	...	−1	−1	0	0	...	0	0	0
1	−1	$\varkappa+1$	−1	...	−1	−1	−1	−1	...	−1	−1	−1	0	...	0	0	0
2	−1	−1	$\varkappa+2$	...	−1	−1	−1	−1	...	−1	−1	−1	−1	...	0	0	0
⋮				⋮					⋮					⋮			
$n-\varkappa-2$	−1	−1	−1	...	$n-2$	−1	−1	−1	...	−1	−1	−1	−1	...	−1	0	0
$n-\varkappa-1$	−1	−1	−1	...	−1	$n-1$	−1	−1	...	−1	−1	−1	−1	...	−1	−1	0
$n-\varkappa$	−1	−1	−1	...	−1	−1	n	−1	...	−1	−1	−1	−1	...	−1	−1	−1
$n-\varkappa+1$	−1	−1	−1	...	−1	−1	−1	n	...	−1	−1	−1	−1	...	−1	−1	−1
⋮				⋮					⋮					⋮			
$\varkappa-1$	−1	−1	−1	...	−1	−1	−1	−1	...	n	−1	−1	−1	...	−1	−1	−1
$\varkappa$	−1	−1	−1	...	−1	−1	−1	−1	...	−1	n	−1	−1	...	−1	−1	−1
$\varkappa+1$	0	−1	−1	...	−1	−1	−1	−1	...	−1	−1	$n-1$	−1	...	−1	−1	−1
$\varkappa+2$	0	0	−1	...	−1	−1	−1	−1	...	−1	−1	−1	$n-2$	...	−1	−1	−1
⋮				⋮					⋮					⋮			
$n-2$	0	0	0	...	−1	−1	−1	−1	...	−1	−1	−1	−1	...	$\varkappa+2$	−1	−1
$n-1$	0	0	0	...	0	−1	−1	−1	...	−1	−1	−1	−1	...	−1	$\varkappa+1$	−1
n	0	0	0	...	0	0	−1	−1	...	−1	−1	−1	−1	...	−1	−1	$\varkappa$

a')

	1	2	3	4	...	$n-\varkappa$	$n-\varkappa+1$	$n-\varkappa+2$	...	$\varkappa-2$	$\varkappa-1$	$\varkappa$
0	+1	+1	+1	+1	...	+1	+1	+1	...	+1	+1	+1
1	0	+1	+1	+1	...	+1	+1	+1	...	+1	+1	+1
2	0	0	+1	+1	...	+1	+1	+1	...	+1	+1	+1
3	0	0	0	+1	...	+1	+1	+1	...	+1	+1	+1
⋮					⋮				⋮			
$n-\varkappa$	0	0	0	0	...	0	+1	+1	...	+1	+1	+1
$n-\varkappa+1$	0	0	0	0	...	0	0	+1	...	+1	+1	0
$n-\varkappa+2$	0	0	0	0	...	0	0	0	...	+1	0	0
⋮					⋮				⋮			
$\varkappa-2$	0	0	0	0	...	0	0	0	...	−1	0	0
$\varkappa-1$	0	0	0	0	...	0	0	−1	...	−1	−1	0
$\varkappa$	0	0	0	0	...	0	−1	−1	...	−1	−1	−1
⋮					⋮				⋮			
$n-3$	0	0	0	−1	...	−1	−1	−1	...	−1	−1	−1
$n-2$	0	0	−1	−1	...	−1	−1	−1	...	−1	−1	−1
$n-1$	0	−1	−1	−1	...	−1	−1	−1	...	−1	−1	−1
n	−1	−1	−1	−1	...	−1	−1	−1	...	−1	−1	−1

b) resultirt aus a'), wenn man die Colonnen von a' zu Zeilen, die Zeilen zu Colonnen umsetzt, die Systeme b') und l) und l') sind genau so zusammengesetzt, wie im voraufgehenden Fall und von dort zu entnehmen.

Wir können auch hier wieder statt der ξ selbst die Summen x und Differenzen y zur Mitte symmetrisch gelegener ξ bestimmen.

Die Gleichungen in x lauten, wie aus dem Systeme a) zu ersehen,

$$0)\ \varkappa x_0 - x_1 - x_2 - \cdots - x_{n-\varkappa-1} - x_{n-\varkappa} - x_{n-\varkappa+1} - \cdots - x_\varkappa + \lambda + \lambda' = l_0 + l_n,$$

$$1)\ -x_0 + (\varkappa+1)x_1 - x_2 - \cdots - x_{n-\varkappa-1} - x_{n-\varkappa} - x_{n-\varkappa+1} - \cdots - x_{\varkappa+1} = l_1 + l_{n-1},$$

$$2)\ -x_0 - x_1 + (\varkappa+2)x_2 - \cdots - x_{n-\varkappa-1} - x_{n-\varkappa} - x_{n-\varkappa+1} - \cdots - x_{\varkappa+1} - x_{\varkappa+2} = -l_2 + l_{n-2},$$

$$\vdots \qquad \vdots$$

$$n-\varkappa-1)\ -x_0 - x_1 - x_2 - \cdots + (n-1)x_{n-\varkappa-1} - x_{n-\varkappa} - x_{n-\varkappa+1} - \cdots - x_{\varkappa+1} - \cdots - x_{n-1} = l_{n-\varkappa-1} + l_{\varkappa+1},$$

$$n-\varkappa)\ -x_0 - x_1 - x_2 - \cdots - x_{n-\varkappa-1} + n x_{n-\varkappa} - x_{n-\varkappa+1} - \cdots x_{\varkappa+1} - \cdots - x_n = l_{n-\varkappa} + l_\varkappa,$$

$$n-\varkappa+1)\ -x_0 - x_1 - x_2 - \cdots - x_{n-\varkappa-1} - x_{n-\varkappa} + n x_{n-\varkappa+1} - \cdots - x_{\varkappa+1} - \cdots - x_n = l_{n-\varkappa+1} + l_{\varkappa-1}.$$

Die letzte Gleichung lautet für eine

ungerade Anzahl von Intervallen (also ungerades n)

$$\tfrac{n-1}{2})\quad -x_0 - x_1 - x_2 - \cdots - x_{\frac{n-3}{2}} + n x_{\frac{n-1}{2}} - x_{\frac{n+1}{2}} - \cdots - x_n,$$

gerade Anzahl von Intervallen (also gerades n)

$$\tfrac{n}{2})\quad -x_0 - x_1 - x_2 - \cdots - x_{\frac{n-2}{2}} + n x_{\frac{n}{2}} - x_{\frac{n+2}{2}} - \cdots - x_n.$$

Da $x_i = x_{n-i}$ ist, sind in jeder Gleichung eine Anzahl der x einander gleich und das obige System geht über in

$$0)\quad \varkappa x_0 - x_1 - x_2 - \cdots - x_{n-\varkappa-2} - x_{n-\varkappa-1} - 2x_{n-\varkappa} - 2x_{n-\varkappa+1} - \cdots - 2x_{\frac{n-1}{2}} + \lambda + \lambda' = l_0 + l_n,$$

$$1)\ -x_0 + (\varkappa+1)x_1 - x_2 - \cdots - x_{n-\varkappa-2} - 2x_{n-\varkappa-1} - 2x_{n-\varkappa} - 2x_{n-\varkappa+1} - \cdots - 2x_{\frac{n-1}{2}} = l_1 + l_{n-1},$$

$$2)\ -x_0 - x_1 + (\varkappa+2)x_2 - \cdots - 2x_{n-\varkappa-2} - 2x_{n-\varkappa-1} - 2x_{n-\varkappa} - 2x_{n-\varkappa+1} - \cdots - 2x_{\frac{n-1}{2}} = l_2 + l_{n-2},$$

$$\vdots \qquad \vdots \qquad \vdots \qquad \vdots$$

$$\mathrm{L}_2)\left\{\begin{aligned}
&n-\varkappa-2)\; -x_0-x_1-2x_2-\cdots+(n-3)x_{n-\varkappa-2}-2x_{n-\varkappa-1}-2x_{n-\varkappa}-2x_{n-\varkappa+1}-\\
&\qquad -2x_{\frac{n-1}{2}}=l_{n-\varkappa-2}+l_{\varkappa+2},\\
&n-\varkappa-1)\; -x_0-2x_1-2x_2-\cdots-2x_{n-\varkappa-2}+(n-2)x_{n-\varkappa-1}-2x_{n-\varkappa}-2x_{n-\varkappa+1}-\\
&\qquad -2x_{\frac{n-1}{2}}=l_{n-\varkappa-1}+l_{\varkappa+1},\\
&n-\varkappa)\; -2x_0-2x_1-2x_2-\cdots-2x_{n-\varkappa-2}-2x_{n-\varkappa-1}+(n-1)x_{n-\varkappa}-2x_{n-\varkappa+1}-\\
&\qquad -2x_{\frac{n-1}{2}}=l_{n-\varkappa}+l_{\varkappa},\\
&n-\varkappa+1)\; -2x_0-2x_1-2x_2-\cdots-2x_{n-\varkappa-2}-2x_{n-\varkappa-1}-2x_{n-\varkappa}+(n-1)x_{n\ \varkappa+1}-\\
&\qquad -2x_{\frac{n-1}{2}}=l_{n-\varkappa+1}+l_{\varkappa-1},\\
&\vdots \qquad\qquad \vdots \qquad\qquad \vdots \qquad\qquad \vdots\\
&\tfrac{n-1}{2})\; -2x_0-2x_1-2x_2-\cdots-2x_{n-\varkappa-2}-2x_{n-\varkappa-1}-2x_{n-\varkappa}-2x_{n-\varkappa+1}-\cdots\\
&\qquad +(n-1)x_{\frac{n-1}{2}}=l_{\frac{n-1}{2}}+l_{\frac{n+1}{2}}
\end{aligned}\right.$$

für eine **ungerade** Anzahl von Intervallen; bei **gerader** Anzahl lauten die Gleichungen ganz entsprechend, nur steht $x_{\frac{n}{2}}$ an Stelle von $x_{\frac{n-1}{2}}$, und es haben die $x_{\frac{n}{2}}$ in allen Gleichungen bis zur letzten Gleichung den Factor -1, in der letzten dagegen den n, und endlich steht in der letzten Gleichung rechts vom Gleichheitszeichen $l_{\frac{n}{2}}+l_{\frac{n}{2}}$.

Entsprechend haben wir für das erste Gleichungssystem in y und η, weil hier $y_i=-y_{n-i}$ ist,

$$\mathrm{LI}_2)\left\{\begin{aligned}
&0)\quad \varkappa y_0-y_1-y_2-\cdots-y_{n-\varkappa-3}-y_{n-\varkappa-2}-y_{n-\varkappa-1}+2\eta_1+2\eta_2+\cdots+2\eta_\varkappa\\
&\qquad +\lambda-\lambda'=l_0-l_n,\\
&1)\; -y_0+(\varkappa+1)y_1-y_2-\cdots-y_{n-\varkappa-3}-y_{n-\varkappa-2}+2\eta_2+2\eta_3\quad+\cdots+2\eta_\varkappa\\
&\qquad =l_1-l_{n-1},\\
&2)\; -y_0-y_1+(\varkappa+2)y_2-\cdots-y_{n-\varkappa-3}\qquad +2\eta_3\quad+\cdots+2\eta_\varkappa\\
&\vdots \qquad \vdots \qquad =l_2-l_{n-2}, \qquad \vdots\\
&\qquad\qquad \vdots\\
&n-\varkappa-2)\; -y_0-y_1\qquad +(n-1)y_{n-\varkappa-2}\qquad +2\eta_{n-\varkappa-1}+\cdots+2\eta_\varkappa\\
&\qquad =l_{n-\varkappa-2}-l_{\varkappa+2},\\
&n-\varkappa-1)\; -y_0\qquad +ny_{n-\varkappa-1}\qquad +2\eta_{n-\varkappa}\quad+\cdots+2\eta_\varkappa\\
&\qquad =l_{n-\varkappa-1}-l_{\varkappa+1},\\
&n-\varkappa)\qquad +(n+1)y_{n-\varkappa}\qquad +2\eta_{n-\varkappa+1}+\cdots+2\eta_\varkappa\\
&\qquad =l_{n-\varkappa}-l_\varkappa,
\end{aligned}\right.$$

$$
\left|\begin{array}{ll}
n-\varkappa+1) & +(n+1)y_{n-\varkappa+1}+2\eta_{n-\varkappa+2}+\cdots+2\eta_{\varkappa-1} = l_{n-\varkappa+1}-l_{\varkappa-1}, \\
(n-\varkappa+2) & (n+1)y_{n-\varkappa+2}+2\eta_{n-\varkappa+3}+\cdots+2\eta_{\varkappa-2} = l_{n-\varkappa+2}-l_{\varkappa-2}, \\
\vdots & \vdots \\
\frac{n-1}{2}) & (n+1)y_{\frac{n-1}{2}}+2\eta_{\frac{n+1}{2}} = l_{\frac{n-1}{2}}-l_{\frac{n+1}{2}}, \quad n \text{ ungerade}, \\
\frac{n-2}{2}) & (n+1)y_{\frac{n-2}{2}}+2\eta_{\frac{n}{2}}+2\eta_{\frac{n+2}{2}} = l_{\frac{n-2}{2}}-l_{\frac{n+2}{2}}, \quad n \text{ gerade},
\end{array}\right.
$$

und für das zweite, nachdem wir daselbst alle Gleichungen mit 2 multiplicirt haben,

$$
\mathrm{LII}_2)\left\{\begin{array}{lll}
1) & 2y_0 + 2n\eta_1 = 2l'_1, & \\
2) & 2y_0+2y_1 + 2(n-1)\eta_2 = 2l'_2, & \\
3) & 2y_0+2y_1+2y_2 + 2(n-2)\eta_3 = 2l'_3, & \\
\vdots & \vdots & \\
\frac{n+1}{2}) & 2y_0+2y_1+2y_2+2y_3+\cdots+2y_{\frac{n-1}{2}}+2\left(\frac{n+1}{2}\right)\eta_{\frac{n+1}{2}} = 2l'_{\frac{n+1}{2}}, & \\
\frac{n+3}{2}) & 2y_0+2y_1+2y_2+2y_3+\cdots+2y_{\frac{n-3}{2}}+2\left(\frac{n-1}{2}\right)\eta_{\frac{n+3}{2}} = 2l'_{\frac{n+3}{2}}, & \text{bei ungeradem } n \\
\vdots & \vdots & \\
\varkappa) & 2y_0+2y_1+2y_2+2y_3+\cdots+2y_{n-\varkappa}+2(n-\varkappa+1)\eta_\varkappa = 2l'_\varkappa, & \\
\frac{n}{2}) & 2y_0+2y_1+2y_2+2y_3+\cdots+2y_{\frac{n-2}{2}}+2\left(\frac{n+2}{2}\right)\eta_{\frac{n}{2}} = 2l'_{\frac{n}{2}}, & \\
\frac{n+2}{2}) & 2y_0+2y_1+2y_2+2y_3+\cdots+2y_{\frac{n-2}{2}}+2\left(\frac{n}{2}\right)\eta_{\frac{n+2}{2}} = 2l'_{\frac{n+2}{2}}, & \\
\frac{n+4}{2}) & 2y_0+2y_1+2y_2+2y_3+\cdots+2y_{\frac{n-4}{2}}+2\left(\frac{n-2}{2}\right)\eta_{\frac{n+4}{2}} = 2l'_{\frac{n+4}{2}}, & \text{bei geradem } n \\
\vdots & \vdots & \\
\varkappa) & 2y_0+2y_1+2y_2+2y_3+\cdots+2y_{n-\varkappa}+2(n-\varkappa+1)\eta_\varkappa = 2l'_\varkappa, &
\end{array}\right.
$$

Bestimmung mit allen möglichen Intervallen (vollständige Hansen'sche Methode). Besonders einfach gestalten sich die Verhältnisse, wenn $\varkappa = n - 1$ ist, die Untersuchung also mit Intervallen aller möglichen Grössen ausgeführt wird. In diesem für die Sicherheit der Bestimmung günstigsten Fall sind die Gleichungssysteme, wenn wieder die unnötigen Gleichungen und unnötigen Glieder weggelassen werden,

$$
\mathrm{L}_3)\left\{\begin{array}{l}
(n-1)x_1-2x_2-2x_3-\cdots-2x_{\frac{n-1}{2}} \text{ bezw. } -x_{\frac{n}{2}}=l_1+l_{n-1},\\
-2x_1+(n-1)x_2-2x_3-\cdots-2x_{\frac{n-1}{2}} \text{ bezw. } -x_{\frac{n}{2}}=l_2+l_{n-2},\\
-2x_1-2x_2+(n-1)x_3-\cdots-2x_{\frac{n-1}{2}} \text{ bezw. } -x_{\frac{n}{2}}=l_3+l_{n-3},\\
\quad\vdots \qquad\qquad\qquad\qquad \vdots \qquad\qquad \vdots \qquad\qquad \vdots\\
-2x_1-2x_2-2x_3-\cdots+(n-1)x_{\frac{n-1}{2}} \text{ bezw. } +n x_{\frac{n}{2}}=l_{\frac{n-1}{2}}+l_{\frac{n+1}{2}}\\
\qquad\qquad\qquad\qquad\qquad\qquad\qquad\qquad \text{bezw. } l_{\frac{n}{2}}+l_{\frac{n}{2}}.
\end{array}\right.
$$

$$
\mathrm{LI}_3)\left\{\begin{array}{ll}
(n+1)y_1 \qquad + 2\eta_2+2\eta_3+\cdots+2\eta_{n-1}=l_1-l_{n-1}, & \\
(n+1)y_2 \qquad + 2\eta_3+\cdots+2\eta_{n-2}=l_2-l_{n-2}, & \\
(n+1)y_3 \qquad +\cdots+2\eta_{n-3}=l_3-l_{n-3}, & \\
\quad\vdots \qquad\qquad \vdots \qquad\qquad \vdots & \\
(n+1)y_{\frac{n-3}{2}}+2\eta_{\frac{n-1}{2}}+2\eta_{\frac{n+1}{2}}+2\eta_{\frac{n+3}{2}}=l_{\frac{n-3}{2}}-l_{\frac{n+3}{2}}, & \multirow{2}{*}{\Big\}\text{ bei ungeradem } n}\\
(n+1)\,y_{\frac{n-1}{2}} \qquad + 2\eta_{\frac{n+1}{2}}=l_{\frac{n-1}{2}}-l_{\frac{n+1}{2}}, & \\
(n+1)y_{\frac{n-2}{2}} \quad +2\eta_{\frac{n}{2}} \quad +2\eta_{\frac{n+2}{2}}=l_{\frac{n-2}{2}}-l_{\frac{n+2}{2}}, & \Big\}\text{ bei geradem } n
\end{array}\right.
$$

$$
\mathrm{LII}_3)\left\{\begin{array}{lll}
 & + n\eta_1 = l'_1, & \\
y_1 & + (n-1)\eta_2 = l'_2, & \\
y_1+y_2 & + (n-2)\eta_3 = l'_3, & \\
\vdots \quad \vdots & \quad \vdots \qquad \vdots & \\
y_1+y_2+\cdots+y_{\frac{n-1}{2}} & + \frac{n+1}{2}\eta_{\frac{n+1}{2}} = l'_{\frac{n+1}{2}}, & \Big\}\text{ bei ungeradem } n\\
y_1+y_2+\cdots+y_{\frac{n-3}{2}} & + \frac{n-1}{2}\eta_{\frac{n+3}{2}} = l_{\frac{n+3}{2}}, & \\
y_1+y_2+\cdots+y_{\frac{n-2}{2}} & + \frac{n+2}{2}\eta_{\frac{n}{2}} = l'_{\frac{n}{2}}, & \Big\}\text{ bei geradem } n\\
y_1+y_2+\cdots+y_{\frac{n-2}{2}} & + \frac{n}{2}\eta_{\frac{n+2}{2}} = l'_{\frac{n+2}{2}}, & \\
y_1+y_2+\cdots+y_{\frac{n-4}{2}} & + \frac{n-2}{2}\eta_{\frac{n+4}{2}} = l'_{\frac{n+4}{2}}, & \\
\vdots \quad \vdots & \quad \vdots \qquad \vdots & \\
y_1+y_2 & + 3\eta_{n-2} = l'_{n-2}, & \\
y_1 & + 2\eta_{n-1} = l'_{n-1}, &
\end{array}\right.
$$

und hierin ist

$$\begin{aligned}
l_1 &= l_{10} - (l_{21} + l_{31} + l_{41} + \cdots + l_{n1}),\\
l_2 &= l_{21} + l_{20} - (l_{32} + l_{42} + l_{52} + \cdots + l_{n2}),\\
l_3 &= l_{32} + l_{31} + l_{30} - (l_{43} + l_{53} + l_{63} + \cdots + l_{n3}),\\
&\vdots\\
l_{n-1} &= l_{n-1\,n-2} + l_{n-1\,n-3} + \cdots + l_{n-1\,0} - (l_{n\,n-1}),
\end{aligned}$$

$$\begin{aligned}
-l'_1 &= l_{10} + l_{21} + l_{32} + l_{43} + \cdots + l_{n\,n-1},\\
-l'_2 &= l_{20} + l_{31} + l_{42} + l_{53} + \cdots + l_{n\,n-2},\\
-l'_3 &= l_{30} + l_{41} + l_{52} + l_{63} + \cdots + l_{n\,n-3},\\
&\vdots\\
-l'_{n-1} &= l_{n-1\,0} + l_{n1},
\end{aligned}$$

Ich nehme mit allen Gleichungssystemen einige naheliegende Umänderungen vor.

Zunächst führe ich für die Summen und Differenzen zur Mitte symmetrisch gelegener l besondere Symbole ein, indem ich setze

$$\begin{aligned}
l_1 + l_{n-1} &= s_1, & l_1 - l_{n-1} &= d_1,\\
l_2 + l_{n-2} &= s_2, & l_2 - l_{n-2} &= d_2,\\
&\vdots & &\vdots\\
l_{\frac{n-1}{2}} + l_{\frac{n+1}{2}} &= s_{\frac{n-1}{2}}, & l_{\frac{n-1}{2}} - l_{\frac{n+1}{2}} &= d_{\frac{n-1}{2}},\\
\text{bezw. } l_{\frac{n}{2}} + l_{\frac{n}{2}} &= s_{\frac{n}{2}}. & \text{bezw. } l_{\frac{n-2}{2}} - l_{\frac{n+2}{2}} &= d_{\frac{n-2}{2}}.
\end{aligned}$$

Ferner addire ich im ersten System zur ersten Gleichung $2x_1 - 2x_1$, zur zweiten $+ 2x_2 - 2x_2$ u. s. f., und endlich setze ich für das zweite und dritte System an Stelle der Summen der y besondere Symbole, nämlich

$$\begin{aligned}
y_1 &= z_1, &\text{also}\quad y_1 &= z_1,\\
y_1 + y_2 &= z_2, & y_2 &= z_2 - z_1,\\
y_1 + y_2 + y_3 &= z_3, & y_3 &= z_3 - z_2,\\
&\vdots & &\vdots\\
y_1 + y_2 + y_3 + \cdots + y_{\frac{n-1}{2}} &= z_{\frac{n-1}{2}}, & y_{\frac{n-1}{2}} &= z_{\frac{n-1}{2}} - z_{\frac{n-3}{2}},\\
&\text{bezw.} & &\text{bezw.}\\
y_1 + y_2 + y_3 + \cdots + y_{\frac{n-2}{2}} &= z_{\frac{n-2}{2}} & y_{\frac{n-2}{2}} &= z_{\frac{n-2}{2}} - z_{\frac{n-4}{2}}.
\end{aligned}$$

Wollten wir die Indices der z fortsetzen, so wäre, weil

$$y_\varkappa = - y_{n-\varkappa}$$

ist, z. B. bei ungeraden n

$$z_{\frac{n+1}{2}} = z_{\frac{n-3}{2}},$$

$$z_{\frac{n+3}{2}} = z_{\frac{n-5}{2}},$$

allgemein für gerade wie für ungerade n

$$z_{\frac{n+\varkappa}{2}} = z_{\frac{n-\varkappa-2}{2}}.$$

So bekommen wir, wenn noch

bei ungeradem: n $x_1 + x_2 + x_3 + \cdots + x_{\frac{n-1}{2}} = (x)$,

bei geradem n: $x_1 + x_2 + x_3 + \cdots + x_{\frac{n-2}{2}} + \frac{1}{2} x_{\frac{n}{2}} = (x)$

gemacht wird,

$$\text{L)} \left\{ \begin{array}{ll} (n+1)x_1 - 2(x) = s_1, & \\ (n+1)x_2 - 2(x) = s_2, & \\ \vdots & \\ (n+1)x_{\frac{n-1}{2}} - 2(x) = s_{\frac{n-1}{2}} & \text{bei ungeradem } n, \\ \text{bezw. } \frac{1}{2}(n+1)x_{\frac{n}{2}} - (x) = \frac{1}{2} s_{\frac{n}{2}} & \text{bei geradem } n. \end{array} \right.$$

$$\text{LI)} \left\{ \begin{array}{ll} (n+1)\, z_1 + 2(\eta_2 + \eta_3 + \cdots + \eta_{n-1}) = d_1, & \\ (n+1)(z_2 - z_1) + 2(\eta_3 + \eta_4 + \cdots + \eta_{n-2}) = d_2, & \\ \vdots \qquad\qquad \vdots & \\ (n+1)(z_{\frac{n-1}{2}} - z_{\frac{n-3}{2}}) + 2\eta_{\frac{n+1}{2}} = d_{\frac{n-1}{2}} & \text{bei ungeradem } n, \\ \text{bezw. } (n+1)(z_{\frac{n-2}{2}} - z_{\frac{n-4}{2}}) + 2(\eta_{\frac{n}{2}} + \eta_{\frac{n+2}{2}}) = d_{\frac{n-2}{2}} & \text{bei geradem } n. \end{array} \right.$$

$$\text{LII)} \left\{ \begin{array}{ll} n\eta_1 = l'_1, & \\ z_1 + (n-1)\eta_2 = l'_2, & \\ \vdots \qquad \vdots & \\ z_{\frac{n-1}{2}} + \frac{n+1}{2}\eta_{\frac{n+1}{2}} = l'_{\frac{n+1}{2}}, & \multirow{2}{*}{bei ungeradem n,} \\ z_{\frac{n-3}{2}} + \frac{n-1}{2}\eta_{\frac{n+3}{2}} = l'_{\frac{n+3}{2}}, & \\ \text{bezw. } z_{\frac{n-2}{2}} + \frac{n+2}{2}\eta_{\frac{n}{2}} = l'_{\frac{n}{2}}, & \\ z_{\frac{n-2}{2}} + \frac{n}{2}\eta_{\frac{n+2}{2}} = l'_{\frac{n+2}{2}}, & \text{bei geradem } n, \\ z_{\frac{n-4}{2}} + \frac{n-2}{2}\eta_{\frac{n+4}{2}} = l'_{\frac{n+4}{2}}, & \\ \vdots \qquad \vdots & \\ z_2 + 3\eta_{n-2} = l'_{n-2}, & \\ z_1 + 2\eta_{n-1} = l'_{n-1}. & \end{array} \right.$$

Aus dem ersten System bekommen wir unmittelbar die x. Addiren wir hier alle Gleichungen zusammen, so ergiebt sich sofort der Wert von (x), nämlich aus

$$(n+1)(x) - 2\left(\frac{n-1}{2}\right)(x) = s_1 + s_2 + \cdots + s_{\frac{n-1}{2}},$$

$$\text{bezw. } (n+1)(x) - 2\left(\frac{n-1}{2}\right)(x) = s_1 + s_2 + \cdots + s_{\frac{n-2}{2}} + \frac{1}{2} s_{\frac{n}{2}},$$

somit, wenn noch gesetzt wird

$$s_1 + s_2 + \cdots + s_{\frac{n-1}{2}} \text{ bezw. } \frac{1}{2} s_{\frac{n}{2}} = (s),$$

in beiden Fällen

$$(x) = \frac{(s)}{2}.$$

Hiernach wird

$$x_1 = \frac{1}{n+1}\big(s_1 + (s)\big),$$

$$x_2 = \frac{1}{n+1}\big(s_2 + (s)\big),$$

$$\vdots \qquad \vdots$$

$$x_{\frac{n-1}{2}} = \frac{1}{n+1}\big(s_{\frac{n-1}{2}} + (s)\big) \text{ bei ungeradem } n,$$

$$x_{\frac{n}{2}} = \frac{1}{n+1}\big(s_{\frac{n}{2}} + (s)\big) \text{ bei geradem } n.$$

Setzen wir die Summen aller l von l_1 bis l_{n-1}

$$l_1 + l_2 + l_3 + \cdots + l_{n-1} = (l),$$

so ist für gerade wie für ungerade n

$$(s) = (l),$$

und somit

$$x_1 = \frac{1}{n+1}\big(s_1 + (l)\big),$$

$$x_2 = \frac{1}{n+1}\big(s_2 + (l)\big)$$

u. s. f., zusammenfallend mit den entsprechenden Hansen'schen Formeln.

Die z und η erhalten wir aus den Systemen LI) und LII). Aus LI) ergiebt sich durch Subtraction jeder Gleichung von der ihr nachfolgenden

$$(n+1)(z_2 - 2z_1) - 2(\eta_2 + \eta_{n-1}) = d_2 - d_1,$$

$$(n+1)(z_3 - 2z_2 + z_1) - 2(\eta_3 + \eta_{n-2}) = d_3 - d_2,$$

$$(n+1)(z_4 - 2z_3 + z_2) - 2(\eta_4 + \eta_{n-3}) = d_4 - d_3.$$

$$\vdots \qquad \vdots$$

$$(n+1)\left(z_{\frac{n-1}{2}} - 2z_{\frac{n-3}{2}} + z_{\frac{n-5}{2}}\right) - 2\left(\eta_{\frac{n-1}{2}} + \eta_{\frac{n+3}{2}}\right) = d_{\frac{n-1}{2}} - d_{\frac{n-3}{2}} \quad \text{für ein ungerades } n,$$

$$(n+1)\left(z_{\frac{n-2}{2}} - 2z_{\frac{n-4}{2}} + z_{\frac{n-6}{2}}\right) - 2\left(\eta_{\frac{n-2}{2}} + \eta_{\frac{n+4}{2}}\right) = d_{\frac{n-2}{2}} - d_{\frac{n-4}{2}} \quad \text{für ein gerades } n.$$

Die η sind aber aus dem System LII) als Functionen der z darstellbar; so bekommt man aus der zweiten und letzten Gleichung dieses Systems

$$\eta_2 + \eta_{n-1} = \frac{l'_2}{n-1} + \frac{l'_{n-1}}{2} - z_1\left(\frac{1}{n-1} + \frac{1}{2}\right),$$

aus der dritten und vorletzten

$$\eta_3 + \eta_{n-2} = \frac{l'_3}{n-2} + \frac{l'_{n-2}}{3} - z_2\left(\frac{1}{n-2} + \frac{1}{3}\right)$$

u. s. f.

Nach Elimination der η geht hiernach das Gleichungssystem für die z über in

$$(n+1)(z_2 - 2z_1) + 2z_1\frac{n+1}{2(n-1)} = d_2 - d_1 + 2\left(\frac{l'_2}{n-1} + \frac{l'_{n-1}}{2}\right),$$

$$(n+1)(z_3 - 2z_2 + z_1) + 2z_2\frac{n+1}{3(n-2)} = d_3 - d_2 + 2\left(\frac{l'_3}{n-2} + \frac{l'_{n-2}}{3}\right),$$

u. s. f.

Es sei zur Abkürzung gesetzt

$$\frac{1}{n+1}\left(d_2 - d_1 + 2\left(\frac{l'_2}{n-1} + \frac{l'_{n-1}}{2}\right)\right) = \alpha_1,$$

$$\frac{1}{n+1}\left(d_3 - d_2 + 2\left(\frac{l'_3}{n-2} + \frac{l'_{n-2}}{3}\right)\right) = \alpha_2,$$

$$\vdots \qquad\qquad \vdots$$

$$\left.\begin{aligned}
&\frac{1}{n+1}\left(d_{\frac{n-1}{2}} - d_{\frac{n-3}{2}} + 2\left(\frac{l'_{\frac{n-1}{2}}}{\frac{n+3}{2}} + \frac{l'_{\frac{n+3}{2}}}{\frac{n-1}{2}}\right)\right) = \alpha_{\frac{n-3}{2}}\\
&\frac{1}{n+1}\left(-d_{\frac{n-1}{2}} + 2\left(\frac{l'_{\frac{n+1}{2}}}{\frac{n+1}{2}}\right)\right) = \alpha_{\frac{n-1}{2}}
\end{aligned}\right\} \text{für ein ungerades } n,$$

$$\left.\begin{aligned}
&\frac{1}{n+1}\left(d_{\frac{n-2}{2}} - d_{\frac{n-4}{2}} + 2\left(\frac{l'_{\frac{n-2}{2}}}{\frac{n+4}{2}} + \frac{l'_{\frac{n+4}{2}}}{\frac{n-2}{2}}\right)\right) = \alpha_{\frac{n-4}{2}}\\
&\frac{1}{n+1}\left(-d_{\frac{n-2}{2}} + 2\left(\frac{l'_{\frac{n}{2}}}{\frac{n+2}{2}} + \frac{l'_{\frac{n+2}{2}}}{\frac{n}{2}}\right)\right) = \alpha_{\frac{n-2}{2}}
\end{aligned}\right\} \text{für ein gerades } n.$$

Ferner

$$2\left(1-\frac{1}{2(n-1)}\right)=\beta_1,$$

$$2\left(1-\frac{1}{3(n-2)}\right)=\beta_2,$$

u. s. f. bis

$$\left.\begin{aligned} 2\left(1-\frac{1}{\frac{n-1}{2}\,\frac{n+3}{2}}\right)&=\beta_{\frac{n-3}{2}},\\ \left(1-\frac{2}{\frac{n+1}{2}\,\frac{n+1}{2}}\right)&=\beta_{\frac{n-1}{2}}, \end{aligned}\right\}\text{ bei ungeradem } n,$$

$$\left.\begin{aligned} 2\left(1-\frac{1}{\frac{n-2}{2}\,\frac{n+4}{2}}\right)&=\beta_{\frac{n-4}{2}},\\ \left(1-\frac{2}{\frac{n}{2}\,\frac{n+2}{2}}\right)&=\beta_{\frac{n-2}{2}}, \end{aligned}\right\}\text{ bei geradem } n,$$

so haben wir unter Hinzufügung der identischen Gleichung $z_1 = z$, wobei wir noch der Conformität halber für z_1 auch α_0 schreiben,

$$\begin{aligned} z_1 &= \alpha_0,\\ z_2 &= \alpha_1 + z_1\beta_1,\\ z_3 &= \alpha_2 + z_2\beta_2 - z_1.\\ z_4 &= \alpha_3 + z_3\beta_3 - z_2,\\ &\vdots \end{aligned}$$

$$\left.\begin{aligned} z_{\frac{n-1}{2}} &= \alpha_{\frac{n-3}{2}} + z_{\frac{n-3}{2}}\beta_{\frac{n-3}{2}} - z_{\frac{n-5}{2}},\\ 0 &= \alpha_{\frac{n-1}{2}} + z_{\frac{n-1}{2}}\beta_{\frac{n-1}{2}} - z_{\frac{n-3}{2}}, \end{aligned}\right\}\text{ für ein ungerades } n,$$

$$\left.\begin{aligned} z_{\frac{n-2}{2}} &= \alpha_{\frac{n-4}{2}} + z_{\frac{n-4}{2}}\beta_{\frac{n-4}{2}} - z_{\frac{n-6}{2}},\\ 0 &= \alpha_{\frac{n-2}{2}} + z_{\frac{n-2}{2}}\beta_{\frac{n-2}{2}} - z_{\frac{n-4}{2}}, \end{aligned}\right\}\text{ für ein gerades } n.$$

Aus diesem Gleichungssystem lassen sich die einzelnen z leicht successive eliminiren; man findet der Reihe nach

$$\begin{aligned} z_1&=\alpha_0,\\ z_2&=\alpha_1+\alpha_0\beta_1,\\ z_3&=\alpha_2+\alpha_1\beta_2+\alpha_0(-1+\beta_1\beta_2),\\ z_4&=\alpha_3+\alpha_2\beta_3+\alpha_1(-1+\beta_2\beta_3)+\alpha_0(-\beta_1-\beta_3+\beta_1\beta_2\beta_3),\\ z_5&=\alpha_4+\alpha_3\beta_4+\alpha_2(-1+\beta_3\beta_4)+\alpha_0(-\beta_2-\beta_4+\beta_2\beta_3\beta_4)+\alpha_0(1-\beta_1\beta_2-\beta_4-\beta_3\beta_4+\beta_1\beta_2\beta_3\beta_4) \end{aligned}$$

u. s. f.

Das Gesetz, nach welchem die aus den β gebildeten Zahlenfactoren der einzelnen α in jedem z fortschreiten, ist leicht zu erkennen, wenn man jeden

Factor mit den beiden ihm voraufgehenden vergleicht. Allgemein bekommt man

$$z_\varkappa = u_{\varkappa 1}\,\alpha_{\varkappa-1} + u_{\varkappa 2}\,\alpha_{\varkappa-2} + \cdots + u_{\varkappa\,\varkappa-1}\,\alpha_1 + u_{\varkappa\varkappa}\,\alpha_0,$$

woselbst die Zahlenfactoren u durch das folgende Kettenbruch-Schema zu berechnen sind

$$\begin{aligned}
u_{\varkappa 1} &= 1,\\
u_{\varkappa 2} &= \beta_{\varkappa-1},\\
u_{\varkappa 3} &= \beta_{\varkappa-2}\,u_{k2} - u_{\varkappa 1},\\
u_{\varkappa 4} &= \beta_{\varkappa-3}\,u_{\varkappa 3} - u_{\varkappa 2},\\
&\vdots\\
u_{\varkappa\varkappa} &= \beta_1\,u_{\varkappa\,\varkappa-1} - u_{\varkappa\,\varkappa-2}.
\end{aligned}$$

Die Gleichungen für die z enthalten nun noch alle die Unbekannte α_0, welche gleich z_1 ist; setzt man aber die Berechnung bis zum Ende fort, so hat man als vorletzte und letzte Gleichung

$$\begin{aligned}
z_{\frac{n-1}{2}} &= u_{\frac{n-1}{2}1}\,\alpha_{\frac{n-3}{2}} + u_{\frac{n-1}{2}2}\,\alpha_{\frac{n-5}{2}} + \cdots + u_{\frac{n-1}{2}\frac{n-3}{2}}\,\alpha_1 + u_{\frac{n-1}{2}\frac{n-1}{2}}\,\alpha_0,\\
0 &= u_{\frac{n+1}{2}1}\,\alpha_{\frac{n-1}{2}} + u_{\frac{n+1}{2}2}\,\alpha_{\frac{n-3}{2}} + \cdots + u_{\frac{n+1}{2}\frac{n-1}{2}}\,\alpha_1 + u_{\frac{n+1}{2}\frac{n+1}{2}}\,\alpha_0
\end{aligned}$$

für ein ungerades n,

$$\begin{aligned}
z_{\frac{n-2}{2}} &= u_{\frac{n-2}{2}1}\,\alpha_{\frac{n-4}{2}} + u_{\frac{n-2}{2}2}\,\alpha_{\frac{n-6}{2}} + \cdots + u_{\frac{n-2}{2}\frac{n-4}{2}}\,\alpha_1 + u_{\frac{n-2}{2}\frac{n-2}{2}}\,\alpha_0,\\
0 &= u_{\frac{n}{2}1}\,\alpha_{\frac{n-2}{2}} + u_{\frac{n}{2}2}\,\alpha_{\frac{n-4}{2}} + \cdots + u_{\frac{n}{2}\frac{n-2}{2}}\,\alpha_1 + u_{\frac{n}{2}\frac{n}{2}}\,\alpha_0
\end{aligned}$$

für ein gerades n.

Die letzte Gleichung ist also von den z frei und giebt den gesuchten Wert von α_0, das ist von z_1; aus den voraufgehenden Gleichungen bekommt man dann alle übrigen z nach Substitution des Wertes von α_0.

Nachdem man die z berechnet hat, resultiren die y aus den Gleichungen

$$\begin{aligned}
y_1 &= z_1,\\
y_2 &= z_2 - z_1,\\
y_3 &= z_3 - z_2,\\
&\text{u. s. f.}
\end{aligned}$$

und wenn man auch noch, wie es namentlich für die Berechnung der übrig bleibenden Fehler der Beobachtungsgleichungen geboten ist, die η kennen lernen will, nach dem System LII)

$$\begin{aligned}
\eta_1 &= \frac{1}{n}\,l'_1,\\
\eta_2 &= \frac{1}{n-1}\,(l'_2 - z_1),\\
\eta_3 &= \frac{1}{n-2}\,(l'_3 - z_2),\\
&\vdots\\
\eta_{n-1} &= \frac{1}{2}\,(l'_{n-1} - z_1)
\end{aligned}$$

allgemein

$$\eta_i = \frac{1}{n-i+1}(l'_i - z_{i-1}),\ i \leqq \frac{n-1}{2},\ \frac{n}{2},$$

$$\eta_i = \frac{1}{n-i+1}(l'_i - z_{n-i}),\ i > \frac{n+1}{2},\ \frac{n}{2}.$$

Damit ist die Aufgabe durch allgemeine Formeln gelöst. Ehe wir das Schema für die numerische Ausführung aufstellen, haben wir noch die mittlern Fehler der gesuchten Grössen zu berechnen.

Wir denken uns die η und x, y und aus letztern die ξ berechnet und setzen deren Werte in die Beobachtungsgleichungen ein; letztere werden dann im allgemeinen nicht identisch erfüllt sein; die übrig bleibenden Abweichungen von 0 sind die übrig bleibenden Fehler, wir bezeichnen diese Fehler entsprechend der Anordnung der Beobachtungsgleichungen (Seite 237) colonnenweise mit

$$\begin{array}{llll} v_{11} & & & \\ v_{12} & v_{22} & & \\ v_{13} & v_{23} & & \\ \vdots & \vdots & & \\ v_{1\,n-1} & v_{2\,n-1} & \cdots & v_{n-1\;n-1} \\ v_{1n} & v_{2n} & \cdots & v_{n-1\,n}. \end{array}$$

Dann ist, da die Anzahl der Beobachtungsgleichungen $n + n - 1 + \cdots + 2 = \frac{n(n+1)}{2} - 1$, die der Unbekannten $n - 1 + n - 1 = 2(n-1)$, die der überschüssigen Gleichungen also $\frac{n(n+1)}{2} - 1 - 2(n-1) = \frac{(n-1)(n-2)}{2}$ beträgt, der mittlere Fehler einer Beobachtungsgleichung

LIV) $$\mu = \sqrt{\frac{2\Sigma v^2}{(n-1)(n-2)}},$$

wo Σv^2 die Summe der Quadrate aller $\frac{n(n+1)}{2} - 1$ vorhin bezeichneten v bedeutet. Die mittlern Fehler der ξ und η lassen sich darstellen durch

$$\mu_{\xi_1} = \mu\sqrt{q_1},\quad \mu_{\xi_2} = \mu\sqrt{q_2},\ \ldots \text{ u. s. f.},\quad \mu_{\eta_1} = \mu\sqrt{r_1},\quad \mu_{\eta_2} = \mu\sqrt{r_2},\ \ldots \text{ u. s. f.},$$

woselbst die q und r gewisse nach den im ersten Bande gegebenen Regeln zu berechnende Zahlen sind. Von diesen Regeln wollen wir die dritte (Art. 228) zur Anwendung bringen. Darnach haben wir $2(n-1)$ Gleichungssysteme, jedes System von genau derselben Form wie das Normalgleichungssystem aufzulösen. Wir untersuchen allgemein das $i$te System und zwar zunächst für den Fall, dass $i \leqq n-1$ ist, es sich also um die mittlern Fehler der ξ, nicht der η, handelt; die Unbekannten dieses Systems bezeichnen wir mit

$$q_{11},\ q_{12},\ \ldots,\ q_{i\,n-1},\ r_{i1},\ r_{i2},\ \ldots,\ r_{i\,n-1},$$

von denen wir allein das q_{ii} und r_{ii} brauchen. Für diese q und r gelten genau dieselben Normalgleichungen wie für die ξ und η, nur stehen auf den rechten Seiten dieser Gleichungen, abgesehen von der $i$ten Gleichung, statt der l überall Nullen, und in der $i$ten Gleichung steht statt des betreffenden l eine 1. Hiernach bekommen wir die Unbekannten q und r wenn wir in den Werten der ξ und η die l alle bis auf eines gleich Null machen und dem der $i$ten Gleichung zugehörigen l den Wert 1 geben.

Wie sich nun die ξ als Summen und Differenzen berechneten, werden sich natürlich auch die q in Summen und Differenzen auflösen; ich setze

$$q_{i1} + q_{i\,n-1} = x_{i1}, \quad q_{i2} + q_{i\,n-2} = x_{i2}, \ldots$$
$$q_{i1} - q_{i\,n-1} = y_{i1}, \quad q_{i2} - q_{i\,n-2} = y_{i2}, \ldots$$

zunächst. Um erst die mittlern Fehler der ξ kennen zu lernen, sei $i < n-1$, dann resultiren die Werte der $x_{i1}, x_{i2}, \ldots$ aus denen der x, indem wir in diesen

$$l_1 = 0,\ l_2 = 0,\ \ldots,\ l_{i-1} = 0,\ l_i = 1,\ l_{i+1} = 0,\ \ldots,\ l_{n-1} = 0$$

setzen. Hiernach ist in den auf Seite 253 angegebenen Formeln für die x das (l) gleich 1 zu machen, die s sind alle bis auf s_i gleich Null, s_i aber ist bei ungeradem n stets 1, bei geradem n gleich 1, solange $i < \frac{n}{2}$ ist, dagegen gleich 2, sobald $i = \frac{n}{2}$ wird. Wir haben also

$$x_{i1} = \frac{2}{n+1},\ x_{i2} = \frac{2}{n+1},\ \ldots,\ x_{ii} = \frac{2}{n+1},\ i > \frac{n}{2}$$
$$\text{bezw. } x_{ii} = \frac{3}{n+1},\ i = \frac{n}{2},$$

und da diese Werte der x_i gar nicht von i abhängen, sind sie für alle q in gleicher Weise bestimmt.

Die Gleichungen zur Bestimmung der $y_{i1}, y_{i2}, \ldots$ sind genau so gebaut, wie die zur Berechnung der $y_1, y_2, \ldots$ dienenden. Setzen wir zunächst auch hier

$$y_{i1} = z_{i1},$$
$$y_{i2} + y_{i1} = z_{i2},$$
$$y_{i3} + y_{i2} + y_{i1} = z_{i3},$$
$$\text{u. s. f.,}$$

so haben wir für die z_i ein ähnliches Gleichungssystem wie für die z; die Zahlen β behalten ihre Werte, die α sind durch die d und l' bestimmt. Die l' sind alle gleich Null, wenn, wie wir vorläufig annehmen, $i < n-1$ ist, die d aber bestimmen sich, weil immer nur eines der l von Null verschieden und gleich 1 ist, nach folgendem Schema

	d_1	d_2	d_3	...	$d_{\frac{n-3}{2}}$ bezw. $\frac{n-4}{2}$	$d_{\frac{n-1}{2}}$ bezw. $\frac{n-2}{2}$
$i=1$	$+1$	0	0	...	0	0
$i=2$	0	$+1$	0	...	0	0
$\vdots$					$\vdots$	
$i=\frac{n-3}{2}$ bezw. $\frac{n-4}{2}$	0	0	0	...	$+1$	0
$i=\frac{n-1}{2}$ bezw. $\frac{n-2}{2}$	0	0	0	...	0	$+1$
$i=\frac{n+1}{2}$ bezw. $\frac{n+2}{2}$	0	0	0	...	0	-1
$i=\frac{n+3}{2}$ bezw. $\frac{n+4}{2}$	0	0	0	...	-1	0
$\vdots$					$\vdots$	
$i=n-2$	0	-1	0	...	0	0
$i=n-1$	-1	0	0	...	0	0

Wir haben also

$$\alpha_1=0,\ \alpha_2=0,\ldots,\ \alpha_{i-1}=+\frac{1}{n+1},\ \alpha_i=-\frac{1}{n+1},\ \alpha_{i+1}=0,\ldots \quad \text{für } i\leqq\frac{n-1}{2} \text{ bezw. } \frac{n-2}{2},$$

$$\alpha_1=0,\ \alpha_2=0,\ldots,\ \alpha_{n-i-1}=-\frac{1}{n+1},\ \alpha_{n-i}=+\frac{1}{n+1},\ \alpha_{n-i+1}=0,\ldots \quad \text{für } i\geqq\frac{n+1}{2} \text{ bezw. } \frac{n+2}{2},$$

und man bekommt für die α das Tableau

	α_{i1}	α_{i2}	α_{i3}	α_{i4}	...	$\alpha_{i\frac{n-3}{2},\frac{n-4}{2}}$	$\alpha_{i\frac{n-1}{2},\frac{n-2}{2}}$
$i=1$	$-\frac{1}{n+1}$	0	0	0	...	0	0
$i=2$	$+\frac{1}{n+1}$	$-\frac{1}{n+1}$	0	0	...	0	0
$i=3$	0	$+\frac{1}{n+1}$	$-\frac{1}{n+1}$	0	...	0	0
$\vdots$	$\vdots$					$\vdots$	
$i=\frac{n-1}{2},\frac{n-2}{2}$	0	0	0	0	...	$+\frac{1}{n+1}$	$-\frac{1}{n+1}$
$i=\frac{n+1}{2},\frac{n+2}{2}$	0	0	0	0	...	$-\frac{1}{n+1}$	$+\frac{1}{n+1}$
$\vdots$	$\vdots$					$\vdots$	$\vdots$
$i=n-3$	0	$-\frac{1}{n+1}$	$+\frac{1}{n+1}$	0	...	0	0
$i=n-2$	$-\frac{1}{n+1}$	$+\frac{1}{n+1}$	0	0	...	0	0
$i=n-1$	$+\frac{1}{n+1}$	0	0	0	...	0	0

Für ein bestimmtes i bedürfen wir, da für uns von allen $y_{i\varkappa}$ eines Systems der y nur dasjenige y von Wert ist, dessen beide Indices einander gleich sind, nur des $z_{i\,i-1}$ und des z_{ii}; diese sind aber gemäss dem obigen Tableau für die α und den Formeln auf Seite 256

$$\left.\begin{aligned} z_{i\,i-1} &= u_{i-1\,i-1}\, z_{i1} \\ z_{ii} &= u_{ii}\, z_{i1} + \frac{1}{n+1}\, u_{i1} \end{aligned}\right\} i \leqq \frac{n-1}{2},\ \frac{n-2}{2},$$

$$\left.\begin{aligned} z_{i\,i-1} &= u_{n-i\,n-i}\, z_{i1} - \frac{1}{n+1}\, u_{n-i1} \\ z_{ii} &= u_{n-i-1\,n-i-1}\, z_{i1} \end{aligned}\right\} i \geqq \frac{n+1}{2},\ \frac{n-2}{2}.$$

Die Richtigkeit der beiden ersten Gleichungen ist leicht zu ersehen, zur Ableitung der beiden andern dient die folgende Bemerkung. Es ist nämlich $z_{\frac{n+\varkappa}{2}} = z_{\frac{n-\varkappa-2}{2}}$; setzt man aber $i = \frac{n+\varkappa}{2}$, so wird

$$\alpha_{n-i-1} = \alpha_{\frac{n-\varkappa-2}{2}} = -\frac{1}{n+1},$$

$$\alpha_{n-i} \quad = \alpha_{\frac{n-\varkappa}{2}} \quad = +\frac{1}{n+1},$$

$$z_{ii} = z_{\frac{n+\varkappa}{2}\,\frac{n+\varkappa}{2}} = z_{\frac{n+\varkappa}{2}\,\frac{n-\varkappa-2}{2}} = u_{\frac{n-\varkappa-2}{2}\,1}\, \alpha_{\frac{n-\varkappa-2}{2}-1} + \cdots + u_{\frac{n-\varkappa-2}{2}\,\frac{n-\varkappa-2}{2}}\, z_{i1}$$

$$z_{i\,i-1} = z_{\frac{n+\varkappa}{2}\,\frac{n+\varkappa}{2}-1} = z_{\frac{n+\varkappa}{2}\,\frac{n-\varkappa}{2}} = u_{\frac{n-\varkappa}{2}\,1}\, \alpha_{\frac{n-\varkappa}{2}-1} + \cdots + u_{\frac{n-\varkappa}{2}\,\frac{n-\varkappa}{2}}\, z_{i1},$$

also zufolge der Werte der α

$$z_{i\,i-1} = -u_{\frac{n-\varkappa}{2}\,1}\, \frac{1}{n+1} + u_{\frac{n-\varkappa}{2}\,\frac{n-\varkappa}{2}}\, z_{i1},$$

$$z_{ii} \quad = \qquad\qquad + u_{\frac{n-\varkappa-2}{2}\,\frac{n-\varkappa-2}{2}}\, z_{i1};$$

indem man wieder $\varkappa$ durch i ersetzt, also $\varkappa = 2i - n$ macht, kommen obige Formeln.

Es ist nun zur Bestimmung des jedesmaligen z_{i1} nach den Entwickelungen auf Seite 256, und weil jedesmal nur zwei der α von 0 verschieden sind,

für ein ungerades n

$$0 = u_{\frac{n+1}{2}\,\frac{n+1}{2}-\overline{i-1}}\, \alpha_{i-1} + u_{\frac{n+1}{2}\,\frac{n+1}{2}-i}\, \alpha_i + u_{\frac{n+1}{2}\,\frac{n+1}{2}}\, z_{i1};\quad i \leqq \frac{n-1}{2},$$

$$0 = u_{\frac{n+1}{2}\,\frac{n+1}{2}-\overline{n-i-1}}\, \alpha_{n-i-1} + u_{\frac{n+1}{2}\,\frac{n+1}{2}-\overline{n-i}}\, \alpha_{n-i} + u_{\frac{n+1}{2}\,\frac{n+1}{2}}\, z_{i1};\quad i \geqq \frac{n+1}{2},$$

und für ein gerades n

$$0 = u_{\frac{n}{2}\,\frac{n}{2}-\overline{i-1}}\,\alpha_{i-1} + u_{\frac{n}{2}\,\frac{n}{2}-i}\,\alpha_i + u_{\frac{n}{2}\,\frac{n}{2}}\,z_{i1},\ i \leqq \frac{n-2}{2},$$

$$0 = u_{\frac{n}{2}\,\frac{n}{2}-\overline{n-i-1}}\,\alpha_{n-i-1} + u_{\frac{n}{2}\,\frac{n}{2}-\overline{n-i}}\,\alpha_{n-i} + u_{\frac{n}{2}\,\frac{n}{2}}\,z_{i1},\ i \geqq \frac{n+2}{2},$$

also zufolge der angegebenen Werte für die α

$$0 = \frac{1}{n+1}\left\{u_{\lambda\,\lambda-i+1} - u_{\lambda\,\lambda-i}\right\} + u_{\lambda\lambda}\,z_{i1}; \qquad i \leqq \lambda,$$

$$0 = \frac{1}{n+1}\left\{u_{\lambda\,\lambda-\overline{n-i}} - u_{\lambda\,\lambda-\overline{n-i-1}}\right\} + u_{\lambda\lambda}\,z_{i1};\ i \geqq \lambda,$$

woselbst $\lambda = \frac{n+1}{2}$ für ein ungerades n, gleich $\frac{n}{2}$ für ein gerades n ist.

Nach alledem bekommt man

$$y_{ii} = z_{ii} - z_{ii-1} = \frac{u_{\lambda\,\lambda-i} - u_{\lambda\,\lambda-i+1}}{(n+1)u_{\lambda\lambda}}(u_{ii} - u_{i-1\,i-1}) + \frac{u_{i1}}{n+1};\ i < \lambda,$$

$$y_{ii} = z_{ii-1} - z_{ii} = -\frac{u_{\lambda\,\lambda-\overline{n-i}} - u_{\lambda\,\lambda-\overline{n-i}+1}}{(n+1)u_{\lambda\lambda}}(u_{n-i\,n-i} - u_{n-i-1\,n-i-1})$$
$$- \frac{u_{n-i1}}{n+1};\ i \geqq \lambda,$$

woselbst noch zufolge der für die u gegebenen Formeln

$$u_{i1} = u_{n-i1} = 1$$

ist.

Für ein ungerades n setze ich bei $i < \lambda$

$$i = \lambda - \varkappa - 1,$$

bei $i \geqq \lambda$ dagegen

$$i = \lambda + \varkappa;$$

dann ist

$$y_{\lambda-\varkappa-1\,\lambda-\varkappa-1} = \frac{u_{\lambda\,\varkappa+1} - u_{\lambda\,\varkappa+2}}{(n+1)u_{\lambda\lambda}}(u_{\lambda-\varkappa-1\,\lambda-\varkappa-1} - u_{\lambda-\varkappa-2\,\lambda-\varkappa-2}) + \frac{1}{n+1},$$

$$y_{\lambda+\varkappa\,\lambda+\varkappa} = -\frac{u_{\lambda\,2\lambda-n+\varkappa} - u_{\lambda\,2\lambda-n+\varkappa+1}}{(n+1)u_{\lambda\lambda}}(u_{n-\lambda-\varkappa\,n-\lambda-\varkappa} - u_{n-\lambda-\varkappa-1\,n-\lambda-\varkappa-1})$$
$$-\frac{1}{n+1}.$$

Hier ist aber, weil $\lambda = \frac{n+1}{2}$ ist,

$$2\lambda - n + \varkappa = \varkappa + 1,\quad n - \lambda - \varkappa = \lambda - \varkappa - 1;$$

daraus folgt für diesen Fall

$$y_{\lambda-\varkappa-1\,\lambda-\varkappa-1} = -y_{\lambda+\varkappa\,\lambda+\varkappa},$$

oder, indem wir für λ seinen Wert einführen,

$$y_{\frac{n-1}{2}-\varkappa\,\frac{n-1}{2}-\varkappa}=-\,y_{\frac{n+1}{2}+\varkappa\,\frac{n+1}{2}+\varkappa}$$

$$\frac{u_{\frac{n+1}{2}\,\varkappa+1}-u_{\frac{n+1}{2}\,\varkappa+2}}{(n+1)\,u_{\frac{n+1}{2}\,\frac{n+1}{2}}}\left(u_{\frac{n-1}{2}-\varkappa\,\frac{n-1}{2}-\varkappa}-u_{\frac{n-3}{2}-\varkappa\,\frac{n-3}{2}-\varkappa}\right)+\frac{1}{n+1}.$$

Ganz entsprechend bekommt man bei geradem n indem

$$i=\lambda-\varkappa,\ i<\lambda,$$
$$i=\lambda+\varkappa,\ i\geqq\lambda$$

gesetzt wird

$$y_{\lambda-\varkappa\,\lambda-\varkappa}=\frac{u_{\lambda\varkappa}-u_{\lambda\,\varkappa+1}}{(n+1)\,u_{\lambda\lambda}}\left(u_{\lambda-\varkappa\,\lambda-\varkappa}-u_{\lambda-\varkappa-1\,\lambda-\varkappa-1}\right)+\frac{1}{n+1},$$

$$y_{\lambda+\varkappa\,\lambda+\varkappa}=-\frac{u_{\lambda\,2\lambda-n+\varkappa}-u_{\lambda\,2\lambda-n+\varkappa+1}}{(n+1)\,u_{\lambda\lambda}}\left(u_{n-\lambda-\varkappa}-u_{n-\lambda-\varkappa-1}\right)-\frac{1}{n+1}$$

und da jetzt $\lambda=\frac{n}{2}$ ist, wird

$$y_{\frac{n}{2}-\varkappa\,\frac{n}{2}-\varkappa}=-\,y_{\frac{n}{2}+\varkappa\,\frac{n}{2}+\varkappa}$$

$$=\frac{u_{\frac{n}{2}\varkappa}-u_{\frac{n}{2}\,\varkappa+1}}{(n+1)\,u_{\frac{n}{2}\,\frac{n}{2}}}\left(u_{\frac{n}{2}-\varkappa\,\frac{n}{2}-\varkappa}-u_{\frac{n-2}{2}-\varkappa\,\frac{n-2}{2}-\varkappa}\right)+\frac{1}{n+1}.$$

Es sind also unter allen Umständen zwei zur Mitte symmetrisch gelegene y bis auf das Zeichen einander gleich, und wir bekommen für alle Werte von i und u

$$y_{ii}=-\,y_{n-i\,n-i}=\frac{1}{n+1}\left\{1+\frac{u_{\lambda\,\lambda-i}-u_{\lambda-i+1}}{u_{\lambda\lambda}}\left(u_{ii}-u_{i-1\,i-1}\right)\right\},$$

woselbst

$$\lambda=\frac{n+1}{2}\ \text{für ein ungerades } n,$$

$$\lambda=\frac{n}{2}\ \text{für ein gerades } n.$$

Besonders hervorzuheben ist jedoch, dass für $i=\frac{n}{2}$ das $y=0$ ist.
Nach alledem wird, weil für alle i, abgesehen von $i=\frac{n}{2}$

$$q_{ii}=\frac{1}{2}\left(x_{ii}+y_{ii}\right),\ i<\lambda,$$

$$q_{ii}=\frac{1}{2}\left(x_{ii}-y_{n-i\,n-i}\right),\ i\geqq\lambda,$$

$$\mu_{\xi_i} = \mu_{\xi_{n-i}} = \frac{\mu}{\sqrt{2(n+1)}} \sqrt{3 - \frac{u_{\lambda\,\lambda-i+1} - u_{\lambda\,\lambda-i}}{u_{\lambda\lambda}}(u_{ii} - u_{i-1\,i-1})}$$

$$\lambda = \frac{n+1}{2},\ \frac{n}{2},\ u_{00} = 0,$$

dagegen

$$\mu_{\xi_{\frac{n}{2}}} = \frac{\mu}{\sqrt{2(n+1)}} \sqrt{3}.$$

Es sind also — wie auch zu erwarten stand — die mittlern Fehler der Bestimmungen symmetrisch zur Mitte gelegener Teilungsmarken einander gleich.

Aus dem Algorithmus, durch den die u bestimmt sind, ist leicht zu ersehen, dass sowohl $u_{\lambda\,\lambda-i} - u_{\lambda\,\lambda-i+1}$ als auch $u_{ii} - u_{i-1\,i-1}$ beide positive Zahlen sind.

Es ist darum

$$\mu_{\xi_i},\ \mu_{\xi_{n-i}} > \frac{\mu}{\sqrt{2n+1}} \sqrt{3}$$

und es ergiebt sich leicht, dass überhaupt die mittlere Unsicherheit der Bestimmungen von den Enden der Teilung nach der Mitte abnimmt. Dasselbe findet statt, wenn man die Rechnung nach Hansen ausführt.

Will man, was manchmal wünschenswert ist, auch die mittlern Fehler der η kennen, so hat man noch die r zu rechnen, und es ist $\mu_{\eta_i} = \mu\sqrt{r_{ii}}$. Das System der $r_{i1}, r_{i2}, \ldots, r_{in-1}$ bestimmt sich aus einem Gleichungssystem, welches so beschaffen ist wie das der y und η, nur das von allen l und l' allein l'_i von Null verschieden und zwar gleich 1 ist. Bezeichnen wir die aus einem solchen System von Gleichungen resultirenden Werte der z mit $z'_{i1}, z'_{i2}, \ldots$, so haben wir hiernach und nach Seite 257

$$r_{ii} = \frac{1}{n-i+1}(1 - z'_{ii-1}),\ i < \lambda,$$

$$r_{ii} = \frac{1}{n-i+1}(1 - z'_{in-i}),\ i \geqq \lambda.$$

Es ist nun zur Berechnung der z' zufolge der jetzt anzusetzenden Werte für die l und l'

$$\alpha_{i1} = 0,\ \alpha_{i2} = 0, \ldots, \alpha_{ii-2} = 0,\ \alpha_{ii-1} = \frac{2}{(n+1)(n-i+1)},\ \alpha_i = 0, \ldots,\ i < \lambda,$$

$$\alpha_{i1} = 0,\ \alpha_{i2} = 0, \ldots, \alpha_{in-i-1} = 0,\ \alpha_{in-i} = \frac{2}{(n+1)(n-i+1)},\ \alpha_{n-i+1} = 0, \ldots,\ i \geqq \lambda$$

somit

$$z'_{ii-1} = u_{i-1\,i-1} z'_{i1},\ i < \lambda,$$

$$z'_{in-i} = u_{n-i\,n-i} z'_{i1},\ i \geqq \lambda.$$

Hierin haben wir zur Berechnung von z'_{i1}

$$0 = u_{\lambda\,\lambda-i+1}\alpha_{ii-1} + u_{\lambda\lambda} z'_{i1};\ i < \lambda,$$

$$0 = u_{\lambda\,\lambda-\overline{n-i}}\alpha_{in-i} + u_{\lambda\lambda} z'_{i1};\ i \geqq \lambda,$$

somit

$$z'_{i1} = -\frac{2}{(n+1)(n-i+1)} \frac{u_{\lambda\,\lambda-i+1}}{u_{\lambda\lambda}}; \quad i < \lambda,$$

$$z'_{i1} = -\frac{2}{(n+1)(n-i+1)} \frac{u_{\lambda\,\lambda-\overline{n-i}}}{u_{\lambda\lambda}}; \quad i \geqq \lambda$$

und

$$r_{ii} = \frac{1}{n-i+1}\left(1 + \frac{2u_{i-1\,i-1}}{(n+1)(n-i+1)} \frac{u_{\lambda\,\lambda-i+1}}{u_{\lambda\lambda}}\right); \quad i < \lambda,$$

$$r_{ii} = \frac{1}{n-i+1}\left(1 + \frac{2u_{n-i\,n-i}}{(n+1)(n-i+1)} \frac{u_{\lambda\,\lambda-\overline{n-i}}}{u_{\lambda\lambda}}\right); \quad i \geqq \lambda.$$

Hiernach ist allgemein

$$\left.\begin{aligned} \mu_{\eta_i} &= \frac{\mu}{\sqrt{n-i+1}}\sqrt{1 + \frac{2u_{i-1\,i-1}}{(n+1)(n-i+1)} \frac{u_{\lambda\,\lambda-i+1}}{u_{\lambda\lambda}}}, \quad i<\lambda \\ \mu_{\eta_i} &= \frac{\mu}{\sqrt{n-i+1}}\sqrt{1 + \frac{2u_{n-i\,n-i}}{(n+1)(n-i+1)} \frac{u_{\lambda\,\lambda-\overline{n-i}}}{u_{\lambda\lambda}}}, \quad i \geqq \lambda \end{aligned}\right\} \lambda = \frac{n+1}{2}, \frac{n}{2}, u_{00} = 0.$$

Wir können jetzt das **Schema der Berechnung** vollständig aufstellen. Die zu berechnenden Grössen scheiden sich in zwei Klassen, die der u und die der α.

Die u sind Zahlen und allein durch n, die Anzahl der Intervalle, bestimmt, sind sie für ein bestimmtes n gerechnet, so kann man sich ihrer bei jeder andern Gelegenheit, wo es sich um die gleiche Anzahl Intervalle handelt, bedienen.

Zur Bestimmung der u berechnet man erst die Zahlen

$$\beta_1 = 2\left(1 - \frac{1}{2(n-1)}\right),$$

$$\beta_2 = 2\left(1 - \frac{1}{3(n-2)}\right),$$

$$\vdots \qquad \qquad \vdots$$

$$\left.\begin{aligned} \beta_{\frac{n-3}{2}} &= 2\left(1 - \frac{1}{\frac{n-1}{2}\,\frac{n+3}{2}}\right), \\ \beta_{\frac{n-1}{2}} &= \left(1 - \frac{2}{\frac{n+1}{2}\,\frac{n+1}{2}}\right), \end{aligned}\right\} \text{für ein ungerades } n.$$

$$\left.\begin{aligned} \beta_{\frac{n-4}{2}} &= 2\left(1 - \frac{1}{\frac{n-2}{2}\,\frac{n+4}{2}}\right), \\ \beta_{\frac{n-2}{2}} &= \left(1 - \frac{2}{\frac{n}{2}\,\frac{n+2}{2}}\right), \end{aligned}\right\} \text{für ein gerades } n.$$

Aus diesen β ergeben sich die nötigen u nach folgendem Kettenbruchschema

$$\begin{array}{l|l|l|l|c|l}
u_{11}=1 & u_{21}=1 & u_{31}=1 & u_{41}=1 & & u_{\varkappa 1}=1 \\
 & u_{22}=\beta_1 & u_{32}=\beta_2 & u_{42}=\beta_3 & & u_{\varkappa 2}=\beta_{\varkappa-1} \\
 & & u_{33}=\beta_1 u_{32}-u_{31} & u_{43}=\beta_2 u_{42}-u_{41} & \text{allgemein} & u_{\varkappa 3}=\beta_{\varkappa-2} u_{\varkappa 2}-u_{\varkappa 1} \\
 & & & u_{44}=\beta_1 u_{43}-u_{42} & & u_{\varkappa 4}=\beta_{\varkappa-3} u_{\varkappa 3}-u_{\varkappa 2} \\
 & & & & & \vdots \\
 & & & & & u_{\varkappa\varkappa}=\beta_1 u_{\varkappa\,\varkappa-1}-u_{\varkappa\,\varkappa-2}
\end{array}$$

So ist für $n = 10$

$$\beta_1 = 2\left(1 - \frac{1}{2.9}\right) = 1{,}8889,$$

$$\beta_2 = 2\left(1 - \frac{1}{3.8}\right) = 1{,}9167,$$

$$\beta_3 = 2\left(1 - \frac{1}{4.7}\right) = 1{,}9286,$$

$$\beta_4 = \left(1 - \frac{2}{5.6}\right) = 0{,}9333,$$

und damit bekommt man für die u

$$\begin{array}{lllll}
u_{11}=1 & u_{21}=1 & u_{31}=1 & u_{41}=1 & u_{51}=1 \\
 & u_{22}=1{,}8889 & u_{32}=1{,}9167 & u_{42}=1{,}9286 & u_{52}=0{,}9333 \\
 & & u_{33}=2{,}6204 & u_{43}=2{,}6965 & u_{53}=0{,}8000 \\
 & & & u_{44}=3{,}1648 & u_{54}=0{,}6000 \\
 & & & & u_{55}=0{,}3333
\end{array}$$

Die zu zweit zu rechnenden Zahlen, die α, s und d, sind durch die Beobachtungen bestimmt.

Ist allgemein

$l_{\varkappa i}$ = Intervall vom Strich i bis zum Strich $\varkappa$ — entsprechendem Hilfsintervall, eine Differenz, die unmittelbar durch die Beobachtung gegeben ist, so schreibt man diese Differenzen

erstens in Columnen, die nach den Hilfsintervallen geordnet sind, und bildet für jede Columne die Summe ihrer Zahlen, die dann die $-l'_1$, $-l'_2, \ldots, -l'_{n-1}$ geben, also so:

$$\begin{array}{llllll}
l_{10} & & & & & \\
l_{21} & l_{20} & & & & \\
l_{32} & l_{31} & l_{30} & & & \\
l_{43} & l_{42} & l_{41} & & & \\
\vdots & \vdots & \vdots & & & \\
l_{n-2\,n-3} & l_{n-2\,n-4} & l_{n-2\,n-5} & \ldots & l_{n-2\,0} & \\
l_{n-1\,n-2} & l_{n-1\,n-3} & l_{n-1\,n-4} & \ldots & l_{n-1\,1} & l_{n-1\,0} \\
l_{n\,n-1} & l_{n\,n-2} & l_{n\,n-3} & \ldots & l_{n2} & l_{n1} \\
\hline
\end{array}$$

$$1)\quad \text{Summen} = -l'_1 \qquad -l'_2 \qquad -l'_3 \qquad \ldots -l'_{n-2} \qquad -l'_{n-1}$$

Nun dividirt man l'_1 durch n, l'_2 durch $n-1$, l'_3 durch $n-2$, u. s. f., man hat dann die (vertical zu schreibende) Reihe von Zahlen

$$2)\qquad \frac{l'_1}{n},\ \frac{l'_2}{n-1},\ \frac{l'_3}{n-2},\ \frac{l'_4}{n-3},\ \ldots,\ \frac{l'_{n-3}}{4},\ \frac{l'_{n-2}}{3},\ \frac{l'_{n-1}}{2}.$$

Das $\frac{l'_1}{n}$ lässt man für sich stehen, und es giebt diese Zahl unmittelbar die Grösse η_1. Von den andern Zahlen vereinigt man die erste und letzte, die zweite und vorletzte u. s. f., dadurch erhält man, wenn diese Summen noch mit 2 multiplicirt werden, die Zahlen

$$3)\qquad 2\left(\frac{l'_2}{n-1}+\frac{l'_{n-1}}{2}\right),\ 2\left(\frac{l'_3}{n-2}+\frac{l'_{n-2}}{3}\right),\ 2\left(\frac{l'_4}{n-3}+\frac{l'_{n-3}}{4}\right),\ \ldots$$

$$2\left(\frac{l'_{\frac{n-1}{2}}}{\frac{n+3}{2}}+\frac{l'_{\frac{n+3}{2}}}{\frac{n-1}{2}}\right),\ 2\left(\frac{l'_{\frac{n+1}{2}}}{\frac{n+1}{2}}\right)\ \text{bezw.}\ 2\left(\frac{l'_{\frac{n-2}{2}}}{\frac{n+4}{2}}+\frac{l'_{\frac{n+4}{2}}}{\frac{n-2}{2}}\right),\ 2\left(\frac{l'_{\frac{n}{2}}}{\frac{n+2}{2}}+\frac{l'_{\frac{n+2}{2}}}{\frac{n}{2}}\right)$$

Um noch die s und d zu bekommen, geben wir den beobachteten Differenzen die folgende leicht zu überschauende (von Marek als zweckmässig erkannte)*) Anordnung

$$4)\qquad \begin{array}{lllllll}
 & +l_{10} & +l_{20} & +l_{30} & \cdots + l_{n-20} & + l_{n-10} \\
 & -l_{21} & +l_{21} & +l_{31} & \cdots + l_{n-21} & + l_{n-11} \\
 & -l_{31} & -l_{32} & +l_{32} & \cdots + l_{n-22} & + l_{n-12} \\
 & -l_{41} & -l_{42} & -l_{43} & \cdots + l_{n-23} & + l_{n-13} \\
 & \vdots & \vdots & \vdots & \vdots & \vdots \\
 & -l_{n-21} & -l_{n-22} & -l_{n-23} & \cdots + l_{n-2\,n-3} & + l_{n-1\,n-3} \\
 & -l_{n-11} & -l_{n-12} & -l_{n-23} & \cdots - l_{n-1\,n-2} & + l_{n-1\,n-2} \\
 & -l_{n1} & -l_{n2} & -l_{n3} & \cdots - l_{n\,n-2} & - l_{n\,n-1} \\
\hline
\text{Summen} = & l_1 & l_2 & l_3 & \cdots\ l_{n-2} & l_{n-1}
\end{array}$$

Die schon angedeuteten Summen der einzelnen Columnen sind die l_1, l_2, $\ldots$ l_{n-1}. Alle so bestimmten l zusammen addirt, geben die mit (l) bezeichneten Grössen also,

$$5)\qquad (l) = l_1 + l_2 + \cdots l_{n-1}.$$

Addirt man ferner die letzte Zahl zur ersten, die zweite zur vorletzten, u. s. f., so hat man in den Zahlen

$$6)\qquad l_1 + l_{n-1},\ l_2 + l_{n-2},\ l_3 + l_{n-3},\ \ldots,\ l_{\frac{n-1}{2}} + l_{\frac{n+1}{2}}\ \text{bezw.}\ l_{\frac{n}{2}} + l_{\frac{n}{2}}$$

die gesuchte Reihe der s_1, s_2, $\ldots$ $s_{\frac{n-1}{2}}$ bezw. $s_{\frac{n}{2}}$.

Subtrahirt man dagegen die letzte Zahl von der ersten, die zweite von der vorletzten u. s. f., so hat man in den Zahlen

*) Traveaux et mémoires du Bureau international des poids et mésures, Tome II.

7) $l_1 - l_{n-1},\ l_2 - l_{n-2},\ l_3 - l_{n-3},\ \ldots,\ l_{\frac{n-1}{2}} - l_{\frac{n+1}{2}}$ bezw. $l_{\frac{n-2}{2}} - l_{\frac{n+2}{2}}$

die Reihe der $d_1, d_2, \ldots, d_{\frac{n-1}{2}}$ bezw. $d_{\frac{n-2}{2}}$.

Aus den d bekommt man durch Subtraction der ersten von der zweiten, der zweiten von der dritten, ... der vorletzten von der letzten und schliesslich noch der letzten von 0 die Reihe

8) $d_2 - d_1,\ d_3 - d_2,\ \ldots,\ d_{\frac{n-1}{2}} - d_{\frac{n-3}{2}},\ -d_{\frac{n-1}{2}}$ bezw. $d_{\frac{n-2}{2}} - d_{\frac{n-4}{2}},\ -d_{\frac{n-2}{2}}$

Die Reihe 8) enthält eben so viele Zahlen wie die 3), addirt man die beiden Reihen miteinander und dividirt durch $n+1$, so giebt die Schlussreihe

9) $\frac{1}{n+1}\left\{d_2 - d_1 + 2\left(\frac{l'_2}{n-1} + \frac{l'_{n-1}}{2}\right)\right\},\ \frac{1}{n+1}\left\{d_3 - d_2 + 2\left(\frac{l'_3}{n-2} + \frac{l'_{n-2}}{3}\right)\right\},\ \ldots$

die α.

Mit Hilfe von 5) und 6) bekommt man die x nämlich

$$10)\qquad x_1 = \frac{1}{n+1}\left(s_1 + (l)\right),\quad x_2 = \frac{1}{n+1}\left(s_2 + (l)\right),\ \cdots$$

Aus 9) und den einzelnen Columnen der u ergeben sich die z, zunächst wird z_1 gerechnet aus der Gleichung

$$11)\quad \begin{cases} z_1 = -\frac{1}{u_{\lambda\lambda}}\left\{u_{\lambda 1}\alpha_{\lambda-1} + u_{\lambda 2}\alpha_{\lambda-2} + \cdots + u_{\lambda\,\lambda-1}\alpha_1\right\},\quad \lambda = \frac{n+1}{2},\ \frac{n}{2} \\ z_2, z_3, \ldots \text{ folgen dann aus} \\ z_2 = u_{21}\alpha_1 + u_{22}z_1, \\ z_3 = u_{31}\alpha_2 + u_{32}\alpha_1 + u_{33}z_1, \\ z_4 = u_{41}\alpha_3 + u_{42}\alpha_2 + u_{43}\alpha_1 + u_{44}z_1, \\ \text{u. s. f.} \end{cases}$$

Zuletzt wird

$$\begin{aligned} \xi_1 &= \frac{1}{2}(x_1 + z_1), \\ \xi_2 &= \frac{1}{2}(x_2 + z_2 - z_1), \\ \xi_3 &= \frac{1}{2}(x_3 + z_3 - z_2), \\ &\vdots \\ \xi_{\frac{n-1}{2}} &= \frac{1}{2}\left(x_{\frac{n-1}{2}} + z_{\frac{n-1}{2}} - z_{\frac{n-3}{2}}\right), \\ \xi_{\frac{n+1}{2}} &= \frac{1}{2}\left(x_{\frac{n-1}{2}} - \overline{z_{\frac{n-1}{2}} - z_{\frac{n-3}{2}}}\right), \end{aligned} \quad \Bigg\}\ \text{bei ungeradem } n.$$

$$\left.\begin{aligned}
\xi_{\frac{n-2}{2}} &= \frac{1}{2}\left(x_{\frac{n-2}{2}} + z_{\frac{n-2}{2}} - z_{\frac{n-4}{2}}\right),\\
\xi_{\frac{n}{2}} &= \frac{1}{2}\left(x_{\frac{n}{2}}\right),\\
\xi_{\frac{n+2}{2}} &= \frac{1}{2}\left(x_{\frac{n-2}{2}} - \overline{z_{\frac{n-2}{2}} - z_{\frac{n-4}{2}}}\right),
\end{aligned}\right\}\text{ bei geradem } n$$

$$\begin{aligned}
&\vdots \qquad\qquad \vdots\\
\xi_{n-3} &= \frac{1}{2}\left(x_3 - \overline{z_3 - z_2}\right),\\
\xi_{n-2} &= \frac{1}{2}\left(x_2 - \overline{z_2 - z_1}\right),\\
\xi_{n-1} &= \frac{1}{2}\left(x_1 - z_1\right).
\end{aligned}$$

Will man auch noch die Fehler der Hilfsintervalle kennen, so hat man

$$\eta_1 = \frac{1}{n} l_1', \quad \eta_2 = \frac{1}{n-1}(l_2' - z_1), \quad \eta_3 = \frac{1}{n-2}(l_3' - z_2), \ \ldots$$

allgemein

$$\begin{aligned}
\eta_i &= \frac{1}{n-i+1}(l_i' - z_{i-1})\; i \leqq \frac{n-1}{2},\ \frac{n}{2},\\
\eta_i &= \frac{1}{n-i+1}(l_i' - z_{n-i})\; i > \frac{n-1}{2},\ \frac{n}{2}.
\end{aligned}$$

Man kann die beiden unter 1) und 4) gegebenen Anordnungen der Beobachtungen in eine einzige Anordnung zusammenfassen, indem man die Anordnung unter 1) zu einem Rechteck vervollständigt, deren Zeilen bis auf die Zeichen aus den Diagonal-Zahlen dieser Anordnung zusammengesetzt sind. Das Rechenschema lässt sich dann auch eleganter gestalten.

Wir schreiben also die Beobachtungen, indem wir die Vervollständigungen der Columnen von den ursprünglichen Zahlen durch einen Strich abtrennen,

$$\begin{array}{llllll}
l_{10} & \underline{-l_{21}} & -l_{31} & -l_{41} & \cdots - l_{n-1\,1} & -l_{n1}\\
l_{21} & l_{20} & \underline{-l_{32}} & -l_{42} & \cdots - l_{n-1\,2} & -l_{n2}\\
l_{32} & l_{31} & l_{30} & \underline{-l_{43}} & \cdots - l_{n-1\,3} & -l_{n3}\\
l_{43} & l_{42} & l_{41} & l_{40} & \cdots - l_{n-1\,4} & -l_{n4}\\
\vdots & \vdots & \vdots & \vdots & \quad\vdots & \vdots\\
l_{n-2\,n-3} & l_{n-2\,n-4} & l_{n-2\,n-5} & l_{n-2\,n-6} & \cdots \underline{-l_{n-1\,n-2}} & -l_{n\,n-2}\\
l_{n-1\,n-2} & l_{n-1\,n-3} & l_{n-1\,n-4} & l_{n-1\,n-5} & \cdots\ l_{n-1\,0} & \underline{-l_{n\,n-1}}\\
l_{n\,n-1} & l_{n\,n-2} & l_{n\,n-3} & l_{n\,n-4} & \cdots\ l_{n1} &
\end{array}$$

Bei der Aufstellung dieses Zahlenquarrés schreibt man erst die Beobachtungszahlen, also die unter den Strichen stehenden, in Columnen, dann macht man immer über der obersten Zahl einen Strich und vervollständigt erst jede Columne durch die negativ genommenen Zahlen der ersten Columne, dann durch die negativ genommenen Zahlen der zweiten Columne u. s. f., indem man dabei immer mit der zweiten unter dem Strich stehenden Zahl der betreffenden Columne beginnt. Die Summen der Columnenzahlen (von der letzten Columne ist abzusehen), jedesmal gebildet von den Zahlen, die unter dem Strich stehen, geben, mit entgegengesetzten Zeichen genommen, die $l'_1, l'_2, \ldots, l'_{n-1}$, die Summen der Zeilen (von der letzten Zeile ist abzusehen) geben die $l_1, l_2, \ldots, l_{n-1}$.

Die Rechnung führt man nun in folgender durch die Kopfüberschriften gekennzeichneten Columnen-Anordnung.

I	II	III	IV	V	VI	VII	VIII
$l_\varkappa$	$s_\varkappa = l_\varkappa + l_{n-\varkappa}$	$s_\varkappa + (l)$	$l'_\varkappa$	$\frac{l'_\varkappa}{n-\varkappa+1}$	$2\left(\frac{l_\varkappa}{n-\varkappa+1} + \frac{l'_{n-\varkappa}}{\varkappa+1}\right)$	aus I $d_\varkappa = l_\varkappa - l_{n-\varkappa}$	$d_{\varkappa+1} - d_\varkappa$
l_1	$l_1 + l_{n-1}$	$s_1 + (l)$	l'_1	$\frac{l'_1}{n}$		$l_1 - l_{n-1}$	
l_2	$l_1 + l_{n-2}$	$s_2 + (l)$	l'_2	$\frac{l'_2}{n-1}$	$2\left(\frac{l'_2}{n-1} + \frac{l'_{n-1}}{2}\right)$	$l_2 - l_{n-2}$	$d_2 - d_1$
l_3	$l_3 + l_{n-3}$	$s_3 + (l)$	l'_3	$\frac{l'_3}{n-1}$	$2\left(\frac{l'_3}{n-2} + \frac{l'_{n-2}}{3}\right)$	$l_3 - l_{n-3}$	$d_3 - d_2$
$\vdots$	$\vdots$	$\vdots$	$\vdots$	$\vdots$	$\vdots$	$\vdots$	$d_4 - d_3$
Summe $= (l)$							$\vdots$

IX	X	XI	XII	XIII	XIV	XV
$\alpha'_\varkappa =$ VI+VIII	$\log \alpha'_\varkappa$	$\log u_{\lambda\lambda-\varkappa}$	X+XI	Num. zu XII	$z'_\varkappa$	$z'_{\varkappa+1} - z'_\varkappa$
α'_1	$\log \alpha'_1$	$\log u_{\lambda\lambda-1}$	$\log \alpha'_1 + \log u_{\lambda\lambda-1}$	$\alpha'_1 u_{\lambda\lambda-1}$	z'_1	z'_1
α'_2	$\log \alpha'_2$	$\log u_{\lambda\lambda-2}$	$\log \alpha'_2 + \log u_{\lambda\lambda-2}$	$\alpha'_2 u_{\lambda\lambda-2}$	$z'_2 = \alpha'_1 + \beta_1 z'_1$	$z'_2 - z'_1$
α'_3	$\log \alpha'_3$	$\log u_{\lambda\lambda-3}$	$\log \alpha'_3 + \log u_{\lambda\lambda-3}$	$\alpha'_3 u_{\lambda\lambda-3}$	$z'_3 = \alpha'_2 + \beta_2 z'_2 - z'_1$	$z'_3 - z'_1$
$\vdots$	$\vdots$	$\vdots$	$\vdots$	$\vdots$	$z'_4 = \alpha'_3 + \beta_3 z'_3 - z'_2$	$z'_4 - z'_3$
				Summe =	$\vdots$	$\vdots$
				log (Summe) =		
				$\log u_{\lambda\lambda}$ =		
				Diff. =		
				$-z'_1$ = Num. =		

XVI	XVII	XVIII	XIX	XX
$=\mathrm{III}+\mathrm{XV}$	$=\frac{\mathrm{XVI}}{2(n+1)}=\xi_\varkappa$	$=\frac{\mathrm{XIV}}{n+1}$	$=\mathrm{XVIII}+\mathrm{IV}$	$\eta_\varkappa=\frac{\mathrm{XIX}}{n-\varkappa+1}$
			l'_1	η_1
$s_1+(l)+z'_1$	ξ_1	$z_1=\frac{z'_1}{n+1}$	l'_1-z_1	η_2
$s_2+(l)+z'_2-z'_1$	ξ_2	$z_3=\frac{z'_2}{n+1}$	l'_2-z_2	η_3
$s_3+(l)+z'_3-z'_2$	ξ_3	$z_5=\frac{z'_3}{n+1}$	l'_3-z_3	η_4
$\vdots$	$\vdots$	$\vdots$	$\vdots$	$\vdots$
$s_3+(l)-(z'_3-z'_2)$	ξ_{n-3}		$l_{n-3}-z_3$	η_{n-3}
$s_2+(l)+(z'_2-z'_1)$	ξ_{n-2}		$l_{n-2}-z_2$	η_{n-2}
$s_1+(l)-z'_1$	ξ_{n-1}		$l_{n-1}-z_1$	η_{n-1}

(Die Zahlen der Columne XI und die Werte der β sind den vorher, und für die betreffende Einteilung ein für alle mal geltend, gerechneten Tabellen zu entnehmen.)

Zur Berechnung der mittlern Fehler bilden wir unter Einsetzung der gefundenen Werte für die ξ und η die übrig bleibenden Fehler der einzelnen Beobachtungsgleichungen nach dem Schema

$$\xi_1-\eta_1-l_{10}=v_{10},$$

$$\begin{array}{ll}
\xi_2-\xi_1-\eta_1-l_{21}=v_{21} & \xi_2-\eta_2-l_{20}=v_{20}, \\
\xi_3-\xi_2-\eta_1-l_{32}=v_{32} & \xi_3-\xi_1-\eta_2-l_{31}=v_{31}, \\
\vdots & \vdots \\
\xi_{n-1}-\xi_{n-2}-\eta_1-l_{n-1\,n-2}=v_{n-1\,n-2} & \xi_{n-1}-\xi_{n-3}-\eta_2-l_{n-1\,n-3}=v_{n-1\,n-3}, \\
-\xi_{n-1}-\eta_1-l_{n\,n-1}=v_{n\,n-1} & -\xi_{n-2}-\eta_2-l_{n\,n-2}=v_{n\,n-2},
\end{array}$$

bis

$$\xi_{n-1}-\eta_{n-1}-l_{n-1\,0}=v_{n-1\,0},$$
$$-\xi_1-\eta_{n-1}-l_{n0}=v_{n1}.$$

Erhebt man die so berechneten v ins Quadrat und summirt alle Quadrate, so hat man für den mittlern Fehler einer Beobachtungsgleichung

$$\mu=\sqrt{\frac{2\,\Sigma v^2}{(n-1)(n-2)}}$$

und für die mittlern Fehler der ξ und η.

$$\mu_{\xi_\varkappa}=\mu\rho_\varkappa,\quad \mu_{\eta_\varkappa}=\mu\chi_\varkappa,$$

woselbst

$$\rho_{n-\varkappa}=\sqrt{\frac{1}{2(n+1)}\left\{3-\frac{u_{\lambda\,\lambda-\varkappa+1}-u_{\lambda\,\lambda-\varkappa}}{u_{\lambda\lambda}}(u_{\varkappa\varkappa}-u_{\varkappa-1\,\varkappa-1})\right\}};\ \lambda=\frac{n+1}{2},\ \frac{n}{2};\ \rho_{\frac{n}{2}}=\sqrt{\frac{3}{2(n+1)}},$$

$$\chi_{\varkappa}=\sqrt{\frac{1}{n-\varkappa+1}\left\{1+\frac{2u_{\varkappa-1\,\varkappa-1}}{(n+1)(n-\varkappa+1)}\frac{u_{\lambda\,\lambda-\varkappa+1}}{u_{\lambda\lambda}}\right\}};\ \varkappa<\lambda,$$

$$=\sqrt{\frac{1}{n-\varkappa+1}\left\{1+\frac{2u_{n-\varkappa\,n-\varkappa}}{(n+1)(n-\varkappa+1)}\frac{u_{\lambda\,\lambda-\overline{n-\varkappa}}}{u_{\lambda\lambda}}\right\}};\ \varkappa\geqq\lambda.$$

Hat man die ρ und χ für ein bestimmtes n berechnet, so kann man sich der gefundenen Zahlen so oft man mit Untersuchung einer gleichen Zahl von Intervallen zu tun hat, immer wieder bedienen.

Als **Beispiel** zur Erläuterung dieses Rechenschema nehme ich die Berechnung der Teilungsfehler eines in 10 Intervalle (Decimeter) geteilten Maassstabes nach im internationalen Bureau für Maasse und Gewichte zu Breteuil (bei Paris) ausgeführten Beobachtungen.*) Die l, ausgedrückt in 0,001 mm, sind in der Zusammenstellung auf Seite 268

+ 1,32	− 0,02	− 2,14	− 9,43	+ 3,17	+ 6,77	+ 1,29	− 2,48	− 4,35	− 5,89
+ 0,02	+ 0,58	− 1,21	− 14,50	− 6,81	+ 1,97	− 1,53	+ 1,56	− 0,94	− 10,67
+ 1,21	+ 2,14	− 1,28	− 11,23	− 8,93	− 5,49	− 3,93	− 0,07	+ 6,65	− 4,69
+ 11,23	+ 14,50	+ 9,43	+ 1,55	+ 1,07	0,00	− 3,23	+ 8,20	+ 15,41	+ 12,49
+ 1,07	+ 8,93	+ 6,81	− 3,17	− 5,52	− 2,47	− 10,21	− 4,13	+ 7,18	+ 8,01
+ 2,47	0,00	+ 5,49	− 1,97	− 6,77	− 8,94	− 8,76	− 5,85	+ 0,76	+ 4,18
+ 8,76	+ 10,21	+ 3,23	+ 3,93	+ 1,56	− 1,29	+ 5,04	− 0,60	+ 4,46	+ 3,50
+ 0,60	+ 5,85	+ 4,13	− 8,20	+ 0,07	− 1,56	+ 2,48	+ 7,40	+ 0,17	− 1,52
+ 0,17	− 4,46	− 0,76	− 7,18	− 15,41	− 6,65	+ 0,94	+ 4,35	+ 3,00	− 5,50
+ 5,50	+ 1,52	− 3,50	− 4,18	− 8,01	− 12,49	+ 4,69	+ 10,67	+ 5,89	

Die folgende Rechnung schliesst sich genau an das S. 269, 270 gegebene Schema an, die Columnenzahlen haben also die dort verzeichnete Bedeutung, die zu benutzenden Beträge der β und u stehen auf Seite 265

− 11,76	− 43,60	− 40,54	− 29,87	− 2,987		+ 20,08	
− 31,56	− 22,14	− 19,08	− 39,27	− 4,364	− 17,62	− 40,98	− 61,06
− 25,62	+ 13,18	+ 16,24	− 23,55	− 2,944	− 20,83	− 64,42	− 23,44
+ 70,65	+ 51,26	+ 54,32	+ 19,22	+ 2,746	− 1,08	+ 90,04	+ 154,46
+ 4,36	+ 8,72	+ 11,78	+ 34,08	+ 5,680	+ 23,73		− 90,04
− 19,39			+ 30,93	+ 6,186			
+ 38,80			− 13,15	− 3,288			
+ 9,42			− 22,42	− 7,474			
− 31,84			− 8,89	− 4,445			
$(l)=+$ 3,06							

*) Das Beispiel ist der die Hansen'sche Methode ausführenden und schematisirenden Arbeit von Broch im V. Bande der Travaux et Mémoirs des bezeichneten Bureaus entnommen.

− 78,68	1,8959$_n$	9,7782	1,6741$_n$	− 47,22	+ 17,43	+ 17,43	− 23,11
− 44,27	1,6461$_n$	9,9031	1,5492$_n$	− 35,42	− 45,76	− 63,19	− 82,27
+ 153,38	2,1858	9,9700	2,1558	+ 143,14	− 149,40	− 103,64	− 87,40
− 66,31	1,8216$_n$	0,0000	1,8216$_n$	− 66,31	− 89,00	+ 60,40	+ 114,72
				− 5,81			+ 11,78
				0,7642$_n$			− 6,08
				9,5225			+ 119,88
				1,2417$_n$			+ 44,11
				− 17,43			− 57,97

− 1,05		− 29,87	− 2,99
− 3,74	+ 1,59	− 40,86	− 4,54
− 3,97	− 4,16	− 19,39	− 2,42
+ 5,22	− 13,58	+ 32,80	+ 4,70
+ 0,53	− 8,09	+ 42,07	+ 7,03
− 0,28		+ 39,02	+ 7,80
+ 5,45		+ 0,43	+ 0,11
+ 2,00		− 18,26	− 6,09
− 2,64		− 10,48	− 5,24

Die beiden in fettere Striche eingeschlossenen Columnen, enthalten die Zahlen für die gesuchten Grössen, die viertletzte Columne giebt nämlich die $\xi_1, \xi_2, \ldots, \xi_9$, wozu noch kommt $\xi_0 = 0$, $\xi_{10} = 0$, die letzte Columne die $\eta_1, \eta_2, \ldots, \eta_9$, und zwar alles ausgedrückt in 0,001 mm. Bilden wir jetzt die übrigbleibenden Fehler, so ergeben sich dieselben in dem Sinne „Rechnung — Beobachtung" zu

+ 0,62								
+ 0,28	+ 0,22							
+ 1,55	− 0,52	− 0,27						
+ 0,95	− 1,00	− 0,74	− 1,03					
− 0,63	+ 0,11	− 1,12	+ 0,05	− 0,98				
− 0,29	− 0,96	+ 0,62	+ 0,73	+ 0,51	+ 0,86			
− 0,04	− 0,76	− 0,58	+ 0,79	+ 0,60	− 0,01	+ 0,30		
+ 0,14	+ 0,97	− 0,24	+ 0,28	− 1,13	− 0,50	+ 0,46	+ 0,69	
− 1,48	+ 0,91	+ 0,82	− 0,69	− 0,48	+ 0,18	+ 0,05	+ 0,15	− 0,40
+ 0,13	+ 1,02	+ 0,47	− 0,24	+ 0,45	− 0,53	− 0,83	− 0,84	+ 0,40

Nachdem man diese Zahlen quadrirt und addirt hat, erhält man

$$\Sigma v^2 = 24{,}348,$$

somit wird der mittlere Fehler einer Beobachtungsgleichung gleich

$$\mu = \pm \sqrt{\frac{2 \,.\, 24{,}348}{9 \,.\, 8}} = \pm 0{,}82.$$

Für die mittlern Fehler der ξ haben wir nach den Formeln auf Seite 271 unter Benutzung der Zahlen auf Seite 265

$$\mu_{\xi_1} = \mu_{\xi_9} = \frac{\mu}{\sqrt{22}} \sqrt{3 - \frac{u_{55} - u_{54}}{u_{55}} u_{11}} = 0{,}42\mu = \pm 0{,}34,$$

$$\mu_{\xi_2} = \mu_{\xi_8} = \frac{\mu}{\sqrt{22}} \sqrt{3 - \frac{u_{54} - u_{53}}{u_{55}} (u_{22} - u_{11})} = 0{,}40\mu = \pm 0{,}33,$$

$$\mu_{\xi_3} = \mu_{\xi_7} = \frac{\mu}{\sqrt{22}} \sqrt{3 - \frac{u_{53} - u_{52}}{u_{55}} (u_{33} - u_{22})} = 0{,}39\,\mu = \pm 0{,}32,$$

$$\mu_{\xi_4} = \mu_{\xi_6} = \frac{\mu}{\sqrt{22}} \sqrt{3 - \frac{u_{52} - u_{51}}{u_{55}} (u_{44} - u_{33})} = 0{,}38\,\mu = \pm 0{,}31,$$

$$\mu_{\xi_5} = \frac{\mu}{\sqrt{22}} \sqrt{3} = 0{,}37\,\mu = \pm 0{,}30,$$

Endlich haben wir noch für die mittlern Fehler der η

$$\mu_{\eta_1} = \frac{\mu}{\sqrt{10}} = 0{,}32\,\mu \qquad = \pm 0{,}26,$$

$$\mu_{\eta_2} = \frac{\mu}{\sqrt{9}} \sqrt{1 + \frac{2u_{11}}{11.9} \cdot \frac{u_{54}}{u_{55}}} = 0{,}34\,\mu = \pm 0{,}28,$$

$$\mu_{\eta_3} = \frac{\mu}{\sqrt{8}} \sqrt{1 + \frac{2u_{22}}{11.8} \cdot \frac{u_{53}}{u_{55}}} = 0{,}37\,\mu = \pm 0{,}30,$$

$$\mu_{\eta_4} = \frac{\mu}{\sqrt{7}} \sqrt{1 + \frac{2u_{33}}{11.7} \cdot \frac{u_{52}}{u_{55}}} = 0{,}42\,\mu = \pm 0{,}34,$$

$$\mu_{\eta_5} = \frac{\mu}{\sqrt{6}} \sqrt{1 + \frac{2u_{44}}{11.6} \cdot \frac{u_{51}}{u_{55}}} = 0{,}46\,\mu = \pm 0{,}38,$$

$$\mu_{\eta_6} = \frac{\mu}{\sqrt{5}} \sqrt{1 + \frac{2u_{44}}{11.5} \cdot \frac{u_{51}}{u_{55}}} = 0{,}52\,\mu = \pm 0{,}43,$$

$$\mu_{\eta_7} = \frac{\mu}{\sqrt{4}} \sqrt{1 + \frac{2u_{33}}{11.4} \cdot \frac{u_{52}}{u_{55}}} = 0{,}58\,\mu = \pm 0{,}48,$$

$$\mu_{\eta_8} = \frac{\mu}{\sqrt{3}} \sqrt{1 + \frac{2u_{22}}{11.3} \cdot \frac{u_{53}}{u_{55}}} = 0{,}65\,\mu = \pm 0{,}54,$$

$$\mu_{\eta_9} = \frac{\mu}{\sqrt{2}} \sqrt{1 + \frac{2u_{11}}{11.2} \cdot \frac{u_{54}}{u_{55}}} = 0{,}76\,\mu = \pm 0{,}62.$$

Die Ergebnisse stimmen fast ganz mit denen überein, die Broch aus den Hansen'schen Formeln abgeleitet hat.

Man kann die Hansen'sche Methode in mannigfacher Weise modificiren, da aber die Beobachtungsgleichungen immer von derselben Art, und das Verfahren der Ausgleichung das Rechenschema bestimmt vorschreibt, wird es nach dem voraufgehenden leicht sein, in jedem Fall die Normalgleichungen aufzustellen, deren Auflösung der Leser so ausführen kann, wie es ihm selbst am bequemsten ist.

Eine Methode muss noch besonders hervorgehoben werden, weil sie an Eleganz und Bequemlichkeit der Hansen'schen wenig nachsteht. Sie rührt von Leman und Thiesen her.*)

*) Auf der Kaiserl. Normal-Aichungs-Kommission häufig in Anwendung.

88c. Methode von Leman-Thiesen. Zur Ausführung dieser Methode müssen die Hilfsintervalle alle zu einer Scale vereinigt sein. Man bedarf also einer Hilfsscale, die genau so eingeteilt ist, wie die zu bestimmende. Man vergleicht jedes Intervall der zu bestimmenden Scale mit jedem Intervall der Hilfsscale (also z. B., wenn es sich um in mm geteilte Scalen handelt, jedes Millimeter der einen Scale mit jedem Millimeter der andern). Dieses führt man am besten in folgender Weise aus: man legt die Hilfsscale so, dass ihr letztes Intervall dem ersten Intervall der zu bestimmenden Scale gegenüber sich befindet, und vergleicht es mit diesem, dann schiebt man die Hilfsscale entlang der zu bestimmenden Scale um ein Intervall weiter, es steht dann ihr vorletztes Intervall gegenüber dem ersten, ihr letztes gegenüber dem zweiten Intervall der Scale. Nach der Vergleichung der beiden jetzt gegenüberstehenden Intervalle schiebt man die Hilfsscale wieder um ein Intervall weiter, so dass nunmehr drei Intervalle dreien der andern gegenüberstehen, nun führt man die Vergleichung dieser drei Intervallpaare aus, u. s. f. Bezeichnen wir die Striche bei beiden Scalen mit $0, 1, 2, \ldots, n$, die Intervalle mit $(01), (12), \ldots, (n-1n)$ für die zu bestimmende Scale, mit $[01], [12], \ldots, [n-1n]$ für die Hilfsscale und symbolisiren eine Vergleichung zweier Intervalle durch einen zwischen die Intervalle gesetzten Strich, so stellt sich die ganze Messung in folgender Anordnung

$$\begin{array}{lllll}
(01)/[n-1\,n], & & & & \\
(01)/[n-2\,n-1], & (12)/[n-1\,n], & & & \\
(01)/[n-3\,n-2], & (12)/[n-2\,n-1], & (23)/[n-1\,n], & & \\
\vdots & \vdots & \vdots & & \\
(01)/[01], & (12)/[12], & (23)/[23], & \ldots, & (n-1\,n)/[n-1\,n], \\
 & (12)/[01], & (23)/[12], & \ldots, & (n-1\,n)/[n-2\,n-1], \\
 & & (23)/[01], & \ldots, & (n-1\,n)/[n-3\,n-2], \\
 & & & & \vdots \\
 & & & & (n-1\,n)/[12], \\
 & & & & (n-1\,n)/[01].
\end{array}$$

Indem man jetzt die beobachtete Differenz zwischen dem Intervall $(pp+1)$ der zu bestimmenden Scale und Intervall $[qq+1]$ der Hilfsscale mit $l_{p+1\,q+1}$ bezeichnet, kann man ganz so wie Seite 237 schreiben

$$\xi_{p+1} - \xi_p = l_{p+1\,q+1} + \eta_{q+1},$$

und bekommt die Reihe von Beobachtungsgleichungen

$$\begin{array}{llllll}
\xi_1-\xi_0=l_{11}+\eta_1 & \xi_2-\xi_1=l_{21}+\eta_1 & \xi_3-\xi_2=l_{31}+\eta_1 & & \xi_n-\xi_{n-1}=l_{n1}+\eta_1, \\
\xi_1-\xi_0=l_{12}+\eta_2 & \xi_2-\xi_1=l_{22}+\eta_2 & \xi_3-\xi_2=l_{32}+\eta_2 & \text{bis} & \xi_n-\xi_{n-1}=l_{n2}+\eta_2, \\
\xi_1-\xi_0=l_{13}+\eta_3 & \xi_2-\xi_1=l_{23}+\eta_3 & \xi_3-\xi_2=l_{33}+\eta_3 & & \xi_n-\xi_{n-1}=l_{n3}+\eta_3, \\
\vdots \quad \vdots & \vdots \quad \vdots & \vdots \quad \vdots & & \vdots \quad \vdots \\
\xi_1-\xi_0=l_{1n}+\eta_n & \xi_2-\xi_1=l_{2n}+\eta_n & \xi_3-\xi_2=l_{3n}+\eta_n & & \xi_n-\xi_{n-1}=l_{nn}+\eta_n.
\end{array}$$

Die η sind natürlich hier ebenso wie früher neben den ξ als unbekannt anzusehen. Die Anzahl der Gleichungen beträgt n^2, die der Unbekannten, weil ξ_0 und ξ_n beide bekannt nämlich 0 sind, $n-1+n=2n-1$ überschüssige Gleichungen sind also $n^2-(2n-1)$, das ist $(n-1)^2$ vorhanden.

Die Normalgleichungen sind: erstens zur Bestimmung der ξ

$$
\text{LV)}\quad \left\{
\begin{aligned}
&2n\xi_1-n\xi_2 = l_{11}+l_{12}+l_{13}+\cdots+l_{1n}-(l_{21}+l_{22}+l_{23}+\cdots+l_{2n}) \\
&\qquad = l_1-l_2,\\
&-n\xi_1+2n\xi_2-n\xi_3 = l_{21}+l_{22}+l_{23}+\cdots+l_{2n}-(l_{31}+l_{32}+l_{33}+\cdots+l_{3n}) \\
&\qquad = l_2-l_3,\\
&-n\xi_2+2n\xi_3-n\xi_4 = l_{31}+l_{32}+l_{33}+\cdots+l_{3n}-(l_{41}+l_{42}+l_{43}+\cdots+l_{4n}) \\
&\qquad\vdots \qquad\qquad\qquad \vdots \qquad\qquad = l_3-l_4,\\
&-n\xi_{n-3}+2n\xi_{n-2}-n\xi_{n-1} = l_{n-2\,1}+l_{n-2\,2}+l_{n-2\,3}+\cdots+l_{n-2\,n} \\
&\qquad -(l_{n-1\,1}+l_{n-1\,2}+l_{n-1\,3}+\cdots+l_{n-1\,n}) = l_{n-2}-l_{n-1},\\
&-n\xi_{n-2}+2n\xi_{n-1} = l_{n-1\,1}+l_{n-1\,2}+l_{n-1\,3}+\cdots+l_{n-1\,n} \\
&\qquad -(l_{n1}+l_{n2}+l_{n3}+\cdots+l_{nn}) = l_{n-1}-l_n.
\end{aligned}
\right.
$$

Daraus ergeben sich für die Summen x symmetrisch zur Mitte gelegener ξ

$$
\begin{aligned}
&2nx_1-nx_2 = l_1-l_n-(l_2-l_{n-1}),\\
&-nx_1+2nx_2-nx_3 = l_2-l_{n-1}-(l_3-l_{n-2}),\\
&-nx_2+2nx_3-nx_4 = l_3-l_{n-2}-(l_4-l_{n-3}),\\
&-nx_3+2nx_4-nx_5 = l_4-l_{n-3}-(l_5-l_{n-4}),\\
&\qquad\vdots\qquad\qquad\qquad\vdots
\end{aligned}
$$

$$
\left.
\begin{aligned}
&-nx_{\frac{n-5}{2}}+2nx_{\frac{n-3}{2}}-nx_{\frac{n-1}{2}} = l_{\frac{n-3}{2}}-l_{\frac{n+5}{2}}-\left(l_{\frac{n-1}{2}}-l_{\frac{n+3}{2}}\right)\\
&-nx_{\frac{n-3}{2}}+2nx_{\frac{n-1}{2}}-nx_{\frac{n+1}{2}} = l_{\frac{n-1}{2}}-l_{\frac{n+3}{2}}-\left(l_{\frac{n+1}{2}}-l_{\frac{n+1}{2}}\right)
\end{aligned}
\right\}\ n \text{ ungerade,}
$$

$$
\left.
\begin{aligned}
&-nx_{\frac{n-4}{2}}+2nx_{\frac{n-2}{2}}-nx_{\frac{n}{2}} = l_{\frac{n-2}{2}}-l_{\frac{n+4}{2}}-\left(l_{\frac{n}{2}}-l_{\frac{n+2}{2}}\right)\\
&-nx_{\frac{n-2}{2}}+2nx_{\frac{n}{2}}-x_{\frac{n+2}{2}} = l_{\frac{n}{2}}-l_{\frac{n+2}{2}}
\end{aligned}
\right\}\ n \text{ gerade,}
$$

Addirt man alle Gleichungen und beachtet, dass $x_i = x_{n-i}$ also $x_{\frac{n+1}{2}} = x_{\frac{n-1}{2}}$, $x_{\frac{n+2}{2}} = x_{\frac{n}{2}}$ ist, so findet man sofort

$$nx_1 = l_1 - l_n$$

damit ergiebt sich weiter

$$
\begin{aligned}
x_1 &= \frac{1}{n}(l_1-l_n),\\
x_2 &= \frac{1}{n}(l_1-l_n+l_2-l_{n-1}),\\
x_3 &= \frac{1}{n}(l_1-l_n+l_2-l_{n-1}+l_3-l_{n-2}),\\
&\ \ \vdots
\end{aligned}
$$

$$x_{\frac{n-1}{2}}=\frac{1}{n}\left(l_1-l_n+l_2-l_{n-1}+l_3-l_{n-2}+\cdots+l_{\frac{n-1}{2}}-l_{\frac{n+3}{2}}\right)\,n\text{ ungerade}$$

$$x_{\frac{n}{2}}\;=\frac{1}{n}\left(l_1-l_n+l_2-l_{n-1}+l_3-l_{n-2}+\cdots+l_{\frac{n}{2}}\;-l_{\frac{n+2}{2}}\right)\,n\text{ gerade.}$$

Die Gleichungen für die Differenzen y symmetrisch zur Mitte gelegener ξ sind auf ihren linken Seiten genau so gestaltet wie die für die x, auf den rechten Seiten aber stehen statt der Differenzen der Differenzen der l die Differenzen der Summen dieser Grössen. Nehmen wir n als ungerade Zahl an, so ist also

$$\begin{aligned}
2ny_1-\;ny_2&=l_1+l_n-(l_2+l_{n-1}),\\
-\;ny_1+2ny_2-ny_3&=l_2+l_{n-1}-(l_3+l_{n-2}),\\
-\;ny_2+2ny_3-ny_4&=l_3+l_{n-2}-(l_4+l_{n-3}),\\
&\;\;\vdots\\
-\;ny_{\frac{n-3}{2}}+2ny_{\frac{n-1}{2}}-ny_{\frac{n+1}{2}}&=l_{\frac{n-1}{2}}+l_{\frac{n+3}{2}}\\
&\quad-\left(l_{\frac{n+1}{2}}+l_{\frac{n+1}{2}}\right),\quad n\text{ ungerade,}
\end{aligned}$$

wobei man zu beachten hat, dass $y_{\frac{n+1}{2}}=-y_{\frac{n-1}{2}}$ ist.

Setzt man der bequemern Schreibweise wegen $\frac{n-1}{2}=\lambda$, so giebt die Addition aller Gleichungen zunächst

$$ny_1=(l_1+l_n)-2(l_{\lambda+1}+ny_\lambda),$$

und dann

$$\begin{aligned}
ny_2&=(l_1+l_n+l_2+l_{n-1})-2.2(l_{\lambda+1}+ny_\lambda),\\
ny_3&=(l_1+l_n+l_2+l_{n-1}+l_3+l_{n-2})-2.3(l_{\lambda+1}+ny_\lambda),\\
ny_4&=(l_1+l_n+l_2+l_{n-1}+l_3+l_{n-2}+l_4+l_{n-3})-2.4(l_{\lambda+1}+ny_\lambda)\\
&\;\;\vdots\\
ny_\lambda&=(l_1+l_n+l_2+l_{n-1}+\cdots l_\lambda+l_{\lambda+2})-2.\lambda(l_{\lambda+1}+ny_\lambda).
\end{aligned}$$

Aus der letzten Gleichung folgt

$$ny_\lambda=\frac{l_1+l_n+l_2+l_{n-1}+\cdots+l_\lambda+l_{\lambda+2}-2\lambda l_{\lambda+1}}{1+2\lambda},$$

somit

$$2(l_{\lambda+1}+ny_\lambda)=2\,\frac{l_{\lambda+1}+(l_1+l_n+l_2+l_{n-1}+\cdots+l_\lambda+l_{\lambda+2})}{1+2\lambda}.$$

Setzt man das Mittel aller l

$$\frac{l_1+l_2+l_3+\cdots+l_n}{n}=\bar{l},$$

so wird hiernach

$$ny_1 = l_1 + l_n - \frac{2.1n}{1+2\lambda}\bar{l},$$
$$ny_2 = l_1 + l_n + l_2 + l_{n-1} - \frac{2.2n}{1+2\lambda}\bar{l},$$
$$\vdots \qquad \vdots$$
$$ny_\lambda = l_1 + l_n + l_2 + l_{n-1} + \cdots + l_\lambda + l_{\lambda+2} - \frac{2.\lambda n}{1+2\lambda}\bar{l}.$$

Für die ξ bekommen wir aber nunmehr bei **ungeradem** n

$$\xi_1 = +\frac{1}{n}(l_1) - \frac{\bar{l}}{n},$$
$$\xi_2 = +\frac{1}{n}(l_1 + l_2) - 2\frac{\bar{l}}{n},$$
$$\xi_3 = +\frac{1}{n}(l_1 + l_2 + l_3) - 3\frac{\bar{l}}{n},$$
$$\vdots \qquad \vdots \qquad \vdots$$
$$\xi_{\frac{n-1}{2}} = +\frac{1}{n}\left(l_1 + l_2 + l_3 + \cdots + l_{\frac{n-1}{2}}\right) - \frac{n-1}{2}\frac{\bar{l}}{n},$$
$$\xi_{\frac{n+1}{2}} = -\frac{1}{n}\left(l_n + l_{n-1} + l_{n-2} + \cdots + l_{\frac{n+3}{2}}\right) + \frac{n-1}{2}\frac{\bar{l}}{n},$$
$$\vdots \qquad \vdots$$
$$\xi_{n-2} = -\frac{1}{n}(l_n + l_{n-1}) + 2\frac{\bar{l}}{n},$$
$$\xi_{n-1} = -\frac{1}{n}(l_n) + \frac{\bar{l}}{n}.$$

Für ein **gerades** n wird die letzte Gleichung der y, weil $y_{\frac{n}{2}} = 0$ ist

$$-ny_{\frac{n-4}{2}} + 2y_{\frac{n-2}{2}} = l_{\frac{n-2}{2}} + l_{\frac{n+4}{2}} - \left(l_{\frac{n}{2}} + l_{\frac{n+2}{2}}\right).$$

Es folgt also durch Addition aller Gleichungen

$$ny_1 = l_1 + l_n - \left(l_{\frac{n}{2}} + l_{\frac{n+2}{2}} + ny_{\frac{n-2}{2}}\right),$$

und weiter

$$ny_2 = l_1 + l_n + l_2 + l_{n-1} - 2\left(l_{\frac{n}{2}} + l_{\frac{n+2}{2}} + ny_{\frac{n-2}{2}}\right),$$
$$ny_3 = l_1 + l_n + l_2 + l_{n-1} + l_3 + l_{n-2} - 3\left(l_{\frac{n}{2}} + l_{\frac{n+2}{2}} + ny_{\frac{n-2}{2}}\right),$$
$$\vdots \qquad \vdots \qquad \vdots$$
$$ny_{\frac{n-4}{2}} = l_1 + l_n + l_2 + l_{n-1} + \cdots + l_{\frac{n-4}{2}} + l_{\frac{n+6}{2}} - \frac{n-4}{2}\left(l_{\frac{n}{2}} + l_{\frac{n+2}{2}} + ny_{\frac{n-2}{2}}\right),$$
$$ny_{\frac{n-2}{2}} = l_1 + l_n + l_2 + l_{n-1} + \cdots + l_{\frac{n-2}{2}} + l_{\frac{n+4}{2}} - \frac{n-2}{2}\left(l_{\frac{n}{2}} + l_{\frac{n+2}{2}} + ny_{\frac{n-2}{2}}\right),$$

somit zunächst aus der letzten Gleichung

$$ny_{\frac{n-2}{2}} = \frac{l_1 + l_n + l_2 + l_{n-1} + \cdots + l_{\frac{n-2}{2}} + l_{\frac{n+4}{2}}}{\frac{n}{2}} - \frac{n-2}{n}\left(l_{\frac{n}{2}} + l_{\frac{n+2}{2}}\right),$$

und ferner

$$\left(l_{\frac{n}{2}} + l_{\frac{n+2}{2}} + ny_{\frac{n-2}{2}}\right) = 2\overline{l}.$$

Hiernach wird

$$ny_1 = l_1 + l_n - \frac{\overline{l}}{n},$$

$$ny_2 = l_1 + l_n + l_2 + l_{n-1} - 2\frac{\overline{l}}{n}.$$

$$\vdots \qquad \vdots \qquad \vdots$$

Hieraus folgt für die ξ

$$\xi_1 = +\frac{1}{n}(l_1) - \frac{\overline{l}}{n},$$

$$\xi_2 = +\frac{1}{n}(l_1 + l_2) - 2\frac{\overline{l}}{n},$$

$$\xi_3 = +\frac{1}{n}(l_1 + l_2 + l_3) - 3\frac{\overline{l}}{n},$$

$$\vdots \qquad \vdots$$

$$\xi_{\frac{n-2}{2}} = +\frac{1}{n}\left(l_1 + l_2 + l_3 + \cdots + l_{\frac{n-2}{2}}\right) - \frac{n-2}{2}\frac{\overline{l}}{n},$$

$$\xi_{\frac{n}{2}} = +\frac{1}{2n}\left(\left(l_1 + l_2 + l_3 + \cdots + l_{\frac{n}{2}}\right) - \left(l_n + l_{n-1} + l_{n-3} + \cdots + l_{\frac{n+2}{2}}\right)\right),$$

$$\xi_{\frac{n+2}{2}} = -\frac{1}{n}\left(l_n + l_{n-1} + l_{n-3} + \cdots + l_{\frac{n+2}{2}}\right) + \frac{n-2}{2}\frac{\overline{l}}{n},$$

$$\vdots \qquad \vdots$$

$$\xi_{n-2} = -\frac{1}{n}(l_n + l_{n-1}) + 2\frac{\overline{l}}{n},$$

$$\xi_{n-1} = -\frac{1}{n}(l_n) + \frac{\overline{l}}{n}.$$

Durch eine leichte Transformation lassen sich die Ausdrücke für die für gerade wie für ungerade n in Form bringen.

$$\xi_1 = \frac{1}{n}(l_1) - \frac{1}{n}\overline{l},$$

$$\xi_2 = \frac{1}{n}(l_1 + l_2) - \frac{2}{n}\overline{l},$$

$$\xi_3 = \frac{1}{n}(l_1 + l_2 + l_3) - \frac{3}{n}\overline{l},$$

$$\vdots \qquad \vdots$$

$$\xi_{n-2} = \frac{1}{n}(l_1 + l_2 + l_3 + \cdots + l_{n-2}) - \frac{n-2}{n}\bar{l},$$
$$\xi_{n-1} = \frac{1}{n}(l_1 + l_2 + l_3 + \cdots + l_{n-1}) - \frac{n-1}{n}\bar{l}.$$

Die Normalgleichungen für die η geben gleich die Werte dieser Grössen selbst, und zwar

$$\eta_1 = -\frac{1}{n}(l_{11} + l_{21} + l_{31} + \cdots + l_{n1}),$$
$$\eta_2 = -\frac{1}{n}(l_{12} + l_{22} + l_{32} + \cdots + l_{n2}),$$
$$\vdots \qquad \vdots$$
$$\eta_n = -\frac{1}{n}(l_{1n} + l_{2n} + l_{3n} + \cdots + l_{nn}).$$

Setzt man allgemein

$$l_{1\varkappa} + l_{2\varkappa} + l_{3\varkappa} + \cdots + l_{n\varkappa} = -l'_\varkappa,$$

so wird also

$$\eta_1 = \frac{l'_1}{n},\ \eta_2 = \frac{l'_2}{n}, \ldots,\ \eta_n = \frac{l'_n}{n}.$$

Der mittlere Fehler einer Beobachtungsgleichung ist

$$\mu = \frac{\sqrt{\Sigma v^2}}{n-1}.$$

Für die mittlern Fehler der ξ findet man nach dem im Art. 88b eingeschlagenen Verfahren

$$\mu_{\xi_1} = \mu_{\xi_{n-1}} = \frac{\mu}{n}\sqrt{1(n-1)},$$
$$\mu_{\xi_2} = \mu_{\xi_{n-2}} = \frac{\mu}{n}\sqrt{2(n-2)},$$
$$\mu_{\xi_3} = \mu_{\xi_{n-3}} = \frac{\mu}{n}\sqrt{3(n-3)},$$
$$\vdots \qquad \vdots \qquad \vdots$$
$$\mu_{\xi_{\frac{n-1}{2}}} = \mu_{\xi_{\frac{n+1}{2}}} = \frac{\mu}{n}\sqrt{\frac{n-1}{2}\,\frac{n+1}{2}};\ n \text{ ungerade.}$$

$$\left.\begin{aligned} \mu_{\xi_{\frac{n-2}{2}}} &= \mu_{\xi_{\frac{n+2}{2}}} = \frac{\mu}{n}\sqrt{\frac{n-2}{2}\,\frac{n+2}{2}} \\ \mu_{\xi_{\frac{n}{2}}} &= \frac{\mu}{n}\frac{n}{2} \end{aligned}\right\};\ n \text{ gerade.}$$

Den nach der Leman-Thiesen'schen Methode bestimmten Teilungsfehlern kommt unter Ausnutzung aller Intervalle der Hilfsscale also ein im Verhältnis von n zu 1 grösseres Gewicht zu, als den unter Benutzung allein eines Intervalls abgeleiteten, was von vornherein zu erwarten stand.

Die mittlern Fehler der η sind alle einander gleich und zwar

$$\mu_{\eta_1} = \mu_{\eta_2} = \mu_{\eta_3} = \cdots = \frac{\mu}{\sqrt{n}}.$$

Bei der Rechnung bedient man sich mit Vorteil des folgenden **Schema**: Man schreibt die Beobachtungen für jedes Intervall der zu bestimmenden Scale in eine Zeile und alle Zeilen unter einander (die Columnen der früher aufgeführten Beobachtungsgleichungen sind also hier die Zeilen, die Zeilen die Columnen). In dem so entstehenden Quadrat von Zahlen addirt man die Zeilenzahlen und auch die Columnenzahlen. Letztere geben, durch n dividirt und negativ genommen, sofort die η; erstere dienen zur Berechnung der ξ. Das weitere Verfahren ist in dem auf der folgenden Seite angegebenen Schema vollständig klargelegt.

Ueber die Berechnung der mittlern Fehler braucht nichts weiter gesagt zu werden.

Als Beispiel für die Anwendung dieses Schema nehmen wir die Bestimmung der Teilungsfehler eines in 10 Centimeter geteilten Maassstabes. Durch Vergleichung aller dieser 10 Centimeter mit jedem der 10 Centimeter einer Hilfsscale fanden sich die Differenzen, so zusammengestellt, wie in dem nachfolgenden Schema angegeben und ausgedrückt in Trommelteilen der benutzten Mikrometerschrauben.

− 28	+ 40	− 60	+ 12	− 14	− 91	− 40	+ 35	+ 27	− 59
+ 19	+ 81	− 19	+ 44	+ 28	− 39	+ 24	+ 93	+ 83	− 7
− 9	+ 43	− 62	− 1	− 13	− 75	− 27	+ 36	+ 31	− 57
− 59	+ 5	− 74	+ 4	− 36	− 102	− 59	+ 11	+ 11	− 85
− 11	+ 69	− 37	+ 1	+ 4	− 56	+ 11	+ 65	+ 58	− 33
− 24	+ 33	− 72	− 13	− 2	− 91	− 37	+ 11	+ 18	− 78
+ 23	+ 68	− 19	+ 34	+ 27	− 53	− 12	+ 52	+ 47	− 49
+ 6	+ 66	− 36	+ 18	+ 20	+ 52	− 4	+ 71	+ 47	− 38
− 26	+ 51	− 54	+ 2	+ 16	− 68	− 17	+ 74	+ 54	− 56
+ 3	+ 91	− 25	+ 31	+ 45	− 52	+ 3	+ 87	+ 34	− 68
− 106	+ 547	− 458	+ 132	+ 75	− 675	− 158	+ 535	+ 410	− 530
+ 10,6,	− 54,7,	+ 45,8,	− 13,2,	− 7,5,	+ 67,9,	+ 15,8,	− 53,5,	− 41,0,	+ 53,0

− 178	− 17,8	− 17,8	− 15,5
+ 307	+ 30,7	+ 12,9	+ 17,5
− 134	− 13,4	− 0,5	+ 6,5
− 384	− 38,4	− 38,9	− 29,6
+ 71	+ 7,1	− 31,8	− 20,2
− 255	− 25,5	− 57,3	− 43,4
+ 118	+ 11,8	− 15,5	− 29,3
+ 98	+ 9,8	− 35,7	− 17,1
− 24	− 2,4	− 38,0	− 17,2
+ 149	+ 14,9	− 23,2	

(Fortsetzung Seite 282.)

Die Beobachtungen			Summen der Zeilenzahlen	$\frac{l_\varkappa}{n}$	$\overline{l}_\varkappa = \frac{l_1 + l_2 + \cdots + l_\varkappa}{n}$	$\xi_\varkappa$
l_{11}	$l_{12} \cdots$	l_{1n}	l_1	$\frac{l_1}{n}$	$\overline{l}_1 = \frac{l_1}{n}$	$\xi_1 = \overline{l}_1 - \frac{1}{n} l_n$
l_{21}	$l_{22} \cdots$	l_{2n}	l_2	$\frac{l_2}{n}$	$\overline{l}_2 = \frac{l_1 + l_2}{n}$	$\xi_2 = \overline{l}_2 - \frac{2}{n} l_n$
l_{31}	$l_{32} \cdots$	l_{3n}	l_3	$\frac{l_3}{n}$	$\overline{l}_3 = \frac{l_1 + l_2 + l_3}{n}$	$\xi_3 = \overline{l}_3 - \frac{3}{n} l_n$
$\vdots$	$\vdots$	$\vdots$	$\vdots$	$\vdots$	$\vdots$	$\vdots$
l_{n-11}	$l_{n-12} \cdots$	l_{n-1n}	l_{n-1}	$\frac{l_{n-1}}{n}$	$\overline{l}_{n-1} = \frac{l_1 + l_2 + l_3 + \cdots + l_{n-1}}{n}$	$\xi_{n-1} = \overline{l}_{n-1} - \frac{n-1}{n} l_n$
l_{n1}	l_{n2}	l_{un}	l_n	$\frac{l_n}{n}$	$\overline{l}_n = \frac{l_1 + l_2 + l_3 + \cdots + l_n}{n}$	

Summen $= \quad l'_1 \quad l'_2 \quad \cdots \quad l'_n$

$$\eta_1 = -\frac{l'_1}{n}, \quad \eta_2 = -\frac{l'_2}{n}, \quad \therefore \eta_n = -\frac{l'_n}{n}$$

Die letzte Columne giebt die ξ, die letzte Zeile die η. Die Zahlen sind, wie bemerkt, in Trommelteilen ausgedrückt; um sie in metrisches Maass zu verwandeln, hat man sie mit dem Schraubenwert zu multipliciren. Es fand sich aus besonderen Versuchen, dass eine Drehung der Schrauben um 20 solcher Trommelteile gleich einer Translation von 0,001 mm waren; multipliciren wir also die obigen Zahlen mit 0,05, so geben die Producte die innern Fehler und die η in 0,001 mm an, und zwar haben wir

die ξ: 0; $-0{,}8$; $+0{,}9$; $+0{,}3$; $-1{,}5$; $-1{,}0$; $-2{,}1$; $-1{,}5$; $-0{,}9$; $-0{,}9$; 0,
die η: $+0{,}5$; $-2{,}7$; $+2{,}3$; $-0{,}7$; $-0{,}4$; $+3{,}4$; $+0{,}8$; $-2{,}7$; $-2{,}1$; $+2{,}7$.

88d. Bemerkungen über Teilungsfehler und deren Bestimmung. Bestimmung in Teilen. Bei der Ausführung einer Teilungsfehler-Bestimmung nach einer der auseinandergesetzten Methoden ist auf folgendes zu achten.

1. Die Grundvoraussetzungen der Ausgleichung der Beobachtungen bilden: Unabhängigkeit der einzelnen Beobachtungen von einander, Gleichwertigkeit derselben. Erstere wird gewahrt, wenn man alle zur Herstellung einer Beobachtungsgleichung nötigen Operationen unabhängig von allen vorher ausgeführten Operationen vornimmt. Letztere, die Gleichwertigkeit der einzelnen Beobachtungsgleichungen zu erreichen ist sehr schwer, zwar kann man sich so einrichten, dass die mit einem und demselben Hilfsintervall ausgeführten Beobachtungen einander nahe gleichwertig sind, aber Beobachtungen an verschiedenen Längen einander gleichwertig zu machen, ist nicht leicht, zumal die möglichen Fehler (abgesehen von den reinen Einstellungs- und Ablesungsfehlern) im allgemeinen mit der Länge der zu vergleichenden Intervalle wachsen. Man darf auch von vornherein nicht erwarten, dass die einzelnen Beobachtungen alle gleiches Gewicht haben werden, vielmehr wird man den Beobachtungen mit längern Intervallen geringeres Gewicht zuzuschreiben haben als solchen mit kürzern. Indessen liegt es in der Hand des Beobachters, die factisch vorhandenen Unterschiede zwischen den einzelnen Beobachtungen erheblich zu verringern; man muss zu je längern Intervallen man kommt, um so genauer auf Erfüllung der Bedingungen und Beseitigung der Fehler achten, die wir allgemein für Längenmessungen discutirt haben und noch discutiren werden. Namentlich sind Temperaturänderungen während der Vergleichungen ganz auszuschliessen, oder dadurch unschädlich zu machen, dass man die Hilfsintervalle auf Körper von nahezu der thermischen Ausdehnung, welche die zu bestimmende Scale besitzt, aufträgt.

2. Die Arbeit der Rechnung steigt natürlich mit der Anzahl der zu bestimmenden Intervalle, und sie wächst so sehr an, dass ein Vorgehen streng nach der Methode bei einigermassen grosser Intervallzahl Mühen erfordern würde, die in keinem Verhältnis zu dem Erreichbaren stehen, zumal auch die Gleichwertigkeit der einzelnen Beobachtungsgleichungen sich schliesslich nicht mehr wahren lässt. Man teilt darum bei ausgedehnten Scalen die Intervalle in Gruppen, wenn nötig jede dieser Gruppen in weitere Untergruppen u. s. f. ein, bestimmt die Teilungsfehler für jede der Hauptgruppen, dann

für jede Untergruppe u. s. f. und bringt die einzelnen Gruppen mit einander in Verbindung. Ein Beispiel wird am besten zeigen, worauf es hier ankommt.

Es seien die Teilungsfehler eines ganz in mm geteilten Meterstabes zu bestimmen. Das Verfahren nach der allgemeinen Methode würde hier Vergleichungen mit 999 Hilfsintervallen von 1, 2, 3, ..., 999 mm Länge verlangen, und die Rechnung würde sich nicht ohne ausserordentlichen Zeitaufwand ausführen lassen. Wir teilen den Stab erst in 10 Decimeter ein, und bestimmen die Teilungsfehler dieser Decimeter, die Striche, die diese Decimeter begrenzen, haben die Nummern 0, 100, 200, 300, 400, 500, 600, 700, 800, 900, 1000, wir bekommen also, die innern Fehler der Striche 0 und 1000, wie nötig gleich 0 gesetzt, die innern Fehler der Hundertstriche, also die

$$\xi_{100},\ \xi_{200},\ \xi_{300},\ \ldots,\ \xi_{900}.$$

Jedes dieser Decimeter zerlegen wir in (10) Centimeter, und indem wir jedes Decimeter als Scale für sich betrachten, bestimmen wir die innern Fehler ihrer Centimeterstriche. Es seien die Nummern der Centimeterstriche des $i$ten Decimeters $i_0, i_1, i_2, \ldots, i_{10}$, die nach einem der auseinandergesetzten Verfahren bestimmten innern Fehler dieses Decimeters $\xi'_{i_0}, \xi'_{i_1}, \xi'_{i_2}, \ldots, \xi'_{i_{10}}$, dann ist jedenfalls, da die Rechnungen so geführt sind, als ob dieses Decimeter für sich allein ein Ganzes wäre, $\xi'_{i_0} = 0$, $\xi'_{i_{10}} = 0$. Aus der Bestimmung der Fehler der Decimeter kennen wir aber schon den Fehler der dieses Decimeter begrenzenden Decimeterstriche i_0 und i_{10}, und zwar sind diese Fehler den obigen Symbolisirungen zufolge ξ_i und ξ_{i+1}, somit bekommen wir für die wirklichen innern Fehler der Centimeterstriche dieses Decimeters nach Art. 87

$$\xi_i,\ \xi'_{i_1}+\xi_i+1\,\frac{\xi_{i+1}-\xi_i}{10},\ \xi'_{i_2}+\xi_i+2\,\frac{\xi_{i+1}-\xi_i}{10},\ \ldots,\ \xi'_{i_9}+\xi_i+9\,\frac{\xi_{i+1}-\xi_i}{10},\ \xi_{i+1},$$

und es ist so z. B.

$$\xi_0 = 0,\quad \xi_{10} = \xi'_{1_1} + 1\,\frac{\xi_{100}}{10},\ \xi_{20} = \xi'_{1_2} + 2\,\frac{\xi_{100}}{10},\ \ldots,\ \xi_{90} = \xi'_{1_9} + 9\,\frac{\xi_{100}}{10};$$

$$\xi_{100} = \xi_{100},\ \xi_{110} = \xi'_{2_1} + \xi_{100} + 1\,\frac{\xi_{200}-\xi_{100}}{10},\ \xi_{120} = \xi'_{2_2} + \xi_{100} + 2\,\frac{\xi_{200}-\xi_{100}}{10},\ \ldots,$$
$$\xi_{190} = \xi'_{2_9} + \xi_{100} + 9\,\frac{\xi_{200}-\xi_{100}}{10};$$

$$\xi_{200} = \xi_{200},\ \xi_{210} = \xi'_{3_1} + \xi_{200} + 1\,\frac{\xi_{300}-\xi_{200}}{10},\ \xi_{220} = \xi'_{3_2} + \xi_{200} + 2\,\frac{\xi_{300}-\xi_{200}}{10},\ \ldots,$$
$$\xi_{290} = \xi'_{3_9} + \xi_{200} + 9\,\frac{\xi_{300}-\xi_{200}}{10};$$

$$\xi_{800} = \xi_{800},\ \xi_{800} = \xi'_{9_1} + \xi_{800} + 1\,\frac{\xi_{900}-\xi_{800}}{10},\ \xi_{820} = \xi'_{9_2} + \xi_{800} + 2\,\frac{\xi_{900}-\xi_{800}}{10},\ \ldots,$$
$$\xi_{890} = \xi'_{9_9} + \xi_{800} + 9\,\frac{\xi_{900}-\xi_{800}}{10};$$

$$\xi_{900} = \xi_{900},\ \xi_{910} = \xi'_{10_1} + \xi_{900} - 1\,\frac{\xi_{900}}{10},\ \xi_{920} = \xi'_{10_2} + \xi_{900} - 2\,\frac{\xi_{900}}{10},\ \ldots,$$
$$\xi_{1000} = 0,\qquad \xi_{990} = \xi'_{10_9} + \xi_{900} - 9\,\frac{\xi_{900}}{10}.$$

Nachdem man so auch die innern Fehler der Centimeterstriche kennen gelernt hat, bestimmt man in jedem Centimeter, indem man wieder das betreffende Centimeter als selbständige Scale auffasst, die Fehler einzelner Millimeter. Sind diese für das *i*ten Centimeter $\xi''_{i_1}, \xi''_{i_2}, \ldots, \xi''_{i_{10}}$, so hat man wieder $\xi''_{i_1} = 0$, $\xi''_{i_2} = 0$, und man gelangt zu den wahren innern Fehlern der Millimeter in jedem Centimeter, indem man die nun bekannten Fehler der Centimeterstriche benutzt und die gefundenen Fehler ξ'' des betreffenden Centimeters genau so auf die bekannten Fehler des ersten und letzten Strichs dieses Centimeters reducirt wie vorhin die der Centimeter eines Decimeters auf die Fehler der Endstriche des Decimeters.

Obgleich diese Bestimmung und Rechnung in Gruppen nicht so streng ist, wie die nach dem allgemeinen Verfahren, kann es doch zu sehr viel sichereren Resultaten führen wie jenes. Hier darf man nämlich die Beobachtungen in jeder Gruppe als für sich selbst bestehend ansehen und kann ganz nach Bequemlichkeit und Sicherheit der Anordnung die Messungen für jede Gruppe gesondert ausführen. Dort muss man, um die äussern Umstände der Beobachtungen sich stets gleich zu erhalten, ausserordentliche Mittel anwenden und zudem den ganzen Satz von Beobachtungen ohne Zwischenräume auf einmal durchführen. Tut man das nicht, und man ist natürlich meist gezwungen, die Arbeit auf einen mehr oder weniger langen Zeitraum zu verteilen, so kommt man in Gefahr, ungleichwertige Beobachtungsgleichungen zu erhalten.

3. Teilungsfehler von Maassstäben sind zumeist als zufällige Fehler anzusehen, das heisst als Grössen, die nicht nach einem mathematisch formulirbaren Gesetz von Strich zu Strich ihre Werte ändern. Man kann daher auch im allgemeinen nicht von den Teilungsfehlern einzelner Striche auf die anderer Striche schliessen, und darf also auch nicht z. B. aus den bekannten Fehlern der Centimeterstriche, die der Millimeter durch numerische oder graphische Interpolation auch nur mit einiger Sicherheit zu finden hoffen. Teilungsfehler von Strichen auf andere festgezogene Striche zu interpoliren, hat also keinen Sinn. Wol aber darf man Fehler auf ideelle Striche interpoliren, und es ist durchaus berechtigt, wenn man zum Beispiel den Fehler der (gedachten) Mitte eines Millimeters gleich dem Mittel der Fehler, der das Millimeter begrenzenden Striche ansetzt.

4. Es ist bei Auseinandersetzung der Hansen schen Methode immer von gesonderten Hilfsintervallen gesprochen worden, welche zu benutzen sind, selbstverständlich wird man diese Intervalle zu einer Scale vereinigen können, man wird also auch eine Scale benutzen (oder, da es hier auf genaue Einteilung nicht ankommt, sich selbst eine solche einteilen) welche ebenso geteilt ist, wie die zu bestimmende Scale. Bei geeigneter Einrichtung der Messungsmittel kann man übrigens die Intervalle der zu bestimmenden Scale selbst als Hilfsintervalle benutzen, und das ist von ausserordentlichem Vorteil, weil man dann von allen Temperatureinflüssen frei ist. Ein Beispiel für eine solche Einrichtung ist in der citirten Arbeit von Broch angeführt.

5) Die η sind Grössen, die zunächst nur darum gerechnet werden, weil sie in den Gleichungnn, die die ξ enthalten, mit vorkommen, indessen haben sie in vielen Fällen eine selbständige Bedeutung. Einen solchen wichtigen Fall werden wir bei einer spätern Gelegenheit kennen lernen, einer kann gleich hier auseinander gesetzt werden.

In dem Hansen'schen Verfahren ist

$$\eta_\varkappa = f_\varkappa - \varkappa \frac{L+\xi}{n},$$

woselbst $f_\varkappa$ die wahre Länge des $\varkappa$ten Hilfsintervalls, L die nominelle Länge der zu bestimmenden Scale, ξ der Betrag ist, um welchen die wahre Länge der zu bestimmenden Scale ihren Nominalbetrag überschreitet.

Es mögen nun die Hilfsintervalle alle einer einzigen Scale angehören, die so geteilt ist wie die zu bestimmende, f_1 gehe von Strich 0 bis zu 1, f_2 von 0 bis 2, ... f_{n-1} von 0 bis $n-1$. Der Fehler der Gesammtlänge dieser Scale sei $[\xi]$, die innern Teilungsfehler an den einzelnen Strichen derselben seien 0, $[\xi_1]$, $[\xi_2]$, ..., $[\xi_{n-1}]$, 0. Dann ist, wenn der Nominalbetrag einer zwischen 0 und $\varkappa$ gelegenen Strecke mit $[\varkappa]$ bezeichnet wird

$$f_\varkappa = [\varkappa] + [\xi_\varkappa] + \varkappa \frac{[\xi]}{n},$$

aber $[\varkappa]$ ist gleich $\varkappa \frac{L}{n}$, somit wird

$$f_\varkappa = [\xi_\varkappa] + \varkappa \frac{L+[\xi]}{n}$$

und zufolge der obigen Gleichung haben wir

$$\eta_\varkappa = [\xi_\varkappa] + \varkappa \frac{[\xi]-\xi}{n}.$$

$[\xi]-\xi$ ist die Differenz der Gesammtlänge der n Intervalle der zu bestimmenden gegen die Gesammtlänge der n Intervalle der Hilfsscale. Ist diese Differenz bekannt, so lehren also die obigen Gleichungen sofort die $[\xi_\varkappa]$, das heisst, die innern Fehler der Hilfsscale kennen. In der Hansenschen Methode bestimmt man also eigentlich zugleich die Teilungsfehler beider Scalen. Kennt man diese Teilungsfehler für die Hilfsscale schon aus anderweitigen Untersuchungen, so giebt die Vergleichung der aus den η berechneten Beträge derselben ein gutes Mittel die Sicherheit der Messungen für die zu bestimmende Scale zu beurteilen.

Ganz das nämliche gilt auch von dem Leman-Thiesen'schen Verfahren, hier haben wir

$$\eta_\varkappa = f_\varkappa - \frac{L+\xi}{n}.$$

Dabei ist $f_\varkappa$ die Länge des zwischen den zwei aufeinander folgenden Marken $\varkappa - 1$ und $\varkappa$ eingeschlossenen Intervalls, wir bekommen also

$$f_x = [\xi_x] - [\xi_{x-1}] + \frac{L + [\xi]}{n},$$

somit wird

$$\eta_x = [\xi_x] - [\xi_{x-1}] + \frac{[\xi] - \xi}{n}$$

und die ganze nach dem Muster dieser Gleichung gebildete Reihe von n Gleichungen lehrt sofort alle $[\xi]$, zusammen mit $[\xi] - \xi$, also die innern Teilungsfehler zugleich mit der Differenz der Gesammtlängen (letztere natürlich bei der Temperatur in welcher die Vergleichungen ausgeführt sind) kennen.

So resultiren aus dem Seite 280, 282 behandelten Beispiel, zufolge der dort für die η gegebenen Werte, wenn $\frac{[\xi] - \xi}{n} = \lambda$ gesetzt wird die Gleichungen

$$\begin{aligned}
+ 0{,}5 &= [\xi_1] + \lambda, \\
- 2{,}7 &= [\xi_2] - [\xi_1] + \lambda, \\
+ 2{,}3 &= [\xi_3] - [\xi_2] + \lambda, \\
- 0{,}7 &= [\xi_4] - [\xi_3] + \lambda, \\
- 0{,}4 &= [\xi_5] - [\xi_4] + \lambda, \\
+ 3{,}4 &= [\xi_6] - [\xi_5] + \lambda, \\
+ 0{,}8 &= [\xi_7] - [\xi_6] + \lambda, \\
- 2{,}7 &= [\xi_8] - [\xi_7] + \lambda, \\
- 2{,}1 &= [\xi_9] - [\xi_8] + \lambda, \\
+ 2{,}7 &= \quad - [\xi_9] + \lambda,
\end{aligned}$$

woraus sich ergiebt

$$\lambda = \frac{\Sigma \eta}{n} = + \frac{1{,}1}{10} = + 0{,}11$$

und für die $[\xi]$:

$$0;\ + 0{,}39;\ - 2{,}42;\ - 0{,}23;\ - 1{,}04;\ - 1{,}55;\ + 1{,}74;\ + 2{,}43;\ - 0{,}38;\ - 2{,}59;\ 0.$$

Aus anderweitigen Untersuchungen war gefunden worden

$$0;\ + 0{,}66;\ - 2{,}34;\ - 0{,}09;\ - 0{,}75;\ - 1{,}75;\ + 1{,}90;\ + 2{,}73;\ - 0{,}44;\ - 2{,}09;\ 0.$$

Die beiden Zahlenreihen stimmen mit einander recht gut überein, und damit ist auch eine Gewähr für die Genauigkeit der Fehlerbestimmung der untersuchten Scale gewonnen.

Nach ähnlichen Methoden werden auch die Fehler gewisser **Mikrometereinrichtungen** bestimmt.

Ueber Mikrometer, die aus einer festgelegten Scale und einem längs derselben mit dem betreffenden optischen Instrument sich verschiebenden Index bestehen, ist nichts weiter zu sagen, als dass man die Fehler der Scale nach einer der oben auseinandergesetzten Methode zu bestimmen hat.

Auch hinsichtlich der Untersuchung eines etwa benutzten **Glasmikrometers** wäre principiell nichts besonderes anzuführen, Nur ist eine solche Untersuchung, weil ja die Glasmikrometer absichtlich mit sehr enger Teilung versehen werden, meist nicht leicht anzustellen. Am besten bedient man sich eines mit einer Mikrometerschraube montirten vorzüglich stark vergrössernden Mikroskops. Man stellt die Fäden des Mikroskops nacheinander auf die einzelnen Striche der Mikrometerteilung ein und notirt die Ablesungen der Trommel. Die Differenzen der einzelnen Ablesungen geben die Intervallwerte in Teilen der Trommelteilung. Hat man die Schraube gehörig untersucht (wovon bald die Rede sein wird), so kann man die so erhaltene Zahlen in metrische Einheiten ausdrücken. Hervorgehoben muss werden, dass, wenn die Teilung des Glasmikrometers sehr eng ist, das benutzte Mikroskop eine bedeutende Objectivöffnung haben muss.

89. Bestimmung eines Vernier. Besteht das Mikrometer aus einer festen Scale mit einem an dieser sich vorbeischiebenden Vernier, so hat man sowohl die Scale als auch den Vernier zu untersuchen, und zwar natürlich ganz nach einer der oben auseinander gesetzten Methoden. Was aber die Benutzung der so eruirten Teilungsfehler betrifft, so kann über die der festen Scale kein Zweifel herrschen, die Rolle, welche die Fehler des Vernier spielen, wird aber durch folgende Ueberlegung klar. Die Teilung eines Vernier hat wie die jeder Scale zwei Bedingungen zu erfüllen, sie soll einmal ganz gleichmässig sein, und dann zwischen ihren Endmarken eine in jedem Fall vorgeschriebene bestimmte Länge haben.

Ausserdem aber ist noch der Bedingung zu genügen, dass die Intervalle des Vernier in einem vorgeschriebenen Verhältnis zu den Intervallen der festen Scale stehen. Der Einfachheit halber beschränken wir die Betrachtung selbst auf einen vortragenden Vernier mit einer Einteilung, die in derselben Richtung läuft, wie die der festen Scale (Art. 28).

Es sei der Nominalbetrag eines Intervalls der festen Scale gleich α, dann ist der Nominalbetrag eines Intervalls des Vernier gleich $\frac{\lambda\alpha}{\lambda+1}$ und hiernach, wenn die w i r k l i c h e Länge des Vernier vom Index Strich 0 bis zum Strich i gleich β_i ist,

$$(\xi_i') = \beta_i - \frac{\lambda\alpha}{\lambda+1} i; \quad i = 1, 2, 3, \ldots, \lambda+1,$$

allgemein der ganze Fehler an einem der Striche des Vernier. Das gilt in Beziehung des Vernier zu der festen Scale im G a n z e n.

Es stehe der Indexstrich des Vernier zwischen den Strichen $\varkappa$ und $\varkappa+1$ der festen Scale, fällt der Strich i des Vernier mit einem Strich — natürlich dem $\varkappa+i$ — der festen Scale zusammen, so ist für die Teilung des Vernier maassgebend die Strecke der festen Scale, welche zwischen den Strichen $\varkappa$ und $\varkappa+i$ sich befindet. Sind nun die ganzen Fehler der

Scale an diesen Strichen $\xi'_\varkappa$ und $\xi'_{\varkappa+i}$, so ist die mittlere Länge eines Intervalls auf der bezeichneten Strecke $\frac{i\alpha + \xi'_{\varkappa+i} - \xi'_\varkappa}{i}$, also der Betrag, der einem Intervall des Vernier bei dieser Lage desselben zukommen sollte, $\frac{\lambda}{\lambda+1}\left(\alpha + \frac{\xi'_{\varkappa+i} - \xi'_\varkappa}{i}\right)$; die Abweichung der Vernier-Strecke vom Indexstrich bis zu dem Coincidenzstrich von dem $i$fachen Wert dieses Betrages ist $\beta_i - \frac{\lambda}{\lambda+1}(i\alpha + \xi'_{\varkappa+i} - \xi'_\varkappa)$ und hiernach ist die Strecke a, um welche der Indexstrich hinter dem $\varkappa$ten Strich der Scale steht, wie eine leichte Ueberlegung zeigt, gleich

$$a = i\frac{\alpha}{\lambda+1} - \beta_i + \frac{\lambda\alpha}{\lambda+1}i - \frac{\lambda}{\lambda+1}(\xi'_{\varkappa+i} - \xi'_\varkappa)$$
$$= i\frac{\alpha}{\lambda+1} - (\xi'_i) + \frac{\lambda}{\lambda+1}(\xi'_{\varkappa+i} - \xi'_\varkappa).$$

Die auf der festen Scale mit Hilfe des Vernier gemessene Länge $l_\varkappa$ ist aber die Strecke von Strich 0 bis zu der Stelle, welche dem Indexstrich des Vernier gegenübersteht, also wenn, wie früher $(0\varkappa) = \varkappa\alpha$ den Nominalbetrag der Strecke vom Strich 0 bis zu dem $\varkappa$ angiebt, gleich $(0\varkappa) + a + \xi'_\varkappa$, somit wird

$$\text{LVI}'_1)\qquad l = (0\varkappa) + i\frac{\alpha}{\lambda+1} + \xi'_\varkappa - (\xi'_i) + \frac{\lambda}{\lambda+1}(\xi'_{\varkappa+i} - \xi'_\varkappa).$$

Die Correction ist hier also $\xi'_\varkappa - (\xi'_i) + \frac{\lambda}{\lambda+1}(\xi'_{\varkappa+i} - \xi'_\varkappa)$. Wenn die Fehler nicht zu gross sind, darf man $\lambda/(\lambda+1) = 1$ setzen, und dann wird

$$\text{LVI}_1)\qquad l_\varkappa = (0\varkappa) + i\frac{\alpha}{\lambda+1} + \xi'_{\varkappa+i} - (\xi'_i).$$

Wenn die Verniertheilung der der festen Scale entgegenläuft, haben wir, falls der Indexstrich zwischen dem $\varkappa$ten und $\varkappa - 1$ten Strich steht,

$$\text{LVI}_2)\qquad \begin{aligned} l_\varkappa &= (0\varkappa) - \frac{i\alpha}{\lambda+1} + \xi'_\varkappa + (\xi'_i) + \frac{\lambda}{\lambda+1}(\xi'_{\varkappa-i} - \xi'_\varkappa) \\ &= (0\varkappa) - \frac{i\alpha}{\lambda+1} + (\xi'_i) + \xi'_{\varkappa-i} \text{ angenähert.} \end{aligned}$$

Entsprechende Formeln gelten für einen nachtragenden Vernier. Läuft die Teilung eines solchen mit der der festen Scale gleich, und steht der Indexstrich zwischen dem $\varkappa - 1$ten und $\varkappa$ten Strich der festen Scale, so wird

$$\text{LVI}_3)\qquad \begin{aligned} l_\varkappa &= (0\varkappa) - \frac{i\alpha}{\lambda+1} + \xi'_\varkappa + (\xi'_i) + \frac{\lambda}{\lambda+1}(\xi'_{\varkappa+i} - \xi'_\varkappa) \\ &= (0\varkappa) - \frac{i\alpha}{\lambda+1} + \xi'_{\varkappa+i} + (\xi'_i) \text{ angenähert.} \end{aligned}$$

Geht die Teilung der der festen Scale entgegen und liegt der Indexstrich zwischen Strich $\varkappa$ und Strich $\varkappa + 1$, so haben wir

$$\text{LVI}_4)\qquad \begin{aligned} l_x &= (0x) + \frac{i\alpha}{\lambda+1} + \xi'_x - (\xi'_i) + \frac{\lambda}{\lambda+1}(\xi'_{x-i} - \xi'_x) \\ &= (0x) + \frac{i\alpha}{\lambda+1} + \xi'_{x-i} - (\xi'_i) \text{ angenähert.} \end{aligned}$$

Damit sind alle in der Praxis vorkommenden Fälle erschöpft.

Wenn mit Hilfe einer mit einem Vernier versehenen Scale eine gewisse Strecke ausgemessen wird, kommt natürlich der Vernier in zwei Lagen zur Ablesung, einmal bei der Pointirung auf das eine Ende der zu messenden Strecke und dann bei der auf das andere Ende derselben. Das Resultat stellt sich dann als Differenz zweier Formeln von der obigen Gestalt. Beachtet man das, so ist es nicht nötig, hier noch einen besonderen *Indexfehler* einzuführen.

Mit einem Kathetometer, welches seinen Maassstab in sein Prisma eingelassen hatte und nur ein mit einem Vernier versehenes Instrument trug, wurde der Barometerstand durch Einstellung auf das untere und obere Niveau der Quecksilbersäule bestimmt. Die Teilung des Maassstabes ging von oben nach unten und war in mm ausgeführt; die gleiche Richtung hatte die Teilung des Vernier, 10 Intervalle des letztern entsprachen aber 9 des erstern. Bei der Einstellung auf das obere Niveau fand sich der Indexstrich zwischen Strich 215 und 216, und es fiel der sechste Vernierstrich mit einem Strich des Maassstabes, dem Strich 221 zusammen.

Bei der Einstellung auf das untere Niveau erschien der Indexstrich zwischen den Strichen 980 und 981 und es coincidirte der 8 Vernierstrich mit einem Strich des Maassstabes dem Strich 988.

Eine besondere Untersuchung des Maassstabes hatte für die ganzen Fehler der in Frage kommenden Striche 215, 221, 980, 988 die Werte + 0,05 mm, + 0,12 mm, — 0,09 mm, + 0,01 mm für die Striche 6 und 8 des Vernier, die + 0,03 mm, — 0,01 mm ergeben.

Hiernach haben wir für den gesuchten Barometerstand in mm

$$\begin{aligned} B = \;& 980 + \frac{8}{10} - 0{,}09 + 0{,}01 + \frac{9}{10}(0{,}01 + 0{,}09) \\ & - \left(215 + \frac{6}{10} + 0{,}05 - 0{,}03 + \frac{9}{10}(0{,}12 - 0{,}05)\right) = 765{,}12 \text{ mm.} \end{aligned}$$

Als „Indexfehler“ hätte man in diesem Fall den Abstand der Centralaxe des pointirenden Instruments von einer durch den Indexstrich gelegten Horizontalebene zu bezeichnen. Dieser Fehler kommt aber nicht in Frage, weil er in der untern Einstellung so gross ist wie in der obern und im Resultat herausfällt.

Es können aber Fälle eintreten, wo die Kenntnis des Indexfehlers anscheinend nicht entbehrt werden kann. So zum Beispiel wird bei einem Barometer, welches zu Ablesungen nach Fortins Methode eingerichtet ist, nur die Lage des obern Niveaus wirklich bestimmt, das untere Niveau wird vor der Ablesung immer bis zu derselben Höhe angehoben. Benutzt man hier zur Einstellung eine kleine Lupe und zur Ablesung einen mit dieser Lupe verbundenen Vernier, so sollte der Indexstrich des Vernier mit der Centralaxe der Lupe coincidiren, denn die Richtung dieser Axe giebt die Richtung, in welcher dies eingestellte Niveau liegt. Geschieht das nicht, so bekommt man eine zu hohe oder zu niedrige Ablesung am Indexstrich. Hier müsste man nun in der Tat den Indexfehler, den Abstand der Centralaxe der Lupe von einer durch den Indexstrich gelegten Horizontalebene bestimmen. Da das, weil es sich um Abstand einer ideellen Linie von einer ideellen Ebene handelt, mit grossen Schwierigkeiten verbunden ist, hilft man sich so, dass man das betreffende Barometer einmal mit einem andern, dessen Angaben bekannt sind, vergleicht, oder auch das Barometer einmal nicht blos mit den ihm beigegebenen Mitteln, sondern auch mit einem Kathetometer abliest. Ergiebt die erste Ablesung den Stand B', die zweite den B, so kann $B - B'$ als Indexfehler des betreffenden Vernier angesehen werden, und zu alle .fernerhin an dem Barometer gemachten Bestimmungen ist die Grösse $+(B - B')$ hinzuzufügen.

Andere Fälle erledigen sich nach ganz denselben Principien.

XIII. Bestimmung von Schraubenfehlern.

Die wichtigste Mikrometereinrichtung ist die des Schraubenmikrometers; auf die Fehler, die Schraubenmikrometer haben können, ist zuerst von Bessel*) hingewiesen, und diesem Forscher verdanken wir auch die Angaben von Mitteln, diese Fehler zu untersuchen.

90. Uebersicht über die Fehler einer Schraube. Wenn eine Mikrometereinrichtung mit Schraube als fehlerfrei soll bezeichnet werden dürfen, muss der lineare Wert einer Drehung derselben um irgend einen kleinen Winkel in allen Stellungen der Schraube derselbe sein; wo sich also auch im Gesichtsfeld das Fadenpaar befinden mag, es muss sich immer um dieselbe Strecke verschieben, wenn die Schraube um denselben Winkel gedreht ist. Das ist nun in der Praxis durchaus nicht immer der Fall; weder wird die Schraube immer so geschnitten sein, dass sie überall dieselbe Ganghöhe hat, und dass die Schraubenlinie abgewickelt eine Gerade ist, noch wird die an den die Fäden tragenden Rahmen befestigte Mutter die Schraubengänge überall eng und ohne Zwang umfassen. Es kann auch die Lagerung der Schraube nicht fehlerfrei hergestellt werden, namentlich können die Punkte, mit denen die Schraube sich gegen feste Flächen der Mikrometereinrichtung stützen muss, während des Drehens auf den Stützflächen oder auf der Schraube selbst wandern.

Man kann die Fehler eines Schrauben-Mikrometers als aus drei Hauptfehlern zusammengesetzt ansehen.

*) Darstellung der Untersuchungen und Maassregeln, welche in den Jahren 1835 bis 1838 durch die Einheit des preussischen Längenmaasses veranlasst worden sind, Berlin 1839.

1. *Der todte Gang* (Dead beat bei den Engländern). Mit diesem Namen bezeichnet man einen Fehler, der dadurch entsteht, dass die Mutter die Schraube nicht eng umfasst. Schrauben, welche todten Gang haben, lassen sich mehr oder weniger drehen, ohne dass dabei das Fadenpaar im Gesichtsfeld eine Verschiebung erleidet; da man die Verschiebung des Fadenpaars immer an der Schraubentrommel abliest, so würde hier einer abgelesenen Verschiebung keine reelle Verschiebung entsprechen, und so sieht man, dass der todte Gang sich in seiner ganzen Grösse als Fehler bemerkbar zu machen vermag. Kann nun zwar auch der Mechaniker durch geschickte Einrichtung der Mutter*) den todten Gang auf ein Minimum reduciren, so bleibt dieser todte Gang doch immer sehr gefährlich, weil er im Laufe der Zeit durch Abnutzung von Schraube und Mutter immer mehr anwächst. Man vermeidet den todten Gang, wenn man die Schraube bei den Messungen immer nach derselben Richtung dreht und zwar am besten nach der Richtung, nach welcher die Schraube, wenn sie frei wäre, herausgedreht würde; also bei rechts drehenden Schrauben (und das sind in unsern Instrumenten die meisten Schrauben) entgegen der Bewegungsrichtung der Zeiger einer Uhr, die man sich auf die Trommel, das Zifferblatt nach oben oder aussen, aufgelegt denkt. Hiernach hätte man sich bei den Messungen so einzurichten, dass man die Schraube immer nur in einer Richtung (in der angegebenen) zu benutzen braucht. Wo die Schraube nicht selbst zu Messungen dient, sondern nur kleine Bewegungen hervorzubringen gestatten soll, ist es natürlich für die Messung gleichgiltig, ob todter Gang da ist oder nicht.

2. *Der fortschreitende Fehler.* Aendert die Schraube an verschiedenen Stellen ihre Ganghöhe, so wird einer vollen Umdrehung derselben (um 360°) nicht an allen Stellen die gleiche Verschiebung des Fadenpaars entsprechen. Da die Ganghöhe im allgemeinen von Gang zu Gang continuirlich variiren wird, so ändert sich auch der Linearwert einer vollen Umdrehung (das heisst eben die derselben entsprechende Verschiebung des Fadenpaars) stetig und wird grösser oder kleiner, oder bis zu einer gewissen Stelle grösser und dann wieder kleiner u. s. f., und giebt so zur Entstehung eines fortschreitend sich ändernden Fehlers der Schraube Veranlassung.

3. *Die periodischen Fehler.* Auch innerhalb einer einzigen vollen Umdrehung der Schraube brauchen gleichen Drehungswinkeln noch nicht gleiche Verschiebungsgrössen zu entsprechen. Die Abweichungen der Schraubenlinie von der geometrischen Idealform, kleine Unregelmässigkeiten an den Stützpunkten der Schraube, ändern das Verhältnis der Verschiebung zur Drehung von Grad zu Grad. Die Erfahrung hat aber gelehrt, dass jene Abweichungen von der Idealform in den einzelnen Ganghöhen zufolge der Herstellungsart der Schrauben (wenigstens in einem mehr oder weniger grossen Stück der Schraube) in immer gleicher Weise auftreten, und da auch der Ein-

*) Eine ganz besonders schöne und zum Nachcorrigiren bequeme Einrichtung hat der Mechaniker Reichel (Berlin) angegeben.

fluss der Unregelmässigkeiten an den Stützpunkten in allen Umdrehungen derselbe sein muss, treten diese Veränderungen in dem Verhältnis der Verschiebung zur Drehung in den einzelnen vollen Umdrehungen immer in derselben Weise auf, sind also periodische Functionen der Drehungswinkel. Hat man sie für eine Umdrehung bestimmt, so gelten sie für alle andern (voraufgehenden oder nachfolgenden) Umdrehungen.

Zur Zählung der Umdrehungen haben die Mikrometer gewöhnlich ein in der Bildebene des Oculars angebrachtes gezahntes Lineal, ein *Rechen*; die Drehung von Zahn zu Zahn entspricht einer vollen Umdrehung; eine Stelle des Rechens ist durch einen längern Zahn oder ein kleines Loch u. s. f. besonders hervorgehoben, von dieser aus zählt man bequem die ausgeführten Umdrehungen.

91. Berücksichtigung der Schraubenfehler. Wir wollen annehmen, dass wir uns in der $\varkappa$ten Umdrehung befinden, und dass diese Umdrehung beginnt, wenn der 0 Strich der Trommel dem Index gerade gegenübersteht, und fortschreitet, wenn wir von 0 in Richtung der wachsenden Zahlen drehen. Die Trommel habe n Intervalle, die Striche seien mit den Nummern 0, 1, 2... versehen, derartig dass n mit 0 zusammenfällt.

Ich bezeichne die einzelnen Striche der Trommelteilung, je nachdem wir uns in der ersten, zweiten, dritten, ... Umdrehung der Schraube befinden, mit $0_1, 1_1, 2_1, \ldots, n_1$; $0_2, 1_2, 2_2, \ldots, n_2$; $0_3, 1_3, 2_3, \ldots, n_3$; ...

Die Anzahl der in Frage kommenden Trommelumdrehungen sei gleich m, mn ist dann die Zahl aller Trommelintervalle für alle Umdrehungen zusammengenommen, und wenn die den m Umdrehungen entsprechende Linearverschiebung der Fäden gleich A ist, hat man für die mittlere einer Umdrehung beziehungsweise einem Trommelteil entsprechende Linearverschiebung

$$R = \frac{A}{m}, \quad r = \frac{A}{mn}.$$

Sind nun die wahren, den einzelnen Umdrehungen entsprechenden Verschiebungen gleich $R_1, R_2, \ldots, R_m$, so geben

$$\xi'_1 = R_1 - R, \ \xi'_2 = R_2 - R, \ \ldots, \ \xi_m = R_m - R$$

die Fehler der einzelnen Umdrehungen, und es sind

$$\xi_0 = 0; \ \xi_1 = R_1 - R; \ \xi_2 = R_1 + R_2 - 2R; \ \xi_3 = R_1 + R_2 + R_3 - 3R$$
$$\ldots \ \xi_{n-1} = R_1 + R_2 + \cdots + R_{n-1} - (n-1)R; \ \xi_m = 0$$

die innern fortschreitenden Fehler der die einzelnen Umdrehungen begrenzenden Striche, also der Striche $0_1, 0_2, 0_3, \ldots, 0_{m+1}$, (wofür wir auch sagen können $0_1, n_1, n_2, n_3, \ldots, n_m$).

Hiernach haben wir für den innern fortschreitenden Fehler des Strichs i in der $\varkappa$ten Umdrehung (also des Strichs $i_\varkappa$)

$$\xi_{i_\varkappa} = \xi_{\varkappa-1} + \frac{\xi_\varkappa - \xi_{\varkappa-1}}{n} i.$$

Um den ganzen Fehler am Strich i der $\varkappa$ten Umdrehung zu erhalten, ist hierzu noch der periodische Fehler zu addiren; bezeichnen wir denselben mit p_i, so wird dieser ganze Fehler

$$\text{LVII)} \qquad f_{i_\varkappa} = \xi_{\varkappa-1} + \frac{\xi_\varkappa + \xi_{\varkappa-1}}{n} i + p_i.$$

Hat man also ein Intervall mit der Schraube auszumessen und bei der Pointirung auf den ersten Grenzstrich dieses Intervalls in der λten Umdrehung $i' + \alpha'$, wo α' die (in Teilen des Trommelintervalls $i' + 1$ bis i' geschätzte) Strecke ist, um welche der Index hinter dem Strich i' steht, bei der der Pointirung auf den zweiten Begrenzungsstrich in der $\varkappa$ten Umdrehung $i'' + \alpha''$, wo α'' eine ähnliche Bedeutung wie α' hat, abgelesen, so ist die Länge des bezeichneten Intervalls ausgedrückt in mittlern Trommelteilen:

$$(\varkappa - \lambda) R + (i'' + \alpha'' - i' - \alpha') \frac{R}{n} + f_{(i''+\alpha'')_\varkappa} - f_{(i'+\alpha')_\lambda}.$$

Ist die Differenz der ganzen Fehler zweier auf einander folgender Striche

$$f_{(i+1)_\varkappa} - f_{i_\varkappa} = \Delta f_{i_\varkappa},$$

so darf man mit genügender Genauigkeit

$$f_{(i''+\alpha'')_\varkappa} = f_{i''_\varkappa} + \alpha'' \Delta f_{i''_\varkappa}, \quad f_{(i'+\alpha')_\lambda} = f_{i'_\lambda} + \alpha' \Delta f_{i'_\lambda}$$

interpoliren. Die Ausdrücke für die f und Δf in ξ und p zu ersetzen, hat keinen Wert, da man doch die ganzen Fehler tabellarisch zusammenstellen wird.

Gewöhnlich führt die Bestimmung der Schraubenfehler nicht zu deren Beträgen in Linearmaass, sondern in Teilen der Trommelteilung; alsdann sind auch die f mit $\frac{R}{n}$ zu multipliciren. Bezeichnen wir den mittlern, durch Ausmessung der ganzen m Umdrehungen abgeleiteten, Schraubenwert mit $\bar{\tau}$ so ist also die gesuchte Strecke

$$\text{LVIII)} \qquad I = \bar{\tau}\left(n(\varkappa - \lambda) + i'' + \alpha'' - (i' + \alpha') + f_{(i''+\alpha'')_\varkappa} - f_{(i'+\alpha')_\lambda}\right).$$

Man kann die fortschreitenden Fehler zusammen mit den periodischen, also die ganzen Fehler, in einer Untersuchungsreihe bestimmen und zwar, indem man eine Anzahl bekannter Intervalle mit der Schraube von verschiedenen Stellen derselben aus misst. Es ist aber besser und auch bequemer, die beiden Fehlergruppen getrennt von einander zu bestimmen.

92. Bestimmung der fortschreitenden Fehler. Will man die fortschreitenden Fehler bestimmen, so muss man sich von den periodischen Fehlern unabhängig machen, man muss dieselben also für Intervalle bestimmen, deren Endmarken gleiche oder wenigstens sehr nahe gleiche periodische Fehler haben, oder man muss die periodischen Fehler durch die Art der Beobachtung eliminiren.

Nach der ersten Methode verschafft man sich ein Intervall, welches mit dem Mikrometer ausgemessen, sehr nahe gleich einer Umdrehung ist, oder man benutzt eine Scale, die mindestens m solche Intervalle enthält, und schlägt ein Verfahren ein, welches einem der bei der Bestimmung des Teilungsfehlers eines Maassstabes benutzten genau entspricht.

Wir wollen annehmen, dass eine ganze Scale zur Verfügung steht; alsdann kann man zunächst das in dem Art. 88 auseinandergesetzte Verfahren einschlagen. Wir legen diese Scale unter das optische Instrument, dem das zu bestimmende Mikrometer angehört, drehen die Schraube so, dass wir mit der ersten zu bestimmenden Umdrehung anfangen können, und schieben die Scale so zurecht, dass der erste von ihr zu benutzende Strich im Gesichtsfeld und nahezu pointirt erscheint, die Ablesung der Schraube bei der wirklichen Pointirung auf diesen Strich sich also in der Nähe von 0_1 befindet. Nun messen wir mit der Schraube das erste Intervall, dann das zweite, dritte, ..., oder wir messen mit der Schraube das erste Intervall, dann das erste und zweite zusammen, dann das erste, zweite und dritte zusammen u. s. f. und bekommen, wenn die Ablesungen bei den einzelnen Pointirungen sind, im ersten Fall l'_0, l_1 für das erste Intervall, l'_1, l_2 für das zweite u. s. f.; im zweiten Fall l_{01}, l_1 für das erste, l_{02}, l_2 für das erste und zweite zusammen, l_{03}, l_3 für das erste, zweite und dritte zusammen, entweder direct die einzelnen Schraubenumdrehungen $R_1, R_2 \ldots, R_m$ ausgedrückt durch die Längen (01), (12), ..., $(m-1m)$ der einzelnen Intervalle der Scale, nämlich

$$\text{LIX}_1)\qquad R_1 = n\frac{(01)}{l_1 - l'_0},\quad R_2 = n\frac{(12)}{l_2 - l'_1},\quad \ldots,\quad R_m = n\frac{(m-1m)}{l_m - l'_{m-1}},$$

oder die erste Schraubenumdrehung, die erste zusammen mit der zweiten, die erste zusammen mit der zweiten und dritten, u. s. f. nämlich

$$\text{LIX}_2)\qquad \begin{aligned} &R_1 = n\frac{(01)}{l_1 - l_{01}},\quad R_1 + R_2 = 2n\frac{(02)}{l_2 - l_{02}},\quad \ldots,\\ &\qquad\qquad R_1 + R_2 + \cdots + R_m = nm\frac{(0m)}{l_m - l_{0m}}. \end{aligned}$$

Im ersten Fall hat man für den mittlern Wert R einer Umdrehung

$$\text{LX}_1)\qquad R = \frac{n}{m}\left\{\frac{(01)}{l_1 - l'_0} + \frac{(12)}{l_2 - l'_1} + \cdots + \frac{(m-1m)}{l_m - l'_{m-1}}\right\},$$

und es sind die innern Fehler an den Enden der einzelnen Umdrehungen

$$\text{LXI}_1)\quad \begin{aligned} &\xi_1 = 0,\ \xi_2 = n\frac{(01)}{l_1 - l'_0} - R,\ \xi_3 = n\left(\frac{(01)}{l_1 - l'_0} + \frac{(12)}{l_2 - l'_1}\right) - 2R, \cdots, \\ &\xi_{m-1} = n\left(\frac{(01)}{l_1 - l'_0} + \frac{(12)}{l_2 - l'_1} + \cdots + \frac{(m-2\,m-1)}{l_{m-1} - l'_{m-2}}\right) - (m-1)R,\ \xi_m = 0. \end{aligned}$$

Im zweiten Fall ist der mittlere Wert R einer Umdrehung gleich

$$\text{LX}_2)\qquad R = n\frac{(0m)}{l_m - l_{0m}}$$

und die innern fortschreitenden Fehler finden sich aus

$$\text{LXI}_2)\quad \begin{aligned} &\xi_0 = 0,\ \xi_1 = n\left(\frac{(01)}{l_1 - l_{01}} - \frac{(0m)}{l_m - l_{0m}}\right),\ \xi_2 = n\left(\frac{(02)}{l_2 - l_{02}} - 2\frac{(0m)}{l_m - l_{0m}}\right), \cdots, \\ &\xi_{m-1} = n\left(\frac{(0m-1)}{l_{m-1} - l_{0m-1}} - (m-1)\frac{(0m)}{l_m - l_{0m}}\right),\ \xi_m = 0. \end{aligned}$$

Die Gleichungen geben die den Umdrehungen entsprechenden Linearverschiebungen, oder die innern Fehler der Umdrehungen, ausgedrückt in der gerade gewählten Lineareinheit, man muss aber natürlich die Linearwerte der einzelnen Intervalle der benutzten Scale kennen.

Man kann nun die innern fortschreitenden Fehler der einzelnen Umdrehungen auch ganz unabhängig von der Kenntnis der Linearbeträge der Scalenteile bestimmen, indem man analog wie bei dem Hansen'schen oder Leman-Thiesen'schen Verfahren für Bestimmung innerer Teilungsfehler vorgeht. Nach jenem Verfahren misst man erst ein Intervall der Scale mit allen Umdrehungen aus, dann zwei mit der ersten und zweiten, zweiten und dritten, dritten und vierten u. s. f., dann drei mit der ersten, zweiten und dritten, zweiten, dritten und vierten u. s. f. Umdrehung, u. s. f.; nach dem Leman-Thiesen'schen misst man jedes Scalenintervall mit allen Schraubenumdrehungen aus. Die Beobachtungsgleichungen sind genau so gebaut, wie im Fall der Teilungsfehlerbestimmung nach einer dieser Methoden, und die Rechnung wird auch genau so geführt. Man bekommt aber die gesuchten Fehler ausgedrückt in Teilen der Trommel. Misst man demnach ein allen m Umdrehungen entsprechendes bekanntes Intervall mit allen diesen Umdrehungen aus, so erhält man den mittlern Schraubenwert und kann dann alle Reductionen von Schraubenteilen auf Linearmaass ausführen.

93. Bestimmung der periodischen Fehler. Was die periodischen Fehler an den Strichen in jeder Umdrehung der Schraube betrifft, so könnte man auch diese ganz so wie innere Teilungsfehler bestimmen. Es ist aber nicht nötig, die Fehler von Strich zu Strich zu bestimmen, denn zufolge der angegebenen wahrscheinlichen Entstehungsursachen werden die Beträge derselben nicht zufällig sein, sondern sich an einander continuirlich anschliessen, so dass man sie auch durch eine einzige Formel wird zusammenfassen können.

Bessel hat die bezeichneten Fehler, weil sie periodischen Charakter haben, durch periodische Functionen darzustellen vorgeschlagen. Ist n die Anzahl der durch die äquidistanten Striche 0, 1, 2, 3, ..., n getrennten Intervalle auf der Trommel, i die Nummer eines der Striche, so setzt man nach Bessel

$$\begin{aligned} p_i = & \; x_1 \cos\left(i\,\frac{360^\circ}{n}\right) + x_2 \cos\left(2i\,\frac{360^\circ}{n}\right) + \cdots \\ & + y_1 \sin\left(i\,\frac{360^\circ}{n}\right) + y_2 \sin\left(2i\,\frac{360^\circ}{n}\right) + \cdots \end{aligned}$$

und bestimmt die Constanten $x_1, x_2, \ldots, y_1, y_2, \ldots$, indem man die periodischen Fehler für einzelne Striche beobachtet. Bei den mit den jetzigen Hilfsmitteln gefertigten Schrauben kommt man mit zwei Gliedern in jeder der Reihen aus, bei älteren Schrauben kann man gezwungen sein, drei oder noch mehr Glieder ansetzen zu müssen.

Zu bemerken ist noch, dass der obige Ansatz für die periodischen Fehler auch für den ersten und letzten Strich einen Fehler indicirt, nämlich

$$p_0 = p_n = x_1 + x_2 + \cdots,$$

die periodischen Fehler sind also bis auf eine Constante bestimmt, da aber nur Differenzen dieser Fehler in Frage kommen, ist das nicht von Belang.

Das für die Rechnung bequemste Verfahren ist nun das folgende:

Man wählt die Striche, für welche die periodischen Fehler beobachtet werden sollen, so aus, dass sie alle von einander gleichweit abstehen und dass ausserdem die Anzahl von Intervallen, die zwei solcher Striche einschliessen, in der ganzen Anzahl von Intervallen einer Umdrehung aufgeht, ist also diese Anzahl i, so soll i ein Divisor von n, $\frac{n}{i}$ eine ganze Zahl, etwa $\varkappa$ sein. Die Nummern der herausgesuchten Striche sind also

$$0,\; i,\; 2i,\; 3i,\; \ldots,\; (\varkappa - 1)i,\; n.$$

Nun verschafft man sich irgend ein Hilfsintervall, über dessen vorteilhafteste Grösse später einiges gesagt werden wird. Man stellt die Schraube auf 0 und schiebt das Hilfsintervall so, dass ihr erster Strich im Mikrometer nahezu pointirt erscheint. Hat man auf diesen Strich und dann auf den zweiten pointirt, so dreht man die Schraube auf i und verschiebt das Hilfsintervall bis wieder sein erster Strich pointirt erscheint, man pointirt auf beide Striche, dreht die Schraube auf $2i$, verschiebt das Hilfsintervall u. s. f. In der letzten Operation dreht man die Schraube auf $(\varkappa - 1)i$ und verschiebt das Hilfsintervall bis sein erster Strich pointirt erscheint.

Es sei die wahre Länge des Hilfsintervalls ausgedrückt in mittlern Trommelteilen gleich l, es seien ferner die Ablesungen der Schraube in den einzelnen Pointirungen auf die beiden begrenzenden Striche des Hilfsintervalls paarweise l_0, l'_0; l_i, l'_i; l_{2i}, l'_{2i}; ..., dann sind die Ablesungen l_0, l_i, l_{2i}, ... in der Nähe der Trommelmarken $0, i, 2i, \ldots, (\varkappa - 1)i$ ausgeführt, die l'_0, l'_i, l'_{2i}, ... in der Nähe der Trommelmarken l, $l+i$, $l+2i$, ..., $(l+\varkappa-1)i$. Bezeichnen wir die fortschreitenden Fehler an den Ablesungsstellen mit f_0, f'_0; f_1, f'_1; f_2, f'_2; ..., die periodischen Fehler ausgedrückt in Trommelteilen mit p_0, p'_0; p_i, p'_i; p_{2i}, p'_{2i}, ..., so haben wir (Art. 91)

$$l=(l'_0-l_0)+p'_0-p_0+f'_0-f_0,$$
$$l=(l'_i-l_i)+p'_i-p_i+f'_1-f_1,$$
$$l=(l'_{2i}-l_{2i})+p'_{2i}-p_{2i}+f'_2-f_2,$$

u. s. f.

Es ergeben hiernach die Beobachtungen, wenn man für die p ihre Ausdrücke durch periodische Functionen einsetzt, und allgemein

$$l_\alpha+f_\alpha=\overline{l}_\alpha,\quad l'_\alpha+f'_\alpha=\overline{l'_\alpha}$$

macht, zur Bestimmung der in diesen Ausdrücken noch enthaltenen Coefficienten, Gleichungen von der Form

$$\begin{aligned} l-(\overline{l'_\alpha}-\overline{l}_\alpha)= &\; x_1\left\{\cos\left(l'_\alpha\frac{360^\circ}{n}\right)-\cos\left(l_\alpha\frac{360^\circ}{n}\right)\right\}\\ &+x_2\left\{\cos\left(2l'_\alpha\frac{360^\circ}{n}\right)-\cos\left(2l_\alpha\frac{360^\circ}{n}\right)\right\}+\cdots\\ &+y_1\left\{\sin\left(l'_\alpha\frac{360^\circ}{n}\right)-\sin\left(l_\alpha\frac{360^\circ}{n}\right)\right\}\\ &+y_2\left\{\sin\left(2l_\alpha\frac{360^\circ}{n}\right)-\sin\left(2l_\alpha\frac{360^\circ}{n}\right)\right\}+\cdots \end{aligned}\qquad \alpha=0,1,2,\ldots,\varkappa-1$$

oder, wenn man die Differenzen der trigonometrischen Functionen in Producte verwandelt

$$\begin{aligned} (\overline{l'_\alpha}-\overline{l}_\alpha)-l= &\; 2x_1\;\sin(l'_\alpha+l_\alpha)\frac{360^\circ}{2n}\;\sin(l'_\alpha-l_\alpha)\frac{360^\circ}{2n}\\ &+2x_2\sin2(l'_\alpha+l_\alpha)\frac{360^\circ}{2n}\sin2(l'_\alpha-l_\alpha)\frac{360^\circ}{2n}+\cdots\\ &-2y_1\;\cos(l'_\alpha+l_\alpha)\frac{360^\circ}{2n}\;\sin(l'_\alpha-l_\alpha)\frac{360^\circ}{2n}\\ &-2y_2\cos2(l'_\alpha+l_\alpha)\frac{360^\circ}{2n}\sin2(l'_\alpha-l_\alpha)\frac{360^\circ}{2n}-\cdots \end{aligned}\qquad \alpha=0,1,2,\ldots,\varkappa-1$$

Solcher Gleichungen hat man $\varkappa$, d. h. $\frac{n}{i}$, löst man dieselben, da die Grössen linker Hand wie die Factoren der x, y rechter Hand durch die Beobachtungen gegeben sind, nach der Methode der kleinsten Quadrate auf, so erhält man die gesuchten Werte der Coefficienten und kann dann den periodischen Fehler für jeden andern Strich berechnen. Die Auflösung der obigen Gleichungen muss, wenn die Schraube starke periodische Ungleichheiten hat, nach dem allgemeinen Ausgleichsschema bewerkstelligt werden, und es ist darüber nichts weiter zu sagen. Ist jedoch die Schraube mit nur geringen

Fehlern behaftet — wie das bei neueren Schrauben meist der Fall sein wird — so kann man eine einflusslose Vernachlässigung machen, die die Beobachtungsgleichungen auf eine Form zu bringen gestattet, welche unmittelbar die Anwendung des so bequemen in Teil I, Seite 469 gegebenen Rechenschemas zulässt.

Da dann nämlich die einzelnen Differenzen $l'_\alpha - l_\alpha$, welche die Länge des Hilfsintervalls in Trommelteilen angeben, nur wenig von einander abweichen werden, darf man sie unter den Sinus- und Cosinuszeichen als alle einander gleich ansehen. Man vernachlässigt also bei der Berechnung der Argumente der trigonometrischen Functionen die Fehler der Schraube und setzt

$$l'_0 - l_0 = l'_1 - l_1 = l'_2 - l_2 = \cdots = l'_{\frac{n}{i}-1} - l_{\frac{n}{i}-1} = \overline{l},$$

somit

$$l'_0 + l_0 = 2l_0 + \overline{l},\quad l'_1 + l_1 = 2l_1 + \overline{l},\ \ldots,\ l'_{\frac{n}{i}-1} + l_{\frac{n}{i}-1} = 2l_{\frac{n}{i}-1} + \overline{l},$$

wo $\overline{l}$ einen mittlern Betrag dieser Differenzen andeutet, der aus der Gleichung

$$\overline{l} = \frac{(l'_0 - l_0) + (l'_1 - l_1) + \cdots + \left(l'_{\frac{n}{i}-1} - l_{\frac{n}{i}-1}\right)}{\frac{n}{i}}$$

gewonnen wird.

Macht man dann

$$2x_1 \sin\frac{\overline{l}}{2}\frac{360^\circ}{n} = \eta'_1,\qquad 2x_2 \sin 2\frac{\overline{l}}{2}\frac{360^\circ}{n} = \eta'_2,\ \ldots$$

$$-2y_1 \sin\frac{\overline{l}}{2}\frac{360^\circ}{n} = \xi'_1,\quad -2y_2 \sin 2\frac{\overline{l}}{2}\frac{360^\circ}{n} = \xi'_2,\ \ldots$$

so wird

$$(\overline{l'_\alpha} - \overline{l_\alpha}) - l = \xi'_1 \cos\left(l_\alpha + \frac{\overline{l}}{2}\right)\frac{360^\circ}{n} + \xi'_2 \cos 2\left(l_\alpha + \frac{\overline{l}}{2}\right)\frac{360^\circ}{n} + \cdots$$

$$+ \eta'_1 \sin\left(l_\alpha + \frac{\overline{l}}{2}\right)\frac{360^\circ}{n} + \eta'_2 \sin 2\left(l_\alpha + \frac{\overline{l}}{2}\right)\frac{360^\circ}{n} + \cdots$$

oder indem man zur weitern Abkürzung

$$\xi'_1 \cos\frac{\overline{l}}{2}\frac{360^\circ}{n} + \eta'_1 \sin\frac{\overline{l}}{2}\frac{360^\circ}{n} = \xi_1,\quad \xi'_2 \cos 2\frac{\overline{l}}{2}\frac{360^\circ}{n} + \eta'_2 \sin 2\frac{\overline{l}}{2}\frac{360^\circ}{n} = \xi_2,\ \cdots$$

$$\eta'_1 \cos\frac{\overline{l}}{2}\frac{360^\circ}{n} - \xi'_1 \sin\frac{\overline{l}}{2}\frac{360^\circ}{n} = \eta_1,\quad \eta'_2 \cos 2\frac{\overline{l}}{2}\frac{360^\circ}{n} - \xi'_2 \sin 2\frac{\overline{l}}{2}\frac{360^\circ}{n} = \eta_2,\ \cdots$$

setzt

$$(\overline{l'_\alpha} - \overline{l_\alpha}) - l = \xi_1 \cos l_\alpha \frac{360^\circ}{n} + \xi_2 \cos 2l_\alpha \frac{360^\circ}{n} + \cdots + \eta_1 \sin l_\alpha \frac{360^\circ}{n}$$

$$+ \eta_2 \sin 2l_\alpha \frac{360^\circ}{n} + \cdots$$

Die Ablesungen l_0, l_1, l_2, ... geschehen nun in unmittelbarer Nähe der Striche 0, i, $2i$, ..., und es hängt lediglich vom Beobachter ab, durch gehörige Einstellung des Hilfsintervalls dieselben den Ablesungen der Striche 0, i, $2i$, ... selbst beliebig nahe zu bringen. Wir dürfen sie daher ohne weiteres den Ablesungen 0, i, $2i$, ... gleichsetzen und erhalten

$$(\overline{l'_\mathfrak{a}} - \overline{l_\mathfrak{a}}) - l = \xi_1 \cos \mathfrak{a} i \frac{360^\circ}{n} + \xi_2 \cos 2\mathfrak{a} i \frac{360^\circ}{n} + \cdots + \eta_1 \sin \mathfrak{a} i \frac{360^\circ}{n} + \eta_2 \sin 2\mathfrak{a} i \frac{360^\circ}{n} + \cdots$$

$$\mathfrak{a} = 0, 1, 2, \cdots, \frac{n}{i} - 1.$$

Auf diese Gleichungen dürfen wir das Teil I, S. 469 angegebene Ausgleichungsschema unmittelbar anwenden, da i und $\frac{360^\circ}{n}$ ganze Zahlen sein sollten, wir bekommen, indem wir abkürzend

$$i(\mathfrak{a} - 1) \frac{360^\circ}{n} = a_\mathfrak{a}$$

setzen, weil die Anzahl der Beobachtungsgleichungen $\frac{n}{i}$ beträgt.

$$\xi_\varkappa = -\frac{2}{\frac{n}{i}} \Big\{ (l - \overline{l'_0} + \overline{l_0}) \cos \varkappa a_1 + (l - \overline{l'_1} + \overline{l_1}) \cos \varkappa a_2 + \cdots + \Big(l - \overline{l'_{\frac{n}{i}-1}} + \overline{l_{\frac{n}{i}-1}}\Big) \cos \varkappa a_{\frac{n}{i}} \Big\},$$

$$\eta_\varkappa = -\frac{2}{\frac{n}{i}} \Big\{ (l - \overline{l'_0} + \overline{l_0}) \sin \varkappa a_1 + (l - \overline{l'_1} + \overline{l_1}) \sin \varkappa a_2 + \cdots + \Big(l - \overline{l'_{\frac{n}{i}-1}} + \overline{l_{\frac{n}{i}-1}}\Big) \sin \varkappa a_{\frac{n}{i}} \Big\}.$$

Es ist aber nach Teil I, S. 469 angeführten Formeln

$$\left.\begin{aligned} \cos \varkappa a_1 + \cos \varkappa a_2 + \cdots + \cos \varkappa a_{\frac{n}{i}} &= 0 \\ \sin \varkappa a_1 + \sin \varkappa a_2 + \cdots + \sin \varkappa a_{\frac{n}{i}} &= 0 \end{aligned}\right\} \varkappa > 0,$$

da der Annahme nach $\frac{360^\circ}{\frac{n}{i}}$ eine ganze Anzahl von Graden ergeben soll, also können wir auch schreiben

$$\xi_\varkappa = +\frac{2}{\frac{n}{i}} \Big\{ (\overline{l'_0} - \overline{l_0}) \cos \varkappa a_1 + (\overline{l'_1} - \overline{l_1}) \cos \varkappa a_2 + \cdots + \Big(\overline{l'_{\frac{n}{i}-1}} - \overline{l_{\frac{n}{i}-1}}\Big) \cos \varkappa a_{\frac{n}{i}} \Big\},$$

$$\eta_\varkappa = +\frac{2}{\frac{n}{i}} \Big\{ (\overline{l'_0} - \overline{l_0}) \sin \varkappa a_1 + (\overline{l'_1} - \overline{l_1}) \sin \varkappa a_2 + \cdots + \Big(\overline{l'_{\frac{n}{i}-1}} - \overline{l_{\frac{n}{i}-1}}\Big) \sin \varkappa a_{\frac{n}{i}} \Big\},$$

Hieraus ergiebt sich zunächst

$$\xi'_\varkappa = +\frac{2}{\frac{n}{i}}\Big\{(\overline{l'_0}-\overline{l_0})\cos\varkappa\Big(a_1+\frac{\overline{l}}{2}\frac{360^\circ}{n}\Big)+(\overline{l'_1}-\overline{l_1})\cos\varkappa\Big(a_2+\frac{\overline{l}}{2}\frac{360^\circ}{n}\Big)+\cdots$$
$$+(\overline{l'}_{\frac{n}{i}-1}-\overline{l}_{\frac{n}{i}-1})\cos\varkappa\Big(a_{\frac{n}{i}}+\frac{\overline{l}}{2}\frac{360^\circ}{n}\Big)\Big\},$$

$$\eta'_\varkappa = +\frac{2}{\frac{n}{i}}\Big\{(\overline{l'_0}-\overline{l_0})\sin\varkappa\Big(a_1+\frac{\overline{l}}{2}\frac{360^\circ}{n}\Big)+(\overline{l'_1}-\overline{l_1})\sin\varkappa\Big(a_2+\frac{\overline{l}}{2}\frac{360^\circ}{n}\Big)+\cdots$$
$$+(\overline{l'}_{\frac{n}{i}-1}-\overline{l}_{\frac{n}{i}-1})\sin\varkappa\Big(a_{\frac{n}{i}}+\frac{\overline{l}}{2}\frac{360^\circ}{n}\Big)\Big\},$$

und endlich

$$\text{LXII}_1)\left\{\begin{aligned}
x_\varkappa &= \frac{1}{\frac{n}{i}\sin\Big(\varkappa\frac{\overline{l}}{2}\frac{360^\circ}{n}\Big)}\Big\{(\overline{l'_0}-\overline{l_0})\sin\varkappa\Big(\frac{\overline{l}}{2}+0i\Big)\frac{360^\circ}{n}+(\overline{l'_1}-\overline{l_1})\sin\varkappa\Big(\frac{\overline{l}}{2}+1i\Big)\\
&\qquad+\cdots+(\overline{l'}_{\frac{n}{i}-1}-\overline{l}_{\frac{n}{i}-1})\sin\varkappa\Big[\frac{\overline{l}}{2}+\Big(\frac{n}{i}-1\Big)i\Big]\frac{360^\circ}{n}\Big\},\\
y_\varkappa &= \frac{-1}{\frac{n}{i}\sin\Big(\varkappa\frac{\overline{l}}{2}\frac{360^\circ}{n}\Big)}\Big\{(\overline{l'_0}-\overline{l_0})\cos\varkappa\Big(\frac{\overline{l}}{2}+0i\Big)\frac{360^\circ}{n}+(\overline{l'_1}-\overline{l_1})\cos\varkappa\Big(\frac{\overline{l}}{2}+1i\Big)\\
&\qquad+\cdots+(\overline{l'}_{\frac{n}{i}-1}-\overline{l}_{\frac{n}{i}-1})\cos\varkappa\Big[\frac{\overline{l}}{2}+\Big(\frac{n}{i}-1\Big)i\Big]\frac{360^\circ}{n}\Big\},\\
&\qquad\varkappa = 1,\ 2,\ldots
\end{aligned}\right.$$

Für die numerische Rechnung bequemer sind übrigens solche Gleichungen, in welchen an Stelle der $\overline{l'_\alpha}-\overline{l_\alpha}$ die Differenzen dieser Grössen gegen den Mittelbetrag derselben also $\overline{l}-(\overline{l'_\alpha}-\overline{l_\alpha})$ stehen. Bezeichnen wir diese Differenzen mit δl_α, setzen also

$$\delta l_0 = \overline{l}-(\overline{l'_1}-\overline{l_0}),\quad \delta l_1 = \overline{l}-(\overline{l'_1}-\overline{l_1}),\ \ldots,$$

so wird auch

$$\text{LXII}_2)\left\{\begin{aligned}
x_\varkappa &= \frac{-1}{\frac{n}{i}\sin\Big(\varkappa\frac{\overline{l}}{2}\frac{360^\circ}{n}\Big)}\Big\{\delta l_0\sin\varkappa\Big(\frac{\overline{l}}{2}+0i\Big)\frac{366^\circ}{n}+\delta l_1\sin\varkappa\Big(\frac{\overline{l}}{2}+1i\Big)\frac{360^\circ}{n}+\cdots\\
&\qquad+\delta l_{\frac{n}{i}-1}\sin\varkappa\Big(\frac{\overline{l}}{2}+\Big(\frac{n}{i}-1\Big)\Big)\frac{360^\circ}{n}\Big\},\\
y_\varkappa &= \frac{1}{\frac{n}{i}\sin\Big(\varkappa\frac{\overline{l}}{2}\frac{360^\circ}{n}\Big)}\Big\{\delta l_0\cos\varkappa\Big(\frac{\overline{l}}{\varkappa}+0i\Big)\frac{360^\circ}{n}+\delta l_1\cos\varkappa\Big(\frac{\overline{l}}{2}+1i\Big)\frac{360^\circ}{n}+\cdots\\
&\qquad+\delta l_{\frac{n}{i}-1}\sin\varkappa\Big(\frac{\overline{l}}{2}+\Big(\frac{n}{i}-1\Big)\Big)\frac{360^\circ}{n}\Big\}.
\end{aligned}\right.$$

Die $\overline{l'_0}$, $\overline{l_0}$, ... sind die für fortschreitende Fehler schon verbesserten Ablesungen; wenn also auch die x und y selbst nicht von den Umdrehungen abhängen, in welcher die periodischen Fehler bestimmt sind, muss man sich doch die Nummern dieser Umdrehungen merken, um die fortschreitenden Fehler anbringen zu können. Indessen sind bei nur einigermaassen guten Schrauben die innern fortschreitenden Fehler so klein, dass man sie bei der Berechnung der periodischen Fehler, wenigstens wenn das benutzte Hilfsintervall nicht zu gross ist, vernachlässigen darf, man hat dann die $\overline{l'_0}$, $\overline{l_0}$, ... durch die direct beobachteten Grössen l'_0, l_0, ... zu ersetzen.

Wie viele der x und y man berechnen muss, hängt von der Beschaffenheit des Mikrometers ab, gewöhnlich begnügt man sich, wie bemerkt, mit den Gliedern des einfachen und des doppelten Winkels.

Was die mittlern Fehler anbetrifft, so hat man, wenn h die Anzahl aller berechneten Coefficienten (also auch die Anzahl aller benutzten Glieder) angiebt, für den mittlern Fehler einer Beobachtungsgleichung

$$\mu = \sqrt{\frac{\Sigma v^2}{\frac{n}{i} - h}},$$

und für die mittlern Fehler der x und y mit ausreichender Genauigkeit

$$\mu_{x_\varkappa} = \mu_{y_\varkappa} = \frac{\mu}{\sqrt{\frac{2n}{i}}} \frac{1}{\sin\left(\varkappa \frac{\overline{l}}{2} \frac{360^\circ}{n}\right)},$$

$$\varkappa = 1, 2, \ldots, h-1.$$

Die Wahl der Grösse des Hilfsintervalls unterliegt nur einer Beschränkung, es darf dieses Intervall mit dem Mikrometer ausgemessen, nicht gleich einer vollen Umdrehung sein, denn mit einem solchen Intervall kann man, wie sofort einleuchtet, die periodischen Fehler nicht bestimmen. Es soll also auch das Hilfsintervall einer vollen Umdrehung nicht nahe kommen.

Aus den Formeln für die mittlern Fehler der x und y folgt aber, dass diese Fehler am kleinsten, die Bestimmungen der betreffenden Coefficienten am sichersten sind, wenn $\varkappa \frac{\overline{l}}{2} \frac{360^\circ}{n} = 90^\circ$, also $\overline{l} = \frac{n}{2\varkappa}$ ist. x_1 und y_1 sind also am genauesten bestimmt, wenn das Intervall $\frac{1}{2}, \frac{3}{2}, \ldots$, x_2, y_2, wenn dieses Intervall $\frac{1}{4}, \frac{5}{4}, \ldots$ x_3, y_3, wenn dasselbe $\frac{1}{6}, \frac{7}{6}, \ldots$ u. s. f. einer Umdrehung entspricht. Sind die periodischen Fehler gross, so wird man sie also am besten mit mindestens 2 Intervallen bestimmen, deren eines einer Halben, deren anderes einem Viertel der Umdrehung gleichkommt. Bei Benutzung nur eines Intervalls wählt man dieses am besten gleich $\frac{1}{3}$ oder $\frac{4}{3}, \frac{7}{3}, \ldots$ Umdrehungen.

Das zu benutzende Hilfsintervall kann man auf einer geeignet geteilten Scale nehmen; man kann sich dasselbe auch auf einem glatten Metallstückchen selbst herstellen, indem man zwei einander parallele Striche zieht. Endlich kann man bei Mikrometern mit Parallelfäden das Intervall zwischen den Fäden selbst benutzten. Man zieht dann auf einem Metallstück einen einzigen Strich und pointirt abwechselnd mit beiden Fäden auf diesen Strich. Pointirt wird hier so, dass man durch Drehen der Schraube entweder den betreffenden Faden zum scheinbaren Zusammenfallen mit dem Bilde des Striches bringt, oder besser, man dreht die Schraube, bis zwischen Faden und Strich nur noch eine sehr feine Lichtlinie übrig ist. Man tut dabei gut, mit dem Faden auf den Strich von beiden Seiten (von rechts und links) zu pointiren und das Mittel der beiden Ablesungen als Ablesung für die wirkliche Pointirung zu nehmen. Pointirt man nur von einer Seite, so muss man selbstverständlich mit dem betreffenden Faden immer von derselben Seite pointiren.

Hat das Mikrometer nur einen Faden, so kann man sich ein virtuelles Intervall schaffen, wenn man diesen Faden optisch verdoppelt, indem man auf das Ocular eine doppelbrechende Platte oder irgend eine andere, den Faden doppelt erscheinen lassende Vorrichtung aufsetzt. Besitzt das Mikrometer ein Fadenkreuz, so giebt eine Vorrichtung zur optischen Verdoppelung zwei virtuelle Fadenkreuze; der Abstand zwischen den Kreuzungspunkten dieser Fadenkreuze kann dann als Intervall zur Anwendung gebracht werden.

Zur strengen Berechnung der periodischen Fehler bedarf es, wie wir gesehen haben, der Kenntnis der fortschreitenden Fehler; diese finden sich durch Ausmessung mindestens eines einer ganzen Umdrehung gleich kommenden Intervalls. Besitzt man aber kein solches einer ganzen Umdrehung entsprechendes Intervall, so muss man die fortschreitenden Fehler mit einem kürzern oder längern Intervall bestimmen, alsdann hat man aber die Ablesungen für die periodischen Fehler zu corrigiren, und da man zur Eruirung dieser Fehler wieder der fortschreitenden bedarf, so sieht man, dass man allgemein diese beiden Fehlergruppen nur durch successive Annäherung finden kann.

Man macht erst die Untersuchung für die periodischen Fehler und berechnet die Beobachtungen unter Vernachlässigung der fortschreitenden Fehler, dann untersucht man mit dem gerade vorliegenden Intervall auf fortschreitende Fehler nach einer der früher angegebenen Methoden, indem man die Ablesungen mit den voraufgehend provisorisch berechneten periodischen Fehlern corrigirt. Hierauf corrigirt man mit diesen provisorischen fortschreitenden Fehlern die Beobachtungen für die periodischen Fehler und rechnet eine neue Annäherung für diese Fehler. Mit diesen corrigirt man wieder die Beobachtungen für die fortschreitenden Fehler u. s. f.

Es ist auch vorgeschlagen worden, die periodischen Fehler ganz durch die Anordnung der Beobachtungen zu eliminiren. Stellt man nämlich einen Strich i ein und dann einen, der um 180° von diesem absteht, also den

Strich $i+\frac{n}{2}$, so fallen im Mittel der periodischen Fehler, weil allgemein $\cos\varkappa\left(i+\frac{n}{2}\right)\frac{360°}{n} = \pm\cos\varkappa i\frac{360°}{n}$ und $\sin\varkappa\left(i+\frac{n}{2}\right)\frac{360°}{n} = \pm\sin\varkappa i\frac{360°}{n}$ ist, je nachdem $\varkappa$ eine gerade oder ungerade Zahl bedeutet, alle Glieder mit ungeraden Argumenten fort, und es bleiben nur die mit x_2, y_2, x_4, y_4, x_6, $y_6\ldots$ multiplicirten stehen. Da die mit x_1, y_1 multiplicirten Terme als Hauptglieder angesehen werden dürfen, so kann die Summe $p_i + p_{i+\frac{n}{2}}$ als weniger mit dem Argument i veränderlich als jeder der Summanden betrachtet werden. Man befreit sich also schon zum Teil von den periodischen Fehlern, wenn man jedes Intervall zwei mal ausmisst, das zweite mal, nachdem man die Schraube gegen das erste mal um 180° gedreht hat.

Noch mehr erreicht man, wenn man jedes Intervall drei mal misst und zwar in drei von einander um 120° verschiedenen Lagen der Schraube, also bei i, $i+\frac{n}{3}$, $i+\frac{2n}{3}$; es fallen dann, weil

$$\cos\left(i+\frac{n}{3}\right)\frac{360°}{n} = -\frac{1}{2}\cos i\frac{360°}{n} - \frac{\sqrt{3}}{2}\sin i\frac{360°}{n},$$

$$\cos\left(i+\frac{2}{3}n\right)\frac{360°}{n} = -\frac{1}{2}\cos i\frac{360°}{n} + \frac{\sqrt{3}}{2}\sin i\frac{360°}{n},$$

$$\cos 2\left(i+\frac{n}{3}\right)\frac{360°}{n} = -\frac{1}{2}\cos 2i\frac{360°}{n} + \frac{\sqrt{3}}{2}\sin 2i\frac{360°}{n},$$

$$\cos 2\left(i+\frac{2}{3}n\right)\frac{360°}{n} = -\frac{1}{2}\cos 2i\frac{360°}{n} - \frac{\sqrt{3}}{2}\sin 2i\frac{360°}{n}$$

und entsprechende Gleichungen für die Sinus gelten, in $p_1+p_2+p_3$, die mit x_1, y_1, x_2, y_2 multiplicirten Glieder fort, also gerade die, die man vornehmlich berücksichtigt.

Endlich kann man auch alle Glieder bis zu den 4fachen der Winkel zum Fortfall bringen, wenn man ein Intervall fünfmal misst, und zwar indem man von um je 72° von einander abstehenden Stellen ausgeht, also wenn man mit i anfängt, bei i, $i+\frac{n}{5}$, $i+\frac{2}{5}n$, $i+\frac{3}{5}n$, $i+\frac{4}{5}n$. Gewöhnlich benutzt man die Stellen $-\frac{2}{5}n$, $-\frac{1}{5}n$, $0+\frac{1}{5}n$, $+\frac{2}{5}n$.

Man würde also die fortschreitenden Fehler auch ohne Kenntnis der periodischen mit irgend einem Intervall bestimmen können, wenn man dieses Intervall durch alle Umdrehungen und jedes mal 3 mal aus um je 120° oder 5 mal aus um je 72° von einander verschiedenen Stellungen ausmisst und die Mittel bildet. Indessen ist dieses Verfahren etwas mühsam, und weil es sich auf geeignete Verschiebung des Hilfsintervalls um verhältnismässig kleine Strecken gründet, nicht immer ohneweiteres anwendbar.

94. Bestimmung der fortschreitenden Fehler zusammen mit den periodischen. Bessel hat die fortschreitenden Fehler zusammen mit den periodischen bestimmt. Nach seiner Methode verfährt man ganz so, wie bei der Bestimmung periodischer Fehler, nur dass man die Messungen, von der ersten Umdrehung anfangend, durch alle Umdrehungen fortsetzt. Die ganzen Fehler stellt Bessel dar durch eine Function, die aus zwei Teilen besteht, einer Potenzreihe und einer periodischen Reihe. Die Argumente der periodischen Reihe sind dieselben, wie wir sie früher benutzt haben; als Argument der Potenzreihe kann man die Nummern der Striche (fortlaufend bezeichnet, also $0_2 = n$, $0_3 = 2n$, $1_3 = 2n + 1, \ldots, n_m = mn$) oder bequemer Bruchteile von Umdrehungen benutzen. Wir wollen die Ablesungen in den einzelnen Pointirungen so bezeichnen wie früher, den Symbolen aber noch den Index $\varkappa$ in erster Stelle geben, wenn die ersten Ablesungen (die nicht accentuirten) der $\varkappa$ ten Umdrehung angehören. Alsdann haben wir den Satz Beobachtungszahlen

$$1)\qquad \begin{array}{cc|cc|c|cc} l_{10} & l'_{10} & l_{20} & l'_{20} & \ldots & l_{m0} & l'_{m0} \\ l_{11} & l'_{11} & l_{21} & l'_{21} & \ldots & l_{m1} & l'_{m1} \\ l_{12} & l'_{12} & l_{22} & l'_{32} & \ldots & {}_{m2} & l'_{m2} \\ \vdots & \vdots & \vdots & \vdots & & \vdots & \vdots \\ l_{1p} & l'_{1p} & l_{2p} & l'_{2p} & \ldots & l_{mp} & l'_{mp} \end{array}$$

aus dem wir noch durch Subtraction bilden

$$2)\qquad \begin{array}{cccccc} l'_{10} - l_{10} & l'_{20} - l_{20} & \ldots & l'_{m0} - l_{m0} \\ l'_{11} - l_{11} & l'_{21} - l_{21} & \ldots & l'_{m1} - l_{m1} \\ l'_{12} - l_{12} & l'_{22} - l_{22} & \ldots & l'_{m2} - l_{m2} \\ \vdots & \vdots & & \vdots \\ l'_{1p} - l_{1p} & l'_{2p} - l_{2p} & \ldots & l'_{mp} - l_{mp} \end{array}$$

woselbst p für $\frac{n}{i} - 1$ gesetzt ist. Zur analytischen Darstellung dient, wenn l die wahre Länge des benutzten Intervalls, ausgedrückt in mittlern Trommelteilen, ist, die Formel

$$\begin{aligned} l = (l'_{\varkappa a} - l_{\varkappa a}) + \alpha(l'^2_{\varkappa a} - l^2_{\varkappa a}) + \cdots &+ x_1\left[\cos\left(l'_{\varkappa a}\frac{360^\circ}{n}\right) - \cos\left(l_{\varkappa a}\frac{360^\circ}{n}\right)\right] \\ &+ x_2\left[\cos\left(2l'_{\varkappa a}\frac{360^\circ}{n}\right) - \cos\left(2l_{\varkappa a}\frac{360^\circ}{n}\right)\right] + \cdots \\ &+ y_1\left[\sin\left(l'_{\varkappa a}\frac{360^\circ}{n}\right) - \sin\left(l_{\varkappa a}\frac{360^\circ}{n}\right)\right] \\ &+ y_2\left[\sin\left(2l'_{\varkappa a}\frac{360^\circ}{n}\right) - \sin\left(2l_{\varkappa a}\frac{360^\circ}{n}\right)\right] + \cdots \end{aligned}$$

$$\varkappa = 1, 2, 3, \ldots, m; \; a = 0, 1, 2, 3, \ldots, \frac{n}{i} - 1.$$

Für l hat man das Mittel aller Beobachtungsdifferenzen zu nehmen, also

$$l = \frac{l'_{10} - l_{10} + \cdots + l'_{1p} - l_{1p} + l_{20} - l'_{20} + \cdots + l'_{2p} - l_{2p} + \cdots + l'_{m0} - l_{m0} + \cdots + l'_{mp} - l_{mp}}{m\frac{n}{i}},$$

und wenn man aus den Beobachtungsgleichungen die Constanten $\alpha, \ldots, x_1, y_1, \ldots$ berechnet hat, kann man für jede Strecke ihren Zahlenausdruck in mittlern Trommelteilen durch eine Gleichung von der obigen Form ableiten.

Bessel hat von der Potenzreihe nur zwei Glieder genommen, folgt man ihm darin, so ist die einzige in der Potenzreihe zu bestimmende Constante α. Diese kann man mit ausreichender Genauigkeit aus den in einer Horizontalreihe stehenden Beobachtungen ableiten. Da nämlich alle Beobachtungen in einer Horizontalreihe von demselben Trommelstrich (nur in verschiedenen Umdrehungen) ausgehen, so sind sie alle mit demselben periodischen Fehler behaftet; man kann also die Zahlen in irgend einer Zeile der Differenzen-Zusammenstellung unter 2) darstellen durch

$$l'_{\varkappa\mathfrak{a}} - l_{\varkappa\mathfrak{a}} = a_{\mathfrak{a}} - \alpha(l'^2_{\varkappa\mathfrak{a}} - l^2_{\varkappa\mathfrak{a}}),$$

woselbst $a_{\mathfrak{a}}$ eine unbekannte Constante bezeichnet, die, weil sie von Zeile zu Zeile andere und andere Werte annehmen kann, mit dem Index $\mathfrak{a}$ versehen ist. Solcher Gleichungen haben wir allgemein für die $\mathfrak{a}+1$ Zeile m, nämlich

$$\begin{aligned} l'_{1\mathfrak{a}} - l_{1\mathfrak{a}} &= a_{\mathfrak{a}} - \alpha(l'^2_{1\mathfrak{a}} - l^2_{1\mathfrak{a}}),\\ l'_{2\mathfrak{a}} - l_{2\mathfrak{a}} &= a_{\mathfrak{a}} - \alpha(l'^2_{2\mathfrak{a}} - l^2_{2\mathfrak{a}}),\\ &\vdots\\ l'_{m\mathfrak{a}} - l_{m\mathfrak{a}} &= a_{\mathfrak{a}} - \alpha(l'^2_{m\mathfrak{a}} - l^2_{m\mathfrak{a}}), \end{aligned}$$

und indem wir auf diese Gleichungen die Methode der Ausgleichungsrechnung anwenden, bekommen wir zwei Normalgleichungen

$$\begin{aligned} &m a_{\mathfrak{a}} - \alpha\{l'^2_{1\mathfrak{a}} - l^2_{1\mathfrak{a}} + l'^2_{2\mathfrak{a}} - l^2_{2\mathfrak{a}} + \cdots\}\\ &\qquad = l'_{1\mathfrak{a}} - l_{1\mathfrak{a}} + l'_{2\mathfrak{a}} - l_{2\mathfrak{a}} + \cdots,\\ &-a_{\mathfrak{a}}\{l'^2_{1\mathfrak{a}} - l^2_{1\mathfrak{a}} + l'^2_{2\mathfrak{a}} - l^2_{2\mathfrak{a}} + \cdots\} + \alpha\{(l'^2_{1\mathfrak{a}} - l^2_{1\mathfrak{a}})^2 + (l'^2_{2\mathfrak{a}} - l^2_{2\mathfrak{a}})^2 + \cdots\}\\ &\qquad = -(l'_{1\mathfrak{a}} - l_{1\mathfrak{a}})(l'^2_{1\mathfrak{a}} - l^2_{1\mathfrak{a}}) - (l'_{2\mathfrak{a}} - l_{2\mathfrak{a}})(l'^2_{2\mathfrak{a}} - l^2_{2\mathfrak{a}}) - \cdots \end{aligned}$$

woraus sofort

$$= \frac{\{l'_{1\mathfrak{a}} - l_{1\mathfrak{a}} + l'_{2\mathfrak{a}} - l_{2\mathfrak{a}} + \cdots\}\{l'^2_{1\mathfrak{a}} - l^2_{1\mathfrak{a}} + l'^2_{2\mathfrak{a}} - l^2_{2\mathfrak{a}} + \cdots\} - m\{(l'_{1\mathfrak{a}} - l_{1\mathfrak{a}})(l'^2_{1\mathfrak{a}} - l^2_{1\mathfrak{a}}) + (l'_{2\mathfrak{a}} - l_{2\mathfrak{a}})(l'^2_{2\mathfrak{a}} - l^2_{2\mathfrak{a}}) + \cdots\}}{m\{(l'^2_{1\mathfrak{a}} - l^2_{1\mathfrak{a}})^2 + (l'^2_{2\mathfrak{a}} - l^2_{2\mathfrak{a}})^2 + \cdots\} - \{l'^2_{1\mathfrak{a}} - l^2_{1\mathfrak{a}} + l'^2_{2\mathfrak{a}} - l^2_{2\mathfrak{a}} + \cdots\}^2}$$

folgt. Nun können wir jede der Zeilen zur Berechnung des α benutzen, wir bekommen also $\frac{n}{i}$ Beträge für α und erlangen den wahrscheinlichsten Wert, wenn wir aus allen diesen Beträgen das Mittel nehmen.

Man kann aber in die Berechnung des α einige erhebliche Vereinfachungen einführen. Zunächst ist es nicht nötig, α für jede Zeile einzeln zu rechnen und das Mittel zu nehmen; man kann erst eine Mittelzeile der Beobachtungen bilden, indem man die Zahlen jeder Columne der Beobachtungen und deren Quadrate zu einer Mittelzahl vereinigt. Ferner kann man die $l'^2 - l^2$ durch Nährungsbeträge ersetzen.

Es ist nämlich $l'^2_{\varkappa\mathfrak{a}} - l^2_{\varkappa\mathfrak{a}} = (l'_{\varkappa\mathfrak{a}} - l_{\varkappa\mathfrak{a}})(l'_{\varkappa\mathfrak{a}} + l_{\varkappa\mathfrak{a}})$; führen wir für die Differenzen $l'_{\varkappa\mathfrak{a}} - l_{\varkappa\mathfrak{a}}$ überall einen und denselben Wert, nämlich den Mittelwert l des Intervalls ein, so wird also $l'^2_{\varkappa\mathfrak{a}} - l^2_{\varkappa\mathfrak{a}} = l(2l_{\varkappa\mathfrak{a}} + l)$, und wir bekommen

$$\alpha = \frac{(l_{1\mathfrak{a}}+l_{2\mathfrak{a}}+\cdots)(l'_{1\mathfrak{a}}-l_{1\mathfrak{a}}+l'_{2\mathfrak{a}}-l_{2\mathfrak{a}}+\cdots)-m\big(l_{1\mathfrak{a}}(l'_{1\mathfrak{a}}-l_{1\mathfrak{a}})+l_{2\mathfrak{a}}(l'_{2\mathfrak{a}}-l_{2\mathfrak{a}})+\cdots\big)}{2l\{m(l^2_{1\mathfrak{a}}+l^2_{2\mathfrak{a}}+\cdots)-(l_{1\mathfrak{a}}+l_{2\mathfrak{a}}+\cdots)^2\}}.$$

Nun sind $l_{1\mathfrak{a}}, l_{2\mathfrak{a}}, \ldots,$ die jedesmaligen Ablesungen für den ersten Strich des Intervalls, und es hängt ganz vom Beobachter ab, wie nahe er diese Ablesungen den Marken $(i\mathfrak{a})_1, (i\mathfrak{a})_2, \ldots$ (woselbst $(i\mathfrak{a})_1, (i\mathfrak{a})_2, \ldots$ gemäss einer früheren Festsetzung immer dieselbe Marke $i\mathfrak{a}$ nur in verschiedenen Umdrehungen ist) bringen will. Da nun das Bestreben dahin gehen muss, die Ablesungen mit diesen Marken zur Coincidenz zu bringen, nehmen wir an, dass diese Ablesungen wirklich auf diese Marken fallen und haben demnach

$$l_{1\mathfrak{a}} = \mathfrak{a}i,\ l_{2\mathfrak{a}} = \mathfrak{a}i + n,\ l_{3\mathfrak{a}} = \mathfrak{a}i + 2n,\ \ldots,\ l_{m\mathfrak{a}} = \mathfrak{a}i + (m-1)n,$$

somit

$$l_{1\mathfrak{a}} + l_{2\mathfrak{a}} + l_{3\mathfrak{a}} + \cdots = m\mathfrak{a}i + n\frac{m(m-1)}{2},$$

$$\begin{aligned} l_{1\mathfrak{a}}(l'_{1\mathfrak{a}} - l_{1\mathfrak{a}}) + l_{2\mathfrak{a}}(l'_{2\mathfrak{a}} - l_{2\mathfrak{a}}) + \cdots &= \mathfrak{a}i(l'_{1\mathfrak{a}} - l_{1\mathfrak{a}} + l'_{2\mathfrak{a}} - l_{2\mathfrak{a}} + \cdots) \\ &\quad + n\big(1(l'_{2\mathfrak{a}} - l_{2\mathfrak{a}}) + 2(l'_{3\mathfrak{a}} - l_{3\mathfrak{a}}) + \cdots + (m-1)(l'_{m\mathfrak{a}} - l_{m\mathfrak{a}})\big), \end{aligned}$$

und der Zähler von α geht über in

$$\begin{aligned} nm\Big\{\frac{m-1}{2}(l'_{1\mathfrak{a}} - l_{1\mathfrak{a}} + l'_{2\mathfrak{a}} - l_{2\mathfrak{a}} + \cdots) - \big(l'_{2\mathfrak{a}} - l_{2\mathfrak{a}} + 2(l'_{3\mathfrak{a}} - l_{3\mathfrak{a}}) + \cdots \\ + (m-1)(l'_{m\mathfrak{a}} - l_{m\mathfrak{a}})\big)\Big\}. \end{aligned}$$

Im Nenner wird

$$\begin{aligned} l^2_{1\mathfrak{a}} + l^2_{2\mathfrak{a}} + \cdots &= m\mathfrak{a}^2 i^2 + 2\mathfrak{a}in\frac{m(m-1)}{2} + n^2\big(1^2 + 2^2 + \cdots + (m-1)^2\big), \\ &= m\mathfrak{a}^2 i^2 + \mathfrak{a}inm(m-1) + \frac{n^2 m(m-1)(2m-1)}{2.3}, \end{aligned}$$

$$(l_{1\mathfrak{a}} + l_{2\mathfrak{a}} + \cdots)^2 = m^2\mathfrak{a}^2 i^2 + m^2\mathfrak{a}in(m-1) + \frac{n^2 m^2 (m-1)^2}{4},$$

also geht der Betrag des Nenners über in $\dfrac{n^2 m^2 (m^2 - 1^2)}{4.3}$,

und wir bekommen für das aus der $\mathfrak{a}+1$ten Zeile berechnete α

$$\alpha = \frac{3}{mn(m^2-1)l}\Big((m-1)(l'_{1\alpha}-l_{1\alpha}+l'_{2\alpha}-l_{2\alpha}+\cdots)-2\big(l'_{2\alpha}-l_{2\alpha}+2(l_{3\alpha}-l'_{3\alpha})+\cdots\big)\Big),$$

oder, wie wir auch schreiben können,

$$\alpha = \frac{3}{mn(m^2-1)l}\Big((m+1)(l'_{1\alpha}-l_{1\alpha}+l'_{2\alpha}-l_{2\alpha}+\cdots) \\ -2\big(l'_{1\alpha}-l_{1\alpha}+2(l'_{2\alpha}-l_{2\alpha})+3(l'_{3\alpha}-l_{3\alpha})+\cdots\big)\Big).$$

Bilden wir jetzt das Mittel aus den einzelnen so berechneten α, so tritt $\frac{3}{mn(m^2-1)l}$ als gemeinsamer Zahlenfactor vor und indem wir die Mittelzahlen der einzelnen Columnen in der Differenzenzusammenstellung 2) mit bezw. $l_1, l_2, \ldots, l_m$ bezeichnen, wobei also allgemein

$$l_\varkappa = \Big(l'_{\varkappa 0}-l_{\varkappa 0}+l'_{\varkappa 1}-l_{\varkappa 1}+\cdots+l'_{\varkappa \frac{n}{i}-1}-l_{\varkappa \frac{n}{i}-1}\Big)\frac{1}{\frac{n}{i}}$$

ist, haben wir

$$\text{LXIII}_1)\quad \alpha = \frac{3}{mn(m^2-1)l}\{(m+1)(l_1+l_2+\cdots+l_m)-2(l_1+2l_2+3l_3+\cdots+ml_m)\},$$

und noch einfacher*)

$$\text{LXIII}_2)\qquad \alpha = \frac{3}{mn(m^2-1)l}\big((m-1)(l_1-l_m)+(m-3)(l_2-l_{m-1})+\cdots\big)$$

so, wie wenn wir von vornherein aus allen Zeilen in der Differenzenzusammenstellung 2) eine Mittelzeile gebildet und mit dieser gerechnet hätten.

Die Einheit ist hier wie früher ein Trommelteil.

Nachdem man α berechnet hat, sind die Producte $\alpha(l'^2_{\varkappa\alpha}-l^2_{\varkappa\alpha})$ zu bilden. Der Factor $l'^2_{\varkappa\alpha}-l^2_{\varkappa\alpha}$ kann nach der Formel $(l'_{\varkappa\alpha}-l_{\varkappa\alpha})(l'_{\varkappa\alpha}+l_{\varkappa\alpha})$, oder nach der $(l'_{\varkappa\alpha}-l_{\varkappa\alpha})(2l_{\varkappa\alpha}+l'_{\varkappa\alpha}-l_{\varkappa\alpha})$ gerechnet werden. Im ersten Fall stellt man neben 2) noch eine Zusammenstellung 3) der Summen zusammengehöriger Beobachtungszahlen von 1) auf und multiplicirt entsprechende Zahlen von 2) und 3); im zweiten fügt man zu den Zahlen von 2) die entsprechenden mit 2 multiplicirten Zahlen der ersten, dritten, fünften, ... Columne von 1) hinzu und multiplicirt wieder entsprechende Zahlen von 2) und dieser neuen Zusammenstellung. Da übrigens α eine kleine Zahl sein wird, kann man mit ausreichender Annäherung $l'^2_{\varkappa\alpha}-l^2_{\varkappa\alpha}$ auch durch $(l'_{\varkappa\alpha}-l_{\varkappa\alpha})(2l_{\varkappa\alpha}+l)$, oder gar noch einfacher durch $l(2l_{\varkappa\alpha}+l)$ ersetzen, alsdann bildet man die neue Zusammenstellung, indem man zu dem doppelten der Zahlen der ersten, dritten, fünften, ... Columne von 1) eine und dieselbe Zahl, das Mittel aller

---

*) Zu ganz derselben Formel ist auch G. Müller: Untersuchungen über Mikrometerschrauben, mit besonderer Anwendung auf das Fadenmikrometer des 9 zölligen Aequatorials der Berliner Sternwarte, in einer, wie ich glaube, nicht strengen Analyse gelangt.

Differenzzahlen addirt. Meist wird man sich so einrichten, dass die erste Ablesung bei jeder Ausmessung des Intervalls auf einen vollen Strich trifft, alsdann ist $l_{10} = 0$, $l_{11} = i$, $l_{12} = 2i, \ldots, l_{20} = n$, $l_{21} = n + i, \ldots$, allgemein $l_{\varkappa\alpha} = (\varkappa - 1)n + \alpha i$.

Die so oder sonst wie gerechneten Zahlen $\alpha(l'^2_{\varkappa\alpha} - l^2_{\varkappa\alpha})$ fügt man zu den entsprechenden Differenzzahlen 2) hinzu, zieht dann die so gewonnenen Summen von der Mitteldifferenz l ab, wodurch man eine neue Zusammenstellung von Zahlen $l - (l'_{\varkappa\alpha} - l_{\varkappa\alpha}) - \alpha(l'^2_{\varkappa\alpha} - l^2_{\varkappa\alpha})$ bekommt, welche die von den fortschreitenden Fehlern befreiten Beobachtungsdifferenzen ergeben. Aus den einzelnen Columnen dieser Zusammenstellung bildet man eine Mittelcolumne, und mit den Zahlen dieser Mittelcolumne rechnet man die Coefficienten der periodischen Glieder genau nach den frühern Vorschriften.

Das Verfahren ist nur bei sehr guten Schrauben und bei schlechten Schrauben nur für wenige Umdrehungen anwendbar. Will man bei einer langen Schraube dieses Verfahren einschlagen, so führt man die Bestimmung für einzelne Stücke derselben aus und setzt nachher alle Bestimmungen zusammen.

95. Ich lasse jetzt zwei **Beispiele** folgen, eines für diese zuletzt beschriebene Methode, ein anderes für die getrennte Bestimmung von fortschreitenden und periodischen Fehlern.

Als **erstes Beispiel** nehme ich die durch Bessels Untersuchung klassisch gewordene Schraubenbestimmung. Bessel, der von der Ansicht ausging, dass jeder Apparat zweimal construirt werden muss, erst vom Mechaniker und dann noch vom Beobachter, und der Hauptbegründer der jetzt in allen exacten Experimentaluntersuchungen anerkannten Lehre ist, dass jeder Apparat, ehe er in Gebrauch genommen wird, erst genau auf seine Fehler untersucht werden muss, und dass eine solche eingehende Untersuchung die Güte der mechanischen Construction oft mehrmals ersetzt, so dass ein rationell arbeitender Beobachter selbst mit einem schlecht ausgeführten Apparat noch mehr zu leisten vermag, als ein unrationell verfahrender mit einem fehlerfrei construirten, unterliess nie die individuellen Eigenschaften seiner Apparate auf das eingehendste zu studiren. Als er daher bei Gelegenheit der Feststellung des (frühern) preussischen Längenmaasses fand, dass die Bewegung des Mikrometers an seinem Comparator der Veränderung der Angaben seiner Schraubentrommel nicht proportional war, liess er nicht eine neue Schraube einsetzen, sondern machte sich mit den Fehlern der alten bekannt, und schuf die voraufgehend auseinandergesetzten Untersuchungs- und Rechenmethoden. Die bezeichnete Schraube zeigte Fehler, wie sie wol keine Schraube neuerer Construction aufweisen dürfte.

Bessel untersuchte vier Gänge derselben mit einem Intervall, welches die Länge von nahezu $1^3/_4$ Umdrehungen hatte, und erhielt im Mittel aus 10 Beobachtungsreihen, indem er auf der Trommel immer von 10 zu 10 Trommelteilen fortging, und dabei das Intervall so schob, dass die Ablesungen bei den Pointirungen auf seinen ersten Strich immer einen vollen Zehnerstrich traf; die folgenden Beobachtungen.

$l_{1\alpha}$	$l'_{1\alpha}$	$l_{2\alpha}$	$l'_{2\alpha}$	$l_{3\alpha}$	$l'_{3\alpha}$	$l_{4\alpha}$	$l'_{4\alpha}$
0,0	164,93	100,0	264,52	200,0	364,13	300,0	464,07
10,0	175,17	110,0	274,76	210,0	374,28	310,0	474,36
20,0	186,06	120,0	286,10	220,0	385,62	320,0	485,50
30,0	197,84	130,0	297,20	230,0	397,32	330,0	497,07
40,0	209,09	140,0	308,86	240,0	408,65	340,0	508,52
50,0	219,84	150,0	319,78	250,0	419,89	350,0	519,52
60,0	230,32	160,0	330,27	260,0	430,12	360,0	529,86
70,0	239,23	170,0	339,06	270,0	439,14	370,0	538,71
80,0	247,33	180,0	346,83	280,0	447,16	380,0	546,72
90,0	255,19	190,0	355,24	290,0	455,02	390,0	555,08

Wir schreiben jetzt die Differenzen $l'_{\varkappa\alpha} - l_{\varkappa\alpha}$ und unter jede Columne die zugehörige Mittelzahl

	$l'_{1\alpha} - l_{1\alpha}$	$l'_{2\alpha} - l_{2\alpha}$	$l'_{3\alpha} - l_{3\alpha}$	$l'_{4\alpha} - l_{4\alpha}$
	164,93	164,52	164,13	164,07
	165,17	164,76	164,28	164,36
	166,06	166,10	165,62	165,50
	167,84	167,20	167,32	167,07
	169,09	168,86	168,65	168,52
	169,84	169,78	169,89	169,52
	170,32	170,27	170,12	169,86
	169,23	169,06	169,14	168,71
	167,33	166,83	167,16	166,72
	165,19	165,24	165,02	165,08
Mittel	167,50	167,26	167,13	166,94

Für l finden wir hieraus als Mittel der 4 Mittel $l = 167,21$, und dann ist

$$\alpha = \frac{3}{400 . 167,21 . 15}\left\{+ 3 . 0,56 + 1 . 0,13\right\} = 0,0000054.$$

Die Grössen $\alpha(l'^2_{\varkappa\alpha} - l^2_{\varkappa\alpha})$ ersetzen wir mit hier ausreichender Genauigkeit durch den einfachsten Ausdruck $\alpha l(2l_\varkappa + l)$ da dieser schon die gesuchte Grösse, wie man leicht ersieht, bis auf eine Einheit der letzten Decimale genau genug ergiebt, In der Tat der grösste Wert von $l_{\varkappa\alpha}$, der letzte, beträgt 390 und der dazu gehörige Betrag von $l'_{\varkappa\alpha} - l_{\varkappa\alpha}$ nämlich 165,08, weicht von dem Mittelbetrag 167,21 um etwas über 2 ab, es ist aber selbst $3.\alpha.400$ nur 0,006. Für die Berechnung schreiben wir $\alpha l(2l_{\varkappa\alpha} + l) = \alpha l^2 + 2\alpha l l_{\varkappa\alpha}$, das ist $0,151 + 0,0018\, l_{\varkappa\alpha}$.

Wir bekommen so 4 Columnen von Zahlen, die wir mit den entsprechenden Columnen der $l'_{\varkappa\alpha} - l_{\varkappa\alpha}$ zu vereinigen haben. Später ist dann aus den so resultirenden neuen 4 Columnen eine Mittelcolumne zu bilden.

Die folgende Zusammenstellung enthält die diesbezügliche Rechnung

$c_{\varkappa\alpha}=0{,}151+0{,}0018\,l_{\varkappa\alpha}$				$\lambda_{\varkappa\alpha}=l'_{\varkappa\alpha}-l_{\varkappa\alpha}+c_{\varkappa\alpha}$				Mittel	$\delta l_\alpha=$
$c_{1\alpha}$	$c_{2\alpha}$	$c_{3\alpha}$	$c_{4\alpha}$	$\lambda_{1\alpha}$	$\lambda_{2\alpha}$	$\lambda_{3\alpha}$	$\lambda_{4\alpha}$	λ_α	$\bar{l}-\lambda_\alpha$
0,151	0,331	0,511	0,691	165,08	164,85	164,64	164,76	164,83	+2,88
0,169	0,349	0,529	0,709	165,34	165,11	164,81	165,07	165,08	+2,63
0,187	0,367	0,547	0,727	166,25	166,47	166,17	166,23	166,28	+1,43
0,205	0,385	0,565	0,745	168,05	167,59	167,89	167,82	167,84	—0,13
0,223	0,403	0,583	0,763	169,31	169,26	169,23	169,28	169,27	—1,56
0,241	0,421	0,601	0,781	170,08	170,20	170,49	170,30	170,27	—2,56
0,259	0,439	0,619	0,799	170,58	170,71	170,74	170,66	170,67	—2,96
0,277	0,457	0,637	0,817	169,51	169,52	169,78	169,53	169,58	—1,87
0,295	0,475	0,655	0,835	167'62	167,30	167,82	167,56	167,58	+0,13
0,313	0,493	0,673	0,853	165,50	165,73	165,70	165,93	165,72	+1,99
							Mittel	167,71	

Die $\lambda_{\varkappa\alpha}$ geben die für den fortschreitenden Fehler corrigirten Werte des ausgemessenen Intervalls in den verschiedenen Trommelumdrehungen, und da die auf einer Zeile stehenden Beträge einander nahezu gleich sind und in den verschiedenen Zeilen bald wachsen, bald abnehmen, darf man die immerhin noch hypothetische Correction für die fortschreitenden Fehler als ausreichend ansehen. Weiter ergiebt sich aus derselben Tatsache, dass die Schraubenfehler wirklich periodischer Natur sind, da Zahlen an denselben Trommelstrichen in den einzelnen Umdrehungen in gleichem Betrage erscheinen. Die δl_α sind diese periodischen Fehler und bilden die Grundlage für die weitere Rechnung, sie treten an Stelle der in den Formeln auf Seite 299 durch $l-(\bar{l}'_0-\bar{l}_0)$, $l-(\bar{l}'_1-\bar{l}_1)$ ... bezeichneten Grössen.

Da hier $i=10$, $n=100$, somit $\frac{n}{i}=10$ ist, so haben wir wegen $\bar{l}=167{,}71$

$$x_\varkappa=\frac{-1}{10\sin(\varkappa 302^\circ)}\Big\{\delta l_0\sin(\varkappa 302^\circ)+\delta l_1\sin(\varkappa 338^\circ)+\delta l_2\sin(\varkappa 374^\circ)+\cdots$$
$$+\,\delta l_9\sin(\varkappa 626^\circ)\Big\},$$

$$y_\varkappa=\frac{1}{10\sin(\varkappa 302^\circ)}\Big\{\delta l_0\cos(\varkappa 302^\circ)+\delta l_1\cos(\varkappa 338^\circ)+\delta l_2\cos(\varkappa 374^\circ)+\cdots$$
$$+\,\delta l_9\sin(\varkappa 626^\circ)\Big\},$$

$$\varkappa=1,\ 2,\ \ldots$$

also

$$x_1=\frac{1}{10\sin 58^\circ}\Big\{\delta l_5-\delta l_0)\sin 58^\circ+(\delta l_6-\delta l_1)\sin 22^\circ-(\delta l_7-\delta l_2)\sin 14^\circ$$
$$-(\delta l_8-\delta l_3)\sin 50^\circ-(\delta l_9-\delta l_4)\sin 86^\circ\Big\},$$

$$y_1=\frac{1}{10\sin 58^\circ}\Big\{\delta l_5-\delta l_0)\cos 58^\circ+(\delta l_6-\delta l_1)\cos 22^\circ+(\delta l_7-\delta l_2)\cos 14^\circ$$
$$+(\delta l_8-\delta l_3)\cos 50^\circ+(\delta l_9-\delta l_4)\cos 96^\circ\Big\},$$

$$x_2=\frac{-1}{10\sin 116^\circ}\Big\{(\delta l_5+\delta l_0)\sin 116^\circ+(\delta l_6+\delta l_1)\sin 44^\circ-(\delta l_7+\delta l_2)\sin 28^\circ$$
$$-(\delta l_8+\delta l_3)\sin 100^\circ-(\delta l_9+\delta l_4)\sin 172^\circ\Big\},$$

$$y_2 = \frac{+1}{10 \sin 116^\circ}\{(\delta l_5 + \delta l_0)\cos 116^\circ + (\delta l_6 + \delta l_1)\cos 44^\circ + (\delta l_7 + \delta l_2)\cos 28^\circ$$
$$+ (\delta l_8 + \delta l_3)\cos 100^\circ + (\delta l_9 + \delta l_4)\cos 172^\circ\},$$

u. s. f.

Die Differenzen der δl sind $-5{,}44$; $-5{,}59$; $-3{,}30$; $+0{,}26$; $+3{,}55$, die Summen geben $+0{,}32$; $-0{,}33$; $-0{,}44$; $0{,}00$; $+0{,}43$ alles in Trommelteile ausgedrückt. Hieraus folgt

$$x_1 = -1{,}14;\quad y_1 = -1{,}28;\quad x_2 = -0{,}02;\quad y_2 = +0{,}13.$$

Die Beträge von x_1, y_1 stimmen mit den von Bessel gefundenen überein, die von x_2, y_2 sind etwas verschieden von den von Bessel gegebenen und ohne die hier eingeführten Vernachlässigungen gerechneten.

Wir haben die Coefficienten so bestimmt, wie wenn die Beobachtungen durch eine Formel

$$\delta l_\alpha = 2x_1 \sin\frac{\bar{l}}{2}\frac{360^\circ}{n}\sin 1\left(\frac{\bar{l}}{2}+\alpha i\right)\frac{360^\circ}{n} + 2x_2\sin 2\frac{\bar{l}}{2}\frac{360^\circ}{n}\sin 2\left(\frac{\bar{l}}{2}+\alpha i\right)\frac{360^\circ}{n} + \cdots$$
$$- 2y_1\sin\frac{\bar{l}}{2}\frac{360^\circ}{n}\cos 1\left(\frac{\bar{l}}{2}+\alpha i\right)\frac{360^\circ}{n} - 2y_2\sin 2\frac{\bar{l}}{2}\frac{360^\circ}{n}\cos 2\left(\frac{\bar{l}}{2}+\alpha i\right)\frac{360^\circ}{n} - \cdots$$

dargestellt wären. Wollen wir also die übrigbleibenden Fehler kennen lernen, so haben wir von dieser Gleichung Gebrauch zu machen und bei den gegebenen Werten von x_1, y_1, x_2, y_2 für $\bar{l}$ den Betrag 167,71, für i die Zahl 10 und für α der Reihen nach 0, 1, 2, ..., 9 einzusetzen, während $n = 100$ sein sollte. So bekommen wir für die einzelnen Beträge δl_α die Werte: $+2{,}85$; $+2{,}53$; $+1{,}43$; $0{,}00$; $-1{,}53$; $-2{,}72$; $-2{,}93$; $-1{,}83$; $+0{,}17$; $+2{,}02$, und die übrig bleibenden Fehler werden im Sinne „Beobachtung weniger Rechnung" bezw. $+0{,}03$; $+0{,}10$; $0{,}00$; $-0{,}13$; $-0{,}03$, $+0{,}16$; $-0{,}03$; $-0{,}04$; $-0{,}04$; $-0{,}03$, so dass die Darstellung der periodischen Fehler durch eine periodische Reihe, selbst wenn man nur bis zum doppelten Winkel geht, als eine recht gute bezeichnet werden muss. Der mittlere Fehler einer Beobachtungsgleichung ist

$$\mu = \sqrt{\frac{0{,}0593}{5}} = 0{,}11.$$

Die mittlern Fehler der x, y sind

$$\mu_{x_1} = \mu_{y_1} = 0{,}029,\quad \mu_{x_2} = \mu_{y_2} = 0{,}027.$$

Die strenge Formel ist nunmehr zu schreiben

$$l = l_2 - l_1 + 0{,}0000054(l_2^2 - l_1^2) - 1{,}14\left(\cos\left(1 l_2\frac{360^\circ}{n}\right) - \cos\left(1 l_1\frac{360^\circ}{n}\right)\right)$$
$$-0{,}02\left(\cos\left(2 l_2\frac{360^\circ}{n}\right) - \cos\left(2_1 l\frac{360^\circ}{n}\right)\right)$$
$$+1{,}28\left(\sin\left(1 l_2\frac{360^\circ}{n}\right) - \sin\left(1 l_1\frac{360^\circ}{n}\right)\right)$$
$$-0{,}13\left(\sin\left(2 l_2\frac{360^\circ}{n}\right) - \sin\left(2 l_1\frac{360^\circ}{n}\right)\right),$$

wo also l_2, l_1 die Ablesungen der Mikrometerschraube bei den Einstellungen auf die beiden Begrenzungen des betreffenden Intervalls sind. Die Zahlen, zu denen die obige Formel führt, geben den Betrag des ausgemessenen Intervalls in mittlern Trommelteilen, um diesen Betrag in Linearmaass ausdrücken zu können, hat man noch den Linearwert irgend einer Anzahl von Trommelteilen zu bestimmen, und dazu misst man eben ein seiner Länge nach bekanntes Intervall mit der Schraube aus. Am besten wählt man dieses Intervall so, dass seine Länge ungefähr allen Schraubenumdrehungen äquivalent ist, für welche die fortschreitenden und periodischen Fehler bestimmt sind. Bessel nahm dieses Intervall auf einer in 0,2 Linien geteilten Silberscale; 0,2 Linien entsprachen etwa 170 Trommelteilen, Bessel maass deshalb immer 0,6 Linien, welche 5 Umdrehungen äquivalent waren mit der Schraube aus, und zwar zur grössern Sicherung der Resultate 20 solcher Intervalle. Er stellte die Schraube auf den Trommelstrich 0, schob die Scale so unter das Mikroskop, dass ihr Strich 0,0 pointirt erschien und pointirte auf den Strich 0,6; dann drehte er die Schraube auf den Trommelstrich 0 zurück, verschob die Scale bis der Strich 0,2 pointirt erschien und pointirte auf den Scalenstrich 0,8 u. s. f. Hiernach war l_1 immer gleich 0, für l_2 fand er der Reihe nach die 20 Werte 496,9; 499,0; 497,8; 495,8; 495,1; 495,2; 495,7; 493,6; 496,6; 497,2; 494,3; 492,5; 496,4; 494,8; 494,0; 495,6; 493,6; 496,4; 495,7; 496,2. Diese Zahlen sind noch für fortschreitende und periodische Fehler zu corrigiren. Die fortschreitenden Fehler sind für alle von fast derselben Grösse, denn für die grösste derselben 499 finden wir $0{,}0000054 . 499^2 = 1{,}34$; für die kleinste 492,5 ist $0{,}0000054 , 492{,}5^2 = 1{,}32$. Die periodischen Fehler unterscheiden sich ein wenig von einander, für 499 findet sich der periodische Fehler aus $-1{,}14 (\cos 3^\circ{,}6 - 1) - 0{,}02 (\cos 7^\circ{,}2 - 1) + 1{,}28 \sin 3^\circ{,}6 - 0{,}13 \sin 7^\circ{,}2$ zu $+ 0{,}07$, für 492,5 aus $- 1{,}14 (\cos 27^\circ - 1) - 0{,}02 (\cos 54^\circ - 1) + 1{,}28 \sin 27^\circ - 0{,}13 \sin 54^\circ$ zu $+ 0{,}49$. Der ganze Fehler wird hiernach für 499 gleich $+ 1{,}41$, für 492,5 gleich $+ 1{,}81$. In dieser Weise corrigirt gehen die obigen Werte über in 498,5; 500,4; 499,3; 497,4; 496,7; 496,8; 497,3; 495,3; 498,1; 498,7; 496,0; 494,3; 497,9; 496,4; 495,7; 497,2; 495,6; 497,9; 497,3; 497,7. Sie sollten eigentlich bis auf die unvermeidlichen Beobachtungsfehler (deren Grösse 0,2 nicht überschritten haben dürfte) alle einander gleich sein, dass sie verhältnismässig so stark von einander abweichen, ist dem Umstande zuzuschreiben, dass die gemessenen Intervalle nicht gleich waren, die Scalenteilung mit Fehlern behaftet gewesen ist. Die Summe der obigen 20 Zahlen 9944,4 giebt die Anzahl von mittlern Trommelteilen, welche dem Linearbetrag des ganzen Zolles äquivalent ist. Da die wirkliche Länge dieser als pariser Zoll bezeichneten Scale 12,0055 Linien betrug, so haben wir also

$$\text{ein Trommelteil äquivalent } \frac{12{,}0055}{9944{,}4} = 0{,}00121 \text{ Linien}$$

und mit dieser Zahl 0,00121 hat man den aus der angegebenen Formel resultirenden in Trommelteile ausgedrückten Wert eines mit der Schraube gemessenen Intervalls zu multipliciren, um dieses Intervall in Linien zu erhalten.

Als **Beispiel für das erste Verfahren der gesonderten Bestimmung von fortschreitenden und periodischen Fehlern** nehme ich die Untersuchung einer Schraube, wie sie in den schon oft citirten *Traveaux et mémoires,* Band II von Herrn Bénoit mitgeteilt ist.

Es wurden die fortschreitenden Fehler für 10 Umdrehungen bestimmt, und zwar genau nach der Hansen'schen Methode der Teilungsfehlerbeobachtung. Da eine Schraubenumdrehung ungefähr einem Linearwert von 0,1 mm gleichkam, so maass also Herr Bénoit mit der Schraube immer von dem ersten Trommelstrich der ersten zu bestimmenden Umdrehung ausgehend ein 0,1 mm mit allen 10 Umdrehungen (0 — 1), (1 — 2), ..., (9 — 10), ein 0,2 mm mit den Umdrehungen (0 — 2), (1 — 3), ..., (8 — 10) u. s. f. So fand sich zum Beispiel das 0,2 mm Intervall gemessen mit der

Umdrehung	1	und	2	gleich	200 — 0,8	Trommelteile
„	2	„	3	„	200 — 0,8	„
„	3	„	4	„	200 — 0,9	„
„	4	„	5	„	200 — 1,2	„
„	5	„	6	„	200 — 1,2	„
„	6	„	7	„	200 — 1,3	„
„	7	„	8	„	200 — 1,2	„
„	8	„	9	„	200 — 1,4	„
„	9	„	10	„	200 — 1,7	„

wobei zu beachten ist, dass bei der Einstellung des ersten Strichs des betreffenden Intervalls stets die Trommel auf dem 0 Strich der Umdrehung, von der man ausgehen wollte, stand. Lässt man die ganzen Umdrehungen fort, so ergab sich als Resultat der gesammten Messung die folgende Zahlenzusammenstellung

— 0,4								
— 0,8	— 0,8							
— 0,9	— 0,8	+ 0,4						
— 0,8	— 0,9	+ 0,7	+ 3,1					
— 1,0	— 1,2	+ 0,9	+ 2,6	+ 2,9				
— 0,9	— 1,2	+ 0,4	+ 2,5	+ 2,2	+ 2,8			
— 1,2	— 1,3	+ 0,2	+ 2,3	+ 2,1	+ 1,9	+ 2,1		
— 1,1	— 1,2	+ 0,5	+ 2,4	+ 2,1	+ 1,9	+ 1,1	+ 2,9	
— 1,0	— 1,4	+ 0,5	+ 2,3	+ 2,1	+ 1,6	+ 0,7	+ 2,0	+ 2,4
— 1,0	— 1,7	+ 0,4	+ 2,0	+ 1,6	+ 1,6	+ 0,7	+ 1,8	+ 2,5

Hieraus berechnen sich die fortschreitenden Fehler genau nach dem für Teilungsfehlerrechnungen nach Hansens Verfahren gegebenen Schema,

Seite 265 bis 271, es entsprechen die obigen Zahlen vollständig den dort (Seite 265) mit l bezeichneten, und zwar Columnen den Columnen, Zeilen den Zeilen. Die Resultate sind nach Bénoits Angaben

Fehler am		Anfang der ersten Umdrehung	0,00	Trommelteile
„ „	Ende der ersten	„ „ zweiten „	—0,50	„
„ „	„ „ zweiten	„ „ dritten „	—0,55	„
„ „	„ „ dritten	„ „ vierten „	—0,66	„
„ „	„ „ vierten	„ „ fünften „	—0,61	„
„ „	„ „ fünften	„ „ sechsten „	— 0,57	„
„ „	„ „ sechsten	„ „ siebenten „	—0,49	„
„ „	„ „ siebenten	„ „ achten „	—0,36	„
„ „	„ „ achten	„ „ neunten „	—0,36	„
„ „	„ „ neunten	„ „ zehnten „	—0,13	„
„ „	„ „ zehnten	„	0,00	„

Bezeichnen wir wie früher den Strich 0 der Trommel, je nachdem wir uns in der ersten, zweiten, dritten, ..., zehnten Umdrehung befinden mit $0_0, 0_1, 0_2, \ldots, 0_9, 0_{10}$, so stellen die angegebenen Zahlen die innern fortschreitenden Fehler $\xi_{0_0}, \xi_{0_1}, \ldots, \xi_{0_9}, \xi_{0_{10}}$ an diesen Strichen dar, für jeden andern Strich bekommen wir den innern fortschreitenden Fehler durch Interpolation, so allgemein den für den Strich i in der $\varkappa$ten Umdrehung mit ausreichender Genauigkeit

$$\xi_{i_\varkappa} = \xi_{0_{\varkappa-1}} + \frac{\xi_{0_\varkappa} - \xi_{0_{\varkappa-1}}}{100} i; \quad i = 1, 2, 3, \ldots, 100, \quad \varkappa = 1, 2, \ldots$$

und speciell für Strich 15 in der 3 Umdrehung $-0{,}55 - 0{,}11 \cdot 15/100 = -0{,}57$.

Die Bestimmung der periodischen Fehler führte Herr Bénoit mit Hilfe von 4 Intervallen aus, nämlich mit auf einem Metallstreifen durch Striche abgegrenzten Intervallen von 0,02 mm und ausserdem noch mit dem etwa 0,03 mm betragenden Intervall zwischen den beiden Parallelfäden, die sich in der Mikrometerebene des Mikroskops, dem die Schraube angehörte, befanden. Bezeichnen in der folgenden Figur die fetten Striche die Begrenzungen der beiden Intervalle zu 0,02 mm, die feinen die Parallel-

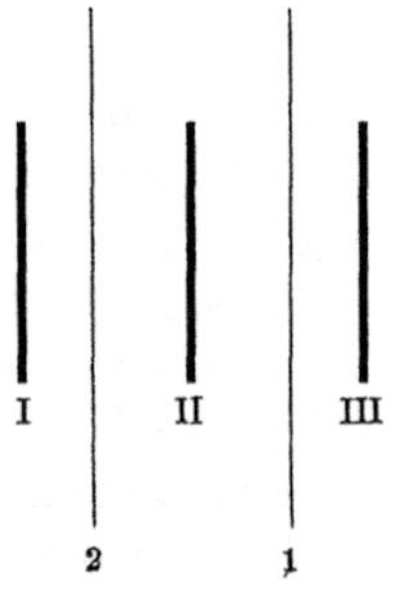

fäden des Mikrometers, so hat man im Ganzen 4 Intervalle zur Verfügung (I II), (II III), (I III), (1 2). Für die 3 ersten Intervalle pointirt man erst auf I, dann auf II; erst auf II, dann auf III; erst auf I, dann auf III, in dem man etwa die Fäden so stellt, dass die betreffenden Striche mitten zwischen ihnen zu liegen kommen. Bei Benutzung des vierten Intervalls bringt man erst den einen und dann den andern Faden mit einem der Striche I, II, III zur Coincidenz, oder auch man stellt erst einen und dann den andern Faden in die Mitte zwischen den Strichen I, II oder II, III. So würde man für die periodischen Fehler 4 Beobachtungsreihen erhalten. Bénoit schlug zur Vereinfachung der Beobachtungen das folgende sehr bequeme und für ähnliche Fälle empfehlenswerte Verfahren ein. Er stellte die Trommel auf 0 der ersten Umdrehung (also auf 0_0) und schob den die 0,02 mm Intervalle enthaltenden Metallstreifen so, dass im Mikroskop Strich I unter dem Faden 1 zu liegen schien, dann brachte er Faden 2 mit Strich I, hierauf 1 und 2 mit II und mit III zur Coincidenz.*) Das giebt 6 Pointirungen, 3 Coincidenzbeobachtungen für Faden 1, 3 für Faden 2. Sind die Ablesungen der Trommel für Faden 1 bezw. a_1, a_2, a_3 für Faden 2 bezw. b_1, b_2, b_3, so haben wir in

$$\left.\begin{matrix} b_1 - a_1 \\ b_2 - a_2 \\ b_3 - a_3 \end{matrix}\right\} \text{Abstand der Fäden von einander}$$

$$\left.\begin{matrix} a_2 - a_1 \\ b_2 - b_1 \end{matrix}\right\} \text{Intervall (I II),}$$

$$\left.\begin{matrix} a_3 - a_2 \\ b_3 - b_2 \end{matrix}\right\} \text{Intervall (II III),}$$

$$\left.\begin{matrix} a_3 - a_1 \\ b_3 - b_1 \end{matrix}\right\} \text{Intervall (I III).}$$

Nun wird die Trommel auf Strich 10 ihrer ersten Umdrehung, Strich 10_1, gestellt, der Metallstreifen so geschoben, dass I wieder mit 1 coincidirt und dann durch Drehung der Trommel 1 noch mit II und III und 2 mit I, II, III zur Coincidenz gebracht. Dann stellt man die Trommel auf 20_1 u. s. f. Im ganzen hat man für die Beobachtungen mit dem Fadenintervall 3 Reihen, für die mit den 3 andern Intervallen je 2. Man bildet aus den Reihen für jedes Intervall eine Mittelreihe und erhält so 4 Reihen von Zahlen, deren jede zur Berechnung der periodischen Fehler herangezogen wird. Bénoit hat die Beobachtungen in der angegebenen Weise durch alle 10 Umdrehungen durchgeführt, um zuzusehen, ob die Fehler wirklich periodisch

*) Will man keine Coincidenzbeobachtungen machen, die sich allerdings nur mit sehr feinen Strichen und Fäden genügend genau ausführen lassen, so führt man hier den Faden, wie schon Seite 296 angegeben, immer von derselben Seite und nur so weit an die Striche heran, bis zwischen ihm und dem betreffenden Strich nur noch eine feine grade noch erkennbare Lichtlinie übrig bleibt.

sind, also in allen Umdrehungen in derselben Grösse wiederkehren. Da eine solche stetige Wiederkehr der einzelnen Zahlen sich in der Tat herausstellte, bildete er zuletzt für die Beobachtungen mit jedem Intervall eine Mittelreihe aus den Ergebnissen in allen 10 Umdrehungen, und erhielt so für die früher mit l_α, $l'_\alpha - l_\alpha$, δl_α bezeichneten Grössen.

Fadenintervall			Intervall (I, II)			Intervall (II, III)			Intervall (I, III)		
l_α	$l'_\alpha - l_\alpha$	δl_α	l_α	$l'_\alpha - l_\alpha$	δl_α	l_α	$l'_\alpha - l_\alpha$	δl_α	l_α	$l'_\alpha - l_\alpha$	δl_α
0,3	29,16	+0,05	− 0,2	20,04	−0,04	− 0,3	20,14	+0,04	− 0,2	40,26	−0,08
10,3	29,30	−0,09	+ 9,8	19,95	+0,05	+ 9,9	20,05	+0,13	+ 9,8	40,37	−0,19
20,4	29,46	−0,25	20,0	20,17	−0,17	19,9	20,22	−0,04	20,0	40,48	−0,30
30,2	29,48	−0,27	29,8	20,27	−0,27	29,7	20,42	−0,24	29,8	40,43	−0,25
40,5	29,32	−0,11	39,9	20,14	−0,14	40,2	20,31	−0,13	39,9	40,22	−0,04
50,4	29,04	+0,07	50,1	19,93	+0,07	50,0	20,16	+0,02	50,1	40,00	+0,18
60,6	28,95	+0,26	59,9	19,76	+0,24	60,1	20,07	+0,11	59,9	39,94	+0,24
70,3	29,03	+0,18	70,0	19,83	+0,17	70,0	20,08	+0,10	70,0	40,02	+0,16
80,3	29,20	+0,01	79,9	19,88	+0,12	79,7	20,18	+0,00	79,9	40,02	+0,16
90,3	29,16	+0,05	89,9	20,03	−0,03	89,9	20,19	−0,01	89,9	40,08	+0,10
	$\bar{l}$=29,21			$\bar{l}$=20,00			$\bar{l}$=20,18			$\bar{l}$=40,18	

Die δl geben die periodischen Fehler, und man sieht, dass dieselben relativ klein sind. Die Berechnung der x_1, y_1; x_2, y_2 ist für jede der Zahlenreihen gesondert durchzuführen, die zu benutzenden Formeln sind auch im speciellen genau dieselben, wie bei der Rechnung für die Besselsche Schraube, nur sind hier die Beträge von $\frac{\bar{l}}{2}$ bezw. 52°,6; 36°; 36°,3; 72°,3. Man bekommt

	Fadenintervall	Intervall (I II)	Intervall (II III)	Intervall (I III)	Mittel
x_1	+ 0,00065	+ 0,00136	+ 0,00040	+ 0,00083	+ 0,00080
y_1	+ 0,00074	+ 0,00064	+ 0,00064	+ 0,00075	+ 0,00069
x_2	− 0,00040	− 0,00038	− 0,00039	− 0,00036	− 0,00039
y_2	− 0,00057	− 0,00046	− 0,00046	− 0,00039	− 0,00047

Die Zahlen in jeder Zeile sollten einander ganz gleich sein, sie stimmen auch recht gut miteinander überein. Die Mittel der Zeilenzahlen geben nun die wahrscheinlichsten Werte der x, y. Zur Bestimmung des mittlern Betrages eines Trommelteils wurde ein Intervall, welches 10 Umdrehungen nahezu äquivalent (in 1 mm) war, mit der Schraube ausgemessen.

Für praktische Anwendungen benutzt man nicht die Formeln selbst, sondern stellt auf Grund dieser Formeln, indem man sie von Trommelteil zu Trommelteil auswertet, eine Tabelle auf, aus der man den Fehler an jedem Trommelteil entnehmen kann, fügt man den fortschreitenden Fehler dazu, so hat man den ganzen Fehler. Bei Construction einer solchen Tabelle setzt man natürlich l_1 stets $= 0$, l_2 der Reihe nach gleich 0, 3°,6, 7°,2, ... 360°.

Wenn die betreffende Schraube so geschnitten ist, dass die Fehler auch abgesehen vom fortschreitenden Fehler nicht in den einzelnen Umdrehungen periodisch wiederkehren, muss man sie für jede Umdrehung für sich bestimmen und berechnen, und dann gilt für jede Umdrehung eine besondere Formel.

XIV. Pointirungs- und Schätzungsfehler.

96. Ueber Pointirungen und Pointirungsfehler. Als letzte Gruppe von Fehlern haben wir die eigentlichen Messungsfehler zu discutiren, das sind diejenigen Fehler, welche bei den Pointirungen und Ablesungen vorfallen können, auch wenn alle Einrichtungen vollkommen ausgeführt sind. Zum grossen Teil tragen diese Fehler den Charakter systematischer Fehler und hängen als solche von dem Beobachter, sowie von der betreffenden Einrichtung der Pointirungs- und Ablesungsmittel ab.

Ueber Pointirung mit Hilfe eines Zirkels oder Stangenzirkes ist nicht viel zu sagen, es hängt dieselbe, abgesehen von der Definition der Enden der zu bestimmenden Strecke, von der Feinheit der Spitzen der betreffenden Zirkel ab.

Wo das Pointiren mit festen Armen ausgeführt wird, wie bei Benutzung eines Kalibermaassstabes, kommen für die Pointirung nur solche Fehler in Betracht, welche aus etwaiger Nichtparallelität zwischen der zu messenden Strecke und dem Maassstab resultiren. Da aber die Strecke so zwischen die Arme genommen werden muss, dass sie gerade hineinpasst und ohne Zwang und ohne Schlottern zwischen denselben hin- und hergeführt zu werden vermag, und das Gefühl für zu lose oder zu feste Führnug bei verschiedenen Beobachtern wol verschieden sein kann, wird man auch hier einen von dem Beobachter abhängigen Fehler in der Pointirung zu befürchten haben, der eine wird die Arme an die Streckenenden zu fest pressen, der andere es zu keiner vollständigen Berührung bringen, jener findet dann für die Strecke einen zu geringen, dieser einen zu grossen Betrag.

Wenn die Pointirung in der in Art. 25b angegebenen Weise mit Hilfe eines zwei Visirstellen tragenden Diopters ausgeführt wird, so dass man diese Visirstellen mit dem betreffenden zu pointirenden Ende in eine und dieselbe, durch die Visirstellen des Diopters festgelegte Gesichtslinie und so zur Deckung zu bringen hat, wird man über das Eintreten oder Nichteintreten der Deckung um so weniger ein sicheres Urteil haben, zunächst je näher die beiden Visirstellen sich neben einander befinden. Aber auch eine zu grosse Entfernung dieser Stellen von einander und von den zu pointirenden Enden kann verderblich werden, weil man nicht auf die verschiedenen Stellen zugleich zu accommodiren vermag, und da auch die

Fähigkeit zu accomodiren, nicht bei allen Beobachtern in gleichem Maasse ausgebildet ist, wird eine und dieselbe Einrichtung nicht allen Beobachtern gleiche Sicherheit der Pointirung gewähren.

Die bequemste und sicherste Pointirung bietet die Anwendung mit Mikrometereinrichtung versehener optischer Instrumente. Besteht die Mikrometereinrichtung in einem Glasmikrometer, so kann bei genauer Einstellung des Instruments von einem Pointirungsfehler nicht gut die Rede sein, denn es wird ja nur die Lage des Objectivbildes des eingestellten Endes der Strecke gegen die Mikrometerteilung beurteilt, und es reducirt sich alles auf Ablesungsfehler. Anders ist es, wenn die Pointirung mit Hilfe einer Schraube und eines Fadennetzes bewerkstelligt wird. Gewöhnlich besteht das pointirende Fadennetz aus zwei sich kreuzenden oder aus zwei zu einander parallelen Fäden und die Pointirung wird dadurch ausgeführt, dass im ersten Fall der Kreuzungspunkt der Fäden mit dem Objectivbild des betreffenden Endes zur Deckung gebracht wird, im zweiten dieses Bild gerade mitten zwischen die Parallelfäden zu liegen kommt.

Hier ist zunächst die Einrichtung der Fäden selbst von entscheidender Bedeutung. Beim Fadenkreuz müssen die Fäden jedenfalls hinlänglich fein sein, sonst nimmt ihre Kreuzungsstelle zu viel Fläche ein, und man ist über die Lage des zu pointirenden Bildes, wenn dieses unter diese Stelle gekommen ist, nicht mehr sicher. Es dürfen auch die Fäden sich nicht unter einem zu geringen Winkel schneiden, weil sonst die Fäden auf eine zu grosse Strecke dicht neben einander gehen und so die Erkennung der Kreuzungsstelle erschwert oder unmöglich gemacht wird. Handelt es sich um Pointirung von Punkten mit einem Fadenkreuz, dann ist es wol am besten, wenn die Fäden sich unter einem rechten Winkel schneiden. Will man einen Strich pointiren, so tut man gut, die Einrichtung eventuell Durchdrehen des Instruments in seiner Fassung so zu treffen, dass dieser Strich, wenn er pointirt ist, zwei sich gegenüberstehende Winkelräume des Fadenkreuzes halbirt, und da hier einerseits die Genauigkeit der Pointiruug nicht allein nach der Deckung zwischen Kreuzungsstelle und Strichmitte, sondern auch nach der Halbirung der bezeichneten Winkelräume beurteilt wird und andererseits die Halbirung bezw. Nichthalbirung der Winkelräume um so leichter erkannt wird, je enger diese Räume in der Nähe der Kreuzungsstelle sind, lässt man für diesen Fall die Fäden sich lieber unter 45° oder gar 30° schneiden. Indessen darf der Winkel nicht beliebig klein gemacht werden, denn es kommt ja auch die Beurteilung, ob eine Deckung der Kreuzungsstelle mit der Strichmitte stattfindet in Frage.

Die Pointirung mit einem Parallel-Fadenpaar in der Weise, dass die zu pointirende Stelle in die Mitte zwischen die Fäden genommen wird, heisst, wie schon früher bemerkt, *Pointirung durch Bisection*, bisecirt wird hier der Zwischenraum zwischen den Fäden und zwar durch das zu pointirende Objectbild. Im allgemeinen nimmt wol die Sicherheit der Bisecirung zu mit Abnahme der Breite des zu bisecirenden Streifens, es empfiehlt sich also mehr mit einem engen als mit einem weiten Fadenpaar zu pointiren. Es hängt hier aber vieles von der Art des zu pointirenden Objects ab. Besteht dieses Object in einem Strich, so muss zunächst das optische Instrument in seiner Fassung so gedreht werden, dass die Fäden dem Strichbilde parallel werden. Fassen wir dann das Strichbild zwischen die Parallelfäden, so wird die Bisection eingetreten sein, wenn das Fadenintervall durch dieses Bild in zwei gleiche Teile zerlegt ist und so scheint es, als ob bei der Pointirung durch Bisection nichts weiter zu tun ist, als abzuschätzen, wann die beiden Streifen, in welche das Strichbild das Fadenintervall zerlegt hat, gleich breit geworden sind. Indessen sind hier die Verhältnisse nicht so einfach.

97. Der persönliche Pointirungsfehler. Zunächst unterliegt diese Abschätzung selbst persönlichen Eigenheiten des Beobachters. Eine gewisse und von Person zu Person in ihrer Bedeutung variirende Asymmetrie des Auges bewirkt, dass beim Abschätzen des Verhältnisses, in welchem eine Strecke durch einen Punkt oder ein Streifen durch eine Linie zerlegt wird, mehr oder minder grosse Fehler immer in demselben Sinne begangen werden. Der *persönliche Fehler* des betreffenden Beobachters wird diesen also das Fadenintervall schon halbirt sehen lassen, wenn das Strichbild von der Mitte tatsächlich noch entfernt ist. Der Beobachter pointirt dann zwar subjectiv durch Zweiteilung, objectiv durch Teilung nach einem andern Verhältnis. Aber im Grunde genommen ist es ja gleichgiltig, ob die Pointirung durch Zweiteilung, Dreiteilung, oder nach sonst irgend einem Verhältnis geschieht. Hauptsache ist, dass das Teilungsverhältnis immer d a s s e l b e ist. Darum hat auch der persönliche Fehler meist nicht viel zu sagen. Die Existenz eines persönlichen Pointirungsfehlers erkennt man am besten, wenn man nach Ausführung der Pointirung das virtuelle Ocularbild des Fadenpaars und des pointirten Strichs umkehrt. Da sich die hervorgehobene Asymmetrie des Auges auf rechts und links oder oben und unten bezieht, bewirkt die Umkehrung des Bildes auch eine Umkehrung der Beurteilung, und so erscheint der objectiv noch vorhandene Abstand des Strichbildes von der Mitte des Fadenintervalls in doppelter Stärke. Pointirt man in dieser umgekehrten Lage des Bildes, so giebt die Differenz der jetzigen Trommelablesung gegen die frühere das Doppelte des persönlichen Pointirungsfehlers. Die Umkehrung wird am besten dadurch bewirkt, dass man auf das Ocular ein rechtwinkliges Prisma geeignet aufsetzt. Man kann die Umkehrung auch hervorbringen, wenn man in das Instrument von der andern Seite hineinsieht, wozu notwendig ist, dass man um dasselbe um 180° herumgeht.

Bei Messungen auf dem Comparator wird ein Hineinblicken in das optische Instrument von zwei Seiten (z. B. von Norden und Süden, oder Osten und Westen) möglich sein, wenn der Tisch, auf welchem die zu vergleichenden Strecken liegen, nicht zu breit ist. Beim Kathetometer lässt sich die Umkehrung auf diese Art praktisch natürlich nicht bewerkstelligen.

Jedenfalls würde man auch im Stande sein, den persönlichen Fehler aus den Messungen überhaupt zu eliminiren, indem man alle Pointirungen doppelt, in zwei Lagen des virtuellen Ocularbildes der Mikrometerebene zum Beobachter, ausführt. Indessen ist es nicht zu empfehlen, in den Messungen selbst diese Eliminirung zu bewirken, namentlich nicht nach der zweiten Methode der Umkehrung. Besser ist es, sich von der Grösse und etwaigen Veränderlichkeit seines persönlichen Fehlers durch eine besondere Untersuchung in der angegebenen Weise zu überzeugen und die Einrichtungen für die Messung so zu treffen, dass die Pointirungen immer in gleicher Weise und unter denselben Verhältnissen und tunlichst rasch nach einander erfolgen können. Misst man mit einem Transversalcomparator oder Transversalkathetometer, so pointirt man schon mit denselben Instrumenten auf beide Strecken, hier ist also vor allem nötig, dass die Beleuchtung gleichliegender Enden des Maassstabes und der zu messenden Strecke gleich ist, es ist aber relativ irrelevant, ob beide Enden einer der Strecken in gleicher Weise beleuchtet sind. Umgekehrt ist es bei Messungen mit dem Longitudinal-Comparator oder -Kathetometer notwendig, dass gerade bei jeder der Strecken die beiden Enden in gleicher Weise beleuchtet sind, zwischen den Strecken selbst dürfen Unterschiede in der Beleuchtung vorhanden sein, und es darf auch die Pointirungseinrichtung für die eine Strecke in ganz anderer Weise construirt sein, wie für die andere Strecke.

Der persönliche Pointirungsfehler nimmt ab mit abnehmendem Verhältnis des Fadenintervalls zur Strichbreite, es ist darum vorteilhaft, mit möglichst engen Fadenintervallen zu arbeiten.

98. Pointirungsunsicherheiten aus der Beschaffenheit des zu pointirenden Objects. In ganz hervorragender Weise wird die Pointirung auch durch die Beschaffenheit des zu pointirenden Objects beeinflusst, das wichtigste ist darüber schon in Art. 84 gesagt. Hier ist nur noch nachzuholen, dass auch namentlich die Begrenzungen des zu pointirenden Objects von Bedeutung werden können. Striche zum Beispiel, deren Ränder nicht gerade, sondern gezackt sind, lassen die Innenseiten der Streifen, in welche sie bei der Pointirung das Fadenintervall zerlegen, gezackt erscheinen, und da hierbei irgend eine Regelmässigkeit oder Symmetrie nicht vorhanden sein wird, kann die Beurteilung der Breite der beiden Streifen sehr erschwert werden. Im allgemeinen richtet man sich bei der Pointirung durch Bisection wol nach dem Totaleindruck, den die Lichtstreifen zwischen den pointirten Objectkanten und den Fäden bieten. Könnte man sich nur nach diesen Streifen richten, so wäre es für die Messungen vielleicht am besten. Bei nicht centraler Beleuchtung und bei solchen Unregelmässigkeiten in der innern Beschaffenheit der zu pointirenden Objecte, wie sie in Art. 84 hervorgehoben und discutirt sind, sieht man aber noch einiges innerhalb des betreffenden Objects, und da man von dem gesehenen nicht zu abstrahiren vermag, bleiben fürs gewöhnliche auch nicht die hervorgehobenen Streifen allein massgebend, sondern es wird reflectorisch meist noch ein mehr oder minder grosser Teil des Objects selbst herangezogen. Manche Beobachter beurteilen deshalb absichtlich die Bisection nach dem Totaleindruck der Lichtstreifen, die von der dunkelsten (bezw. hellsten) Stelle des zu pointirenden Objects und den Fäden begrenzt werden. Wahrscheinlich hängt (bei gleicher Beleuchtung) die Beurteilung nach der einen oder anderen Art von der Beschaffenheit des Objects selbst ab, bei genügend gleichmässig dunkeln (bezw. hellen) Objecten wird man der erstern Art zu urteilen folgen, bei Objecten mit hervortretend dunkeln (bezw. hellen) Linien der zweiten.

Bei dunkeln Objecten darf der Zwischenraum zwischen den Fäden nicht schmaler sein als die Breite dieser Objecte. Eine bestimmte Regel für das Verhältnis zwischen Objectbreite (recte Breite des Objectbildes) und Fadenintervall hat sich noch nicht herausgebildet, vieles hängt von der Beschaffenheit des Objects, vieles von der Beleuchtung ab; bei schwacher Beleuchtung wird man breitere Intervalle benutzen, bei starker scheint die Pointirung um so genauer sich bewerkstelligen zu lassen, je enger die Lichtstreifen zwischen Object und Fäden sind. Da übrigens auch die persönlichen Pointirungsfehler mit abnehmender Breite der Lichtstreifen abnehmen, wird man mit engen Fäden bei starker Beleuchtung am besten arbeiten.

Endlich ist die Pointirungssicherheit auch abhängig von der Länge des zu pointirenden Objects, also von der Länge der Teile der Lichtstreifen, die zur Beurteilung der Pointirung dienen; Punkte sind durch Bisection weniger genau zu pointiren als Linien (s. d. noch folgenden Artikel).

Sehr viel verwickelter noch liegen die Verhältnisse, wenn die Pointirungen nicht an bestimmt begrenzten Punkten oder Strichen ausgeführt werden, sondern an geraden oder gekrümmten Enden von Stäben oder Flüssigkeitssäulen, denn hier ist immer die Beleuchtung auf der einen Seite des betreffenden Endes eine andere als auf der andern Seite. Hilfsmittel die Pointirungen zu erleichtern, sind in Art. 64f angegeben; die den Physiker hauptsächlich interessirenden Fälle der Pointirungen auf Menisken von Flüssigkeitssäulen, müssen bei der Auseinandersetzung der Methoden, Barometer abzulesen, behandelt werden.

99. Bedeutung der Pointirungsfehler für die Messung. Abhängigkeit von der Vergrösserung. Pointiren wir ohne Zuhilfenahme eines optischen Instruments, so treten die Pointirungsfehler in ihrer ganzen Grösse in die Messung ein. Sonst sind die Pointirungsfehler insofern von relativer Bedeutung, als sie sich auf die Bilder beziehen, die wir von ihnen sehen.

Findet nämlich die Pointirung mit Hilfe eines optischen Instruments statt, so beziehen sich alle Pointirungsfehler auf Abmessungen in dem virtuellen Ocularbilde von der Mikrometerebene. Man darf nun annehmen, dass diese Fehler ihrem absoluten Linearbetrage nach eine gewisse Grösse nicht überschreiten werden, und daraus folgt, dass dieselben in der wirklichen

Mikrometerebene um so kleiner sind, je stärker die Ocularvergrösserung ist. Ferner hat die Mikrometerebene für uns nur insofern Bedeutung, als sie Bildebene für das zu pointirende Object ist, jede Messung an einer Seite der zu vergleichenden Strecken besteht aber aus zwei Pointirungen und bezieht sich auf den kürzesten Abstand der beiden hier pointirten Marken von einander, die Mikrometerebene erscheint also als Bildebene für diesen Abstand, und folglich wird ein Pointirungsfehler bezogen auf Abmessungen in der wirklichen Mikrometerebene für die Messung selbst um so weniger ins Gewicht fallen, je stärker die Objectivvergrösserung des Instruments ist. Im ganzen spielen also für die Messung die Pointirungsfehler eine um so geringere Rolle, je stärker die Vergrösserung des optischen Instruments ist. Indessen ist die Bedeutung der Ocularvergrösserung nicht dieselbe wie die der Objectivvergrösserung, jene reducirt den Betrag der möglichen Pointirungsfehler überhaupt, diese setzt den Einfluss des einmal vorgefallenen Pointirungsfehlers auf die Messung herab. Ist der Linearbetrag des grösstmöglichen Pointirungsfehlers im virtuellen Ocularbild der Mikrometerebene p_m, die Ocularvergrösserung M_c, die Objectivvergrösserung M_b, so haben wir für den Betrag des grösstmöglichen Pointirungsfehlers in der wirklichen Mikrometerebene $P_m = p_m / M_c$ und für den Betrag dieses Fehlers in Bezug auf die Messung $P'_m = p_m / M_c M_b = p_m / M$, wenn M die ganze Vergrösserung des Instruments bedeutet.

Bei einer und derselben Gesammtvergrösserung, können wir die Vergrösserung des Objectivs und Oculars jede für sich variiren. Rein formal betrachtet ist es gleichgiltig, ob man die Pointirungsfehler oder deren Bedeutung verringert, also die Gesammtvergrösserung mehr mit dem Ocular oder mehr mit dem Objectiv hervorbringt. In praxi aber kommt es ganz darauf an, mit was für Messungsn man es zu tun hat. Geschehen die Pointirungen an Objecten, deren Structureinzelheiten man erkennen muss, (wie z. B. bei Ausmessung von Beugungsgittern), dann hat man die Vergrösserung vorzüglich mit dem Objectiv zu bewerkstelligen. Ist die Structur der zu pointirenden Objecte selbst gleichgiltig, so wird man die Vergrösserung mehr mit dem Ocular hervorbringen.

Da der Einfluss von Pointirungsfehlern mit wachsender Vergrösserung dahinschwindet, scheint es von Vorteil zu sein, mit möglichst stark vergrössernden optischen Instrumenten zu arbeiten. Es darf aber nicht ausser Acht gelassen werden, dass die Pointirungsfehler nicht allein von der Uebung und den Eigenheiten des Beobachters abhängen, sondern zu einem sehr bedeutenden Teil auch durch die Beschaffenheit des zu pointirenden Objects bestimmt werden. Wo wir nun von der innern Beschaffenheit des zu pointirenden Objects selbst keine Kenntnis haben wollen, können Unregelmässigkeiten in derselben, sowie in der Begrenzung, nach dem was wir soeben und auch in Art. 84 gesehen haben, auf die Messung nur störend wirken, und da mit wachsender Vergrösserung all diese Unregelmässigkeiten auch vergrössert erscheinen kann, unter Umständen der Vorteil einer starken Vergrösserung durch den Nachteil der mitvergrösserten Mängel in der Beschaffenheit und Begrenzung des Objects aufgewogen werden. Dazu kommt noch, dass däs Arbeiten mit stark vergrössernden Instrumenten sehr viel unbequemer ist als mit schwach vergrössernden, die Einrichtung der Beleuchtung macht grössere Schwierigkeiten und auch die Pointirungen sind nicht so leicht auszuführen, weil man dabei Teile der Instrumente selbst anfassen nnd bewegen muss, und jede Biegung und Erschütterung dieser Instrumente in um so stärkern Verschiebungen der zu pointirenden Objectbilder zur Erscheinung kommen, je bedeutender eben die Vergrösserung ist. Es dürfte also rationell sein, die Vergrösserung nicht weiter zu treiben als notwendig ist. Natürlich ist dabei zu unterscheiden zwischen der Vergrösserung, welche notwendig ist, um das Object überhaupt in seiner Beschaffenheit zu sehen, und der um die Pointirungsfehler der Grösse und Bedeutung nach zu reduciren. Halten wir uns nur an letztere, weil über die erstern nichts weiter auszusagen ist, so ist dieselbe, wenn wir dem Princip nur mit gerade nötiger Vergrösserung zu arbeiten folgen, gegeben durch die Beziehung $M = p_m / P'_m$, woselbst p_m den grösstmöglichen Pointirungsfehler bei Sehen mit freiem Auge angiebt, P'_m als der grösste zulässige aus einer einzelnen Pointirung resultirende Messungsfehler aufgefasst werden kann. p_m hängt von der Uebung und Eigenheit des Beobachters im Pointiren, dem zu pointirenden Object, und der Einrichtung zum Pointiren, P'_m allein von der verlangten Genauigkeit ab. Eine dunkele Linie auf hellem Grunde (und auch eine helle Linie auf dunklem Grunde) ist, wenn ihre Länge nicht weniger beträgt als etwa 0,5 mm in deutlicher Sehweite, 250 mm, noch deutlich erkennbar, wenn ihre Breite nicht geringer als 0,0015 mm ausfällt. Pointiren wir also einen Strich mit einem Parallelfadenpaar mit freiem Auge in deutlicher Sehweite, so werden wir selbst unter den günstigsten Umständen, dass uns Strich und Fäden scharf definirt erscheinen und das Fadenintervall die Strichbreite nur soweit überragt, als es für unsere Schätzung gerade bequem ist, die Gleichheit der beiden Lichtstreifen zu beiden Seiten des pointirten Striches nicht mehr auf 0,0015 mm verbürgen können. Soll hiernach der aus einer einzelnen Pointirung resultirende Fehler in der Messung z. B. 0,0001 mm (ein pium desiderium der Metronomen) nicht überschreiten, so muss zu einer Vergrösserung von 0,0015/0,0001, das ist zu einem Instrument, mit 15facher Vegrösserung gegriffen werden. Diese Vergrösserung würde auch in den meisten Fällen der Längenmessungen ausreichen, wenn die Pointirungsfehler keinen andern Grund hätten als den organischen, dass wir eben eine Strecke von 0,0015 mm in Entfernung der deutlichen Sehweite ohne Bewaffnung des Auges nicht mehr zu erkennen vermögen. Von dem systematischen persönlichen Fehler freilich dürfen wir absehen, aber andere Fehler von der Art, wie sie oben schon discutirt sind, bewirken, dass man im allgemeinen stärkere Vergrösserungen wird anzuwenden haben.

Förster,*) dem diese und weitere die Genauigkeit optischer Pointirungen betreffende Darlegungen zu verdanken sind, hat auch experimentelle Untersuchungen angestellt, aus denen hervorzugehen scheint, dass, wenn das Fadenintervall die Strichbreite um nicht mehr als 0,005 mm übersteigt, so dass bei der Pointirung zwischen Strich und Fäden nur äusserst feine Lichtlinien übrig bleiben, bei gehörig starker Beleuchtung eine etwa 30fache Vergrösserung nötig ist, um in einer Pointirung 0,0001 mm zu erreichen. Bei grösserer Breite des Fadenintervalls wird die nötige Vergrösserung höher zu veranschlagen sein.

100. Schätzungsfehler. Ueber die Fehler der Ablesung ist nicht viel zu sagen, sie sind wie die Pointirungsfehler, teils zufälliger, teils systematischer Natur und sind als Schätzungsfehler aufzufassen. Systematisch ist der *persönliche Schätzungsfehler*, welcher bewirkt, dass man consequent Teile von Intervallen zu gross oder zu klein schätzt. Er ist, wie der Pointirungsfehler, grösser bei grossen Intervallen als bei kleinen und scheint anzuwachsen, je näher der zu schätzende Intervallteil der Hälfte des Intervalls kommt. Die Untersuchung des persönlichen Fehlers beim Schätzen ist noch einfacher als die des beim Pointiren, da man die geschätzten Intervalle mit Hilfe einer angelegten enggeteilten Scale auch direct abmessen kann.

Das Abschätzen von Intervallteilen besteht, selbst wenn die Intervalle durch Striche begrenzt sind, nicht in einem Vergleichen von Flächenstücken, sondern von Entfernungen, indem man den Abstand der den Intervallteil abschneidenden Marke von einer der Grenzmarken — gewöhnlich der dieser Marke nächsten — in Teilen des ganzen Abstandes der Grenzmarken abschätzt. Trotzdem ist es leichter, Teile eines Intervalls abzuschätzen, wenn die sie begrenzenden Marken soweit laufen, wie die Grenzmarken des Intervalls. Bei praktischen Längenmessungen freilich wird im allgemeinen die das betreffende Intervallstück abschneidende Marke, z. B. der Indexstrich der Trommel, da aufhören, wo die Grenzstriche des Intervalls beginnen, man denkt sich dann beim Schätzen diese Marke, deren Lage zu den Grenzstrichen des Intervalls eben zu schätzen ist, ideell fortgesetzt oder auch — und das wird wol meist geschehen — man sieht als Intervall die Entfernung der Intervall-Grenzstriche an der Stelle an, wo die Marke, deren Lage bestimmt werden soll, sich befindet. Hierbei kommt es aber viel darauf an, dass diese Stelle, wenn sie schon nicht zwischen den Intervallgrenzstrichen liegt, wenigstens so nahe als möglich dem Anfang oder Ende dieser Striche herangerückt ist. Es kommt vor, dass die ihrer Lage nach zu bestimmende Marke ausserhalb des Intervalls fällt, etwa rechts, links oder oberhalb, unterhalb von diesem. In solchen

*) Sur le rapport entre le grossissement des microscopes et la précision des mésures micrométriques. Procès verbeaux du Comité international des poids et mésures séance de 1878.

Fällen denkt man sich meist auf der andern Seite des der Marke nächsten Grenzstrichs eine ideelle Marke, die zu diesem Strich so liegt, wie die erste Marke und schätzt die Lage dieser ideellen Marke, die sich also innerhalb des Intervalls befindet. Hier bestände die Schätzung in zwei Operationen und könnte naturgemäss nicht so genau ausfallen wie im einfachern Fall, wo die betreffende Marke von vornherein schon innerhalb des Intervalls liegt. Freilich vermögen geübte Beobachter die Schätzung auch direct ohne Zuhilfenahme einer ideellen Marke auszuführen, doch lehrt die Erfahrung, dass Schätzungen ausserhalb eines Intervalls gelegener Intervallteile ungenauer ausfallen als solche innerhalb eines Intervalls befindlicher.

In welcher Weise die Schätzung zahlenmässig ausgeführt wird, das hängt bei einem und demselben Beobachter ganz von der Uebung ab. Anfangs schätzt man wol in Halbe, Drittel oder Viertel von Intervallen, später vermag man gleich Zehntel anzugeben und manche bringen es so weit, dass sie sogar in Zwanzigstel su schätzen vermögen. Am besten ist es, wenn man sich daran gewöhnt, gleich nach Zehnteln zu schätzen, bestimmte Vorschriften sind aber nicht zu machen, da vieles von der Individualität des Beobachters abhängt (s. Art. 27).

Hier breche ich die Auseinandersetzungen über Längenmessungen ab, alles, was diese Art von Messungen selbst betrifft, ist gesagt, auf viele andere Umstände, namentlich auf die Berücksichtigung der thermischen Verhältnisse wird später eingegangen werden, und manches soll auch, wo wir von besonderen Längenmessungen sprechen, nachgeholt werden.

b) *Massen-Volumen und Dichtigkeitsbestimmungen.*

XV. Bedeutung der Wägungen als Massenbestimmungen.

101. Bedeutung der Vergleichung von Massen miteinander. Eine Wägung in der allgemeinern Bedeutung des Wortes hat entweder eine Massen- oder eine Kraftbestimmung zum Zweck. Zwar besteht jede Wägung in einer Vergleichung von Kräften, und es ist darum auch noch jetzt, namentlich bei Technikern üblich, in Wägungen nur Kraftbestimmungen zu sehen. Aber es kann keinem Zweifel unterliegen, dass bei der einfachen Abwägung eines Körpers mit einem Gewicht, die Kraftvergleichung nur Mittel zum Zweck, nicht Selbstzweck, ist.

Es ist schon im ersten Abschnitt mehrfach hervorgehoben worden, dass die Gewichte zu Massenbestimmungen dienen, weil die Definitionen der praktischen Einheiten derselben eine andere Deutung nicht zulassen. Dabei ist eine gewisse Schwierigkeit nicht zu verkennen, wenn man erklären soll, wie eigentlich eine Quantität einer Substanz mit einer Quantität einer andern Substanz in Beziehung gebracht wird. Solange man es mit Körpern gleichartiger Substanzen zu tun hat, kann man noch sagen, der eine Körper hat eine um so grössere Quantität als der andere, je mehr kleinste Teilchen (Molekel oder Atome) er im Verhältnis zu demselben besitzt, denn in diesem Fall gleicht ein Molekel oder Atom des einen Körpers genau einem Molekel oder Atom des andern. Wüssten wir nun, dass alle Körper in ihren letzten Teilchen aus einer und derselben Materie (einem Urelement) zusammengesetzt sind, so könnten wir überhaupt als Quantität, Masse, eines Körpers die Anzahl Uratome, die derselbe hat, definiren, und es wären die Massen der einzelnen Körper unmittelbar mit einander vergleichbar. Allein wir sind nicht sicher, dass wirklich alle Substanzen aus Atomen einer einzelnen Substanz sich gebildet haben, und darum können wir streng genommen nur Quantitäten gleichartiger Substanzen vergleichen. Dehnen wir die Vergleichung auf ungleichartige Substanzen aus, so müssen wir notgedrungen noch etwas hinzunehmen, was diese Substanzen zu einander in Beziehung setzt, das sind Kraft- oder Stosswirkungen, und nur weil die Erfahrung gelehrt hat, dass wir, welche der so mannigfachen Beziehungen, in denen die Substanzen zu einander stehen, auch zu Massenvergleichungen gebraucht werden mögen, stets zu denselben

Verhältniszahlen gelangen, können wir von der Quantität einer Substanz in ihrem Verhältnis zu der Quantität einer andern ganz allgemein sprechen.

Die Wägung eines Körpers mit Gewichten giebt also, falls alle Substanzen aus Atomen einer und derselben Materie zusammengesetzt sein sollten, direct die Masse desselben, das heisst, die Atomzahl des Körpers im Verhältnis zu der Atomzahl der benutzten Gewichte; wenn das aber nicht der Fall sein sollte, giebt die Wägung die Atomzahl des betreffenden Körpers im Verhältnis zu der Atomzahl eines andern Körpers gleicher Substanz, der unter dem Einfluss der Schwerkraft den gleichen Druck oder Zug ausübt, wie die gesetzliche Gewichtseinheit. Wollen wir hiernach gar keine Voraussetzungen in Bezug auf die Constitution der Körper machen, so müssen wir uns bei jeder Wägung eines Körpers noch einen zweiten Körper gleicher Substanz vorstellen, der der bewegenden Schwerkraft der Erde auf die benutzte Gewichtseinheit das Gleichgewicht hält, in Teilen dieses Körpers ist dann die Quantität des gewogenen Körpers ausgedrückt zu denken.

Offenbar bildet dieser zweite in der Vorstellung concipirte Körper eine neue Massen- oder Gewichtseinheit, und zwar eine in der Substanz des gerade zu wägenden Körpers ausgeführte. Wir können denselben daher als *secundäre Masseneinheit* bezeichnen, und sagen alle Massenbestimmungen durch Wägung haben die Aufgabe, die Quantität eines Körpers in Teilen einer in Substanz von seiner eigenen Beschaffenheit hergestellten secundären Masseneinheit auszudrücken.

102. Dichtigkeit und Volumen eines Körpers, Beziehung zur Masse. Aus der Erfahrung, dass die Räume, welche die verschiedenen secundären Masseneinheiten erfüllen, von ungleicher Grösse sind, ist man zu dem Begriff der *Dichtigkeit* der Substanzen geführt worden. Mathematisch kann man die Dichtigkeit einer Substanz im Verhältnis zu der Dichtigkeit einer andern Substanz als das Reciproke des Verhältnisses der Raumgehalte der aus diesen Substanzen hergestellt gedachten (secundären) Masseneinheiten erklären. Nimmt man als solche zweite Substanz, diejenige Materie, aus welcher die definirte Masseneinheit bestehen soll, und misst die Dichtigkeiten aller andern Substanzen durch die dieser Substanz, so kann man hiernach die Dichtigkeit einer Substanz als die Anzahl secundärer Masseneinheiten definiren, welche zusammen einen ebenso grossen Raum erfüllen wie unter denselben Verhältnissen die wirkliche Masseneinheit. Physikalisch freilich würde man am liebsten auf die kleinsten Teilchen selbst zurückgehen, wir wissen aber nicht, ob die Dichtigkeit auch auf die letzten kleinsten Teilchen der Substanzen noch übertragen werden darf, diese Teilchen also, wie man wol auch sagt, eine *specifische Schwere* haben, oder ob wir diesen kleinsten Teilchen bei allen Substanzen die nämliche Dichtigkeit zuschreiben müssen und die Verschiedenartigkeit in der Dichtigkeit der einzelnen Körper aus der Verschiedenheit der Zahl der in gleichem Raume enthaltenen Molekel zu erklären haben. Viele Erfahrungen der Chemie scheinen auf das letztere hinzudeuten. Wie dem aber auch sei, so wie sie oben definirt ist, hat die Dichtigkeit eine von allen Hypothesen freie Bedeutung, und wenn man festhält, dass durch das Gewicht eines Körpers immer nur eine Zahl für seine Quantität angegeben werden soll, ist es gleichgiltig, ob man Dichtigkeit oder specifisches Gewicht sagt, beide Worte drücken praktisch genau dasselbe aus, wenn man vielleicht bei dem erstern Namen mehr an eine *Gleichartigkeit,* bei dem zweiten mehr an eine *Ungleichartigkeit* der letzten kleinsten Teilchen denken möchte.*)

Führt man die Dichtigkeit als besondern physikalischen Begriff ein, so kann man von der Vorstellung secundärer Masseneinheiten abstrahiren. Es ist dann nämlich die Masse eines Körpers bestimmt durch die Dichtigkeit seiner Substanz und den Raum, den der Körper ausfüllt, und zwar gleich dem Product aus der Dichtigkeit und dem Raumgehalt. Ist also das Volumen eines Körpers V, die Dichtigkeit seiner Substanz δ, so haben wir für die Masse M desselben

$$M = V\delta.$$

An dem Sachverhalt wird dadurch nichts geändert, denn wir sind durchaus nicht im Stande die Dichtigkeit anders als aus Massenbestimmungen selbst abzuleiten, so dass die obige Gleichung eher zur Definirung von Dichtigkeiten als von Massen dienen kann, aber man gewinnt eine bequeme Ausdrucksform.

In den folgenden beiden Capiteln soll erst von den Hilfsmitteln zu Massenbestimmungen durch Wägung gehandelt werden.

XVI. Ueber Gewicht (Massen-) sätze und deren Untersuchung.

103. Stückelungen in den verschiedenen Gewichtsätzen. Zur Ausführung von Massenbestimmungen braucht man die Gewichtsätze, das sind Zusammenstellungen von einzelnen Gewichtstücken in bestimmten Abstufungen der Massenbeträge. Da man nun nicht in einem Satz alle Massenbeträge, die bei Bestimmungen vorkommen werden, auch in besondern Stücken darstellen kann, so baut man solche Gewichtsätze so auf, dass man aus den vorhandenen Stücken alle nötigen Massen in Abstufungen von einer gewissen mehr oder weniger grossen Einheit zusammenzusetzen vermag. Offenbar kommt es aber auch darauf an, diese Zusammensetzungen mit der möglichst geringen Zahl von Stücken bewerkstelligen zu können, und so tritt zu der Forderung der Möglichkeit jener Zusammensetzungen, auch noch die der geringsten Zahl zusammensetzender Stücke. Später

---

*) Das ist die Auffassung, der Gauss in einem Briefe an Schuhmacher (Briefwechsel, Bd. III, Brief 552, von 1836 Juli 24) Ausdruck verleiht.

wird noch eine andere sehr wichtige Forderung hervortreten, deren wegen man auf Erfüllung der zweiten Forderung nicht streng mehr sehen kann. Es bieten sich hier zwei Wege dar: entweder bildet man alle nötigen Massen nur durch *Summation* vorhandener Stücke, es kommen dann diese Stücke alle auf *eine* Schale der Waage, oder man nimmt auch die *Subtraction* zu Hilfe, und hat die Stücke, welche eine bestimmte Masse sollen abzuwägen gestatten, auf *beide* Schalen der Waage zu verteilen.

Betrachten wir zunächst Sätze, deren Stücke nur in *Summationen* Verwendung finden sollen. Es seien die Massen der Stücke eines solchen Satzes ausgedrückt in Einheiten der kleinsten Masse, die wir für sich noch selbstständig darstellen wollen, $a_1, a_2, a_3, \ldots, a_n$; in der Folge, in welcher sie an Massen wachsen. Ist α diese kleinste Masse, so gelangen wir offenbar zum Ziel, wenn wir jedes der a so wählen, dass es die Summe aller voraufgehenden a um α überragt, denn es ist klar, dass eine solche Zahlenreihe *alle* Vielfache von α durch Summation bilden lässt, und ausserdem für kein Vielfaches mehr als *eine* Combination gestattet. Wir hätten also die a der Bedingung zu unterwerfen

$$a_\varkappa = a_1 + a_2 + \cdots + a_{\varkappa-1} + \alpha.$$

Setzen wir $a_1 = \alpha$ selbst, so wird also $a_2 = a_1 + \alpha = 2\alpha$, $a_3 = a_1 + a_2 + \alpha = 4\alpha$, $a_4 = 8\alpha$, ... Der Satz hätte also zu enthalten

$$1\alpha,\ 2\alpha,\ 4\alpha,\ 8\alpha,\ 16\alpha,\ \ldots,\ 2^n\alpha,$$

er würde ein duadisches System von Zahlen repräsentiren. Dass man mit diesem System von Stücken alle fehlenden Massenbeträge 3α, 5α, 6α, 7α, $9\alpha, \ldots, (2^n - 1)\alpha$ und ausserdem noch die $2^n\alpha + \alpha$, $2^n\alpha + 2\alpha$, $2^n\alpha + 3\alpha, \ldots, 2.2^n\alpha - \alpha$, im Ganzen also $2^{n+1} - 1$ *Combinationen*, wirklich zusammensetzen kann, und zwar jeden dieser Beträge nur in *einer* Weise ist klar. So ist man zum Beispiel mit den 5 Stücken 1 kg, 2 kg, 4 kg, 8 kg, 16 kg im Stande, 31 Kilogrammcombinationen, nämlich 1 kg, 2 kg, 3 kg, ..., 31 kg herzustellen.

In ähnlicher Weise findet man die Abstufungen der Stücke für solche Sätze, welche durch Addition *und* Subtraction von Stücken Massen zu combiniren gestatten sollen. In der Tat, bilden wir eine Masse durch eine Summe von Stücken, so ändert sich nichts, wenn wir diese Summe doppelt nehmen und sie dann wieder in Abzug bringen, es ändert sich auch nichts, wenn sie dreifach genommen wird, falls nur ihr doppelter Betrag wieder in Abzug gebracht wird; allgemein können wir die Summen λfach nehmen, haben aber das $(\lambda - 1)$fache zu subtrahiren. Daraus folgt, dass, wenn man einen Satz zusammenstellt, dessen Stücke der Bedingung genügt

$$a_\varkappa = \lambda(a_1 + a_2 + \cdots + a_{\varkappa-1}) + \alpha,$$

und welcher zu jedem Stück noch das $(\lambda - 1)$fache dieses Stückes enthält, man durch Benutzung dieses Satzes auf der einen und andern Schale, wieder alle Massenbeträge zusammenzusetzen vermag.

Hiernach hat ein solcher Satz, wenn man wieder wie notwendig von α ausgeht, Stücke von den Massenbeträgen

$$\alpha,\ (\lambda+1)\alpha,\ (\lambda+1)^2\alpha,\ (\lambda+1)^3\alpha,\ \ldots,\ (\lambda+1)^n\alpha,$$

und ausserdem noch solche von den $(\lambda-1)$fachen Beträgen

$$(\lambda-1)\alpha,\ (\lambda-1)(\lambda+1)\alpha,\ (\lambda-1)(\lambda+1)^2\alpha,\ (\lambda-1)(\lambda+1)^3\alpha,\ \ldots;$$

und λ muss so gewählt sein, dass aus allen Stücken zusammen auch allein durch Summation jeder Massenbetrag sich muss herstellen lassen.

Es ist leicht zu sehen, dass infolge der letzten Einschränkung λ nicht grösser genommen werden darf als 3. Machen wir $\lambda = 0$, so giebt die erste Abteilung die Stücke $\alpha, \alpha, \alpha, \ldots$, die zweite $-\alpha, -\alpha, -\alpha, \ldots$, das $-$ Zeichen bei der zweiten bedeutet, dass deren Stücke auf dieselbe Schale zu legen sind, wie die der ersten. Zusammen haben wir also nur einen Satz, der aus lauter gleichen Stücken gebildet ist, und das führt zu einer Trivialität.

Für $\lambda = 1$ fällt die zweite Abteilung fort, die erste wird $\alpha, 2\alpha, 4\alpha, 8\alpha, \ldots$, wir kommen also auf den schon behandelten Fall zurück.

Bei $\lambda = 2$ wird die zweite Abteilung genau gleich der ersten, beide Abteilungen haben dann die Stückelung

$$\alpha,\ 3\alpha,\ 9\alpha,\ 27\alpha,\ 81\alpha,\ \ldots,\ 3^n\alpha.$$

Da man aber niemals zwei Stücke gleicher Bezifferung auf beiden Schalen haben wird, reicht es aus, einen Satz mit nur einer Abteilung von der obigen Stückelung zu benutzen. Man kann mit einem solchen Satz zwar nicht mehr allein durch Summation, wohl aber durch Summation und Subtraction alle nötigen Massenbeträge zusammensetzen, dass man das kann, scheint zuerst von Krönig*) bemerkt zu sein.

$\lambda = 3$ giebt für die erste Abteilung

$$\alpha,\ 4\alpha,\ 16\alpha,\ 64\alpha,\ \ldots,$$

für die zweite

$$2\alpha,\ 8\alpha,\ 32\alpha,\ 128\alpha,\ \ldots$$

Beide Abteilungen zusammen bilden einen Satz in der Stückelung $\alpha, 2\alpha, 4\alpha, 8\alpha, 16\alpha, \ldots, 2^n\alpha$, und so kann man also auch denselben Satz, der für sich allein schon durch Summation von Stücken alle gewünschten Massenbeträge zusammenzustellen gestattete, wenn man ihn in zwei Teile zerlegt, deren einer alle Stücke enthält, deren Bezifferung sich durch eine gerade Potenz von 2 ausdrücken lässt, während dem andern Stücke mit einer durch eine ungerade Potenz von 2 darzustellenden Bezifferung überwiesen sind, auch für Arbeiten auf beiden Schalen benutzen. Diese merk-

*) Poggendorff's Annalen für Physik und Chemie Bd. 122.

würdige Eigenschaft der zu allererst behandelten Stückelung ist von Schwirkus erkannt worden.*)

Lässt man die Bedingung, dass die beiden Abteilungen zusammen jeden Massenbetrag auch allein durch Summation sollen herstellen lassen, fallen, so kann man über $\lambda = 3$ hinausgehen, man bekommt dann noch weitere brauchbare Sätze, bei welchen jedoch nicht mehr wie bisher jede Abteilung nur einer Schale zuzuordnen ist, sondern wo jedes Stück, gleichgiltig welcher Abteilung es angehört, auf beiden Schalen muss angewendet werden können. Indessen haben diese Sätze weiter keine Interesse.

Noch weniger zu vorteilhaften Combinationen gelangt man, wenn λ negativ genommen wird, gebrochene Beträge für λ geben einige nicht uninteressante Stückelungen, wir gehen aber nicht weiter darauf ein.

Kommt es ganz allein darauf an, einen Satz mit möglichst wenig Stücken zu benutzen, so ist die vorteilhafteste Combination die, in welcher die Bezifferung der Stücke nach Potenzen von 3 fortschreitet. Will man einen Satz haben, der sowohl auf einer einzigen Schale als auf beiden Schalen zur Anwendung gebracht, alle Massenbeträge innerhalb gewisser Grenzen zu formiren gestattet, so ist ein Satz zu benutzen, bei dessen Stücken die Bezifferungen nach Potenzen von 2 fortschreiten.

Indessen spielt nicht überall die geringste Zahl nötiger Stücke die Hauptrolle; Sätze, welche häufig zur Anwendung kommen und rasches Arbeiten gestatten sollen, müssen auch so aufgebaut sein, dass jede nötige Combination ohne längeres Nachdenken und Rechnen sich zusammenstellen lässt. In dieser Beziehung würden die obigen Combinationen ebenfalls alles Wünschenswerte leisten, wenn uns das Rechnen im duadischen oder triadischen Zahlensystem ebenso geläufig wäre, wie im dekadischen. Das ist aber nicht der Fall; ehe wir es uns überlegt haben, dass zum Beispiel die Zahl 785 im duadischen System durch 1100010001 wiedergegeben wird, demnach 785α aus $(2^9 + 2^8 + 2^4 + 1)\alpha$ zusammenzusetzen ist, kann eine nicht unbeträchtliche Zeit vergehen, und die Schwierigkeiten, die die ungewohnte Rechnungsart bietet, steigen mit je mehr Combinationen wir zu tun haben, zwischen je weitern Grenzen der betreffende Satz soll Anwendung finden. Deshalb benutzt man die bezeichneten Combinationen nur da, wo man sich einmal auf eine verhältnismässig geringe Anzahl von Stücken beschränken darf, und wo die Umstände zwingen, die grösstmögliche Zahl von Massenbeträgen mit der geringstmöglichen Zahl von Stücken zusammenzusetzen, das ist besonders bei Reitergewichten.

Die gewöhnlich im Gebrauch befindlichen Sätze folgen in der Abstufung der Massenbeträge ihrer Stücke dem dekadischen Zahlensystem, es werden von dem kleinsten Massenbetrag α, Einer, Zehner, Hunderter, ... zusammengestellt, und zwar in der Folge (1, 1, 2, 5) oder in der (1, 2, 2, 5) sowohl für die Einer, als für die Zehner, die Hunderter, ... Ein Hauptmerkmal

*) Zeitschrift für Instrumentenkunde, Jahrgang 1887.

dieser Sätze ist also, dass in denselben Stücke von gewissen Beträgen 1... oder 2... doppelt vertreten sind; es ist aber gut, Stücke, deren Bezifferung gleich ist, von einander durch andere Merkmale zu unterscheiden, und das geschieht durch Hinzufügung irgend eines Zeichens, Punkte oder Striche, zu einem derselben oder zu beiden. Wir symbolisiren darum diese Stückelungen durch (1′, 1″, 2, 5), bezw. (1, 2′, 2″, 5). Mit der Stückelung 1, 2′, 2″, 5 rechnet es sich etwas bequemer als mit der 1′, 1″, 2, 5, es ist auch bei dieser letztern zur Herstellung eines vorgeschriebenen Massenbetrages im Durchschnitt eine etwas grössere Zahl von Stücken nötig, als bei der erstern. Ein Satz, der in der einen oder andern Stückelung Massenbeträge von 1 mg bis zu 100 kg zulassen soll, müsste 32 Stücke, von 50 kg anfangend, enthalten; in der duadischen Abstufung würden höchstens 27, in der triadischen nicht mehr als 16 dieselben Dienste leisten.

Vorgeschriebene Massenbeträge lassen sich mit diesen Stückelungen sowohl durch reine Summation, als auch durch Summation und Subtraction sehr leicht zusammenstellen, denn wie man aus den Zahlen 1, 1, 2, 5 oder 1, 2, 2, 5 die Zahlen 1, 2, 3, 4, 5, 6, 7, 8, 9 zu bilden hat, ist ohne weiteres ersichtlich und nur um diese Zahlen handelt es sich, da wir jede vorgeschriebene Zahl in Einer, Zehner, Hunderter, ... zerlegen können. Einen unbekannten Massenbetrag, mit Hilfe solcher Sätze durch Probiren auf der Waage zu äquilibriren, ist auch nicht besonders zeitraubend, wenn man nur systematisch verfährt. Den besten Leitfaden hat Krönig*) angegeben. Handelt es sich noch um Aufsetzung grösserer Gewichte — als solche dürfen wir wol im allgemeinen Gewichte von 20 g aufwärts ansehen — auf die Schale der Waage, so vertauscht man am besten jedes zur Aequilibrirung des betreffenden Körpers als zu schwer bez. zu leicht befundene aufgesetzte Stück, durch das ihm im Satz nächst stehende leichtere bezw. schwere Stück; ist man zu den kleinen Gewichten gelangt, so ersetzt man jedes als zu schwer erkannte Stück durch das Gewicht, welches der Hälfte seines Betrages am nächsten kommt, jedes zu leichte durch das nächst schwerere. Wie man aber auch verfahren mag, man soll die Gewichte nach einem bestimmten System aussuchen, nicht ohne Ziel hin- und hergreifen, denn da man nicht darauf rechnen kann, durch Zufall gleich das richtige Gewicht zu fassen, verliert man bei dem Herumprobiren meist sehr viel mehr Zeit als ein systematisches Aussuchen erfordern würde, und rasche Abwickelung aller Operationen ist ein Haupterfordernis gut angestellter Wägungen.

Ihre Sollbeträge haben die Gewichte meist auf ihrer Oberfläche verzeichnet, und es geben diese Sollbeträge die Massen, die den betreffenden Stücken nach Annahme des Constructeurs zukommen. Es wird häufig gesagt, diese Beträge bezögen sich auf den „luftleeren Raum“, das ist eine nicht genaue Auffassung des Tatbestandes, sie geben die Massen unter

---

*) l. c.

allen Umständen, und nur, wenn man die bewegenden Kräfte der Erde auf dieselben aus den Sollangaben ableiten will, hat man auf den luftleeren Raum zurückzugehen.

104. Bestimmung eines Gewichtsatzes. Wie bei den Längenmassen ist man auch bei den Gewichten niemals von vornherein sicher, dass die wirklichen Massen den Sollangaben entsprechen, man muss daher jeden Gewichtsatz, der zu feinern Bestimmungen dienen soll, erst einer Untersuchung unterwerfen, das heisst, eigentlich die einzelnen Stücke nach ihrer wirklichen Masse bestimmen. Am einfachsten stellt sich das Verfahren bei einer solchen Untersuchung, wenn man schon einen Satz besitzt, dessen einzelne Stücke ihren Massenbeträgen nach bekannt sind. Man vergleicht dann jedes Stück des zu bestimmenden Satzes mit entsprechenden Stücken oder Combinationen von Stücken des schon bekannten Satzes. Hierüber ist nichts weiter zu sagen. Principiell kann man aber Sätze von systematischem Aufbau auch bestimmen, wenn man auch nur ein bekanntes Gewicht besitzt. Wie man zu einem solchen Gewicht gelangt, ist in Art. 24 schon angegeben. Worauf es aber noch ankommt, ist aus den Stücken des betreffenden Satzes unmittelbar oder unter Zuhilfenahme eines fremden Stückes paarweise Combinationen bilden zu können, deren jeweilige Glieder gleiche Massen ergeben, und zwar so viele Paare als Stücke vorhanden sind. Vergleicht man dann für jedes Paar Combinationen die beiden Glieder miteinander, so gelangt man zu einer Reihe von Gleichungen zwischen den einzelnen Stücken, die — allerdings im günstigsten Falle — die Massen aller Stücke, durch die Masse eines einzigen Stückes auszudrücken gestatten, und es handelt sich dann nur noch um die Masse dieses einen Stückes.

Wir wollen auch hier von Fehlern der betreffenden Stücke sprechen, in dem wir darunter die Differenz ihrer wirklichen Beträge gegen die Sollbeträge verstehen. Bezeichnen wir den Sollwert der Masse eines Stückes mit (M), den wirklichen Betrag mit M, so soll also

LXIV) $$\xi_M = M - (M)$$

der *Fehler* dieses Stückes heissen.

105. Vollständige Ausgleichung eines Satzes in sich selbst. Nehmen wir einen nach dem **duadischen System** aufgebauten Satz 1α, 2α, 4α, 8α, ..., so kann zwar keines des Stücke aus den andern unmittelbar zusammengesetzt werden, da aber jedes Stück an Masse alle voraufgehenden Stücke um 1α überragt, genügt die Hinzufügung eines einzigen 1α Stückes, um alle Vergleichungen ausführen zu können. Bezeichnen wir dieses 1α mit $(\overline{1\alpha})$ und lassen die gemeinsame Benennung α fort, indem wir dafür die Zahlen in Klammern schliessen, so ist also (1) zu vergleichen mit $(\overline{1})$, dann $(1) + (\overline{1})$ mit (2), dann $(1) + (\overline{1}) + (2)$ mit (4), $(1) + (\overline{1}) + (2) + (4)$ mit (8) u. s. f. Ergeben diese Vergleichungen als Differenzen zwischen den bezeichneten Massen l_0, l_1, l_2, l_3, ..., so haben wir die Reihe von Gleichungen

$$\begin{array}{llll}
(1)-(\overline{1}) & =l_0 & \text{oder} & \xi_1-\overline{\xi}_1=l_0,\\
(2)-(1)-(\overline{1}) & =l_1 & & \xi_2-\xi_1-\overline{\xi}_1=l_1,\\
(4)-(1)-(\overline{1})-(2) & =l_2 & & \xi_4-\xi_2-\xi_1-\overline{\xi}_1=l_2,\\
(8)-(1)-(\overline{1})-(2)-(4) & =l_3 & & \xi_8-\xi_4-\xi_2-\xi_1-\overline{\xi}_1=l_3\\
 & \text{u. s. f.,} & &
\end{array}$$

woraus unter Zugrundelegung des Massenbetrages eines der Stücke etwa von $(2^\varkappa)$ folgt.

$$\text{LXV)}\quad \begin{cases}
\xi_1 = \dfrac{\xi_{2^\varkappa}}{2^\varkappa} + l_0 - \dfrac{l_0+l_1+\cdots+l_\varkappa}{2^\varkappa},\\[2ex]
\xi_2 = \dfrac{\xi_{2^\varkappa}}{2^{\varkappa-1}} + l_0 + l_1 - \dfrac{l_0+l_1+\cdots+l_\varkappa}{2^{\varkappa-1}},\\[1ex]
\qquad\qquad\text{allgemein}\\[1ex]
\xi_{2^i} = \dfrac{\xi_{2^\varkappa}}{2^{\varkappa-i}} + l_0 + l_1 + \cdots + l_i - \dfrac{l_0+l_1+\cdots+l_\varkappa}{2^{\varkappa-i}}.
\end{cases}$$

Der Fehler $\xi_{2^\varkappa}$ muss bekannt sein, $(2^\varkappa)$ muss besonders bestimmt werden. Bezeichnen wir die mittlere Unsicherheit der gesonderten Bestimmung von $(2^\varkappa)$ mit $\mu'_\varkappa$, die mittlern Fehler der $l_0, l_1, \ldots, l_n$ mit $\mu_0, \mu_1, \mu_2, \ldots, \mu_n$, so haben wir für die mittlere Unsicherheit $(\mu_0), (\mu_1), (\mu_2), \ldots, (\mu_n)$ der (1), (2), …, (2^n) bei der Zugrundelegung von $(2^\varkappa)$

$$\begin{aligned}
(\mu_0) &= \frac{1}{2^\varkappa}\sqrt{\mu'^2_\varkappa + (2^\varkappa-1)^2\mu_0^2 + \mu_1^2 + \mu_2^2 + \cdots + \mu_\varkappa^2},\\
(\mu_1) &= \frac{1}{2^{\varkappa-1}}\sqrt{\mu'^2_\varkappa + (2^{\varkappa-1}-1)^2\mu_0^2 + (2^{\varkappa-1}-1)^2\mu_1^2 + \mu_2^2 + \cdots + \mu_\varkappa^2},\\
&\ \vdots\\
(\mu_{\varkappa-1}) &= \frac{1}{2}\sqrt{\mu'^2_\varkappa + (2-1)^2\mu_0^2 + (2-1)^2\mu_1^2 + \cdots + (2-1)^2\mu_{\varkappa-1}^2 + \mu_\varkappa^2},\\
(\mu_\varkappa) &= \mu'_\varkappa\\
(\mu_{\varkappa+1}) &= \sqrt{2^2\mu'^2_\varkappa + (2-1)^2(\mu_0^2 + \mu_1^2 + \cdots + \mu_\varkappa^2) + \mu_{\varkappa+1}^2},\\
(\mu_{\varkappa+2}) &= \sqrt{2^4\mu'^2_\varkappa + (2^2-1)^2(\mu_0^2 + \mu_1^2 + \cdots + \mu_\varkappa^2) + \mu_{\varkappa+1}^2 + \mu_{\varkappa+2}^2},\\
&\ \vdots\\
(\mu_n) &= \sqrt{2^{2(n-\varkappa)}\mu'^2_\varkappa + (2^{n-\varkappa}-1)^2(\mu_0^2+\mu_1^2+\cdots+\mu_\varkappa^2) + \mu_{\varkappa+1}^2 + \mu_{\varkappa+2}^2 + \cdots + \mu_n^2}.
\end{aligned}$$

Die Unsicherheit der Bestimmung eines Massenbetrag $(\varkappa)$ wächst zwar mit der Grösse dieses Betrages, es geschieht das aber im allgemeinen nicht proportional dieser Grösse, sondern meist in viel geringerem Grade; daraus folgt, dass es vorteilhafter ist alles auf die Bestimmung einer grössern Masse im betreffenden Satze zu basiren als auf die einer kleinern. Eine bestimmte Angabe über das zu Grunde zu legende Stück lässt sich nicht machen, je grösser dieses Stück ist, um so mehr werden die kleinen Stücke, je kleiner, um so mehr die grossen benachteiligt. Die Benachteiligung der grossen Stücke wächst aber proportional deren Masse, die der kleinen ungefähr proportional der Quadratwurzel aus dem Verhältnis der Anzahl aller Stücke zu der Gesammtmasse derselben.

Hier haben wir nicht mehr Gleichungen als zur Bestimmung der einzelnen Stücke unbedingt notwendig ist.

Gehen wir zu den Sätzen mit anderer Stückelung über, so bekommen wir bei Ausnutzung aller möglichen Combinationen im allgemeinen eine sehr bedeutende Zahl überschüssiger Beobachtungsgleichungen.

Ein nach dem **triadischen System** abgestufter Satz lässt sich in sich selbst nur ausgleichen, wenn man noch einen solchen Satz und ausserdem noch ein Stück 1α zur Verfügung hat, denn hier ist die Masse jedes Stücks gleich der um 1α vermehrten doppelten Masse aller voraufgehenden Stücke. Bezeichnen wir das accessorische 1α durch $(\overline{1})$ und die beiden Sätze durch $(1)'$, $(3)'$, ... bezw. $(1)''$, $(3)''$, ..., so gewinnen wir zunächst durch directe Vergleichung der Stücke gleicher Bezifferung das System der $n+3$ Gleichungen

$$\xi_1' - \overline{\xi} = \overline{l}_{00}, \quad \xi_1'' - \overline{\xi} = \overline{\overline{l}}_{00},$$
$$\xi_1'' - \xi_1' = l_{00},$$
$$\xi_3'' - \xi_3' = l_{10},$$
$$\xi_9'' - \xi_9' = l_{20},$$
$$\vdots$$
$$\xi_{3^n}'' - \xi_{3^n}' = l_{n0}.$$

Vergleichen wir jetzt noch jedes Stück eines jeden der Sätze mit einer Combination von Stücken aus beiden Sätzen, so bekommen wir noch die Gleichungssysteme

$\xi_3 - \xi_1' - \xi_1'' - \overline{\xi}_1 = l_{11}$,	$\xi_3'' - \xi_1'' - \xi_1' - \overline{\xi}_1 = l_{12}$,
$\xi_9' - \xi_3' - \xi_3'' - \xi_1' - \xi_1'' - \overline{\xi}_1 = l_{21}$,	$\xi_9'' - \xi_3'' - \xi_3' - \xi_1'' - \xi_1' - \overline{\xi}_1 = l_{22}$,
$\xi_{27}' - \xi_9' - \xi_9'' - \xi_3' - \xi_3'' - \xi_1' - \xi_1'' - \overline{\xi}_1 = l_{31}$	$\xi_{27}'' - \xi_9'' - \xi_9' - \xi_3'' - \xi_3' - \xi_1'' - \xi_1' - \overline{\xi}_1 = l_{32}$
u. s. f.	u. s. f.

Im Ganzen haben wir $n+3+n+n = 3(n+1)$ Gleichungen zwischen $2(n+1)+1$ Grössen, man sieht aber leicht, dass eine dieser Grössen immer unbestimmt bleiben muss, trotzdem n überschüssige Gleichungen vorhanden sind. Eines der ξ muss also gegeben sein, und erst wenn dieses bestimmt ist, lassen sich streng genommen die Normalgleichungen aufstellen. Wir wollen aber von der strengen Auflösung abweichen, und alle Grössen als unbekannte behandeln. Die Genauigkeiten der einzelnen Beobachtungsgleichungen werden einander durchaus nicht gleich zu sein brauchen, denn, wie schon bemerkt, wachsen die möglichen Fehler von

Massenvergleichungen mit den Beträgen dieser Massen. Das dürfen wir aber jedenfalls voraussetzen, dass die Beobachtungen so durchgeführt sind, dass Vergleichungen gleicher Massenbeträge auch gleiches Gewicht zukommt. Bezeichnen wir also das Gewicht einer Beobachtungsgleichung, welche sich auf Combinationen vom Massenbetrag $3^i\alpha$ bezieht mit p_{3^i}, so führt die Aufstellung und Ausrechnung der Normalgleichungen zunächst zu folgenden Ergebnissen. Als Beziehung zwischen den beiden Sätzen hat man für die Differenzen der Fehler gleichbezifferter Stücke.

$$\xi_1' = \overline{\xi} + \frac{1}{3}(2\overline{l}_{00} + \overline{\overline{l}}_{00} - l_{00}), \quad \xi_1'' = \overline{\xi} + \frac{1}{3}(2\overline{\overline{l}}_{00} + \overline{l}_{00} + l_{00}),$$

$$\xi_1' - \xi_1'' = \frac{1}{3}(\overline{l}_{00} - 2l_{00} - \overline{\overline{l}}_{00}),$$

$$\xi_3' - \xi_3'' = \frac{1}{3}(l_{11} - 2l_{10} - l_{12}),$$

$$\xi_9' - \xi_9'' = \frac{1}{3}(l_{21} - 2l_{20} - l_{22}),$$

$$\vdots$$

$$\xi_{3^i}' - \xi_{3^i}'' = \frac{1}{3}(l_{i1} - 2l_{i0} - l_{i2}),$$

$$\vdots$$

wie sich von selbst versteht, unabhängig von der relativen Genaugkeit der einzelnen Gleichungen. Ferner erhält man

$$(-2p_1 + 6p_3)(\overline{\xi}_1) + (p_1 + 6p_3)(\xi_1' + \xi_1'') - 3p_3(\xi_3' + \xi_3'')$$
$$= p_1(\overline{l}_{00} + \overline{\overline{l}}_{00}) - 3p_3(l_{11} + l_{12}),$$

$$(-2p_3 + 6p_9)(\overline{\xi}_1 + \xi_1' + \xi_1'') + (p_3 + 6p_9)(\xi_3' + \xi_3'') - 3p_9(\xi_9' + \xi_9'')$$
$$= p_3(l_{11} + l_{12}) - 3p_9(l_{21} + l_{22}),$$

$$(-2p_9 + 6p_{27})(\overline{\xi}_1 + \xi_1' + \xi_1'' + \xi_3' + \xi_3'') + (p_9 + 6p_{27})(\xi_9' + \xi_9'') - 3p_{27}(\xi_{27}' + \xi_{27}'')$$
$$= p_9(l_{21} + l_{22}) - 3p_{27}(l_{31} + l_{32}),$$

u. s. f.

Daraus ergiebt sich

$$\xi_1' + \xi_1'' = 2.3^0\overline{\xi}_1 + (\overline{l}_{00} + \overline{\overline{l}}_{00}),$$

$$\xi_3' + \xi_3'' = 2.3^1\overline{\xi}_1 + 2.3^0(\overline{l}_{00} + \overline{\overline{l}}_{00}) + (l_{11} + l_{12}),$$

$$\xi_9' + \xi_9'' = 2.3^2\overline{\xi}_1 + 2.3^1(\overline{l}_{00} + \overline{\overline{l}}_{00}) + 2.3^0(l_{11} + l_{12}) + (l_{21} + l_{22}),$$

allgemein

$$\xi_{3^i}' + \xi_{3^i}'' = 2.3^i\overline{\xi}_1 + 2.3^{i-1}(\overline{l}_{00} + \overline{\overline{l}}_{00}) + 2.3^{i-2}(l_{11} + l_{12}) + \cdots$$
$$2.3^0(l_{i-11} + l_{i-12}) + (l_{i1} + l_{i2}).$$

In völliger Unabhängigkeit von den Gewichten, die den Beobachtungsgleichungen etwa wegen der Verschiedenheit der in ihnen vertretenen Massenbeträge zuzuschreiben sein würden, bekommen wir also

$$\begin{aligned}
\xi_1' &= \bar{\xi}_1 + \frac{1}{3}(\bar{\bar{l}}_{00} + 2\bar{l}_{00} - l_{00}),\\
\xi_3' &= 3\bar{\xi}_1 + 3^0(\bar{l}_{00} + \bar{\bar{l}}_{00}) + \frac{1}{3}(l_{12} + 2l_{11} - l_{10}),\\
\xi_9' &= 3^2\bar{\xi}_1 + 3^1(\bar{l}_{00} + \bar{\bar{l}}_{00}) + 3^0(l_{11} + l_{12}) + \frac{1}{3}(l_{22} + 2l_{21} - l_{20}),\\
&\vdots\\
\xi_{3^i}' &= 3^i\bar{\xi}_1 + 3^{i-1}(\bar{l}_{00} + \bar{\bar{l}}_{00}) + 3^{i-2}(l_{11} + l_{12}) + \cdots + 3^0(l_{i-11} + l_{i-12})\\
&\qquad + \frac{1}{3}(l_{i2} + 2l_{i1} - l_{i0})\\
&\vdots
\end{aligned}$$

LXVI) und entsprechend

$$\begin{aligned}
\xi_1'' &= \bar{\xi}_1 + \frac{1}{3}(\bar{l}_{00} + 2\bar{\bar{l}}_{00} + l_{00}),\\
\xi_3'' &= 3\bar{\xi}_1 + 3^0(\bar{l}_{00} + \bar{\bar{l}}_{00}) + \frac{1}{3}(l_{11} + 2l_{12} + l_{10}),\\
\xi_9'' &= 3^2\bar{\xi}_1 + 3^1(\bar{l}_{00} + \bar{\bar{l}}_{00}) + 3^0(l_{11} + l_{12}) + \frac{1}{3}(l_{21} + 2l_{22} + l_{20}),\\
&\vdots\\
\xi_{3^i}'' &= 3^i\bar{\xi}_1 + 3^{i-1}(\bar{l}_{00} + \bar{\bar{l}}_{00}) + 3^{i-2}(l_{11} + l_{12}) + \cdots + 3^0(l_{i-11} + l_{i-12})\\
&\qquad + \frac{1}{3}(l_{i1} + 2l_{i2} + l_{i0}),\\
&\vdots
\end{aligned}$$

sodass alle gesuchten Grössen als Functionen von $\bar{\xi}_1$ erscheinen. Ist nun eines der ξ etwa ξ_{3n}' durch eine besondere Untersuchung bestimmt, so kann man die für diese Grösse geltende Gleichung zur Berechnung von $\bar{\xi}_1$ benutzen.

Auch die **Ausgleichung eines Satzes von der Stückelung 1, 1, 2, 5, ...** verlangt die Hinzuziehung mindestens eines Stückes vom Betrage 1α. Benutzen wir aber wieder ein solches Stück, dessen Fehler wir mit $\bar{\xi}_{11}$ bezeichnen, und nennen die Fehler der Stücke mit der Bezifferung 1, je nachdem sie den Einern, Zehnern, ... angehören, $\xi_{11}', \xi_{11}''; \xi_{12}', \xi_{12}''; \xi_{13}', \xi_{13}''; \ldots$ die der Stücke 2 bezw. $\xi_{21}; \xi_{22}; \xi_{23}; \ldots$ die der Stücke 5 bezw. $\xi_{51}; \xi_{52}; \xi_{53};$ u. s. f., so haben wir, wenn alle nur möglichen Combinationen gleichen Massenbetrages mit einander verglichen werden, als Beobachtungsgleichungen

$$\begin{aligned}
&\xi_{11}'' - \xi_{11}' = l_{11},\\
&\xi_{11}' - \bar{\xi}_{11} = l_{11}',\\
&\xi_{11}'' - \bar{\xi}_{11} = l_{11}'',\\
&\xi_{21} - (\xi_{11}' + \xi_{11}'') = l_{21},\\
&\xi_{21} - (\xi_{11}' + \bar{\xi}_{11}) = l_{21}',\\
&\xi_{21} - (\xi_{11}'' + \bar{\xi}_{11}) = l_{21}'',\\
&\underline{\xi_{51} - (\xi_{21} + \xi_{11}' + \xi_{11}'' + \bar{\xi}_{11}) = l_{51};}
\end{aligned}$$

$$\xi''_{12} - \xi'_{12} = l_{12},$$
$$\xi'_{12} - (\xi_{51} + \xi_{21} + \xi'_{11} + \xi''_{11} + \overline{\xi}_{11}) = l'_{12},$$
$$\xi''_{12} - (\xi_{51} + \xi_{21} + \xi'_{11} + \xi''_{11} + \overline{\xi}_{11}) = l''_{12},$$
$$\xi_{22} - (\xi'_{12} + \xi''_{12}) = l_{22},$$
$$\xi_{22} - (\xi'_{12} + \xi_{51} + \xi_{21} + \xi'_{11} + \xi''_{11} + \overline{\xi}_{11}) = l'_{22},$$
$$\xi_{22} - (\xi''_{12} + \xi_{51} + \xi_{21} + \xi'_{11} + \xi''_{11} + \overline{\xi}_{11}) = l''_{22},$$
$$\xi_{52} - (\xi_{22} + \xi'_{12} + \xi''_{12} + \xi_{51} + \xi_{21} + \xi'_{11} + \xi''_{11} + \overline{\xi}_{11}) = l_{52}.$$

u. s. f.

Die l sind wieder die aus den Beobachtungen abgeleiteten Differenzen der Combinationen gleicher nomineller Massenbeträge und ihre Indices sind entsprechend denen der ξ gewählt, so dass jedenfalls der zweite Index die Gruppe anzeigt, der das zuerst genannte Stück angehört. Es sind aber für jede Gruppe 7 Gleichungen vorhanden, und zwar je drei Gleichungen für die mit $1\varkappa$ bezw. $2\varkappa$ bezifferten Stücke, eine Gleichung für die $5\varkappa$ benannten.

Ich will hier, wie auch weiterhin, nur die Schlussresultate angeben, die Ableitung derselben ist etwas langwierig und ohne Interesse. Ist $p_{\varkappa i}$ das Gewicht einer Beobachtungsgleichung der $i$ten Gruppe, in welcher Massen vom Betrage $\varkappa$ vertreten sind, so dass die Gewichte der 7 Gleichungen z. B. der $i$ten Gruppe durch $p_{1i}, p_{1i}, p_{1i}, p_{2i}, p_{2i}, p_{2i}, p_{5i}$ wiedergegeben werden; setzt man ferner

$$\overline{\xi}_{11} = \overline{\xi}_{11},$$
$$\overline{\xi}_{11} + \xi'_{11} + \xi''_{11} + \xi_{21} + \xi_{51} = \overline{\xi}_{12},$$
$$\overline{\xi}_{11} + \xi'_{11} + \xi''_{11} + \xi_{21} + \xi_{51} + \xi'_{12} + \xi''_{12} + \xi_{22} + \xi_{52} = \overline{\xi}_{12},$$

u. s. f.,

so gewinnt man aus einer geeigneten Behandlung der Normalgleichungen zunächst

$$\xi'_{11} - \overline{\xi}_{11} = \frac{p_{11}(2l'_{11} + l''_{11} - l_{11}) - p_{21}(l_{21} - l''_{21})}{3p_{11} + p_{21}},$$
$$\xi''_{11} - \overline{\xi}_{11} = \frac{p_{11}(2l''_{11} + l'_{11} + l_{11}) - p_{21}(l_{21} - l'_{21})}{3p_{11} + p_{21}},$$
$$\xi'_{12} - \overline{\xi}_{12} = \frac{p_{12}(2l'_{12} + l''_{12} - l_{12}) - p_{22}(l_{22} - l''_{22})}{3p_{12} + p_{22}},$$
$$\xi''_{12} - \overline{\xi}_{12} = \frac{p_{12}(2l''_{12} + l'_{12} + l_{12}) - p_{22}(l_{22} - l'_{22})}{3p_{12} + p_{22}},$$

allgemein

$$\xi'_{1i} - \overline{\xi}_{1i} = \frac{p_{1i}(2l'_{1i} + l''_{1i} - l_{1i}) - p_{2i}(l_{2i} - l''_{2i})}{3p_{1i} + p_{2i}},$$
$$\xi''_{1i} - \overline{\xi}_{1i} = \frac{p_{1i}(2l''_{1i} + l'_{1i} + l_{1i}) - p_{2i}(l_{2i} - l'_{2i})}{3p_{1i} + p_{2i}}.$$

Ferner ist

$$3\xi_{21}-2(\overline{\xi}_{11}+\xi'_{11}+\xi''_{11})=l_{21}+l'_{21}+l''_{21} \text{ und } \xi_{51}=l_{51}+(\overline{\xi}_{11}+\xi'_{11}+\xi''_{11}+\xi_{21}),$$
$$3\xi_{22}-2(\overline{\xi}_{12}+\xi'_{12}+\xi''_{12})=l_{22}+l'_{22}+l''_{22} \text{ und } \xi_{52}=l_{52}+(\overline{\xi}_{12}+\xi'_{12}+\xi''_{12}+\xi_{22}),$$

allgemein

$$3\xi_{2i}-2(\overline{\xi}_{1i}+\xi'_{1i}+\xi''_{1i})=l_{2i}+l'_{2i}+l''_{2i} \text{ und } \xi_{5i}=l_{5i}+(\overline{\xi}_{1i}+\xi'_{1i}+\xi''_{1i}+\xi_{2i}).$$

Die numerische Rechnung lässt sich in ein sehr einfaches und bequemes **Schema** bringen.

Man rechnet aus den in den Beobachtungsgleichungen vertretenen l und den zugehörigen Gewichten die Grössen

$$l'_1=\frac{p_{11}(2l'_{11}+l''_{11}-l_{11})+p_{21}(l''_{21}-l_{21})}{3p_{11}+p_{21}},$$
$$l''_1=\frac{p_{11}(2l''_{11}+l'_{11}+l_{11})+p_{21}(l'_{21}-l_{21})}{3p_{11}+p_{21}},$$
$$l'_2=\frac{p_{12}(2l'_{12}+l''_{12}-l_{12})+p_{22}(l''_{22}-l_{22})}{3p_{12}+p_{22}},$$

1) $$l''_2=\frac{p_{12}(2l''_{12}+l'_{12}+l_{12})+p_{22}(l'_{22}-l_{22})}{3p_{12}+p_{22}},$$

allgemein

$$l'_i=\frac{p_{1i}(2l'_{1i}+l''_{1i}-l_{1i})+p_{2i}(l''_{2i}-l_{2i})}{3p_{1i}+p_{2i}},$$
$$l''_i=\frac{p_{1i}(2l''_{1i}+l'_{1i}+l_{1i})+p_{2i}(l'_{2i}-l_{2i})}{3p_{1i}+p_{2i}},$$

ferner noch die

$$\lambda_1=\frac{1}{3}(l_{21}+l'_{21}+l''_{21}),$$

2) $$\lambda_2=\frac{1}{3}(l_{22}+l'_{22}+l''_{22}),$$

allgemein

$$\lambda_i=\frac{1}{3}(l_{2i}+l'_{2i}+l''_{2i}).$$

Alsdann ist

$$\xi'_{11}-\overline{\xi}_{11}=l'_1,$$
$$\xi''_{11}-\overline{\xi}_{11}=l''_1,$$
$$\xi_{21}-2\overline{\xi}_{11}=\frac{2}{3}(l'_1+l''_1)+\lambda_1,$$
$$\xi_{51}-5\overline{\xi}_{11}=\frac{5}{3}(l'_1+l''_1)+\lambda_1+l_{51},$$

$\overline{\xi}_{12}-10\overline{\xi}_{11} = \overline{l}_2$ Summe der über dem Strich rechts stehenden 4 Zahlen,

$\xi'_{12}-10\overline{\xi}_{11} = \overline{l}_2+l'_2,$

$\xi''_{12}-10\overline{\xi}_{11} = \overline{l}_2+l''_2,$

$\xi_{22}-20\overline{\xi}_{11} = 2\overline{l}_2+\frac{2}{3}(l'_2+l''_2)+\lambda_2,$

$\xi_{52}-50\overline{\xi}_{11} = 5\overline{l}_2+\frac{5}{3}(l'_2+l''_2)+\lambda_2+l_{52},$

$\overline{\xi}_{13}-100\overline{\xi}_{11} = \overline{l}_3$ Summe der über dem Strich rechts stehenden 5 Zahlen,

$\xi'_{13}-100\overline{\xi}_{11} = \overline{l}_3+l'_3,$

$\xi''_{13}-100\overline{\xi}_{11} = \overline{l}_3+l''_3,$

$\xi_{23}-200\overline{\xi}_{11} = 2\overline{l}_3+\frac{2}{3}(l'_3+l''_3)+\lambda_3,$

$\xi_{53}-500\overline{\xi}_{11} = 5\overline{l}_3+\frac{5}{3}(l'_3+l''_3)+\lambda_3+l_{53},$

---

u. s. f.

Die allgemeinen Formeln sind also für irgend eine Gruppe

$$\text{LXVII}_1)\qquad \begin{aligned} \xi'_{1i}-10^{i-1}\overline{\xi}_{11} &= \overline{l}_i+l'_i,\\ \xi''_{1i}-10^{i-1}\overline{\xi}_{11} &= \overline{l}_i+l''_i,\\ \xi_{2i}-2.10^{i-1}\overline{\xi}_{11} &= 2\overline{l}_i+\frac{2}{3}(l'_i+l''_i)+\lambda_i,\\ \xi_{51}-5.10^{i-1}\overline{\xi}_{11} &= 5\overline{l}_i+\frac{5}{3}(l'_i+l''_i)+\lambda_i+l_{5i}, \end{aligned}$$

woselbst $\overline{l}_i$ zu berechnen ist aus

$$3_1)\ \overline{l}_i=10^{i-2}\left(\frac{10}{3}(l'_1+l''_1)+2\lambda_1+l_{51}\right)+10^{i-3}\left(\frac{10}{3}(l'_2+l''_2)+2\lambda_2+l_{52}\right)+\cdots$$
$$+10^0\left(\frac{10}{3}(l'_{i-1}+l''_{i-1})+2\lambda_{i-1}+l_{5\,i-1}\right).$$

Eine der Gleichungen für die ξ wird wieder herangezogen werden müssen, um das $\overline{\xi}_{11}$ zu bestimmen. Wir wollen annehmen, dass der Satz n Gruppen (1′, 1″, 2, 5) hat und ausserdem noch das 1′ Stück der nächsten Gruppe besitzt. Ferner soll gerade dieses 1′ Stück durch eine besondere Untersuchung bestimmt sein, so dass $\xi'_{1\,n+1}$ das als bekannt anzusehende ξ ist. Um dieses $\xi'_{1\,n+1}$ besonders hervorzuheben, bezeichnen wir es vorläufig mit ξ und haben

$$\overline{\xi}_{11}=\frac{1}{10^n}\left\{\xi-l_{1\,n+1}-10^{n-1}\left(\frac{10}{3}(l'_1+l''_1)+2\lambda_1+l_{51}\right)-\cdots\right.$$
$$\left.-\left(\frac{10}{3}(l'_n+l''_n)+2\lambda_n+l_{5n}\right)\right\}.$$

Sonach wird allgemein

$$
\text{LXVII}_2)\qquad
\begin{aligned}
\xi'_{1i} &= L_i + l'_i,\\
\xi''_{1i} &= L_i + l''_i,\\
\xi_{2i} &= 2L_i + \frac{2}{3}(l'_i + l''_i) + \lambda_i,\\
\xi_{5i} &= 5L_i + \frac{5}{3}(l'_i + l''_i) + \lambda_i + l_{5i},
\end{aligned}
$$

wenn

$$
3_2)\quad L_i = \frac{1}{10^{n-i+1}}(\xi - l'_{1\,n+1}) + \frac{1}{10^{n-i+1}}\left[10^{n-i}\left(\frac{10}{3}(l'_i + l''_i) + 2\lambda_i + l_{5i}\right) + \cdots \right.
$$
$$
\left. + \left(\frac{10}{3}(l'_n + l''_n) + 2\lambda_n + l_{5n}\right)\right]
$$

gesetzt wird. Aus diesen allgemeinen Formeln kann man auch leicht die mittlern Fehler für die ξ berechnen. Zufolge der gegebenen Definitionsgleichungen ist nämlich

$$
\frac{10}{3}(l'_\varkappa + l''_\varkappa) + 2\lambda_\varkappa + l_{5\varkappa} = \frac{10}{3}\,\frac{3p_{1\varkappa}(l'_{1\varkappa} + l''_{1\varkappa}) + p_{2\varkappa}(l'_{2\varkappa} + l''_{2\varkappa} - 2l_{2\varkappa})}{3p_{1\varkappa} + p_{2\varkappa}}
$$
$$
+ \frac{2}{3}(l'_{2\varkappa} + l''_{2\varkappa} + l_{2\varkappa}) + l_{5\varkappa}.
$$

Bezeichnen wir die rechtsstehende Grösse mit $f_\varkappa$, so findet man nach einigen Reductionen

$$
\left[\left(\frac{\partial f_\varkappa}{\partial l'_{1\varkappa}}\right)^2 + \left(\frac{\partial f_\varkappa}{\partial l''_{1\varkappa}}\right)^2\right]\frac{1}{p_{1\varkappa}} + \left[\left(\frac{\partial f_\varkappa}{\partial l_{2\varkappa}}\right)^2 + \left(\frac{\partial f_\varkappa}{\partial l'_{2\varkappa}}\right)^2 + \left(\frac{\partial f_\varkappa}{\partial l''_{2\varkappa}}\right)^2\right]\frac{1}{p_{2\varkappa}} + \left(\frac{\partial f_\varkappa}{\partial l_{5\varkappa}}\right)^2\frac{1}{p_{5\varkappa}}
$$
$$
= \frac{6}{9}\left(\frac{10^2}{3p_{1\varkappa} + p_{2\varkappa}} + \frac{2}{p_{5\varkappa}}\right).
$$

Beachtet man also, dass verschiedene l ausser in L_i auch noch in den l'_i, l''_i, λ_i, l_{5i} vertreten sind, so findet sich, wenn man setzt

$$
\alpha_i^{\,2} = \left(\frac{1}{10^{n-i+1}}\right)^2\left(\mu^2_{\xi_{1\,n+1}} + \frac{1}{p_{1\,n+1}}\right),
$$
$$
\beta_i^{\,2} = \left(\frac{1}{10^{n-i+1}}\right)^2\left[10^{2(n-i)}\left(\frac{2}{3}\left(\frac{10^2}{3p_{1i} + p_{2i}} + \frac{2}{p_{2i}}\right) + \frac{1}{p_{5i}}\right)\right.
$$
$$
+ 10^{2(n-i-1)}\left(\frac{2}{3}\left(\frac{10^2}{3p_{1\,i+1} + p_{2\,i+1}} + \frac{2}{p_{2\,i+1}}\right) + \frac{1}{p_{5\,i+1}}\right) + \cdots
$$
$$
\left. + \left(\frac{2}{3}\left(\frac{10^2}{3p_{1n} + p_{2n}} + \frac{2}{p_{2n}}\right) + \frac{1}{p_{5n}}\right)\right],
$$

und

$$
\alpha_i^{\,2} + \beta_i^{\,2} = \mu_i^{\,2},
$$

macht, allgemein

$$\mu_{\xi'_{1i}} = \mu_{\xi''_{1i}} = \mu_i\,,$$

LXVIII)
$$\mu_{\xi_{2i}} = \sqrt{\mu_i^{\,2} + \frac{1}{5}\frac{1}{p_{2i}}},$$

$$\mu_{\xi_{5i}} = \sqrt{\mu_i^{\,2} + \frac{1}{10}\left(\frac{10^2}{3p_{1i}+p_{2i}} + \frac{2}{p_{2i}}\right) + \frac{4}{5p_{5i}}}.$$

Die Hauptarbeit fällt auf die Berechnung der β_i. Bei der numerischen Ausführung rechnet man erst aus allen p die Grössen

4)
$$\begin{aligned}
P_1 &= 10^{2(n-1)}\left[\frac{2}{3}\left(\frac{10^2}{3p_{11}+p_{21}} + \frac{2}{p_{21}}\right) + \frac{1}{p_{51}}\right],\\
P_2 &= 10^{2(n-2)}\left[\frac{2}{3}\left(\frac{10^2}{3p_{12}+p_{22}} + \frac{2}{p_{22}}\right) + \frac{1}{p_{52}}\right],\\
&\vdots\\
P_n &= 10^0\left[\frac{2}{3}\left(\frac{10^2}{3p_{1n}+p_{2n}} + \frac{2}{p_{2n}}\right) + \frac{1}{p_{5n}}\right],
\end{aligned}$$

und bildet die Summen

5)
$$\begin{aligned}
P^{(1)} &= P_1,\\
P^{(2)} &= P^{(1)} + P_2,\\
P^{(3)} &= P^{(2)} + P_3,\\
&\vdots\\
P^{(n)} &= P^{(n-1)} + P_n.
\end{aligned}$$

Man hat dann

$$\beta_i^{\,2} = \frac{P^{(n)} - P^{(i-1)}}{10^{2(n-i+1)}},$$

und somit

6)
$$\mu_i^{\,2} = \frac{1}{10^{2(n-i+1)}}\left((\mu_{\xi_{1\,n+1}})^2 + \frac{1}{p_{1\,n+1}} + P^{(n)} - P^{(i-1)}\right).$$

Die übrigbleibenden Fehler der Beobachtungsgleichungen bekommt man natürlich durch Einsetzung der für die ξ gefundenen Werte. Bildet man die Quadrate dieser übrigbleibenden Fehler, multiplicirt jedes dieser Quadrate mit dem zugehörigen Gewicht und summirt alles, so erhält man in

$$\mu = \sqrt{\frac{\Sigma pv^2}{3n-1}},$$

woselbst

$$\begin{aligned}
\Sigma pv^2 = \;& p_{11}(v_{11}^{\,2} + v_{11}'^{\,2} + v_{11}''^{\,2}) + p_{21}(v_{21}^{\,2} + v_{21}'^{\,2} + v_{21}''^{\,2}) + p_{51}(v_{51}^{\,2})\\
&+ p_{12}(v_{12}^{\,2} + v_{12}'^{\,2} + v_{12}''^{\,2}) + p_{22}(v_{22}^{\,2} + v_{22}'^{\,2} + v_{22}''^{\,2}) + p_{52}(v_{52}^{\,2})\\
&+ \cdots\cdots\cdots
\end{aligned}$$

ist, den mittlern Fehler einer Beobachtungsgleichung, der das Gewicht 1 zu kommen würde $\frac{1}{\sqrt{p_{1i}}}\mu$, $\frac{1}{\sqrt{p_{2i}}}\mu$, $\frac{1}{\sqrt{p_{5i}}}\mu$ sind dann die mittlern Fehler der drei ersten, der drei folgenden, und der letzten Gleichung der *i*ten Gruppe von Beobachtungsgleichungen.

Zuletzt gebe ich noch die **Formeln zur Berechnung der Ausgleichung eines Satzes von der Stückelung (1, 2′, 2″, 5).** Bezeichnet man die Fehler der Stücke allgemein in der *i*ten Gruppe mit ξ_{1i}, ξ'_{2i}, ξ''_{2i}, ξ_{5i}, benutzt, wie nötig, ein Hilfsstück $\overline{1}$, dessen Massenbetrag dem des ersten Stückes 1, der niedrigsten Gruppe gleichkommt, und dessen Fehler $\overline{\xi}_{11}$ ist, so hat man bei Herstellung aller nur möglichen Combinationen das System der Beobachtungsgleichungen

$$
\begin{aligned}
&\xi_{11}-\overline{\xi}_{11}=\overline{l}_{11},\\
&\xi'_{21}-(\xi_{11}+\overline{\xi}_{11})=l'_{21,1},\\
&\xi''_{21}-(\xi_{11}+\overline{\xi}_{11})=l''_{21,1},\\
&\xi'_{21}-\xi''_{21}=l_{21},\\
&\xi_{51}-(\xi'_{21}+\xi''_{21}+\xi_{11})=l_{51,1},\\
&\xi_{51}-(\xi'_{21}+\xi''_{21}+\overline{\xi}_{11})=\overline{l}_{51,1}.
\end{aligned}
$$

$$
\begin{aligned}
&\xi_{12}-(\xi_{51}+\xi'_{21}+\xi''_{21}+\xi_{11})=l_{12,1},\\
&\xi_{12}-(\xi_{51}+\xi'_{21}+\xi''_{21}+\overline{\xi}_{11})=\overline{l}_{12,1},\\
&\xi'_{22}-(\xi_{12}+\xi_{51}+\xi'_{21}+\xi''_{21}+\xi_{11})=l'_{22,1},\\
&\xi'_{22}-(\xi_{12}+\xi_{51}+\xi'_{21}+\xi''_{21}+\overline{\xi}_{11})=\overline{l}'_{22,1},\\
&\xi''_{22}-(\xi_{12}+\xi_{51}+\xi'_{21}+\xi''_{21}+\xi_{11})=l''_{22,1},\\
&\xi''_{22}-(\xi_{12}+\xi_{51}+\xi'_{21}+\xi''_{21}+\overline{\xi}_{11})=\overline{l}''_{22,1},\\
&\xi'_{22}-\xi''_{22}=l_{22},\\
&\xi_{52}-(\xi'_{22}+\xi''_{22}+\xi_{12})=l_{52,2},\\
&\xi_{52}-(\xi'_{22}+\xi''_{22}+\xi_{51}+\xi'_{21}+\xi''_{21}+\xi_{11})=l_{52,1},\\
&\xi_{52}-(\xi'_{22}+\xi''_{22}+\xi_{51}+\xi'_{21}+\xi''_{21}+\overline{\xi}_{11})=\overline{l}_{52,1}.
\end{aligned}
$$

Allgemein für die *i*te Gruppe

$$
\begin{aligned}
&\xi_{1i}-(\xi_{5\,i-1}+\xi'_{2\,i-1}+\xi''_{2\,i-1}+\xi_{1\,i-1})=l_{1i,\,i-1},\\
&\xi_{1i}-(\xi_{5\,i-1}+\xi'_{2\,i-1}+\xi''_{2\,i-1}+\xi_{5\,i-2}+\xi'_{2\,i-2}+\xi''_{2\,i-2}+\xi_{1\,i-2})=l_{1i,\,i-2},\\
&\vdots \qquad\qquad\qquad\qquad \vdots \qquad\qquad\qquad\qquad \vdots\\
&\xi_{1i}-(\xi_{5\,i-1}+\xi'_{2\,i-1}+\xi''_{2\,i-1}+\xi_{5\,i-2}+\xi'_{2\,i-2}+\xi''_{2\,i-2}+\xi_{5\,i-3}+\cdots+\xi_{11})=l_{1i,1},\\
&\xi_{1i}-(\xi_{5\,i-1}+\xi'_{2\,i-1}+\xi''_{2\,i-1}+\xi_{5\,i-2}+\xi'_{2\,i-2}+\xi''_{2\,i-2}+\xi_{5\,i-3}+\cdots+\overline{\xi}_{11})=\overline{l}_{1i,1},\\
\\
&\xi'_{2i}-(\xi_{1i}+\xi_{5\,i-1}+\xi'_{2\,i-1}+\xi''_{2\,i-1}+\xi_{1\,i-1})=l'_{2i,\,i-1},\\
&\xi'_{2i}-(\xi_{1i}+\xi_{5\,i-1}+\xi'_{2\,i-1}+\xi''_{2\,i-1}+\xi_{5\,i-2}+\xi'_{2\,i-2}+\xi''_{2\,i-2}+\xi_{1\,i-2})=l'_{2i,\,i-2},\\
&\vdots \qquad\qquad\qquad\qquad \vdots \qquad\qquad\qquad\qquad \vdots
\end{aligned}
$$

$$
\begin{aligned}
&\xi'_{2i}-(\xi_{1i}+\xi_{5\,i-1}+\xi_{2\,i-1}+\xi''_{2\,i-1}+\xi_{5\,i-2}+\xi'_{2\,i-2}+\xi''_{2\,i-2}+\xi_{5\,i-3}+\cdots+\xi_{11})=l'_{2i,1},\\
&\xi'_{2i}-(\xi_{1i}+\xi_{5\,i-1}+\xi'_{2\,i-1}+\xi''_{2\,i-1}+\xi_{5\,i-2}+\xi'_{2\,i-2}+\xi''_{2\,i-2}+\xi_{5\,i-3}+\cdots+\overline{\xi}_{11})=\overline{l}'_{2i,1},\\
&\xi''_{2i}-(\xi_{1i}+\xi_{5\,i-1}+\xi'_{2\,i-1}+\xi''_{2\,i-1}+\xi_{1\,i-1})=l''_{2i,i-1},\\
&\xi''_{2i}-(\xi_{1i}+\xi_{5\,i-1}+\xi'_{2\,i-1}+\xi''_{2\,i-1}+\xi_{5\,i-2}+\xi'_{2\,i-2}+\xi''_{2\,i-2}+\xi_{1\,i-2})=l''_{2i,i-2},\\
&\vdots \qquad\qquad\qquad\qquad\qquad \vdots \qquad\qquad\qquad\qquad\qquad \vdots\\
&\xi''_{2i}-(\xi_{1i}+\xi_{5\,i-1}+\xi'_{2\,i-1}+\xi''_{2\,i-1}+\xi_{5\,i-2}+\xi'_{2\,i-2}+\xi''_{2\,i-2}+\xi_{5\,i-3}+\cdots+\xi_{11})=l''_{2i,1},\\
&\xi''_{2i}-(\xi_{1i}+\xi_{5\,i-1}+\xi'_{2\,i-1}+\xi''_{2\,i-1}+\xi_{5\,i-2}+\xi'_{2\,i-2}+\xi''_{2\,i-2}+\xi_{5\,i-3}+\cdots+\overline{\xi}_{11})=\overline{l}''_{2i,1},\\
&\xi'_{2i}-\xi''_{2i}=l_{2i},
\end{aligned}
$$

$$
\begin{aligned}
&\xi_{5i}-(\xi'_{2i}+\xi''_{2i}+\xi_{1i})-l_{5i,i},\\
&\xi_{5i}-(\xi'_{2i}+\xi''_{2i}+\xi_{5\,i-1}+\xi'_{2\,i-1}+\xi''_{2\,i-1}+\xi_{1\,i-1})=l_{5i,i-1},\\
&\vdots \qquad\qquad\qquad\qquad \vdots \qquad\qquad\qquad\qquad \vdots\\
&\xi_{5i}-(\xi'_{2i}+\xi''_{2i}+\xi_{5\,i-1}+\xi'_{2\,i-1}+\xi''_{2\,i-1}+\xi_{5\,i-2}+\cdots+\xi_{11})=l_{5i,1},\\
&\xi_{5i}-(\xi'_{2i}+\xi''_{2i}+\xi_{5\,i-1}+\xi'_{2\,i-1}+\xi''_{2\,i-1}+\xi_{5\,i-2}+\cdots+\overline{\xi}_{11})=\overline{l}_{5i,1}.
\end{aligned}
$$

Die Anzahl der Beobachtungsgleichungen nimmt von Gruppe zu Gruppe um 4 zu, im ganzen sind für einen Satz mit n Gruppen $6n+4\frac{n(n-1)}{2}=2n(n+2)$ Beobachtungsgleichungen vorhanden, also sehr viel mehr als bei einem in der Abstufung 1', 1'', 2, 5 construirten Satz. Die einzelnen Gleichungen können von verschiedener Genauigkeit sein, wir nehmen wieder an, dass Gleichungen, welche Grössen gleicher Massenbeträge enthalten, gleiche Genauigkeit zukommt, wir haben dann in jeder Gruppe nur 3 Genauigkeitsgrade zu unterscheiden und ordnen Gleichungen, welche sich auf die Massenbeträge mit der Bezifferung $1i$, $2i$, $2i$, $5i$ beziehen, die Gewichte p_{1i}, p_{2i}, p_{2i}, p_{5i} zu. Stellt man die Normalgleichungen auf, so führt eine geeignete Behandlung derselben zu folgenden Ergebnissen.

Man berechne 1. aus den Gewichten die Summen

$$
\begin{aligned}
2p_{11}+p_{51}+p_{12}+2p_{22}+p_{52}+p_{13}+2p_{23}+\cdots+p_{1n}+2p_{2n}+p_{5n}&=P_1,\\
3p_{12}+p_{52}+p_{13}+2p_{23}+p_{53}+p_{14}+2p_{24}+\cdots+p_{1n}+2p_{2n}+p_{5n}&=P_2,\\
4p_{13}+p_{53}+p_{14}+2p_{24}+p_{54}+p_{15}+2p_{25}+\cdots+p_{1n}+2p_{2n}+p_{5n}&=P_3,\\
\vdots\qquad\qquad &\quad\vdots\\
(n+1)p_{1n}+p_{5n}&=P_n,
\end{aligned}
$$

2. aus den beobachteten Grössen die ganz entsprechenden Aggregate

$$
\begin{aligned}
&2p_{11}\overline{l}_{11,1}-p_{51}(l_{51,1}-\overline{l}_{51,1})-p_{12}(l_{12,1}-\overline{l}_{12,1})-p_{22}[l'_{22,1}+l''_{22,1}-(\overline{l}'_{22,1}+\overline{l}''_{22,1})]\\
&\quad-p_{52}(l_{52,1}-\overline{l}_{52,1})-\cdots-p_{1n}(l_{1n,1}-\overline{l}_{1n,1})-p_{2n}[l'_{2n,1}+l''_{2n,1}-(\overline{l}'_{2n,1}+\overline{l}''_{2n,1})]\\
&\qquad-p_{5n}(l_{5n,1}-\overline{l}_{5n,1})=l_1,
\end{aligned}
$$

$$
\begin{aligned}
3p_{12}(l_{12,1}+\overline{l}_{12,1}) &- p_{52}[2l_{52,2}-(l_{52,1}+\overline{l}_{52,1})]-p_{13}[2l_{13,2}-(l_{13.1}+\overline{l}_{13,1})]\\
&-p_{23}[2l'_{23,2}+2l''_{23,2}-(l'_{23,1}+\overline{l}'_{23,1}+l''_{23,1}+\overline{l}''_{23,1})]-\cdots\\
&-p_{1n}[2l_{1n,2}-(l_{1n,1}+\overline{l}_{1n,1})]-p_{2n}[2l'_{2n,2}+2l''_{2n,2}\\
&-(l'_{2n,1}+\overline{l}'_{2n,1}+l''_{2n,1}+\overline{l}''_{2n,1})]-p_{5n}[2l_{5n,2}-(l_{5n,1}+\overline{l}_{5n,1})]=l_2,
\end{aligned}
$$

$$
\begin{aligned}
4p_{13}(l_{13,2}+l_{13,1}+\overline{l}_{13,1}) &- p_{53}[3l_{53,3}-(l_{53,2}+l_{53,1}+\overline{l}_{53,1})]\\
&-p_{14}[3l_{14,3}-(l_{14,2}+l_{14,1}+\overline{l}_{14,1})]-p_{24}[3l'_{24,3}+3l''_{24,3}\\
&-(l'_{24,2}+l''_{24,2}+l'_{24,1}+\overline{l}'_{24,1}+l''_{24,1}+\overline{l}''_{24,1})]-\cdots\\
&-p_{1n}[3l_{1n,3}-(l_{1n,2}+l_{1n,1}+\overline{l}_{1n,1})]-p_{2n}[3l'_{2n,3}+3l''_{2n,3}\\
&-(l'_{2n,2}+l''_{2n,2}+l'_{2n,1}+l''_{2n,1}+\overline{l}'_{2n,1}+\overline{l}''_{2n,1})]\\
&-p_{51}[3l_{5n,3}-(l_{5n,2}+l_{5n,1}+\overline{l}_{5n,1})]=l_3,\\
&\qquad\vdots \qquad\qquad\qquad\qquad \vdots\\
(n+1)p_{1n}(l_{1n,n-1}+l_{1n,n-2}&+\cdots+l_{1n,1}+\overline{l}_{1n,1})\\
&-p_{5n}[nl_{5n,n}-(l_{5n,n-1}+l_{5n,n-2}+\cdots+l_{5n,1}+\overline{l}_{5n,1})]=l_n.
\end{aligned}
$$

3. Ferner bilde man noch in jeder Gruppe aus der Differenz aller auf das betreffende 2′ gegen die auf das 2″ bezüglichen Beobachtungsgrössen

$$
\begin{aligned}
\delta_1 &= \frac{1}{3}(l'_{21,1}-l''_{21,1}+2l_{21}),\\
\delta_2 &= \frac{1}{4}(l'_{22,1}+\overline{l}'_{22,1}-l''_{22,1}-\overline{l}''_{22,1}+2l_{22}),\\
\delta_3 &= \frac{1}{5}(l'_{23,2}+l'_{23,1}+\overline{l}'_{23,1}-l''_{23,2}-l''_{23,1}-\overline{l}''_{23,1}+2l_{23}),\\
\vdots & \qquad\qquad \vdots\\
\delta_n &= \frac{1}{n+2}(l'_{2n,n-1}+l'_{2n,n-2}+\cdots+l'_{2n,1}+\overline{l}'_{2n,1}-l''_{2n,n-1}-l''_{2n,n-2}-\cdots-l''_{2n,1}-\overline{l}''_{2n,1}+2l_{2n}),
\end{aligned}
$$

4. sowie aus den entsprechenden Summen

$$
\begin{aligned}
\sigma_1 &= l'_{21,1}+l''_{21,1},\\
\sigma_2 &= \frac{1}{2}(l'_{22,1}+\overline{l}'_{22,1}+l''_{22,1}+\overline{l}''_{22,1}),\\
\sigma_3 &= \frac{1}{3}(l'_{23,2}+l'_{23,1}+\overline{l}'_{23,1}+l''_{23,2}+l''_{23,1}+\overline{l}''_{23,1}),\\
\vdots & \qquad\qquad \vdots\\
\sigma_n &= \frac{1}{n}(l'_{2n,n-1}+l'_{2n,n-2}+\cdots+l'_{2n,1}+\overline{l}'_{2n,1}+l''_{2n,n-1}+l''_{2n,n-2}+\cdots+l''_{2n,1}+\overline{l}''_{2n,1}),
\end{aligned}
$$

5. und zuletzt noch in jeder Gruppe die Summe aller auf das betreffende 5-Stück bezüglichen Grössen

$$\lambda_1 = l_{51,1} + \bar{l}_{51,1},$$
$$\lambda_2 = l_{52,2} + l_{52,1} + \bar{l}_{52,1},$$
$$\lambda_3 = l_{53,3} + l_{53,2} + l_{53,1} + \bar{l}_{53,1},$$
$$\vdots$$
$$\lambda_n = l_{5n,n} + l_{5n,n-1} + l_{5n,n-2} + \cdots + l_{5n,1} + \bar{l}_{5n,1},$$

dann zerfällt das System der Normalgleichungen in die Sätze von Gleichungen

$$1_1)\ P_1(\xi_{11} - \bar{\xi}_{11}) = l_1,$$
$$1_2)\ P_2(\xi_{12} - \bar{\xi}_{12}) = l_2,$$
$$1_3)\ P_3(\xi_{13} - \bar{\xi}_{13}) = l_3,$$
$$\vdots \qquad \vdots$$
$$1_n)\ P_n(\xi_{1n} - \bar{\xi}_{1n}) = l_n.$$

$$2_1)\ \xi'_{21} - \xi''_{21} = \delta_1, \qquad 3_1)\ \xi'_{21} + \xi''_{21} - 2(\xi_{11} + \bar{\xi}_{11}) = \sigma_1,$$
$$2_2)\ \xi'_{22} - \xi''_{22} = \delta_2, \qquad 3_2)\ \xi'_{22} + \xi''_{22} - 2(\xi_{12} + \bar{\xi}_{12}) = \sigma_2,$$
$$2_3)\ \xi'_{23} - \xi''_{23} = \delta_3, \qquad 3_3)\ \xi'_{23} + \xi''_{23} - 2(\xi_{13} + \bar{\xi}_{13}) = \sigma_3,$$
$$\vdots \qquad \vdots \qquad\qquad \vdots \qquad \vdots$$
$$2_n)\ \xi'_{2n} - \xi''_{2n} = \delta_n, \qquad 3_n)\ \xi'_{2n} + \xi''_{2n} - 2(\xi_{1n} + \bar{\xi}_{1n}) = \sigma_n,$$

$$4_1)\ 2\xi_{51} - (\xi_{11} + \bar{\xi}_{11} + 2\xi'_{21} + 2\xi''_{21}) = \lambda_1,$$
$$4_2)\ 3\xi_{52} - (\xi_{12} + 2\bar{\xi}_{12} + 3\xi'_{22} + 3\xi''_{22}) = \lambda_2,$$
$$4_3)\ 4\xi_{53} - (\xi_{13} + 3\bar{\xi}_{13} + 4\xi'_{23} + 4\xi''_{23}) = \lambda_3,$$
$$\vdots \qquad \vdots$$
$$4_n)\ (n+1)\xi_{5n} - (\xi_{1n} + n\bar{\xi}_{1n} + (n+1)\xi'_{2n} + (n+1)\xi''_{2n}) = \lambda_n.$$

Daselbst ist gesetzt

$$\bar{\xi}_{11} = \bar{\xi}_{11},$$
$$\bar{\xi}_{12} = \frac{1}{2}(\xi_{11} + \bar{\xi}_{11} + 2\xi'_{21} + 2\xi''_{21} + 2\xi_{51}),$$
$$\bar{\xi}_{13} = \frac{1}{3}(\xi_{11} + \bar{\xi}_{11} + 2\xi_{21} + 2\xi''_{21} + 2\xi_{51} + \xi_{12} + 3\xi'_{22} + 3\xi''_{22} + 3\xi_{52}),$$
$$\vdots \qquad \vdots$$
$$\bar{\xi}_{1n} = \frac{1}{n}(\xi_{11} + \bar{\xi}_{11} + 2\xi'_{21} + 2\xi''_{21} + 2\xi_{51} + \xi_{12} + 3\xi'_{22} + 3\xi''_{22} + 3\xi_{52} + \xi_{13} + \cdots$$
$$+ \xi_{1\,n-1} + n\xi_{2\,n-1} + n\xi_{2\,n-1} + n\xi_{5\,n-1}),$$

also dass

$$5_1)\ \bar{\xi}_{11} = \bar{\xi}_{11},$$
$$5_2)\ \bar{\xi}_{12} = 2\xi_{51} - \frac{\lambda_1}{2},$$

$$5_3)\quad \overline{\xi}_{13} = 2\xi_{52} - \frac{\lambda_2}{3},$$
$$\vdots \qquad \vdots$$
$$5_n)\quad \xi_{1n} = 2\xi_{5\,n-1} - \frac{\lambda_{n-1}}{n}$$

wird.

Dass diese Systeme von Gleichungen völlig ausreichen, um alle ξ durch eine dieser Grössen $\overline{\xi}_{11}$ zn bestimmen, ist klar. Die Reihenfolge der Benutzung der einzelnen Gleichungen entspricht der Numerirung; aus 1_1) folgt ξ_{11}, aus $\underline{2_1}$) und 3_1) ergeben sich ξ'_{21}, ξ''_{21}, aus 4_1) resultirt ξ_{51}; dann giebt 5_2) das $\overline{\xi}_{12}$, hierauf 1_2) das ξ_{12} u. s. f.

Rechnet man aus den P, l, σ, λ die folgenden Grössen

$$6)\qquad \begin{aligned}
\alpha_1 &= \frac{1}{2}\left(5\frac{l_1}{P_1} + \frac{\lambda_1}{2} + 2\sigma_1\right),\\
\alpha_2 &= \frac{1}{3}\left(7\frac{l_2}{P_2} + \frac{\lambda_2}{2} + 3\sigma_2\right),\\
\alpha_3 &= \frac{1}{4}\left(9\frac{l_3}{P_3} + \frac{\lambda_3}{2} + 4\sigma_3\right),\\
&\vdots \qquad \vdots\\
\alpha_n &= \frac{1}{n+1}\left((2n+3)\frac{l_n}{P_n} + \frac{\lambda_n}{2} + (n+1)\sigma_n\right),
\end{aligned}$$

und dann aus diesen α die verketteten Zahlen

$$7_1)\qquad \begin{aligned}
A_1 &= \alpha_1,\\
A_2 &= \alpha_2 + 10A_1,\\
A_3 &= \alpha_3 + 10A_2,\\
A_4 &= \alpha_4 + 10A_3,\\
&\vdots \qquad \vdots \qquad \vdots\\
A_{n-1} &= \alpha_{n-1} + 10A_{n-2},\\
A_n &= \alpha_n + 10A_{n-1},
\end{aligned}$$

so wird

$$\begin{aligned}
\xi_{11} - \overline{\xi}_{11} &= \frac{l_1}{P_1},\\
\xi'_{21} - 2\overline{\xi}_{11} &= \frac{l_1}{P_1} + \frac{\sigma_1 + \delta_1}{2},\\
\xi''_{21} - 2\overline{\xi}_{11} &= \frac{l_1}{P_1} + \frac{\sigma_1 - \delta_1}{2},\\
\xi_{51} - 5\overline{\xi}_{11} &= \frac{\lambda_1}{2.2} + \alpha_1;
\end{aligned}$$

$$\begin{aligned}
\xi_{12} - 10\overline{\xi}_{11} &= \frac{l_2}{P_2} + 2A_1,\\
\xi'_{22} - 20\overline{\xi}_{11} &= \frac{l_2}{P_2} + 4A_1 + \frac{\sigma_2 + \delta_2}{2},
\end{aligned}$$

$$\xi''_{22} - 20\overline{\xi}_{11} = \frac{l_2}{P_2} + 4A_1 + \frac{\sigma_2 - \delta_2}{2},$$

$$\xi_{52} - 50\overline{\xi}_{11} = \frac{\lambda_2}{2.3} + A_2;$$

$$\xi_{13} - 100\overline{\xi}_{11} = \frac{l_3}{P_3} + 2A_2,$$

LXIX$_1$)

$$\xi'_{23} - 200\overline{\xi}_{11} = \frac{l_3}{P_3} + 4A_2 + \frac{\sigma_3 + \delta_3}{2},$$

$$\xi''_{23} - 200\overline{\xi}_{11} = \frac{l_3}{P_3} + 4A_2 + \frac{\sigma_3 - \delta_3}{2},$$

$$\xi_{53} - 500\overline{\xi}_{11} = \frac{\lambda_3}{2.4} + A_3;$$

---

allgemein

$$\xi_{1i} - 10^{i-1}\overline{\xi}_{11} = \frac{l_i}{P_i} + 2A_{i-1},$$

$$\xi'_{2i} - 2.10^{i-1}\overline{\xi}_{11} = \frac{l_i}{P_i} + 4A_{i-1} + \frac{\sigma_i + \delta_i}{2},$$

$$\xi''_{2i} - 2.10^{i-1}\overline{\xi}_{11} = \frac{l_i}{P_i} + 4A_{i-1} + \frac{\sigma_i - \delta_i}{2},$$

$$\xi_{5i} - 5.10^{i-1}\overline{\xi}_{11} = \frac{\lambda_i}{2(i+1)} + A_i,$$

wodurch die ξ bis auf die Constante $\overline{\xi}_{11}$ bestimmt sind, zu deren Kenntnis die anderweitige Bestimmung des Fehlers eines der Stücke notwendig ist.

Nehmen wir auch hier an, dass der betreffende Satz auch noch das erste Stück der $n+1$ ten Gruppe besitzt, und dass der Fehler $\xi_{1\,n+1}$ dieses Stückes aus anderweitigen Untersuchungen bekannt ist, so können wir durch Vergleichung dieses Stückes mit entsprechenden Massenbeträgen unseres Satzes eine Beziehung zwischen $\xi_{1\,n+1}$ und $\overline{\xi}_{11}$ herstellen. Wollen wir diese Vergleichung mit allen möglichen Combinationen bewerkstelligen, so kommen zu den Beobachtungsgleichungen noch $n+1$ neue Gleichungen hinzu. Es ist aber für die Rechnung viel vorteilhafter, wenn die Vergleichung nur mit der Combination der Stücke der letzten, n ten Gruppe, ausgeführt wird. In diesem Falle gewinnen wir noch die Gleichung

$$\xi_{1\,n+1} - (\xi_{1n} + \xi'_{2n} + \xi''_{2n} + \xi_{5n}) = l_{1\,n+1,\,n},$$

und haben nach Einsetzung der Beträge für die $\xi_{1n}, \ldots, \xi_{5n}$

$$\xi_{1\,n+1} - \left(3\frac{l_n}{P_n} + 10A_{n-1} + A_n + \frac{\lambda_n}{2(n+1)} + \sigma_n\right) - 10^n\overline{\xi}_{11} = l_{1\,n+1,\,n},$$

also

$$\overline{\xi}_{11} = \frac{1}{10^n}\left\{\xi_{1\,n+1} - \left(3\frac{l_n}{P_n} + 10A_{n-1} + A_n + \frac{\lambda_n}{2(n+1)} + \sigma_n\right) - l_{1\,n+1,\,n}\right\},$$

und so wird, wenn wir das besondere $\xi_{1\,n+1}$ als vollständig bekannt ansehen

$$\xi_{1i}=\frac{1}{10^{n-i+1}}\left\{\xi_{1\,n+1}-\left(3\frac{l_n}{P_n}+10A_{n-1}+A_n+\frac{\lambda_n}{2(n+1)}+\sigma_n\right)-l_{1\,n+1,\,n}\right\}+\frac{l_i}{P_i}+2A_{i-1},$$

$$\xi'_{2i}=\frac{2}{10^{n-i+1}}\left\{\xi_{1\,n+1}-\left(3\frac{l_n}{P_n}+10A_{n-1}+A_n+\frac{\lambda_n}{2(n+1)}+\sigma_n\right)-l_{1\,n+1,\,n}\right\}+\frac{l_i}{P_i}+4A_{i-1}+\frac{\sigma_i+\delta_i}{2},$$

$$\xi''_{2i}=\frac{2}{10^{n-i+1}}\left\{\xi_{1\,n+1}-\left(3\frac{l_n}{P_n}+10A_{n-1}+A_n+\frac{\lambda_n}{2(n+1)}+\sigma_n\right)-l_{1\,n+1,\,n}\right\}+\frac{l_i}{P_i}+4A_{i-1}+\frac{\sigma_i-\delta_i}{2},$$

$$\xi_{5i}=\frac{5}{10^{n-i+1}}\left\{\xi_{1\,n+1}-\left(3\frac{l_n}{P_n}+10A_{n-1}+A_n+\frac{\lambda_n}{2(n+1)}+\sigma_n\right)-l_{1\,n+1,\,n}\right\}+\frac{\lambda_i}{2(i+1)}+A_i.$$

$$i=1,\,2,\,3,\,\ldots,\,n.$$

Beachten wir noch, dass zufolge der Definitionsgleichungen für die A

$$\begin{aligned}A_{n-1}&=\alpha_{n-1}+10A_{n-2}=\alpha_{n-1}+10^1\alpha_{n-2}+10^2A_{n-3}=\cdots=\alpha_{n-1}+10^1\alpha_{n-2}\\&\qquad+10^2\alpha_{n-3}+\cdots+10^{n-i-1}\alpha_i+10^{n-i}A_{i-1},\\A_n&=\alpha_n+10A_{n-1}=\alpha_n+10^1\alpha_{n-1}+10^2A_{n-2}=\cdots=\alpha_n+10^1\alpha_{n-1}\\&\qquad+10^2\alpha_{n-2}+\cdots+10^{n-i}\alpha_i+10^{n-i+1}A_{i-1},\end{aligned}$$

ist, so findet sich

$$+\frac{1}{10^{n-i+1}}(10A_{n-1}+A_n)-2A_{i-1}=\frac{1}{10^{n-i+1}}\left(\alpha_n+2(10\alpha_{n-1}+10^2\alpha_{n-2}+\cdots+10^{n-i}\alpha_i)\right),$$

$$\frac{2}{10^{n-i+1}}(10A_{n-1}+A_n)-4A_{i-1}=\frac{2}{10^{n-i+1}}\left(\alpha_n+2(10\alpha_{n-1}+10^2\alpha_{n-2}+\cdots+10^{n-i}\alpha_i)\right),$$

und ähnlich

$$\frac{5}{10^{n-i+1}}(10A_{n-1}+A_n)-A_i=\frac{5}{10^{n-i+1}}\left(\alpha_n+2(10\alpha_{n-1}+10^2\alpha_{n-2}+\cdots+10^{n-i-1}\alpha_{i+1})\right).$$

Ferner ist

$$3\frac{l_n}{P_n}+\frac{\lambda_n}{2(n+1)}+\sigma_n=\frac{n}{n+1}\frac{l_n}{P_n}+\alpha_n.$$

Rechnet man also an Stelle der A die Zahlen

$$7_2)\qquad\begin{aligned}B_{n+1}&=0,\\B_n&=\alpha_n+B_{n+1},\\B_{n-1}&=10\,\alpha_{n-1}+B_n,\\B_{n-2}&=10^2\alpha_{n-2}+B_{n-1},\\B_{n-3}&=10^3\alpha_{n-3}+B_{n-2},\\&\;\vdots\\B_1&=10^{n-1}\alpha_1+B_2,\end{aligned}$$

so wird auch, indem man die Constante

8) $$\xi_{1\,n+1} - \left(\frac{n}{n+1}\frac{l_n}{P_n} + l_{1\,n+1,\,n}\right) = C$$

setzt,

LXIX$_2$)
$$\left.\begin{aligned}
\xi_{1\,i} &= \frac{C-2B_i}{10^{n-i+1}} + \frac{l_i}{P_i},\\
\xi'_{2\,i} &= 2\,\frac{C-2B_i}{10^{n-i+1}} + \frac{l_i}{P_i} + \frac{\sigma_i+\delta_i}{2},\\
\xi''_{2\,i} &= 2\,\frac{C-2B_i}{10^{n-i+1}} + \frac{l_i}{P_i} + \frac{\sigma_i-\delta_i}{2},\\
\xi_{5\,i} &= 5\,\frac{C-2B_{i+1}}{10^{n-i+1}} + \frac{\lambda_i}{2(i+1)},
\end{aligned}\right\}
\begin{aligned} i &= 1,\,2,\,3,\,\ldots,\,n,\\ B_{n+1} &= 0.\end{aligned}$$

Das sind die in der Praxis hauptsächlich vorkommenden Fälle. Natürlich werden oft genug Sätze von ganz anderen Stückelungen vorkommen, bieten diese Sätze überhaupt die Möglichkeit, mit ihren Stücken, allein unter Zuhilfenahme weniger Zusatzstücke die innere Ausgleichung auszuführen, so wird man sich immer in der Beobachtung und Rechnung nach den hier gemachten Angaben richten können. Es liegen aber die Schwierigkeiten bei solchen innern Ausgleichungen von Massensätzen durchaus nicht in der Anlage der Beobachtungen und Rechnungen, sondern, wie immer, wo es sich um eine strenge Anwendung der Ausgleichsmethoden handelt, in der Bestimmung der den Beobachtungsgleichungen zuzuschreibenden Gewichte. Es sind diese Gewichte umgekehrt proportional den Quadraten der mittlern Fehler, wo also für ein Paar von Massencombinationen eine grössere Zahl von Vergleichungen vorhanden ist, wird man aus dem Quadrat des mittlern Fehlers der aus diesen Vergleichungen abzuleitenden Endgleichung für dieses Paar auch auf das dieser Gleichung zuzuschreibende Gewicht schliessen können. Man müsste hiernach für jedes Paar gleicher Massencombinationen mehrere Vergleichungen ausführen und jede der oben aufgestellten Beobachtungsgleichungen als Resultat der entsprechenden Einzelvergleichungen mit dem mittlern Fehler berechnen. Indessen ist die Berechnung der Gewichte aus den Quadraten der mittlern Fehler sehr unsicher, wenn der mittlere Fehler selbst nicht aus einer sehr erheblichen Anzahl von Einzelbeobachtungen abgeleitet ist (s. Cap. XXI des ersten Bandes).

Die Genauigkeit einer Vergleichung zweier Massen nimmt im allgemeinen zu mit Abnahme des Betrages dieser Massen, sie hängt aber nicht allein von diesem Betrage ab, sondern wird, auch abgesehen von den atmosphärischen Verhältnissen, durch die benutzte Waage und die Ausführung der Beobachtungen bestimmt. Infolge dessen lässt sich nichts allgemein giltiges über dieselbe aussagen; wer aber an denselben Waagen mit stets gleicher Sorgfalt arbeitet, wird bald die unter den ihm gegebenen Verhältnissen für verschiedene Massenbeträge erreichbare Genauigkeit schätzen lernen. Im allgemeinen darf man bei Benutzung guter empfindlicher Waagen (über die an eine Waage zu stellenden Anforderungen wird später gehandelt werden) Vergleichungen, welche Massen von 1 mg bis 1 g und wol auch bis 10 g betreffen, als vom Betrage dieser Massen unabhängig und nahezu gleich genau ansehen; über 10 g hinaus nimmt, wenn nicht ganz besondere Einrichtungen zu Hilfe gezogen werden, die Genauigkeit rascher ab, aber wol nicht proportional den wachsenden Massenbeträgen sondern langsamer als diese, etwa wie die Quadratwurzel aus diesen Beträgen, so dass den Vergleichungen verschiedener Massen den Beträgen umgekehrt proportionale Gewichte zuzusprechen sein würden.

Wo, wie bei Massenbestimmungen besonders hoher Präcision, zu eigenartigen Hilfsmitteln und speciellen Waagenconstructionen gegriffen wird, und Wägungs- und Beobachtungsmethoden in feinster Ausbildung zur Anwendung kommen, kann natürlich auch bei Vergleichungen grosser Massenbeträge eine der Genauigkeit der Vergleichungen geringer Beträge nahekommende Schärfe erreicht werden.

Die Schwierigkeiten, denen man in Bezug auf die Festsetzung bestimmter Zahlenwerte für die Gewichte der einzelnen Beobachtungsgleichungen begegnet, bewirken, dass man streng nach den Regeln der Ausgleichungslehre nur in wenigen Fällen wird verfahren können (z. B. bei Sätzen von 1 mg bis 1 g). Man weicht darum von diesen strengen Regeln ab und führt die Rechnungen näherungsweise aus, wobei auch unter Umständen in die Beobachtungen Vereinfachungen eintreten.

106. Ausgleichung in Gruppen. Zunächst wird man, wo ein Satz eine grössere Zahl von Gruppen enthält, denselben in Teile zerlegen, die man gesondert von einander bestimmt. So besitzt ein vollständiger Satz, der von 1 mg bis 500 g oder 1000 g geht 6 Gruppen von Gewichten, er lässt sich aber sehr bequem in zwei Teile von je 3 Gruppen zerlegen, deren ersterer alle Stücke von 1 mg bis 500 mg enthält, während dem andern die von 1 g bis 500 g zugehören; eine Zerlegung, die übrigens auch äusserlich schon dadurch gegeben ist, dass die Stücke des ersten Teils meist aus anderer Substanz (Platin oder Aluminium) hergestellt sind als die des zweiten. In diesem Fall wird man die Milligramme für sich und die Gramme für sich bestimmen und die Verbindung zwischen den beiden Abteilungen durch eine Vergleichung des 1 g Stückes mit einer 1 g gleichwertigen Combination aus den Milligrammstücken herstellen.

Die drei Gruppen der Milligramme kann man zusammen ausgleichen, denn wie schon bemerkt, ist es gestattet, Massenvergleichungen von 1 mg bis 1000 mg als gleich genau zu behandeln, wenigstens wenn die Sorgfalt der Vergleichungen sich gleich bleibt, da man zumeist sogar alle diese Vergleichungen mit einer und derselben Waage bei relativ wenig variirender Empfindlichkeit ausführen wird. Hier vereinfacht sich auch die Berechnung der Ausgleichung dadurch, dass in allen Formeln die p sämmtlich gleich 1 zu setzen sind.

Die Gruppen der Gramme erfordern freilich eine weitergehende Spaltung, und hier hat man sich gewöhnt, in der Rechnung jede Gruppe als ein selbständiges Ganze zu betrachten. Man sieht die Beobachtungsgleichungen in jeder Gruppe als einander gleichwertig an, oder sucht sie dadurch einander gleichwertig zu machen, dass man den Vergleichungen um so grössere Sorgfalt zuwendet und dieselben um so öfter ausführt, je höhere Massenbeträge sie betreffen, und gleicht dieselben für sich aus. So bleibt zunächst in jeder Gruppe ein Stück unbestimmt, indem man aber Gleichungen aus einer Gruppe in die andere hinübernimmt oder beachtet, dass in den Gleichungen jeder Gruppe die Combination der in den Gleichungen der voraufgehenden Gruppe in Relation gesetzten Stücke vertreten ist, kommen die Gruppen mit einander in Verbindung, und zuletzt ist wie früher im Ganzen nur ein Stück gesondert zu bestimmen.

1. Wir wollen die Verbindung der Gruppen zunächst durch Wiederholung von Gleichungen herstellen.

Es handele sich um einen Satz in der Abstufung (**1′, 1″, 2, 5**), und es besitze dieser Satz ausser den n Gruppen noch das erste Stück der $n+1$ten Gruppe, also ein Stück $(1\,n+1)$. Setzen wir wie früher allgemeine

$$\overline{\xi}_{11}+\xi'_{11}+\xi''_{11}+\xi_{21}+\xi_{51}+\xi'_{12}+\xi''_{12}+\cdots+\xi_{5\,i-1}=\xi_{5\,i-1}+\xi_{2\,i-1}+\xi'_{1\,i-1}$$
$$+\xi''_{1\,i-1}+\overline{\xi}_{1\,i-1}=\overline{\xi}_{1\,i},$$

und gehen von der letzten Gruppe von Gleichungen aus und schreiben alle Gleichungen in umgekehrter Folge wie früher, dann giebt diese letzte Gruppe unter Hinzufügung der eigentlich einer $n+1$ten Gruppe gehörigen Gleichung für das $1\,n+1$ Stück, die Gleichungen

$$\text{LXX}_1)\left\{\begin{array}{lll}
\xi_{1\,n+1} & -\,(\xi_{5\,n}+\xi_{2\,n}+\xi'_{1\,n}+\xi''_{1\,n}+\overline{\xi}_{1\,n}) & = l_{1\,n+1},\\
\xi_{5\,n} & -\,(\xi_{2\,n}+\xi'_{1\,n}+\xi''_{1\,n}+\overline{\xi}_{1\,n}) & = l_{5\,n},\\
\xi_{2\,n} & -\,(\xi'_{1\,n}+\xi''_{1\,n}) & = l_{2\,n},\\
\xi_{2\,n} & -\,(\xi''_{1\,n}+\overline{\xi}_{1\,n}) & = l'_{2\,n},\\
\xi_{2\,n} & -\,(\xi'_{1\,n}+\overline{\xi}_{1\,n}) & = l'_{2\,n},\\
\xi''_{1\,n} & -\,\xi'_{1\,n} & = l_{1\,n},\\
\xi''_{1\,n} & -\,\overline{\xi}_{1\,n} & = l''_{1\,n},\\
\xi'_{1\,n} & -\,\overline{\xi}_{1\,n} & = l'_{1\,n}.
\end{array}\right.$$

Den Fehler $\xi_{1\,n+1}$ des $(1\,n+1)$ Stückes sehen wir als bekannt an, dann giebt die Ausgleichung dieser Beziehungen

$$\text{LXXI}_1)\begin{cases} \xi_{5n} = \frac{1}{2}(\xi_{1n+1} - l_{1n+1} + l_{5n}), \\ \xi_{2n} = \frac{1}{5}(\xi_{1n+1} - l_{1n+1} - l_{5n}) + \frac{1}{5}(l_{2n} + l_{2n} + l''_{2n}), \\ \xi'_{1n} = \frac{1}{10}(\xi_{1n+1} - l_{1n+1} - l_{5n}) - \frac{3}{20}(l_{2n} + l'_{2n}) + \frac{1}{10}(l''_{2n}) - \frac{1}{4}(l_{1n} - l'_{1n}) \\ \xi''_{1n} = \frac{1}{10}(\xi_{1n+1} - l_{1n+1} - l_{5n}) - \frac{3}{20}(l_{2n} + l'_{2n}) + \frac{1}{10}(l'_{2n}) + \frac{1}{4}(l_{1n} + l''_{1n}), \\ \overline{\xi}_{1n} = \frac{1}{10}(\xi_{1n+1} - l_{1n+1} - l_{5n}) - \frac{3}{20}(l'_{2n} + l''_{2n}) + \frac{1}{10}(l_{2n}) - \frac{1}{4}(l'_{1n} + l''_{1n}). \end{cases}$$

In die nächste Gruppe nehmen wir die zwei letzten Gleichungen nochmals mit hinüber, und dabei lösen wir $\overline{\xi}_{1n}$ in $\xi_{5n-1} + \xi_{2n-1} + \xi'_{1n-1} + \xi''_{1n-1} + \overline{\xi}_{1n-1}$ auf. Wir erhalten also

$$\text{LXX}_2)\begin{cases} \xi'_{1n} - (\xi_{5n-1} + \xi_{2n-1} + \xi'_{1n-1} + \xi''_{1n-1} + \overline{\xi}_{1n-1}) = l'_{1n}, \\ \xi''_{1n} - (\xi_{5n-1} + \xi_{2n-1} + \xi'_{1n-1} + \xi''_{1n-1} + \overline{\xi}_{1n-1}) = l''_{1n}, \\ \xi_{5n-1} - (\xi_{2n-1} + \xi'_{1n-1} + \xi''_{1n-1} + \overline{\xi}_{1n-1}) = l_{5n-1}, \\ \xi_{2n-1} - (\xi'_{1n-1} + \xi''_{1n-1}) = l_{2n-1}, \\ \xi_{2n-1} - (\xi''_{1n-1} + \overline{\xi}_{1n-1}) = l''_{2n-1}, \\ \xi_{2n-1} - (\xi'_{1n-1} + \overline{\xi}_{1n-1}) = l'_{2n-1}, \\ \xi''_{1n-1} - \xi'_{1n-1} = l_{1n-1}, \\ \xi''_{1n-1} - \overline{\xi}_{1n-1} = l''_{1n-1}, \\ \xi'_{1n-1} - \overline{\xi}_{1n-1} = l'_{1n-1}, \end{cases}$$

woselbst ξ'_{1n}, ξ''_{1n} als bekannte Grössen zu behandeln sind. Die beiden ersten Gleichungen sind gewiss den folgenden nicht gleichwertig, weil die in ihnen zu l'_{1n}, l''_{1n} zu schlagenden Grössen ξ'_{1n}, bezw. ξ''_{1n} noch mit Fehlern behaftet sein können. Man wird daher diese beiden Gleichungen mit einigem Recht zu einer einzigen Gleichung vereinigen, und dann entspricht die zweite Gruppe von Beobachtungsgleichungen genau der ersten, und man erhält die Formeln für ξ_{5n-1}, ξ_{2n-1}, ξ'_{1n-1}, ξ''_{1n-1}, $\overline{\xi}_{1n-1}$ aus denen für ξ_{5n}, ξ_{2n}, ξ'_{1n}, ξ''_{1n}, $\overline{\xi}_{1n}$, wenn man in diesen ξ_{1n+1} durch $\frac{1}{2}(\xi'_{1n} + \xi''_{1n})$, l_{1n+1} durch $\frac{1}{2}(l'_{1n} + l''_{1n})$ ersetzt und in allen andern l den Index n in $n-1$ verwandelt.

Setzen wir hiernach

$$1)\qquad \frac{1}{2}(\xi'_{1i+1} + \xi''_{1i+1}) = x_{i+1}, \quad \frac{1}{2}(l'_{1i+1} + l''_{1i+1}) = L_{i+1},$$

wobei

$$x_{n+1} = \xi_{1\,n+1}, \quad L_{n+1} = l_{1\,n+1},$$

sein soll, so wird allgemein

$$\text{LXXI)} \begin{cases} \xi_{5\,i} = \frac{1}{2}(x_{i+1} - L_{i+1} + l_{5\,i}), \\ \xi_{2\,i} = \frac{1}{5}(x_{i+1} - L_{i+1} - l_{5\,i}) + \frac{1}{5}(l_{2\,i} + l'_{2\,i} + l''_{2\,i}), \\ \xi'_{1\,i} = \frac{1}{10}(x_{i+1} - L_{i+1} - l_{5\,i}) - \frac{3}{20}(l_{2\,i} + l'_{2\,i} + l''_{2\,i}) + \frac{1}{4}(l''_{2\,i} - l_{1\,i} + l'_{1\,i}), \\ \xi''_{1\,i} = \frac{1}{10}(x_{i+1} - L_{i+1} - l_{5\,i}) - \frac{3}{20}(l_{2\,i} + l'_{2\,i} + l''_{2\,i}) + \frac{1}{4}(l'_{2\,i} + l_{1\,i} + l''_{1\,i}), \\ \overline{\xi}_{1\,i} = \frac{1}{10}(x_{i+1} - L_{i+1} - l_{5\,i}) - \frac{3}{20}(l'_{2\,i} + l''_{2i} + l_{2\,i}) + \frac{1}{4}(l_{2\,i} - l'_{1\,i} - l''_{1\,i}), \end{cases}$$

die $\overline{\xi}_{1\,i}$ braucht man nicht mitzurechnen, wenn man nicht will.

Der mittlere Fehler einer Beobachtungsgleichung der $i$ten Gruppe wird in gewöhnlicher Weise durch

$$\mu_i = \sqrt{\frac{\Sigma v^2}{3}}$$

gefunden. Die mittlern Fehler der ξ lassen sich nicht genau berechnen. Angenähert ist

$$\text{LXXII)} \begin{cases} \mu_{\xi_{5\,i}} = \frac{1}{4}\sqrt{\mu^2_{\xi'_{1i+1}} + \mu^2_{\xi''_{1i+1}} + 6\mu_i^{\,2}}, \\ \mu_{\xi_{2\,i}} = \frac{1}{10}\sqrt{\mu^2_{\xi'_{1i+1}} + \mu^2_{\xi''_{1i+1}} + 18\mu_i^{\,2}}, \\ \mu_{\xi'_{1\,i}} = \mu_{\xi'_{1\,i}} = \mu_{\overline{\xi}_{1\,i}} = \frac{1}{20}\sqrt{\mu^2_{\xi'_{1i+1}} + \mu^2_{\xi''_{1i+1}} + 78\mu_i^{\,2}}, \end{cases}$$

$\mu_{\xi'_{1\,i+1}}$ und $\mu_{\xi''_{1\,i+1}}$ sind einander gleich, $\mu_{\xi_{1\,n+1}}$ muss gegeben sein, und die Rechnung beginnt von der höchsten Gruppe.

Entsprechend ist das Verfahren für ein nach dem System (**1**, **2**, **2**, **5**) gebauten Satz, nur dass hier die Zahl der Beobachtungsgleichungen in gewisser Hinsicht willkürlich ist und je nach der gewünschten Genauigkeit mehr oder weniger gross gewählt werden kann. Begnügen wir uns mit der geringsten Zahl von Beobachtungsgleichungen und nehmen den Fehler $\xi_{1\,n+1}$ des $(1n+1)$ Stückes als bekannt an, so ist für

$$\xi_{5\,i-1} + \xi'_{2\,i-1} + \xi''_{2\,i-1} + \xi_{1\,i-1} = \overline{\xi}_{1\,i},$$

allgemein die Reihe der Gleichungen in der $i$ten Gruppe

$$
\text{LXXIII)}\left\{\begin{array}{ll}
\xi_{1\,i+1} - (\xi_{5i} + \xi'_{2i} + \xi''_{2i} + \xi_{1i}) = l_{1\,i+1}, & \\
\xi_{1\,i+1} - (\xi_{5i} + \xi'_{2i} + \xi''_{2i} + \overline{\xi}_{1i}) = \overline{l}_{1\,i+1}, & \\
\xi_{5i} \quad - (\xi'_{2i} + \xi''_{2i} + \xi_{1i}) = l_{5i}, & \\
\xi_{5i} \quad - (\xi'_{2i} + \xi''_{2i} + \overline{\xi}_{1i}) = \overline{l}_{5i}, & \\
\xi'_{2i} \quad - \xi''_{2i} = l_{2i}, & i = n,\ n-1,\ n-2, \ldots, 2,\ 1. \\
\xi'_{2i} \quad - (\xi_{1i} + \overline{\xi}_{1i}) = l'_{2i}, & \\
\xi''_{2i} \quad - (\xi_{1i} + \overline{\xi}_{1i}) = l''_{2i}, & \\
\xi_{1i} \quad - \overline{\xi}_{1i} = l_{1i}, &
\end{array}\right.
$$

Die Ausgleichung giebt hiernach für jede Gruppe

$$
\text{IV)}\left\{\begin{array}{l}
\xi_{5i} = \frac{1}{4}(2\xi_{1\,i+1} - l_{1\,i+1} - \overline{l}_{1\,i+1} + l_{5i} + \overline{l}_{5i}), \\
\xi'_{2i} = \frac{1}{9}(2\xi_{1\,i+1} - l_{1\,i+1} - \overline{l}_{1\,i+1} - l_{5i} - \overline{l}_{5i}) + \frac{1}{9}(3l_{2i} + 2l'_{2i} - l''_{2i}), \\
\xi''_{2i} = \frac{1}{9}(2\xi_{1\,i+1} - l_{1\,i+1} - \overline{l}_{1\,i+1} - l_{5i} - \overline{l}_{5i}) - \frac{1}{9}(3l_{2i} + l'_{2i} - 2l''_{2i}), \\
\xi_{1i} = \frac{1}{12}(2\xi_{1\,i+1} - l_{1\,i+1} - \overline{l}_{1\,i+1} - l_{5i} - \overline{l}_{5i}) - \frac{1}{8}(l_{1\,i+1} + l_{5i} - \overline{l}_{1\,i+1} - \overline{l}_{5i}) + \frac{1}{4}l_{1i} - \frac{1}{6}(l'_{2i} + l''_{2i}), \\
\overline{\xi}_{1i} = \frac{1}{12}(2\xi_{1\,i+1} - l_{1\,i+1} - \overline{l}_{1\,i+1} - l_{5i} - \overline{l}_{5i}) + \frac{1}{8}(l_{1\,i+1} + l_{5i} - \overline{l}_{1\,i+1} - \overline{l}_{5i}) - \frac{1}{4}l_{1i} - \frac{1}{6}(l'_{2i} + l''_{2i}),
\end{array}\right.
$$

$$i = n,\ n-1,\ n-2, \ldots, 1.$$

Folgende Zahlenangaben mögen für diesen besondern Fall als Beispiel dienen. Der betreffende Satz bestand aus 3 Gruppen von 1 g bis 500 g und besass noch ein 1 kg. Die Grössen, um deren Bestimmung es sich handelt, sind also ξ_{41}, ξ_{53}, ξ'_{23}, ξ''_{23}, ξ_{13}; ξ_{52}, ξ'_{22}, ξ''_{22}, ξ_{12}; ξ_{51}, ξ'_{21}, ξ''_{21}, ξ_{11}, wozu noch der Fehler $\overline{\xi}_{11}$ des Zusatzstücks $\overline{11}$ kommt. Der Fehler ξ_{41} des 1 kg wurde direct bestimmt und fand sich zu — 0,111 mg.

Die Vergleichung selbst ergab für die einzelnen Gruppen

1 kg — (500 + 200′ + 200″ + 100) g = + 1,554 mg,
1 kg — (500 + 200′ + 200″ + 50 + 20′ + 20″ + 10) g = + 1,827 mg,
500 g — (200′ + 200″ + 100) g = — 1,670 mg,
500 g — (200′ + 200″ + 50 + 20′ + 20″ + 10) g = — 1,886 mg,
200′ g — 200″ g = + 1,550 mg,
200′ g — (100 + 50 + 20′ + 20″ + 10) g = + 0,726 mg,
200″ g — (100 + 50 + 20′ + 20″ + 10) g = — 0,796 mg,
100 g — (50 + 20′ + 20″ + 10) g = — 0,119 mg.

$$
\begin{aligned}
&100\text{ g} - (50 + 20' + 20'' + 10)\text{ g} = -0{,}119\text{ mg},\\
&100\text{ g} - (50 + 20' + 20'' + 5 + 2' + 2' + 1)\text{ g} = +0{,}342\text{ mg},\\
&50\text{ g} - (20' + 20'' + 10)\text{ g} = -0{,}126\text{ mg},\\
&50\text{ g} - (20' + 20'' + 5 + 2' + 2'' + 1)\text{ g} = +0{,}260\text{ mg},\\
&20'\text{ g} - 20''\text{g} = +0{,}063\text{ mg},\\
&20'\text{ g} - (10 + 5 + 2' + 2'' + 1)\text{ g} = -0{,}022\text{ mg},\\
&20''\text{g} - (10 + 5 + 2' + 2'' + 1)\text{ g} = -0{,}151\text{ mg},\\
&10\text{ g} - (5 + 2' + 2'' + 1)\text{ g} = +0{,}460\text{ mg}.
\end{aligned}
$$

$$
\begin{aligned}
&10\text{ g} - (5 + 2' + 2'' + 1)\text{ g} = +0{,}460\text{ mg},\\
&10\text{ g} - (5 + 2' + 2'' + \bar{1})\text{ g} = +0{,}330\text{ mg},\\
&5\text{ g} - (2' + 2'' + 1)\text{ g} = -0{,}239\text{ mg},\\
&5\text{ g} - (2' + 2'' + \bar{1})\text{ g} = -0{,}328\text{ mg},\\
&2'\text{ g} - 2''\text{g} = -0{,}058\text{ mg},\\
&2'\text{ g} - (\bar{1} + 1)\text{ g} = +0{,}081\text{ mg},\\
&2''\text{g} - (\bar{1} + 1)\text{ g} = +0{,}150\text{ mg},\\
&1\text{ g} - \bar{1}\text{ g} = -0{,}084\text{ mg}.
\end{aligned}
$$

Die rechts von dem Gleichheitszeichen stehenden Grössen sind die l, links können wir an Stelle der Bezeichnungen der Stücke die von deren Fehlern, das ist die ξ setzen. Die vorstehenden Formeln ergeben zunächst für die Fehler der in der ersten Gruppe vertretenen Stücke, bei Berücksichtigung, dass $\xi_{41} = -0{,}111$ mg sein sollte, in Teilen des Milligramm

$$\xi_{53} = -1{,}790;\ \xi'_{23} = +0{,}761;\ \xi''_{23} = -0{,}780;\ \xi_{13} = -0{,}015,\ \bar{\xi}_{13} = +0{,}031.$$

Mit dem Wert von ξ_{13} folgt nun für die Fehler der Stücke der zweiten Gruppe

$$\xi_{52} = -0{,}030,\ \xi'_{22} = -0{,}010,\ \xi''_{22} = -0{,}095,\ \xi_{12} = +0{,}218,\ \bar{\xi}_{12} = -0{,}224.$$

Endlich findet man unter Benutzung des Wertes von ξ_{12} für die Fehler der Stücke der dritten Gruppe

$$\xi_{51} = -0{,}230,\ \xi'_{21} = +0{,}006,\ \xi''_{21} = +0{,}066,\ \xi_{11} = -0{,}085,\ \bar{\xi}_{11} = +0{,}012.$$

$\bar{\xi}_{13}$ sollte mit der Summe $\xi_{52} + \xi'_{22} + \xi''_{22} + \xi_{12}$, $\bar{\xi}_{12}$ mit der $\xi_{51} + \xi'_{21} + \xi''_{21} + \xi_{11}$ übereinstimmen, näherungsweise ist das auch der Fall, denn diese Summen geben $+0{,}083$ bezw. $-0{,}243$.

Die Bedeutung dieser Zahlen geht dahin, dass allgemein $\xi_{\varkappa i}$ angiebt, um wie viel das zugehörige der $i$ten Gruppe entnommene Stück an Masse algebraisch grösser ist als der Sollbetrag angiebt, so dass beispielsweise aus $\xi_{53} = -1{,}79$ folgen würde, dass das 500 g bezifferte Stück nicht die Masse 500 g, sondern tatsächlich 500 g weniger 1,79 mg also 499,99821 g besitzt.

Setzt man die so berechneten Zahlenwerte für die ξ in die Beobachtungsgleichungen ein, so ergeben sich als übrig bleibende Fehler derselben in mg und im Sinne Beobachtung — Rechnung

1. Gruppe: −0,159; +0,212; +0,086; −0,032; +0,009; +0,033; +0,052; −0,021,
2. „ −0,021; −0,021; +0,017; −0,058; −0,022; −0,037; −0,081; −0,001,
3. „ −0,001; −0,034; −0,022; −0,014; +0,002; −0,002; +0,011; +0,013.

Die grössten übrig bleibenden Fehler treffen also in der Tat diejenigen Gleichungen, in welchen die grössten Massenbeträge vertreten sind, aber es zeigt sich zugleich, dass die Gleichungen, welche aus der Vergleichung der Massenbeträge zu 1 kg resultiren, den andern Gleichungen der ersten Gruppe eigentlich nicht gleichwertig sind, und in der Tat deuten viele Beobachtungen darauf hin, dass die Gleichstellung von Wägungen von Kilogrammen selbst mit solchen von 500 Grammen durchaus unzulässig ist, wenn man nicht für jene wenigstens doppelt so viele Beobachtungen hat wie für diese.

Als mittlere Fehler einer Beobachtungsgleichung finden wir für die drei Gruppen bezw. $\mu_3 = 0{,}166$; $\mu_2 = 0{,}067$; $\mu_1 = 0{,}027$.

Die mittlern Fehler der ξ streng zu berechnen, daran ist auch hier nicht zu denken, näherungsweise können wir gemäss den für die ξ gegebenen allgemeinen Formeln setzen

$$\text{LXXIV)}\quad \left\{\begin{aligned} \mu_{\xi_{5i}} &= \frac{1}{2}\sqrt{\mu_{\xi_{1i+1}}^2 + \mu_i^{\,2}}, \\ \mu_{\xi'_{2i}} = \mu_{\xi''_{2i}} &= \frac{2}{9}\sqrt{\mu_{\xi_{1i+1}}^2 + \frac{9}{2}\mu_i^{\,2}}, \\ \mu_{\xi_{1i}} &= \frac{1}{6}\sqrt{\mu_{\xi_{1i+1}}^2 + \frac{13}{2}\mu_i^{\,2}} \end{aligned}\right\} i = n,\, n-1,\, \ldots,\, 2,\, 1$$

$\mu_{\xi_{1n+1}}$ muss natürlich gegeben sein.

In dem obigem Beispiel hatte die Bestimmung des Kilogramms des betreffenden Satzes für den Fehler ξ_{14} dieses Stückes zu den 6 Zahlen — 0,355; — 0,268; + 0,102; — 0,130; + 0,153; — 0,168 geführt, woraus eben im Mittel die früher benutzte Zahl — 0,111 für diesen Fehler resultirte. Da die übrig bleibenden Unsicherheiten ohne Rücksicht auf das Zeichen 0,244; 0,157; 0,213; 0,019; 0,264; 0,057 sind, so haben wir $\mu_{\xi_{14}} = 0{,}082$, somit wird

$$\mu_{\xi_{53}} = \frac{1}{2}\sqrt{0{,}082^2 + 0{,}166^2} = 0{,}092;\quad \mu_{\xi'_{23}} = \mu_{\xi''_{23}} = \frac{2}{9}\sqrt{0{,}082^2 + \frac{9}{2}0{,}166^2} = 0{,}080$$

$$\mu_{\xi_{13}} = \frac{1}{6}\sqrt{0{,}082^2 + \frac{13}{2}0{,}166^2} = 0{,}072;$$

$$\mu_{\xi_{52}} = \frac{1}{2}\sqrt{0{,}072^2 + 0{,}067^2} = 0{,}049; \quad \mu_{\xi'_{22}} = \mu_{\xi''_{22}} = \frac{2}{9}\sqrt{0{,}072^2 + \frac{9}{2}\,0{,}067^2} = 0{,}035$$

$$\mu_{\xi_{12}} = \frac{1}{5}\sqrt{0{,}072^2 + \frac{13}{2}\,0{,}067^2} = 0{,}031;$$

$$\mu_{\xi_{51}} = \frac{1}{2}\sqrt{0{,}031^2 + 0{,}027^2} = 0{,}021; \quad \mu_{\xi'_{21}} = \mu_{\xi''_{21}} = \frac{2}{9}\sqrt{0{,}031^2 + \frac{9}{2}\,0{,}027^2} = 0{,}014$$

$$\mu_{\xi_{11}} = \frac{1}{6}\sqrt{0{,}031^2 + \frac{13}{2}\,0{,}027^2} = 0{,}012,$$

alle Zahlen wieder in Teilen des Milligramm.

Das Bedenklichste bei dieser Art der Rechnung ist die doppelte Benutzung einer und derselben Gleichung in zwei verschiedenen Gruppen.

2. Will man dieselbe umgehen, so stellt man in jeder Gruppe als erste Gleichung die auf, welche den in der voraufgehenden Gruppe berechneten Wert des Fehlers $\overline{\xi}_{1i}$ der Massencombination $(\overline{1i})$ angiebt. Die Beobachtungsgleichungen hätten infolge dessen bei einer Stückelung (**1**, **2′**, **2″**, **5**) an Stelle der ersten Gleichung $\xi_{1i+1} - (\xi_{5i} + \xi'_{2i} + \xi''_{2i} + \xi_{1i}) = l_{1i+1}$, die $\xi_{5i} + \xi'_{2i} + \xi''_{2i} + \xi_{1i} = \overline{\xi}_{1i+1}$, alle andern Gleichungen bleiben so stehen, wie sie Seite 355 angegeben sind, und die Ausgleichung liefert die ξ_{5i}, ξ'_{2i}, ξ''_{2i}, ξ_{1i}, $\overline{\xi}_{1i}$ als Funktionen der l und von ξ_{1i+1} und $\overline{\xi}_{1i+1}$.

$\overline{\xi}_{1i+1}$ ist als durch die Gleichungen der voraufgehenden Gruppe gegeben zu betrachten. Es handelt sich also jetzt nicht mehr allein um Kenntnis des Fehlers ξ_{1n+1} des h ö c h s t e n S t ü c k e s des Satzes, sondern auch um die desjenigen a l l e r S t ü c k e d e r h ö c h s t e n G r u p p e z u s a m m e n g e n o m m e n. Der Satz brauchte übrigens ein Stück $(1n+1)$ gar nicht zu besitzen, aber damit ist nichts besonderes gesagt, denn die Kenntnis von $\overline{\xi}_{1n+1}$ kann nur durch Vergleichung mit einem bekannten Stück von der Masse $(1n+1)$ gewonnen werden.

Hier tritt nun ein anderer Uebelstand auf; der ersten Gleichung wird nämlich eine andere Genauigkeit zukommen als den folgenden Gleichungen, und zwar weil sie schon das Resultat einer Ausgleichung ist, meist eine grössere, aber welche Genauigkeit ihr zuzuschreiben ist, wird sich in den seltensten Fällen angeben lassen. Nehmen wir zwei extreme Fälle: Sieht man sie als streng zu erfüllende Bedingungsgleichung an, so ergiebt die Ausgleichung nach dem Bd. I, Art. 239b auseinandergesetzten Verfahren

$$\text{LXXV)}\left\{\begin{aligned}
\overline{\xi}_{1i} &= \frac{1}{50}\Big(+11(\xi_{1i+1} - \overline{l}_{1i+1} - l_{1i}) - 6\overline{\xi}_{1i+1} + 3l_{5i} - 8\overline{l}_{5i} - 10(l'_{2i} + l''_{2i})\Big),\\
\xi_{1i} &= \frac{1}{50}\Big(-\ 9(\xi_{1i+1} - \overline{l}_{1i+1} - l_{1i}) + 14\overline{\xi}_{1i+1} - 7l_{5i} + 2\overline{l}_{5i} - 10(l'_{2i} + l''_{2i})\Big),\\
\xi'_{2i} &= \frac{1}{25}\Big(+\ (\xi_{1i+1} - \overline{l}_{1i+1} - l_{1i}) + 4\overline{\xi}_{1i+1} - 2l_{5i} - 3\overline{l}_{5i} - 10(l'_{2i} + l''_{2i})\Big) + \frac{2l'_{2i} + l''_{2i}}{3}\\
\xi''_{2i} &= \frac{1}{25}\Big(+\ (\xi_{1i+1} - \overline{l}_{1i+1} - l_{1i}) + 4\overline{\xi}_{1i+1} - 2l_{5i} - 3\overline{l}_{5i} - 10(l'_{2i} + l''_{2i})\Big) + \frac{l'_{2i} + 2l''_{2i}}{3}\\
\xi_{5i} &= \frac{1}{10}\Big(+\ (\xi_{1i+1} - \overline{l}_{1i+1} - l_{1i}) + 4\overline{\xi}_{1i+1} + 3l_{5i} + 2\overline{l}_{5i}\Big).
\end{aligned}\right.$$

Im zweiten Extrem behandeln wir die Gleichung $\xi_{5i}+\xi'_{2i}+\xi''_{2i}+\xi_{1i} = \overline{\xi}_{1\,i+1}$ wie wenn sie dieselbe Genauigkeit hätte, wie die andern Gleichungen der betreffenden Gruppe. Wir bekommen dann die Werte der Unbekannten, wenn wir in die Auflösung unter LXXIV) das $l_{1\,i+1}$ ersetzen durch $\xi_{1\,i+1} - \overline{\xi}_{1\,i+1}$. Es wird somit

$$\text{LXXVI)}\left\{\begin{aligned}
\xi_{5i} &= \frac{1}{4}(\xi_{1\,i+1}+\overline{\xi}_{1\,i+1}-\overline{l}_{1\,i+1}+l_{5i}+\overline{l}_{5i}),\\
\xi'_{2i} &= \frac{1}{9}(\xi_{1\,i+1}+\overline{\xi}_{1\,i+1}-\overline{l}_{1\,i+1}-l_{5i}-\overline{l}_{5i})+\frac{1}{9}(3l_{2i}+2l'_{2i}-l''_{2i}),\\
\xi''_{2i} &= \frac{1}{9}(\xi_{1\,i+1}+\overline{\xi}_{1\,i+1}-\overline{l}_{1\,i+1}-l_{5i}-\overline{l}_{5i})-\frac{1}{9}(3l_{2i}+l'_{2i}-2l''_{2i}),\\
\xi_{1i} &= \frac{1}{12}(\xi_{1\,i+1}+\overline{\xi}_{1\,i+1}-\overline{l}_{1\,i+1}-l_{5i}-\overline{l}_{5i})-\frac{1}{8}(\xi_{1\,i+1}-\overline{\xi}_{1\,i+1}-\overline{l}_{1\,i+1}+l_{5i}-\overline{l}_{5i})+\frac{1}{4}l_{1i}-\frac{1}{6}(l'_{2i}+l'_{2i}).\\
\overline{\xi}_{1i} &= \frac{1}{12}(\xi_{1\,i+1}+\overline{\xi}_{1\,i+1}-\overline{l}_{1\,i+1}-l_{5i}-\overline{l}_{5i})+\frac{1}{8}(\xi_{1\,i+1}-\overline{\xi}_{1\,i+1}-\overline{l}_{1\,i+1}+l_{5i}-\overline{l}_{5i})-\frac{1}{4}l_{1i}-\frac{1}{6}(l'_{2i}+l''_{2i}),
\end{aligned}\right.$$

Der mittlere Fehler einer Beobachtungsgleichung ist bei der ersten Berechnungsart $\mu_i = \sqrt{\frac{\Sigma v^2}{4}}$, bei der zweiten $\mu_i = \sqrt{\frac{\Sigma v^2}{3}}$. Näherungsbeträge für die mittlern Fehler der Unbekannten ξ werden aus den Gleichungen für diese Grössen ganz so gerechnet, wie in frühern Fällen.

Bringen wir auch bei einem Satz in der Abstufung (**1'**, **1''**, **2**, **5**) die einzelnen Gruppen mit einander durch die Massencombinationen in Verbindung, so haben wir zunächst durch Vergleichung mit einem Stück $(1n+1)$ den Fehler $\overline{\xi}_{1\,n+1}$ der Combination a l l e r Stücke dieses Satzes sammt des Zusatzstückes $\overline{\xi}_{11}$ zu bestimmen, und als Beobachtungsgleichungen gelten für irgend eine Gruppe

$$\text{LXXVII)}\left\{\begin{aligned}
&\xi_{5i}+\xi_{2i}+\xi'_{1i}+\xi''_{1i}+\overline{\xi}_{1i}=\overline{\xi}_{1\,i+1},\\
&\xi_{5i}-(\xi_{2i}+\xi'_{1i}+\xi''_{1i}+\overline{\xi}_{1i})=l_{5i},\\
&\xi_{2i}-(\xi'_{1i}+\xi''_{1i})=l_{2i},\\
&\xi_{2i}-(\xi'_{1i}+\overline{\xi}_{1i})=l'_{2i},\\
&\xi_{2i}-(\xi''_{1i}+\overline{\xi}_{1i})=l''_{2i},\\
&\xi''_{1i}-\xi'_{1i}=l_{1i},\\
&\xi'_{1i}-\overline{\xi}_{1i}=l'_{1i},\\
&\xi''_{1i}-\overline{\xi}_{1i}=l''_{1i}.
\end{aligned}\right.$$

Fassen wir die erste Gleichung als s t r e n g z u e r f ü l l e n d e B e d i n g u n g s g l e i c h u n g auf, so resultirt

$$
\text{LXXVIII)}\quad\begin{cases}
\xi_{5i} = \frac{1}{2}(\bar{\xi}_{1\,i+1} + l_{5i}), \\
\xi_{2i} = \frac{1}{5}(\bar{\xi}_{1\,i+1} - l_{5i}) + \frac{1}{5}(l_{2i} + l'_{2i} + l''_{2i}), \\
\xi'_{1i} = \frac{1}{10}(\bar{\xi}_{1\,i+1} - l_{5i}) - \frac{3}{20}(l_{2i} + l'_{2i} + l''_{2i}) + \frac{1}{4}(l''_{2i} - l_{1i} + l'_{1i}), \\
\xi''_{1i} = \frac{1}{10}(\bar{\xi}_{1\,i+1} - l_{5i}) - \frac{3}{20}(l_{2i} + l'_{2i} + l''_{2i}) + \frac{1}{4}(l'_{2i} + l_{1i} + l''_{1i}), \\
\bar{\xi}_{1i} = \frac{1}{10}(\bar{\xi}_{1\,i+1} - l_{5i}) - \frac{3}{20}(l_{2i} + l'_{2i} + l''_{2i}) + \frac{1}{4}(l_{2i} - l'_{1i} - l''_{1i}).
\end{cases}
$$

Gleichungen von sehr einfacher Bauart.*) Sie unterscheiden sich von der früher unten LXXI) angegebenen nur dadurch, dass an Stelle von $x_{i+1} - L_{i+1}$ das $\bar{\xi}_{1\,i+1}$ getreten ist. Zu genau denselben Resultaten wird man geführt, wenn die erste Gleichung mit als Beobachtungsgleichung benutzt wird, und die Genauigkeit zugeschrieben bekommt, die auch die andern Gleichungen haben, was sehr bemerkenswert ist.

3. Endlich können wir auch noch so verfahren, dass wir in jeder Gruppe nur die ihr zugehörigen Gleichungen ausgleichen und die Verbindung zwischen den einzelnen Gruppen ganz zuletzt herstellen. Die Resultate, zu denen man für einen Satz von der Abstufung **1'**, **1''**, **2**, **5** auf diesem (für den folgenden Satz genauer angegebenen Wege) gelangt, sind genau dieselben, wie die welche wir bei der allgemeinen Ausgleichung für einen solchen Satz (Seite 341) erhalten haben, falls man in den Endgleichungen die Gewichte alle einander gleich — gleich 1 — macht, so wie wenn man alle Gruppen zusammen ganz ohne Berücksichtigung des verschiedenen Genauigkeitsgrades ausgeglichen hätte. Setzt man

$$
\begin{aligned}
(L_i) = {} & \frac{1}{10^{n-i+1}}(\xi_{1\,n+1} - l_{1\,n+1}) \\
& - \frac{1}{10^{n-i+1}}\Big[10^{n-i}\Big(\frac{5}{2}(l'_{1i} + l''_{1i}) + \frac{3}{2}(l'_{2i} + l'_{2i}) - l_{2i} + l_{5i}\Big) + \\
& + 10^{n-i-1}\Big(\frac{5}{2}(l'_{1\,i+1} + l''_{1\,i+1}) + \frac{3}{2}(l'_{2\,i+1} + l''_{2\,i+1}) - l_{2\,i+1} + l_{5\,i+1}\Big) + \cdots \\
& + 10^{0}\Big(\frac{5}{2}(l'_{1n} + l'_{1n}) + \frac{3}{2}(l'_{2n} + l''_{2n}) - l_{2n} + l_{5n}\Big)\Big],
\end{aligned}
$$

so wird

*) Im wesentlichen zu denselben Gleichungen ist auch Marek gelangt, s. die oft citirten Traveaux et Mémoires ..., Tome I pag. D. 34. Doch kann ich Marek nicht darin beistimmen, dass die erste Gleichung als Bedingungsgleichung durchaus aufgefasst werden muss.

$$\text{LXXIX)}\begin{cases} \xi'_{1i}=(L_i)+\frac{1}{4}(2l'_{1i}+l''_{1i}-l_{1i}+l''_{2i}-l_{2i}),\\ \xi''_{1i}=(L_i)+\frac{1}{4}(2l''_{1i}+l'_{1i}+l_{1i}+l'_{2i}-l_{2i}),\\ \xi_{2i}=(L_i)+\frac{1}{2}(l'_{1i}+l''_{1i}+l'_{2i}+l''_{2i}),\\ \xi_{5i}=(L_i)+\frac{5}{4}(l'_{1i}+l''_{1i}+l'_{2i}+l''_{2i})-\frac{1}{2}(l_{2i}+l'_{2i}+l''_{2i})+l_{5i}. \end{cases}$$

Bei einem Satz in der Abstufung **1**, **2'**, **2''**, **5** lauten in jeder Gruppe die Beobachtungsgleichungen natürlich genau so, wie früher unter LXXIII) angegeben, nur dass die beiden ersten Gleichungen fortfallen. Wir finden zunächst, indem wir $\overline{\xi}_{1i}$ als bekannte Grösse behandeln,

$$\text{LXXX)}\begin{cases} \xi_{1i}-\overline{\xi}_{1i}=\frac{2}{3}l_{1i}-\frac{l_{5i}-\overline{l}_{5i}}{3},\\ \xi'_{2i}-2\overline{\xi}_{1i}=\frac{2}{3}l_{1i}-\frac{l_{5i}-\overline{l}_{5i}}{3}+\frac{l_{2i}+l''_{2i}+2l'_{2i}}{3},\\ \xi''_{2i}-2\overline{\xi}_{1i}=\frac{2}{3}l_{1i}-\frac{l_{5i}-\overline{l}_{5i}}{3}-\frac{l_{2i}-l'_{2i}-2l''_{2i}}{3},\\ \xi_{5i}-5\overline{\xi}_{1i}=\frac{5}{3}l_{1i}-\frac{l_{5i}-\overline{l}_{5i}}{3}+l'_{2i}+l''_{2i}+\overline{l}_{5i}. \end{cases}$$

Da $\xi_{1i}+\xi'_{2i}+\xi''_{2i}+\xi_{5i}=\overline{\xi}_{1\,i+1}$ ist, so ergiebt sich durch Summation dieser Gleichungen

$$\overline{\xi}_{1\,i+1}-10\overline{\xi}_{1i}=\frac{11}{3}l_{1i}-\frac{4}{3}(l_{5i}-\overline{l}_{5i})+2(l'_{2i}+l''_{2i})+\overline{l}_{5i},$$

als Recursionsformel für die $\overline{\xi}$. Durch successive Anwendung dieser Gleichung findet man

$$\begin{aligned}\overline{\xi}_{1\,i+1}-10^i\overline{\xi}_{11}= \;& 10^{i-1}\left(\frac{11}{3}l_{11}-\frac{4}{3}(l_{51}-\overline{l}_{51})+2(l'_{21}+l''_{21})+\overline{l}_{51}\right)\\ &+10^{i-2}\left(\frac{11}{3}l_{12}-\frac{4}{3}(l_{52}-\overline{l}_{52})+2(l'_{22}+l''_{22})+\overline{l}_{52}\right)\\ &+\cdots\cdots\cdots\\ &+10^0\left(\frac{11}{3}l_{1i}-\frac{4}{3}(l_{5i}-\overline{l}_{5i})+2(l'_{2i}+l''_{2i})+\overline{l}_{5i}\right).\end{aligned}$$

Ist nun unter Zuhilfenahme eines Stückes $(1n+1)$ die Combination der Stücke der höchsten Gruppe bestimmt, so wird, indem man die gefundene Differenz $\xi_{1n+1}-(\xi_{5n}+\xi'_{2n}+\xi''_{2n}+\xi_{1n})=l_{1n+1}$ setzt, $\overline{\xi}_{1n+1}=\xi_{1n+1}-l_{1n+1}$, somit zufolge der obigen auf $i=n$ angewandten Formel

$$\overline{\xi}_{11}=\frac{\xi_{1\,n+1}-l_{1\,n+1}}{10^n}-\frac{1}{10^n}\sum_{\varkappa=1}^{\varkappa=n}10^{n-\varkappa}\left(\frac{11}{3}l_{1\varkappa}-\frac{4}{3}(l_{5\varkappa}-\overline{l}_{5\varkappa})+2(l'_{2\varkappa}+l''_{2\varkappa})+l_{5\varkappa}\right)$$

und

$$\text{LXXXI)} \quad \overline{\xi}_{1\,i} = \frac{\xi_{1\,n+1} - l_{1\,n+1}}{10^{n-i+1}} - \frac{1}{10^{n-i+1}} \sum_{\varkappa=i}^{\varkappa=n} 10^{n-\varkappa} \left(\frac{11}{3} l_{1\,\varkappa} - \frac{4}{3} (l_{5\,\varkappa} - \overline{l}_{5\,\varkappa}) + 2(l'_{2\,\varkappa} + l''_{2\,\varkappa}) + l_{5\,\varkappa} \right)$$

Diesen Wert von $\overline{\xi}_{1\,i}$ hat man in die Gleichungen unter LXXX) einzuführen, um die Werte der gesuchten Grössen vollständig zu bekommen.

Sicherlich liessen sich noch eine Reihe anderer Näherungsmethoden für die Rechnung ausfindig machen, aber es ist schon genügend gezeigt, worauf es ankommt. Welche von diesen Methoden sich besonders empfiehlt, ist allgemein wol nicht zu sagen; sind die Beobachtungsgleichungen alle einander nahezu gleichwertig (was, wie schon bemerkt stattfindet, falls der Satz nur Stücke zwischen 1 mg und 1000 mg enthält), dann dürfte die zuletzt behandelte Methode anzuwenden sein, sonst kommt zunächst die erste und dann die zweite Methode in Betracht, und zwar letztere in der Ausführung, in welcher die erste Gleichung mit wie eine Beobachtungsgleichung behandelt wird.

Der Umstand, dass man bei dieser Art der Ausgleichung in jeder Gruppe nur über eine relativ geringe Zahl von überschüssigen Gleichungen zu verfügen hat und dass auch die einzelnen Unbekannten sich nicht mit gleicher Genauigkeit aus denselben berechnen lassen, hat bewirkt, dass man oft noch besondere Zusatzstücke von der Bezifferung ($2\varkappa$) und ($1\varkappa$) zunimmt, mit deren Hilfe man natürlich die Zahl der Gleichungen erheblich vermehren kann. Die Zusatzstücke zählen dann mit zu den Stücken des betreffenden Satzes, und man hat es eigentlich nicht mehr mit dem ursprünglichen Satz, sondern mit einem neuen Satz zu tun. Nach der obigen Darlegung ist es aber nicht nötig, auf noch weitere Massenzusammenstellungen einzugehen, ebenso dürfen wir von einer Betrachtung der Ausgleichung zweier oder mehrerer Sätze absehen. Das Verfahren ist immer dasselbe: man vergleicht so viele der möglichen Massencombinationen mit einander als man will, und sucht sich die Rechnung so einfach und so genau als es geht zu gestalten.

Auch von einer besondern Behandlung der sogenannten *Reitergewichte*, das sind Gewichte (meist aus Messing- oder Platindraht in Form eines ⊓), die direct auf den Waagebalken oder an ein mit diesem verbundenes Lineal aufzusetzen sind, darf abgesehen werden. Denn wie man auch solche Gewichte benutzt, so spielen sie doch keine andere Rolle als die gewöhnlichen Gewichte und der Umstand, dass ihr Wert mit ihrem Abstand von der Drehungsaxe des Waagebalkens variiren kann, betrifft ihre Wirkung unter dem Einfluss der bewegenden Kraft der Erde, nicht ihre Masse. Es mag aber hervorgehoben werden, dass bei solchen Reitergewichten eine Abstufung der Massen nach Potenzen von 2 oder 3 ganz besonders beliebt ist, weil gerade bei ihnen darauf zu sehen ist, dass man mit der geringsten Zahl von Stücken auskommt.

107. Constanz von Gewichten. Die erste Hauptbedingung, welche gute Gewichte zu erfüllen haben ist die Beständigkeit ihrer Masse. Leider sind der Einwirkungen, welche an Körpern Massenveränderungen hervorbringen so viele, dass man jene Bedingung nur in den seltensten Fällen und auch nur für beschränkte Zeitdauer erfüllt hoffen darf.

Zunächst bedingt alles Arbeiten mit Gewichten eine gewisse Abnutzung derselben, das Herausheben des Gewichts aus dem Etui ist mit einer Reibung gegen die Wände des letzteren verbunden, das Anfassen mit der Pincette und das Aufsetzen auf die Schalen gehen wieder nicht ganz ohne Reibung ab. Der Beobachter vermag nun durch Anwendung geeigneter Stoffe (feines weiches Leder und Sammet sind die üblichen) zur Auskleidung des Etui, durch Wahl einer glatten Pincette oder Zange (reiner Kork, Leder, Elfenbein eignen sich zur Bekleidung von Pincetten und Zangen wol am meisten) und namentlich durch vorsichtiges Handhaben der Gewichte, deren Substanzverlust in jedem einzelnen Fall gehörig einzuschränken, aber ganz umgehen lässt sich die Massenverringerung nicht, und so kann dieselbe im Laufe der Jahre zu einem nicht ausser Acht zu lassenden Betrage ansteigen.

Wichtiger noch scheint bei Gewichten gerade aus den gangbarsten Substanzen, Messing, Bronze, Eisen, die allmählich anwachsende Substanzvermehrung zu sein. Es tritt eine solche nicht blos durch sich ansammelnden Staub und Schmutz ein, sondern sie wird auch durch chemische Einwirkung der umgebenden Atmosphäre in Verbindung mit der in derselben enthaltenen Feuchtigkeit hervorgerufen. Gegen Verstaubung und Verschmutzung kann man die Gewichte zwar auch nicht vollständig aber doch in einem sehr hohen Grade schützen, wenn man alles, was mit den Gewichten in Berührung kommt (Etui, Pincetten und Zangen, Schalen) rein und sauber hält. (Namentlich ist es verpönt, Gewichte mit den nackten Fingern anzufassen, denn letztere sind im normalen Zustand immer ein wenig fettig.) Doch sollten Gewichte auch nicht Stellen zur Ablagerung von Schmutz und Staub enthalten, wie solche nicht selten durch Einschraubungen verschiedener Teile in einander und die meist eingeschlagene Sollgewichtsangabe entstehen.

Hinsichtlich der Zunahme der Gewichte an Masse durch äussere chemische Einflüsse, kann ich aus dem reichen Schatze an Erfahrungen, welche auf der Kaiserlichen Normal-Aichungs-Kommission gemacht sind, eine Reihe von Zahlen mitteilen, welche zu wichtigen Ergebnissen über die Art dieser Zunahme geführt haben.*) Die Untersuchungen der genannten Behörde haben sich auf Eisen-, Messing- und Platingewichte erstreckt.

Naturgemäss stellten sich die Verhältnisse bei Eisengewichten am ungünstigsten.

Eisengewichte aus sogenannten Sandguss zu 50 kg bis 1 kg zeigten im

---

*) Die Herstellung und die wiederkehrende Prüfung der Hauptnormale und Kontrolnormale nach den Festsetzungen der Kaiserl. Normal-Aichungs-Kommission.

Mittel aus zehnjährigen Beobachtungen als Gewichtszunahme pro Jahr und pro 1 kg

vom August 1873 bis März 1879	. . . . . .	1,4 mg
„ „ 1873 „ Januar 1882	. . . . .	1,3 „
„ Januar 1882 „ Februar 1884	. . . . .	0,9 „
„ Februar 1884 „ Juni 1886	. . . . . .	0,4 „

Eisengewichte aus sogenanntem Masseguss führten zu noch viel erheblichern Beträgen. Ueberhaupt aber trat die eigenartige Erscheinung zu Tage, dass diese Gewichtzunahme nicht, wie man erwarten sollte, von der Grösse der Oberfläche der betreffenden Stücke abhing, sondern von deren Masse bedingt war. Ist also diese Zunahme durch Oxydation entstanden, so muss letztere die ganze Masse ergriffen haben. Da Oxydirung durch einmal eingeschlossene Luft eine Gewichtsvermehrung nicht hervorbringen kann, müssen wir annehmen, dass Eisengewichte mit vielen von innen nach aussen führenden Canälen versehen sind, welche ein stetes Nachdringen äusserer Luft vermitteln.

Bei Messinggewichten hängt die Substanzänderung von der Häufigkeit ihres Gebrauchs ab. Stark in Anspruch genommene Gewichte zeigen eine Substanzverringerung, mässig beanspruchte halten sich ziemlich constant, wenig benutzte lassen eine Gewichtsvermehrung erkennen. Als Beleg für die letztere mögen folgende Zahlen dienen.

Gewicht	Gewichtszunahme in 10 Jahren von vergoldeten Messinggewichten, die nur sehr selten und mit der grössten Sorgfalt in Gebrauch genommen waren
20 kg	16 mg, also für jedes Kilogramm 0,8 mg
10 „	5 „ „ „ „ „ 0,5 „
5 „	2 „ „ „ „ „ 0,4 „
2 „	1 „ „ „ „ „ 0,5 „
1 „	0,5 „ „ „ „ „ 0,5 „
500 g	0,3 „ „ „ „ „ 0,6 „
200 „	0,1 „ „ „ „ „ 0,5 „
100 „	0,1 „ „ „ „ „ 1 „
50 „	0,1 „ „ „ „ „ 2 „
20 „	0,1 „ „ „ „ „ 5 „
10 „	0,07 „ „ „ „ „ 7 „
5 „	0,02 „ „ „ „ „ 4 „
2 „	0,02 „ „ „ „ „ 10 „
1 „	0,01 „ „ „ „ „ 10 „

Aus dem Umstand, dass die Zahlen, welche die Gewichtsvermehrung berechnet, für 1 kg von 200 g abwärts steigen, darf man nicht den Schluss ziehen, dass die Oxydation hier von der Oberfläche, nicht von der Masse abhängt, denn die Unsicherheit dieser Zahlen steigt nach unten hin ausserordentlich. Die relativ grosse Uebereinstimmung der entsprechenden Zahlen für die Gewichte von 20 kg bis 0,5 g zeigt vielmehr, dass wir es auch hier mit einem die ganze Masse betreffenden Vorgang zu tun haben.

Wir müssen daraus schliessen, dass auch Messinggewichte, selbst wenn sie vergoldet sind, sich in ihrer ganzen Masse im Laufe der Zeit oxydiren, aber die Oxydation ist hier viel geringer, als bei Eisengewichten und kann durch die Abnutzung überboten werden.

Bei Platingewichten im Betrage von 500 mg bis 1 mg haben Gewichtszunahmen mit Sicherheit nicht constatirt werden können; fand sich eine Gewichtsveränderung, so zeigte sie sich in einem durch Abnutzung bewirkten Substanzverlust.

Für grössere Platingewichte im Betrage von 1 kg hat Löwenherz eine eingehende Erörterung*) ausgeführt, indem er die Ergebnisse von zu sehr verschiedenen Zeiten ausgeführten Vergleichungen einer Reihe bekannter, verschiedenen Forschern und Instituten gehöriger Platinkilogramme einer Discussion unterzog. Das Resultat ist, dass wir einstweilen noch keinen Grund haben, bei sorgfältig behandelten Platingewichten Massenvermehrungen anzunehmen, doch sind selbstverständlich Massenverringerungen durch Abnutzung nicht ausgeschlossen.

Bergkrystallgewichte scheinen am dauerhaftesten zu sein, aber bei ihrer Benutzung ist, wie wir später sehen werden, grosse Vorsicht zu üben.

Ueber Gewichte aus Aluminium liegen ausreichende Erfahrungen noch nicht vor, doch wird dieses Metall vorläufig nur bei Gewichten geringer Massenbeträge angewendet, wo andere Metalle zu unansehnliche und darum schwer zu handhabende Stücke liefern würden.

Gewichte mit Hochglanzpolitur scheinen constanter zu sein als matt polirte.

Von Gewichten, welche mit einem besondern Ueberzug aus nicht oxydirendem Metall versehen sind, hat man früher am meisten die vergoldeten benutzt. Jetzt, da die Technik der Galvanoplastik zu hoher Ausbildung gelangt ist, platinirt und vernickelt man auch Gewichte. Neuere Erfahrungen scheinen ein wenig zu Gunsten mit einem Nickelüberzug versehener Gewichte zu sprechen.

Es kommt nicht selten vor, dass die Gewichte von ihrer galvanoplastischen Behandlung her noch an einzelnen Stellen (namentlich in Poren) etwas von der elektrolytischen Flüssigkeit zurückbehalten; darum ist es gut, Gewichte vor ihrer Bestimmung sorgfältig auszukochen. Freilich darf man dieselben dann wahrscheinlich einige Zeit hindurch nicht gebrauchen, bis auf ihrer Oberfläche sich die für sie normale Menge Luft condensirt hat.

---

*) Metronomische Beiträge, herausgegeben von W. Foerster, No. 2: Ueber Veränderlichkeit der Platin-Gewichtstücken.

Noch ist besonders der Ueberzug hin und wieder auf seine Dauerhaftigkeit zu controliren, denn es geschieht nicht selten, dass derselbe nicht gut haftet und an einzelnen Stellen abblättert.

Es kommen nun bei der Frage nach der Constanz eines Gewichtstückes zwei Umstände in Betracht; erstens der Grad der Widerstandsfähigkeit der Substanz desselben gegen äussere Einflüsse, zweitens die Dichtigkeit desselben. In letzterer Beziehung handelt es sich nicht etwa um die Dichtigkeit der betreffenden Substanz als solche, sondern um die des aus derselben hergestellten Gewichts, mit andern Worten: um die Porosität des letztern. Je poröser ein Gewichtstück ist, um so stärkeren Oxydationen kann dasselbe unterliegen, und so bietet das wirkliche Volumen eines Gewichts, verglichen mit dem Volumen, welches es eigentlich nach der Dichtigkeit seiner Substanz einnehmen müsse, ein gewisses Kriterium für die Constanz desselben. Freilich ist dieses Kriterium kein besonders zuverlässiges, denn es kommt nicht sowohl darauf an, dass das Gewicht gar keine Höhlungen enthält, als vielmehr darauf, dass dasselbe nicht von Canälen durchsetzt ist. Immerhin kann man bei Gewichten, welche grösseres Volumen zeigen, als der Dichtigkeit ihrer Substanz entspricht, auch auf stärkere Veränderungen gefasst sein. Bei guten, nicht porösen Gewichten sind die Veränderungen auf die Oberfläche beschränkt, und wenn sich auf derselben eine feine Oxydhaut gebildet hat, kann dieselbe Schutz gegen weitere Aenderungen bieten. Es empfiehlt sich deshalb nicht immer, Gewichte, etwa zur Befreiung von Staub, abzuwischen; am besten tut man wol, ein Gewicht nach seiner Bestimmung unter einer auf der Unterlage dicht aufsitzenden Glasglocke zu bewahren und an demselben weiterhin keine Manipulationen vorzunehmen, die nicht durch die Benutzung zur Wägung selbst bedingt sind.

Endlich ist noch hervorzuheben, dass alte Gewichtstücke mehr Gewähr für weitere Constanz bieten als frisch gegossene, weil bei ihnen der Oxydationsprocess schon zu einem gewissen Abschluss gekommen sein kann, während er bei diesen erst beginnt, und wie die angeführten Erfahrungen der Kaiserlichen Normal-Aichungs-Kommission dartun, geht die Oxydation im Beginn am heftigsten vor sich.

Jedenfalls darf man sich bei einer einmaligen Bestimmung eines Gewichtsatzes nicht beruhigen, es ist vielmehr notwendig, diese Bestimmung von Zeit zu Zeit zu wiederholen. Dabei wird oft schon die Wiederholung der Ausgleichung des Satzes in sich einen genügenden Aufschluss über vorgefallene Veränderungen in einzelnen Stücken gewähren. Führt diese Ausgleichung zu andern Resultaten für die innern Fehler der einzelnen Stücke als die voraufgegangene, so ist man sicher, dass Veränderungen wirklich eingetreten sind und muss auch einen neuen Anschluss an das Normalgewicht machen. Fallen die neuen Ergebnisse mit den frühern zusammen, so hat man, wenn auch kein sicheres aber doch ein nicht von der Hand zu weisendes Indicium für die Constanz des Satzes. Die Veränderlichkeit oder Unveränderlichkeit des Normalgewichts kann man freilich nicht selbst controliren, Platin- und Bergkrystallgewichte dürfen, soweit unsere jetzige Kenntnis von den einschlägigen Verhältnissen reicht, für sehr lange Jahre als constant angesehen werden, wegen anderer Gewichte muss man sich an die Art. 24 namhaft gemachten Institute und Behörden wenden.

108. Porosität, Einfluss auf die Reduction der Wägungen. Eine zweite Bedingung, die an Gewichte zu stellen ist, knüpft sich an die Art, wie wir Massenbestimmungen ausführen. Solche Bestimmungen beruhen immer auf Wägungen in der Luft oder einem andern Medium, dabei kommt der mit Druck und Temperatur variirende Auftrieb dieses Mediums als ein Teil der ganzen bei der Wägung in Wirkung tretenden bewegenden Kraft. Dieser Auftrieb kann aber nur angegeben werden, wenn das Volumen des Gewichts bekannt ist. Alle bessern Volumbestimmungen nun beziehen sich lediglich auf das äussere Volumen, und sie reichen auch vollständig aus, sobald das Gewicht so dicht ist, dass eine Communication seines Innern mit der Aussenwelt nicht vorhanden ist. Sobald jedoch ein Stück Poren und Canäle besitzt, durch welche zum Beispiel, die Luft in sein Inneres hineindringen kann, kommt nicht mehr das Volumen in Frage, welches wir messen, sondern ein anderes (kleineres), welches genau zu bestimmen uns ganz unmöglich ist. Alsdann sind wir nicht mehr im Stande, den Auftrieb genau zu berechnen, und der Uebergang von den bewegenden Kräften zu den Massen lässt sich nicht streng ausführen. Also auch in dieser Beziehung spielt Porosität eine verhängnisvolle Rolle, die Porosität lässt sich nicht ganz vermeiden, was aber vermieden werden kann, das ist durch den Constructeur selbst verschuldete Verbindungen des Innern mit der äussern Luft, wie sie bei Gewichten mit eingeschraubten Stücken und mit sogenannten Pfropfen von vornherein vorhanden sind oder mit der Zeit entstehen. Vor solchen Gewichten mit als Pfropfen oder durch Verschraubung eingesetzten Stücken (namentlich häufig begegnet man Gewichten mit eingeschraubten Köpfen) muss sehr gewarnt werden.

XVII. Einrichtung und Theorie der Waage.

Die einfachste und weitaus der grössten Genauigkeit fähige Methode der Massenvergleichung ist die auf der Benutzung der bewegenden Schwerkraft der Erde basirte. Wir verstehen unter *Wägung eines Körpers* immer die Bestimmung der Masse desselben durch Vergleichung der bewegenden Kraft, die die Erde auf diesen Körper ausübt mit der, welche ein anderer Körper von bekannter Masse unter denselben oder verschiedenen aber genau angebbaren Verhältnissen erleidet. Dass noch sehr viele andere Methoden zu Massenbestimmungen erdacht werden können ist selbstverständlich, aber diese haben bei dem jetzigen Stand unseres Wissens und unserer Technik wenig theoretisches und noch weniger praktisches Interesse, ihre Erwähnung darf unterbleiben.

Zur Ausführung von Wägungen dient die *Waage*, das ist ein starrer Hebel, der sich um eine festgemachte oder fest aufgelegte Axe drehen kann. Die zu vergleichenden Körper werden an die Arme des Hebels gehängt. Der Hebel bildet den *Balken*, die Aufhängevorrichtung das *Gehänge* der Waage. Das Verhältnis der Massen der Körper wird aus dem Verhältnis ihrer Einwirkungen auf die Hebelarme unter dem Einfluss der bewegenden Kraft der Erde erschlossen. Es bestehen nun diese Einwirkungen darin, dass der Balken um seine Axe gedreht wird, daher müssen wir vor allen Dingen verlangen, dass die Drehung in vollem Betrage in der Waage zum Vorschein kommt und nichts von ihr verloren geht, was nicht in Rechnung gezogen zu werden vermag.

Es giebt bekanntlich eine sehr grosse Menge von Waagenconstructionen; für den Physiker fast allein von Interesse ist die einfache Balkenwaage mit Gehängen, und mit dieser wollen wir uns zunächst ausschliesslich beschäftigen.

109. Allgemeine Einrichtung der physikalischen Waage. Eine solche Waage besteht aus dem festen Stativ, dem auf diesem aufruhenden Balken und den an den Balken beiderseits gehängten Schalen zur Aufnahme der zu vergleichenden Massen. Der Balken und jedes der Gehänge kann sich um eine Axe drehen; die Drehungssxe des Balkens heisst die *Mittelaxe*, die Axen der Gehänge werden als *Endaxen* bezeichnet. Die Axen sind immer alle drei mit dem Balken fest verbunden. Meist werden diese Axen durch die Kanten von Prismen abgegeben, man nennt sie dann auch einfach *Schneiden* und unterscheidet sie als *Mittelschneide* und *Endschneiden*. In andern Fällen wird jede Axe durch eine durch zwei Punkte gehende Linie fixirt, die Punkte werden dann durch die Spitzen von Kegeln oder die tiefsten bezw. höchsten Stellen von Kugeln, welche in den Balken fest eingesetzt sind, gebildet. Die Flächen, auf welchen die Axen hier wie im vorigen Fall während der Bewegung aufruhen, oder welche auf ihnen aufruhen, heissen die *Pfannen*. Die Pfanne der Balkenaxe ist auf dem festen Stativ angebracht, die Pfannen der Endaxen befinden sich auf den Gehängen. In der Form unterscheidet man ebene, cylindrische und dachförmige Pfannen, feine Waagen besitzen wol nur ebene Pfannen.

Ferner benutzt man auch wie bei Pendeln Federn, um Balken und Gehängen Schwingungsbewegungen zu gestatten, oder man macht Balken und Gehänge um Drähte drehbar. Besondere Pfannen sind dann nicht vorhanden. Wie aber auch die Bewegungen ermöglicht sein mögen, die Absicht ist immer die, Balken und Gehänge jedes für sich um eine feste Axe und frei drehbar zu machen.

Die Drehbarkeit der Gehänge hat keinen Zweck, der mit der Massenvergleichung unmittelbar in Beziehung stände, sie soll nur bewirken, dass die Gehänge sammt deren Belastungen sich jederzeit der Bewegung des Balkens ohne Widerstand anpassen, und das geschieht eben, wenn die Gehänge sich so drehen können, dass ihre Schwerpunkte (mit oder ohne Belastung) stets vertical unter ihrer Verbindungsstelle mit dem Balken bleiben. Im Gegensatz dazu vermittelt die Drehung des Balkens geradezu die Massenvergleichung, denn es ist klar, dass jedesmal der Arm des Balkens sich nach unten senken wird, welcher stärker belastet ist, und dass dieser Arm um so weiter nach unten geht, je mehr er im Verhältnis zum andern Arm zu tragen hat.

Die Lage, welche der Balken bei einer bestimmten Belastung seiner rechten und linken Schale zuletzt einnimmt, ist seine *Gleichgewichtslage*; der Winkel, den der Balken in dieser Lage gegen irgend eine feste Ebene (etwa die Horizontalebene) bildet, kann zur Fixirung dieser Lage dienen. Aendert man die Belastung auf einer Schale durch ein Zulagegewicht, so ändert sich auch der bezeichnete Winkel; den Betrag dieser Winkeländerung nennen wir den *Ausschlag* der Waage für die betreffende Gewichtszulage.

Die Ausschläge werden gewöhnlich nicht an dem Balken selbst, sondern an einem mit diesem verbundenen, zu ihm senkrechten (oder sonst wie geneigten) *Zeiger* abgelesen. In der gangbarsten Einrichtung weist dieser Zeiger auf eine festgelegte (mit dem Stativ verbundene) Scale, die, streng genommen, aus einem geteilten Bogen bestehen sollte, dessen Mittelpunkt in der Drehungsaxe des Balkens liegen müsste, die aber oft gerade gebildet ist.

Neuerdings hat man jedoch bei besonders feinen Waagen zur Bestimmung der Drehungen des Waagebalkens die Poggendorff-Gauss'sche Methode der Ablesung mit Spiegel und Scale eingeführt. Mit dem Balken ist in Richtung der Balkenaxe ein kleiner Spiegel fest verbunden, über demselben, aber ganz ohne Zusammenhang mit den schwingenden Teilen der Waage, steht ein anderer Spiegel gegen ihn um 45° geneigt, oder ein rechtwinkliges, gleichschenkliges Glasprisma, dessen eine Kathetenfläche ihm parallel läuft. Gegenüber dem festen Spiegel oder dem Prisma befindet sich eine horizontal verlaufende mit vertical gerichteten Teilmarken versehene Scale aufgestellt. Sendet die Scale Licht aus, welches auf den festen Spiegel oder die Hypotenusenfläche des Prisma unter nahezu 45° fällt, so wird dieses Licht auf den mit dem Balken verbundenen Spiegel geworfen, von diesem fast rechtwinklig reflectirt, gelangt es wieder zum festen Spiegel oder der Hypotenusenfläche des Prisma, und wird von da zurück nach der Scale hin und ein wenig unterhalb oder oberhalb derselben geworfen. Bringt man also in Richtung dieser so zurückkommenden Strahlen ein Fernrohr an, so kann man sie bei gehöriger Einstellung desselben zu einem beobachtbaren Bilde der Scale wieder vereinigen.

Dieses Bild giebt die Abbildung des virtuellen Bildes der Scale in dem mit dem Balken verbundenen Spiegel.

Dreht sich jetzt der Balkenspiegel um die Balkenaxe, so ändert er seine Neigung zu dem festen Spiegel oder dem Prisma und eine einfache Construction lehrt, dass das in dem beweglichen Spiegel virtuell entstehende und mittelst des Fernrohrs beobachtete Bild der Scale so sich bewegt, als ob es sich seinerseits um eine Axe drehte, welche senkrecht zur Balkenaxe, also auch senkrecht zu der Fernrohraxe steht. Man sieht also im Fernrohr das Bild durch das Gesichtsfeld ziehen, und wenn man in der Bildebene des Objectivs irgend einen quer zum Scalenbild stehenden Index, etwa einen ausgespannten Faden hat, kann man den Betrag der Bewegung bestimmen.

Auf das genauere dieser bequemsten und präcisesten Methode zur Bestimmung kleiner Winkelbewegungen, sowie auf die Vorsichtsmaassregeln bei der Einrichtung wird später eingegangen werden.

Nicht eigentlich zur Waage als solcher gehörig, aber für Conservirung der Waage und auch für genaues Arbeiten derselben unumgänglich sind die sogenannten *Arretirungsvorrichtungen.* Man zählt im allgemeinsten Fall bei solchen Vorrichtungen eine Arretirung für den Balken, eine für die Gehänge und eine besondere noch für die Schalen. Es sind nicht alle drei nach denselben Gesichtspunkten und auch nicht mit gleicher Präcision herzustellen; die grösste Sorgfalt ist der Balkenarretirung zuzuwenden, die geringste bedarf wol die Schalenarretirung. Naturgemäss werden nur Waagen mit abhebbaren Balken und selbständigen Gehängen Balken- und Gehängearretirung erhalten. Es werden also solche Arretirungen bei Waagen, die um Federn oder Drähte schwingen, fehlen. Wir sprechen deshalb im Folgenden von Waagen, deren Axen durch Schneiden dargestellt werden, wenn auch die Schneiden nicht ganz körperlich sein, sondern sich als Linien durch Kegelspitzen oder Kugelpunkte zeigen sollten.

Die Arretirungsvorrichtung für den Balken besteht im wesentlichen aus 2 Armen, die bei der Arretirung den Balken beiderseits von unten fassen, so dass er auf ihnen zu ruhen kommt; sei es, dass sie dabei selbst hochgehoben werden oder dass sie um mit dem Stativ verbundene Gelenke gedreht werden. Es ist dabei nicht nötig, dass der Balken von den Armen ganz von seiner Pfanne abgehoben wird; es kann die Construction auch so bewerkstelligt sein, dass, wenn der Balken, auf den Arretirungsarmen ruht, seine Axe auch gerade noch auf der Pfanne aufsitzt. Wo aber, wie es aus vielen Gründen wünschenswert erscheint und gerade bei sehr feinen Waagen geschieht, mit dem Arretiren des Balkens noch ein Abheben von der Pfanne verbunden ist, muss die Einrichtung so getroffen sein, dass der Balken beim Wiederloslassen der Waage immer in derselben Weise sich auf die Pfanne aufsetzt. Dazu ist zunächst notwendig, dass die Arretirungsvorrichtung dem Balken beim Heben und Senken nur nach einer Richtung Bewegung gestattet, am besten nach der senkrecht zur Pfanne hin. Ferner soll während der Arretirung jeder seitliche Stoss auf den Balken vermieden sein; in der Tat wird ja der Balken gegen die Arme während ihres Emporhebens, ehe sie in die Höhe der Balkenaxe gelangt sind, indem er sich noch in Bewegung befindet, abwechselnd stossen müssen. Die Forderung besteht aber darin, dass die einzelnen Stösse den Balken nicht in seiner eigenen Richtung fortschieben. Zur ganzen oder teilweisen Erfüllung dieser Forderung sind eine ziemliche Anzahl von Einrichtungen für die Arretirung erdacht worden; die beste Arretirung ist wol die von Mendelejeff vorgeschlagene und schon mehrfach zur Anwendung gekommene.*) Die Arretirung wird hier durch zwei Arme bewirkt, die sich um ein Gelenk bewegen, dessen Axe auf dem Stativ in der Verlängerung der Balkenaxe sich befindet. Die Arme drehen sich so um dieselbe Richtung wie der Balken, die Kreise, die ihre Punkte beschreiben, sind concentrisch mit den Kreisen, in welchen sich Balkenpunkte während der Schwingung des Balkens bewegen und jeder Stoss eines Arms gegen eine Stelle des Balkens treibt diese immer nur in die Bahn, in welcher sie sich auch so bewegt, also nicht in Richtung des Balkens. Aber auch der Experimentirende kann einiges tun, solche seitliche Stösse zu vermeiden, und zwar, indem er die Arretirungsvorrichtung nur sehr langsam, und namentlich erst, wenn die Schwingungen des Balkens schon gehörig abgenommen haben, ins Spiel setzt. Von besonderem Vorteil ist auch, wenn die Arme in dem Moment angehoben werden, wo der Balken durch seine horizontale Lage durchgeht, denn in dieser Lage treffen beide Arme den Balken nahezu gleichzeitig und stossen ihn nach entgegengesetzten Richtungen; schwingt die Waage langsam genug, so darf das Anheben der Arme dabei rasch geschehen. Beim Loslassen der Waage ist jedes Aufstossen der Schneide gegen die Pfanne auf das sorgfältigste zu vermeiden, das Loslassen muss also immer langsam und ohne Ruck vor sich gehen.

Auch die Gehänge bekommen oft Arretirungen, welche die Pfannen derselben von den auf dem Balken aufsitzenden Schneiden abzuheben gestatten, hauptsächlich, um diese Schneiden gegen Verletzungen zu schützen, die sie sonst erleiden können, wenn auf den Schalen Massen zur Abnahme oder zur Auflage oder Versetzung gelangen. Sind die Pfannen eben, so kommt es wenigstens für das Wägungsresultat nicht besonders darauf an, ob sie auf die Schneiden in Richtung des Balkens immer in derselben Linie aufgesetzt werden, wenn sie sich nur nicht quer zum Balken verschieben. Bei dachförmigen oder cylindrischen Pfannen würde sich jedes abweichende Aufsetzen der Pfannen auf die Schneiden von selbst corrigiren, indem die Pfanne auf der betreffenden Schneide so lange rutschen müsste, bis die Schneide die Pfanne in deren höchster Linie berührt. Aber mit dieser Selbstcorrection ist ein allmähliches Abschleifen der Schneiden notwendig verbunden und auch darum sind solche Pfannen bei guten Waagen nicht gebräuchlich.

---

*) Löwenherz im Bericht über die wissenschaftlichen Apparate auf der Londoner Ausstellung von 1876. Deutsche Ausgabe S. 248 ff.

Endlich versieht man manchmal auch noch die Schalen mit einer Arretirung, die meist in der einfachsten Weise durch andrückende Pinsel oder hochzuhebende Teller, durch welche die Schalen in der Ruhelage gestützt werden, construirt sind. Die Hauptabsicht ist dabei, die mit dem Auf- und Umsetzen der zu vergleichenden Massen verbundenen Stösse und Bewegungsantriebe aufzuhalten und das Centriren dieser Massen zu erleichtern. Man benutzt diese Arretirung auch, um etwaige Eigenbewegungen der Gehänge zu dämpfen, indem man sie nach Loslassen der Waage anhebt, senkt, wieder anhebt, ... bis die Hemmungen, die sie nacheinander den Schalen bereitet haben, dieselben zur Ruhe gebracht haben.

Natürlich ist eine Hauptaufgabe der einzelnen Arretirungen die Waage, namentlich die Schneiden und Pfannen zu conserviren. Wie aber diese Arretirungen im Einzelnen construirt sind, das zu beschreiben ist hier nicht der Ort; es genügt hervorzuheben, dass die Einrichtungen immer so getroffen sind, dass alle Manipulationen, die das Loslassen und Hemmen des Balkens, der Gehänge und der Schalen bezwecken, ausserhalb der Waage meist mit Hilfe desselben Knopfs ausgeführt werden.

Es ist viel darüber gestritten worden, in welcher Reihenfolge das Arretiren und Loslassen der einzelnen Teile der Waage am besten zu geschehen habe, aber es scheint nicht, als ob sich die Meinungen darüber schon vollständig geklärt haben, welche Reihenfolge für die Conservirung der Schneiden die vorteilhafteste ist. Demgemäss findet man, dass bald der Balken, bald die Gehänge zuerst arretirt und zuletzt freigelassen werden. Für die Wägungen selbst ist die Reihenfolge wol ziemlich gleichgiltig; unruhig sind die ersten Schwingungen immer, ob das Aufsetzen bei den Gehängen oder dem Balken zuerst vorgenommen wird.

Zum Schutz gegen Verstaubung der einzelnen Waagenteile und, um während der Wägung alle durch Bewegung des Beobachters oder sonst wie im Beobachtungsraum entstehenden Luftströmungen abzuhalten, ist eine gute Waage von einem Gehäuse umgeben, welches nur während der Manipulationen an der Waage selbst geöffnet wird, sonst stets geschlossen zu halten ist.

Viele andere Einrichtungen, die an Waagen noch angebracht werden, werden im Laufe der Discussion noch Erwähnung finden.

Die Praxis muss eine Menge besonderer Anforderungen an die Construction einer Waage stellen, die sich auf Einfachheit der Berechnung, Constanz der Angaben für gleiche Gewichtsdifferenzen, gehörige Empfindlichkeit, Raschheit der Bewegungen u. s. f. beziehen und die am besten sich an einer Theorie der Waage klarlegen lassen.

110. Allgemeine Differentialgleichungen für die Bewegung und das Gleichgewicht einer Waage. Es seien, bezogen auf ein im Raume festes Coordinatensystem, die Coordinaten irgend eines Punktes des Balkens x, y, z, die von einem Punkt des einen Gehänges (oder eines mit diesem verbundenen Körpers) x', y', z', die von einem des andern Gehänges (oder des mit diesem verbundenen Körpers) x'', y'', z''. Dann ist nach dem D'Alembert'schen Princip

$$\sum\left\{\left(\frac{d^2x}{dt^2}-X\right)\delta x+\left(\frac{d^2y}{dt^2}-Y\right)\delta y+\left(\frac{d^2z}{dt^2}-Z\right)\delta z\right\}=0.$$

X, Y, Z sind die Componenten der die Wage sammt allen zugehörigen Teilen (z. B. die aufgelegten Körper) angreifenden Kräfte; δx, δy, δz sind virtuelle Verrückungen, und die Summe erstreckt sich auf alle überhaupt in Bewegung befindlichen Teile.

Wir können die Summe in drei Teile zerlegen, einen Teil, der sich allein auf den Balken bezieht, und zwei Teile, die den Gehängen sammt den auf diese gelegten Gewichten angehören. Nennen wir die virtuellen Verrückungen für den ersten Teil δx, δy, δz, für die beiden andern Teile $\delta x'$, $\delta y'$, $\delta z'$, bezw. $\delta x''$, $\delta y''$, $\delta z''$ und symbolisiren die zugehörigen Summationen purch S, S' S'', so haben wir also

$$\begin{aligned}&S\left\{\left(\frac{d^2x}{dt^2}-X\right)\delta x+\left(\frac{d^2y}{dt^2}-Y\right)\delta y+\left(\frac{d^2z}{dt^2}-Z\right)\delta z\right\}\\&+S'\left\{\left(\frac{d^2x'}{dt^2}-X\right)\delta x'+\left(\frac{d^2y'}{dt^2}-Y\right)\delta y'+\left(\frac{d^2z'}{dt^2}-Z\right)\delta z'\right\}\\&+S''\left\{\left(\frac{d^2x''}{dt^2}-X\right)\delta x''+\left(\frac{d^2y''}{dt^2}-Y\right)\delta y''+\left(\frac{d^2z''}{dt^2}-Z\right)\delta z''\right\}=0.\end{aligned}$$

Wir nehmen an, dass der Balken, sowie die Gehänge, aus nicht comprimirbarem Material hergestellt sind. Die virtuellen Verrückungen bestehen dann in Drehungen um Axen und zugleich in Translationen.

Wir führen ein neues Coordinatensystem ξ, η, ζ ein, welches mit dem Balken fest verbunden ist, und nennen x_0, y_0, z_0 die Coordinaten des Anfangspunktes, α_1, α_2, α_3, β_1, β_2, β_3, γ_1, γ_2, γ_3 die Richtungscosinus dieses Systems (Seite 114), dann ist allgemein

$$\begin{aligned}\delta x&=\delta x_0+\alpha_1\delta\xi+\alpha_2\delta\eta+\alpha_3\delta\zeta+\xi\delta\alpha_1+\eta\delta\alpha_2+\zeta\delta\alpha_3,\\\delta y&=\delta y_0+\beta_1\delta\xi+\beta_2\delta\eta+\beta_3\delta\zeta+\xi\delta\beta_1+\eta\delta\beta_2+\zeta\delta\beta_3,\\\delta z&=\delta z_0+\gamma_1\delta\xi+\gamma_2\delta\eta+\gamma_3\delta\zeta+\xi\delta\gamma_1+\eta\delta\gamma_2+\zeta\delta\gamma_3.\end{aligned}$$

Für Punkte des Balkens sind ξ, η, ζ unveränderlich; hier haben wir also $\delta\xi=\delta\eta=\delta\zeta=0$ und

$$\begin{aligned}\delta x&=\delta x_0+\xi\delta\alpha_1+\eta\delta\alpha_2+\zeta\delta\alpha_3,\\\delta y&=\delta y_0+\xi\delta\beta_1+\eta\delta\beta_2+\zeta\delta\beta_3,\\\delta z&=\delta z_0+\xi\delta\gamma_1+\eta\delta\gamma_2+\zeta\delta\gamma_3.\end{aligned}$$

Für Punkte der Gehänge aber können auch die ξ, η, ζ variiren. Benutzen wir jetzt neue Coordinatensysteme (ξ', η', ζ') und (ξ'', η'', ζ''), von denen das erste mit dem einen, das zweite mit dem andern Gehänge fest verbunden ist und bezeichnen die Coordinaten von deren Anfangspunkten im System ξ, η, ζ mit ξ_1, η_1, ζ_1, bezw. ξ_2, η_2, ζ_2 und die Richtungscosinus ihrer Axen gegen die Axen der ξ, η, ζ mit λ_1', λ_2', λ_3'; μ_1', μ_2', μ_3'; ν_1', ν_2' ν_3' bezw. λ_1'', λ_2'', λ_3''; μ_1'', μ_2'', μ_3''; ν_1'', ν_2'', ν_3'', so haben wir, weil für die Gehänge ξ', η', ζ'; ξ'', η'', ζ'' invariabel sind,

$$\begin{aligned}
\delta\xi &= \delta\xi_1 + \xi'\delta\lambda_1' + \eta'\delta\lambda_2' + \zeta'\delta\lambda_3' \text{ bezw. } = \delta\xi_2 + \xi''\delta\lambda_1'' + \eta''\delta\lambda_2'' + \zeta''\delta\lambda_3''\\
\delta\eta &= \delta\eta_1 + \xi'\delta\mu_1' + \eta'\delta\mu_2' + \zeta'\delta\mu_3' \text{ bezw. } = \delta\eta_2 + \xi''\delta\mu_1'' + \eta''\delta\mu_2'' + \zeta''\delta\mu_3''\\
\delta\zeta &= \delta\zeta_1 + \xi'\delta\nu_1 + \eta'\delta\nu_2' + \zeta'\delta\nu_3' \text{ bezw. } = \delta\zeta_2 + \xi''\delta\nu_1'' + \eta''\delta\nu_2'' + \zeta''\delta\nu_3''.
\end{aligned}$$

Also wird für eines der Gehänge beispielsweise

$$\begin{aligned}
\delta x = \delta x_0 + \alpha_1\delta\xi_1 + \alpha_2\delta\eta_1 + \alpha_3\delta\zeta_1 + \xi\delta\alpha_1 + \eta\delta\alpha_2 + \zeta\delta\alpha_3 + \xi'(\alpha_1\delta\lambda_1'\\
+ \alpha_2\delta\mu_1' + \alpha_3\delta\nu_1') + \eta'(\alpha_1\delta\lambda_2' + \alpha_2\delta\mu_2' + \alpha_3\delta\nu_2') + \zeta'(\alpha_1\delta\lambda_3' + \alpha_2\delta\mu_3' + \alpha_3\delta\nu_3').
\end{aligned}$$

Vertauschen wir die α mit den β bezw. γ, so bekommen wir δy bezw. δz. Versehen wir die ξ', η', ζ', λ_1', ..., ν_3' mit noch einem Accent und ersetzen ξ_1, η_1, ζ_1 durch ξ_2, η_2, ζ_2, so resultiren die entsprechenden Variationen für das zweite Gehänge.

In den folgenden Rechnungen werden wir uns einer Anzahl von Gleichungssystemen zu bedienen haben, die ich hier zusammenstelle.

Sind p_1, p_2, p_3; q_1, q_2, q_3; r_1, r_2, r_3 die 9 Richtungscosinus irgend eines orthogonalen Coordinatensystems in Bezug auf ein anderes orthogonales System, in der Bedeutung genommen, die den Richtungscosinus α_1, α_2, α_3; β_1, β_2, β_3; γ_1, γ_2, γ_3 zugeschrieben wurde (Seite 114), so hat man

$$\eta)\quad \begin{array}{r|l|l|l}
p_1^2+p_2^2+p_3^2=1 & p_1q_1+p_2q_2+p_3q_3=0 & p_1^2+q_1^2+r_1^2=1 & p_1p_2+q_1q_2+r_1r_2=0\\
q_1^2+q_2^2+q_3^2=1 & p_1r_1+p_2r_2+p_3r_3=0 & p_2^2+q_2^2+r_2^2=1 & p_1p_3+q_1q_3+r_1r_3=0\\
r_1^2+r_2^2+r_3^2=1 & q_1r_1+q_2r_2+q_3r_3=0 & p_3^2+q_3^2+r_3^2=1 & p_2p_3+q_2q_3+r_2r_3=0
\end{array}$$

$$\zeta)\quad \begin{array}{l|l|l}
p_1=q_2r_3-q_3r_2 & q_1=r_2p_3-r_3p_2 & r_1=p_2q_3-p_3q_2\\
p_2=q_3r_1-q_1r_3 & q_2=r_3p_1-r_1p_3 & r_2=p_3q_1-p_1q_3\\
p_3=q_1r_2-q_2r_1 & q_3=r_1p_2-r_2p_1 & r_3=p_1q_2-p_2q_1
\end{array}$$

Nennen wir die Richtungscosinus der Axensysteme (ξ', η', ζ'); (ξ'', η'', ζ'') in Bezug auf das Axensystem der x, y, z bezw. α_1', α_2', α_3'; β_1', β_2', β_3'; γ_1', γ_2', γ_3'; α_1'', α_2'', α_3''; β_1'', β_2'', β_3''; γ_1'', γ_2'', γ_3'', so bestehen zwischen diesen Grössen und den Richtungscosinus derselben Systeme gegen das Axensystem der ξ, η, ζ die Gleichungen

$$\vartheta)\quad \begin{array}{l|l}
\alpha_i' = \lambda_i'\alpha_1 + \mu_i'\alpha_2 + \nu_i'\alpha_3 & \alpha_i'' = \lambda_i''\alpha_1 + \mu_i''\alpha_2 + \nu_i''\alpha_3\\
\beta_i' = \lambda_i'\beta_1 + \mu_i'\beta_2 + \nu_i'\beta_3 & \beta_i'' = \lambda_i''\beta_1 + \mu_i''\beta_2 + \nu_i''\beta_3\\
\gamma_i' = \lambda_i'\gamma_1 + \mu_i'\gamma_2 + \nu_i'\gamma_3 & \gamma_i'' = \lambda_i''\gamma_1 + \mu_i''\gamma_2 + \nu_i''\gamma_3
\end{array}$$

$$i = 1, 2, 3$$

$$\iota)\quad \begin{array}{l|l}
\lambda_i' = \alpha_i'\alpha_1 + \beta_i'\beta_1 + \gamma_i'\gamma_1 & \lambda_i'' = \alpha_i''\alpha_1 + \beta_i''\beta_1 + \gamma_i''\gamma_1\\
\mu_i' = \alpha_i'\alpha_2 + \beta_i'\beta_2 + \gamma_i'\gamma_2 & \mu_i'' = \alpha_i''\alpha_2 + \beta_i''\beta_2 + \gamma_i''\gamma_2\\
\nu_i' = \alpha_i'\alpha_3 + \beta_i'\beta_3 + \gamma_i'\gamma_3 & \nu_i'' = \alpha_i''\alpha_3 + \beta_i''\beta_3 + \gamma_i''\gamma_3
\end{array}$$

Im Ganzen haben wir 9 Translationscomponenten: 3 für den Balken, je 3 für jedes der Gehänge und ausserdem 27 Drehungscomponenten. Die 9 ersten können alle von einander ganz unabhängig sein, die 27 andern stellen nur 9 unabhängige virtuelle Variationen dar, da, wie früher bemerkt, die 9 Richtungswinkel eines Coordinatensystems immer durch 3 andere Winkel ausgedrückt werden können.

Wir wollen die Ursprungsorte der Coordinatensysteme (ξ', η', ζ'), (ξ'', η'', ζ'') an die Stellen verlegen, wo die Gehänge mit dem Balken in Verbindung stehen. Es gehören dann diese Ursprungsorte zugleich dem Balken und den bezüglichen Gehängen an; demnach stellen ξ_1, η_1, ζ_1; ξ_2, η_2, ζ_2 auch Coordinaten von Balkenpunkten dar, und es variiren dieselben nur, wenn die Gehänge während der Bewegung auf dem Balken rutschen.

Der Einfachheit wegen sei zunächst angenommen, dass Translationen weder bei dem Balken noch bei den Gehängen vorkommen; es ist dann $\delta x_0 = \delta y_0 = \delta z_0 = \delta\xi_1 = \delta\eta_1 = \delta\zeta_1 = \delta\xi_2 = \delta\eta_2 = \delta\zeta_2 = 0$.

Auch die Drehungen sollen nicht um beliebige Axen geschehen, sondern um ganz bestimmte festgelegte; wir kommen durch diese Annahmen den Verhältnissen nahe, die bei den den Physiker interessirenden, zu genauen Arbeiten bestimmten Waagen massgebend sind.

Da wir so 3 mit der Waage festverbundene Linien zur Verfügung haben, können wir dieselben zur Orientirung unserer Coordinatensysteme benutzen.

Im System ξ, η, ζ falle die ζAxe mit der Drehungsaxe des Balkens zusammen, die ηAxe gehe ungefähr in Richtung des Balkens von links nach rechts, die ξAxe ungefähr von oben nach unten. Wir können dann die ξAxe als *Zeiger* der Waage ansehen und wollen auch die $\xi\zeta$Ebene als Zeigerebene bezeichnen. Da die ζAxe eine im Raume feste Axe sein soll, nehmen wir eine durch sie gelegte Verticalebene zur xzEbene; die zAxe gehe horizontal, die xAxe vertical von oben nach unten, die yAxe von links nach rechts; der Ursprung der x, y, z falle mit dem der ξ, η, ζ in der Drehungsaxe zusammen. Wir haben hiernach $\delta\alpha_3 = \delta\beta_3 = \delta\gamma_3 = 0$. Führen wir also die schon bei mehreren Gelegenheiten benutzten Winkel φ, ϑ, f ein, so werden hiernach, wie auch unmittelbar einleuchtet, $\delta\varphi$ und $\delta\vartheta$ gleich Null sein und alle 9 Variationen $\delta\alpha_1, \ldots, \delta\gamma_3$ lassen sich durch die einzige Variation δf ausdrücken denn es ist (Art. 59)

$$\begin{aligned}
\delta\alpha_1 &= +(\cos\varphi \sin f \cos\vartheta - \sin\varphi \cos f)\,\delta f,\\
\delta\beta_1 &= +(\sin\varphi \sin f \cos\vartheta + \cos\varphi \cos f)\,\delta f,\\
\delta\gamma_1 &= -\sin f \sin\vartheta\,\delta f\\
\delta\alpha_2 &= -(\cos\varphi \cos f \cos\vartheta + \sin\varphi \sin f)\,\delta f,\\
\delta\beta_2 &= -(\sin\varphi \cos f \cos\vartheta - \cos\varphi \sin f)\,\delta f,\\
\delta\gamma_2 &= +\cos f \sin\vartheta\,\delta f
\end{aligned}$$

$$\delta\alpha_3 = \delta\beta_3 = \delta\gamma_3 = 0.$$

δf ist der Winkel, um welchen die $\xi\zeta$ Axe sich gegen die z Axe bewegt, entspricht also dem *Ausschlag* der Waage.

Die Drehungsaxen der Gehänge sollen mit dem Balken und zwar unverrückbar fest verbunden sein; die Gehänge stehen dann mit dem Balken in diesen Axen in Verbindung, und die Axen können sowohl als den bezüglichen Gehängen, als auch als dem Balken gehörig betrachtet werden. Wir legen also die ξ', η' ζ'; ξ'', η'', ζ'' so, dass die ζ',ζ''Axen mit den bezüglichen Drehungsaxen zusammenfallen; die η',η''Axen werden dann ungefähr in Richtung des Balkens von links nach rechts, die ξ',ξ''Axe ungefähr von oben nach unten gehen, und da bei der Drehung der Gehänge die ζ',ζ''Axen in Bezug auf das System ξ, η, ζ unverrückt bleiben, haben wir jedenfalls $\delta\lambda_3' = \delta\mu_3' = \delta\nu_3' = 0$; $\delta\lambda_3'' = \delta\mu_3'' = \delta\nu_3'' = 0$. Führen wir wieder Winkel von der Art der f, φ, ϑ ein, die sich aber hier auf das Verhältnis der Axensysteme ξ', η', ζ'; ξ'', η'', ζ'' nicht zu x, y, z, sondern zu ξ, η, ζ beziehen, und die wir deshalb mit F', Φ', Θ'; F'', Φ'', Θ'' bezeichnen, während f', φ', ϑ'; f'', φ'', ϑ'' die entsprechenden Winkel für die Richtung der ξ', η', ζ'; ξ'', η'', ζ'' in Bezug auf x, y, z bedeuten sollen, so bekommen wir hiernach die Ausdrücke für die $\delta\lambda_1'$, ..., $\delta\nu_3''$ aus denen für die $\delta\alpha_1$, ..., $\delta\gamma_3$, wenn wir in diesen an Stelle der kleinen grosse Buchstaben setzen und diese zudem mit einem Accent bezw. zwei Accenten versehen. Dabei ist zu bemerken: es sollen ϑ, ϑ', ϑ'' positive Winkel sein, wenn die ζ, ζ', ζ''Axen in ihrer Richtung (genommen von hinten nach vorn) über einer durch ihre Anfangspunkte gelegten Horizontalebene verlaufen, negative, wenn sie unter einer solchen Ebene sich erstrecken. Entsprechend rechnen wir Θ', Θ'' als positiv, wenn die ζ', ζ''Axen, in ihrer Richtung genommen, über durch ihre Anfangspunkte gelegten zu der $\zeta\eta$Ebene parallelen Ebenen verlaufen, negativ, wenn sie sich unter solchen Ebenen erstrecken. Fällt also z. B. die ζ oder ζ' oder ζ''Axe in die xzEbene, so ist $\varphi = 180°$ bezw. $\varphi' = 180°$, bezw. $\varphi'' = 180°$ anzusehen, und ähnlich ist $\Phi' = 180°$ bezw. $\Phi'' = 180°$, wenn die ζ' bezw. die ζ''Axe in die $\xi\zeta$Ebene zu liegen kommt. Fallen auch in dieselben bezüglichen Ebenen die ξ, ξ' ξ''Axen, so hat man weiter noch $f = 0$, $f' = 0$, $f'' = 0$, $F' = 0$, $F'' = 0$ zu setzen.

Unter Zuhilfenahme der Gleichungen β) in Art. 59 bringen wir die $\delta\alpha_1$, ..., $\delta\gamma_3$ auf die Form

$$\begin{aligned}
&\delta\alpha_1 = -\alpha_2\delta f, \quad \delta\beta_1 = -\beta_2\delta f, \quad \delta\gamma_1 = -\gamma_2\delta f;\\
&\delta\alpha_2 = +\alpha_1\delta f, \quad \delta\beta_2 = +\beta_1\delta f, \quad \delta\gamma_2 = +\gamma_1\delta f;\\
&\delta\alpha_3 = 0, \qquad\quad \delta\beta_3 = 0, \qquad\quad \delta\gamma_3 = 0.
\end{aligned}$$

Wir haben dann analog

$$\begin{aligned}
&\delta\lambda_1' = -\lambda_2'\delta F', \quad \delta\mu_1' = -\mu_2'\delta F', \quad \delta\nu_1' = -\nu_2'\delta F';\\
&\delta\lambda_2' = +\lambda_1'\delta F', \quad \delta\mu_2' = +\mu_1'\delta F', \quad \delta\nu_2' = +\nu_1'\delta F';\\
&\delta\lambda_3' = 0, \qquad\quad \delta\mu_3' = 0, \qquad\quad \delta\nu_3' = 0.
\end{aligned}$$

$$\delta\lambda_1''= -\lambda_2''\delta F'',\quad \delta\mu_1''= -\mu_2''\delta F'',\quad \delta\nu_1''= -\nu_2''\delta F'';$$
$$\delta\lambda_2''= +\lambda_1''\delta F'',\quad \delta\mu_2''= +\mu_1''\delta F'',\quad \delta\nu_2''= +\nu_1''\delta F'';$$
$$\delta\lambda_3''= 0,\quad \delta\mu_3''= 0,\quad \delta\nu_3''= 0,$$

somit

$$\delta x'= \big(\alpha_1(\eta'\lambda_1'-\xi'\lambda_2') + \alpha_2(\eta'\mu_1'-\xi'\mu_2') + \alpha_3(\eta'\nu_1'-\xi'\nu_2')\big)\delta F' + (\eta\alpha_1-\xi\alpha_2)\delta f.$$

Die mit $\delta F'$ multiplicirten Glieder geben zufolge der Gleichungen unter ϑ) zusammen $(\eta'\alpha_1'-\xi'\alpha_2')\delta F'$, in den mit δf multiplicirten bedeuten ξ, η, ζ Coordinaten der Gehängepunkte (und der Punkte der auf die Gehänge gelegten Massen) in Bezug auf das System der ξ, η, ζ. Wir haben hiernach

$$\delta x = (\eta\alpha_1-\xi\alpha_2)\delta f,\quad \delta y = (\eta\beta_1-\xi\beta_2)\delta f,\quad \delta z = (\eta\gamma_1-\xi\gamma_2)\delta f;$$

$$\delta x'=(\eta\alpha_1-\xi\alpha_2)\delta f+(\eta'\alpha_1'-\xi'\alpha_2')\delta F',\quad \delta x''=(\eta\alpha_1-\xi\alpha_2)\delta f+(\eta''\alpha_1''-\xi''\alpha_2'')\delta F'',$$
$$\delta y'=(\eta\beta_1-\xi\beta_2)\delta f+(\eta'\beta_1'-\xi'\beta_2')\delta F',\quad \delta y''=(\eta\beta_1-\xi\beta_2)\delta f+(\eta''\beta_1''-\xi''\beta_2'')\delta F'',$$
$$\delta z'=(\eta\gamma_1-\xi\gamma_2)\delta f+(\eta'\gamma_1'-\xi'\gamma_2')\delta F';\quad \delta z''=(\eta\gamma_1-\xi\gamma_2)\delta f+(\eta''\gamma_1''-\xi''\gamma_2'')\delta F''.$$

δf, $\delta F'$, $\delta F''$ stellen drei von einander ganz unabhängige Variationen dar, wir bekommen daher, wenn Σ Integrationen über *alle* sich bewegenden Teile, S', S'' solche über die Gehänge, mit den aufgelegten Gewichten bebezeichnen

$$S'\left\{\left(\frac{d^2x'}{dt^2}-X\right)(\eta'\alpha_1'-\xi'\alpha_2')+\left(\frac{d^2y'}{dt^2}-Y\right)(\eta'\beta_1'-\xi'\beta_2') + \left(\frac{d^2z'}{dt^2}-Z\right)(\eta'\gamma_1'-\xi'\gamma_2')\right\}dm'=0,$$

$$S''\left\{\left(\frac{d^2x''}{dt^2}-X\right)(\eta''\alpha_1''-\xi''\alpha_2'')+\left(\frac{d^2y''}{dt^2}-Y\right)(\eta''\beta_1''-\xi''\beta_2'') + \left(\frac{d^2z''}{dt^2}-Z\right)(\eta''\gamma_1''-\xi''\gamma_2'')\right\}dm''=0.$$

$$\Sigma\left\{\left(\frac{d^2x}{dt^2}-X\right)(\eta\alpha_1-\xi\alpha_2)+\left(\frac{d^2y}{dt^2}-Y\right)(\eta\beta_1-\xi\beta_2) + \left(\frac{d^2z}{dt^2}-Z\right)(\eta\gamma_1-\xi\gamma_2)\right\}dm=0.$$

Wir haben nun zunächst die Beschleunigungen um die fixen Axen der x, y, z durch die Winkelbeschleunigungen auszudrücken.

Es ist für Punkte des B a l k e n s $x=x_0+\xi\alpha_1+\eta\alpha_2+\zeta\alpha_3$, also

$$\frac{d^2x}{dt^2}=\xi\frac{d^2\alpha_1}{dt^2}+\eta\frac{d^2\alpha_2}{dt^2}+\zeta\frac{d^2\alpha_3}{dt^2},$$

und da gemäss den Gleichungen für die Variationen $\delta\alpha_1, \ldots, \delta\alpha_3$

$$\frac{d\alpha_1}{dt}=-\alpha_2\frac{df}{dt},\quad \frac{d^2\alpha_1}{dt^2}=-\frac{d\alpha_2}{dt}\frac{df}{dt}-\alpha_2\frac{d^2f}{dt^2}=-\alpha_1\left(\frac{df}{dt}\right)^2-\alpha_2\frac{d^2f}{dt^2},$$

$$\frac{d\alpha_2}{dt}=+\alpha_1\frac{df}{dt},\quad \frac{d^2\alpha_2}{dt^2}=+\frac{d\alpha_1}{dt}\frac{df}{dt}+\alpha_1\frac{d^2f}{dt^2}=-\alpha_2\left(\frac{df}{dt}\right)^2+\alpha_1\frac{d^2f}{dt^2},$$

$$\frac{d\alpha_3}{dt}=0,\qquad \frac{d^2\alpha_3}{dt^2}=0$$

ist, bekommen wir

$$\frac{d^2x}{dt^2}=-\left(\frac{df}{dt}\right)^2(\eta\alpha_2+\xi\alpha_1)+\frac{d^2f}{dt^2}(\eta\alpha_1-\xi\alpha_2).$$

Bilden wir die entsprechenden Gleichungen für d^2y/dt^2 und d^2z/dt^2, multipliciren mit den bezüglichen Factoren $\eta\alpha_1-\xi\alpha_2$, $\eta\beta_1-\xi\beta_2$, $\eta\gamma_1-\xi\gamma_2$ und addiren, so erhalten wir für Punkte des Balkens unter Berücksichtigung der nach Muster der Gleichungen unter ζ) zu bildenden Bedingungsgleichungen, denen die $\alpha_1, \ldots, \gamma_3$ zu genügen haben,

$$\frac{d^2x}{dt^2}(\eta\alpha_1-\xi\alpha_2)+\frac{d^2y}{dt^2}(\eta\beta_1-\xi\beta_2)+\frac{d^2z}{dt^2}(\eta\gamma_1-\xi\gamma_2)$$
$$=\frac{d^2f}{dt^2}\Big((\eta\alpha_1-\xi\alpha_2)^2+(\eta\beta_1-\xi\beta_2)^2+(\eta\gamma_1-\xi\gamma_2)^2\Big).$$

Der Factor von d^2f/dt^2 giebt aber zufolge derselben Bedingungsgleichungen $\xi^2+\eta^2$, also wird für diese Punkte die betreffende von den Beschleunigungen herrührende Grösse $(\xi^2+\eta^2)\,d^2f/dt^2$.

Für einen Punkt des ersten Gehänges haben wir $x=x_0'+\xi'\alpha_1'+\eta'\alpha_2'+\zeta'\alpha_3'$, also

$$\frac{d^2x}{dt^2}=\frac{d^2x_0'}{dt^2}+\xi'\frac{d^2\alpha_1'}{dt^2}+\eta'\frac{d^2\alpha_2'}{dt^2}+\xi'\frac{d^2\alpha_3'}{dt^2}.$$

Hierin ist zunächst $x_0'=x_0+\xi_1\alpha_1+\eta_1\alpha_2+\zeta_1\alpha_3$, somit

$$\frac{d^2x_0'}{dt^2}=\xi_1\frac{d^2\alpha_1}{dt^2}+\eta_1\frac{d^2\alpha_2}{dt^2}+\zeta_1\frac{d^2\alpha_3}{dt^2}=-\left(\frac{df}{dt}\right)^2(\eta_1\alpha_2+\xi_1\alpha_1)+\frac{d^2f}{dt^2}(\eta_1\alpha_1-\xi_1\alpha_2).$$

Ferner bekommen wir aus den Gleichungen unter ϑ)

$$\frac{d\alpha_1'}{dt}=\alpha_1\frac{d\lambda_1'}{dt}+\alpha_2\frac{d\mu_1'}{dt}+\alpha_3\frac{d\nu_1'}{dt}+\lambda_1'\frac{d\alpha_1}{dt}+\mu_1'\frac{d\alpha_2}{dt},$$

$$\frac{d^2\alpha_1'}{dt^2}=\alpha_1\frac{d^2\lambda_1'}{dt^2}+\alpha_2\frac{d^2\mu_1'}{dt^2}+\alpha_3\frac{d^2\nu_1'}{dt^2}+2\left(\frac{d\alpha_1}{dt}\frac{d\lambda_1'}{dt}+\frac{d\alpha_2}{dt}\frac{d\mu_1'}{dt}\right)+\lambda_1'\frac{d^2\alpha_1}{dt^2}+\mu_1'\frac{d^2\alpha_2}{dt^2}.$$

Führen wir hierin die Werte der Differentialquotienten der α und die entsprechenden der λ ein, so resultirt unter Beachtung der Gleichungen ζ)

$$\frac{d^2\alpha_1'}{dt^2}=-\alpha_2'\frac{d^2F'}{dt^2}-\alpha_1'\left(\frac{dF'}{dt}\right)^2-\frac{d^2f}{dt^2}(\alpha_2\lambda_1'-\alpha_1\mu_1')-\left(\frac{df}{dt}\right)^2(\lambda_1'\alpha_1+\mu_1'\alpha_2)$$
$$+2\frac{df}{dt}\frac{dF'}{dt}(\alpha_2\lambda_2'-\alpha_1\mu_2').$$

Aehnlich ergiebt sich

$$\frac{d^2\alpha_2'}{dt^2} = +\alpha_1'\frac{d^2F'}{dt^2} - \alpha_2'\left(\frac{dF'}{dt}\right)^2 - \frac{d^2f}{dt^2}(\alpha_2\lambda_2' - \alpha_1\mu_2') - \left(\frac{df}{dt}\right)^2(\lambda_2'\alpha_1 + \mu_1'\alpha_2)$$
$$- 2\frac{df}{dt}\frac{dF'}{dt}(\alpha_2\lambda_1' - \alpha_1\mu_1'),$$

$$\frac{d^2\alpha_3'}{dt^2} = -\frac{d^2f}{dt^2}(\alpha_2\lambda_3' - \alpha_1\mu_3') - \left(\frac{df}{dt}\right)^2(\lambda_3'\alpha_1 + \mu_3'\alpha_2).$$

Damit wird

$$\frac{d^2x'}{dt^2} = \frac{d^2x_0'}{dt^2} + \frac{d^2F'}{dt^2}(\eta'\alpha_1' - \xi'\alpha_2') - \left(\frac{dF'}{dt}\right)^2(\eta'\alpha_2' + \xi'\alpha_1')$$
$$- \frac{d^2f}{dt^2}\big(\alpha_2(\xi'\lambda_1' + \eta'\lambda_2' + \zeta'\lambda_3') - \alpha_1(\xi'\mu_1' + \eta'\mu_2' + \zeta'\mu_3')\big)$$
$$- \left(\frac{df}{dt}\right)^2\big(\alpha_1(\xi'\lambda_1' + \eta'\lambda_2' + \zeta'\lambda_3') + \alpha_2(\xi'\mu_1' + \eta'\mu_2' + \zeta'\mu_3')\big)$$
$$+ 2\frac{df}{dt}\frac{dF'}{dt}\big(\alpha_2(\xi'\lambda_2' - \eta'\lambda_1') - \alpha_1(\xi'\mu_2' - \eta'\mu_1')\big).$$

Die Factoren von d^2f/dt^2 und $(df/dt)^2$ geben offenbar $\alpha_2(\xi - \xi_1) - \alpha_1(\eta - \eta_1)$, bezw. $\alpha_1(\xi - \xi_1) + \alpha_2(\eta - \eta_1)$, beachtet man aber den für d^2x_0'/dt^2 gefundenen Wert, so bekommt man im Ganzen

$$\frac{d^2x'}{dt} = (\eta'\alpha_1' - \xi'\alpha_2')\frac{d^2F'}{dt^2} - (\eta'\alpha_2' + \xi'\alpha_1')\left(\frac{dF'}{dt}\right)^2 + (\eta\alpha_1 - \xi\alpha_2)\frac{d^2f}{dt^2}$$
$$- (\eta\alpha_2 + \xi\alpha_1)\left(\frac{df}{dt}\right)^2 + 2\frac{df}{dt}\frac{dF'}{dt}\big(\eta'(\alpha_1\mu_1' - \alpha_2\lambda_1') - \xi'(\alpha_1\mu_2' - \alpha_2\lambda_2')\big).$$

Die Werte für d^2y'/dt^2 und d^2z'/dt^2 resultiren durch Vertauschung der α mit den entsprechenden β bezw. γ, die für $d^2x''/dt^2, \ldots$ durch Hinzufügung eines zweiten Accents bei den Buchstaben, die schon ein Accent haben.

Zerlegen wir jetzt, um die dritte Differentialgleichung zu bilden, das Integral in drei Teile, S, S', S'', bezogen auf den Balken und die beiden Gehänge, so bekommen wir für die Beschleunigungen: im ersten Teil $S\left(\frac{d^2f}{dt^2}\right)(\xi^2 + \eta^2)\,dm$. Im zweiten Teil S' haben wir die Formeln für $d^2x'/dt^2, \ldots$ anzuwenden. Multipliciren wir die für diese Grössen angegebenen Werte mit den Factoren $(\eta\alpha_1 - \xi\alpha_2)$, $(\eta\beta_1 - \xi\beta_2)$, $(\eta\gamma_1 - \xi\gamma_2)$ und addiren, so bekommt d^2F'/dt^2 den Factor

$$\eta\eta'(\alpha_1\alpha_1' + \beta_1\beta_1' + \gamma_1\gamma_1') + \xi\xi'(\alpha_2\alpha_2' + \beta_2\beta_2' + \gamma_2\gamma_2') - \eta'\xi(\alpha_1'\alpha_2 + \beta_1'\beta_2 + \gamma_1'\gamma_2)$$
$$- \xi'\eta(\alpha_1\alpha_2' + \beta_1\beta_2' + \gamma_1\gamma_2'),$$

das ist nach den Gleichungen i)

$$\eta\eta'\lambda_1' + \xi\xi'\mu_2' - \eta'\xi\mu_1' - \xi'\eta\lambda_2'.$$

Hierin erstzen wir ξ, η durch ihre Ausdrücke in ξ', η', ζ', dann erhalten wir zunächst

$$\eta_1(\eta'\lambda_1'-\xi'\lambda_2')+\xi_1(\xi'\mu_2'-\eta'\mu_1')+\eta'^2(\lambda_1'\mu_2'-\lambda_2'\mu_1')-\xi'^2(\lambda_2'\mu_1'-\lambda_1'\mu_2')$$
$$+\zeta'\big((\lambda_1'\mu_3'-\lambda_3'\mu_1')\eta'-(\lambda_2'\mu_3'-\lambda_3'\mu_2')\xi'\big).$$

Zufolge der Gleichungen unter ζ) sind aber die Factoren von η'^2, ξ'^2, ζ', gleich ν_3', $-\nu_3'$, $-\nu_2'\eta'-\nu_1'\xi'$, und da noch $\nu_1'\xi'+\nu_2'\eta'=\zeta-\zeta_1-\nu_3'\zeta'$ ist, so haben wir zusammen $\eta_1(\eta'\lambda_1'-\xi'\lambda_2')+\xi_1(\xi'\mu_2'-\eta'\mu_1')+\nu_3'(\xi'^2+\eta'^2)-\zeta'(\nu_1'\xi'+\nu_2'\eta')$. Durch ganz entsprechende Rechnungen findet man die Factoren für alle andern Differentialquotienten und bekommt schliesslich für den in S' von den Beschleunigungen abhängenden Teil

$$\frac{d^2F'}{dt^2}\big(\eta_1(\eta'\lambda_1'-\xi'\lambda_2')-\xi_1(\eta'\mu_1'-\xi'\mu_2')+\nu_3'(\xi'^2+\eta'^2)-\zeta'(\eta'\nu_2'+\xi'\nu_1')\big)$$
$$-\left(\frac{dF'}{dt}\right)^2\big(\eta_1(\eta'\lambda_2'+\xi'\lambda_1')-\xi_1(\eta'\mu_2'+\xi'\mu_1')+\zeta'(\eta'\nu_1'-\xi'\nu_2')\big)+\frac{d^2f}{dt^2}(\xi^2+\eta^2)$$
$$+\frac{2\,df}{dt}\frac{dF'}{dt}\big(\eta_1(\eta'\mu_1'-\xi'\mu_2')+\xi_1(\eta'\lambda_1'-\xi'\lambda_2')-(\xi'\nu_1'+\eta'\nu_2'+\zeta'\nu_3')(\eta'\nu_1'-\xi'\nu_2')\big).$$

Die entsprechende Grösse für S'' erhalten wir, wenn wir die ξ_1, η_1, ζ_1 in ξ_2, η_2, ζ_2 überführen und den Buchstaben, die ein Accent haben, zwei Accente verleihen.

Zur Bildung der Differentialgleichungen für die Gehänge haben wir die $d^2x'/dt^2, \ldots$, mit den Factoren $\eta'\alpha_1'-\xi'\alpha_2', \ldots$ zu multipliciren. Wir bekommen dann in ähnlichen Rechnungen, wie sie oben durchgeführt sind, für den von den Beschleunigungen abhängenden Teil der Gleichung für eines der Gehänge

$$\frac{d^2f}{dt^2}\big(\eta_1(\eta'\lambda_1'-\xi'\lambda_2')-\xi_1(\eta'\mu_1'-\xi'\mu_2')+\nu_3'(\xi'^2+\eta'^2)-\zeta'(\eta'\nu_2'+\xi'\nu_1')\big)$$
$$-\left(\frac{df}{dt}\right)^2\big(\eta_1(\eta'\mu_1'-\xi'\mu_2')+\xi_1(\eta'\lambda_1'-\xi'\lambda_2')-(\nu_1'\xi'+\nu_2'\eta'+\nu_3'\zeta')(\eta'\nu_1'-\xi'\nu_2')\big)$$
$$+\frac{d^2F'}{dt^2}(\xi'^2+\eta'^2).$$

Es sind nun noch die von den Kräften abhängenden Terme anzugeben.

In der dritten Differentialgleichung schreiben wir dieselben in S in der Form

$$\eta(\alpha_1X+\beta_1Y+\gamma_1Z)-\xi(\alpha_2X+\beta_2Y+\gamma_2Z).$$

Es ist aber $\alpha_1X+\beta_1Y+\gamma_1Z$ die Componente der Kräfte in Richtung der ξ Axe und ähnlich $\alpha_2X+\beta_2Y+\gamma_2Z$, die in Richtung der η Axe; bezeichnen wir erstere mit Ξ, letztere mit Υ, so haben wir für die bezeichneten Terme

$$\eta\Xi-\xi\Upsilon=A.$$

Für den Teil $\mathop{S}'$ führen wir η und ξ in ξ', η', ζ' über. Wir bekommen dann zunächst für die Kräfte

$$(\eta_1+\xi'\mu_1'+\eta'\mu_2'+\zeta'\mu_3')\,\Xi_1-(\xi_1+\xi'\lambda_1'+\eta'\lambda_2'+\zeta'\lambda_3')\,\Upsilon_1=A_1,$$

somit auch

$$\eta_1\Xi_1-\xi_1\Upsilon_1+\xi'(\mu_1'\Xi_1-\lambda_1'\Upsilon_1)+\eta'(\mu_2'\Xi_1-\lambda_2'\Upsilon_1)+\zeta'(\mu_3'\Xi_1-\lambda_3'\Upsilon_1)=A_1.$$

Entsprechend ist für den Teil $\mathop{S}''$

$$\eta_2\Xi_2-\xi_2\Upsilon_2+\xi''(\mu_1''\Xi_2-\lambda_1''\Upsilon_2)+\eta''(\mu_2''\Xi_2-\lambda_2''\Upsilon_2)+\zeta''(\mu_3''\Xi_2-\lambda_3''\Upsilon_2)=A_2.$$

Für die zweite und dritte Differentialgleichung werden offenbar die von den Kräften herrührenden Terme, in dem Ξ', Υ'; Ξ'', Υ'' die Kraftcomponenten in Richtung der ξ', η' bezw. ξ'', η'' Axen bezeichnen

$$\eta'\Xi'-\xi'\Upsilon'=A'; \quad \eta''\Xi''-\xi''\Upsilon''=A''.$$

Ich setze jetzt

$$\mathop{S}(\xi^2+\eta^2)\,dm=\rho^2, \quad \mathop{S}'(\xi^2+\eta^2)\,dm'=\bar{\rho}^2,$$
$$\mathop{S}''(\xi^2+\eta^2)\,dm''=\bar{\bar{\rho}}^2,$$
$$\mathop{S}'(\xi'^2+\eta'^2)\,dm'=\rho'^2, \quad \mathop{S}''(\xi''^2+\eta''^2)\,dm''=\rho''^2,$$

$$\mathop{S}'[\eta_1(\eta'\lambda_1'-\xi'\lambda_2')-\xi_1(\eta'\mu_1'-\xi'\mu_2')+\nu_3'(\xi'^2+\eta'^2)$$
$$-\zeta'(\eta'\nu_2'+\xi'\nu_1')]\,dm'=a',$$

$$\mathop{S}''[\eta_2(\eta''\lambda_1''-\xi''\lambda_2'')-\xi_2(\eta''\mu_1''-\xi''\mu_2'')+\nu_3''(\xi''^2+\eta''^2)$$
$$-\zeta''(\eta''\nu_2''+\xi''\nu_1'')]\,dm''=a'',$$

$$\mathop{S}'[\eta_1(\eta'\lambda_2'+\xi'\lambda_1')-\xi_1(\eta'\mu_2'+\xi'\mu_1')+\zeta'(\eta'\nu_1'-\xi'\nu_2')]\,dm'=b',$$

$$\mathop{S}''[\eta_2(\eta''\lambda_2''+\xi''\lambda_1'')-\xi_2(\eta''\mu_2''+\xi''\mu_1'')+\zeta''(\eta''\nu_1''-\xi''\nu_2'')]\,dm''=b'',$$

$$\mathop{S}'[\eta_1(\eta'\mu_1'-\xi'\mu_2')+\xi_1(\eta'\lambda_1'-\xi'\lambda_2')$$
$$-(\xi'\nu_1'+\eta'\nu_2'+\zeta'\nu_3')(\eta'\nu_1'-\xi'\nu_2')]\,dm'=c',$$

$$\mathop{S}''[\eta_2(\eta''\mu_1''-\xi''\mu_2'')+\xi_2(\eta''\lambda_1''-\xi''\lambda_2'')$$
$$-(\xi''\nu_1''+\eta''\nu_2''+\zeta''\nu_3'')(\eta''\nu_1''-\xi''\nu_2'')]\,dm''=c'',$$

$$\mathop{S}A\,dm=L, \quad \mathop{S}'A_1\,dm'=L_1, \quad \mathop{S}''A_2\,dm''=L_2,$$
$$\mathop{S}'A'dm'=L', \quad \mathop{S}A''dm''=L''.$$

Wir haben dann

$$\rho^2\frac{d^2f}{dt^2}+\bar{\rho}^2\frac{d^2f}{dt^2}+a'\,\frac{d^2F'}{dt^2}-b'\left(\frac{dF'}{dt}\right)^2+2c'\,\frac{df}{dt}\frac{dF'}{dt}$$
$$+\bar{\bar{\rho}}^2\frac{d^2f}{dt^2}+a''\,\frac{d^2F''}{dt^2}-b''\left(\frac{dF''}{dt}\right)^2+2c''\,\frac{df}{dt}\frac{dF''}{dt}=L+L_1+L_2,$$

$$\rho'^2 \frac{d^2F'}{dt^2} + a' \frac{d^2f}{dt^2} - c' \left(\frac{df}{dt}\right)^2 = L',$$

$$\rho''^2 \frac{d^2F''}{dt^2} + a'' \frac{d^2f}{dt^2} - c'' \left(\frac{df}{dt}\right)^2 = L''.$$

Bei den Integrationen, die zur Bildung der a', a'', ... auszuführen sind, haben wir einzig die ξ' η', ... ζ'' als Variabele zu betrachten, bezeichnen wir daher die Coordinaten der Schwerpunkte der Gehänge (sammt den zugehörigen aufgelegten Körpern in Bezug auf die diesen Gehängen zugehörigen Axen mit ξ_0', η_0', ζ_0'; ξ_0'', η_0'', ζ_0'', und die Massen dieser Gehänge (sammt den zugehörigen Körpern) mit M', M'', so ist

$$a' = M'[\eta_1(\eta_0'\lambda_1' - \xi_0'\lambda_2') - \xi_1(\eta_0'\mu_1' - \xi_0'\mu_2')]$$
$$+ S'\nu_3'(\xi'^2 + \eta'^2)\,dm' - S'\zeta'(\eta'\nu_2' + \xi'\nu_1')\,dm',$$

$$b' = M'[\eta_1(\eta_0'\lambda_2' + \xi_0'\lambda_1') - \xi_1(\eta_0'\mu_2' + \xi_0'\mu_1')] + S'\zeta'(\eta'\nu_1' - \xi'\nu_2')\,dm',$$

$$c' = M'[\eta_1(\eta_0'\mu_1' - \xi_0'\mu_2') + \xi_1(\eta_0'\lambda_1' - \xi_0'\lambda_2')]$$
$$- S'(\xi'\nu_1' + \eta'\nu_2' + \zeta'\nu_3')(\eta'\nu_1' - \xi'\nu_2')\,dm'$$

und ähnlich für a'', b'', c''. Die noch stehen gebliebenen Integrale hängen alle von den ν_1', ν_2', ν_3' ab.

Die Kräfte, mit denen wir es hier zu tun haben, sind 1. die Schwerkraft, 2. der Auftrieb der Luft, 3. etwaige Widerstände, die sich der Drehung der einzeln Teile der Waage entgegensetzen.

Die Schwerkraft und der Luftauftrieb geben beide nur eine Componente in Bezug auf das Axensystem der x, y, z, nämlich die X. Ist g die Beschleunigung, σ die Dichtigkeit des umgebenden Mediums, s die eines Substanzteils der Waage bezw. der zu wägenden Körper, so haben wir bei Berechnung der Ganzen bewegenden Kraft für die von der Schwerkraft und dem Luftauftrieb herrührende beschleunigende Kraftwirkung $g - g\frac{\sigma}{s}$ zu setzen, und diese kommt allein in Richtung der xAxe zur Geltung.

Die Widerstände, die sich der Bewegung der Waage entgegensetzen, können erstens davon herrühren, dass die Drehungen um die Axen mit irgend welchen Reibungen zu kämpfen haben, und zweitens werden sie durch den Widerstand des umgebenden Mediums hervorgebracht. Die Reibung an den Axen hängt ganz von der Beschaffenheit dieser und ihrer Lagerung ab; sie kann in einer Reibung von Flächen an Flächen (einer Zapfenreibung und wälzenden Reibung), oder in einer innern Reibung einzelner Körperteilchen an einander bestehen. Der Luftwiderstand wird sowohl durch die Bewegung der Waage, als durch die des umgebenden Mediums bedingt. Bei so geringen und langsamen Bewegungen, wie sie bei Waagen in Frage kommen, darf man aber von allen durch diese Bewegungen in dem umgebenden Medium hervorgebrachten Strömungen und Compressionen bezw. Dilatationen absehen und die Luft als vollkommen ruhend betrachten; der

Widerstand des Mediums besteht dann auch nur in einer Reibung der sich bewegenden Teile gegen unbewegte Teile dieses Mediums.

Wir sehen von der Reibung an den Axen vorläufig noch ab und setzen dementsprechend diese Widerstandscomponenten proportional den Geschwindigkeitscomponenten. So haben wir nunmehr, zunächst ohne Berücksichtigung der Reibung,

$$X = g - g\frac{\sigma}{s} + \varkappa\frac{dx}{dt},\quad Y = \varkappa\frac{dy}{dt},\quad Z = \varkappa\frac{dz}{dt}.$$

Hiernach wird

$$\Xi = \alpha_1 g\left(1 - \frac{\sigma}{s}\right) + \varkappa\left(\alpha_1\frac{dx}{dt} + \beta_1\frac{dy}{dt} + \gamma_1\frac{dz}{dt}\right),$$

$$\Upsilon = \alpha_2 g\left(1 - \frac{\sigma}{s}\right) + \varkappa\left(\alpha_2\frac{dx}{dt} + \beta_2\frac{dy}{dt} + \gamma_2\frac{dz}{dt}\right).$$

Es ist aber zufolge der früher angegeben Werte von dx/dt, dy/dt, dz/dt

$$\alpha_1\frac{dx}{dt} + \beta_1\frac{dy}{dt} + \gamma_1\frac{dz}{dt}$$

$$= \{\alpha_1(\eta\alpha_1 - \xi\alpha_2) + \beta_1(\eta\beta_1 - \xi\beta_2) + \gamma_1(\eta\gamma_1 - \xi\gamma_2)\}\frac{df}{dt} = \eta\frac{df}{dt},$$

$$\alpha_2\frac{dx}{dt} + \beta_2\frac{dy}{dt} + \gamma_2\frac{dz}{dt}$$

$$= \{\alpha_2(\eta\alpha_1 - \xi\alpha_2) + \beta_2(\eta\beta_1 - \xi\beta_2) + \gamma_2(\eta\gamma_1 - \xi\gamma_2)\}\frac{df}{dt} = -\xi\frac{df}{dt},$$

also wird

$$\Xi = \alpha_1 g\left(1 - \frac{\sigma}{s}\right) + \varkappa\eta\frac{df}{dt},\quad \Upsilon = \alpha_2 g\left(1 - \frac{\sigma}{s}\right) - \varkappa\xi\frac{df}{dt}.$$

Hieraus folgt für den hier uns allein interessirenden Fall, dass alle Teile der Waage und der zu wägenden Massen überall gleiche Dichtigkeit haben, oder besser, dass die Schwerpunkte der Figuren der einzelnen sich bewegenden Teile mit den Schwerpunkten der Massen zusammenfallen,

$$L = S(\eta\Xi - \xi\Upsilon)\,dm = g_0(M - \mu)(\alpha_1\eta_0 - \alpha_2\xi_0) + \varkappa\frac{df}{dt}S(\xi^2 + \eta^2)\,dm,$$

woselbst g_0 den Wert von g im Schwerpunkt des Balkens bedeutet, μ die Masse des vom Balken verdrängten, denselben umgebenden Mediums darstellt und gleich $S\sigma d\tau$ ist, falls $d\tau$ ein Raumelement des Balkens, σ die Dichtigkeit des von diesem Element verdrängten Mediums angiebt.

Zur Bildung der L_1, L_2, L', L'' haben wir, indem wir die eingeführten Symbole, um dieselben auf eines der Gehänge zu beziehen, einmal accentuiren,

$$X' = g' - g'\frac{\sigma'}{s'} + \varkappa'\frac{dx'}{dt},\quad Y' = \varkappa'\frac{dy'}{dt},\quad Z' = \varkappa'\frac{dz'}{dt}.$$

Hierin ist

$$\frac{dx'}{dt} = (\eta\alpha_1 - \xi\alpha_2)\frac{df}{dt} + (\eta'\alpha_1' - \xi'\alpha_2')\frac{dF'}{dt},$$

$$\frac{dy'}{dt} = (\eta\beta_1 - \xi\beta_2)\frac{df}{dt} + (\eta'\beta_1' - \xi'\beta_2')\frac{dF'}{dt},$$

$$\frac{dz'}{dt} = (\eta\gamma_1 - \xi\gamma_2)\frac{df}{dt} + (\eta'\gamma_1' - \xi'\gamma_2')\frac{dF'}{dt},$$

somit unter Zuhilfenahme der Gleichungen unter ζ), i) und wieder ohne Berücksichtigung der Reibung

$$\Xi_1 = \alpha_1 g'\left(1 - \frac{\sigma'}{s'}\right) + \eta\varkappa'\frac{df}{dt} + (\eta'\lambda_1' - \xi'\lambda_2')\varkappa'\frac{dF'}{dt},$$

$$\Upsilon_1 = \alpha_2 g'\left(1 - \frac{\sigma'}{s'}\right) - \xi\varkappa'\frac{df}{dt} + (\eta'\mu_1' - \xi'\mu_2')\varkappa'\frac{dF'}{dt};$$

$$\Xi_2 = \alpha_1 g''\left(1 - \frac{\sigma''}{s''}\right) + \eta\varkappa''\frac{df}{dt} + (\eta''\lambda_1'' - \xi''\lambda_2'')\varkappa''\frac{dF''}{dt},$$

$$\Upsilon_2 = \alpha_2 g''\left(1 - \frac{\sigma''}{s''}\right) - \xi\varkappa''\frac{df}{dt} + (\eta''\mu_1' - \xi''\mu_2'')\varkappa''\frac{dF''}{dt}.$$

$$\Xi' = \alpha_1' g'\left(1 - \frac{\sigma'}{s'}\right) + \eta'\varkappa'\frac{dF'}{dt} + (\eta\lambda_1' - \xi\mu_1')\varkappa'\frac{df}{dt},$$

$$\Upsilon' = \alpha_2' g'\left(1 - \frac{\sigma'}{s'}\right) - \xi'\varkappa'\frac{dF'}{dt} + (\eta\lambda_2' - \xi\mu_2'')\varkappa'\frac{df}{dt};$$

$$\Xi'' = \alpha_1'' g''\left(1 - \frac{\sigma''}{s''}\right) + \eta''\varkappa''\frac{dF''}{dt} + (\eta\lambda_1'' - \xi\mu_1'')\varkappa''\frac{df}{dt},$$

$$\Upsilon'' = \alpha_2'' g''\left(1 - \frac{\sigma''}{s''}\right) - \xi''\varkappa''\frac{dF''}{dt} + (\eta\mu_1'' - \xi\mu_2'')\varkappa''\frac{df}{dt}.$$

Die von der Bewegung unabhängigen Teile der Kräfte geben in L_1 die Glieder

$$g'_0(M' - \mu')\left(\alpha_1\eta_1 - \alpha_2\xi_1 + (\alpha_1\mu_1' - \alpha_2\lambda_1')\xi_0' + (\alpha_1\mu_2' - \alpha_2\lambda_2')\eta_0' + (\alpha_1\mu_3' - \alpha_2\lambda_3')\zeta_0'\right),$$

oder, indem wir die Coordinaten des Schwerpunkts des betreffenden Gehänges (sammt Körper) in Bezug auf das System ξ, η, ζ mit $\overline{\xi}_0$, $\overline{\eta}_0$, $\overline{\zeta}_0$ bezeichnen, $g_1(M' - \mu')(\alpha_1\overline{\eta}_0 - \alpha_2\overline{\xi}_0)$. Für die mit $\frac{df}{dt}$ multiplicirten Glieder erhalten wir $\varkappa'\frac{df}{dt}S'(\xi^2 + \eta^2)\,dm'$, oder unter Benutzung früher eingeführter Bezeichnungen $\varkappa'\frac{df}{dt}\overline{\rho}^2$, endlich für die, welche den Factor $\frac{dF'}{dt}$ haben, $\varkappa'\frac{dF'}{dt}S'(\eta\eta'\lambda_1' + \xi\xi'\mu_2' - \eta\xi'\lambda_2' - \xi\eta'\mu_1')\,dm'$, das ist nach Ueberführung der der Coordinaten ξ, η in die ξ', η', ζ' gleich $a'\varkappa'\frac{df'}{dt}$. Zusammen haben wir hiernach

$$L_1 = g_0'(M' - \mu')(\alpha_1\overline{\eta}_0 - \alpha_2\overline{\xi}_0) + \varkappa'\rho^2\frac{df}{dt} + \varkappa' a'\frac{dF'}{dt}.$$

Entsprechend ist

$$L_2 = g_0''(M''-\mu'')(\alpha_1\bar{\bar{\eta}}_0 - \alpha_2\bar{\bar{\xi}}_0) + \varkappa''\bar{\bar{\rho}}^2\frac{df}{dt} + \varkappa'' a''\frac{dF''}{dt}.$$

g_0', g_0'' geben die Beträge der Schwere-Beschleunigung in den Schwerpunkten der betreffenden Gehänge, μ', μ'' die Massen der von den Gehängen sammt den zugehörigen Körpern bezw. verdrängten Medien, sind also $S'\sigma' d\tau'$ bezw. $S''\sigma'' d\tau''$.

In L' bekommen wir für den von der Schwerkraft, dem Auftrieb des umgebenden Mediums, und dem von der Geschwindigkeit $\frac{dF'}{dt}$ abhängenden Teil ganz so wie in L den Betrag $g_0'(M'-\mu')(\alpha_1'\eta_0' - \alpha_2'\xi_0') + \varkappa'\frac{dF'}{dt}S'(\xi'^2+\eta'^2)dm'$, der mit $\frac{df}{dt}$ multiplicirte giebt $\varkappa' a'\frac{df}{dt}$. Es ist also

$$L' = g_0'(M'-\mu')(\alpha_1'\eta_0' - \alpha_2'\xi_0') + \varkappa'\rho'^2\frac{dF'}{dt} + \varkappa' a'\frac{df}{dt}.$$

$$L'' = g_0''(M''-\mu'')(\alpha_1''\eta_0'' - \alpha_2''\xi_0'') + \varkappa''\rho''^2\frac{dF''}{dt} + \varkappa'' a''\frac{df}{dt}.$$

Wir haben bisher von den Coordinatensystemen (ξ, η, ζ) nur die ζ Axen festgelegt. Um die Gleichungen zu vereinfachen, nehmen wir zu $\zeta\xi$ Ebenen diejenigen Ebenen, welche zugleich mit den betreffenden Drehungsaxen die entsprechenden Schwerpunkte enthalten, also als $\xi\zeta$ Ebene die Ebene durch die Axe und den Schwerpunkt des Balkens, als $\xi'\zeta'$ bezw. $\xi''\zeta''$ Ebene die Ebene durch die Axe und den Schwerpunkt des einen bezw. andern Gehänges. Die ξ Axen sollen die Lote von diesen Schwerpunkten auf die Drehungsaxen sein.

Es ist dann $\zeta_0 = \eta_0 = 0$, $\zeta_0' = \eta_0' = \zeta_0'' = \eta_0'' = 0$ und unsere Differentialgleichungen werden

XXXII)
$$\begin{aligned}
&\rho^2\left(\frac{d^2f}{dt^2} + \varkappa\frac{df}{dt}\right)\\
&+\bar{\rho}^2\left(\frac{d^2f}{dt^2} + \varkappa'\frac{df}{dt}\right) + a'\left(\frac{d^2F'}{dt^2} + \varkappa'\frac{dF'}{dt}\right) - b'\left(\frac{dF'}{dt}\right)^2 + 2c'\frac{df}{dt}\frac{dF'}{dt}\\
&+\bar{\bar{\rho}}^2\left(\frac{d^2f}{dt^2} + \varkappa''\frac{df}{dt}\right) + a''\left(\frac{d^2F''}{dt^2} + \varkappa''\frac{dF''}{dt}\right) - b''\left(\frac{dF''}{dt}\right)^2 + 2c''\frac{df}{dt}\frac{dF''}{dt}\\
&= -g_0(M-\mu)\alpha_2\xi_0 + g_0'(M'-\mu')(\alpha_1\bar{\eta}_0 - \alpha_2\bar{\xi}_0) + g_0''(M''-\mu'')(\alpha_1\bar{\bar{\eta}}_0 - \alpha_2\bar{\bar{\xi}}_0),\\
&\rho'^2\left(\frac{d^2F'}{dt^2} + \varkappa'\frac{dF'}{dt}\right) + a'\left(\frac{d^2f}{dt^2} + \varkappa'\frac{df}{dt}\right) - c'\left(\frac{df}{dt}\right)^2 = -g_0'(M'-\mu')\alpha_2'\xi_0',\\
&\rho''^2\left(\frac{d^2F''}{dt^2} + \varkappa''\frac{dF''}{dt}\right) + a''\left(\frac{d^2f}{dt^2} + \varkappa''\frac{df}{dt}\right) - c''\left(\frac{df}{dt}\right)^2 = -g_0''(M''-\mu'')\alpha_2''\xi_0''.
\end{aligned}$$

Die Werte der a', b', c', a'', b'', c'' resultiren aus den früher gegebenen Formeln, wenn man in diesen die mit den η_0', η_0'' multiplicirten Glieder fortlässt.

Die obigen Differentialgleichungen fassen alle an einer Waage ohne Reibung und Mitführung von Teilen des umgebenden Mediums möglichen

Drehbewegungen um bestimmte Axen zusammen, ob der Balken für sich oder mit den Gehängen schwingt, oder ob die Gehänge noch ausserdem oscillirende Bewegungen ausführen. Sie sind sehr complicirt und einer allgemeinen Integration wol nicht zugänglich.

Wir wollen besondere für Wägungen besonders wichtige Fälle untersuchen.

Die Waage befinde sich mit den zu vergleichenden Massen belastet, nachdem sie vorher irgend welche Bewegungen ausgeführt hat im Gleichgewicht. Irgend welche Reibungshindernisse sollen nicht stattfinden.

111. Allgemeine Gleichgewichtsbedingung. Es reduciren sich die linken Seiten der drei Gleichungen auf Null, und wir bekommen als Bedingungen für das Gleichgewicht

$$g_0(M-\mu)\alpha_2\xi_0 - g'_0(M'-\mu')(\alpha_1\bar{\eta}_0 - \alpha_2\bar{\xi}_0) - g''_0(M''-\mu'')(\alpha_1\bar{\bar{\eta}}_0 - \alpha_2\bar{\bar{\xi}}_0) = 0,$$
$$-g'_0(M'-\mu')\alpha'_2\xi'_0 = 0,$$
$$-g''_0(M''-\mu'')\alpha''_2\xi''_0 = 0.$$

Aus den beiden letzten Gleichungen folgt offenbar $\alpha'_2 = \alpha''_2 = 0$, das ist

$$\cos(\eta', x) = 0; \quad \cos(\eta'', x) = 0; \quad \eta', x = 90^\circ; \quad \eta'', x = 90^\circ,$$

die Gehänge (sammt den aufgelegten Körpern) stellen sich im Gleichgewichtszustand so, dass ihre Schwerpunkte in durch die Drehungsaxen gehenden Verticalebenen zu liegen kommen, so dass sie sich vertical unter diesen Axen befinden. Nur wenn die Gehänge in ihrem umgebenden Medium so zu sagen schwimmen, in welchem Falle dann schon $M'-\mu'=0$ und $M''-\mu''=0$ wäre, können die hervorgehobenen Schwerpunkte irgendwo gelegen sein, aber das tritt bei eigentlichen Wägungen natürlich nicht ein.

Die erste Gleichung giebt zunächst

$$g'_0(M'-\mu')(\alpha_1\bar{\eta}_0 - \alpha_2\bar{\xi}_0) + g''_0(M''-\mu'')(\alpha_1\bar{\bar{\eta}}_0 - \alpha_2\bar{\bar{\xi}}_0) = g_0(M-\mu)\alpha_2\xi_0.$$

Wir haben aber $\bar{\xi}_0 = \xi_1 + \lambda'_1\xi'_0 + \lambda'_2\eta'_0 + \lambda'_3\zeta'_0$, $\bar{\eta}_0 = \eta_1 + \mu'_1\xi'_0 + \mu_2\eta'_0 + \mu'_2\zeta'_0$ und entsprechende Gleichungen für $\bar{\bar{\xi}}_0$, $\bar{\bar{\eta}}_0$, und da zufolge der Annahmen über die Coordinatensysteme, $\zeta'_0 = \zeta''_0 = \eta'_0 = \eta''_0 = 0$ sein sollten, bekommen wir $\bar{\xi}_0 = \xi_1 + \lambda'_1\xi'_0$, $\bar{\eta}_0 = \eta_1 + \mu'_1\xi'_0$, $\bar{\bar{\xi}}_0 = \xi_2 + \lambda''_1\xi''_0$, $\bar{\bar{\eta}}_0 = \eta_2 + \mu''_1\xi''_0$, mithin

$$\alpha_1\bar{\eta}_0 - \alpha_2\bar{\xi}_0 = \alpha_1\eta_1 - \alpha_2\xi_1 + \xi'_0(\alpha_1\mu'_1 - \alpha_2\lambda'_1),$$
$$\alpha_1\bar{\bar{\eta}}_0 - \alpha_2\bar{\bar{\xi}}_0 = \alpha_1\eta_2 - \alpha_2\xi_2 + \xi''_0(\alpha_1\mu''_1 - \alpha_2\lambda''_1).$$

Führen wir hierin für λ'_1, μ'_1; λ''_1, μ''_1 ihre in den Gleichungen unter *i*) fixirten Werte, so wird

$$\alpha_1\mu'_1 - \alpha_2\lambda'_1 = \beta'_1(\alpha_1\beta_2 - \alpha_2\beta_1) + \gamma'_1(\alpha_1\gamma_2 - \alpha_2\gamma_1),$$
$$\alpha_1\mu''_1 - \alpha_2\lambda''_1 = \beta''_1(\alpha_1\beta_2 - \alpha_2\beta_2) + \gamma''_1(\alpha_1\gamma_2 - \alpha_2\gamma_1),$$

das ist wegen der Beziehungen unter ζ) gleich $\beta_1'\gamma_3-\gamma_1'\beta_3$, bezw. $\beta_1''\gamma_3-\gamma_1''\beta_3$, und wir bekommen

$$g_0(M-\mu)\alpha_2\xi_0=g_0'(M'-\mu')(\alpha_1\eta_1-\alpha_2\xi_1)+g_0''(M''-\mu'')(\alpha_1\eta_2-\alpha_2\xi_2)$$
$$+g_0'(M'-\mu')(\beta_1'\gamma_3-\gamma_1'\beta_3)\xi_0'+g_0''(M''-\mu'')(\beta_1''\gamma_3-\gamma_1''\beta_3)\xi_0''.$$

Nun haben wir aber die Coordinatensysteme ξ, η, ζ und x, y, z so zu einander in Beziehung gesetzt, dass die verticale xzEbene die ζAxe mit enthalten sollte, es ist also jedenfalls $(\zeta y)=90°$, das heisst, $\beta_3=0$ — und wie gleich bemerkt werden mag, $\varphi=180°$ —. Wir bekommen demnach

$$g_0(M-\mu)\xi_0\alpha_2=g_0'(M'-\mu')(\alpha_1\eta_1-\alpha_2\xi_1)+g_0''(M''-\mu'')(\alpha_1\eta_2-\alpha_2\xi_2)$$
$$+\gamma_3\{g_0'(M'-\mu')\xi_0'\beta_1'+g_0''(M''-\mu'')\xi_0''\beta_1''\}.$$

Führen wir noch die Winkel φ, ϑ, f selbst ein, so ist, wenn wir f und φ immer nur von 0° bis 180° rechnen und f gleich 0° setzen, wenn die $\xi\zeta$Ebene mit der xzEbene zusammenfällt, dafür aber Drehungen des Balkens, die die Zeigerebene nach rechts bewegen als negativ, solche die dieselbe nach links treiben als positiv ansehen, so dass f im ersten Fall negativ, im zweiten positiv ausfällt, wegen $\varphi=180°$, $\alpha_1=\cos f\cos\vartheta$, $\alpha_2=\sin f\cos\vartheta$, $\gamma_3=\cos\vartheta$. Somit nimmt die obige Gleichung die Form an

LXXXIII$_1$) $$\{g_0(M-\mu)\xi_0+g_0'(M'-\mu')\xi_1+g_0''(M''-\mu'')\xi_2\}\operatorname{tg}f=$$
$$g_0'(M'-\mu')\eta_1+g_0''(M''-\mu'')\eta_2+\frac{1}{\cos f}\{g_0'(M'-\mu')\xi_0'\beta_1'+g_0''(M''-\mu'')\xi_0''\beta_1''\}.$$

Die Grössen β_1', β_1'' können wir auch noch durch Winkel von der Art der durch f, φ, ϑ bezeichneten ausdrücken. Zunächst ist wegen $\beta_3=0$ nach dem Gleichungssystem ϑ) auf Seite 374 das $\beta_1'=\lambda_1'\beta_1+\mu_1'\beta_2$, das giebt nach Einführung der Winkel, f φ, ϑ; F', Φ', Θ' (gemäss dem Seite 115 gegebenen Schema)

$$\beta_1'=\cos F'\cos\Theta'\sin(f-\Phi')+\sin F'\cos(f-\Phi').$$

In dieser Darstellung hängt β_1' von vier Winkeln ab, von diesen sind zwei constant und für die betreffende Waage charakteristisch, nämlich Φ' und Θ', die bei den andern aber f, F' variabel, insofern dieselben durch die Gleichgewichtslage der Waage bestimmt werden. Wir können aber leicht den Winkel F' durch f und die andern Winkel ausdrücken. Zufolge der zweiten Gleichgewichtsbedingung ist nämlich $\alpha_2'=0$, also weil $\alpha_2'=\lambda_2'\alpha_1+\mu_2'\alpha_2+\nu_2'\alpha_3$ ist,

$$0=\cos\vartheta\cos\Theta'\sin F'\cos(f-\Phi')+\cos\vartheta\cos F'\sin(f-\Phi')+\sin\vartheta\sin F'\sin\Theta'$$

Daraus ergiebt sich

$$\operatorname{tg}F'=-\frac{\cos\vartheta\sin(f-\Phi')}{\sin\vartheta\sin\Theta'+\cos\vartheta\cos\Theta'\cos(f-\Phi')},$$

also

$$\cos F' = \frac{\sin\vartheta\sin\Theta' + \cos\vartheta\cos\Theta'\cos(f-\Phi')}{\sqrt{\cos^2\vartheta\sin^2(f-\Phi') + \big(\sin\vartheta\sin\Theta' + \cos\vartheta\cos\Theta'\cos(f-\Phi')\big)^2}}$$

und unter Zugrundelegung dieser Werte wird

$$\beta_1' = \sin\Theta'\sin(f-\Phi')\frac{\sin\vartheta\cos\Theta' - \sin\Theta'\cos\vartheta\cos(f-\Phi')}{\sqrt{\cos^2\vartheta\sin^2(f-\Phi') + \big(\sin\vartheta\sin\Theta' + \cos\vartheta\cos\Theta'\cos(f-\Phi')\big)^2}}.$$

Entsprechend haben wir

$$\beta_1'' = \sin\Theta''\sin(f-\Phi'')\frac{\sin\vartheta\cos\Theta'' - \sin\Theta''\cos\vartheta\cos(f-\Phi'')}{\sqrt{\cos^2\vartheta\sin^2(f-\Phi'') + \big(\sin\vartheta\sin\Theta'' + \cos\vartheta\cos\Theta''\cos(f-\Phi'')\big)^2}}.$$

Hiernach hängen die β ab von der constanten Neigung ϑ der Balkenaxe gegen die Horizontalebene, den constanten Winkeln Θ', Θ'' zwischen der Balkenaxe und den bezüglichen Gehängeaxen, den mit dem Ausschlag f variirenden trigonometrischen Functionen von $f-\Phi'$, bezw. $f-\Phi''$.

Die Gleichgewichtsbedingung nimmt nunmehr die Form an

LXXXIII$_2$)
$$\{g_0(M-\mu)\xi_0 + g_0'(M'-\mu')\xi_1 + g_0''(M''-\mu'')\xi_2\}\operatorname{tg} f$$
$$= g_0'(M'-\mu')\eta_1 + g_0''(M''-\mu'')\eta_2 + \frac{1}{\cos f}$$
$$\Big\{g_0'(M'-\mu')\xi_0'\sin\Theta'\sin(f-\Phi')\frac{\sin\vartheta\cos\Theta' - \cos\vartheta\sin\Theta'\cos(f-\Phi')}{\sqrt{\cos^2\vartheta\sin^2(f-\Phi') + \big(\sin\vartheta\sin\Theta' + \cos\vartheta\cos\Theta'\cos(f-\Phi')\big)^2}}$$
$$+ g_0''(M''-\mu'')\xi_0''\sin\Theta''\sin(f-\Phi'')\frac{\sin\vartheta\cos\Theta'' - \cos\vartheta\sin\Theta''\cos(f-\Phi'')}{\sqrt{\cos^2\vartheta\sin^2(f-\Phi'') + \big(\sin\vartheta\sin\Theta'' + \cos\vartheta\cos\Theta''\cos(f-\Phi'')\big)^2}}\Big\}.$$

Man kann dieselbe noch sehr vielfach umgestalten nnd ihr auch anscheinend einfachere Formen verleihen, in der hier gegebenen Darstellung enthält sie die geringste Anzahl variabeler Grössen, und scheint mir zudem das, worauf es bei einer guten Waage ankommt, am klarsten erkennen zu lassen.

Von den in dieser Gleichung vertretenen Grössen sind zunächst diejenigen abzuscheiden, die allein von der Einrichtung der Waage abhängen. Dazu gehören zunächst $g_0\xi_0(M-\mu)$, ϑ, Θ', Θ'', Φ', Φ'', es bleiben diese Grössen, wenn nicht störende äussere Einflüsse eingreifen, unverändert, und sie bilden die Constanten der Waage. Von den andern Grössen trägt f dem Ausschlag der Waage Rechnung.

Die folgenden Grössen ξ_1, η_1, ξ_2, η_2, ξ_0', ξ_0'' sind zum Teil durch die Einrichtung der Waage, zum Teil durch die der Wägungen bedingt, sie hängen also, abgesehen von den hier nicht zu discutirenden äussern Einflüssen, von der Construction der Waage und der Lage der zu vergleichenden Massen auf den Schalen ab. In der Tat sind ξ_1, η_1, ξ_2, η_2 als die Coordinaten der Anfangspunkte der Systeme ξ', η', ζ' bezw. ξ'', η'', ζ'' in dem System ξ, η, ζ definirt, diese Anfangspunkte sollten aber die Fusspunkte derjenigen Lote sein, die von den Schwerpunkten der belasteten Gehänge auf die Gehängeaxen gefällt wurden, und da diese Schwerpunkte nicht allein von den Gehängen sondern auch von den mit ihnen verbundenen zu vergleichenden Massen abhängen, werden dieselben ihre Lage ändern, sobald diese Massen auf den Schalen ihre Orte ändern, und damit ist die Möglichkeit einer Variirung der ξ_1, η_1, ξ_2, η_2 allein durch Verstellung der zu vergleichenden Massen auf den Schalen unmittelbar gegeben. Was aber ξ_0', ξ_0'' betrifft, so können diese Grössen bei denselben Belastungen ebenfalls variiren, wenn diese Belastungen andere Stellungen auf den Schalen bekommen, doch ist diese Variation von sehr geringer Bedeutung. Grösser kann die Veränderung der ξ_0', ξ_0'' sein, wenn die Belastungen auf die Schalen anders gelegt werden, oder gar die Belastungen oder Gehänge selbst variiren.

Die Discussion gestaltet sich, wie man sieht, selbst wenn man nur die mechanischen Verhältnisse berücksichtigt noch sehr verwickelt, wir wollen deshalb von den einfachsten Voraussetzungen ausgehen, und dann eine der beschränkenden Annahmen nach der andern fallen lassen.

112. Waage und Wägungen in vollkommener Einrichtung. Wir betrachten zunächst die Waage und die Wägungen in ihrer vollkommensten idealen Einrichtung. In dieser Einrichtung hat die Waage ihre drei Axen in jeder Lage des Balkens horizontal, einander parallel und stets zusammen in einer Ebene gelegen, und der Schwerpunkt des Balkens befindet sich mit den Schwerpunkten der unbelasteten Gehänge in einer verticalen und die drei Axen senkrecht schneidenden Ebene. Die zu vergleichenden Massen sind aber auf die Gehänge so gelegt, dass die Schwerpunkte der jetzt belasteten Gehänge immer noch in der bezeichneten Verticalebene sich aufhalten.

Wir können nun sofort diese verticale alle drei Axen senkrecht schneidende die Schwerpunkte enthaltende Ebene zur Ebene der ξ, η; ξ', η'; ξ'', η'' wählen. Es ist dann $\xi_1 = \xi_2 = 0$, und da auch $\Theta'' = \Theta' = 0$, $\vartheta = 0$ ist, bekommen wir zunächst noch unter Beibehaltung der Cosinus α_1, α_2

$$\text{LXXXIV}_1)\quad g_0(M-\mu)\alpha_2\xi_0 = g_0'(M'-\mu')\eta_1\alpha_1 + g_0''(M''-\mu'')\eta_2\alpha_1 .$$

Wir wollen die Richtung einer η Axe den *Hebel* der Waage nennen; η_1, η_2 sind dann die Hebelarme, wenn dieser Hebel horizontal liegt; sind die zu vergleichenden Massen von solcher Grösse, dass der Balken, wenn die Schalen mit denselben beladen sind, eine geneigte Lage annimmt, so stellen offenbar $\eta_1\alpha_1$; $\eta_2\alpha_1$ die Hebelarme dar, und da zugleich $\alpha_2\xi_0$ den Hebelarm angiebt, an welchem die im Schwerpunkt des Balkens vereinigt zu denkende Masse $M-\mu$ wirkt, so bekommen wir unter Benutzung der abkürzenden Bezeichnungen $\alpha_2\xi_0 = p$, $\alpha_1\eta_1 = p_1$, $\alpha_1\eta_2 = p_2$ die Gleichung

$$\text{LXXXIV}_2)\quad g_0(M-\mu)p = g_0'(M'-\mu')p_1 + g_0''(M''-\mu'')p_2 .$$

In dieser Form ist die Gleichung bequem zu interpretiren und bildet nichts anderes als die Bedingung für das Gleichgewicht an einem idealen Hebel.

Für die weitere Discussion ersetzen wir α_1 und α_2 durch ihre Werte $\cos f$ und $\sin f$. f bedeutet hier geradezu den *Ausschlag* der Waage, den Winkel, den eine durch die Balkenaxe und den Balkenschwerpunkt gehende Ebene mit einer Verticalen durch die Balkenaxe gelegten Ebene einschliesst. Ferner nehmen wir das erste Gehänge rechts, das zweite links von der Balkenaxe an, es ist dann nach den frühern Festsetzungen

$$\text{LXXXIV}_3)\quad g_0(M-\mu)\xi_0 \operatorname{tg} f = g_0'(M'-\mu')l_1 - g_0''(M''-\mu'')l_2.$$

Wir wollen noch die zu vergleichenden Massen von den Massen der Gehänge trennen. M_1, M_2 sollen die zu vergleichenden Massen, μ_1, μ_2 die von denselben verdrängten Massen des sie umgebenden Mediums sein, mit m_1, m_2 bezeichne ich die Massen der Gehänge, mit μ_1', μ_2' die von diesen Gehängen für sich verdrängten Massen des dieselben umgebenden Mediums. Wir haben dann

$$\text{LXXXIV}_4)\quad g_0(M-\mu)\xi_0 \operatorname{tg} f - g_0'(m_1-\mu_1')l_1 + g_0''(m_2-\mu_2')l_2 = g_0'(M_1-\mu_1)l_1 - g_0''(M_2-\mu_2)l_2,$$

$g_0'(M_1-\mu_1)$, bezw. $g_0''(M_2-\mu_2)$ ist das Gewicht der Masse M_1, bezw. M_2, in dem Medium, in welchem gewogen wird, und wenn deren Schwerpunkte sich an den Stellen befinden, wo die beschleunigende Kraft der Erde g_0', bezw. g_0'' beträgt, bezeichnen wir diese Gewichte mit G_1, G_2 und setzen

$$\text{LXXXV})\quad \begin{aligned} -g_0'(m_1-\mu_1')l_1 + g_0''(m_2-\mu_2')l_2 &= A,\\ g_0(M-\mu)\xi_0 &= B, \end{aligned}$$

so haben wir

$$\text{LXXXIV}_5)\quad l_1 G_1 - G_2 l_2 = A + B \operatorname{tg} f.$$

Unter sonst gleichen Verhältnissen ist also die Gewichtsdifferenz eine lineare Function der Tangente des Ausschlagwinkels der Waage. Auf die Anwendung und weitere Entwickelung dieser Gleichung gehen wir später ein.

113. Empfindlichkeit einer Waage. Fügt man zu dem Gewicht G_1 noch ein Gewicht g hinzu, ohne sonst irgend etwas an der Waage oder im Zustand des umgebenden Mediums zu ändern, so variirt nur der Ausschlag, es geht f über in f', und man hat

$$B(\operatorname{tg} f' - \operatorname{tg} f) = g l_1.$$

Je kleiner g ist, um so kleiner wird unter sonst gleichen Verhältnissen auch $(\operatorname{tg} f' - \operatorname{tg} f)$ sein.

Ist g unendlich klein geworden, gleich dg, so haben wir $\operatorname{tg} f' - \operatorname{tg} f = d \operatorname{tg} f$ und demnach

$$\text{LXXXVI}_1)\quad \varepsilon \frac{df}{dg} = \frac{l_1}{B} \cos^2 f,$$

(wo ε wieder $= 206265$ ist, falls df in Secunden gemessen wird), oder, indem wir die Masse des Zulagegewichts abzüglich der Masse der von demselben verdrängten Luft mit m, die Schwere-Beschleunigung an der Stelle, an welcher der Schwerpunkt dieses Zulagegewichts sich befindet, mit $\mathfrak{g}_0$ bezeichnen,

$$\text{LXXXVI}_2)\qquad \varepsilon\frac{df}{dm} = \frac{\mathfrak{g}_0}{g_0}\cdot\frac{l_1}{(M-\mu)\xi_0}\cos^2 f.$$

Wir nennen die Grösse $\varepsilon df/dm$, das ist die Zunahme des Ausschlagswinkels mit wachsender Gewichtszulage bezogen auf Gewichtseinheit die *Empfindlichkeit* der Waage. Es ist diese Empfindlichkeit maassgebend für den Betrag des Gewichtes, welches, als Zulage auf eine Schale der Waage gelegt, sich durch einen eben noch messbaren Ausschlag der Waage bemerkbar macht; je grösser die Empfindlichkeit einer Waage ist, um so kleinere Gewichtsdifferenzen wird man offenbar an derselben zu messen vermögen, und so wird die Brauchbarkeit einer Waage zu feinen Massenvergleichungen von deren Empfindlichkeit bestimmt. Es ist nun diese Empfindlichkeit abhängig von vier Factoren: $\cos^2 f$, l_1, $1/B$, $\mathfrak{g}_0/g_0$. Sie wächst also mit

1. abnehmendem Ausschlag der Waage,
2. wachsender Länge des Arms der Waage, dessen Schale das Zulagegewicht aufnimmt,
3. abnehmender Masse des Waagebalkens,
4. wachsender Masse des von dem Balken verdrängten Mediums (meist Luft), also mit

4_1. wachsendem Volumen des Balkens und

4_2. wachsender Dichtigkeit des verdrängten Mediums,

5. abnehmendem Abstand des Balken-Schwerpunkts von der Balkendrehungsaxe,
6. wachsender Höhendifferenz zwischen dem Schwerpunkt des Waagebalkens und dem des Zulagegewichts, da die Beschleunigung der Schwerkraft mit wachsender Höhe abnimmt.

Die Abhängigkeiten von den unter 1 und 4_2 namhaft gemachten Umständen, welche bei einer und derselben Waage variiren können und ganz von der Einrichtung der Wägungen und dem Zustand des den Balken umgebenden Mediums bestimmt werden, sollen später discutirt werden, weil sie nicht eigentlich die Waage selbst betreffen.

Die Abhängigkeit unter 2 besagt, dass wir von der Empfindlichkeit einer Waage schlechtweg nicht reden können, sondern diese Empfindlichkeit immer auf einen bestimmten Arm derselben beziehen müssen. Gewöhnlich wird aber (wie bei Neigungswaagen) die Zulage immer auf derselben Seite der Waage gemacht, oder man verleiht der Waage so nahe als möglich gleich lange Arme; in beiden Fällen dürfen wir dann Angaben über die Schale, auf welche das Zulagegewicht getan ist, fortlassen. Die Länge der Arme einer Waage hängt nur noch von der Temperatur derselben ab; da das ein äusserer, die Wägung selbst betreffender Umstand ist, sehen wir auch davon vorläufig ab und sprechen jetzt allgemein von dem Hebelarm einer Waage. Endlich dürfen wir auch noch von der, wie sich später zeigen wird, meist sehr bedeutungslosen, unter 6 angeführten Abhängigkeit absehen, die nur bei Wägungen, die nicht Massenvergleichungen, sondern Kraftbestimmungen zum Zweck haben, Wichtigkeit erlangen könnte.

Nach alledem richtet sich die Empfindlichkeit einer Waage nur nach dem Balken, und eine Waage ist um so empfindlicher, je länger ihr Hebelarm ist, je geringere Masse und je grösseres Volumen der Balken besitzt und je näher der Schwerpunkt des Balkens an dessen Drehungsaxe zu liegen kommt.

Den Hebelarm genügend lang zu machen, hat für den Mechaniker natürlich gar keine Schwierigkeiten. Die Masse des Balkens wird verringert, indem man eine Querdimension besonders klein macht, wo es nur geht, Masse ausspart und als Material eine relativ leichte Substanz wählt. Das Volumen gross zu machen, ohne doch die Masse besonders zu vermehren, geht nur, wenn eben sehr leichte Substanz zur Anwendung kommt. Um den Schwerpunkt des Balkens an die Drehungsaxe heranzubringen, verlegt man diese in die Nähe derselben, und da der Schwerpunkt nicht genau seiner Lage nach angebbar ist, verleiht man dem Balken über oder unter der Axe auf mit demselben fest verbundenen Schrauben laufende Gewichtchen; durch Herauf- oder Herabdrehen dieser Gewichtchen kann der Schwerpunkt gehoben oder gesenkt und so der Axe beliebig nahe gebracht werden. Natürlich darf der Schwerpunkt nicht über die Axe selbst gehoben werden, da sonst die Waage labil wird und für jedes noch so kleine Uebergewicht umschlägt.

Es bieten aber diese Laufgewichtchen das beste und bequemste Mittel, die Empfindlichkeit beliebig zu vergrössern oder zu verringern.

Das ist alles sehr einfach und für den Mechaniker leicht zu beachten. Die Schwierigkeiten beginnen erst bei Berücksichtigung, dass, wenn eine Waage zu sichern Massenvergleichungen dienen soll, sie auch so construirt sein muss, dass eine tunlichst geringe Abhängigkeit von äussern Umständen gewährleistet ist.

Sind aber, um zunächst allein die mechanischen Verhältnisse zu discutiren, die Arme einer Waage belastet, so wird sich der Balken durchbiegen, eine Durchbiegung bewirkt wieder eine Aenderung in der Lage des Schwerpunkts und der Gehängeaxen, und da die Grösse der Durchbiegung von der Grösse der Belastung abhängt, tritt eine Abhängigkeit der Empfindlichkeit von der Grösse der Belastung, ja — weil die Durchbiegung auch von der Neigung des Balkens bestimmt wird — sogar noch eine besondere Abhängigkeit von dem Ausschlag ein. Im allgemeinen wird die Empfindlichkeit mit wachsender Belastung abnehmen, und sie kann sich bei ungeeigneter Construction des Balkens mit solcher Geschwindigkeit verringern, dass die Waage nur für ganz bestimmte Belastungen brauchbar ist. Die Senkung des Schwerpunkts des Balkens bewirkt immer eine Verringerung der Empfindlichkeit. Die Senkung der Gehängeaxen hat zunächst zur Folge, dass wir nicht mehr $\xi_1 = \xi_2 = 0$ setzen dürfen, sie braucht aber nicht immer eine Empfindlichkeitsverringerung zu bedeuten. Wir wollen vorerst allein den Einfluss der Schwerpunktsverlegung betrachten.

113_1. Aenderung der Empfindlichkeit bei Senkung des Balkenschwerpunkts durch Durchbiegung des Balkens. Um für einen einfachen Fall diesen Einfluss und seine Abhängigkeit von der Belastung darzutun, benutzen wir die Entwickelungen in Cap. IX. Es ist zunächst $\xi_0 = \frac{1}{M}\int \xi\, dm$. Bezeichnen wir den Flächeninhalt eines zur Mittellinie senkrechten Querschnitts des Balkens mit q, ein Element dieser Mittellinie mit dl und die Dichtigkeit der Substanz mit s, so haben wir $dm = sq\,dl = sq\frac{dl}{d\eta}\,d\eta$ $= sq\sqrt{1+\left(\frac{d\xi}{d\eta}\right)^2}\,d\eta$, das ist mit genügender Annäherung $sq\left(1+\frac{1}{2}\left(\frac{d\xi}{d\eta}\right)^2\right)d\eta$, so dass

$$\xi_0 = \frac{1}{M}\int\left(1+\frac{1}{2}\left(\frac{d\xi}{d\eta}\right)^2\right)\xi\, sq\, d\eta$$

wird. Es sei der Wert, den ξ hat, wenn der Balken gerade ist, gleich $\overline{\xi}$, und die durch die Krümmung zu ξ hinzutretende Correction gleich α, dann ist $\xi = \overline{\xi} + \alpha$, somit $\frac{d\xi}{d\eta} = +\frac{d\alpha}{d\eta}$, und es wird

$$\xi_0 = \frac{1}{M}\int \overline{\xi}\, dm + \frac{1}{2M}\int \overline{\xi}\left(\frac{d\alpha}{d\eta}\right)^2 sq\, d\eta + \frac{1}{M}\int \alpha\, sq\, d\eta + \frac{1}{2M}\int \alpha\left(\frac{d\alpha}{d\eta}\right)^2 sq\, d\eta.$$

Das erste Integral giebt die Schwerpunkts-Ordinate, wenn der Balken gerade ist, die andern Integrale bestimmen die wegen Krümmung hinzutretende Correction. Bezeichnen wir diese Correction mit $\delta\xi_0$, so ist also

$$\delta\xi_0 = \frac{1}{2M}\left(2\int \alpha\, sq\, d\eta + \int \overline{\xi}\left(\frac{d\alpha}{d\eta}\right)^2 sq\, d\eta + \int \alpha\left(\frac{d\alpha}{d\eta}\right)^2 sq\, d\eta\right).$$

Das dritte Glied darf wol immer, das zweite in den meisten praktischen Fällen fortgelassen werden.

Wir nehmen den Fall einer gleicharmigen Hebelwaage, deren Balken stabförmig gearbeitet ist und in der Ruhelage sich horizontal erstreckt. Hängen wir an die Enden gleiche Gewichte P, so bleibt der Balken in seiner Lage und krümmt sich nur. Wir bezeichnen den nach oben wirkenden Druck an der Mittelaxe mit P', so haben wir unter Benutzung der in Art. 67 gebrauchten Bezeichnungen und Coordinaten, weil hier $a = \frac{L}{2}$ ist.

$$E\lambda\frac{d^2y_1}{dx^2} = -P'\left(\frac{L}{2}-x\right) + P(L-x) + \frac{G}{L}\frac{(L-x)^2}{2}, \text{ von } x=0 \text{ bis } x=\frac{L}{2};$$

$$E\lambda\frac{d^2y_3}{dx^2} = P(L-x) + \frac{G}{L}\frac{(L-x)^2}{2}, \text{ von } x=\frac{L}{2} \text{ bis } x=L.$$

Aber es ist $P' = 2P + G$, somit geht die rechte Seite der ersten Gleichung über in $Px + \frac{G}{L}\frac{x^2}{2}$. In praktischen Constructionen ist λ nicht unabhängig von x, sondern variirt längs des Balkens und zwar meist wie eine Function dritten Grades von x, nehmen wir aber um einfache Fälle zu discutiren an, dass λ constant ist, so ergiebt sich durch Integration

$$E\lambda\frac{dy_1}{dx} = c_1 + \frac{P}{2}x^2 + \frac{G}{L}\frac{x^3}{6}, \quad E\lambda\frac{dy_3}{dx} = c_3 - \frac{P}{2}(L-x)^2 - \frac{G}{L}\frac{(L-x)^3}{6}.$$

Für $x = \frac{L}{2}$ müssen beide Differentialquotienten gleich werden, da aber der Balken horizontal bleiben soll, müssen sie sogar beide verschwinden. Es wird hiernach

$$c_1 = -\frac{L^2}{8}\left(P + \frac{G}{6}\right), \quad c_3 = +\frac{L^2}{8}\left(P + \frac{G}{6}\right)$$

und damit

$$E\lambda\frac{dy_1}{dx} = \frac{P}{2}\left(x^2 - \frac{L^2}{4}\right) + \frac{G}{6L}\left(x^3 - \frac{L^3}{8}\right),$$

$$E\lambda\frac{dy_3}{dx} = \frac{P}{2}\left(\frac{L^2}{4} - (L-x)^2\right) + \frac{G}{6L}\left(\frac{L^3}{8} - (L-x)^3\right).$$

Es ist nun $y = \alpha$, $x - \frac{L}{2} = \eta$, somit $dy_1/dx = d\alpha_1/d\eta$, $dy_3/dx = d\alpha_3/d\eta$ also

$$\frac{d\alpha_1}{d\eta} = \frac{\eta}{E\lambda}\left\{\frac{P}{2}(\eta + L) + \frac{G}{6L}\left(\frac{3}{4}L^2 + \frac{3}{2}L\eta + \eta^2\right)\right\},$$

$$\frac{d\alpha_3}{d\eta} = \frac{\eta}{E\lambda}\left\{\frac{P}{2}(L - \eta) + \frac{G}{6L}\left(\frac{3}{4}L^2 - \frac{3}{2}L\eta + \eta^2\right)\right\}.$$

Die weitere Integration liefert, weil für $\eta = 0$ auch $\xi_1 = 0$ und $\xi_3 = 0$ sein soll

$$\alpha_1 = \frac{\eta^2}{2E\lambda}\left\{P\left(\frac{L}{2} + \frac{\eta}{3}\right) + \frac{G}{6L}\left(\frac{3}{4}L^2 + L\eta + \frac{\eta^2}{2}\right)\right\},$$

$$\alpha_3 = \frac{\eta^2}{2E\lambda}\left\{P\left(\frac{L}{2} - \frac{\eta}{3}\right) + \frac{G}{6L}\left(\frac{3}{4}L^2 - L\eta + \frac{\eta^2}{2}\right)\right\}.$$

Ich nehme an, dass der Querschnitt des Balkens überall von einer und derselben Beschaffenheit und Grösse ist, und dass die Substanz überall dieselbe Dichtigkeit aufweist. Wir haben dann, wenn $\frac{L}{2} = l$ gesetzt wird,

$$\int sq\alpha\, d\eta = \frac{2l^4 sq}{8E\lambda}\left(P + \frac{G}{5}\right),$$

$$\int sq\xi\left(\frac{d\alpha}{d\eta}\right)^2 d\eta = \frac{2l^5\xi sq}{E^2\lambda^2}\left(\frac{2}{15}P^2 + \frac{7}{144}PG + \frac{1}{224}G^2\right),$$

$$\int sq\alpha\left(\frac{d\alpha}{d\eta}\right)^2 d\eta = \frac{2l^8 sq}{E^3\lambda^3}\cdot\frac{2128P^3 + 3371P^2G + 14110PG^2 + 242G^3}{2.3.4.5.6.7.8.9};$$

und da $2lsq = M$ ist, bekommen wir*)

$$\delta\xi_0 = \frac{l^3}{2E\lambda}\left\{\frac{1}{4}\left(P+\frac{G}{5}\right)+\frac{l\xi}{E\lambda}\left(\frac{2}{15}P^2+\frac{7}{144}PG+\frac{1}{224}G^2\right)\right.$$
$$\left.+\frac{l^4}{E^2\lambda^2}\frac{2128P^3+3371P^2G+14110PG^2+242G^3}{2.3.4.5.6.7.8.9}\right\}.$$

Ist nun der Wert von ξ_0 bei einer bestimmten Belastung P gleich ξ_0 und bei einer andern Belastung P' gleich ξ_0', so haben wir

$$\xi_0'-\xi_0 = \frac{l^3}{2E\lambda}\left\{\frac{1}{4}(P'-P)+\frac{l\xi}{E\lambda}\left(\frac{2}{15}(P'^2-P^2)+\frac{7}{144}(P'-P)\,G\right)\right.$$
$$\left.+\frac{l^4}{E^2\lambda^2}\frac{2128(P'^3-P^3)+3371(P'^2-P^2)G+14110(P'-P)G^2}{2.3.4.5.6.7.8.9}\right\}.$$

Wir wenden diese Formel auf einen besonderen Fall an. Es habe der Balkenquerschnitt die Form eines Rechtecks, die Höhe des Balkens sei 2 cm, die Dicke 0,5 cm, die halbe Länge 20 cm, die Substanz Messing. Es ist dann $\lambda = \frac{2^3.0{,}5}{12}\,\mathrm{cm}^4 = \frac{1}{3}\,\mathrm{cm}^4$, $G = 40.8{,}4 = 336$ g und $E = 9.10^8\,\mathrm{g\,cm}^{-2}$ und wir dürfen ohne weiteres bei dem ersten Gliede in dem Klammerausdruck stehen bleiben. So erhalten wir

$$\xi_0'-\xi_0 = \frac{20^3.3}{2.9.10^8}\,\frac{P'-P}{4} = \frac{P'-P}{3}\,10^{-5}\,\mathrm{cm}^{+1}\,\mathrm{g}^{-1}.$$

Bezeichnen wir nun den Wert von $\varepsilon\,df/dg$ für die Belastung P mit $\mathfrak{E}$, für die P' mit $\mathfrak{E}'$, so ist zunächst

$$\frac{1}{\mathfrak{E}'} = \frac{1}{\mathfrak{E}} + \frac{1}{\mathfrak{E}}\,\frac{\xi_0'-\xi_0}{\xi_0},$$

und da mit hinreichender Annäherung $1/\xi_0 = \mathfrak{E}M/l$ ist, wird

$$\frac{1}{\mathfrak{E}'} = \frac{1}{\mathfrak{E}} + \frac{M}{l}(\xi_0'-\xi_0) = \frac{1}{\mathfrak{E}} + \frac{336}{20}\,\frac{(P'-P)}{3}\,10^{-5}\,(\mathrm{Gramm}).$$

Der Zeiger der Waage habe eine Länge von 50 cm und weise auf eine in Millimeter geteilte Scale; einem Ausschlag um 1 Intervall der Scale entspricht dann eine Drehung des Balkens um $df = 412''$. Soll nun die Waage eine Gewichtszulage von 1 mg durch einen Ausschlag von 1 Intervall anzeigen, so haben wir $\mathfrak{E} = \varepsilon\frac{df}{dg} = \frac{1}{206265}\,\frac{412}{0{,}001}$, also $1/\mathfrak{E} = 0{,}5$ Gramm. Diesen Betrag nehmen wir für $1/\mathfrak{E}$ an, wenn die Belastung der Waage 1 kg = 1000 g beträgt. Für jede andere Belastung ist sonach

*) In den mit PG^2 und G^3 multiplicirten Zahlen sind, um nicht zu viele und unnütze Brüche anzuführen, einige Einheiten vernachlässigt; die genauen Zahlen sind $\frac{56441}{4}$ bezw. $\frac{23241}{88}$.

$$\frac{1}{\mathfrak{E}'} = 0{,}5 + 5{,}6\,(P' - 1000)\,10^{-5}\ \text{Gramm}$$

für $P' = 2000$ findet sich so als Correctionsglied zu $1/\mathfrak{E}$ die Zahl 0,056 und es wird $\mathfrak{E}' = 0{,}56$. Bezeichnen wir also die Gewichtszulage, welche jetzt einen Ausschlag von 1 Intervall verursacht, mit $(dg)'$ so wird $(dg)'$ $= \frac{0{,}56 . 412}{206265}$ Gramm, das ist mehr als 1,1 mg; die Empfindlichkeit ist also um $^1/_{10}$ des Betrages, den sie bei der ersten Belastung hatte, gefallen.

Wollen wir der Waage für die Belastung mit P' dieselbe Empfindlichkeit verleihen, die sie bei der Belastung mit P hatte, so müssen wir das über der Drehungsaxe angebrachte vorerwähnte Laufgewichtchen in die Höhe schrauben. Es sei die Masse dieses Gewichtchens m, der Abstand seines Schwerpunktes von der Drehungsaxe (bei der Belastung P) gleich $\mathfrak{x}$, der bei der Belastung P' gleich $\mathfrak{x}'$, der Abstand des Schwerpunkts des Balkens ohne dieses Gewichtchen im ersten Fall x_0 im zweiten x_0', dann ist

$$M\xi_0 = (M - m)x_0 + m\mathfrak{x}, \quad M\xi_0' = (M - m)x_0' + m\mathfrak{x}',$$

somit muss, wenn $\xi_0' = \xi_0$ sein soll,

$$(M - m)(x_0' - x_0) = -\,m(\mathfrak{x}' - \mathfrak{x})$$

werden, wir haben also mit ausreichender Genauigkeit

$$\mathfrak{x}' - \mathfrak{x} = -\frac{M(\xi_0' - \xi_0)}{m} = -\frac{l}{m}\left(\frac{1}{\mathfrak{E}'} - \frac{1}{\mathfrak{E}}\right)$$

und das Laufgewichtchen ist um die Strecke $M(\xi_0' - \xi_0)/m$, das ist mit genügender Annäherung um $Ml^3(P' - P)/8mE\lambda$, höher zu schrauben.

Nehmen wir das voraufgehende Beispiel und setzen noch $m = 5$ g, so beträgt diese Strecke, um welche das Laufgewichtchen zu heben wäre, wenn die Empfindlichkeit bei der Belastung 2000 g ebenso gross werden soll, wie sie bei der Belastung 1000 g war, mehr als 2,2 mm.

So einfach sind die Verhältnisse in der Praxis nicht, und man wird, wenngleich die analytischen Entwickelungen ohne Schwierigkeiten noch für eine ziemliche Anzahl von Balkenformen durchgeführt werden können, in gegebenen Fällen, wo die Mechaniker an den Balken, in dem Bestreben denselben möglichst rigid zu machen, noch allerhand Rippen und Versteifungen anbringen und oft auch (in verticaler Richtung) von der Symmetrie abweichen, selten in der Lage sein, der Aenderung der Empfindlichkeit mit wachsender Belastung rechnerisch zu folgen. Das ist auch nicht so nötig, da man die Stellung des Laufgewichtchens für eine gewünschte Empfindlichkeit rasch genug auch durch Probiren findet.

Im allgemeinen wird die Empfindlichkeit, wenn sie nur in Folge der Senkung des Balkenschwerpunkts durch die Durchbiegung variirt, bei nicht zu grossen Belastungsdifferenzen, der Belastung proportional abnehmen; sie nimmt ferner ab proportional der Masse des Balkens und dem Quadrat seiner Länge und umgekehrt proportional dem mittlern Trägheitsmoment seiner Querschnitte um mit der Drehungsaxe in derselben Horizontalebene gelegene mit derselben parallel laufende Axen.

113_2. Aenderung der Empfindlichkeit bei Senkung der Gehängeaxen durch Durchbiegung. Allgemeiner Gang der Empfindlichkeit mit wachsender Belastung. Um den Einfluss von Durchbiegungen des Balkens noch weiter studiren zu können, müssen wir die Beschränkung, dass die Axen alle drei stets in einer Ebene liegen, aufheben. Es sollen also die drei Axen nicht mehr in einer und derselben Ebene liegen, aber alle andern Bedingungen immer noch erfüllt sein. Es sind dann ξ_1 und ξ_2 nicht mehr gleich Null, und die Gleichgewichtsbedingung giebt, indem wir wieder für α_2/α_1 die Tangente des Ausschlagwinkels einführen

$$\{g_0(M-\mu)\xi_0+g_0'(M'-\mu')\xi_1+g_0''(M''-\mu'')\xi_2\}\operatorname{tg}f=g_0'(M'-\mu')l_1 - g_0''(M''-\mu'')l_2.$$

Hieraus folgt als Gleichung für die Empfindlichkeit bei Belastung des Hebelarms l_1

$$\text{LXXXVI}_3)\qquad \varepsilon\frac{df}{dm}=\frac{\mathfrak{g}_0}{g_0}\,\frac{l_1\cos^2 f}{(M-\mu)\xi_0+\dfrac{g_0'}{g_0}(M'-\mu')\xi_1+\dfrac{g_0''}{g_0}(M''-\mu'')\xi_2}.$$

Weil M', M'' durch die Belastung der Schalen bestimmt werden, so folgt, dass schon in diesem nächst einfachen Fall, auch bei völliger Rigidität des Balkens, die Empfindlichkeit nicht mehr von der Belastung unabhängig ist. Da nun auch da, wo unter besonderen Verhältnissen die Gehängeaxen mit der Mittelaxe in einer und derselben Ebene liegen, sobald Biegungen des Balkens eintreten ξ_1 und ξ_2 von Null verschiedene Werte bekommen, so tritt hier eine doppelte Abhängigkeit von der Belastung ein, indem einmal M', M'' selbst mit der Belastung variiren, und ausserdem ξ_0, ξ_1, ξ_2 mit Aenderung der Belastung andere und andere Werte bekommen können. ξ_0 wird durch Anwachsen der Belastung meist grösser, ξ_1 und ξ_2 können aber, wenn die Schalenaxen ursprünglich höher als die Balkenaxe gelegen haben, zunächst abnehmen um später anzuwachsen. Beachtet man aber, dass dann ξ_1, ξ_2 als negative Grössen zu behandeln sind, so sieht man, dass auch die ξ_1, ξ_2, algebraisch gerechnet, immer nur zu wachsen vermögen, wenn die Belastung zunimmt. Die Empfindlichkeit freilich braucht darum noch nicht stetig abzunehmen. Um über den Gang derselben mit wachsender Belastung einen Ueberblick zu gewinnen, nehmen wir den oben behandelten einfachen Fall zum Beispiel.

Indem wir in ausreichender Genauigkeit $M'-\mu'=M''-\mu''$ und diese Grösse gleich P für eine und gleich P' für eine andere Belastung setzen und die ξ für diese letztere Belastung mit ξ_0', ξ_1', ξ_2' bezeichnen, erhalten wir, unter Fortlassung aller nicht zu beachtenden Grössen,

$$\frac{1}{\mathfrak{E}'}-\frac{1}{\mathfrak{E}}=\frac{1}{l}\left((M\xi_0'-\xi_0)+P'(\xi_1'+\xi_2')-P(\xi_1+\xi_2)\right)$$
$$=\frac{1}{l}\left(M(\xi_0'-\xi_0)+(P'-P)(\xi_1+\xi_2)+P'(\xi_1'-\xi_1+\xi_2'-\xi_2)\right).$$

Hierin ist, weil $\xi_1'-\xi_1=\alpha_1'-\alpha_1$, $\xi_2'-\xi_2=\alpha_2'-\alpha_2$ ist, nach den für die α und ξ_0 abgeleiteten Formeln unter Vernachlässigung einiger Grössen und weil $\eta=\mp l$ zu setzen ist,

$$\xi_0'-\xi_0=\frac{l^3}{8E\lambda}(P'-P),\quad \xi_1'-\xi_1=\xi_2'-\xi_2=\frac{l^3}{3E\lambda}(P'-P),$$

somit wird

$$\frac{1}{\mathfrak{E}'}-\frac{1}{\mathfrak{E}}=\frac{P'-P}{l}\left(\xi_1+\xi_2+\frac{l^3}{E\lambda}\left(\frac{M}{8}+\frac{2}{3}P'\right)\right),$$

und es geht auch hier die Empfindlichkeitsänderung annähernd proportional der Belastung vor sich. Es ergiebt sich aber weiter

$$\frac{d\frac{1}{\mathfrak{E}}}{dP}=\frac{\xi_1+\xi_2}{l}+\frac{l^2}{E\lambda}\left(\frac{M}{8}+\frac{2}{3}P\right),$$

$\xi_1+\xi_2$ ist hier der Wert dieser Grösse bei der Belastung P. Darnach nimmt die Empfindlichkeit so lange ab, als der rechts stehende Ausdruck positiv ist, und er wächst an, sowie derselbe negativ wird. Es ist nun $M/8+2P/3$ stets positiv; es kann daher die Empfindlichkeit mit wachsender Belastung nur zunehmen, wenn $\xi_1+\xi_2$ negativ ist, also entweder beide Gehänge-Axen h ö h e r liegen als die Balkenaxe, oder wo eine Gehänge-Axe unterhalb der Balkenaxe sich befindet, die andere aber in desto stärkerem Grade über derselben schwebt. Sie nimmt unter diesen Umständen wirklich zu, solange der absolute Wert von $\xi_1+\xi_2$ grösser ist als $l^3\left(\frac{M}{8}+\frac{2}{3}P\right)\Big/E\lambda$, erreicht einen Maximalbetrag, sowie $\xi_1+\xi_2$ zwar negativ aber absolut genommen gleich $l^3\left(\frac{M}{8}+\frac{2}{3}P\right)\Big/E\lambda$ geworden ist und nimmt dann wieder ab.

Es ist also durchaus nicht nötig, dass die Empfindlichkeit einer Waage mit wachsender Belastung stets abnimmt; es kann kommen, dass diese Empfindlichkeit erst wächst und dann fällt, und in der Tat lehrt die Erfahrung, dass manche Waage für eine gewisse Belastung die grösste Empfindlichkeit aufweist und mit wachsender wie abnehmender Belastung an Empfindlichkeit verliert. Bei solchen Waagen liegen dann, so lange die Empfindlichkeit wächst und noch darüber hinaus, die Gehänge-Axen im Mittel höher als die Balkenaxe. Waagen, bei welchen diese Axen beide oder im Mittel stets tiefer als die Balkenaxe sich befinden, können an Empfindlichkeit mit wachsender Belastung nur abnehmen.

$l^2M/8E\lambda$ ist der Teil von $d\frac{1}{\mathfrak{E}}\Big/dP$, welcher allein durch das Sinken des Balkenschwerpunkts entsteht; $(\xi_1+\xi_2)/l+2l^2P/3E\lambda$, der Teil, welcher dem

Sinken der Gehänge-Axen seine Entstehung verdankt; bezeichnen wir den ersten Teil mit $\left(\frac{d\frac{1}{\mathfrak{E}}}{dP}\right)_{\xi_1,\xi_2}$, den zweiten mit $\left(\frac{d\frac{1}{\mathfrak{E}}}{dP}\right)_{\xi_0}$, wobei die Indices andeuten, welche Grössen bei der Ausführung der Differentiation constant zu halten sind, so haben wir

$$\left(\frac{d\frac{1}{\mathfrak{E}}}{dP}\right)_{\xi_1,\xi_2} = \frac{l^2M}{8E\lambda}, \quad \left(\frac{d\frac{1}{\mathfrak{E}}}{dP}\right)_{\xi_0} = \frac{\xi_1+\xi_2}{l} + \frac{2l^2P}{3E\lambda}.$$

Die Abnahme der Empfindlichkeit infolge der durch die Durchbiegung bedingten Senkung des Balkenschwerpunkts wird also solange zum Teil durch die gleichzeitig eintretende Senkung der Gehänge compensirt, als $(\xi + \xi_2)/l + 2l^2P/3E\lambda$ negativ und absolut grösser ist als der Betrag $l^2M/8E\lambda$ ist; sie wird noch vergrössert, wenn $\xi_1 + \xi_2$ positiv oder zwar negativ aber absolut kleiner als $2l^3P/3E\lambda$ ist.

Da stetige Functionen in der Nähe excessiver Beträge am wenigsten variiren, wird eine Waage die grösste Constanz der Empfindlichkeit bei den Belastungen aufweisen, bei welchen ihre Empfindlichkeit am grössten ist; für Wägungen sind also solche Belastungen am günstigsten, und wenn man von der Belastung spricht, welcher eine bestimmte Waage dienen soll, meint man auch im allgemeinen diese die Maximal-Empfindlichkeit bewirkende.

Jedenfalls kommt es aber bei der Construction einer Wage vor allen Dingen darauf an, dass der Balken aus gehörig starrer Substanz und bei geringst möglicher Masse mit grossem durchschnittlichen Querschnitts-Trägheitsmoment hergestellt werde. Deshalb begünstigen die Mechaniker die verticale Querdimension in hohem Maasse gegen die horizontale und geben dem Balken die Form eines dünnen Rhombus mit aufrecht stehender kleiner Diagonale oder eines mit der Spitze nach oben oder unten gekehrten Dreiecks u. s. f., und sparen aus dem Innern soviel Substanz aus, dass nur einzelne als Versteifungen dienende gerade oder quergerichtete Rippen stehen bleiben.

Durch solche Mittel lässt sich die Durchbiegung des Balkens und die mit ihr verbundene Senkung des Balkenschwerpunkts ausreichend reduciren. Viel schwerer ist es, die Senkung der Gehängeaxen bei Vermehrung der Belastung in gehörigen Grenzen zu halten. Nicht nur müssen diese Axen mit dem Balken unverrückbar fest verbunden sein, sie dürfen auch nicht, wie es noch oft geschieht, auf besondere vom Balken auslaufende, aber von ihm scharf absetzende Stücke angebracht werden, weil diese sonst für sich noch besondere Biegungen erleiden können. Indessen kommt es nicht darauf an, die Empfindlichkeit überhaupt constant zu machen; das lässt sich doch nicht erreichen, sondern nur innerhalb gewisser Grenzen der Belastung auf nahezu gleicher Höhe zu halten, und darum construirt man für besondere

Belastungen auch besondere Waagen, und man tut gut, eine Waage auch nur innerhalb der Belastungsscala anzuwenden, für welche sie bestimmt ist.

114. Aenderungen in der Gleichgewichtslage durch Aenderungen der Stellung der zu vergleichenden Massen auf den Waageschalen. Einfluss von Verstellungen der Axen gegen die Pfannen. Lassen wir auch die Beschränkung fallen, nach welcher die drei Axen einander parallel sein sollten, so bleiben alle in der Gleichgewichtsbedingung vertretenen Glieder stehen.

Die Hauptglieder sind natürlich auch jetzt noch die mit den η multiplicirten, da aber diese η ebenso wie die ξ, wie Seite 389 näher ausgeführt ist, in Abhängigkeit von der Lage der Schwerpunkte der zu vergleichenden Massen stehen, wollen wir die bezeichneten Glieder noch umgestalten, indem wir diese Abhängigkeit in denselben zum Ausdruck bringen.

Dabei ist zu beachten, dass mit einer Aenderung dieser Lage der Schwerpunkte eine Aenderung des Ausschlages der Waage verbunden sein wird, die ihrerseits ein Sinken oder Steigen der Gehängeaxen zur Folge hat. Indessen dürfen wir, da es sich um Correctionsgrössen handelt, die dazu noch in praktischen Fällen recht klein gehalten werden, die Rechnungen so führen, wie wenn die Gehängeaxen in ihrer Lage nicht alterirt würden.

Es seien die Beträge der ξ und η bei zwei verschiedenen Lagen der Belastungen auf den Schalen der Gehänge ξ_1, η_1 und $\overline{\xi}_1$, $\overline{\eta}_1$; bezw. ξ_2, η_2 und $\overline{\xi}_2$, $\overline{\eta}_2$, bezeichnet man die Abstände der Ursprünge der Coordinaten ξ', η', ζ' bezw. ξ'', η'', ζ'' auf den bezüglichen Gehängeaxen in diesen beiden Lagen der Belastungen mit ρ_1, ρ_2, so hat man, weil diese Abstände als in Richtung der ζ', ζ'' Axen verlaufend angesehen werden dürfen

$$\overline{\xi}_1-\xi_1=\rho_1\lambda_3', \quad \overline{\xi}_2-\xi_2=\rho_2'\lambda_3'', \quad \overline{\eta}_1-\eta_1=\rho_1\mu_3', \quad \overline{\eta}_2-\eta_2=\rho_2\mu_3'',$$

oder unter Benutzung der Winkel Φ', Θ', Φ'', Θ''

$$\overline{\xi}_1-\xi_1=\rho_1\cos\Phi'\sin\Theta', \quad \overline{\xi}_2-\xi_2=\rho_2\cos\Phi''\sin\Theta'';$$
$$\overline{\eta}_1-\eta_1=\rho_1\sin\Phi'\sin\Theta', \quad \overline{\eta}_2-\eta_2=\rho_2\sin\Phi''\sin\Theta''.$$

ρ_1, ρ_2 sind aber die Projectionen der bezüglichen Verschiebungen der belasteten Gehänge auf die ζ' bezw. ζ'' Axe. Wir haben also, wenn die Componenten dieser Verschiebungen in Richtung der festen x, y, z Axen mit a', b', c' bezw. a'', b'', c'' bezeichnet werden

$$\rho_1=\alpha_3'a'+\beta_3'b'+\gamma_3'c', \quad \rho_2=\alpha_3''a''+\beta_3''b''+\gamma_3''c''.$$

Führen wir für die α_3', β_3', γ_3', ... ihre durch die Gleichungen unter ϑ) Seite 374 gegebenen Werte ein, so wird wegen $\varphi=180°$,

$$\begin{aligned}\alpha_3'=\lambda_3'\alpha_1+\mu_3'\alpha_2+\nu_3'\alpha_3= & \cos\Phi'\sin\Theta'\cos f\cos\vartheta+\sin\Phi'\sin\Theta'\sin f\cos\vartheta-\cos\Theta'\sin\vartheta \\ = & \sin\Theta'\cos\vartheta\cos(f-\Phi')-\cos\Theta'\sin\vartheta,\end{aligned}$$

$$\beta_3' = \lambda_3'\beta_1 + \mu_3'\beta_2 + \nu_3'\beta_3 = -\cos\Phi'\sin\Theta'\sin f + \sin\Phi'\sin\Theta'\cos f$$
$$= -\sin\Theta'\sin(f - \Phi'),$$
$$\gamma_3' = \lambda_3'\gamma_1 + \mu_3'\gamma_2 + \nu_3'\gamma_3 = \cos\Phi'\sin\Theta'\cos f\sin\vartheta + \sin\Phi'\sin\Theta'\sin f\sin\vartheta + \cos\Theta'\cos\vartheta$$
$$= \sin\Theta'\sin\vartheta\cos(f - \Phi') + \cos\Theta'\cos\vartheta$$

und ähnlich α_3'', β_3'', γ_3''. Somit bekommen wir

$$\rho_1 = \sin\Theta'\left((a'\cos\vartheta + c'\sin\vartheta)\cos(f - \Phi') - b'\sin(f - \Phi')\right)$$
$$- \cos\Theta'(a'\sin\vartheta - c'\cos\vartheta),$$
$$\rho_2 = \sin\Theta''\left((a''\cos\vartheta + c''\sin\vartheta)\cos(f - \Phi'') - b''\sin(f - \Phi'')\right)$$
$$- \cos\Theta''(a''\sin\vartheta - c''\cos\vartheta).$$

Hieraus und aus den für die $\overline{\xi}_1 - \xi_1, \ldots$ aufgestellten Formeln ergiebt sich, dass Verlegungen der zu vergleichenden Massen auf ihren bezüglichen Schalen solange gar keinen Einfluss haben, als die drei Axen einander parallel sind, denn dann ist $\sin\Theta' = 0$ und somit $\overline{\xi}_1 - \xi_1 = \overline{\xi}_2 - \xi_2 = \overline{\eta}_1 - \eta_2 = \overline{\eta}_2 - \eta_2 = 0$, und das ist eines der wichtigsten Argumente für die Forderung paralleler Axen bei einer guten Waage.

$\overline{\eta}_1 - \eta_1$ und $\overline{\eta}_2 - \eta_2$ verschwinden auch, wenn $\Phi' = \Phi'' = 0$ oder $= 180°$ sind. Dies erfordert, dass durch den Anfangspunkt des ξ, η, ζ Systems zu den Gehängeaxen parallel gezogene Linien in die $\xi\zeta$ Ebene fallen. Verschiebungen der zu vergleichenden Massen sind also wenigstens auf die η_1, η_2 ohne Einfluss, falls die Gehängeaxen, wenn sie schon nicht der Balkenaxe parallel sind, doch der durch diese Axe und den Balkenschwerpunkt gelegten Ebene parallel laufen.

Die weitern Betrachtungen des Einflusses einer Verschiebung der zu vergleichenden Massen wollen wir an die in der Praxis maassgebenden Verhältnisse anschliessen. Hier darf man bei guten Waagen die drei Axen als einander sehr nahe parallel ansehen, in Wirklichkeit geben also Θ', Θ'' Winkel, die so klein sind, dass man ihre Sinus ohne weiteres ihnen selbst gleich setzen darf. Ferner sucht man die Waage stets so auszurichten, dass die Balkenaxe horizontal liegt, glückt das auch nicht immer in aller Strenge, so ist es doch jedenfalls gestattet, auch ϑ als einen kleinen Winkel zu betrachten. Endlich werden die Massen immer so abgeglichen, dass die Waage stets nur sehr kleine Ausschläge macht, so dass auch f als unbedeutende Grösse in Rechnung gezogen werden darf.

Nach alledem haben wir

$$\operatorname{tg} f = \varepsilon f,\ \sin\Theta' = \varepsilon\Theta',\ \sin\Theta'' = \varepsilon\Theta'',\ \sin\vartheta = \varepsilon\vartheta,\ \cos f = \cos\Theta' = \cos\Theta'' = \cos\vartheta = 1,$$

somit unter Fortlassung kleiner Grössen von der Ordnung ε^2

$$\overline{\xi}_1 - \xi_1 = \varepsilon c'\Theta'\cos\Phi',\ \overline{\xi}_2 - \xi_2 = \varepsilon c''\Theta''\cos\Phi'',\ \overline{\eta}_1 - \eta_1 = \varepsilon c'\Theta'\sin\Phi',$$
$$\overline{\eta}_2 - \eta_2 = \varepsilon c''\Theta''\sin\Phi''.$$

Die unter solchen Umständen einzig übrig bleibende Verschiebungscomponente ist also die in Richtung der ζ' bezw. ζ'' Axe, und daraus folgt, dass von allen Verschiebungen der zu vergleichenden Massen weitaus am meisten diejenigen zu fürchten sind, welche quer zum Balken geschehen. Die Grössen $\bar{\xi}_1 - \xi_1$ und $\bar{\xi}_2 - \xi_2$ brauchen wir in unserer Gleichgewichtsbedingung nicht zu beachten, weil dieselben noch mit $\operatorname{tg} f$ multiplicirt erscheinen. Lassen wir noch die mit den ξ_0', ξ_0'' multiplicirten Glieder der Gleichgewichtsbedingung fort, so haben wir, wenn der Ausschlag f der Waage nach Verschiebung der zu vergleichenden Massen in f' übergeht,

$$g_0(M-\mu)\,\xi_0(f'-f) = g_0'(M'-\mu')\,c'\Theta'\sin\Phi' + g_0''(M''-\mu'')c''\Theta''\sin\Phi''.$$

Wir wollen in dieser Gleichung auch noch die Grössen μ, μ', μ'', die, wie wir später sehen werden, meist sehr klein gegen die M, M', M'' sind, fortlassen und ausserdem $g_0 = g_0' = g_0''$ setzen; wir haben dann für die durch Verschiebung der Massen M', M'' im Ausschlag der Waage hervorgebrachte Aenderung

$$f'-f = \frac{1}{M\xi_0}(M'c'\Theta'\sin\Phi' + M''c''\Theta''\sin\Phi'').$$

$1/M\xi_0$ können wir, wenn $\mathfrak{E}$ die Empfindlichkeit, l die halbe Balkenlänge der Waage bedeutet, mit genügender Annäherung durch $\mathfrak{E}/l$ ersetzen, ausserdem dürfen wir $M' = M''$ annehmen; schreiben wir also für M', M'' beidemal P, so wird

$$f'-f = \frac{\mathfrak{E}}{l}P(c'\Theta'\sin\Phi' + c''\Theta''\sin\Phi'').$$

Φ' und Φ'' können alle möglichen Beträge zwischen $0°$ und $360°$ besitzen; um ein numerisches Beispiel zu gewinnen, mögen die beiden Endaxen mit der Mittelaxe ungefähr in einer Horizontalebene liegen und nach vorn auseinandergehen, wir haben dann $\Phi' = 90°$, $\Phi'' = 270°$, somit $\sin\Phi' = 1$, $\sin\Phi'' = -1$. Ferner seien c' und c'' entgegengesetzten Zeichens, und zwar beide gleich 0,1 c, und endlich sollen Θ' und Θ'' beide $2''$ betragen. Nehmen wir Empfindlichkeit, Balkenlänge und Belastung so, wie in dem auf Seite 395 behandelten Fall, also $\mathfrak{E} = 2\,\text{g}^{-1}$, $l = 20$, $P = 1000$ g, so würde

$$f'-f = \frac{4.1000}{20}(0{,}1.2) = 400''$$

betragen. Nach den dort gemachten Angaben entsprach an der Waage einem Ausschlag von $412''$, eine Gewichtszulage von 1 mg. Die bezeichnete Verschiebung des Schwerpunkts wäre also unter den obengedachten Verhältnissen einer solchen Zulage von 1 mg äquivalent, was ganz ausserordentlich viel ist. Das gilt natürlich nur, wenn diese Verschiebung voll und ganz zur Wirkung kommt; es deutete aber diese Verschiebung eine Bewegung des Schwerpunkts in Richtung der Gehängeaxen an. Ist nun das Gehänge ein starres System, das eben nur um seine Axe sich drehen kann, andere Bewegungen aber nicht uns zuführen vermag, so wird allerdings die bezeichnete Verschiebung vollständig zur Erscheinung kommen. Macht man aber den Teil jedes Gehänges, der die Schale trägt, noch um eine andere zu ihrer eigentlichen, fortan ausschliesslich als *Gehängeaxe* zu bezeichnenden Axe senkreckten unterhalb derselben gelegenen neuen Axe, sie soll *Schalenaxe* heissen, drehbar, so vermag dieser Teil auch Bewegungsantrieben quer zum Balken zu folgen, und wenn man nunmehr eine der Massen auf ihrer Schale in Richtung der Gehängeaxe verschiebt, folgt die Schale dieser Verschiebung und stellt sich so ein, dass der Schwerpunkt des ganzen Gehängesystems (sammt der Masse) an die Stelle nahezu wieder hinkommt, die derselbe vor der Verschiebung eingenommen hat, so dass die Verschiebungen c', c'' sich auf unbedeutende Beträge reduciren. Deshalb stellen die Mechaniker die zur Aufnahme der zu vergleichenden Massen dienenden Teile der Waage aus zwei Teile her, dem eigentlichen Gehänge und der Schale, Gehänge und Schale sind durch Haken und Oehse oder Charnier, oder durch Bügel verbunden, von denen einer eine Pfanne, der andere eine auf diese spielende Schneide trägt; immer ist die Einrichtung so getroffen, dass die Schale sich in ihrer Verbindungsstelle mit dem Gehänge um eine zur Gehängeaxe senkrechte Axe frei drehen, also jedem Antrieb in Richtung jener Axe ohne Widerstand folgen kann. Natürlich muss an der Verbindungsstelle jede erheblichere Reibung ausgeschlossen sein, da die Schale sonst dem Antrieb nicht ganz nachzugeben vermag, und so von der Verschiebungscomponente c', c'' ein Teil noch übrig bleiben kann.

Wie aber auch die Waage construirt sein mag, tut man am besten, die zu vergleichenden Massen immer in der gleichen Lage auf die Schalen zu setzen.

Ob in einem besondern Fall von dieser Lage abgewichen ist oder nicht, erkennt man am besten an dem Verhalten der Schalen selbst. In der Tat, wenn der Schwerpunkt einer aufgesetzten Masse in eine andere Verticallinie fällt, als der der unbelasteten Schale, dann wird letztere, wenn sie freigelassen ist, ausweichen und hin und herschwanken; befindet sich aber der Schwerpunkt der Masse mit dem der Schale in der gleichen Verticale, dann führt die Schale nur die senkrechten durch die Drehung des Balkens bedingten Bewegungen aus. Daher ist es Regel, die zu vergleichenden Massen so auf die Schalen zu setzen, dass deren Schwerpunkte mit den bezüglichen Schwerpunkten der Schalen in dieselbe Verticale fallen, so dass, wie wir sagen können, die Schale bei ihrem Loslassen keine seitlichen Bewegungen aufweist; und man sagt, die Massen seien *centrisch* aufgesetzt oder sie seien *centrirt*, wenn das erwähnte Merkmal anzeigt, dass ihre Schwerpunkte vertical unter oder über denen der Schale liegen.

Zur leichtern Erkennung der Verticallinien, welche die Schwerpunkte der Schalen enthalten, wird die Substanz an den letztern so verteilt, dass diese Schwerpunkte annähernd über der Mitte der Schalen und so zu liegen kommen, dass die von ihnen auf die bezüglichen Gehängeaxen gefällten Lote Symmetrieaxen derselben bilden.

Ganz und gar einem bestimmten Calcul nicht zu unterwerfen und für die Wägungen und die Waage von der grössten Gefährlichkeit würden Translationsbewegungen in den einzelnen Teilen sein. Solche Bewegungen könnten namentlich dann auftreten, wenn die Axen gegeneinander Verschiebungen zu erleiden vermöchten; deshalb werden diese Axen stets alle drei mit dem Balken verbunden, die Gehängeaxen sitzen also auch auf dem Balken, niemals auf den Gehängen selbst. Nun werden zwar gerade bei guten Waagen die einzelnen Axen nicht aus der Balkensubstanz herausgearbeitet, sondern bilden selbständige mit dem Balken verbundene Teile, denn indem man jede der Axen für sich orientirbar macht, ist man im Stande, diese Axen allmählich einander parallel zu richten. Aber dann sorgen die Mechaniker schon dafür, dass willkührliche Verstellungen der Axen gegen einander nicht vorfallen, und man hat solche Verstellungen bei gut gearbeiteten Waagen nicht zu befürchten. Anders verhält es sich mit der Lage der Axen zu den zugehörigen Pfannen; hier können auch bei den best construirten Waagen bei nicht vorsichtiger Behandlung Verschiebungen vorkommen.

Verschiebt sich zunächst der Balken auf seiner Pfanne, so tritt dadurch eine Verstellung des Zeigers gegen die Scale ein und diese beeinträchtigt natürlich die Ablesung für die Gleichgewichtslage. Von eben so grosser Bedeutung können Verschiebungen der Gehänge auf ihren Axen werden. Da solche Verschiebungen Verlegungen der Gehängeschwerpunkte zur Folge haben, berechnet sich ihr Einfluss genau so wie der von Verstellungen der Massen auf den Schalen, und man kann alle im vorstehenden Artikel ausgeführten Entwickelungen Wort für Wort übertragen. In diesen Entwickelungen zeigte sich aber, wie gefährlich solche Verstellungen werden können. Deshalb ist es für den Balken und für die Gehänge notwendig, dass ihre Axen während einer Wägung die Pfannen stets in derselben Linie berühren, und wenn mitten in der Wägung ein Abheben des Balkens und der Gehänge notwendig wird, muss das Wiederauflegen so geschehen, dass Alles so genau als möglich in seine frühere Lage versetzt wird. Ein solches Abheben kann aber in der Tat nötig werden. Wir werden nämlich später sehen, dass jede Wägung nicht aus einer einzigen Operation besteht, sondern aus mehreren, mindestens zwei, Einzelwägungen zusammengesetzt ist. Da zwischen den Einzelwägungen Vertauschungen und Umsetzungen von Massen auf den Schalen nicht zu umgehen sind, muss man die Waage arretiren. Nach dem Wiederloslassen derselben müssen dann Balken und Gehänge ihre frühere Lage zu den Pfannen wieder annehmen, und das kann nur geschehen, wenn der Arretirungsmechanismus gut functionirt und auch sorgsam gehandhabt wird (Art. 99).

115. Einfluss mangelhafter Parallelität der Axen. Wir haben noch diejenigen Glieder zu discutiren, welche von den ξ_0', ξ_0'' abhängen. Es sind dieselben in ihrer allgemeinen Form nicht wenig complicirt, vor allen Dingen darum, weil sie die Sinus und Cosinus des vom Ausschlag der Wage abhängenden Winkels $f - \Phi$ im Nenner und unter Wurzelzeichen enthalten. Beziehen wir uns aber wieder auf Verhältnisse, wie sie für feine Wägungen allein von Bedeutung sind, so können wir Terme von der Ordnung $\sin^3\vartheta$ und $\sin^3\Theta'$ gewiss fortlassen, und dann geben die bezeichneten Glieder, indem noch $\cos f = 1$ gesetzt wird,

$$g'_0(M' - \mu')\xi'_0 \sin\Theta' \sin(f - \Phi')\left(\sin\vartheta - \sin\Theta' \cos(f - \Phi')\right)$$
$$+ g''_0(M'' - \mu'')\xi''_0 \sin\Theta'' \sin(f - \Phi'')\left(\sin\vartheta - \sin\Theta'' \cos(f - \Phi'')\right).$$

Es erhellt hieraus, dass diese Glieder in Bezug auf die Sinus der ϑ, Θ', Θ'', von der zweiten Ordnung sind; wenn also die ξ'_0 und ξ''_0 nicht gerade besonders gross gegen die Arme der Waage ausfallen, kann man von diesen Gliedern absehen. Sind gar die Gehängeaxen wenigstens parallel zu der durch die Balkenaxe und den Balkenschwerpunkt gehenden Ebene, so geben diese Glieder Grössen dritter Ordnung. In solchen Fällen aber, wo, wie bei Jollys Versuchen zur Bestimmung der Erddichte, ξ'_0 und ξ''_0 in einigen Experimenten ganz excessive Beträge gegeben wurden, wird man die betreffenden Glieder nicht ohne weiteres fortlassen dürfen; es hängt dann die Gleichgewichtsbedingung nicht allein vom einfachen Betrag des Ausschlagwinkels, sondern auch von seinem doppelten Wert ab. (Genauere Darlegungen folgen noch in Art 126b.)

116. Prüfung der Parallelität der 3 Axen; Methode von Gauss. Aus den bisherigen Untersuchungen erhellt von wie grosser Wichtigkeit es ist, dass die 3 Axen einer Waage einander parallel verlaufen. Die Mechaniker prüfen die Parallelität der Axen zumeist in folgender Weise. Sie legen den Balken ohne die Gehänge auf das Stativ, so dass derselbe für sich allein schwingen kann und tun direct auf die Endaxen kleine Reitergewichte, die sie längs der Axen verschieben. Ist eine Endaxe der Mittelaxe parallel, so darf die Gleichgewichtslage der Waage sich nicht ändern, wie man auch das auf diese Axe gebrachte Gewichtchen längs derselben verschieben mag der Constructeur justirt also die Richtung der Endaxen gegen die Mittelaxe so lange, bis bei Verschiebungen der Gewichtchen längs der Endaxen irgend nennenswerte Aenderungen in der Gleichgewichtslage der Waage sich nicht mehr zeigen.

An einer fertiggestellten und justirten Waage die Richtung der Endaxe gegen die Mittelaxe zu prüfen, hat Gauss gelehrt.*) Betrachten wir nämlich die drei Winkel, welche eine Endaxe, etwa die rechte, mit den Axen des festen Coordinatensystems einschliesst, so sind die Richtungscosinus derselben nach den Entwickelungen auf Seite 400

$$\alpha'_3 = + \sin\Theta' \cos\vartheta \cos(f - \Phi') - \cos\Theta' \sin\vartheta,$$
$$\beta'_3 = - \sin\Theta' \sin(f - \Phi'),$$
$$\gamma'_3 = + \sin\Theta' \sin\vartheta \cos(f - \Phi') + \cos\Theta' \cos\vartheta.$$

*) Werke, Bd. V

Läuft nun diese Axe der Mittelaxe nicht parallel, so ist Θ' von Null verschieden und folglich zeigen die α_3', β_3', γ_3' mit f veränderliche Werte. Nun ist beispielsweise $\gamma_3' = \cos\vartheta'$ gleich dem Cosinus des Winkels, den die betreffende Endaxe mit der horizontalen z Axe einschliesst, daraus und aus den Werten für α_3', β_3' folgt, dass die Endaxe, wenn die Waage schwingt, ihre Neigung sowohl gegen den Horizont als auch gegen eine Verticalebene stetig ändern wird. Gauss befestigte an das auf der betreffenden Axe spielende Gehänge einen Spiegel senkrecht zur Richtung der Axe, stellte dem Spiegel in einiger Entfernung (2 bis 4 m) eine Scale vertical gegenüber und beobachtete das vom Spiegel entworfene virtuelle Bild der Scale mit blossem Auge oder mit einem Fernrohr. Ist die Endaxe der Mittelaxe parallel, so bleibt das Scalenbild im Gesichtsfeld während der Schwingungen der Waage unverrückt, sonst verschiebt es sich nach oben oder unten, sowie nach rechts oder links. An den Verschiebungen des Scalenbildes im Gesichtsfeld wird also eine Abweichung der betreffenden Endaxe von der Richtung der Mittelaxe unschwer erkannt. Es ist auch leicht mit Hilfe der obigen Formeln für α_3', β_3', γ_3' die Grösse dieser Abweichung aus der Grösse der Verschiebung des Scalenbildes zu berechnen, doch hat man von einer solchen Berechnung hier keinen besondern Vorteil.

117. Einfluss von Reibung an den Axen. Endlich lassen wir noch die letzte Beschränkung fallen, die nämlich, dass Reibungshindernisse nicht da sind. Machen sich solche Hindernisse geltend, so kann das nur an den Axen sein, denn die Reibung gegen das umgebende Medium vermag zwar die Bewegungen der Waage zu dämpfen, nicht aber dieselben zu hemmen; einen Einfluss auf die Gleichgewichtslage kann aber nur die Hemmung haben.

Bezeichnen wir die Momente der Reibungen an den 3 Axen mit $\mathfrak{M}$, $\mathfrak{M}'$, $\mathfrak{M}''$, und führen, wie wir dürfen, in die Gleichung für die Bewegung des Balkens direct nur die Reibung an der Balkenaxe ein, so haben wir zu der ersten Gleichgewichtsbedingung $\mathfrak{M}$, zu den beiden andern $\mathfrak{M}'$ bezw. $\mathfrak{M}''$ zu addiren.

Die Reibungen sind proportional den Drucken, die an den betreffenden Axen herrschen, somit, wenn a, a', a'' Proportionalitätsfactoren angeben,

$$\mathfrak{M} = a\,(M + M' + M'')\,g_0, \quad \mathfrak{M}' = a'M'g_0', \quad \mathfrak{M}'' = a''M''g_0''.$$

Hiernach gehen zunächst die für die Gehänge geltenden Gleichgewichtsbedingungen über in

$$(M' - \mu')\,\xi_0'\alpha_2' = -\,a'M'; \quad (M'' - \mu'')\,\xi_0''\alpha_2'' = -\,a''M'',$$

und es ist mit ausreichender Genauigkeit $\alpha_2' = -\,a'/\xi_0'$, $\alpha_2'' = -\,a''/\xi_0''$. Diese Richtungscosinus sind also jetzt nicht mehr Null, die Gehänge stellen sich demnach nicht mehr so, dass die Schwerpunkte in durch die zugehörigen Axen gehende Verticalebenen zu liegen kommen; sie stellen sich beide links oder rechts von diesen bezüglichen Ebenen ein, je nachdem der Balken auf der rechten oder auf der linken Seite sich nach unten neigt. Bei denselben Reibungsverhältnissen sind α_2', α_2'' von der Belastung der Gehänge unabhängig, denn das Streben der α_2', α_2'' nach Null nimmt zwar proportional den Belastungen zu, aber die Reibung wächst auch proportional diesen Belastungen. Dagegen nehmen die α proportional den Abständen der Belastungsschwerpunkte von den bezüglichen Axen ab; auch das ist von vorn hererein klar, denn so wie diese Schwerpunkte von den bezüglichen Axen fortrücken, wachsen die Hebelarme der Drehungsmomente, die die Schwerkraft auf die Gehängesysteme ausübt. Zur Ueberwindung der Reibung wäre es also vorteilhaft, die Gehänge recht lang zu nehmen.

Der Einfluss der Reibungen an den Gehängeaxen macht sich geltend, sowie wir in unserer allgemeinen Gleichgewichtsbedingung Seite 387, auch die mit ξ_0', ξ_0'' multiplicirten Glieder mit berücksichtigen.

Da es uns hier nur auf die Reibungsverhältnisse ankommt, nehmen wir an, dass die 3 Axen einander parallel laufen und horizontal sind. Es ist dann $\sin\Theta'' = \sin\Theta' = \sin\vartheta = 0$, und wir bekommen nach den Ermittelungen auf Seite 387

$$\alpha_2' = -\sin(F' + f - \Phi'),\quad \alpha_2'' = -\sin(F'' + f - \Phi''),$$

und hiernach nach denselben Entwickelungen

$$\beta_1' = -\alpha_2' = \frac{a'}{\xi_0'},\quad \beta_2'' = -\alpha_2'' = \frac{a''}{\xi_0''}.$$

Die mit den β_1', β_2' multiplicirten Glieder geben hiernach, wenn man noch $\cos f = 1$ setzt und die μ', μ'' fortgelassen werden, $-(g_0' M' a' + g_0'' M'' a'')$. Fügt man dazu noch die der Reibung an der Balkenaxe Rechnung tragenden Glieder, so hat man bei sonst vollkommener Einrichtung der Waage und der Wägungen

$$g_0(M - \mu)\xi_0 \operatorname{tg} f = g_0'(M' - \mu')l_1 - g_0''(M'' - \mu'')l_2$$
$$- \left(g_0 a M + g_0'(a + a')M' + g_0''(a + a'')M''\right).$$

Dabei ist f positiv gerechnet, wenn der Balken sich auf der Seite senkt, auf welcher die Masse M', also das erste Gehänge sich befindet. Hieraus folgt, dass die Empfindlichkeit, wenn das Zulagegewicht zu M' hinzugefügt wird, sich im Verhältnis von 1 zu $1 - (a + a')\, l_1$ und wenn dasselbe mit M'' vereinigt wird, in dem von 1 zu $1 - (a + a'')\, l_1$ verringert. Es ist also jedenfalls diese Aenderung der Empfindlickeit von der Belastung der Waage unabhängig, und sie wird nur von den Reibungen an den verschiedenen Axen beeinflusst. Freilich gilt das nur, solange man die Reibung als allein durch den Druck bestimmt ansehen darf, was eben nur bis zu einem gewissen Betrage der Belastung gestattet sein wird. Ferner zeigt sich, dass, auch abgesehen von der etwaigen Verschiedenheit der Hebelarme der Waage ($l_1 \gtrless l_2$), die Empfindlichkeit nicht unabhängig ist von dem Gehänge, auf welches man das Zulagegewicht bringt, von der Seite, an welcher dieselbe bestimmt wird.

Wir können unsere obige Gleichung auch schreiben

$$g_0\Big(M\big(1+\frac{a}{\xi_0 \operatorname{tg} f}\big)-\mu\Big)\operatorname{tg} f = g_0'\Big(M'\big(1-\frac{a+a'}{l_1}\big)-\mu'\Big)l_1 - g_0''\Big(M''\big(1+\frac{a+a''}{l_2}\big)-\mu''\Big)l_2.$$

Das ist aber dieselbe Form, die die Gleichgewichtsbedingung auch hat, wenn keine Reibung stattfindet, nur sind die Massen des Balkens und der Gehängesysteme im Verhältnis von 1 zu bezw. $1+\frac{a}{\xi_0 \operatorname{tg} f}$, $1-\frac{a+a'}{l_1}$, $1+\frac{a+a''}{l_2}$ verändert. Hieraus ergiebt sich, dass der Einfluss der Reibungen an den Gehängeaxen caeteris paribus abnimmt, wenn die Balkenlänge wächst, und wenn dieselbe gross genug ist (um so grösser, je grösser die Reibung ist) kann man von den Reibungen an den Gehängeaxen absehen. Was aber die die Reibung an der Balkenaxe ersetzende Aenderung der Balkenmasse anbetrifft, so wächst dieselbe wenn ξ_0 abnimmt und auch wenn $\operatorname{tg} f$ kleiner wird. Je grösser also die Empfindlichkeit ist, um so stärker wirkt die Reibung an der Balkenaxe auf die Gleichgewichtslage der Wage ein, einer Verstärkung der Empfindlichkeit braucht also durchaus nicht immer ein Gewinn an Genauigkeit in der Wägung zu entsprechen, es kann sogar von einer gewissen Empfindlichkeit ab eine weitere Steigerung derselben durchaus unvorteilhaft werden. Weiter wächst $a/\xi_0 \operatorname{tg} f$ mit abnehmendem f, man wird deshalb an einer Waage nicht mit zu kleinen Ausschlägen arbeiten dürfen, sondern dieselbe in kräftigere Bewegung setzen müssen, doch komme ich später auf diese Verhältnisse zurück.

Der Einfluss der Reibung wird nun noch bedingt durch die Grössen a, a', a'', diese selbst aber hängen ganz von der Art, wie die Reibung an den Axen zu Stande kommt ab. Wenn die Axen, wie das bei den in Gebrauch befindlichen Waagen gemeinhin der Fall ist, durch Schneiden gebildet sind, welche auf Pfannen ruhen oder auf welchen Pfannen aufliegen, dann entsteht die Reibung zum grössten Teil dadurch, dass die Schneiden und Pfannen, wo sie mit einander in Berührung stehen, die Form die sie unter dem Einfluss der Belastungen angenommen haben, während der Bewegung fortwährend ändern, denn mit solchen Formänderungen sind naturgemäss Arbeitsverluste verbunden. Die Balkenschneide zum Beispiel wird an der Kante convex, die zugehörigen Pfannen unter ihr concav cylindrisch, dreht sich der Balken, so kommen andere und andere Mantellinien der Schneide mit der Pfanne in Berührung, und diese wird an immer andern Stellen durchgebogen; die Durchbiegung setzt aber der Weiterbewegung des Balkens ein Hindernis entgegen, und so kann der Balken in einer andern Lage zur Ruhe kommen, als wenn an seiner Axe die Durchbiegungshemmnisse nicht zu überwinden wären. Aehnlich sind die Verhältnisse, wenn eine Axe durch zwei Spitzen festgelegt wird. Bei durch Kanten gebildeten

Schneiden nimmt man an, dass die Reibung mit wachsender Tangente des Kantenwinkels zunimmt und mit wachsender Länge der Schneide abnimmt, ersteres weil die Krümmung des durch die Belastung an der Kante hervorgebrachten Cylinders abnimmt, und die Berührungsfläche zwischen Schneide und Pfanne wächst, wenn der Kantenwinkel wächst, letzteres weil die Belastung der betreffenden Schneide die einzelnen Punkte um so weniger drückt, je mehr dieselbe verteilt wird, was eben geschieht, auf je mehr Punkten die Belastung aufruht. Auch die Form der Pfanne ist auf die Reibung von grossem Einfluss; am vorteilhaftesten in dieser Hinsicht sind wol ebene Pfannen, am unvorteilhaftesten dachförmige. Da jedoch dachförmige und hohlcylindrische in mancher Beziehung Bequemlichkeiten bieten, wendet man dieselben, namentlich die letzteren, noch vielfach an.

Im Uebrigen kommt noch ein besonderer Factor ins Spiel, der ganz von der Substanz der auf einander reibenden Flächen abhängt. Bei feinen Wagen macht man Pfanne und Schneiden aus möglichst hartem Material, erstere gestaltet man eben, letztere schärft man bis zu einem Kantenwinkel von 30° zu und giebt ihr eine möglichst grosse Länge. Die Schneiden und Pfannen der Gehänge behandelt man mit ganz derselben Sorgfalt wie die des Balkens. Gewöhnlich trägt der Balken alle drei Schneiden, die Balkenpfanne ist dann in das Stativ der Waage eingelassen, die Gehängepfannen sind mit den Gehängen verbunden. Pfannen und Schneiden ruhen wol am besten ihrer ganzen Länge nach aufeinander auf, da sonst die Schneiden leicht auch in verticaler Richtung Biegungen erleiden können, die bewirken würden, dass man von bestimmten Axen nicht mehr reden darf. Natürlich muss jede Schneide an der Kante, die Pfanne in der Berührungslinie gerade sein.

Bei manchen Waagen, die zu besonderen Untersuchungen construirt sind, hat man den Balken an einen Draht befestigt, der seinerseits an beiden Enden festgemacht ist. Hier kann von einer Reibung in gewöhnlichem Sinne des Wortes nur die Rede sein, wenn die Elasticität des Drahtes sehr unvollkommen ist. Dasselbe gilt von solchen Waagen, die etwa nicht um bestimmt definirte Axen, sondern wie manche Pendel an elastischen Federn schwingen.

Zu der im voraufgehenden behandelten Reibung, können noch andere Widerstände auftreten, solche werden sich geltend machen, wenn die Schneiden schadhafte Stellen (Kerben) haben, oder sie oder die Pfannen nicht ganz rein und frei von Staub oder Oxydflecken und Fettschichten gehalten sind. Diese Widerstände vermag man im allgemeinen nicht durch Rechnung zu eliminiren, man muss sie durch sorgfältige Behandlung der Waage fernzuhalten suchen.

Damit sind die für das Gleichgewicht einer Wage wesentlichen Punkte erledigt, und es hat schon die Theorie dieses Gleichgewichts allein fast alles gelehrt, was wir von der Construction einer guten Waage zu fordern haben. Dementsprechend ist denn auch die Theorie der Bewegung der

Waage von minderem Interesse und sie könnte principiell ganz entbehrt werden, wenn auch die Beobachtung sich auf das Gleichgewicht beschränken dürfte. Das ist nun nicht der Fall, und so müssen wir auch noch die Bewegungen einer Waage in einigen Beziehungen verfolgen.

118 a. Bewegung einer Waage. Die Seite 385 zusammengestellten Differentialgleichungen umfassen alle möglichen Fälle von Bewegungen, die an einer Waage vorkommen können, und da eine Waage aus drei Systemen besteht, deren jedes für sich noch schwingen kann, gestatten sie eine Fülle von Bewegungen, und ihre allgemeine Integration ist denn auch mit den jetzigen Mitteln nicht wol ausführbar. Wir wollen nur diejenigen Bewegungen betrachten, die für uns allein von besonderem Interesse sind.

Wir machen die Annahme, dass die Axen der Waage alle in einer Ebene liegen, horizontal laufen und einander parallel sind. Infolge derselben wird $\lambda_3' = \mu_3' = \lambda_3'' = \mu_3'' = 0$, $\nu_3' = \nu_3'' = 1$. Ferner haben wir $\alpha_1 = \cos f$, $\beta_1 = -\sin f$, $\gamma_1 = 0$, $\alpha_2 = \sin f$, $\beta_2 = \cos f$, $\gamma_2 = \alpha_3 = \beta_3 = 0$, $\gamma_3 = 1$, somit zufolge der Gleichungen unter ι) auf Seite 374 $\nu_1' = \nu_1'' = \nu_2' = \nu_2'' = 0$, und da weiter (Seite 385) $\eta_0' = \eta_0'' = \zeta_0' = \zeta_0'' = 0$, $\xi_1 = \xi_2 = 0$ ist, so wird (Seite 382)

$$a' = -M'\eta_1\xi_0'\lambda_2' + S'(\xi'^2 + \eta'^2)\,dm', \quad b' = M'\eta_1\xi_0'\lambda_1', \quad c' = -M'\eta_1\xi_0'\mu_2',$$

$$a'' = -M''\eta_2\xi_0''\lambda_2'' + S''(\xi''^2 + \eta''^2)\,dm'', \quad b = M''\eta_2\xi_0''\lambda_1'', \quad c'' = -M''\eta_2\xi_0''\mu_2''.$$

Transformiren wir noch $\overline{\rho^2}$ und $\overline{\overline{\rho^2}}$, so ist, weil $\xi = \lambda_1'\xi' + \lambda_2'\eta'$, $\eta = \eta_1 + \mu_1'\xi' + \mu_2'\eta'$, bezw. $\xi = \lambda_1''\xi'' + \lambda_2''\eta''$, $\eta = \eta_2 + \mu_1''\xi'' + \mu_2''\eta''$ ist

$$\overline{\rho^2} = S'(\eta_1^{\,2})\,dm' + S'\left(\xi'^2(\lambda_1'^{\,2} + \mu_1'^{\,2}) + \eta'^2(\lambda_2'^{\,2} + \mu_2'^{\,2})\right)dm'$$
$$+ 2S'\xi'\eta'(\lambda_1'\lambda_2' + \mu_1'\mu_2') + 2S'\eta_1(\mu_1'\xi' + \mu_2'\eta')\,dm',$$

also zufolge der Gleichungen unter ζ), und weil $S'\eta'dm' = M'\eta_0' = 0$ ist

$$\overline{\rho^2} = M'\eta_1^{\,2} + S'(\xi'^2 + \eta'^2)\,dm' + 2M'\eta_1\xi_0'\mu_1',$$

und ähnlich

$$\overline{\overline{\rho^2}} = M''\eta_2^{\,2} + S''(\xi''^2 + \eta''^2)\,dm'' + 2M''\eta_2\xi_0''\mu_1''.$$

Ich bezeichne nunmehr die Trägheitsmomente $S(\xi^2+\eta^2)dm$, $S'(\xi'^2+\eta'^2)dm'$, $S''(\xi''^2+\eta''^2)dm''$ mit T, T', T'' und die $M'\eta_1^2$, $M''\eta_2^2$ mit T_1, T_2. Die Seite 385 gegebenen Differentialgleichungen gehen dann, wenn man noch die Glieder, welche mit df, d^2f, dF', d^2F', dF'', d^2F'' multiplicirt sind, indem man festsetzt, dass f, F', F'' in Secunden gemessen werden sollen, mit dem Factor $\varepsilon = \frac{1}{206\,265}$ versieht, über in

$$T\varepsilon\left(\frac{d^2f}{dt^2} + \varkappa\frac{df}{dt}\right) + \varepsilon(T_1 + T' + 2M'l_1\xi_0'\mu_1')\left(\frac{d^2f}{dt^2} + \varkappa'\frac{df}{dt}\right)$$
$$+ \varepsilon(T_2 + T'' - 2M''l_2\xi_0''\mu_1'')\left(\frac{d^2f}{dt^2} + \varkappa''\frac{df}{dt}\right)$$

$$+\varepsilon(T'-M'l_1\xi_0'\lambda_2')\left(\frac{d^2F'}{dt^2}+\varkappa'\frac{dF'}{dt}\right)$$
$$+\varepsilon(T''+M''l_2\xi_0''\lambda_2'')\left(\frac{d^2F''}{dt^2}+\varkappa''\frac{dF''}{dt}\right)-M'l_1\xi_0'\lambda_1'\varepsilon^2\left(\frac{dF'}{dt}\right)^2$$
$$+M''l_2\xi_0''\lambda_1''\varepsilon^2\left(\frac{dF''}{dt}\right)^2-2M'l_1\xi_0'\mu_2'\varepsilon^2\frac{df}{dt}\frac{dF'}{dt}+2M''l_2\xi_0''\mu_2''\varepsilon^2\frac{df}{dt}\frac{dF''}{dt}$$
$$=-g_0(M-\mu)\xi_0\sin f+[g_0'(M'-\mu')l_1-g_0''(M''-\mu'')l_2]\cos f$$
$$+g_0'(M'-\mu')\beta_1'\xi_0'+g_0''(M''-\mu'')\beta_1''\xi_0'';$$

$$T'\varepsilon\left(\frac{d^2F'}{dt^2}+\varkappa'\frac{dF'}{dt}\right)+\varepsilon(T'-M'l_1\xi_0'\lambda_2')\left(\frac{d^2f}{dt^2}+\varkappa'\frac{df}{dt}\right)$$
$$+M'l_1\xi_0'\mu_2'\varepsilon^2\left(\frac{df}{dt}\right)^2=-g_0'(M'-\mu')\xi_0'\alpha_2',$$

$$T''\varepsilon\left(\frac{d^2F''}{dt^2}+\varkappa''\frac{dF''}{dt}\right)+\varepsilon(T''+M''l_2\xi_0''\lambda_2'')\left(\frac{d^2f}{dt^2}+\varkappa''\frac{df}{dt}\right)$$
$$-M''l_2\xi_0''\mu_2''\varepsilon^2\left(\frac{df}{dt}\right)^2=-g_0''(M''-\mu'')\xi_0''\alpha_2''.$$

Zufolge der Entwickelungen auf Seite 387 hat man aber für diesen Fall $\alpha_2'=-\beta_1'$, $\alpha_2''=-\beta_1''$, somit, wenn man die zweite und dritte Gleichung addirt und von der ersten abzieht

$$T\varepsilon\left(\frac{d^2f}{dt^2}+\varkappa\frac{df}{dt}\right)+\varepsilon\big(T_1+M'l_1\xi_0'(2\mu_1'+\lambda_2')\big)\left(\frac{d^2f}{dt^2}+\varkappa'\frac{df}{dt}\right)$$
$$+\varepsilon\big(T_2-M''l_2\xi_0''(2\mu_1''+\lambda_2'')\big)\left(\frac{d^2f}{dt^2}+\varkappa''\frac{df}{dt}\right)-M'l_1\xi_0'\lambda_2'\varepsilon\left(\frac{d^2F'}{dt^2}+\varkappa'\frac{dF'}{dt}\right)$$
$$+M''l_2\xi_0''\lambda_2''\varepsilon\left(\frac{d^2F''}{dt^2}+\varkappa''\frac{dF''}{dt}\right)-M'l_1\xi_0'\varepsilon^2\left(\lambda_1'\left(\frac{dF'}{dt}\right)^2+2\mu_2'\frac{df}{dt}\frac{dF'}{dt}+\mu_2'\left(\frac{df}{dt}\right)^2\right)$$
$$+M''l_2\xi_0''\varepsilon^2\left(\lambda_1''\left(\frac{dF''}{dt}\right)^2+2\mu_2''\frac{df}{dt}\frac{dF''}{dt}+\mu_2''\left(\frac{df}{dt}\right)^2\right)$$
$$=-g_0\xi_0(M-\mu)\sin f+\big(g_0'(M'-\mu')l_1-g_0''(M''-\mu'')l_2\big)\cos f.$$

Wir haben aber

$$\lambda_1'=-\cos(F'-\Phi'),\quad \lambda_2'=-\sin(F'-\Phi'),\quad \mu_1'=+\sin(F'-\Phi'),$$
$$\mu_2'=-\cos(F'-\Phi'),$$
$$\lambda_1''=-\cos(F''-\Phi''),\quad \lambda_2''=-\sin(F''-\Phi''),\quad \mu_1''=+\sin(F''-\Phi''),$$
$$\mu_2''=-\cos(F''-\Phi'').$$

Verstehen wir unter F', F'' Winkel, die sich in der Nähe von 0 halten, so dürfen wir in diesem Fall, nach den Bemerkungen und Festsetzungen auf Seite 376, $\Phi'=\Phi''=180°$ setzen und bekommen

$$\lambda_1'=+\cos F',\quad \lambda_2'=+\sin F',\quad \mu_1'=-\sin F',\quad \mu_2'=+\cos F',$$
$$\lambda_1''=+\cos F'',\quad \lambda_2''=+\sin F'',\quad \mu_1''=-\sin F'',\quad \mu_2''=+\cos F'',$$

und indem wir noch frühere Entwickelungen zu Hilfe nehmen

$$\alpha_2' = -\beta_1' = \sin f' = -\sin(f + F' - \Phi') = \sin(f + F'),$$
$$\alpha_2'' = -\beta_1'' = \sin f'' = -\sin(f + F'' - \Phi'') = \sin(f + F'').$$

Nunmehr gehen unsere Differentialgleichungen über in

$$T\varepsilon\frac{d^2f}{dt^2}(T + T_1 + T_2)$$
$$+ \varepsilon\frac{df}{dt}(T\varkappa + T_1\varkappa' + T_2\varkappa'') - M'l_1\xi_0'\varepsilon\sin F'\left(\frac{d^2(f+F')}{dt^2} + \varkappa'\frac{d(f+F')}{dt}\right)$$
$$+ M''l_2\xi_0''\varepsilon\sin F''\left(\frac{d^2(f+F'')}{dt^2} + \varkappa''\frac{d(f+F'')}{dt}\right) - M'l_1\xi_1'\varepsilon^2\cos F'\left(\frac{d(f+F')}{dt}\right)^2$$
$$+ M''l_2\xi_0''\varepsilon^2\cos F''\left(\frac{d(f+F'')}{dt}\right)^2$$
$$= -g_0\xi_0(M - \mu)\sin f + \left(g_0'(M' - \mu')l_1 - g_0''(M'' - \mu'')l_2\right)\cos f,$$

$$T'\varepsilon\left(\frac{d^2(f+F')}{dt^2} + \varkappa'\frac{d(f+F')}{dt}\right) - M'l_1\xi_0'\varepsilon\sin F'\left(\frac{d^2f}{dt^2} + \varkappa'\frac{df}{dt}\right)$$
$$+ M'l_1\xi_0'\varepsilon^2\cos F'\left(\frac{df}{dt}\right)^2 = -g_0'(M' - \mu')\xi_0'\sin(f + F'),$$

$$T''\varepsilon\left(\frac{d^2(f+F'')}{dt^2} + \varkappa''\frac{d(f+F'')}{dt}\right) + M''l_2\xi_0''\varepsilon\sin F''\left(\frac{d^2f}{dt^2} + \varkappa''\frac{df}{dt}\right)$$
$$- M''l_2\xi_0''\cos F''\varepsilon^2\left(\frac{df}{dt}\right)^2 = -g_0''(M'' - \mu'')\xi_0''\sin(f + F'').$$

Die Variabeln sind hier f, F', F''. Bei sorgfältiger Handhabung der Waage, gehöriger Centrirung der zu vergleichenden Massen und Ausschluss aller Hemmungen, geht die Bewegung der Waage so vor sich, dass die Gehänge immer nahezu verticale Richtung besitzen, so dass α_2' und α_2'' stets nahezu die Werte haben, die ihnen im Gleichgewichtszustande zukommen. Für diesen Fall ist also $\varepsilon f' = \varepsilon(f + F')$ wie $\varepsilon f'' = \varepsilon(f + F'')$ ein relativ kleiner Winkel. Macht auch noch die Waage selbst nur sehr geringe Ausschläge, so sind f, F', F'' alle drei als kleine Winkel zu behandeln, und zudem hat man annähernd $F' = F'' = -f$. Für diesen Fall ist die Differentialgleichung für f

$$(T + T_1 + T_2)\varepsilon\frac{d^2f}{dt^2} + (\varkappa T + \varkappa' T_1 + \varkappa'' T_2)\varepsilon\frac{df}{dt} = -g_0\varepsilon(M - \mu)\xi_0 f$$
$$+ g_0'(M' - \mu')l_1 - g_0''(M'' - \mu'')l_2.$$

118b. Schwingungsdauer und Empfindlichkeit. Setzen wir

$$T + T_1 + T_2 = \mathfrak{T}, \quad \varkappa T + \varkappa' T_1 + \varkappa'' T_2 = +a,$$

so ergiebt die Integration der obigen Gleichung zunächst

$$f = \bar{f} + Ae^{\alpha t} + Be^{\beta t},$$

hierin ist

$$\bar{f}=\frac{g_0'(M'-\mu')l_1-g_0''(M''-\mu'')l_2}{g_0\varepsilon(M-\mu)\xi_0},$$

$\bar{f}$ bedeutet also den Ausschlag, wenn die Waage zur Ruhe gekommen ist. Ferner haben wir

$$\alpha=\frac{1}{\mathfrak{T}}\left(-\frac{a}{2}-\sqrt{\frac{a^2}{4}-g_0\xi_0\mathfrak{T}(M-\mu)}\right),$$

$$\beta=\frac{1}{\mathfrak{T}}\left(-\frac{a}{2}+\sqrt{\frac{a^2}{4}-g_0\xi_0\mathfrak{T}(M-\mu)}\right),$$

In praktischen Fällen ist $g_0\xi_0\mathfrak{T}(M-\mu)$ sehr viel grösser als $a^2/4$ und da für $t=\infty$ das f gleich dem definitiven Ausschlag werden muss, den wir oben schon durch $\bar{f}$ bezeichnet haben, wird

LXXXVII) $$\varepsilon f=\varepsilon\bar{f}+Ae^{-\frac{a}{2\mathfrak{T}}t}\sin\left(\sqrt{g_0\xi_0\mathfrak{T}(M-\mu)-\frac{a^2}{4}}\right)\frac{t}{\mathfrak{T}}.$$

Die Zeit ist hier von dem Augenblick gerechnet, wo die Waage zum ersten Mal durch die Gleichgewichtslage, welche eben $\bar{f}$ ist, hindurchgeht.

$\mathfrak{T}$ können wir das Trägheitsmoment der ganzen Waage (sammt den Belastungen) nennen, und da dieses Moment gleich $T+T_1+T_2$ ist, schwingt die Waage wie der Balken für sich schwingen würde, wenn die ganzen Massen der Gehängesysteme in den bezüglichen Gehängeaxen concentrirt und mit diesen fest verbunden wären. Bei den Annahmen, die wir über die Bewegung gemacht haben, war ein solches Resultat wol vorauszusehen. $\xi_0(M-\mu)$ ist durch die Empfindlickeit bestimmt und zwar nimmt dieses Product ab, wenn die Empfindlichkeit wächst.

Die Schwingungsdauer ohne Berücksichtigung der der Dämpfung Rechnung tragenden Exponentialgrösse ist

LXXXVIII$_1$) $$\Theta=\frac{2\pi\sqrt{\mathfrak{T}}}{\sqrt{g_0\xi_0(M-\mu)-\frac{a^2}{4\mathfrak{T}}}}.$$

Führen wir an Stelle von $g_0\xi_0(M-\mu)$ den hier ausreichenden Betrag $l/\mathfrak{E}$ ein, wo also $\mathfrak{E}$ die Empfindlichkeit, l die Länge eines Balkenarms ist, so wird

LXXXVIII$_2$) $$\Theta=\frac{2\pi\sqrt{\mathfrak{T}}\sqrt{\mathfrak{E}}}{\sqrt{l-\frac{a^2\mathfrak{E}}{4\mathfrak{T}}}}.$$

Die zweite Darstellung für die Schwingungsdauer zeigt, dass eine und dieselbe Waage um so langsamer schwingt, je grösser ihre Empfindlichkeit und je bedeutender ihr Trägheitsmoment ist. Die Empfindlichkeit vermögen wir beliebig zu regeln, und da lang andauernde Schwingungen an einer Waage sehr unbequem werden und auch, wie später näher auszuführen sein wird, mannigfache Fehler mit sich bringen können, wird man mit der Empfindlichkeitserhöhung nicht zu weit gehen dürfen.

Fassen wir die Empfindlichkeit einer Waage als etwas Gegebenes auf, so wird die Schwingungsdauer nur noch von dem Trägheitsmoment bestimmt. Dieses wieder hängt von den Massen, die sich auf den Schalen befinden, ab; wird aber auch durch die Massen der Gehänge selbst und des Balkens bestimmt.

Man kann dieses Trägheitsmoment mit einer gewissen Annäherung als proportional der ganzen schwingenden Masse und dem Quadrat der halben Balkenlänge ansehen. Die Schwingungsdauer ist also ungefähr proportional der Quadratwurzel aus der ganzen schwingenden Masse und der aus der Balkenlänge. Auch deshalb suchen die Mechaniker die Massen von Balken und Gehängen tunlichst gering zu halten; manche von ihnen ziehen auch kürzere Balken den längern vor. Durch Verringerung der Balkenmasse wird allerdings die Empfindlichkeit erhöht, die Verkürzung des Balkens bringt aber eine Verkleinerung der Empfindlichkeit mit sich; ferner kann erstere, wenn sie zu weit getrieben wird, der Widerstandsfähigkeit des Balkens gegen Durchbiegungen Eintrag tun, es lässt sich deshalb nichts voraussagen, und das meiste hängt von der Geschicklichkeit des ausführenden Mechanikers ab.

119. Berechnung der Gleichgewichtslage aus aufeinander folgenden Elongationen. Von sehr grosser Wichtigkeit ist noch die Betrachtung der Aenderung der Amplituden, denn man wartet bei Wägungen nicht bis die Waage sich beruhigt hat, um den Betrag von $\overline{f}$ abzulesen, sondern bestimmt dieses $\overline{f}$ aus einer Anzahl abgelesener Amplituden. Die nachfolgenden Betrachtungen werden aber an noch sehr vielen anderen Stellen zur Anwendung kommen müssen. Ich schreibe unsere Gleichung für f in der Form

$$\varepsilon f = \varepsilon \overline{f} + A e^{-\lambda t} \sin \frac{2\pi t}{\Theta}.$$

Der Balken der Waage sei mit einem Zeiger verbunden, der sich mit dem Schwerpunkt des Balkens und der Balkenaxe in derselben Ebene befindet und mit der letztern einen rechten Winkel einschliesst, der Zeiger weise auf die Teilung eines Kreises, dessen Ebene ebenfalls senkrecht zu der Balkenaxe ist und der seinen Mittelpunkt in dieser Axe hat. Die Bewegung des Balkens wird unter diesen Umständen durch die des Zeigers wieder gegeben. Wir messen die Elongationen des Zeigers an diesem Kreis von irgend einem Anfangsstrich seiner Teilung. Der Zeiger gehe, wenn wir die Beobachtungen anfangen, von rechts nach links, $f_1, f_2, \ldots$ seien die Ablesungen an der Kreisteilung, $t_1, t_2, \ldots$ die Zeitpunkte, wenn der Zeiger links, $f_1', f_2', \ldots$, bezw. $t_1', t_2', \ldots$ entsprechende Grössen, wenn derselbe rechts seine grösste Ausweichung erreicht hat. Wir haben dann die Reihe von Gleichungen

$$\varepsilon(f_1 - \overline{f}) = Ae^{-\lambda t_1} \sin \frac{2\pi t_1}{\Theta}, \quad \varepsilon(f_1' - \overline{f}) = Ae^{-\lambda t_1'} \sin \frac{2\pi t_1'}{\Theta},$$

$$\varepsilon(f_2 - \overline{f}) = Ae^{-\lambda t_2} \sin \frac{2\pi t_2}{\Theta}, \quad \varepsilon(f_2' - \overline{f}) = Ae^{-\lambda t_2'} \sin \frac{2\pi t_2'}{\Theta}.$$

$$\vdots \qquad\qquad \vdots$$

Aber zu denselben Zeitmomenten ist jedesmal die Geschwindigkeit der Bewegung gleich Null, also

$$-\lambda \sin \frac{2\pi t_1}{\Theta} + \frac{2\pi}{\Theta} \cos \frac{2\pi t_1}{\Theta} = 0; \quad -\lambda \sin \frac{2\pi t_1'}{\Theta} + \frac{2\pi}{\Theta} \cos \frac{2\pi t_1'}{\Theta} = 0,$$

$$-\lambda \sin \frac{2\pi t_2}{\Theta} + \frac{2\pi}{\Theta} \cos \frac{2\pi t_2}{\Theta} = 0; \quad -\lambda \sin \frac{2\pi t_2'}{\Theta} + \frac{2\pi}{\Theta} \cos \frac{2\pi t_2'}{\Theta} = 0,$$

$$\vdots \qquad\qquad \vdots$$

und hieraus folgt

$$\frac{2\pi t_1}{\Theta} = \operatorname{arc\,tg} \frac{2\pi}{\lambda\Theta}, \quad \frac{2\pi t_1'}{\Theta} = \pi + \operatorname{arc\,tg} \frac{2\pi}{\lambda\Theta}, \quad \frac{2\pi t_2}{\Theta} = 2\pi + \operatorname{arc\,tg} \frac{2\pi}{\lambda\Theta}, \cdots$$

Setzen wir also die Constante

$$A \sin \left(\operatorname{arc\,tg} \frac{2\pi}{\lambda\Theta}\right) e^{-\frac{\Theta\lambda}{2\pi} \operatorname{arc\,tg} \frac{2\pi}{\lambda\Theta}} = B \text{ und } e^{-\frac{\Theta\lambda}{2}} = \mu,$$

so wird

$$\varepsilon(f_1 - \overline{f}) = +B, \qquad \varepsilon(f_1' - \overline{f}) = -B\mu,$$

$$\varepsilon(f_2 - \overline{f}) = +B\mu^2, \quad \varepsilon(f_2' - \overline{f}) = -B\mu^3,$$

u. s. f.

Die Unbekannten, die diese Gleichungen enthalten, sind B, μ, $\overline{f}$, es reichen also schon 3 derselben aus $\overline{f}$ zu bestimmen, sind f_1, f_1', f_2 solche 3 aufeinander folgende beobachtete Elongationen, so bekommen wir

LXXXIX) $$\overline{f} = \frac{f_1'^2 - f_1 f_2}{2f_1' - f_1 - f_2}.$$

Nach dieser Formel kann also die Gleichgewichtslage der Waage aus den Ablesungen dreier aufeinander folgender Elongationen stets berechnet werden. Für praktische Anwendungen lässt sich eine erheblich einfachere, wenn auch nicht ganz strenge Formel ableiten. Aus denselben 3 Gleichungen findet man nämlich auch

$$\log \varepsilon(f_1 - \overline{f}) = 2 \log \varepsilon(\overline{f} - f_1') - \log \varepsilon(f_2 - \overline{f}).$$

Da man sich bei den Wägungen immer so einrichtet, dass die Waage nur geringe Ausschläge zu machen braucht, sind $\varepsilon(f_1 - \overline{f})$, $\varepsilon(\overline{f} - f_1')$, $\varepsilon(f_2 - \overline{f})$ relativ kleine Grössen — bei einem Ausschlag von 2°, der schon ziemlich gross sein würde, 0,035 — vertauschen wir die log mit den Zahlen selbst, so folgt hiernach

LXXXIX$_2$)
$$\overline{f}=\frac{f_1+2f_1'+f_2}{4}=\frac{1}{2}\left(\frac{f_1+f_2}{2}+f_1'\right).$$

Man bildet also das Mittel aus den Ablesungen der ersten und dritten Elongation, und nimmt aus der so gewonnenen Zahl und der Ablesung für die zweite Elongation wieder das Mittel.

Die bei dieser Berechnungsweise gemachte Vernachlässigung ist,

$$\delta\overline{f}=\frac{f_1'^2-f_1f_2}{2f_1'-f_1-f_2}-\frac{f_1+2f_1'+f_2}{4}=-\frac{1}{4}\frac{(f_1-f_2)^2}{f_1+f_2-2f_1'}.$$

Bezeichnen wir also den obigen Näherungswert von $\overline{f}$ mit $\overline{f_0}$, so wäre der strenge Wert

LXXXIX$_3$)
$$\overline{f}=\overline{f_0}-\frac{1}{4}\frac{(f_1-f_2)^2}{f_1+f_2-2f_1'},\quad \overline{f_0}=\frac{f_1+2f_1'+f_2}{4}.$$

Man kann dem Correctionsglied zu $\overline{f_0}$ noch eine besonders interessante Form geben. Infolge der Dämpfung der Schwingungen nehmen die Amplituden stetig ab, es sind aber diese Amplituden f_1-f_1', f_2-f_2', f_3-f_3' u. s. f., und wir bekommen aus den Gleichungen für die $f-\overline{f}$

$$\varepsilon(f_1-f_1')=B(1+\mu),\quad \varepsilon(f_2-f_1')=B\mu(1+\mu),\quad \varepsilon(f_2-f_2')=B\mu^2(1+\mu),$$
$$\varepsilon(f_3-f_2')=B\mu^3(1+\mu),\ \ldots,$$

das heist, das Verhältnis zweier aufeinander folgender Amplituden ist immer dasselbe, und zwar kommt dasselbe der Grösse μ gleich. Hiernach haben wir

XC$_1$)
$$\mu=\frac{f_2-f_1'}{f_1-f_1'}=\frac{f_2-f_2'}{f_2-f_1'}=\frac{f_3-f_2'}{f_2-f_2'}=\cdots,$$

oder indem wir die aufeinanderfolgend beobachteten Amplituden mit a_1, $a_2, \ldots, a_{n-1}$ bezeichnen, wobei also

$$a_1=f_1-f_1',\ a_2=f_2-f_1',\ a_3=f_2-f_2',\ \ldots,$$

ist,

XC$_2$)
$$\mu=\frac{a_2}{a_1}=\frac{a_3}{a_2}=\cdots=\frac{a_{n-1}}{a_{n-2}}.$$

Man nennt μ die *Dämpfungszahl* und definirt dieselbe auch direct als Verhältnis zweier aufeinander folgender Amplituden; dass dieses Verhältnis für alle aufeinander folgenden Amplituden sich als gleich gross erweist, ist eine Folge der über die Art der Dämpfung gemachten Annahmen.

Haben wir nun an der Waage mindestens 3 aufeinander folgende Elongationen abgelesen, so sind wir im Stande, μ zu bestimmen. Benutzen wir die drei ersten Elongationen, f_1, f_1', f_2, so ergiebt sich

$$\frac{1-\mu}{1+\mu}=\frac{f_1-f_2}{f_1+f_2-2f_1'},$$

und hieraus folgt

LXXXIX$_4$)
$$\overline{f}=\overline{f}-\frac{1}{4}\frac{1-\mu}{1+\mu}(f_1-f_2).$$

Die Correction ist hiernach proportional der Differenz zwischen der ersten und der dritten Ablesung. Ist die Dämpfung nicht zu gross, so wird diese Differenz für sich schon gering sein und da dann auch μ fast 1 ist, kann die Correction fortfallen. Bei stark gedämpften Schwingungen, wie sie zum Beispiel bei hydrostatischen Wägungen vorkommen können, darf die Correction nicht vernachlässigt werden. Beispiele für die Berechnung werden wir später kennen lernen.

Macht man an der Waage mehr als 3 Ablesungen, so hat man eine Anzahl überschüssiger Gleichungen von der gegebenen Form und kann $\overline{f}$ nach den Regeln der Ausgleichungsrechnung ableiten, weil aber μ in verschiedenen Potenzen vorkommt, ist man gezwungen, ein Näherungsverfahren einzuschlagen.

Aus drei der beobachteten Elongationen leitet man erste Näherungswerte $\overline{f}_1$, B_1, μ_1 für $\overline{f}$, B, μ ab

$$\text{etwa } \overline{f}_1=\frac{f_1+2f_1'+f_2}{4},\quad B_1=\varepsilon(f_1-\overline{f}_1),\quad \mu_1=\frac{f_2-f_1'}{f_1-f_1'}.$$

Setzt man

$$\varepsilon\overline{f}=\varepsilon\overline{f}_1+\xi_1,\quad B=B_1+\xi_2,\quad \mu=\mu_1+\xi_3,$$

und vernachlässigt höhere Potenzen und Producte der ξ so wird

$$\begin{aligned}
\varepsilon(f_1-\overline{f}_1)-B_1 &= \xi_1+\xi_2,\\
\varepsilon(f_1'-\overline{f}_1)+B_1\mu_1 &= \xi_1-\mu_1\xi_2-B_1\xi_3,\\
\varepsilon(f_2-\overline{f}_1)-B_1\mu_1^2 &= \xi_1+\mu_1^2\xi_2+2\mu_1B_1\xi_3,\\
\varepsilon(f_2'-\overline{f}_1)+B_1\mu_1^3 &= \xi_1-\mu_1^3\xi_2+3\mu_1^2B_1\xi_3,
\end{aligned}$$

u. s. f.,

oder indem man die links stehenden bekannten Grössen mit λ bezeichnet, also

$$\begin{aligned}
&\varepsilon(f_1-\overline{f}_1)-B_1=\lambda_{11},\quad \varepsilon(f_1'-\overline{f}_1)+B_1\mu_1=\lambda_{11}',\\
&\varepsilon(f_2-\overline{f}_1)-B_1\mu_1^2=\lambda_{12},\quad \varepsilon(f_2'-f_1)+B_1\mu_1^3=\lambda_{12}',\ \ldots
\end{aligned}$$

setzt und zur Abkürzung $B_1\xi_3$ mit ξ_3' bezeichnet, wenn man mit den Beobachtungen auf derselben Seite schliesst, auf welcher man begonnen hat

$$\begin{aligned}
&\xi_1+\xi_2 = \lambda_{11}, && \xi_1-\mu_1\xi_2-\xi_3' = \lambda_{11}',\\
&\xi_1+\mu_1^2\xi_2+2\mu_1\xi_3' = \lambda_{12}, && \xi_1-\mu_1^3\xi_2-3\mu_1^2\xi_3' = \lambda_{12}',\\
&\vdots && \vdots
\end{aligned}$$

$$\xi_1 + \mu_1^{n-3}\xi_2 + (n-3)\mu_1^{n-4}\xi_3' = \lambda_{1\frac{n-1}{2}}, \quad \xi_1 - \mu_1^{n-2}\xi_2 - (n-2)\mu_1^{n-3}\xi_3' = \lambda'_{1\frac{n-1}{2}},$$

$$\xi_1 + \mu_1^{n-1}\xi_2 + (n-1)\mu_1^{n-2}\xi_3' = \lambda_{1\frac{n+1}{2}},$$

woselbst n stets eine ungerade Zahl ist.

Die Normalgleichungen zur Bestimmung der ξ lauten hiernach

$$n\xi_1 + \frac{(1-\mu_1^{n+1}) - \mu_1(1-\mu_1^{n-1})}{1-\mu_1{}^2}\,\xi_2 + \frac{(n+(n-1)\mu_1)\mu_1^{n-1}-1}{(1+\mu_1)^2}\,\xi_3'$$
$$= \sum_{\varkappa=1}^{\varkappa=\frac{n+1}{2}} \lambda_{1\varkappa} + \sum_{\varkappa=1}^{\varkappa=\frac{n-1}{2}} \lambda'_{1\varkappa},$$

$$\frac{(1-\mu_1^{n+1}) - \mu_1(1-\mu_1^{n-1})}{1-\mu_1{}^2}\,\xi_1 + \frac{1-\mu_1^{2n}}{1-\mu_1{}^2}\,\xi_2 + \mu_1\frac{1-n\mu_1^{2n-2}+(n-1)\mu_1^{2n}}{(1-\mu_1{}^2)^2}\,\xi_3'$$
$$= \sum_{\varkappa=0}^{\varkappa=\frac{n-1}{2}} \lambda_{1\varkappa+1}\mu_1^{2\varkappa} - \sum_{\varkappa=0}^{\varkappa=\frac{n-3}{2}} \lambda'_{2k+1}\mu_1^{2\varkappa+1},$$

$$\frac{(n+(n-1)\mu_1)\mu_1^{n-1}-1}{(1+\mu_1)^2}\,\xi_1 + \mu_1\frac{1-n\mu_1^{2n-2}+(n-1)\mu_1^{2n}}{(1-\mu_1)^2(1+\mu_1)^2}\,\xi_2$$
$$+ \frac{1+\mu_1{}^2 - n^2\mu_1^{2n-2} + (2n(n-1)-1)\mu_1^{2n} - (n-1)^2\mu_1^{2n+2}}{(1-\mu)^3(1+\mu_1{}^3)}\,\xi_3'$$
$$= \sum_{\varkappa=0}^{\varkappa=\frac{n-1}{2}} 2\varkappa\mu_1^{2\varkappa-1}\lambda_{1\varkappa+1} - \sum_{\varkappa=0}^{\varkappa=\frac{n-3}{2}} (2\varkappa+1)\mu_1^{2\varkappa}\lambda'_{1\varkappa+1}.$$

Hat man aus diesen Gleichungen nach irgend einem Verfahren oder unter Benutzung des im ersten Bande Art. 271 gegebenen Schema, die ξ_1, ξ_2, ξ_3' berechnet, so geben $\varepsilon\bar{f}_2 = \varepsilon\bar{f}_1 + \xi_1$, $B_2 = B_1 + \xi_2$, $\mu_2 = \mu_1 + \frac{\xi_3'}{B_1}$ die Beträge der gesuchten Grössen in zweiter Annäherung. Mit diesen kann man, wenn nötig, eine dritte Näherung rechnen, indem man in den Gleichungen für die λ, λ' die $\bar{f}_1$, B_1, μ_1 ersetzt durch $\bar{f}_2$, B_2, μ_2 und in den Coefficienten der Normalgleichungen für μ_1 das μ_2 substituirt, u. s. f. So wird man aus den Beobachtungsgleichungen, wenn auch nicht auf einmal, aber wenigstens durch successive Näherung, die wahrscheinlichsten Werte abzuleiten vermögen.

Will man nicht streng nach den Regeln der Ausgleichungslehre verfahren, so kann man zunächst μ als Mittel der sämmtlichen Amplitudenverhältnisse nach der Formel

$$\mu = \frac{1}{n-2}\left\{\frac{f_2-f_1'}{f_1-f_1'}+\frac{f_2-f_2'}{f_2-f_1'}+\frac{f_3-f_2'}{f_2-f_2'}+\cdots+\frac{f_{\frac{n+1}{2}}-f'_{\frac{n-1}{2}}}{f_{\frac{n-1}{2}}-f'_{\frac{n-3}{2}}}\right\}$$
$$= \frac{1}{n-2}\left\{\frac{a_2}{a_1}+\frac{a_3}{a_2}+\frac{a_4}{a_3}+\cdots+\frac{a_{n-1}}{a_{n-2}}\right\}$$

berechnen, für B und $\overline{f}$ hat man dann, wenn wieder $\varepsilon\overline{f} = \varepsilon f_1 + \xi_1$, $B = B_1 + \xi_2$ gesetzt wird, die Gleichungen

$$n\xi_1 + \frac{(1-\mu^{n+1}) - \mu(1-\mu^{n-1})}{1-\mu^2}\xi_2 = \sum_{\varkappa=1}^{\varkappa=\frac{n+1}{2}} \lambda_\varkappa + \sum_{\varkappa=1}^{\varkappa=\frac{n-1}{2}} \lambda'_\varkappa,$$

$$\frac{(1-\mu^{n+1})-\mu(1-\mu^{n-1})}{1-\mu^2}\xi_1 + \frac{1-\mu^{2n}}{1-\mu^2}\xi_2 = \sum_{\varkappa=0}^{\varkappa=\frac{n-1}{2}} \lambda_{\varkappa+1}\mu^{2\varkappa} - \sum_{\varkappa=0}^{\varkappa=\frac{n-3}{2}} \lambda'_{\varkappa+1}\mu^{2\varkappa+1},$$

woselbst

$$\lambda_\varkappa = \varepsilon(f_\varkappa - \overline{f_1}) - B_1\mu^{2\varkappa},\quad \lambda'_\varkappa = \varepsilon(f'_\varkappa - \overline{f_1}) + B_1\mu^{2\varkappa+1},\quad \varkappa = 1, 2, \ldots$$

ist. Man kann auch noch weiter von den Regeln der Ausgleichungsrechnung abweichen, indem man nach Ableitung von μ als Mittel der Amplituden-Verhältnisse, $B(1+\mu)$ als Mittel der auf die erste Amplitude reducirten nachfolgenden Amplituden, also B durch

$$B = \frac{1}{n-1}\left\{a_1 + \frac{a_2}{\mu} + \frac{a_3}{\mu^2} + \cdots + \frac{a_{n-1}}{\mu^{n-2}}\right\}\frac{1}{\mu+1},$$

berechnet und dann

$$\overline{f} = \frac{1}{n}\left\{f_1 + f_2 + f_3 + \cdots + f_{\frac{n+1}{2}} + f_1' + f_2 + \cdots + f'_{\frac{n-1}{2}}\right\} + \frac{1-\mu^{n+1}-\mu(1-\mu^{n-1})}{1-\mu^2}\frac{B}{\varepsilon}$$

erhält. Es giebt noch eine Menge anderer Näherungsformeln, doch hat es hier kein Interesse, dieselben weiter zu verfolgen.

120. Einfluss von Schwingungen der Gehänge. Wenn während der Bewegung der Waage die Gehänge mit ihren Belastungen eigene Schwingungen ausführen, dürfen wir die von den $f + F'$ und $f + F''$ abhängigen Glieder nicht ohne weiteres vernachlässigen.

Die Art aber, wie diese Glieder in der ersten Differentialgleichung vertreten sind, zeigt sofort, dass eigene Schwingungen der Gehänge fast ganz ohne Einfluss auf die Bewegung der Zeigerebene sind, falls beide Gehänge in derselben Phase und der gleichen Amplitude oscilliren. In der Tat ist in den den Physiker interessirenden Fällen, $M'l_1\xi_0'$, $\varkappa'$, T', nur sehr wenig von $M''l_2\xi_0''$, bezw. $\varkappa''$, bezw. T'' verschieden, und die bezeichneten Glieder vernichten sich gegenseitig fast ganz, wenn eben die Gehänge völlig gleich schwingen. Geschieht das nicht, so bewegt sich der Zeiger der Waage nicht in einer einfachen Oscillation, sondern in einer Reihe von sich superponirenden Schwingungen, und da die eigene Schwingungsdauer der Gehänge meist sehr viel kleiner ist als die des Balkens, führt der Zeiger seine Bewegung zwar aus, wird aber an den einzelnen Stellen seiner Bahn bald ein wenig nach rückwärts, bald nach vorwärts gestossen. Er zuckt so während der Bewegung hin und her, und dadurch wird namentlich die Bestimmung der grössten Elongationen erschwert und wol auch ganz unmöglich gemacht. Gewöhnlich sind die Verhältnisse an den Gehängen einander nicht so ganz gleich, dass nicht ein Unterschied in der eigenen Schwingungsdauer dieser Gehänge vorhanden wäre; es bleiben deshalb auch die eigenen Schwingungen der Gehänge zu einander nur selten immer in demselben Verhältnis, so dass die Gehänge in praktischen Fällen bald zusammen bald gegeneinander schwingen werden, und man sieht dann den Zeiger solange die Gehänge zusammenschwingen, ruhig seinen Weg machen, hierauf mit zunehmender Differenz zwischen den Bewegungen der Gehänge mehr und mehr zucken.

Man könnte nun mit der Ablesung der Elongationen jedesmal so lange warten, bis ein Zusammenschwingen der Gehänge eingetreten ist, man könnte auch wol die Bewegung des Zeigers ohne besondere Schwierigkeiten durch Fourier'sche Reihen darstellen und so die Berechnung der Gleichgewichtslage trotz des Mitschwingens der Gehänge ausführen, aber man tut immer am besten, die eigenen Schwingungen der Gehänge ganz zu unterdrücken. Vor allen Dingen setzt man also die zu vergleichenden Massen auf die Schalen gehörig centrisch auf, damit die Gehänge durch das Einstellen der Schwerpunkte keinen Antrieb zu eigener Bewegung erhalten. Sodann vermeidet man jeden Stoss und jede Bewegung des umgebenden Mediums, wodurch die Gehänge in Oscillationen versetzt werden könnten. Ist trotz aller Vorsichtsmaassregeln ein Gehänge in Schwingung geraten, so beruhigt man dasselbe durch Entgegenhalten eines Pinsels oder der Fahne einer Feder, oder mit Hilfe der betreffenden Schalenarretirung.

Aber auch, wenn bei den Gehängen jede eigene Bewegung vollständig ausgeschlossen ist, repräsentirt die angegebene Berechnungsweise der Gleichgewichtslage nur eine Näherungsrechnung, denn wenn auch in diesem Falle $f + F'$ wie $f + F''$ nur relativ geringe Beträge zu erreichen vermögen, sind diese Beträge, wie die zweite und dritte Differentialgleichung lehren, nicht durchaus Null, und die Differentialgleichung für die Bewegung des Balkens ist nicht so einfach, wie wir sie angenommen haben.*)

*) Die Theorie der Waage ist natürlich schon sehr oft und in allen Abstufungen der Genauigkeit behandelt worden, die obige Darstellung ist, glaube ich, die vollständigste. Für die Theorie des Gleichgewichts an einer Waage sei die Arbeit von Thiesen Etudes sur la Balance (in der Traveaux et Memoirs . . . Tome V) besonders hervorgehoben.

XVIII. Massenbestimmung durch Wägungen, Theorie und Einrichtung.

121. Teilwägungen und vollständige Wägungen. Die Theorie und Einrichtung einer Massenbestimmung durch Wägungen schliesst sich zunächst an die Bedingung für das Gleichgewicht an einer Waage idealer Construction an; Abweichungen von den Voraussetzungen einer solchen Construction werden später betrachtet, beeinflussen aber das Wesentliche nicht.

Wir benutzen alle früher eingeführten Bezeichnungen und haben nach Art. 112

$$l_1 G_1 - l_2 G_2 = A + B \operatorname{tg} f.$$

Dividiren wir beiderseits durch l_1, so wird

XCI₁) $$G_1 - G_2 \frac{l_2}{l_1} = \frac{A}{l_1} + \frac{B}{l_1} \operatorname{tg} f,$$

l_2/l_1, das Verhältnis der Längen der beiden Arme der Waage, ist dem Sollbetrag nach gegeben, indem gesagt ist, die Waage solle gleicharmig sein oder eine Decimal-, Centesimal-, . . . waage bilden. Indessen, wie immer bei der Angabe von Sollbeträgen, ist man auch hier nicht sicher, dass das gewollte Verhältnis wirklich eingehalten ist, und da auch äussere Umstände dieses Verhältnis in mannigfacher Weise beeinflussen, muss dasselbe in jeder Wägung neu bestimmt werden. Es ist also l_2/l_1 als unbekannte Grösse zu behandeln. A/l_1 kann auch nicht als von vornherein gegeben angesehen werden, denn es ist nicht minder veränderlich wie l_2/l_1, in der Tat haben wir

$$\frac{A}{l_1} = g_0''(m_2 - \mu_2')\frac{l_2}{l_1} - g_0'(m_1 - \mu_1'),$$

es folgt also schon A/l_1 jeder Veränderung von l_2/l_1, doch ist diese Grösse noch weiteren Alterationen deshalb unterworfen, weil auch μ_1' und μ_2' variiren können.

Endlich kann auch von der durch die Empfindlichkeit der Waage bestimmten Grösse B/l_1 nicht behauptet werden, dass dieselbe stets einen und denselben Wert beibehalten wird, es bedarf nur eines Hinweises auf die in Art. 113 zusammengestellten Verhältnisse, von denen die Empfindlichkeit einer Waage abhängt, um einzusehen, dass auch die Empfindlichkeitsbestimmung nicht ohne weiteres von Wägung zu Wägung hinübergenommen werden kann.

Setzen wir also

$$\frac{l_2}{l_1} = \alpha_1, \quad \frac{A}{l_1} = \beta_1, \quad \frac{B}{l_1} = \gamma_1,$$

so sind jedenfalls α_1, β_1 und γ_1 als für jede Wägung neu zu bestimmende Grössen zu behandeln, und daraus folgt, dass eine Massenbestimmung nicht aus einer einzigen Operation an der Waage bestehen kann, sondern eigentlich mindestens vier Operationen erfordert, also aus mindestens vier Wägungen zusammengesetzt ist. Indessen kommt man immer mit drei Wägungen streng oder unter Vernachlässigung einer als sehr klein anzusehenden Grösse aus; aber jedenfalls besteht jede vollständige Wägung aus mehreren, mindestens drei, Einzelwägungen.

Wir sehen zunächst von einer Bestimmung der Empfindlichkeit ab, alsdann haben wir noch die beiden Grössen α_1 und β_1 zu eliminiren. Dazu führt man bei jeder Massenbestimmung zwei Wägungen aus und zwar entweder nach dem Verfahren von Gauss oder nach dem von Borda.

122a. Wägung nach Gauss mit Vertauschung der Massen. Gauss' Verfahren wird als *Wägung mit Vertauschung der Massen* bezeichnet; man führt eine Vergleichung der beiden Massen mit einander aus, indem man die eine Masse z. B. auf die rechte, die andere auf die linke Schale setzt, dann vertauscht man beide Massen miteinander und unterwirft dieselben einer zweiten Vergleichung. Wir wollen wie früher mit l_1 den rechten, mit l_2 den linken Hebelarm der Waage bezeichnen, und f_1 positiv bei einem Ausschlag nach links, negativ bei einem solchen nach rechts rechnen. Es habe sich bei der ersten Vergleichung M_1 auf der rechten, M_2 auf der linken, bei der zweiten also M_2 auf der rechten, M_1 auf der linken Schale befunden; sind die beiden Vergleichungen unter genau gleichen äussern Umständen ausgeführt, und bedeutet f_1 die im ersten, f_2 die im zweiten Fall abgelesene oder aus Schwingungsbeobachtungen nach Anleitung des Art. 119 berechnete (dort allgemein mit $\overline{f}$ bezeichnete) Gleichgewichtslage der Waage, so hat man

$$G_1 - G_2\alpha_1 = \beta_1 + \gamma_1 \operatorname{tg} f_1,$$
$$G_2 - G_1\alpha_1 = \beta_1 + \gamma_1 \operatorname{tg} f_2,$$

also

$$G_1 - G_2 + (G_1 - G_2)\alpha_1 = \gamma_1(\operatorname{tg} f_1 - \operatorname{tg} f_2).$$

Ich nenne λ den Nominalwert des Verhältnisses der beiden Arme der Waage zu einander, das *Hebelverhältnis*, und setze $\alpha_1 = \lambda + \delta_1$, dann ist δ_1 die Abweichung von diesem Nominalbetrag, und es wird

$$(1+\lambda)(G_1 - G_2) = \gamma_1(\operatorname{tg} f_1 - \operatorname{tg} f_2) - (G_1 - G_2)\delta_1,$$

λ ist von vornherein gegeben, δ_1 aber variirt von Wägung zu Wägung. Nun ist δ_1 jedenfalls eine sehr kleine Grösse, sind die bewegenden Kräfte auf die verglichenen Massen einander nahezu gleich, so wird auch $G_1 - G_2$ relativ geringen Betrag haben, und es darf das Glied $(G_1 - G_2)\delta_1$ als Grösse zweiter Ordnung fortgelassen werden. Geschieht das, so hat man

XCII$_1$) $$G_1 - G_2 = \gamma_1 \frac{\operatorname{tg} f_1 - \operatorname{tg} f_2}{1+\lambda}.$$

Die beiden Wägungen reichen also, wenn die Empfindlichkeit bekannt ist, aus die Differenz der bewegenden Kräfte, welche auf die betreffenden Massen wirken, zu bestimmen.

122b. Wägung nach Borda mit Tara (durch Substitution). Das zweite, Borda'sche Verfahren wird als *Wägung durch Substitution* oder *Wägung mit Tara* bezeichnet. Es ist älter als das Gaussische und besteht im wesentlichen darin, dass man die beiden Massen nicht mit einander, sondern jede von ihnen mit einer dritten Masse, die man die *Tara* nennt, vergleicht. Man setzt die Tara auf die eine Schale, z. B. die linke, und die beiden zu vergleichenden Massen nach einander auf die andere, z. B. die rechte Schale. Die Vergleichung von G_1 mit G und G_2 mit G liefert dann die Beziehungen

$$G_1 - G\alpha_1 = \beta_1 + \gamma_1 \operatorname{tg} f_1,$$
$$G_2 - G\alpha_1 = \beta_1 + \gamma_1 \operatorname{tg} f_2,$$

also

XCII$_2$)
$$G_1 - G_2 = \gamma_1(\operatorname{tg} f_1 - \operatorname{tg} f_2).$$

Hier ist nichts zu vernachlässigen, allein trotzdem ist diese Methode, wie wir später sehen werden, sehr im Nachteil gegen die Gaussische.

Noch ein fundamentaler Unterschied besteht zwischen der Gaussischen und Bordaschen Methode; bei jener ist in der Endgleichung das Hebelverhältnis λ der Waage mitenthalten, bei dieser nicht, dort muss also dieses Verhältnis stets gegeben sein, hier ist es ganz gleichgiltig, ob dasselbe bekannt ist oder unbekannt bleibt. Will man dieses Verhältnis doch kennen lernen, so reicht eine Bordasche Wägung nicht aus, wol aber eine Gaussische.

123. Anordnung der einzelnen Wägungen symmetrisch zur Mitte zur Eliminirung stetig vor sich gehender Veränderungen. Die Hauptbedingung für die Anwendbarkeit einer dieser Methoden bestand zunächt darin, dass die Grössen α_1 und β_1 in beiden Wägungsoperationen einen und denselben Wert hatten. Variiren dieselben, so muss jedenfalls die Art, wie sie abändern, bekannt sein. Da jedoch ihre Aenderungen ganz von den Aenderungen der äussern Verhältnisse abhängen, letztere aber sich mit ausreichender Genauigkeit nicht verfolgen lassen, geht man bei allen Wägungen von der einfachen Annahme aus, dass diese Aenderungen der Zeit proportional geschehen, und ordnet die Beobachtungen symmetrisch zur Mitte an. Nach Beendigung der zweiten Wägung führt man diese also nochmals aus und macht dann auch die erste Wägung noch einmal. Nehmen die vier Wägungen, um die es sich dann handelt, jede gleichviel Zeit in Anspruch, und werden sie auch in gleichen Zwischenräumen ausgeführt, so hat man für die vier Beobachtungsgleichungen, wenn $\delta\alpha_1$, bezw. $\delta\beta_1$ die Aenderung, welche α_1 bezw. β_1 von Wäguug zu Wägung erleidet, fixirt

in Gauss' Verfahren	in Bordas Verfahren
$G_1 - G_2\alpha_1 = \beta_1 + \gamma_1 \operatorname{tg} f_1,$	$G_1 - G\alpha_1 = \beta_1 + \gamma_1 \operatorname{tg} f_1,$
$G_2 - G_1(\alpha_1 + \delta\alpha_1) = \beta_1 + \delta\beta_1 + \gamma_1 \operatorname{tg} f_2,$	$G_2 - G(\alpha_1 + \delta\alpha_1) = \beta_1 + \delta\beta_1 + \gamma_1 \operatorname{tg} f_2,$
$G_2 - G_1(\alpha_1 + 2\delta\alpha_1) = \beta_1 + 2\delta\beta_1 + \gamma_1 \operatorname{tg} f_3,$	$G_2 - G(\alpha_1 + 2\delta\alpha_2) = \beta_1 + 2\delta\beta_1 + \gamma_1 \operatorname{tg} f_3,$
$G_1 - G_2(\alpha_1 + 3\delta\alpha_1) = \beta_1 + 3\delta\beta_1 + \gamma_1 \operatorname{tg} f_4,$	$G_1 - G(\alpha_1 + 3\delta\alpha_1) = \beta_1 + 3\delta\beta_1 + \gamma_1 \operatorname{tg} f_4.$

Daraus folgt, wenn wir aus der ersten und vierten Gleichung einerseits und aus der zweiten und dritten andererseits eine Mittelgleichung bilden

$$G_1 - G_2\left(\alpha_1 + \frac{3}{2}\delta\alpha_1\right) = \beta_1 + \frac{3}{2}\delta\beta_1 + \gamma_1\frac{\operatorname{tg} f_1 + \operatorname{tg} f_4}{2},$$

$$G_2 - G_1\left(\alpha_1 + \frac{3}{2}\delta\alpha_1\right) = \beta_1 + \frac{3}{2}\delta\beta_1 + \gamma_1\frac{\operatorname{tg} f_2 + \operatorname{tg} f_3}{2},$$

in Gauss' Verfahren,

$$G_1 - G\left(\alpha_1 + \frac{3}{2}\delta\alpha_1\right) = \beta_1 + \frac{3}{2}\delta\beta_1 + \gamma_1\frac{\operatorname{tg} f_1 + \operatorname{tg} f_4}{2},$$

$$G_2 - G\left(\alpha_1 + \frac{3}{2}\delta\alpha_1\right) = \beta_1 + \frac{3}{2}\delta\beta_1 + \gamma_1\frac{\operatorname{tg} f_2 + \operatorname{tg} f_3}{2},$$

in Bordas Verfahren, und wir bekommen unabhängig von allen der Zeit proportionalen Veränderungen im Hebelverhältnis und in den Gehängen

$$\text{XCII}_3)\quad \begin{cases} G_1 - G_2 = \dfrac{\gamma_1}{1+\lambda}\,\dfrac{\operatorname{tg} f_1 + \operatorname{tg} f_4 - \operatorname{tg} f_2 - \operatorname{tg} f_3}{2} & \text{nach Gauss,} \\[2ex] G_1 - G_2 = \gamma_1\dfrac{\operatorname{tg} f_1 + \operatorname{tg} f_4 - \operatorname{tg} f_2 - \operatorname{tg} f_3}{2} & \text{nach Borda.} \end{cases}$$

Es kommt also vor allem darauf an, die Supposition der Zeit proportional vor sich gehender Veränderungen zu erfüllen, und deshalb hat man alle vier Wägungen rasch hinter einander und in möglichst gleichen Zeitintervallen auszuführen.

124. Vollständige Wägung unter gleichzeitiger Empfindlichkeitsbestimmung. Die Gleichungen enthalten noch die Grösse γ_1, welche durch die Empfindlichkeit der Waage für eine auf die zum Hebelarm l_1 gehörige Schale gelegte Gewichtszulage bestimmt ist. Es sei die bewegende Kraft auf diese Gewichtszulage gleich g. Wir führen im Beginn der Wägungen und am Ende derselben eine Vergleichung von $G_1 + g$ mit G_2 bezw. G aus, und haben infolge dessen noch zwei Gleichungen

$$\left.\begin{aligned} G_1 + g - G_2(\alpha_1 - \delta\alpha_1) &= \beta_1 - \delta\beta_1 + \gamma_1 \operatorname{tg} f_1', \\ G_1 + g - G_2(\alpha_1 + 4\delta\alpha_1) &= \beta_1 + 4\delta\beta_1 + \gamma_1 \operatorname{tg} f_4', \end{aligned}\right\}\ \text{nach Gauss,}$$

$$\left.\begin{aligned} G_1 + g - G\,(\alpha_1 - \delta\alpha_1) &= \beta_1 - \delta\beta_1 + \gamma_1 \operatorname{tg} f_1', \\ G_1 + g - G\,(\alpha_1 + 4\delta\alpha_1) &= \beta_1 + 4\delta\beta_1 + \gamma_1 \operatorname{tg} f_4', \end{aligned}\right\}\ \text{nach Borda.}$$

Bilden wir aus diesen Gleichungen wieder Mittelgleichungen, so erhalten wir zufolge der für die andern Wägungen abgeleiteten Mittelgleichungen in beiden Verfahren

$$\text{XCIII)}\qquad g = \gamma_1\frac{\operatorname{tg} f_1' + \operatorname{tg} f_4' - \operatorname{tg} f_1 - \operatorname{tg} f_4}{2}.$$

Da g als bekannt anzusehen ist, giebt diese Gleichung den Wert von γ_1.

Die Einrichtung der zu guten Wägungen dienenden Waagen selbst zwingt schon den Beobachter, die zu vergleichenden Massen so gegeneinander abzugleichen, dass die auf sie wirkenden bewegenden Kräfte G_1, G_2 sehr nahe einander gleich sind, so dass jedenfalls die beobachteten Ausschläge immer nur so kleine Winkel betreffen, dass die Tangenten mit den Bogen ohne nennenswerte Einbusse an Genauigkeit der Rechnung vertauscht werden dürfen. Wo die zu vergleichenden Massen einmal in Form bestimmter Körper gegeben sind, wird man deshalb zu einer von ihnen oder zu beiden Zulagen, in Gestalt aus einem Gewichtsatz entnommener Gewichte zu machen haben. Wir wollen die eigentlich zu vergleichenden Massen N und P nennen, die bewegenden Kräfte auf dieselben während der Vergleichung $\mathfrak{N}$ und $\mathfrak{P}$; die Masse der zu N zugelegten Gewichtstücke sei n, die der zu P zugelegten p, die bewegenden Kräfte die auf diese Zulagen wirken $\mathfrak{n}$ und $\mathfrak{p}$. N sei die bekannte Masse, P die zu bestimmende, wir setzen daher

$$G_2 = \mathfrak{N} + \mathfrak{n}, \quad G_1 = \mathfrak{P} + \mathfrak{p},$$

und n und p sind so abzumessen, dass $G_1 - G_2$ eine relativ (das heisst in Bezug auf die Empfindlichkeit der Waage) kleine Grösse giebt.

Diese Angaben reichen für eine Wägung nach Bordas Methode aus. Bei Wägungen nach Gauss' Verfahren ist aber noch folgendes zu beachten. Der Balken einer Waage sollte allerdings, wenn er unbelastet ist, in horizontaler Lage im Gleichgewicht sein. Da jedoch die Veränderungen, welchen der Balken durch äussere Einflüsse unterliegt, die beiden Arme und Gehänge desselben in verschiedener Weise beeinflussen werden, variirt die Gleichgewichtslage der unbelasteten Waage.

Wenn daher auch G_1 und G_2 in der Wägung so abgeglichen sind, dass f_1 einen nur kleinen Winkel repräsentirt, kann doch nach Vertauschung der Gewichte mit einander der Ausschlag f_2 erheblicher ausfallen. Will man also auch diesen Ausschlag reduciren, so wird man wieder zu der einen oder andern Masse eine Zulage zu machen haben.

Wir wollen deshalb allgemeiner die Zulagen zu P, abgesehen von der Zulage zur Empfindlichkeitsbestimmung, die wir fortan das *Empfindlichkeitsgewicht* nennen, erst p und nach der Vertauschung der Gewichte p', die zu N erst n und nach Vertauschung der Gewichte n' nennen. Wir haben dann im Gauss'schen Verfahren folgende Anordnung der Wägungen

1)	rechts	$P+p+g$,	links	$N+n$,	Gleichgewichtslage	f_1',
2)	„	$P+p$	„	$N+n$	„	f_1,
3)	„	$N+n'$	„	$P+p'$	„	f_2,
4)	„	$N+n'$	„	$P+p'$	„	f_3,
5)	„	$P+p$	„	$N+n$	„	f_4,
6)	„	$P+p+g$	„	$N+n$	„	f_4'.

Bei einer Wägung nach Borda ist einfacher

1) $P+p+g$	verglichen mit Tara, Gleichgewichtslage	f_1',
2) $P+p$	" " " "	f_1,
3) $N+n$	" " " "	f_2,
4) $N+n$	" " " "	f_3,
5) $P+p$	" " " "	f_4,
6) $P+p+g$	" " " "	f_4',

Wir bezeichnen die Gesammtheit der 6 Wägungen als eine *vollständige Wägung*, jede derselben als *Einzelwägung*.

Sind nun p, n, p', n', g so gewählt, dass alle Ausschläge nur geringe Winkelbeträge erreichen, so ersetzen wir die Tangenten der f durch εf, und indem wir diejenigen f, welche sich auf Wägungen mit denselben Massencombinationen beziehen, zu Mittelwerten vereinigen und

$$\frac{f_1'+f_4'}{2}=\psi_1', \quad \frac{f_1+f_4}{2}=\psi_1, \quad \frac{f_2+f_3}{2}=\psi_2$$

setzen, wird

$$\text{XCIV)}\begin{cases} \mathfrak{P}-\mathfrak{N}=\left\{(\mathfrak{n}'-\mathfrak{p})+\lambda(\mathfrak{n}-\mathfrak{p}')+g\dfrac{\psi_1-\psi_2}{\psi_1'-\psi_1}\right\}\dfrac{1}{1+\lambda} \text{ nach Gauss,} \\ \mathfrak{P}-\mathfrak{N}=\mathfrak{n}-\mathfrak{p}+g\dfrac{\psi_1-\psi_2}{\psi_1'-\psi_1} \text{ nach Borda.} \end{cases}$$

Wir können für beide Fälle die erste Formel beibehalten, indem wir festsetzen, dass in Bordas Verfahren $\lambda=0$ gesetzt werden soll.

Die Waagen, mit denen der Physiker es besonders zu tun hat, sind gleicharmig, für sie ist also $\lambda=1$ und in einer Gaussischen Wägung

$$\text{XCV}_1) \qquad \mathfrak{P}-\mathfrak{N}=\frac{\mathfrak{n}+\mathfrak{n}'}{2}-\frac{\mathfrak{p}+\mathfrak{p}'}{2}+\frac{g}{2}\frac{\psi_1-\psi_2}{\psi_1'-\psi_1},$$

oder wenn wir die bewegende Kraft auf das Mittel der Zulagen zu P mit $(\mathfrak{p})$ und die auf das Mittel der Zulagen zu N mit $(\mathfrak{n})$ bezeichnen

$$\text{XCV}_2) \qquad \mathfrak{P}-\mathfrak{N}=(\mathfrak{n})-(\mathfrak{p})+\frac{g}{2}\frac{\psi_1-\psi_2}{\psi_1'-\psi_1}.$$

Die Gleichung für eine Wägung nach Bordas Methode hängt nicht vom Hebelverhältnis der Waage ab.

125. Unabhängigkeit vom Ausgangspunkt der Ausschlagmessungen. Die Formeln, zu denen wir im Ganzen bisher gelangt sind, sind darum besonders bemerkenswert, weil in ihnen nur Differenzen der ψ auftreten. Es ist also völlig gleichgiltig, von welcher Stelle aus diese Ausschläge gezählt werden, und das ist von grossr praktischer Bedeutung, denn die verticale Ebene, von der aus sie einzeln zu zählen wären, lässt sich nicht gut angeben. Doch sind wir zu dieser Vereinfachung nur gelangt, indem wir die Tangenten mit den Bögen vertauscht haben, sie greift also auch nur Platz, wo wir es mit kleinen Ausschlägen zu tun haben.

126 a. Einfluss des Heraustretens der drei Axen aus einer Ebene. Wir haben bisher vorausgesetzt, dass die drei Axen der Waage alle einander parallel sind, und dass sie in einer und derselben Ebene liegen. Da die letztere Voraussetzung in der Praxis am wenigsten als erfüllt erhofft werden darf, weil man ihr ja überhaupt im günstigsten Fall nur für eine einzige Belastung gerecht werden kann, so wollen wir noch zusehen, welche Vernachlässigungen durch Einführung dieser Voraussetzung begangen werden. Nach Art. 113_2 ist, wenn die drei Axen nicht in einer Ebene liegen

$$\gamma_1 = \frac{B}{l_1} = \frac{1}{l_1}(\Gamma\xi_0 + G_1\xi_1 + G_2\xi_2 + g_1\xi_1 + g_2\xi_2),$$

woselbst Γ, g_1, g_2 die bewegenden Kräfte sind, denen der Balken und die beiden Gehänge (mit den Schalen) unterliegen.

Machen wir nun zwei Wägungen nach Gauss' Methode mit Vertauschung der Gewichte, so geht γ_1 bei der zweiten Wägung über in

$$\gamma_1'' = \frac{1}{l_1}(\Gamma\xi_0 + G_2\xi_1 + G_1\xi_2 + g_1\xi_1 + g_2\xi_2).$$

Wir haben also, wenn der erste Wert von γ_1 mit γ_1' bezeichnet wird

$$\gamma_1'' = \gamma_1' + (G_1 - G_2)(\xi_2 - \xi_1)\frac{1}{l_1}.$$

Führt man noch eine Wägung zur Bestimmung der Empfindlichkeit aus, indem man das Empfindlichkeitsgewicht zu G_1 hinzufügt, so wird für diese Wägung

$$\gamma_1^{(0)} = \gamma_1' + \frac{1}{l_1}g\xi_1.$$

Alle drei Wägungen geben also

$$\begin{aligned} G_1 + g - G_2\alpha_1 &= \beta_1 + \left(\gamma_1' + \frac{1}{l_1}g\xi_1\right)\operatorname{tg} f_1', \\ G_1 - G_2\alpha_1 &= \beta_1 + \gamma_1' \operatorname{tg} f_1, \\ G_2 - G_1\alpha_1 &= \beta_1 + \gamma_1' \operatorname{tg} f_2 + (G_1 - G_2)\frac{\xi_2 - \xi_1}{l_1}\operatorname{tg} f_2. \end{aligned}$$

Hieraus folgt zunächst

$$\gamma_1' = g\left(1 - \frac{\xi_1}{l_1}\operatorname{tg} f_1'\right)\frac{1}{\operatorname{tg} f_1' - \operatorname{tg} f_1},$$

und weiter

$$\text{XCVI}_1)\qquad G_1 - G_2 = g \cdot \frac{1 - \frac{\xi_1}{l_1}\operatorname{tg} f_1'}{1 + \lambda + \frac{\xi_2 - \xi_1}{l_1}\operatorname{tg} f_2} \cdot \frac{\operatorname{tg} f_1 - \operatorname{tg} f_2}{\operatorname{tg} f_1' - \operatorname{tg} f_1}.$$

Setzen wir den Wert, welcher für $G_1 - G_2$ resultirt, wenn die 3 Axen alle in einer Ebene liegen gleich ΔG, so wird hiernach bis auf Grössen höherer Ordnung

$$\text{XCVI}_2) \qquad G_1 - G_2 = \Delta G\left(1 - \frac{\varepsilon}{l_1}\left(\xi_1 f_1' + \frac{\xi_2 - \xi_1}{1+\lambda} f_2\right)\right).$$

Das Correctionsglied innerhalb der Klammer ist in praktischen Fällen so klein, dass es als ohne jede Bedeutung fortgelassen werden darf, denn selbst in so ungünstigen numerischen Verhältnissen, wie $\xi_1 = 1$ mm, $\xi_2 = -1$ mm, $f_1' = f_2 = 1° = 3600''$, $l_1 = 200$ mm, giebt dasselbe noch nicht $\frac{1}{5000}$.

Im Borda'schen Verfahren hätten wir

$$\text{XCVI}_3) \qquad G_1 - G_2 = \Delta G\left(1 - \frac{\varepsilon}{l_1}\xi_1(f_1' - f_2)\right).$$

Das Correctionsglied ist von der nämlichen Grössenordnung wie bei den Formeln in der Gaussischen Wägungsanordnung.

Es erhellt aber auch hieraus wie vorteilhaft es ist, die Zulagen zu den zu vergleichenden Massen so einzurichten, dass die Ausschläge der Waage so klein als möglich ausfallen, damit die zu bestimmende Differenz der bewegenden Kräfte der Null so nahe als möglich kommt.

126b. Einfluss einer etwaigen Nichtparallelität der drei Axen. Wir können hieran gleich einige Bemerkungen über den Einfluss einer etwaigen Nichtparallelität der drei Axen auf das Wägungsergebnis schliessen. Nach Art. 116 waren bis auf Glieder dritter Ordnung, die wegen Abweichungen in den Richtungen der Axen auf der rechten Seite der Gleichgewichtsbedingung noch zu berücksichtigenden Terme

$$g_0'(M'-\mu')\,\xi_0'\sin\Theta'\,(\operatorname{tg}f\cos\Phi' - \sin\Phi')\left(\sin\vartheta - \sin\Theta'\,(\cos f\cos\Phi' + \sin f\sin\Phi')\right),$$
$$+g_0''(M''-\mu'')\,\xi_0''\sin\Theta''(\operatorname{tg}f\cos\Phi'' - \sin\Phi'')\left(\sin\vartheta - \sin\Theta''(\cos f\cos\Phi'' + \sin f\sin\Phi'')\right).$$

Handelt es sich, wie wir annehmen wollen, um geringe Ausschläge, so ist $\cos f = 1$ zu setzen, und es wird die Summe jener Terme unter Fortlassung von Gliedern dritter Ordnung gleich

$$\begin{aligned}\operatorname{tg}f\{&g_0'(M'-\mu')\xi_0'\sin\Theta'\cos\Phi'(\sin\vartheta - \sin\Theta'\cos\Phi')\\ &+ g_0''(M''-\mu'')\xi_0''\sin\Theta''\cos\Phi''(\sin\vartheta - \sin\Theta''\cos\Phi'')\}\\ +\sin f\{&g_0'(M'-\mu')\xi_0'\sin^2\Theta'\sin^2\Phi' + g_0''(M''-\mu'')\xi_0''\sin^2\Theta''\sin^2\Phi''\}\\ &-g_0'(M'-\mu')\xi_0'\sin\Theta'\sin\Phi'(\sin\vartheta - \sin\Theta'\cos\Phi')\\ &-g_0''(M''-\mu'')\xi_0''\sin\Theta''\sin\Phi''(\sin\vartheta - \sin\Theta''\cos\Phi'').\end{aligned}$$

Indem wir jetzt $\sin f$ mit $\operatorname{tg} f$ vertauschen und die constanten (das heist von f unabhängigen Glieder)

$$\sin\Theta' \cos\Phi' (\sin\vartheta - \sin\Theta' \cos\Phi') + \sin^2\Theta' \sin^2\Phi' = a',$$
$$\sin\Theta'' \cos\Phi'' (\sin\vartheta - \sin\Theta'' \cos\Phi'') + \sin^2\Theta'' \sin^2\Phi'' = a''$$

setzen, wird die Summe der von f abhängigen Correctionsglieder

$$\operatorname{tg} f \{a' g_0' (M' - \mu') \xi_0' + a'' g_0'' (M'' - \mu'') \xi_0''\}.$$

Offenbar können wir diese Glieder mit denjenigen, welche resultiren, wenn die drei Axen nicht in einer Ebene liegen, vereinigen. Es bleiben also auch alle vorstehend erlangten Formeln stehen, nur dass an Stelle der Grössen ξ_1, ξ_2 andere, nämlich die $\xi_1 - a'\xi_0'$ bezw. $\xi_2 - a''\xi_0''$ treten, a' und a'' sind unter allen Umständen sehr kleine Grössen, da sie mindestens von der Ordnung ε^2 sind. Haben wir es nicht gerade mit ganz besonders langen Gehängen zu tun, so spielen also die in den Formeln XCVI) angegebenen Correctionsglieder jetzt ebenso wenig eine Rolle wie früher.

Die andern von f unabhängigen Glieder geben, indem

$$-\sin\Theta' \sin\Phi' (\sin\vartheta - \sin\Theta' \cos\Phi') = b',$$
$$+\sin\Theta'' \sin\Phi'' (\sin\vartheta - \sin\Theta'' \cos\Phi'') = b'',$$

gesetzt wird

$$g_0'(M' - \mu')\xi_0' b' - g_0''(M'' - \mu'')\xi_0'' b'',$$

oder unter Einführung der bewegenden Kräfte auf die zu vergleichenden Massen und die Gehänge

$$G_1 \xi_0' b' - G_2 \xi_0'' b'' + g_1 \xi_0' b' - g_2 \xi_0'' b''.$$

Die Differenz $g_2 \xi_0'' b'' - g_1 \xi_0' b''$ dividirt durch l_1 giebt eine Grösse ganz derselben Art wie β_1.

Hiernach können wir, indem noch $\xi_0' b'/l_1 = \lambda_1'$, $\xi_0'' b''/l_1 = \lambda_1''$ gesetzt wird, die Gleichgewichtsbedingung auch schreiben

$$G_1(1 + \lambda_1') - G_2(\alpha_1 + \lambda_1'') = \beta_1 + \gamma_1 \operatorname{tg} f,$$

und das ist, da wir durch $1 + \lambda_1'$ noch dividiren können, genau dieselbe Form, wie sie für parallele Axen galt. Es ändert sich also nichts weiter als die Definition der so wie so erst durch die Wägungen zu bestimmenden Grössen α_1, β_1, γ_1. Zwar sind strenggenommen diese Grössen jetzt nicht mehr ganz constant, denn indem man Gewichte vertauscht oder durch andere ersetzt, ändern sich ξ_0' und ξ_0'' und damit auch λ_1', λ_1'', aber da die b', b'' sehr kleine Zahlen angeben, darf man von diesen Aenderungen völlig absehen.

Wir kommen also zu dem relativ sehr günstigen schon von Herrn Thiesen in seiner Seite 420 citirten Arbeit hervorgehobenem Resultat, dass geringe Abweichungen der Richtungen der Schneiden von einander in der Berechnung der Wägungsergebnisse als ganz einflusslos behandelt werden dürfen. Das gilt aber nur für die Berechnung, für die Wägungen selbst können sie von sehr grosser Bedeutung werden, weil wir eben mehrere Einzelwägungen auszuführen haben. Doch ist das Nötige schon in Art. 109 und 114 gesagt.

Nach alledem können wir bei allen Formeln und Ergebnissen des Art. 124 stehen bleiben, und die dort über die Anordnung der Einzel-Wägungen, Wahl der Zulagegewichte und des Empfindlichkeitsgewichtes und über die Berechnung des Endresultats gemachten Bemerkungen behalten allgemeine Giltigkeit.

127. Uebergang von den bewegenden Kräften auf die Massen. Von den bewegenden Kräften, über deren Bestimmung im vorstehenden alles Nötige gesagt ist, haben wir nunmehr auf die Massen selbst überzugehen. Die folgenden Untersuchungen sind nicht schwerer für eine beliebige Zahl von Einzelkörpern durchzuführen als für zwei, wir nehmen daher allgemein an, es bestehe die Masse, welche die bewegende Kraft G_1 erleidet aus den n_1 Einzelmassen $M_1', M_2', \ldots, M_{n_1}'$, die, auf welche die bewegende Kraft G_2 ausgeübt wird, aus den n_2 Einzelmassen $M_1'', M_2'', \ldots, M_{n_2}''$, das Empfindlichkeitsgewicht g besitze aber die Masse m'. Wir haben dann, indem die in den Schwerpunkten dieser Körper herrschenden Beträge der beschleunigenden Kraft der Erde mit $g_1', g_2', \ldots, g_{n_1}'$ bezw. $g_1'', g_2'', \ldots, g_{n_2}''$ bezw. g' bezeichnet werden, und $\mu_1', \mu_2', \ldots, \mu_{n_1}'$ bezw. $\mu_1'', \mu_2'', \ldots, \mu_{n_2}''$ bezw. μ', die von den einzelnen Körpern verdrängten Massen der dieselben umgebenden Medien anzeigen,

$$\text{XCVII)}\quad \begin{cases} G_1 = g_1'(M_1' - \mu_1') + g_2'(M_2' - \mu_2') + \cdots + g_{n_1}'(M_{n_1}' - \mu_{n_1}'), \\ G_2 = g_1''(M_1'' - \mu_1'') + g_2''(M_2'' - \mu_2'') + \cdots + g_{n_2}''(M_{n_2}'' - \mu_{n_2}''), \\ g = g'(m' - \mu'). \end{cases}$$

Die ausgeführte Wägung ergiebt also die Gleichung

$$\text{XCVI)}\quad \sum_{\varkappa=1}^{\varkappa=n_1} \frac{g_\varkappa'}{g'}(M_\varkappa' - \mu_\varkappa') - \sum_{\varkappa=1}^{\varkappa=n_2} \frac{g_\varkappa''}{g'}(M_\varkappa'' - \mu_\varkappa'') = \frac{(m' - \mu')}{1 + \lambda}\,\frac{\psi_1 - \psi_2}{\psi_1' - \psi_1},$$

woselbst für eine Borda'sche Wägung $\lambda = 0$ zu setzen ist.

Die beschleunigende Kraft der Erde ist zwar — nähere Angaben folgen bald — abhängig von der Lage und Höhe des betreffenden Ortes und oft auch von besondern localen Verhältnissen; in unserer Formel kommen aber nur Quotienten der verschiedenen g durch das g' vor, und diese Quotienten können nur noch von den Höhen abhängen, in welchen die Schwerpunkte der einzelnen Massen über dem Schwerpunkt des Empfindlichkeitsgewichts sich befanden. Es seien diese Differenzen in den Höhen der Schwerpunkte der einzelnen Massen gegenüber der Höhe des Schwerpunkts des Empfindlichkeitsgewichts, also die verticalen Abstände der Schwerpunkte der einzelnen Massen von dem Schwerpunkt des Empfindlichkeitsgewichts $H_1', H_2', \ldots, H_{n_1}'$; $H_1'', H_2'', \ldots, H_{n_2}''$ positiv von unten nach oben gerechnet und in Centimeter ausgedrückt, dann ist, wie die Erfahrung gelehrt hat, allgemein

$$\frac{g'_x}{g'} = 1 - 0{,}000021\frac{H'_x}{10000}, \quad \frac{g''_x}{g'} = 1 - 0{,}000021\frac{H''_x}{10000}.$$

So können also die Factoren der $M - \mu$ leicht berechnet werden.

Die Abweichung der Verhältnisse der g von 1 ist aber nur in den allergenauesten Untersuchungen zu berücksichtigen, meist kann man sie ohne weiteres vernachlässigen. Wir haben jetzt die Grössen μ einer Untersuchung zu unterziehen. Es werden offenbar die verdrängten Massen von den Voluminibus der einzelnen Körper und den Dichtigkeiten der umgebenden Medien bestimmt. Bezeichnen wir die letztern in der Folge der Körper, welche sie umgeben, mit $s'_1, s'_2, \ldots, s'_{n_1}; s''_1, s''_2, \ldots, s''_{n_2}; s'$, und die Volumina dieser Körper mit $V'_1, V'_2, \ldots, V'_{n_1}; V''_1, V''_2, \ldots, V''_{n_2}; v'$, so wird

$$\mu'_x = V'_x s'_x, \quad \mu''_x = V''_x s''_x, \quad \mu' = v' s'.$$

Die V, v dürfen allein als Functionen der Temperaturen der betreffenden Körper angesehen werden.

Es seien allgemein $(V'_x)_0$, $(V''_x)_0$, $(v')_0$ die Volumina der betreffenden Körper bei der Temperatur des schmelzenden Eises, 0°; geben t'_x, t''_x, t' die Temperaturen der Körper und α'_x, α''_x, α' die mittlern linearen Ausdehnungscoefficienten von deren Substanzen, so haben wir

$$\text{XCVIII)} \quad V'_x = (V'_x)_0(1 + 3\alpha'_x t'_x), \quad V''_x = (V''_x)_0(1 + 3\alpha''_x t''_x), \quad v' = (v')_0(1 + 3\alpha' t').$$

Was die Dichtigkeiten s in den umgebenden Medien anbetrifft, so hängen dieselben ebenfalls unter allen Umständen von den Temperaturen in diesen Medien an den Stellen ab, wo die sie verdrängenden Körper sich befinden. Es brauchen aber diese Temperaturen nicht dieselben zu sein, welche die Körper selbst zeigen, vielmehr gelten für sie diejenigen Beträge, welche die Medien in der Umgebung dieser Körper aufweisen, ich bezeichne deshalb diese auf die verdrängten Massen sich beziehenden Temperaturen allgemein mit τ'_x, τ''_x, τ'. Für diejenigen umgebenden Medien, welche Flüssigkeiten sind, reicht die Berücksichtigung der Abhängigkeit von der Temperatur in den meisten praktischen Fällen vollständig aus. Bei Gasen und Dämpfen spielt aber die Abhängigkeit vom Druck eine sehr bedeutende Rolle.

Bestimmt wird die Abhängigkeit der Dichtigkeit eines Mediums von Temperatur und Druck durch die sogenannte *Zustandsgleichung* desselben. Bekanntlich besitzen wir aber noch keine Form für diese Zustandsgleichung, die zugleich als physikalisch genügend begründet und den Erfahrungen entsprechend bezeichnet werden könnte. Es existiren aber viele Formen, die sich als mehr oder weniger hinreichend zur Darstellung der factischen Verhältnisse erwiesen haben. Für unsere Zwecke können wir von den einfachsten derselben Gebrauch machen, denn Wägungen als solche unter so besonderen Verhältnissen, dass er zu verwickelten Gleichungen greifen müsste, wird der Physiker auszuführen wol nicht leicht in die Lage kommen. Doch sollen später einige weitergehende Bemerkungen noch nachgeholt werden.

Ich bezeichne mit $(s'_\varkappa)_0$, $(s''_\varkappa)_0$, $(s')_0$ die Werte der Dichtigkeiten unter einem Druck p bei der Temperatur des schmelzenden Eises, 0°; mit $f'_\varkappa(\tau)$, $f''_\varkappa(\tau)$, $f'(\tau)$ die Ausdehnung der betreffenden Medien, bezogen auf Volumeneinheit von 0° bis τ°, dann ist

$$\text{IC)}\quad s'_\varkappa = (s'_\varkappa)_0 \frac{1}{1+f'_\varkappa(\tau'_\varkappa)},\quad s''_\varkappa = (s''_\varkappa)_0 \frac{1}{1+f''_\varkappa(\tau''_\varkappa)},\quad s' = (s')_0 \frac{1}{1+f'(\tau')}.$$

Man stellt die f in Form von Potenzreihen dar, oder giebt ihre Werte für verschiedene Temperaturen direct an. Die Erfahrung lehrt, dass man in solchen Verhältnissen, wie sie bei Wägungen gewöhnlich vorkommen, bei Gasen und Dämpfen die f direct proportional der Temperatur setzen darf, die Proportionalitätsfactoren heissen die mittlern kubischen Ausdehnungscoefficienten. Zwar zeigen diese Coefficienten noch eine Abhängigkeit vom Druck, aber diese ist nicht bedeutend genug, um bei Wägungen noch Berücksichtigung finden zu müssen. Bei Flüssigkeiten bedarf es zur Darstellung der f wol dreier oder vierer Terme, so dass diese Functionen 3 oder 4 Coefficienten enthalten, oft aber gelingt es den Erfahrungen durch eine Potenzreihe nur in einem sehr engen Temperaturintervall zu genügen.

Die $(s)_0$ sind bei Flüssigkeiten als vom Druck unabhängig zu betrachten; will man rigoros verfahren, so kann man auch die immerhin bei allen Flüssigkeiten vorhandene Compressibilität in folgender Weise berücksichtigen. Es bezeichne $(S_\varkappa)_0$ den Wert eines einer Flüssigkeit zugehörigen $(s_\varkappa)_0$ bei einem bestimmten Ausgangsdruck P, zum Beispiel dem gewöhnlich Atmosphärendruck genannten, giebt $\gamma_\varkappa$ den Compressionscoefficienten an, das heisst die Abnahme einer Volumeneinheit der Flüssigkeit an Volumen für eine Zunahme des Druckes um einen dem Ausgangsdruck gleichen Betrag, so hat man für jeden andern Druck p

$$\text{C)}\qquad (s_\varkappa)_0 = (S_\varkappa)_0 \left(1 + \gamma_\varkappa \frac{p}{P}\right).$$

Bei Gasen und Dämpfen halten wir uns an das von Boyle angegebene Gesetz, wonach die Dichtigkeit dem Drucke proportional anwächst. Sei also $(\sigma_i)_0$ die Dichtigkeit eines Gases oder Dampfes bei der Temperatur 0° und unter einem Druck P, dann ist für irgend einen andern Druck p_i

$$\text{CI}_1\text{)}\qquad (s_i)_0 = (\sigma_i)_0 \frac{p_i}{P}.$$

σ hängt ausser von der Beschaffenheit des Mediums von der Annahme für P ab. Wir verstehen fortan unter P denjenigen Druck, welchen eine Quecksilbersäule von 0° Temperatur und 76 cm Höhe unter der geographischen Breite 45° im Niveau des Meeres auf eine Unterlage vom Inhalt einer Flächeneinheit, 1 qcm, ausübt. Ist nun δ_0 die Dichtigkeit (die Masse eines

Kubikcentimeters) des Quecksilbers bei 0°, so wird die Masse der betreffenden Säule $76.\delta_0$ g, folglich, wenn g_{45° die beschleunigende Kraft der Erde unter 45° geographischer Breite im Niveau des Meeres angiebt,

$$P = 76.\delta_0.g_{45^\circ}.$$

Messen wir jetzt p durch den Druck einer Quecksilbersäule, welche bei der Temperatur $t_q{}^\circ$ die Höhe h in Centimeter zeigt, so wird, wenn man den kubischen Ausdehnungscoefficient des Quecksilbers mit β_q bezeichnet und die beschleunigende Kraft der Schwere an dem betreffenden Ort und in der Höhe über der Meeresoberfläche, wo die Wägung ausgeführt wird, (g) heisst, weil die Masse der Quecksilbersäule pro Querschnittseinheit $h\delta_0/(1+\beta_q t_q)$ ist,

$$\text{CII)} \qquad p = h\frac{\delta_0}{1+\beta_q t_q}(g)$$

und wir bekommen hiernach

$$\text{CI}_2) \qquad (s_i)_0 = (\sigma_i)_0 \frac{h}{1+\beta_q t_q}\frac{1}{76}\frac{(g)}{g_{45^\circ}}.$$

Da (g) eine Funktion der Lage des Ortes ist, an welcher die Wägungen ausgeführt werden sollen, würde es eigentlich am besten sein, wenn man es für diesen Ort besonders bestimmte. Indessen reicht es für die Reduction von Wägungen meist aus, von allgemeinen Ergebnissen Gebrauch zu machen. Die Erfahrung lehrt, dass man die beschleunigende Kraft der Erde annähernd als allein von der geographischen Breite und der Höhe abhängig ansehen darf. Ist die geographische Breite des betreffenden Ortes gleich φ, die Höhe, in welcher die Wägungen ausgeführt werden, über dem Meeresspiegel gemessen in Centimeter gleich H, so gilt die Beziehung

$$\text{CIII)} \qquad (g) = g_{45^\circ}(1 - 0{,}00257\cos 2\varphi)\left(1 - 0{,}000021\frac{H}{10000}\right),$$

und es wird

$$\text{CI}_3) \quad (s_i)_0 = (\sigma_i)_0\frac{h}{1+\beta_q t_q}\frac{1}{76}(1 - 0{,}00257\cos 2\varphi)\left(1 - 0{,}000021\frac{H}{10000}\right).$$

Wir wenden diese Formel auf Gase wie auf Dämpfe gleichmässig an. Bei Wägungen hat man es meist nicht mit einfachen Gasen oder Dämpfen, sondern mit Gemischen von verschiedenen Gasen oder von Gasen und Dämpfen zu tun. Hinsichtlich der Mischung von Gasen und Dämpfen hat aber die Erfahrung zu dem Ergebnis geführt, dass dieselbe ganz ohne jede Contraction oder Dilatation vor sich geht, dass also jedes Gas in dem betreffenden Raume gemischt mit den andern Gasen oder Dämpfen genau dieselbe Dichtigkeit hat, die es zeigen würde, wenn es in diesem Raume für sich allein existirte.

Es seien jetzt p', p'', p''', ...; die Drucke, welche die Gase oder Dämpfe für sich, wenn sie einzeln in dem betreffenden Raum existirten, ausüben würden. Kennen wir die Dichtigkeiten s', s'', s''',..., die sie, wieder jedes für sich, bei einer bestimmten Temperatur und unter einem bestimmten Druck (p) besitzen, so sind ihre wirklichen Dichtigkeiten bei den obigen Drucken nach dem Boyleschen Gesetz, dem die Gase und Dämpfe der obigen Erfahrung gemäss auch in der Mischung ganz unabhängig von einander folgen,

$$\frac{p'}{(p)}s',\ \frac{p''}{(p)}s'',\ \frac{p'''}{(p)}s''',\ldots$$

Folglich haben wir, wieder nach dem oben angegebenen Erfahrungssatz, für die Dichtigkeit des Gemisches unter dem Druck p, den dasselbe zeigt, und bei derselben Temperatur, die früher angenommen ist,

CIV) $$s=\frac{p'}{(p)}s'+\frac{p''}{(p)}s''+\frac{p'''}{(p)}s'''+\cdots$$

(p) ist ein ganz willkührlich angenommener Druck, nämlich derjenige Druck, für welchen zufällig die Dichtigkeiten s', s'', s''',... der einzelnen Componenten des Gemisches bekannt sind. Aendert sich (p), so ändern sich auch die s', s'', s''',..., aber die $s'/(p)$, $s''/(p)$, $s'''/(p)$ behalten immer denselben Wert.

Was aber den Druck p betrifft, den das Gemisch zeigt, so darf derselbe mit ausreichender Genauigkeit als Summe der Drucke p', p'', p''',... berechnet werden, die die einzelnen Componenten in dem betreffenden Raum bei der betreffenden Temperatur jede für sich ausüben würde, wenn sie daselbst allein existirte, es ist also

CV) $$p=p'+p''+p'''+\cdots$$

zu setzen. p ist der Totaldruck, die p', p'', p''' werden als *Partialdrucke* der einzelnen Componenten bezeichnet.*)

In Worte können wir diese Ergebnisse der Erfahrung dahin zusammenfassen, dass wir sagen: Wird ein Körper von einem Gemisch aus Gasen und Dämpfen umgeben, so ist die von ihm verdrängte Masse des Gemisches aus der Summe der verdrängten Massen der einzelnen Componenten zu berechnen, jede dieser Componenten als in dem betreffenden Raume bei der betreffenden Temperatur für sich allein existirend gedacht.

Bis hierher sind die Entwickelungen ganz allgemein geführt; wir haben nunmehr auf diejenigen speciellen Verhältnisse überzugehen, welche praktisch von Bedeutung sind.

---

*) Es ist eigentlich ganz selbstverständlich, dass durch die obige Gleichung für p nichts anderes ausgedrückt wird, als dass der Totaldruck aus den Partialdrucken summatorisch berechnet werden kann, keineswegs involvirt die Benutzung dieser Gleichung zugleich die Annahme, dass die einzelnen Teile des Gemisches in dem Gemisch wirklich nur unter ihren Partialdrucken stehen.

XIX. Wägungen in der Luft zu Massenbestimmungen.

128. Ableitung der Gleichung für das Luftgewicht. Wägungen, wenn sie keinen andern Zweck verfolgen als eine Masse mit Hilfe einer andern bekannten Masse zu bestimmen, werden immer in Luft als umgebendem Medium ausgeführt. Die Luft ist zunächst ein Gemisch von Stickstoff und Sauerstoff, und zwar kommen diese beiden Gasarten, soweit die bisherigen Erfahrungen reichen, immer und überall, wo die freie Atmosphäre ungehinderten Zutritt hat, in denselben Verhältnissen vor. Ausserdem sind der Luft in variabeln Mengen noch beigemischt Kohlensäure, Ammoniakdampf, Wasserdampf u. s. f. Für Wägungen, welche immer in Räumen ausgeführt werden müssen, die von fremden Gasen so frei als möglich sind, kommen nur Wasserdampf und allenfalls Kohlensäure als Gemengteile der Luft in Betracht. Wir hätten es also mit 4 Bestandteilen zu tun. Inzwischen ist die Luft als Gemisch ihrer beiden Hauptcomponenten Stickstoff und Sauerstoff, wir wollen eine solche Luft *reine*, *trockene Luft* nennen, so sorgfältig und in jeder Beziehung, so genau namentlich durch Regnault untersucht, dass die Angaben für sie nicht erst aus denen ihrer Componenten berechnet zu werden brauchen, zumal ja, wie schon bemerkt, reine Luft procentisch immer aus denselben Mengen Sauerstoff und Stickstoff gebildet ist. Wir setzen also reine trockene Luft als einen Bestandteil, Wasserdampf und Kohlensäure als andere Bestandteile der gewöhnlichen Luft.*)

Von den Bezeichnungen unserer frühern Formeln, sollen sich s und p auf das Gemisch dieser drei Bestandteile beziehen, p', s' gehören der reinen, trockenen Luft, p'', s'' dem Wasserdampf, p''', s''' der Kohlensäure an. Der Druck (p), für welchen die Dichtigkeiten s', s'', s''' als bekannt angenommen

---

*) Die nachfolgenden Entwicklungen dieses Artikels, die spätern Zahlen- und Tabellenangaben schliessen sich bis auf einige Aenderungen und Erweiterungen an die für die Kaiserl. Normal-Aichungs-Kommission von Foerster ausgearbeiteten Darlegungen unter dem Titel „Metronomische Beiträge No. I mit Hilfstafeln zur Berechnung von Volumen- und Gewichtsbestimmungen mit Rücksicht auf die Schwankungen der Dichtigkeit des Wassers und der Luft und auf die unter dem Einfluss der Wärme stattfindenden Veränderungen der Dimensionen der zu messenden und zu wägenden Körper" an. Jahrelanger Gebrauch bei den feinsten Maassbestimmungen hat ihre Bequemlichkeit und Genauigkeit erprobt. Bei dem dermaligen Stande unserer Wissenschaft kann es noch gar keinen Wert haben Aenderungen etwa zur Erzielung grösserer Schärfe anzubringen. Gerade der Umstand, dass alle Normal-Gewichte von der Kommission ausgegeben, also auch mit Hilfe der dort üblichen Reductionselemente bestimmt werden, lässt solche Aenderungen, bis weitere genauere Untersuchungen vorliegen, als unzweckmässig erscheinen. Die Berechnung des Luftgewichts ist aber in dieser mittlerweile ja bei den Physikern vielfach schon in Gebrauch genommenen Foersterschen Abhandlung bequem und sicher eingerichtet. Wenigstens weiss ich selbst nichts besseres zu geben.

werden, sei gleich dem Druck der reinen trockenen Luft unter den gegebenen Verhältnissen. Wir haben dann $(p) = p'$, und indem wir

$$\frac{s'' - s'}{s'} = \Delta_2, \quad \frac{s''' - s'}{s'} = \Delta_3$$

setzen und beachten, dass $p = p' + p'' + p'''$ ist, wird nach CIV)

$$s = \frac{s'}{p'}(p + p''\Delta_2 + p'''\Delta_3).$$

Würde Wasserdampf genau dem Verhalten idealer Gase folgen, so wäre Δ_2 eine von der Temperatur unabhängige Grösse, tatsächlich ist das nicht der Fall; nach Clausius*) kann man für gesättigten Wasserdampf

$$\frac{s'}{s''} = M - N\alpha^t$$

setzen, woselbst

$$M = 1{,}663, \; N = 0{,}0553, \; \alpha = 1{,}00716$$

ist und t die an einem hundertteiligen Thermometer abgelesene Temperatur angiebt. Darnach wäre

$$\Delta_2 = -\frac{0{,}663 - 0{,}0553\,(1{,}00716)^t}{1{,}663 - 0{,}0553\,(1{,}00716)^t}$$

oder mit für geringe Temperaturen genügender Annäherung

$$\Delta_2 = -0{,}399 + 0{,}02(1{,}00716)^t.$$

Das von t abhängige Glied giebt für $t = 0°$, $10°$, $20°$, $30°$ der Reihe nach die Zahlen 0,020; 0,021; 0,023; 0,025, und da bei Wägungen die Temperatur selten 30° C. übersteigen, p'' also nicht höher als 3,2 cm ausfallen wird, p' dagegen bei gewöhnlichen Druckverhältnissen gleich 76 cm gesetzt werden darf, beträgt die ganze Variation von $\frac{s'}{p'}p''\Delta_2$ infolge einer Temperaturerhöhung von 0° bis 30° höchstens 0,0002 s'. Die Dichtigkeit s' variirt schon pro 1° C. um 0,00367 s'. Vernachlässigen wir also die Veränderlichkeit von Δ_2, so ist das gleichbedeutend mit Ausserachtlassung einer Tempervariation von weniger als 6 Hundertteil eines Grades der hundertteiligen Scale. Daraus folgt, dass wir unter Beziehung auf mittlere Verhältnisse das Δ_2 als Constante behandeln und gleich $-0{,}377$ setzen dürfen. Die obigen Ergebnisse gelten freilich streng nur für gesättigten Wasserdampf, man darf sie aber unbedenklich auch auf nicht gesättigte Zustände der Atmosphäre anwenden. Die Einbusse an Genauigkeit ist hier noch geringer als im gesättigten Zustande.

Die Kohlensäure kommt in einer Atmosphäre, wo gute Luft herrscht in so geringer Quantität vor, dass eine eventuelle Veränderlichkeit von Δ_3 mit der Temperatur gar nicht ins Gewicht fällt. Wir setzen deshalb allgemein

*) Mechanische Wärmetheorie. Zweite Ausgabe, Bd. I, Seite 158.

nach bekannten Bestimmungen für die Dichtigkeit der Kohlensäure $\Delta_3 = +0{,}52$. Für dieses Gas dürfen wir auch für p'''/p' einen constanten Wert nämlich etwa 0,0004 einführen. Nach alledem wird

$$\text{CIV}_1) \qquad s = s'\left(\frac{p - 0{,}377p''}{p'} + 0{,}00021\right).$$

p ist der Druck, den die Luft während der Wägung wirklich ausübt, p' giebt den Druck, welcher herrschen würde, wenn bei der nämlichen Temperatur die Luft rein und trocken wäre, p'' bedeutet den Druck des Wasserdampfes in dem Zustand, in welchem er sich innerhalb der Atmosphäre gerade befindet.

Ist nun die Temperatur der Luft während der Wägung gleich t, und giebt $(\sigma')_0$ die Dichtigkeit am Meeresspiegel, unter 45° geographischer Breite und bei der Temperatur 0° und β den Ausdehnungscoefficienten reiner trockener Luft, so haben wir

$$\text{CVI}) \qquad s' = (\sigma')_0 \frac{p'}{P} \frac{1}{1+\beta t},$$

somit

$$s = \frac{(\sigma')_0}{P(1+\beta t)}(p - 0{,}377\,p'' + 0{,}00021\,p').$$

Da p' von p relativ wenig 0,8 bis 1,0 cm verschieden ist und p sehr nahe $= p' + p''$ ist, dürfen wir in dem mit 0,00021 multiplicirten Gliede p' durch $p - 0{,}377p''$ ersetzen; so wird sehr einfach

$$s = \frac{(\sigma')_0}{P(1+\beta t)}(p - 0{,}377p'')(1 + 0{,}00021).$$

Endlich denken wir uns wieder dem Druck p, durch eine Quecksilbersäule von der Temperatur t_q und der in Centimeter gemessenen Höhe h das Gleichgewicht gehalten und bekommen

$$\text{CIV}_2)\, s = \frac{(\sigma')_0}{76(1+\beta t)} \frac{(h - 0{,}377(1+\beta_q t_q)p'')}{1+\beta_q t_q}(1{,}00021)(1 - 0{,}00257\cos 2\varphi) \times \left(1 - 0{,}000021\frac{H}{10000}\right).$$

Man kann diese Formel wegen der Kleinheit vieler der in ihr vertretenen Grössen noch sehr erheblich vereinfachen. Multiplicirt man nämlich die 3 letzten Factoren aus und behält nur Glieder höchster Ordnung bei, so wird

$$s = \frac{h - 0{,}377p''(1+\beta_q t_q)}{76(1+\beta t)(1+\beta_q t_q)} \left[(\sigma')_0 + \left(0{,}00021 - 0{,}00257\cos 2\varphi - 0{,}000021\frac{H}{10000}\right)(\sigma')_0\right].$$

Noch jetzt die beste und genaueste Bestimmung der Dichtigkeit reiner trockener Luft ist die von **Regnault** ausgeführte, sie ergab für das Gewicht von 1 ccm bei 0° und 76 cm Druck 1,29319 mg.*) Diese Bestimmung ist in Paris, in 48° 50′ 15″ geographischer Breite und 6000 cm Meereshöhe ausgeführt, der Druck 76 cm bezieht sich also auf diesen Ort, rechnen wir die Zahl auf 45° geographischer Breite und Meeresniveau um, so haben wir dieselbe durch $(1-0{,}00257\cos(97°\,40'\,30''))\left(1-0{,}000021\,\frac{6}{10}\right)$ zu dividiren. So bekommen wir

$$(\sigma')_0 = 0{,}00129276$$

die Dichtigkeit des reinen Wassers bei 76 cm Druck und im Zustand der grössten Dichtigkeit (4° C.) gleich 1 gesetzt. Da es unbequem ist, unnütze Nullen zuschreiben, denken wir uns die obige Zahl mit 1000000 multiplicirt und benutzen 1292,76 für $(\sigma')_0$. Es wird aber

$$\text{CIV}_3)\; s = \frac{h - 0{,}377p''(1+\beta_q t_q)}{76(1+\beta t)(1+\beta_q t_q)}\left(1293{,}03 - 3{,}32\cos 2\varphi - 0{,}027\,\frac{H}{10000}\right)10^{-6}.$$

Der Klammerausdruck variirt von Ort zu Ort und an demselben Ort mit der Höhe, in welcher die Waage steht. An einem und demselben Ort und für eine und dieselbe Aufstellung der Waage ist er eine constante Grösse. Die Tabelle I in der Zusammenstellung auf Seite 464 giebt für Breiten von 40° bis 60° (entsprechend Orten zwischen den Parallelkreisen von Madrid und Upsala) und für Höhen von 0 bis 70000 cm die zu der Zahl 1293,03 hinzuzufügende Correction $-3{,}32\cos 2\varphi - 0{,}027\,\frac{H}{10000}$.

Wir bezeichnen nunmehr die als bekannt anzusehende Zahl

$$\text{CVII)}\qquad \gamma = 1293{,}03 - 3{,}32\cos 2\varphi - 0{,}027\,\frac{H\ (\text{in Centimeter})}{10000},$$

wie angegeben, mit γ und setzen ausserdem

$$0{,}377p'' = \eta,$$

$$\text{CIV}_4)\qquad s = \frac{h - \eta(1+\beta_q t_q)}{76(1+\beta t)(1+\beta_q t_q)}\,\gamma\,.\,10^{-6}.$$

Die weitern Entwickelungen knüpft **Foerster** an den Logarithmus von s. Es ist nämlich

$$\log s = \log\gamma + \log\frac{h-\eta(1+\beta_q t_q)}{76} - \log(1+\beta t) - \log(1+\beta_q t_q) + \log 10^{-6}.$$

Die beiden letzten Logarithmen sind sicher stets positiv, der zweite Logarithmus kann, je nachdem $h-\eta \lesseqgtr 76$ ist, negativ oder positiv sein. In unsern Gegenden darf man als höchste Grenze, die die Grösse

*) Ueber den Grund, warum diese Zahl trotz mannigfacher Zweifel beibehalten wird, siehe die citirte Arbeit von Foerster.

$h-\eta(1+\beta_q t_q)$ erreicht, bis auf excessive Fälle 78 ansehen, es wird also $\log\frac{h-\eta(1+\beta_q t_q)}{78}$ im allgemeinen negativ sein, und wenn wir

$$\log s=\log\gamma+\log\frac{78}{76}-\left\{\log\frac{78}{h-\eta(1+\beta_q t_q)}+\log(1+\beta t)+\log(1+\beta_q t_q)\right\}+\log 10^{-6}$$

setzen, ist darauf zu rechnen, dass alle in der Klammer stehenden Glieder positive Grössen geben werden. Das ist nichts besonders wichtiges, aber für die Rechnung sehr bequem.

Es ist $\log\gamma+\log\frac{78}{76}+\log 10^{-6}=\log\gamma+0{,}01128+\log 10^{-6}$ eine nach dem obigen für den betreffenden Ort constante Zahl. Wir setzen dieselbe gleich C_0, also

CVIII) $$C_0=\log\gamma+4{,}01128-10.$$

Wir nehmen jetzt an, dass die Temperaturen alle in Graden der hundertteiligen Scale und die Höhen h der Quecksilbersäulen, welche die Drucke messen sollten, in Centimeter angegeben sind.

Benutzt der Beobachter Thermometer, die nach Réaumur oder Fahrenheit geteilt sind und hat an ihnen die Temperatur t_R bezw. t_F abgelesen, so ist

$$t=\frac{10}{8}\,t_R \text{ bezw. } =\frac{5}{9}(t_F-32).$$

h wird an einem Maassstab abgelesen. Ist dieser Maassstab metrisch geteilt und das Resultat der Ablesung (eventuell corrigirt für Fehler der Gesammtlänge und Fehler der Einteilung) gleich B, so wird, wenn die in Graden der hundertteiligen Scale gemessene Temperatur des Maassstabes ϑ und der entsprechende lineare Ausdehnungscoefficient α ist

$$h=B(1+\alpha\vartheta).$$

Wenn der Maassstab nach pariser Linien geteilt ist, so hat man sich daran zu erinnern, dass eine Strecke, welche bei 0° gleich ein Centimeter ist, einer andern Strecke entspricht, die bei 13° R = 16°,25 C gleich 4,43296 pariser Linien gleichkommt. Ist also die Temperatur eines solchen Maassstabes während der Ablesung in Graden der Réaumur schen Scale gleich ϑ_R und die Ablesung in pariser Linien gleich B_l, so hat man in Centimeter

CIX) $$h=B_l\frac{1+\alpha_R(\vartheta_R-13)}{4{,}43296}=0{,}225583(B_l)\big(1+\alpha_R(\vartheta_R-13)\big),$$

woselbst α_R die lineare Ausdehnung der Substanz des betreffenden Maassstabes für je einen Grad der Réaumur'schen Scale bedeutet.

Andere Fälle brauchen nicht berücksichtigt zu werden, da die Instrumente zur Bestimmung des fraglichen Druckes (Barometer oder Manometer) wol nur nach metrischen oder (wenn sie älter sind) nach altfranzösischen Einheiten geteilte Maassstäbe besitzen.

Für die weitere Entwickelung nehmen wir an, dass wir es nur mit an metrisch geteilten Maassstäben gemessenen Längen zu tun haben, die geringfügige Aenderung, die die Anwendung nach altfranzösischem Maass geteilter Maassstäbe erfordert, soll zuletzt angegeben werden.

Wir haben zunächst, weil die Temperaturen t und ϑ an derselben Stelle und meist an demselben Thermometer abgelesen werden $\vartheta = t$ zu setzen und bekommen

$$\log\frac{78}{h-\eta(1+\beta_q t_q)} = \log\frac{78}{B(1+\alpha t_q)-\eta(1+\beta_q t_q)}$$
$$= \log\frac{78}{(1+\alpha t_q)(B-\eta)+\eta(\alpha-\beta_q)t_q}.$$

Da α eine meist sehr kleine Zahl ist, darf man setzen

$$\log[(1+\alpha t_q)(B-\eta)+\eta(\alpha-\beta_q)t_q] = \log[B-\eta]+\log(1+\alpha t_q)$$
$$+\frac{0{,}434.\eta(\alpha-\beta_q)t_q}{(1+\alpha t_q)(B-\eta)},$$

wo die Logarithmen gewöhnliche Briggische sind, und indem man im Nenner des dritten Gliedes rechter Hand αt_q fortlässt und für $B-\eta$ einen Mittelwert, 76, einführt wird

$$\log\frac{78}{h-\eta(1+\beta_q t_q)} = \log\frac{78}{B-\eta} + \log(1+\alpha t_q) - 0{,}0057\,\eta(\alpha-\beta_q)t_q,$$

somit

$$\log s = C_0 - \left\{\log\frac{78}{B-\eta} + \log\frac{1+\beta_q t_q}{1+\alpha t_q} + \log(1+\beta t) - 0{,}0057\,\eta(\alpha-\beta_q)t_q\right\},$$

und endlich wegen der Kleinheit von β_q

$$\log s = C_0 - \left\{\log\frac{78}{B-\eta} + \log\frac{1}{1+(\alpha-\beta_q)t_q} + \log(1+\beta t) - 0{,}0057\,\eta(\alpha-\beta_q)t_q\right\}.$$

β_q dürfen wir in den Temperaturgrenzen, die bei Wägungen in Frage kommen, constant und nach Regnaults Versuchen gleich 0,00018153 setzen. α richtet sich nach der Substanz, aus welcher der Maassstab besteht, an welchem B abgelesen wird. Gewöhnlich ist dieser Maassstab gesondert vom Barometer oder Manometer aus Messing hergestellt, oft aber trägt das Glasrohr des Barometers oder Manometers die nötige Teilung, oder es befindet sich hinter diesem Rohr eine spiegelnde Glasscale. Im ersten Fall wird α gleich 0,00001886 angenommen, im letztern haben wir $\alpha = 0{,}0000085$ demnach $\alpha - \beta_q = -0{,}00016267$ oder $= -0{,}000173$. Zwar treffen die angegebenen Werte der Ausdehnungscoefficienten durchaus nicht für alle Arten von Messing oder Glas zu, aber bei der Kleinheit der Correctionen, um die es sich hier handelt, darf man dieselben als Näherungsbeträge anwenden.

Der Ausdehnungscoefficient β der Luft ist nach **Regnaults** Versuchen zu 0,00367 anzusetzen.*)

Wir haben also für

$$\text{CIV}_5)\quad\left\{\begin{array}{l} \text{Messing als Scale des Barometers oder Manometers} \\ \log s = C_0 - \left\{\log\dfrac{78}{B-\eta} + \log\dfrac{1}{1-0{,}00016267\,t_q}\right. \\ \qquad\qquad \left. + \log(1+0{,}00367\,t) + 0{,}0000009\,.\,t_q\eta\right\}, \\ \text{Glas als Scale des Barometers oder Manometers} \\ \log s = C_0 - \left\{\log\dfrac{78}{B-\eta} + \log\dfrac{1}{1-0{,}000173\,t_q}\right. \\ \qquad\qquad \left. + \log(1+0{,}00367\,t) + 0{,}000001\,.\,t_q\eta\right\}. \end{array}\right.$$

Es ist nur noch anzugeben, in welcher Weise wir zu der Kenntnis der Grössen B, η gelangen. B wird, wie bemerkt, an einem Quecksilber-Barometer oder Manometer abgelesen. Da mit wachsender Erhebung über der Erdoberfläche, der dem Luftdruck entsprechende Barometerstand abnimmt, muss das betreffende Barometer oder Manometer sich in der Höhe der Stelle befinden, an welcher gewogen wird, sonst hat man zu dem abgelesenen Stand B für jedes Meter Höhendifferenz zwischen den Waagschalen und dem Barometer 0,01 cm zu addiren oder zu subtrahiren, je nachdem das Barometer ober- oder unterhalb der Waagschale sich befindet. Wird statt eines Quecksilberbarometers oder Manometers ein Aneroid benutzt, so giebt dasselbe, wenn es vollständig bestimmt ist direct den Druck p, und es fallen in den obigen Formeln von den Correctionsgliedern das zweite und vierte fort. In welcher Weise ein Aneroid hinsichtlich seiner Angaben zu bestimmen ist, und wie die Ablesungen von Barometern und Manometern, wenn grösste Feinheit erreicht werden soll einzurichten sind, wird in dem Capitel über Kraft- und Druckbestimmungen dargetan. Einstweilen muss vorausgesetzt werden, dass der Leser mit Barometern, Manometern und Thermometern umzugehen weiss.

129. Mittel zur Bestimmung des Dampfdrucks in der Atmosphäre. Hygrometer und Psychrometer. Gleich hier, als am passendsten Orte, eingehend muss über die Eruirung der Grösse η, das ist des Products $0{,}377\,p''$ gesprochen werden; die dabei zur Anwendung kommenden Methoden sind von hohem Interesse und noch in der Entwickelung begriffen.

Die Bestimmung des Druckes p'' des in der Atmosphäre enthaltenen Wasserdampfs, würde sich sehr einfach gestalten, wenn dieser Dampf sich stets in gesättigtem Zustande befände, denn da jeder Temperatur ein ganz be-

*) In der Publication der Normal-Aichungs-Kommission ist dafür 0,003665 angenommen, die infolge dessen nötig gewordene Correction der betreffenden bald anzugebenden Tafel ist sehr geringfügig und im Text berücksichtigt.

stimmter Druck des gesättigten Dampfes entspricht, so brauchte man nur die Temperatur der Luft zu messen und in den bekannten Spannkraftstafeln des gesättigten Wasserdampfes, den dieser Temperatur zugehörigen Druck nachzusehen. Indessen enthält die Atmosphäre nur selten soviel Wasserdampf, als sie bei der ihr gerade zukommenden Temperatur aufnehmen könnte, und es ist p'' in weitaus den meisten Fällen kleiner als der der betreffenden Temperatur zugehörige Druck.

Deshalb reicht auch zur Bestimmung von p'' eine blosse Temperaturmessung nicht aus, und man muss zu besondern Hilfsmitteln greifen. Diese Mittel geben bekanntlich die Hygrometer und Psychrometer. Wir wollen unter *Hygrometer* solche Instrumente verstehen, welche entweder die wirkliche Spannung, die der Dampfgehalt der Luft gerade zeigt, oder das Verhältnis dieser Spannung zu derjenigen, die er erreichen würde, wenn die Luft bei der betreffenden Temperatur vollständig mit Dampf gesättigt wäre, zu eruiren gestatten. *Psychrometer* nennen wir diejenigen Instrumente, welche die Differenz der zuletzt bezeichneten Maximalspannung gegen die wirkliche Spannung finden helfen.

Weiter unterscheidet man unter den **Hygrometern** noch *Condensations-* und *Absorptionshygrometer*. Jene geben nicht sowohl die Spannung des Dampfes als vielmehr diejenige Temperatur, welche dieser Spannung entspricht, das ist die Temperatur, für welche die Luft mit der Dampfmenge die sie gerade hat, gesättigt wäre, also die *Thaupunktstemperatur*, diese führen direct zur Kenntnis der gesuchten Spannung.

129a. Condensationshygrometer. Zur Bestimmung des Thaupunkts muss man offenbar die Luft, deren Dampfgehalt zu ermitteln ist, soweit abkühlen, bis sie die Temperatur erreicht, welcher nach den Spannkraftstafeln der gerade herrschende Druck des Dampfes als Maximaldruck entspricht. Da man diesen Druck noch nicht kennt, so ist natürlich von vornherein auch diese Temperatur unbekannt, es ist aber möglich, den Moment, in welchem sie eingetreten ist, zu erkennen. Wird nämlich Dampf unter der seiner Maximalspannung zukommenden Temperatur noch weiter abgekühlt, so schlägt er sich in Wassertröpfchen nieder, er condensirt sich, und bildet in der Luft Nebel, auf Körpern einen Hauch. Es kommt also nur darauf an, in dem Moment, in welchem die Condensation des Dampfes beginnt, die Temperatur der Luft in welcher jene vor sich geht zu bestimmen, die Spannkraftstafeln geben dann die zu dieser Temperatur gehörige Spannung, welche eben der gesuchte Druck ist. Das Schwierige ist genau den Moment für die Temperaturablesung abzupassen, in welchem die Condensation beginnt. Nebel gerade wenn sie entstehen zu erkennen, ist ohne bedeutende optische Mittel nicht leicht, ausserdem hängt auch die Bildung der Nebel von dem Gehalt an Staub und andern fremden Substanzen in der Luft ab und verzögert sich sehr, wenn solche Substanzen fehlen. Doch werden wir bald eine Methode kennen lernen, die gerade auf der Beobachtung der sich bildenden Nebel beruht. Bei den gewöhnlichen Condensationshygrometern beobachtet man lieber das Eintreten eines Hauches auf einem Körper. Demgemäss sind auch alle Condensationshygrometer von dem Daniell'schen und Regnault'schen angefangen bis auf die neuesten von Alluard, Crova und Andern construirten, nach genau denselben Principien eingerichtet; alle haben ein Gefäss, in welchem sich eine volatile Flüssigkeit (Aether) befindet, die durch einen eingeblasenen Luftstrom (so bei Regnault's Hygrometer und den neuern Instrumenten) oder durch Erniedrigung des über ihr lastenden Druckes (so bei dem Hygrometer von Daniell) rasch und stark zum Verdampfen gebracht werden kann. Die Verdampfung entzieht dem Gefäss Wärme, dieses wieder beraubt die umgebende Luft, und so wird letztere bald auf eine Temperatur gebracht, bei welcher ihr Dampf übersättigt ist und sich niederschlagen muss. Da das Gefäss die kälteste Stelle ist, schlägt er sich auf dessen Wandung zuerst nieder und bildet dann einen Hauch. Innerhalb des Gefässes und ein wenig in die verdunstende Flüssigkeit eingesenkt, befindet sich ein Thermometer. Die Temperaturangabe dieses Thermometers im Momente des Beginns des Beschlagens der Gefässwandung wird als Thaupunktstemperatur betrachtet.

Da man den Hauch erst bemerkt, wenn er schon gebildet ist, wird diese Angabe etwas tiefer liegen als die der betreffenden Spannung wirklich entsprechende Temperatur; deshalb hört man nach Ablesung des Thermometers auf, die Verdunstung der abkühlenden Flüssigkeit noch weiter zu unterhalten; indem sich dann das Gefäss wieder erwärmt, tritt ein Moment ein, in welchem der Hauch gerade verschwunden ist; in diesem Moment liest man wieder das Thermometer ab. Die zweite Ablesung wird im allgemeinen etwas höher liegen als die gesuchte Temperatur, das Mittel aus beiden Ablesungen also dieser Temperatur jedenfalls näher kommen, als jede der Ablesungen für sich. Ist dieses Mittel ϑ, so sucht man in der Spannkraftstafel die zugehörige Spannung, welche die Grösse p'' giebt, durch Multiplication mit 0,377 bekommt man η. Die später folgende Tafel II giebt schon die Werte von η für Thaupunktstemperaturen von 0° bis 30° und von Grad zu Grad der hundertteiligen Scale.

Die grösste Aufmerksamkeit ist dem Entstehen und Verschwinden des Hauches zuzuwenden, und die grosse Zahl von Constructionen, die man für das Condensationshygrometer schon hat, sind alle vornehmlich aus dem Bestreben hervorgegangen, den Moment des Entstehens und Vergehens des Hauches so scharf als möglich erkennen zu lassen.

Eine in vieler Beziehung theoretisch sehr interessante Methode der Feuchtigkeitsbestimmung durch Beobachtung der Condensationstemperatur hat Robert von Helmholtz angegeben.*) Hier wird die Luft der Thaupunktstemperatur durch plötzliche Ausdehnung nahe gebracht. Man schliesst eine Quantität der Luft, deren Feuchtigkeitsgehalt geprüft werden

*) Wiedemann's Annalen für Physik und Chemie 1886, Bd. 27, Seite 508—544. Untersuchungen über Dämpfe und Nebel, besonders über solche von Lösungen.

soll, in einen Ballon ein, comprimirt dieselbe auf irgend eine Weise (eine bequeme Methode, die Compression zu bewerkstelligen, hat R. von Helmholtz in seiner Arbeit beschrieben), wartet bis die Luft eine constante Temperatur angenommen hat und lässt sie sich, indem man sie durch Oeffnen eines Hahns mit der äussern Luft in Verbindung setzt, plötzlich ausdehnen. Sie kühlt sich, wenn die Ausdehnung so rasch vor sich gegangen ist, dass ein Zufluss von Wärme von Aussen nicht hat stattfinden können, ab, und wenn die Abkühlung so stark ist, dass die Thaupunktstemperatur der in der Luft enthaltenen Feuchtigkeit erreicht ist, condensirt sich die letztere und bildet Nebel. Der Betrag der Abkühlung hängt von dem Druck ab, bis zu welchem man die Luft comprimirt hat. Ist dieser Druck p_1 und der Druck, den die Luft, nachdem man sie mit der freien Atmosphäre wieder in Verbindung gesetzt hat, p_2, so hat man, wenn die Temperatur unmittelbar vor Oeffnen des Hahns t_1 und nach Oeffnen desselben t_2 beträgt nach den Lehren der mechanischen Wärmetheorie

$$\log \frac{273 + t_2}{273 + t_1} = 0{,}28841 \log \frac{p_2}{p_1},$$

wobei vorausgesetzt ist, dass der ganze Vorgang auf adiabatischem Wege stattgefunden hat, Wärme also der Luft weder zugeführt noch entzogen ist. p_1 hängt von unserm Belieben ab, man kann es also immer so gross machen, dass t_2 die Thaupunktstemperatur der Feuchtigkeit erreicht. Da man die letztere nicht kennt, so ist ein Probiren nicht zu umgehen, man beginnt mit der Compression bis zu irgend einem Druck, zeigen sich nach Oeffnen des Hahns Nebel, so ist dieser Druck zu gross gewesen, treten keine Nebel auf, so hat man die Compression nicht genügend weit getrieben. Man schliesst den Hahn wieder und comprimirt bis zu einem geringern oder höhern Druck und öffnet wieder. So fährt man mit Comprimiren und Loslassen so lange fort, bis man einen Druck herausgefunden hat, nach dessen Aufhebung Nebel sich gerade noch zeigen, dieser Druck ist p_1 und indem man ihn sowohl wie die zugehörige Temperatur t_1 und den Enddruck p_2 bestimmt, bekommt man zur Berechnung der Thaupunktstemperatur t_2 die Gleichung

CXa) $$\log(273 + t_2) = \log(273 + t_1) + 0{,}28841 \log \frac{p_2}{p_1}.$$

Mit dieser Temperatur t_1 wird aus den Spannkraftstafeln die zugehörige Spannung p'' entnommen, und man erhält die gesuchte Grösse η durch die Beziehung

CXb) $$\eta = 0{,}377\, p''.$$

p_2 ist der Druck der äussern Atmosphäre gegen die die Luft beim Oeffnen des Hahns nach der Compression sich ausdehnt, wird also durch den derzeitigen Barometerstand bestimmt, p_1 muss man an einem mit dem Ballon verbundenen Manometer ablesen. Am schwierigsten ist es, den Druck p_1 so abzupassen, dass nach der Ausdehnung Nebel sich eben noch bilden.

Die nötigen optischen Einrichtungen zur Erkennung geringster Nebelmassen und die Vorsichtsmaassregeln zur Verhinderung der Verspätung der Nebelbildung und Abhaltung äusserer Wärme sind in Helmholtz Arbeit angegeben, auf welche verwiesen werden muss. Praktische Apparate zur Ausführung dieser Methode scheinen noch nicht construirt zu sein.

129b. Absorptionshygrometer. Bei der Einrichtung der zweiten Klasse von Hygrometern, der *Absorptionshygrometer*, ist die Eigenschaft vieler Körper Feuchtigkeit anzuziehen und festzuhalten benutzt. Einige Körper entziehen der Luft, wenn sie mit ihr genügend lange in Berührung stehen, ihren Feuchtigkeitsgehalt vollständig, trocknen die Luft, so namentlich concentrirte Schwefelsäure, Phosphorsäureanhydrid, Chlorcalcium u. s. f.; andere entnehmen derselben nur eine ihrem Gehalt an Feuchtigkeit proportionale Menge, so u. a. Elfenbein, Haare u. s. f. Jene gestatten Hygrometer zur directen Bestimmung der Dampfspannung zu construiren, diese dienen zur Herstellung von Instrumenten, speciell *Procenthygrometer*, welche den Procentgehalt an Feuchtigkeit in der Luft angeben.

Die **Procenthygrometer** sind in ihrer Construction und Handhabung die einfachsten; von den vielen Hygrometern dieser Art hat sich bis jetzt das **Haarhygrometer** am meisten bewährt. Die Construction desselben darf als bekannt angesehen werden. Die Angaben der Scale eines solchen Hygrometers gehen von 0 bis 100; 0 entspricht absolut trockener, 100 mit Feuchtigkeit gesättigter Luft; die Zwischenteilung ist entweder willkührlich oder proportional der Längenänderung des Haares bei wachsender Aufnahme von Feuchtigkeit ausgeführt. Da eine und dieselbe Teilung in allen Verhältnissen gelten soll, ist offenbar die Annahme gemacht, dass die durch die Feuchtigkeitsaufnahme bewirkte Verlängerung des Haares nur von dem procentischen Dampfgehalt der Luft, nicht von deren Temperatur abhängig ist. So wenig eine solche Annahme von vornherein evident ist, so scheint doch die Erfahrung derselben, wenigstens in einem begrenzten Intervall, nicht zu widersprechen.

Ist die der Temperatur der Luft entsprechende Maximalspannung gesättigten Dampfs π, und giebt das Hygrometer λ Procent Feuchtigkeit an, so darf man unter allen Umständen

$$p'' = \frac{\lambda}{100}\pi,$$

also

CXc)
$$\eta = 0{,}377\pi \frac{\lambda}{100}$$

setzen. Man liest also das Hygrometer und zugleich die Lufttemperatur ab, ersteres giebt die Grösse $\lambda/100$; mit letzterer geht man in die schon erwähnte Tafel II ein, um den Betrag von $0{,}377\pi$ zu entnehmen.

Bei der Ablesung des Hygrometers muss darauf gesehen werden, dass das Haar nicht von der vom Beobachter ausgeathmeten Luft getroffen wird, weil diese Luft stark mit Feuchtigkeit beladen ist.

Haarhygrometer sind ausserordentlich bequem, man kann sie aber nicht ohne genauere Untersuchung verwenden. Früher hat man sich damit begnügt, bei jedem Haarhygrometer die beiden Endpunkte der Scale, 0 und 100, zu prüfen. Man stellt das Hygrometer unter eine Glocke, in welcher sich einmal durch Schwefelsäure, Phosphorsäure, Chlorcalcium u. s. f. getrocknete und dann durch eingeführte befeuchtete Schwämme oder Musselinstücke mit Dampf gesättigte Luft befindet. Im ersten Fall soll der Zeiger des Hygrometers auf Null, im zweiten auf 100 weisen. So lässt sich die Richtigkeit der Angaben wenigstens für zwei extreme Fälle controliren. Die Prüfung der 100-Angabe ist viel einfacher und leichter auszuführen als die der 0-Angabe, und wenn man sich auf die vom Mechaniker ausgeführte Teilung verlassen darf, prüft man allein die erstere Angabe, führt mit Hilfe eines meist beigegebenen Schlüsselchens zum Spannen oder Nachlassen des Haares den Zeiger, wenn er vom Strich 100 abweichen sollte, auf denselben zurück und sieht dann die Hygrometerangaben als richtig an. Indessen wird ein so vereinfachtes Verfahren nur in seltenen Fällen ausreichen, es genügt nicht einmal die Untersuchung der beiden äussersten Angaben. Für genaue Feuchtigkeitsbestimmungen bleibt, wenn man von dem bequemen und gerade bei Wägungen, der Beschränktheit des in der Waage zur Verfügung stehenden Raumes wegen, oft allein anwendbarem Haarhygrometer nicht abgehen will, nichts anderes übrig, als dieses Hygrometer Strich für Strich mit einem Condensationshygrometer oder einem der noch zu beschreibenden Instrumente zu vergleichen und seinen Angaben diejenigen Werte beizumessen, welche aus jenen Hygrometern sich ergeben.

Man stellt in die Nähe des zu untersuchenden Hygrometers z. B. ein Condensationshygrometer auf, bestimmt an diesem zu verschiedenen Zeiten oder nachdem man absichtlich nacheinander den Dampfgehalt der Luft durch Einführen nasser Tücher oder umgekehrt von Trockensubstanzen geändert hat, den Thaupunkt und liest die zugehörigen Angaben des Haarhygrometers und zugleich die Lufttemperatur ab. Die abgelesene Lufttemperatur giebt die jedesmalige Maximalspannung π_1, π_2, ..., das Condensationshygrometer zeigt mit Hilfe der abgelesenen Thaupunktstemperatur die wirkliche Spannung p_1'', p_2'' ... an; in den Quotienten $100p_1''/\pi_1$, $100p_2''/\pi_2$, ... hat man dann die relative procentische Feuchtigkeit, welche den am Haarhygrometer abgelesenen Angaben zuzuordnen sind.

Folgende Zusammenstellung von Beobachtungen möge als Beispiel dienen.

Lufttemperatur am Haarhygrometer im Moment des Entstehens | Vergehens des Niederschlags am Condensationshygrometer		Thaupunktstemperatur im Moment des Entstehens | Vergehens des Niederschlags am Condensationshygrometer		Angaben des Haarhygrometers
23,52	23,54	14,26	14,32	53,8 %
20,38	20,32	16,33	16,37	76,6 %
21,24	21,26	8,52	8,58	41,2 %
18,36	18,34	11,88	11,92	90,6 %
18,69	18,75	2,25	2,41	29,2 %

Die Lufttemperatur ist natürlich in demselben Moment abgelesen wie die Thaupunktstemperatur. Man bildet nun die Mittel der nebeneinanderstehenden Werte für die Lufttemperatur und ebenso die für die Thaupunktstemperatur, sucht in den bekannten Spannkraftstafeln*) die zugehörigen Maximalspannungen π und p'' und rechnet die Quotienten $100p''/\pi$, so bekommt man

Mittlere Lufttemperatur	Mittlere Thaupunktstemperatur	Maximalspannung zur Lufttemperatur	Maximalspannung zur Thaupunktstemperatur	Relative Feuchtigkeit in Procenten
23,53	14,29	21,566 mm	12,133 mm	56,3
20,35	16,35	17,771 „	13,840 „	77,9
21,25	8,55	18,782 „	8,318 „	44,3
18,35	11,90	15,697 „	14,330 „	91,3
18,72	2,33	16,064 „	5,426 „	33,7

Die in der ersten Zusammenstellung aufgeführten gleichzeitigen Angaben des Haarhygrometers sollten mit den Zahlen der letzten Columne dieser zweiten Zusammenstellung übereinstimmen, jene sind aber, wie man bemerkt, stets kleiner und man bekommt als Differenzen zwischen jenen Angaben und den mit dem Condensationshygrometer gefundenen Zahlen der Reihe nach

$$-2,5; \ -1,3; \ -3,1; \ -0,7; \ -4,5.$$

Ordnet man diese Zahlen nach der Grösse der Angaben des Haarhygrometers, so sieht man, dass sie mit wachsenden Angaben abnehmen. Nennen wir hiernach den einer Angabe λ_x des Haarhygrometers entsprechenden wahren relativen procentischen Feuchtigkeitsgehalt (λ_x), so können wir setzen

$$(\lambda_x) = a + b\lambda_x.$$

Die obige Vergleichung liefert 5 Gleichungen zur Berechnung der Unbekannten a und b, und durch Ausgleichung derselben nach den im ersten Band gegebenen Regeln findet man

$$(\lambda_x) = 5,86 + 0,341\lambda_x,$$

eine Gleichung, mit Hilfe deren man zu jeder Ablesung des betreffenden Haarhygrometers sofort die wahre relative procentische Feuchtigkeit zu berechnen vermag.

Haarhygrometer gehören leider nicht zu den unveränderlichen Instrumenten; das Haar verliert im Laufe der Zeit an Aufnahmefähigkeit für Feuchtigkeit und auch die Einrichtung, vermittelst deren dasselbe den Zeiger in Bewegung setzt, ist nicht immer so getroffen, dass man auf Con-

*) Wüllner, Lehrbuch der Physik, Bd. 3 S. 609.

stanz in der Wirkung rechnen könnte. Es ist darum notwendig, die Untersuchung von Zeit zu Zeit zu wiederholen, doch bedarf es nach einer einmaligen sorgfältigen Bestimmung späterhin wol meist nur einer Controle einzelner Angaben, um nach dem neuen Befund für diese die frühern Ergebnisse nachzucorrigiren.

Die Absorptionshygrometer, welcher unter Benutzung eines die Feuchtigkeit vollständig absorbirenden Körpers construirt sind, gestatten den Dampfdruck aus einer Wägung oder einer Volumbestimmung zu finden.

129c. Gewichts-Absorptionshygrometer. Bei der Bestimmung durch Wägung lässt man ein abgemessenes Volumen der betreffenden Luft seine Feuchtigkeit an eine Trockensubstanz abgeben, indem man dieses Volumen durch die in Röhren gefüllte Substanz mit Hilfe eines Aspirators langsam hindurchzieht. Sind die Röhren mit der Trockensubstanz vor dem Durchziehen der Luft gewogen, und werden dieselben nachher nochmals gewogen, so giebt die so gefundene Gewichtszunahme derselben die Menge der der Luft entzogenen Feuchtigkeit. Es sei diese gefundene Gewichtszunahme ΔG, das Volumen der hindurchgezogenen Luft V, die Dichtigkeit des in diesem Volumen enthaltenen Dampfes s'', so ist $\Delta G = Vs''$. Aber wenn wir $s'' = \frac{s''}{s'} s'$ setzen und unter s' die Dichtigkeit der Luft bei der betreffenden Temperatur t, bei dem Druck p'' des Dampfes und im getrockneten Zustand verstehen, ist s''/s' nach frühern Bemerkungen als constante Zahl und gleich 0,623 anzusehen. Ferner haben wir, wenn wir unter $(\sigma)_0$ die Dichtigkeit trockener Luft bei 0° und unter Atmosphärendruck P verstehen, $s' = \frac{p''}{P} \frac{(\sigma')_0}{1+\beta t}$, somit wird die gesuchte Grösse

$$\text{CXI)} \qquad p'' = \frac{P(1+\beta t)}{0{,}623\,(\sigma)_0 V} \Delta G = \frac{76(1+0{,}00367\,t)}{0{,}0008055\,V} \Delta G.$$

ΔG ist in Einheiten des Gramm, V in Cubikcentimeter anzugeben. Die Zahl, die man so für p'' bekommt, ist der gesuchte Druck in Centimeter gemessen. Die Ausführung einer solchen Bestimmung ist mit ziemlich grossen Schwierigkeiten verbunden, denn man muss Druck und Temperatur während des ganzen Versuches möglichst constant halten und darf doch andererseits die Luft auch nicht zu rasch durch die Trockenröhren hindurchführen. Diese Methode wird deshalb auch nur angewendet, wo es sich um ganz besondere Untersuchungen etwa behufs Bestimmung der Angaben eines späterhin allein anzuwendenden Haarhygrometers handelt.

129d. Volumenhygrometer. Ein Hygrometer auf Volumbestimmungen beruhend, ist erst in der neuesten Zeit durch Schwackhöfer construirt worden. Mit Hilfe einer Pumpe wird aus dem Raum, in welchem die Wägungen ausgeführt werden sollen, ein Quantum der zu untersuchenden Luft in eine calibrirte Bürette, welche mit einem frei in die Luft mündenden mit Quecksilber gefüllten Rohr communicirt, gebracht, dort wird die Temperatur gemessen und die Höhe der absperrenden Quecksilbersäule an der Teilung des Burettenrohres abgelesen. Dann wird dieses Quantum wieder mit Hilfe der Pumpe in ein Gefäss mit Schwefelsäure getrieben, an welche es seine Feuchtigkeit abgeben soll. Wird die Luft hierauf zurück in die Burette gebracht, so übt dieselbe nunmehr einen andern Druck aus als vorher, und zwar, wenn sie ihre Feuchtigkeit an die Schwefelsäure vollständig abgegeben hat, einen um p'' geringern Druck. Sorgt man also dafür, dass jetzt wieder in der Burette das Quecksilber so hoch wie in dem mit ihm und der äusseren Luft communicirenden Rohr steht, so ist der Druck in der Burette zwar so gross wie in der äusseren Luft, aber die absperrende Qnecksilbersäule reicht im Burettenrohr bis zu einer andern Marke als vorher. Die Differenz der beiden Einstellungen dieser Säule bestimmt die Volumverminderung, aus welcher dann p'' berechnet werden kann.

Es seien V, H und t, Volumen, Druck und Temperatur vor der Trocknung der Luft, V', H' und t' nach derselben, H' und t' können von H und t verschieden sein, weil der Versuch immerhin einige Zeit dauert und mittlerweile der äussere Luftdruck und die Temperatur in der Burette sich geändert haben können. Nach dem Boyle-Gay-Lussac'schen Gesetz haben wir die beiden Gleichungen

$$HV = (G + \Delta G) R (1 + \beta t), \quad H' V' = G R' (1 + \beta t').$$

R und R' sind Constanten, R bezieht sich auf feuchte, R' auf trockene Luft, und es ist R' ein wenig von R verschieden und variirt mit dem Feuchtigkeitsgehalt der Luft, G giebt das Gewicht der trocknen Luft, ΔG das des in ihr vorher suspendirt gewesenen Wasserdampfes. Ist nun R'' der Wert von R für Wasserdampf, so hat man nach den bekannten Gesetzen für die Mischung von Gasen

$$(G + \Delta G) R = G . R' + \Delta G . R'',$$

aber es ist auch

$$p'' V = \Delta G . R'' (1 + \beta t),$$

somit

$$(G + \Delta G) R = G . R' + \frac{p'' V}{1 + \beta t}.$$

Hieraus folgt, dass die erste der beiden oben angeführten Gleichungen übergeht in

$$(H - p'') V = G R' (1 + \beta t),$$

und wir bekommen

$$H - p'' = H' \frac{V'}{V} \frac{1 + \beta t}{1 + \beta t'}.$$

Setzen wir $V' = V - \Delta V$, so wird

$$H - p'' = H' \left(1 - \frac{\Delta V}{V}\right) \frac{1 + \beta t}{1 + \beta t'}.$$

An der Röhre der Burette wird die Höhendifferenz der absperrenden Quecksilbersäule in Procenten des ganzen Volumens der Burette abgelesen, schreiben wir also für die als Differenz der Ablesungen der Höhe der absperrenden Säule auftretende Grösse $\frac{100\Delta V}{V}$ das Zeichen δV, so wird

$$\text{CXII}_1) \qquad p'' = H - H'\left(1 - \frac{\delta V}{100}\right)\frac{1+\beta t}{1+\beta t'}.$$

H, H', δV, t, t' sind durch die Beobachtung unmittelbar gegeben, p'' lässt sich also berechnen. Da übrigens H von H', und t von t' nur wenig verschieden sein wird, kann man, wenn $H' = H + \Delta H$ gesetzt wird, mit ausreichender Annäherung

$$\text{CXII}_2) \quad p'' = \frac{H}{100}\left(\delta V + 100\beta(t'-t)\right) - \Delta H = \frac{H}{100}\left(\delta V + 0{,}367(t'-t)\right) - \Delta H$$

setzen.

Ein einmaliges Durchpressen der Luft durch die Schwefelsäure genügt nicht derselben allen Wasserdampf zu entziehen, man treibt daher die Luft 3 bis 6mal aus der Burette in die Schwefelsäure und zurück. Nach Wild soll das Schwackhöfer'sche Volumen-Hygrometer sehr gute Resultate liefern und auch ein bequemes Arbeiten gestatten. Wegen der genauern Einrichtung desselben und der mit ihm schon erzielten Resultate sei der Leser auf die in der Anmerkung angeführten Schriften verwiesen.*)

129e. Das Psychrometer. Wir kommen endlich zu dem letzten Hilfsmittel, welches man zu Feuchtigkeitsbestimmungen benutzt, zu dem *August'schen Psychrometer.* Bei seinem ersten Erscheinen hat dieses Instrument die Hoffnung wachgerufen, dass man nunmehr im Besitze eines sichern Mittels sei die Dampfspannung der Luft mit grosser Genauigkeit zu bestimmen. Allein man hat die Schwierigkeit seiner Theorie erheblich unterschätzt, und je mehr man dasselbe zur Anwendung brachte, desto stärker machte sich seine Abhängigkeit von äussern Verhältnissen geltend, und während man früher das Psychrometer allen anderen Hygrometern vorziehen zu müssen glaubte, ist man jetzt fast geneigt, es selbst dem Haarhygrometer nachzusetzen.

Das Psychrometer kann auch als ein Evaporationshygrometer angesehen werden, es bildet ein Gegenstück zu dem Condensationshygrometer, insofern es nicht wie dieses die in der Luft vorhandene, sondern die dieser bis zur Sättigung fehlende Feuchtigkeit zur Anzeige bringt. Es besteht aus 2 in der Nähe von einander aufgestellten Thermometern; eines derselben, das trockene, dient zur Ablesung der Lufttemperatur, das andere, das

*) Für Beschreibung und Gebrauchsanweisung Hann in: Meteorologische Zeitschrift, Jahrg. 1878, Seite 241 ff. Für Vergleichung mit andern Hygrometern und Psychrometern Sworykin in Wilds Repertorium für Meteorologie, Jahrg. 1881, Bd. VII, Heft 2, Abhandl. 8.

feuchte Thermometer ist am Quecksilbergefäss mit Musselin umwickelt, welches mit einigen Fäden in ein darunter gestelltes Gefäss mit destillirtem Wasser taucht. Das an das Musselin aufgestiegene Wasser verduustet, wenn die Luft noch nicht mit Wasserdampf gesättigt ist, und entzieht dadurch der Umgebung und dem Thermometergefäss Wärme. Da die Verdunstung um so stärker sein wird, je weiter der Wasserdampf der Luft von der Sättigung entfernt ist, so wird auch die Temperatur des feuchten Thermometers um so tiefer sinken, und es muss aus einer Vergleichung der Temperaturangaben der beiden Thermometer möglich sein, die wirkliche Dampfspannung zu bestimmen.

Das Musselin muss von Zeit zu Zeit erneuert werden, jedenfalls soll es staubfrei und womöglich auch fettfrei sein, sonst ist die Verdunstung mannigfach gehemmt.

Der Ausgangspunkt für die Theorie des Psychrometers scheint einfach genug. Die Verdunstung der das Gefäss des feuchten Thermometers umgebenden Flüssigkeit erfordert eine gewisse Wärmemenge, diese wird zunächst dem Thermometergefäss und der Umgebung entzogen, bald aber hat das Quecksilber in dem Thermometer einen festen Stand erreicht, und nun muss die von der Umgebung (dazu ist die umgebende Luft und das mit dem Thermometergefäss zusammenhängende Thermometerrohr zu rechnen) in jedem Zeitmoment gelieferte Wärme hinreichen, die Verdunstung in stets gleicher Stärke zu unterhalten. Neben der Verdunstung und der Wärmezufuhr findet noch ein anderer Vorgang statt, nämlich die Entfernung des gebildeten Dampfes, und dieser ist von sehr grosser Bedeutung, denn von ihm hängt ab, wie viel Dampf in einer bestimmten Zeit zur Entstehung kommt.

Wenn stationärer Zustand eingetreten ist, das feuchte Thermometer also einen festen Stand erreicht hat, wird in jedem Zeitintervall ebensoviel Wärme verbraucht als von aussen zufliesst und ebenso viel Dampf entfernt als durch Verdunstung entsteht.

Es sei Q die in der Zeiteinheit am feuchten Thermometer entstehende und fortfliessende Dampfmasse, L diejenige Wärmemenge, welche bei der Bildung einer Masseneinheit Dampf aus Flüssigkeit von der Temperatur, welche das feuchte Thermometer anzeigt, verbraucht wird, W die in der Zeiteinheit von aussen zugeführte Wärmemenge, dann ist

$$LQ + W = 0.$$

Diese Gleichung hat schon gleich in den ersten Theorien für das Psychrometer zum Ausgangspunkt gedient. Aber man beachtete nicht, dass Q und W durchaus von den äussern Verhältnissen, unter denen das Psychrometer steht, abhängen.

Q ist ganz durch die Art wie der gebildete Dampf zur Entfernung kommt, bestimmt. Zwei Hauptfälle sind in Betracht zu ziehen. Entweder befindet sich das Psychrometer in ruhiger unbewegter Luft, alsdann fliesst der gebildete Dampf durch Diffusion in die Umgebung ab. Oder um das feuchte Thermometer wird ein Luftstrom (z. B. durch einen Ventilator) unterhalten, dann tritt zu der Diffusion des Dampfes noch eine mechanische Fortführung hinzu, die wir als Convection bezeichnen können.

Bei der Wärme W haben wir zunächst den Teil, welcher dem Thermometergefäss durch Strahlung zukommt, und der unter allen Umständen vorhanden ist, abzuscheiden. Der Rest kommt, wenn die Luft unbewegt ist, durch Leitung, und bei strömender Luft ganz so wie bei dem Dampffluss durch mechanische Zuführung, durch Convection.

Bezeichnen wir hiernach mit Q_d die diffundirte, mit Q_c die mechanisch fortgeführte Dampfmenge, mit H_l die zugeleitete, mit H_c die mechanisch zugeführte, mit h die zugestrahlte Wärmemenge, so haben wir also allgemein für ein Psychrometer in bewegter Luft

$$LQ_d + LQ_c + H_l + H_c + h = 0.$$

Maxwell und Stefan*) verdanken wir die vollständige Ausbildung der Theorie des Psychrometers für vollkommen ruhige Luft. In diesem Fall ist

$$LQ_d + H_l + h = 0.$$

Diffusion von Dämpfen und Leitung von Wärme sind zwei einander analoge Vorgänge.

Bedeutet ϑ die Temperatur, p die Dampfspannung an irgend einer durch die Coordinaten x, y, z festgelegten Stelle in der Atmosphäre, so hat man

$$\frac{\partial^2\vartheta}{\partial x^2} + \frac{\partial^2\vartheta}{\partial y^2} + \frac{\partial^2\vartheta}{\partial z^2} = 0, \quad \frac{\partial^2 p}{\partial x^2} + \frac{\partial^2 p}{\partial y^2} + \frac{\partial^2 p}{\partial z^2} = 0 \text{**)}.$$

Auf dem Gefäss des feuchten Thermometers sei $\vartheta = \tau'$ und $p = p_1$, in grosser Entfernung von demselben $\vartheta = \tau$, $p = p''$, setzen wir

$$\vartheta = \tau + (\tau' - \tau)\frac{V}{V'}, \quad p = p'' + (p_1 - p'')\frac{V_1}{V_1'},$$

so sind V und V_1 als Potentialfunctionen zu definiren, wie sie von gewissen elektrischen Ladungen der Oberfläche des Thermometergefässes an der Stelle x, y, z hervorgerufen würden, V' und V_1' bedeuten dann die Werte dieser Functionen auf der Oberfläche des Gefässes. Maxwell und Stefan nehmen $V = V_1$, das kann nicht ganz genau sein. In der Tat, die Wärme-

*) Zeitschr. d. österreichischen Gesellschaft für Meteorologie, Bd. XVI (1881), Seite 177 ff. Die Ableitung im Text entspricht mit einigen Aenderungen den dort gegebenen Entwickelungen, das Endresultat ist aber etwas anders ausgefallen. Die Berücksichtigung der Convection ist dort nur erwähnt, nicht durchgeführt.

**) Die Benutzung dieser Gleichung für p involvirt die Annahme, dass bei der Berechnung der Dichtigkeit der Luft für sich, der eigentlich von Punkt zu Punkt variirende Partialdruck derselben als constant angesehen werden darf, eine Annahme, die für gewöhnliche Verhältnisse gewiss gestattet ist. Siehe auch Stefan l. c. 180.

zuleitung geschieht von allen Seiten des Thermometergefässes, denn auch das Thermometerrohr und auch die in demselben etwa eingeschlossene Luft, sowie die Capillare und selbst der Quecksilberfaden sind bei der Wärmezuführung beteiligt und wir können V so berechnen, wie wenn das ganze Thermometergefäss elektrisch geladen wäre. Dagegen diffundirt der Dampf vom Gefäss aus nur da, wo letzteres mit dem Thermometerrohr nicht in Verbindung steht, V_1 ist also so zu berechnen, wie wenn nur der Teil des Thermometergefässes geladen wäre, welcher nicht an das Thermometerrohr angeschmolzen ist. Ist zum Beispiel das Gefäss kugelförmig, so kann V als das Potential einer elektrisch geladenen ganzen Kugel, V_1, jedoch nur als das einer Kugelkalotte berechnet werden.

Ich nenne ein Element der Fläche S, welche bei der Berechnung von V in Frage kommt dS, ferner n die Normale zu dS, endlich K den Leitungscoefficienten der das Gefäss berührenden Medien (Luft, Quecksilber, Glas) dann ist nach bekannten Lehren

$$H_l = -\iint K \frac{\partial \vartheta}{\partial n} dS,$$

Entsprechend sei dS' ein Element des für die Berechnung von V_1 geladen zu denkenden Teiles S' des Thermometergefässes, n' die Normale zu dS', A_{12} eine Grösse, welche den Widerstand, den die Diffusion zu überwinden hat, messen hilft. Nach der Maxwell-Stefanschen Theorie der Diffusion*) ist, wenn noch s_1' die Dichtigkeit der trocknen Luft in der Umgebung des feuchten Thermometergefässes festsetzt,

$$dQ_d = -\frac{1}{A_{12}s_1'} \frac{\partial p}{\partial n'} dS'$$

also

$$dQ_d = -\frac{1}{A_{12}s_1'} \frac{p_1 - p''}{V_1'} \frac{\partial V_1}{\partial n'} dS'$$

und

$$Q_d = -\iint \frac{1}{A_{12}s_1'} \frac{p_1 - p''}{V_1'} \frac{\partial V_1}{\partial n'} dS'.$$

Ueber die Constanz von $(p_1 - p'')/V_1'$ ist kein Zweifel, s_1', die Dichtigkeit der Luft an S' wird auch überall am Gefäss gleich gross sein und zwar deshalb, weil sowohl V als V_1 auf S bezw. S' constant (S und S' sind Niveauflächen für V, V_1) sind, wodurch auch die Constanz von ϑ und p auf S, S' verbürgt ist, bleibt noch A_{12}. Diese Grösse soll allein eine Function der Temperatur, nämlich der Quadratwurzel aus der Temperatur proportional sein. Hiernach dürfen wir wol

*) Stefan, Ueber das Gleichgewicht und die Bewegung, insbesondere die Diffusion von Gasgemengen. Sitzungsberichte der Wiener Akademie der Wissenschaften. 1871. S. 63 ff.

$$Q_d = -\frac{1}{A_{12}s_1'}\frac{p_1 - p''}{V_1'}\int\int\frac{\partial V_1}{\partial n'}dS'$$

setzen.

K variirt längs der Wandung des Thermometergefässes und zwar nicht stetig, sondern in Sprüngen, wir wollen aber unter K einen aus allen in Frage kommenden Leitungsfähigkeiten gebildeten mittlern Wert verstehen (der übrigens in den meisten Fällen fast ganz mit dem für Luft geltenden übereinkommen wird). Setzt man dann noch

$$-\frac{1}{4\pi V'}\int\int\frac{\partial V}{\partial n}dS = C, \quad -\frac{1}{4\pi V_1'}\int\int\frac{\partial V'}{\partial n'}dS' = C_1,$$

so bedeuten C und C_1 die elektrische Capacität des Thermometergefässes, wenn dasselbe ganz bezw. in der oben limitirten Ausdehnung elektrisch geladen gedacht wird, und wir bekommen

$$H_l = 4\pi CK(\tau' - \tau), \quad Q_d = \frac{4\pi C_1}{A_{12}s_1'}(p_1 - p'').$$

Für die ausgestrahlte Wärme h lässt sich ein strenger Ausdruck nicht angeben, wir dürfen aber mit einiger Annäherung

$$h = S''R(\tau' - \tau)$$

setzen, woselbst R den Strahlungscoefficienten, S'' den Inhalt der freien Teile der Oberfläche des Thermometergefässes angiebt.

Führen wir die so gewonnenen Werte für Q_d, H_l, h in die Hauptgleichung für diesen besonderen Fall ein, so wird

$$4\pi C_1 L(p_1 - p'') + A_{12}s_1'(4\pi KC + S''R)(\tau' - \tau) = 0.$$

Bedeutet $(\sigma')_0$ die Dichtigkeit der trockenen Luft bei der Temperatur 0° und unter dem Normaldruck P, und giebt B den zur Zeit der Beobachtung herrschenden Barometerstand, so ist $s_1' = (\sigma')_0(B - p_1)/P(1 + \beta\tau')$ und die obige Gleichung wird

$$p'' = p_1 + \frac{(4\pi KC + S''R)A_{12}(\sigma')_0}{4\pi C_1 LP(1 + \beta\tau')}(B - p_1)(\tau' - \tau),$$

oder indem wir die Constante

$$\frac{(4\pi KC + S''R)}{4\pi C_1} = \mathfrak{A}$$

setzen.

CXIII$_1$) $$p'' = p_1 + \frac{(\sigma')_0}{P}\frac{\mathfrak{A}A_{12}(B - p_1)}{L(1 + \beta\tau')}(\tau' - \tau).$$

Befindet sich das Psychrometer, nicht wie bisher angenommen, in ruhiger Luft sondern in bewegter, indem etwa, wie das oft geschieht, gegen das feuchte Thermometer ein Luftstrom gerichtet ist, so treten noch die Grössen LQ_c und H_c in die Hauptgleichungen.

Es sei u die Geschwindigkeit des Luftstromes, dessen Dampfspannung zu bestimmen ist, die von demselben convectiv fortgeführte Dampfmenge ist dann eine Function von u. Ein Teil dieser Dampfmenge ist in der Luft schon enthalten gewesen, dieser soll die Dichtigkeit s'' haben, der andere Teil, dem wir die Dichtigkeit s_1'' zuschreiben, ist neu gebildet. Beachten wir, dass die Convection mit u verschwinden muss, so dürfen wir also setzen

$$Q_c = A'_{12} u (s_1'' - s''),$$

wo A'_{12} constant oder auch eine Function von u sein kann.

Nennen wir ferner s die Dichtigkeit der Luft während ihres Vorbeistreichens an dem Thermometergefäss, so ist die in der Zeiteinheit dieses Gefäss passirende Luftmenge proportional su, und wenn c die specifische Wärme der Luft bedeutet, haben wir

$$H_c = A''_{12} usc(\tau' - \tau),$$

woselbst A''_{12} annähernd dem Querschnitt des Thermometergefässes gleichzusetzen sein wird.

Hiernach wird

$$LQ_c + H_c = \left(LA'_{12}(s_1'' - s'') + A''_{12} sc(\tau' - \tau)\right) u.$$

Unter Benutzung früherer Formeln und Bezeichnungen ist aber

$$s'' - s_1'' = \frac{(\sigma')_0 0{,}623}{P}\left(\frac{p''}{1+\beta\tau} - \frac{p_1}{1+\beta\tau'}\right),$$

$$s = s'\frac{B - 0{,}377 p_1}{B - p_1} = (\sigma')_0 \frac{B - 0{,}377 p_1}{P}\frac{1}{1+\beta\tau'},$$

somit

$$LQ_c + H_c = \frac{(\sigma')_0 u}{P}\left(0{,}623 LA'_{12}\left(\frac{p_1}{1+\beta\tau'} - \frac{p''}{1+\beta\tau}\right) + A''_{12} c \frac{B - 0{,}377 p_1}{1+\beta\tau'}(\tau' - \tau)\right).$$

Ist der Luftstrom so stark, dass gegen die Convection Leitung, Diffusion und Strahlung völlig verschwinden, so haben wir

$$p'' = \left(p_1 + \frac{A''_{12} c}{0{,}623 LA'_{12}}(B - 0{,}377 p_1)(\tau' - \tau)\right)\frac{1+\beta\tau}{1+\beta\tau'},$$

oder auch mit ausreichender Annäherung

$$\text{CXIII}_2) \qquad p'' = p_1 + \left(\frac{A''_{12} c (B - 0{,}377 p_1)}{0{,}623 LA'_{12}} - p_1\beta\right)(\tau' - \tau),$$

eine Gleichung von ganz derselben Form wie die für den ersten Hauptfall gefundene.

Für den allgemeinen Fall haben wir, indem zur Abkürzung

$$\frac{4\pi KC + S''R}{4\pi C_1 K} = \mathfrak{A},$$

$$\frac{0{,}623\,A''_{12}}{4\pi\,C_1 K} = \mathfrak{A}', \quad \frac{A''_{12}\,c}{4\pi\,C_1 K} = \mathfrak{A}'',$$

$$B - p_1 = B', \quad B - 0{,}377\,p_1 = B''$$

gesetzt wird

$$\text{CXIII}_3)\quad p'' = p_1 + \frac{(\sigma')_0}{P} \cdot \frac{A_{12}\mathfrak{A}B' + u\left(\mathfrak{A}''B'' - \mathfrak{A}'p_1\,\beta L\,\frac{1+\beta\tau'}{1+\beta\tau}\right)}{L\left(1 + u\frac{(\sigma)_0}{P}\,\mathfrak{A}'\frac{1}{1+\beta\tau}\right)}\,\frac{\tau'-\tau}{1+\beta\tau'}.$$

Die Formel ist, wie man sieht, recht complicirt, und doch ist die oben auseinandergesetzte Theorie noch bei weitem nicht als wirklich allen Umständen Rechnung tragend anzusehen (beispielweise ist die durch Reibung am Thermometergefäss entwickelte Wärme vollständig vernachlässigt, welche mit wachsendem u zu erheblichen Beträgen ansteigen kann). Das Psychrometer ist also trotz seiner so sehr einfachen Construction, ein in theoretischer Beziehung äusserst complicirtes Instrument.

Indessen können wir die obige Gleichung praktisch verwertbar machen, indem wir alles vernachlässigen, wozu wir anscheinend eine Berechtigung haben.

Zunächst lassen wir die Grössen $\beta\tau$, $\beta\tau'$ fort. Sodann denken wir uns für B', B'', p_1 mittlere Werte eingeführt, endlich betrachten wir alle Grössen A_{12}, $\mathfrak{A}$, $\mathfrak{A}'$, $\mathfrak{A}''$, L als Constanten. So gewinnen wir, indem wir unter B den gerade herrschenden Barometerstand verstehen

$$\text{CXIII}_4)\qquad p'' = p_1 + \frac{a + bu}{1 + cu}(\tau' - \tau)B,$$

woselbst a, b, c als unveränderlich anzusehende Grössen bedeuten. Für ein Psychrometer in ruhiger Luft wäre also

$$\text{XCIII}_5)\qquad p'' = p_1 + a(\tau' - \tau)B,$$

für eines in stark bewegter

$$\text{CXIII}_6)\qquad p'' = p_1 + \frac{b}{c}(\tau' - \tau)B = p_1 + \alpha(\tau' - \tau)B.$$

Ob wir aber diese oder die voraufgehenden Formeln anwenden mögen, jedenfalls sind a, α für jedes Psychrometer besonders zu bestimmende Grössen. Nach Sworykins Versuchen**), soll α bei gewisser Geschwindigkeit des Luftstroms weniger Veränderungen unterworfen sein, wie a und Wild***) giebt als Resultat dieser sorgfältig durchdachten und durchgeführten Arbeit an, dass das Psychrometer sich dann am besten zu

*) Die obige Formel lässt sich noch sehr viel weiter entwickeln, doch ist hier nicht der Ort, darauf einzugehen.

**) S. die Seite 450 citirte Abhandlung.

***) Zeitschrift der österreichischen Gesellschaft für Meteorologie, Jahrgang 1884, (Bd. XIX), Seite 440.

Feuchtigkeitsbestimmungen eigne, wenn gegen sein feuchtes Thermometer ein Luftstrom mit der Geschwindigkeit von etwa 1,5 m gerichtet wird. Unter diesen Umständen habe für alle Temperaturen von $-10°$ bis $+22°$ und alle Feuchtigkeitsgrade von 30% bis 89% die Grösse α einen und denselben Wert, nämlich $+0{,}000725$, und man bekommt, wenn B in Centimeter angegeben wird, in Centimeter

CXIII$_9$) $$p'' = p_1 + 0{,}000725(\tau' - \tau)B.$$

Dass die Variabilität von L, namentlich der Sprung, den diese latente Wärme fast um 1/9 ihres Betrages beim Durchgang durch die Gefriertemperatur des Wassers erleidet, garnicht in Frage kommen soll, ist sehr merkwürdig.

Von den Veränderungen des Barometerstandes dürfen wir absehen, führen wir für B den Wert 76 ein, so wird

$$p'' = p_1 + 0{,}0551(\tau' - \tau),$$

somit

CXIV$_1$) $$\eta = 0{,}377 p_1 - 0{,}0208(\tau - \tau'),$$

p_1 ist die der Temperaturanzeige τ' des feuchten Thermometers entsprechende Maximalspannung, also ist $0{,}377 p_1$ aus Tafel II zu entnehmen, für die Grösse $0{,}0208(\tau - \tau')$ ist eine besondere Tafel mit dem Argument $\tau - \tau'$ berechnet.

Es sei noch bemerkt, dass bei dem Ventiliren des feuchten Thermometers darauf zu sehen ist, dass das trockene Thermometer nicht von dem Luftstrom getroffen wird, man muss also zwischen dieses und das feuchte Thermometer einen Schirm stellen, der die bewegte Luft abhält.

Will man das Psychrometer in ruhender Luft zur Anwendung bringen, so kann die Formel*)

CXIV$_2$) $$\eta = 0{,}377 p_1 - 0{,}0219(\tau - \tau')$$

zur Anwendung kommen; die Werte von $0{,}0219(\tau - \tau')$ sind ebenfalls unter II tabulirt.

Offenbar ist die Angelegenheit des Psychrometers noch nicht spruchreif, Theorie und Erfahrung lassen noch viel zu wünschen übrig; darum ist es am besten bei dem Alten stehen zu bleiben, wenn dieses durch den Calcul nur einigermaassen gestützt wird.

Doch hat Assmann**) neuerdings ein Psychrometer construirt, welches

*) Das ist die Gleichung, von der Foerster bei der Construction der auf der Kaiserlichen Normal-Aichungs-Kommission in Anwendung befindlichen Tabellen Gebrauch gemacht hat.

**) Sitzungsbericht der Akademie der Wissenschaften zu Berlin 1887, No. 17. Ferner, das Wetter, meteorologische Monatsschrift von Assmann 1887, Heft 12 und 1888, Heft 1.

wenigstens alle Mittel besitzt, die Bewegung der Luft um die feuchte Thermometerkugel zu regeln und beliebig variiren zu können, und von dem trocknen Thermometer jede fremde Strahlung ganz abzuhalten oder in ihrer Wirkung erheblich zu schwächen. Sein Psychrometer, als *Aspirations-Psychrometer* bezeichnet, hat beide Thermometer in aussen blank polirte Röhren eingeschlossen, die oben durch ein Verbindungsstück communiciren. Vom Verbindungsstück führt ein Schlauch zu einem Saugbalg, welcher innen durch eine Feder gespannt gehalten wird. Drückt man letztern zusammen und lässt ihn sich nachher frei ausdehnen, so zieht er Luft durch die Röhren ein und adspirirt in denselben einen die Gefässe umspülenden Luftstrom. Auf diese Weise wird bewirkt, dass in der Luft um das Psychrometer stets die nämlichen Bewegungsverhältnisse herrschen, dass u in unserer Formel also constant ist, ferner, dass auch die Strahlung bei beiden Thermometern die nämliche Grösse hat und überhaupt verringert wird, indem durch Reflexion von der blanken Aussenseite der Röhren ein Teil der zugestrahlten Wärme überhaupt zurückgeworfen wird und der Rest mit dem Luftstrom sich convectiv entfernt. Demgemäss behält die Formel ausser τ, τ', p_1 nur noch ein für alle mal zu bestimmende Constanten, und das ist ein sehr bedeutender Vorteil. Assmann hat mit seinem Aspirations-Psychrometer noch einiges andere erreichen wollen, wegen dessen auf die oben citirten Arbeiten verwiesen werden muss. Vorläufige Untersuchungen über die Constante dieses Psychrometers von Sprung, haben für dieselbe die Zahl 0,00066 ergeben, das ist noch weniger als Wild gefunden hat.

130. Tabellen zur Berechnung des Luftgewichts. Ich stelle nunmehr die nötigen Tafeln zusammen. (Seite 464—477.)

Tafel I hat die auf Seite 438 angegebene Bedeutung.

Tafel II enthält in ihren zwei Abteilungen die zur Berechnung von η nötigen Daten; die erste Abteilung II_1 enthält die Grösse

$$A = 0{,}377p$$

von Grad zu Grad für die in gleicher Höhe stehenden Temperaturen; sie giebt schon die gesuchte Grösse η, wenn ein Condensationshygrometer zur Anwendung kommt, dessen Thaupunkts-Temperaturangabe das Argument bildet. Wird ein Haarhygrometer benutzt, so ist das Argument die Lufttemperatur und die zugehörige Zahl A ist mit $\lambda/100$ zu multipliciren, woselbst λ die Ablesung (in Procenten) des Hygrometers ist.

Die zweite und dritte Abteilung II_2 und II_3 geben die beiden Grössen

$$A' = 0{,}0219(\tau - \tau') \text{ bezw. } 0{,}0208(\tau - \tau')$$

für die Benutzung eines Psychrometers bei ruhender bezw. durch Ventilator bewegter Luft. η ist hier

$$\eta = A - A',$$

woselbst A mit dem Argument der Temperaturangabe des feuchten Thermometers aus der ersten Abteilung zu entnehmen ist, A' zum Argument die

Differenz der Temperaturangabe des trockenen gegen die des feuchten Thermometers hat.

Tafel III giebt mit dem Argument $B - \eta$ (B abgelesener Barometerstand, η die mit Tafel II bestimmte Grösse) den Logarithmus

$$C_1 = \log \frac{78}{B - \eta}$$

von oben nach unten für die Ganzen und Zehntel, von links nach rechts für die Hundertteile des Centimeter.

Tafel IV giebt mit dem Argument der Lufttemperatur t den Logarithmus

$$C_2 = \log(1 + 0{,}00367\,t)$$

von oben nach unten für die ganzen Grade, von links nach rechts für die Zehntel der Grade.

Tafel V dient in ihren ersten beiden Teilen V_1 und V_2 zur Aufsuchung des Logarithmus

$$C_3 = \log \frac{1}{1 - 0{,}0001627\,t_q} \text{ bezw. } \log \frac{1}{1 - 0{,}000173\,t_q}$$

(je nachdem das Barometer die Teilung auf Messing oder auf Glas hat) mit dem Argument t der Temperatur des Barometers während der Ablesung des Barometerstandes.

Tafel VI endlich giebt mit dem Argument der Temperatur t des Barometers in horizontaler mit dem der Grösse η in verticaler Richtung die Werte von

$$C_4 = 0{,}09\,t_q \cdot \eta;$$

alle Zahlen sind in Einheiten der fünften Decimale des Logarithmus von s angegeben.

Wir haben aber

$$\text{CXV)} \qquad s = C_0 - (C_1 + C_2 + C_3 + C_4),$$

als Einheiten Gramm und Centimeter gewählt.

Hat das Barometer eine in Linien geteilte Scale mit einem nach Réaumur geteilten Thermometer, so reducirt man mit Hilfe der Seite 439 gegebenen Formel die Ablesung auf Millimeter, verwandelt die Temperaturangabe in Grade der hundertteiligen Scale und sucht C_3 in der letzten unter C_3' angegebenen Columne der Tafel V auf.

Die Grösse C_4 kann in allen Fällen der Tafel VI entnommen werden und ist sehr selten zu berücksichtigen.

Ueber die Bedeutung der Tafel VII wird bald das nötige gesagt werden.

131. Endformeln zur Reduction von Wägungen zu Massenbestimmungen und Beispiel. Wir haben nun, indem wir unter s die mittlere Dichtigkeit der Luft verstehen, in welcher die zu vergleichenden Massen sich befinden, für unseren Fall

$$\frac{g_1'}{g'} M_1' + \frac{g_2'}{g'} M_2' + \cdots = \frac{g_1''}{g'} M_1'' + \frac{g_2''}{g'} M_2'' + \cdots + m \frac{\psi_1 - \psi_2}{\psi_1' - \psi_1} \frac{1}{1+\lambda}$$
$$+ s\left(\frac{g_1'}{g'} V_1' + \frac{g_2'}{g'} V_2' + \cdots - \frac{g_1''}{g'} V_1'' - \frac{g_2''}{g'} V_2'' - \cdots - \frac{\psi_1 - \psi_2}{\psi_1' - \psi_1} v'\right).$$

In denjenigen Gliedern, die mit s multiplicirt sind, dürfen wir ohne weiteres die Verhältnisse der g durch 1 ersetzen. Bezeichnen wir ferner die so sehr kleine Zahl 0,000021/10000 mit $\mathfrak{a}$, so haben wir

$$M_1' + M_2' + \cdots = M_1'' + M_2'' + \cdots + m \frac{\psi_1 - \psi_2}{\psi_1' - \psi_1} \frac{1}{1+\lambda}$$
CXVI$_1$)
$$+ \mathfrak{a}(M_1'H_1' + M_2'H_2' + \cdots - M_1''H_1'' - M_2''H_2'' - \cdots)$$
$$+ s\left(V_1' + V_2' + \cdots - V_1'' - V_2'' - \cdots - \frac{\psi_1 - \psi_2}{\psi_1' - \psi_1} v'\right).$$

Die Massen M_1'', M_2'', ..., m sind alle als bekannt vorausgesetzt, von den Massen M_1', M_2', ... können auch einige (z. B. die Zulagen) bekannt sein, der Rest ist unbekannt und soll eben durch die Wägung bestimmt werden. Nun steht auf der rechten Seite der Gleichung noch das mit $\mathfrak{a}$ multiplicirte Glied, in welchem ebenfalls unbekannte Massen enthalten sind. Aber da $\mathfrak{a}$ eine sehr kleine Grösse ist, darf man die unbekannten Massen in diesem Glied durch irgend welche Näherungsbeträge, die man immer zur Hand haben wird, ersetzen. Es kann also dieses ohnedies, wie schon erwähnt, nur bei feinsten Wägungen zu berücksichtigende Correctionsglied als bekannte Grösse betrachtet werden. Bleibt noch das mit s als Factor versehene Glied, dieses aber kann nur berechnet werden, wenn man die Volumina von allen Stücken, den ihren Massen nach bekannten, wie den unbekannten vollständig kennt.

Wir wollen annehmen, dass diese Volumina in der Tat gegeben sind, und zwar allgemein für jede beliebige Temperatur. Dazu ist nötig, dass die Volumina für eine Temperatur bekannt sind, und ausserdem die kubischen Ausdehnungscoefficienten der Substanzen der Körper zur Verfügung stehen. Die Formeln sind schon in Art. 127 erwähnt.

Wir haben allgemein für irgend ein Volumen V
$$\log V = \log(V)_0 + \log(1 + 3\alpha t),$$
woselbst $(V)_0$ das Volumen des betreffenden Körpers bei 0°, α dessen linearer Ausdehnungscoefficient ist.

Zur Erleichterung der Berechnung ist — wieder aus der angeführten Publication von Förster — eine Tafel unter VII beigegeben, welche im verticalen Eingang die Temperaturen, im horizontalen lineare Ausdehnungscoefficienten von 0,000008 bis 0,000020, wie sie am häufigsten vorkommen, und dazu die Grössen
$$\Gamma = \log(1 + 3\alpha t),$$
in Einheiten der sechsten Decimale enthalten; entnimmt man Γ dieser Tafel, so ist

$$\log V = \log(V)_0 + \Gamma.$$

Selbstverständlich fasst man bei der Berechnung alle Volumina der Körper, welche gleiche Ausdehnung besitzen, zu einem Volumen zusammen.

Das von v abhängende Glied darf immer vernachlässigt werden. Setzen wir

$$\alpha(M_1'H_1' + M_2'H_2' + \cdots - M_1''H_1'' - M_2''H_2'' - \cdots) = \delta M,$$
$$V_1' + V_2' + \cdots - V_1'' - V_2'' - \cdots = \Delta V,$$

so wird

$$\text{CXVI}_2)\quad M_1' + M_2' + \cdots = M_1'' + M_2'' + \cdots + m\frac{\psi_1 - \psi_2}{\psi_1' - \psi_1}\frac{1}{1+\lambda} + s\Delta V + \delta M,$$

oder, indem wir wieder wie früher die gesuchte Masse mit P, das Mittel der Zulagen zu derselben mit (p), die bekannte Masse mit N, das Mittel der Zulagen zu derselben mit (n) bezeichnen

$$\text{CXVI}_3)\quad P = N + \frac{m}{1+\lambda}\frac{\psi_1 - \psi_2}{\psi_1' - \psi_1} + s\Delta V + 2\frac{(n)-(p)}{1+\lambda} + \delta M,$$

woselbst λ bei einer Borda'schen Wägung gleich Null zu setzen ist und bei einer Gaussischen für eine nominell gleicharmige Waage den Wert 1 hat.

Die Wägungen waren symmetrisch zur Mitte angeordnet gedacht, die Ablesungen der Instrumente zur Ermittelung des Luftgewichts s (Barometer, Thermometer, Hygrometer oder Psychrometer) müssen also auch symmetrisch zur Mitte ausgeführt werden, sind also mitten zwischen der dritten und vierten Einzelwägung, oder besser unmittelbar am Anfang und unmittelbar am Ende der Wägung vorzunehmen.

Es ist selbstverständlich, dass alle Instrumente vollkommen untersucht sein müssen, man muss die Fehler derselben kennen, das heist, im Besitz derjenigen Zahlen sein, welche zu den abgelesenen Zahlen hinzuzufügen sind, um die wahren Beträge für Druck, Feuchtigkeit bezw. Temperatur zu erhalten. Ueber die Untersuchung von Barometern und Thermometern wird an andern Orten gehandelt, die Untersuchung der Hygrometer ist schon dargelegt, die Fehler von Psychrometern setzen sich aus den Fehlern ihrer beiden Thermometer zusammen.

Ferner müssen die als bekannt bezeichneten Massenbeträge nicht blos nach ihren Sollwerten bekannt sein, die Abweichungen von diesen Sollwerten müssen natürlich auch zur Verfügung stehen, wie man zu diesen Abweichungen gelangt, ist in Capitel XVII auseinandergesetzt.

Ich lasse jetzt als **Beispiel** eine mit aller erreichbaren Genauigkeit durchgeführte Rechnung für eine Wägung nach Gauss' Methode der Vertauschung der Gewichte folgen. Hinzuzufügen habe ich nichts weiter, als dass alle Bezeichnungen den obigen Formeln entnommen sind. Ein besonderes Beispiel für eine Borda'sche Wägung anzuführen ist um so weniger nötig, als wir bald bei einer andern Gelegenheit den Hauptteil derselben nochmals zu behandeln haben werden.

132. Beispiel für Wägung mit Vertauschung der Gewichte auf einer gleicharmigen Waage.

Vergleichung von $P = (500 + 200' + 100)$ g aus Messing
$+ (200'')$ g aus Bergkrystall,
mit $N = 1$ kg aus Messing.

NB. Die Nummern der Scalenstriche der Waage wachsen von rechts nach links.
Die Zulagen n, p; n', p' sind unten besonders notirt.
Das Empfindlichkeitsgewicht m ist mit dem Sollbetrag 0,7 mg bezeichnet, hat einen Fehler von $+0{,}02$ mg und liegt direct auf der Schale.

Ort: Berlin (52°30′ Breite),
Höhe: 4000 cm.

Berechnung von C_0

$(\sigma')_0 =$	1293,03
Corrigirt nach Tab. I =	1293,88
log =	3,11189
+	4,01128 — 10
$C_0 =$	7,12317 — 10

Berechnung von δM

$H_1' = +3{,}0$	$H_1'M_1' = +1500$
$H_2' = +1{,}5$	$H_2'M_2' = +\ 300$
$H_3' = +1{,}0$	$H_3'M_3' = +\ 100$
$H_4' = +2{,}5$	$H_4'M_4' = +\ 500$
$H_1'' = +4{,}0$	$-H_1''M_1'' = -4000$
	Summe $= -1600$

$\delta M = -\alpha.1600$

Belastung der Waage		Ablesungen der Scale für die grössten Ausschläge			Gleichgewichtslagen	Mittel		
links	rechts	links	rechts	links	f	ψ_2	ψ_1	ψ_1'
$N+n$	$P+p+m$	70,6	66,3	70,2	68,35			
$N+n$	$P+p$	50,3	71,1	51,4	60,97			
$P+p'$	$N+n'$	58,2	68,1	58,2	63,15	63,47	60,56	68,60
$P+p'$	$N+n'$	54,7	72,3	55,9	63,80			
$N+n$	$P+p$	45,6	74,0	47,0	60,15			
$N+n$	$P+p+m$	71,5	66,4	71,1	68,85			

Ablesungen zur Bestimmung des Luftgewichts.

	Luftdruck (Barometer mit Messingscala)		Feuchtigkeit (Psychrometer ohne Ventilator)		Lufttemperatur im Wägungsraum
	B	t_q	τ	τ'	t
Vor der Wägung	76,54 cm	14,20	14,26	11,46	14,57
Nach „ „	76,50 „	14,25	14,38	11,60	14,59
Mittel	76,52 „	14,22	14,32	11,53	14,58
Fehler der Instrumente	+0,06 „	+ 0,04	— 0,45	— 0,41	— 0,44
Corrigirte Mittel	76,58 „	14,26	13,87	11,12	14,14
			$\tau - \tau' = 2{,}75$		

Zulagen			
	Nominalwert	Fehler	Corrigirter Wert
n	3 mg	+ 0,013 mg	3,013
p	5 „	— 0,036 „	4,964
n'	4 „	+ 0,027 „	4,027
p'	3 „	+ 0,013 „	3,013

$$(n) = 3{,}520 \text{ mg}$$
$$(p) = 3{,}988 \text{ mg}$$
$$(n) - (p) = -0{,}000468 \text{ g}.$$

Berechnung des Luftgewichts.

A (Tab. II_1)	$= 0{,}37$
A' („ II_3)	$= 0{,}06$
η	$= 0{,}31$
$B - \eta$	$= 76{,}27$
C_1 (Tab. III)	974
C_2 („ IV)	2197
C_3 („ V_1)	101
C_4 („ VI)	0
Summe	3272
C_0	$= 7{,}12317 - 10$
$\log s$	$= 7{,}09045 - 10$
$\log \Delta V$	$= 1{,}71116$
$\log (s \Delta V)$	$= 8{,}80161 - 10$

Berechnung der Volumdifferenz ΔV.

$-(V_1)_0'' =$	$-118{,}906$ ccm	$\alpha = 0{,}0000185$
$(V_1)_0' =$	59,767 „	$\alpha =$ „
$(V_2')_0 =$	23,707 „	$\alpha =$ „
$(V_3')_0 =$	11,449 „	$\alpha =$ „
Summe $= -$	23,983 „	
log =	1,37990 „	
Γ (Tab. VII)	34 „	
	1,38024 „	
Num $= -$	24,002 „	
$(V_4')_0 =$	75,386 „	$\alpha = 0{,}000012$
log =	1,87729 „	
Γ (Tab. VII)	22 „	
	1,87751 „	
Num $= +$	75,424 „	
$\Delta V = +$	51,422 „	

Schlussrechnung.

$$\frac{m}{2}\,\frac{\psi_1 - \psi_2}{\psi_1' - \psi_1} = -0{,}36\,\frac{2{,}91}{8{,}04}\text{ mg} = -0{,}000130 \text{ g}$$
$$s\Delta V = +0{,}063330 \text{ g}$$
$$(n) - (p) = -0{,}000468 \text{ g}$$
$$\delta M = -\alpha \,.\, 600 = -0{,}000004 \text{ g}$$
$$P = N + 0{,}062728 \text{ g}.$$

Da N den Nominalwert 1000 g und ausserdem noch einen Fehler von + 0,021365 g besitzt, so beträgt hiernach die Masse der 4 durch P zusammengefassten Gewichte

1000,084093 g.

Tafel I.

Correktion der Constante 1293,03 des normalen Luftgewichtes für geographische Breite und Höhe über der Meeresfläche.

geogr. Breite	0 m	10 000 cm	20 000 cm	30 000 cm	40 000 cm	50 000 cm	60 000 cm	70 000 cm
40°	—0,58	—0,60	—0,63	—0,66	—0,68	—0,71	—0,74	—0,77
41	0,46	0,49	0,52	0,54	0,57	0,60	0,62	0,65
42	0,35	0,37	0,40	0,43	0,45	0,48	0,51	0,53
43	0,23	0,26	0,29	0,31	0,34	0,37	0,40	0,42
44	—0,12	0,14	0,17	0,20	0,22	0,25	0,28	0,30
45	0	—0,03	—0,05	—0,08	—0,11	0,13	0,16	0,19
46	+0,12	+0,09	+0,06	+0,03	+0,01	—0,02	—0,04	—0,07
47	0,23	0,21	0,18	0,15	0,13	+0,10	+0,07	+0,05
48	0,35	0,32	0,29	0,27	0,24	0,21	0,19	0,16
49	0,46	0,43	0,41	0,38	0,35	0,33	0,30	0,27
50	0,58	0,55	0,52	0,50	0,47	0,44	0,42	0,39
51	0,69	0,66	0,64	0,61	0,58	0,56	0,53	0,50
52	0,80	0,77	0,75	0,72	0,70	0,67	0,64	0,61
53	0,91	0,89	0,86	0,83	0.81	0,78	0,75	0,72
54	1,02	1,00	0,97	0,94	0,92	0,89	0,86	0,83
55	1,13	1,11	1,08	1,05	1,03	1,00	0,97	0,94
56	1,24	1,22	1,19	1,16	1,14	1,11	1,08	1,05
57	1,35	1,32	1,30	1,27	1,24	1,22	1,19	1,16
58	1,45	1,43	1,40	1,37	1,35	1,32	1,29	1,27
59	1,56	1,53	1,51	1,48	1,45	1,42	1,40	1,37
60	+1,66	+1,63	+1,61	+1,58	+1,55	+1,53	+1,50	+1,47

Tafel II.
dient zur Berechnung von η.

Thaupunktstemperatur für Condensationshygrometer; Lufttemperatur für Procent-Haarhygrometer; Temperatur des feuchten Thermometers für Psychrometer.	A II_1	Psychrometr. Differenz in Centigraden	A′ II_2 Psychr. in ruhender Luft	 II_3 Psychr. in bewegter Luft
	cm		cm	cm
0°	0,171	0°	0,000	0,000
1	0,183	1	0,022	0,021
2	0,196	2	0,044	0,042
3	0,212	3	0,066	0,062
4	0,228	4	0,088	0,083
5	0,244	5	0,109	0,104
6	0,262	6	0,131	0,125
7	0,280	7	0,153	0,146
8	0,300	8	0,175	0,166
9	0,320	9	0,197	0,187
10	0,343	10	0,219	0,208
11	0,368			
12	0,394			
13	0,420			
14	0,447			
15	0,476			
16	0,508			
17	0,542			
18	0,577			
19	0,615			
20	0,654			
21	0,696			
22	0,740			
23	0,787			
24	0,835			
25	0,886			
26	0,939			
27	0,996			
28	1,057			
29	1,120			
30	1,186			

Tafel III

zur Berechnung der Correction $C_1 = \log \frac{78}{B - \eta}$.

(Die Zahlen sind in Einheiten der 5. Decimale angegeben.)

Barometer	0	1	2	3	4	5	6	7	8	9
cm										
70,0	4700	4693	4687	4681	4675	4669	4662	4656	4650	4644
1	4638	4631	4625	4619	4613	4607	4601	4594	4588	4582
2	4576	4570	4563	4557	4551	4545	4539	4532	4526	4520
3	4514	4508	4502	4495	4489	4483	4477	4471	4465	4458
4	4452	4446	4440	4434	4428	4421	4415	4409	4403	4397
5	4391	4384	4378	4372	4366	4360	4354	4347	4341	4335
6	4329	4323	4317	4311	4304	4298	4292	4286	4280	4274
7	4268	4261	4255	4249	4243	4237	4231	4225	4218	4212
8	4206	4200	4194	4188	4182	4175	4169	4163	4157	4151
9	4145	4139	4133	4126	4120	4114	4108	4102	4096	4090
71,0	4084	4078	4071	4065	4059	4053	4047	4041	4035	4029
1	4023	4016	4010	4004	3998	3992	3986	3980	3974	3968
2	3961	3955	3949	3943	3937	3931	3925	3919	3913	3907
3	3901	3894	3888	3882	3876	3870	3864	3858	3852	3846
4	3840	3834	3828	3821	3815	3809	3803	3797	3791	3785
5	3779	3773	3767	3761	3755	3749	3742	3736	3730	3724
6	3718	3712	3706	3700	3694	3688	3682	3676	3670	3664
7	3658	3652	3645	3639	3633	3627	3621	3615	3609	3603
8	3597	3591	3585	3579	3573	3567	3561	3555	3549	3543
9	3537	3531	3525	3519	3512	3506	3500	3494	3488	3482
72,0	3476	3470	3464	3458	3452	3446	3440	3434	3428	3422
1	3416	3410	3404	3398	3392	3386	3380	3374	3368	3362
2	3356	3350	3344	3338	3332	3326	3320	3314	3308	3302
3	3296	3290	3284	3278	3272	3266	3260	3254	3248	3242
4	3236	3230	3224	3218	3212	3206	3200	3194	3188	3182
5	3176	3170	3164	3158	3152	3146	3140	3134	3128	3122
6	3116	3110	3104	3098	3092	3086	3080	3074	3068	3062
7	3056	3050	3044	3038	3032	3026	3020	3014	3008	3002
8	2996	2990	2984	2978	2972	2967	2961	2955	2949	2943
9	2937	2931	2925	2919	2913	2907	2901	2895	2889	2883
73,0	2877	2871	2865	2859	2853	2847	2841	2836	2830	2824
1	2818	2812	2806	2800	2794	2788	2782	2776	2770	2764
2	2758	2752	2746	2741	2735	2729	2723	2717	2711	2705
3	2699	2693	2687	2681	2675	2669	2664	2658	2652	2646
4	2640	2634	2628	2622	2616	2610	2604	2598	2593	2587
5	2581	2575	2569	2563	2557	2551	2545	2539	2533	2528
6	2522	2516	2510	2504	2498	2492	2486	2480	2475	2469
7	2463	2457	2451	2445	2439	2433	2427	2422	2416	2410
8	2404	2398	2392	2386	2380	2374	2369	2363	2357	2351
9	2345	2339	2333	2327	2322	2316	2310	2304	2298	2292
74,0	2286	2280	2275	2269	2263	2257	2251	2245	2239	2234

Tafel III

zur Berechnung der Correction $C_1 = \log \frac{78}{B - \eta}$.

(Die Zahlen sind in Einheiten der 5. Decimale angegeben.)

Barometer	0	1	2	3	4	5	6	7	8	9
cm										
74,0	2286	2280	2275	2269	2263	2257	2251	2245	2239	2234
1	2228	2222	2216	2210	2204	2198	2192	2187	2181	2175
2	2169	2163	2157	2152	2146	2140	2134	2128	2122	2116
3	2111	2105	2099	2093	2087	2081	2076	2070	2064	2058
4	2052	2046	2041	2035	2029	2023	2017	2011	2006	2000
5	1994	1988	1982	1976	1971	1965	1959	1953	1947	1941
6	1936	1930	1924	1918	1912	1906	1901	1895	1889	1883
7	1877	1872	1866	1860	1854	1848	1843	1837	1831	1825
8	1819	1814	1808	1802	1796	1790	1785	1779	1773	1767
9	1761	1756	1750	1744	1738	1732	1727	1721	1715	1709
75,0	1703	1698	1692	1685	1680	1674	1669	1663	1657	1651
1	1645	1640	1634	1628	1622	1617	1611	1605	1599	1593
2	1588	1582	1576	1570	1565	1559	1553	1547	1542	1536
3	1530	1524	1518	1513	1507	1501	1495	1490	1484	1478
4	1472	1467	1461	1455	1449	1444	1438	1432	1426	1421
5	1415	1409	1403	1398	1392	1386	1380	1375	1369	1363
6	1357	1352	1346	1340	1334	1329	1323	1317	1311	1306
7	1300	1294	1288	1283	1277	1271	1265	1260	1254	1248
8	1243	1237	1231	1225	1220	1214	1208	1202	1197	1191
9	1185	1180	1174	1168	1162	1157	1151	1145	1140	1134
76,0	1128	1122	1117	1111	1105	1100	1094	1088	1082	1077
1	1071	1065	1060	1054	1048	1042	1037	1031	1025	1020
2	1014	1008	1003	997	991	985	980	974	968	963
3	957	951	946	940	934	929	923	917	911	906
4	900	894	889	883	877	872	866	860	855	849
5	843	838	832	826	821	815	809	804	798	792
6	787	781	775	770	764	758	753	747	741	736
7	730	724	719	713	707	702	696	690	685	679
8	673	668	662	656	651	645	639	634	628	623
9	617	611	606	600	594	589	583	577	572	566
77,0	560	555	549	544	538	532	527	521	515	510
1	504	498	493	487	482	476	470	465	459	453
2	448	442	437	431	425	420	414	408	403	397
3	392	386	380	375	369	363	358	352	347	341
4	335	330	324	319	313	307	302	296	291	285
5	279	274	268	262	257	251	246	240	234	229
6	223	218	212	207	201	195	190	184	179	173
7	167	162	156	151	145	139	134	128	123	117
8	112	106	100	95	89	84	78	72	67	61
9	56	50	45	39	33	28	22	17	11	6
78,0	0									

Tafel IV

zur Berechnung der Correction $C_2 = \log(1 + 0{,}00367\,t)$.

(Die Zahlen sind in Einheiten der 5. Decimale angegeben.)

Thermometer C	0	1	2	3	4	5	6	7	8	9
0°	0	16	32	48	64	80	95	111	127	143
1	159	175	191	206	222	238	254	270	286	301
2	317	333	349	365	380	396	412	428	444	460
3	476	492	507	523	539	555	570	586	602	617
4	633	649	664	680	696	711	727	743	758	774
5	790	805	821	836	852	868	883	899	915	930
6	946	961	977	992	1008	1023	1039	1055	1070	1086
7	1101	1117	1132	1148	1163	1179	1194	1210	1226	1242
8	1257	1272	1288	1303	1319	1334	1350	1365	1381	1396
9	1411	1427	1442	1458	1473	1488	1504	1519	1534	1550
10	1565	1581	1596	1611	1627	1642	1657	1673	1688	1703
11	1718	1734	1749	1764	1780	1795	1810	1825	1841	1856
12	1871	1886	1902	1917	1932	1947	1963	1978	1993	2009
13	2024	2040	2055	2070	2085	2100	2115	2131	2146	2161
14	2176	2191	2206	2221	2237	2252	2267	2282	2297	2312
15	2327	2342	2357	2372	2388	2403	2418	2433	2448	2463
16	2478	2493	2508	2523	2538	2553	2568	2583	2598	2613
17	2628	2643	2658	2673	2688	2703	2718	2733	2748	2764
18	2778	2793	2808	2823	2838	2853	2868	2883	2898	2913
19	2928	2942	2957	2972	2987	3002	3017	3032	3046	3061
20	3076	3091	3106	3121	3135	3150	3165	3180	3195	3209
21	3224	3239	3254	3268	3283	3298	3313	3327	3342	3357
22	3372	3386	3401	3416	3431	3445	3460	3475	3489	3504
23	3519	3533	3548	3563	3577	3592	3607	3622	3637	3652
24	3666	3681	3696	3710	3725	3739	3754	3768	3783	3798
25	3812	3827	3842	3856	3871	3885	3900	3914	3929	3943
26	3958	3972	3987	4001	4016	4030	4045	4059	4074	4088
27	4103	4117	4132	4146	4161	4175	4190	4204	4219	4234
28	4248	4263	4277	4292	4306	4321	4335	4349	4364	4378
29	4393	4407	4421	4436	4450	4465	4479	4493	4508	4522
30	4536	4551	4565	4579	4594	4608	4622	4637	4651	4565
31	4680	4694	4708	4722	4737	4751	4765	4780	4794	4808
32	4822									

Tafel V
zur Berechnung der Correction C_3.

(Die Zahlen sind in Einheiten der 5. Decimale angegeben.)

Thermometer C	Barometer mit Messingscale	C_3 Barometer mit Glasscale	C_3' bei Benutzung eines in Linien geteilten Barometers
0	0	0	0
1	7	8	8
2	14	15	16
3	21	23	24
4	28	30	31
5	35	38	39
6	42	45	47
7	49	53	55
8	57	60	63
9	64	68	71
10	71	75	79
11	78	83	87
12	85	90	94
13	92	98	102
14	99	105	110
15	106	113	118
16	113	120	126
17	120	128	134
18	127	135	142
19	134	143	149
20	141	151	157
21	149	158	165
22	156	166	173
23	163	173	181
24	170	181	189
25	177	188	196
26	184	196	204
27	191	203	212
28	198	211	220
29	205	218	228
30	212	226	236

Tafel VI
zur Berechnung d. Correction C_4.

(Die Zahlen sind in Einheiten der 5. Decimale angegeben.)

η	Centigrade 0°	5°	10°	15°	20°	25°	30°
mm							
0	0	0	0	0	0	0	0
1	0	0	0	0	0	0	0
2	0	0	0	0	0	0	1
3	0	0	0	0	1	1	1
4	0	0	0	1	1	1	1
5	0	0	0	1	1	1	1
6	0	0	1	1	1	1	2
7	0	0	1	1	1	2	2
8	0	0	1	1	1	2	2
9	0	0	1	1	2	2	2
10	0	0	1	1	2	2	3

Tafel VII

giebt $\Gamma = \log(1 + 3\alpha t)$ in Einheiten der 6. Decimale.

Thermometer C	$\alpha = 8$	9	10	11	12	16	17	18	19	20
0°	0,000000	00	00	00	00	00	00	00	00	00
1	10	12	13	14	15	21	22	23	25	26
2	21	23	26	28	31	41	44	47	50	52
3	31	35	39	43	47	62	66	70	74	78
4	41	47	52	57	62	83	89	94	99	105
5	52	58	65	72	78	105	111	117	123	130
6	62	70	78	86	94	126	133	141	148	156
7	73	82	91	100	110	146	155	164	173	183
8	83	94	105	115	126	167	177	188	198	208
9	94	105	117	129	141	188	199	211	223	234
10	105	117	130	143	156	208	221	234	247	260
11	115	129	143	158	172	229	243	257	272	286
12	126	141	156	172	188	250	265	281	297	313
13	136	152	170	186	204	270	288	305	321	338
14	146	164	183	200	219	292	310	328	346	365
15	156	176	196	215	235	313	332	351	371	391
16	167	188	208	229	250	333	354	375	396	417
17	177	199	221	243	266	354	376	398	420	442
18	188	211	234	257	281	375	398	422	445	468
19	198	223	247	272	297	396	420	445	470	495
20	208	234	260	286	313	417	442	468	494	521
21	219	246	273	301	328	437	464	492	519	547
22	229	257	286	315	344	458	487	516	544	573
23	239	269	300	329	360	479	509	539	569	599
24	250	281	313	344	375	500	531	562	593	625
25	260	293	326	358	391	521	553	586	618	651
26	270	305	338	373	406	542	575	610	643	677
27	281	316	351	387	422	563	598	633	668	703
28	292	328	365	402	437	583	620	656	692	729
29	302	340	378	416	453	604	642	679	717	755
30	313	351	391	431	468	625	664	702	741	781

133. Massenbestimmungen für Flüssigkeiten und Gase. Flüssige und gasförmige Körper lassen sich für sich selbst nicht wägen, weil sie kein selbstständiges Volumen besitzen. Will man für solche Körper Massenbestimmungen ausführen, so hat man sie in Gefässe einzuschliessen. Flüssigkeiten brauchen ein solches Gefäss nur zum Teil auszufüllen, Gase nehmen den ganzen Inhalt desselben ein und müssen in demselben abgesperrt sein. Wir stellen uns aber vor, dass das betreffende Gefäss in allen Fällen nach aussen hin abgeschlossen ist. Bei Flüssigkeiten enthält dann das Gefäss über der Flüssigkeit noch ein gewisses Quantum Luft. Man wägt nun zuerst das Gefäss für sich und dann das Gefäss, nachdem in dasselbe die Flüssigkeit oder das Gas hineingebracht ist. In der ersten Wägung soll das Gefäss ebenfalls und zwar in derselben Weise wie in der zweiten abgeschlossen sein. Ist das äussere Volumen des rings abgeschlossen gedachten Gefässes gleich V_a, das innere gleich V_i, die Dichtigkeit der umgebenden Luft s_a, die der eingeschlossenen s_i, das Volumen der benutzten Gewichte V_{N_1}, die Masse derselben N_1, die Masse des Gefässes gleich M', so haben wir in der ersten Wägung

$$M' + V_i s_i = N_1 + m \frac{\psi_1 - \psi_2}{\psi_1' - \psi_1} \frac{1}{1+\lambda} + s_a(V_a - V_{N_1})$$
$$+ \alpha\left((M' + V_i s_i) H' - N_1 H''\right).$$

In der zweiten Wägung sei das von der eingefüllten Flüssigkeit oder von dem Gase im Gefäss eingenommene Volumen V, die Masse der benutzten Gewichte N_2, deren Volum V_{N_2}, das äussere Volumen des Gefässes V_a', das innere V_i', die Dichtigkeit der etwa noch eingeschlossenen Luft s_i', die der umgebenden s_a', die Masse der Flüssigkeit bezw. des Gases M, endlich der Wert eines der ψ gleich (ψ) und der eines der H gleich (H), dann ist

$$M' + M + (V_i' - V) s_i' = N_2 + m \frac{(\psi_1) - (\psi_2)}{(\psi_1') - (\psi_1)} \frac{1}{1+\lambda} + s_a'(V_a' - V_{N_2})$$
$$+ \alpha\left([M' + M + (V_i' - V) s_i'](H') - N_2 (H'')\right)$$

Die Subtraction der durch die erste Wägung gegebenen Gleichung von dieser aus der zweiten Wägung resultirenden eliminirt die unbekannte Masse des benutzten Gefässes und giebt die gesuchte Masse

$$\text{CXVII)}\quad M = N_2 - N_1 + m\left(\frac{(\psi_1) - (\psi_2)}{(\psi_1') - (\psi_1)} - \frac{\psi_1 - \psi_2}{\psi_1' - \psi_1}\right)\frac{1}{1+\lambda} + \delta\overline{M} - \delta M$$
$$+ V s_i' - V_i' s_i' + V_i s_i + V_a' s_a' - V_a s_a - V_{N_2} s_a' + V_{N_1} s_a,$$

indem die mit α multiplicirten Glieder gleich δM bezw. $\delta\overline{M}$ gesetzt sind.

Die rechts stehenden Glieder der ersten Zeile bezeichnen wir mit A, die der zweiten mit B derartig, dass

$$M = A + B$$

wird.

Bei **Flüssigkeiten** ist V irgend ein Teil vom Raume V'_i und muss nach einer der im nächsten Kapitel anzugebenden Methoden besonders bestimmt werden. Ferner haben wir bei der Auswägung solcher Körper wol in den meisten Fällen $s'_i = s'_a$, denn wenn auch das Gefäss, wo es sich um volatile Flüssigkeiten handelt, wirklich abgeschlossen gehalten wird, so hat man doch selten ein Interesse daran, diesen Abschluss so völlig luftdicht herzustellen, dass s'_i neben s'_a eine selbstständige Bedeutung beanspruchen könnte. Liegt irgend ein Grund zu der Vermutung vor, dass s'_i dem s'_a nicht gleichgesetzt werden darf, so kann man unmittelbar vor der zweiten Wägung den Abschluss des Gefässes lüften. Will man das nicht tun, um nicht die Dämpfe, welche sich bereits aus der Flüssigkeit entwickelt haben, zu verlieren, so bleibt allerdings nichts übrig, als für s'_i einen andern Wert als für s'_a anzunehmen und zwar denjenigen, welcher die Dichtigkeit der umgebenden Atmosphäre während der **Einfüllung** der Flüssigkeit angiebt. Bezeichnet man diese letztere Dichtigkeit mit $\bar{s}$, so wäre also entweder $s'_i = s'_a$ oder $s'_i = \bar{s}$. Kennt man $\bar{s}$ nicht, so kann man

$$s'_i = \frac{s_a + s'_a}{2}$$

ansetzen. Dagegen wird man s_i immer gleich s_a annehmen dürfen.

$V_a - V_i$, $V'_a - V'_i$ bedeuten das Volumen der Substanz des Gefässes (sammt der Abschlussvorrichtung) in den beiden Wägungen; bezeichnen wir dasselbe mit v bezw. v' so wird $V_i = V_a - v$, $V'_i = V'_a - v'$, somit

$$\text{CXVIII}_1)\quad B = Vs'_i + V'_a(s'_a - s'_i) - V_a(s_a - s_i) + v's'_i - vs_i - V_{N_2}s'_a + V_{N_1}s_a.$$

Die Differenz $v's'_i - vs_i$ ist in praktischen Fällen so unbedeutend, dass sie gegen die andern Grössen gar nicht in Betracht kommen kann; will man sie doch berücksichtigen, so darf man, wenn m_1, m_2 die aus einer einfachen Abwägung abzuleitende Masse, δ_1, δ_2 die Dichtigkeit der Substanz des Gefässes bezw. der abschliessenden Vorrichtung angeben, $v = v' = \frac{m_1}{\delta_1} + \frac{m_2}{\delta_2}$ und hiernach

$$\text{CXVIII}_2)\quad B = Vs'_i + V'_a(s'_a - s'_i) - V_a(s_a - s_i) + \left(\frac{m_1}{\delta_1} + \frac{m_2}{\delta_2}\right)(s'_i - s_i) - V_{N_2}s'_a + V_{N_1}s_a$$

setzen.

Auch die Glieder $V'_a(s'_a - s'_i)$, $V_a(s_a - s_i)$ werden meist sehr unbedeutend sein; darf man dieselben fortlassen, so ist es gleichgültig, ob man die Wägungen mit abgeschlossenem oder offenem Gefäss ausführt; man hat in beiden Fällen

$$\text{CXVIII}_3)\quad B = Vs'_i - V_{N_2}s'_a + V_{N_1}s_a + \left(\frac{m_1}{\delta_1} + \frac{m_2}{\delta_2}\right)(s'_i - s_i).$$

Sonst ist

$$V'_a = (V_a)_0(1 + 3\alpha t'), \quad V_a = (V_a)_0(1 + 3\alpha t),$$

wenn t' die Lufttemperatur in der zweiten Wägung angiebt und für α der lineare Ausdehnungscoefficient der Substanz des Gefässes angesetzt wird, und $(V_a)_0$ muss besonders bestimmt werden, wenn dabei auch Genauigkeit nicht verlangt wird.

Die mit $(V_a)_0$ multiplicirten Glieder fallen auch noch fort, sobald in beiden Wägungen zwischen der äussern und innern Luft ein Austausch stattfinden kann.

Bei Gasen haben wir stets $V = V'_i$, somit

$$\text{CXVIII}_4) \qquad B = V_i s_i + V'_a s'_a - V_a s_a - V_{N_2} s'_a + V_{N_1} s_a.$$

Die Bestimmung der Luftdichtigkeit aus den Ablesungen der meteorologischen Instrumente ist immer mit einer gewissen Unsicherheit behaftet. Da nun gerade bei Wägungen von Gasen grosse Gefässe benutzt werden, kann diese Unsicherheit beträchtliche Fehler in die Ableitung der gesuchten Masse hineintragen; man wird daher streben, die in der Grösse B vertretenen Glieder tunlichst klein zu halten.

Da V_i gegeben ist, kann $V_i s_i$ nur durch geeignete Wahl von s_i verkleinert werden; das geschieht, indem man das Gefäss für die erste Wägung soweit es geht von Luft entleert. Könnte man aus demselben die Luft ganz herauspumpen, so wäre $s_i = 0$ und $V_i s_i$ fiele fort. Ist die Luft nicht ganz herausgeschafft, so bleibt für s_i noch ein, wenn auch geringer Betrag stehen, und um denselben zu ermitteln, hat man den noch restirenden Druck und die Temperatur im Innern des Gefässes zu bestimmen und zur Berechnung von s_i die Formel CIV_5) anzuwenden.

Die folgenden Glieder werden in dem von Regnault eingeschlagenen Verfahren der gegenseitigen Compensation reducirt. Da nämlich der Wert von M nicht von N_2 und N_1 selbst abhängt, sondern durch die Differenz $N_2 - N_1$ bestimmt ist, kann man N_2 und N_1 ganz willkührlich um irgend eine Masse vermehren. Man stellt sich ein zweites dem ersten ganz entsprechendes Gefäss her und schliesst dieses hermetisch ab. Dieses zweite Gefäss benutzt man bei beiden Wägungen mit als Gewicht. Es sei die Masse dieses Gefässes N, sein äusseres Volumen $\mathfrak{V}_a$, sein inneres $\mathfrak{V}_i$ in der ersten bezw. $\mathfrak{V}'_a$, $\mathfrak{V}'_i$ in der zweiten Wägung. Die Dichtigkeit der eingeschlossenen Luft sei s, die Masse der in den beiden Wägungen sonst noch benutzten Gewichte n_1, n_2, deren Volumina v_1, v_2, dann ist

$$N_1 = N + \mathfrak{V}_i s + n_1, \quad N_2 = N + \mathfrak{V}'_i s' + n_2$$

$$V_{N_1} = \mathfrak{V}_a + v_1, \quad V_{N_2} = \mathfrak{V}'_a + v_2.$$

Da das zweite Gefäss hermetisch verschlossen sein sollte, ist $\mathfrak{V}_i s = \mathfrak{V}'_i s'$ somit

$$N_2 - N_1 = n_2 - n_1$$

und

CXVIII$_5$) $$B = V_i s_i + (V_a' - \mathfrak{V}_a') s_a' - (V_a - \mathfrak{V}_a) s_a - v_2 s_a' + v_1 s_a .$$

Ist nun das zweite Gefäss aus demselben Material und so gross wie das erste gewählt, so bleibt

CXVIII$_6$) $$B = V_i s_i - v_2 s_a' + v_1 s_a .$$

v_2 uud v_1 werden natürlich nur kleine Volumina repräsentiren, und so sind die in B infolge der Grösse der V und der Unsicherheit der Bestimmung der Luftdichtigkeit hineingetragenen Fehler sehr erheblich reducirt.

Ist die Gleichheit der Volumina der beiden Gefässe nicht erreicht, so bleiben die Glieder $(V_a' - \mathfrak{V}_a') s_a' - (V_a - \mathfrak{V}_a) s_a$ stehen, aber der Beobachter hat es in der Gewalt, die Differenzen $V_a' - \mathfrak{V}_a'$ und $V_a - \mathfrak{V}_a$ so klein er nur will zu machen. Man nimmt zunächst neben dem Hauptgefäss noch ein zweites von derselben Substanz, ihm in der Grösse annähernd gleiches und bestimmt von beiden Gefässen annähernd das äussere Volumen bei irgend einer Temperatur (siehe das folgende Capitel). Ist die so eruirte Volumdifferenz $V - \mathfrak{V} = \mathfrak{v}$, so hat man $\mathfrak{V}$ um $\mathfrak{v}$ zu vermehren, um dasselbe dem V gleich zu machen; dazu benutzt man von beiden Seiten geschlossene Röhrchen aus der Substanz der Gefässe selbst, deren äusseres Volumen man leicht und genügend genau durch Ausmessen von Länge und Dicke berechnen kann, und klebt deren so viele an die äussere Wandung des zweiten Gefässes als zur Herstellung eines Volumens $\mathfrak{v}$ erforderlich sind. Immerhin wird man die äussern Volumina der Gefässe nach ihrer Fertigstellung noch sorgfältig zu bestimmen haben, wenn grösste Genauigkeit erfordert wird.

Soweit die Volumina allein von der Temperatur abhängen, werden zwei Gefässe, die einmal gleiches Volumen hatten, stets an Grösse einander gleich sein, allein, da die Druckverhältnisse in beiden Gefässen von einander verschieden sein können, tritt noch ein anderer Factor in Frage, der oft eine Berücksichtigung erheischt. Die Inrechnungnahme des Druckes bei der Bestimmung von V kann auch für das erste Glied $V_i s_i$ von Bedeutung werden, wenn s_i nicht verschwindend klein ist. Bezeichnen wir den innern Druck in dem Hauptgefäss während der ersten Wägung mit p und während der zweiten mit p', so können wir setzen

$$V_a' = (V_a)_0 \big(1 + 3\alpha t' + \lambda (p' - p)\big), \quad V_a = (V_a)_0 (1 + 3\alpha t),$$

während

$$\mathfrak{V}_a' = (\mathfrak{V}_a)_0 (1 + 3\alpha t'), \quad \mathfrak{V}_a = (\mathfrak{V}_a)_0 (1 + 3\alpha t)$$

ist.

Die Grösse λ hängt von der Form des Gefässes und der Dicke seiner Wandung ab, in der Weise, wie es in der Elasticitätstheorie gelehrt wird. Für ein kugelförmiges Gefäss vom äussern Radius R_a und dem innern Radius R_i dürfen wir genügend genau setzen

$$\lambda = \frac{1}{1-\left(\frac{R_i}{R_a}\right)^3}\left\{\frac{1}{3\theta+1}\frac{1}{2K}\left(\frac{R_i}{R_a}\right)^3 + \frac{1}{2}\frac{1}{2K}\right\}.$$

θ und K sind die Kirchhoff'schen Elasticitätsconstanten und stehen mit dem Elasticitätscoefficienten E und dem kubischen Compressionscoefficienten C in der Verbindung

$$\frac{3}{3\theta+1}\frac{1}{2K} = C, \quad \frac{3}{2K} = \frac{9-EC}{2E}.$$

Nach Wertheims Versuchen ist beispielsweise für Kupfer, wenn der Druck, den die Masse 1 g auf 1 qcm ausübt, als Einheit genommen wird, $E = 1052.10^6$ und nach Regnault für dieselbe Substanz $C = 0{,}0012.10^{-6}$, somit

$$\lambda = \frac{10^{-10}}{1-\left(\frac{R_i}{R_a}\right)^3}\left[12\left(\frac{R_i}{R_a}\right)^3 + 18\right].$$

Nehmen wir als Einheit für Druckmessungen einen Atmosphärendruck, so ist

$$\lambda = \frac{10333.10^{-10}}{1-\left(\frac{R_i}{R_a}\right)^3}\left[12\left(\frac{R_i}{R_a}\right)^3 + 18\right].$$

Bei den erst gewählten Einheiten sind natürlich auch p' und p durch den Druck eines Gramm auf ein Quadratcentimeter, bei den letztgewählten in Atmosphären anzugeben.

Es wird aber

$$\text{CXVIII}_7)\quad B = (V_i)_0(1+3\alpha t)s_i + \big((V_a)_0 - (\mathfrak{B})_0\big)\big((1+3\alpha t')s'_a - (1+3\alpha t)s_a\big) - v_2 s'_a + v_1 s_a + \lambda(p'-p)(V_a)_0 s'_a.$$

Die Gefässe, welche bei der Auswägung von Flüssigkeiten und Gasen in Anwendung kommen, bestehen aus Metall oder noch häufiger aus Glas; da das ganze Verfahren auf der Annahme der Unveränderlickeit der Massen dieser Gefässe beruht, hat man alle fremden Ansammlungen auf denselben zu verhüten, man darf also die Gefässe nicht mit der blossen Hand anfassen. Weiter ist namentlich Glas, in gewöhnlichen Verhältnissen, stark hygroskopisch, Glasgefässe müssen also in dem Raume, in welchem sie zur Wägung benutzt werden sollen, schon einige Zeit vorher sich aufbewahrt befinden. Gut ist es auch, die Gefässe zur Verringerung ihrer Hygroskopicität vor dem Gebrauch mehrfach in einem Kessel auszukochen. Warburg findet, dass dem Glase durch gehöriges mehrmaliges Auskochen sein Bestreben, Feuchtigkeit auf der Oberfläche zu condensiren, fast ganz genommen werden kann.

Mögliche Fehler bei Massenbestimmungen. Die Fehler, mit welchen Massenbestimmungen behaftet sein können, behandeln wir in drei Teilen: erstens, Fehler bedingt durch Ungenauigkeiten in den Ablesungen für die Gleichgewichtslagen der Waage, zweitens, Fehler aus etwaigen Veränderungen an der Waage resultirend, drittens, Fehler, herrührend von Unsicherheiten bei dem Uebergang von den bewegenden Kräften auf die Massen.

134a. Mittlere Unsicherheit einer vollständigen Wägung als solcher. Vorteilhaftestes Verhältnis der Ausschläge zu einander. Bei Betrachtung der Fehler der ersten Art können wir von der Gleichung

$$G_1 - G_2 = \frac{g}{1+\lambda}\,\frac{\psi_1 - \psi_2}{\psi_1' - \psi_1}$$

für die bewegenden Kräfte selbst ausgehen.

Von systematischen alle ψ betreffenden Fehlern dürfen wir bei nur einigermaassen guter Orientirung des Zeigers und der Scale absehen, denn, indem die ψ nur ganz kleine Winkel repräsentiren, werden diese Fehler alle Ablesungen in nahezu gleicher Weise beeinflussen und, weil nur Differenzen dieser Ablesungen vertreten sind, im Resultat conpensirt erscheinen.

Zur Beurteilung des Einflusses der zufälligen Fehler in den Ablesungen der Waage bilden wir den von ihnen abhängenden mittlern Fehler des Resultats.

Wir schreiben allen ψ einen und denselben mittlern Fehler μ zu, dann ist der mittlere Fehler μ' der Grösse $G_2 - G_1$ bestimmt durch

$$\text{CXIX}_1)\qquad \mu' = \frac{1}{1+\lambda}\,\frac{g\mu}{(\psi_1' - \psi_1)^2}\sqrt{(\psi_2 - \psi_1')^2 + (\psi_1' - \psi_1)^2 + (\psi_1 - \psi_2)^2}.$$

Bei einer Wägung nach Bordas Verfahren ist $\lambda = 0$, da nun λ positiv ist, so folgt, dass die mittlere Genauigkeit einer Wägung mit Vertauschung der Gewichte (nach Gauss) im Verhältnis von $1+\lambda$ zu 1 grösser ist als die einer solchen mit Tara, oder man hat $(1+\lambda)^2$ Borda'sche Wägungen auszuführen, um die Genauigkeit, die eine einzige Gaussische Wägung schon gewährleistet zu erreichen. Bei Wägung auf einer gleicharmigen Waage wären hiernach erst 4 Borda'sche Wägungen einer Gaussischen äquivalent.

Für die weitere Discussion transformiren wir erst den Ausdruck für μ' mit Hilfe der Gleichung XCIII), wonach

$$g = \gamma_1(\psi_1' - \psi_1)$$

ist und bekommen

$$\text{CXIX}_2)\qquad \mu' = \frac{\gamma_1}{1+\lambda}\,\frac{\mu}{\psi_1' - \psi_1}\sqrt{(\psi_1' - \psi_2)^2 + (\psi_1' - \psi_1)^2 + (\psi_1 - \psi_2)^2}.$$

Der Factor $\gamma_1/1(1+\lambda)$ ist eine Constante, alle andern Grössen können wir variiren. ψ_1' ändern wir durch Aenderung von g, ψ_1 durch die von G_1, ψ_2 durch die von G_2. Umgekehrt, variiren wir g, so wird ψ_1' veränderlich, ψ_1 und ψ_2 bleiben constant, die Variation von G_1 ändert aber nicht blos ψ_1, sondern bei constanten g auch ψ_1' derartig jedoch, dass $\psi_1' - \psi_1$ constant bleibt, durch Aenderung von G_2 ändert sich nur ψ_2.

Wir können also jedenfalls μ' auf drei Arten zu einem Minimum machen und bekommen als Bedingungsgleichungen nach einfacher Zwischenrechnung

$$1)\ g \text{ variabel: } \psi_1' = 2\psi_2 - \psi_1,\quad \mu' = \frac{\gamma_1\mu}{1+\lambda}\sqrt{\frac{3}{2}},$$

$$2)\ G_1\ \text{„}\quad \psi_1 = 2\psi_2 - \psi_1',\quad \mu' = \frac{\gamma_1\mu}{1+\lambda}\sqrt{\frac{3}{2}},$$

$$3)\ G_2\ \text{„}\quad \psi_2 = \frac{\psi_1+\psi_1'}{2},\quad \mu' = \frac{\gamma_1\mu}{1+\lambda}\sqrt{\frac{3}{2}}.$$

Die drei Bedingungsgleichungen sind völlig identisch und demgemäss sind auch die zugehörigen Minima von μ' einander gleich. Wir können also allgemein sagen, Empfindlichkeitsgewicht oder Zulagen sind so zu wählen, dass ψ_2 mitten zwischen ψ_1' und ψ_1 fällt; ψ_2 war das Mittel der Ablesungen in der dritten und vierten Einzelwägung (zu beiden Seiten von der Mitte liegend), in der dritten und vierten Einzelwägung soll also der Zeiger der Waage ungefähr in der Mitte zwischen den Anzeigen in der ersten und sechsten einerseits und der zweiten und fünften andererseits zur Ruhe kommen. Ist es wünschenswert, zu den zu vergleichenden Massen keine besondern Zulagen zu machen als die, welche nötig sind, die Ausschläge klein genug zu halten, so wählt man das Empfindlichkeitsgewicht $2(1+\lambda)$ mal so gross als die Differenz $G_2 - G_1$ beträgt, bei einer gleicharmigen Waage also doppelt so gross wie $G_2 - G_1$ bei einer Wägung nach Borda, vier mal so gross bei einer nach Gauss*). Sonst macht man am besten die Zulagen zu G_2 (dem bekannten Gewicht nach frühern Festsetzungen) und zwar während der dritten und vierten Wägung. Von grosser Wichtigkeit ist noch eine Bemerkung in Bezug auf das Minimum des mittlern Fehlers μ' selbst.

134b. Einfluss der Grösse und der Unsicherheit des Empfindlichkeitsgewichts. Denken wir uns die Beziehung $\psi_2 = (\psi_1 + \psi_1')/2$ genau eingehalten, so wird

$$\text{CXIX}_3)\qquad \mu' = \frac{\mu}{1+\lambda}\gamma_1\sqrt{\frac{3}{2}}.$$

γ_1 ist eine für die Waage charakteristische, wenigstens für die Dauer der vorliegenden Wägung als constant und unveränderlich anzusehende

---

*) Ist $G_2 - G_1$ positiv, so wird ein Empfindlichkeitsgewicht zu G_1 hinzugefügt, ist $G_2 - G_1$ negativ, so wird ein solches von G_1 abgenommen.

Grösse, somit hängt μ' einzig von μ ab, und es ist relativ gleichgiltig, ob die Empfindlichkeit mit einem grössern oder kleinern Gewicht g ausgeführt wird.

Indessen ist noch auf folgendes zu achten. Die Masse des Empfindlichkeitsgewichts g wird nicht so genau bekannt sein, dass der ihr zugeschriebene Betrag als frei von aller Unsicherheit angesehen werden könnte. Nennen wir die mittlere Unsicherheit seines Betrages μ_g, so haben wir zu dem früher angegebenen Wert für μ'^2 im Gaussischen Verfahren noch die Grösse $\frac{\mu_g{}^2}{(1+\lambda)^2}\left(\frac{\psi_1-\psi_2}{\psi_1'-\psi_1}\right)^2$, das ist $\frac{\mu_g{}^2(G_1-G_2)^2}{g^2}$, hinzuzufügen, und diese Grösse wächst jedenfalls bei constantem Betrag von $G_1 - G_2$ mit abnehmendem Betrage des Empfindlichkeitsgewichts, so dass es von diesem Gesichtspunkt aus besser scheint mit grössern Empfindlichkeitsgewichten zu arbeiten. Setzen wir aber den früher als sehr vorteilhaft befundenen Betrag für ψ_2, nämlich $\frac{\psi_1'+\psi_1}{2}$ in den vervollständigten mittlern Fehler

$$\mu' = \frac{1}{1+\lambda}\frac{g}{(\psi_1'-\psi_1)^2}\sqrt{\frac{\mu_g{}^2}{g}(\psi_1-\psi_2)^2(\psi_1'-\psi_1)^2+\mu^2\big((\psi_2-\psi_1')^2+(\psi_1-\psi_1')^2+(\psi_1-\psi_2}$$

($\lambda = 0$ bei Bordas Verfahren) ein, so geht derselbe über in

$$\text{CXIX}_4)\quad \mu' = \frac{1}{1+\lambda}\sqrt{\frac{\mu_g{}^2}{4}+\frac{3}{2}\mu^2\gamma_1{}^2} \text{ bezw. } = \sqrt{\frac{\mu_g{}^2}{4}+\frac{3}{2}\mu^2\gamma_1{}^2},$$

das ist zwar nicht der kleinste Betrag, den μ' annehmen kann, aber jedenfalls ein solcher, der von g völlig unabhängig ist, also bestehen bleibt, welches Empfindlichkeitsgewicht man auch angewendet haben mag.

Richtet man also die Zulagen so ein, dass die Gleichgewichtslage bei den beiden mittlern Wägungen mitten zwischen die Gleichgewichtslagen bei den diese einschliessenden Wägungen fällt, so ist es überhaupt ohne Belang, ob man ein grösseres oder geringeres Empfindlichkeitsgewicht zur Anwendung bringt. Da man aber alle Ausschläge klein halten muss, und ψ_2 sich nach ψ_1 und ψ_1' richtet, ist es jedenfalls besser, Empfindlichkeitsbestimmungen mit geringern als mit grössern Gewichtszulagen auszuführen.*)

134c. Fehler, herrührend von Veränderungen an der Waage. Die Fehler der zweiten Abteilung entstehen namentlich durch Veränderungen, welche Temperatur- und Luftgewichtsvariationen in den früher mit α_1, β_1, γ_1 bezeichneten Constanten der Waage hervorbringen.

Wir haben zunächst, indem wir von den einfachsten Verhältnissen ausgehen,

$$\alpha_1 = \frac{l_2}{l_1},\quad \beta_1 = g_0''(m_2-\mu_2')\frac{l_2}{l_1} - g_0'(m_1-\mu_1'),\quad \gamma_1 = g_0(M-\mu)\xi_0\frac{1}{l_1}.$$

*) Zu demselben (aber nicht ganz uneingeschränkten) Resultat ist Herr Thiesen gekommen.

Bezeichnen wir mit V, v_1, v_2 die Volumina des Balkens und der Gehänge und mit s wie früher die Dichtigkeit der umgebenden Luft, so wird

$$\mu = sV, \quad \mu_1' = sv_1, \quad \mu_2' = sv_2.$$

Die Luftdichtigkeit s und die Temperatur t brauchen beide nicht innerhalb der Waage überall in ganz gleicher Weise zu variiren, bei einer Wägung nach Bordas Methode ist es sogar sehr wahrscheinlich, dass dieselben an der Seite, an welcher hauptsächlich operirt wird, dass ist nach unsern Festsetzungen die rechte, stärkern Veränderungen ausgesetzt sein werden als an der Tara-Seite. Bezeichnen wir also mit dt_1 und ds_1 die mittlern Aenderungen von t und s an der rechten, mit dt_2 und ds_2 die an der linken Seite der Waage, und nennen dt und ds die mittlern Beträge dieser Aenderungen in Bezug auf die ganze Waage, so haben wir, indem von den Aenderungen, welche die Volumina V, v_1, v_2 selbst erleiden, abgesehen, und für g_0, g_0', g_0'' ein und derselbe Wert g_0 gesetzt wird, mit genügender Annäherung für den uns einzig interessirenden Fall einer gleicharmigen Waage

$$d\alpha_1 = \frac{\partial l_2}{\partial t}\frac{dt_2}{l_1} - \frac{\partial l_1}{\partial t}\frac{dt_1}{l_1}, \quad d\beta_1 = g_0 m_2 d\alpha_1 + g_0(v_1 ds_1 - v_2 ds_2),$$

$$d\gamma_1 = \frac{\gamma_1}{\xi_0}\left(\frac{\partial \xi_0}{\partial t}dt - \frac{\xi_0}{l_1}\frac{\partial l_1}{\partial t}dt_1\right) - g_0 V \frac{\xi_0}{l_1} ds.$$

Weiter können die Arme der Waage von den Temperaturvariationen in verschiedener Weise afficirt werden, sehen wir jedoch von allen nicht controlirbaren Complicationen ab, und bezeichnen mit α den linearen Ausdehnungscoefficienten der Substanz des Balkens, so ist $\partial l_2/\partial t = l_2\alpha$, $\partial l_1/\partial t = l_1\alpha$. Was aber die Aenderung in der Dichtigkeit der Luft anbetrifft, so kann dieselbe zunächst durch Druck und Temperaturänderungen entstehen. Es kann aber auch sein, dass der Beobachter durch unvorsichtiges Hineinathmen in das Gehäuse der Waage bei den Manipulationen, die er zwischen den Einzelwägungen vorzunehmen hat, die Zusammensetzung der Luft durch Zuführung von Sauerstoff und Stickstoff und Wasserdampf und Kohlensäure verändert hat. Wir setzen die durch den letzten Umstand bedingten Variationen in ds_1 bezw. ds_2 gleich ds_1', bezw. ds_2', und haben

$$ds_1 = \frac{\partial s_1}{\partial t_1} dt_1 + \frac{\partial s_1}{\partial B} dB + ds_1',$$

$$ds_2 = \frac{\partial s_2}{\partial t_2} dt_2 + \frac{\partial s_2}{\partial B} dB + ds_2'.$$

Für s_1 und s_2 benutzen wir die Formeln

$$s_1 = (\sigma)_0 \frac{B}{P}\frac{1}{1+\beta t_1}, \quad s_2 = (\sigma)_0 \frac{B}{P}\frac{1}{1+\beta t_2},$$

damit wird bis auf Grössen zweiter Ordnung

$$ds_1 = s\left(\frac{dB}{B} - \beta\, dt_1\right) + ds_1', \quad ds_2 = s\left(\frac{dB}{B} - \beta\, dt_2\right) + ds_2'.$$

woselbst s wie früher einen Mittelwert zwischen s_1 und s_2 bedeutet.

Nach alledem haben wir, wenn für l_1 und l_2, sowie für v_1 und v_2 Mittelwerte l, v eingeführt werden.

$$d\alpha_1 = \alpha(dt_2 - dt_1),$$

$$d\beta_1 = g_0 m_2 \alpha(dt_2 - dt_1) + g_0 s v \beta(dt_2 - dt_1) + g_0 s(v_1 - v_2)\frac{dB}{B} + g_0 v(ds_1' - ds_2'),$$

$$d\gamma_1 = \frac{\gamma_1}{\xi_0}\left(\frac{\partial \xi_0}{\partial t}\frac{dt_1 + dt_2}{2} - \xi_0 \alpha\, dt_1\right) - g_0 V \frac{\xi_0}{l_1}\left(s\frac{dB}{B} - s\beta\frac{dt_2 + dt_1}{2} + \frac{ds_1' + ds_2'}{2}\right).$$

Die Aenderungen des Barometerstandes haben, vorausgesetzt nur dass die Volumina der Gehänge gegeneinander genügend genau abgeglichen sind (es reicht schon aus, wenn zwischen denselben keine grössere Differenz vorhanden ist als 0,5 ccm), keinen nennenswerten Einfluss. ds_1' und ds_2' wirken jedenfalls beide in demselben Sinne, und wenn die fremden Beimengungen Zeit haben, sich durch Diffusion oder Convection innerhalb der Waage auszubreiten, werden sie auch einander nahezu gleich sein. Am meisten werden also gleichmässig verteilte Temperaturvariationen in Frage kommen.

Wir haben schon in Art. 123 gezeigt, wie durch die Anordnung der Einzelwägungen, der Einfluss der Veränderungen von α_1, β_1, γ_1 reducirt werden kann. Die obigen Gleichungen für $d\alpha_1$, $d\beta_1$, $d\gamma_1$ zeigen, dass die dort supponirte Annahme, nämlich dass die betreffenden Veränderungen der Zeit proportional vor sich gehen, nur gerechtfertigt ist, wenn die Temperatur, der Druck, und die etwaige Beimengung fremder Bestandteile zu der Luft der Zeit proportional zunimmt oder abnimmt. Bei der Temperatur und dem Druck kann man sich durch Ablesen von Thermometer und Barometer eine Controle für die Richtigkeit der Annahme schaffen, und man wird in der Tat finden, dass dieselbe in den weitaus meisten Fällen zulässig ist.

Für die Zunahme der fremden Beimengungen hat man kein Maass, da jedoch auch die einzelnen Operationen an der Waage symmetrisch zur Mitte ausgeführt werden, gewinnt auch für sie die Voraussetzung der Zeit proportionalen Anwachsens oder Abnehmens eine gewisse Berechtigung, und sie ist um so weniger gefährlich, als in der Tat ds_1' sich von ds_2' nur wenig unterscheiden kann.

Wie ξ_0 mit der Temperatur zu variiren vermag, lässt sich nur übersehen, wenn der Balken homogen und isotrop ist. Da $\xi_0 = \frac{1}{M}\int \xi\, dm$ ist, woselbst die Integration sich auf die Masse des Balkens bezieht und ξ_0 der Abstand eines Massenelements dm von einer durch die Mittelaxe gehenden Horizontalebene ist, so bekommen wir für diesen Fall

$$\frac{\partial \xi_0}{\partial t} = \alpha \xi_0,$$

ganz so, als ob ξ_0 eine materielle unter dem Einfluss der Wärme sich ausdehnende Strecke wäre.

Ist der Balken nicht homogen und isotrop, so können mit Temperaturänderungen auch Krümmungen des Balkens verbunden sein, und dann lässt sich über den Betrag von $\partial \xi_0 / \partial t$ nichts voraussagen.

Im übrigen zeigen die obigen Formeln für $d\alpha_1$, $d\beta_1$, $d\gamma_1$ in Verbindung mit der Gleichung für das Gleichgewicht einer Waage, dass der Einfluss der Veränderungen von α_1, β_1, γ_1 auf das Wägungsergebnis ein sehr bedeutender werden kann.

Wollten wir uns bei einer Wägung nach Borda mit den drei ersten und durchaus unumgänglich nötigen Einzelwägungen begnügen, und das Resultat so berechnen, wie wenn α_1, β_1, γ_1 constant geblieben wären, so würden bei Annahme proportionalen Anwachsens der obengenannten Grössen die Glieder

$$F = (G d\alpha_1 + d\beta_1)\left(1 - \frac{f_1 - f_2}{f_1' - f_1}\right) + \varepsilon d\gamma_1 \left(f_2 - f_1' \frac{f_1 - f_2}{f_1' - f_1}\right)$$

vernachlässigt sein.

Es bestehe der Balken aus Messing und habe eine Masse von 400 g, ein Volumen von 50 ccm und eine Länge von im ganzen 40 cm, also dass $\gamma_1 / \xi_0 = g_0 400/20 = 20 g_0$ mit genügender Annäherung wird, für ξ_0 aber nehmen wir den für feinere Waagen nicht zu kleinen Wert 0,01 cm. Die Gehänge mit den Schalen mögen Volumina von 25 bezw. 24,5 ccm und eine Masse von je 200 g besitzen. Setzen wir noch $\alpha = 0{,}000018$, $\beta = 0{,}00367$, für s als Mittelwert 0,0012 und für B die Zahl 76 fest, so wird

$$d\alpha_1 = 0{,}000018\,(dt_2 - dt_1),$$

$$d\beta_1 = g_0\big(0{,}0037\,(dt_2 - dt_1) + 0{,}000008\,dB + 20(ds_1' - ds_2')\big),$$

$$d\gamma_1 = 20 g_0 \left(\frac{\partial \xi_0}{\partial t}\,\frac{dt_2 + dt_1}{2} - \xi_0 \alpha dt_1\right) - g_0\left(0{,}0000004\,dB - 0{,}0000001\,\frac{dt_2 + dt_1}{2} + 0{,}012(ds_1' + ds_2')\right),$$

$ds_1' - ds_2'$ ist sicherlich kleiner als 0,001 und wahrscheinlich in den meisten Fällen noch kleiner als 0,00001, und es wird auf die von dB und $ds_1' - ds_2'$ abhängenden Aenderungen in β_1 keine Rücksicht zu nehmen sein. $ds_1' + ds_2'$ wird allerdings immer grösser sein als $ds_1' - ds_2'$, aber auch diese Grösse erreicht 0,001 unter keinen Umständen, und ist meist viel kleiner als 0,0001. Hinsichtlich der Aenderung von ξ_0 mit der Temperatur, können und wollen wir nur den Fall in Betracht ziehen, dass der Balken sich wie ein isotroper homogener Körper verhält. Wir haben dann $\partial \xi_0 / dt = 0{,}000018\,\xi_0$, und da ξ_0 bei nur einigermaassen feinen Waagen 0,01 cm nicht übersteigt, folgt, dass $d\gamma_1 = 0{,}0000036 \frac{dt_2 - dt_1}{2} g_0$ wird. Es darf also von einer Berücksichtigung von $d\gamma_1$ ganz abgesehen werden. Soll nun die Vernachlässigung von F den Betrag 0,0001 g nicht erreichen, so muss, unter normalen Verhältnissen, wenn M die Masse des Taragewichts bedeutet

$$dt_2 - dt_1 < \frac{0{,}0001}{(M + m_2)\left(1 - \frac{f_1 - f_2}{f'_1 - f_1}\right)\alpha}$$

sein. M ist ungefähr so gross wie jede der miteinander verglichenen Massen; handelt es sich um Vergleichung zweier Kilogramme, so wäre bei $\alpha = 0{,}000018$ und $m_2 = 200$

$$dt_2 - dt_1 < \frac{0^\circ{,}0046}{1 - \frac{f_1 - f_2}{f'_1 - f_1}}.$$

Es dürfte also die Temperaturdifferenz der beiden Balkenhälften $^1/_{100}$ Grad nicht erreichen, wenn die Vernachlässigung $^1/_{10}$ Milligramm nicht betragen soll, und das ist namentlich bei Wägungen nach Bordas Verfahren kaum zu ermöglichen.

In besondern Verhältnissen können natürlich auch die hier fortgelassenen Grössen Berücksichtigung verlangen.

Bei derjenigen für die Genauigkeit der Wägungen Art. 134a als vorteilhaftest erkannten Abgleichung der zu vergleichenden Massen gegeneinander, bei welcher der Ausschlag f_2 zwischen die Ausschläge f'_1 und f_1 fällt, ist $(f_1 - f_2)/(f'_1 - f_1) < 0$, somit

$$F > G\,d\alpha_1 + d\beta_1 + \varepsilon\, d\gamma_1 \,.\, 1''.$$

Ist f_2 gerade gleich $(f'_1 + f_1)/2$ geworden, so haben wir

$$F = \frac{3}{2}(G\,d\alpha_1 + d\beta_1) + \frac{\varepsilon}{2}(f_1 + 2f'_1)\,d\gamma_1.$$

In allen andern Fällen ist $(f_1 - f_2)/(f'_1 - f_1) > 0$, und es erreicht F den relativ geringen Betrag

$$F = \varepsilon(f_2 - f'_1)\,d\gamma_1,$$

wenn nicht f_2 mitten zwischen f_1 und f'_1, sondern f_1 mitten zwischen f_2 und f'_1 sich befindet, indem also bei der Wägung der bekannten Masse zu dieser eine solche Zulage gemacht wird, dass die Ablesung der Waage eben so weit nach rechts von f_1 liegt, wie f'_1 sich links von f_1 befindet.

Diese Forderung hinsichtlich des Verhaltens von f_2 gegen f'_1 und f_1 steht im Gegensatz zu der früher aufgestellten, als es sich darum handelte, den Einfluss von Fehlern in der Bestimmung der Ausschläge der Waage auf ein Minimum zu reduciren, und man sieht leicht, dass, wenn zur Eliminirung von Veränderungen in α_1, β_1, das f_1 zwischen f'_1 und f_2 wirklich verlegt wird, der mittlere Fehler μ' doppelt so gross wie sein geringstmöglicher Betrag ausfällt.

Was nun vorzuziehen ist, lässt sich allgemein nicht sagen; bei sehr empfindlichen Waagen wird man wol besser tun f_1 zwischen f'_1 und f_2 (also bei einer vollständigen Wägung auch f_4 zwischen f'_4 und f_3), bei weniger empfindlichen umgekehrt f_2 zwischen f'_1 und f_1 (und f_3 zwischen f_4 und f'_4) zu nehmen.

134d. Unsicherheiten in der Reduction auf luftleeren Raum. Die nächste und wichtigste Klasse von Fehlern, die wir zu betrachten haben, bezieht sich auf die mit dem Uebergang von den bewegenden Kräften auf die Massen verbundenen Ungenauigkeiten. Halten wir uns an die für Massenbestimmungen fundamentale Formel CXVI), so betreffen diese Ungenauigkeiten die Grösse $s\Delta V$. Ich bezeichne die Unsicherheit in der Bestimmung von ΔV durch $\delta(\Delta V)$, die in der von s durch δs, dann ist die ganze Unsicherheit von $s\Delta V$ gleich

$$\delta(s\Delta V) = \Delta V . \delta s + s . \delta(\Delta V).$$

Eine Unsicherheit in der Bestimmung der Luftdichtigkeit macht sich im ΔVfachen ihres Betrages geltend, hat also einen um so grösseren Einfluss, je grösser die Volumdifferenz zwischen den verglichenen Massen ist. Sind die verglichenen Massen von genau derselben Substanz, so ist ΔV so nahe der Null gleich, dass man s überhaupt nicht zu bestimmen braucht und das ganze Glied $s\Delta V$ fortlassen darf. Sind sie von verschiedener Substanz, so kann ΔV zu sehr erheblichen Beträgen ansteigen. In unsern Gegenden dürften die extremen Werte für s sein 0,001073 und 0,001327; sehen wir den Betrag 0,0012 als mittlern Verhältnissen (76 cm Druck, 15° Temperatur) entsprechend an, so betrüge die Abweichung der äussersten Werte von diesem Durchschnittswert $\pm 0{,}000147$. Solange also ΔV noch nicht so gross ist, dass $0{,}00015\Delta V$ ein bei der betreffenden Massenbestimmung nicht ausser Acht zu lassender Betrag wird, darf man unter allen Umständen für s seinen mittlern Betrag (etwa 0,0012) anwenden, braucht also überhaupt keine meteorologischen Ablesungeu auszuführen, und es kann auch von keinem durch die Unsicherheit der Luftdichtebestimmung verursachten Fehler die Rede sein. Ist znm Beispiel die verlangte Genauigkeit $\frac{1}{10}$ Milligramm, so darf ΔV schon 1 ccm betragen, ohne dass es nötig ist, s aus Ablesungen der meteorologischen Instrumente zu berechnen. Meist liegen die Verhältnisse noch weit günstiger, denn so extreme Werte wird die Luftdichtigkeit nur äusserst selten erreichen, und man wird selbst bei einer Volumdifferenz von 3 ccm für s den Wert 0,0012 anwenden dürfen, ohne in der Massenbestimmung einen wenige Hundertteile des Milligramm übersteigenden Fehler befürchten zu müssen.

Genauere Aufschlüsse erlangen wir durch Entwickelung des Ausdrucks von δs.

Sehen wir von den Correctionen für geographische Breite und Höhe ab, die sich immer mit der wünschenswerten Genauigkeit bestimmen lassen (die Breite kann man irgend einem Atlas entnehmen, die Höhe braucht man kaum auf 100 m zu kennen), so haben wir zufolge der Gleichung

$$\text{CXX)} \qquad \frac{\delta s}{s} = -\frac{\delta B - \delta\eta}{B - \eta} + \frac{\beta'\delta t_q}{1+\beta' t_q} + \frac{\beta\,\delta t}{1+\beta t} + \frac{\delta s'}{s},$$

woselbst β' für $(\alpha - \beta_q)$, β für 0,00367 steht und $\delta s'$ etwaigen Veränderungen der Luftdichtigkeit durch fremde Beimengung Rechnung tragen soll. Unter Vernachlässigung von Gliedern höherer Ordnung und indem man für $B - \eta$ einen mittlern Betrag, 76, für s den Durchschnittswert 0,0012 und für β_q und β ihre in Art. 127 gegebenen Beträge einführt, bekommt man

$$\text{CXXI)}\ \Delta V.\delta s = \{-0{,}000016(\delta B - \delta\eta) + 0{,}0000002\delta t_q + 0{,}0000044\delta t\}\Delta V + \delta s'.\Delta V.$$

Diese Gleichung kann dazu dienen, um die Genauigkeit zu eruiren mit welcher in jedem Fall die einzelnen meteorologischen Elemente zu bestimmen sind.

Wir wollen festsetzen, dass keiner der Terme zu einem Fehler von 0,00001 g, das ist $\frac{1}{100}$ mg Veranlassung geben soll. Alsdann sollte sein

$$\delta B,\ \delta\eta < \frac{0{,}63}{\Delta V},\quad \delta t_q < \frac{50}{\Delta V},\quad \delta t < \frac{2{,}3}{\Delta V},\quad \delta s' < \frac{0{,}00001}{\Delta V}.$$

Darnach hätten wir für die erwünschte Genauigkeit in der Bestimmung des Barometerstandes, des Feuchtigkeitszustandes, der Temperatur des Barometers und der der Luft für Volumdifferenzen zwischen 0 und 100 ccm folgende Zusammenstellung:

ΔV	δB bezw. $\delta\eta$	δt_q	δt
0	∞	∞	∞
10	0,63 mm	5°	0,23°
20	0,31 „	2,5	0,12
30	0,21 „	1,7	0,08
40	0,16 „	1,2	0,06
50	0,13 „	1,0	0,05
60	0,10 „	0,8	0,04
70	0,09 „	0,7	0,03
80	0,08 „	0,6	0,03
90	0,07 „	0,6	0,03
100	0,06 „	0,5	0,02

Bei einer Volumdifferenz von 100 ccm ist die Grenze des bis jetzt hinsichtlich der Bestimmung der meteorologischen Elemente erreichbaren schon überschritten. In der Tat deuten alle Erfahrungen darauf hin, dass der Barometerstand sich einstweilen noch nicht genauer als bis auf $\frac{1}{10}$ mm eruiren lässt, für die Grösse η dürfte, wenn nicht ganz besondere Vorkehrungen getroffen werden, selbst $\frac{2}{10}$ mm als Genauigkeitsgrenze noch nicht zu hoch gegriffen sein. Temperaturmessungen für sich lassen allerdings selbst bis $^1/_{100}{}^\circ$ genau ausführen, allein es darf nicht vergessen werden, dass es sich nicht um Temperaturen einzelner Stellen, sondern um solche ganzer Massen, also um mittlere Temperaturen handelt, und diese werden sich freilich bei weitem nicht so genau bestimmen lassen, zumal man die Thermometer nicht einmal an den Stellen wird anbringen können, an welchen die Temperaturen der gesuchten Temperatur am meisten entsprechen. Es sei aber darauf aufmerksam gemacht, dass die zur Ablesung der Lufttemperatur dienenden Thermometer innerhalb der Waage und mit den Quecksilbergefässen der Mitte der zu vergleichenden Masse so nahe als möglich zu befestigen sind. Bei Wäguugen nach Gauss' Verfahren muss man an beiden Seiten der Waage Thermometer haben und als Temperatur t gilt das Mittel aus allen symmetrisch zur Mitte gemachten Temperaturablesungen an beiden Thermometern. Bei Wägungen nach Borda erthält die Taraseite kein Thermometer, die Aenderungen, die das Luftgewicht auf dieser Seite etwa erleidet, nimmt man als der Zeit proportional an und betrachtet sie als durch die Anordnung der Einzelwägungen symmetrisch zur Mitte eliminirt.

Zur Bestimmung der durch fremde Beimengungen in der Zusammensetzung der Luft hervorgebrachten Aenderungen fehlen alle Mittel, wir sind darum, wie schon Seite 479 bemerkt, nicht im Stande für $\delta s'$ Zahlenwerte einzuführen. Um aber einen Ueberblick über den möglichen Betrag dieser Grösse zu bekommen, betrachten wir einen extremen Fall.*)

In Räumen, welche der freien Atmosphäre zugänglich sind, sind die einzigen in Betracht kommenden Aenderungen in der Zusammensetzung der Luft, die durch den Atmungsprocess des Beobachters bewirkten. Es besteht nun die ausgeathmete Luft in Volumprocenten, abgesehen vom Wasserdampf, aus 4,38 % Kohlensäure, 16,03 % Sauerstoff, 79,59 % Stickstoff. Da reine trockene Luft 20,96 % Sauerstoff und 79,00 % Stickstoff neben etwa 0,04 % Kohlensäure enthält, so haben wir, wenn die Dichtigkeit von Sauerstoff, Stickstoff, Kohlensäure mit s_1, s_2, s_3, alle auf einen und denselben Druck (p') bezogen, die Partialdrucke mit p_1, p_2, p_3 bezeichnet werden, für die Dichtigkeit (s) der ausgeathmeten Luft

$$(s) = \frac{p_1}{(p')} s_1 + \frac{p_2}{(p')} s_2 + \frac{p_3}{(p')} s_3.$$

*) Der Einfluss der menschlichen Exspirationsluft auf Wägungsergebnisse ist zuerst von Schwirkus untersucht worden, aus dessen Abhandlung auch die nachfolgenden Zahlenangaben herrühren. Zeitschr. f. Instrumentenkunde 1881, Seite 89.

Für reine trockene Luft wäre bei derselben Temperatur und dem nämlichen Druck

$$s' = \frac{p'_1}{(p')} s_1 + \frac{p'_2}{(p')} s_2 + \frac{p'_3}{(p')} s_3,$$

somit ist

$$s' - (s) = \frac{p'_1 - p_1}{(p')} s_1 + \frac{p'_2 - p_2}{(p')} s_2 + \frac{p'_3 - p_3}{(p')} s_3.$$

Ist nun der Gesammtdruck p, so haben wir

$$p_1 = 0{,}1603 p,\ p_2 = 0{,}7959 p,\ p_3 = 0{,}0438 p;\ p'_1 = 0{,}2096 p,\ p'_2 = 0{,}7900 p,$$
$$p'_3 = 0{,}0004 p.$$

also

$$s' - (s) = \frac{p}{(p')} \{ + 0{,}0493 s_1 - 0{,}0059 s_2 - 0{,}0434 s_3 \}$$

und indem wir unter (p') den Normaldruck trockener reiner Luft verstehen und $p' = (p')$ und demzufolge nach Regnaults Bestimmungen und für 0° $s_1 = 0{,}0014298$, $s_2 = 0{,}0012562$, $s_3 = 0{,}0019774$ setzen, wird

$$s' - (s) = -0{,}0000228.$$

Denken wir uns also das ganze Waagengehäuse bei Normaldruck und der Temperatur 0° mit Exspirationsluft gefüllt und rechnen, als ob wir es mit Luft von normaler Zusammensetzung zu tun hätten, so wäre

$$\delta s' . \Delta V = 0{,}0000228 \Delta V$$

und der Fehler in dem Uebergang von den bewegenden Kräften auf die Massenbeträge bei einer Volumdifferenz von 10 ccm betrüge 0,23 mg und bei einer von 100 ccm schon 2,3 mg, wäre also beispielsweise bei der Bestimmung eines Messingkilogramms mit einem Platinkilogramm ($\Delta V = 77$ ccm) schon ganz unerträglich hoch.

Ein so extremer Fall kommt natürlich in der Praxis nicht vor, vielmehr wird das Verhältnis der in bewohnten und gut gelüfteten Räumen vorhandenen Masse Luft von normaler Zusammensetzung zu der Exspirationsluft selten geringer sein als 30 zu 1, aber immerhin ist grosse Vorsicht geboten. Man darf nicht in den Zwischenoperationen in das Waagengehäuse hineinathmen und darf auch nicht in Räumen mit schlechter Luft arbeiten.

Man hat versucht die Berechnung der Luftdichtigkeit aus den Ablesungen der meteorologischen Instrumente zu umgehen und zwar in dem man neben der Wägung, die man auszuführen hat, noch eine Wägung in Bezug auf zwei ihrer Masse und ihrem Volumen nach bekannte Körper vornahm.

Es seien die Massen dieser Körper $\mathfrak{M}_1$, $\mathfrak{M}_2$ die Volumina $\mathfrak{V}_1$, $\mathfrak{V}_2$. Die Wägung derselben ergiebt, wenn etwaige Zulagen zu $\mathfrak{M}_1$ mit $\mathfrak{m}_1$, zu $\mathfrak{M}_2$ mit $\mathfrak{m}_2$ bezeichnet werden, und $\mathfrak{v}_1$, $\mathfrak{v}_2$ die Volumina dieser Zulagen bedeuten und eingeklammerte ψ und s für diese Wägung dieselbe Bedeutung, wie nicht eingeklammerte für die erste Wägung haben

$$\mathfrak{M}_1 - \mathfrak{M}_2 = \frac{m}{1+\lambda}\frac{(\psi_1)-(\psi_2)}{(\psi_1')-(\psi_1)} + (s)(\mathfrak{V}_1 + \mathfrak{v}_1 - \mathfrak{V}_2 - \mathfrak{v}_2) + \mathfrak{m}_2 - \mathfrak{m}_1.$$

Da die Massen und Volumina bekannt sein sollten, können wir diese Gleichung zur Berechnung der Luftdichtigkeit anwenden und erhalten

$$\text{CXXII)} \quad (s) = \frac{\mathfrak{M}_1 - \mathfrak{M}_2 + \left(\mathfrak{m}_1 - \mathfrak{m}_2 - \frac{m}{1+\lambda}\frac{(\psi_1)-(\psi_2)}{(\psi_1')-(\psi_1)}\right)}{\mathfrak{V}_1 + \mathfrak{v}_1 - \mathfrak{V}_2 - \mathfrak{v}_2}.$$

$\mathfrak{v}_1$ und $\mathfrak{v}_2$ werden, da man die Massen der beiden Körper einander sehr nahe gleich machen wird, kleine Grössen sein. Die Genauigkeit, mit der (s) sich so berechnen lässt, hängt also von der Volumdifferenz der beiden Körper ab, und diese hat man so gross als es geht zu machen. Man stellt deshalb den einen Körper in Form eines rings absolut luftdicht geschlossenen dünnwandigen Hohlkörpers, etwa einer Hohlkugel, den andern in Form eines massiven Cylinders oder einer mit vielen Durchlöcherungen versehenen Hohlkugel her, die Masse kann bei dem einem Körper so gross wie bei dem andern genommen werden, indem man für beide Körper gleiche Stücke Substanz verarbeitet, die Volumdifferenz ist dann aber sehr bedeutend.

Wenn nun die Luft bei der Wägung der zu bestimmenden Körper dieselbe Dichtigkeit hat, wie bei der dieser Hilfskörper, so kann man (s) an Stelle von s setzen und braucht sich um den Luftzustand nicht zu kümmern. Daher schliesst man die eigentliche Wägung in zwei andere Wägungen ein, welche mit den Hilfskörpern ausgeführt sind; das Mittel, der aus diesen beiden Wägungen für (s) resultirenden Werte sieht man als den s zuzuschreibenden Wert an, und es ist dieses um so mehr gestattet, je symmetrischer in Bezug auf Zeit und Operationen die 3 Wägungen angestellt, und je mehr stärkere oder gar plötzliche Aenderungen der Luftdichtigkeit ausgeschlossen sind.

Dass man die beiden Wägungen der beiden Hilfskörper mit der eigentlichen Wägung zu einer einzigen aus 10 Einzelwägungen bestehenden Wägung vereinigen kann, braucht nur erwähnt zu werden.

Natürlich muss man $\mathfrak{M}_1$ und $\mathfrak{M}_2$ sowie $\mathfrak{V}_1$ und $\mathfrak{V}_2$ kennen, und bei der Ableitung der Beträge dieser Grössen sind Berechnungen der Luftdichtigkeit aus meteorologischen Instrumenten nicht zu umgehen, aber diese Arbeit ist dann wenigstens ein für alle mal gemacht, ausserdem ist auch allzu grosse Genauigkeit in der Kenntnis jener Grössen nicht erforderlich, wenn nur die Volumdifferenz zwischen den Hilfskörpern gross, die Massendifferenz klein genug ist.

Im zweiten Teil von $\delta(s\Delta V)$, in $s\delta(\Delta V)$ ersetzen wir wieder s durch 0,0012, soll auch dieser Teil $\frac{1}{100}$ mg nicht erreichen, so muss

$$\delta(\Delta V) < 0{,}0083 \text{ ccm}$$

sein. Handelte es sich allein um Genauigkeit in der Volumbestimmung, so liesse sich diese Grenze von 8 Cubikmillimetern bei nicht zu grossen Körpern (etwa wenn deren Inhalt einen halben Liter nicht überschreitet) wol erreichen, allein es ist in Art. 108 darauf hingewiesen, dass das Volumen, welches wir durch die gewöhnlichen Methoden der directen Ausmessung und der hydrostatischen Wägung bestimmen, oft nicht mit dem Volumen übereinkommt, welches für die bewegende Kraft der umgebenden Atmosphäre in Rechnung zu bringen ist. Freilich giebt es eine Methode, die anscheinend auch dieses wahre Volumen kennen lehren sollte (siehe das folgende Kapitel), aber ihre Anwendung ist nicht unbedenklich, und so bleibt man in den meisten Fällen in Bezug auf die Grösse von $\delta(\Delta V)$ im Ungewissen, wenn man sie nicht durch Wägungen unter verschiedenen Luftzuständen erkennen will.

134e. Störungen durch fremde Kräfte und Hygroskopicität. Manche Fehler in Wägungen werden durch besondere Eigenheiten der Substanzen, aus welchen Waage und Gewichte hergestellt sind, veranlasst. Es kann sich dabei sowohl um störend eingreifende Kräfte als um nicht in Rechnung zu ziehende Massenveränderungen handeln. In ersterer Beziehung kommt namentlich durch mechanische Eingriffe (etwa Abwischen oder Abreiben der betreffenden Teile) oder durch Influenz oder sonst wie entstehende Elektrisirung der Waage, des Gehäuses oder der Gewichte in Frage. Jede vorhandene elektrische Ladung in irgend einem Teile ruft in ihrer Umgebung durch Influenz weitere Ladungen hervor, über deren Verteilung sich fast nie etwas wird aussagen lassen, und bewirkt so das Entstehen von Kräften, die wir nicht in Rechnung zu ziehen vermögen. Elektrisirung durch Abwischen und Abreiben wird an der Waage und dem Gehäuse besonders an gefirnissten oder aus Glas bestehenden Teilen wachgerufen. Gewichte aus Metall werden zwar eine etwaige Ladung sofort weiter verteilen und wo genügende Verbindung vorhanden ist, an die Erde abgeben, aber solche aus Glas und Bergkrystall können dieselbe stundenlang behalten, ehe sie sich zerstreut. In der Tat haben auch die Erfahrungen von Regnault und unserer Normal-Aichungs-Kommission*) gelehrt, wie leicht Elektrisirung bei Bergkrystallgewichten entsteht, und wie schwer eine einmal vorhandene Ladung sich wieder von selbst verliert. Elektricität wird auf Gewichte oft auch durch die Pincetten übertragen, wenn letztere aus durch Reiben leicht elektrisirbarem Material (wie zum Beispiel Ebonit) bestehen. Die hier maassgebenden Verhältnisse sind noch zu wenig untersucht als dass sich etwas bestimmteres sagen liesse. Man kann nur hervorheben, dass es gut ist, wenn an der Waage selbst jeder Firniss vermieden ist und die Gewichte, worauf schon in Art. 107 aus anderen Gründen gedrungen ist, nicht in Etuis, aus welchem sie für den Gebrauch erst unter Reibung herausgezogen werden müssen, sondern frei unter Glasglocken aufbewahrt werden. Abwischen und gar Abreiben der Waage,

*) Mitteilungen der Kaiserl. Normal-Aichungs-Kommission. Nr. 5.

des Gehäuses und der Gewichte sollte nicht vorgenommen werden, hat sich eine Reinigung nötig gemacht, so muss man nach Ausführung derselben warten, bis die Elektricität sich zerstreut haben kann. Gegen Elektrisirung durch Influenz äusserer Körper würde man sich am besten schützen können, wenn man das Waagengehäuse im Innern mit Staniol ausklebte, welches nur an den Stellen ausgespart ist, durch welche man die Scale und etwaige Thermometer zu beleuchten und die Schwingungen des Zeigers abzulesen hat. Sind alle Teile innerhalb des Waagengehäuses mit der Erde in Verbindung und hat auch die Staniolauskleidung Leitung zur Erde, so können durch Influenz äusserer Ladungen elektrische Kräfte in der Waage nicht entstehen.

Störungen durch permanenten oder temporären Magnetismus in den Waagenteilen und den Gewichten oder durch Ströme, welche infolge der Bewegung der Waage durch den Erdmagnetismus und ihre Umgebung in derselben etwa inducirt werden, sind, soviel ich weiss, noch nicht untersucht und dürften wol auch nur unter besonders ungünstigen Umständen eine Bedeutung erreichen.

Endlich sind noch die möglichen Massenveränderungen zur Sprache zu bringen. Es handelt sich dabei nicht um die an Bedeutung sehr geringen, nie ganz zu vermeidenden und nie berechenbaren Staubanhäufungen auf Waage und Gewichten, sondern um durch etwaige Hygroskopicität veranlasste Ansammlung von Feuchtigkeit auf den in Frage kommenden Massen. Die Wassermasse, die ein Körper aus der umgebenden Atmosphäre auf seiner Oberfläche condensirt, hängt ausser von dem Feuchtigkeitsgehalt der Luft, von der Temperatur und der Beschaffenheit dieses Körpers ab. Hinsichtlich des Einflusses der Substanz besitzen wir jetzt eine eingehende Untersuchung von Warburg und Ihmori*), aus welcher sich ergiebt, dass Metalle für sich nicht hygroskopisch sein dürften, aber Feuchtigkeit heranziehen, sobald ihre Oberfläche sich mit einer Oxydhaut bedeckt hat. Steinsalz, Elfenbein, alkalihaltiges Glas, Schellak und Achat sind stark hygroskopisch, namentlich die zuerst genannten Substanzen können sehr viel Feuchtigkeit auf ihrer Oberfläche ansammeln. Ein Gramm Schellack, zum Beispiel, nahm in einer Woche 10, in vier weitern Wochen 20 und in sieben weitern Wochen 45 mg Wasser auf. Nur wenn Glas mit einem Kieselsäureüberzug versehen ist (was auf elektrolytischem Wege sich bewerkstelligen lässt**) condensirt es keinen Wasserdampf, und seine Hygroskopicität eigt sich auch stark verringert, nachdem es mehrmals ausgekocht ist. Bergkrystall ist ebenfalls hygroskopisch, aber in sehr viel geringerem Grade. Nach Warburg und Ihmori empfiehlt es sich: 1. die Metallteile des

*) Ueber das Gewicht und die Ursache der Wasserhaut bei Glas und andern Körpern. Wiedemanns Annalen für Physik 1886, Bd. 27, Seite 481 ff., sowie 1887, Bd. 31, Seite 1006 ff. Arbeiten, die auch für die Construction hoch empfindlicher Waagen von grossem Interesse sind.

**) Warburg in Wiedemanns Annalen 1884, Bd. 21, Seite 622.

Balkens überall, wo es möglich ist, zu platiniren; Anwendung von Schellackfirniss ist jedenfalls sehr unvorteilhaft, 2. womöglich Achat als Material der Pfannen und Schneiden zu vermeiden und an Stelle dessen lieber Bergkrystall (oder Stahl) zu benutzen, 3. Normalgewichte zu platiniren.

Nicht hygroskopische Substanzen können sich mit Feuchtigkeit bedecken, sobald ihre Temperatur unter die Thaupunktstemperatur des in der Luft suspendirten Wasserdampfes sinkt. Fälle, in welchen in der Tat die Temperatur des zu wägenden Körpers von der seiner Umgebung stark abweichen kann, werden wir später kennen lernen.

XX. Volumen- und Dichtigkeitsbestimmungen.

a) *Bestimmung des äussern Volumens eines Körpers.*

135. Volumenbestimmung durch Linearmessung. Die anscheinend einfachste Methode für Volumbestimmungen ist die directe Ausmessung der Dimensionen der Körper, indessen ist diese Methode nur im Princip, nicht in der Ausführung einfach, und sie lässt sich auch nur auf wenige Körperformen in Anwendung bringen. Je vollkommener die Oberfläche eines Körpers ihrer Definition entspricht, um so bequemer und genauer kann die Volumbestimmung durch directe Ausmessung gestaltet werden. Da man aber bei gegebenen Körpern über deren wirkliche Gestalt nichts auszusagen vermag, ist eine eingehende Durchforschung dieser Gestalt selbst nicht zu umgehen, wenn man zu einigermaassen sichern Zahlen gelangen will. Dadurch aber gestalten sich Volumbestimmungen durch Linearmessungen zu so ausserordentlich verwickelten Arbeiten, dass man dieselben entweder nur wo es auf Genauigkeit nicht ankommt, oder wo die betreffende Untersuchung selbst ein anderes Verfahren nicht zulässt zur Anwendung bringt.

Die Durchforschung der Gestalt eines Körpers geschieht dadurch, dass man die Dicke dieses Körpers an verschiedenen Querschnitten und in jedem Querschnitt an verschiedenen Stellen ausmisst. Man kann sich zu diesen Ausmessungen aller der Mittel bedienen, welche bei den Längenmessungen erwähnt und behandelt sind. Doch hat man, weil es sich hier um Ausmessung kürzerer Strecken handelt, compendiösere Apparate construirt, deren Theorie in allen wesentlichen Punkten völlig mit der der Comparatoren und Kathetometer übereinstimmt.

Es sind diese als *Keilmessapparate, Dickenmesser, Sphärometer* u. s. f. bezeichneten Apparate alle auf Längenmessung mittelst Contacteinrichtung hergestellt, sie haben also ein als Unterlage oder Stütze für den zu messenden Körper dienendes festes Widerlager und ein gegen dieses in Form einer in ihrer

Mutter laufenden Schraube oder eines irgend wie durch einen Cylindermantel oder durch Leisten geführten Schiebers bewegliches Anschiebestück. Schrauben sind an ihrem Kopf mit einer geteilten Trommel versehen und drehen sich in der Längsrichtung einer Scale, Schieber enthalten gewöhnlich auf ihrer Fläche eine Scale, die mit einem gegenüberstehenden Mikrometermikroskop abgelesen wird; Schraube und Scale müssen natürlich genau untersucht sein. Das Anschiebestück (Schraube bezw. Schieber) wird erst so gestellt, dass dasselbe das feste Widerlager berührt. Nach Ablesung der Scale, bezw. der Schraubentrommel zieht man dasselbe zurück, und nachdem der nach seiner Dicke zu bestimmende Körper auf die Unterlage gebracht ist, wird es wieder angeschoben, bis es diesen Körper berührt; die Differenz der jetzt auszuführenden Ablesung an Scale und Trommel gegen die zuerst gemachte, giebt die gesuchte Dicke. Diese Dicke wird an so vielen Stellen bestimmt als man will.

Da es hier darauf ankommt, dass das Anschiebestück die Unterlage bezw. den Körper wirklich berührt, wird dasselbe durch eine Feder oder ein Gewichtchen nach dem betreffenden Widerlager hingedrückt, doch darf der Druck nicht so gross sein, dass er die Körper durchbiegen könnte, er muss nur eben hinreichen, die Berührung zu Wege zu bringen. Wo der Druck zu stark ist, muss die Durchbiegung, die das Widerlager und der Körper erleiden, besonders bestimmt und in Rechnung gebracht werden.

Die Bewegungsrichtung des Anschiebestückes sollte natürlich mit der Richtung der zu messenden Strecke übereinstimmen, hat man jene ein für alle mal orientirt, sie etwa vertical oder horizontal gestellt, so muss man den Körper auf die Unterlage so legen, dass die Dicke, deren Betrag man kennen lernen will, in die Verlängerung des Anschiebestücks fällt. Das ist meist nicht leicht zu bewerkstelligen, und man hat auch selten Mittel, zu erkennen, welche Strecke eigentlich wirklich gemessen wird. Hier hilft es oft, wenn die Messungen an der betreffenden Stelle recht oft wiederholt werden, nachdem der Körper immer wieder ein wenig kreuz und quer verschoben ist, und aus allen erhaltenen Zahlen ein Mittel genommen wird.

Wie das Eintreten der Berührung erkannt wird, ist schon früher zum Teil auseinandergesetzt. Bei den gewöhnlichen Sphärometern, welche aus einem Dreibein bestehen, durch dessen Kopf die Schraube von oben nach unten geht und welche auf eine möglichst ebene horizontirte Platte gestellt werden, erkennt man das Eintreten der Berührung mit der Platte oder dem auf dieselbe unter die Schraube gelegten Körper daran, dass das Dreibein zu wackeln beginnt. Andere Sphärometer, wie das von Wild angegebene, haben das Widerlager an eine um eine seitliche Queraxe sich drehende Libelle angebracht. Hier ist dann auch die Unterlage für den Körper meist an das Anschiebestück selbst befestigt, und letzteres geht von unten nach oben. Sobald das Anschiebestück oder der auf dieses gelegte Körper das Widerlager berührt, wird die Libelle gedreht und schlägt aus, und der Ausschlag der Libelle kann mit in Rechnung gezogen werden. Es sei zum

Beispiel die Libellenablesung, wenn das Anschiebestück ohne den Körper das Widerlager berührt l_0, und die Ablesung für die Lage des Anschiebestückes a, die Libellenablesung, wenn der Körper sich auf dem Anschiebestück befindet l_m, die Ablesung für die Lage des Anschiebestückes b, dann ist die gesuchte Dicke gleich $a - b - (l_m - l_0)\alpha$. Die Grösse α giebt an, um wie viel man das Anschiebestück nach oben zu schieben hat, damit die Libelle um einen der auf ihr aufgetragenen Teile ausschlägt, und kann dadurch bestimmt werden, dass man den Ausschlag der Libelle für eine an der zugehörigen Scale oder Schraubentrommel abgemessene Verschiebung des Anschiebestückes abliest.

Koch hat auch ein gutes optisches Mittel zur Erkennung des Moments der Berührung in Erinnerung gebracht.*) Er befestigt das Widerlager auf eine dünne, ebene Glasplatte und klebt diese unter einem fast verschwindenden Winkel mit einer Kante an eine andere unten berusste ebene, starke Glasplatte. Wird das Ganze beleuchtet, am besten durch eine Kochsalzflamme, so sieht man zwischen den Platten ein System von Interferenzstreifen. Man fixirt einen der Streifen (etwa mit einem Mikroskop), während die Anschiebevorrichtung direct das Widerlager berührt und stellt nachher den Contact zwischen Körper und Anschiebevorrichtung so her, dass derselbe Streifen an derselben Stelle wieder erscheint. Natürlich darf man dabei nur mit ganz geringen Ueberdrucken arbeiten, sonst bewegt sich der Streifen nach Abheben der Anschiebevorrichtung und Auflegnng des Körpers so stark, dass von einem Verfolgen des herausgesuchten Streifens keine Rede sein kann; der betreffende Körper wird deshalb auch oft nicht ohne weiteres auf das Widerlager hinzutun sein, sondern an einem Halter, der denselben nicht mehr ganz trägt und mit einem geringen Uebergewicht gegen das Widerlager fallen lässt, befestigt werden müssen.

Andere Methoden Durchmesser von Körpern zu bestimmen und Gestaltsuntersuchungen anzustellen, finden im Abschnitt über optische Maassbestimmungen Erledigung.

Denken wir uns jetzt bei einem Körper die Dicke in verschiedenen zu einer Richtung x senkrechten Querschnitten und in jedem Querschnitt so oft bestimmt, dass wir die Flächeninhalte dieser Querschnitte zu berechnen im Stande sind, so hat man für das Volumen desselben

$$V = \int q\,dx.$$

Die gemessenen Dicken bilden Durchmesser der Querschnitte; sind die Querschnitte unregelmässig geformt, so ist es nicht gut möglich, aus den Durchmessern die Querschnitte abzuleiten. Gewöhnlich hat man es aber mit prismatischen Körpern zu tun, bei welchen aus den Seiten der Querschnitte und gemessenen Dicken die Querschnittsinhalte wirklich ableitbar

*) Wiedemanns Annalen

sind, oder mit cylindrisch geformten, bei denen die Annahme kreisförmigen oder elliptischen Contours gestattet ist. Ist die Querschnittsform complicirter, so hört eben die Anwendbarkeit der Methode überhaupt auf.

Für die Rechnung am bequemsten ist es, wenn man die Querschnitte in gleichen Abständen von einander bestimmt; meist wählt man diese Abstände so, dass man das zwischen zwei aufeinanderfolgenden Querschnitten gelegene Stück des Körpers als Pyramiden- oder Kegelstumpf betrachten darf, oft auch behandelt man dasselbe als parallelepipedische oder cylindrische Platte. Sind die Abstände zwischen den aufeinanderfolgend gemessenen Querschnitten $l_1, l_2, \ldots, l_n$ und die Querschnitte $q_0, q_1, \ldots, q_n$, wobei natürlich q_0 den ersten, q_n den letzten Querschnitt des Körpers bedeutet, so setzt man in der einfachsten Form

$$\text{CXXIII}_1)\quad V = l_1 \frac{q_0 + q_1}{2} + l_2 \frac{q_1 + q_2}{2} + \cdots + l_{n-1} \frac{q_{n-2} + q_{n-1}}{2} + l_n \frac{q_{n-1} + q_n}{2}.$$

Strenger hat man

$$\text{CXXIII}_2)\quad V = \frac{1}{3}\Big\{ l_1 (q_0 + q_1 + \sqrt{q_0 q_1}) + l_2 (q_1 + q_2 + \sqrt{q_1 q_2}) + \cdots + l_n (q_{n-1} + q_n + \sqrt{q_{n-1} q_n}) \Big\}.$$

Denkt man sich die Querschnitte auf Kreisflächen umgerechnet, setzt also

$$q_0 = \frac{1}{4}\pi d_0^2,\quad q_1 = \frac{1}{4}\pi d_1^2,\ \ldots,\ q_n = \frac{1}{4}\pi d_n^2,$$

so resultirt

$$\text{CXXIII}_3)\quad V = \frac{\pi}{8}\Big\{ l_1 (d_0^2 + d_1^2) + l_2 (d_1^2 + d_2^2) + \cdots + l_n (d_{n-1}^2 + d_n^2) \Big\}$$

und strenger

$$\text{CXXIII}_4)\quad V = \frac{\pi}{12}\Big\{ l_1 (d_0^2 + d_1^2 + d_0 d_1) + l_2 (d_1^2 + d_2^2 + d_1 d_2) + \cdots + l_n (d_{n-1}^2 + d_n^2 + d_{n-1} d_n) \Big\}.$$

Die d sind die mittlern Durchmesser der als Kreisflächen gleichen Inhalts gedachten Querschnitte. Bei cylindrischen Körpern werden geradezu Durchmesser der Querschnitte bestimmt; wenn die in jedem Querschnitt ausgemessenen Durchmesser keine elliptische Form der Querschnitte erkennen lassen, nimmt man für die d die arithmetischen Mittelwerte der an den einzelnen Querschnitten erlangten Zahlen; zeigt sich die elliptische Form deutlich ausgeprägt, was man daran erkennt, dass in dem betreffenden Querschnitt grösster und kleinster Durchmesser zu einander nahezu senkrecht stehen, so wird aus der grössten und kleinsten Zahl an jedem Querschnitt ein geometrisches Mittel gebildet.

Es sei hier gleich ein **Beispiel** für diesen letztern Fall angeführt. Ein cylindrischer Körper von 10 cm Länge wurde von Centimeter zu Centimeter auf seinen Querschnitt untersucht. Der benutzte Apparat, ein sogenannter Keilmessapparat, trug auf einem längs eines Eisenkörpers verschiebbaren Schlitten eine als Widerlager dienende, fest eingeschraubte vertical stehende Schneide, sowie einen zwischen zwei Leisten horizontal laufenden, mit einer in 0,2 mm geteilten Scale versehenen und durch eine lange Stahlfeder nach der festen Schneide hin gedrückten Schieber, welcher in eine vertical gestellte Schneide ausging. Die Schieberschneide stand der festen Schneide gerade gegenüber. Auf dem Schlitten war noch eine Stahlsäule befestigt, welche in einer Fassung ein vertical gerichtetes Mikrometermikroskop trug, mit welcher man auf die Striche der Schieberscale pointirte. Endlich besass der Eisenkörper einen besondern horizontalen Halter für cylindrische Körper, der Halter konnte um seine Axe gedreht und die Drehung an einer in 12 Teile geteilten Trommel abgelesen werden.

Man spannte den cylindrischen Körper horizontal in den Halter in einer solchen Höhe, dass er gerade zwischen die Schneiden passte und seine Richtung quer zu der der Schieberrichtung ging, pointirte erst einen Strich der Schieberscale, wenn die Schneiden gegeneinander gerückt waren, zog den Schieber zurück, brachte den Körper zwischen die Schneiden und liess den Schieber durch die Feder gegen den Körper andrücken. Indem man in das Mikroskop auf die Scale heruntersah, drehte man zugleich den Halter und damit den Körper um seine Axe, bis das Fadenpaar des Mikrometers gegen einen der Scalenstriche eine Maximalabweichung zeigte und pointirte auf diesen Strich, dann drehte man wieder den Halter mit dem Körper, bis eine Minimalabweichung eintrat und pointirte. Der grössern Genauigkeit wegen wurde der Halter noch weiter gedreht und bei der wieder auftretenden Maximalabweichung und Minimalabweichung nochmals pointirt; in jeder Stellung des Halters wurde seine Trommel abgelesen. Dann wurde der Schlitten gegen den Halter um 1 cm verschoben und bei dem folgenden Querschnitt in gleicher Weise verfahren.

Die folgende Zusammenstellung giebt die Beobachtungen

1. Schneiden aneinander.

   Temperatur 16°,20.

   Eingestellter Scalenstrich: 33,2 mm.

   Mikrometerablesung: 756, 756, 759, 759: Mittel 757.

2. Körper zwischen Schneiden.

   Eingestellter Scalenstrich: 8,8 mm:

Querschnitt	Trommel des Halters	Mikrometerablesung	Trommel des Halters	Mikrometerablesung	Trommel des Halters	Mikrometerablesung	Trommel des Halters	Mikrometerablesung
0	11,9	1693	2,9	1489	6,1	1650	8,9	1470
1	11,6	1824	2,9	1496	6,0	1800	8,9	1500
2	11,2	1820	3,1	1501	5,9	1804	9,0	1520
3	11,9	1821	3,0	1504	5,9	1808	9,0	1516
4	11,1	1853	2,3	1537	5,1	1861	8,3	1581
5	11,1	1886	2,0	1632	5,1	1884	8,2	1668
6	11,5	2044	2,5	1800	5,4	2056	8,5	1804
7	11,5	2126	2,5	1850	5,4	2134	8,5	1852
8	11,2	2100	2,0	1832	5,1	2090	8,3	1834
9	11,2	1994	2,1	1818	5,0	1972	8,0	1813
10	11,2	2010	2,2	1876	5,3	1976	8,4	1852

3. Schneiden aneinander.

Eingestellter Scalenstrich 33,2 mm.

Mikrometerablesung: 762, 752, 758, 756: Mittel 757.

Temperatur 16°,28.

Sind die Querschnitte elliptisch geformt, so sollten die in gleicher Höhe stehenden Ablesungen der Haltertrommel von einander um 3 verschieden sein, da der ganze Umfang der Trommel in 12 Teile geteilt war; tatsächlich ist das auch bei allen Querschnitten sehr angenähert der Fall und man darf die Querschnitte wie Ellipsen behandeln. Ferner wird in der dritten Lage derselbe Durchmesser (nur um 180° herumgelegt) gemessen wie in der ersten und in der vierten derselbe wie in der zweiten; es stimmen denn auch die Mikrometerablesungen für die dritte Lage ganz gut mit der für die erste und die für die vierte mit der für die zweite; geringe Abweichungen correspondirender Ablesungen können durch Beobachtungsfehler oder durch Krümmungen im Körper verursacht sein.

Für die Berechnung der Durchmesser ist zu bemerken, dass, wie eine Untersuchung ergab, einer Entfernung des Schiebers von der festen Schneide wachsende Mikrometerablesungen entsprechen, ein Ansteigen der Dicke des Körpers also ebenfalls durch wachsende Mikrometerablesungen angezeigt wurde. Die ersten und dritten Ablesungen betreffen also den grössten, die zweite und vierte den kleinsten Durchmesser an der zugehörigen Stelle des Körpers. Ferner entsprach eine Einheit in der Mikrometerablesung (ein zehntel Trommelteil) einer Linearverschiebung von 0,000051 mm, denn zum Ueberführen der Fäden von einem Strich der Schieberscale zum nächstfolgenden, musste die Schraube um etwas weniger als 4000 Einheiten weiter gedreht werden.

Bilden wir jetzt aus der ersten und dritten Reihe von Mikrometerablesungen einerseits und der zweiten und vierten andererseits zwei Mittelreihen, ziehen von beiden die Ablesung 757, welche gefunden wurde, wenn die Schneiden an einander geschoben waren, ab, und multipliciren die Zahlen mit 0,000051, so bekommen wir Zahlen, welche anzeigen, um wieviel Millimeter die grössten und kleinsten Durchmesser des betreffenden Körpers grösser sind als das Scalenintervall von 8,8 bis 33,2. Auf einen Umstand ist aber noch zu achten: der Schieber wurde durch eine Feder angedrückt und seine Schneide musste infolge dessen den Körper durchbiegen. Es wurden darum an mehreren Querschnitten Messungen mit gegen den Schieber anliegender und von demselben zurückgehaltener Feder ausgeführt. Das Resultat war, dass Messungen mit zurückgehaltener Feder um 51 Mikrometerteile, das ist 0,0025 mm grössere Ablesungen ergaben, als solche mit anliegender; wir hätten also zu den gefundenen Zahlen diese Grösse noch hinzuzufügen.

Die Schieberscale bestand aus Silber, umfasste 40 mm und war auf ihre Teilungsfehler und Gesammtlänge genau untersucht. Es war corrigirt für Teilungsfehler und Fehler der Gesammtlänge

Intervall (0 bis 33,2) = 33,2061 mm,
„ (0 bis 8,8) = 8,8105 „

Die Differenz beträgt 24,3956, sie ist, weil der Ausdehnungscoefficient von Silber etwa 0,000019 beträgt mit $1 + 0{,}000019 \cdot 16{,}24$ zu multipliciren. Fügt man dann noch die Correction 0,0025 für Durchbiegung des Körpers hinzu, so bekommt man im Ganzen 24,4057, eine Zahl, welche zu den zuletzt angezeigten Columnen zu addiren ist, um den betreffenden Durchmesser zu erhalten. Aus den so berechneten Durchmessern werden dann die geometrischen Mittel gebildet, welche den mittlern Durchmesser d angeben.

Hiernach gestaltet sich die Rechnung wie folgt.

I Mittlere Mikrometer-ablesungen		II = I — 757		III = II red. auf mm		IV = III + 24,4057		V =	
						d'_x	d''_x	$\log d'_x$	$\log d''_x$
1671	1479	914	722	0,0466	0,0368	24,4523	24,4425	1,338320	1,388146
1812	1498	1055	741	0,0538	0,0377	24,4595	24,4434	1,388448	1,388162
1812	1510	1055	753	0,0538	0,0384	24,4595	24,4441	1,388448	1,388174
1814	1510	1057	753	0,0539	0,0384	24,4596	24,4441	1,388449	1,388174
1857	1559	1100	802	0,0561	0,0409	24,4618	24,4466	1,388488	1,388219
1885	1650	1128	893	0,0575	0,0455	24,4632	24,4512	1,388514	1,388301
2050	1802	1293	1045	0,0659	0,0532	24,4716	24,4589	1,388663	1,388437
2130	1851	1373	1094	0,0700	0,0558	24,4757	24,4615	1,388736	1,388483
2095	1833	1338	1076	0,0682	0,0549	24,4739	24,4606	1,388703	1,388467
1983	1815	1226	1058	0,0625	0,0540	24,4682	24,4597	1,388602	1,388452
1993	1864	1236	1107	0,0630	0,0564	24,4687	24,4621	1,388611	1,388494

VI =		VII		VIII =
$\log d_\varkappa^2 = \log d'_\varkappa + \log d'_\varkappa$	$\log d_{\varkappa-1} d_\varkappa = \frac{1}{2}(\log d'_{\varkappa-1} + \log d''_{\varkappa-1}) + \frac{1}{2}(\log d'_\varkappa + \log d''_\varkappa)$	$d_\varkappa^2$	$d_{\varkappa-1} d_\varkappa$	$d^2_{\varkappa-1} + d_\varkappa^2 + d_{\varkappa-1} d_\varkappa$
2,776466	2,776538	597,677	597,776	1793,327
2,776610	2,776616	597,874	597,883	1793,648
2,776622	2,776622	597,891	597,891	1793,675
2,776623	2,776665	597,893	597,950	1793,852
2,776707	2,776761	598,009	598,083	1794,249
2,776815	2,776957	598,157	598,353	1795,060
2,777100	2,777159	598,550	598,631	1795,894
2,777219	2,777195	598,713	598,680	1796,039
2,777170	2,777112	598,646	598,566	1795,698
2,777054	2,777080	598,486	598,521	1795,563
2,777105		598,556		

Da hier die Abschnitte, in welche der Körper geteilt wurde, einander gleich sind, hat man noch die Zahlen der letzten Columne zu addiren und mit $10\pi/12$ zu multipliciren, um den Inhalt des Körpers in Kubikmillimeter zu erhalten. So findet sich dieser Inhalt

$$V = 46985 \text{ cmm} = 46{,}985 \text{ ccm}.$$

Die Zahl gilt für die Temperatur bei der Untersuchung, also für 16°,24. Da der Körper aus Glas bestand, und zum linearen Ausdehnungscoefficienten 0,000009 hatte, wird

$$V_{0^\circ} = \frac{46{,}985}{1 + 0{,}000027 \,.\, 16{,}24} = 46{,}9646,$$

und für jede andere Temperatur

$$V_t = 46{,}9646(1 + 0{,}000027\,t).$$

Es bedarf wol kaum der Bemerkung, dass die numerische Rechnung sich für diesen Fall durch Näherungen erheblich einfacher hätte gestalten lassen, es kam aber auf ein nach den gegebenen Formeln zu rechnendes Beispiel an. Für Näherungsrechnungen wird sich der Leser die Gleichungen selbst gehörig einrichten.

Wenn die gemessenen Querschnitte einander in gleichen Abständen folgen, kann man die Berechnung durch Summation, durch die strengere Integration ersetzen. Die Formel, von der wir dabei Gebrauch zu machen haben, ist im ersten Bande, Art. 298b unter 19f) gegeben. Darnach ist

$$\int^x f(x)\,dx = \frac{\lambda}{2}\left\{S_{n+1} + S_n - \frac{1}{12}(\Delta^1_{n+1} + \Delta_n{}^1) + \frac{11}{720}(\Delta^3_{n+1} + \Delta_n{}^3) - \cdots\right\},$$

für $f(x)$ haben wir q zu substituiren. a ist das Argument von $f(x)$, von welchem wir ausgehen, λ der Abstand zwischen den einzelnen Argumenten, für welche $f(x)$ gegeben ist, n ist bestimmt durch $(x - a)\lambda$. S und Δ haben die an dem betreffenden Ort angegebene Bedeutung.

Indessen lässt sich die Formel im allgemeinen nicht auf den ganzen Körper anwenden, sondern höchstens auf den Teil zwischen dem zweiten und vorletzten Querschnitt. Sind die Differenzen Δ so unbedeutend, dass man nur Δ^1 zu berücksichtigen braucht und $11\Delta^3/720$ vernachlässigen darf, so kann man das Stück zwischen dem zweiten und vorletzten Querschnitt berechnen, muss auch Δ^3 noch mitgenommen werden, so lässt sich die Rechnung nur für das Stück zwischen dem dritten und vorvorletzten Querschnitt ausführen u. s. f. Nur wo man nach rückwärts und vorwärts aus den gemessenen Querschnitten noch ideelle Querschnitte mit einiger Wahrscheinlichkeit interpoliren kann, steht der Benutzung der Formel zur ganzen Berechnung nichts im Wege. Geht das nicht, so muss man die Volumina zwischen dem ersten und zweiten, bezw. vorletzten und letzten Querschnitt besonders durch $l(d_0^2 + d_1^2 + d_1 d_2)\frac{\pi}{12}$, bezw. $l(d_{n-1}^2 + d_n^2 + d_{n-1} d_n)\frac{\pi}{12}$ berechnen und zu dem Integralwert addiren.

Wenden wir die Formel auf das oben behandelte Beispiel an und bleiben bei der ersten Differenz stehen, so ist $a = 0$, $x = 90$ bezw. $= 10$ und $\lambda = 10$, wenn alles in Millimeter gerechnet wird, somit $n = 9$ bezw. 1.

Die Querschnitte sind gleich $\frac{\pi}{4} d_x^2$, die d_x^2 stehen unter VII, ziehen wir von allen Zahlen 598 ab und bezeichnen die restirenden Grössen mit δ_x^2, so haben wir

$$\int_{10}^{90} q\,dx = \frac{\pi}{4}\left(598.80 + \int_{10}^{90} \delta_x^2\,dx\right)$$

und die Rechnung bezieht sich auf $\int_{10}^{90} \delta_x^2\,dx$. So erhalten wir

Argumente	Summirte Grössen	δ_x^2	Differenzen Δ^1	Δ^2	Δ^3
	$S_0 = -0,000$				
0	$S_1 = -0,323$	$-0,323$			
10	$S_2 = -0,449$	$-0,126$	$+0,197$	$-0,180$	
20	$S_3 = -0,558$	$-0,109$	$+0,017$	$-0,015$	$+0,165$
30	$S_4 = -0,665$	$-0,107$	$+0,002$	$+0,114$	$+0,129$
40	$S_5 = -0,656$	$+0,009$	$+0,116$	$+0,032$	$-0,082$
50	$S_6 = -0,499$	$+0,157$	$+0,148$	$+0,245$	$+0,213$
60	$S_7 = +0,051$	$+0,550$	$+0,393$	$-0,230$	$-0,475$
70	$S_8 = +0,764$	$+0,713$	$+0,163$	$-0,230$	$+0,000$
80	$S_9 = +1,410$	$+0,646$	$-0,067$	$-0,093$	$+0,137$
90	$S_{10} = +1,896$	$+0,486$	$-0,160$	$+0,230$	$+0,323$
100	$S_{11} = +2,452$	$+0,556$	$+0,070$		

Die dritten Differenzen sind zwar noch so gross wie die ersten und zweiten, aber mit 11/720, das ist mit 0,015, multiplicirt geben sie Grössen, die höchstens eine Einheit der zweiten Decimale erreichen, wir dürfen also hier wircklich bei den ersten Differenzen stehen bleiben und haben nunmehr

für die obere Grenze
$$\begin{cases} S_{10} = +1{,}896, \quad S_9 = +1{,}410; \quad \frac{S_{10}+S_9}{2} = +1{,}653, \\ \Delta_{10}^1 = +0{,}070, \quad \Delta_9^1 = -0{,}160; \quad \frac{\Delta_{10}^1+\Delta_9^1}{2} = -0{,}045, \end{cases}$$

für die untere Grenze
$$\begin{cases} S_1 = -0{,}449, \quad S_1 = -0{,}323; \quad \frac{S_1+S_1}{2} = -0{,}386, \\ \Delta_2^1 = +0{,}017, \quad \Delta_1^1 = +0{,}197; \quad \frac{\Delta_2^1+\Delta_1^1}{2} = +0{,}107, \end{cases}$$

somit

$$\int_{10}^{90} \delta_x{}^2\, dx = 10 \left\{ +1{,}653 + \frac{0{,}045}{12} + 0{,}386 + \frac{0{,}107}{12} \right\} = +20{,}44$$

und

$$\int_{10}^{90} q\, dx = 37589{,}5.$$

Die Volumina des ersten und letzten Abschnitts zusammengenommen, geben nach den Zahlen unter VIII den Betrag 9395,7, addirt man das zu der obigen Zahl, so findet sich der früher angegebene Betrag vollständig wieder. Wir hätten hier übrigens auch von der Berücksichtigung der ersten Differenzen absehen und das Integral gleich für den ganzen Körper ausführen können, aber so einfach liegen die Verhältnisse selten.

Es ist bis jetzt angenommen, dass der Körper eine Linie hat, welche zu seinen Endquerschnitten q_0, q_n senkrecht steht, also eine Axe besitzt. Ist das nicht der Fall, so können Zweifel in Bezug auf die l_0 und l_n zu erteilenden Beträge entstehen. Alsdann muss man die Länge des Körpers zwischen verschiedenen gegenüberstehenden Punkten der Endquerschnitte messen und darf bei nicht zu grossen Abweichungen das Mittel $\overline{L}$ aller erhaltenen Zahlen als mittlere Länge ansehen. So wird also

$$l_0 + l_n = \overline{L} - (l_1 + l_2 + \cdots + l_{n-1})$$

und wenn man l_0 gleich dem unter der Voraussetzung, dass q_0 senkrecht zu der gemeinsamen Axe der q ist, gefundenen Wert ansetzt,

$$l_n = \overline{L} - (l_0 + l_1 + l_2 + \cdots + l_{n-1})$$

Wo die Endquerschnitte vollständig schief zur Längsrichtung des Körpers stehen, bleibt nichts übrig als an den Enden Stücke durch besondere Querschnitte senkrecht zur Axe sich abgeschnitten zu denken und diese Stücke als Cylinder- oder Kegel- oder Prismenabschnitte unter Ausmessung der in der Stereometrie vorgeschriebenen Strecken gesondert zu berechnen.

136. Berechnung des Volumens aus Masse und Dichtigkeit. Das Volumen eines starren Körpers vermag auch immer berechnet zu werden, wenn dessen Masse und Dichtigkeit bekannt ist; denn wenn die genannten Grössen M und δ ihrem Betrage nach gegeben sind, hat man

$$V = \frac{M}{\delta}.$$

M, die Masse des Körpers, wird durch Wägung eruirt; zur Reducirung dieser Wägung bedarf es nun allerdings, wie im voraufgehenden Capitel entwickelt ist, wieder der Kenntnis des Volumens. Man kann aber auf dem Wege successiver Annäherung vorgehen. Man setzt in der Art. 131 gegebenen Gleichung zur Massenbestimmung erst $V = 0$ und rechnet M; dann berechnet man aus der obigen Gleichung einen Wert für V und indem man diesen in ΔV einführt, bekommt man einen zweiten Näherungswert für M, mit Hilfe dessen man einen zweiten Näherungsbetrag für V ableitet u. s. f.

Unter Dichtigkeit des Körpers ist hier allgemein Dichtigkeit seiner Substanz verstanden, denn die Dichtigkeit des Körpers selbst lässt sich erst nach Kenntnis seines Volumens ableiten; δ würde also irgend einer Tabelle zu entnehmen sein.

Die in den Tabellenwerken und Lehrbüchern verzeichneten Zahlen für die Dichtigkeit der verschiedenen Körper beziehen sich auf bestimmte Zustände der letztern. Zunächst kommt natürlich die Temperatur in Frage; hier gilt als Norm, dass die Temperatur des schmelzenden Eises unter gewöhnlichen Druckverhältnisssn, 0°, als Ausgangspunkt dient; es werden also die betreffenden Zahlen, wo nichts besonderes bemerkt ist, die Dichtigkeit bei dieser Temperatur 0° angeben. Für jede andere Temperatur t findet man die Dichtigkeit durch Division mit $1 + \beta t$, wo β den Ausdehnungscoefficienten des betreffenden Körpers andeutet. Bei Flüssigkeiten ist auch nichts weiter nötig, denn die Abhängigkeit vom Druck ist bei den meisten derselben so gering, dass sie selbst bei genauesten Volumbestimmungen nicht berücksichtigt zu werden braucht.

Bei Gasen muss man natürlich den Druck, für welchen die betreffende Zahl gelten soll, kennen; meist wird dieser Druck der in Art. 127 definirte Normaldruck sein; für jeden andern Druck findet sich die Dichtigkeit durch Multiplication mit diesem Druck nach Division durch den Normaldruck.

Bei festen Körpern wird gewöhnlich noch die Art der Behandlung des Stückes angegeben, welches zur Bestimmung der Dichtigkeit gedient hat, aber für diese kann die Uebertragung der einmal gewonnenen Zahlen auf andere Stücke zu bedeutenden Fehlern Veranlassung geben.

In der Tat braucht diese Dichtigkeit der Substanz des Körpers noch durchaus nicht mit der wirklichen mittlern Dichtigkeit desselben übereinzustimmen. Erstens kann und wird der Körper nicht ganz frei von fremden, auf ihre Beschaffenheit ohne Zerlegung desselben nicht zu constatirenden Beimengungen sein. Zweitens steht die Dichtigkeit einer Substanz oft in sehr grosser Abhängigkeit von deren mechanischen und thermischen Behandlung, und so wird dieselbe Substanz in verschiedenen Körpern verschiedene Dichtigkeit besitzen können. Es geschieht auch oft, dass ein Körper überhaupt nicht in seiner ganzen Masse die nämliche Dichtigkeit aufweist, und in der Tat kann auch bei den meisten Körpern nur von einer mittlern Dichtigkeit die Rede sein. Viel wichtiger noch ist, dass starre Körper vielfach Poren und Höhlungen enthalten, denn diese bedingen ein viel grösseres Volumen als der Substanz-Dichtigkeit entspricht.

Bei Hohlkörpern ist natürlich die Berechnung des Volumens aus der Dichtigkeit der Wandsubstanz überhaupt nicht zulässig.

Alle diese Umstände bringen es mit sich, dass man bei starren Körpern nur selten von dieser Methode der Volumbestimmung Gebrauch machen kann.

Ganz anders verhält es sich mit flüssigen und gasförmigen Körpern; hier bietet die angegebene Methode das genaueste Verfahren der Volumbestimmung und zwar deshalb, weil eben bei solchen Körpern immer von einer bestimmt controlirbaren Dichtigkeit gesprochen werden kann.

Der Umstand, dass bei Flüssigkeiten und Gasen der Zustand derselben sich leicht definiren und auch ohne besondere Schwierigkeiten, so wie in jedem Falle verlangt ist, herstellen lässt, hat es bewirkt, dass man auch die Bestimmung des Volumens fester Körper auf die des Raumgehalts von Körpern der genannten Aggregatzustände zurückführt. Man ersetzt das Volumen des festen Körpers geradezu durch ein gleich grosses Volumen einer Flüssigkeit oder eines Gases und bestimmt den Inhalt dieses letztern Volumens. Da jeder Körper von einer Flüssigkeit oder einem Gase soviel verdrängt, als sein eigenes Volumen beträgt, kommt das Verfahren darauf hinaus, diese verdrängte Menge zu messen. Bei Benutznng von Flüssigkeiten geschieht diese Messung, wenn sie genau genug ausgeführt werden soll, durch Wägung; für Gase eignet sich die Bestimmung mit Hilfe von Druckmessungen. Als Flüssigkeit benutzt man zur Bestimmung des äussern Volumens eines Körpers immer reines, destillirtes Wasser. Die Ausführung beruht aber entweder auf einer Wägung des betreffenden Körpers in diesem Wasser als umgebendes Medium, oder mit Hilfe des Pyknometers durch Massenbestimmung der nach Abzug der verdrängten Flüssigkeitsmenge noch vorhandenen Flüssigkeit und noch directer durch Wägung der dem Körper an Volumen gleichen Flüssigkeitsmenge.

137a. Volumbestimmung durch hydrostatische Wägung. Zwei Methoden. Nach der Methode der Wägung des betreffenden Körpers in der Flüssigkeit bringt man unter die (rechte) Schale einer Waage ein Gefäss, welches bis zu einiger Entfernung vom Rande mit Wasser gefüllt ist und hängt den betreffenden Körper mit Hilfe eines Drahtes so an diese Schale an, dass derselbe vollständig in das Wasser taucht, dann legt man auf die andere (linke) Schale soviel Gewichte, bis die Waage losgelassen, annähernd im Gleichgewicht sich befindet und liest den Ausschlag ihres

Zeigers ab. Nimmt man nun den Körper von dem Draht herunter, so wird man, um das Gleichgewicht zu erhalten, auf die zugehörige (rechte) Schale Gewichte aufsetzen müssen und diese Gewichte helfen die Masse der von dem Körper verdrängten Flüssigkeitsmenge bestimmen; sie geben das Wassergewicht desselben an. Das ganze Verfahren heisst eine *hydrostatische Wägung*, aber diese Wägung besteht im einfachsten Fall aus zwei Einzelwägungen. Es sei die bewegende Kraft auf die in beiden Fällen unverändert gebliebene Tara gleich G, die Masse des Körpers M, sein Volumen V, Masse und Volumen des vom Draht in der ersten bezw. zweiten Einzelwägung innerhalb der Flüssigkeit befindlichen Stückes m_1, v_1 bezw. m_2, v_2, ausserhalb m_1', v_1' bezw. m_2', v_2', die während beider Wägungen als unverändert angenommene Dichtigkeit der Flüssigkeit bezw. der Luft σ bezw. s, die Masse der in der zweiten Wägung zuzulegenden Gewichte Z, deren Volumen v. Dann giebt die erste Wägung die Gleichung

$$g_0(M-V\sigma)+g_0(m_1-v_1\sigma)+g_0(m_1'-v_1's)-G\alpha_1=\beta_1+\gamma_1\operatorname{tg}f_1,$$

die zweite die

$$g_0(Z-vs)+g_0(m_2-v_2\sigma)+g_0(m_2'-v_2's)-G\alpha_1=\beta_1+\gamma_1\operatorname{tg}f_2,$$

woselbst g_0 für die beschleunigende Kraft der Schwere steht, von deren Veränderlichkeit mit der Höhe hier abstrahirt ist, und f_1, f_2 die Ausschläge der Waage in den beiden Einzelwägungen angeben. Durch Subtraction findet sich

$$M-V\sigma+m_1-m_2+m_1'-m_2'-(v_1\sigma-v_2\sigma+v_1's-v_2's)-(Z-vs)$$
$$=\frac{\gamma_1}{g_0}(\operatorname{tg}f_1-\operatorname{tg}f_2).$$

Nun ist m_1+m_1', wie m_2+m_2' die Masse des ganzen Drahtes. Setzen wir noch $v_1-v_2=-(v_1'-v_2')=\delta v$, so wird

$$M-V\sigma-(\sigma-s)\,\delta v-(Z-vs)=\frac{\gamma_1}{g_0}(\operatorname{tg}f_1-\operatorname{tg}f_2).$$

γ_1 ist durch die Empfindlichkeit der Waage bestimmt.

Natürlich wird man wieder nicht blos zwei Einzelwägungen ausführen, sondern weil hier besonders auch Aenderungen in der Dichtigkeit der Flüssigkeit zu fürchten sind, die vollständige Wägung wie sonst bei Massenbestimmungen aus 6 symmetrisch zur Mitte angeordneten Einzelwägungen zusammensetzen, und zwar in folgender Reihenfolge:

1.	Körper an Draht, auf zugehör. Schale Empfindlichkeitsgew.	Gleichgewichtslage	f_1',
2.	„ „ „	„	f_1,
3.	„ vom Draht entfernt, auf Schale Zulagegewichte Z,	„	f_2,
4.	„ „ „ „ „ „ „ Z,	„	f_3,
5.	„ an Draht	„	f_4,
6.	„ „ „ auf zugehöriger Schale Empfindlichkeitsgew.,	„	f_4'.

Geben alle früher benutzten Buchstaben die für die Mitte der gesammten Wägungen geltenden Beträge der betreffenden Grössen, haben m_0, v_0 bezw. m'_0, v'_0 für die Wägung zur Empfindlichkeitsbestimmung dieselbe Bedeutung wie m_1, v_1; m'_1, v'_1 für die folgende Wägung und wird wieder

$$\frac{f'_1+f'_4}{2}=\psi'_1,\quad \frac{f_1+f_4}{2}=\psi_1,\quad \frac{f_2+f_3}{2}=\psi_2$$

gesetzt, so haben wir

$$M-V\sigma-(\sigma-s)\,\delta v-(Z-vs)=\overline{m}\,\frac{\psi_1-\psi_2}{\psi'_1-\psi_1}$$

und hieraus folgt die gesuchte Grösse

$$\text{CXXIV}_1)\qquad V=\frac{1}{\sigma}\left\{M-Z-(\sigma-s)\,\delta v+vs-\overline{m}\,\frac{\psi_1-\psi_2}{\psi'_1-\psi_1}\right\},$$

die Grösse $\overline{m}$ ist hier

$$\overline{m}=m+m_0-v_0\sigma+m'_0-v'_0 s-m_1+v_1\sigma-m'_1+v'_1 s,$$

das ist

$$\overline{m}=m-(\sigma-s)(v_0-v_1).$$

Die Temperatur der Flüssigkeit sei τ, das Volumen des Körpers bei der Temperatur 0° gleich V_0, der lineare Ausdehnungscoefficient seiner Substanz α, so wird

$$\text{CXXIV}_2)\quad V_0=\frac{1}{1+3\alpha\tau}\cdot\frac{1}{\sigma}\left\{M-Z-(\sigma-s)\delta v+vs-\overline{m}\,\frac{\psi_1-\psi_2}{\psi'_1-\psi_1}\right\}.$$

M die Masse des Körpers ist durch Wägung in der Luft gesondert zu bestimmen. Bedeuten bei dieser Wägung (ψ'_1), (ψ_1), (ψ_2) die Werte der mittlern Ausschläge, giebt N die Masse der benutzten Normalgewichte und v' deren Volumen, m' das Empfindlichkeitsgewicht, t die mittlere Lufttemperatur, s' die mittlere Luftdichtigkeit, so haben wir unter Fortlassung aller nicht zu beachtenden Correctionsgrössen

$$M=N-v's'+V_0(1+3\alpha t)s'+m'\,\frac{(\psi_1)-(\psi_2)}{(\psi'_1)-(\psi_1)}.$$

Also folgt

$$\text{CXXIV}_3)\quad V_0=\frac{1}{\sigma}\cdot\frac{1}{1-\dfrac{s'}{\sigma}+3\alpha\left(\tau-\dfrac{s'}{\sigma}\,t\right)}\left\{N-Z-v's'+vs-(\sigma-s)\delta v\right.$$
$$\left.+\,m'\frac{(\psi_1)-(\psi_2)}{(\psi'_1)-(\psi_1)}-\overline{m}\,\frac{\psi_1-\psi_2}{\psi'_1-\psi_1}\right\}.$$

Es ist nicht durchaus nötig, von dieser allerdings strengen, aber etwas verwickelten Formel Gebrauch zu machen, man kann auch bei der Formel CXXIV_2) stehen bleiben, indem man unter Zuziehung der Gleichung für M das Seite 500 angegebene viel bequemere Verfahren der successiven Annäherung einschlägt.

Führen wir die Wägung in reinem destillirten Wasser aus, so ist σ bei mittlern Temperaturen so nahe der 1 gleich, dass wir s'/σ durch s' ersetzen dürfen, und da s' ungefähr gleich 0,0012 ist, kann $s't$ nur wenige Hundertteile des Grades erreichen; lassen wir also $s't$ gegen τ fort und vernachlässigen Glieder von der Ordnung s^2, sm und $s^2\delta v$, so wird

$$\text{CXXIV}_4)\quad V_0 = \frac{1}{\sigma}\frac{1}{1+3\alpha\tau}\left\{N - Z - v's' + vs - (\sigma - s)\delta v + m'\frac{(\psi_1)-(\psi_2)}{(\psi_1')-(\psi_1)} - \overline{m}\frac{\psi_1-\psi_2}{\psi_1'-\psi_1}\right\} + \frac{s'}{\sigma^2}(N-Z)$$

eine Gleichung, welche Volumina, die $^1/_2$ Liter nicht überschreiten, bis auf 0,001 ccm zu berechnen gestattet. Sind für den Körper in der Luft mehrere Wägungen ausgeführt, so hat man für die in der Formel diesen Wägungen Rechnung tragenden Grössen Mittelwerte zu bilden.

Zur Bestimmung von $v_1 - v_2 = \delta v$ misst man bei arretirter Waage etwa mit einem angelegten Centimetermaass die Höhe h_1 des Niveau der Flüssigkeit im Gefässe über dem Fussboden bei der ersten Wägung und ebenso die h_2 bei der zweiten Wägung. Ist h die Differenz $h_2 - h_1$ dieser beiden Höhen, $2l$ die Länge des Waagebalkens und q der Querschnitt des Drahtes, so hat man

$$v_0 - v_1 = l\varepsilon(\psi_1' - \psi_1)q,\quad v_2 - v_1 = \big(h + l\varepsilon(\psi_2 - \psi_1)\big)q,$$

demnach

$$\overline{m} = m - (\sigma - s)l\varepsilon(\psi_1' - \psi_1)q,$$

$$(\sigma - s)\delta v = -(\sigma - s)hq - (\sigma - s)l\varepsilon(\psi_2 - \psi_1)q$$

oder bei Wägungen in Wasser mit immer ausreichender Genauigkeit

$$\overline{m} = m - l\varepsilon(\psi_1' - \psi_1)q$$

und mit in den weitaus meisten Fällen ausreichender

$$(\sigma - s)\delta v = -hq - l\varepsilon(\psi_2 - \psi_1)q.$$

Den Querschnitt des Drahtes findet man am besten durch Auswägen eines Stücks vom Draht von gemessener Länge, ist diese Länge L, die Dichtigkeit der Substanz des Drahtes δ, das gefundene Gewicht γ, so wird der Querschnitt $q = \frac{\gamma}{L.\delta}$.

Es ist dieses nicht das einzige Verfahren, das man bei der Ausführung hydrostatischer Wägungen anwendet. Sehr häufig wird die Bestimmung der Masse zusammen mit der des Volumens vorgenommen. Man legt den betreffenden Körper auf die rechte Schale, lässt den Draht von dieser Schale frei in die Flüssigkeit hinabhängen, tarirt die Waage aus und liest den Ausschlag ab. Dann nimmt man den Körper von der Schale fort und bringt ihn in die Flüssigkeit, indem man ihn an den Draht hängt, in dieser zweiten Wägung hat man natürlich auf der Schale Gewichte zuzulegen. Behalten wir alle früheren Bezeichnungen bei, so geben diese beiden Wägungen die beiden Gleichungen

$$M - V_0(1+3\alpha t)s + m_1 - v_1\sigma + m_1' - v_1's - G\alpha_1 = \frac{1}{g_0}(\beta_1 + \gamma_1 \operatorname{tg} f_1),$$

$$M - V_0(1+3\alpha\tau)\sigma + m_2 - v_2\sigma + m_2' - v_2's + Z - vs - G\alpha_1 = \frac{1}{g_0}(\beta_1 + \gamma_1 \operatorname{tg} f_2),$$

woraus durch Subtraction sogleich folgt

$$V_0\left\{(1+3\alpha\tau)\sigma - (1+3\alpha t)s\right\} - (\sigma - s)\delta v - Z + vs = \frac{1}{g_0}\gamma_1(\operatorname{tg} f_1 - \operatorname{tg} f_2).$$

Die vollständige Wägung besteht aus den 6 folgenden Einzelwägungen

1. Körper auf Schale + Empfindlichkeitsgewicht m,	Gleichgewichtslage	f_1',
2. „ „ „	„	f_1,
3. „ in Flüssigkeit, auf Schale Zulage Z,	„	f_2,
4. „ „ „ „ „ „ „	„	f_3,
5. „ auf Schale	„	f_4,
6. „ „ „ + Empfindlichkeitsgewicht	„	f_4',

und giebt

$$\text{CXXV}_1) \quad V_0 = \frac{1}{\sigma}\cdot\frac{1}{1 - \frac{s}{\sigma} + 3\alpha\left(\tau - \frac{s}{\sigma}t\right)}\left\{Z - vs + (\sigma - s)\delta v + \overline{m}\frac{\psi_1 - \psi_2}{\psi_1' - \psi_1}\right\},$$

oder mit hinlänglicher Annäherung

$$\text{CXXV}_2) \quad V_0 = \frac{1}{\sigma}\,\frac{1}{1+3\alpha\tau}\left\{Z - vs + (\sigma - s)\delta v + \overline{m}\frac{\psi_1 - \psi_2}{\psi_1' - \psi_1}\right\} + \frac{s}{\sigma^2}Z,$$

woselbt wieder

$$\overline{m} = m - (\sigma - s)(v_0 - v_1)$$

ist.

Diese Gleichungen sind viel einfacher als die aus der ersten Methode resultirenden und auch die Operationen scheinen verringert zu sein, denn die Wägung in der Luft ist mit der in der Flüssigkeit zusammengezogen. Trotzdem ist das erstere Verfahren, bei welchem die Massenbestimmung gesondert von der hydrostatischen Wägung ausgeführt wird, bei weitem vorzuziehen. Bei diesem zuerst dargestellten Verfahren kommt es nämlich nur darauf an, dass der Körper einmal an dem Draht sich befindet, das zweitemal nicht, wo er aber das zweitemal aufbewahrt bleibt, ist gleichgiltig. Man kann ihn deshalb auch bei der zweiten Wägung in der Flüssigkeit lassen, wenn er nur vom Draht abgenommen ist. Wie man sich dabei einrichtet, ist aus der Figur auf folgender Seite ohne weiteres ersichtlich, wenn hinzugefügt wird, dass H einen in der Flüssigkeit befindlichen an den Rand des Gefässes gehängten Haken darstellt, mit Hilfe dessen man den Körper M

vom Draht abnehmen und selbst an den Rand des Gefässes anhängen kann, der dann weiter dazu dient, den Körper wieder auf den Draht anzuhängen. Der Körper befindet sich also bei diesem Verfahren stets in der Flüssigkeit, er wird nur abwechselnd an den Draht gehängt und von

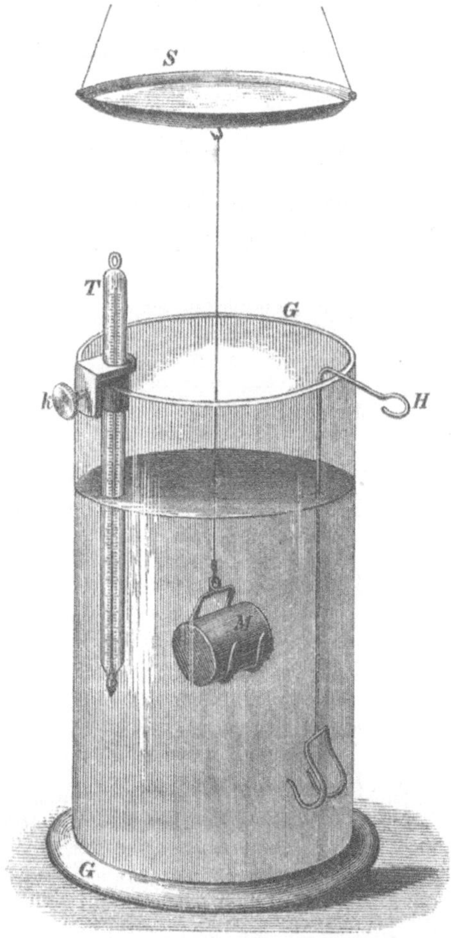

Fig. 12.

demselben wieder abgenommen, er erleidet also auch keine andern Temperaturänderungen als die Flüssigkeit selbst und sein Volumen kann stets als der Temperatur entsprechend angesehen werden, welche die Flüssigkeit zeigt. Dagegen bei dem an zweiter Stelle entwickelten Verfahren befindet sich der Körper zuerst in Luft, dann in der Flüssigkeit, dann —

wenn man zur Eliminirung etwaiger an der Waage von selbst eingetretener Veränderungen eine vollständige Wägung ausführen will — wieder in der Luft, und so kann er, zumal er nach Herausnahme aus der Flüssigkeit auch noch abgetrocknet werden muss, wenn man nicht gehörig lange mit der Vornahme der einzelnen Wägungen wartet, eine von der seiner jeweiligen Umgebung sehr abweichende Temperatur besitzen, die wir zu messen nicht einmal im Stande sind.

137b. Ueber Wahl der Drahtdicke und die durch das Wassergewicht des Drahtes verursachten Correctionen. In den Endformeln nach beiden Methoden sind die meist sehr prekären Correctionsgrössen $(\sigma - s)\,\delta v$ und $(\sigma - s)(v_0 - v_1)$ enthalten. Nun ist der Hauptteil von δv das Volumen vom Draht, welches in der ersten Wägung aus der Flüssigkeit mehr heraus ragt als in der zweiten. Befindet sich der Körper während beider Wägungen in der Flüssigkeit, so kann dieser Teil einen von 0 verschiedenen Wert nur dadurch annehmen, dass der Draht ursprünglich krumm, durch die Last des Körpers gerade gestreckt ist und nach Abhängung des letzteren sich wieder krümmt, aber bei einigermaassen guter Einrichtung sollte h nicht so gross werden, dass die bezeichnete Correctionsgrösse irgend eine Rolle zu spielen berufen wäre. Hier dürfen wir also

$$(\sigma - s)\,\delta v = - l\varepsilon(\sigma - s)(\psi_2 - \psi_1)q$$

und für Wägungen in Wasser

$$(\sigma - s)\,\delta v = - l\varepsilon(\psi_2 - \psi_1)q$$

setzen.

Wird jedoch der Körper erst in Luft und dann in der Flüssigkeit gewogen, so kann h zu einer relativ sehr bedeutenden Grösse ansteigen, und man muss dieselbe entweder bestimmen, oder durch Abziehen von Flüssigkeit nach Einsenkung des Körpers, das Niveau der Flüssigkeit während der zweiten Wägung so stellen, dass der Draht es an derselben, auf ihm durch eine Marke fixirten Stelle durchschneidet, wie in der ersten Wägung.

Man tut gut, die durch den Draht in die Formeln hineingebrachten Glieder so klein als möglich zu machen, und das geschieht, indem man den Draht tunlichst dünn wählt. Der Grenzwert für den Querschnitt desselben ist dadurch bestimmt, dass der Draht den Körper in der Flüssigkeit zu tragen hat, das Gewicht, welches der Körper in der Flüssigkeit besitzt, ist aber durch die Zulage Z, welche annähernd gleich $M - V\sigma$ ist, gegeben. Bezeichnet man die Tragkraft der Substanz des Drahtes, gemessen in Gramm pro Quadratcentimeter Querschnitt, mit T (das ist das Gewicht, durch dessen Belastung einen Draht aus der betreffenden Substanz von 1 qcm Querschnitt zerreissen würde) und nimmt von dieser der Sicherheit wegen nur den dritten Teil als Maximalbelastung, so ist der kleinste Betrag, den man q geben darf, bestimmt durch die Ungleichung

$$q \geqq \frac{3Z}{T},$$

oder indem wir die Dicke des Drahtes mit D bezeichnen,

$$D \geqq 2\sqrt{\frac{Z}{T}}.$$

Im nachfolgenden gebe ich den Wert von T für Drähte aus einer Anzahl meist benutzter Substanzen

Aluminium	Bronce	Eisen	Gold	Kupfer
2000000	2300000	6000000	2700000	4200000
Messing	Platin	Silber	Stahl	
3650000	3400000	2970000	11000000.	

Das Volumen eines Kilogramms aus Messing beträgt etwa 123 ccm, das Gewicht Z dieses Kilogramms in Wasser ist also gegen 877 g, hängen wir das Kilogramm an einen Platindraht an, so ist die vortheilhafteste Dicke dieses Drahtes $D = 2\sqrt{\frac{877}{3400000}}$ cm oder $\frac{3}{10}$ mm. Dicker braucht der Draht nicht zu sein, um das Kilogramm im Wasser mit aller Sicherheit noch tragen zu können, es ist deshalb gut, ihn auch nicht dicker zu nehmen; benutzt man einen stärkern Draht, so vergrössert man ganz unnötig die so wie so unsichern Correctionen wegen des eintauchenden Stückes.

Ist D so klein gewählt als es nur zulässig ist, dann darf in den meisten Fällen von einer Berücksichtigung der Glieder $(\sigma - s) l \varepsilon q(\psi_1' - \psi_1)$ und $(\sigma - s) l \varepsilon q(\psi_2 - \psi_1)$ vollständig abstrahirt werden. In der Tat setzen wir als Grenze für den Betrag derjenigen Glieder in unsern Formeln, die wir noch berücksichtigen wollen, 0,0001 ccm fest, eine Grösse, über welche hinaus man selbst in ganz besondern Untersuchungen nicht zu gehen wünschen wird, so sollte bei Wägungen in Wasser

$$l \varepsilon q(\psi_1' - \psi_1),\quad l \varepsilon q(\psi_2 - \psi_1) < 0{,}0001$$

sein. Hieraus folgt

$$q < \frac{0{,}0001}{l \varepsilon(\psi_1' - \psi_1)} \text{ bezw. } < \frac{0{,}0001}{l \varepsilon(\psi_2 - \psi_1)}.$$

Bei guten Wägungen werden $\psi_1' - \psi_1$ und $\psi_2 - \psi_1$ nicht über $1° = 3600''$ ansteigen, somit soll also

$$q < \frac{0{,}0058}{l}$$

sein. Nun ist aber der vortheilhafteste Wert von q auch gleich $3Z/T$, es dürfte hiernach Z nicht grösser sein als 0,0019 T/l Gramm. Die Tragkraft der oben angeführten Substanzen beträgt, abgesehen von Stahl, rund 3000000, nehmen wir für die Balkenlänge durchschnittlich 40 cm, so sollte also

$Z < 300$ g sein, d. h. bei der Voluminisirung von Körpern, deren Wassergewicht nicht grösser als das von 300 g ist, darf man, wenn der Draht nur so stark gewählt wird, dass er bei einer Belastung von 900 g reissen würde, die Glieder $l\varepsilon q(\sigma - s)(\psi_2 - \psi_1)$ und $l\varepsilon q(\sigma - s)(\psi_1' - \psi_1)$ vernachlässigen, da keines derselben $\frac{1}{10}$ cmm erreicht. Gewöhnlich betragen die Differenzen der ψ noch nicht den dritten Teil des oben angenommenen Wertes und wird auch nicht die Genauigkeit von $\frac{1}{10}$ cmm beansprucht.

Führen wir also die hydrostatische Wägung gesondert von der Wägung in der Luft aus und lassen den betreffenden Körper stets in der Flüssigkeit, so brauchen wir uns um den Draht gewöhnlich gar nicht zu kümmern, wenn dieser nur gerade so stark gewählt ist, dass er das Dreifache des Wassergewichts des zu voluminisirenden Körper tragen könnte.

Verbinden wir die hydrostatische Wägung mit der Wägung in Luft oder nehmen wir bei dem ersten Verfahren den Körper während der zweiten Wägung aus der Flüssigkeit heraus, so wäre noch das Glied $(\sigma - s)qh$ zu berücksichtigen. Unter Einhaltung der obigen Genauigkeitsgrenze dürfte dann der Fehler δh in der Bestimmung von h den Betrag $0{,}0001/(\sigma - s)q$ nicht übersteigen. Ersetzen wir wieder q durch $3Z/T$, so sollte also für Wägung in Wasser

$$\delta h < \frac{0{,}0001\,T}{3Z}$$

sein, das giebt mit der obigen Zahl für T das $\delta h < 100/Z$. Eine grössere Genauigkeit in der Bestimmung von h als etwa $\frac{1}{2}$ mm dürfte nur schwer zu erreichen sein. Diese Genauigkeit würde aber selbst bei Körpern, deren Wassergewicht 2 kg beträgt, genügen.

137c. Unsicherheit hydrostatischer Wägungen verursacht durch die capillaren Erscheinungen und Widerstände an der Oberfläche der Flüssigkeiten. Methode von Macé de Lépinay und von Lummer. Eine besondere Erscheinung, die bei hydrostatischen Wägungen, auch abgesehen von etwaiger Unsicherheit in der Bestimmung der Correctionsgrössen, nicht die gleiche Genauigkeit zu erreichen gestattet, welche Wägungen in der Luft als solchen innewohnt, ist die Capillarität. An der Stelle, an welcher der Draht aus der Flüssigkeit heraustritt, bildet sich an demselben, infolge der Capillarität ein (positiver oder negativer) Wulst. Derselbe erhebt sich zwar aus der Flüssigkeit wird aber von dem Drahte getragen und beschwert denselben. Die von einem bestimmten Teil dU des Umfanges U getragene Masse $d\mathfrak{m}$ dieses Wulstes ist proportional dU und kann durch

$$d\mathfrak{m} = \frac{1}{2}\sigma a^2 \cos\omega\, dU$$

dargestellt werden, woselbst a^2 die Capillaritätsconstante der Flüssigkeit, ω den Randwinkel angiebt. Die ganze Masse des Wulstes ist

$$\mathfrak{m} = \frac{1}{2}\sigma\int_0^U a^2 \cos\omega\, dU$$

a^2 hängt allein von der Natur der Flüssigkeit ab, ω aber ist durch den Zustand der Oberfläche des Drahtes bedingt und kann mit U variiren. Hat der Draht überall längs des Umfanges die gleiche Oberflächenbeschaffenheit, so ist die Randlinie des Wulstes regelmässig und horizontal, sonst kann sie gezackt erscheinen und schief liegen. Wir wollen mit ω_1 einen mittleren Wert des Randwinkels bezeichnen und

$$\mathfrak{m} = \frac{1}{2}\sigma a^2 U \cos\omega_1$$

setzen. ω_1 kann noch längs des Drahtes variiren, die Wulstmasse wird also noch von der Stelle abhängen, mit welcher der Draht den Flüssigkeitsspiegel schneidet. Da nun der Draht in der Tat in den einzelnen Wägungen mit immer andern Stellen aus der Flüssigkeit heraustritt, so kann schon infolge dieses Umstandes $\mathfrak{m}$ von Wägung zu Wägung variiren, und eigentlich wäre in unsern Formeln für Z zu schreiben $Z + \mathfrak{m}_2 - \mathfrak{m}_1$ und für m zu setzen $m + \mathfrak{m}_0 - \mathfrak{m}_1$. Es ist aber nicht möglich, den etwaigen Veränderungen von $\mathfrak{m}$ längs des Drahtes zu folgen und so lässt man die Differenzen der $\mathfrak{m}$, weil man sie nicht bestimmen kann, fort.

Noch viel störender kann der Widerstand sein, den der Draht bei dem Auf- und Abbewegen in der Flüssigkeit oft zu überwinden hat. Wird der Draht von der Flüssigkeit vollkommen benetzt, so bildet sich der Wulst momentan, und der Draht geht durch den Wulst wie durch einen starren Körper, trotzdem er ihn eigentlich trägt. Wenn aber der Draht, weil er Unreinigkeiten auf seiner Oberfläche enthält oder auch weil die Oberfläche der Flüssigkeit nicht ganz rein ist, der Ausbreitung des Wulstes einen Widerstand entgegensetzt, so haftet dieser an dem Draht wie eine elastische Haut, und so wird bei dem Herausgehen des Drahtes aus der Flüssigkeit der Wulst in die Höhe gezogen, bei dem Hinuntergehen in dieselbe in die Flüssigkeit gedrückt.

Dadurch unterliegt die vom Draht getragene Flüssigkeitsmenge stetigen Veränderungen und die Bewegungen des Drahtes können so stark gedämpft erscheinen, dass die Waage gar nicht mehr schwingt, sondern gleich nach dem Loslassen sich in irgend eine Lage begiebt und um diese in ganz kleinen Amplituden oscillirt als ob der Balken an einem elastischen Faden gehalten würde. Die Ruhelage braucht durchaus nicht mit der der Belastung entsprechenden wirklichen Ruhelage übereinzustimmen, sie würde es tun, wenn der Wulst lediglich als Beschwerung des Drahtes wirkte, aber es scheint, dass derselbe nicht selten geradezu hemmend in die Bewegungen des Drahtes eingreift, so, als ob er mit diesem zugleich, aber auch mit der Flüssigkeit fest zusammenhinge, und so kann er die Empfindlichkeit der Waage so vollständig aufheben, dass Gewichtszulagen, die sonst einen Grad und mehr Ausschlag verursachen würden, ganz ohne Einwirkung auf den Stand des Zeigers bleiben. Demgemäss muss denn auch diese hemmende Wirkung des Wulstes von seiner beschwerenden getrennt werden, die letztere kann durch Verringerung der Dicke, also auch des Umfanges des Drahtes viel vermindert werden, die erstere nicht, und sie vornehmlich bringt die so oft auftretenden groben Differenzen zwischen verschiedenen Volumenbestimmungen gleicher Art und gleicher Sorgfalt hervor. In der Tat lehren auch die Erfahrungen, die man bei Volumenbestimmungen gemacht hat, dass die Unsicherheiten, die diesen Bestimmungen innewohnen, nicht mit der Grösse des Wassergewichts und damit mit der Dicke des Drahtes in dem Maasse abnehmen, wie man es erwarten sollte, wenn diese Unsicherheiten durch die Veränderlichkeit der Masse des Wulstes bewirkt würden. Vielmehr scheint es, als ob grosse und kleine Volumina schwere und leichte Körper in 3 bis 4 vollständigen Wasserwägungen bei sorgfältiger Ausführung sich unterschiedslos nicht mit einer grösseren Genauigkeit als etwa 1 bis 2 Kubikmillimeter bestimmen lassen. Doch ist es selbstverständlich ratsam, den Draht nicht dicker zu nehmen als man muss (s. Art. 137b).

Je reiner der Draht ist, um so weniger sind die Unregelmässigkeiten und Hemmungen des Wulstes zu fürchten, denn auf ganz reinen Metallen (und auch auf ganz reinem Glas) scheint Wasser wenigstens ohne Hindernis sich auszubreiten. Man muss den Draht deshalb vor dem Gebrauch gehörig in Benzin und Alkohol abwaschen und soll ihn auch, indem man ihn durch eine heisse nicht russende Flamme durchzieht, ausglühen. Nach der Reinigung darf der Draht nicht mehr, etwa um ihn gerade zu strecken, durch die Finger gezogen werden, es ist dieses auch nicht nötig, denn wenn man ihn bei dem Durchziehen durch die Flamme gehörig spannt, wird er von selbst schon gerade.

Die Reinheit des Drahtes für sich reicht aber nicht aus, auch die Flüssigkeitsoberfläche muss rein sein, und man macht leicht die Erfahrung, dass Wägungen in frisch eingefüllten Flüssigkeiten sich regelmässiger gestalten und mit einander mehr harmoniren, als solche in Flüssigkeiten, die schon längere Zeit an der Luft gestanden haben.

Zur Eliminirung dieser Unsicherheiten, welche mit Wasserwägungen so organisch verbunden sind, dass man sie bisher als unausweichlich betrachtet hat, schlägt Macé de Lépinay*) folgendes Verfahren für die Ableitung der wirklichen Gleichgewichtslage der Waage vor. Man lässt die Waage nach der Austarirung bezw. nach Auflage der Zulage Z los und wartet, bis sie bei irgend einem Ausschlag zur Ruhe gekommen ist, was gewöhnlich nach ein oder zwei Oscillationen geschieht. Dann legt man abwechselnd auf die rechte und linke Schale Gewichtchen im Betrage von 1 mg, 2 mg, 3 mg, ... und liest die aufeinander folgenden Ruhelagen ab. Zunächst wird die

*) Journal de Physique (2) V 417—419. Annales de chimie et de physique (5) X 196—200.

Waage infolge der Widerstände, die der Draht an der Flüssigkeitsoberfläche findet, die alte Ruhelage nicht verlassen, erst wenn die Zulagen eine gewisse Grösse überschritten haben, wird sie nach links bezw. rechts von der Ruhelage ausschlagen. Es ist nun klar, dass wenn die erste Ruhelage von der eigentlichen Gleichgewichtslage nach rechts zu lag, die Ausschläge bei Zulagen auf die rechte Schale grösser ausfallen werden, als bei gleich grossen auf die linke. Trägt man also die rechts und links nach einander gemachten Zulagen 1 mg, 2 mg, . . . zu beiden Seiten einer Ordinatenaxe als positive bezw. negative Abscissen, die zugehörigen Ausweichungen nach links und rechts von der ersten Ruhelage als positive bezw. negative Ordinaten auf und verbindet die Endpunkte dieser Ordinaten, so erhält man eine Curve, die, solange die Zulagen die Waage aus ihrer ersten Ruhelage nicht haben bringen können, mit der Abscissenaxe zusammenfällt, dann auf beiden Seiten die Axe verlässt. Geschieht das letztere auf der positiven Seite bei derselben Abscisse wie auf der negativen, dann war die erste Ruhelage die wirkliche Gleichgewichtslage, sonst befand sich die eigentliche Gleichgewichtslage zu weit nach rechts oder zu weit nach links von der Lage, in welcher die Waage zur Ruhe gekommen ist, und man findet die Gleichgewichtslage, indem man aus je zwei Ordinaten, welche einer gleich grossen positiven und negativen Abscisse zugehören, ein Mittel bildet und die so für alle Paare einer positiven und einer gleich grossen negativen Abscisse erhaltenen Mittel zu einem Gesammtmittel vereinigt.

Das Verfahren ist sehr sinnreich und soll nach Lummer*) zu guten Ergebnissen führen, es ist aber sehr zeitraubend und infolgedessen namentlich während der Wägung des Körpers in der Flüssigkeit nicht unbedenklich, weil mittlerweile Temperaturänderungen in der Flüssigkeit eintreten können, die für sich schon Aenderungen in der Ruhelage der Waage bewirken müssen.

Lummer**) hat darum eine andere und wie man sagen muss, sehr wirksame Methode zur Eliminirung der capillaren Widerstände angegeben. Er lässt den Draht, welcher den zu voluminisirenden Körper trägt oder tragen soll, nicht ohne weiteres in das Wasser gehen, sondern führt ihn durch ein kurzes Röhrchen, welches mit seinem unteren Ende in das Wasser taucht und mit einer Flüssigkeit gefüllt ist, welche den Draht unter allen Umständen benetzt. Die Flüssigkeit darf nicht zu schnell verdampfen und weder durch ihre Schwere noch durch Diffusion sich in das Wasser verbreiten. Lummer empfiehlt dafür eine Mischung aus Benzin und Olivenöl. Mit einer solchen Mischung im Röhrchen hat derselbe eine Reihe von Wasserwägungen ausgeführt, die das erstaunliche Resultat geliefert haben, dass die Waage genau so schwang als ob es sich um Wägungen in der Luft handelte. Die Unempfindlichkeit der Waage verschwand vollständig und demgemäss

*) Verhandlungen der physikalischen Gesellschaft zu Berlin 1887 No. 11.

**) l. c.

war auch die Uebereinstimmung zwischen den verschiedenen Wägungen so gross, wie man sie bei den bisher üblichen Anordnungen vergeblich erstreben würde. Es kann daher die Lummersche Methode nur empfohlen werden, wenngleich auch sie wegen etwa mitgeführter Flüssigkeit Vorsicht erheischt.

137d. Temperaturbestimmung für die Flüssigkeit. Von den in den Gleichungen für hydrostatische Wägungen sonst noch vertretenen Grössen sind alle bis auf σ schon in der Theorie der Wägungen in Luft behandelt worden. σ aber bedeutete die Dichtigkeit der Flüssigkeit an der Stelle, die der betreffende Körper, wenn er an dem Drahte hängt, einnimmt. Da σ eine Function der Temperatur ist, muss letztere an dieser angegebenen Stelle bestimmt sein; man hat deshalb das Thermometer in die Flüssigkeit hineinzutun und so tief einzusenken, dass sein Gefäss ungefähr in der Höhe der Mitte des zu voluminisirenden Körpers sich befindet. In Flüssigkeiten tritt leicht eine Schichtung ein, indem (bei Wasser über 4°) die wärmeren Teile sich heben, die kälteren nach unten begeben. Da nun in den Zimmern im allgemeinen die Temperatur mit der Erhebung über dem Boden zunimmt, wird man nicht erwarten dürfen, dass die Flüssigkeit in allen Teilen gleich warm ist. Der zu voluminisirende Körper wird also meist verschieden temperirte Schichten verdrängen, und darum ist es gut, die Flüssigkeit vor der Wägung gehörig durchzurühren. Die Temperatur aber liest man am besten bei denjenigen Wägungen ab, bei welchen der Körper, nicht der von demselben befreite Draht, in der Flüssigkeit gewogen wird.

138. Volumbestimmungen mit dem Pyknometer. Volumbestimmungen mit Hilfe des Pyknometers sind früher sehr beliebt gewesen, haben sich aber den durch hydrostatische Wägung ausgeführten stark untergeordnet erwiesen. Doch ist das Pyknometer noch heute bei Volumbestimmung pulverförmiger Körper unentbehrlich, wenn es gleich hauptsächlich Dichtigkeitsbestimmungen von Flüssigkeiten dient.

Das Pyknometer ist im wesentlichen nichts weiter als ein mehr oder weniger grosses Gefäss, dessen Raumgehalt sich bestimmt definiren lässt; demgemäss besteht es aus einem Glaskolben, dessen Hals durch eine enge mit einer Teilung versehene Röhre gebildet und meist mit dem Körper verschmolzen, selten in denselben eingeschliffen ist, oder es zeigt sich als ein Glaskörper mit zwei wieder mit Teilungen versehenen gleichweiten Röhren, oder endlich es ist nichts weiter als ein cylindrisches Gefäss mit abgeschliffenem Rande, welches durch eine aufgeschobene Glasplatte geschlossen wird. Das Volumen eines Pyknometers der letzteren Art ist von dem cylindrischen Gefäss und der Glasplatte begrenzt. Bei Pyknometern mit angesetzten Röhren wird das Volumen durch den Inhalt des Glaskörpers und den der Röhren von der Verbindungsstelle bis zu einer Marke der Teilungen definirt.

138a. Aeltere Methoden pyknometrischer Bestimmungen. Es sei das innere in der angegebenen Weise begrenzte Volumen des betreffenden Pyknometers bekannt und bei der Temperatur τ gleich $\mathfrak{V} = \mathfrak{V}_0(1 + 3\alpha\tau)$.

Wird dieses Volumen vollständig von einer Flüssigkeit, deren Dichtigkeit bei der Temperatur τ gleich σ ist, ausgefüllt, so beträgt die Masse dieser Flüssigkeit $\mathfrak{V}\sigma$. Tut man aber erst den zu voluminisirenden Körper hinein, so wird das Pyknometer nur die Flüssigkeitsmasse $\mathfrak{V}\sigma - V\sigma$ fassen können, und wenn diese Masse $\mathfrak{M}$ bestimmt ist, lässt sich V berechnen, durch

$$\text{CXXVI}_1)\qquad V = \frac{1}{\sigma}(\mathfrak{V}\sigma - \mathfrak{M}) = \mathfrak{V} - \frac{\mathfrak{M}}{\sigma}.$$

Wägt man erst das Pyknometer leer, tut dann den zu voluminisirenden Körper hinein, giesst Flüssigkeit bis zur Ausfüllung des definirten Volumens $\mathfrak{V}$ nach, wägt wieder, so hat man mit immer ausreichender Genauigkeit, wenn M die Masse des zu voluminisirenden Körpers angiebt

$$\mathfrak{M} = N_2 - N_1 - M + m\left(\frac{(\psi_1)-(\psi_2)}{(\psi_1')-(\psi_1)} - \frac{\psi_1-\psi_2}{\psi_1'-\psi_1}\right)\frac{1}{1+\lambda} + \mathfrak{V}s' - V_{N_2}s' + V_{N_1}s.$$

Hierin sind N_1, N_2 die bei der ersten und zweiten Wägung benutzten Normalgewichte, V_{N_1}, V_{N_2} deren bezügliche Volumina, s, s' die Luftdichtigkeiten während der ersten bezw. zweiten Wägung, m giebt das Empfindlichkeitsgewicht, ψ_1', ψ_1, ψ_2 beziehen sich auf die Ablesungen der Waage in der ersten, (ψ_1'), (ψ_1), (ψ_2) auf die in der zweiten Wägung.

Wird der zu voluminisirende Körper auch für die erste Wägung in das Pyknometer getan, so eliminirt sich seine Masse, und man hat

$$\mathfrak{M} = N_2 - N_1 + \frac{m}{1+\lambda}\left(\frac{(\psi_1)-(\psi_2)}{(\psi_1')-(\psi_1)} - \frac{\psi_1-\psi_2}{\psi_1'-\psi_1}\right) + (\mathfrak{V}-V)s - V_{N_2}s' + V_{N_1}s.$$

Woselbst für V irgend ein Näherungsbetrag eingeführt werden darf.

Endlich kann man auch beide Wägungen mit gefülltem Pyknometer ausführen, das erste mal, indem sich blos Wasser in demselben befindet, das zweite mal, indem ausser Wasser auch der zu voluminisirende hineingetan ist. Es wird

$$\text{CXXVI}_2)\qquad V = \frac{1}{\sigma'}\left\{N_1 - N_2 + M - m\left(\frac{(\psi_1)-(\psi_2)}{(\psi_1')-(\psi_3)} - \frac{\psi_1-\psi_2}{\psi_1'-\psi_1}\right)\frac{1}{1+\lambda} + \mathfrak{V}'\sigma' - \mathfrak{V}\sigma - V_{N_1}s + V_{N_2}s'\right\},$$

woselbst gestrichelte Buchstaben sich auf die zweite Wägung beziehen.

Bei Pyknometern mit Deckplatte kommt nur das einmal bestimmte Volumen in Frage. Bei Pyknometern mit Röhren wird dieses Volumen gewöhnlich auf einen bestimmten Strich der Teilung der Röhren bezogen, da man aber nicht leicht immer gerade soviel Flüssigkeit einfüllen wird, dass letztere mit diesem Strich abschneidet, müssen die Röhren calibrirt werden, damit man auch für jede andere Stellung der Flüssigkeit in denselben das Volumen anzugeben vermag. Hierüber später.

138b. Vorsichtsmaassregeln bei pyknometrischen Bestimmungen. Was zunächst die Wägungen selbst betrifft, so muss man sicher sein, dass wirklich nur die Masse bestimmt wird, die man bestimmen will, das Pyknometer muss also bei der ersten Wägung ganz rein, bei der zweiten aussen und an denjenigen Stellen völlig trocken sein, die nicht mit zur Begrenzung des Volumens 𝔙 gehören. Vor der Benutzung hat man demnach das Pyknometer sorgfältig zu reinigen, bis es wenigstens den Zustand erreicht hat, für welchen das Volumen 𝔙 bestimmt ist. Nachdem dann die erste Wägung ausgeführt, der Körper hineingetan und die Flüssigkeit nachgefüllt ist, muss die Aussenfläche abgetrocknet werden. Bei Pyknometern mit Röhren wird die Flüssigkeit durch diese eingegossen, deshalb ist auch der Teil der Röhren, welcher über der abgrenzenden Marke sich befindet, innen mit nicht faserndem zusammengerollten Fliesspapier reinzuwischen. Wird das Pyknometer durch eine Platte geschlossen, so ist der überragende Teil und der Winkelraum zwischen ihm und dem Gefäss von anhaftender Flüssigkeit zu befreien.

Eine zweite Schwierigkeit besteht hier in der Bestimmung von σ; da diese Grösse mit der Temperatur variirt, kann für dieselbe nur diejenige Temperatur maassgebend sein, bei welcher die Flüssigkeit das Volumen 𝔙 gerade ausfüllt. Bei Pyknometern, welche durch Glasplatten abgeschlossen werden, gilt für diese Temperatur diejenige, die man an einem eingesenkten Thermometer unmittelbar vor Aufschieben der Platte abgelesen hat. Bei Pyknometern mit Röhren sollte es diejenige sein, bei welcher die Flüssigkeit in den Röhren gerade bis zu den abgrenzenden Marken reicht. Bei dem Abtrocknen sind nun stärkere Wärmeeinwirkungen nicht zu vermeiden, und da dieselben auch nicht das ganze Pyknometer in gleichem Maasse angreifen werden, wird die Flüssigkeit an verschiedenen Stellen verschiedene Dichtigkeit haben können und σ verliert seine concrete Bedeutung. Man bestimmt deshalb die Temperatur vor dem Abtrocknen, und zwar indem man das Pyknometer, um ihm eine überall gleiche Temperatur zu verleihen, in ein Wasserbad hineintut, aus dem nur die Röhren herausragen. Natürlich muss auch die Stellung der Flüssigkeit innerhalb der Röhren in diesem Bade beobachtet werden.

138c. Ueber Veränderungen von Gefässen durch elastische und thermische Nachwirkung. Die meisten Complicationen bringt wol die Einhaltung oder Bestimmung des Volumens 𝔙, jeder Fehler, mit welchem die für 𝔙 angenommene Zahl behaftet ist, tritt in V voll und ganz ein. Es bezieht sich 𝔙 auf den Zustand des Pyknometers, welcher während seiner Bestimmung geherrscht hat, mit diesem Zustand braucht aber der bei der Wägung der Flüssigkeit nicht übereinzustimmen. Zunächst sind alle Gefässe gewissen von ihrer Anfertigung herrührenden Nachwirkungen unterworfen, denen zufolge sie an Volumen stetig abnehmen. Bei Glasgefässen sind diese Nachwirkungserscheinungen schon lange bekannt und studirt, neuere auf der Kaiserl. Normal-Aichungs-Kommission gesammelte Erfahrungen haben dargetan, dass auch Metallgefässe stetig kleiner werden. Es seien hier einige Zahlen zum Beleg und zur Uebersicht über die Grösse dieser Nachwirkung angeführt.

Ein Glasgefäss von etwa 190 ccm Inhalt zeigte:

19. Febr.	1882	bei 0°	das Volumen	190,30638 ccm
4. März	„	„ „	„	190,30287 „
27. „	„	„ „	„	190,30224 „

6. April 1882 bei 0° das Volumen 190,30021 „
9. August „ „ „ „ „ 190,29844 „
30. „ 1883 „ „ „ „ 190,29488 „

In den anderthalb Jahren nach seiner Anfertigung hat das Volumen dieses Gefässes also um 11,5 Kubikmillimeter stetig abgenommen.

Ferner ergaben auf der genannten Kommission ausgeführte Untersuchungen über die Veränderungen von Hohlmaassen aus Messing innerhalb eines Zeitraums von 10 Jahren nachfolgend zusammengestellte Resultate*).

	Hohlmaasse zu	Verkleinerung innerhalb 10 Jahren überhaupt	Verkleinerung innerhalb 10 Jahren per 1 Liter	Entsprechende Verkleinerung der Höhe des Maassenraumes in Millimeter
Cylindrische	2 Liter	172 cmm	9 cmm	0,018 mm
	1 „	69 „	7 „	0,012 „
	1/2 „	46 „	9 „	0,013 „
	1/4 „	26 „	10 „	0,011 „
	1/8 „	22 „	18 „	0,014 „
	1/16 „	15 „	24 „	0,015 „
	1/32 „	9 „	29 „	0,013 „
Konische	0,2 „	31 „	16 „	0,010 „
	0,1 „	18 „	18 „	0,009 „
	0,05 „	19 „	38 „	0,016 „
	0,02 „	10 „	50 „	0,013 „

Die Verkleinerungen waren also recht beträchtlich; die in der dritten Columne stehenden, auf 1 l umgerechneten Zahlen zeigen, dass dieselben nicht dem Volumen selbst proportional vor sich gingen; dagegen lehren die Zahlen der letzten Columne, da sie einander sehr nahe gleich sind und einen Gang nicht befolgen, dass man die Verkleinerung zum grössten Teil als durch spontan eingetretene Zusammenziehung der Maasse in ihrer Längsrichtung entstanden ansehen darf.

Nach welcher Richtung Hohlkörper sich zusammenziehen, wird ganz von deren Bearbeitung bei ihrer Herstellung abhängen, die vorstehend aufgeführten Maasse sind bei ihrer Anfertigung über den Dorn gezogen und dabei wahrscheinlich stark gedehnt worden, und ihre spätere Zusammenziehung ist das Resultat eines allmählichen Verschwindens dieser Dehnung.

Hieraus ergiebt sich schon, dass eine einmalige Volumbestimmung des Pyknometers nicht für längere Zeit genügt. Man muss also das Volumen mehrmals untersuchen und aus den Zahlen eine Formel ableiten, welche dasselbe zu jeder anderen Zeit zu berechnen gestattet. Für das oben bezeichnete Glasgefäss zum Beispiel findet sich aus den angegebenen Zahlen**)

*) Siehe die Seite 363 citirte Publication.

**) Nach einer Formel von Kohlrausch zur Darstellung von elastischen Nachwirkungen.

$$\mathfrak{B} = 190{,}28943 + 0{,}02453 e^{-0{,}1278 T^{\frac{1}{2}}},$$

woselbst die Zeit T in Tagen vom 16. Februar 1882 gezählt wird.

Es hängt dieses Volumen, wenigstens bei Glasgefässen, auch von der Behandlung derselben ab, Gefässe, welche erwärmt werden, zeigen unmittelbar nach der Erwärmung, wenn dieselbe nicht Temperaturen in der Nähe des Schmelzpunktes des Glases betraf, eine Erweiterung, die zuerst rasch und dann langsam und allmählig zurückgeht. Die von Pernet in seinen bekannten für die Thermometrie entscheidenden Untersuchungen aufgefundenen Gesetze dieser Nachwirkungserscheinungen werden bei der Theorie des Thermometers dargelegt werden. Jedenfalls tritt aber bei jeder Temperaturänderung eine nicht von der thermischen Ausdehnung abhängige Volumenänderung ein.

Ein weiterer Umstand, der das Volumen eines Gefässes beeinflusst, ist der Druck, der auf ihm lastet. Es bringt derselbe, wenn er von innen wirkt, momentan eine Volumänderung hervor, die so wie in Art. 133 angegeben ist, zu berechnen sein würde. Er hat aber auch eine Nachwirkung zur Folge, ganz in demselben Sinne wie eine Temperaturerhöhung.

Hiernach ist das Volumen eines Gefässes eigentlich überhaupt keine definirte Grösse, wenn nicht alle Temperaturänderungen und Druckvariationen, die dasselbe von seiner Anfertigung an erfahren hat, mitgegeben sind. Man bestimmt deshalb dieses Volumen unmittelbar vor der betreffenden Untersuchung und nach derselben. Die Ausweitung des Gefässes durch den Druck der eingefüllten Flüssigkeit kann aber dadurch unschädlich gemacht werden, dass man das Pyknometer in ein Bad — es kann dieses Bad zugleich zu der vorhin geforderten Herstellung gleichmässiger Temperaturen innerhalb des Pyknometers dienen — hineintut, welches Flüssigkeit derselben Dichtigkeit enthält, wie diejenige, mit welchem das Pyknometer gefüllt ist. Die äussere Flüssigkeit drückt dann nach innen so stark wie die innere nach aussen, und wenn man in diesem Bade das Pyknometer abschliesst oder an demselben den Stand der Flüssigkeit in den Röhren abliest, sind die erhaltenen Zahlen von der Ausweitung unbeeinflusst*).

Natürlich muss dann das Pyknometer auch bei der Bestimmung seines inneren Volumens frei von Deformationen gewesen sein, sonst kann es unter Umständen geratener sein, den inneren Druck nicht durch einen äusseren aufzuheben, sondern die Ablesungen ausserhalb des Bades vorzunehmen.

138d. Abschliessen der Pyknometer. Ausser diesen organischen Fehlerquellen bei Volumbestimmungen und Volumablesungen an Pyknometern sind noch viele andere vorhanden, die teils durch die Construction des betreffenden Pyknometers, teils durch den Beobachter hervorgerufen werden.

Pyknometer mit aufzuschiebender Platte müssen am Rande eben abgeschliffen sein; die Platte wird am besten in feinkörnigem mattem Schliff benutzt; es ist, weil diese Deck-Platte auch bei der Volumbestimmung benutzt

---

*) Volkmann, Wiedemann's Annalen 1881. Bd. 13 Seite 212.

wird, nicht unbedingt nötig, dass dieselbe ganz eben ist, sie muss aber das Gefäss überall ohne Einfettung abschliessen. Beim Aufschieben der Platte darf kein Druck vom Beobachter gegen dieselbe ausgeübt werden, sonst baucht sich das Pyknometer aus, und die Platte krümmt sich nach Innen. Ob aller Druck vermieden ist, wird erkannt, wenn man nach Aufschieben derselben sie leicht ein wenig zurückzieht bis die Flüssigkeit mit der Luft gerade wieder communicirt und dann wieder aufschiebt, denn wenn ein Druck ausgeübt worden ist, erscheint nun unter der Platte eine Luftblase.

Bei Pyknometern mit Röhren ist es am besten, wenn diese Röhren an den Glaskörper angeschmolzen sind; Pyknometer mit eingeschliffenen Röhren haben eigentlich kein bestimmtes Volumen und sind, wenn es sich um bessere Untersuchungen handelt, wenn irgend möglich, auszuschliessen.

138e. Correction für den capillaren Meniscus. Genauigkeit der Volum-Ablesungen bei Pyknometern. Die Genauigkeit von Volumbestimmungen mit Röhren-Pyknometern hängt, abgesehen von allen anderen Fehlerquellen, von der Genauigkeit der Ablesungen des Flüssigkeitsstandes in den Röhren ab. Bei Benutzung der Pyknometer zu Volumbestimmungen haben wir es meist mit Flüssigkeiten zu tun, welche die Glaswände benetzen, in den Röhren also einen Meniscus bilden. Gewöhnlich beziehen sich die Ablesungen auf den tiefsten Punkt dieses Meniscus, das Volumen ist also noch um das des Meniscus selbst zu vergrössern. Bei engen Röhren (bis zu 2 mm Weite etwa) darf man die gekrümmte Oberfläche dieses Meniscus als Kugelschale ansehen. Das Volumen des Meniscus ist hiernach, wenn seine Höhe mit h und der Radius der betreffenden Röhren mit r bezeichnet wird

$$\text{CXXVII}_1)\qquad v_1 = \frac{\pi h}{6}(3r^2 - h^2).$$

Hat also das Pyknometer zwei Röhren, denen die Radien r_1, r_2 zugehören und in welchen die Höhe des Meniscus h_1, h_2 beträgt, so ist zu dem durch Ablesung der tiefsten Punkte der Menisken gefundenen Volumen die Grösse

$$\text{CXXVII}_2)\qquad v_1 + v_2 = \frac{\pi}{6}\left(h_1(3r_1^2 - h_1^2) + h_2(3r_2^2 - h_2^2)\right)$$

hinzuzufügen.

r_1 und r_2 werden ein für alle mal bestimmt, h_1 und h_2 ergeben sich aus der Differenz der Ablesungen für die Randlinien der Menisken und die tiefsten Punkte derselben. Bei den meisten gut benetzenden Flüssigkeiten, und wenn die Röhren gehörig rein sind, darf man $h_1 = r_1$, $h_2 = r_2$ setzen, und dann ist

$$\text{CXXVII}_3)\qquad v_1 + v_2 = \frac{\pi}{3}(r_1^3 + r_2^3).$$

Besser ist es jedoch, die Höhen der Menisken direct zu bestimmen, wenngleich die Ablesungen für die Randlinien unsicher ausfallen, weil diese Linien selten scharf zu sehen sind. r_1 und r_2 können immer genügend genau (nach noch anzugebenden Methoden) gefunden werden.

Bezeichnen wir jetzt die Fehler in der Ablesung der Lage der tiefsten Punkte des Meniscus mit δH_1 bezw. δH_2 und die in der Ablesung der Randlinien mit $\delta H_1'$ und $\delta H_2'$, so wird der ganze Fehler der Volumbestimmung, wenn für r_1 und r_2 sowie für h_1 und h_2 mittlere Werte r bezw. h eingeführt werden

$$\delta\mathfrak{B} = \pi r^2(\delta H_1 + \delta H_2) + \frac{\pi}{2}(r^2 - h^2)(\delta H_1' + \delta H_2' - \delta H_1 - \delta H_2),$$

also wenn wir h durch den Näherungswert r ersetzen

$$\delta\mathfrak{B} = \frac{\pi r^2}{2}\left(\left(1 + \frac{h^2}{r^2}\right)(\delta H_1 + \delta H_2) + \left(1 - \frac{h^2}{r^2}\right)(\delta H_1' + \delta H_2')\right).$$

Die Lage des tiefsten Punktes des Meniscus muss also in jeder Röhre sehr viel genauer bestimmt sein wie die des höchsten. Im Uebrigen steigt $\delta\mathfrak{B}$ mit wachsender Weite der Röhren und natürlich dem Querschnitt derselben proportional.

Die Röhren kann man, wenn sie angeschmolzen sind, nicht beliebig eng nehmen, denn sie müssen so weit sein, dass der zu voluminisirende Körper eingebracht werden kann; wol aus diesem Grunde construirt man lieber Pyknometer mit eingeschliffenen Röhren, da man hier den Körper nach Herausnahme der Röhren durch die beliebig weit herstellbaren Tubulaturen einführen kann, und so in der Wahl der Röhren nicht beengt ist.

139. Zehnders Methode der Volumbestimmung mit dem Pyknometer. Neuerdings hat Zehnder eine sehr geistreiche und anscheinend sehr zweckentsprechende Abänderung in der Anwendung des Pyknometers zu Volumbestimmungen angegeben*). Es wird in derselben nicht die durch den zu voluminisirenden Körper verdrängte, sondern die ihn ersetzende Flüssigkeitsmenge bestimmt.

Das Pyknometer besteht aus einem cylindrischen Gefäss mit aufgeschliffener Deckplatte. Letztere ist in der Mitte nach oben konisch erweitert und zu einer freien kurzen Röhre ausgezogen. Zuvörderst wägt man das Pyknometer leer, aber mit aufgeschobener Deckplatte, dann tut man den zu voluminisirenden Körper in das Pyknometer hinein, schiebt wieder die Platte, welche wasserdicht schliessen muss, über und stellt, um gleichmässige Temperatur zu erzielen, das Ganze in ein Wasserbad, aus welchem nur die Röhre der Platte herausragt. Durch die Röhre gleicht sich der Druck der eingeschlossenen Luft mit der ausserhalb befindlichen aus, und wenn man nach einiger Zeit diese Röhre durch einen Wasserpfropf schliesst (indem man mit dem nassgemachten Finger die Oeffnung der Röhre berührt) und zugleich die Temperatur t des Wasserbades und den Atmosphärendruck p bestimmt, hat man in t und p Temperatur und Druck der nunmehr eingeschlossenen Luft. Man taucht nun das Pyknometer nach Herausnahme aus dem Bade und Abtrocknung desselben in umgestürzter Lage (die Deck-

*) Wiedemann's Annalen für Physik und Chemie 1886. Bd. 29 Seite 249 ff.

platte nach unten) in eine mit destillirtem Wasser gefüllte Wanne und schiebt unter dem Wasser die Deckplatte ab. Der zu voluminisirende Körper fällt dann heraus und an dessen Stelle tritt ein Quantum Wasser ein, die Luft bleibt aber zurück. Nun wird der Deckel unter Wasser wieder aufgeschoben und das Pyknometer soweit herausgezogen, bis die Flüssigkeit innerhalb desselben nur soviel über dem Niveau ausserhalb desselben steht, als infolge der Capillarwirkung von der Wand des Pyknometers getragen wird. Den herausragenden Teil trocknet man, um die durch Verdunstungskälte sonst entstehende Temperaturerniedrigung zu verhindern, sorgfältig ab. In dieser Stellung des Pyknometers (welche durch hölzerne Klammern fixirt wird), wartet man wieder bis die Temperatur in seinem Innern gleichmässig geworden ist. Liest man dann diese Temperatur t' an einem unmittelbar neben dem Pyknometer gehaltenen Thermometer ab und bestimmt zugleich den Athmosphärendruck p', so geben t' und p' Temperatur und Druck der eingeschlossenen Luft. Man schliesst jetzt mit dem Finger oder mit irgend einer besonderen Vorrichtung das Röhrchen der Deckplatte, zieht das Pyknometer vollends heraus, trocknet es sehr sorgfältig ab, und wägt es wieder. Die beiden Wägungen ergeben für die Masse des eingedrungenen Wassers, wenn dessen Volumen während der Wägung mit $\mathfrak{V}$ bezeichnet wird, unter Beibehaltung aller frühern Bezeichnungen

$$\mathfrak{M} = N_2 - N_1 + m\left(\frac{(\psi_1)-(\psi_2)}{(\psi_1')-(\psi_1)} - \frac{\psi_1-\psi_2}{\psi_1'-\psi_1}\right) + \mathfrak{V}s' - V_{N_2}s' + V_{N_1}s$$

oder da $\mathfrak{M} = \mathfrak{V}\sigma$ ist,

$$\mathfrak{V} = \frac{1}{\sigma - s'}\left\{N_2 - N_1 + m\left(\frac{(\psi_1)-(\psi_2)}{(\psi_1')-(\psi_1)} - \frac{\psi_1-\psi_2}{\psi_1'-\psi_1}\right) - V_{N_2}s' + V_{N_1}s\right\}$$

und mit hinreichender Genauigkeit

$$\mathfrak{V} = \frac{1}{\sigma}\left\{N_2 - N_1 + m\left(\frac{(\psi_1)-(\psi_2)}{(\psi_1')-(\psi_1)} - \frac{\psi_1-\psi_2}{\psi_1'-\psi_1}\right) - V_{N_2}s' + V_{N_1}s\right\} + \frac{s'}{\sigma^2}(N_2 - N_1).$$

σ ist die Dichtigkeit des Wassers während der zweiten Wägung und $\mathfrak{V}$ das zugehörige Volumen, wir brauchen aber natürlich das Volumen $\mathfrak{V}'$ während des Ersetzens des Körpers durch die Flüssigkeit. Ist die Temperatur des destillirten Wassers im Moment des Abschliessens des Pyknometers τ und die zugehörige Dichtigkeit σ', so haben wir

$$\mathfrak{V}' = \mathfrak{V}\frac{\sigma}{\sigma'},$$

somit genügend genau

$$\text{CXXVIII}_1)\quad \mathfrak{V}' = \frac{1}{\sigma'}\left\{N_2 - N_1 + m\left(\frac{(\psi_1)-(\psi_2)}{(\psi_1')-(\psi_1)} - \frac{\psi_1-\psi_2}{\psi_1'-\psi_1}\right) - V_{N_2}s' + V_{N_1}s\right\} + \frac{s'}{\sigma'^2}(N_2 - N_1).$$

Dieses Volumen $\mathfrak{B}'$ stellt noch nicht das ganze Volumen V des Körpers im Moment des Herausfallens dar, weil der Druck und die Temperatur der eingeschlossenen Luft Variationen erlitten haben können. Wird das oben angegebene Verfahren genau eingehalten, so darf man mit ausreichender Genauigkeit

$$V = \mathfrak{B}' + v_0\left(\frac{1+\beta t}{p} - \frac{1+\beta t'}{p'}\right)76$$

setzen. v_0 ist das Volumen, welches die eingeschlossene Luft bei 0° und unter dem Druck einer Atmosphäre einnehmen würde. Bezeichnet man dasjenige Volumen, welches dieselbe unter dem Druck p' und der Temperatur t' tatsächlich ausfüllt, mit v', so wird

$$V = \mathfrak{B}' + v'\left(\frac{1+\beta t}{1+\beta t'}\frac{p'}{p} - 1\right).$$

Ist aber das Volumen des Pyknometers bei aufgeschobener Deckplatte gleih v, so hat man $v' = v - \mathfrak{B}'$, somit

CXXVIII$_2$) $$V = \mathfrak{B}' + (v - \mathfrak{B}')\left(\frac{1+\beta t}{1+\beta t'}\frac{p'}{p} - 1\right).$$

v braucht nicht mit besonders grosser Genauigkeit bestimmt zu sein, denn da p' und t' nahezu p und t gleich sein werden, ist der Factor von $v - \mathfrak{B}'$ eine meist sehr kleine Grösse.

Uebrigens schreibt Zehnder das Correctionsglied in der Form

$$(v - \mathfrak{B}')\left(\frac{76 + p' - p}{(1 + \beta(t' - t))76} - 1\right),$$

die man auch immer mit hinreichender Genauigkeit anwenden kann. Wenn man keine Tafeln benutzen will, dürfte die folgende strengere Form

CXXVIII$_3$) $$V = \mathfrak{B}' + (v - \mathfrak{B}')\left\{\left(1 + \beta(t - t')\right)\left(1 - \frac{p' - p}{p}\right) - 1\right\}$$

sich empfehlen, die meist noch einfacher

CXXVIII$_4$) $$V = \mathfrak{B}' + (v - \mathfrak{B}')\left(\beta(t - t') - \frac{p' - p}{76}\right)$$

gestaltet werden kann.

Das Hauptgewicht bei dieser Zehnder'schen Methode ist darauf zu legen, dass das Quantum Luft, welches vor Ersetzung des Körpers durch das Wasser in dem Pyknometer war, sich nach Ersetzung in unverändertem Betrage wiederfindet. Da der Körper bei dem Herausfallen Luft mit reisst, muss diese entzogene Luft besonders gesammelt werden. Man soll deshalb das Pyknometer unterhalb eines in das Wasser versenkten Trichters von besonderer Form entleeren. Die auf Seite 522 wiedergegebene, der Zehnder-schen Abhandlung entnommene Figur zeigt, wie die vom Körper sich von selbst loslösende oder mit einem Draht abgestreifte Luft sich in der Trichterröhre ansammelt, von dort ist sie durch Neigen des Trichters in das Pyknometer hinüberzuschaffen.

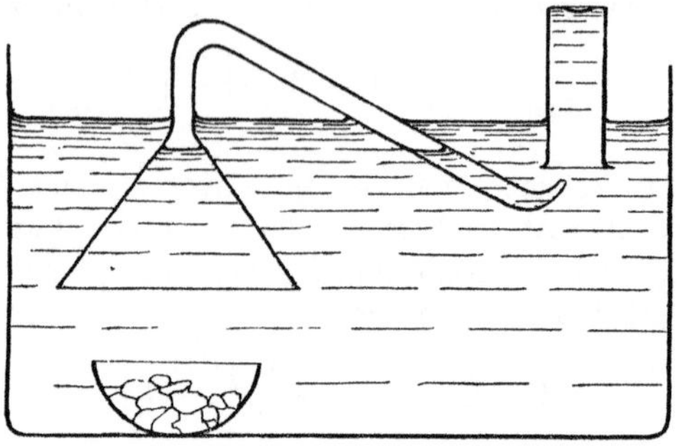

Fig. 13

Ein zweiter Punkt, der zu grosser Vorsicht mahnt, ist die Forderung, dass beim Abschliessen des Pyknometers nach Ersetzung des betreffenden Körpers durch ein Quantum Wasser innerhalb des destillirten Wassers der Druck der eingeschlossenen Luft durch den abgelesenen Barometerstand gegeben sein soll. Es ist dazu wie bemerkt notwendig, dass das Niveau des Wassers innerhalb des Pyknometers das des ausserhalb des Pyknometers befindlichen um nicht mehr überragt, als der Steighöhe der Flüssigkeit innerhalb des Pyknometers infolge der Capillarität entspricht. Ist diese Steighöhe h, die factische Niveaudifferenz aber H, so hat man p' zu ersetzen durch $p' + (H - h)/13{,}5956$. Die Steighöhe h muss man sich voraus berechnen, sie hängt von dem Capillaritätscoefficienten, a^2, der Flüssigkeit und von der Weite des Pyknometers ab. Für Gefässe, deren lichtes Lumen 0,2 bis 0,3 cm nicht überwiegt, reicht die Formel

$$h = \frac{a^2}{r} - \frac{r}{3}$$

aus. Für weitere Gefässe (bis zu 0,8 cm Radius) benutzt man die Poissonsche Formel

$$h = \frac{a^2}{r} - \frac{r}{3} + 0{,}1288\,\frac{r^3}{a^2};$$

a^2 ist für Wasser bei der Temperatur t, gerechnet in Quadratcentimeter, etwa

$$a^2 = 0{,}1533\,(1 - 0{,}03\,t).$$

Die Formeln sind aber nur anwendbar, wenn das Wasser die innere und äussere Wandung des Pyknometers ordentlich benetzt.

Wegen vieler andern noch wünschenswerten Vorsichtsmassregeln bei dieser, wie ich glaube, sehr zu empfehlenden Methode sei auf die schöne Arbeit Zehnders selbst verwiesen.

Bei Volumbestimmungen durch hydrostatische Wägung wie mit Hilfe des Pyknometers bildet die Kenntnis der Dichtigkeit der benutzten Flüssigkeit für alle in Frage kommenden Temperaturen die Grundlage.

140. Die Dichtigkeit des Wassers. Aeussere Volumina von Körpern bestimmt man nun fast immer mit Wasser als Flüssigkeit; σ bedeutet hiernach die Dichtigkeit des Wassers. Diese Dichtigkeit ist an reinem destillirten und zumeist auch von absorbirter Luft befreitem Wasser von sehr vielen Forschern und in dem ganzen Temperaturintervall von 0° bis 100° bestimmt worden. Man kann aber nicht sagen, dass wir über dieselbe und ihren Gang mit der Temperatur so unterrichtet sind, wie es der Stand der Wissenschaft erheischt. In der Tat ist die Untersuchung der Dichtigkeit des Wassers mit den grössten Schwierigkeiten verbunden, und die vielen Fehlerquellen, unter denen dieselbe zu leiden hat, sind erst im Laufe dieser Untersuchung hervorgetreten. So kommt es, dass noch keines Forschers Angaben sich allgemeiner Anerkennung zu erfreuen haben, und dass unter den Physikern grosse Divergenz hinsichtlich der Anwendung der zur Zeit schon vorliegenden Zahlenreihen herrscht.

Auf der Kaiserlichen Normal-Aichungs-Kommission ist eine Formel in Gebrauch, welche W. H. Miller bei Gelegenheit der Reconstruction der englischen Masseneinheit aus den Versuchen von Despretz, Pierre und Kopp berechnet hat.*) Es lautet diese Formel

$$\log \frac{1}{\sigma} = (t - 3{,}945)^2 \left(0{,}000003272 - 0{,}0000000215\,(t - 3{,}945)\right)$$

und sie giebt die aus den Beobachtungen der genannten drei Forscher abgeleitete Mittelreihe für $1/\sigma$ in dem Temperaturintervall 4° bis 25° mit ausserordentlicher Genauigkeit (bis auf in maximo 8 Einheiten der sechsten Decimalstelle, meist aber bis auf 3 bis 4 Einheiten dieser Decimalstelle wieder). Nach derselben ist die auf folgender Seite reproducirte auf der Normal-Aichungs-Kommission in Gebrauch befindliche Tafel für $\log \frac{1}{\sigma}$ auf sechs Decimalstellen berechnet.

Es ist hier $\log \frac{1}{\sigma}$ und nicht $\log \sigma$ gegeben, weil in allen Formeln σ als Divisor erscheint.

Auf dem internationalen Meter-Bureau ist eine andere von Herr**) aus den Beobachtungen von Muncke, Stampfer, Kopp und Pierre abgeleitete Formel in Gebrauch, nämlich

$$\frac{1}{\sigma} = 1{,}00011772 \left\{1 - 0{,}000060306\,t + 0{,}0000079279\,t^2 - 0{,}000000042604\,t^3\right\}.$$

Diese Formel dürfte vor der Millerschen kaum einen besondern Vor-

*) On the construction of the new imperial standard pounds. Phil. Trans. 1856, part III pag. 790.

**) Ueber das Verhältnis des Bergkrystall-Kilogrammes, welches das Urgewicht in Oesterreich bildet, zum Kilogramme der Archive in Paris. Wien 1870.

Tafel VIII

giebt $\log \frac{1}{\sigma}$ für Wasser nach Millers Formel

$$\log \frac{1}{\sigma} = \left(t - 3{,}945\right)^2 (0{,}000003272 - 0{,}0000000215\ (t - 3{,}945)^2\right)$$

in Einheiten der 6. Decimalstelle.

Thermometer C.	0	1	2	3	4	5	6	7	8	9
0	52	49	47	45	43	40	38	36	33	31
1	29	27	26	24	22	21	19	17	15	14
2	13	11	10	9	8	7	6	5	4	3
3	3	3	2	2	1	1	1	0	0	0
4	0	0	0	0	1	1	1	2	2	3
5	4	4	5	6	7	8	9	10	11	12
6	14	15	16	18	19	21	23	24	26	28
7	30	32	34	36	38	40	43	45	47	50
7	52	55	58	60	63	66	69	72	75	78
8	81	84	87	90	94	97	101	104	108	111
10	115	119	123	127	131	135	139	143	147	151
11	155	160	164	168	173	178	182	187	191	196
12	201	206	211	216	221	226	231	236	242	247
13	252	258	263	269	274	280	286	291	297	303
14	309	315	321	327	333	339	345	352	358	364
15	371	377	384	390	397	404	410	417	424	431
16	438	445	452	459	466	473	480	488	495	502
17	510	517	525	532	540	548	555	563	571	579
18	587	595	603	611	619	627	635	643	652	660
19	668	677	685	694	702	711	719	728	737	746
20	754	763	772	781	790	799	808	817	827	836
21	845	854	864	873	883	892	902	911	921	930
22	940	950	960	969	979	989	999	1009	1019	1029
23	1039	1049	1059	1070	1080	1090	1101	1111	1122	1132
24	1143	1153	1164	1174	1185	1196	1207	1217	1228	1239
25	1250	1261	1272	1283	1294	1305	1316	1327	1338	1350
26	1361	1372	1384	1395	1406	1418	1429	1441	1453	1464
27	1476	1488	1500	1511	1523	1535	1547	1559	1571	1583
28	1595	1607	1620	1632	1644	1656	1669	1681	1693	1706
29	1718	1731	1743	1756	1768	1781	1793	1806	1819	1832
30	1845									

zug verdienen; da Herrs Formel aber neben der Millers weite Verbreitung gefunden hat, sei die folgende Angabe gemacht.

Um von den nach Millers Formel berechneten und in der vorstehenden Tafel VIII zusammengestellten Zahlen für $\log \frac{1}{\sigma}$ zu den der Formel Herrs entsprechenden überzugehen, hat man zu diesen Zahlen

von	0°	bis	10°,1	zu	addiren	0
„	10,2	„	16,3	„	„	— 1
„	16,4	„	18,6	„	„	0
„	18,7	„	19,9	„	„	+ 1
„	20,0	„	21,2	„	„	+ 2
„	21,3	„	22,2	„	„	+ 3
„	22,3	„	22,9	„	„	+ 4
„	23,0	„	23,9	„	„	+ 5
„	24,0	„	24,6	„	„	+ 6
„	24,7	„	25,1	„	„	+ 7
„	25,2	„	25,6	„	„	+ 8
„	25,7	„	26,1	„	„	+ 9
„	26,2	„	26,6	„	„	+ 10
„	26,7	„	27,2	„	„	+ 11
„	27,3	„	27,7	„	„	+ 12
„	27,8	„	28,4	„	„	+ 13
„	28,5	„	29,1	„	„	+ 14
„	29,2	„	29,6	„	„	+ 15
„	29,7	„	30,0	„	„	+ 16

Es existiren ausser den angeführten Untersuchungen noch viele andere Bestimmungen der Wasserdichte; aber ehe erschöpfende und der Leistungsfähigkeit unserer heutigen Metronomie entsprechende Untersuchungen vorliegen, hat es keinen Sinn Tafeln, die bei den hervorragendsten Instituten in Gebrauch sind, zu Gunsten problematischer Rechnungen abzuändern.*)

Die Tafel ist nur bis 30° geführt, weil Volumbestimmungen wohl in keinen andern Temperaturen ausgeführt werden als in den zwischen 0° und 30° liegenden.

Die Zahlen beziehen sich auf reines destillirtes Wasser ohne Luftgehalt;

---

*) Eine eingehende Discussion über die bis jetzt vorliegenden Bestimmungen der Wasserdichtigkeit hat Volkmann (Wiedemanns Annalen für Physik, 1881, Bd. 14 Seite 260 ff.) ausgeführt, die von demselben als wahrscheinlichste Werte für $\frac{1}{\sigma}$ gegebenen Zahlen weichen nur wenig von den nach Millers Formel berechneten ab und stehen letztern viel näher als den aus Herrs Formel abgeleiteten: da sie ausserdem noch kleiner sind als die Millerschen, glaube ich, ist es am besten, einstweilen bei der hier mitgeteilten. aus Millers Formel berechneten Tafel der Normal-Aichungs-Kommission stehen zu bleiben.

der Beobachter darf also zu Volumbestimmungen nur solches Wasser verwenden. Für den gewöhnlichen Bedarf genügt es, wenn (in der Apotheke oder einem Droguen-Laden) käufliches destillirtes Wasser noch einmal, oder Wasser, wie man es gerade zur Verfügung hat, zweimal destillirt wird. Das Destilliren würde am besten in silbernen oder innen versilberten Gefässen auszuführen sein; der Physiker kann aber auch einen Glasballon benutzen, der mehrfach ausgekocht ist. Es gilt als Regel von jeder abzudestillirenden Füllung das erste und letzte Viertel nicht aufzufangen, sondern allein die mittlere Hälfte zu benutzen. Vielfach wird auch vorgeschlagen, dem zu destillirenden Wasser besondere Chemicalien (so namentlich übermangansaures Kali und Aetzkalk) zuzutun. Das destillirte Wasser ist in einer reinen, mehrfach ausgekochten Flasche aufzubewahren.

Expedite Mittel, destillirtes Wasser auf Reinheit genau zu untersuchen, giebt es wol nicht. Anwesenheit von Kohlensäure und kohlensaurem Ammoniak erkennt man durch Trübung einer Probe, der etwas Bleiessig zugesetzt ist; Metalle werden angezeigt, wenn durch Schwefelwasserstoff eine Färbung eintritt.

Ein sehr beliebtes Prüfungsmittel ist das Verdampfen eines Tropfens auf einem sorgfältig gereinigten Silber- oder Platinblech, das man über einer dünnen Flamme hält; reines Wasser soll verschwinden, ohne die geringste Spur zu hinterlassen. Das beste Kriterium würde wohl nach Kohlrausch eine Widerstandsbestimmung abgeben, da wirklich reines Wasser eine verschwindend kleine Leitungsfähigkeit für Elektricität hat.

Nach dem Destilliren des Wassers ist es gut, dasselbe, wenn möglich unter erniedrigtem Druck, auszukochen, um die absorbirte Luft aus demselben zu entfernen. Ångströms Versuche*) haben ergeben, dass Wasser, wenn es von derjenigen Luftmenge, die es bei 0° absorbiren kann, p Procent wirklich enthält, sein Volum $\mathfrak{V}$ um $0{,}0000346 \frac{p}{100} \mathfrak{V}$ vergrössert. Die Dichtigkeit würde darnach um $0{,}0000346 \frac{p}{100}$ kleiner sein als bei Wasser, welches gar keine absorbirte Luft besitzt.

Nun absorbirt 1 ccm Wasser nach Bunsen**)

bei	0°	Temperatur	0,02471	ccm
„	1°	„	0,02406	„
„	2°	„	0,02345	„
„	3°	„	0,02287	„
„	4°	„	0,02232	„
„	5°	„	0,02179	„
„	6°	„	0,02128	„
„	7°	„	0,02080	„

*) Wiedemanns Annalen für Physik, Bd. 15 Seite 297 ff.

**) Gasometrische Methoden, pag. 387.

bei	8°	Temperatur	0,02034	ccm
„	9°	„	0,01992	„
„	10°	„	0,01953	„
„	11°	„	0,01916	„
„	12°	„	0,01882	„
„	13°	„	0,01851	„
„	14°	„	0,01822	„
„	15°	„	0,01795	„
„	16°	„	0,01771	„
„	17°	„	0,01750	„
„	18°	„	0,01732	„
„	19°	„	0,01717	„
„	20°	„	0,01704	„

Bei gewöhnlicher Temperatur beträgt also p, selbst wenn das Wasser mit Luft gesättigt ist, 75, und es ist die Verringerung der Dichtigkeit 0,000026. Die wirkliche Dichtigkeitsverringerung ist wahrscheinlich in den meisten Fällen viel geringer. Schleiermacher glaubt,*) dass dieselbe 0,00002 nicht erreicht, und so wäre eigentlich auf vollständige Entfernung der Luft kein allzu grosses Gewicht zu legen. Doch ist es immerhin gut, die Auskochung vorzunehmen.

Eine andere Frage, die mit den Angaben über die Dichtigkeit des Wassers in Verbindung steht, wäre, ob Körper vermöge der Molekularanziehung nicht das Wasser an ihrer Oberfläche verdichten.

Hierüber haben die bisherigen Untersuchungen noch zu keiner Entscheidung geführt. Doch dürfte nach den sorgfältigen Rechnungen und Experimenten Schleiermacher's**) kein Zweifel bestehen, dass der Einfluss einer solchen Verdichtung auf Volumbestimmungen ausser Acht gelassen werden darf.***)

---

*) Wiedemann's Annalen für Physik, Bd. 8, Seite 52 ff.

**) l. c.

***) Marek hat auch (Trav. et Mém. Tome II) die Zusammendrückbarkeit des Wassers in Rechnung ziehen zu müssen geglaubt, und eine Tabelle gerechnet, derzufolge $\log \frac{1}{\sigma}$ bei allen Temperaturen zwischen 0° und 20° in der 6ten Decimale für eine Abweichung des Drucks von der Normalzahl 76

im Betrage von	0 bis 1,5;	2,0 bis 5,0;	5,5 bis 8,5;	9,0 bis 10,0 cm
um	0	1	2	3 Einheiten

zu vergrössern, bezw. verkleinern sein würde, je nachdem der Druck unterhalb 76 liegt oder oberhalb. Es scheint mir nicht immer gut zu sein, diese Correction anzuwenden, da die Zahlen, wie wir sie für die Dichtigkeit des Wassers haben, unter sehr verschiedenen Drucken erhalten sind. Befindet sich aber der Körper in gehöriger Tiefe unterhalb der Flüssigkeitsoberfläche, dann ist die Correction wol zu empfehlen; der Luftdruck ist um die Wasserhöhe vom Niveau bis zur Mitte des Körpers, dividirt durch 13,5956 zu vermehren.

141. Volumbestimmung mit dem Volumenometer. Endlich habe ich noch von Volumbestimmungen durch Verdrängung von Gasen zu sprechen. Die zu solchen Bestimmungen dienenden Apparate werden allgemein als *Volumenometer* bezeichnet; bei allen wird abgeschlossene Luft zweimal ausgedehnt, das zweitemal nach Einbringung des zu voluminisirenden Körpers. Die eigentlichen Bestimmungen werden aber je nach der Construction durch Wägung einer gewissen Quecksilbermenge oder durch Druckbestimmung ausgeführt.

141a. Bestimmung durch Wägung (Rüdorff). Für Bestimmung durch Wägung ist das Volumenometer von Rüdorff*) eingerichtet, dessen Constructionseinzelheiten aus der beistehenden Figur klar werden.

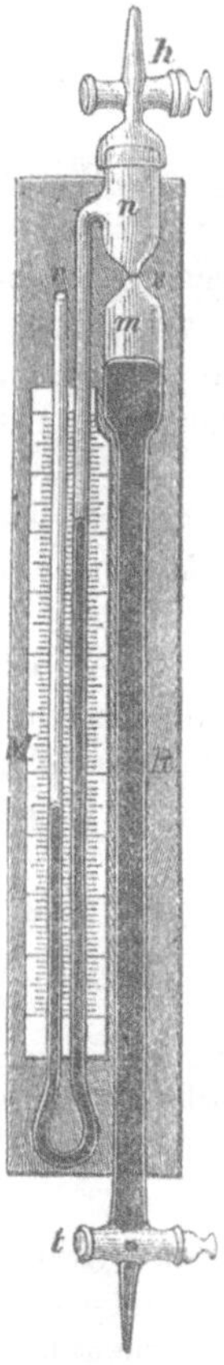

Fig. 14

M ist ein bei *r* frei in die Luft mündendes Manometer, welches mit dem zur Aufnahme des zu voluminisirenden Körpers dienenden Gefässe communicirt; *n* steht mit dem Gefäss *m* in Verbindung, das seinerseits in ein mit Hahn *t* versehenes Rohr *R* ausläuft. Ueber *n* kann eine Kappe (mit Glashahn) *h* luftdicht aufgesetzt werden.

Man füllt bei abgenommener Kappe *m* und das daran sich anschliessende Rohr mit Quecksilber, bis letzteres über der Marke *s* zwischen *n* und *m* steht. Ebenso giesst man in das Manometer durch *r* etwa bis zur Hälfte desselben**) Quecksilber hinein. Dann bringt man die Schale, welche etwa den zu voluminisirenden Körper zu halten hat, in das Gefäss *n*, stülpt die Kappe über, öffnet den Hahn *h* und lässt durch *t* so viel Quecksilber abfliessen bis die Marke *s* gerade erreicht ist. Nun wird der Hahn *h* geschlossen und durch *t* in ein besonderes Gefäss Quecksilber abgelassen. Die Luft in dem Apparat dehnt sich aus, infolge dessen steigt das Quecksilber im rechten Schenkel des Manometers und sinkt im linken, man hält mit dem Ablassen ein, wenn die Niveaudifferenz in den beiden Schenkeln etwa 38 cm (halben Atmosphärendruck) erreicht hat. Die abgelassene Quecksilbermenge wird gewogen. Jetzt wird der Hahn *h* langsam geöffnet, die Kappe abgenommen, im *m* Quecksilber (bis über *s*) nachgefüllt und letzteres durch *t* so regulirt, dass es wieder bei *s* zu stehen kommt; dann wird der zu voluminisirende Körper auf die in *n* befindliche Schale getan, und nachdem die Kappe aufgesetzt und der Hahn *h* geschlossen ist, durch *t* Quecksilber abgelassen, bis wieder die Niveaudifferenz in beiden Mano-

*) Wiedemann's Annalen 1879, Bd. 6, Seite 288 ff. Die Figur im Text ist der dort gegebenen Beschreibung entnommen.

**) Das Einfüllen des Quecksilbers geschieht zur Vermeidung von Luftblasen durch einen Trichter mit langem Rohr, welches immer bis auf den untersten Punkt der betreffenden Röhren reicht.

meterschenkeln gegen 38 cm erreicht hat. Die abgelassene Quecksilbermenge wird wieder gewogen.

Das ganze Verfahren besteht, wie man sieht, aus zwei ganz gleichen Operationen. Sei das Volumen Luft gerechnet vom Quecksilberniveau bei s bis zum Quecksilberniveau im rechten Manometerschenkel, wenn der Hahn h eben geschlossen ist (das Quecksilber in beiden Schenkeln also gleich hoch steht) vor Einbringung des Körpers v, nach Einbringung desselben v', so dass $v - v' = V$ das Volumen des Körpers bedeuten würde.

Nach Ablassen des Quecksilbers hat sich das Volumen v, v' im Manometerschenkel um eine gewisse Grösse x, x' verringert, im Gefäss m um das Volumen des abgelassenen Quecksilbers vermehrt. Sind m, m' die Massen, σ, σ' die Dichtigkeiten der abgelassenen Quecksilbermengen, bedeuten B, B' die Barometerstände, p, p' die an der Scala hinter dem Manometer abzulesenden Niveaudifferenzen in den beiden Operationen, so hat man, nach dem Boyle'schen Gesetz

$$\frac{v + \frac{m}{\sigma} - x}{v} = \frac{B}{B - p}, \quad \frac{v' + \frac{m'}{\sigma'} - x'}{v'} = \frac{B'}{B' - p'}$$

somit

$$v - v' = x - x' + \frac{m'}{\sigma'} - \frac{m}{\sigma} + \frac{B}{B - p} v - \frac{B'}{B' - p'} v'$$

also da $v - v' = V$ ist

$$\text{CXXIX}_1)\quad V = \frac{B - p}{p} \left\{ x' - x + \frac{m}{\sigma} - \frac{m'}{\sigma'} + \left(\frac{B'}{B' - p'} - \frac{B}{B - p} \right) v' \right\}.$$

Ist die Höhe des Quecksilberniveau im rechten Schenkel des Manometers nach Ablassung des Quecksilbers in der ersten Operation h, in der zweiten h' und der Radius der Manometerröhren r, so wird $x' - x = (h' - h)\pi r^2$. Rüdorff giebt an, dass man bei der zweiten Operation solange Quecksilber ablassen soll, bis das Quecksilberniveau im rechten Schenkel genau so hoch steht, wie bei der ersten Operation, alsdann haben wir $h' = h$ und $x' - x = 0$. Rüdorff lässt auch das in der Klammer stehende mit v' multiplicirte Glied fort, was natürlich nur geschehen darf, wenn der Barometerstand in beiden Versuchen genau derselbe ist. Seine einfache Formel lautet also

$$\text{CXXIX}_2)\quad V = \frac{B - p}{p} \left(\frac{m}{\sigma} - \frac{m'}{\sigma'} \right).$$

m und m' sind durch die Wägung der abgelassenen Quecksilbermengen gegeben, σ, σ' entnimmt man Tafeln für die Dichtigkeit des Quecksilbers als Function der Temperatur (Seite 536). Will man strenger rechnen, so muss man für v' oder für v und V Näherungswerte zur Verfügung haben.

Im ganzen ist Rüdorffs Methode für genauere Volumbestimmungen nicht geeignet und zwar nicht allein wegen der vernachlässigten Glieder und der mit der Annahme von $h' - h = 0$ verbundenen Fehler; sondern hauptsächlich, weil die Kappe bei der zweiten Operation nicht genau so aufgesetzt werden kann wie bei der ersten, und wenn die Kappe in beiden Operationen nicht ganz gleich sitzt, ist eben nicht $v - v' = V$. In der Tat zeigen auch von Rüdorff selbst ausgeführte Bestimmungen Differenzen, die bis 30 cmm gehen und bei hydrostatischen Wägungen selbst bei roher Ausführung nicht vorzukommen pflegen. Doch ist es möglich, dass der ziemlich verbreitete Rüdorffsche Apparat dadurch, dass man wie bei dem bald zu beschreibenden Paalzowschen, statt der Kappe einen auf den Rand von n aufgeschliffenen Deckel anwendet, erheblich bessere Resultate liefern wird.

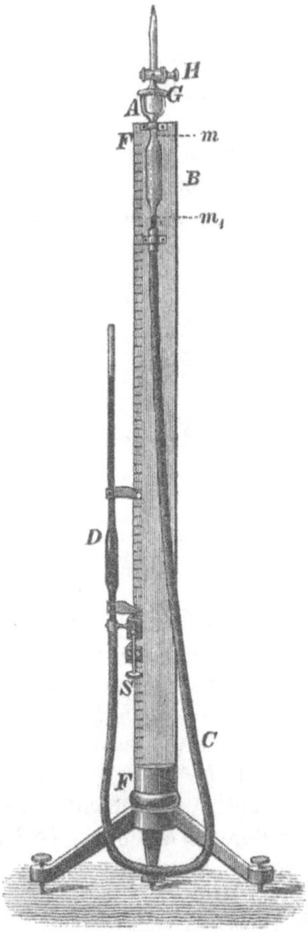

Fig. 15.

141b. Bestimmung durch Druckmessung. Das eben erwähnte Volumenometer von Paalzow*) schliesst sich darin an die älteren Apparate dieser Art an, dass mit demselben die durch Ausdehnung der Luft bewirkten Druckveränderungen gemessen werden. A ist das Gefäss zur Aufnahme des zu voluminisirenden Körpers, G ein mit Hahn H versehener auf A aufgeschliffener Deckel, D mit dem sich anschliessenden Schlauch C und dem zwischen m und m_1 ausgeweiteten Rohr B bildet das Manometer, F das Stativ trägt eine Teilung als Scale für das Manometer.

Man tut die zur Aufnahme des Körpers etwa dienende Schale in A, lässt das Gefäss durch H mit der äusseren Luft frei communiciren und hebt D erst grob mit der Hand und dann nach Fixirung am Stativ durch die in der Figur angedeutete Schraube S bis das Quecksilber im rechten Schenkel bei der auf dem Rohr R aufgetragenen Marke (oder in das Rohr eingeschmolzenen Spitze) m reicht. Dann wird H geschlossen und nunmehr durch Senken von D das Quecksilber im rechten Schenkel bis zur Marke (oder eingeschmolzenen Spitze) bei m_1 gebracht. In diesem Moment wird der Barometerstand abgelesen und die Lage des Quecksilberniveaus am offenen linken Schenkel an der Scale bestimmt. Ist die Höhe von m_1 an der Scale gleich h_1 und die des Quecksilberniveaus im offenen Schenkel gleich h, so steht

*) Wiedemann's Annalen für Physik 1881. Bd. 13 Seite 332.

die eingeschlossene Luft unter dem Druck $B-(h_1-h)$; bedeutet also v deren Volumen vor Senkung von D, als das Quecksilber bei m stand, und giebt a das Volumen des Manometerrohres zwischen den Marken m und m_1, so haben wir

$$\frac{v+a}{v}=\frac{B}{B-(h_1-h)}, \quad \text{also } v=\frac{B-(h_1-h)}{h_1-h}a.$$

Hebt man D wieder bis zu seiner früheren Lage, so muss das Quecksilber in B wieder bis m steigen, tritt das ein, so ist man sicher, dass keine Luftblasen aus dem Quecksilber frei geworden sind, sonst muss man den Versuch wiederholen. Nun wird der Hahn H geöffnet, der Körper in die Schale getan, der Deckel wieder aufgesetzt, das Quecksilberniveau in B durch Heben und Senken von D bei m eingestellt, H abgesperrt und D wieder gesenkt, bis das Quecksilber in B bis m_1 gesunken ist. Ist der nunmehr herrschende Barometerstand B', die Ablesung für die Lage des Quecksilberniveaus im offenen (linken) Manometerschenkel h', so haben wir

$$\frac{v-V+a}{v-V}=\frac{B'}{B'-(h_1'-h')},$$

somit zur Bestimmung der gesuchten Grösse

$$\text{CXXX}_1) \qquad V=a\left(\frac{B}{h_1-h}-\frac{B'}{h_1'-h'}\right).$$

Das gilt, wenn die Temperatur des Rohres R bei beiden Operationen gleichgross ist und unter a das Volumen des durch die Marken m, m' abgegrenzten Stückes dieses Rohres R bei der Versuchstemperatur verstanden wird. Beträgt dieselbe in der ersten Operation t Grad, in der zweiten t' Grad und ist α der kubische Ausdehnungscoefficient des Glases, so hat man, wenn a_0 den Wert von a bei 0° angiebt, genügend genau

$$\text{CXXX}_2) \qquad V=a_0\left(\frac{B}{h_1-h}-\frac{B'}{h_1'-h'}\right)+\alpha a_0\left(t\frac{B}{h_1-h}-t'\frac{B'}{h_1'-h'}\right)$$

für B, B', h, h' dürfen die unmittelbar abgelesenen Zahlen benutzt werden, da nur Verhältnisse dieser Grössen vertreten sind, vorausgesetzt allerdings, dass die Temperatur des Barometers der des Manometers gleich ist, sonst hat man die Ablesungen mit den am Barometer und Manometer abgelesenen Temperaturen τ_B bezw. τ_M nach den in Art. 127 gegebenen und später noch näher zu entwickelnden Vorschriften auf 0° zu reduciren.

Die Formeln zeigen, dass vor allem die Kenntnis von a notwendig ist, man erlangt dieselbe entweder indem man mit dem Apparat einen möglichst grossen Körper voluminisirt, für dessen Volumen man aus anderweitigen Untersuchungen (etwa hydrostatischen Wägungen) eine Zahl schon hat und die obige Formel zur Berechnung von a anwendet, oder indem man diejenige Quecksilbermenge auswägt, welche das Rohr B zwischen den Marken m und m_1 ausfüllt.

Mit einem solchen Paalzow'schen Volumenometer wurde von Grunmach auf der Normal-Aichungs-Kommission das Volumen eines der Urnormalgewichte aus Platin zu 1 kg bestimmt. Eine voraufgegangene Untersuchung des Apparats hatte für a die Formel

$$a = 147{,}435\,(1 + 0{,}000027\,t) \text{ Kubikcentimeter}$$

ergeben. Die Beobachtungen am Barometer und Volumenometer führten zu folgenden Ergebnissen,

Temperatur am Volumenometer	Barom.-Ables.		Manom.-Ables.			Red. auf 0°	
	Barom.	Temp.	h_1	h	Temp.	Barom.	$h_1 - h$
Vor Einführung des Kilogramms							
16,25	76,217	19,05	54,425	12,230	16,25	76,003	42,089
Nach Einführung des Kilogramms							
16,20	76,198	19,05	54,430	2,690	16,20	75,983	51,604

Damit bekommen wir, indem 16,22 als mittlere Temperatur für das Rohr R des Manometers angenommen wird,

$$V = 147{,}435\,(1 + 0{,}000027\,.\,16{,}22)\left(\frac{76{,}003}{42{,}089} - \frac{75{,}983}{51{,}604}\right) = 49{,}167 \text{ ccm.}$$

Die Zahl giebt das Volumen des betreffenden Kilogramms bei der Temperatur 16°,22.

Bei sorgfältiger Arbeit scheint das Paalzowsche Volumenometer eine Genauigkeit von etwa 10 cmm in jeder einzelnen Bestimmung zu gewährleisten.

142. Anwendbarkeit der einzelnen Methoden. Was die Anwendung der einzelnen Methoden anbetrifft, so wird man durch hydrostatische Wägungen nur bei Körpern Volumbestimmungen machen können, welche sich in Wasser nicht lösen und welche auch nicht zu klein sind; durch pyknometrische Versuche in der gewöhnlichen Ausführung wieder nur bei in Wasser nicht löslichen Körpern, aber ohne Beschränkung der Grösse; durch solche nach Zehnders Methode auch bei in Wasser löslichen Substanzen; endlich mit Hilfe des Volumenometers bei allen Körpern ohne Unterschied.

Wahrscheinlich geben hydrostatische Wägungen und pyknometrische Bestimmungen meist das Volumen, welches die Form des betreffenden Körpers ausfüllt, volumenometrische mehr die durch den Gehalt an Substanz bestimmte. Doch fehlen einschlägige Erfahrungen zu sehr, als dass sich hierüber bestimmte Angaben machen liessen.

b) *Bestimmung des innern Volumens eines Hohlkörpers.*

143. Bestimmung des Raumgehalts von Gefässen durch Auswägung einer Flüssigkeitsfüllung. Das innere Volumen von Hohlkörpern, wie wir sagen können den Raumgehalt von Gefässen, bestimmt man am genausten durch Auswägung der Menge einer Flüssigkeit, welche das betreffende Gefäss in sich fasst.

Man wägt also erst das Gefäss leer und dann, nachdem man dasselbe mit einer Flüssigkeit, deren Dichtigkeit für jede Temperatur bekannt ist, gefüllt hat.

Es wird nicht immer verlangt, dass der Betrag des ganzen Raumgehalts des Gefässes eruirt werden soll; wir wollen darum das ganze innere Volumen mit $\mathfrak{V}_i$, den zu bestimmenden Teil mit V bezeichnen, das äussere Volumen $\mathfrak{V}_a$ nennen und nicht accentuirte Buchstaben auf die erste Wägung, accentuirte auf die zweite anwenden.

Benutzen wir für die andern noch in Frage kommenden Grössen die Seite 471 eingeführten Symbole, so giebt die Gleichung CXVII) unter Hinzuziehung einer Correction C, von deren Bedeutung bald die Rede sein wird,

$$\text{CXXXI}_1)\quad V = C + \frac{1}{\sigma - s_i'}\left\{N_2 - N_1 + \frac{m}{1+\lambda}\left(\frac{(\psi_1)-(\psi_2)}{(\psi_1')-(\psi_1)} - \frac{\psi_1-\psi_2}{\psi_1'-\psi_1}\right)\right.$$
$$\left. + V_{N_1}s_a - V_{N_2}s_a' + \mathfrak{V}_a'(s_a'-s_i') - \mathfrak{V}_a(s_a - s_i) + \left(\frac{m_1}{\delta_1}+\frac{m_2}{\delta_2}\right)(s_i'-s_i)\right\},$$

oder mit genügender Genauigkeit

$$\text{CXXXI}_2)\quad V = C + \frac{1}{\sigma}\left\{N_2 - N_1 + \frac{m}{1+\lambda}\left(\frac{(\psi_1)-(\psi_2)}{(\psi_1')-(\psi_1)} - \frac{\psi_1-\psi_2}{\psi_1'-\psi_1}\right)\right.$$
$$\left. + V_{N_1}s_a - V_{N_2}s_a' + \mathfrak{V}_a'(s_a'-s_i') - \mathfrak{V}_a(s_a - s_i) + \left(\frac{m_1}{\delta_1}+\frac{m_2}{\delta_2}\right)(s_i'-s_i)\right\}$$
$$+ \frac{s_i'}{\sigma^2}(N_2 - N_1).$$

Werden beide Wägungen bei luftdicht abgeschlossenem Gefässe ausgeführt, so bedeutet, falls das Gefäss nicht unvorsichtiger Weise während des Abschliessens durch Anfassen mit der Hand erwärmt wird, s_i die Dichtigkeit der äussern Luft im Moment des Abschliessens vor der ersten Wägung und s_i' die im Moment des Abschliessens vor der zweiten Wägung, und es braucht weder s_i mit s_a noch s_i' mit s_a' übereinzustimmen, da s_a, s_a' die Dichtigkeiten der äussern Luft im Moment der ersten bezw. zweiten Wägung angeben.

Ist dagegen das Gefäss während beider Wägungen offen, so hat man $s_i = s_a$ und $s_i' = s_a'$, und es fallen namentlich die mit $\mathfrak{V}_a'$, $\mathfrak{V}_a$ multiplicirten Glieder fort.

Meist darf man ohne Unterschied, ob die Wägungen bei offenem oder geschlossenem Gefäss vor sich gegangen sind, einfach

$$\text{CXXXI}_3)\quad V = C + \frac{1}{\sigma}\left\{N_2 - N_1 + \frac{m}{1+\lambda}\left(\frac{(\psi_1)-(\psi_2)}{(\psi_1')-(\psi_1)} - \frac{\psi_1-\psi_2}{\psi_1'-\psi_1}\right) + V_{N_1}s_a - V_{N_2}s_a'\right\} + \frac{s_a'}{\sigma^2}(N_2 - N_1)$$

setzen.

Will man die fortgelassenen Glieder noch mit berücksichtigen, so braucht man doch für $\frac{m_1}{\delta_1}$, $\frac{m_2}{\delta_2}$, $\mathfrak{B}_a$, $\mathfrak{B}_a'$ keine genauen, sondern nur angenäherte Werte (vielleicht selbst nur bis 1 ccm angenähert) zu kennen.

σ bedeutet die Dichtigkeit der Flüssigkeit, die dieselbe in dem Momente hat, wenn sie das zu messende Volumen V gerade ausfüllt. So wie man also erkannt hat, dass genügend Flüssigkeit hineingetan ist, hat man die Temperatur τ derselben abzulesen und den zu dieser Temperatur gehörigen Betrag von σ in Anwendung zu bringen. Es ist dann natürlich auch V auf diese Temperatur bezogen und gleich $V_0(1 + 3\alpha\tau)$.

Ueber die Vorsichtsmassregeln, welche zu treffen sind, sowie über die Fehler, die derartigen Bestimmungen anhaften, ist schon Seite 474 ff. gehandelt worden, und es würde nur das dort gesagte hier zu wiederholen sein.

Was nun die in die Formel gleich eingeführte Correction C anbetrifft, so ist sie deshalb notwendig, weil die oberen Abgrenzungen von Raumgehalten in Gefässen durch wirkliche oder ideelle, durch aufgetragene Marken fixirte Ebenen gegeben sind, Flüssigkeiten aber an ihrer freien Oberfläche einen Meniscus oder eine Kuppe bilden.

Gefässe, deren zu bestimmender Raumgehalt durch eine auf den Rand aufgeschliffene Platte abgegrenzt ist, sind auch vollständig mit der Flüssigkeit zu füllen; hier fällt dann die Correction C ganz fort. Noch in einem andern Fall darf C fortgelassen werden, nämlich dann, wenn das betreffende Gefäss bei andern Arbeiten, wie etwa als Pyknometer bei Volumbestimmung fester Körper, mit derselben Flüssigkeit zu füllen ist, welches zu seiner Volumbestimmung gedient hat. Endet aber das Gefäss in eine Röhre, welche die den zu bestimmenden Raumgehalt angrenzende Marke trägt, und soll dasselbe für beliebige Flüssigkeiten Anwendung finden können, so darf die Correction C nicht fortgelassen werden. Sie zeigt bei benetzenden Flüssigkeiten an, wie viel das gesuchte Volumen V durch den Meniscus, den die Auswägungsflüssigkeit in der Röhre über der abgrenzenden Marke bildet, vergrössert wird und bei nicht benetzenden, wie viel die Kuppe unterhalb der abgrenzenden Marke noch frei lässt. Demnach ist C positiv für nicht benetzende Flüssigkeiten als Füllflüssigkeiten, negativ für benetzende.

Der Betrag von C hängt von den Cohäsionsverhältnissen der Flüssigkeit und der Weite der Röhre ab. Für ihre Berechnung sind die Formeln schon auf Seite 518 gegeben, und man hat für jede Röhre, in welche das Gefäss ausgeht, allgemein

$$C = \frac{\pi h}{6}(3r^2 - h^2)$$

zu addiren, wenn man festsetzt, dass h positiv ist, wenn der Rand der Flüssigkeit unterhalb, negativ, wenn derselbe oberhalb der abgrenzenden Marke der Röhre sich befindet.

144a. Dichtigkeit des Quecksilbers. Zu Auswägungen von Gefässen benutzt man Wasser oder Quecksilber. Für erstere Flüssigkeit sind die nötigen Daten und Bemerkungen schon gegeben. Für Quecksilber lasse ich ebenfalls eine besondere Tafel der Dichtigkeit als Function der Temperatur folgen. Ist die Dichtigkeit des Quecksilbers bei der Temperatur 0° gleich σ_0, die bei der Temperatur t gleich $\frac{\sigma_0}{1+\beta_q t}$, so hat man

$$\frac{1}{\sigma} = \frac{1}{\sigma_0}(1+\beta_q t).$$

Die Grösse β_q ist von Regnault für Temperaturen zwischen 25° und 300° bestimmt. Die Bearbeitung der von diesem so sehr hervorragenden Manne, dem wir die genauere Kenntnis der meisten physikalischen Constanten zu verdanken haben, ausgeführten 4 Versuchsreihen durch verschiedene Forscher hat noch nicht zu übereinstimmenden Resultaten geführt, und es ist auch nicht abzusehen, wie die Meinungsverschiedenheiten, welche sowohl in Bezug auf den Wert der einzelnen Versuchsreihen, als auch hinsichtlich der besten Berechnungsweise derselben, obwalten, ohne neue experimentelle Untersuchungen ausgeglichen werden sollen. Nach meinem Dafürhalten dürfte die von Levy abgeleitete Interpolationsformel die meiste Wahrscheinlichkeit für sich zu beanspruchen haben.*) Dieselbe lautet

$$\beta_q t = 0{,}00018129 t + 0{,}0000000032408 t^2 + 0{,}00000000004592 t^3;$$

t ist hier die Temperatur, gemessen mit dem von Regnault benutzten Luftthermometer. Broch**) hat darauf aufmerksam gemacht, dass dieselbe nicht der normalen Temperaturscala entspricht und dass an Stelle von t zu setzen ist 0,999907 t. Die Bedeutung dieser Zahl wird später klar gelegt werden; ändern wir dementsprechend die obige Formel ab, so wird

$$\beta_q = 0{,}00018112 + 0{,}000000003235\, t + 0{,}0000000000458\, t^2.$$

Nach dieser Formel ist von dem Urheber derselben in der folgenden Tafel die Grösse

$$1 + \beta_q t$$

von 0° bis 300° von Grad zu Grad gerechnet im verticalen Eingang die Zehner und Hunderter der Grade, im horizontalen die Einer.

Die Tafel hat diese Ausdehnung bekommen, weil Wägungen mit Quecksilber behufs Untersuchung der thermischen Ausdehnung des betreffenden Gefässes oft in sehr hohen Temperaturen ausgeführt werden.

---

*) S. dessen Dissertation: Ueber die Ausdehnung des Quecksilbers. Halle 1881; ferner auch Volkmann. Wiedemanns Annalen 1884, Bd. 14, Seite 260 ff.

**) Traveaux et Mémoires, Tome II, Seite 21.

Tabelle IX

enthält die Werte von $1 + \beta t$ für Quecksilber
(berechnet nach der Levy'schen Formel).

	0°	1°	2°	3°	4°	5°	6°	7°	8°	9°
0	1,0000000	1,0001811	1,0003623	1,0005434	1,0007245	1,0009057	1,0010868	1,0012680	1,0014492	1,0016304
1	1,0018116	1,0019928	1,0021740	1,0023552	1,0025364	1,0027177	1,0028989	1,0030802	1,0032615	1,0034428
2	1,0036241	1,0038054	1,0039867	1,0041680	1,0043494	1,0045307	1,0047121	1,0048935	1,0050749	1,0052563
3	1,0054377	1,0056192	1,0058007	1,0059821	1,0061636	1,0063451	1,0065266	1,0067082	1,0068897	1,0070713
4	1,0072529	1,0074345	1,0076161	1,0077978	1,0079794	1,0081611	1,0083428	1,0085245	1,0087063	1,0088880
5	1,0090698	1,0092516	1,0094334	1,0096153	1,0097971	1,0099790	1,0101609	1,0103428	1,0105248	1,0107067
6	1,0108887	1,0110707	1,0112528	1,0114349	1,0116169	1,0117990	1,0119812	1,0121633	1,0123455	1,0125277
7	1,0127100	1,0128922	1,0130745	1,0132568	1,0134391	1,0136215	1,0138039	1,0139863	1,0141688	1,0143513
8	1,0145338	1,0147163	1,0148988	1,0150814	1,0152641	1,0154468	1,0156295	1,0158121	1,0159948	1,0161776
9	1,0163604	1,0165431	1,0167260	1,0169090	1,0170919	1,0172749	1,0174579	1,0176409	1,0178239	1,0180070
10	1,0181902	1,0183733	1,0185565	1,0187397	1,0189230	1,0191063	1,0192896	1,0194730	1,0196564	1,0198398
11	1,0200233	1,0202068	1,0203904	1,0205740	1,0207576	1,0209414	1,0211249	1,0213087	1,0214925	1,0216763
12	1,0218601	1,0220440	1,0222280	1,0224119	1,0225959	1,0227800	1,0229641	1,0231482	1,0233324	1,0235166
13	1,0237009	1,0238852	1,0240695	1,0242539	1,0244384	1,0246228	1,0248074	1,0249919	1,0251765	1,0253612
14	1,0255459	1,0257306	1,0259154	1,0261002	1,0262851	1,0264700	1,0266550	1,0268400	1,0270251	1,0272102
15	1,0273954	1,0275806	1,0277658	1,0279511	1,0281364	1,0283219	1,0285073	1,0286928	1,0288784	1,0290640
16	1,0292496	1,0294353	1,0296211	1,0298069	1,0299927	1,0301786	1,0303646	1,0305506	1,0307366	1,0309227
17	1,0311089	1,0312951	1,0314814	1,0316677	1,0318541	1,0320405	1,0322270	1,0324136	1,0326002	1,0327868
18	1,0329735	1,0331603	1,0333471	1,0335340	1,0337209	1,0339079	1,0340950	1,0342821	1,0344693	1,0346564
19	1,0348437	1,0350311	1,0352185	1,0354059	1,0355934	1,0357810	1,0359686	1,0361563	1,0363441	1,0365319
20	1,0367198	1,0369077	1,0370957	1,0372838	1,0374719	1,0376601	1,0378484	1,0380368	1,0382252	1,0384135
21	1,0386020	1.0387906	1,0389792	1,0391679	1,0393567	1,0395455	1,0397344	1,0399234	1,0401124	1,0403015
22	1,0404907	1,0406799	1,0408692	1.0410585	1,0412480	1,0414375	1,0416270	1,0418167	1,0420064	1,0421961
23	1,0423860	1,0425759	1,0427659	1,0429559	1,0431460	1,0433362	1,0435265	1,0437168	1,0439072	1,0440977
24	1,0442883	1,0444789	1,0446696	1,0448604	1,0450512	1,0452421	1,0454331	1,0456242	1,0458153	1,0460065
25	1,0461978	1,0463892	1,0465806	1,0467721	1,0469637	1,0471554	1,0473471	1,0475389	1,0477308	1,0479228
26	1,0481149	1,0483070	1,0484992	1,0486915	1,0488839	1,0490763	1,0492688	1,0494613	1,0496541	1,0498469
27	1,0500397	1,0502326	1,0504256	1,0506187	1,0508118	1,0510051	1,0511985	1,0513919	1,0515854	1,0517790
28	1,0519726	1,0521664	1,0523602	1,0525541	1,0527481	1,0529422	1,0531364	1,0533306	1,0535249	1,0537194
29	1,0539139	1,0541085	1,0543032	1,0544979	1,0546928	1,0548877	1,0550828	1,0552779	1,0554731	1,0556684
30	1,0558638									

Ich führe noch die Formeln von Wüllner, dem man die erste strengere Berechnung von Regnault's Versuchen verdankt, und von Broch an. Nach Wüllner ist

$$\beta_q = 10^{-9}\{181168 + 11{,}554\,t + 0{,}021187\,t^2\},$$

nach Broch

$$\beta_q = 10^{-9}\{181792 + 0{,}175\,t + 0{,}035116\,t^2\}.$$

σ_0, die Dichtigkeit des Quecksilbers bei 0°, ist ebenfalls von Regnault bestimmt und gleich 13,59593 gefunden. Neuere Bestimmungen von Wild,*) Volkmann**) und in ganz besonders genauem Verfahren von Marek***) haben der Regnault'schen Zahl sehr nahe kommende Beiträge geliefert. Marek glaubt als wahrscheinlichsten Wert für σ_0 den

$$\sigma_0 = 13{,}5956$$

empfehlen zu müssen, und diese wollen wir auch adoptiren.

144b. Reinigung von Quecksilber. Es ist bekannt, mit wie vielen Metallen Quecksilber Amalgame bildet und wie sehr infolge dessen das im Handel käufliche Quecksilber verunreinigt ist; die obige Zahl bezieht sich auf soweit als möglich gereinigtes Quecksilber. Es seien darum hier einige Methoden, Quecksilber zu reinigen, erwähnt.

Mechanisch wird das Quecksilber von groben Verunreinigungen durch Filtriren befreit; man lässt es durch einen Filter aus starkem Papier, in dessen Boden feine Löchelchen gestochen sind, oder (nach Pfaundler) durch eine Röhre, deren Boden durch sämisch gegerbtes Leder geschlossen ist, laufen.

Auf chemischem Wege Quecksilber zu reinigen, giebt es ziemlich viele Vorschriften, die schon durch ihre Menge bezeugen, dass keine sich vollständig bewährt hat.

Man schüttelt das Quecksilber mit verdünnter Salpetersäure, wäscht es mit destillirtem Wasser gehörig aus, trocknet es, indem man es mit Fliesspapier abwischt und über einer niedrigen Flamme erwärmt. Zuletzt wird es wieder filtrirt. (Nach Lothar Meyer Zeitschrift für analytische Chemie, Bd. 2 Seite 241).

Statt der Salpetersäure kann man auch Eisenchlorid (liquor ferri muriatici in der Apotheke) anwenden. $^1/_{60}$ dieses Chlorids in Wasser gelöst wird mit dem Quecksilber in einer Porzellanschale 10 Minuten lang verrieben, bis das Quecksilber sich in Kügelchen fein zerteilt hat, dann wird die fremde

*) Bericht über die Arbeiten der Reform der Schweizerischen Urmaasse, pg. 139. Zürich 1868.

**) Wiedemann's Annalen der Physik, 1881, Bd. 13.

***) Traveaux et Mémoires, Tome II, pag. D. 57.

Beimischung durch Auswaschen entfernt und das Quecksilber über der Flamme getrocknet, wobei auch die Kügelchen zusammenfliessen.

Besser lässt man nach Lothar Meyer in beiden Fällen das Quecksilber in freiem Strahl durch einen Stechheber in ein 1,5 m langes mit der verdünnten Salpetersäure oder der Eisenchloridlösung gefülltes Rohr laufen. Zur Absperrung dieser Lösung mündet das Rohr in einen weitern mit Quecksilber gefüllten etwa 0,15 m hohen Cylinder, das gereinigte Quecksilber fällt in diesen Cylinder und fliesst durch ein seitliches Ausflussrohr ab. Natürlich reinigt man das Quecksilber mehrmals auf diesem Wege.

Ein sehr beliebtes Mittel zur Reinigung des Quecksilbers scheint das Schütteln mit Chromsäure zu sein. Man löst 5 g Kaliumbichromat in 1 Liter Wasser auf und tut noch einige Cubikcentimeter Schwefelsäure hinzu; mit dieser rötlichen Lösung wird das Quecksilber (es kann ein Liter und mehr sein) solange geschüttelt, bis dieselbe grünlich grau geworden ist, dann wird wieder kräftig gewaschen, bis vom Wasser kein graues Pulver abgeschlemmt wird, und getrocknet. Auch hier zerteilt sich das Quecksilber in Kügelchen, die sich beim Trocknen über der Flamme vereinigen.

Auch allein mit Schwefelsäure kann man Quecksilber reinigen, wenn man dieselbe lange Zeit (mehrere Wochen) einwirken lässt.

Zum Waschen empfiehlt Marek das Wasser erst mit etwas Ammoniak zu versetzen und dann rein zu nehmen.

Siemens*) empfiehlt das Quecksilber unter concentrirter Schwefelsäure, der etwas Salpetersäure beigefügt ist, zu kochen; nachher kann man die Reinigung durch Schütteln mit verdünnter Salpetersäure noch weiter treiben.

Das wirksamste Mittel, Quecksilber zu reinigen, ist das Destilliren desselben namentlich im Vacuum. Wenn man den sehr zweckmässigen von Weinhold**) angegebenen Apparat nicht besitzt, so führt man die Destillation in einem Eisengefäss oder einer mit Ton ausgestrichenen Glasretorte aus. Beim Kochen wallt und schlägt das Quecksilber sehr stark, deshalb tut man noch Eisenfeilspähne zu; ausserdem ist es gut, das Quecksilber mit Holzkohlenpulver zu überdecken. Die Dämpfe werden in gewöhnlicher Weise durch ein Rohr abgeführt. Es wird auch empfohlen für die Destillation dem Quecksilber etwas Zinnober zuzusetzen, oder das Quecksilber vorher mit $^1/_{80}$ bis $^1/_{40}$ Quecksilberoxyd zu verreiben.

All diese Mittel sollen dazu dienen, die fremden Metalle chemisch abzuschneiden oder (bei der Destillation) zurückzuhalten. Ob es durch dieselben wirklich möglich ist das Quecksilber ganz rein herzustellen, ist für diesen Fall wenigstens nicht von Bedeutung, denn die Dichtigkeitsbestimmungen sind alle mit nach einer der angegebenen Methoden gereinigtem Quecksilber ausgeführt.

---

*) Pogg. Ann., Bd. 110 Seite 20.

**) Carl's Repertorium Bd. IX Seite 69. 1873.

Nach Michaelis*), dessen Dissertation dankenswerte Bemerkungen über die Reinigung von Quecksilber enthält, erkennt man Verunreinigungen mit Magnesium, Kalium und Natrium fast mit blossem Auge; Magnesiumamalgam lässt die Oberfläche schmutzig und grau erscheinen, Kalium und Natriumamalgame fallen durch ihr feuchtes Aussehen auf, infolgedessen die Quecksilberoberfläche wie mit kleinen Wasserbläschen besetzt scheint. Verunreinigungen mit Zink, Zinn, Blei, Kalium und Wismut bewirken, dass das Quecksilber leicht an glatten Flächen haftet und stark abfärbt.

Ganz reines Quecksilber erhält man durch Erhitzen und Destilliren aus feingepulvertem Zinnober mit der Hälfte Eisenfeile oder gebranntem Kalk in der Retorte, oder indem man eine Lösung von reinem Quecksilberchlorid mit reinem Eisen in einer Porzellanretorte kocht. Neuerdings hat man auch gelernt, es durch Elektrolyse aus dem Chlorid abzuscheiden, aber das sind alles mühselige Operationen, die der Physiker nur in ganz besonderen Fällen ausführen wird.

Volumbestimmungen mit Hilfe von Buretten, Messflaschen u. s. f. konnten hier übergangen werden.

c) *Dichtigkeitsbestimmungen.*

Die Lehre von den Dichtigkeitsbestimmungen ist durch die vorstehenden Erörterungen über Messungen der Massen und Volumina fast vollständig mit erledigt, denn die Dichtigkeit wird immer als Rechenresultat gewonnen und als Quotient der Masse durch das Volumen abgeleitet. Ich habe darum nur wenig noch hinzuzufügen.

145. Bedeutung einer Dichtigkeitsbestimmung. Die Zahl, die man für die Dichtigkeit eines Körpers erhält, giebt an, um wie vieles der betreffende Körper dichter ist, als ein bestimmter anderer Körper. Als solchen andern Körper nimmt man reines luftfreies Wasser im Zustande der grössten Dichtigkeit (etwa 4° Temperatur) unter normalen Druckverhältnissen (das ist unter Atmosphärendruck). Freilich bezieht man oft auch die Dichtigkeit eines Körpers auf die Dichtigkeit des Wassers bei anderer Temperatur und anderem Druck, oder man vergleicht sie auch mit der Dichtigkeit eines anderen Körpers — wie etwa die Dichtigkeit der Gase mit der von Luft oder Wasserstoff — immer aber bildet die eigentliche Einheit für alle Dichtigkeitsausdrücke die Dichtigkeit des Wassers unter den angeführten Umständen.

Dass die Dichtigkeit, namentlich fester Körper, nicht immer identisch ist mit der ihrer Substanz, ist bereits Art. 108 und 134d ausgeführt, abstrahiren wir aber von äusseren Verhältnissen, so hängt die Dichtigkeit besonders noch ab von Druck und Temperatur. Eine Dichtigkeitsbestimmung hat also nur unter Angabe der näheren Umstände Bedeutung, und wenn man

*) Ueber die elektrische Leitungsfähigkeit verunreinigten Quecksilbers und die Methoden zur Reinigung desselben. Berlin 1883.

einen Körper in Bezug auf seine Dichtigkeit vollständig erforschen will, muss man diese Dichtigkeit bei verschiedenen Drucken, Temperaturen u. s. f. bestimmen. Kennten wir die wahren Zustandsgleichungen der Körper, so wären wir allerdings in der Lage, die Experimente zum Teil durch Rechnungen zu ersetzen, das ist aber nicht der Fall. Bei festen Körpern giebt man gewöhnlich die mechanische und thermische Behandlung, welche dieselben vor der Dichtigkeitsbestimmung erfahren haben, an, und dann noch die Temperatur, die dieselben während der Dichtigkeitsbestimmung aufwiesen. Bei Flüssigkeiten wird im allgemeinen nur die Temperatur besonders hervorgehoben, weil die Abhängigkeit der Dichtigkeit vom Druck hier so gering ist, dass von den Luftdruckschwankungen nur in den seltensten Fällen Notiz zu nehmen ist. Gase zeigen in ihrer Dichtigkeit so starke Veränderungen in Druck und Temperatur, dass hier beide Umstände mit grosser Genauigkeit angegeben werden müssen.

146. Dichtigkeitsbestimmung für feste Körper. Ueber die Dichtigkeitsbestimmung fester Körper ist fast gar nichts weiter zu sagen. Man bestimmt die Masse des betreffenden Körpers und das Volumen. Dividirt man die für die Masse gefundene Zahl durch die für das Volumen eruirte, so giebt der Quotient die Dichtigkeit bei der Temperatur, bei welcher das Volumen bestimmt worden ist.

Da wir allgemein die Dichtigkeit

$$\sigma = \frac{M}{V}$$

haben, ist

$$\delta\sigma = \frac{\delta M}{V} - \frac{M}{V^2}\delta V = \frac{1}{V}(\delta M - \sigma\delta V) = \frac{\sigma}{M}(\delta M - \sigma\delta V).$$

Die Unsicherheiten in Massen- und Volumenbestimmungen wachsen mit der Grösse der Körper, aber nicht dieser Grösse proportional, sondern in einem geringeren Grade, es ist deshalb vorteilhaft, wo man kann, Dichtigkeiten an möglichst grossen Stücken zu bestimmen, und zwar an um so grösseren Stücken, je bedeutender die Dichtigkeit der betreffenden Substanz ist.

147. Dichtigkeitsbestimmung von Flüssigkeiten. Dichtigkeiten von Flüssigkeiten bestimmt man entweder ganz so wie die von festen Körpern, indem man von einer bestimmten Quantität derselben Masse und Volumen beobachtet, oder indem man in denselben feste Körper abwägt.

147a. Bestimmung durch directe Voluminisirung und mit Pyknometer. Im ersten Verfahren kann man bei Flüssigkeiten, welche sich im Wasser nicht auflösen, genau so vorgehen, wie bei festen Körpern; man wägt irgend ein offenes Gefäss leer, tut die Flüssigkeit hinein, wägt wieder, dann wägt man das Gefäss mit der Flüssigkeit in Wasser, hierauf das Gefäss ohne die Flüssigkeit ebenfalls in Wasser. Die erste und vierte Wägung dienen zur Bestimmung von Masse und Volumen des leeren Gefässes, die zweite und dritte geben Masse und Volumen des Gefässes und der hineingetanen Flüssigkeit, die Verbindung aller vier Wägungen lehrt also Masse und Volumen der Flüssigkeit kennen. Das Gefäss muss immer offen und in den beiden hydrostatischen Wägungen ganz bezw. so weit es von der zu voluminisirenden Flüssigkeit frei ist, mit dem Wasser gefüllt sein. Sonst führt man die Dichtigkeitsbestimmung in dem ersten Verfahren pyknometrisch aus. Man füllt die Flüssigkeit in ein Pyknometer und wägt dieselbe aus und hat, wenn bei der betreffenden Temperatur und dem betreffenden Druck das von der Flüssigkeit eingenommene Volumen V, Masse und Volumen der Substanz des Pyknometers (sammt der abschliessenden Teile) M bezw. v ist, mit ausreichender Genauigkeit

$$\text{CXXXII}_1)\qquad \sigma = s + \frac{1}{V}\{N - (M - vs)\},$$

woselbst N die durch die Wägung eruirte und nach den gegebenen Regeln zu berechnende Masse des gefüllten Pyknometers bedeutet.

$M - vs$ ist durch das Gewicht des Pyknometers, leer in der Luft von der Dichtigkeit s gewogen, bestimmt. Wägt man also das Pyknometer unmittelbar vor der Dichtigkeitsbestimmung und dann noch unmittelbar nach derselben, so darf man $M - vs$ durch das Mittel der für dasselbe so in der Luft gefundenen Gewichte M_1, M_2 ersetzen, und es ist

$$\text{CXXXII}_2)\qquad \sigma = s + \frac{1}{V}\left(N - \frac{M_1 + M_2}{2}\right).$$

Der Wägung des leeren Pyknometers vor der Dichtigkeitsbestimmung steht natürlich nichts im Wege, für die Wägung nach dieser Bestimmung ist das Pyknometer erst zu reinigen und zu trocknen, und das geht ohne bedeutenden Zeitaufwand nicht ab, jedenfalls muss man sich aber so einrichten, dass die eigentliche Dichtigkeitsbestimmung zeitlich in die Mitte zwischen die Wägungen des leeren Pyknometers fällt. Will man strenger verfahren, so bestimmt man Masse und Volumen der Substanz des Pyknometers, jedes für sich. Die Bestimmung der Masse geschieht in gewöhnlicher Weise. Das Volumen der Substanz kann direct oder als Differenz des äusseren und inneren Volumens abgeleitet werden. Auf directem Wege voluminisirt man die abschliessenden Teile des Pyknometers (etwaige Stöpsel oder Deckplatten) für sich und dann das eigentliche (offene) Pyknometergefäss, erstere in bekannter Weise, letzteres, indem man es ganz mit Wasser füllt und hydrostatisch wägt.

Will man erst äusseres und inneres Volumen kennen lernen, so hat man 3 Wägungen auszuführen, zwei in der Luft, eine in Wasser und alle 3 mit abgeschlossenem Pyknometer. Man wägt also erst dies Pyknometer leer, aber mit allen Abschlussvorrichtungen versehen, aus, tut soviel Wasser hinein, dass nach Abschliessung mittelst der gegebenen und weiterhin zu benutzenden Vorrichtungen das Pyknometer vollständig gefüllt erscheint und wägt einmal in Luft und dann in reinem destillirten Wasser. Die in den drei Wägungen gefundenen und nach den gegebenen Regeln zu berechnenden Massen seien M', M'', M''', äusseres und inneres Volumen des Pyknometers $\mathfrak{V}'_a$, $\mathfrak{V}'_i$ bezw. $\mathfrak{V}''_a$, $\mathfrak{V}''_i$; $\mathfrak{V}'''_a$, $\mathfrak{V}'''_i$, die Dichtigkeit der Luft sei während der ersten Wägung s', während der zweiten s'', die des eingefüllten Wassers in der zweiten Wägung σ'', in der dritten σ''', endlich die Dichtigkeit des Wassers im Standgefäss bei der dritten Wägung $\bar{\sigma}$, so haben wir

$$M - (\mathfrak{V}'_a - \mathfrak{V}'_i)s' = M',$$
$$M - (\mathfrak{V}''_a s'' - \mathfrak{V}''_i \sigma'') = M'',$$
$$M - (\mathfrak{V}'''_a \bar{\sigma} - \mathfrak{V}'''_i \sigma''') = M'''.$$

Führt man, wie es sehr wünschenswert ist, die Füllung des Pyknometers in der auf Seite 517 angegebenen Weise innerhalb eines Wasserbades aus und bezeichnet äusseres und inneres Volumen des leeren Pyknometers bei der Temperatur 0° mit $(\mathfrak{V}_a)_0$, $(\mathfrak{V}_i)_0$, die Temperatur des Pyknometers in den 3 Wägungen mit t', t'', t''', so darf man setzen

$$\mathfrak{V}'_a = (\mathfrak{V}_a)_0(1 + 3\alpha t'), \quad \mathfrak{V}'_i = (\mathfrak{V}_i)_0(1 + 3\alpha t'),$$
$$\mathfrak{V}''_a = (\mathfrak{V}_a)_0(1 + 3\alpha t''), \quad \mathfrak{V}''_i = (\mathfrak{V}_i)_0(1 + 3\alpha t''),$$
$$\mathfrak{V}'''_a = (\mathfrak{V}_a)_0(1 + 3\alpha t'''), \quad \mathfrak{V}'''_i = (\mathfrak{V}_i)_0(1 + 3\alpha t''').$$

und die obigen Gleichungen genügen zur Berechnung von M, $(\mathfrak{V}_a)_0$, $(\mathfrak{V}_i)_0$ und ergeben

$$(\mathfrak{V}_a)_0 = \frac{M'' - M'''}{\bar{\sigma} - s'' + 3\alpha(t'''\bar{\sigma} - t''s'')},$$
$$(\mathfrak{V}_i)_0 = \frac{M'' - M'}{\sigma'' - s' + 3\alpha(t''\sigma'' - t's')} + (\mathfrak{V}_a)_0 \frac{s'' - s' + 3\alpha(t''s'' - t's')}{\sigma'' - s' + 3\alpha(t''s'' - t's')},$$
$$M = M' + (1 + 3\alpha t')\big((\mathfrak{V}_a)_0 - (\mathfrak{V}_i)_0\big)s',$$

woraus folgt

$$M - vs = M' + \big((\mathfrak{V}_a)_0 - (\mathfrak{V}_i)_0\big)\big(s' - s + 3\alpha(t's' - ts)\big).$$

Umformungen zu Näherungsrechnungen sind so leicht auszuführen, dass sie nicht erst dargelegt zu werden brauchen.

Natürlich kann das innere Volumen $\mathfrak{V}_i$ auch für sich durch Auswägung mit einer anderen Flüssigkeit als Wasser, etwa mit Quecksilber, bestimmt werden, darüber ist in Art. 143 alles nötige schon gesagt.

Das Volumen V ist durch das innere Volumen des Pyknometers und den Stand, den die Flüssigkeit in dem letzteren einnimmt, bestimmt. Bei Pyknometern mit Deckplatte als Abschlussvorrichtung ist $V = \mathfrak{V}_i$. Geht das Pyknometer in Röhren aus, so füllt die Flüssigkeit dieselben im allgemeinen nicht vollständig aus, man muss dann die Röhren vorher calibrirt haben. Dazu füllt man das Pyknometer mit Wasser oder Quecksilber erst bis zur ersten Marke der Röhren und wägt die Füllung, giesst Wasser oder Quecksilber nach bis die nächste Marke erreicht wird und wägt wieder u. s. f. So erfährt man den Betrag des Volumens bis zur ersten, zweiten, dritten . . . Marke der Röhren. Die zur Berechnung dienenden Gleichungen sind aus Art. 143 zu entnehmen; genauere Calibrirungsmethoden für Röhren werden in der Lehre von der Thermometrie dargelegt. Wegen Berücksichtigung bezw. Eliminirung der durch den Druck der Flüssigkeit bewirkten Ausweitung des Pyknometers, sowie wegen Inrechnungnahme des Flüssigkeitsmeniscus ist auf das Seite 474, 518, 534 Gesagte zu verweisen.

147b. Bestimmung durch Gewichtsverlust eines Körpers. Nach der zweiten Methode wird in der Flüssigkeit ein Körper von bekannter Masse und bekanntem Volumen gewogen, ganz so, als ob man das Volumen dieses Körpers bestimmen wollte, die in Art. 137a entwickelten Gleichungen sind aber nicht nach V, sondern nach σ aufzulösen und ergeben

$$\text{CXXXIII}_1)\quad \sigma = \frac{1}{V}\left\{M - Z - (\sigma - s)\delta v + vs - \big(m - (\sigma - s)(v_0 - v_1)\big)\frac{\psi_1 - \psi_2}{\psi_1' - \psi_1}\right\},$$

für eine hydrostatische Wägung nach der ersten Methode;

$$\text{CXXXIII}_2)\quad \sigma = s + \frac{1}{V}\left\{Z' - vs + (\sigma - s)\delta v + \big(m - (\sigma - s)(v_0 - v_1)\big)\frac{\psi_1 - \psi_2}{\psi_1' - \psi_1}\right\},$$

für eine solche nach der zweiten Methode.

Ein Fehler in der Bestimmung des Volumens des betreffenden Körpers im Betrage δV bedingt für σ eine Unsicherheit von $-\sigma\delta V/V$, soll dieselbe möglichst klein sein, so muss man den Körper recht gross nehmen. Je grösser V ist, um so mehr wächst $M - Z$ bezw. Z' an, Z nimmt also ab, Z' nimmt zu. Hinsichtlich der hydrostatischen Wägung ist hiernach das erste Verfahren sicher vorteilhafter als das zweite, nun erfordert allerdings das erste Verfahren eine besondere Bestimmung von M und diese ist bei grossem Volumen des Körpers mit grösseren Ungenauigkeiten behaftet, man darf aber nicht vergessen, dass auch beim zweiten Verfahren der Körper in der Luft gewogen wird, und so dürfte jenes überhaupt diesem vorzuziehen sein. Andere Gründe zu Gunsten des ersten Verfahrens sind in Art. 137a angegeben.

Zur Ausführung benutzt man gewöhnlich Hohlkörper aus Glas, welche mit Schrot und noch besser mit Quecksilber beschwert sind. Bei solchen Körpern hat es keine Schwierigkeit, dieselben beliebig gross und dabei doch so schwer zu machen, dass sie in der betreffenden Flüssigkeit untersinken. Ueber die Veränderlichkeit solcher Körper und die Schwierigkeiten, welche bei hydrostatischen Wägungen zu überwinden sind, siehe Art. 137c und 138e.

147c. Aräometrische Bestimmung. Auf dem Princip der hydrostatischen Wägungen beruht auch die aräometrische Bestimmung der Dichtigkeit einer Flüssigkeit. Denken wir uns irgend einen Körper, welcher, in die betreffende Flüssigkeit eingesenkt, nicht ganz untergeht, sondern zu einem Teil in die freie Atmosphäre hinausragt, und bezeichnen dessen Masse mit M, das in der Flüssigkeit befindliche Volumen mit V, das ausserhalb derselben vorhandene mit v, die Masse des durch die capillaren Kräfte an den Körper angehobenen (positiven oder negativen) Wulstes mit m, so haben wir

$$M + m = V\sigma + vs.$$

Ist der Umfang des Körpers an der Stelle, an welcher er die Flüssigkeitsoberfläche verlässt, gleich U, der Randwinkel zwischen Flüssigkeit und Körper gleich ω, der Capillaritätscoefficient der Flüssigkeit gleich a^2, so haben wir

$$m = \frac{1}{2}\sigma a^2 U \cos\omega,$$

somit

CXXXIV$_1$)
$$\sigma = \frac{M - vs}{V - \frac{1}{2}a^2 U \cos\omega},$$

$a^2 U \cos\omega$ bildet gewöhnlich eine nicht besonders beträchtliche Correctionsgrösse zu V und braucht nur in angenähertem Betrage bekannt zu sein. Ein Aräometer wird natürlich für Anwendung in vielen Flüssigkeiten construirt, von den in der Gleichung für σ vertretenen Grössen M und V muss also mindestens eine variirbar gehalten werden. Aräometrische Einrichtungen mit veränderlicher Masse des Körpers und constantem Volumen des eintauchenden Stückes werden als *Senkwaagen* oder *hydrostatische Waagen* bezeichnet. Sie haben, wie z. B. die Trallessche Senkwaage einen Körper aus Glas oder Metall, an welchem oben ein steifer Draht angeschmolzen ist, welcher eine Schale zur Aufnahme von Gewichten trägt. Der Draht ist mit einer Marke versehen, und es werden auf die Schale immer so viel Gewichte getan, bis der Körper vollständig und der Draht bis zu dieser Marke in die Flüssigkeit eintaucht.

Es sei die Masse des ganzen Körpers sammt Draht und Schale $\mathfrak{M}$, das Volumen vom eintauchenden Teil (Körper und ein Stück des Drahtes) V, das vom herausragenden (Draht und Schale) v, die Masse der auf die Schale gelegten Gewichte N, deren Volumen v_N, dann ist

CXXXIV$_2$)
$$\sigma = \frac{\mathfrak{M} - vs + N - v_N s}{V},$$

v darf man als von der Temperatur unabhängig ansehen, V aber ist $= V_0 + at$ zu setzen, woselbst V_0 der Betrag von V bei 0° ist, somit enthält die obige Gleichung 4 zu bestimmende Constanten $\mathfrak{M}$, v, V_0, a. Da man aber auch von einer Berücksichtigung der Variationen des Luftgewichts absehen darf, kann man $\mathfrak{M} - vs$ zu einer Constanten $\mathfrak{N}$ zusammenziehen und die obige Gleichung hängt dann nur von 3 Constanten ab und geht über in

CXXXIV$_3$)
$$\sigma = \frac{\mathfrak{N} + N - v_N s}{V_0 + at}.$$

Hat man 3 Flüssigkeiten zur Verfügung, deren Dichtigkeiten anderweitig bestimmt sind, so kann man dieselben benutzen, um die Constanten $\mathfrak{N}$, V_0, a des Aräometers zu eruiren. Sonst bestimmt man $\mathfrak{M}$ durch einfache Wägung, v durch überschlägige Schätzung der Masse des herausragenden Teils und der Dichtigkeit seiner Substanz oder als Differenz des Volumens des ganzen

Körpers und desjenigen des eintauchenden Teils. V_0 und a resultiren aus einer Anwendung des Aräometers in Wasser bei zwei verschiedenen Temperaturen, oder aus einer Voluminisirung des Glaskörpers vor Fertigstellung des Aräometers unter Hinzufügung des aus der Länge und Dicke zu berechnenden Volumens des eintauchenden Drahtstücks, V ergiebt sich dann aus $V = V_0(1 + 3\alpha t)$, wo 3α der Ausdehnungscoefficient des Glas- oder Metallkörpers ist.

Die Fehler, auf welche besonders zu achten ist, sind dieselben wie sie überhaupt bei hydrostatischen vorfallen können, und in Art. 137b und 137c discutirt. Bei guter Einrichtung und sorgfältiger Arbeit kann man mit dem Gewichtsaräometer Dichtigkeiten bis auf wenigen Einheiten der fünften Ziffer bestimmen.

Wenn $N = 0$ ist, haben wir

$$\sigma = \frac{N}{V},$$

dadurch ist die geringste Dichtigkeit fixirt, welche sich mit einer einmal fertiggestellten Senkwaage bestimmt.

Aräometer mit constanter Masse und variablen Volumen des eintauchenden Stückes bestehen aus einem Glas- oder Metallkörper, welcher in eine mit einer Teilung versehene Spindel ausgeht. Die Teilung befindet sich bei metallenen Aräometern natürlich auf der Oberfläche der Spindel aufgetragen, bei Glasaräometern gehört sie einer Papierscale an, welche in der Spindel steckt. Die Teilung dient, um die von der Spindel eintauchenden Stücke abzumessen. Die Spindel ist bei Glasaräometern cylindrisch, bei Metallaräometern auch parallelepipetisch; die Teilung ist entweder in gleichen Intervallen fortschreitend oder nach einem durch den Zweck, zu welchem das Aräometer gebraucht werden soll, bestimmten Princip angefertigt. Aräometer können, wenn sie gehörig untersucht sind, unmittelbar zu Dichtigkeitsbestimmungen Verwendung finden. Ist der Querschnitt der Spindel q, ihre Länge gemessen von der ersten Marke der Teilung L, das Volumen des Körpers bis zur ersten Marke V, die Länge des von der Spindel eintauchenden und an der Teilung abzumessenden Stückes l, die Masse des Ganzen Aräometers M, so haben wir

$$\text{CXXXIV}_4) \qquad \sigma = \frac{M - (L - l) q s}{V + ql - \frac{1}{2} a^2 U \cos\omega},$$

Hier darf das Correctionsglied wegen des capillareren Wulstes nicht vernachlässigt werden, weil die Spindeln meist ziemlich stark sind.

Die Variable ist l und kann an der Teilung der Spindel oder auf sonst eine Weise abgemessen werden. M, L, q werden durch entsprechende Messungen gefunden, V setzt man gleich $V_0(1 + 3\alpha t)$ und bestimmt V_0 durch Anwendung des Aräometers in einer Flüssigkeit von bekannter Dichtigkeit.

Die im Handel vorkommenden Aräometer (Beaumé, Richter, Alkoholometer nach Tralles u. s. f.) sind gewöhnlich nach gewissen Festsetzungen geteilt, bei ihnen bedarf es, wenn sie präcis gearbeitet sind, keiner weiteren Untersuchungen, sie sind aber nicht ohne besondere Tabelle verwendbar, und ihre Angaben entsprechen auch nicht immer den wirklichen Verhältnissen. Für die Technik von der hervorragendsten Bedeutung hat ihre Theorie, Einrichtung und Benutzung zu den eingehendsten Untersuchungen Veranlassung gegeben. Der Physiker wird sich ihrer jedoch selten und auch nicht bei Maassbestimmungen grösserer Präcision zu bedienen haben.

148. Dichtigkeitsbestimmungen für Gase und Dämpfe. Die Dichtigkeit eines Gases oder Dampfes kann aus den Dichtigkeiten seiner Bestandteile berechnet werden.

148a. Berechnung der Dichtigkeit eines Gases oder Dampfes. Handelt es sich nur um ein Gemisch aus verschiedenen Gasen, so kommt die Seite 434 angeführte Formel

CXXXV$_1$) $$s = \frac{p'}{(p)} s' + \frac{p''}{(p)} s'' + \frac{p'''}{(p)} s''' + \cdots$$

in Verwendung, woselbst p', p'', p''', ... die Partialdrucke der einzelnen Gase in dem Zustand, in welchem dieselben in dem Gemisch sich gerade befinden, angeben, und s', s'', s''', ... die als für den willkürlichen angenommenen Druck (p) und die gerade herrschende Temperatur bekannten Dichtigkeiten der einzelnen Bestandteile bedeuten. Die Formel ist sehr selten anwendbar, weil die Bestimmung der Partialdrucke erforderlich ist, wie auch aus den Entwickelungen in Capitel XIX erhellt.

Wenn das betreffende Gas oder der Dampf eine chemische Verbindung verschiedener Körper repräsentirt, lässt sich gemäss dem Avogadroschen Gesetz die Dichtigkeit aus dem Moleculargewicht berechnen. Ist dieses Moleculargewicht gleich M, so haben wir für die Dichtigkeit unter dem gerade herrschenden Druck p und der vorhandenen Temperatur t, bezogen auf Wasser von 4°

CXXXV$_2$) $$s = 0{,}000044662 \cdot \frac{p}{76} \frac{1}{1 + 0{,}00367\,t} M$$

und bezogen auf Luft von 0° und Normaldruck

CXXXV$_3$) $$s = 0{,}034551 \frac{p}{76} \frac{1}{1 + 0{,}00367\,t} M,$$

woselbst p in Centimeter anzugeben ist. M das Molekulargewicht der Verbindung ist durch die chemische Formel derselben bestimmt. So ist die Formel des Triäthylborats $Bo\,O_2\,C_6\,H_{15}$ und da die Atomgewichte von Bor, Sauerstoff, Kohlenstoff und Wasserstoff 11, 16, 12, 1 sind, so haben wir

$M = 11 + 32 + 72 + 15 = 146$, somit die Dichtigkeit des Dampfes des Triäthylborats bei 0° unter dem Druck einer Atmosphäre gleich 0,01652 bezogen auf Wasser von 4°.

Streng gilt das Avogadrosche Gesetz nur bei sogenannten idealen Gasen, das sind Gase, deren specifische Wärmen unabhängig von Temperatur und Druck sind und deren Zustandsgleichung durch das Boyle-Gay-Lussacsche Gesetz gegeben ist. Man nennt deshalb die auf Grund dieses Gesetzes aus dem Moleculargewicht berechnete Dichtigkeit die *theoretische Dichtigkeit* des betreffenden Gases oder Dampfes.

Endlich kann die Dichtigkeit eines Gases oder Dampfes auch mit meist hinreichender Genauigkeit berechnet werden, wenn diese Dichtigkeit für wenigstens eine Temperatur und einen Druck bekannt ist, denn man hat

CXXXV$_4$) $$s = (s)\frac{p}{p'}\frac{1+\beta t'}{1+\beta t},$$

woselbst p', t' Druck uud Temperatur des Gases oder Dampfes in dem Zustand angeben, in welchem (s) bekannt ist, und β für den Ausdehnungscoefficienten des Gases steht.

Die genauern Zustandsgleichungen erfordern die Kenntnis der Dichtigkeit für mehr als ein Wertepaar von Druck und Temperatur, auf diese nicht den physikalischen Maassbestimmungen, sondern noch den physikalischen Untersuchungen angehörenden Verhältnisse braucht hier nicht eingegangen zu werden.

148b. Bestimmung durch Wägung; Methoden von Regnault, Dumas, Bunsen. Auf directem Wege bestimmt man die Dichtigkeit eines Gases oder Dampfes, wenn von demselben genügende Quantitäten zur Verfügung stehen, durch Wägung einer in einem Ballon eingeschlossenen tunlichst grossen Menge desselben.

Schlägt man das Art. 133 beschriebene Verfahren ein, so lernt man zunächst die Maasse M der abgeschlossenen Gasmenge kennen, und indem man diese Masse durch das innere Volumen V des Ballons dividirt, welches bekannt sein muss, bekommt man die gesuchte Dichtigkeit. Sei die Temperatur des Ballons während der Wägung t', die unmittelbar nach Einfüllung des Gases oder Dampfes beim Abschliessen des Ballons t, so hat man in

CXXXVI) $$(s) = \frac{M}{V_0(1+3\alpha t')}$$

die Dichtigkeit während der Wägung, in

CXXXVII) $$s = (s)\frac{1+3\alpha t'}{1+3\alpha t},$$

die im Moment des Abschliessens des Ballons. Es gilt also der zuletzt eruirte Wert der Dichtigkeit für den Druck p und die Temperatur t, welche das Gas oder der Dampf während des Abschliessens gerade hat, zur Reduction auf Normaldruck P und Temperatur 0° hat man die gefundene Zahl mit $P(1+\beta t)/p$ zu multipliciren. **Bunsen** hat dieses von **Regnault** angegebene und in Art. 133 beschriebene Verfahren bei der Wägung einer Gas- oder Dampf-Quantität noch weiter ausgebildet.*) Unter Voraussetzung, dass nach **Bordas** Methode gewogen wird, schlägt er vor, sich 4 Kolben von so nahe als möglich gleichem innern und äussern Volumen herzustellen. Einer soll abgeschlossen und zur Tarirung benutzt werden, von den drei andern ist einer so weit als möglich leer zu pumpen und ebenfalls hermetisch zu verschliessen, die beiden letzten dienen zur Aufnahme von trockener Luft bezw. des Gases oder Dampfes, dessen Dichtigkeit bestimmt werden soll. Die Massen der 3 letztgenannten Kolben mit ihren Abschlussvorrichtungen seien M_1, M_2, M_3, ihre äussern Volumina V_{a_1}, V_{a_2}, V_{a_3}, die innern V_{i_1}, V_{i_2}, V_{i_3}, die Dichtigkeit der im ausgepumpten Kolben noch vorhandenen Luft sei s_1, die der Luft im Kolben, welcher mit trockener Luft gefüllt ist s', die des Gases oder Dampfes s. Vergleichen wir den ausgepumpten Kolben einmal mit dem mit trockener Luft gefüllten und dann mit demjenigen, welcher das zu untersuchende Gas enthält, so ist, wenn die gefundenen und in bekannter Weise zu berechnenden Massendifferenzen m_1, m_2 genannt werden,

$$M_2 + V_{i_2} s' = M_1 + V_{i_1} s_1 + (V_{a_2} - V_{a_1}) s_a + m_1,$$
$$M_3 + V_{i_3} s = M_1 + V_{i_1} s_1 + (V_{a_3} - V_{a_1}) s'_a + m_2.$$

Sind die Volumina der Kolben in jeder Beziehung völlig gleich, so haben wir

CXXXVIII$_1$) $$s = s' \frac{M_1 - M_3 + V_{i_1} s_1 + m_2}{M_1 - M_2 + V_{i_1} s_1 + m_1}.$$

Da man s' aus Druck und Temperatur der eingeschlossenen trockenen Luft berechnen kann, so lässt sich s auch ohne Kenntnis der innern Volumina des zweiten und dritten Kolbens bestimmen. $M_1 + V_{i_1} s_1$ ist eine Constante, nämlich die Masse des ausgepumpten Kolbens sammt der in demselben noch etwa zurückgebliebenen Luft, man kann diese Grösse in den beiden Teilen M_1 und $V_{i_1} s_1$ bestimmen. Man wägt den Kolben offen und ebenso wägt man seine zugehörige Verschlussvorrichtung, wodurch M_1 erhalten wird, dann wird das innere Volumen V_{i_1} des Kolbens durch Auswägung einer Flüssigkeitsfüllung eruirt, und indem man Temperatur und Druck der nach Auspumpung im Kolben noch verbliebenen Luft unmittelbar vor Abschliessung desselben bestimmt und s_1 berechnet, bekommt man $V_{i_1} s_1$. Man kann aber auch $M_1 + V_{i_1} s_1$ auf einmal und mit ausreichender Genauigkeit bekommen, wenn man den Kolben schon abgeschlossen wägt und dabei das in Art. 133 angegebene Verfahren zur Anwendung bringt. **Bunsen** schreibt vor, auch die Massen der Kolben ganz gleich zu machen, dann ist

*) Gasometrische Methoden, Seite 149—191.

CXXXVI$_2$)
$$s = s' \frac{V_{i_1} s_1 + m_2}{V_{i_1} s_1 + m_1} .$$

aber an Genauigkeit wird dadurch wol nicht viel gewonnen.

Wie die äussern Volumina einander gleich gemacht werden, ist in Art. 133 angegeben, in derselben Weise kann man auch die innern Volumina einander beliebig nahe bringen; will man der grössern Sicherheit wegen etwaigen Differenzen der Volumen noch Rechnung tragen, so hätte man

CXXXVIII$_3$)
$$s = s' \frac{V_{i_2}}{V_{i_3}} \frac{M_1 - M_3 + V_{i_1} s_1 + (V_{a_3} - V_{a_1}) s' + m_2}{M_1 - M_2 + V_{i_1} s_1 + (V_{a_3} - V_{a_1}) s' + m_1} .$$

So weit, dass die Volumendifferenzen im Zähler fortgelassen werden dürfen, kann man die Abgleichung der Kolben gegen einander immer treiben, es bliebe also noch V_{i_2}/V_{i_3} zu bestimmen. Dazu gelangt man am einfachsten, wenn man die Quecksilber- oder Wassermengen, welche bei derselben Temperatur gerade hinreichen, die fraglichen Volumina auszufüllen, durch Wägung mit einander vergleicht.

Das wesentliche der Bunsen'schen Methode besteht darin, dass man nicht sowohl s als vielmehr s/s' bestimmt, das Verhältnis der gesuchten Dichtigkeit zu der bekannten der abgesperrten Quantität trockner Luft. Bunsen hat sein Verfahren auch ganz besonders aus dem Grunde ausgearbeitet, um eine Reduction der gefundenen Dichtigkeit auf Normaldruck und Normaltemperatur zu umgehen. In der Tat, wenn man die Luft in dem betreffenden Ballon unter demselben Druck und bei derselben Temperatur eingefüllt hat, wie das zu untersuchende Gas, ist, sofern man das Boyle-Gay-Lussac'sche Gesetz als genau genug annimmt, s/s' von Temperatur und Druck unabhängig, und es kann das so bestimmte s schon als auf normale Verhältnisse reducirt angesehen werden. Bunsen hat darum zur bequemen und genauen Ausführung seiner Methode auch einen Apparat angegeben, mit Hilfe dessen man die trockene Luft und das auf seine Dichtigkeit zu bestimmende Gas zugleich und unter denselben Verhältnissen in die Ballons zu füllen vermag. Wegen dieses Apparats und der nötigen Vorsichtsmaassregeln beim Beschicken und Abschliessen der Ballons sei auf die „Gasometrische Methoden“ verwiesen.

Sonst geschieht das Füllen eines Ballons mit einem Gase oder einem anderweitig entwickelten Dampf am einfachsten in der Weise, dass man den Ballon mit Quecksilber beschickt und in einer Wanne von Quecksilber in umgestürzter Stellung festhält. Lässt man das Gas oder den Dampf durch eine Röhre, die bis unter die Oeffnung des Ballons geführt ist, in denselben eintreten, so wird das Quecksilber allmählich verdrängt, und es tritt an dessen Stelle das Gas oder der Dampf. Man schliesst dann die Oeffnung des Ballons unter dem Quecksilber mit dem Finger oder sonst in irgend einer Weise und kann den völligen Verschluss ausserhalb der Wanne bewerkstelligen.

Wenn Dämpfe aus ihrer Flüssigkeit erst entwickelt werden sollen, tut man die Flüssigkeit in den Ballon und erhitzt dieselbe, bis sie vollständig verdampft und alle Luft ausgetrieben ist, dann schmilzt man den Hals des Ballons zu oder verschliesst denselben in irgend anderer Weise. Oft füllt man den Ballon mit Quecksilber, stürzt ihn in einer Quecksilberwanne um, lässt die Flüssigkeit in einer dünnen Glashülle eingeschlossen durch das Quecksilber in den Ballon aufsteigen, sprengt die Hülle durch Schütteln oder Erwärmen und erhitzt, bis alles verdampft ist.

Wo die Untersuchung der Dichtigkeit von viel grösserer Bedeutung ist als deren angenäherte Kenntnis für normale Verhältnisse, ist es besser, das in Art. 133 beschriebene Verfahren anzuwenden, welches die Dichtigkeit gleich in absoluten Zahlen ergiebt und von den Annahmen über die Dichtigkeit trockner Luft unabhängig ist. Freilich muss man dann — nicht zur Berechnung der Dichtigkeit, sondern um die erhaltene Zahl auf bestimmte Verhältnisse beziehen zu können — Temperatur und Druck des Gases oder Dampfes im Moment des Abschliessens desselben kennen. Zur genauen Fixirung der Temperatur führt man das Einfüllen des Gases oder Dampfes am besten in einem Wasser- oder Luftbad aus, dessen Temperatur selbst constant erhalten werden kann (besondere Vorrichtuugen dazu werden in dem Capitel über Thermometrie angegeben, der oben erwähnte Bunsen'sche Apparat ist vornehmlich als constantes und beliebig regulirbares Luftbad construirt) und liest die Temperatur dieses Bades ab. Ueber Bestimmung des Druckes von Gasen und Dämpfen ist einiges schon bei mehreren Gelegenheiten gesagt, eingehenderes folgt in dem Capitel über Kraft und Druckmessungen.

148c. Bestimmung aus der Ausflussgeschwindigkeit. Die auseinandergesetzten Methoden gestatten, eine um so grössere Genauigkeit zu erreichen, je grösser die Gas- oder Dampfmenge ist, an welcher die Dichtigkeitsbestimmung ausgeführt wird. Steht von dem bestreffenden Gase oder Dampfe eine nur geringe Quantität zur Verfügung, so schlägt Bunsen vor, die Dichtigkeit mit der von Luft unter demselben Verhältnis, und zwar durch Beobachtung der Ausströmungsgeschwindigkeit aus engen Oeffnungen, zu vergleichen. Man füllt in einen Cylinder, welcher mit seinem untern offenen Ende in eine Quecksilberwanne gesteckt ist und oben in eine mit Hahn versehene freie Ausflussröhre ausgeht, die zu untersuchende Gasquantität, comprimirt dieselbe, indem man bei geschlossenem Hahn der Röhre in die Wanne Quecksilber bis zu einer bestimmten Höhe nachgiesst. Oeffnet man den Hahn, so strömt die Luft aus; innerhalb des Cylinders von dem in denselben eingedrungenen Quecksilber getragen, befindet sich ein mit zwei Marken versehener Schwimmer, dieser Schwimmer steigt, wenn das Gas herausfährt; notirt man den Zeitpunkt T_1, wenn die obere Marke durch das Fadenkreuz eines gegenüber gestellten Fernrohrs hindurchgeht, und dann denjenigen T_2, wenn dieses Fadenkreuz von der untern Schwimmermarke passirt wird, so ist $T_2 - T_1$ die Zeitdauer für die Ausströmung derjenigen

Gasmenge, welche in einer Säule von dem Querschnitt des Cylinders und der Höhe der Schwimmermarken übereinander enthalten war. Nun ersetzt man das Gas durch reine trockene Luft, achtet darauf, dass das Quecksilber im äussern Bad ebenso hoch steht wie bei Beginn des ersten Versuchs, lässt die Luft ausströmen und beobachtet die Zeitmomente T_1', T_2' für den Durchgang der beiden Schwimmermarken durch das Fadenkreuz des Fernrohrs. Ist s' die Dichtigkeit der reinen trockenen Luft im Cylinder, s die des Gases oder Dampfes ebendaselbst, so hat man

CXXXIX)
$$s = s'\left(\frac{T_2' - T_1'}{T_2 - T_1}\right)^2.$$

Damit die Dichtigkeiten während der Ausströmung nicht erheblich variiren ist notwendig, dass die Ausströmungsöffnung möglichst eng ist, Bunsen stellt sie dadurch her, dass er ein Platinblech mit einer Stecknadel durchsticht und dann mit einem Hammer auf reiner glatter Unterlage solange bearbeitet, bis die Oeffnung nur noch so gross ist, dass man sie beim Vorhalten des Blechs unmittelbar am Auge gerade noch erkennt, das Blech wird passend zurechtgeschnitten, auf die Mündung der Ausflussröhre des Cylinders gelegt und mit dieser verschmolzen.

Die Methode kann unter Anwendung der einfachsten Formeln der Aerodynamik präcisere Resultate wol nur geben, wenn auf Constanz der Temperatur besonders geachtet wird, sonst müsste man dieselbe mit genauen Messungen für Temperatur und Druck verbinden und auf die bekannten Gleichungen von Zeuner und andern für die thermodynamischen Vorgänge beim Ausströmen von Gasen und Dämpfen Gebrauch machen. Dann aber würde sie nicht mehr gut anwendbar sein.

148 d. Volumenometrische Bestimmung nach Gay-Lussac und Hofmann. Speciell Dampfdichten auf volumenometrischem Wege zu bestimmen, haben Gay-Lussac und Hofmann gelehrt, man füllt eine mit einer Teilung versehene und auf ihre innere Gestalt und ihr inneres Volumen genau untersuchte (calibrirte) Röhre ganz mit Quecksilber und stellt sie mit dem offenen Ende nach unten in eine Quecksilberwanne. Dann lässt man in dieselbe eine in ein Glaskügelchen oder in ein mit Stöpsel versehenes Kölbchen abgewogene Quantität der Flüssigkeit aufsteigen, zersprengt das Kölbchen und bringt die Flüssigkeit, indem man die Röhre mit einem in seiner Temperatur beliebig regulirbaren Luft- oder Flüssigkeitsbad umgiebt zum Verdampfen. Wenn alles verdampft ist, misst man an der Teilung der Röhre das Volumen des Dampfes ab und hat die Dichtigkeit gleich M/V, wenn M die Masse der hineingebrachten Flüssigkeit, V das abgelesene Volumen bedeutet. Die so gefundene Dichtigkeit gilt für die Temperatur im Moment der Ablesung und den Druck, welcher durch den äussern Atmosphärendruck und die Höhe der Quecksilbersäule in der Röhre über dem Niveau der Quecksilberoberfläche in der Wanne bedingt ist. Das Volumen des Kölbchens ist natürlich streng genommen, von dem abgelesenen Volumen in Abzug zu bringen, kann jedoch in den meisten Fällen vernachlässigt werden.

148e. Bestimmung durch Wägung eines Körpers. Endlich wäre noch zu erwähnen, dass man die Dichtigkeit von Gasen auch auf dem Art. 134d angegebenen Wege, durch Wägung von Körpern nahezu gleicher Masse und sehr verschiedenen Volumens zu bestimmen vermag, wenn man das ganze Gehäuse der Waage mit dem Gase füllen kann.

Es ist noch eine Anzahl anderer nach den Zwecken der betreffenden Untersuchungen sich richtender Methoden für Dichtigkeitsbestimmungen denkbar; denn hier ist noch vieles in der Entwickelung begriffen und wir stehen nicht vor einem abgeschlossenen Gebiete.

Einiges wird in den Maassbestimmungen, welche die Ausdehnung der Körper betreffen, nachgeholt werden müssen.